# 注册岩土工程师专业考试
# 案例快答手册

小注岩土　组织编写

中国建筑工业出版社

图书在版编目（CIP）数据

注册岩土工程师专业考试案例快答手册 / 小注岩土组织编写. -- 北京：中国建筑工业出版社, 2025.5.
(注册岩土工程师考试用书). -- ISBN 978-7-112-31100-2

Ⅰ. TU4

中国国家版本馆 CIP 数据核字第 2025D4H479 号

责任编辑：李笑然　牛　松
责任校对：张惠雯

## 注册岩土工程师考试用书
## 注册岩土工程师专业考试案例快答手册
小注岩土　组织编写

\*

中国建筑工业出版社出版、发行（北京海淀三里河路9号）
各地新华书店、建筑书店经销
国排高科（北京）人工智能科技有限公司制版
建工社（河北）印刷有限公司印刷

\*

开本：787毫米×1092毫米　1/16　印张：45　字数：1115千字
2025年5月第一版　2025年5月第一次印刷
定价：**136.00**元（含增值服务）
ISBN 978-7-112-31100-2
（44782）

版权所有　翻印必究
如有内容及印装质量问题，请与本社读者服务中心联系
电话：（010）58337283　　QQ：2885381756
（地址：北京海淀三里河路9号中国建筑工业出版社604室　邮政编码：100037）

# 前言 FOREWORD

小注岩土致力于注册岩土工程师培训十余年，为了使广大考生在考场上能快速作答，获得好成绩，特浓缩各本规范的常考点、坑点，推出《注册岩土工程师专业考试案例快答手册》，以供大家参阅使用。

本书特点：

1. 按考试顺序编排，根据题干定位所需章节，迅速查找知识点。
2. 本手册为纯公式使用和坑点总结，没有太多的解释，适用于对岩土考试有一定基础的考生使用，可以快速定位参数和坑点，以提高考场查阅和做题速度。
3. 手册中设有笔记区，以供考友自行填补坑点使用。
4. 任何书籍均是辅助之物，不能替代刷题和规范，刷题才是更好地帮助大家熟悉知识点和熟练运用此书的正确方式，规范才是考试的根本。
5. 本书可以帮助大家熟悉答题步骤，同时对于复习后期的考点梳理也是非常方便的，可以帮助考生搭建常考点、必考点的知识体系，形成知识框架。

在此说明，本书中涉及的标准规范，除特别标注年份版本外，均采用现行有效版本。为保持行文简洁，标准编号不再逐一列出。

小注岩土愿各位考生早日上岸，也愿各位考生对本手册提出宝贵意见，以将其完善，为更多的考生提供帮助，如确认为错误，将以红包回馈给读者。

感谢大家对本书的关注和包容，如有疑问或者发现错误等问题，可以联系向左 QQ：3487139024，微信：qq3487139024，邮箱：3487139024@qq.com。

微信二维码

微信公众号

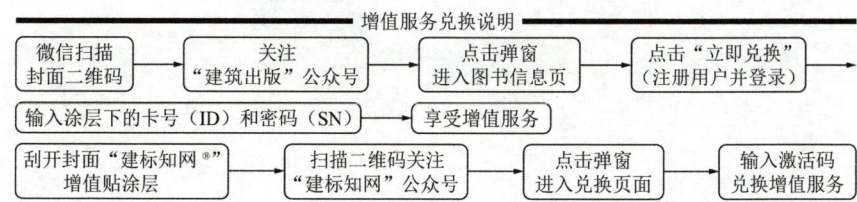

小注岩土

# CONTENTS 目 录

## 第一篇 岩土工程勘察

### 第一章 岩土工程勘察规范 ········ 3

#### 第一节 土的物理性质与分类 ········ 3
一、土的三相指标 ········ 3
二、颗粒分析试验 ········ 6
三、砂的相对密度试验 ········ 11
四、黏性土的可塑性 ········ 12
五、击实试验 ········ 12
六、土的分类定名 ········ 14

#### 第二节 土的渗透性和渗流问题 ········ 19
一、达西定律 ········ 19
二、渗透试验及渗透系数 ········ 22
三、流网 ········ 23
四、渗流破坏 ········ 25

#### 第三节 土的压缩与固结试验 ········ 28
一、压缩性指标 ········ 28
二、固结指标 ········ 29

#### 第四节 土的抗剪强度试验 ········ 32
一、抗剪强度理论 ········ 32
二、直接剪切试验 ········ 34
三、室内三轴压缩试验 ········ 34
四、无侧限压缩试验 ········ 37
五、应力路径和破坏主应力线 ········ 38

#### 第五节 勘探与取样 ········ 40
一、初勘勘探深度 ········ 40
二、详勘勘探深度 ········ 40

三、取土器的技术要求………………………………………………………41

　　　四、钻孔实际孔深及孔深误差计算……………………………………………42

　　　五、土样扰动评价………………………………………………………………42

　　　六、泥浆配置……………………………………………………………………43

　　　七、勘察作业危险源辨识和评价………………………………………………44

　第六节　原位测试……………………………………………………………………45

　　　一、载荷试验……………………………………………………………………45

　　　二、静力触探试验………………………………………………………………50

　　　三、圆锥动力触探试验…………………………………………………………52

　　　四、标准贯入试验………………………………………………………………56

　　　五、十字板剪切试验……………………………………………………………57

　　　六、旁压试验……………………………………………………………………60

　　　七、扁铲侧胀试验………………………………………………………………61

　　　八、现场直接剪切试验…………………………………………………………63

　　　九、波速测试……………………………………………………………………64

　第七节　地下水的勘察………………………………………………………………67

　　　一、水文地质参数的测定………………………………………………………67

　　　二、抽水试验……………………………………………………………………68

　　　三、压水试验……………………………………………………………………73

　　　四、注水试验……………………………………………………………………75

　　　五、岩土体的渗透性分级………………………………………………………77

　　　六、透水率与岩石裂隙数评价岩体完整性……………………………………78

　第八节　水土腐蚀性评价……………………………………………………………78

　　　一、地下水的矿化度和地下水的类型…………………………………………78

　　　二、水和土的腐蚀性评价………………………………………………………79

　　　三、电阻率测试…………………………………………………………………83

　第九节　供水水文地质勘察标准……………………………………………………83

　　　一、抽水孔过滤器………………………………………………………………83

　　　二、渗透系数……………………………………………………………………85

　　　三、水文地质参数………………………………………………………………85

　　　四、地下水量评价………………………………………………………………86

　第十节　岩土参数计算………………………………………………………………89

　　　一、各类试验岩土参数取值汇总………………………………………………89

　　　二、岩土参数统计………………………………………………………………90

三、最小二乘法 ·············································································· 91

　　四、插值法 ····················································································· 92

## 第二章　土工试验方法标准 ························································· 93

　　一、试样的制备和饱和 ································································· 93

　　二、含水率试验 ············································································· 94

　　三、界限含水率试验 ····································································· 95

　　四、密度试验 ················································································· 96

　　五、冻土密度 ················································································· 98

　　六、土粒比重试验 ········································································· 99

　　七、承载比试验 ··········································································· 100

　　八、回弹模量试验 ······································································· 100

　　九、无黏性土休止角试验 ··························································· 101

　　十、收缩试验 ··············································································· 101

　　十一、振动三轴试验 ··································································· 102

## 第三章　工程岩体试验方法标准 ················································· 103

　　一、单轴抗压强度试验 ······························································· 103

　　二、冻融试验 ··············································································· 103

　　三、点荷载强度试验 ··································································· 104

　　四、岩石基本指标试验 ······························································· 105

　　五、膨胀性试验及膨胀岩判定分级 ··········································· 106

　　六、耐崩解试验 ··········································································· 107

　　七、岩石抗拉强度试验 ······························································· 107

　　八、三轴压缩强度试验 ······························································· 107

　　九、直剪试验 ··············································································· 108

　　十、岩石声波测试 ······································································· 108

　　十一、岩体变形试验 ··································································· 109

　　十二、岩体应力测试（水压致裂法） ······································· 110

## 第四章　工程岩体分类分级 ························································· 111

　　第一节　岩体构造和工程地质 ······················································ 111

　　　　一、岩层产状 ········································································· 111

　　　　二、真倾角与视倾角 ····························································· 112

三、真厚度与视厚度 112
　　四、断层 113
　　五、等高线 114
　　六、V字形法则 115
　　七、玫瑰花图 116
　第二节　工程岩体分级标准 116
　　一、岩体基本质量的分级因素 116
　　二、岩体基本质量分级 119
　　三、工程岩体级别的确定（修正） 120
　　四、水利水电工程地质分类 122

# 第五章　高层建筑岩土工程勘察标准 128
　第一节　岩土工程勘察 128
　　一、高层建筑岩土工程勘察等级划分 128
　　二、详勘阶段勘探点深度的确定 129
　　三、不均匀地基的判定 129
　第二节　浅基础 130
　　一、地基承载力特征值$f_{ak}$的确定 130
　　二、旁压试验估算竖向地基承载力 131
　　三、变形模量估算箱形、筏形、扩展或条形基础的地基沉降量 132
　　四、超固结土、正常固结土和欠固结土的基础沉降计算 135
　　五、地基的回弹变形量、地基的回弹再压缩量 136
　第三节　深基础 139
　　一、单桩承载力估算 139
　　二、群桩基础最终沉降量 142
　　三、抗浮桩和抗浮锚杆 144

# 第二篇　浅基础

# 第六章　建筑地基基础设计规范 147
　第一节　地基承载力特征值计算 147
　　一、土质地基承载力特征值 147
　　二、岩石地基承载力特征值 152

三、常见地基承载力修正总结·················································153
第二节　地基承载力验算······························································155
第三节　软弱下卧层验算······························································157
　　一、软弱下卧层顶面处附加压力·············································157
　　二、软弱下卧层修正后的地基承载力特征值······························158
第四节　土体中应力的计算··························································159
　　一、有效应力原理·····························································159
　　二、土的自重应力·····························································159
　　三、基底附加应力·····························································161
　　四、地基中某点的附加应力··················································162
第五节　地基变形计算·································································170
　　一、一维压缩变形·····························································171
　　二、分层总和法································································171
　　三、降水引起的地面沉降·····················································173
　　四、地基变形计算······························································177
　　五、地基土回弹变形计算·····················································188
　　六、地基土回弹再压缩变形··················································189
　　七、大面积地面荷载引起的沉降············································190
　　八、次固结引起的沉降·······················································191
第六节　山区地基······································································192
　　一、土岩组合地基褥垫层要求···············································192
　　二、压实填土质量要求·······················································192
第七节　基础设计······································································193
　　一、常用参数····································································193
　　二、无筋扩展基础·····························································193
　　三、扩展基础····································································194
　　四、高层建筑筏板基础·······················································200
第八节　基础稳定性验算·····························································206
　　一、圆弧滑动····································································206
　　二、稳定土坡坡顶建筑·······················································207
　　三、抗浮稳定性································································207

第七章　公路桥涵地基与基础设计规范（浅基础）··················································208
　　一、地基承载力································································208

  二、基底压力计算及承载力验算 …… 210
  三、软弱下卧层验算 …… 213
  四、基础沉降计算 …… 215
  五、基础稳定性验算 …… 219
  六、台背路基填土对桥台基底或桩端平面处的附加竖向压应力 …… 220

## 第八章 铁路桥涵地基和基础设计规范（浅基础） …… 222
  一、地基承载力 …… 222
  二、承载力验算及偏心距计算 …… 224
  三、软弱下卧层验算 …… 225
  四、基础沉降 …… 226
  五、基础稳定性验算 …… 227
  六、台后路基对桥台基底附加竖向压应力 …… 228

## 第九章 水运工程地基设计规范（浅基础） …… 229
  一、作用于计算面上的应力 …… 229
  二、地基承载力计算 …… 230

# 第三篇 深基础

## 第十章 建筑桩基技术规范 …… 235
 第一节 基桩分类及构造 …… 235
  一、基桩分类 …… 235
  二、基桩的中心距要求 …… 235
  三、桩长要求 …… 236
  四、混凝土强度要求 …… 236
  五、配筋率及长度要求 …… 237
  六、勘探深度 …… 237
  七、扩底桩构造要求及桩基设计等级 …… 238
 第二节 桩基承载力计算 …… 239
  一、单桩竖向极限承载力标准值 …… 239
  二、基桩、复合基桩竖向承载力特征值 $R_a(R)$ …… 249
  三、桩基竖向承载力验算 …… 252

第三节　特殊条件下桩基竖向承载力验算·······························254
　　　　一、软弱下卧层验算···················································254
　　　　二、负摩阻力··························································255
　　　　三、抗拔桩基承载力验算··············································259
　　第四节　桩基水平承载力计算···············································262
　　　　一、单桩水平承载力特征值············································262
　　　　二、群桩水平承载力特征值············································264
　　　　三、单桩水平承载力验算··············································265
　　　　四、桩侧土水平抗力比例系数 $m$ 值·································265
　　第五节　桩身承载力计算····················································268
　　　　一、受压桩桩身承载力计算············································268
　　　　二、打入式钢管桩局部压屈验算·······································269
　　　　三、抗拔桩正截面受拉承载力验算····································269
　　　　四、预制桩的锤击力验算··············································270
　　第六节　桩基沉降计算·······················································271
　　　　一、密桩沉降（$s_a/d \leqslant 6$）····································271
　　　　二、单桩、单排桩、疏桩基础沉降（$s_a/d > 6$）····················274
　　　　三、软土地基减沉复合桩基础·········································276
　　第七节　承台计算····························································278
　　　　一、受弯计算···························································279
　　　　二、受冲切计算·························································281
　　　　三、受剪切计算·························································286
　　第八节　方圆转化和内夯沉管灌注桩······································288
　　　　一、方圆转化总结······················································288
　　　　二、内夯沉管灌注桩···················································289

## 第十一章　公路桥涵地基与基础设计规范（深基础）·····················290

　　第一节　桩基础·······························································290
　　　　一、钻（挖）孔灌注桩的承载力特征值······························290
　　　　二、后注浆灌注桩承载力特征值·······································293
　　　　三、沉桩（预制桩）的承载力特征值·································294
　　　　四、嵌岩桩承载力特征值··············································296
　　　　五、嵌岩桩嵌岩深度···················································296
　　　　六、摩擦型单桩轴向受拉承载力特征值······························297

七、挤扩支盘桩 297
　　八、群桩作为整体基础验算桩端平面处地基承载力 299
　第二节　沉井基础 301

# 第十二章　铁路桥涵地基和基础设计规范（深基础） 303
　　一、打入、振动下沉、桩尖爆扩桩（预制桩）轴向受压容许承载力 303
　　二、钻（挖）孔灌注摩擦桩的轴向受压容许承载力 305
　　三、支承于岩石层上（嵌岩桩）的柱桩轴向受压容许承载力 307
　　四、摩擦桩轴向受拉容许承载力 308
　　五、管柱振动下沉中振动荷载作用下管柱的应力 308
　　六、沉井基础 308
　　七、桥梁桩基按实体基础的验算 309

# 第四篇　地基处理

# 第十三章　建筑地基处理技术规范 313
　第一节　总体规定 313
　第二节　换填垫层 314
　　一、垫层设计 314
　　二、垫层压实度 316
　第三节　预压地基 317
　　一、一维渗流固结理论（太沙基渗透固结理论） 317
　　二、渗流固结 319
　　三、单级瞬时加载地基平均固结度 319
　　四、一级或多级加荷地基平均固结度 322
　　五、预压下土的抗剪强度 325
　　六、预压地基最终竖向变形量 $s_f$ 计算 325
　第四节　压实地基和夯实地基 328
　　一、压实填土的质量控制 328
　　二、强夯法有效加固深度 329
　　三、强夯置换法地基承载力计算 329
　　四、强夯置换法单击夯击能计算 330
　　五、强夯置换地基的变形 330

## 第五节　复合地基 … 330
  一、面积置换率 … 330
  二、桩土应力比 $n$ 的概念与应用 … 332
  三、地基处理范围（处理宽度 $B$，基础宽度 $b$，处理土层厚度 $h$） … 334
  四、散体材料桩复合地基 … 335
  五、有粘结强度桩复合地基 … 339
  六、多桩型复合地基 … 341
  七、复合地基的变形计算 … 342

## 第六节　注浆加固 … 344
  一、水泥浆加固法 … 344
  二、单液硅化法 … 345
  三、碱液法 … 346
  四、注浆孔布置 … 347

## 第七节　微型桩加固 … 348
  一、树根桩 … 348
  二、预制桩 … 348
  三、注浆钢管桩 … 349
  四、单桩承载力计算 … 349

# 第十四章　公路路基设计规范 … 350
  一、软土地区地基沉降 … 350
  二、软土地区复合地基 … 351

# 第十五章　铁路路基设计规范 … 353

# 第五篇　土工结构与边坡防护

# 第十六章　建筑边坡工程技术规范 … 357
## 第一节　基本规定 … 357
  一、边坡岩体的分类 … 357
  二、边坡力学参数取值 … 358
  三、边坡滑塌区范围 … 360

## 第二节　岩土压力计算 … 361

XIII

一、土压力计算方法选取 ·················································· 361
　　二、静止土压力 ···························································· 362
　　三、朗肯土压力 ···························································· 362
　　四、库仑土压力 ···························································· 368
　　五、有限范围土压力（已知或可求出破裂角 $\theta$ 时使用） ························· 370
　　六、几种特殊情况下的主动土压力 ········································· 373
　　七、特殊土压力 ···························································· 380
　　八、侧向岩石压力 ························································· 384
　　九、侧向岩土压力修正 ···················································· 386
　第三节　边坡稳定性分析 ···················································· 388
　　一、基本规定 ······························································ 388
　　二、直线滑动 ······························································ 389
　　三、圆弧滑动 ······························································ 393
　　四、折线滑动 ······························································ 397
　　五、楔体滑动分析法 ······················································· 400
　　六、赤平极射投影图 ······················································· 401
　第四节　边坡支挡结构 ······················································· 403
　　一、重力式挡土墙 ·························································· 403
　　二、锚杆（锚索） ·························································· 405
　　三、岩石喷锚 ······························································ 407
　　四、桩板式挡墙 ···························································· 408
　　五、岩石锚杆和岩石锚杆基础 ············································ 409
　　六、静力平衡法和等值梁法 ··············································· 411

## 第十七章　铁路路基支挡结构设计规范 ······································ 413

　　一、重力式挡土墙 ·························································· 413
　　二、预应力锚索 ···························································· 416
　　三、加筋土挡墙 ···························································· 419
　　四、锚杆挡墙 ······························································ 421
　　五、土钉墙 ································································· 422
　　六、抗滑桩 ································································· 424
　　七、锚定板挡土墙 ·························································· 426
　　八、桩基托梁重力式挡土墙 ··············································· 427

# 第十八章　土工合成材料应用技术规范·····428

## 第一节　基本规定·····428
一、土工合成材料的允许抗拉（拉伸）强度·····428
二、筋材与土的摩擦系数·····429
三、反滤和排水·····429

## 第二节　坡面防护与加筋·····434
一、土工模袋护坡平面抗滑稳定性·····434
二、土工模袋厚度·····434
三、加筋土挡墙设计·····435
四、软基筑堤加筋设计·····437
五、加筋土坡设计·····439
六、软基加筋柱网结构设计·····439

# 第十九章　碾压式土石坝设计规范·····442

## 第一节　渗透稳定性计算·····442
一、渗透变形类型判别·····442
二、临界渗透坡降·····443
三、排水盖重厚度计算·····444

## 第二节　坝体和坝基内孔隙压力估算·····444
一、施工期间某点的起始孔隙水压力·····444
二、稳定渗流期坝体中的孔隙水压力·····445
三、水位降落期上游坝体中 A 点的孔隙水压力·····445

# 第二十章　公路路基设计规范·····446

一、沿河及受水浸淹的路基边缘高程·····446
二、新建公路路基回弹模量设计值·····446
三、填料和压实度要求·····447
四、路基稳定性验算·····448
五、挡土墙验算·····451
六、预应力锚杆·····453
七、加筋土挡土墙·····454
八、抗滑桩·····457
九、锚定板挡土墙·····458

XV

## 第二十一章　铁路路基设计规范·········459

 一、路基边坡稳定·········459
 二、实体护坡（墙）基础埋置深度·········460
 三、常用排水设施的水力半径和过水断面面积·········461
 四、路基地面排水设施的设计径流量·········461
 五、水沟泄水能力和水沟允许流速·········462

## 第二十二章　生活垃圾卫生填埋处理技术规范·········463

# 第六篇　基坑工程与地下工程

## 第二十三章　建筑基坑支护技术规程·········467

 第一节　水平荷载·········467
 第二节　基坑支护结构内力计算·········470
  一、计算宽度·········471
  二、土反力计算（弹性支点法）·········471
  三、弹性支点刚度系数 $k_R$ 与水平反力 $F_h$·········472
 第三节　支挡结构设计·········474
  一、抗倾覆验算·········474
  二、抗隆起验算·········475
  三、渗透稳定性验算·········476
  四、整体滑动稳定性·········477
  五、双排桩·········479
  六、锚杆·········480
 第四节　土钉墙·········482
  一、抗隆起稳定性验算·········482
  二、承载力验算·········483
 第五节　重力式水泥土墙·········485
  一、抗滑移和抗倾覆验算·········485
  二、圆弧滑动稳定性·········486
  三、墙体正截面应力验算·········487
  四、格栅式水泥土墙·········488
 第六节　地下水控制·········489

一、基坑涌水量 $Q$ 计算 ……………………………………………………… 489

　　二、降水井设计 …………………………………………………………… 490

　　三、基坑内任意一点的地下水位降深 $s_i$ 计算 …………………………… 490

　　四、基坑降水引起的地层变形计算 ……………………………………… 491

## 第二十四章　铁路隧道设计规范 …………………………………………… 492

### 第一节　围岩分级 …………………………………………………………… 492

　　一、围岩基本分级（初步分级）………………………………………… 492

　　二、隧道围岩定性修正 …………………………………………………… 493

　　三、围岩级别定量修正 …………………………………………………… 494

### 第二节　依据隧道围岩分级查表的相关应用 ……………………………… 495

　　一、复合式衬砌的预留变形量 …………………………………………… 495

　　二、复合衬砌的设计参数 ………………………………………………… 496

### 第三节　隧道围岩压力计算 ………………………………………………… 497

　　一、浅埋隧道与深埋隧道的判别 ………………………………………… 497

　　二、超浅埋隧道 …………………………………………………………… 497

　　三、浅埋隧道围岩压力 …………………………………………………… 498

　　四、深埋隧道围岩压力 …………………………………………………… 499

　　五、浅埋偏压隧道围岩压力 ……………………………………………… 499

　　六、明洞荷载 ……………………………………………………………… 501

　　七、洞门墙土压力 ………………………………………………………… 503

　　八、盾构隧道荷载计算方法 ……………………………………………… 504

## 第二十五章　公路隧道设计规范 …………………………………………… 506

### 第一节　围岩分级 …………………………………………………………… 506

　　一、围岩坚硬程度分类 …………………………………………………… 506

　　二、围岩完整程度分类 …………………………………………………… 507

　　三、计算 $BQ$ 和 $[BQ]$ ……………………………………………………… 507

　　四、隧道围岩级别划分 …………………………………………………… 509

### 第二节　荷载计算 …………………………………………………………… 510

　　一、隧道埋深分界深度 …………………………………………………… 510

　　二、超浅埋隧道 …………………………………………………………… 511

　　三、浅埋隧道 ……………………………………………………………… 512

　　四、深埋隧道 ……………………………………………………………… 515

五、浅埋偏压隧道围岩压力计算 516
　　六、明洞设计荷载计算 517
　　七、洞门土压力 518
　　八、太沙基围岩压力计算法（应力传递法） 519
第三节　衬砌结构设计 521
　　一、复合式衬砌预留变形量 521
　　二、复合式衬砌设计参数 521
　　三、岩爆及大变形分级 522

# 第七篇　特殊土

## 第二十六章　湿陷性黄土地区建筑标准 525
　　一、黄土湿陷性试验 526
　　二、黄土湿陷性评价 529
　　三、湿陷性黄土场地的地基与基础设计 534
　　四、湿陷性黄土地基处理 538
　　五、湿陷性黄土地基检测 544

## 第二十七章　膨胀土地区建筑技术规范 547
　　一、基本特性指标 547
　　二、地基基础设计 549
　　三、变形计算 553
　　四、地基的胀缩等级及应用 555
　　五、公路膨胀土地区路基 556
　　六、铁路膨胀岩土地区路基 558

## 第二十八章　盐渍土 560
第一节　盐渍土地区建筑技术规范 560
　　一、盐渍土分类 560
　　二、含液量和易溶盐含量 561
　　三、溶陷性评价 563
　　四、毛细水强烈上升高度计算 565
　　五、盐胀性评价 566

六、腐蚀性评价 ················································ 567
第二节　其他盐渍土规范 ············································ 568
　　一、公路相关规范的盐渍土 ········································ 568
　　二、铁路相关规范的盐渍土 ········································ 571

# 第二十九章　冻土 ··················································· 572

第一节　岩土工程勘察规范 ·········································· 573
第二节　建筑地基基础设计规范 ······································ 574
　　一、冻土分类 ···················································· 574
　　二、冻土基础的埋置深度 ·········································· 576
第三节　公路桥涵地基与基础设计规范 ································ 577
　　一、埋置深度计算 ················································ 577
　　二、冻土地基抗冻拔稳定性验算 ···································· 578
　　三、冻土分类 ···················································· 580
第四节　铁路桥涵地基和基础设计规范 ································ 583
　　一、切向冻胀验算 ················································ 583
　　二、多年冻土地基最终沉降量计算 ·································· 585
　　三、基础埋置深度 ················································ 587
　　四、多年冻土地基钻孔桩的容许承载力 ······························ 588
　　五、冻土分类 ···················································· 589

# 第三十章　混合土 ··················································· 593

# 第三十一章　红黏土 ················································· 594

第一节　岩土工程勘察规范 ·········································· 594
第二节　铁路工程特殊岩土勘察规程 ·································· 595

# 第三十二章　污染土 ················································· 596

# 第三十三章　风化岩和残积土 ········································· 597

　　一、岩石的风化程度划分 ·········································· 597
　　二、花岗岩残积土分类 ············································ 597
　　三、花岗岩残积土细粒土液性指数 ·································· 598
　　四、花岗岩地区风化球（孤石）的判别 ······························ 598

# 第八篇　不良地质

## 第三十四章　岩溶和土洞 · 601
　　一、岩溶发育程度划分 · 601
　　二、岩溶稳定性评价 · 602

## 第三十五章　危岩和崩塌 · 605

## 第三十六章　泥石流 · 607
### 第一节　泥石流分类 · 607
　　一、按照《岩土工程勘察规范》附录 C 分类 · 607
　　二、按照《铁路工程不良地质勘察规程》附录 C 分类 · 608
### 第二节　泥石流流体密度、流速、流量 · 609
　　一、泥石流流体密度 · 609
　　二、泥石流流速 · 610
　　三、泥石流峰值流量 · 612
　　四、一次泥石流过程总量 · 613
　　五、一次泥石流最大淤积厚度 · 613

## 第三十七章　采空区 · 614
　　一、地表变形分类 · 614
　　二、采空区稳定性评价 · 615
　　三、公路采空区处治 · 616
　　四、地表移动变形预测法计算 · 618

# 第九篇　地震工程

## 第三十八章　建筑抗震设计规范 · 621
　　一、等效剪切波速及场地类别 · 621
　　二、液化判别 · 623
　　三、液化震陷 · 628
　　四、抗震承载力验算 · 631

五、设计反应谱和地震作用 ………………………………………………………… 635

## 第三十九章　岩土工程勘察规范 …………………………………………………… 639

　　一、标准贯入试验 ……………………………………………………………………… 639
　　二、剪切波速试验 ……………………………………………………………………… 640
　　三、静力触探试验 ……………………………………………………………………… 641

## 第四十章　水利水电工程抗震设计 ………………………………………………… 642

### 第一节　水利水电工程地质勘察规范 ……………………………………………… 642
　　一、液化初判 …………………………………………………………………………… 642
　　二、液化复判 …………………………………………………………………………… 643

### 第二节　水电工程水工建筑物抗震设计规范 ……………………………………… 644
　　一、场地类别划分 ……………………………………………………………………… 644
　　二、设计反应谱 ………………………………………………………………………… 645
　　三、设计地震动加速度代表值 ………………………………………………………… 645
　　四、拟静力法计算地震惯性力代表值 ………………………………………………… 646
　　五、地震土压力 ………………………………………………………………………… 647

## 第四十一章　公路工程抗震规范 …………………………………………………… 649

　　一、场地类别划分 ……………………………………………………………………… 649
　　二、液化初判 …………………………………………………………………………… 650
　　三、液化复判及液化指数 ……………………………………………………………… 650
　　四、桥梁设计加速度反应谱 …………………………………………………………… 652
　　五、挡土墙的水平地震作用 …………………………………………………………… 654
　　六、路肩挡土墙地震主动土压力 ……………………………………………………… 655
　　七、其他挡土墙地震土压力 …………………………………………………………… 655
　　八、路基边坡地震稳定性验算 ………………………………………………………… 656
　　九、抗震承载力验算 …………………………………………………………………… 657
　　十、《公路工程地质勘察规范》中的液化 …………………………………………… 658

## 第四十二章　中国地震动参数区划图 ……………………………………………… 661

　　一、基本术语 …………………………………………………………………………… 662
　　二、场地地震动峰值加速度 $\alpha_{max}$ 计算步骤 ………………………………………… 662

XXI

三、Ⅱ类场地地震动参数 ································································ 662

四、场地地震动参数调整（非Ⅱ类场地）··········································· 663

五、地震动参数分区范围 ···························································· 664

六、场地类型划分 ····································································· 665

# 第十篇　岩土工程检测与监测

## 第四十三章　建筑基桩检测技术规范 ················································ 669

一、桩身内力测试 ····································································· 669

二、单桩竖向抗压静载荷试验 ······················································ 671

三、单桩竖向抗拔静载荷试验 ······················································ 673

四、单桩水平静载荷试验 ···························································· 674

五、钻芯法 ············································································· 675

六、低应变法 ·········································································· 676

七、高应变法 ·········································································· 679

八、声波透射法 ······································································· 681

## 第四十四章　建筑地基处理技术规范 ················································ 683

一、处理后的地基静载荷试验 ······················································ 683

二、复合地基静载荷试验 ···························································· 684

三、复合地基增强体静载荷试验 ··················································· 685

四、灰土挤密桩或土挤密桩复合地基质量检验 ································· 686

## 第四十五章　建筑地基检测技术规范 ················································ 687

多道瞬态面波试验 ··································································· 687

## 第四十六章　建筑边坡工程技术规范 ················································ 688

第一节　基本试验 ··································································· 688

第二节　验收试验 ··································································· 689

## 第四十七章　建筑基坑支护技术规程 ················································ 690

第一节　锚杆基本试验 ····························································· 690

第二节　锚杆蠕变试验……………………………………………………690
第三节　锚杆验收试验……………………………………………………691
第四节　土钉抗拔试验……………………………………………………691
附录　锚杆试验对比、常见图形表面积和体积计算公式……………………692

第一篇

# 岩土工程勘察

## 岩土工程勘察知识点分级

| 规范 | 内容 | 知识点 | 知识点分级 |
|---|---|---|---|
| 《土力学》 | 土的物理性质 | 土的三相换算 | ★★★★★ |
| | | 土分类 | ★★ |
| | | 土的密实度、软硬、可塑性指标 | ★★ |
| | 土的渗透性和渗流 | 土的渗透原理(达西定律) | ★★★★ |
| | | 室内渗透系数试验 | ★★★★ |
| | | 不同土体渗透系数的比较和数量级 | ★★ |
| | | 流网计算水力梯度、渗透量计算 | ★★★★ |
| | | 渗透力的计算 | ★★★★ |
| | | 浸润线的形态、渗透破坏位置 | ★★ |
| | | 临界水力梯度计算 | ★★★★ |
| | | 多层土的水力梯度计算 | ★★ |
| | | 渗透变形判别 | ★★★★ |
| | 土的变形特性与沉降计算 | 压缩性指标、定义 | ★★ |
| | | 固结试验与沉降计算—分层总和法 | ★★★★★ |
| | | 渗流固结理论(固结与时间关系,固结度计算) | ★★ |
| | 土的抗剪强度 | 各抗剪强度指标试验(十字板、无侧限抗压强度、直剪、三轴剪切) | ★★★★ |
| | | 应力莫尔圆计算,莫尔库仑破坏准则 | ★★★★ |
| 《岩土工程勘察规范》《工程地质手册》等 | 原位测试 | 荷载试验、标准贯入试验 | ★★★★★ |
| | | 静力触探 | ★★★ |
| | | 圆锥动力触探、波速测试、十字板剪切试验 | ★★★★ |
| | | 旁压试验、扁铲侧胀试验 | ★★★ |
| 《土工试验方法标准》 | 土工试验 | 密度试验、比重试验 | ★★ |
| | | 含水率试验(包括液限、塑限、缩限) | ★★ |
| | | 土的颗粒筛分试验 | ★★★★ |
| | | 相对密度试验、击实试验、承载比试验 | ★★★ |
| | | 渗透试验、固结压缩试验、抗剪强度试验 | ★★★★ |
| | | 动力性质试验 | ★ |
| 《工程岩体试验方法标准》 | 岩石及岩体试验 | 蜡封法、水中称量法测试岩石密度试验 | ★★★ |
| | | 岩石单轴抗压强度试验、软化系数 | ★★★★ |
| | | 冻融系数、岩石直剪试验 | ★★ |
| | | 三轴压缩试验、抗拉强度试验 | ★★ |
| | | 点荷载试验 | ★★★★ |
| 多本规范 | 围岩分类 | 抗压强度分类、完整性分类 | ★★★★ |
| | | BQ 分类、T 分类 | ★★★★ |
| 《工程地质手册》《供水水文地质勘察标准》等 | 地下水 | 地下水的评价(物理、化学、力学) | ★★ |
| | | 地下水的流速、流向测定 | ★★★ |
| | | 水文地质参数、抽水试验 | ★★ |
| | | 压水试验 | ★★★ |
| | | 注水试验 | ★ |
| 《岩土工程勘察规范》 | 地表水、地下水、土壤的腐蚀性评价 | 腐蚀性评价 | ★★★★ |

【表注】本模块一般考查 8 道案例题,考查的规范很广泛,几乎每年都有新题、难题及需专业背景才能解决的题目。《岩土工程勘察规范》有时仅考查 1 道题,但作为纲领性规范,对比学习其他规范依然重要。

# 第一章

# 岩土工程勘察规范

## 第一节 土的物理性质与分类

### 一、土的三相指标

——《土力学》

#### （一）土的三相组成

土的三相组成

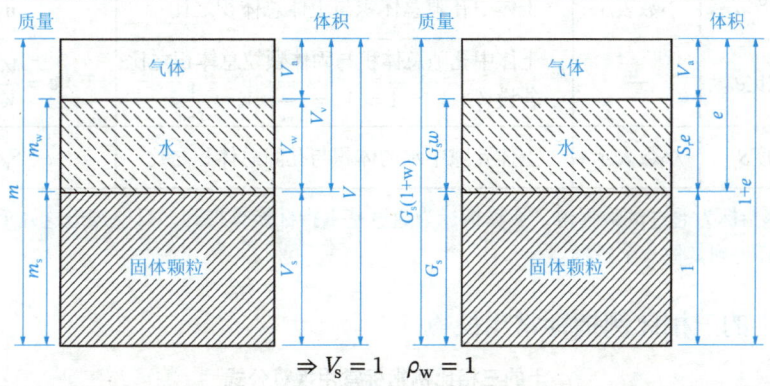

$\Rightarrow V_s = 1 \quad \rho_w = 1$

| 土是由固体颗粒、水和气体三部分组成的，通常称为土的三相组成，固体颗粒相互接触形成了土骨架，可承担和传递应力，而在土骨架中间有相互贯通的孔隙，这些孔隙完全被水充满，则为饱和土；部分被水占据，成为非饱和土，孔隙中无水只有气体，则是干土 |
|---|

| <br>土的三相草图 | 固体颗粒属于固相，构成土体骨架起决定作用；<br>土中水属于液相，对土体起重要影响；<br>土中气体属于气相，对土体起次要作用 |
|---|---|

| 随着三相物质的质量和体积的比例不同，土的性质也不同，土的三相物质在体积和质量上的比例关系称为三相比例指标 |
|---|

| ①土体的总体积：$V = V_a + V_w + V_s$<br>②土中孔隙总体积：$V_v = V_a + V_w$<br>③土体的总质量：$m = m_w + m_s$ | 式中：$m_s$——土颗粒的质量（g）；<br>$m_w$——土中水的质量（g）；<br>$V_a$——土中孔隙内的空气体积（cm³）；<br>$V_w$——土中孔隙内的水的体积（cm³）；<br>$V_s$——土粒的总体积（cm³） |
|---|---|

## （二）土的三相比例指标

**土的三相比例指标**

| | 指标名称 | 单位 | 物理意义 | 基本公式 |
|---|---|---|---|---|
| 基本指标 | 土粒比重$G_s$ | — | 土粒质量与同体积的4℃纯水的质量之比 | $G_s = \dfrac{m_s}{\rho_w V_s}$ |
| | 含水量$w$ | 小数表示 | 土中水的质量与土粒质量之比 | $w = \dfrac{m_w}{m_s}$ |
| | 天然重度$\gamma$ | kN/m³ | 天然状态下，单位体积土体的重量 | $\gamma = \dfrac{m}{V} \times g$ |
| 换算指标 | 饱和重度$\gamma_{sat}$ | kN/m³ | 孔隙完全被水充满时的重度 | $\gamma_{sat} = \dfrac{m_s + \rho_w V_v}{V} \times g$ |
| | 浮重度$\gamma'$ | kN/m³ | 饱和状态下，单位体积土体中扣除浮力后固体颗粒的重量 | $\gamma' = \dfrac{m_s - \rho_w V_s}{V} \times g$ |
| | 干重度$\gamma_d$ | kN/m³ | 完全烘干状态，单位体积土体颗粒的重量 | $\gamma_d = \dfrac{m_s}{V} \times g$ |
| | 孔隙率$n$ | 小数表示 | 土体中孔隙总体积与土体总体积之比 | $n = \dfrac{V_v}{V}$ |
| | 孔隙比$e$ | — | 土体中孔隙总体积与固体颗粒总体积之比<br>若设$V_s + V_v = 1 \Rightarrow V_v = \dfrac{e}{1+e}$；$V_s = \dfrac{1}{1+e}$ | $e = \dfrac{V_v}{V_s} = \dfrac{1 - V_s}{V_s}$ |
| | 饱和度$S_r$ | 小数表示 | 土体孔隙中水的体积与孔隙总体积之比 | $S_r = \dfrac{V_w}{V_v}$ |

**【小注】** 基本指标为通过试验测得，换算指标为通过基本指标换算得到，只要知道这九个指标中的任意三个，均可换算得到其他六个指标。

## （三）土的三相比例指标常用换算

**土的三相比例指标常用换算公式**

| 指标名称 | 常用换算公式 | 指标名称 | 常用换算公式 |
|---|---|---|---|
| 土粒比重$G_s$ | $G_s = \dfrac{S_r e}{w}$ | 含水率$w$ | $w = \dfrac{S_r e}{G_s} = \dfrac{\gamma}{\gamma_d} - 1$ |
| 天然重度$\gamma$ | $\gamma = \dfrac{G_s(1+w)\gamma_w}{1+e} = (1+w)\gamma_d = \dfrac{(G_s + e \cdot S_r)\gamma_w}{1+e}$ | | |
| 孔隙比$e$ | $e = \dfrac{G_s(1+w)\rho_w}{\rho} - 1 = \dfrac{n}{1-n} = \dfrac{w \cdot G_s}{S_r}$<br>$e = \dfrac{G_s}{\rho_d} - 1$ | 饱和重度$\gamma_{sat}$ | $\gamma_{sat} = \dfrac{G_s + e}{1+e}\gamma_w$<br>黄土$S_r = 0.85$，$\gamma_{sat} = \dfrac{G_s + S_r e}{1+e}\gamma_w$ |
| 孔隙率$n$ | $n = \dfrac{e}{1+e} = 1 - \dfrac{\rho}{G_s(1+w)\rho_w}$ | 浮重度$\gamma'$ | $\gamma' = \gamma_{sat} - \gamma_w = \dfrac{G_s - 1}{1+e}\gamma_w$ |
| 干密度$\rho_d$ | $\rho_d = \dfrac{\rho}{1+w} = \dfrac{G_s}{1+e} \cdot \rho_w$ | 饱和度$S_r$ | $S_r = \dfrac{w \cdot G_s}{e} = \dfrac{(\rho - \rho_d)G_s}{\rho_d \cdot e}$ |

**【小注】** 表中的$n$、$w$和$S_r$均采用小数形式参与计算；题目没有告诉具体数值时，一般取$\rho_w = 1.0$g/cm³、$\gamma_w = 10$kN/m³计算，注意水电行业一般取$\gamma_w = 9.81$kN/m³。

**笔记区**

## （四）土的三相比例指标工程应用

**土的三相比例指标工程应用**

| 工程应用 | 原理 | 原理公式 | 常用关系公式 |
|---|---|---|---|
| 填方土料用量 | 土颗粒质量（$m_s$）恒定<br>土体干密度（$\rho_d$）变化<br>土体孔隙比（$e$）变化 | $\rho_d = \dfrac{m_s}{V} = \dfrac{G_s \times \rho_w}{1+e}$ | ①干密度法：<br>$m_s = \rho_{d2} \times V_2 = \rho_{d1} \times V_1$<br>②孔隙比法：<br>$\dfrac{V_2}{1+e_2} = \dfrac{V_1}{1+e_1}$ |
| 填方压实 | 土颗粒质量（$m_s$）不变 | $m_s = \rho_{d1}V_1 = \rho_{d2}V_2$<br>$\dfrac{V_1}{1+e_1} = \dfrac{V_2}{1+e_2}$<br>$\dfrac{h_1}{1+e_1} = \dfrac{h_2}{1+e_2}$<br>$e_2 = e_1 - \dfrac{\Delta h}{h_1}(1+e_1)$ | 沉降值：<br>$\Delta h = h_1 - h_2 = \dfrac{e_1 - e_2}{1+e_1}h_1$<br>置换率：<br>$m = \dfrac{\Delta h}{h_1} = \dfrac{e_1 - e_2}{1+e_1}$ |
| 黏土搅拌泥浆 | 土颗粒质量（$m_s$）不变<br>完全饱和度 $S_r = 1$<br>土粒比重 $G_s$ 不变 | $V_{泥浆} = V_s + V_{土中水} + V_{另加水}$<br>$\rho_{泥浆} = \dfrac{m_{原土} + m_{另加水}}{V_{原土} + V_{另加水}} \Rightarrow$<br>$\rho_{泥浆} = \dfrac{m_s + m_w + m_{w1}}{\dfrac{m_s}{\rho_s} + \dfrac{m_w}{1} + \dfrac{m_{w1}}{1}}$ | $\rho_{sat} = \dfrac{G_s + e}{1+e}\rho_w$；$\rho_d = \dfrac{G_s}{1+e}\rho_w$<br>$\dfrac{V_{原土}}{1+e_1} = \dfrac{V_{泥浆}}{1+e_2}$<br>$m_s = \dfrac{m_2}{1+w_2} = \dfrac{m_1}{1+w_1}$<br>$m_s = \rho_{d2}V_2 = \rho_{d1}V_1$<br>$V = V_s + V_w = \dfrac{m_s}{G_s\rho_w} + \dfrac{m_w}{\rho_w}$ |
| 无填料土体振动密实/地基处理挤密 | 土颗粒质量（$m_s$）恒定<br>土体孔隙比（$e$）变化 | $e = \dfrac{V_v}{V_s} = \dfrac{V - V_s}{V_s}$<br>$m_1 = m_2 = m_水 + m_土$ | $\dfrac{V_2}{1+e_2} = \dfrac{V_1}{1+e_1}$<br>$\dfrac{h_2}{1+e_2} = \dfrac{h_1}{1+e_1}$ |
| 泥浆配置《工程地质手册》P121 | 土颗粒质量（$m_s$）不变 | $V_{泥浆} = V_水 + V_{黏土}$<br>$m_{泥浆} = m_水 + m_{黏土}$<br>该推导公式为工程应用近似解，不是土的三相解 | 黏土用量：$Q = V\rho_1\dfrac{\rho_2 - \rho_3}{\rho_1 - \rho_3}$<br>加水量：$W = \left(V - \dfrac{Q}{\rho_1}\right)\rho_3$<br>式中：$\rho_1$、$\rho_2$、$\rho_3$——分别为黏土、预制造泥浆和水的密度 |
| 水泥浆配置 | 土颗粒质量（$m_s$）不变 | $V_{水泥浆} = V_水 + V_{水泥}$<br>$m_{水泥浆} = m_水 + m_{水泥}$<br>水灰比 $n = m_水/m_{水泥}$ | 按水灰比 $n$ 配置水泥浆密度：<br>$\rho_{水泥浆} = \dfrac{n+1}{n + \dfrac{1}{\rho_{水泥}}}$<br>配置体积 $V$ 的水泥浆，需要水泥质量：<br>$m_{水泥} = \dfrac{V\rho_{水泥}}{1 + n\rho_{水泥}/\rho_水}$ |

笔记区

## 二、颗粒分析试验

——《土工试验方法标准》第 8 章

**试验方法**

| 土的类别 | 采用方法 |
|---|---|
| 0.075mm ≤ 颗粒粒径 ≤ 60mm 的粗粒土 | 筛析法 |
| 颗粒粒径 < 0.075mm 的细粒土 | 密度计法或者移液管法 |

根据试验结果，以小于某粒径的试样质量占试样总质量的百分数为纵坐标，以颗粒粒径为横坐标，绘制土的颗粒级配曲线图如下图所示。

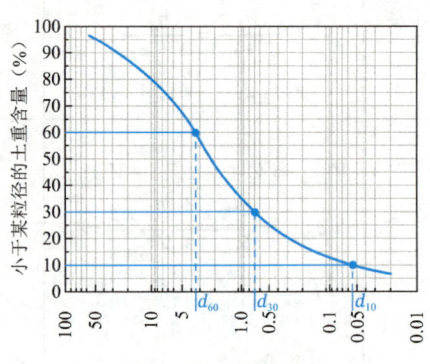

颗粒级配曲线图

**粗粒土的颗粒级配指标**

| 指标名称 | 符号 | 单位 | 物理意义 | 计算公式 |
|---|---|---|---|---|
| 限制粒径 | $d_{60}$ | mm | 小于该粒径的颗粒占总质量的60% | 由级配曲线查得 |
| 连续粒径 | $d_{30}$ | mm | 小于该粒径的颗粒占总质量的30% | |
| 有效粒径 | $d_{10}$ | mm | 小于该粒径的颗粒占总质量的10% | |
| 平均粒径 | $d_{50}$ | mm | 小于该粒径的颗粒占总质量的50% | |
| 不均匀系数 | $C_u$ | — | $C_u$越大，表明土越不均匀，即粗、细颗粒的大小越悬殊，土的粒组组成越分散。$C_u$越大，则颗粒级配曲线越平缓，$C_u > 5$的土为不均匀土，反之为均匀土 | $C_u = \dfrac{d_{60}}{d_{10}}$ |
| 曲率系数 | $C_c$ | — | 表示某种中间粒径的粒组是否缺失的情况 | $C_c = \dfrac{d_{30}^2}{d_{10} \times d_{60}}$ |

**根据不均匀系数$C_u$、曲率半径$C_c$判断土的颗粒级配**

$$C_u = \frac{d_{60}}{d_{10}} \qquad C_c = \frac{d_{30}^2}{d_{10} \cdot d_{60}}$$

式中：$d_{60}$、$d_{30}$、$d_{10}$——级配曲线上的某一粒径，小于该粒径的含量占总质量的60%、30%、10%

| 《土力学》 | | 《铁路路基设计规范》附录A | |
|---|---|---|---|
| $1 \leq C_c \leq 3$ | 级配连续 | $C_u < 10$ | 均匀级配 |
| $C_u \geq 5$且$1 \leq C_c \leq 3$ | 级配良好 | $C_u \geq 10$且$1 \leq C_c \leq 3$ | 良好级配 |
| $C_c < 1$或$C_c > 3$ | 级配不连续 | $C_u \geq 10$且$C_c < 1$ 或 $C_u \geq 10$且$C_c > 3$ | 间断级配 |
| $C_u < 5$或$C_c < 1$或$C_c > 3$ | 级配不良 | 填料组别查附录表 A.0.3-A.0.5（P106） | |

### 颗粒分析方法

| 小于某粒径的试样质量占试样总质量百分数 $X$（%） | |
|---|---|
| （1）筛析法 | |
| $$X = \frac{m_A}{m_B} \cdot d_x$$ | 式中：$m_A$——小于某粒径的试样质量（g）；<br>$m_B$——细筛分析时或密度计法分析时所取的试样质量（粗筛分析时为试样总质量）（g）；<br>$d_x$——粒径小于 2mm 或粒径小于 0.075mm 的试样质量占总质量的百分数（%） |
| （2）密度计法 | |
| 甲种密度计 | 乙种密度计 |
| $$X = \frac{100}{m_d} C_s (R_1 + m_T + n_w - C_D)$$<br>$$C_s = \frac{\rho_s}{\rho_s - \rho_{w20}} \cdot \frac{2.65 - \rho_{w20}}{2.65}$$ | $$X = \frac{100V}{m_d} C'_s [(R_2 - 1) + m'_T + n'_w - C'_D] \rho_{w20}$$<br>$$C'_s = \frac{\rho_s}{\rho_s - \rho_{w20}}$$ |
| 式中：$m_d$——干土质量（g）；<br>$C_s$——土粒比重校正值，也可以按照下表执行；<br>$R_1$——甲种密度计读数；<br>$m_T$——温度校正值，可按下表执行；<br>$n_w$——弯液面校正值；<br>$C_D$——分散剂校正值；<br>$\rho_s$——土粒密度（g/cm³）；<br>$\rho_{w20}$——20℃时水的密度（g/cm³） | 式中：$V$——悬液体积（mL）；<br>$C'_s$——土粒比重校正值，也可以按照下表执行；<br>$R_2$——乙种密度计读数；<br>$m'_T$——温度校正值，可按下表执行；<br>$n'_w$——弯液面校正值；<br>$C'_D$——分散剂校正值；<br>$\rho_s$——土粒密度（g/cm³）；<br>$\rho_{w20}$——20℃时水的密度（g/cm³） |
| 试样颗粒粒径 $d$（mm）：<br>$$d = \sqrt{\frac{1800 \times 10^4 \cdot \eta}{(G_s - G_{wT}) \cdot \rho_{w0} \cdot g} \times \frac{L_t}{t}} = K\sqrt{\frac{L_t}{t}}$$<br>粒径计算系数 $K$，其值也可按下表执行：<br>$$K = \sqrt{\frac{1800 \times 10^4 \cdot \eta}{(G_s - G_{wT}) \cdot \rho_{w0} \cdot g}}$$ | 式中：$\eta$——水的动力黏滞系数（$1 \times 10^{-6}$ kPa·s），可由下表执行；<br>$G_s$——土粒比重；<br>$G_{wT}$——温度为 $T$℃时水的比重；<br>$\rho_{w0}$——4℃时水的密度（g/cm³）；<br>$g$——重力加速度（981cm/s²）；<br>$L_t$——某一时间 $t$ 内的土粒沉降距离（cm）；<br>$t$——沉降时间（s） |
| （3）移液管法 | |
| （1）小于某粒径的试样质量占试样总质量百分数 $X$（%）：<br>$$X(\%) = \frac{m_0}{m_d} = \frac{m_{dx}V_x}{V'_x m_d} \times 100 = \frac{40 m_{dx}}{m_d} \times 100$$ | 式中：$m_0$、$m_d$——分别为天然湿土、干土质量（g）；<br>$m_{dx}$——吸取悬液中（25mL）土粒的干土质量（g）；<br>$V_x$——悬液总体积，$V_x$ =1000mL；<br>$V'_x$——移液管每次吸取的悬液体积，$V'_x$ =25mL |
| （2）粒径小于 0.05mm、0.01mm、0.005mm、0.002mm 和其他所需粒径下沉一定深度所需的静置时间 $t$；<br>$$t = \frac{1800 \times 10^4 \cdot \eta \cdot L_t}{(G_s - G_{wT}) \cdot \rho_{w0} \cdot g \cdot d^2}$$ | |

## 土粒比重校正值

| 土粒比重 | 甲种土壤密度计比重校正值 $C_s$ | 乙种土壤密度计比重校正值 $C'_s$ | 土粒比重 | 甲种土壤密度计比重校正值 $C_s$ | 乙种土壤密度计比重校正值 $C'_s$ |
| --- | --- | --- | --- | --- | --- |
| 2.50 | 1.038 | 1.666 | 2.70 | 0.989 | 1.588 |
| 2.52 | 1.032 | 1.658 | 2.72 | 0.985 | 1.581 |
| 2.54 | 1.027 | 1.649 | 2.74 | 0.981 | 1.575 |
| 2.56 | 1.022 | 1.641 | 2.76 | 0.977 | 1.568 |
| 2.58 | 1.017 | 1.632 | 2.78 | 0.973 | 1.562 |
| 2.60 | 1.012 | 1.625 | 2.80 | 0.969 | 1.556 |
| 2.62 | 1.007 | 1.617 | 2.82 | 0.965 | 1.549 |
| 2.64 | 1.002 | 1.609 | 2.84 | 0.961 | 1.543 |
| 2.66 | 0.998 | 1.603 | 2.86 | 0.958 | 1.538 |
| 2.68 | 0.993 | 1.595 | 2.88 | 0.954 | 1.532 |

## 温度校正值

| 悬液温度（℃） | 甲种密度计温度校正值 $m_T$ | 乙种密度计温度校正值 $m'_T$ | 悬液温度（℃） | 甲种密度计温度校正值 $m_T$ | 乙种密度计温度校正值 $m'_T$ |
| --- | --- | --- | --- | --- | --- |
| 10.0 | −2.0 | −0.0012 | 20.0 | 0.0 | +0.0000 |
| 10.5 | −1.9 | −0.0012 | 20.5 | +0.1 | +0.0001 |
| 11.0 | −1.9 | −0.0012 | 21.0 | +0.3 | +0.0002 |
| 11.5 | −1.8 | −0.0011 | 21.5 | +0.5 | +0.0003 |
| 12.0 | −1.8 | −0.0011 | 22.0 | +0.6 | +0.0004 |
| 12.5 | −1.7 | −0.0010 | 22.5 | +0.8 | +0.0005 |
| 13.0 | −1.6 | −0.0010 | 23.0 | +0.9 | +0.0006 |
| 13.5 | −1.5 | −0.0009 | 23.5 | +1.1 | +0.0007 |
| 14.0 | −1.4 | −0.0009 | 24.0 | +1.3 | +0.0008 |
| 14.5 | −1.3 | −0.0008 | 24.5 | +1.5 | +0.0009 |
| 15.0 | −1.2 | −0.0008 | 25.0 | +1.7 | +0.0010 |
| 15.5 | −1.1 | −0.0007 | 25.5 | +1.9 | +0.0011 |
| 16.0 | −1.0 | −0.0006 | 26.0 | +2.1 | +0.0013 |
| 16.5 | −0.9 | −0.0006 | 26.5 | +2.2 | +0.0014 |
| 17.0 | −0.8 | −0.0005 | 27.0 | +2.5 | +0.0015 |
| 17.5 | −0.7 | −0.0004 | 27.5 | +2.6 | +0.0016 |
| 18.0 | −0.5 | −0.0003 | 28.0 | +2.9 | +0.0018 |
| 18.5 | −0.4 | −0.0003 | 28.5 | +3.1 | +0.0019 |
| 19.0 | −0.3 | −0.0002 | 29.0 | +3.3 | +0.0021 |
| 19.5 | −0.1 | −0.0001 | 29.5 | +3.5 | +0.0022 |
| 20.0 | −0.0 | −0.0000 | 30.0 | +3.7 | +0.0023 |

水的动力黏滞系数、黏滞系数比、温度校正值

| 温度 $T$（℃） | 动力黏滞系数 $\eta$（$1\times10^{-6}$kPa·s） | $\eta_T/\eta_{20}$ | 温度校正系数 $T_D$ | 温度 $T$（℃） | 动力黏滞系数 $\eta$（$1\times10^{-6}$kPa·s） | $\eta_T/\eta_{20}$ | 温度校正系数 $T_D$ |
| --- | --- | --- | --- | --- | --- | --- | --- |
| 5.0 | 1.516 | 1.501 | 1.17 | 17.5 | 1.074 | 1.066 | 1.66 |
| 5.5 | 1.493 | 1.478 | 1.19 | 18.0 | 1.061 | 1.050 | 1.68 |
| 6.0 | 1.470 | 1.455 | 1.21 | 18.5 | 1.048 | 1.038 | 1.70 |
| 6.5 | 1.449 | 1.435 | 1.23 | 19.0 | 1.035 | 1.025 | 1.72 |
| 7.0 | 1.428 | 1.414 | 1.25 | 19.5 | 1.022 | 1.012 | 1.74 |
| 7.5 | 1.407 | 1.393 | 1.27 | 20.0 | 1.010 | 1.000 | 1.76 |
| 8.0 | 1.387 | 1.373 | 1.28 | 20.5 | 0.998 | 0.988 | 1.78 |
| 8.5 | 1.367 | 1.353 | 1.30 | 21.0 | 0.986 | 0.976 | 1.80 |
| 9.0 | 1.347 | 1.334 | 1.32 | 21.5 | 0.974 | 0.964 | 1.83 |
| 9.5 | 1.328 | 1.315 | 1.34 | 22.0 | 0.963 | 0.953 | 1.85 |
| 10.0 | 1.310 | 1.297 | 1.36 | 22.5 | 0.952 | 0.943 | 1.87 |
| 10.5 | 1.292 | 1.279 | 1.38 | 23.0 | 0.941 | 0.932 | 1.89 |
| 11.0 | 1.274 | 1.261 | 1.40 | 24.0 | 0.919 | 0.910 | 1.94 |
| 11.5 | 1.256 | 1.243 | 1.42 | 25.0 | 0.899 | 0.890 | 1.98 |
| 12.0 | 1.239 | 1.227 | 1.44 | 26.0 | 0.879 | 0.870 | 2.03 |
| 12.5 | 1.223 | 1.211 | 1.46 | 27.0 | 0.859 | 0.850 | 2.07 |
| 13.0 | 1.206 | 1.194 | 1.48 | 28.0 | 0.841 | 0.833 | 2.12 |
| 13.5 | 1.188 | 1.176 | 1.50 | 29.0 | 0.823 | 0.815 | 2.16 |
| 14.0 | 1.175 | 1.163 | 1.52 | 30.0 | 0.806 | 0.798 | 2.21 |
| 14.5 | 1.160 | 1.148 | 1.54 | 31.0 | 0.789 | 0.781 | 2.25 |
| 15.0 | 1.144 | 1.133 | 1.56 | 32.0 | 0.773 | 0.765 | 2.30 |
| 15.5 | 1.130 | 1.119 | 1.58 | 33.0 | 0.757 | 0.750 | 2.34 |
| 16.0 | 1.115 | 1.104 | 1.60 | 34.0 | 0.742 | 0.735 | 2.39 |
| 16.5 | 1.101 | 1.090 | 1.62 | 35.0 | 0.727 | 0.720 | 2.43 |
| 17.0 | 1.088 | 1.077 | 1.64 | — | — | — | — |

笔记区

## 粒径计算系数 K 值表

| 温度<br>(℃) | 土粒比重 $G_s$ | | | | | | | | |
|---|---|---|---|---|---|---|---|---|---|
| | 2.45 | 2.50 | 2.55 | 2.60 | 2.65 | 2.70 | 2.75 | 2.80 | 2.85 |
| 5 | 0.1385 | 0.1360 | 0.1339 | 0.1318 | 0.1298 | 0.1279 | 0.1261 | 0.1243 | 0.1226 |
| 6 | 0.1365 | 0.1342 | 0.1320 | 0.1299 | 0.1280 | 0.1261 | 0.1243 | 0.1225 | 0.1208 |
| 7 | 0.1344 | 0.1321 | 0.1300 | 0.1280 | 0.1260 | 0.1241 | 0.1224 | 0.1206 | 0.1189 |
| 8 | 0.1324 | 0.1302 | 0.1281 | 0.1260 | 0.1241 | 0.1223 | 0.1205 | 0.1188 | 0.1182 |
| 9 | 0.1305 | 0.1283 | 0.1262 | 0.1242 | 0.1224 | 0.1205 | 0.1187 | 0.1171 | 0.1164 |
| 10 | 0.1288 | 0.1267 | 0.1247 | 0.1227 | 0.1208 | 0.1189 | 0.1173 | 0.1156 | 0.1141 |
| 11 | 0.1270 | 0.1249 | 0.1229 | 0.1209 | 0.1190 | 0.1173 | 0.1156 | 0.1140 | 0.1124 |
| 12 | 0.1253 | 0.1232 | 0.1212 | 0.1193 | 0.1175 | 0.1157 | 0.1140 | 0.1124 | 0.1109 |
| 13 | 0.1235 | 0.1214 | 0.1195 | 0.1175 | 0.1158 | 0.1141 | 0.1124 | 0.1109 | 0.1004 |
| 14 | 0.1221 | 0.1200 | 0.1180 | 0.1162 | 0.1149 | 0.1127 | 0.1111 | 0.1095 | 0.1000 |
| 15 | 0.1205 | 0.1184 | 0.1165 | 0.1148 | 0.1130 | 0.1113 | 0.1096 | 0.1081 | 0.1067 |
| 16 | 0.1189 | 0.1169 | 0.1150 | 0.1132 | 0.1115 | 0.1098 | 0.1083 | 0.1067 | 0.1053 |
| 17 | 0.1173 | 0.1154 | 0.1135 | 0.1118 | 0.1100 | 0.1085 | 0.1069 | 0.1047 | 0.1039 |
| 18 | 0.1159 | 0.1140 | 0.1121 | 0.1103 | 0.1086 | 0.1071 | 0.1055 | 0.1040 | 0.1026 |
| 19 | 0.1145 | 0.1125 | 0.1108 | 0.1090 | 0.1073 | 0.1058 | 0.1031 | 0.1088 | 0.1014 |
| 20 | 0.1130 | 0.1111 | 0.1093 | 0.1075 | 0.1059 | 0.1043 | 0.1029 | 0.1014 | 0.1000 |
| 21 | 0.1118 | 0.1099 | 0.1081 | 0.1064 | 0.1043 | 0.1033 | 0.1018 | 0.1003 | 0.0990 |
| 22 | 0.1103 | 0.1085 | 0.1067 | 0.1050 | 0.1035 | 0.1019 | 0.1004 | 0.0990 | 0.09767 |
| 23 | 0.1091 | 0.1072 | 0.1055 | 0.1038 | 0.1023 | 0.1007 | 0.09930 | 0.09793 | 0.09659 |
| 24 | 0.1078 | 0.1061 | 0.1044 | 0.1028 | 0.1012 | 0.09970 | 0.09823 | 0.09600 | 0.09555 |
| 25 | 0.1065 | 0.1047 | 0.1031 | 0.1014 | 0.09990 | 0.09839 | 0.09701 | 0.09566 | 0.09434 |
| 26 | 0.1054 | 0.1035 | 0.1019 | 0.1003 | 0.09897 | 0.09731 | 0.09592 | 0.09455 | 0.09327 |
| 27 | 0.1041 | 0.1024 | 0.1007 | 0.09915 | 0.09767 | 0.09623 | 0.09482 | 0.09349 | 0.09225 |
| 28 | 0.1032 | 0.1014 | 0.09975 | 0.09818 | 0.09670 | 0.09529 | 0.09391 | 0.09257 | 0.09132 |
| 29 | 0.1019 | 0.1002 | 0.09859 | 0.09706 | 0.09555 | 0.09413 | 0.09279 | 0.09144 | 0.09028 |
| 30 | 0.1008 | 0.09910 | 0.09752 | 0.09597 | 0.09450 | 0.09311 | 0.09176 | 0.09050 | 0.08927 |

笔记区

## 三、砂的相对密度试验

——《土工试验方法标准》第 12 章

**砂的相对密度试验**

| 方法分类 | 漏斗法和量筒法<br>适用于最小干密度试验 | 振动锤击法<br>适用于最大干密度试验 |
|---|---|---|
| 适用对象 | 土样为能自由排水的砂砾土,粒径不应大于 5mm,其中粒径为 2～5mm 的土样质量不应大于土样总质量的 15% | |
| 简要步骤 | ①取烘干试样 $m_d = 700g$,均匀倒入采用锥形塞堵住的漏斗中。<br>②打开锥形塞,试样落入量筒中,拂平,读数得体积。<br>③将量筒倒转,重复数次,取较大体积值为 $V_{max}$ 计算最小干密度 | ①取代表性试样 4kg 左右,按规定处理。<br>②分三层均匀倒入容器内进行振击,每一层振击至体积不变为止。<br>③取下护筒,刮平试样,称量筒+试样的质量,进而计算得烘干试样的质量 $m_d$ |
| 指标计算 | 最小干密度:$\rho_{dmin} = \dfrac{m_d}{V_{max}}$<br>最大孔隙比:$e_{max} = \dfrac{\rho_w \times G_s}{\rho_{dmin}} - 1$ | 最大干密度:$\rho_{dmax} = \dfrac{m_d}{V_{min}}$<br>最小孔隙比:$e_{min} = \dfrac{\rho_w \times G_s}{\rho_{dmax}} - 1$ |
| | 砂的相对密度: $$D_r = \dfrac{e_{max} - e_0}{e_{max} - e_{min}} = \dfrac{\rho_{dmax}(\rho_d - \rho_{dmin})}{\rho_d(\rho_{dmax} - \rho_{dmin})}$$ $D_r \leqslant \dfrac{1}{3}$,疏松; $\dfrac{1}{3} < D_r \leqslant \dfrac{2}{3}$,中密; $D_r > \dfrac{2}{3}$,密实<br>《工程地质手册》P210:<br>$D_r \in 0 \sim 0.2$,松散; $D_r \in 0.2 \sim 0.33$,稍密; $D_r \in 0.33 \sim 0.67$,中密; $D_r \in 0.67 \sim 1$,密实<br>式中:$V_{max}$——松散状态时试验的最大体积(cm³);<br>$\quad\quad V_{min}$——紧密状态时试验的最小体积(cm³);<br>$\quad\quad \rho_w$——水的密度(g/cm³);<br>$\quad\quad G_s$——土粒比重;<br>$\quad\quad e_0$——天然孔隙比或填土的相应孔隙比;<br>$\quad\quad \rho_d$——天然孔隙比状态下的干密度(g/cm³) | |
| 数据整理 | 本试验应进行两次平行测定,两次测定值其最大允许平行差值应为±0.03g/cm³,取两次测值的算术平均值为试验结果 | |

【小注】①最小干密度试验,采用漏斗法和量筒法,实际关键点在于:"试样缓慢且均匀地落入量筒中",意为砂土处于极其松散的状态。

②最大干密度试验为锤击法,砂土试样体积经敲打至体积不变时为最大干密度状态。

③与击实试验获得最大干密度的方法不同,击实试验是由不同含水率与干密度的关系取峰值得到的;本试验则是直接锤击至体积不变得到。

④细粒土的压实性由最优含水量和最大干密度控制,粗粒土的压实性则由相对密度控制。

⑤抗震的砂土液化以及《碾压式土石坝设计规范》中均有涉及该知识点的规范条文。

**笔记区**

## 四、黏性土的可塑性

——《工程地质手册》P149

黏性土由于比表面积大且颗粒矿物成分具有一定的亲水能力，使得其随着含水率的增大，土体的状态由坚硬状态逐渐过渡为液性流态，工程中为描述在不同含水率情况下黏性土的状态引入土的可塑性指标。

黏性土的可塑性指标

| 指标名称 | 符号 | 单位 | 物理意义 | 计算公式 |
|---|---|---|---|---|
| 液限 | $w_L$ | % | 土体由塑性状态进入液性流态时的界限含水率 | 由试验直接确定 |
| 塑限 | $w_P$ | % | 土体由半固体状态进入塑性状态的界限含水率 | |
| 缩限 | $w_s$ | % | 土体由半固体状态进入固体状态的界限含水率，含水量低于缩限水分蒸发体积不再缩小 | |
| 塑性指数 | $I_P$ | — | 土呈塑性状态时，含水率变化范围，代表土的可塑程度 | $I_P = w_L - w_P$ |
| 液性指数 | $I_L$ | — | 直接判定土的软硬程度，反映天然土体所处的状态 | $I_L = \dfrac{w - w_P}{w_L - w_P}$ |
| 含水比 | $u$ | — | 土的天然含水率与液限含水率之比 | $u = \dfrac{w}{w_L}$ |

黏性土状态分类

| 液性指数$I_L$ | $I_L > 1$ | $1 \geqslant I_L > 0.75$ | $0.75 \geqslant I_L > 0.25$ | $0.25 \geqslant I_L > 0$ | $0 \geqslant I_L$ |
|---|---|---|---|---|---|
| 状态 | 流塑 | 软塑 | 可塑 | 硬塑 | 坚硬 |

【小注】①液限分为两类：下沉17mm时对应含水量为液限（即17mm液限）和下沉10mm时对应含水量为10mm液限，下沉2mm时对应含水量为塑限。

②《岩土工程勘察规范》第3.3.5条：液限由76g圆锥仪沉入土中10mm测定；其他公路、铁路、水利、建筑地基规范等均是采用10mm测定液限。

③《土工试验方法标准》第9.2.4条：采用液、塑限联合测定法测定，下沉深度17mm时所对应的含水量为液限。

## 五、击实试验

——《土工试验方法标准》第13章

压实就是指土体在压实能量作用下，土颗粒克服粒间阻力，产生相对位移，使得土中孔隙减小、密度增加的过程。试验表明：压实能越大，得到的最优含水量越小，相应的最大干密度越大。

击实试验分类及击实仪技术指标

| 试验方法 | 锤底直径（mm） | 锤质量（kg） | 落高（mm） | 层数 | 每层击数 | 击实筒 内径（mm） | 击实筒 筒高（mm） | 击实筒 容积（cm³） | 护筒高（mm） |
|---|---|---|---|---|---|---|---|---|---|
| 轻型击实试验 | 51 | 2.5 | 305 | 3 | 25 | 102 | 116 | 947.4 | ≥ 50 |
| | | | | 3 | 56 | 152 | 116 | 2103.9 | |
| 重型击实试验 | | 4.5 | 457 | 3 | 42 | 102 | 116 | 947.4 | |
| | | | | 3 | 94 | 152 | 116 | 2103.9 | |
| | | | | 5 | 56 | | | | |

# 指标计算

①每组试样的干密度：

$$\rho_{di} = \frac{\rho_{0i}}{(1 + 0.01w_i)}$$

式中：$\rho_{0i}$——试样的密度（g/cm³）；

$w_i$——试样密度对应的含水率（%）。

②根据试验测得 5 组数据$(\rho_{di}, w_i)$，绘制干密度与含水率曲线如下所示。

③根据下图曲线，取<u>曲线峰值点</u>相应的纵坐标为击实试验的<u>最大干密度$\rho_{dmax}$</u>，相应的<u>横坐标</u>为击实试验的<u>最优含水率$w_{op}$</u>。

④曲线不能给出峰值时，应进行补点试验

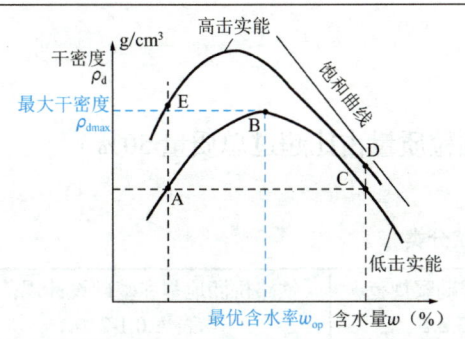

⑤气体体积等于零（即饱和度100%）的等值线应按下式计算，并应将计算值绘于左图的关系曲线上。

$$w_{sat} = \left(\frac{\rho_w}{\rho_d} - \frac{1}{G_s}\right) \times 100$$

式中：$w_{sat}$——试样的饱和含水率（%）；

$\rho_w$——水的密度（g/cm³）；

$\rho_d$——试样的干密度（g/cm³）；

$G_s$——土颗粒比重。

### 压实度$\lambda_c$（压实系数）

| 指标名称 | 符号 | 单位 | 物理意义 | 计算公式 |
|---|---|---|---|---|
| 最优含水率 | $w_{op}$ | % | 在一定击实功下，能使填土达到最大密度所需的含水率 | 击实试验测定 |
| 最大干密度 | $\rho_{dmax}$ | t/m³ | 与最优含水率相对应的干密度 | |
| 压实系数 | $\lambda_c$ | — | 压实填土<u>实际</u>干密度$\rho_d$与<u>最大</u>干密度$\rho_{dmax}$的比值 | $\lambda_c = \rho_d / \rho_{dmax}$ |

**压实填土的质量以压实系数$\lambda_c$控制——《建筑地基基础设计规范》第 6.3.7~6.3.8 条**

| 结构类型 | 填土部位 | 压实系数（$\lambda_c$） | 控制含水量（%） |
|---|---|---|---|
| 砌体承重及框架结构 | 在地基主要受力层范围内 | ≥0.97 | $w_{op} \pm 2$ |
| | 在地基主要受力层范围<u>以下</u> | ≥0.95 | |
| 排架结构 | 在地基主要受力层范围内 | ≥0.96 | |
| | 在地基主要受力层范围<u>以下</u> | ≥0.94 | |

【表注】①$w_{op}$为最优含水率。

②地坪垫层以下及基础底面标高以上的压实填土，压实系数不应小于0.94。

【小注】为了控制压实系数，应使填料达到一定的含水量，这个含水量接近最优含水率$w_{op}$

【小注】《土工试验方法标准》中，击实试验中删除了最大干密度和最优含水率的修正。

《工程地质手册》P152 还保留了 1999 年版本的《土工试验方法标准》中<u>最大干密度和最优含水率的修正</u>。考试的时候，需要注意题干的指定。

轻型击实试验中，当土中粒径>5mm 的粗颗粒含量<30%时，按下式校正击实试验最大干密度和最优含水率。

$$\rho'_{dmax} = \frac{1}{\frac{1-P_5}{\rho_{dmax}} + \frac{P_5}{\rho_w \times G_{s2}}} \qquad w'_{op} = w_{op}(1-P_5) + P_5 \times w_{ab}$$

式中：$\rho'_{dmax}$——试样校正后的最大干密度（g/cm³）。

$\rho_{dmax}$——击实试验的最大干密度（g/cm³）。

$P_5$——粒径 > 5mm 的粗颗粒含量占总质量的百分数，以小数带入。

$G_{s2}$——粒径 > 5mm 土粒的饱和面干比重。饱和面干比重指当土粒呈饱和面干状态时的土粒总质量与相当于土粒总体积的纯水 4℃时质量的比值。

$w'_{op}$——试样校正后的最优含水率（%）。

$w_{op}$——击实试样的最优含水率（%）。

$w_{ab}$——粒径 > 5mm 的吸着含水率（%）。

【注】所有的含水率 $w$ 和 $P_5$ 均采用小数形式代入计算。

## 六、土的分类定名

### （一）碎石土的分类（粒径大于 2mm 颗粒质量占比超过总质量 50%）

1. 按级配及形状分类

**按级配及形状分类**

| 颗粒级配 | 颗粒形状 | 《岩土工程勘察规范》表 3.2.2 | 《铁路桥涵地基和基础设计规范》表 A.0.1-2 |
|---|---|---|---|
| 粒径大于 200mm 占比超过总质量 50% | 圆形及亚圆形为主 | 漂石 | 漂石土 |
| | 棱角形为主 | 块石 | 块石土 |
| 粒径大于 60mm 占比超过总质量 50% | 浑圆及圆棱形为主 | — | 卵石土 |
| | 尖棱角形为主 | — | 碎石土 |
| 粒径大于 20mm 占比超过总质量 50% | 圆形及亚圆形为主 | 卵石 | 粗圆砾土 |
| | 棱角形为主 | 碎石 | 粗角砾土 |
| 粒径大于 2mm 占比超过总质量 50% | 圆形及亚圆形为主 | 圆砾 | 细圆砾土 |
| | 棱角形为主 | 角砾 | 细角砾土 |

2. 按密实度判断状态——《岩土工程勘察规范》表 3.3.8-1、表 3.3.8-2

**按密实度判断状态**

| 碎石土：平均粒径 $\bar{d} \leqslant 50$mm 且 $d_{max} \leqslant 100$mm | | 碎石土：平均粒径 $\bar{d} > 50$mm 或 $d_{max} > 100$mm | |
|---|---|---|---|
| $N_{63.5} \leqslant 5$ | 松散 | $N_{120} \leqslant 3$ | 松散 |
| $5 < N_{63.5} \leqslant 10$ | 稍密 | $3 < N_{120} \leqslant 6$ | 稍密 |
| $10 < N_{63.5} \leqslant 20$ | 中密 | $6 < N_{120} \leqslant 11$ | 中密 |
| $N_{63.5} > 20$ | 密实 | $11 < N_{120} \leqslant 14$ | 密实 |
| | | $N_{120} > 14$ | 很密 |

【表注】$N_{63.5}$——杆长修正后的重型动力触探锤击数，$N_{63.5} = \alpha_1 \cdot N'_{63.5}$。

$N_{120}$——杆长修正后的超重型动力触探锤击数，$N_{120} = \alpha_2 \cdot N'_{120}$。

其中：$N'_{63.5}$、$N'_{120}$ 为实测值，$\alpha_1$、$\alpha_2$ 为杆长修正系数，详细见圆锥动力触探试验。

## （二）砂土分类

定义：粒径大于 **0.075mm** 的颗粒质量占比<u>超过</u>总质量 **50%**，粒径大于 **2mm** 的颗粒质量占比<u>不超过</u>总质量 50%。

1. 按颗粒级配分类——《岩土工程勘察规范》表 3.3.3

**按颗粒级配分类**

| 颗粒级配 | 各规范相同 |
| --- | --- |
| 粒径大于 2mm 的颗粒质量占比为总质量 25%～50% | 砾砂 |
| 粒径大于 0.5mm 的颗粒质量占比超过总质量 50% | 粗砂 |
| 粒径大于 0.25mm 的颗粒质量占比超过总质量 50% | 中砂 |
| 粒径大于 0.075mm 的颗粒质量占比超过总质量 85% | 细砂 |
| 粒径大于 0.075mm 的颗粒质量占比超过总质量 50% | 粉砂 |

【表注】定名时应根据颗粒级配<u>由大到小以最先符合者确定</u>。

2. 按砂土相对密度划分——《土力学》

**按砂土相对密度划分**

| 砂土的相对密度$D_r$ | $D_r \leqslant 1/3$ | $1/3 < D_r \leqslant 2/3$ | $D_r > 2/3$ |
| --- | --- | --- | --- |
| 密实程度 | 疏松 | 中密 | 密实 |

$$\left. \begin{array}{l} e = \dfrac{G_s \rho_w}{\rho_d} - 1 \\ e_{min} = \dfrac{G_s \rho_w}{\rho_{dmax}} - 1 \\ e_{max} = \dfrac{G_s \rho_w}{\rho_{dmin}} - 1 \end{array} \right\} \Rightarrow D_r = \dfrac{e_{max} - e}{e_{max} - e_{min}} = \dfrac{\rho_{dmax}(\rho_d - \rho_{dmin})}{\rho_d(\rho_{dmax} - \rho_{dmin})}$$

3. 按密实度分类

**按密实度分类**

| 标准贯入锤击数$N$（实测值，无需修正） | | | | 备注 |
| --- | --- | --- | --- | --- |
| 《岩土工程勘察规范》表 3.3.9 《建筑地基检测技术规范》表 7.4.7-1 | | 《水运工程岩土勘察规范》表 4.2.11 | | 贯入器<u>打入土中 15cm 后</u>，开始记录每打入 10cm 锤击数，累计锤击数为 $N'$，<u>继续打入深度 $\Delta S$</u>。情况 1：$\Delta S = 30\text{cm}$，累计锤击数 $N' \leqslant 50$，此时 $N = N'$ 情况 2：$\Delta S < 30\text{cm}$，累计锤击数 $N' = 50$，此时 $N = 30 \times \dfrac{50}{\Delta S}$ |
| $N \leqslant 10$ | 松散 | $N \leqslant 10$ | 松散 | |
| $10 < N \leqslant 15$ | 稍密 | $10 < N \leqslant 15$ | 稍密 | |
| $15 < N \leqslant 30$ | 中密 | $15 < N \leqslant 30$ | 中密 | |
| $N > 30$ | 密实 | $30 < N \leqslant 50$ | 密实 | |
| | | $N > 50$ | 极密实 | |

【小注】《水运工程岩土勘察规范》中对<u>地下水位以下</u>的<u>中、粗砂</u>，实测值 $N + 5$ 以后按上表查取。

## (三)细粒土(粉土、黏性土)分类

定义:粒径大于 0.075mm 颗粒质量占比不超过总质量 50%。

**细粒土(粉土、黏性土)分类**

| 塑性指数 $I_P = w_L - w_P$ | 定名 | 《岩土工程勘察规范》 | | 《建筑地基检测技术规范》 | |
|---|---|---|---|---|---|
| $I_P \leq 10$ | 粉土 | $e < 0.75$<br>$0.75 \leq e \leq 0.9$<br>$e > 0.9$ | 密实<br>中密<br>稍密 | $e < 0.75,\ N_k > 15$<br>$0.75 \leq e \leq 0.9,\ 10 < N_k \leq 15$<br>$e > 0.9,\ 5 < N_k \leq 10$<br>$N_k \leq 5$ | 密实<br>中密<br>稍密<br>松散 |
| $I_P \leq 10$ | 粉土 | $w < 20$<br>$20 \leq w \leq 30$<br>$w > 30$ | 稍湿<br>湿<br>很湿 | — | |
| $10 < I_P \leq 17$ | 粉质黏土 | $I_L \leq 0$<br>$0 < I_L \leq 0.25$<br>$0.25 < I_L \leq 0.75$<br>$0.75 < I_L \leq 1$<br>$I_L > 1$ | 坚硬<br>硬塑<br>可塑<br>软塑<br>流塑 | $I_L \leq 0,\ N'_k > 25$<br>$0 < I_L \leq 0.25,\ 14 < N'_k \leq 25$<br>$0.25 < I_L \leq 0.5,\ 8 < N'_k \leq 14$<br>$0.5 < I_L \leq 0.75,\ 4 < N'_k \leq 8$<br>$0.75 < I_L \leq 1,\ 2 < N'_k \leq 4$ | 坚硬<br>硬塑<br>硬可塑<br>软可塑<br>软塑 |
| $I_P > 17$ | 黏土 | | | | |

【小注】①$e$ 为孔隙比;$I_L$ 为液性指数,$I_L = \dfrac{w - w_P}{w_L - w_P}$。

②$N_k$ 为标准贯入锤击数<u>实测标准值</u>:无需杆长修正,但需要将实测值统计为标准值。
$N'_k$ 为标准贯入锤击数<u>杆长修正标准值</u>:需杆长修正,且将杆长修正值统计为标准值。
杆长修正见本章第六节标准贯入试验,标准值统计见本章第十节。

③塑性指数 $I_P$ 应由 76g 的圆锥仪沉入土中 <u>10mm</u> 时测定的液限计算而得。

《水运工程岩土勘察规范》的黏性土分类:

**黏性土分类**

| 土的名称 | 粉质黏土 | 黏土 |
|---|---|---|
| 塑性指数 | $10 < I_P \leq 17$ | $I_P > 17$ |

【表注】塑性指数 $I_P$ 由 76g 的圆锥仪沉入土中 <u>10mm 时测定的液限</u>计算而得。

**根据液性指数确定黏性土的状态**

| 液性指数 $I_L$ | $I_L > 1$ | $1 \geq I_L > 0.75$ | $0.75 \geq I_L > 0.25$ | $0.25 \geq I_L > 0$ | $0 \geq I_L$ |
|---|---|---|---|---|---|
| 状态 | 流塑 | 软塑 | 可塑 | 硬塑 | 坚硬 |

**根据标准贯入试验锤击数确定黏性土的天然状态**

| 标准贯入锤击数 $N$ | $N < 2$ | $2 \leq N < 4$ | $4 \leq N < 8$ | $8 \leq N < 15$ | $N \geq 15$ |
|---|---|---|---|---|---|
| 天然状态 | 很软 | 软 | 中等 | 硬 | 坚硬 |

**根据锥沉量确定黏性土的天然状态**

| 锥沉量 $h$(mm) | $h \geq 7$ | $7 > h \geq 5$ | $5 > h \geq 3$ | $3 > h \geq 2$ | $h < 2$ |
|---|---|---|---|---|---|
| 天然状态 | 很软 | 软 | 中等 | 硬 | 坚硬 |

【表注】锥沉量为 76g 圆锥仪沉入土中的毫米数。

## (四) 有机质土、软土的分类

定义：天然孔隙比 $e \geqslant 1.0$，且天然含水率 $w$ 大于液限 $w_L$。

**有机质土、软土的分类**

### (1)《岩土工程勘察规范》附录 A.0.5

| 有机质含量 $W_u$（%） | 按有机质含量分类 | 细化指标 | 细化分类 |
|---|---|---|---|
| $W_u < 5\%$ | 无机土 | — | |
| $5\% \leqslant W_u \leqslant 10\%$ | 有机质土 | $w > w_L$，$1.0 \leqslant e < 1.5$ | 淤泥质土 |
| | | $w > w_L$，$e \geqslant 1.5$ | 淤泥 |
| $10\% < W_u \leqslant 60\%$ | 泥炭质土 | $10\% < W_u \leqslant 25\%$ | 弱泥炭质土 |
| | | $25\% < W_u \leqslant 40\%$ | 中泥炭质土 |
| | | $40\% < W_u \leqslant 60\%$ | 强泥炭质土 |
| $W_u > 60\%$ | 泥炭 | — | |

### (2)《水运工程岩土勘察规范》表 4.2.4

| | 指标 | | 定名 | | 指标 | 定名 |
|---|---|---|---|---|---|---|
| 淤泥性土 | $1.0 \leqslant e < 1.5$ | $36 \leqslant w < 55$ | 淤泥质土 | 淤泥质土（细分） | $10 < I_p \leqslant 17$ | 淤泥质粉质黏土 |
| | $1.5 \leqslant e < 2.4$ | $55 \leqslant w < 85$ | 淤泥 | | | |
| | $e \geqslant 2.4$ | $w \geqslant 85$ | 流泥 | | $I_p > 17$ | 淤泥质黏土 |

【表注】淤泥性土即为在静水或缓慢的流水环境中沉积、天然含水率 $w \geqslant 36\%$ 且大于液限 $w_L$、天然孔隙比 $e$ 大于或等于 1.0 的黏性土。

### (3)《铁路工程特殊岩土勘察规程》第 7.1.4 条

| 指标 | | 软黏性土 | 淤泥质土 | 淤泥 | 泥炭质土 | 泥炭 |
|---|---|---|---|---|---|---|
| 有机质含量 $W_u$ | % | $W_u < 3$ | $3 \leqslant W_u < 10$ | | $10 \leqslant W_u \leqslant 60$ | $W_u > 60$ |
| 天然孔隙比 $e$ | | $e \geqslant 1$ | $1 \leqslant e \leqslant 1.5$ | $e > 1.5$ | $e > 3$ | $e > 10$ |
| 天然含水量 $w$ | % | | $w \geqslant w_L$ | | $w \gg w_L$ | |
| 渗透系数 $k$ | cm/s | | $k < 10^{-6}$ | | $k < 10^{-3}$ | $k < 10^{-2}$ |
| 压缩系数 $\alpha_{0.1-0.2}$ | MPa$^{-1}$ | | $\alpha_{0.1-0.2} \geqslant 0.5$ | | — | |
| 不排水抗剪强度 $c_u$ | kPa | | $c_u < 30$ | | $c_u < 10$ | |
| 静力触探比贯入阻力 $P_s$ | kPa | | $P_s < 700$ | | | |
| 静力触探端阻 $q_c$ | kPa | | $q_c < 600$ | | | |
| 标准贯入试验锤击数 $N$ | 击 | $N < 4$ | | $N < 2$ | | |
| 十字板剪切强度 $S_v$ | kPa | $\mu S_v < 30$（$I_p \leqslant 20$，$\mu = 1$；$20 < I_p \leqslant 40$，$\mu = 0.9$） | | | | |
| 土类指数 $I_D$ | | | $I_D < 0.35$ | | | |

### (4)《建筑地基基础设计规范》第 4.1.12 条

淤泥为在静水或缓慢的流水环境中沉积，并经生物化学作用形成，其天然含水量 $w$ 大于液限 $w_L$、天然孔隙比 $e \geqslant 1.5$ 的黏性土。当天然含水量 $w$ 大于液限 $w_L$、天然孔隙比 $1.0 \leqslant e < 1.5$ 的黏性土或粉土定名为淤泥质土。

### (五) 土的综合定名

除按颗粒级配或塑性指数定名外,土的综合定名应符合下列规定:

(1) 对特殊成因和年代的土类应结合其成因和年代特征定名。

(2) 对特殊性土,应结合颗粒级配或塑性指数定名。

(3) 对混合土,应冠以主要含有的土类定名。

(4) 对同一土层中相间呈韵律沉积,当薄层与厚层的厚度比大于 1/3 时,宜定为"互层";厚度比为 1/10~1/3 时,宜定为"夹层";厚度比小于 1/10 的土层,且多次出现时,宜定为"夹薄层"。

(5) 当土层厚度大于 0.5m 时,宜单独分层。

**《水运工程岩土勘察规范》土分类的其他规定**

| 粗细混合土分类 | 由粗细两类土呈混合状态存在,具有颗粒级配不连续、中间粒组颗粒含量极少、级配曲线中间段极为平缓等特征的土应定名为混合土。定名时应将主要土类列在名称前部,次要土类列在名称后部,中间以"混"字联结。<br>混合土按不同土类的含量可分为淤泥和砂的混合土、黏性土和砂或碎石的混合土,其分类方法应符合下列规定。<br>(1) 淤泥和砂的混合土可分为淤泥混砂或砂混淤泥,并应满足下列要求:<br>①淤泥质量超过总质量的 30%时为淤泥混砂;<br>②淤泥质量超过总质量 10%且小于或等于总质量的 30%时为砂混淤泥。<br>(2) 黏性土和砂或碎石的混合土可分为黏性土混砂或碎石、砂或碎石混黏性土,并应满足下列要求:<br>①黏性土质量超过总质量的 40%时定名为黏性土混砂或碎石;<br>②黏性土的质量大于 10%且小于或等于总质量的 40%时定名为砂或碎石混黏性土 |
|---|---|
| 层状构造土定名 | 层状构造土定名时应将厚层土列在名称前部,薄层土列在名称后部,根据两类土层的厚度比可分为下列三类:<br>(1) 互层土,具互层构造,两类土层厚度相差不大,厚度比一般大于 1:3。<br>(2) 夹层土,具夹层构造,两类土层厚度相差较大,厚度比为 1:3~1:10。<br>(3) 间层土,常呈黏性土间极薄层粉砂的特点,厚度比小于 1:10 |
| 花岗岩残积土 | 花岗岩残积土应为花岗岩风化的最终产物,并残留原地未经搬运,除石英外其他矿物均已变为土状的土,根据粒径大于 2mm 的颗粒含量分类如下:<br><br>| 名称 | 黏性土 | 砂质黏性土 | 砾质黏性土 |<br>|---|---|---|---|<br>| 粒径大于 2mm 的颗粒含量百分量 $X$(%) | $X<5$ | $5 \leqslant X \leqslant 20$ | $X>20$ | |
| 填土 | 填土应为由人类活动堆积的土,根据其物质组成和堆填方式可分为下列三类:<br>(1) 冲填土,由水力冲填的淤泥性土、砂土或粉土。<br>(2) 素填土,由碎石类土、砂土、粉土、黏性土等堆积的填土。<br>(3) 杂填土,含有建筑垃圾、工业废料或生活垃圾的填土 |

# 第二节 土的渗透性和渗流问题

——《土力学》

## 一、达西定律

### (一)渗流中的总水头与水力坡降

**渗流中的总水头与水力坡降**

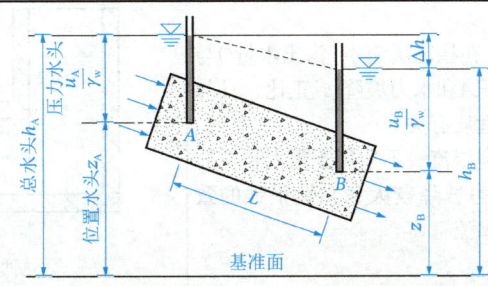

| | |
|---|---|
| 总水头 | 根据伯努利方程,流场中单位重量的水体所具有的能量可用水头来表示,包括以下3个部分:<br>(1)位置水头$z$:水体到基准面的竖直距离,代表单位重量的水体从基准面算起所具有的位置势能。<br>(2)压力水头$\dfrac{u}{\gamma_w}$:水压力所能引起的自由水面的升高,表示单位重量水体所具有的压力势能。<br>(3)流速水头$\dfrac{v^2}{2g}$:表示单位重量水体所具有的动能。<br>因此,水流中一点单位重量水体所具有的总水头$h$为:<br>$$h = z + \dfrac{u}{\gamma_w} + \dfrac{v^2}{2g}$$<br>实际应用中将$z + \dfrac{u}{\gamma_w}$称为测管水头,由于土体中渗流阻力大,故渗流流速$v$在一般情况下都很小,因而形成的流速水头$\dfrac{v^2}{2g}$一般很小,可忽略不计。故渗流中任一点的总水头就可近似用测管水头来代替,故上式可简化为:<br>$$总水头 = 位置水头 + 压力水头 \Leftrightarrow h = z + \dfrac{u}{\gamma_w}$$ |
| 水力坡降 | 饱和土体中两点间是否发生渗流,完全由总水头差($\Delta h$)决定,只有当两点间的总水头差$\Delta h > 0$时,孔隙水才会发生从总水头高的点向总水头低的点的流动。<br>$$\Delta h = h_A - h_B \Leftarrow \begin{cases} h_A = z_A + \dfrac{u_A}{\gamma_w} \\ h_B = z_B + \dfrac{u_B}{\gamma_w} \end{cases}$$<br>式中:$h_A$、$h_B$——分别为土体中$A$、$B$两点的总水头(m)。<br>$z_A$、$z_B$——分别为土体中$A$、$B$两点相对于基准面的位置水头(m)。<br>$u_A$、$u_B$——分别为土体中$A$、$B$两点的水压力,土力学中称为孔隙水压力,包括静止孔隙水压力和超静孔隙水压力(kPa)。<br>$\Delta h$——$A$点和$B$点间的总水头差,表示单位重量液体从$A$点到$B$点流动时,为克服土骨架阻力而损失的能量。<br>在稳定渗流中,将$A$、$B$两点的测压管水头连接起来,可得到测压管水头线,该线称为"水力坡降线"。由于渗流过程中存在能量损失,测压管水头线沿渗流方向逐步下降。 |

续表

| | |
|---|---|
| 水力坡降 | 根据 $A$、$B$ 两点间的水头损失，可定义水力坡降 $i$：<br>$$i = \frac{\Delta h}{L}$$<br>式中：$i$——水力坡降，其物理意义为单位渗流长度上的水头损失。<br>$\Delta h$——土体内水流由 $A$ 点到 $B$ 点的总水头损失。<br>$L$——土体内 $A$ 点到 $B$ 点的渗流路径，也就是使水头损失为 $\Delta h$ 的渗流长度 |
| 达西定律 | **达西定律**：在稳定层流中，渗出水量 $Q$ 与过水断面面积 $A$ 和水力坡降 $i$ 成正比，且与土体的透水性质有关。<br>适用于稳定层流；不适用于粗大颗粒的粗粒土且水力坡降较大和黏性很强的致密黏土中的渗流 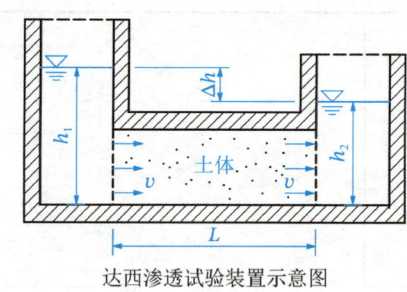<br>达西渗透试验装置示意图<br>过水断面的渗出水量 $Q$：$Q = k \cdot A \cdot i = k \cdot A \cdot \frac{\Delta h}{L}$<br>过水断面的平均渗透速度 $v$：$v = \frac{Q}{A} = k \cdot i = k \cdot \frac{\Delta h}{L} = k \frac{h_1 - h_2}{L}$<br>式中：$v$——断面平均渗透速度（mm/s 或 m/d）；<br>$k$——土体的渗透系数（mm/s 或 m/d）。<br>达西定律表明：在层流状态的渗流中，渗透速度 $v$ 与水力坡降 $i$ 的一次方成正比，并与土体的性质有关 |

层状地基的等效渗透系数

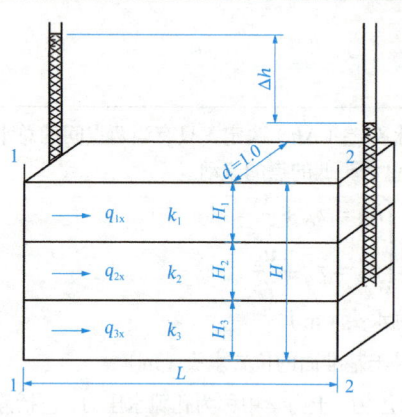

①水平综合渗透模型图

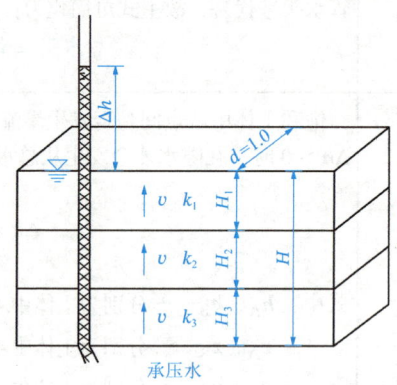

②垂直综合渗透模型图

水平方向的等效渗透系数 $k_x$：

$$k_x = \frac{1}{H} \sum_{j=1}^{n} k_j H_j$$

垂直方向的等效渗透系数 $k_z$：

$$k_z = \frac{H}{\sum\limits_{j=1}^{n} \dfrac{H_j}{k_j}}$$

续表

层状地基的等效渗透系数

| 水平渗流的特点： | 垂直渗流的特点： |
|---|---|
| ①各层土中的水力坡降$i=\frac{\Delta h}{L}$与等效土层的平均水力坡降$i$相同。<br>②通过等效土层的总渗流量$q_x$等于通过各层土渗流量之和，即：<br>$$q=q_{1x}+q_{2x}+\cdots+q_{nx}=\sum_{j=1}^{n}q_{jx}$$ | ①根据水流连续原理，流经各土层的流速与流经等效土层的流速相同，即：<br>$$v_1=v_2=v_3=\cdots=v_n$$<br>②流经等效土层$H$的总水头损失$\Delta h$等于流经各层土的水头损失之和，即：<br>$$\Delta h=\Delta h_1+\Delta h_2+\cdots+\Delta h_n=\sum_{j=1}^{n}\Delta h_j$$ |

【小注】①水平向等效渗透系数的大小主要由渗透系数最大层控制。
②竖向等效渗透系数的大小主要由渗透系数最小层控制。
③最好把这个换算关系记住：$1cm/s = 864m/d$、$1cm^3/s = 0.0864m^3/d$。

## （二）集水廊道渗流量计算

**集水廊道渗流量计算**

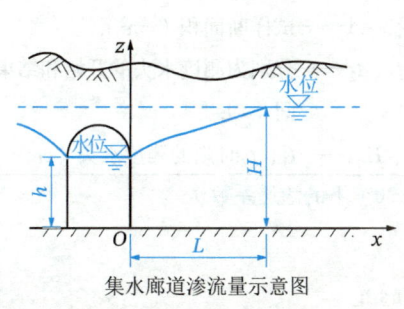

集水廊道渗流量示意图

单宽渗流量：$q = k \times \frac{H-h}{L} \times \frac{H+h}{2} = \frac{k(H^2-h^2)}{2L}$

集水廊道<u>单侧</u>渗流量：$Q = qL_0$

式中：$H$——含水层厚度；

$h$——廊道内水深；

$L_0$——垂直于纸面廊道的纵向长度；

$k$——渗透系数；

$L$——集水廊道的影响长度，类似基坑降水的影响半径$R$。

注：廊道两侧进水，故<u>总流量</u>$= 2q$

【小注】各层土$v$相等的条件：垂直多层土渗流，各层渗流量$Q = kiA$必定相等，只有各层过流面积$A$相等时$v = ki$才相等，即：单位时间内流过各土层的水的总体积相等。<u>重要前提</u>：水无其他汇入，也无其他流出。

笔记区

## 二、渗透试验及渗透系数

——《土工试样方法标准》第 16 章

**渗透试验及渗透系数**

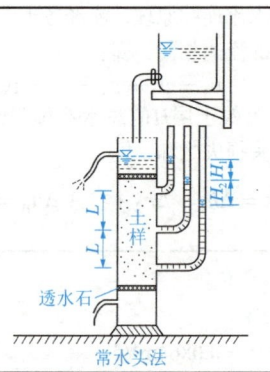
常水头法

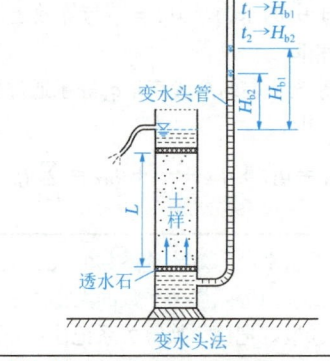
变水头法

① <u>常水头</u>试验（适用于粗粒土）

$$k_T = \frac{QL}{AHt} = \frac{2QL}{At(H_1 + H_2)}$$

式中：$k_T$——水温为$T℃$时的渗透系数（cm/s）；

<u>1cm/s = 864m/d</u>；

$Q$——$t$秒内的渗水量（cm³）；

$L$——渗径（cm），等于两测压孔中心间试验高度；

$A$——试样断面积（cm²）；

$H_1$、$H_2$——水位差（cm），$H = (H_1 + H_2)/2$

② <u>变水头</u>试验（适用于细粒土）

$$k_T = 2.3 \frac{aL}{A(t_2 - t_1)} \lg \frac{H_{b1}}{H_{b2}}$$

式中：$a$——变水头管的截面积（cm²）；

$L$——渗径，$L$ = 试样高度（cm）；

$A$——试样断面积（cm²）；

$t_1$、$t_2$——分别为测读水头的开始和结束时间（s）；

$H_{b1}$、$H_{b2}$——$t_1$、$t_2$时刻的测读水头（cm）

③温度修正（当试验温度不为 20℃时，需换算为标准温度 20℃下的渗透系数）

$$k_{20} = k_T \frac{\eta_T}{\eta_{20}}$$

式中：$k_{20}$——标准温度（20℃）时，试样的渗透系数（cm/s）；

$k_T$——水温$T℃$时，试样的渗透系数（cm/s）；

$\eta_T$、$\eta_{20}$——分别为$T℃$、20℃时水的动力黏滞系数（$1 \times 10^{-6}$kPa·s）。

黏滞系数比 $\frac{\eta_T}{\eta_{20}}$

| $T$（℃） | $\frac{\eta_T}{\eta_{20}}$ | $T$（℃） | $\frac{\eta_T}{\eta_{20}}$ | $T$（℃） | $\frac{\eta_T}{\eta_{20}}$ | $T$（℃） | $\frac{\eta_T}{\eta_{20}}$ | $T$（℃） | $\frac{\eta_T}{\eta_{20}}$ |
|---|---|---|---|---|---|---|---|---|---|
| 5.0 | 1.501 | 10.0 | 1.297 | 15.0 | 1.133 | 20.0 | 1.000 | 27.0 | 0.850 |
| 5.5 | 1.478 | 10.5 | 1.279 | 15.5 | 1.119 | 20.5 | 0.988 | 28.0 | 0.833 |
| 6.0 | 1.455 | 11.0 | 1.261 | 16.0 | 1.104 | 21.0 | 0.976 | 29.0 | 0.815 |
| 6.5 | 1.435 | 11.5 | 1.243 | 16.5 | 1.090 | 21.5 | 0.964 | 30.0 | 0.798 |
| 7.0 | 1.414 | 12.0 | 1.227 | 17.0 | 1.077 | 22.0 | 0.953 | 31.0 | 0.781 |
| 7.5 | 1.393 | 12.5 | 1.211 | 17.5 | 1.066 | 22.5 | 0.943 | 32.0 | 0.765 |
| 8.0 | 1.373 | 13.0 | 1.194 | 18.0 | 1.050 | 23.0 | 0.932 | 33.0 | 0.750 |
| 8.5 | 1.353 | 13.5 | 1.176 | 18.5 | 1.038 | 24.0 | 0.910 | 34.0 | 0.735 |
| 9.0 | 1.334 | 14.0 | 1.163 | 19.0 | 1.025 | 25.0 | 0.890 | 35.0 | 0.720 |
| 9.5 | 1.315 | 14.5 | 1.148 | 19.5 | 1.012 | 26.0 | 0.870 | | |

④数据处理（先转化为$k_{20}$，再进行数据处理）

最大允许差值为$\pm 2.0 \times 10^{-n}$cm/s，在允许差值内取 3-4 个数据，求其平均值作为试样在该孔隙比$e$时的渗透系数

## 三、流网

流网

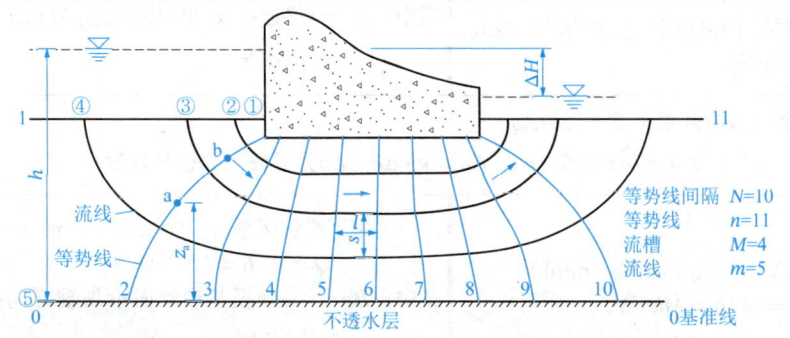

图注：
由流线和等势线所组成的曲线正交网格称为流网。
①号流线沿坝基底面，⑤号流线沿不透水层面。
1号等势线为上游地面；
11号等势线为下游地面

下游坝址水流渗出地面处的水力坡降最大，该处的坡降称为逸出坡降，是地基渗透稳定的控制坡降

**流网的特点：**
①等势线是渗流场中势能或测管水头的等值线，如图中标有号码1~11共11条等势线，10个等势线间隔，即$N=10$。
沿同一等势线不同点处，如图中a、b两点安放测压管时，则管中水位将升至相同的高度，土体各点测压管水头（总水头）相等（$h_a = h_b$），同时任意两条相邻等势线间的水头损失$\Delta h$相等。
②流线上某一点的切线方向即为该点的流速方向，流线表示水流渗透方向（水质点的运动路线）。
③等势线与流线始终相互垂直。
④一般流网中每一个网格的边长比保持为常数，每一个网格均为曲边正方形，即为：$l = s$。
⑤相邻两条流线之间区域称为流槽，流网中各流槽的单位宽度流量$\Delta q$相等；相邻两流线间流量相等，如图中标有①~⑤共5条流线，4个流槽，即$M = 4$

**流函数的特点：**
①不同的流线互不相交，在同一条流线上，流函数的值为一常数。
②两条流线上流函数的差值等于穿过该两条流线间的渗流量

| 流网的应用 |
| --- |
| （1）相邻两条等势线<u>水头损失</u>$\Delta h$<br>总水头损失：$\Delta H = H_{上游} - H_{下游}$（可直接根据两个等势线边界条件求得）<br>网格水头损失：$\Delta h = \dfrac{\Delta H}{N} = \dfrac{\Delta H}{n-1}$<br>式中：$n$——流网中等势线的总条数，注意不要忽略两个等势线边界条件确定的等势线 |
| （2）某点a的<u>测压管水头</u>（总水头）$h_a$<br>$$h_a = h_b = h - x \cdot \Delta h$$<br>式中：$x$——上游起始等势线与a点的等势线间隔数 |
| （3）任意点<u>孔隙水压力</u>$u_a$<br>定义：任意点的孔隙水压力$u_a$等于该点测压管水柱的高度（压力水头）×$\gamma_w$<br>压力水头$h_{wa}$＝测压管水头$h_a$－位置水头$z_a \Rightarrow u_a = h_{wa} \cdot \gamma_w = (h_a - z_a) \cdot \gamma_w$<br>【小注】同一根等势线上的各点测压管水头（总水头）相等，但是各点的孔隙水压力并不相等 |

续表

| (4) 水力坡降 $i$（无单位） $$i = \frac{\Delta h}{l}$$ 规律：流网中，流线越短，网格越密，其水力坡降越大，水流流速越大，土体越易破坏 | (5) 流速 $v$（cm/s、m/d） $$v = k \cdot i$$ 式中：$k$——渗透系数，单位同流速，为 mm/s、m/d 等 |
|---|---|
| (6) 流网中任意两相邻流线间的单位宽度流量 $\Delta q$ $$\Delta q = v \cdot \Delta A = k \cdot i \cdot s \cdot 1 = k\frac{\Delta h}{l}s \Rightarrow 若 s = l，\Delta q = k \cdot \Delta h（\Delta h 为常数，\Delta q 也是常数）$$ | |
| (7) 坝下渗流区的总单宽流量 $q$（cm²/s、m²/d） $$q = \sum \Delta q = M\Delta q = Mk \cdot \Delta h$$ | (8) 坝下渗流区总流量 $Q$（cm³/s、m³/d） $$Q = q \cdot B = Mk \cdot \Delta h \times B$$ 式中：$B$——大坝坝基渗流面沿坝轴方向的总长度（m） |
| 1cm/s = 864m/d；1cm³/s = 0.0864m³/d | |

**沿坡渗流条件下，土条底部孔隙水压力：**

① 坡面为流线，等势线垂直于坡面，由条块底部中点 a 作坡面的垂线（即为等势线），设该线与坡面交点为 b，a、b 两点总水头相等。

② 总水头 = 位置水头 + 压力水头，a 点位置水头为 0，b 点压力水头为 0，可知：a 点压力水头 $h_w$ = b 点位置水头（$\overline{ad}$），即：$h_w = \overline{ad} = (\overline{ac}\cos\theta)\cos\theta = h_i\cos^2\theta$。

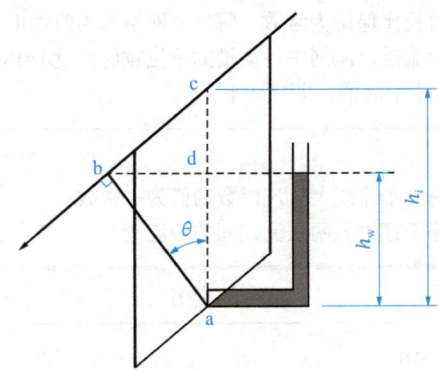

## 四、渗流破坏

### （一）渗透力 $j$

**渗透力和临界水力坡降**

| | |
|---|---|
| 渗透力 $j$ | ①在渗流过程中，作用在土样上的<u>总渗透力</u> $J$（kN）：<br>$$J = \gamma_w \cdot \Delta H \cdot A = jV$$<br>②每单位体积土体内，土颗粒所受到的渗流作用力，即为<u>单位渗透力</u> $j$（kN/m³）：<br>$$j = \gamma_w \cdot i$$<br>综合上述：渗透力 $j$ 是一种体积力，其大小和水力坡降 $i$ 成正比，作用方向也与渗流场的水力坡降方向一致，渗透力计算的关键就是渗流场中水力坡降的计算。<br>规律：土体内向上的渗流作用，会使得土颗粒受到向上的渗透力而发生渗透变形；土体内向下的渗透作用，会使得土颗粒受到向下的渗透力而发生压密现象 |
| 临界水力坡降 $i_{cr}$ | 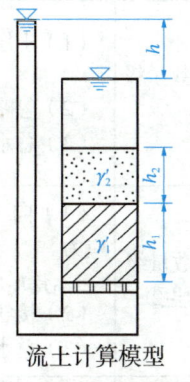<br>流土计算模型<br><br>工程上，为防止流土，可降低水力坡降，以减小渗流力，也可以做一层盖重增加有效重量，所谓盖重就是渗透系数远远大于下面土层的，压在土层上面，由于渗透系数相差很大，盖重部分不受渗流力<br><br>在土体中存在向上的渗流现象时，随着土体中水头差 $\Delta H$ 不断增大，向上的渗透力便不断的增大，当向上的渗透力 $j$ 克服了土颗粒的有效重力 $\gamma'$ 后，土颗粒便处于悬浮状态或随渗流移动，此种现象称为"<u>流土</u>"<br><br>①**有盖重（$h_2 \neq 0$）**<br>当把土层及盖重的土骨架作为分析对象时，抵抗流土的安全系数 $K$ 可以用土层及盖重的有效重量与总渗流力之比来表示（类似基坑中突涌受力分析）。<br>$$K = \frac{抗力}{荷载} = \frac{\gamma_1' A h_1 + \gamma_2' A h_2}{j A h_1} = \frac{\gamma_1' h_1 + \gamma_2' h_2}{j h_1}$$<br>式中：$\gamma_1'$、$h_1$——土层浮重度与厚度；<br>　　　$\gamma_2'$、$h_2$——盖重的浮重度与厚度；<br>　　　$A$——土柱截面面积<br><br>②**无盖重（$h_2 = 0$）**<br>当发生"流土"现象时，$K = 1$，则表示为流土的临界状态⇒<br>$$K = \frac{抗力}{荷载} = \frac{\gamma_1' h_1}{j h_1} = \frac{\gamma_1'}{j} = 1 \Rightarrow \gamma_1' = j = \gamma_w \cdot i \Rightarrow$$<br>$$i_{cr} = \frac{抗力}{荷载} = \frac{\gamma'}{\gamma_w} = \frac{G_s - 1}{1 + e}（发生流土的条件即为：i_{实际} = \Delta h / L \geq i_{cr}）$$<br>式中：$i_{cr}$——<u>临界水力坡降</u>，它是土体开始发生渗透变形破坏时的水力坡降；<br>　　　$G_s$、$e$——土粒比重及土的孔隙比 |

## （二）双层土流土的判别

**双层土流土的判别**

| 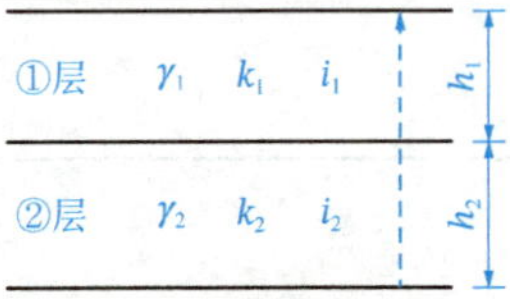 ①层 $\gamma_1$ $k_1$ $i_1$ $h_1$ <br> ②层 $\gamma_2$ $k_2$ $i_2$ $h_2$ | 渗透系数小的土层①渗透系数为$k_1$，坡降为$i_1$；<br>渗透系数大的土层②渗透系数为$k_2$，坡降为$i_2$。<br>垂直土层渗流：<br>$$k_1i_1 = k_2i_2 \Rightarrow i_2 = k_1i_1/k_2$$ |
|---|---|

| 示意图 | 破坏类别 | 结论 |
|---|---|---|
| 渗透系数小的土层①在上<br>渗透系数大的土层②在下 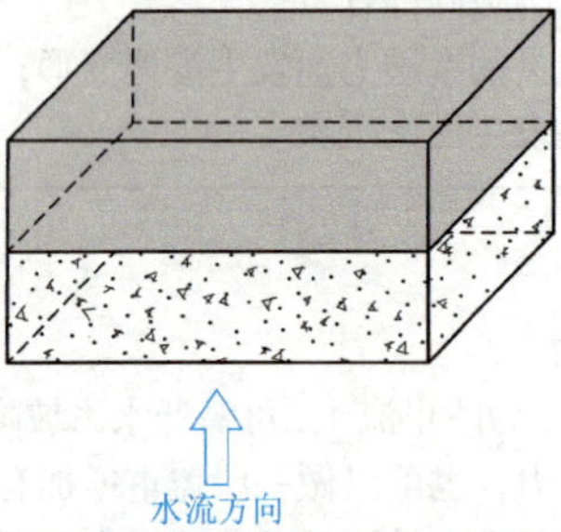<br><br>水流方向 ↑ | 情况1：<br>$k_2 > k_1$，相同数量级<br>土层①破坏<br>土层②不破坏 | （1）土层①达到临界水力坡降：<br>$$i_1 = i_{cr}$$<br>（2）接触面流速相等：$i_2 = k_1i_1/k_2$<br>（3）总水头损失：$\Delta h = i_1h_1 + i_2h_2$ |
| | 情况2：<br>$k_2 \gg k_1$，不同数量级<br>土层①破坏<br>土层②不破坏 | （1）土层①达到临界水力坡降：<br>$$i_1 = i_{cr}$$<br>（2）忽略$i_2$<br>（3）总水头损失：$\Delta h = i_1h_1$ |
| 渗透系数小的土层①在下<br>渗透系数大的土层②在上 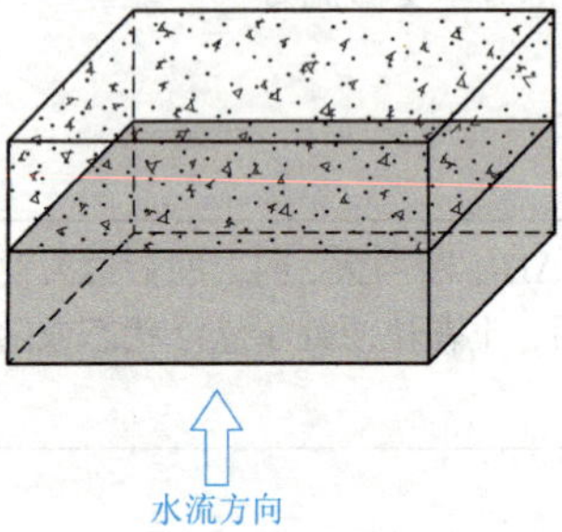<br><br>水流方向 ↑ | 情况3：<br>$k_2 > k_1$，相同数量级<br>土层①顶着土层②一起破坏 | （1）向上总渗透力 = 向下总有效应力<br>$$i_1\gamma_w h_1 + i_2\gamma_w h_2 = \gamma_1' h_1 + \gamma_2' h_2$$<br>（2）接触面流速相等：$i_2 = k_1i_1/k_2$<br>（3）总水头损失：$\Delta h = i_1h_1 + i_2h_2$ |
| | 情况4：<br>$k_2 \gg k_1$，不同数量级<br>土层①顶着土层②一起破坏 | （1）向上总渗透力 = 向下总有效应力<br>$$i_1\gamma_w h_1 = \gamma_1' h_1 + \gamma_2' h_2$$<br>（2）忽略$i_2$<br>（3）总水头损失：$\Delta h = i_1h_1$ |

## （三）渗透变形

**渗透变形**

土体的渗透变形类型分为：流土、管涌、接触冲刷和接触流失四种。

对于单一土层来说，渗透变形主要是流土和管涌两种。黏性土的渗透变形主要是流土和接触流失两种。

流土：在向上的渗流作用下，表层土体的土颗粒发生的悬浮和移动现象。任何土体，只要水力坡降超过其临界水力坡降后，都会发生流土破坏。

管涌：在渗流作用下，一定级配的无黏性土中的细小颗粒，通过较大颗粒所形成的孔隙发生移动，最终在土体中形成与地表贯通的渗流管道的现象。

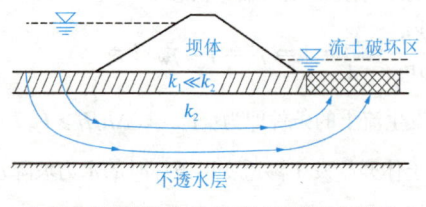

(a) 堤坝下游逸出处的流土破坏示意图

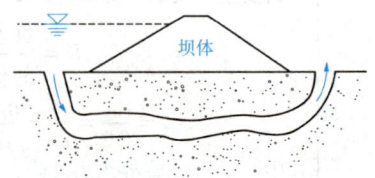

(b) 通过坝基的管涌破坏示意图

**流土与管涌的联系与区别**

| 类型 | 流土 | 管涌 |
|---|---|---|
| 现象 | 土体局部范围的颗粒同时发生移动 | 土体内细颗粒通过粗粒形成的孔隙通道移动 |
| 位置 | 只发生在水流渗出的表层 | 可发生于土体内部和渗流溢出处 |
| 土类 | 只要渗透力足够大，可发生在任何土中 | 一般发生在特定级配的无黏性土或分散性土中 |
| 历时 | 破坏过程短 | 破坏过程相对较长 |
| 后果 | 导致下游坡面产生局部滑动 | 导致结构发生塌陷或溃口 |

【表注】两者的共同点，土体损失导致土体（及结构）变形。

**无黏性土渗透变形判别**

| | （1）渗透变形判别 | | |
|---|---|---|---|
| 规范 | 《水利水电工程地质勘察规范》附录G | 《碾压式土石坝设计规范》附录C | — |
| 类型 | 判别方法 | | 临界水力坡降 |
| 流土 | $C_u \leq 5$ | 已知$n$ $P_e \geq \dfrac{1}{4(1-n)} \times 100$ | $i_{cr} = (G_s-1)(1-n) = \dfrac{G_s-1}{1+e}$ |
| | $C_u > 5$，$P \geq 35\%$ | $C_u > 5$，$P_e \geq 35\%$ | |
| 过渡型 | $C_u > 5$，$25\% \leq P < 35\%$ | $C_u > 5$，$25\% \leq P_e < 35\%$ | $i_{cr} = 2.2(G_s-1)(1-n)^2 \dfrac{d_5}{d_{20}}$ |
| 管涌 | $C_u > 5$，$P < 25\%$ | 已知$n$ $P_e < \dfrac{1}{4(1-n)} \times 100$ | 或$i_{cr} = \dfrac{42d_3}{\sqrt{k/n^3}}$（只适用管涌） |
| | | $C_u > 5$，$P_e < 25\%$ | |
| 不发生接触冲刷 | 两层土均$C_u \leq 10$且$D_{10}/d_{10} \leq 10$ | | 式中：$D_n$、$d_n$——分别表示粗颗粒和细颗粒，小于该粒径的土含量占总质量的百分比为$n\%$； |
| 不发生接触流失 | 渗流向上$C_u \leq 5$且$D_{15}/d_{85} \leq 5$ | | $k$——渗透系数（cm/s）； |
| | 渗流向上$C_u \leq 10$且$D_{20}/d_{70} \leq 7$ | | $n$——以小数计土的孔隙率； $G_s$——土粒比重 |
| 小注 | ①土的不均匀系数：$C_u = d_{60}/d_{10}$ 式中：$d_{60}$——小于该粒径的含量占总土重60%的颗粒直径（mm）； $d_{10}$——小于该粒径的含量占总土重10%的颗粒直径（mm）。 ②土的细粒含量$P(P_e)$，以质量百分率计，确定方法 土的细粒含量$P(P_e)$即为：土体中小于粗、细粒的区分粒径$d$的颗粒含量。 对于级配不连续的土：颗粒级配曲线上平缓段的最大粒径和最小粒径的平均值即粗细粒的区分粒径$d$。 对于级配连续的土：粗、细粒的区分粒径$d = \sqrt{d_{70} \cdot d_{10}}$。 ③最优细粒含量$P_{cp}$（%）：$P_{cp} = \dfrac{0.30+3n^2-n}{1-n}$[$n$为孔隙率（%），《水利水电工程地质勘察规范》P252] | | |
| | （2）计算允许水力坡降$i_{允许}$ | | |
| 有实测数据时：$i_{允许} = \dfrac{i_{cr}}{K}$ 无实测数据时：$i_{允许}$按下附表查取 | | 式中：$K$——安全系数，可取1.5～2.0。 当渗透稳定对水工建筑物危害较大时，取$K=2$； 对于特别重要的工程，取$K=2.5$ | |

**无黏性土允许水力比降（渗透坡降）$i_{允许}$**

| 流土型 | | | 过渡型 | 管涌型 | |
|---|---|---|---|---|---|
| $C_u \leqslant 3$ | $3 < C_u \leqslant 5$ | $C_u \geqslant 5$ | — | 级配连续 | 级配不连续 |
| 0.25～0.35 | 0.35～0.50 | 0.50～0.80 | 0.25～0.40 | 0.15～0.25 | 0.10～0.20 |

【小注】本表不适用于渗流出口有反滤层情况。

## 第三节　土的压缩与固结试验

### 一、压缩性指标

——《土力学》

**压缩性指标**

| 曲线示意图 | 指标 | 定义式 | 常用计算公式 |
|---|---|---|---|
| (a) $e\sim p$曲线 | 侧限压缩模量$E_s$ | $\Delta p/\Delta\varepsilon$ | $E_s = \dfrac{1+e_0}{a}$ |
| | 变形模量$E_0$ | — | $E_0 = \beta E_s = \left(1-\dfrac{2v^2}{1-v}\right)E_s$<br>式中：$v$——泊松比 |
| | 体积压缩系数$m_v$ | $\Delta\varepsilon/\Delta p$ | $m_v = \dfrac{1}{E_s} = \dfrac{a}{1+e_0}$ |
| (b) $e\sim \lg p$曲线 | 压缩系数$a$ | $-\Delta e/\Delta p$ | $a = \dfrac{e_i - e_{i+1}}{p_{i+1} - p_i}$ |
| | 压缩指数$C_c$ | $-\Delta e/\Delta(\lg p)$ | $C_c = \dfrac{e_i - e_{i+1}}{\lg p_{i+1} - \lg p_i}$ |
| | 再压缩或回弹指数$C_e$ | $-\Delta e/\Delta(\lg p)$ | $C_e = \dfrac{e_i - e_{i+1}}{\lg p_{i+1} - \lg p_i}$ |

【小注】$E_s$、$a$、$m_v$、$C_c$，均为表示侧限条件下土的压缩性，相互可以换算，$E_s$值越大，土的压缩性越小，$a$、$m_v$、$C_c$值越大，土的压缩性越大。

**土的压缩性判别**

| 压缩性分类 | $a$（MPa$^{-1}$） | $C_c$ |
|---|---|---|
| 高压缩性 | $a \geqslant 0.5$ | $C_c \geqslant 0.167$ |
| 中等压缩性 | $0.1 \leqslant a < 0.5$ | $0.033 \leqslant C_c < 0.167$ |
| 低压缩性 | $a < 0.1$ | $C_c < 0.033$ |

【小注】根据《建筑地基基础设计规范》第4.2.6条：$a$的取值范围对应100～200kPa的压力段。

**压缩模量、变形模量、弹性模量的关系**

| 项目 | 压缩模量$E_s$ | 变形模量$E_0$ | 弹性模量$E$ |
|---|---|---|---|
| 测试试验 | $E_s = \dfrac{压缩应力}{侧限下应变}$<br>应变包括弹塑性应变 | $E_0 = \dfrac{压缩应力}{无侧限下应变}$<br>应变包括弹塑性应变 | $E = \dfrac{压缩应力}{弹性应变}$<br>应变只包括弹性应变 |
| 适用沉降计算法 | 分层总和法、应力面积法计算最终沉降量 | 弹性理论法计算最终沉降量（黏性土、砂土） | 弹性理论公式计算初始瞬时沉降量 |
| 相互换算 | 比较：$E > E_s > E_0$；$E_0 = \left(1 - \dfrac{2v^2}{1-v}\right)E_s$，$v = \dfrac{K_0}{1+K_0}$<br>式中：$v$——泊松比；<br>$K_0$——侧压力系数 | | |

## 二、固结指标

——《土工试验方法标准》第17章

**（1）标准固结试验**

| | |
|---|---|
| 适用范围 | 饱和细粒土，非饱和土只适用于压缩试验；渗透性较大的细粒土，可进行快速固结试验 |
| 试验原理 | 土样在有环刀侧限且上下两面排水条件下，通过逐级施加各级竖向荷载作用，测定土样的竖向变形量（$\Delta h$），计算得出土体随着各级压力作用下的孔隙比$e$变化，最终计算得土体的各项压缩固结指标：<br>$\begin{cases} 压缩系数(a)、压缩模量(E_s)、压缩指数(C_c)、回弹指数(C_e)等 \\ 固结系数(C_v)、先期固结压力(p_c)、超固结比(OCR) \end{cases}$ |
| 仪器 | 标准固结仪和环刀 |
| 简要步骤 | ①将切取试样后的环刀放入固结仪中。<br>②根据自重应力+附加应力确定试验的最大加载压力后，逐级向环刀试样施加压力（$\Delta p_i$）。<br>③在试验压缩固结过程中，逐级记录试样的竖向沉降量（$\Delta h_i$） |
| 压缩曲线 | 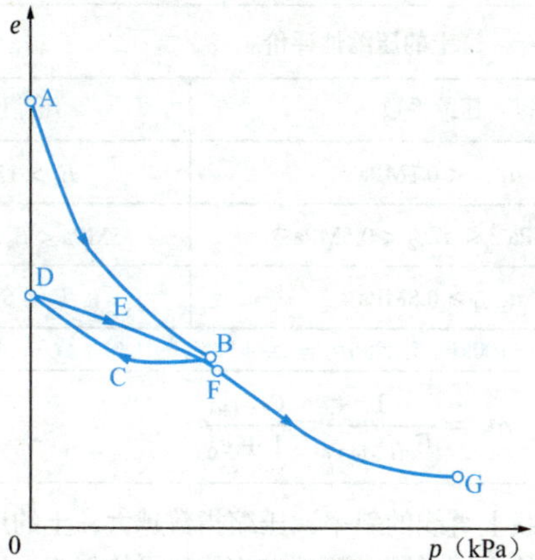 $e \sim p$压缩曲线图<br>以孔隙比为纵坐标，压力为横坐标，绘制$e \sim p$曲线，可以直观反应出土体随着分级压力的施加，孔隙比逐渐减小、土体不断密实的过程 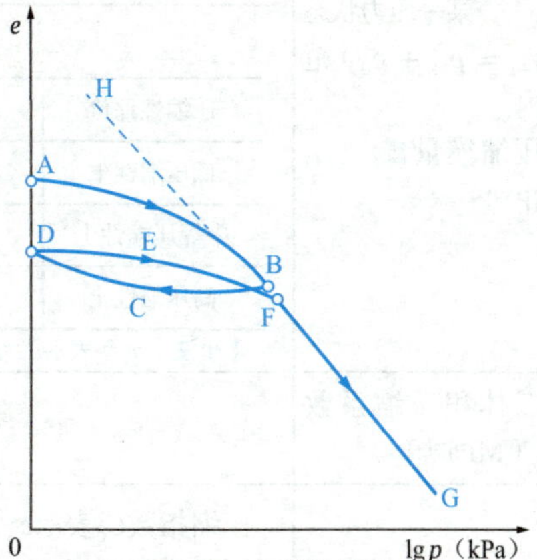 | $e \sim \lg p$压缩曲线图<br>以孔隙比为纵坐标，以压力的对数值为横坐标，绘制$e \sim \lg p$曲线，通常是由平缓曲线和较陡直线共同组成的 |

| 指标 | 常用计算公式 | 参数说明 |
|---|---|---|
| ①初始孔隙比$e_0$ | 物理意义：试样从原土层中取出后，在经历取样过程的卸荷回弹后，试样处于三维围压均为零应力状态下（$p_i = p_{cz} \neq 0$），此时试样的孔隙比，初始高度为$h_0$ $$e_0 = \frac{(1+w_0)G_s\rho_w}{\rho_0} - 1$$ | 式中：$w_0$——试样的天然含水率，以小数代入计算；<br>$G_s$——土粒比重；<br>$\rho_w$——水的密度（g/cm³）；<br>$\rho_0$——试样的天然密度（g/cm³） |
| ②某一压力状态下，试样压缩稳定后的孔隙比$e_i$ | 物理意义：试样从原土层中取出后，在某一级试验压力状态下（$p_i = p_{cz} \neq 0$），试样压缩稳定后的初始孔隙比$e_0$，其土体在承受附加应力后，产生附加压缩沉降稳定的终点状态，其孔隙比为$e_i$ $$e_i = e_0 - \frac{1+e_0}{h_0} \times \Delta h_i$$ $$e_i = e_0 - \frac{1+e_0}{h_0} \times (h_0 - h_i) \Uparrow$$ $$\frac{h_0}{1+e_0} = \frac{h_i}{1+e_i} \Uparrow$$ | 式中：$h_0$——试样的初始高度（mm），等于环刀高度；<br>$\Delta h_i$——某级压力下，试样压缩稳定后的变形量（mm）；<br>$h_i$——某级压力下，试样压缩稳定后的高度（mm） |
| ③某一压力范围内的压缩系数 $a_{i \to i+1}$（MPa⁻¹） | 物理意义：$e \sim p$曲线图中，某一压力区段的割线斜率。其反应在同一压力段内，压缩系数越大，压缩性越大 $$a_{i \to i+1} = \frac{e_i - e_{i+1}}{p_{i+1} - p_i}$$ | 式中：$p_i$、$p_{i+1}$——与$e_i$、$e_{i+1}$对应的压力状态（MPa） |
| ④天然状态（$p_i = p_{cz}$）→某一压力状态（$p_{i+1} = p_{cz} + p_0$）范围内 压缩模量$E_{s(i \sim i+1)}$（MPa） | 物理意义：在无侧向变形条件下，压缩时垂直压力增量与垂直应变增量的比值。其反应在同一压力段内，压缩模量越大，压缩性越小。 $$E_{s(i \sim i+1)} = \frac{1+e_0}{a_{(i \sim i+1)}}$$ | |

**土的压缩性评价**

| 压缩性评价 | 压缩系数 | 压缩模量 |
|---|---|---|
| 低压缩性土 | $a_{1 \sim 2} < 0.1\text{MPa}^{-1}$ | $E_s > 15\text{MPa}$ |
| 中等压缩性土 | $0.1\text{MPa}^{-1} \leqslant a_{1 \sim 2} < 0.5\text{MPa}^{-1}$ | $5\text{MPa} < E_s \leqslant 15\text{MPa}$ |
| 高压缩性土 | $a_{1 \sim 2} \geqslant 0.5\text{MPa}^{-1}$ | $E_s \leqslant 5\text{MPa}$ |

【小注】$a_{1 \sim 2}$表示压力段由$p_1 = 100\text{kPa}$增加到$p_2 = 200\text{kPa}$时的压缩系数

| 指标 | 常用计算公式 | 参数说明 |
|---|---|---|
| ⑤体积压缩系数$m_v$（MPa⁻¹） | $$m_v = \frac{1}{E_{s(i \sim i+1)}} = \frac{a_{i \sim i+1}}{1+e_0}$$ | |
| ⑥压缩指数$C_c$和回弹指数$C_e$ | 压缩指数$C_c$表示$e \sim \lg p$曲线上直线的斜率，压缩指数越大，土的压缩性越大。<br>回弹指数$C_e$表示$e \sim \lg p$曲线上回弹圈中两端点连线的平均斜率，回弹指数越大，土的回弹变形越大 $$C_c \text{或} C_e = \frac{e_i - e_{i+1}}{\lg p_{i+1} - \lg p_i}$$ | 压缩指数$C_c$是一个定量，其大小不随压力变化 |

续表

| 指标 | 常用计算公式 | | 参数说明 | |
| --- | --- | --- | --- | --- |
| ⑦先期固结压力$p_c$ | 物理意义：先期固结压力是指某一土层在"应力历史"上，曾经承受过的最大压力（指有效应力） | | | |
| | 在$e\sim \lg p$曲线上找出最小曲率半径$R_{min}$的点$O$；<br>过点$O$做水平直线$OA$；<br>过点$O$做切线$OB$；<br>过点$O$做两线夹角$\angle AOB$的角平分线$OE$；<br>延长$e\sim \lg p$曲线上的直线段，与$OE$交于一点，该交点所对应的压力即为$p_c$ | | | |
| ⑧固结系数$C_v$（cm²/s） | $C_v = \dfrac{k(1+e)}{a\gamma_w} = \dfrac{kE_s}{\gamma_w}$ | | 物理意义：固结系数是表示土体的固结速度的一个特性指标，固结系数越大，在其他条件相同的情况下，土体内孔隙水排出速度也越快，土的固结速度越快。固结系数取决于土在某一压力范围内的渗透系数$k$、孔隙比$e$和压缩系数$a$ | |
| | 时间平均根法 | $C_v = \dfrac{0.848\bar{h}^2}{t_{90}}$ | 式中：$\bar{h}$——最大排水距离，等于某一压力下试样初始与终了下高度的平均值之半（cm）。<br>$\bar{h} = \dfrac{h_i + h_{i-1}}{4}$ | |
| | 时间对数法 | $C_v = \dfrac{0.197\bar{h}^2}{t_{50}}$ | 式中：$t_{90}$、$t_{50}$——分别为固结度达到90%、50%所需时间（s） | |
| | 《城市轨道交通岩土工程勘察规范》P252 | $C_v = \dfrac{T_{50}}{t_{50}}r_0^2$（单位：cm²/min） | 式中：$T_{50}$——相当于50%固结度的时间因数，当滤水器位于探头锥尖后时，$T_{50}=6.87$；当滤水器位于探头锥尖上时，$T_{50}=1.64$。<br>$t_{50}$——超孔隙水压力消散达50%时的历时时间（min）。<br>$r_0$——孔压探头的半径（cm） | |
| ⑨次固结系数$C_a$ | $C_a = \dfrac{\Delta e}{\lg t_2 - \lg t_1} = \dfrac{e_1 - e_2}{\lg t_2 - \lg t_1}$ | | 定义：主固结结束后试验曲线下部直线段的斜率。<br>式中：$\Delta e$——对应时间$t_1$到$t_2$的孔隙比的插值；<br>$t_1$、$t_2$——次固结某一时间（min） | |
| ⑩超固结比OCR | 物理意义：超固结比OCR是指土体的先期固结压力$p_c$与目前土体承受的上覆土层有效自重应力$p_{cz}$的比值，其反映土体的应力历史状态 | | | |
| | $OCR = \dfrac{p_c}{p_{cz}}$<br>式中：$p_c$——先期固结压力（kPa）；<br>$p_{cz}$——土的自重压力（kPa） | | OCR > 1　超固结土<br>OCR = 1　正常固结土<br>OCR < 1　欠固结土 | OCR > 1.2<br>1 ≤ OCR ≤ 1.2<br>OCR < 1 | 《高层建筑岩土工程勘察标准》P38 |

### （2）应变控制连续加荷固结试验

| 适用条件：适用于饱和的细粒土 | |
|---|---|
| ①任意时刻施加于试样的有效压力： $$\sigma_i' = \sigma_i - \frac{2}{3}u_b$$ | 式中：$\sigma_i'$——任意时刻时施加于试样的有效压力（kPa）；<br>$\sigma_i$——任意时刻时施加于试样的总压力（kPa）；<br>$u_b$——任意时刻试样底部的孔隙水压力（kPa） |
| ②某一压力范围内压缩系数，应按下式计算：$a_v = \frac{e_i - e_{i+1}}{\sigma_{i+1}' - \sigma_i'}$ | |
| ③某一压力范围内的压缩指数，回弹指数应按下式计算：$$C_c(C_e) = \frac{e_i - e_{i+1}}{\lg\sigma_{i+1}' - \lg\sigma_i'}$$ | |
| ④任意时刻试样的固结系数按下式计算：$$C_v = \frac{\Delta\sigma'}{\Delta t}\frac{h^2}{2u_b'} = \frac{\Delta\varepsilon}{\Delta t}\frac{h^2}{2m_v u_b'}$$ | 式中：$\Delta\varepsilon$——两读数间的应变变化（%）；<br>$\Delta\sigma'$——$\Delta t$时段内施加于试样的有效压力增量（kPa）；<br>$\Delta t$——两次读数之间的历时（s）；<br>$h$——两读数间试样的平均高度（mm）；<br>$u_b'$——两次读数之间底部测得孔隙水压力的平均值（kPa） |
| ⑤某一压力范围内试样的体积压缩系数：$$m_v = \frac{\Delta e}{\Delta\sigma'}\frac{1}{1+e_0} = \frac{a_v}{1+e_0}$$ | 式中：$\Delta e$——在$\Delta\sigma'$作用下，试样孔隙比的变化 |

## 第四节 土的抗剪强度试验

### 一、抗剪强度理论

——《土力学》

#### （1）库仑定律

库仑定律：在法向应力变化范围不大时，抗剪强度与法向应力的关系近似为一条直线。

抗剪切强度 $\begin{cases} \tau_f = c + \sigma \cdot \tan\varphi \text{（总应力法）} \\ \tau_f = c' + \sigma' \cdot \tan\varphi' \text{（有效应力法）} \end{cases}$

式中：$\tau_f$——土体剪切破坏面上的剪应力，即抗剪强度；
$c$，$\varphi$——总应力状态下，土的黏聚力和内摩擦角；
$c'$，$\varphi'$——有效应力状态下，土的有效黏聚力和有效内摩擦角；
$\sigma$——土体剪切破坏面上的正应力；
$\sigma'$——土体剪切破坏面上的有效正应力。

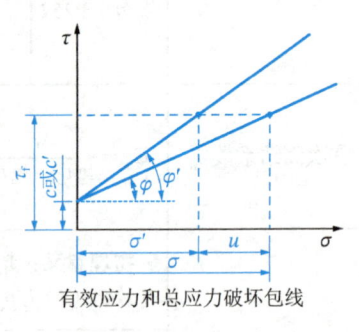

有效应力和总应力破坏包线

【小注】库仑抗剪强度公式 $\tau_f = c + \sigma \cdot \tan\varphi$ 表明，土的抗剪强度由两部分组成，即摩擦强度 $\sigma \cdot \tan\varphi$ 和黏聚强度 $c$。

①摩擦强度取决于剪切面上的正应力$\sigma$和土的内摩擦角$\varphi$，可以粗略地理解为物理上的"摩擦力"，粗粒土的内摩擦涉及土颗粒之间的相对滑动，其物理过程包括如下两个组成部分：一个是颗粒之间滑动时产生的滑动摩擦；另一个是颗粒之间由于咬合所产生的咬合摩擦。

②细粒土的黏聚力$c$，<u>可以粗略地理解为"颗粒之间的吸引力"</u>，取决于土粒间的各种物理化学作用力，包括库仑力（静电力）、范德华力、胶结作用力等，通常认为，粗粒土颗粒间没有黏聚强度，即$c=0$。

### （2）莫尔-库仑强度理论

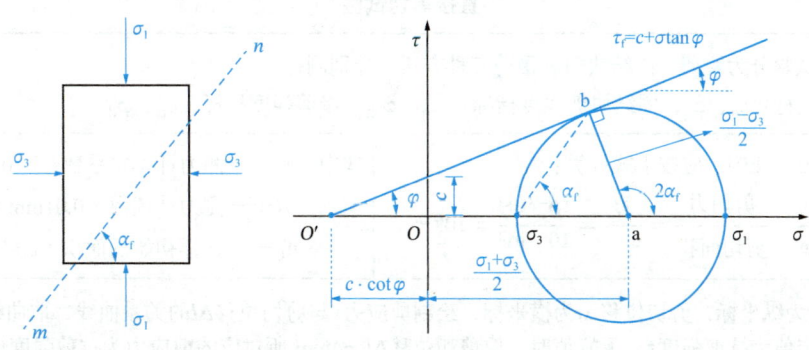

在不同应力状态作用下，土体内单元达到破坏（极限平衡）状态的所有点集合，组成破坏包线，符合库仑定律$\tau_f = c + \sigma \cdot \tan\varphi$。

在某一应力$(\sigma_1, \sigma_3)$作用下，土体内某一点上所有剪切面的应力$(\sigma, \tau)$的集合，便组成莫尔圆：
$$\text{圆心坐标}\left(\frac{\sigma_1+\sigma_3}{2}, 0\right), \quad \text{圆半径}\ r = \frac{\sigma_1-\sigma_3}{2}$$

土体在某一应力状态下$(\sigma_1, \sigma_3)$，过某一点存在无数个剪切面，而过该点的<u>剪切破坏面有且仅有一组</u>，该破坏剪切面为破坏包线与莫尔圆的切点

| （1）过土体内任意截面（$m\text{-}n$）的法向应力和剪应力（适用于所有剪切面，包括破坏剪切面）<br><br>剪切面的正应力：<br>$$\sigma = \frac{1}{2}\cdot(\sigma_1+\sigma_3) + \frac{1}{2}\cdot(\sigma_1-\sigma_3)\cdot\cos 2\alpha$$<br>剪切面的剪应力：<br>$$\tau = \frac{1}{2}\cdot(\sigma_1-\sigma_3)\cdot\sin 2\alpha$$ | 土体中三种特殊的剪切面：<br>①<u>正应力最大的剪切面</u>→<br>$$\cos 2\alpha = 1 \rightarrow \alpha = 0°$$<br>②<u>剪应力最大的剪切面</u>→<br>$$\sin 2\alpha = 1 \rightarrow \alpha = 45°$$<br>③<u>土体极限平衡状态的破裂面</u>→<br>$$\alpha = \alpha_f = 45° + \frac{\varphi}{2}$$ |
|---|---|
| （2）土体极限平衡条件（仅适用于破坏剪切面）<br>$$\begin{cases}\sigma_1 = \sigma_3\cdot\tan^2\left(45°+\frac{\varphi}{2}\right) + 2\cdot c\cdot\tan\left(45°+\frac{\varphi}{2}\right)\\\sigma_3 = \sigma_1\cdot\tan^2\left(45°-\frac{\varphi}{2}\right) - 2\cdot c\cdot\tan\left(45°-\frac{\varphi}{2}\right)\\\alpha = \alpha_f = 45°+\frac{\varphi}{2}\end{cases} \rightarrow$$<br>大主应力过大或者小主应力过小，都会破坏 | 破坏面正应力：<br>$$\sigma_f = \frac{1}{2}\cdot(\sigma_1+\sigma_3) + \frac{1}{2}\cdot(\sigma_1-\sigma_3)\cdot\cos 2\alpha_f$$<br>破坏面剪应力：<br>$$\tau_f = \frac{1}{2}\cdot(\sigma_1-\sigma_3)\cdot\sin 2\alpha_f$$<br>破裂角：<br>$$\alpha_f = 45° + \frac{\varphi}{2}$$ |

（3）土体破坏判别
①实际$\sigma_1 >$ 极限$\sigma_{1f} \Rightarrow$ <u>破坏</u>；
②实际$\sigma_3 <$ 极限$\sigma_{3f} \Rightarrow$ <u>破坏</u>；
③$\varphi < \varphi_m \Rightarrow$ <u>破坏</u> $\left(\sin\varphi_m = \dfrac{\sigma_1-\sigma_3}{\sigma_1+\sigma_3+2c\cdot\cot\varphi}\right)$

【小注】破裂面的角度只能用<u>有效内摩擦角$\varphi'$</u>求解，因为土体破坏的根本原因是达到有效应力状态下的极限平衡。

## 二、直接剪切试验

——《土工试验方法标准》第 21 章

**直接剪切试验**

直接剪切试验分为 快剪、固结快剪和慢剪 三种方法，分别测得：
快剪强度指标：$c_q$、$\varphi_q$，固结快剪强度指标：$c_{cq}$、$\varphi_{cq}$，慢剪强度指标：$c_d$、$\varphi_d$。

试样剪应力 $\tau$（kPa）应按下式计算：

$$\tau = 10 \cdot \frac{CR}{A_0} = \frac{剪切力}{剪切面积} \Leftarrow \frac{N}{cm^2} = \frac{10^{-3}kN}{10^{-4}m^2} = 10 kPa$$

式中：$C$——测力计率定系数（N/0.01mm）；
$R$——测力计读数（0.01mm）；
$A_0$——试样初始的面积（$cm^2$）

以剪应力 $\tau$ 为纵坐标，剪切位移 $\Delta l$ 为横坐标，绘制剪应力 $\tau$ 与剪切位移 $\Delta l$ 的关系曲线，取曲线上剪应力的峰值或稳定值为抗剪强度 $\tau$，无峰值时，取剪切位移 $\Delta l = 4mm$ 所对应的剪应力为抗剪强度 $\tau$。

抗剪强度：$\tau_f = c + \sigma \tan \varphi$

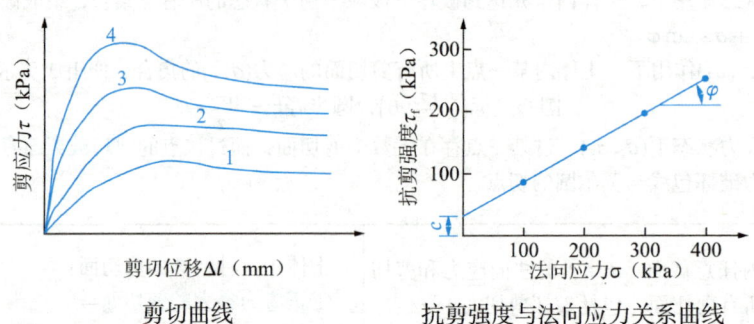

剪切曲线　　　　　抗剪强度与法向应力关系曲线

【小注】采用最小二乘法拟合抗剪强度和法向应力的直线，以抗剪强度为纵坐标，垂直压力为横坐标，绘制抗剪强度与垂直压力关系曲线，直线的倾角为内摩擦角 $\varphi$，直线在纵坐标上的截距为黏聚力 $c$

## 三、室内三轴压缩试验

——《土工试验方法标准》第 19 章

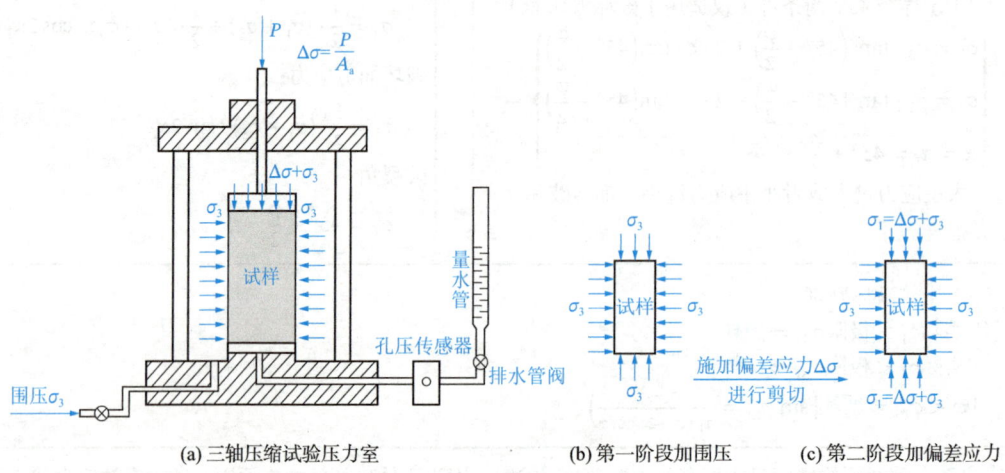

(a) 三轴压缩试验压力室　　(b) 第一阶段加围压　　(c) 第二阶段加偏差应力

室内三轴压缩试验

## （一）三轴压缩试验方法的区别

**三轴压缩试验方法的区别**

| 试验方法 | | | |
|---|---|---|---|
| | 不固结不排水（UU） | 施加围压和施加偏差应力直至剪切破坏过程中都不允许排水，土样的含水量保持不变，剪切过程中围压引起的<u>孔隙水压力不会消散</u> | 总应力指标 $(c_u, \varphi_u)$ |
| | 固结不排水（CU） | 在施加围压时，允许试样充分排水，待固结稳定后关闭排水阀，然后施加偏差应力，使试样在不排水条件下剪切破坏，由于剪切过程中不排水，试样体积没有变化，<u>产生孔隙水压力</u> | 总应力指标 $(c_{cu}, \varphi_{cu})$ 有效应力指标 $(c', \varphi')$ |
| | 固结排水（CD） | 在施加围压和施加偏差应力直至剪切破坏过程中都允许排水，并让试样中<u>孔隙水压力完全消散</u> | 有效应力指标 $(c_d, \varphi_d)$ |

【小注】UU、CU 试验采用应变控制式三轴剪切仪，CD 试验采用应力控制式三轴剪切仪。

## （二）试验结果计算

**试验结果计算**

（1）主应力$(\sigma_1 - \sigma_3)$差应按下式计算：
$$\sigma_1 - \sigma_3 = \frac{CR}{A_a} \cdot 10$$

式中：$\sigma_1 - \sigma_3$——主应力差（kPa）；
$\sigma_1$——大总主应力（kPa）；
$\sigma_3$——小总主应力（kPa）；
$C$——测力计率定系数（N/0.01mm）；
$R$——测力计读数（0.01mm）；
$A_a$——试样剪切时的面积（cm²）

（2）有效主应力比$\frac{\sigma'_1}{\sigma'_3}$按下式计算：
$$\frac{\sigma'_1}{\sigma'_3} = 1 + \frac{\sigma_1 - \sigma_3}{\sigma'_3}$$
$$\sigma'_1 = \sigma_1 - u \quad \sigma'_3 = \sigma_3 - u$$

式中：$\sigma'_1$、$\sigma'_3$——有效大、小主应力（kPa）；
$\sigma_1$、$\sigma_3$——大、小主应力（kPa）；
$u$——孔隙水压力（kPa）

（3）孔隙水压力系数 $B$、$A$

| 《土工试验方法标准》第 19.8.1 条 | 《土力学》 |
|---|---|
| $B = \dfrac{u_0}{\sigma_3}$；$A = \dfrac{u_d}{B(\sigma_1 - \sigma_3)}$<br>式中：$u_0$——试样在周围压力下产生的初始孔隙压力（kPa）；<br>$u_d$——试样在主应力差$(\sigma_1 - \sigma_3)$下产生的孔隙压力（kPa） | 土中某点孔隙水压力的增量与该点应力增量之间存在着下列关系：<br>$\Delta u = B[\Delta\sigma_3 + A(\Delta\sigma_1 - \Delta\sigma_3)]$<br>式中：$\Delta u$——受外荷载作用后试样孔隙水压力增量（kPa）；<br>$\Delta\sigma_1$、$\Delta\sigma_3$——分别为对试样施加的轴向和水平向外荷载增量（kPa）<br>$B = \dfrac{\Delta u_1}{\Delta\sigma_3} \quad A = \dfrac{\Delta u_2}{B(\Delta\sigma_1 - \Delta\sigma_3)}$ |

孔隙水压力系数的物理意义：在不排水条件下，土试样所受到的主应力发生变化时，土中孔隙水压力也将随之而发生变化。
这种变化与下列两方面的因素密切相关：

续表

①土的剪胀（剪缩）性：土在剪切过程中，如果体积会胀大（例如密砂），则称为剪胀，如果剪切时体积会收缩（例如松砂），则称为剪缩。用 $A$ 表示这种性质的孔隙水压力系数。剪胀时 $A < \frac{1}{3}$，甚至小于 0，剪缩时 $A > \frac{1}{3}$，甚至 $A > 1$。

②土的饱和度：如果土的孔隙中包含气体，由于气体的可压缩性，将会影响孔隙水压力的增长。一般用 $B$ 表示土的这种性质的孔隙水压力系数。$B$ 值可作为衡量土的饱和程度的标志，对完全饱和的土，$B = 1$；对干土，$B = 0$；对非饱和土，$0 < B < 1$。

孔隙水压力系数 $B$ 反映土的饱和程度，孔隙水压力系数 $A$ 反映真实土体在偏应力作用下的剪胀（剪缩）性质。当土体剪缩时，产生正的超孔隙水压力；当土体剪胀时，产生负的超孔隙水压力

（4）高度、面积、体积计算表

| 项目 | 起始 | 固结后 | | 剪切时校正值 |
| --- | --- | --- | --- | --- |
| | | 按实测固结下沉 | 等应变简化式样 | |
| 试样高度（cm） | $h_0$ | $h_c = h_0 - \Delta h_c$ | $h_c = h_0 \times \left(1 - \frac{\Delta V}{V_0}\right)^{1/3}$ | — |
| 试样面积（cm²） | $A_0$ | $A_c = \dfrac{V_0 - \Delta V}{h_c}$ | $A_c = A_0 \times \left(1 - \frac{\Delta V}{V_0}\right)^{2/3}$ | $A_a = \dfrac{A_0}{1 - 0.01\epsilon_1}$（不固结不排水剪）<br>$A_a = \dfrac{A_c}{1 - 0.01\epsilon_1}$（固结不排水剪）<br>$A_a = \dfrac{V_c - \Delta V_i}{h_c - \Delta h_i}$（固结排水剪） |
| 试样体积（cm³） | $V_0$ | $V_c = h_c A_c$ | | — |

表中：$\Delta h_c$——固结下沉量，由轴向位移计测得（cm）；

$\Delta V$——固结排水量（实测或试验前后试样质量差换算）（cm³）；

$\Delta V_i$——排水剪中剪切时的试样体积变化（cm³），按体变管或排水管读数求得；

$\epsilon_1$——轴向应变（%），$\epsilon_1 = \dfrac{剪切高度变化 \Delta h_i}{试样高度 h_0} \times 100\%$，上式带入%前边的数字；

$\Delta h_i$——试样剪切时高度变化（cm），由轴向位移计测得

## 四、无侧限压缩试验

——《土工试验方法标准》第 20 章

**无侧限压缩试验**

| 适用条件 | | 适用于 饱和软黏土 | |
|---|---|---|---|
| 基本原理 | | 无侧限压缩试验实际就是三轴压缩试验的一种特殊情况，即围压 $\sigma_3 = 0$ kPa 的三轴试验，属于不固结不排水试验，适用于饱和黏性土（$\varphi = 0$），其摩尔破坏强度包线为一条水平线，测得无侧限抗压强度 $q_u$ 即可换算得到：土体的不固结不排水强度指标 $c_u$ | |
| 轴向应变 $\varepsilon_1$ | $\varepsilon_1 = \dfrac{\Delta h}{h_0}$ | 式中：$\Delta h$——剪切过程中，试样高度的变化（cm）；<br>$h_0$——试样初始高度（cm），宜为 8.0 cm | |
| 试样的平均断面积 $A_a$ | $A_a = \dfrac{A_0}{1 - 0.01\varepsilon_1}$ | 式中：$A_0$——试样的初始截面积（cm²） | |
| 试样所受的轴向应力 $\sigma$ | $\sigma = 10 \cdot \dfrac{CR}{A_a}$ | 式中：$\sigma$——轴向应力（kPa）；<br>$C$——测力计率定系数（N/0.01mm）；<br>$R$——测力计读数（0.01mm）；<br>$A_a$——试样剪切时的面积（cm²） | |
| 无侧限抗压强度 $q_u$（kPa） | ①最大轴向应力明显时取最大轴向应力为 $q_u$<br><br>②最大轴向应力不明显时取 $\varepsilon_1 = 15\%$ 时对应的轴向应力为 $q_u$ | 以 $\sigma$ 为纵坐标、$\varepsilon_1$ 为横坐标，绘制应力应变曲线，如下所示： | |
| 土的不固结不排水抗剪强度 $\tau_f$ | | $\tau_f = c_u = \dfrac{q_u}{2} = \dfrac{\sigma_1 - \sigma_3}{2}$ | |
| 灵敏度 $S_t$ | $S_t = \dfrac{q_u}{q'_u}$<br>式中：$q_u$——原状试样的无侧限抗压强度（kPa）；<br>$q'_u$——重塑试样的无侧限抗压强度（kPa） | 灵敏度 $S_t$ | 《工程地质手册》 | 《土力学》 |
| | | $S_t \leqslant 2$ | 不灵敏 | 不灵敏～低灵敏 |
| | | $2 < S_t \leqslant 4$ | 中灵敏性 | 中灵敏性 |
| | | $4 < S_t \leqslant 8$ | 高灵敏性 | 高灵敏性 |
| | | $8 < S_t \leqslant 16$ | 极灵敏性 | 超高灵敏性 |
| | | $S_t > 16$ | 流性 | 流动黏土 |

## 五、应力路径和破坏主应力线

——《土力学》

### （1）应力路径及表示方法

土体中某一点的应力状态($\sigma_1, \sigma_3$)是客观存在的，作用在通过该点的剪切面上的正应力和剪应力分量却是仍然随着剪切面的转动而发生不断变化，其完整的二维应力状态可通过一个莫尔圆来表示（如右图所示）。

应力状态莫尔圆的大小和位置与其顶点坐标($p, q$)存在一一对应的关系，因此土体中一点的应力状态也可以通过莫尔圆顶点坐标($p, q$)来表示

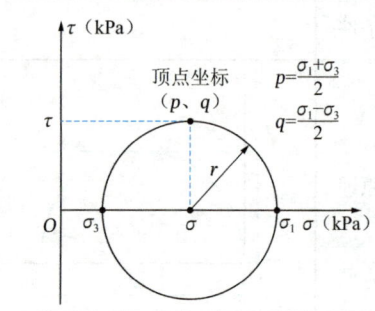

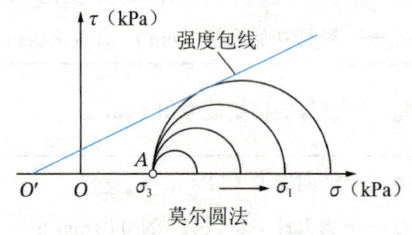

莫尔圆法

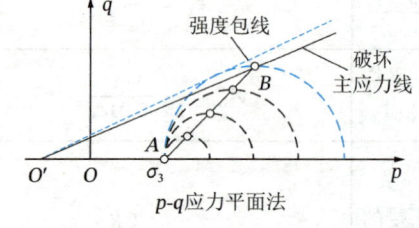

$p$-$q$应力平面法

莫尔圆法给出了一系列莫尔圆表示的应力变化过程。在常规的固结不排水三轴剪切试验中：

首先对试样施加三围等压的周围压力($\sigma_1 = \sigma_3$)，此时试样内任意剪切面上的剪应力均等于零，莫尔圆表示为横轴上的一个点$A$。然后在剪切过程中，在轴向增加偏差应力($\sigma_1 - \sigma_3$)，使得最大主应力$\sigma_1$逐步增大，应力莫尔圆的直径也逐步增大。

当试样达到破坏状态时，应力莫尔圆与强度包线相切。这种用若干个莫尔圆表示应力变化过程的方法显然很不方便，特别是当应力不是单调增加，而是有时增加、有时减小的情况，用莫尔圆来表示应力变化过程，极易发生混乱

在$p$-$q$应力平面上，用应力莫尔圆顶点的移动轨迹来表示应力的变化过程，应力路径特指这种应力坐标下的应力变化轨迹。

同样以常规的固结不排水三轴试验为例，如上图给出了用该种方法表示的应力路径。在对试样施加周围压力($\sigma_1 = \sigma_3$)，此时试样内任意剪切面上的剪应力均等于零，同样表示为横轴上的点$A$。在剪切过程中，增加偏差应力($\sigma_1 - \sigma_3$)使最大主应力$\sigma_1$逐步增大，应力莫尔圆顶点的轨迹是倾角45°的直线。

当试样达到破坏状态时，莫尔圆顶点$B$并不是位于强度包线上，而是到达强度包线下方的另外一条直线上，该直线为破坏主应力线

### （2）破坏主应力线

应力状态的变化过程可以用$p$-$q$坐标上的应力路径来表示。在常规三轴压缩试验中，$p$-$q$图上的应力路径如右图所示，沿与$p$轴呈45°的直线向上发展直至试样破坏。不同$\sigma_3$试验的破坏点的连线，就是$p$-$q$图上的破坏线，称为破坏主应力线，简称$K_f$线。

根据直线的倾角及在纵坐标上的截距，可得到：

$$\varphi = \sin^{-1}\tan\alpha; \quad c = \frac{d}{\cos\varphi}$$

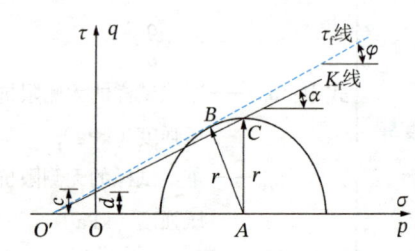

### （3）总应力路径和有效应力路径

在进行常规三轴不排水压缩试验时，主要分为两步：
①施加周围压力($\sigma_1 = \sigma_3$)；②施加偏差应力($\sigma_1 - \sigma_3$)进行不排水剪切，直至试样破坏

①施加围压力$\sigma_3$，进行排水固结：
由于排水固结后，试样内的孔隙水压力消散为零，总应力等于有效应力，所以此过程中<u>有效应力路径与总应力路径重合</u>（均为图中$OA$）。

②增加偏差应力($\sigma_1 - \sigma_3$)，进行不排水剪切：
在该过程中，总应力路径是与横轴$p$呈45°向上发展的直线，直至试样破坏，该段<u>总应力路径表示为$AB$</u>。其中$B$点位于总应力破坏主应力线$K_f$上。

由于是不排水剪切，当作用偏差应力($\sigma_1 - \sigma_3$)时，饱和试样内产生超静孔隙水压力$u = A(\sigma_1 - \sigma_3)$，每个点的有效应力都与总应力相差$u$，该过程中<u>有效应力路径为图中$AC$</u>。$C$点位于有效破坏主应力线$K_f'$上

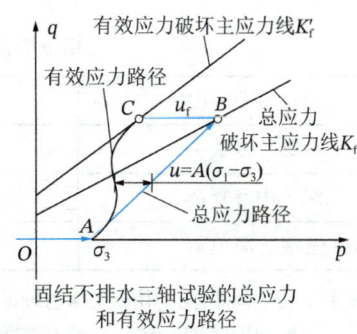

固结不排水三轴试验的总应力和有效应力路径

【小注1】固结压力一致时，固结不排水试验的莫尔圆与不固结不排水莫尔圆直径一致；正常固结黏性土，$c = 0$，强度包线过原点。

【小注2】①CU试验测定的$c'$、$\varphi'$与CD试验测定的抗剪强度参数指标$c_d$、$\varphi_d$是有区别的：前者是在不排水条件施加轴向压力的过程中测量孔隙水压力，试样体积保持不变；而后者在剪切过程中，试样排水导致体积变化，即二者的应力-应变关系是不同的。

②CD试验中剪切应变速率对试样结果的影响，主要表现在剪切过程中是否存在孔隙水压力，剪切应变速率较快，孔隙水压力得不到完全消散，就不能得到真实的有效强度指标，因而要选择缓慢的剪切应变速率，此处可以和2013年知识上午卷第9题对比学习，加深理解。

【小注3】①UU试验是对试样施加围压后，立即施加轴向压力，使试样在不固结不排水条件下剪切破坏，适用于建筑物施工速度快、土的渗透系数较低且排水条件差，为考虑施工期的稳定性的情形。

②对于天然地层的饱和黏土，理论上UU试验测定的抗剪强度指标$\varphi_u = 0$，$c_u = \frac{1}{2} \cdot (\sigma_1 - \sigma_3)$，但实际试验做出来$\varphi$很小，不为0。从工程实用角度出发，在总应力的稳定分析中应采用$\varphi_u = 0$的分析方法。

③UU试验由于不测孔隙水压力，在通常的轴向加荷速率（即剪切应变速率）范围内，对不固结不排水抗剪强度$c_u$影响不大，故而规范对不同类别的土样加荷速率来作区分。

【小注4】UU试验$\varphi_u = 0$想必会让使不少同学感到困惑：黏性土的内摩擦角真的为0？
理解如下：显然黏性土颗粒间是存在摩擦强度的，由于多次试验的初始状态均是相同的，试验过程中不允许排水，因而试样也就不可能发生固结作用，其抗剪强度（此时表现为总应力强度）也无法得到增长，根据"黏性土密度-有效应力-抗剪强度"唯一性原理，即只能存在唯一的有效应力莫尔圆，不排水抗剪强度与轴向应力无关，即$\tau_f$ = 常数，强度包线变成水平线，而内摩擦角被定义为强度包线与水平线的夹角，故有表观内摩擦角（$\varphi_u = 0$，无法单独反映$\sigma' \cdot \tan\varphi'$代表的摩擦强度，并非黏性土颗粒之间没有摩擦强度）。

### 笔记区

## 第五节　勘探与取样

### 一、初勘勘探深度

——第 4.1 节

**初步勘察勘探线、勘探孔间距（m）**

| 地基复杂程度 | 勘探线间距 | 勘探点间距 |
|---|---|---|
| 一级（复杂） | 50～100 | 30～50 |
| 二级（中等复杂） | 75～150 | 40～100 |
| 三级（简单） | 150～300 | 75～200 |

【表注】①表中间距不适用于地球物理勘探。
②控制性勘探点宜占勘探点总数的 1/5～1/3，且每个地貌单元均应有控制性勘探点。

**初步勘察勘探孔深度（m）**

| 工程重要性等级 | 一般性勘探孔 | 控制性勘探孔 |
|---|---|---|
| 一级（重要工程） | ≥15 | ≥30 |
| 二级（一般工程） | 10～15 | 15～30 |
| 三级（次要工程） | 6～10 | 10～20 |

【表注】①勘探孔包括钻孔、探井和原位测试孔。
②特殊用途的钻孔除外。

### 二、详勘勘探深度

**详细勘察勘探点的间距（m）**

| 地基复杂程度 | 勘探点间距 |
|---|---|
| 一级（复杂） | 10～15 |
| 二级（中等复杂） | 15～30 |
| 三级（简单） | 30～50 |

**详细勘察勘探孔深度（m）——第 4.1.18 条～第 4.1.19 条、条文说明表 4.1**

| 基础宽度确定<br>（$b ≤ 5m$ 时） | 条形基础 | $z ≥ 3b$ 且 $z ≥ 5m$ |
|---|---|---|
| | 单独柱基 | $z ≥ 1.5b$ 且 $z ≥ 5m$ |
| | 大型设备基础 | $z ≥ 2b$ |
| 高层建筑 | 控制性勘探孔深度＞地基变形计算深度 | 一般性勘探孔深度 ≥ $(0.5～1.0)b$ |
| 直线塔基<br>（适用于均质土层） | 硬塑土层（$0 < I_L ≤ 0.25$） | $0.5b$ |
| | 可塑土层（$0.25 < I_L ≤ 0.75$） | $(0.5～1.0)b$ |
| | 软塑土层（$0.75 < I_L ≤ 1$） | $(1.0～1.5)b$ |

续表

| 耐张、转角、跨越和终端塔（适用于均质土层） | 硬塑土层（$0 < I_L \leqslant 0.25$） | $(0.5\sim1.0)b$ |
|---|---|---|
| | 可塑土层（$0.25 < I_L \leqslant 0.75$） | $(1.0\sim1.5)b$ |
| | 软塑土层（$0.75 < I_L \leqslant 1$） | $(1.5\sim2.0)b$ |
| 裙房或仅有地下室 | 控制性钻孔深度 $\geqslant (0.5\sim1.0)b$ | |
| 【小注】勘探深度 $= d + z$，$d$——基础埋深（m），$b$——基础底面宽度（m），求孔深要加上基础埋深 | | |
| 由变形计算深度确定时 | 中、低压缩性（压缩系数 $a < 0.5$） | 取 $p_z = 0.2p_{cz}$ 对应深度 |
| | 高压缩性（压缩系数 $a \geqslant 0.5$） | 取 $p_z = 0.1p_{cz}$ 对应深度 |

## 三、取土器的技术要求

——附录 F

**取土器的技术要求**

| 取土器参数 | 厚壁取土器 | 薄壁取土器（$D_w = D_e$，其余同厚壁如图） | | | 《建筑工程地质勘探与取样技术规程》附录 D |
|---|---|---|---|---|---|
| | | 敞口自由活塞 | 水压固定活塞 | 固定活塞 | 黄土取土器 |
| 面积比 $\dfrac{D_w^2 - D_e^2}{D_e^2} \times 100$（%） | 13~20 | 简图 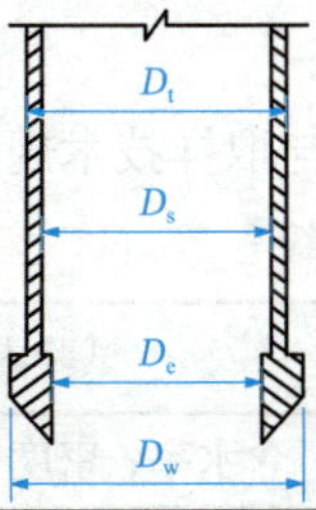 | $\leqslant 10$ | 10~13 | 15 |
| 内间隙比 $\dfrac{D_s - D_e}{D_e} \times 100$（%） | 0.5~1.5 | | 0 | 0.5~1.0 | 1.5 |
| 外间隙比 $\dfrac{D_w - D_t}{D_t} \times 100$（%） | 0~2.0 | | 0 | | 1.0 |
| 刃口角度（°） | < 10 | 5~10 | | | 10 |
| 长度 $L$（mm） | 400，550 | 砂土：$(5\sim10)D_e$ 黏性土：$(10\sim15)D_e$ | | | — |
| 外径 $D_t$（mm） | 75~89，108 | 75，100 | | | 127 |
| 衬管 | 整圆或半合管，塑料、酚醛层压纸或镀锌铁皮制成 | 无衬管，束节式取土器衬管同左 | | | 塑料，酚醛层压纸 |

一般情况下，取土器面积比越小，则土试样所受的扰动程度就越小，要使得面积比小，关键是减少取土器的壁厚。

【表注】① $D_e$——取土器刃口内径（mm）；
$D_s$——取样管内径，加衬管时为衬管内径（mm）；
$D_t$——取样管外径（mm）；
$D_w$——取土器管靴外径，对薄壁管 $D_w = D_t$（mm）；
标贯取土器：$D_w = 51$mm，$D_e = 35$mm（《岩土工程勘察规范》P107）。
②取样管及衬管内壁必须光滑圆整；在特殊情况下取土器直径可增大至150~250mm。

## 四、钻孔实际孔深及孔深误差计算

**钻孔实际孔深及孔深误差计算**

取样器包含岩芯管及钻头，机上余尺也称机上残尺。

机上钻杆一般分为三部分长度，余尺＋机高＋地面下剩余部分，仅地面下剩余部分长度为孔深的一部分。

①陆地实际孔深＝
取样器长＋钻杆总长（含机上钻杆）－机高－余尺

②水上实际孔深＝
取样器长＋钻杆总长（含机上钻杆）－机高－余尺－水深

③海上实际孔深＝
取样器长＋钻杆总长（含机上钻杆）－机高－余尺－实时水深（水位随潮汐变化）

钻进过程中钻孔的记录累计深度往往与实际深度之间存在着一定的误差，钻孔的实际深度（$L_s$）与记录深度（$L_J$）的差值叫做孔深误差（$\Delta L$），即

$$\Delta L = \pm(L_s - L_J)$$

$L_s > L_J$ 时，取（＋）号，称为盈尺；
$L_s < L_J$ 时，取（－）号，称为亏尺。

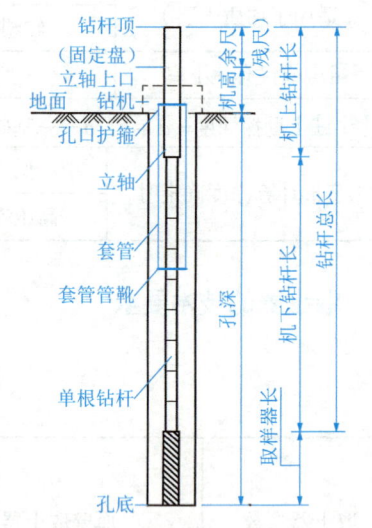

水上勘察时，机高从水面算起

## 五、土样扰动评价

——《建筑工程地质勘探与取样技术规程》第 9.4.1 条及条文说明

**土试样质量等级**

| 级别 | 扰动程度 | 试验内容 |
| --- | --- | --- |
| Ⅰ | 不扰动 | 土类定名、含水率、密度、强度试验、固结试验 |
| Ⅱ | 轻微扰动 | 土类定名、含水率、密度 |
| Ⅲ | 显著扰动 | 土类定名、含水率 |
| Ⅳ | 完全扰动 | 土类定名 |

【小注】①不扰动是指原位应力状态虽已改变，但土的结构、密度和含水量变化很小，能满足室内试验各项要求。

②除地基基础设计等级为甲级的工程外，在工程技术要求允许的情况下，可用Ⅱ级土试样进行强度和固结试验，但宜先对土试样受扰动程度做抽样鉴定，判断用于试验的适用性，并结合地区经验使用试验成果。

# 第一章 岩土工程勘察规范

**土试样扰动程度计算及评价**

| 参数 | 几乎未扰动 | 少量扰动 | 中量扰动 | 很大扰动 | 严重扰动 |
|---|---|---|---|---|---|
| 扰动指数$I_D$ | <0.15 | 0.15~0.30 | 0.30~0.50 | 0.50~0.75 | >0.75 |
| 体积应变比$\varepsilon_v$ | <1% | 1%~2% | 2%~4% | 4%~10% | >10% |

| | |
|---|---|
| $I_D = \dfrac{\Delta e_0}{\Delta e_m}$ | 式中：$\Delta e_0$——为原位孔隙比与土样在先期固结压力处孔隙比的差值； <br> $\Delta e_m$——为原位孔隙比与重塑土在先期固结压力处孔隙比的差值 |
| $\varepsilon_v = \dfrac{\Delta e}{1+e_0}$ | 式中：$\Delta e$——为加荷至自重压力时的孔隙比变化量，$\Delta e = e_0 - e_1$； <br> $e_0$——为土样的初始孔隙比 <br> ①固结试验前$(e_0)$：$\rho_d = \dfrac{G_s}{1+e_0} = \dfrac{m_d}{V}$ <br> ②固结试验后$(e_1)$：$s_r = 1$，$G_s w = s_r e_1$ |
| 土试样的<br>回收率 = L/H | 式中：L——土样长度（m），可取土试样的毛长度，而不必是净长，即可从土试样顶端算至取土器刃口，下部如有脱落可不扣除。<br>H——取样时取土器贯入孔底以下土层的深度（m） |
| | 一般情况下：回收率等于 0.98 左右是最理想的，大于 1.0 或小于 0.95 是土试样受扰动的标志 |

## 六、泥浆配置

——《工程地质手册》P121

**泥浆配置**

| | |
|---|---|
| 泥浆作用 | 在岩土层中钻进时，除能保持孔壁稳定的黏性土层和完整岩层之外，均应采取护壁措施，泥浆作为钻探的一种冲洗液，除起护壁作用外，还具有携带、悬浮与排除岩粉、冷却钻头、润滑钻具、堵漏等功能 |
| 制造泥浆所需黏土质量<br>Q(t) | $Q = V\rho_1 \dfrac{\rho_2 - \rho_3}{\rho_1 - \rho_3}$    式中：V——欲制造泥浆的体积（m³）；<br>$\rho_1$——黏土的密度（t/m³）；<br>$\rho_2$——欲制造泥浆的密度（t/m³），数值上等于泥浆比重$G_s$；<br>$\rho_3$——水的密度（t/m³），等于 1 |
| 制造泥浆所需水的质量<br>$m_w$(t) | $m_w = \left(V - \dfrac{Q}{\rho_1}\right)\rho_3$ |

【小注】①上式仅适用于完全饱和黏性土（做题谨慎使用，优先使用三相解答）。
②黏土用量Q计算公式为近似解，非三相图的求解，区别在于：在三相图中，土颗粒质量 + 水的质量 = 泥浆质量；黏土中包括了黏土的水分和土颗粒质量；体积上，水的体积 = 泥浆体积 − 土颗粒体积（对比工程上减去的是黏土体积）。
③黏土体积 ≠ 土颗粒体积；黏土质量 ≠ 土颗粒质量

三相图推导计算公式如下：

| | | |
|---|---|---|
| 制造泥浆时黏土用量Q(t) | $m_s = V\rho_s \dfrac{\rho_2 - \rho_w}{\rho_s - \rho_w} \Rightarrow$<br>$Q = m_s(1+w)$ | 式中：$\rho_s$——黏土颗粒的密度（t/m³），数值上等于土粒比重$G_s$；<br>$m_s$——制造泥浆时黏土颗粒的质量（t）；<br>w——黏土含水率，代入小数 |
| 制造泥浆时所需水量<br>$m_w(t)$ | $m_w = \rho_2 V - Q$ | |

【小注】做题时优先使用三相图公式解答

## 七、勘察作业危险源辨识和评价

——《岩土工程勘察安全标准》附录 A

**勘察作业危险源辨识和评价**

勘察作业前，应根据勘察项目特点、场地条件、勘察方案、勘察手段等对作业过程中的危险源进行辨识。危险源辨识应包括下列环境因素和作业条件：

①作业现场地形、水文、气象条件，不良地质作用发育情况；
②场地内及周边影响作业安全的地下建（构）筑物、各种地下管线、地下空洞、架空输电线路等环境条件；
③临时用电条件、临时用电方案；
④高度超过 2.0m 的高处作业；
⑤工程物探方法或其他爆破作业，危险物品的储存、运输和使用；
⑥勘探设备安装、拆卸、搬迁和使用；
⑦作业现场防火、防雷、防爆、防毒；
⑧水域勘察作业、特殊场地条件；
⑨其他专业性强、操作复杂、危险性大的作业环境和作业条件

勘察作业危险源危险等级可采用危险性评价因子计算确定，可按下式计算：

$$D = LEC$$

式中：$D$——危险源危险等级计算值；
$L$——发生事故可能性评价因子；
$E$——暴露于危险环境的频繁程度评价因子；
$C$——发生事故可能产生的后果评价因子。

勘察作业危险源危险等级评价可根据危险源危险等级计算值的大小按下表确定。

**勘察作业危险源危险等级评价**

| 危险等级评价值 | 危险源危险等级 |
| --- | --- |
| $D > 320$ | 特大级 |
| $160 < D \leqslant 320$ | 重大级 |
| $70 < D \leqslant 160$ | 较大级 |
| $20 < D \leqslant 70$ | 一般级 |
| $D \leqslant 20$ | 轻微级 |

发生事故的可能性、暴露于危险环境频繁程度和发生事故可能产生的后果等评价因子可按下表取值。

**勘察作业危险源评价因子分值**

| 评价因子 | 评价内容 | 分值 |
| --- | --- | --- |
| 发生事故的可能性 $L$ | 完全可预料到 | 10 |
| | 相当可能 | 6 |
| | 可能，但不经常 | 3 |
| | 可能性小，完全意外 | 1 |
| | 可能性很小 | 0.5 |
| | 极不可能 | 0.1 |
| 暴露于危险环境的频繁程度 $E$ | 连续暴露 | 10 |
| | 每天工作时间内暴露 | 6 |
| | 每周一次或经常暴露 | 3 |
| | 每月暴露一次 | 2 |
| | 每年几次或偶然暴露 | 1 |
| 发生事故可能产生的后果 $C$ | 重大灾难，3 人以上死亡或 10 人以上重伤 | 100 |
| | 灾难，2~3 人死亡或 4~10 人重伤 | 40 |
| | 非常严重，1 人死亡或 2~3 人重伤 | 15 |
| | 严重，1 人重伤 | 7 |
| | 比较严重，轻伤 | 3 |
| | 轻微，需要救护 | 1 |

凡具备下列条件的危险源应判定为重大级危险源：

①曾经发生过非常严重的安全事故，且无有效的安全生产防护措施；
②直接观察到很可能发生非常严重的安全事故后果，且无有效的安全生产防护措施；
③违反安全操作规程，很可能导致非常严重的安全事故后果

判定为重大级的危险源，在制定安全生产管理方案、采取现有的控制技术和措施仍不能降低安全风险时，应判定为特大级危险源

# 第一章　岩土工程勘察规范

## 第六节　原位测试

### 一、载荷试验

#### （一）载荷试验的分类

**载荷试验的分类**

| 项目 | 分类 | 特点 |
|---|---|---|
| 试验方法 | 浅层平板载荷试验 | ①承压板面积应不小于 0.25m²；对软土和粒径较大的填土不应小于 0.5m²；<br>②试坑宽度或直径应不小于承压板直径或宽度的 3 倍（无边载）；<br>③确定浅层地基土和破碎、极破碎岩石地基的承载力和变形参数 |
| | 深层平板载荷试验 | ①承压板采用直径为 0.8m 的刚性承压板，面积宜为 0.5m²；<br>②紧靠承压板周围外侧土层高度应不小于 0.8m（有边载）；<br>③确定深度不小于 5m 深部地基土和大直径桩的桩端土层在承载板下主要影响范围内的承载力和变形参数 |
| | 螺旋板载荷试验 | 主要用于深层地基土或地下水位以下的地基土 |
| | 岩石载荷试验 | ①承压板采用直径为 0.3m 的圆形刚性承压板，面积不宜小于 0.07m²；<br>②主要用于确定较破碎、较完整、完整岩石地基承载力和变形参数 |

#### （二）确定地基承载力

——《岩土工程勘察规范》第 10.2 节、《建筑地基基础设计规范》附录 C、D、H

**确定地基承载力**

| 试验分类 | 承压板尺寸 | 终止条件 | 曲线类型 | 承载力特征值 $f_{ak}$ |
|---|---|---|---|---|
| 浅层平板载荷试验 | ①一般情况：面积 ≥ 0.25m²；<br>②软土和粒径较大的填土：面积 ≥ 0.50m² | ①承压板周围土体出现明显侧向挤出；<br>②沉降 $s$ 急骤增大，$p \sim s$ 曲线出现陡降段；<br>③在某一级荷载下，24h 内沉降速率不能稳定；<br>④$s/d$ 或 $s/b \geq 0.06$；<br>⑤达不到极限荷载时最大加载量不小于设计要求的 2 倍 | 陡降型 $p \sim s$ 曲线 | ①取破坏前一级荷载为极限荷载 $p_u$；<br>②取 $p \sim s$ 曲线直线段终点对应荷载值为 $p_{cr}$<br>$f_{ak} = \min\left(p_{cr}, \dfrac{p_u}{2}\right)$ |
| | | | 缓变型 $p \sim s$ 曲线 | 压板面积为 0.25～0.50m²，取 $s/b = 0.01 \sim 0.015$ 所对应的荷载值为 $p_s$<br>$f_{ak} = \min\left(p_s, \dfrac{p_{max}}{2}\right)$ |
| | 验算极差：同一层土参加统计的试验点不应小于 3 点，极差 $\leq 30\%\overline{f}_{ak}$，取 $f_{ak} = \overline{f}_{ak}$（平均值）（$f_{ak}$ 宽深修正 $\Rightarrow f_a$） | | | |

【小注】《工程地质手册》P251 中不同点为：当 $p \sim s$ 曲线上无明显的直线段时，可用下述方法确定比例界限：①在某一荷载下，其沉降量超过前一级荷载下沉降量的两倍，即 $\Delta s_n > 2\Delta s_{n-1}$ 的点所对应的荷载即为比例界限；②绘制 $\lg p \sim \lg s$ 曲线，曲线上转折点所对应的荷载即比例界限；③绘制 $p \sim \Delta p/\Delta s$ 曲线，曲线上的转折点所对应的荷载值即为比例界限，其中 $\Delta p$ 为荷载增量，$\Delta s$ 为相应的沉降量

续表

| 试验分类 | 承压板尺寸 | 终止条件 | 曲线类型 | 承载力特征值$f_{ak}$ |
|---|---|---|---|---|
| 深层平板载荷试验 | $d = 0.8$m | ①沉降$s$急骤增大，$p\sim s$曲线出现陡降段，且沉降量超过$0.04d$（板直径）；②在某一级荷载下，24h内沉降速率不能稳定；③本级沉降量大于前一级沉降量的5倍 | 陡降型$p\sim s$曲线 | ①取破坏前一级荷载为极限荷载$p_u$；②取$p\sim s$曲线直线段终点对应荷载值为$p_{cr}$ $f_{ak} = \min\left(p_{cr}, \dfrac{p_u}{2}\right)$ |
| | | ④当持力层土层坚硬、沉降量很小时，最大加载量不小于设计要求的2倍 | 缓变型$p\sim s$曲线 $s=(0.01\sim0.015)b$ | 取$s/b = 0.01\sim 0.015$所对应的荷载值为$p_s$ $f_{ak} = \min\left(p_s, \dfrac{p_{\max}}{2}\right)$ |
| | 验算极差：同一层土参加统计的试验点不应小于3点，极差$\leq 30\%\overline{f}_{ak}$，取$f_{ak} = \overline{f}_{ak}$（平均值）（$f_{ak}$宽深修正$\Rightarrow f_a$） | | | |
| 岩基载荷试验 | $d = 0.3$m | ①沉降量读数不断变化，24h内沉降速率有增大的趋势；②压力加不上或勉强加而不能保持稳定 | 陡降型$p\sim s$曲线 | ①取破坏前一级荷载为极限荷载$p_u$；②取$p\sim s$曲线直线段终点对应荷载值为$p_{cr}$ $f_{ak} = \min\left(p_{cr}, \dfrac{p_u}{3}\right)$ |
| | 每一场地参加统计的试验点不应小于3点，取最小值作为岩石地基承载力特征值$f_{ak}$。岩石地基承载力不进行宽深修正，$f_a = f_{ak}$ | | | |

**不同规范$s/b$或$s/d$的取值**

| 《建筑地基基础设计规范》附录C、D |
|---|
| 当承压板面积为$0.25\sim 0.50$m²时，取$s/b = 0.01\sim 0.015$对应的荷载量 |

《城市轨道交通岩土工程勘察规范》第15.6.8条

| 土名 | 黏性土 | | | | | 粉土 | | | 砂土 | | | 软~极软岩强风化~全风化 |
|---|---|---|---|---|---|---|---|---|---|---|---|---|
| 状态 | 流塑 | 软塑 | 可塑 | 硬塑 | 坚硬 | 稍密 | 中密 | 密实 | 松散 | 稍密 | 中密 | 密实 | |
| $s/b$或$s/d$ | 0.02 | 0.016 | 0.014 | 0.012 | 0.01 | 0.02 | 0.015 | 0.01 | 0.02 | 0.016 | 0.012 | 0.008 | 0.001~0.002 |

《建筑地基检测技术规范》第4.4.3条

| 地基类型 | 天然地基 | | | 人工地基 | |
|---|---|---|---|---|---|
| 地基土性质 | 高压缩性土 | 中压缩性土 | 低压缩性土和砂性土 | 中、低压缩性土 | 性质不定 |
| $s/b$或$s/d$ | 0.015 | 0.012 | 0.010 | 0.010 | 0.010 |

【小注】①$s$为与承载力特征值对应的承压板的沉降量；$b$或$d$为承压板的边宽或直径。
②当$b$或$d$大于2m时，取2m计算。

《土工试验方法标准》第49.2.6条

| 承压板面积 $0.25\sim 0.50$m² | 土名及性质 | 中、高压缩性土 | 低压缩性土和砂土 |
|---|---|---|---|
| | $s/b$或$s/d$ | 0.02 | 0.01~0.015 |

## （三）变形模量 $E_0$

**变形模量**

| （1）《岩土工程勘察规范》第 10.2.5 条 ||||
|---|---|---|---|
| 试验类型 | 承压板形状 | 计算公式 | 参数说明 |
| 浅层平板载荷试验 | 圆形 | $E_0 = 0.785(1-\mu^2)\dfrac{pd}{s}$ | 式中：$p$——$p\sim s$ 曲线线性段的压力（kPa）； $s$——与 $p$ 相对应的沉降（mm）； $d$——圆形、方形承压板的直径或边长（m）； $\mu$——泊松比，碎石土 0.27，砂土 0.30，粉土 0.35，粉质黏土 0.38，黏土 0.42； $\omega$——按下表或计算得出 |
| 浅层平板载荷试验 | 方形 | $E_0 = 0.886(1-\mu^2)\dfrac{pd}{s}$ | |
| 深层平板载荷试验 | 圆形 | $E_0 = \omega\dfrac{pd}{s}$ | |

**计算系数 $\omega$**

| $d/z$ | 碎石土 $\mu=0.27$ | 砂土 $\mu=0.30$ | 粉土 $\mu=0.35$ | 粉质黏土 $\mu=0.38$ | 黏土 $\mu=0.42$ | |
|---|---|---|---|---|---|---|
| 0.30 | 0.477 | 0.489 | 0.491 | 0.515 | 0.524 | ① $d/z$ 为承压板直径与承压板底面深度之比； ② 当给定参数 $d/z$ 或 $\mu$ 与左侧表不一致时需计算求 $\omega$ $\left.\begin{array}{l}I_1 = 0.5 + 0.23\dfrac{d}{z} \\ I_2 = 1 + 2\mu^2 + 2\mu^4\end{array}\right\} \Rightarrow$ $\begin{cases}\text{圆形承压板：}\omega = 0.785 I_1 I_2 (1-\mu^2) \\ \text{方形承压板：}\omega = 0.886 I_1 I_2 (1-\mu^2)\end{cases}$ |
| 0.25 | 0.469 | 0.480 | 0.482 | 0.506 | 0.514 | |
| 0.20 | 0.460 | 0.471 | 0.474 | 0.497 | 0.505 | |
| 0.15 | 0.444 | 0.454 | 0.457 | 0.479 | 0.487 | |
| 0.10 | 0.435 | 0.446 | 0.448 | 0.470 | 0.478 | |
| 0.05 | 0.427 | 0.437 | 0.439 | 0.461 | 0.468 | |
| 0.01 | 0.418 | 0.429 | 0.431 | 0.452 | 0.459 | |

侧限压缩模量：$E_s = \dfrac{E_0}{1-\dfrac{2\mu^2}{1-\mu}}$ （$\mu$ 为泊松比）

| （2）《建筑地基检测技术规范》第 4.4.6 条～第 4.4.8 条 ||||
|---|---|---|---|
| 试验类型 | 承压板形状 || 计算公式 | 参数说明 |
| 浅层平板载荷试验 | 圆形 || $E_0 = 0.785(1-\mu^2)\dfrac{pb}{s}$ | 式中：$p$——$p\sim s$ 曲线线性段的压力（kPa）； $s$——与 $p$ 相对应的沉降（mm）； $b$——圆形、方形承压板的直径或边长（m）； $l$，$b$——矩形承压板的长和宽（m）； $\mu$——土的泊松比，碎石土 0.27，砂土 0.30，粉土 0.35，粉质黏土 0.38，黏土 0.42； $d$——圆形承压板的直径（m）； $\omega$——按下表或计算得出 |
| 浅层平板载荷试验 | 方形 || $E_0 = 0.886(1-\mu^2)\dfrac{pb}{s}$ | |
| 浅层平板载荷试验 | 矩形 | $l/b=1.2$ | $E_0 = 0.809(1-\mu^2)\dfrac{pl}{s}$ | |
| 浅层平板载荷试验 | 矩形 | $l/b=2$ | $E_0 = 0.626(1-\mu^2)\dfrac{pl}{s}$ | |
| 浅层平板载荷试验 | 矩形 | 其他 | $E_0 = 0.886(1-\mu^2)\dfrac{p\sqrt{lb}}{s}$ | |
| 深层平板载荷试验 | 圆形 || $E_0 = \omega\dfrac{pd}{s}$ | |

| 计算系数 $\omega$ | | | | | | |
|---|---|---|---|---|---|---|
| $d/z$ | 碎石土 $\mu=0.27$ | 砂土 $\mu=0.30$ | 粉土 $\mu=0.35$ | 粉质黏土 $\mu=0.38$ | 黏土 $\mu=0.42$ | |
| 0.30 | 0.477 | 0.489 | 0.491 | 0.515 | 0.524 | ① $d/z$ 为承压板直径与承压板底面深度之比。② 当给定参数 $d/z$ 或 $\mu$ 与左侧表不一致时需计算求 $\omega$ $$\left.\begin{array}{l}I_1=0.5+0.23\dfrac{d}{z}\\ I_2=1+2\mu^2+2\mu^4\end{array}\right\}\Rightarrow$$ $\begin{cases}圆形承压板：\omega=0.785I_1I_2(1-\mu^2)\\ 方形承压板：\omega=0.886I_1I_2(1-\mu^2)\end{cases}$ |
| 0.25 | 0.469 | 0.480 | 0.482 | 0.506 | 0.514 | |
| 0.20 | 0.460 | 0.471 | 0.474 | 0.497 | 0.505 | |
| 0.15 | 0.444 | 0.454 | 0.457 | 0.479 | 0.487 | |
| 0.10 | 0.435 | 0.446 | 0.448 | 0.470 | 0.478 | |
| 0.05 | 0.427 | 0.437 | 0.439 | 0.461 | 0.468 | |
| 0.01 | 0.418 | 0.429 | 0.431 | 0.452 | 0.459 | |

【小注】内容与《岩土工程勘察规范》类似，只有浅层平板载荷试验略有差异

### （四）基床系数

**基床系数**

| 基床系数 | | 《工程地质手册》P261~P262 | 《高层建筑岩土工程勘察标准》附录 H 及条文说明 |
|---|---|---|---|
| 基准基床系数 $K_v$ | 边长 30cm 方形承压板 | $K_v=p/s$ 有直线段时：$p/s$ 取直线段斜率；无直线段时：$p$ 取临塑荷载的一半，$s$ 为相应 $p$ 值的沉降值 | $K_v$ 或 $K_h=p_0/s$ 有直线段时：$p_0/s$ 取直线段斜率。无直线段时：$p_0$ 取极限压力的一半，$s$ 为相应 $p_0$ 的沉降值。非标准承压板试验，不进行面积修正。（针对：筏形和箱形大面积基础）独立基础需要进行形状和尺寸修正 |
| | 其他尺寸方形承压板 | 黏性土：$K_v=\dfrac{b}{0.3}K_{v1}$ | 式中：$K_{v1}$——边长不是 30cm 承压板的静载试验得到的基床系数；$b$——非标准承压板尺寸的宽度（m） |
| | | 砂土：$K_v=\left(\dfrac{2b}{b+0.3}\right)^2 K_{v1}$ | |

### （五）基础基床系数

——《工程地质手册》P262

**基础基床系数**

| 实际基础基床系数 $K_s$ | 黏性土：$K_s=\dfrac{0.3}{B}K_v$ | 式中：$B$——实际基础的宽度（m）；$B_1$——承压板标准尺寸，如 0.305m；$s$——实际基础沉降（cm）；$s_1$——$B_1$ 为 0.305m 压板的沉降（cm） |
|---|---|---|
| | 砂土：$K_s=\left(\dfrac{B+0.3}{2B}\right)^2 K_v$ | |
| 估算砂土地基上的基础沉降 $s$ | $\dfrac{s}{s_1}=\left(\dfrac{2.5B}{B+1.5B_1}\right)^2$ | |

# 第一章 岩土工程勘察规范

## （六）不排水抗剪强度

——《工程地质手册》P252

**不排水抗剪强度 $c_u$**

| 用沉降非稳定（快速法）浅层载荷试验（不排水条件）的极限荷载 $p_u$ 可估算饱和黏性土的不排水抗剪强度 $c_u$（$\varphi = 0$） $$c_u = \frac{p_u - p_0}{N_c}$$ | $p_u$——快速法载荷试验所得极限压力（kPa）； $p_0$——承压板周边外的超载或土的自重压力（kPa）； $N_c$——对方形或圆形承压板： ① 当周边无超载时，$N_c = 6.15$； ② 当板埋深大于等于 4 倍板径或边长时，$N_c = 9.25$； ③ 当板埋深小于 4 倍板径或边长时，线性内插 |
|---|---|

## （七）螺旋载荷板试验

——《工程地质手册》P257、《土工试验方法标准》第 49.4 节

螺旋载荷板试验是将一螺旋形的承压板用人力或机械旋入地面以下的预定深度，通过传力杆向螺旋形承压板施加压力，测定承压板的沉降量。适用于深层地基土或地下水位以下的地基土，可测定地基土的承载力、压缩模量、固结系数和饱和软黏土的不排水抗剪强度等，其测试深度可达 10～15m。

**螺旋载荷板试验**

| 试验成果应用 | 计算公式 | 参数 | |
|---|---|---|---|
| 一维压缩模量 $E_{sc}$（kPa） 《土工试验方法标准》称为变形模量 | $E_{sc} = mp_a\left(\dfrac{p}{p_a}\right)^{1-\alpha}$ ↑ 模数：$m = \dfrac{s_c}{s} \cdot \dfrac{(p-p_0)D}{p_a}$ | $p$——$p{\sim}s$ 曲线上的荷载（kPa） | |
| | | $s$——与 $p$ 相应的沉降量（cm） | |
| | | $\alpha$——应力指数 | 超固结土 $\alpha = 1$ |
| | | | 砂土与粉土 $\alpha = 0.5$ |
| | | | 正常固结饱和黏土 $\alpha = 0$ |
| | | $p_a$——标准压力 | $p_a = 100\text{kPa}$ |
| | | $s_c$——无因次沉降数 | |
| | | $p_0$——有效上覆压力（kPa） | |
| | | $D$——螺旋承压板直径（cm） | |
| 土层变形模量（kPa） | | 计算同深层载荷板试验 | |
| 一般黏性土不排水变形模量 $E_u$（kPa） | $E_u = 0.33\dfrac{\Delta pD}{s}$ | $\Delta p$——压力增量（kPa）； $s$——压力增量 $\Delta p$ 下固结完成后的最终沉降量（cm）； $D$——螺旋承压板直径（cm） | |
| 一般黏性土排水变形模量 $E'$（kPa） | $E' = 0.42\dfrac{\Delta pD}{s}$ | | |
| 不排水抗剪强度 $c_u$（kPa） | $c_u = \dfrac{P_L}{k\pi R^2}$ | $k$——系数 | 软塑、流塑软黏土：$k = 8.0{\sim}9.5$ |
| | | | 其他土：$k = 9.0{\sim}11.5$ |
| | | $P_L$——$p{\sim}s$ 曲线上极限荷载对应的压力（kN） | |
| | | $R$——螺旋板半径（m） | |
| 径向固结系数 $C_h$（cm²/s） | $C_h = T_{90}\dfrac{R_{sc}^2}{t_{90}}$ $= 0.335\dfrac{R_{sc}^2}{t_{90}}$ | $R_{sc}$——螺旋板半径（cm）； $t_{90}$——固结度达到 90% 所需的时间（s） | |

## 二、静力触探试验

——《岩土工程勘察规范》第 10.3 节、《工程地质手册》P230

静力触探试验是用静力匀速将标准规格的探头压入土中，同时量测探头阻力，测定土的力学特性，具有勘探和测试双重功能；孔压静力触探试验除静力触探原有功能外，在探头上附加孔隙水压力量测装置，用于量测孔隙水压力增长与消散。

### （一）静止孔压系数 $B_q$

**静止孔压系数 $B_q$**

| 试验位置 | 计算公式 | 参数 | 备注 | |
|---|---|---|---|---|
| 锥肩处测得贯入孔隙压力 $u_T$ 时 | $B_q = \dfrac{\Delta u}{q_t - \sigma_{v0}} = \dfrac{u_T - u_0}{q_t - \sigma_{v0}}$<br>$\uparrow$<br>$q_t = q_c + (1-\alpha)u_T$<br>（经孔压修正的真锥头阻力） | $\alpha = F_a/A$，为锥尖端面有效面积比。<br>$F_a$——锥尖端面有效面积（$cm^2$），即丝扣连接部的截面积（与地下水隔离）； | 单桥Ⅰ-1<br>双桥Ⅱ-1 | $A = 10cm^2$ |
| | | | 单桥Ⅰ-2<br>双桥Ⅱ-2 | $A = 15cm^2$ |
| 锥面处测得贯入孔隙压力 $u_d$ 时 | $B_q = \dfrac{\Delta u}{q_t - \sigma_{v0}} = \dfrac{u_d - u_0}{q_t - \sigma_{v0}}$<br>$\uparrow$<br>$q_t = q_c + \beta(1-\alpha)u_d$<br>（经孔压修正的真锥头阻力） | $A$——锥尖（探头）的全截面积（$cm^2$）；<br>$\Delta u$——超孔压数（kPa）；<br>$u_0$——试验处的静水压力（kPa）；<br>$\sigma_{v0}$——试验深度处总上覆压力（kPa）。<br>在水下时，应为水土压力之和。<br>$\beta = u_T/u_d$ 或查下表 | 单桥Ⅰ-3<br>双桥Ⅱ-3 | $A = 20cm^2$ |

**与土质有关的 $\beta$ 值**

| 地质状态 | 中砂粗砂 | 粉细砂 | | 粉土 | 粉质黏土 | 黏土 | 重超固结黏土 |
|---|---|---|---|---|---|---|---|
| | | 密实 | 松散~中密 | | 正常固结及轻度固结 | | |
| $\beta$ | 1.0 | < 0.3 | 0.7~0.3 | 0.3~0.6 | 0.5~0.7 | 0.4~0.8 | −0.1~0.4 |

### （二）静力触探试验成果应用

**静力触探试验成果应用**

| | | | |
|---|---|---|---|
| （1）径向固结系数 $C_h$（$cm^2/s$）《土工试验方法标准》第 46.4 节 | $C_h = \dfrac{R_t^2}{t_{50}} T_{50}$<br>式中：$R_t$——探头圆锥底半径（cm）；<br>$t_{50}$——实测孔隙消散度达 50%的时间（s）；<br>$T_{50}$——时间因数，如右所示 | 透水板位置 | $T_{50}$ 取值 |
| | | 锥尖和锥面 | 3.7 |
| | | 锥底 | 5.6 |
| | | 探杆（10R） | 33 |
| （2）土的固结系数 $C_v$（$cm^2/min$）《城市轨道交通岩土工程勘察规范》P252 | $C_v = \dfrac{T_{50}}{t_{50}} r_0^2$ | 式中：$T_{50}$——相当于 50%固结度的时间因数，当滤水器位于探头锥尖后时，$T_{50}$=6.87；当滤水器位于探头锥尖上时，$T_{50}$=1.64；<br>$t_{50}$——超孔隙水压力消散达 50%时的历时时间（min）。<br>$r_0$——孔压探头的半径（cm） | |
| （3）归一化消散度 $\overline{U}$（%）《土工试验方法标准》第 46.4 节 | $\overline{U} = \dfrac{u_t - u_0}{u_i - u_0}$<br>式中：$u_t$——某消散历时$t$的孔压值（kPa）；<br>$u_i$——孔压消散前的初值（kPa）；<br>$u_0$——试验处的静水压力（kPa） | 锥肩处测得贯入孔隙压力$u_T$时 | $u_i = u_T$ |
| | | 锥面处测得贯入孔隙压力$u_d$时 | $u_i = u_d$ |
| （4）固结度 | $U = 1 - \overline{U}$ | | |

## （5）地基土承载力和压缩模量与比贯入阻力的关系

| $f_{ak}$（kPa） | $E_{s0.1\sim0.2}$（MPa） | $p_s$适用范围（MPa） | 适用土类 |
|---|---|---|---|
| $f_{ak} = 80p_s + 20$ | $E_{s0.1\sim0.2} = 2.5\ln p_s + 4$ | 0.4～5.0 | 黏性土 |
| $f_{ak} = 47p_s + 40$ | $E_{s0.1\sim0.2} = 2.44\ln p_s + 4$ | 1.0～16.0 | 粉土 |
| $f_{ak} = 40p_s + 70$ | $E_{s0.1\sim0.2} = 3.6\ln p_s + 3$ | 3.0～30.0 | 砂土 |

【小注】①当采用$q_c$值时，取$p_s = 1.1q_c$。
②上表摘自《建筑地基检测技术规范》第9.4.7条。
③更多静力触探成果应用详见《工程地质手册》P232第六节。

## （6）静力触探进行土层分类

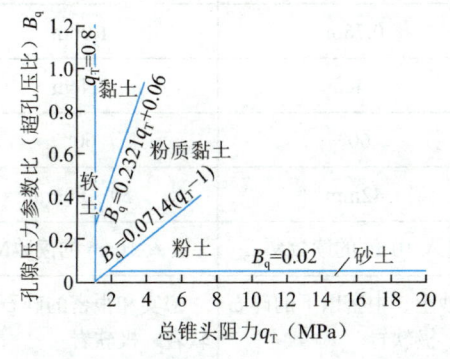

用孔压探头触探参数判别土类（过滤片置于锥肩处）

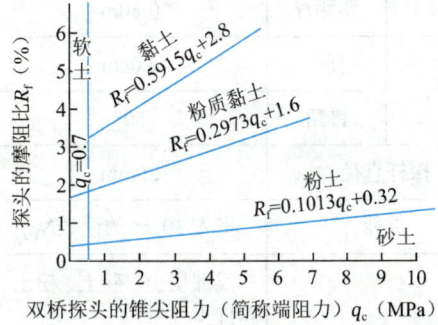

用双桥探头触探参数判别土类

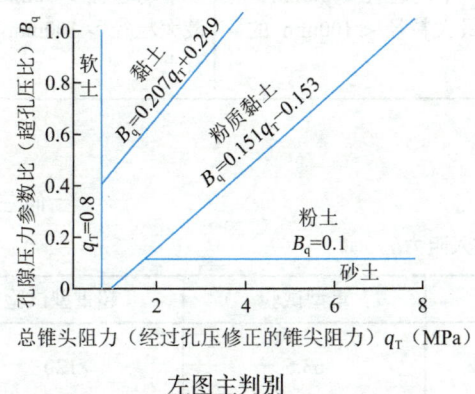

左图主判别

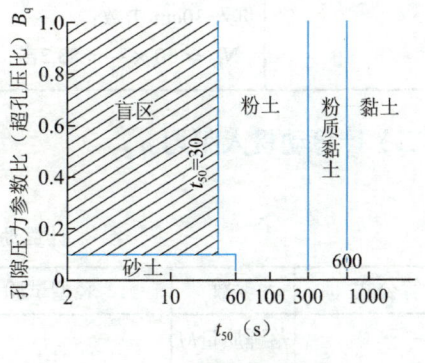

右图辅助判别

用孔压探头触探参数判别土类（过滤片置于锥面），$t_{50}$——触探产生的超孔压消散达50%的孔压消散历时，在绘制的归一化超孔压曲线上查取

## 三、圆锥动力触探试验

——第 3.3.8 条、第 10.4 节及条文说明

圆锥动力触探试验是用一定质量的重锤，以一定高度的自由落距，将标准规格的圆锥形探头贯入土中，根据打入土中一定距离所需的锤击数，判定土的力学特性，具有勘探和测试双重功能。

### （一）圆锥动力触探试验分类

**圆锥动力触探试验分类**

| 类型 | | 轻型 | 重型 | 超重型 |
| --- | --- | --- | --- | --- |
| 落锤 | 锤质量 $M$ | 10kg | 63.5kg | 120kg |
| | 落距 $H$ | 0.50m | 0.76m | 1.00m |
| 探头 | 直径 | 4.0cm | 7.4cm | 7.4cm |
| | 锥角 | 60° | 60° | 60° |
| 探杆直径 | | 25mm | 42mm | 50～60mm |
| 指标 | | 贯入 30cm 的读数 $N_{10}$ | 贯入 10cm 的读数 $N_{63.5}$ | 贯入 10cm 的读数 $N_{120}$ |
| 主要适用岩土 | | 浅部填土、砂土、粉土、黏性土 | 砂土、中密以下的碎石土、极软岩 | 密实和很密的碎石土、软岩、极软岩 |
| | | 例如：50 击贯入 18cm，贯入 30cm 击数：$N_{10} = 30 \times \dfrac{50}{18} = 83.3$ 击 | 平均粒径 ≤50mm，<u>且</u>最大粒径 <100mm 的碎石土 | 平均粒径 >50mm，<u>或</u>最大粒径 >100mm 的碎石土 |

### （二）计算动贯入阻力 $q_d$

——荷兰公式

**计算动贯入阻力 $q_d$**

| 计算公式 | 参数 | 轻型试验 | 重型试验 | 超重型试验 |
| --- | --- | --- | --- | --- |
| $q_d = \dfrac{M}{M+m} \cdot \dfrac{MgH}{Ae}$ | 落锤质量 $M$（kg） | 10 | 63.5 | 120 |
| | $m$（kg） | 圆锥探头及杆件系统（包括打头、导向杆等）的质量 | | |
| | $g$（m/s²） | 9.81 | | |
| | $e = D/N$ | $30/N_{10}$，$N_{10}$ 为贯入 30cm 读数（击数） | $10/N_{63.5}$，$N_{63.5}$ 为贯入 10cm 读数（击数） | $10/N_{120}$，$N_{120}$ 为贯入 10cm 读数（击数） |
| | 落距 $H$（m） | 0.5 | 0.76 | 1.0 |
| | 探头截面积 $A$（cm²） | 12.56 | 43 | 43 |

## （三）圆锥动力触探锤击数修正

——《岩土工程勘察规范》附录 B

**圆锥动力触探锤击数修正**

依据杆长修正后的数据查《岩土工程勘察规范》表 3.3.8 确定碎石土密实度。具体杆长修正如下：

重　型：$N_{63.5} = \alpha_1 \cdot N'_{63.5}$

超重型：$N_{120} = \alpha_2 \cdot N'_{120}$

式中：$N_{63.5}$、$N_{120}$——修正后的重型、超重型圆锥动力触探锤击数；

$N'_{63.5}$、$N'_{120}$——实测重型、超重型圆锥动力触探锤击数；

$\alpha_1$、$\alpha_2$——分别为重型和超重型圆锥动力触探试验的总杆长修正系数，具体取值详见下表

附表 1：**重型**圆锥动力触探锤击数修正系数 $\alpha_1$

| 钻杆总长 $L$（m）包含地上、地下杆长 | $N'_{63.5}$ | | | | | | | | |
|---|---|---|---|---|---|---|---|---|---|
| | 5 | 10 | 15 | 20 | 25 | 30 | 35 | 40 | ≥50 |
| 2 | 1 | 1 | 1 | 1 | 1 | 1 | 1 | 1 | |
| 3 | 0.98 | 0.975 | 0.965 | 0.96 | 0.95 | 0.945 | 0.935 | 0.93 | |
| 4 | 0.96 | 0.95 | 0.93 | 0.92 | 0.9 | 0.89 | 0.87 | 0.86 | 0.84 |
| 5 | 0.945 | 0.925 | 0.905 | 0.885 | 0.865 | 0.85 | 0.83 | 0.82 | 0.795 |
| 6 | 0.93 | 0.9 | 0.88 | 0.85 | 0.83 | 0.81 | 0.79 | 0.78 | 0.75 |
| 7 | 0.915 | 0.88 | 0.855 | 0.825 | 0.8 | 0.78 | 0.76 | 0.745 | 0.71 |
| 8 | 0.9 | 0.86 | 0.83 | 0.8 | 0.77 | 0.75 | 0.73 | 0.71 | 0.67 |
| 9 | 0.89 | 0.845 | 0.81 | 0.775 | 0.745 | 0.72 | 0.7 | 0.675 | 0.64 |
| 10 | 0.88 | 0.83 | 0.79 | 0.75 | 0.72 | 0.69 | 0.67 | 0.64 | 0.61 |
| 11 | 0.865 | 0.81 | 0.77 | 0.725 | 0.695 | 0.665 | 0.64 | 0.615 | 0.58 |
| 12 | 0.85 | 0.79 | 0.75 | 0.7 | 0.67 | 0.64 | 0.61 | 0.59 | 0.55 |
| 13 | 0.835 | 0.775 | 0.73 | 0.68 | 0.645 | 0.61 | 0.585 | 0.56 | 0.525 |
| 14 | 0.82 | 0.76 | 0.71 | 0.66 | 0.62 | 0.58 | 0.56 | 0.53 | 0.5 |
| 15 | 0.805 | 0.745 | 0.69 | 0.64 | 0.595 | 0.56 | 0.535 | 0.505 | 0.475 |
| 16 | 0.79 | 0.73 | 0.67 | 0.62 | 0.57 | 0.54 | 0.51 | 0.48 | 0.45 |
| 17 | 0.78 | 0.715 | 0.65 | 0.595 | 0.55 | 0.515 | 0.485 | 0.455 | 0.425 |
| 18 | 0.77 | 0.7 | 0.63 | 0.57 | 0.53 | 0.49 | 0.46 | 0.43 | 0.4 |
| 19 | 0.76 | 0.685 | 0.61 | 0.55 | 0.505 | 0.465 | 0.435 | 0.41 | 0.38 |
| 20 | 0.75 | 0.67 | 0.59 | 0.53 | 0.48 | 0.44 | 0.41 | 0.39 | 0.36 |

**笔记区**

附表2：超重型圆锥动力触探锤击数修正系数$\alpha_2$

| 钻杆总长$L$（m）包含地上、地下杆长 | $N'_{120}$ | | | | | | | | | | |
|---|---|---|---|---|---|---|---|---|---|---|---|
| | 1 | 3 | 5 | 7 | 9 | 10 | 15 | 20 | 25 | 30 | 35 | 40 |
| 1 | 1 | 1 | 1 | 1 | 1 | 1 | 1 | 1 | 1 | 1 | 1 | 1 |
| 2 | | 0.96 | 0.92 | 0.91 | 0.9 | 0.9 | 0.9 | 0.9 | 0.89 | 0.89 | 0.88 | 0.88 | 0.88 |
| 3 | | 0.94 | 0.88 | 0.86 | 0.85 | 0.84 | 0.84 | 0.84 | 0.83 | 0.82 | 0.82 | 0.81 | 0.81 |
| 4 | | 0.93 | 0.85 | 0.825 | 0.815 | 0.805 | 0.805 | 0.8 | 0.79 | 0.78 | 0.775 | 0.765 | 0.765 |
| 5 | | 0.92 | 0.82 | 0.79 | 0.78 | 0.77 | 0.77 | 0.76 | 0.75 | 0.74 | 0.73 | 0.72 | 0.72 |
| 6 | | 0.91 | 0.8 | 0.77 | 0.76 | 0.75 | 0.745 | 0.735 | 0.725 | 0.71 | 0.705 | 0.695 | 0.69 |
| 7 | | 0.9 | 0.78 | 0.75 | 0.74 | 0.73 | 0.72 | 0.71 | 0.7 | 0.68 | 0.68 | 0.67 | 0.66 |
| 8 | | 0.89 | 0.765 | 0.735 | 0.72 | 0.71 | 0.7 | 0.69 | 0.68 | 0.66 | 0.655 | 0.645 | 0.64 |
| 9 | | 0.88 | 0.75 | 0.72 | 0.7 | 0.69 | 0.68 | 0.67 | 0.66 | 0.64 | 0.63 | 0.62 | 0.62 |
| 10 | | 0.875 | 0.74 | 0.705 | 0.685 | 0.675 | 0.67 | 0.655 | 0.64 | 0.625 | 0.615 | 0.605 | 0.6 |
| 11 | | 0.87 | 0.73 | 0.69 | 0.67 | 0.66 | 0.66 | 0.64 | 0.62 | 0.61 | 0.6 | 0.59 | 0.58 |
| 12 | | 0.865 | 0.72 | 0.68 | 0.66 | 0.65 | 0.645 | 0.625 | 0.61 | 0.595 | 0.585 | 0.575 | 0.565 |
| 13 | | 0.86 | 0.71 | 0.67 | 0.65 | 0.64 | 0.63 | 0.61 | 0.6 | 0.58 | 0.57 | 0.56 | 0.55 |
| 14 | | 0.86 | 0.7 | 0.66 | 0.64 | 0.63 | 0.62 | 0.6 | 0.59 | 0.57 | 0.56 | 0.55 | 0.54 |
| 15 | | 0.86 | 0.69 | 0.65 | 0.63 | 0.62 | 0.61 | 0.59 | 0.58 | 0.56 | 0.55 | 0.54 | 0.53 |
| 16 | | 0.855 | 0.685 | 0.64 | 0.62 | 0.61 | 0.605 | 0.58 | 0.57 | 0.55 | 0.54 | 0.53 | 0.515 |
| 17 | | 0.85 | 0.68 | 0.63 | 0.61 | 0.6 | 0.6 | 0.57 | 0.56 | 0.54 | 0.53 | 0.52 | 0.5 |
| 18 | | 0.845 | 0.67 | 0.625 | 0.605 | 0.59 | 0.59 | 0.565 | 0.55 | 0.53 | 0.52 | 0.51 | 0.49 |
| 19 | | 0.84 | 0.66 | 0.62 | 0.6 | 0.58 | 0.58 | 0.56 | 0.54 | 0.52 | 0.51 | 0.5 | 0.48 |

## （四）试验成果应用

——《建筑地基检测技术规范》第8.4.9条、第8.4.11条

**数据处理**

| 单孔 | 8.4.3 计算单孔分层贯入指标平均值时，应剔除临界深度以内的数值以及超前和滞后影响范围内的异常值 |
|---|---|
| 场地 | 8.4.4 应根据各孔分层的贯入指标平均值，用厚度加权平均法计算场地分层贯入指标平均值和变异系数 |

**轻型动力触探试验推定地基承载力特征值$f_{ak}$（kPa）**

| $\overline{N}_{10}$击数（不修正） | 5 | 10 | 15 | 20 | 25 | 30 | 35 | 40 | 45 | 50 |
|---|---|---|---|---|---|---|---|---|---|---|
| 一般黏性土地基 | 50 | 70 | 90 | 115 | 135 | 160 | 180 | 200 | 220 | 240 |
| 黏性素填土地基 | 60 | 80 | 95 | 110 | 120 | 130 | 140 | 150 | 160 | 170 |
| 粉土、粉细砂土地基 | 55 | 70 | 80 | 90 | 100 | 110 | 125 | 140 | 150 | 160 |

# 第一章 岩土工程勘察规范

### 重型动力触探试验推定地基承载力特征值 $f_{ak}$（kPa）

| $\overline{N}_{63.5}$击数（修正后） | 2 | 3 | 4 | 5 | 6 | 7 | 8 | 9 | 10 | 11 | 12 | 13 | 14 | 15 | 16 |
|---|---|---|---|---|---|---|---|---|---|---|---|---|---|---|---|
| 一般黏性土 | 120 | 150 | 180 | 210 | 240 | 265 | 290 | 320 | 350 | 375 | 400 | 425 | 450 | 475 | 500 |
| 中砂、粗砂土 | 80 | 120 | 160 | 200 | 240 | 280 | 320 | 360 | 400 | 440 | 480 | 520 | 560 | 600 | 640 |
| 粉砂、细砂土 | — | 75 | 100 | 125 | 150 | 175 | 200 | 225 | 250 | — | — | — | — | — | — |

### 重型动力触探试验确定卵石土、圆砾土变形模量 $E_0$（MPa）

| $\overline{N}_{63.5}$击数（修正后） | 3 | 4 | 5 | 6 | 8 | 10 | 12 | 14 | 16 | 18 | 20 | 22 | 24 | 26 | 28 | 30 | 35 | 40 |
|---|---|---|---|---|---|---|---|---|---|---|---|---|---|---|---|---|---|---|
| $E_0$ | 9.9 | 11.8 | 13.7 | 16.2 | 21.3 | 26.4 | 31.4 | 35.2 | 39.0 | 42.8 | 46.6 | 50.4 | 53.6 | 56.1 | 58.0 | 59.9 | 62.4 | 64.3 |

【小注】杆长修正参见上文。

## （五）超前滞后反映

**超前滞后反映**

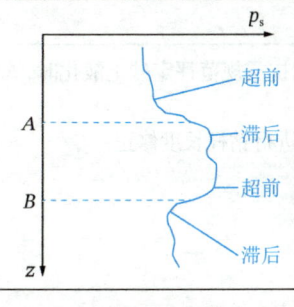

当触探头尚未达到下卧土层时，在一定深度以上，下卧土层的影响已经超前反映出来，叫作"超前反映"。

而当探头已经穿过上覆土层进入下卧土层中时，在一定深度以内，上覆土层的影响仍会有一定反映，这叫作"滞后反映"

| 《岩土工程勘察规范》第10.4条及条文说明 | 上硬土层下软土层 | 超前约为 0.5～0.7m，滞后约为 0.2m |
|---|---|---|
| | 上软土层下硬土层 | 超前约为 0.1～0.2m，滞后约为 0.3～0.5m |
| 《工程地质手册》P195 | 上硬土层下软土层 | 超前约为 0.5～0.7m，滞后约为 0.2m；触探曲线由硬层进入软层时，分层界线可定在软层第一个小值点以上 0.1～0.2m 处 |
| | 上软土层下硬土层 | 超前约为 0.1～0.2m，滞后约为 0.3～0.5m；触探曲线由软层进入硬层时，分层界线可定在软层最后一个小值点以下 0.1～0.2m 处 |

笔记区

## 四、标准贯入试验

——第10.5节

**标准贯入试验**

| | |
|---|---|
| 概述 | 标准贯入试验是用质量63.5kg的穿心锤,以76cm的落距,将标准规格的贯入器,自钻孔底部预打入15cm,而后记录再打入30cm的锤击数,判断土的力学特性。<br>适用于砂土、粉土和一般黏性土,不适用于软塑~流塑软土。 |
| 标准贯入锤击数$N$的确定 | 贯入器预打入土中15cm后,开始记录每打入10cm的锤击数,累计打入30cm的锤击为标准贯入锤击数$N$。当锤击数已达到50击,而贯入深度未达到30cm时,可记录50击的实际贯入深度,按下式换算成相当于30cm的标准贯入锤击数$N$,并终止试验。<br>$$N = 30 \times \frac{50}{\Delta S}$$<br>式中:$\Delta S$——50击的实际贯入深度(cm)。<br>【小注】标准贯入试验实际贯入45cm,前面15cm为预打(由于孔底沉渣,此段击数不能反映原状土层的真实状态),不计入试验击数;只记录后30cm的测试击数,为标准贯入试验击数$N$ |
| 锤击数的修正 | 应用$N$值时是否修正和如何修正,应根据具体情况确定。如用抗震规范评定砂土液化时,$N$不做修正;初步判定地基土承载力特征值等时,$N$做修正。<br>根据《建筑地基检测技术规范》第7.4.4条,锤击数按下式进行钻杆长度修正:<br>$$N' = \alpha \times N$$<br>式中:$N'$——标准贯入试验修正锤击数;<br>　　　$N$——标准贯入试验实测锤击数;<br>　　　$\alpha$——触探杆长度修正系数,可按下表确定。<br><br>| 触探杆长度(m) | ≤3 | 6 | 9 | 12 | 15 | 18 | 21 | 25 | 30 |<br>|---|---|---|---|---|---|---|---|---|---|<br>| $\alpha$ | 1.00 | 0.92 | 0.86 | 0.81 | 0.77 | 0.73 | 0.70 | 0.68 | 0.65 |<br><br>【小注】各个抗震规范对于砂土液化的判断公式和修正方法,是不同的 |
| 砂土密实度 | 使用标准贯入击数判定砂土密实度,众多勘察规范中主要分两类:<br>第一类:《岩土工程勘察规范》表3.3.9,是依据实测值进行判定。<br>第二类:《水运工程岩土勘察规范》表4.2.11,小注中说明,对地下水位以下的中、粗砂,<u>按实测锤击数增加5击计</u> |
| 修正后的锤击数确定地基承载力 | ①砂土承载力特征值$f_{ak}$(kPa)<br><br>| $N'$ | 10 | 20 | 30 | 50 |<br>|---|---|---|---|---|<br>| 中砂、粗砂 | 180 | 250 | 340 | 500 |<br>| 粉砂、细砂 | 140 | 180 | 250 | 340 |<br><br>②粉土承载力特征值$f_{ak}$(kPa)<br><br>| $N'$ | 3 | 4 | 5 | 6 | 7 | 8 | 9 | 10 | 11 | 12 | 13 | 14 | 15 |<br>|---|---|---|---|---|---|---|---|---|---|---|---|---|---|<br>| $f_{ak}$ | 105 | 125 | 145 | 165 | 185 | 205 | 225 | 245 | 265 | 285 | 305 | 325 | 345 |<br><br>③黏性土承载力特征值$f_{ak}$(kPa)<br><br>| $N'$ | 3 | 5 | 7 | 9 | 11 | 13 | 15 | 17 | 19 | 21 |<br>|---|---|---|---|---|---|---|---|---|---|---|<br>| $f_{ak}$ | 90 | 110 | 150 | 180 | 220 | 260 | 310 | 360 | 410 | 450 | |

**标准贯入试验仪器参数**

| 落锤 | | 锤的质量（kg） | 63.5 |
|---|---|---|---|
| | | 落距（cm） | 76 |
| 贯入器 | 对开管 | 长度（mm） | > 500 |
| | | 外径$D_w$（mm） | 51 |
| | | 内径$D_e$（mm） | 35 |
| | 管靴 | 长度（mm） | 50～76 |
| | | 刃口角度（°） | 18～20 |
| | | 刃口单刃厚度（mm） | 1.6 |
| 钻杆 | | 直径（mm） | 42 |
| | | 相对弯曲 | < 1/1000 |

## 五、十字板剪切试验

——第 10.6 节

更多详见《土工试验方法标准》P44、《建筑地基检测技术规范》第 10.4 节、《水运工程地基设计规范》附录 J。

十字板剪切试验（VST）是用插入土中的标准十字板探头，以一定速率扭转，量测土破坏时的抵抗力矩，测定饱和软黏性土（$\varphi \approx 0$）的不排水剪的抗剪强度、残余抗剪强度和灵敏度，所测得的抗剪强度值，相当于试验深度处天然土层在原位压力下固结的不排水抗剪强度。十字板剪切试验不需要采取土样，避免了土样扰动及天然应力状态的改变。

### （一）不排水抗剪强度

——《工程地质手册》P276～P282

**不排水抗剪强度$c_u$（kPa）**

| 类型 | 试样类型 | 计算公式 | 参数 |
|---|---|---|---|
| 电阻应变式 | 原状土 | $c_u = K \cdot \xi \cdot R_y$ | 式中：$\xi$——电阻应变式十字板传感器的率定系数（kN/με）；$R_y$、$R_c$——原状土、重塑土剪时最大微应变值（με） |
| | 重塑土 | $c'_u = K \cdot \xi \cdot R_c$ | |
| 开口钢环式 | 原状土 | $c_u = KC(R_y - R_g)$ | 式中：$C$——钢环系数（kN/0.01mm）；$R_y$——原状土剪损时量表最大读数（0.01mm）；$R_c$——重塑土剪损时量表最大读数（0.01mm）；$R_g$——轴杆与土摩擦时量表最大读数（0.01mm） |
| | 重塑土 | $c'_u = KC(R_c - R_g)$ | |
| 理论表达式土力学 | | $\tau_f = \dfrac{2M_{max}}{\pi D^2 \left(\dfrac{D}{3} + H\right)}$ | 式中：$\tau_f$——试验土体的抗剪切强度（kPa）；$M_{max}$——最大扭矩（kN·m）；$D$、$H$——十字板头扭转后形成的圆柱形剪切面的直径、高度（m），见右图 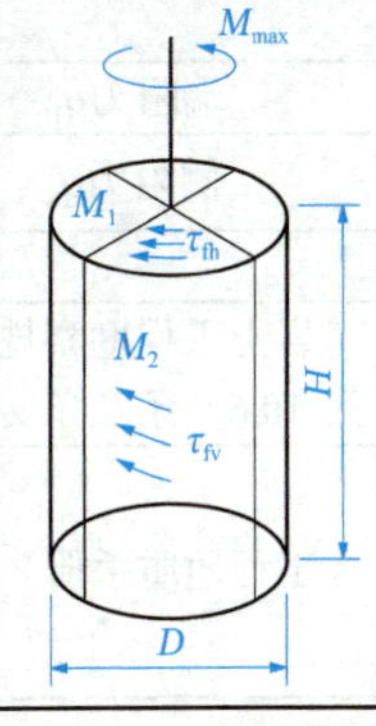 |

续表

### 十字板规格及常数 $K$

| 计算公式 | 十字板规格 $D \times H$（mm） | 十字板头尺寸 直径 $D$（mm） | 高度 $H$（mm） | 厚度 $B$（mm） | 转盘半径 $R$（mm） | 十字板常数 $K$（m$^{-2}$） |
|---|---|---|---|---|---|---|
| $K = \dfrac{2R}{\pi D^2 \left(\dfrac{D}{3} + H\right)}$ 式中：$D$、$H$、$R$ 取值见右表，单位代入：m | $50 \times 100$ | 50 | 100 | 2～3 | 200<br>250 | 436.78<br>545.95 |
| | $50 \times 100$ | 50 | 100 | 2～3 | 210 | 458.62 |
| | $75 \times 150$ | 75 | 150 | 2～3 | 200<br>250 | 129.41<br>161.77 |
| | $75 \times 150$ | 75 | 150 | 2～3 | 210 | 135.88 |

## （二）抗剪强度修正值 $[c_u]$

### 抗剪强度修正值 $[c_u]$

| 修正公式 | 《岩土工程勘察规范》 适用条件 | 修正系数 $\mu$ | 《铁路工程地质原位测试规程》 适用条件 | 修正系数 $\mu$ |
|---|---|---|---|---|
| $[\tau] \Rightarrow [c_u] = \mu \cdot c_u$ 式中：$[c_u]$——修正后的不排水抗剪强度值（kPa）；$c_u$——不排水抗剪强度实测值（kPa） | $I_L \geqslant 1.1$ | （修正系数 $\mu$ 随塑性指数 $I_P$ 变化曲线，范围约 0.4～1.2） | $I_P \leqslant 20$ | $\mu = 1$ |
| | 其他软黏土 | （修正系数 $\mu$ 随塑性指数 $I_P$ 变化曲线，范围约 0.5～1.2） | $20 < I_P \leqslant 40$ | $\mu = 0.9$ |

## （三）十字板剪切试验成果应用

### 十字板剪切试验成果应用

| （1）估算地基容许承载力 | |
|---|---|
| $q_a = 2[c_u] + \gamma h$ | 式中：$\gamma$——土的重度（kN/m³），水下采用饱和重度；$h$——基础埋深（m） |

| （2）估算桩的端阻力和侧阻力 | |
|---|---|
| 端阻力 $q_p$ | $q_p = 9[c_u]$ |
| 侧阻力 $q_s$ | $q_s = \alpha [c_u]$ |

式中：$\alpha$——与桩类型、土类、土层等相关的系数；
$[c_u]$——修正后的不排水抗剪切强度（kPa）

| （3）估算桩的极限承载力 | | |
|---|---|---|
| 《岩土工程勘察规范》第 10.6.5 条及条文说明 | $Q_u = u\sum q_{si} l_i + q_p A_p$ | $q_{si}$、$q_p$ 由上式估算 |
| 《工程地质手册》P282 | $Q_u = u\sum c_{ui} l_i + N_c c_u A_p$ | 式中：$c_{ui}$——桩周土的不排水抗剪强度（kPa）；$c_u$——桩底土的不排水抗剪强度（kPa）；$N_c$——承载力系数，均质土取 9 |

续表

| （4）估算软土路基的临界高度$H_c$(m) |||
|---|---|---|
| 《工程地质手册》P282 | $H_c = Kc_u$ | 式中：$K$——系数，一般取 0.3 |

**灵敏度$S_t$计算及分类**

<table>
<tr><td rowspan="6">$S_t = \dfrac{q_u}{q'_u}$  $S_t = \dfrac{c_u}{c'_u}$<br><br>式中：$q_u$——<u>原状土</u>试样的无侧限抗压强度；<br>　　　$q'_u$——<u>重塑土</u>试样的无侧限抗压强度；<br>　　　$c_u$——<u>原状土</u>不排水抗剪强度（kPa）；<br>　　　$c'_u$——<u>重塑土</u>不排水抗剪强度（kPa）</td></tr>
<tr><td></td><td>《工程地质手册》</td><td>《土力学》</td></tr>
<tr><td>$S_t \leqslant 2$</td><td>不灵敏</td><td>不灵敏～低灵敏</td></tr>
<tr><td>$2 < S_t \leqslant 4$</td><td>中灵敏性</td><td>中灵敏性</td></tr>
<tr><td>$4 < S_t \leqslant 8$</td><td>高灵敏性</td><td>高灵敏性</td></tr>
<tr><td>$8 < S_t \leqslant 16$</td><td>极灵敏性</td><td>超高灵敏性</td></tr>
<tr><td colspan="1"></td><td>$S_t > 16$</td><td>流性</td><td>流动黏土</td></tr>
</table>

【小注】无侧限抗压强度试验测得的无侧限抗压强度$q_u$与$c_u$的关系：$c_u = \dfrac{q_u}{2}$。

## （四）十字板剪切强度回归抗剪强度指标

——《水运工程地基设计规范》附录 J

**土的抗剪切强度指标计算**

| （1）任一土层$j$（$j = 1,2,\cdots$）深度$z$和十字板剪切强度$c_u$的平均值 ||
|---|---|
| $\begin{cases} \mu_z = \dfrac{1}{n}\sum\limits_{i=1}^{n} z_i \\ \mu_{c_u} = \dfrac{1}{n}\sum\limits_{i=1}^{n} c_{u_i} \end{cases}$ | 式中：$\mu_z$、$\mu_{c_u}$——$z$、$c_u$的平均值；<br>　　　$n$——土层的试验点数（$i = 1 \sim n$）；<br>　　　$z_i$、$c_{u_i}$——每一试验点处相应的深度（m）、十字板剪切强度（kPa） |
| （2）采用最小二乘法计算$a$、$b$ ||
| $\hat{c}_u = a\hat{z} + b$; $\quad a = \dfrac{\sum\limits_{i=1}^{n} z_i c_{u_i} - n\mu_z \mu_{c_u}}{\sum\limits_{i=1}^{n}(z_i - \mu_z)^2}$; $\quad b = \mu_{c_u} - a\mu_z$ ||
| （3）计算第$j$层土的抗剪切强度指标$c_j$、$\varphi_j$ ||
| $\varphi_j = \tan^{-1}\left[ a \cdot \dfrac{H + \frac{1}{3}D}{\left(K_{0_j}H + \frac{1}{3}D\right)U_t \gamma'} \right]$; $\quad c_j = b$ ||

式中：$a$——回归方程的斜率；
　　　$b$——回归方程的截距；
　　　$\varphi_j$——任一土层$j$内摩擦角的回归值（°）；
　　　$K_{0_j}$——土层$j$的侧压力系数，推荐软黏土层值为 0.65～0.72；
　　　$D$——十字板的直径（m）；
　　　$H$——十字板的高度（m）；
　　　$U_t$——土的平均应力固结度；
　　　$\gamma'$——土的有效重度（kN/m³），水位线以上取天然重度，以下取浮重度；
　　　$c_j$——任一土层$j$的黏聚力的回归值（kPa）

## 六、旁压试验

——第 10.7 节

更多详见《工程地质手册》P284～P295、《土工试验方法标准》第 48 章。

旁压试验是用可侧向膨胀的旁压器,对钻孔孔壁周围的土体施加径向压力,使土体产生径向变形,根据压力～径向变形的关系,计算土的模量和强度。

适用于黏性土、粉土、砂土、碎石土、残积土、极软岩和软岩等。

旁压试验分为预钻式(常用)、自钻式和压入式旁压试验三种。根据试验确定初始压力、临塑压力、极限压力和旁压模量,结合地区经验评定地基承载力和变形参数。同时,根据自钻式旁压试验(仅自钻式具备此功能)的旁压曲线,还可测土的原位水平应力、静止侧压力系数和不排水抗剪强度等。

### (一)初始压力 $p_0$、临塑压力 $p_f$、极限压力 $p_L$

**初始压力 $p_0$、临塑压力 $p_f$、极限压力 $p_L$**

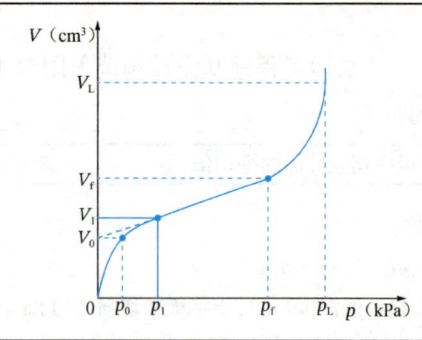

① 初始压力 $p_0$:将旁压试验曲线的直线段延长与 $V$ 轴交点为 $V_0$,由该点作与 $P$ 轴平行线相交于曲线的点对应的压力即为 $p_0$ 值。

② 临塑压力 $p_f$:旁压试验曲线中直线段的末尾点相对应的压力即为 $p_f$,与其对应的量测腔扩张体积即为 $V_f$。

③ 极限压力 $p_L$:量测腔扩张体积相当于量测腔固有体积($V_L = V_c$)(或扩张后体积相当于 2 倍固有体积)所对应的压力即为 $p_L$;或曲线的渐近线对应的压力即为 $p_L$ 值。

### (二)旁压模量 $E_m$ 及剪切模量 $G_m$

**旁压模量 $E_m$ 及剪切模量 $G_m$**

| 规范 | 《岩土工程勘察规范》第 10.7 节<br>《工程地质手册》P289 | 《土工试验方法标准》P48<br>《水运工程岩土勘察规范》第 14.7 节 |
|---|---|---|
| 旁压模量 $E_m$<br>(kPa) | $E_m = 2(1+\mu)\left(V_c + \dfrac{V_0+V_f}{2}\right)\dfrac{\Delta p}{\Delta V}$ | $E_m = 2(1+\mu)\left(V_c + \dfrac{V_1+V_f}{2}\right)\dfrac{\Delta p}{\Delta V}$ |
| 剪切模量 $G_m$<br>(kPa) | \multicolumn{2}{c}{$G_m = \dfrac{E_m}{2(1+\mu)}$} |

式中:$\mu$——土的泊松比,碎石土取 0.27、砂土取 0.3、粉土取 0.35、粉质黏土取 0.38、黏土取 0.42;

$V_c$——旁压器量测腔的初始固有体积(cm³);

$V_0$——与初始压力 $p_0$ 对应的体积(cm³);

$V_f$——与临塑压力 $p_f$ 对应的体积(cm³);

$\dfrac{\Delta p}{\Delta V}$——旁压曲线中直线段的斜率(kPa/cm³);

$V_1$——旁压试验曲线直线段起始点 $p_1$ 对应的体积,$V_f$ 为直线段终点 $p_f$ 对应的体积(cm³)。

【小注】上述两类公式主要区别在:$\dfrac{V_0+V_f}{2}$、$\dfrac{V_1+V_f}{2}$,前者为旁压试验曲线上 $V_0$ 与 $V_f$ 两点体积之和的一半(含图中红虚线延长段),而后者为直线段两点间压力所对应的体积之和的一半(不含红虚线图中延长段)。

## （三）变形模量$E_0$和旁压变形参数$G_M$

——《工程地质手册》P289~P290

**变形模量$E_0$和旁压变形参数$G_M$**

| 变形模量$E_0$（kPa） | $E_0 = KE_m$ | 式中：$K$——变形模量$E_0$与旁压模量$E_m$的比值 |
|---|---|---|
| ①黏性土、粉土和砂土：<br>　　$K = 1 + 61.1m^{-1.5} + 0.0065(V_0 - 167.6)$<br>②黄土：<br>　　$K = 1 + 43.77m^{-1} + 0.005(V_0 - 211.9)$<br>③不区分土类：<br>　　$K = 1 + 25.25m^{-1} + 0.0069(V_0 - 158.5)$<br>为偏于安全，当$m \leqslant 6$时，取$K = 5$为限值 | | 式中：$m$——旁压模量与旁压试验静极限压力的比值。<br>　　　$m = \dfrac{E_m}{p_L - p_0}$<br>式中：$p_L$——旁压试验极限压力（MPa）；<br>　　　$p_0$——旁压试验的初始压力（MPa）；<br>　　　$V_0$——对应于$p_0$值的旁压器中腔的体积（cm³） |
| 旁压变形参数$G_M$（kPa） | $G_M = V_m \dfrac{\Delta p}{\Delta V} \Leftarrow V_m = \dfrac{V_0 + V_f}{2}$ | |

## （四）旁压试验成果应用

**旁压试验成果应用**

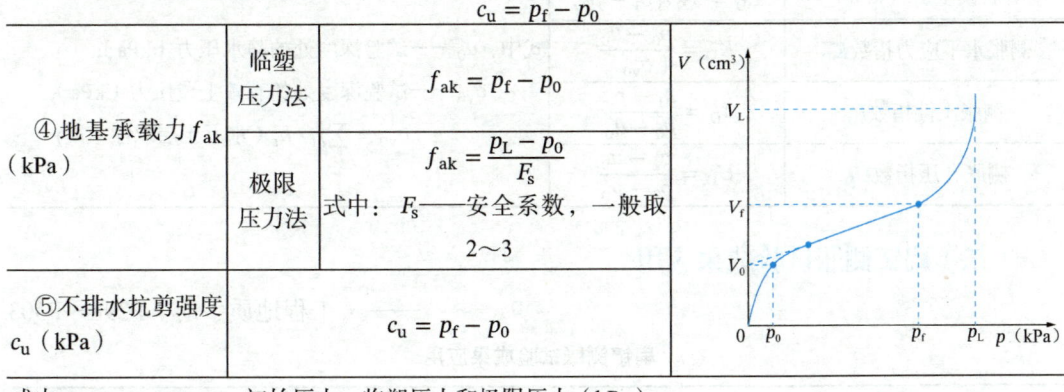

| ①侧压力系数$K_0$：<br>　　$K_0 = \dfrac{\sigma_h'}{\sigma_v'}$ | 式中：$\sigma_h$——试验深度处，土的原位水平应力（kPa）；<br>　　　$\sigma_h'$——试验深度处，土的原位水平有效应力（kPa），<br>　　　$\sigma_h' = \sigma_h - u$（水位以下），$\sigma_h' = \sigma_h$（水位以上）；<br>　　　$\sigma_v'$——试验深度处，土的原位竖向有效应力（kPa）；$\sigma_v' = \sum \gamma_i \cdot h_i$（水下土层取浮重度$\gamma'$） |
|---|---|
| ②孔隙水压力$u$：<br>　　$u = \sigma_h - \sigma_h'$ | |
| ③不排水抗剪切强度$c_u$（kPa）—《土工试验方法标准》第48.4.6条<br>　　　　　　　　　　　　$c_u = p_f - p_0$ | |

| ④地基承载力$f_{ak}$（kPa） | 临塑压力法 | $f_{ak} = p_f - p_0$ |
|---|---|---|
| | 极限压力法 | $f_{ak} = \dfrac{p_L - p_0}{F_s}$<br>式中：$F_s$——安全系数，一般取2~3 |
| ⑤不排水抗剪强度$c_u$（kPa） | | $c_u = p_f - p_0$ |

式中：$p_0$、$p_f$、$p_L$——初始压力、临塑压力和极限压力（kPa）

## 七、扁铲侧胀试验

——第10.8节

扁铲侧胀试验是将带有膜片的扁铲压入土中预定深度，充气使膜片向孔壁内侧向扩张，根据压力与变形关系，测定土的模量及其他指标。能比较准确地反映小应变的应力应变关系，测试的重复性较好。

适用于软土、一般黏性土、粉土、黄土和松散～中密的砂土。根据扁铲侧胀试验指标和地区经验,可判别土类,确定黏性土的状态、静止侧压力系数和水平基床系数等。

## (一)试验计算指标

**试验计算指标**

| 参数 | 试验过程及特征 | 范围 | 说明 |
|---|---|---|---|
| $\Delta A$ | 试验前后分别率定,取平均值 | 标准型膜片:5～25kPa<br>软弱黏性土层:10～20kPa | 率定时膨胀至0.05mm时的压力 |
| $\Delta B$ | 试验前后分别率定,取平均值 | 标准型膜片:10～110kPa<br>软弱黏性土层:10～70kPa | 率定时膨胀至1.10mm时的压力 |
| $A$ | 关闭排气阀,缓慢打开微调阀,在蜂鸣器停止响的瞬间记下的气压值 | $B-A > \Delta A + \Delta B$ | 试验时膨胀至0.05mm时的压力 |
| $B$ | 继续缓慢加压,直至蜂鸣器响时,记下的气压值 | | 试验时膨胀至1.10mm时的压力 |
| $C$ | 排气阀继续关闭,打开微调阀,使其缓慢降压直至蜂鸣器停后再次响起时,记下的气压值 | | 试验时回到0.05mm时的压力 |
| (2)膜片刚度修正 ||||
| 膨胀至1.10mm时压力$p_1$(kPa) | $p_1 = B - z_m - \Delta B$ | | $z_m$——未加压时仪表的压力初读数。<br>注:DMT-$W_1$型扁铲侧胀仪取0 |
| 膨胀之前的接触压力$p_0$(kPa) | $p_0 = 1.05(A - z_m + \Delta A) - 0.05 p_1 \Rightarrow$<br>$p_0 = 1.05(A - z_m + \Delta A) - 0.05(B - z_m - \Delta B)$ | | |
| 回到0.05mm时的终止压力$p_2$(kPa) | $p_2 = C - z_m + \Delta A$ | | |
| (3)各指标计算 ||||
| 侧胀模量$E_D$(kPa) | $E_D = 34.7(p_1 - p_0)$ | 式中:$u_0$——试验深度处的静水压力(kPa);<br>$\sigma_{v0}$——试验深度处的有效上覆压力(kPa),<br>$\sigma_{v0} = \sum \gamma_i \cdot h_i$(水下土层取浮重度$\gamma'$) ||
| 侧胀水平应力指数$K_D$ | $K_D = \dfrac{p_0 - u_0}{\sigma_{v0}}$ |||
| 侧胀土性指数$I_D$ | $I_D = \dfrac{p_1 - p_0}{p_0 - u_0}$ |||
| 侧胀孔压指数$U_D$ | $U_D = \dfrac{p_2 - u_0}{p_0 - u_0}$ |||

## (二)扁铲侧胀试验成果应用

——《工程地质手册》P298～P303

**扁铲侧胀试验成果应用**

| (1)划分土类 ||||||||
|---|---|---|---|---|---|---|---|
| $I_D$ | <0.1 | 0.1～0.35 | 0.35～0.6 | 0.6～0.9 | 0.9～1.2 | 1.2～1.8 | 1.8～3.3 | >3.3 |
| 土类名称 | 泥炭及灵敏性黏土 | 黏土 | 粉质黏土 | 黏质粉土 | 粉土 | 砂质粉土 | 粉砂土 | 砂土 |

| (2)判别饱和黏性土的塑性状态,其中$m = (\lg E_D + 0.748)/(\lg I_D + 7.667)$ ||||
|---|---|---|---|
| $m$ | ≤0.53 | 0.53 < $m$ ≤ 0.62 | 0.62 < $m$ ≤ 0.71 | >0.71 |
| 塑性状态 | 流塑 | 软塑 | 硬塑 | 坚硬 |

续表

（3）压缩模量 $E_s = R_m E_D$，其中 $R_m$ 由下表计算

| $I_D \leqslant 0.6$ | $R_m = 0.14 + 2.36 \lg K_D$ | 【小注】$R_m < 0.85$ 时， |
| $0.6 < I_D < 3.0$ | $R_{m0} = 0.14 + 0.15(I_D - 0.6) \Rightarrow R_m = R_{m0} + (2.5 - R_{m0}) \lg K_D$ | 取 $R_m = 0.85$ |
| $3.0 \leqslant I_D < 10.0$ | $R_m = 0.5 + 2 \lg K_D$ | |
| $I_D > 10.0$ | $R_m = 0.32 + 2.18 \lg K_D$ | |

（4）弹性模量 $E = F E_D$，其中 $F$ 由下表查取

| 土类 | 黏性土 | 粉土 | 砂土 | NC 砂土 | OC 砂土 | 重超固结黏土 |
|---|---|---|---|---|---|---|
| $F$ | 10 | 2 | 1 | 0.85 | 3.5 | 1.5 |

### 知识拓展

《建筑地基检测技术规范》第 13.4.2 条文说明（P166）

| 基准水平基床系数 $K_{h1}$（kN/m³） | $K_{h1} = 0.2 K_h$<br>$\Uparrow$<br>$K_h = 1817(1-A)(P_1 - P_0)$ | $K_h$——侧胀仪抗力系数；<br>1817——系数，m$^{-1}$；<br>$P_1$，$P_0$——膨胀至 1.10mm 时压力、膨胀之前的接触压力（kPa） | | | |
|---|---|---|---|---|---|
| 孔隙压力系数 $A$ | 砂类土 | 粉土 | 粉质黏土 | | 黏土 | |
| | | | $OCR = 1$ | $1 < OCR \leqslant 4$ | $OCR = 1$ | $1 < OCR \leqslant 4$ |
| | 0 | 0.1~0.20 | 0.15~0.25 | 0~0.15 | 0.25~0.5 | 0~0.25 |

## 八、现场直接剪切试验

——第 10.9 节

现场直接剪切试验还涉及《工程地质手册》P264～P276、《土工试验方法标准》第 43 章和《工程岩体试验方法标准》第 4.1 节～第 4.3 节，自行对比学习。

现场直剪试验可用于岩土体本身、岩土体沿软弱结构面和岩体与其他材料接触面的剪切试验，可分为岩土体在法向应力作用下的沿剪切面剪切破坏的抗剪断试验、岩土体剪断后沿剪切面继续剪切的抗剪试验（摩擦试验）、法向应力为零时岩体剪切的抗切试验。现场直剪试验可在试洞、试坑、探槽或大口径钻孔内进行。

当剪切面水平或近于水平时，可采用平推法或斜推法；当剪切面较陡时，可采用楔形体法。

现场直剪试验

| 试验简图 | 计算公式 | 参数 |
|---|---|---|
| 平推法 | $\sigma = \dfrac{P}{A}$<br><br>$\tau = \dfrac{Q}{A}$ | 式中：$P$——作用于剪切面上的总法向载荷（N）；<br>$Q$——作用于剪切面上的总剪切载荷（N）；<br>$\sigma$——作用于剪切面上的法向应力（MPa）；<br>$\tau$——作用于剪切面上的剪应力（MPa）；<br>$A$——剪切面面积（mm²） |

| 试验简图 | 计算公式 | 参数 |
|---|---|---|
| 斜推法 | $\sigma = \dfrac{P}{A} + \dfrac{Q}{A}\sin\alpha$<br>$P = P_0 - Q\sin\alpha$<br>$\tau = \dfrac{Q}{A}\cos\alpha$ | 式中：$\alpha$——斜向荷载与剪切面的夹角（°）；<br>$Q$——作用于剪切面上的总斜向剪切载荷（N）；<br>$P_0$——试验开始时作用于剪切面上的总法向载荷（N）。<br>其他字母含义同上 |
| 抗剪切强度参数的确定：最小二乘法求 $\varphi$ 和 $c$<br>$\tan\varphi = \dfrac{n\sum\sigma_i\tau_i - \sum\sigma_i\sum\tau_i}{n\sum\sigma_i^2 - (\sum\sigma_i)^2}$<br>$c = \dfrac{\sum\sigma_i^2\sum\tau_i - \sum\sigma_i\sum\sigma_i\tau_i}{n\sum\sigma_i^2 - (\sum\sigma_i)^2}$ | | 式中：$\varphi$——摩擦角（°），摩擦系数为摩擦角的正切值；<br>$c$——黏聚力（MPa）；<br>$\sigma_i$、$\tau_i$——相应于 $i$ 次试验的垂直压应力（MPa）和剪应力（抗剪切强度）（MPa）；<br>$n$——试验所得数对 $(\sigma_i, \tau_i)$ 的个数。<br>计算之前，数据的取舍详见本章第九节 |

【小注】①计算时注意：可先计算出 $\sum\sigma_i$、$\sum\sigma_i^2$、$\sum\tau_i$、$\sum\sigma_i\tau_i$，然后再代入左侧公式计算；
②计算器求解最小二乘法，详见计算器使用课程，但仅限于验算，考试还是按要求写步骤；
③"最小二乘法"计算器操作步骤如下：

按菜单键→按"6-数据统计"→按"2-$y = ax + b$"，依次输入 $x$、$y$；→按"OPTN"，选择"3-双变量计算"，记录相关过程参数；→按两次"AC"，再按"OPTN"，选择"3-回归计算"可得到结果 $\tan\varphi$ 和 $c$，可用于验算结果

## 九、波速测试

**波速测试**

$$\text{弹性波}\begin{cases} \text{体波}\begin{cases}\text{纵波(压缩波}v_P)\\ \text{横波(剪切波}v_S)\end{cases}\\ \text{面波}\begin{cases}\text{瑞利波}\\ \text{勒夫波}\end{cases}\end{cases}$$

| | |
|---|---|
| 体波 | 体波是由震源向四周传播的，其振幅与传播距离 $r$ 成反比。<br>根据质点振动方向与波的传播方向的关系，体波又可分为纵波（又称压缩波，简称 P 波，波速记为 $v_P$）和横波（又称剪切波，简称 S 波，波速记为 $v_S$） |
| | 纵波质点振动方向与波传递方向一致，而横波的质点振动方向与波的传递方向垂直。从波的基本特征上看，纵波波速快于横波，且纵波振幅小而频率大，横波相对来说振幅大但频率低 |
| | 正反向敲击，根据不同波的初至和波形特征予以区别压缩波和剪切波：<br>①压缩（纵波）速度比剪切波（横波）快，压缩波为初至波；<br>②敲击木板正反向两端时，剪切波波形相位差为 180°，而压缩波不变 |
| 面波 | 面波，包括瑞利波（简称 R 波，波速记为 $v_R$）和勒夫波（简称 L 波），其中瑞利波是面波的主要成分，质点的振动轨迹为椭圆，其长轴垂直于地面，而旋转方向则与波的传播方向相反。面波是体波在地表附近相互干涉所生成的次生波，沿着地表传播 |

（1）波速计算——《土工试验方法标准》第 50.4 节

压缩波、剪切波和瑞利波的传播速度应按下列公式计算，其最大允许误差应为 ±5%

续表

| | | 式中：$v_P$、$v_S$、$v_R$——压缩波、剪切波和瑞利波的波速（m/s）； |
|---|---|---|
| | $v_P = \dfrac{L_P}{t_P}$；$v_S = \dfrac{L_S}{t_S}$ $v_R = \dfrac{L_R}{t_R} = \dfrac{L_R}{\dfrac{2\pi}{\omega}} = L_R f$ 勘误： $v_R = \dfrac{距离 L_R}{时间 t_R} = \dfrac{波长 \lambda}{周期 T} = \dfrac{\lambda}{\dfrac{2\pi}{\omega}} = \lambda \times f$ | $L_P$、$L_S$、$L_R$——压缩波、剪切波和瑞利波的传播距离（激振点与检波点的距离）（m）； $t_P$、$t_S$、$t_R$——各波从激振点传至检波点所需的时间（s）； $\omega$——简谐波的圆频率（rad/s）； $f$——激振频率（$s^{-1}$） |

（2）波速测试指标计算——第10.10.5条及条文说明、《土工试验方法标准》第50.4节

| 动泊松比$\mu_d$ | $\mu_d = \dfrac{v_p^2 - 2v_s^2}{2(v_p^2 - v_s^2)}$ | 式中：$v_s$——剪切波波速（m/s）； $v_p$——压缩波波速（m/s）； $\rho$——土的质量密度（g/cm³）； $\mu_d$——地层的动泊松比 |
|---|---|---|
| 动剪切模量$G_d$（kPa） | $G_d = \rho v_s^2$ | |
| 动弹性模量$E_d$（kPa） | $E_d = 2\rho \cdot v_s^2(1+\mu_d) = 2G_d(1+\mu_d) = \dfrac{\rho \cdot v_s^2 \cdot (3v_p^2 - 4v_s^2)}{v_p^2 - v_s^2} = \dfrac{\rho \cdot v_p^2 \cdot (1+\mu_d)(1-2\mu_d)}{(1-\mu_d)}$ | |

（3）按《地基动力特性测试规范》第7.1～7.2节计算

根据震源的不同，分为两种测试方法：

①地面敲击法：在地面激振，检波器在一个垂直钻孔中接收，自上而下（或自下而上）按地层划分逐层进行检测，计算每一地层的P波或SH波速，称为单孔法。该法按激振方式不同可以检测地层的压缩波波速或剪切波波速。

②孔中自激自收法：震源和检波器为一体，在垂直钻孔中自上而下（或自下而上）逐层进行检测，计算每一地层的P波或SV波波速

### 单孔法

时间校正与波速计算：
$$T = \eta_s T_L \Leftarrow \eta_s = \dfrac{H + H_0}{\sqrt{L^2 + (H+H_0)^2}}$$

压缩波波速（m/s）：$v_p = \dfrac{\Delta H}{\Delta T_P}$

剪切波波速（m/s）：$v_S = \dfrac{\Delta H}{\Delta T_S}$

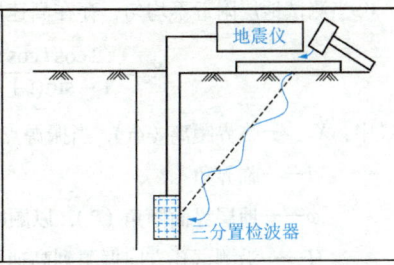

式中：$T$——压缩波或剪切波从振源到达测点经斜距校正后的时间（s）；

$T_L$——压缩波或剪切波从振源到达测点的实测时间（s）；

$\eta_s$——斜距校正系数；

$H$——测点的深度（m）；

$H_0$——振源与孔口的高差（m），当振源低于孔口时，$H_0$为负值；

$L$——从板中心到测试孔的水平距离（m）

式中：$\Delta H$——波速层的厚度（m）；

$\Delta T_P$——压缩波传到波速层顶面和底面的时间差（s）；

$\Delta T_S$——剪切波传到波速层顶面和底面的时间差（s）

## 跨孔法

①在两个以上垂直钻孔内,自上而下(或自下而上),按地层划分,在同一地层的水平方向上一孔激发,另外钻孔中接收,逐层进行检测地层的直达SV波,称为跨孔法。跨孔法宜在一条直线上布置三个孔,一孔为振源激发孔,另外两个孔为信号接收孔。

压缩波波速（m/s）：$v_p = \dfrac{\Delta S}{T_{P2} - T_{P1}}$

剪切波波速（m/s）：$v_S = \dfrac{\Delta S}{T_{S1} - T_{S2}}$

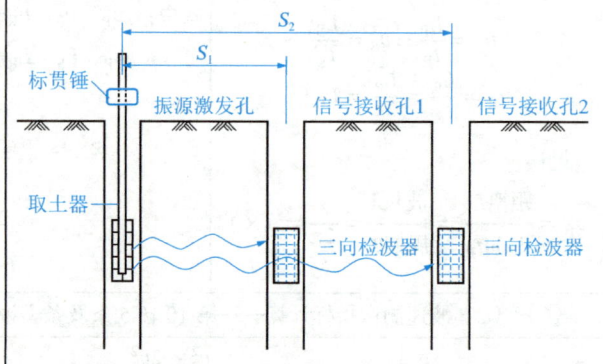

式中：$T_{P1}$、$T_{P2}$——压缩波到达第一、第二个接收孔测点的时间（s）；

$T_{S1}$、$T_{S2}$——剪切波到达第一、第二个接收孔测点的时间（s）；

$S_1$、$S_2$——由振源到达第一、第二个接收孔测点的距离（m）；

$\Delta S$——由振源到达两接收孔测点的距离之差（m），$\Delta S = S_2 - S_1$

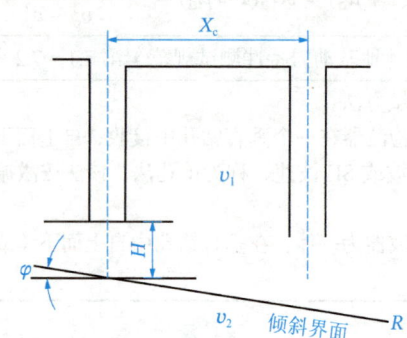

②当测试地层附近不均匀,存在高速层且有地层倾斜时,分析是否接收到折射波。根据下式计算：

$$X_c = \dfrac{2\cos i \cos \varphi}{1 - \sin(i+\varphi)} H \Leftarrow i = \arcsin \dfrac{v_1}{v_2} = \arcsin \dfrac{低速层波速}{高速层波速}$$

式中：$X_c$——临界距离（m），当振源点到接收器点的距离大于$X_c$时,会接收到折射波；

$i$——临界角（°）；

$\varphi$——地层界面倾角（°），以顺时针为正,逆时针为负；

$H$——沿测试孔方向振源到高速层的距离（m）。

## 第七节　地下水的勘察

### 一、水文地质参数的测定

——《岩土工程勘察规范》附录 E、《工程地质手册》P1230～P1231

#### （一）水文地质参数测定方法

**水文地质参数测定方法**

| 参数类型 | 测定方法 |
| --- | --- |
| 地下水位 | 钻孔、探井或测压管观测 |
| 渗透系数、导水系数 | 抽水试验、注水试验、压水试验、室内渗透试验 |
| 给水度、释水系数 | 单孔抽水试验、非稳定流抽水试验、地下水位长期观测、室内试验 |
| 越流系数、越流因数 | 多孔抽水试验（稳定流或非稳定流） |
| 单位吸水率 | 注水试验、压水试验 |
| 毛细水上升高度 | 试坑观测、室内试验 |

#### （二）地下水流向、流速的测定

**地下水流向、流速的测定**

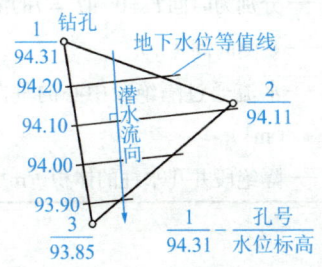

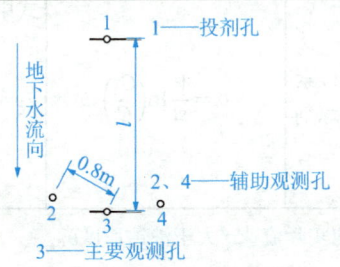

测定地下水流向的钻孔布置略图　　测定地下水流速的钻孔布置略图

　　地下水的流向可用三点法测定。沿等边三角形（或近似的等边三角形）的顶点布置钻孔，以其水位高程编绘等水位线图。垂直等水位线并向水位降低的方向为地下水流向，三点间孔距一般取 50～150m。

　　地下水流向的测定，也可用人工放射性同位素单井法来测定。其原理是用放射性示踪溶液标记井孔水柱，让井中的水流入含水层，然后用一个定向探测器测定钻孔各方向含水层中示踪剂的分布，在一个井中确定地下水流向，这种测定可在用同位素单井法测定流速的井孔内完成

【小注】数学坐标系中，$Y$ 轴为纵坐标轴，指向北方，而测量坐标系中，$X$ 轴为纵坐标轴，指向北方。

### 地下水流速的测定

| 方法 | 说明 |
|---|---|
| 水力坡度法 | 据几何法绘制的"地下水等水位线图",在地下水的流向上,求得相邻两等水位线的水力坡降 $i$,而后按下式求解地下水流速:<br>$$v = k \cdot i = k \cdot \frac{\Delta h}{l}$$<br>式中:$v$——地下水流速(m/d);<br>$\quad\quad k$——土体渗透系数(m/d);<br>$\quad\quad i$——相邻两等水位线的水力坡降;<br>$\quad\quad l$——相邻两等水位线的距离(m);<br>$\quad\quad \Delta h$——相邻两等水位线的水头损失(m) |
| 指示剂法 | 利用指示剂或示踪剂来现场测定流速,要求被测量的钻孔能代表所要查明的含水层,钻孔附近的地下水流为稳定流,呈层流运动。<br>根据已有等水位线图或三点孔资料,确定地下水流动方向后,在上、下游设置投剂孔和观测孔来实测地下水流速。为了防止指示剂(示踪剂)绕过观测孔,可在其两侧 0.5~1.0m 各布设一辅助观测孔。投剂孔与观测孔的间距决定于岩石(土)的透水性 |

| | 普通指示剂 | $v' = l/t \Rightarrow$<br>渗透速度$v$:$v = nv'$<br>$n$为孔隙度(率),<br>$n = e/(1+e)$ | 式中:$v'$——地下水实际流速(平均)(m/d);<br>$\quad\quad l$——指示剂投放孔与观测孔的距离(m);<br>$\quad\quad t$——观察孔内<u>浓度峰值出现</u>所需时间(d) |
|---|---|---|---|
| | 同位素示踪剂 | $v = \frac{V}{st}\ln\left(\frac{C_0}{C}\right)$ | 式中:$C_0$、$C$——分别为时间$T=0$和$T=t$的浓度(μg/L);<br>$\quad\quad t$——观测时间(h);<br>$\quad\quad s$——水流通过隔绝段中心的垂向横截面面积(m²);<br>$\quad\quad V$——隔绝段井孔水柱的体积(m³) |

【小注】平均实际流速 $v'$ 大于渗透速度 $v$。

## 二、抽水试验

——《供水水文地质勘察标准》第 9.2 节

**完整孔**:进水部分揭穿整个含水层的钻孔。
**非完整孔**:进水部分仅揭穿部分含水层的钻孔。
**潜水**:地表以下第一稳定隔水层(渗透性极弱的黏土层)之上有自由水面的地下水。
**承压水**:充满于两个隔水层之间具有承压性质的地下水。

## （一）稳定流抽水试验

**（1）$Q\text{-}s$ 或 $\Delta h^2$ 关系曲线呈直线**

| 简图 | 适用条件 | 计算公式 |
|---|---|---|
| 潜水完整孔 | 单孔抽水 | $k = \dfrac{Q}{\pi(H^2-h^2)}\ln\dfrac{R}{r} = \dfrac{0.732Q}{(2H-s)s}\lg\dfrac{R}{r} \Leftarrow R = 2s\sqrt{Hk}$ |
| 潜水完整孔 | 一个观测孔 | $k = \dfrac{0.732Q}{(2H-s-s_1)(s-s_1)}\lg\dfrac{r_1}{r}$ |
| 潜水完整孔 | 二个观测孔 | $k = \dfrac{0.732Q}{(2H-s_1-s_2)(s_1-s_2)}\lg\dfrac{r_2}{r_1}$ |
| 承压水完整孔 | 单孔抽水 | $k = \dfrac{Q}{2\pi sM}\ln\dfrac{R}{r} = \dfrac{0.366Q}{Ms}\lg\dfrac{R}{r} \Leftarrow R = 10s\sqrt{k}$ |
| 承压水完整孔 | 一个观测孔 | $k = \dfrac{0.366Q}{M(s-s_1)}\lg\dfrac{r_1}{r}$ |
| 承压水完整孔 | 二个观测孔 | $k = \dfrac{0.366Q}{M(s_1-s_2)}\lg\dfrac{r_2}{r_1}$ |
| 潜水非完整孔 | $\overline{h} > 150r$ 且 $l/\overline{h} \geqslant 0.1$ | $k = \dfrac{Q}{\pi(H^2-h^2)}\left(\ln\dfrac{R}{r} + \dfrac{\overline{h}-l}{l}\ln\dfrac{1.12\overline{h}}{\pi r}\right) \Leftarrow \overline{h} = \dfrac{H+h}{2}$ |
| 潜水非完整孔 | 过滤器位于含水层的顶部或底部 | $k = \dfrac{Q}{\pi(H^2-h^2)}\left[\ln\dfrac{R}{r} + \dfrac{\overline{h}-l}{l}\ln\left(1+0.2\dfrac{\overline{h}}{r}\right)\right] \Leftarrow \overline{h} = \dfrac{H+h}{2}$ |
| 潜水非完整孔 + 观测孔 | 非淹没式过滤器，$l < 0.3H$，$s < 0.3l_0$，$r_1 = 0.3r_2$，$r_2 \leqslant 0.3H$ | $k = \dfrac{0.16Q}{l''(s_1-s_2)}\left(\text{arsh}\dfrac{l''}{r_1} - \text{arsh}\dfrac{l''}{r_2}\right)$ $l'' = l_0 - 0.5(s_1-s_2)$ |

续表

| 简图 | 适用条件 | 计算公式 |
|---|---|---|
| 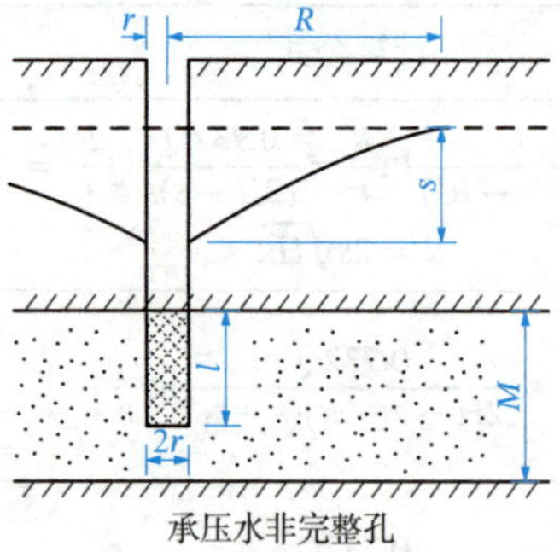 承压水非完整孔 | $M > 150r$ 且 $l/M > 0.1$ | $k = \dfrac{Q}{2\pi sM}\left(\ln\dfrac{R}{r} + \dfrac{M-l}{l}\ln\dfrac{1.12M}{\pi r}\right)$ |
| 承压水非完整孔 | 过滤器位于含水层的顶部或底部 | $k = \dfrac{Q}{2\pi sM}\left[\ln\dfrac{R}{r} + \dfrac{M-l}{l}\ln\left(1 + 0.2\dfrac{M}{r}\right)\right]$ |
| 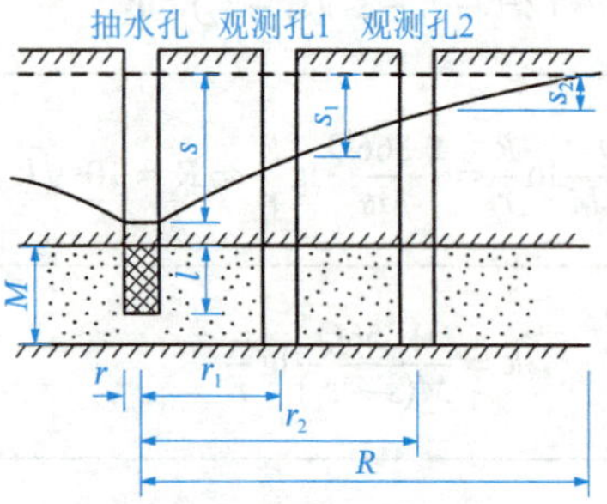 承压水非完整孔 + 观测孔 | 过滤紧接含水层顶板，$l < 0.3M$，$r_2 \leqslant 0.3M$，$r_1 = 0.3r_2$ | $k = \dfrac{0.16Q}{l(s_1 - s_2)}\left(\operatorname{arsh}\dfrac{l}{r_1} - \operatorname{arsh}\dfrac{l}{r_2}\right)$ |

式中：$k$——渗透系数（m/d）；
　　　$s$——水位降深（m）；
　　　$r$——抽水孔的半径（m）；
　　　$t$——水位恢复时间（d）；
　　　$M$——承压水含水层厚度（m）；
　　　$Q$——抽水井的抽水量（m³/d）；

式中：$l_0$——天然情况下潜水含水层过滤器进水长度（m）；
　　　$s_1$、$s_2$——观测孔水位降深（m）；
　　　$r_1$、$r_2$——观测孔至抽水孔的距离（m）；
　　　$H$——天然情况下潜水含水层厚度（m）；
　　　$l$——过滤器的长度（m）

1cm/s = 864m/d
1cm³/s = 0.0864m³/d
1L/min = 1.44m³/d
1L/s = 86.4m³/d

式中：$R$——抽水影响半径（m），潜水单孔抽水：$R = 2s\sqrt{Hk}$；承压水单孔抽水：$R = 10s\sqrt{k}$；
　　　$\bar{h}$——潜水含水层在自然情况下和抽水试验时厚度的平均值（m）；
　　　$h$——潜水含水层在抽水试验时厚度的平均值（m）

（2）$Q\text{-}s$ 或 $\Delta h^2$ 关系曲线呈曲线

$$k = \dfrac{1}{2\pi a_1 M}\ln\dfrac{R}{r}$$
$$s = a_1 Q + a_2 Q^2 + \cdots a_n Q^n$$

式中：$a_1$、$a_2$、$\cdots a_n$——待定系数

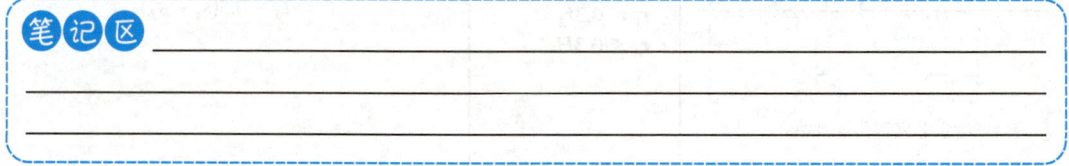
笔记区

## （二）非稳定流抽水试验

**非稳定流抽水试验**

| 适用条件 | 计算方法及井类别 | | 计算公式 |
|---|---|---|---|
| 单孔或多孔非稳定流抽水试验，没有越流补给 | 配线法 | 承压水完整孔 | $k = \dfrac{Q}{4\pi sM}W(u)$ |
| | | 潜水完整孔 | $k = \dfrac{Q}{2\pi(2H-s)s}W(u)$ |
| | 直线图解法 抽水孔资料且$u<0.01$/ 观测孔资料且$u<0.05$ | 承压水完整孔 | $k = 0.183\dfrac{Q}{Mi}$ |
| | | 潜水完整孔 | $k = 0.366\dfrac{Q}{i}$ |
| | 利用简化泰斯或泰斯公式，采用最小二乘拟合法进行求参计算 | | |
| 式中：$k$——渗透系数（m/d）； $M$——承压水含水层厚度（m）； $H$——天然情况下潜水含水层厚度（m）； $s$——水位降深（m）； $W(u)$——井函数 | | 式中：$Q$——抽水井的抽水量（m³/d）； $i$——$s \sim \lg t$ 曲线上直线段的斜率（承压水完整孔）； $i$——$\Delta h^2 \sim \lg t$ 曲线上直线段的斜率（潜水完整孔） | |
| 多孔非稳定流抽水试验，在有越流补给且含水层近似满足均质等厚、侧向无限延伸、初始水头水平等 | 配线法 | | $k = \dfrac{Q}{4\pi sM}W\left(u, \dfrac{r}{B}\right)$ |
| | 拐点法 | | $k = 0.183\dfrac{Q}{Mi}e^{\frac{r}{B}}$ |
| | 实测$s \sim \lg t$曲线上未出现拐点时，可用切线法确定参数，用外推法确定最大降深$s_{\max}$ | | |
| 式中：$r$——观测孔至抽水孔中心的距离（m）； $B$——越流参数； $e^{\frac{r}{B}}$——可通过贝塞尔函数表查得 | | | |

【小注】更多非完整井公式参阅《工程地质手册》P1233~P1240。

## （三）利用水位恢复和同位素示踪测井资料计算渗透系数 $k$

**（1）水位恢复计算渗透系数 $k$**

| | | |
|---|---|---|
| ①停止抽水前，若动水位已稳定，可采用 $s$或$\Delta h^2 \sim \lg\left(1+\dfrac{t_k}{t_T}\right)$直线图解法确定 | 承压含水层 | $k = 0.183\dfrac{Q}{Mi}$ |
| | 潜水含水层 | $k = 0.366\dfrac{Q}{i}$ |
| ②停止抽水前，当动水位没有稳定，仍呈直线下降 | 承压含水层 | $k = \dfrac{Q}{4\pi sM}\ln\left(1+\dfrac{t_k}{t_T}\right)$ |
| | 潜水含水层 | $k = \dfrac{Q}{2\pi(H^2-h^2)}\ln\left(1+\dfrac{t_k}{t_T}\right)$ |

式中：$t_k$——抽水开始到停止的时间（min）；

$t_T$——抽水停止时算起的恢复时间（min）；

$s$——水位恢复时的剩余下降值（m）；

$h$——水位恢复时的潜水含水层厚度（m）；

$i$——水位恢复时$s$或$\Delta h^2 \sim \lg t$曲线上拐点处的斜率

### （2）同位素示踪测井资料计算渗透系数 $k$

$$V_\text{f} = \frac{\pi(r^2 - r_0^2)}{2art}\ln\frac{N_0 - N_\text{b}}{N_\text{t} - N_\text{b}} \Rightarrow k = \frac{V_\text{f}}{I}$$

式中：$V_\text{f}$——测点的渗透速度（m/d）；

　　　$I$——测试孔附近的地下水水力坡度；

　　　$r$——测试孔滤水管内半径（m）；

　　　$r_0$——探头半径（m）；

　　　$a$——流场畸变校正系数；

　　　$t$——示踪剂浓度从 $N_0$ 变化到 $N_\text{t}$ 所需时间（d）；

　　　$N_0$——同位素在孔中的初始计数率；

　　　$N_\text{t}$——同位素 $t$ 时的计数率；

　　　$N_\text{b}$——放射性本底计数率。

### （3）根据水位恢复速度计算渗透系数——《工程地质手册》P1238

| 简图 | 适用条件 | 计算公式 | 说明 |
| --- | --- | --- | --- |
| 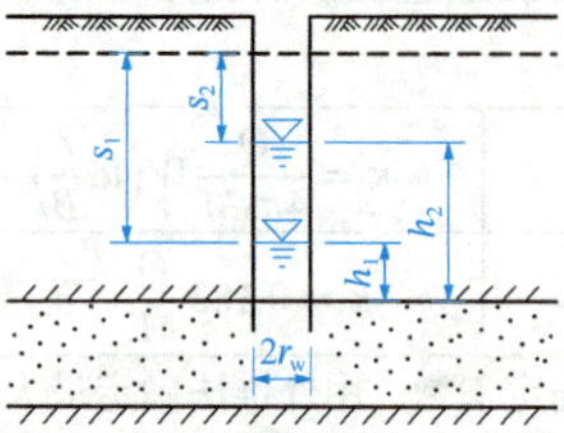 | ①承压水层<br>②大口径平底井<br>（或试坑） | $k = \dfrac{1.57r_\text{w}(h_2 - h_1)}{t(s_1 + s_2)}$ | 求得一系列与水位恢复时间有关的数值 $k$ 后，则可做 $k = f(t)$ 的曲线。<br>根据此曲线，可确定近似于常数的渗透系数，如图： 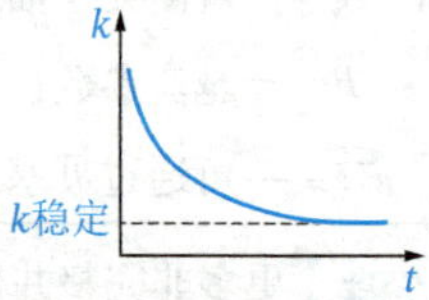<br><br>规律：由上图可知，水位恢复时间 $t$ 越长，所求得的渗透系数 $k$ 越稳定精确 |
| | ①承压水层<br>②大口径半球状井底（或试坑） | $k = \dfrac{r_\text{w}(h_2 - h_1)}{t(s_1 + s_2)}$ | |
| 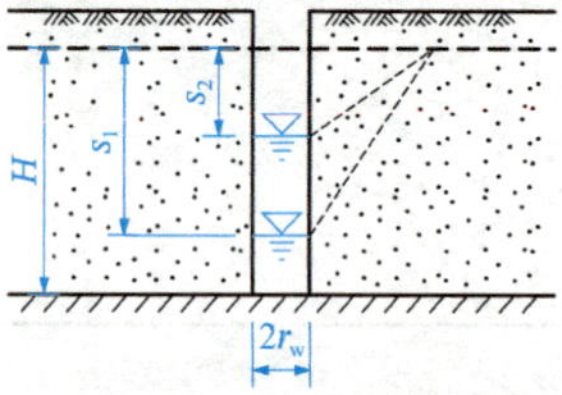 | 潜水完整井 | $k = \dfrac{3.5r_\text{w}^2}{t(H + 2r_\text{w})}\ln\dfrac{s_1}{s_2}$ | |
| 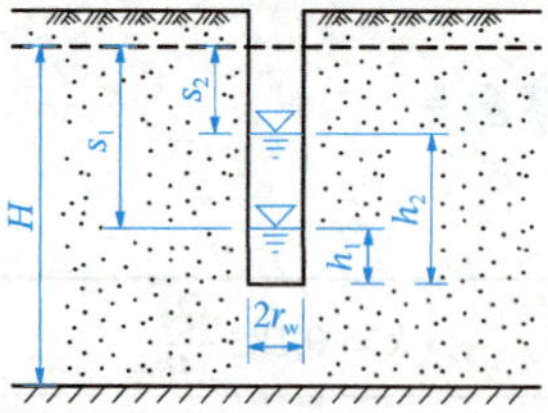 | ①潜水非完整井<br>②大口径井底进水，井壁不进水 | $k = \dfrac{\pi r_\text{w}}{4t}\ln\dfrac{H - h_1}{H - h_2}$ | |

【小注】$r_\text{w}$——抽水井半径（m）；

　　　　$t$——水位恢复时间（d）；

　　　　$H$——潜水含水层厚度（m）；

　　　　$s_1$、$h_1$——零时刻抽水降至最低水位时水位降深、水位至承压水顶板（或潜水非完整井底部）的距离；

　　　　$s_2$、$h_2$——观测终止时水位降深、水位至承压水顶板（或潜水非完整井底部）的距离。

**笔记区**

## 三、压水试验

——《工程地质手册》P1241~P1246

压水试验采用三级压力（$P_1$、$P_2$、$P_3$）、五个阶段（$P_1 \to P_2 \to P_3 \to P_4 = P_2 \to P_5 = P_1$），其中 $P_1$、$P_2$、$P_3$ 宜分别采用 0.3MPa、0.6MPa、1.0MPa。

**压水试验**

| （1）计算水柱压力 $p_z$（MPa） | | |
|---|---|---|
| 地下水位位于试验段**以下**时，以通过试验段 1/2 处的水平线作为压力计算零线 | 地下水位位于试验段**之内**时，以通过地下水位以上试验段 1/2 处的水平线作为压力计算零线 | 地下水位位于试验段**之上**时，且试验段在该含水层中，以地下水位线作为压力计算零线 |

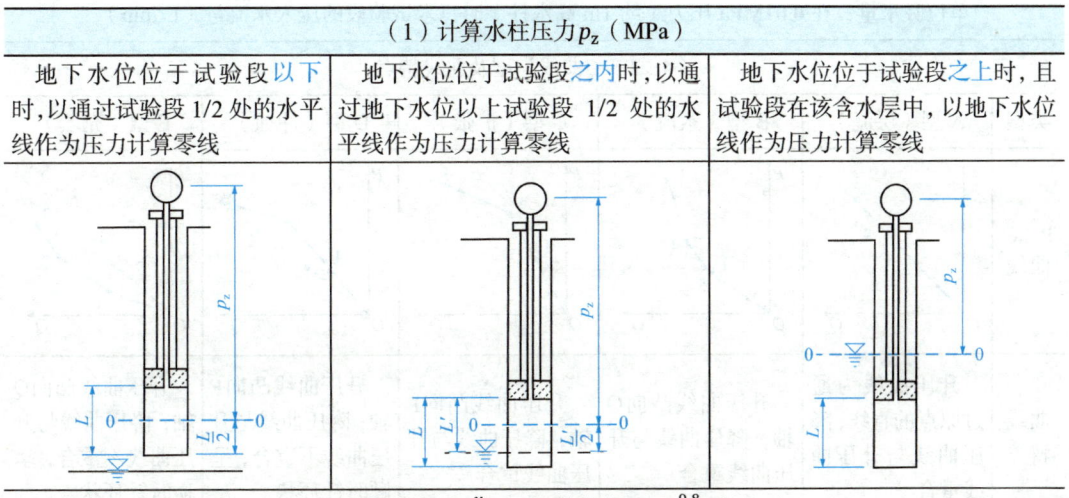

$$p_z = 水柱高度 H \times \frac{\gamma_w}{1000} = 水柱高度 H \times \frac{9.8}{1000} \text{（MPa）}$$

式中：$p_z$——水柱压力（MPa），自压力表中心至计算零线（0-0）的铅直距离 $H$（m）；
　　　$L$——试验段长度（m）；
　　　$L'$——地下水位以上试验段长度（m）

| 斜孔（倾角 α） | | |
|---|---|---|

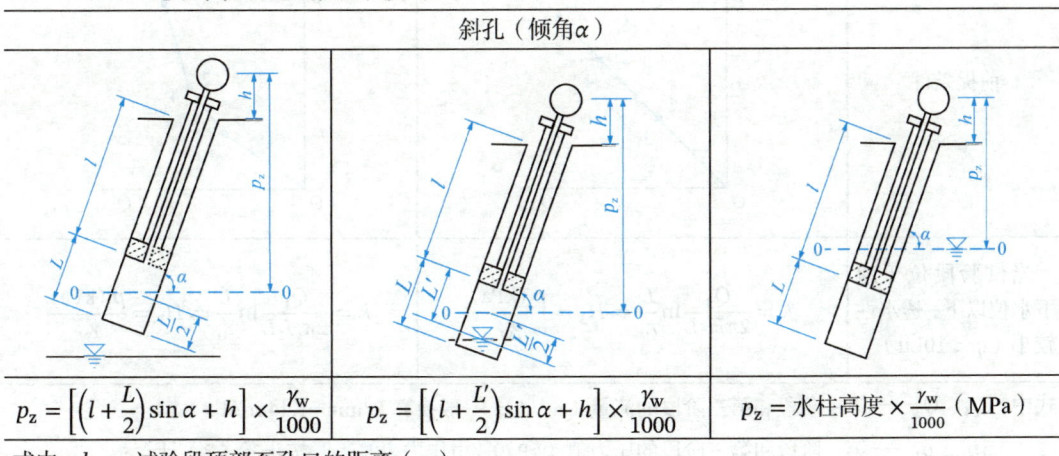

| $p_z = \left[\left(l + \frac{L}{2}\right)\sin\alpha + h\right] \times \frac{\gamma_w}{1000}$ | $p_z = \left[\left(l + \frac{L'}{2}\right)\sin\alpha + h\right] \times \frac{\gamma_w}{1000}$ | $p_z = 水柱高度 \times \frac{\gamma_w}{1000}$（MPa） |
|---|---|---|

式中：$l$——试验段顶部至孔口的距离（m）；
　　　$h$——压力表中心高于孔口的距离（m）。

**【小注】** 若题目已经告知 $g = 10\text{m/s}^2 \Rightarrow \gamma_w = 10\text{kN/m}^3$，若未知，则按照 $g = 9.8\text{m/s}^2 \Rightarrow \gamma_w = 9.8\text{kN/m}^3$

| （2）计算试验段压力 $p$ | | |
|---|---|---|
| ①压力计安设在与试验段连通的**测压管**上 | $p = p_p + p_z$ | 式中：$p_p$——压力表测得的压力（MPa）；<br>$p_s$——管路压力损失（MPa） |
| ②压力计安设在**进水管**上 | $p = p_p + p_z - p_s$ | |

续表

| （3）计算透水率 $q$（Lu）：试验段压力为 1MPa 时每米试验段的压入水流量（L/min） | |
|---|---|
| $q = \dfrac{Q_3}{Lp_3}$（Lu） | 式中：$L$——试验段长度（m），倾斜钻孔取斜长；<br>$Q_3$——第三阶段的计算流量（L/min）；<br>$p_3$——第三阶段的压力值（MPa），无实测数据时取 1MPa |
| 单位吸水量：在 0.01MPa 压力（约 1m 高水柱）时每米试验段的压入水流量（L/min） | |

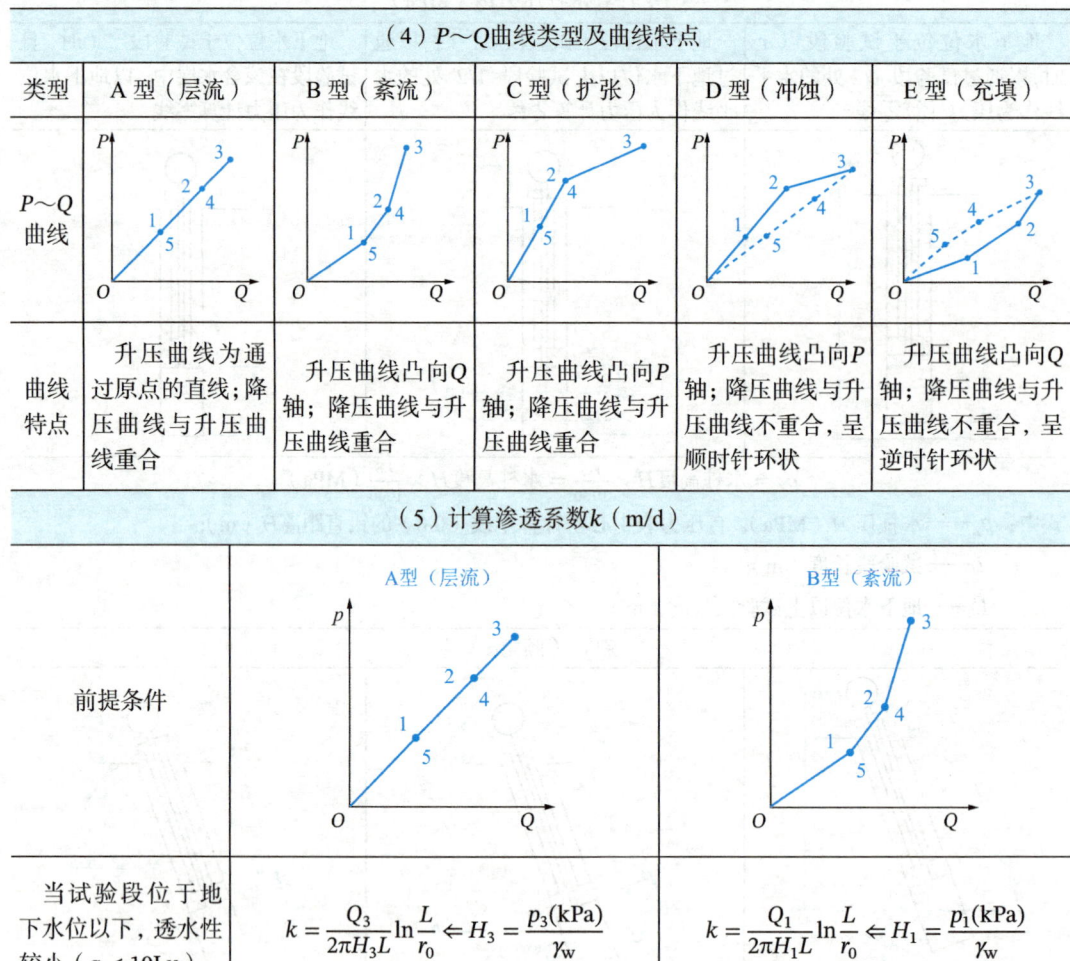

| （4）$P \sim Q$ 曲线类型及曲线特点 | | | | | |
|---|---|---|---|---|---|
| 类型 | A 型（层流） | B 型（紊流） | C 型（扩张） | D 型（冲蚀） | E 型（充填） |
| $P \sim Q$ 曲线 | | | | | |
| 曲线特点 | 升压曲线为通过原点的直线；降压曲线与升压曲线重合 | 升压曲线凸向 $Q$ 轴；降压曲线与升压曲线重合 | 升压曲线凸向 $P$ 轴；降压曲线与升压曲线重合 | 升压曲线凸向 $P$ 轴；降压曲线与升压曲线不重合，呈顺时针环状 | 升压曲线凸向 $Q$ 轴；降压曲线与升压曲线不重合，呈逆时针环状 |

| （5）计算渗透系数 $k$（m/d） | | |
|---|---|---|
| | A 型（层流） | B 型（紊流） |
| 前提条件 | | |
| 当试验段位于地下水位以下，透水性较小（$q < 10$Lu） | $k = \dfrac{Q_3}{2\pi H_3 L}\ln\dfrac{L}{r_0} \Leftarrow H_3 = \dfrac{p_3(\text{kPa})}{\gamma_w}$ | $k = \dfrac{Q_1}{2\pi H_1 L}\ln\dfrac{L}{r_0} \Leftarrow H_1 = \dfrac{p_1(\text{kPa})}{\gamma_w}$ |

式中：$Q_1$、$Q_3$——第一阶段和第三阶段的流量（m³/d），一般换算 L/min=1.44m³/d。

$p_1$、$p_3$——第一阶段和第三阶段的压力值（kPa），由压力表测得时按步骤（2）计算；无实测数据时取 300kPa、1000kPa。

$H$——试验水头（m），通过把阶段压力 $p$ 转化水柱高度而得，即为 $H_3 = p_3/10$、$H_1 = p_1/10$。

$k$——岩体渗透系数（m/d）。

$Q$——压入流量（注意此处单位：m³/d）。

$r_0$——钻孔半径（m）。

$L$——试验段长度（m）

# 四、注水试验

## （一）钻孔注水（渗水）试验

——《工程地质手册》P1247~P1253

**钻孔注水（渗水）试验**

| 渗透系数 $k$（cm/min） ||||
|---|---|---|---|
| 常水头法 | 仅孔底进水 | $k = \dfrac{Q}{FH}$ | 式中：$Q$——注入流量（cm³/min）； |
| | 孔壁和孔底同时进水 | | $H$——试验水头（cm）； |
| 变水头法 | 升水头法 | $k = \dfrac{A}{FT}$ | $A$——注水管内径截面积（cm²）； |
| | 降水头法 | $T = \dfrac{t_1 - t_2}{\ln(H_1/H_2)}$ | $H_1$、$H_2$——在时间 $t_1$、$t_2$ 时的试验水头（cm）； |
| | | | $F$——形状系数（cm），根据钻孔和水流边界条件确定，见下表 |

↑

| 形状系数 $F$（cm） ||||
|---|---|---|---|
| 简图 | 试验条件 | 应用前提 | 形状系数 |
| （图） | ①潜水；②试验段位于地下水位以下，钻孔套管下至孔底，孔底进水 | — | $F = 5.5r$ |
| （图） | ①承压水；②试验段位于地下水位以下，钻孔套管下至孔底，孔底进水 | — | $F = 4r$ |
| （图） | ①潜水；②试验段位于地下水位以下，孔内不下套管或部分下套管，试验段裸露或下花管，孔壁与孔底进水 | 应满足 $\dfrac{ml}{r} > 10$ 其中：$m = \sqrt{k_h/k_v}$ 式中：$k_h$、$k_v$——试验土层的水平、垂直渗透系数 | $F = \dfrac{2\pi l}{\ln \dfrac{ml}{r}}$ |
| （图） | ①承压水；②试验段位于地下水位以下，孔内不下套管或部分下套管，试验段裸露或下花管，孔壁与孔底进水 | 应满足 $\dfrac{2ml}{r} > 10$ 其中：$m = \sqrt{k_h/k_v}$ 式中：$k_h$、$k_v$——试验土层的水平、垂直渗透系数 | $F = \dfrac{2\pi l}{\ln \dfrac{2ml}{r}}$ |

【小注1】$r$——钻孔或过滤器半径（m）；$l$——试验段或过滤器长度（m）。

**【小注 2】** ①若含水层具有双层结构时,一次单层试验得 $k_1$,一次混合试验得 $k$: $kl = k_1l_1 + k_2l_2 \Rightarrow k_2 = \frac{kl-k_1l_1}{l_2} = \frac{kl-k_1l_1}{l-l_1}$。

②在不含水的干燥岩(土)层中注水时,如试验段高出地下水位很多时,介质均匀,$50 < h/r < 200$,且注水造成孔内水柱高 $h \leqslant l$ 时,$k = 0.423\frac{Q}{h^2}\lg\frac{2l}{r}$。

③手册未对注水造成水头高度计算零线作出规定,可以按照类似压水试验,注水试验在水位以上时,建议计算零线取试验段的中点。

### (二)试坑渗水试验

——《土工试验方法标准》第 42.4 节

**试坑渗水试验**

| 计算公式 | 参数说明 |
|---|---|
| ①近似值:<br>$k_T = \dfrac{Q}{tA_h}$<br>②较精确值:<br>$k_T = \dfrac{QH_{y1}}{tA_h(H_{y1}+H_{y2}+H_{y3})}$<br>③标准温度下:<br>$k_{20} = k_T\dfrac{\eta_T}{\eta_{20}}$ | 式中:$k_T$、$k_{20}$——水温 $T$℃、标准温度 20℃时土体的渗透系数(cm/s);<br>$Q$——渗透水量(cm³),双环法为内环渗透水量;<br>$t$——时间(s);<br>$A_h$——铁环面积(cm²),单环法面积 1000cm²,双环法为内环面积 490.9cm²;<br>$H_{y1}$——试验时水的入渗深度(cm);<br>$H_{y2}$——贮水坑中水的深度(cm);<br>$H_{y3}$——相当于作用毛细管力的水柱高度(cm),按附表1查取;<br>$\eta_T$、$\eta_{20}$——$T$℃、20℃时水的动力黏滞系数(10⁻⁶kPa·s);<br>$\dfrac{\eta_T}{\eta_{20}}$——黏滞系数比,按附表2查取 |

**附表 1　毛细管力的水柱高度 $H_{y3}$(cm)**

| 土的名称 | $H_{y3}$(cm) | 土的名称 | $H_{y3}$(cm) |
|---|---|---|---|
| 粉质黏土(CL) | 100 | 黏土质细砂(SC) | 30 |
| 砂质黏土(CLS) | 80 | 细砂(SM) | 20 |
| 粉土(ML) | 60 | 中砂(SP) | 10 |
| 砂质粉土(MLS) | 40 | 粗砂(SW) | 5 |

**附表 2　黏滞系数比 $\eta_T/\eta_{20}$**

| $T$(℃) | $\dfrac{\eta_T}{\eta_{20}}$ | $T$(℃) | $\dfrac{\eta_T}{\eta_{20}}$ | $T$(℃) | $\dfrac{\eta_T}{\eta_{20}}$ | $T$(℃) | $\dfrac{\eta_T}{\eta_{20}}$ | $T$(℃) | $\dfrac{\eta_T}{\eta_{20}}$ |
|---|---|---|---|---|---|---|---|---|---|
| 5.0 | 1.501 | 10.0 | 1.297 | 15.0 | 1.133 | 20.0 | 1.000 | 27.0 | 0.850 |
| 5.5 | 1.478 | 10.5 | 1.279 | 15.5 | 1.119 | 20.5 | 0.988 | 28.0 | 0.833 |
| 6.0 | 1.455 | 11.0 | 1.261 | 16.0 | 1.104 | 21.0 | 0.976 | 29.0 | 0.815 |
| 6.5 | 1.435 | 11.5 | 1.243 | 16.5 | 1.090 | 21.5 | 0.964 | 30.0 | 0.798 |
| 7.0 | 1.414 | 12.0 | 1.227 | 17.0 | 1.077 | 22.0 | 0.953 | 31.0 | 0.781 |
| 7.5 | 1.393 | 12.5 | 1.211 | 17.5 | 1.066 | 22.5 | 0.943 | 32.0 | 0.765 |
| 8.0 | 1.373 | 13.0 | 1.194 | 18.0 | 1.050 | 23.0 | 0.932 | 33.0 | 0.750 |
| 8.5 | 1.353 | 13.5 | 1.176 | 18.5 | 1.038 | 24.0 | 0.910 | 34.0 | 0.735 |
| 9.0 | 1.334 | 14.0 | 1.163 | 19.0 | 1.025 | 25.0 | 0.890 | 35.0 | 0.720 |
| 9.5 | 1.315 | 14.5 | 1.148 | 19.5 | 1.012 | 26.0 | 0.870 | | |

## （三）试坑注水（渗水）试验

——《工程地质手册》P1252

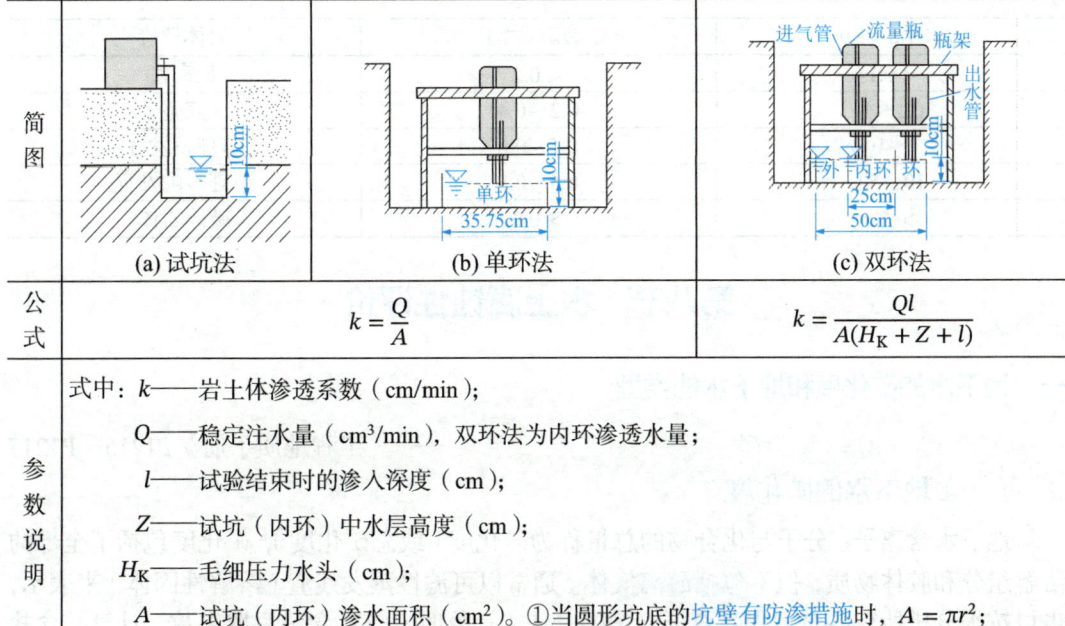

试坑注水（渗水）试验

| 简图 | (a) 试坑法 | (b) 单环法 | (c) 双环法 |
|---|---|---|---|
| 公式 | | $k=\dfrac{Q}{A}$ | $k=\dfrac{Ql}{A(H_K+Z+l)}$ |

参数说明：

式中：$k$——岩土体渗透系数（cm/min）；

$Q$——稳定注水量（cm³/min），双环法为内环渗透水量；

$l$——试验结束时的渗入深度（cm）；

$Z$——试坑（内环）中水层高度（cm）；

$H_K$——毛细压力水头（cm）；

$A$——试坑（内环）渗水面积（cm²）。①当圆形坑底的坑壁有防渗措施时，$A=\pi r^2$；

②当坑壁无防渗措施时，$A=\pi r(r+2Z)$；$r$——试坑底的半径

## 五、岩土体的渗透性分级

**岩土体的渗透性分级**

| 渗透性等级 | 《水利水电工程地质勘察规范》附录F | | 《城市轨道交通岩土工程勘察规范》第10.3.5 条 |
|---|---|---|---|
| | 渗透系数 $K$（cm/s） | 透水率 $q$（Lu） | 渗透系数 $k$（m/d） |
| 极微透水 | $K<10^{-6}$ | $q<0.1$ | $k<0.001$（不透水） |
| 微透水 | $10^{-6}\leqslant K<10^{-5}$ | $0.1\leqslant q<1$ | $0.001\leqslant k<0.01$ |
| 弱透水 | $10^{-5}\leqslant K<10^{-4}$ | $1\leqslant q<10$ | $0.01\leqslant k<1$ |
| 中等透水 | $10^{-4}\leqslant K<10^{-2}$ | $10\leqslant q<100$ | $1\leqslant k<10$ |
| 强透水 | $10^{-2}\leqslant K<1$ | $q\geqslant 100$ | $10\leqslant k\leqslant 200$ |
| 极强透水 | $K\geqslant 1$ | | $k>200$（特强透水） |

【小注】土体的透水性以渗透系数为依据；岩体的透水性以透水率为依据，但强透水和极强透水岩体宜采用渗透系数为依据。

📖 **知识拓展**

降雨入渗系数，渗透系数计算见《铁路工程不良地质勘察规程》P225～P228。

## 六、透水率与岩石裂隙数评价岩体完整性

——《工程地质手册》P1247

**透水率与岩石裂隙数评价岩体完整性**

| 透水率 $q$（Lu） | 裂隙系数 | 岩体评价 |
| --- | --- | --- |
| < 0.1 | < 0.2 | 最完整 |
| 0.1～1 | 0.2～0.4 | 完整 |
| 1～10 | 0.4～0.6 | 节理较发育 |
| 10～50 | 0.6～0.8 | 节理裂隙发育 |
| > 50 | > 0.8 | 破碎岩体 |

# 第八节 水土腐蚀性评价

## 一、地下水的矿化度和地下水的类型

——《工程地质手册》P1215～P1217

### （一）地下水的矿化度

地下水含离子、分子与化合物的总量称为矿化度（或总矿化度），矿化度包括了全部的溶解组分和胶体物质，但<u>不包括游离气体</u>。通常以可滤性蒸发残渣（溶解性固体）来表示，也可按水分析所得的<u>全部阴阳离子含量的总和</u>（计算时 $HCO_3^-$ 含量只取半数，计算总含盐量时不减半）表示理论上的可滤性蒸发残渣量。

矿化度单位一般以 g/L、mg/L 表示。

**地下水按矿化度分类**

| 类别 | 淡水 | 低矿化度水（微咸水） | 中矿化度水（咸水） | 高矿化度水（盐水） | 卤水 |
| --- | --- | --- | --- | --- | --- |
| 矿化度（g/L） | < 1 | 1～3 | 3～10 | 10～50 | > 50 |

### （二）地下水的化学类型

**地下水的化学类型**

库尔洛夫式按阴阳离子毫克当量百分数表示水化学类型，其表达式如下：

$$\text{微量元素（g/L）}\ \text{气体成分（g/L）}\ \text{矿化度（g/L）} \cdot \frac{\text{阴离子(me\% > 10 者列入)}}{\text{阳离子(me\% > 10 者列入)}} \cdot \text{温度（℃）}$$

以离子当量含量（me/L%）> 25%作为水化学类型定名界限值，> 25%的离子选入名称，按当量含量的由高到低、阴阳离子分别排序，阴离子在前，阳离子在后

"毫克当量百分数"是一种离子毫克当量百分浓度的表示方法：

$$\text{离子毫克当量百分数(\%)} = \frac{\text{该离子毫克当量数}}{\text{阴（阳）离子毫克当量总数}} \times 100\% \Leftarrow \text{离子毫克当量数} = \frac{\text{离子质量} \times \text{化学价}}{\text{离子摩尔质量}}$$

| 离子 | $Na^+$ | $K^+$ | $Ca^{2+}$ | $Mg^{2+}$ | $NH_4^+\cdots$ | $Cl^-$ | $SO_4^{2-}$ | $HCO_3^-$ | $CO_3^{2-}$ | $NO_3^-\cdots$ |
| --- | --- | --- | --- | --- | --- | --- | --- | --- | --- | --- |
| 离子当量数 | $\frac{x_1}{23} \times 1$ | $\frac{x_2}{39} \times 1$ | $\frac{x_3}{40} \times 2$ | $\frac{x_4}{24} \times 2$ | $\frac{x_5}{18} \times 1$ | $\frac{x_6}{35.5} \times 1$ | $\frac{x_7}{96} \times 2$ | $\frac{x_8}{61} \times 1$ | $\frac{x_9}{60} \times 2$ | $\frac{x_{10}}{62} \times 1$ |
| 阴（阳）离子当量总数 | $\sum$阳离子 $= \frac{x_1}{23} \times 1 + \frac{x_2}{39} \times 1 + \frac{x_3}{40} \times 2 + \frac{x_4}{24} \times 2 + \frac{x_5}{18} \times 1 + \cdots$ | | | | | $\sum$阴离子 $= \frac{x_6}{35.5} \times 1 + \frac{x_7}{96} \times 2 + \frac{x_8}{61} \times 1 + \frac{x_9}{60} \times 2 + \frac{x_{10}}{62} \times 1 + \cdots$ | | | | |

续表

| 毫克当量百分数 | $x_1/23$ ∑阳离子 | $x_2/39$ ∑阳离子 | $x_3/20$ ∑阳离子 | $x_4/12$ ∑阳离子 | $x_5/18$ ∑阳离子 | $x_6/35.5$ ∑阴离子 | $x_7/48$ ∑阴离子 | $x_8/61$ ∑阴离子 | $x_9/30$ ∑阴离子 | $x_{10}/62$ ∑阴离子 |
|---|---|---|---|---|---|---|---|---|---|---|

溶解于水中的盐类,以阴、阳离子存在,其含量一般以 mmol/L(毫摩尔/升)、mg/L(毫克/升)、me/L(毫克当量/升)表示,mmol/L= $\frac{mg/L}{化学结构式量}$,me/L= $\frac{mg/L}{化学结构式量/化学价}$

## 二、水和土的腐蚀性评价

——附录 G、第 12.2 节

### (一)有关规定

**有关规定**

| 一般规定 | 当有足够经验或充分资料,认定工程场地及其附近的土或水(包括地下水和地表水)对建筑材料为微腐蚀性时,可不取样进行试验和腐蚀性评价。否则,应取水试样或土试样进行试验,并按本节评定其对建筑材料的腐蚀性,同时土对钢结构腐蚀性的评价可根据任务要求进行 |
|---|---|
| 取样规定 | 采取水试样和土试样应符合下列规定:<br>①混凝土结构处于地下水位以上时,应取土试样做土的腐蚀性测试;<br>②混凝土结构处于地下水或地表水中时,应取水试样做水的腐蚀性测试;<br>③混凝土结构部分处于地下水以上、部分处于地下水位以下时,应分别取土试样和水试样做腐蚀性测试;<br>④水试样和土试样应在混凝土结构所在的深度采取,每个场地不应少于 2 件。当土中盐类成分和含量分布不均匀时,应分区、分层取样,每区、每层不应少于 2 件 |
| 水和土腐蚀性的测试项目和试验方法 | ①水对混凝土结构腐蚀性的测试项目包括:pH 值、$Ca^{2+}$、$Mg^{2+}$、$Cl^-$、$SO_4^{2-}$、$HCO_3^-$、$CO_3^{2-}$、侵蚀性 $CO_2$、游离 $CO_2$、$NH_4^+$、$OH^-$、总矿化度;<br>②土对混凝土结构腐蚀性的测试项目包括:pH 值、$Ca^{2+}$、$Mg^{2+}$、$Cl^-$、$SO_4^{2-}$、$HCO_3^-$、$CO_3^{2-}$、易溶盐(土水比 1∶5)分析;<br>③土对钢结构腐蚀性的测试项目包括:pH 值、氧化还原电位、极化电流密度、电阻率、质量损失;<br>④腐蚀性测试项目的试验方法应符合规范表 12.1.3 的规定 |

水和土对建筑材料的腐蚀性,可分为微、弱、中、强四个等级,并可按本节进行评价

### (二)场地环境类型

——附录 G

**场地环境类型**

| 环境类型 | 场地环境地质条件 | |
|---|---|---|
| Ⅰ | ①高寒区、干旱区直接临水 | ②高寒区、干旱区强透水层中的地下水 |
| Ⅱ | ③高寒区、干旱区弱透水层中的地下水 | ④各气候区湿、很湿的弱透水层 |
| | ⑤湿润区直接临水 | ⑥湿润区强透水层中的地下水 |
| Ⅲ | ⑦各气候区稍湿的弱透水层 | ⑧各气候区地下水位以上的强透水层 |

续表

| 环境类型 | 场地环境地质条件 |
|---|---|
| 【小注】 | （1）高寒区：海拔高度≥3000m；干旱区：海拔高度<3000m且$K$≥1.5；湿润区：$K$<1.5，$K$（干燥度指数）=年蒸发能力/年降水力。<br>（2）强透水层：碎石土、砂土；弱透水层：粉土、黏性土。<br>（3）含水量$w$<3%的土层，可视为干燥土层，不具有腐蚀性。<br>（4）当混凝土结构一边接触地面水或地下水，一边暴露在大气中，水可以通过渗透或毛细作用在暴露大气中的一边蒸发时，应定为Ⅰ类（题目中给定建筑结构形式要关注此条，例如堤坝、隧道等）。<br>（5）表中④⑦⑧三种情况仅适用于判断土的腐蚀性，其他情况用于判断水的腐蚀性，一般题目中最后一字是"水"，就是水的腐蚀性评价，最后一字是"土"，就是土的腐蚀性评价 |

## （三）水对混凝土结构的腐蚀性评价

——第12.2节

（1）按环境类型水对混凝土结构的腐蚀性评价

| 腐蚀介质 | 腐蚀等级 | 环境类型 | | | | | |
|---|---|---|---|---|---|---|---|
| | | 有干湿交替 | | | 无干湿交替 | | |
| | | Ⅰ | Ⅱ | Ⅲ | Ⅲ | Ⅰ | Ⅱ |
| 硫酸盐含量 $SO_4^{2-}$（mg/L） | 微 | <200 | <300 | <500 | | <260 | <390 |
| | 弱 | 200~500 | 300~1500 | 500~3000 | | 260~650 | 390~1950 |
| | 中 | 500~1500 | 1500~3000 | 3000~6000 | | 650~1950 | 1950~3900 |
| | 强 | >1500 | >3000 | >6000 | | >1950 | >3900 |
| 镁盐含量 $Mg^{2+}$（mg/L） | 微 | <1000 | <2000 | <3000 | | <1000 | <2000 |
| | 弱 | 1000~2000 | 2000~3000 | 3000~4000 | | 1000~2000 | 2000~3000 |
| | 中 | 2000~3000 | 3000~4000 | 4000~5000 | | 2000~3000 | 3000~4000 |
| | 强 | >3000 | >4000 | >5000 | | >3000 | >4000 |
| 铵盐含量 $NH_4^+$（mg/L） | 微 | <100 | <500 | <800 | | <100 | <500 |
| | 弱 | 100~500 | 500~800 | 800~1000 | | 100~500 | 500~800 |
| | 中 | 500~800 | 800~1000 | 1000~1500 | | 500~800 | 800~1000 |
| | 强 | >800 | >1000 | >1500 | | >800 | >1000 |
| 苛性碱 NaOH+KOH $OH^-$（mg/L） | 微 | <35000 | <43000 | <57000 | | <35000 | <43000 |
| | 弱 | 35000~43000 | 43000~57000 | 57000~70000 | | 35000~43000 | 43000~57000 |
| | 中 | 43000~57000 | 57000~70000 | 70000~100000 | | 43000~57000 | 57000~70000 |
| | 强 | >57000 | >70000 | >100000 | | >57000 | >70000 |
| 总矿化度（mg/L）$HCO_3^-$减半计算 | 微 | <10000 | <20000 | <50000 | | <10000 | <20000 |
| | 弱 | 10000~20000 | 20000~50000 | 50000~60000 | | 10000~20000 | 20000~50000 |
| | 中 | 20000~50000 | 50000~60000 | 60000~70000 | | 20000~50000 | 50000~60000 |
| | 强 | >50000 | >60000 | >70000 | | >50000 | >60000 |

【表注】干湿交替是指地下水位变化和毛细水升降时，建筑材料的干湿变化情况。

（2）按地层渗透性水对混凝土结构的腐蚀性评价

| 腐蚀等级 | pH 值 | | 侵蚀性 $CO_2$（mg/L） | | $HCO_3^-$（mmol/L） |
|---|---|---|---|---|---|
| | 直接临水或碎石土、砂土中地下水 | 粉土、黏性土中地下水 | 直接临水或碎石土、砂土中地下水 | 粉土、黏性土中地下水 | 直接临水或碎石土、砂土中地下水 |
| 微 | >6.5 | >5.0 | <15 | <30 | >1.0 |
| 弱 | 6.5～5.0 | 5.0～4.0 | 15～30 | 30～60 | 1.0～0.5 |
| 中 | 5.0～4.0 | 4.0～3.5 | 30～60 | 60～100 | <0.5 |
| 强 | <4.0 | <3.5 | >60 | — | — |

【表注】$HCO_3^-$含量指水的矿化度低于 0.1g/L 的软水时，该类水质中 $HCO_3^-$ 的腐蚀性。

### 综合评价

按上述"环境类型"和"地层渗透性"进行水土腐蚀性评价时以不利为原则，取最高腐蚀程度为综合评价等级。

#### （四）土对混凝土结构的腐蚀性评价

（1）按环境类型土对混凝土结构的腐蚀性评价

| 腐蚀介质 | 腐蚀等级 | 环境类型 | | | |
|---|---|---|---|---|---|
| | | 有干湿交替 | | 无干湿交替 | |
| | | II | III | III | II |
| 硫酸盐含量 $SO_4^{2-}$（mg/kg） | 微 | <450 | <750 | | <585 |
| | 弱 | 450～2250 | 750～4500 | | 585～2925 |
| | 中 | 2250～4500 | 4500～9000 | | 2925～5850 |
| | 强 | >4500 | >9000 | | >5850 |
| 镁盐含量 $Mg^{2+}$（mg/kg） | 微 | <3000 | <4500 | | <3000 |
| | 弱 | 3000～4500 | 4500～6000 | | 3000～4500 |
| | 中 | 4500～6000 | 6000～7500 | | 4500～6000 |
| | 强 | >6000 | >7500 | | >6000 |
| 铵盐含量 $NH_4^+$（mg/kg） | 微 | <750 | <1200 | | <750 |
| | 弱 | 750～1200 | 1200～1500 | | 750～1200 |
| | 中 | 1200～1500 | 1500～2250 | | 1200～1500 |
| | 强 | >1500 | >2250 | | >1500 |
| 苛性碱含量 NaOH + KOH $OH^-$（mg/kg） | 微 | <64500 | <85500 | | <64500 |
| | 弱 | 64500～85500 | 85500～105000 | | 64500～85500 |
| | 中 | 85500～105000 | 105000～150000 | | 85500～105000 |
| | 强 | >105000 | >150000 | | >105000 |
| 总矿化度（mg/kg） $HCO_3^-$减半计算 | 微 | <30000 | <75000 | | <30000 |
| | 弱 | 30000～75000 | 75000～90000 | | 30000～75000 |
| | 中 | 75000～90000 | 90000～105000 | | 75000～90000 |
| | 强 | >90000 | >105000 | | >90000 |

【表注】①干湿交替是指地下水位变化和毛细水升降时，建筑材料的干湿变化情况。
②III类腐蚀环境无干湿交替作用，$SO_4^{2-}$不乘 1.3 倍系数。
③对土的腐蚀性评价中，不存在 I 类环境，因此表中不再列举。

（2）按地层渗透性土对混凝土结构的腐蚀性评价

| 腐蚀等级 | pH 值 | |
|---|---|---|
| | 强透水层：碎石土、砂土 | 弱透水层：粉土、黏性土 |
| 微 | >6.5 | >5.0 |
| 弱 | 6.5～5.0 | 5.0～4.0 |
| 中 | 5.0～4.0 | 4.0～3.5 |
| 强 | <4.0 | <3.5 |

### 综合评价

按上述"环境类型"和"地层渗透性"进行水土腐蚀性评价时以不利为原则，取最高腐蚀程度为综合评价等级。

## （五）水和土对钢筋混凝土结构中钢筋的腐蚀性评价

——第12.2.4条

对钢筋混凝土结构中钢筋的腐蚀性评价

| 腐蚀等级 | 水中Cl⁻含量（mg/L） | | 土中Cl⁻含量（mg/kg） | |
|---|---|---|---|---|
| | 长期浸水 | 干湿交替 | A | B |
| 微 | <10000 | <100 | <400 | <250 |
| 弱 | 10000～20000 | 100～500 | 400～750 | 250～500 |
| 中 | — | 500～5000 | 750～7500 | 500～5000 |
| 强 | — | >5000 | >7500 | >5000 |
| 表注 | ①A 是指地下水位以上的碎石土、砂土、稍湿的粉土、坚硬、硬塑的黏性土；<br>B 是湿、很湿的粉土，可塑、软塑、流塑的黏性土；<br>②干湿交替是指地下水位变化和毛细水升降时，建筑材料的干湿变化情况 | | | |

## （六）土对钢结构腐蚀性评价

——第12.2.5条

土对钢结构腐蚀性评价

| 腐蚀等级 | pH 值 | 氧化还原电位（mV） | 视电阻率（Ω·m） | 极化电流密度（mA/cm²） | 质量损失（g） |
|---|---|---|---|---|---|
| 微 | >5.5 | >400 | >100 | <0.02 | <1 |
| 弱 | 5.5～4.5 | 400～200 | 100～50 | 0.02～0.05 | 1～2 |
| 中 | 4.5～3.5 | 200～100 | 50～20 | 0.05～0.20 | 2～3 |
| 强 | <3.5 | <100 | <20 | >0.20 | >3 |

【小注】土对钢结构的腐蚀评价，取各指标中腐蚀等级最高者。

### 知识拓展

①毛细水上升高度，见本书第二十八章第一节、《盐渍土地区建筑技术规范》第 4.1.8 条、《土工试验方法标准》第 42.4.13 条。

②环境水腐蚀性评价，详见《水利水电工程地质勘察规范》附录 L（P129）。

③环境水、土对混凝土侵蚀性的判定标准,详见《铁路工程地质勘察规范》附录 E(P132)。

## 三、电阻率测试

(1) 视电阻率 $\rho$ 计算—《工程地质手册》P79

$AB$ 为供电电极,$MN$ 为测量电极,当 $AB$ 供电时用仪器测出供电电流 $I$ 和 $MN$ 处的电位差 $\Delta V$,则岩层的电阻率 $\rho$($\Omega \cdot m$)按下式计算

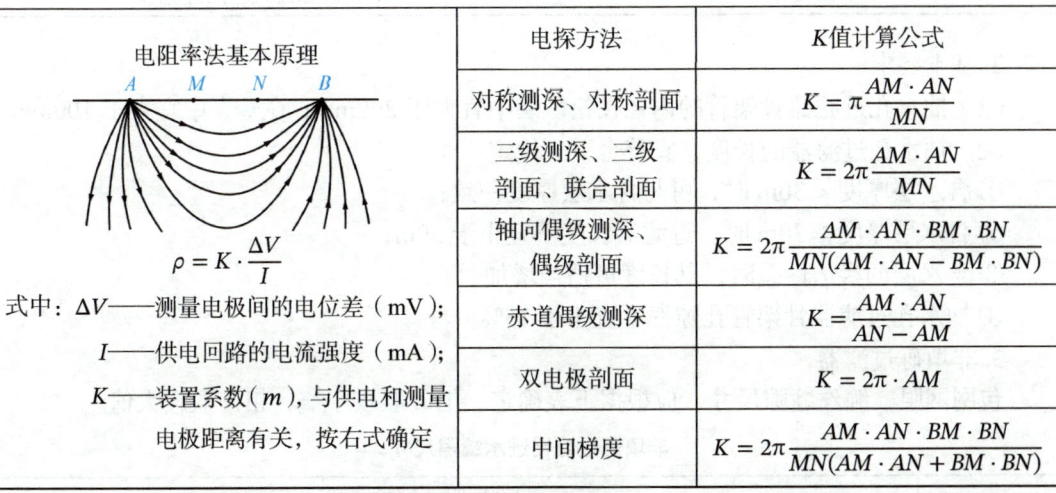

式中:$\Delta V$——测量电极间的电位差(mV);
$I$——供电回路的电流强度(mA);
$K$——装置系数($m$),与供电和测量电极距离有关,按右式确定

| 电探方法 | $K$ 值计算公式 |
|---|---|
| 对称测深、对称剖面 | $K = \pi \dfrac{AM \cdot AN}{MN}$ |
| 三级测深、三级剖面、联合剖面 | $K = 2\pi \dfrac{AM \cdot AN}{MN}$ |
| 轴向偶级测深、偶级剖面 | $K = 2\pi \dfrac{AM \cdot AN \cdot BM \cdot BN}{MN(AM \cdot AN - BM \cdot BN)}$ |
| 赤道偶级测深 | $K = \dfrac{AM \cdot AN}{AN - AM}$ |
| 双电极剖面 | $K = 2\pi \cdot AM$ |
| 中间梯度 | $K = 2\pi \dfrac{AM \cdot AN \cdot BM \cdot BN}{MN(AM \cdot AN + BM \cdot BN)}$ |

(2) 交流四极法—《工程地质手册》P369~P370

| | |
|---|---|
| $\rho = 2\pi a R$ | 式中:$\rho$——土的电阻率($\Omega \cdot m$);<br>$a$——两探针间的距离(m),等于预测土层的深度;<br>$R$——电阻测量仪读数,$R = \dfrac{\text{电位差 mV}}{\text{电流强度 mA}}$ |
| 温度修正<br>$\rho_{15} = \rho[1 + \alpha(t - 15)]$<br>式中:$\rho_{15}$——土温度为 15℃ 的电阻率($\Omega \cdot m$) | 土的温度对电阻率影响较大,<u>土的温度每增加 1℃,电阻率减少 2%</u>,为便于对比,$\rho$ 值统一校正至 15℃<br>式中:$\alpha$——温度系数,一般取 0.02;<br>$t$——实测时土的温度,指 0.5m 以下土的温度(℃) |
| 埋置深度修正<br>$\rho_{(a-b)} = \dfrac{\rho_a R_b - \rho_b R_a}{R_b - R_a}$ | 由于土的不均匀性,不同深度处土的电阻率不同,因此需要计算结构物埋置深度处的电阻率,计算公式见左侧<br>式中:$\rho_{(a-b)}$——结构物埋置深度处土的电阻率($\Omega \cdot m$);<br>$\rho_a$、$\rho_b$——从地表分别至 $a$、$b$ 深度处土的电阻率($\Omega \cdot m$);<br>$R_a$、$R_b$——探针间距分别为 $a$(m)、$b$(m)时的仪表读数 |

## 第九节 供水水文地质勘察标准

### 一、抽水孔过滤器

——《供水水文地质勘察标准》第 6.4 节

1. 抽水孔过滤器的类型

抽水孔过滤器的类型见下表,基岩含水层中当裂隙、溶洞稳定时,可不设置过滤器。

**抽水孔过滤器的类型选择**

| 含水层 | 抽水孔过滤器的类型 |
|---|---|
| 具有裂隙、溶洞的基岩 | 骨架过滤器、缠丝过滤器或填砾过滤器 |
| 卵（碎）石、圆（角）砾 | 缠丝过滤器或填砾过滤器 |
| 粗砂、中砂 | 缠丝过滤器或填砾过滤器 |
| 细砂、粉砂 | 填砾过滤器或包网过滤器 |

2. 基本要求

（1）抽水孔过滤器骨架管的内径在松散层中宜大于200mm；在基岩中宜大于100mm。

（2）抽水孔过滤器的长度，宜符合下列规定：

① 含水层厚度＜30m时，可与含水层厚度一致；

② 含水层厚度≥30m时，过滤器长度不宜小于30m；

③ 含水层的渗透性差时，其长度可适当增加；

④ 抽水孔过滤器骨架管孔隙率不宜小于15%。

3. 非填砾过滤器

包网网眼、缠丝缝隙尺寸，应根据下表确定。细砂取较小值，粗砂取较大值。

**非填砾过滤器进水缝隙尺寸**

| 含水层 | 过滤器类型 | 包网网眼、缠丝缝隙尺寸（mm） | |
|---|---|---|---|
| | | 含水层不均匀系数 $\eta_1 \leqslant 2$ | 含水层不均匀系数 $\eta_1 > 2$ |
| 砂土类 | 缠丝过滤器 | $1.25d_{50} \sim 1.5d_{50}$ | $1.5d_{50} \sim 2.0d_{50}$ |
| | 包网过滤器 | $1.5d_{50} \sim 2.0d_{50}$ | $2.0d_{50} \sim 2.5d_{50}$ |
| 碎石土类 | 缠丝过滤器 | $1.25d_{20} \sim 2.0d_{20}$ | |

【表注】$d_{20}$、$d_{50}$为含水层筛分颗粒组成中，过筛质量累计为20%、50%时的最大颗粒直径。

4. 填砾过滤器

**填砾过滤器**

| 砂土类含水层 | 含水层的 $\eta_1 < 10$，填砾过滤器的滤料规格 | $D_{50} = 6d_{50} \sim 8d_{50}$ |
|---|---|---|
| | 含水层的 $\eta_1 > 3$ 且填砾厚度大于 200～500mm | $D_{50} = 10d_{50} \sim 20d_{50}$ |
| 碎石土类含水层 | 碎石土类含水层的 $d_{20} \geqslant 2mm$ | 充填粒径 10～20mm 的滤料 |
| | 含水层的 $d_{20} < 2mm$，填砾过滤器的滤料规格 | $D_{50} = 6d_{20} \sim 8d_{20}$ |

【表注】①填砾过滤器滤料的 $\eta_2 \leqslant 2$；

②填砾过滤器的缠丝间隙和非缠丝过滤器的孔隙尺寸可用 $D_{10}$；

③填砾过滤器的滤料厚度，粗砂以上含水层宜为75mm，中砂、细砂和粉砂含水层宜为100mm；

④过滤器骨架管的外径不宜小于75mm；

⑤$\eta_1$ 为砂土类含水层的不均匀系数，即 $\eta_1 = d_{60}/d_{10}$；$\eta_2$ 为填砾过滤器滤料的不均匀系数，即 $\eta_2 = D_{60}/D_{10}$。

⑥$d_{10}$、$d_{20}$、$d_{60}$ 为含水层土试样筛分中能通过网眼的颗粒，其累计质量占试样总质量分别为10%、20%、60%时的最大颗粒直径；

⑦$D_{10}$、$D_{50}$、$D_{60}$ 为滤料试样筛分中能通过网眼的颗粒，其累计质量占试样总质量分别为10%、50%、60%时的最大颗粒直径。

## 二、渗透系数

——第9.2节

具体见本章第七节内容。

## 三、水文地质参数

——第9.3节～第9.6节

水文地质参数

| 稳定流完整孔抽水试验资料→<br>（1）潜水含水层给水度$\mu$ || 抽水试验资料→<br>（2）承压水含水层释水系数$S$ ||
|---|---|---|---|
| $\mu = \dfrac{Qt}{\pi(h+h_w)(r^2-r_w^2)/2}$ || 稳定流完整孔<br>$S = \dfrac{Qt}{\pi M(r^2-r_w^2)}$ | 非稳定流<br>$S = \dfrac{2.25KMt_0}{r^2}$ |

式中：$Q$——出水量（m³/d）；

$t$——抽水至稳定的时间（d）；

$r_w$——抽水孔半径（m）；

$r$——观测孔至抽水孔的距离（m）；

$h_w$——水位稳定时，抽水孔水位至含水层底板的厚度（m）；

$h$——水位稳定时，观测孔水位至含水层底板的厚度（m）；

$M$——承压含水层厚度（m）；

$t_0$——$s$～$\lg t$曲线上直线段延长线与横轴的交点坐标（min）

| （3）降水入渗系数$\alpha$ ||
|---|---|
| 在平原地区，利用降水过程前后的地下水水位观测资料计算潜水含水层的1次降水入渗系数$\alpha$ | 利用全年降水入渗补给地下水总量与降水量的比值计算 |
| $\alpha = \mu(h_{max} - h \pm \Delta h \times t)/X$ | $\alpha = \dfrac{Q}{1000F \times P}$ |

式中：$h_{max}$——降水后观测孔中的最大水柱高度（m）；

$Q$——降水入渗补给量（m³）；

$h$——降水前观测孔中的水柱高度（m）；

$F$——降水入渗面积（km²）；

$\Delta h$——临近降水前，地下水水位的天然平均降（升）速（m/d）；

$P$——年降水量（mm）；

$t$——从$h$变到$h_{max}$的时间（d）；

$X$——$t$日内降水总量（m）

（4）勘察区或附近设有地下水均衡场时，潜水蒸发系数可直接采用均衡场潜水蒸发系数的观测计算值或采用比拟法确定。在平原地区，利用潜水蒸发期间的地下水水位观测资料计算潜水蒸发系数$C$：

$$C = \dfrac{\varepsilon}{\varepsilon_0}$$

式中：$\varepsilon$——潜水蒸发量（m）；

$\varepsilon_0$——水面蒸发量（m）

续表

| （5）影响半径R | | | |
|---|---|---|---|
| 稳定流抽水试验（无限含水层且$r_w \leqslant r \leqslant 0.178R$） | | 非稳定流抽水试验 | |
| 承压水完整孔<br>$\lg R = \dfrac{s_1 \lg r_2 - s_2 \lg r_1}{s_1 - s_2}$ | 潜水完整孔<br>$\lg R = \dfrac{\Delta h_1^2 \lg r_2 - \Delta h_2^2 \lg r_1}{\Delta h_1^2 - \Delta h_2^2}$ | $R = 1.5\sqrt{\dfrac{KMt}{S}}$ | $R = 1.5\sqrt{\dfrac{KHt}{\mu}}$ |

式中：$R$——影响半径（m）；
　　　$t$——抽水时间（d）；
　　　$K$——渗透系数（m/d）；
　　　$s_1$——至抽水井距离为$r_1$的观测孔水位降深（m）；
　　　$S$——释水系数；
　　　$\mu$——给水度；
　　　$s_2$——至抽水井距离为$r_2$的观测孔水位降深（m）；
　　　$M$——承压水含水层的厚度（m）；
　　　$\Delta h_1$——至抽水井距离为$r_1$的观测孔潜水静水位与动水位之差（m）；
　　　$H$——天然下潜水含水层的厚度（m）；
　　　$\Delta h_2$——至抽水井距离为$r_2$的观测孔潜水静水位与动水位之差（m）

利用稳定流抽水试验观测孔降深资料，绘制降深～距离半对数关系曲线，宜采用直线图解法计算影响半径。

## 四、地下水量评价

——第10.2节

1. 地下水补给量的计算

**地下水补给量的计算**

地下水的补给量=地下水径流的流入$Q_{lr}$+降水入渗$Q_{pr}$+地表水渗入$(Q_{sr} + Q_{rr} + Q_{ir})$+越流补给$Q_{le}$+其他渗入途径进入含水层（带）的水量$Q_r$，并应按自然状态和开采条件下两种情况进行计算

| （1）地下径流补给量$Q_{lr}$<br>$Q_{lr} = K \times I \times B \times M$<br>（同土力学$Q = kiA$） | （2）降水入渗的补给量$Q_{pr}$<br>①$Q_{pr} = F \times \alpha \times \dfrac{P}{365}$<br>②地下水径流条件差、垂直补给为主潜水分布区：<br>$Q_{pr} = \mu \times F \times \sum \Delta h / 365$ |
|---|---|
| 式中：$Q_{lr}$——地下水径流补给量（m³/d）；<br>　　　$K$——渗透系数（m/d）；<br>　　　$I$——自然状态或开采条件下的地下水水力坡度；<br>　　　$B$——计算断面的宽度（m）；<br>　　　$M$——计算断面含水层厚度（m） | 式中：$Q_{pr}$——日平均降水入渗补给量（m³/d）；<br>　　　$F$——降水入渗的面积（m²）；<br>　　　$\alpha$——年平均降水入渗系数；<br>　　　$P$——年降水量（m）；<br>　　　$\sum \Delta h$——一年内每次降水后，地下水水位升幅之和（m）；<br>　　　$\mu$——潜水含水层的给水度 |

续表

| （3）地表水渗漏补给量 ($Q_{sr} + Q_{rr} + Q_{ir}$) ||
|---|---|
| ①河（渠）双侧渗漏补给量 $Q_{sr}$<br>$Q_{sr} = (Q_u - Q_d + Q_i - Q_o)(1-\lambda)\dfrac{L}{L'}$ | ②河（渠）单侧渗漏补给量 $Q_{sr}$<br>采用达西公式或地下水动力学公式 |
| 式中：$Q_{sr}$——河（渠）渗漏补给量（m³）；<br>　　　$\lambda$——修正系数，一般取 0.2～0.4；<br>　　$Q_u$、$Q_d$——河（渠）上、下游水文断面实测流量（m³）；<br>　　　$Q_i$——河（渠）上、下游水文断面间汇入该河（渠）段的流量（m³）；<br>　　　$Q_o$——河（渠）上、下游水文断面间引出该河（渠）段的流量（m³）；<br>　　　$L$——计算河（渠）段的长度（m）；<br>　　　$L'$——河（渠）上、下游水文断面间河（渠）段的长度（m） ||
| ③湖（塘）渗漏补给量 $Q_{rr}$<br>$Q_{rr} = Q_i + P - \varepsilon_o - Q_o - \varepsilon_i \pm Q_s$ | ④灌溉渗漏补给量 $Q_{ir}$<br>灌溉定额资料求取：$Q_{ir} = \dfrac{\beta m F_g}{365}$<br>地下水动态观测资料求取：$Q_{ir} = \mu F_g \sum \Delta h / 365$ |
| 式中：$Q_{rr}$——湖（塘）渗漏补给量（m³）；<br>　　　$Q_i$——湖（塘）汇入流量（m³）；<br>　　　$P$——湖（塘）水面降水量（m³）；<br>　　　$\varepsilon_o$——湖（塘）水面蒸发量（m³）；<br>　　　$Q_o$——湖（塘）引出流量（m³）；<br>　　　$\varepsilon_i$——湖（塘）周边浸润带蒸发量（m³）；<br>　　　$Q_s$——湖（塘）蓄变量，即年初、年末蓄水量之差（m³），年初蓄水量较大时取"+"值，年末蓄水量较大时取"－"值 | 式中：$Q_{ir}$——灌溉水渗漏补给量（m³/d）；<br>　　　$\beta$——灌溉渗漏补给系数；<br>　　　$m$——灌溉定额（m³/亩）；<br>　　　$F_g$——灌溉面积（亩）；<br>　　$\sum \Delta h$——一年内灌溉引起的地下水水位升幅之和（m）；<br>　　　$\mu$——潜水含水层的给水度 |
| （4）相邻含水层的越流补给量 $Q_{le}$<br>$Q_{le} = K_s F_s \dfrac{H_s - h}{M_s} + K_x F_x \dfrac{H_x - h}{M_x}$ | （5）利用开采区内的地下水排泄量和含水层中地下水储存量之差计算补给量 $Q_r$<br>$Q_r = E + Q_Y + Q_j + Q_K + \Delta W/365$ |
| 式中：$Q_{le}$——越流补给量（m³/d）；<br>　　$K_s$、$K_x$——含水层上、下弱透水层垂向渗透系数（m/d）；<br>　　$M_s$、$M_x$——含水层上、下弱透水层厚度（m）；<br>　　$F_s$、$F_x$——含水层上、下弱透水层越流面积（m²）；<br>　　$H_s$、$H_x$——含水层上、下补给层的地下水水位（m）；<br>　　　$h$——含水层或开采漏斗的平均水位（m） | 式中：$Q_r$——日平均地下水补给量（m³/d）；<br>　　　$E$——日平均地下水蒸发量（m³/d）；<br>　　　$Q_Y$——日平均地下水溢出量（m³/d）；<br>　　　$Q_j$——流向开采区外的日平均地下水径流量（m³/d）；<br>　　　$Q_K$——日平均地下水开采量（m³/d）；<br>　　$\Delta W$——连续两年内相同一天的地下水储存量之差（年储存量小于上年者取负值）（m³/d） |

## 2. 地下水储存量及其变化量的计算

**地下水储存量及其变化量的计算**

| （1）潜水含水层的储存量及其变化量 $W_u = \mu \times V$；$\Delta W_u = \mu \times \Delta H \times F$ | （2）承压含水层的弹性储存量及其变化量 $W_c = F \times S \times h$；$\Delta W_c = S \times \Delta H \times F$ |
|---|---|
| 式中：$W_u$——潜水含水层储存量（$m^3$）； <br> $\Delta W_u$——潜水含水层储存量的变化量（$m^3$）； <br> $\mu$——潜水含水层的给水度； <br> $V$——潜水含水层的体积（$m^3$）； <br> $\Delta H$——潜水位变化幅度（m）； <br> $F$——含水层的面积（$m^2$） | 式中：$W_c$——承压含水层的弹性储存量（$m^3$）； <br> $\Delta W_c$——承压含水层弹性储存量的变化量（$m^3$）； <br> $F$——含水层的面积（$m^2$）； <br> $S$——弹性释水系数； <br> $h$——承压含水层自顶板算起的压力水头高度（m）； <br> $\Delta H$——承压水位变化幅度（m） |

## 3. 地下水排泄量的计算与确定

**地下水排泄量的计算与确定**

地下水排泄量应计算潜水蒸发蒸腾、地下水径流排泄、地表水排泄、越流排泄、人工开采等途径从含水层（带）排泄的水量。计算地下水排泄量时，应按自然状态和开采条件两种情况进行

（1）潜水蒸发量

$$\varepsilon = \varepsilon_o \left(1 - \frac{\Delta}{\Delta_o}\right)^n \text{或} \varepsilon = 10^{-1} \varepsilon_o C$$

式中：$\varepsilon$——潜水蒸发量（mm）；

$\varepsilon_o$——潜水近地面的蒸发强度或水面蒸发强度（mm）；

$\Delta$——潜水水位埋深（m）；

$\Delta_o$——潜水蒸发极限埋深（m）；

$n$——经验指数，一般取 $n = 1 \sim 3$；

$C$——潜水蒸发系数

（2）地下径流排泄量、地表水排泄量、越流排泄量可按地下水径流补给量、地表水渗入补给量和越流补给量的方法反演确定

## 4. 地下水均衡计算与分析

**地下水均衡计算与分析**

地下水均衡计算宜按照均衡区和均衡期进行。均衡区可为一个完整的水文地质分区或相对独立的地下水系统。均衡期可以选取有系列观测资料的多个水文年，或选择代表性的丰水年、平水年、枯水年、现状水平年

地下水均衡分析：$X = Q_r - Q_d \pm \Delta W$；$\delta = \frac{X}{Q_r} \times 100$

式中：$X$——绝对均衡差（$m^3/d$）；

$\delta$——相对均衡差；

$\Delta W$——地下水储存量的变化量（$m^3/d$）；

$Q_r$——地下水补给量（$m^3/d$）；

$Q_d$——地下水排泄量（$m^3/d$）

## 第十节 岩土参数计算

——《岩土工程勘察规范》第 14.2 节、《建筑地基基础设计规范》附录 E

### 一、各类试验岩土参数取值汇总

**各类试验岩土参数取值汇总**

| 类别 | 测试名称 | 参数取值 | 点数/个数 | 备注 |
|---|---|---|---|---|
| 原位测试 | 岩石地基载荷试验 | 最小值（特征值） | 不少于 3 个点 | — |
| | 浅层平板载荷试验 | 平均值（特征值） | 不少于 3 个点 | 极差不超过平均值的 30% |
| | 深层平板载荷试验 | 平均值（特征值） | 不少于 3 个点 | 极差不超过平均值的 30% |
| | 圆锥动力触探试验 | 用于评价取平均值；用于力学计算取标准值 | 土层连续贯入 | 剔除异常数据，进行杆长修正 |
| | 标准贯入试验 | 用于评价取平均值；用于力学计算取标准值 | 垂直间距为 1~1.5m 一个测点 | 剔除异常数据，不进行杆长修正 |
| | 十字板剪切试验 | 峰值强度 | 单点或多点 | 长期强度为峰值强度的 60%~70% |
| | 抽水试验 | 平均值 | 采用 3 个降深 | 剔除异常数据 |
| 室内试验 | 单轴抗压强度试验 | 标准值 | 不少于 6 个 | 剔除异常数据 |
| | 击实试验 | 最大干密度 | 不少于 5 个 | |
| | 含水量试验 | 平均值 | 2 个平行试验 | 测定的差值：①$w < 10\%$时为±0.5%；②$10\% \leqslant w \leqslant 40\%$时为±1.0%；③$w > 40\%$时为±2.0% |
| | 承载比试验 | 平均值 | 3 个平行试验 | 变异系数大于 12%，去掉偏离大值后取平均值；变异系数小于 12%，直接取平均值 |
| | 其他室内试验 | ①力学指标采用标准值，因为力学指标计算的结果都有一个可靠度的问题，例如：抗剪强度指标$c_k$、$\varphi_k$；②评价指标采用平均值，因为评价指标不参与计算，只做评价用，例如：含水率$w$，标贯击数$N$；③沉降计算采用的压缩性指标用平均值，例如孔隙比$e$、压缩系数$\alpha_v$、压缩模量$E_s$ | | |
| 工程检测 | 单桩竖向抗压、抗拔静载荷试验 | 3 根以上取平均值；3 根或 3 根以下取小值 | 多点 | 极差不超过平均值的 30% |
| | 单桩水平载荷试验 | 平均值 | 多点 | 极差不超过平均值的 30% |
| | 钻芯法检测桩 | 每组取平均值；每孔取小值 | 每孔取多组，每组 3 块 | — |
| | 土钉、锚杆抗拔试验 | 平均值（特征值） | 3 根以上 | 极差不超过平均值的 30% |

**水利行业岩土物理力学参数取值**

《水利水电工程地质勘察规范》附录 E.0.2 规定：土的物理力学参数统计宜包括统计组数、最大值、最小值、大值平均值、小值平均值、标准差、变异系数

| 参数 | 标准值确定方法 | |
|---|---|---|
| 物理性参数 | 算术平均值作为标准值 | |
| 抗剪强度 | 直剪试验峰值强度的小值平均值作为标准值 | |
| 抗剪强度 | 有效应力进行稳定性分析 | 三轴试验测定的抗剪强度，取平均值作为标准值 |
| 抗剪强度 | 边坡工程 | 饱和固结快剪、快剪强度的小值平均值或三轴压缩的平均值作为标准值 |
| 压缩模量 | 对于高压缩性软土，宜以压缩模量的小值平均值作为标准值 | |
| 渗透系数 | 人工降低地下水位井（孔）布置 | 采用抽水试验的小值平均值作为标准值 |
| 渗透系数 | 水库（渠道）渗漏量、地下洞室涌水量、基坑涌水量及人工降低地下水位排水量 | 采用抽水试验的大值平均值作为标准值 |
| 渗透系数 | 浸没区预测 | 采用试验成果的平均值作为标准值 |
| 渗透系数 | 供水工程计算 | 采用抽水试验成果的平均值作为标准值 |
| 岩体（石） | 密度、单轴抗压强度、抗拉强度、点荷载强度、波速等指标取算术平均值作为标准值 | |

《碾压式土石坝设计规范》附录 E.0.3：抗剪强度指标按照<u>小值平均值</u>确定。

小值平均值：小于平均值的数值再平均；大值平均值：大于平均值的数值再平均

## 二、岩土参数统计

一般情况下，岩土工程勘察报告中，应提供岩土参数的平均值、标准差、变异系数、数据的分布范围和数据的数量；对于承载力极限状态计算的指标还需提供标准值。

**岩土参数统计**

| | | |
|---|---|---|
| ①标准值 $\phi_k$ | $\phi_k = \gamma_s \phi_m$ | |
| ②平均值 $\phi_m$ | $\phi_m = \dfrac{\sum \phi_i}{n}$ | |
| ③标准差 $\sigma_f$、剩余标准差 $\sigma_r$ 及变异系数 $\delta$ | 非相关型（$r=0$） | 标准差： $\sigma_f = \sqrt{\dfrac{\sum_{i=1}^{n}\phi_i^2 - n\cdot\phi_m^2}{n-1}} = \sqrt{\dfrac{1}{n-1}\left[\sum_{i=1}^{n}\phi_i^2 - \dfrac{\left(\sum_{i=1}^{n}\phi_i\right)^2}{n}\right]}$ $\Rightarrow$ 变异系数 $\delta = \dfrac{\sigma_f}{\phi_m}$ |
| | 相关型（$r \neq 0$） | 剩余标准差： $\sigma_r = \sigma_f\sqrt{1-r^2}$ $\Rightarrow$ 变异系数 $\delta = \dfrac{\sigma_r}{\phi_m}$ |

④统计修正系数 $\gamma_s$

$$\gamma_s = 1 \pm \left\{\dfrac{1.704}{\sqrt{n}} + \dfrac{4.678}{n^2}\right\}\delta$$

| $n$ | 6 | 7 | 8 | 9 | 10 | 11 | 12 |
|---|---|---|---|---|---|---|---|
| $\left\{\dfrac{1.704}{\sqrt{n}} + \dfrac{4.678}{n^2}\right\}$ | 0.8256 | 0.7395 | 0.6755 | 0.6258 | 0.5856 | 0.5524 | 0.5244 |

| 统计修正系数$\gamma_s$按**不利**考虑 | 一号 | 强度$q$、黏聚力$c$、内摩擦角$\varphi$、标贯$N$、抗剪切强度$c_u$、饱和抗压强度$f_{rk}$等 |
|---|---|---|
| | +号 | 孔隙比$e$、含水率$w$、压缩系数$\alpha$等 |

【小注】①熟练掌握计算器求解标准值的方法，考试时计算步骤需按上表列出，结果可由计算器直接得出。

②推荐使用计算器自带功能求均值和标准差，结果精确且不易出错，手算平均值取四位小数点代入标准差公式计算的标准差与计算器自带功能求得的标准差结果基本一致，否则会有误差。

③**卡西欧计算器 FX-991CN X** 依次按键："菜单" → "6" → "1" → "输入数据" → "OPTN" → "3" → "$\overline{X}$" 为均值，"SX" 为标准差。

## 三、最小二乘法

——《工程地质手册》P270

**最小二乘法**

最小二乘法（又称最小平方方法），通过最小化误差的平方和寻找数据的最佳函数匹配。如右图所示，在各点间找出一条估计曲线，使各点到该曲线的距离的平方和为最小。

利用最小二乘法可以简便地求得未知的数据，并使得这些<u>求得的数据与实际数据之间误差的平方和为最小</u>

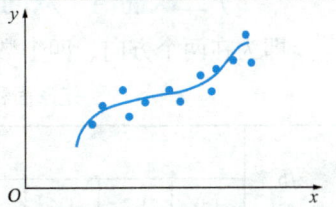

| ①主要用于抗剪强度试验，将试验所得数对$(\sigma_i, \tau_i)$按最小二乘原理计算$\varphi$和$c$。$$\tan\varphi = \frac{n\cdot\sum_1^n \sigma_i\cdot\tau_i - \sum_1^n\sigma_i\cdot\sum_1^n\tau_i}{n\cdot\sum_1^n\sigma_i^2 - \left(\sum_1^n\sigma_i\right)^2}$$ $$c = \frac{\sum_1^n\sigma_i^2\cdot\sum_1^n\tau_i - \sum_1^n\sigma_i\cdot\sum_1^n\sigma_i\cdot\tau_i}{n\cdot\sum_1^n\sigma_i^2 - \left(\sum_1^n\sigma_i\right)^2}$$ | 式中：$\varphi$——摩擦角（°），摩擦系数为摩擦角的正切值；<br>$c$——黏聚力（MPa）；<br>$\sigma_i$、$\tau_i$——相应于$i$次试验的垂直压应力（MPa）和剪应力（MPa）；<br>$n$——试验所得数对$(\sigma_i, \tau_i)$的个数 |
|---|---|
| ②为求得接近实际的强度参数，在计算$\tan\varphi$、$c$之前，宜按下式舍弃某些误差偏大的测值：$$\overline{x} + 3\sigma + 3\lvert m_\sigma\rvert < x \text{ 或 } x < \overline{x} - 3\sigma - 3\lvert m_\sigma\rvert$$ | 式中：$x$——<u>应予舍弃的测值</u> |
| ③计算$\sigma_i$、$\tau_i$：<br>算术平均值：$\overline{x} = \frac{x_1 + x_2 + \cdots x_n}{n}$<br>方根差：$\sigma = \sqrt{\sum_1^n(x_i - \overline{x})^2 / n}$<br>方根差的误差：$m_\sigma = \sigma/\sqrt{n}$ | 式中：$\overline{x}$——测值$\sigma_i$或$\tau_i$的算术平均值；<br>$\sigma$——测值的方根差；<br>$m_\sigma$——方根差的误差 |

最小二乘法计算器操作步骤如下：

按菜单键→按"6-数据统计"→按"2 − $y = ax + b$"，依次输入"$x$（$\sigma$的数据），$y$（$\tau$的数据）"；→按"OPTN"，按"4-回归计算"可得到结果$\tan\varphi =$ "$a$"、$c =$ "$b$"，可用于验算结果，考试应按要求写步骤

## 四、插值法

### （一）一次插值（单向插值）

即为在两个数据间直接进行线性插值。

例如：

已知 $A$、$B$ 两点的坐标值分别为 $(x_1, y_1)$、$(x_2, y_2)$，$C$ 点的横坐标为 $x$，求 $C$ 点的纵坐标 $y$。

$$\frac{x - x_1}{x_2 - x_1} = \frac{y - y_1}{y_2 - y_1} \Rightarrow y = y_1 + \frac{y_2 - y_1}{x_2 - x_1}(x - x_1)$$

卡西欧计算器 FX-991CN 一次插值操作过程，例如数据 $(7, 0.7)$、$(15, 0.4)$，线性插值求 $(11, y)$。

① 按"菜单"→"6-数据统计"→按"2"选择"$y = ax + b$"；
② 依次输入数据"$(20, 0.28)$ 和 $(25, 0.23)$"；
③ 按"AC"，输入"11"，按"="→"OPTN"→翻下一页按"4"→按"5"；
④ 按"="→输出结果 $y = 0.55$。

### （二）二次插值（双向插值）

即为在两个方向、四个数据间进行线性插值。例如：

矩形面积上均布荷载作用下角点平均附加应力系数 $\overline{\alpha}_i$

| z/b | l/b | | | | | | | | | | | |
|---|---|---|---|---|---|---|---|---|---|---|---|---|
| | 1.0 | 1.2 | 1.4 | 1.6 | 1.8 | 2.0 | 2.4 | 2.8 | 3.2 | 3.6 | 4.0 | 5.0 | 10.0 |
| 0.0 | 0.2500 | 0.2500 | 0.2500 | 0.2500 | 0.2500 | 0.2500 | 0.2500 | 0.2500 | 0.2500 | 0.2500 | 0.2500 | 0.2500 | 0.2500 |
| 0.2 | 0.2496 | 0.2497 | 0.2497 | 0.2498 | 0.2498 | 0.2498 | 0.2498 | 0.2498 | 0.2498 | 0.2498 | 0.2498 | 0.2498 | 0.2498 |
| 0.4 | 0.2474 | 0.2479 | 0.2481 | 0.2483 | 0.2483 | 0.2484 | 0.2485 | 0.2485 | 0.2485 | 0.2485 | 0.2485 | 0.2485 | 0.2485 |
| 0.6 | 0.2423 | 0.2437 | 0.2444 | 0.2448 | 0.2451 | 0.2452 | 0.2454 | 0.2455 | 0.2455 | 0.2455 | 0.2455 | 0.2455 | 0.2456 |
| 0.8 | 0.2346 | 0.2372 | 0.2387 | 0.2395 | 0.2400 | 0.2403 | 0.2407 | 0.2408 | 0.2409 | 0.2409 | 0.2410 | 0.2410 | 0.2410 |
| 1.0 | 0.2252 | 0.2291 | 0.2313 | 0.2326 | 0.2335 | 0.2340 | 0.2346 | 0.2349 | 0.2351 | 0.2352 | 0.2352 | 0.2353 | 0.2353 |

求：$l/b = 2.5$，$z/b = 0.85$ 时，$\overline{\alpha}_i = ?$

第一次插值：$l/b = 2.5$，$z/b = 0.8$；

第二次插值：$l/b = 2.5$，$z/b = 1.0$；

第三次插值：$l/b = 2.5$，$z/b = 0.85$；

每一次插值就是一个一次插值，计算器操作同上。

**笔记区**

# 第二章

# 土工试验方法标准

## 一、试样的制备和饱和

——第 4、19 章

**试样的制备和饱和**

| 项目 | 内容 |
|---|---|
| 试样的制备 | ①本试验方法适用于颗粒粒径小于 60mm 的原状土和扰动土。<br>②扰动土试样的制备视工程实际情况可分别采用击样法、击实法和压样法。<br>③试样饱和方法视土样的透水性能，可选用浸水饱和法、毛管饱和法及真空抽气饱和法 |
| 干土质量 $m_d$（g） | $m_d = \dfrac{m_0}{1 + 0.01w_0}$ 式中：$m_0$——风干土质量（或天然湿土质量）（g）； |
| 土样制备含水率所加水量 $m_w$（g） | $m_w = \dfrac{m_0}{1 + 0.01w_0} \times 0.01(w' - w_0)$    $w_0$——风干含水率（或天然含水率）(%)；<br>$w'$——土样所要求的含水率(%)； |
| 制备扰动土试样所需总土质量 $m_0$（g） | $m_0 = (1 + 0.01w_0)\rho_d V$    $\rho_d$——制备试样所要求的干密度（g/cm³）；<br>$V$——计算出击实土样体积或压样器所用环刀容积（cm³）； |
| 制备扰动土样应增加的水量 $\Delta m_w$（g） | $\Delta m_w = 0.01(w' - w_0)\rho_d V$    $w$——饱和后的含水率(%)；<br>$\rho$——饱和后的密度（g/cm³）； |
| 饱和度 $S_r$ (%) | $S_r = \dfrac{(\rho - \rho_d)G_s}{e\rho_d} \times 100 = \dfrac{wG_s}{e}$    $G_s$——土粒比重；<br>$e$——土的孔隙比 |
| 结果处理 | 试样制备的数量视试验需要而定，应多制备 1~2 个备用。<br>原状土样同一组试样的密度最大允许差值应为±0.03g/cm³，含水率最大允许差值应为±2%。<br>扰动土样制备试样密度、含水率与制备标准之间最大允许差值应分别为±0.02g/cm³ 与±1%。<br>扰动土平行试验或一组内各试样之间最大允许差值应分别为±0.02g/cm³ 与±1% |

【小注】①试样制备中的加水问题，与工程中加水浸湿问题解法一致，原理相同。
②所有的试样饱和方法，孔隙比 $e$ 均不变，抽气饱和：$\rho_{sat} = \dfrac{G_s + S_r e}{1 + e}$。

### 知识拓展

19.3.2 三轴压缩试验试样饱和方法有：抽气饱和法、水头饱和法、反压力饱和法。
反压力饱和法：试样要求完全饱和的判定标准：

每级周围压力下的孔隙压力增量$\Delta u$，并与周围压力增量$\Delta \sigma_3$比较，当孔隙水压力增量与周围压力增量之比$\Delta u/\Delta \sigma_3 > 0.98$时，认为试样饱和；否则应按本标准第19.3.2条第3款的规定重复，直至试样饱和为止。

## 二、含水率试验

——第5、32、36章

含水率试验

| 试验方法 | 计算公式 | 参数说明 |
|---|---|---|
| 适用对象：土的有机质含量不宜大于干土质量的5%，当土中有机质含量为5%～10%时，仍允许采用本标准进行试验，但应注明有机质含量 | | |
| （1）烘干法、酒精燃烧法 测定含水率$w$（%） | $w = \dfrac{m_0 - m_d}{m_d} \times 100$ | 式中：$m_0$——湿土质量（g）；<br>$m_d$——干土质量（g） |
| 数据分析：两次平行测定，取算术平均值，最大允许平行差值：<br>$w < 10$时为±0.5%；$10 \leq w \leq 40$时为±1.0%；$w > 40$时为±2.0% | | |
| 适用对象：冻土的有机质含量不宜大于干土质量5%的层状和网状冻土 | | |
| （2）烘干平均试样法测定冻土含水率$w_f$（%） | $w_f = \dfrac{m_{f0}(1 + 0.01 w_n) - m_{f1}}{m_{f1}} \times 100$ | 式中：$m_{f0}$——冻土试样质量（g）；<br>$m_{f1}$——调成糊状土样质量（g）；<br>$w_n$——平均试样（糊状土）含水率（%）； |
| （3）联合测定法测定冻土含水率$w_f$（%） | $w_f = \left[ \dfrac{m_{f0}(G_s - 1)}{(m_{tws} - m_{tw}) G_s} - 1 \right] \times 100$ | $m_{tw}$——筒和水的总质量（g）；<br>$m_{tws}$——筒、水和冻土颗粒的总质量（g） |
| 数据分析：两次平行测定，取算术平均值，最大允许平行差值：±1.0% | | |
| （4）冻土的未冻含水率$w_{fn}$（%） | $w_{fn} = A\|T_f\|^{-B}$<br>$\Uparrow$<br>$A = w_L\|T_L\|^B$<br>$\Uparrow$<br>$B = \dfrac{\ln w_L - \ln w_p}{\ln\|T_P\| - \ln\|T_L\|}$ | 式中：$T_P$——塑限试样的冻结温度绝对值（℃）；<br>$T_L$——液限试样的冻结温度绝对值（℃）；<br>$T_f$——试样的冻结温度绝对值（℃）；<br>$w_P$——塑限（%），对应锥沉2mm，代入时去掉百分号；<br>$w_L$——液限（%），对应锥沉10mm，代入时去掉百分号 |
| 数据分析：两次平行测定，最大允许平行差值：<br>$-3 \sim 0$℃时：±2.0%  低于$-3$℃时：±1.0% | | |

【小注】①有机质含量超过干土质量5%的土样须采用65℃～70℃恒温烘干的原因：含有机质土样在105℃～110℃温度下长时间烘干会导致有机质特别是其中的腐殖酸逐渐分解而不断损失，使得测得的含水量比实际含水量大，且土中有机质含量越高，误差也越大。

②两次平行测定：是指同一原状土样，切取2个环刀试样做同一个试验，此时做出来的试验才能被称为平行测定。（一般来说钻孔中取出的原状土样高度为15～20cm，环刀试样高度为2～5cm）。

## 三、界限含水率试验

——第9章

**界限含水率试验**

适用条件：本试验适用于粒径小于 0.5mm 以及有机质含量不大于干土质量 5% 的土

以含水率为横坐标，圆锥下沉深度为纵坐标，在双对数坐标纸上绘制关系曲线。三点连一直线（图中的 A 线）。当三点不在一直线上，通过高含水率的一点与其余两点连成两条直线，在圆锥下沉深度为 2mm 处查得相应的含水率，当两个含水率的差值小于 2% 时，应以该两点含水率的平均值与高含水率的点连成一线（图中的 B 线）。当两个含水率的差值不小于 2% 时，应补做试验

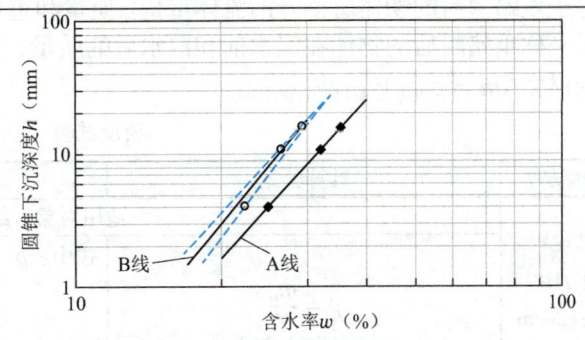

圆锥下沉深度与含水率关系图曲线

| | | |
|---|---|---|
| （1）液塑限联合测定 | 在"圆锥下沉深度与含水率关系曲线"上：<br>①查得下沉深度为 17mm 所对应的含水率为液限 $w_L$；<br>②查得下沉深度为 2mm 所对应的含水率为塑限 $w_P$；<br>③查得下沉深度为 10mm 所对应的含水率为 10mm 液限，均以百分数表示 | |
| | 塑性指数：$I_P = w_L - w_P$<br>液性指数：$I_L = \frac{w_0 - w_P}{w_L - w_P}$（计算至 0.01） | 式中：$w_L$——液限（%）；<br>$w_P$——塑限（%） |
| （2）碟式仪法 | 以击次为横坐标，含水率为纵坐标，在单对数坐标纸上绘制击次与含水率关系曲线，取曲线上击次为 25 所对应的整数含水率为试样的液限 | |
| （3）滚搓法测定塑限 $w_P$（%） | $w_P = \left(\frac{m_0}{m_d} - 1\right) \times 100$ | 式中：$m_0$——直径符合 3mm 断裂土条的质量（g）；<br>$m_d$——干土的质量（g） |
| | 本试验进行两次平行测定，两次测定差值符合本规范第 5.2.4 条规定，取两次测值平均值 | |
| （4）收缩皿法测定缩限 $w_s$（%） | $w_s = \left(0.01 w' - \frac{V_0 - V_d}{m_d} \cdot \rho_w\right) 100$ | 式中：$w'$——土样所要求的含水率（制备含水率）（%）；<br>$V_0$——湿土体积（即收缩皿或环刀的容积）（cm³）；<br>$V_d$——烘干后土的体积（cm³）；<br>$\rho_w$——水的密度（g/cm³）；<br>$m_d$——干土的质量（g） |

数据分析：两次平行测定，取算术平均值，最大允许平行差值：
$w < 10$ 时为 ±0.5%；$10 \leq w \leq 40$ 时为 ±1.0%；$w > 40$ 时为 ±2.0%

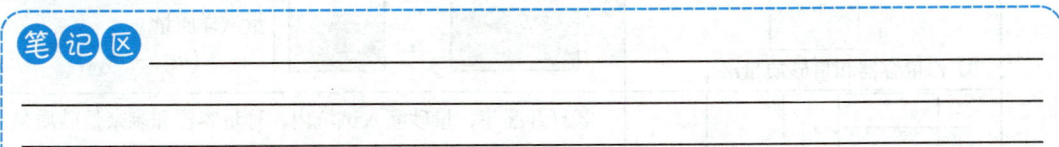

## 四、密度试验

——第6、41章

蜡封法，是利用蜡封之后的物体体积减去蜡的体积，测算出土体体积。蜡封之后的物体体积，是用"浮力"测算出来的，即蜡封后的物体浸入静止流体中受到一个浮力，其大小等于该蜡封后的物体所排开的流体重量。质量和重量的换算，仅有一个常数g，因此可以用天平称重蜡封后的物体在浸水前和浸水后的质量，这两个状态的质量差，就是用质量表达的浮力$\Delta m = \rho_{液体} V_{蜡封后的物体}$。

**密度试验**

| 试验方法 | 计算公式 | 参数说明 |
|---|---|---|
| 环刀法<br>高：20cm | $\rho = \dfrac{m_0}{V}$<br>$\rho_d = \rho/(1+0.01w)$ | 适用对象：细粒土<br>式中：$\rho$、$\rho_d$——试样的湿密度、干密度（g/cm³）；<br>$w$——湿试样的含水率（%），取%前数字<br>$m_0$——自然状态下试样质量（g）；<br>$V$——环刀容积（cm³） |
| 蜡封法 | $\rho = \dfrac{\text{自然状态下试样质量}}{\text{蜡封后体积} - \text{蜡的体积}}$<br>$= \dfrac{m_0}{\dfrac{m_n - m_{nw}}{\rho_{wT}} - \dfrac{m_n - m_0}{\rho_n}}$ | 适用对象：试样易破碎、难以切削<br>式中：$m_n$——试样+蜡质量（g）；<br>$m_{nw}$——试样+蜡在水中的质量（g）；<br>$\rho_{wT}$——纯水在T℃时的密度（g/cm³）；<br>$\rho_n$——蜡的密度（g/cm³） |
| | 数据分析：两次平行测定，取算术平均值，最大允许平行差值：±0.03g/cm³ | |
| 灌砂法 | 适用对象：细粒土、砂类土和砾类土 | |
| | 有套环试验原理及步骤 | |
| | ①称量容器和量砂质量 $m_{y1}$ | ②打开漏斗，量砂灌满套环内，称量容器和第一次剩余量砂质量 $m_{y2}$ |
| | ③将套环内的量砂取出，称量 $m_{y3}$，倒回量砂容器内。环内残留量砂 $(m_{y1} - m_{y2}) - m_{y3}$ | ④套环内挖试坑，挖出土坑内的土和残留砂 $(m_{y4} - m_{y6})$ | 向下挖土，将残留砂和土倒入另一个空的试样容器内，空的试样容器质量为 $m_{y6}$，盛有土和残留砂的容器质量为 $m_{y4}$ |
| | | ⑤盛有标准砂的容器 $(m_{y2} + m_{y3})$，把试坑填满至套环顶部，称量容器和第二次剩余量砂质量 $m_{y5}$。灌入试坑量砂质量 $(m_{y2} + m_{y3}) - m_{y5}$ |
| | 无套环试验原理及步骤 | |
| | ①称量容器和量砂质量 $m_{y1}$ | ②刮平地面挖试坑，称量试样质量 $(m_{y4} - m_{y6})$ |
| | | ③打开漏斗，量砂灌入试坑内，称量容器和剩余量砂质量，灌入试坑量砂质量 $m_{y1} - m_{y7}$ |

第二章　土工试验方法标准

续表

| 试验方法 | | 计算公式 | 参数说明 |
|---|---|---|---|
| 灌砂法 | 有套环 | $\rho = \dfrac{(m_{y4} - m_{y6}) - [(m_{y1} - m_{y2}) - m_{y3}]}{\dfrac{m_{y2} + m_{y3} - m_{y5}}{\rho_{1s}} - \dfrac{m_{y1} - m_{y2}}{\rho'_{1s}}}$ | 灌砂法密度试验仪（单位：mm） |
| | 无套环 | $\rho = \dfrac{m_{y4} - m_{y6}}{\dfrac{m_{y1} - m_{y7}}{\rho_{1s}}}$ | |
| | 式中：$m_{y1}$——量砂容器 + 原有量砂质量（g）；<br>　　　$m_{y2}$——量砂容器 + 第 1 次剩余量砂质量（g）；<br>　　　$m_{y3}$——从套环中取出量砂质量（g）；<br>　　　$m_{y4}$——试样容器 + 试样质量（包含少量遗留砂质量）（g）；<br>　　　$m_{y5}$——量砂容器 + 第 2 次剩余量砂质量（g）；<br>　　　$m_{y6}$——试样容器质量（g）；<br>　　　$m_{y7}$——量砂容器 + 剩余量砂质量（g）；<br>　　　$\rho_{1s}$——往试坑内灌砂时量砂平均密度（g/cm³）；<br>　　　$\rho'_{1s}$——挖试坑前，往套管内灌砂时量砂的平均密度（g/cm³） | | |
| | 数据分析：两次平行测定，取算术平均值 | | |
| 灌水法 | 细粒土、砂类土和砾类土 | | |
| | $\rho = \dfrac{m_0}{V_{sk}}$<br>⇕<br>$V_{sk} = (H_{t1} - H_{t2})A_w - V_{th}$ | 式中：$V_{sk}$——试坑体积（cm³）；<br>　　　$H_{t1}$——储水筒内初始水位高度（cm）；<br>　　　$H_{t2}$——储水筒内终了水位高度（cm）；<br>　　　$A_w$——储水筒断面积（cm²）；<br>　　　$V_{th}$——套环体积（cm³），即为：水面与套环顶面齐平时，套环内水的体积 | |
| | 数据分析：两次平行测定，取算术平均值 | | |

【小注】①从储水筒流出的水是充满于试坑与套环中的，水面与套环上边缘齐平，因此计算试坑体积时要扣除套环的体积 $V_{th}$，此处《土工试验方法标准》公式的 $H_{t1}$ 与 $H_{t2}$ 写反了。

②由于薄膜不能紧贴凹凸不平的坑壁，并常有折叠、皱纹等现象，使测得的体积缩小，计算的密度偏大，为避免过大的误差，要求薄膜袋的尺寸应与试坑大小相适应。

③试坑体积计算公式中的套环体积 $V_{th}$ 指的是套环内可容纳水的体积，即水面与套环顶面齐平时，地面标高以上套环以内水的体积。

## 五、冻土密度

——第33章

### 试验原理及步骤

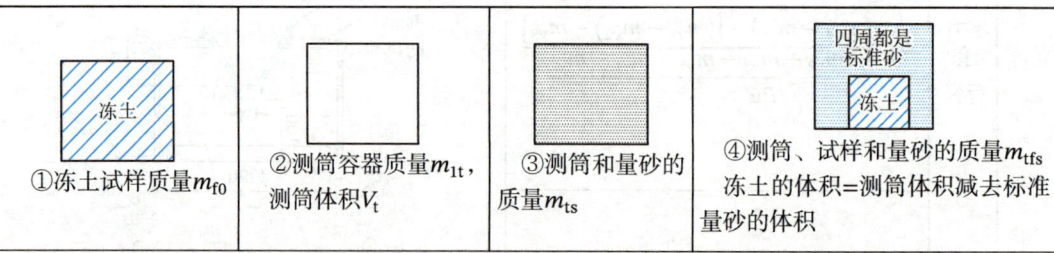

① 冻土试样质量 $m_{f0}$
② 测筒容器质量 $m_{1t}$，测筒体积 $V_t$
③ 测筒和量砂的质量 $m_{ts}$
④ 测筒、试样和量砂的质量 $m_{tfs}$
冻土的体积=测筒体积减去标准量砂的体积

（1）标准量砂的密度：$\rho_{1s}$=[$m_{ts}$（测筒和量砂的质量）−$m_{1t}$（测筒容器质量）]/测筒体积$V_t$。
（2）测筒内标准砂的质量 = $m_{tfs}$（测筒、试样和量砂的质量）−$m_{1t}$（测筒容器质量）−$m_{f0}$（冻土试样质量）。
（3）测筒内标准砂的体积 =[$m_{tfs}$（测筒、试样和量砂的质量）−$m_{1t}$（测筒容器质量）−$m_{f0}$（冻土试样质量）]/$\rho_{1s}$（标准量砂的密度）。
（4）冻土的体积$V_f = V_t$−[$m_{tfs}$（测筒、试样和量砂的质量）−$m_{1t}$（测筒容器质量）−$m_{f0}$（冻土试样质量）]/$\rho_{1s}$（标准量砂的密度）。
（5）冻土的密度 = 冻土试样质量$m_{f0}$/体积$V_f$

### 冻土密度

| 试验方法 | 计算公式 | 参数说明 |
|---|---|---|
| 环刀法和浮称法 | 环刀法：温度高于−3℃的黏质和砂质冻土。<br>浮称法：用于表面无显著孔隙的冻土<br>$\rho_f = \dfrac{m_{f0}}{V_f} \Leftarrow V_f = \dfrac{m_{f0} - m_{fm}}{\rho_m}$ | 式中：$\rho_f$——冻土湿密度（g/cm³）；<br>$\rho_m$——试验温度下煤油的密度（g/cm³）；<br>$V_f$——冻土试样体积（cm³）；<br>$m_{f0}$——冻土试样的质量（g）；<br>$m_{fm}$——冻土试样在煤油中的质量（g） |
| 联合测定法 | 适用于：砂质冻土和层状、网状构造的黏质冻土<br>$\rho_f = \dfrac{m_{f0}}{V_f} \Leftarrow V_f = \dfrac{m_{f0} + m_{tw} - m'_{tws}}{\rho_w}$ | 式中：$m_{tw}$——放入冻土试样前筒+水的质量（g）；<br>$m'_{tws}$——放入冻土试样后筒+水+试样的质量（g） |
| 充砂法 | 适用于：表面有明显孔隙的冻土<br>$\rho_f = \dfrac{m_{f0}}{V_f} \Leftarrow V_f = V_t - \dfrac{m_{tfs} - m_{1t} - m_{f0}}{\rho_{1s}}$<br>$\Leftarrow \rho_{1s} = \dfrac{m_{ts} - m_{1t}}{V_t}$ | 式中：$m_{tfs}$——测筒+试样+量砂的总质量（g）；<br>$m_{1t}$——测筒容器的质量（g）；<br>$m_{ts}$——测筒+量砂的质量（g）；<br>$V_t$——测筒体积（cm³）；<br>$\rho_{1s}$——量砂的平均密度（g/cm³） |

数据分析：不少于两组平行试验。
①对于整体状构造的冻土，最大允许差值为±0.03g/cm³，并取算术平均值。
②对于层状和网状构造和其他富冰冻土，宜提出两次测定值

## 六、土粒比重试验

——第 7 章

**土粒比重 $G_s$ 试验**

| 试验方法 | 计算公式 | 参数说明 |
|---|---|---|
| （1）比重瓶法（粒径 <5mm 的土） | 纯水：$$G_s = \frac{m_d}{m_{bw} + m_d - m_{bws}} G_{wT}$$ 中性液体：$$G_s = \frac{m_d}{m_{bk} + m_d - m_{bks}} G_{kT}$$ | 式中：$m_d$——烘干土质量（g）；<br>$m_{bw}$、$m_{bk}$——比重瓶+水（中性液体）总质量（g）；<br>$m_{bws}$、$m_{bks}$——比重瓶+水（中性液体）+干土总质量（g）；<br>$G_{wT}$——$T°C$时纯水的比重，准确至 0.001；<br>$G_{kT}$——$T°C$时中性液体的比重，准确至 0.001 |
| （2）浮称法（粒径 ≥5mm 的土，且其中粒径 >20mm 的颗粒含量<10%） | $$G_s = \frac{m_d}{m_d - (m_{ks} - m_k)} G_{wT}$$ $$G'_s = \frac{m_d}{m_b - (m_{ks} - m_k)} G_{wT}$$ $$w_{ab} = \left(\frac{m_b - m_d}{m_d}\right) \times 100$$ | 式中：$m_{ks}$——试样+铁丝框在水中的总质量（g）；<br>$m_k$——铁丝框在水中的质量（g）<br>式中：$G'_s$——干比重；<br>$m_b$——饱和面干试样质量（g）<br>式中：$w_{ab}$——吸着含水率（%），计算值 0.1% |
| （3）虹吸筒法（粒径 ≥5mm 的土，且其中粒径 >20mm 的颗粒含量 ≥10%） | $$G_s = \frac{m_d}{(m_{cw} - m_c) - (m_{ad} - m_d)} G_{wT}$$ | 式中：$m_d$——烘干土质量（g）；<br>$m_{cw}$——量筒+排开水的总质量（g）；<br>$m_c$——量筒质量（g）；<br>$m_{ad}$——晾干试样质量（g） |
| | 数据分析：两次平行测定，最大允许平行差值±0.02，取算术平均值 | |
| （4）粒径 <5mm +粒径 ≥5mm 的土组合 | 土粒平均比重：$$G_s = \frac{1}{\dfrac{P_5}{G_{s1}} + \dfrac{1 - P_5}{G_{s2}}}$$ | 式中：$P_5$——粒径 >5mm 的土占总质量的含量，小数代入，例如：$P_5 = 20\%$，代入 0.2<br>$G_{s1}$——粒径 >5mm 的土粒比重；<br>$G_{s2}$——粒径 <5mm 的土粒比重 |

**笔记区**

## 七、承载比试验

——第 14 章

承载比（CBR）就是采用标准尺寸的贯入杆贯入试样中 2.5mm 时，所需要的荷载强度与相同贯入量时标准荷载强度的比值。

**承载比试验**

| 适用对象：粒径 < 20mm 的土 | | |
|---|---|---|
| （1）计算$CBR$值 | 定义式：<br>$CBR_{2.5} = \dfrac{p}{7000} \times 100$<br>判断数据是否有效：<br>$CBR_{5.0} = \dfrac{p}{10500} \times 100$ | 式中：$CBR_{2.5}$—— 贯入量为 2.5mm 时的承载比（%）；<br>$p$——单位压力（kPa）；<br>7000——贯入量为 2.5mm 时所对应的标准压力（kPa）；<br>$CBR_{5.0}$—— 贯入量为 5.0mm 时的承载比（%）；<br>10500——贯入量为 5.0mm 时所对应的标准压力（kPa） |
| （2）判断数据有效 | ① $CBR_{2.5} \geq CBR_{5.0}$，取 $CBR = CBR_{2.5}$；<br>② $CBR_{2.5} < CBR_{5.0}$，应重新试验，当试验结果仍然相同时，取 $CBR = CBR_{5.0}$ | |
| （3）变异系数$c_v$ | 平均值 $\bar{x} = \dfrac{1}{n}\sum\limits_{i=1}^{n} x_i \Rightarrow$ 标准差 $s = \sqrt{\dfrac{\sum\limits_{i=1}^{n} x_i^2 - n\bar{x}^2}{n-1}} \Rightarrow$ 变异系数 $c_v = \dfrac{s}{\bar{x}}$ | |
| （4）数据处理 | 应进行 3 个试样的平行试验，每个试样间干密度最大允许差值应为 ±0.03g/cm³。<br>当 3 个试样试验结果所得承载比的变异系数$c_v$：<br>① 当 $c_v$ < 12% 时，取三个试验结果的平均值；<br>② 当 $c_v$ > 12% 时，去掉一个偏离大的值，取剩余两个结果的平均值 | |

【小注】《公路路基设计规范》中第 3.2.3 条、第 3.3.3 条路床、路堤填土要求，详见本书第五篇第二十章。

## 八、回弹模量试验

——第 15 章

**回弹模量试验**

| 适用对象：土样粒径 < 20mm | |
|---|---|
| 各级压力下的回弹模量$E_e$：<br>$E_e = \dfrac{\pi p D}{4l} \cdot (1 - \mu^2)$ | 式中：$E_e$——回弹模量（kPa）；<br>$l$——相应于压力的回弹变形量（加载读数-卸载读数）（cm）；<br>$D$——承压板直径（cm），为 5cm；<br>$\mu$——泊松比，取 0.35 |
| 承压板上的单位压力$p$（kPa）：<br>$p = 10 \cdot \dfrac{CR}{A}$ | 式中：$A$——承压板面积（cm²）；<br>$C$——测力计率定系数（N/0.01mm）；<br>$R$——测力计读数（0.01mm） |
| 本试验需要进行 3 次平行测定，每次试验结果与回弹模量的均值间最大允许差值应为 ±5% | |

## 九、无黏性土休止角试验

——第 23 章

### 无黏性土休止角试验

| 适用对象：土样应为粒径小于 5mm 的无黏性土；测定的休止角分为风干状态和水下状态两种 ||
|---|---|
| 风干状态下休止角$\alpha_c$（°）：<br>$$\alpha_c = \arctan\left(\frac{2h_{zc}}{d_z}\right)$$<br>水下状态下休止角$\alpha_m$（°）：<br>$$\alpha_m = \arctan\left(\frac{2h_{zm}}{d_z}\right)$$ | 式中：$h_{zc}$——风干状态下试样堆积圆锥高度（cm）；<br>$h_{zm}$——水下状态下试样堆积圆锥高度（cm）；<br>$d_z$——圆锥底面直径（cm）<br>$d_z = \begin{cases} 10\text{cm}，粒径小于 2\text{mm} \\ 20\text{cm}，粒径小于 5\text{mm} \end{cases}$ 无黏性土 |

## 十、收缩试验

——第 26 章

### 收缩试验

| 适用对象：土样应为原状试样或击实试样；本试验应在室温不高于 30℃ 的条件下进行 |||
|---|---|---|
| （1）时间$t$时的试样含水率$w_t$（%） | $w_t = \left(\frac{m_t}{m_d} - 1\right) \times 100$ | 式中：$m_t$——时间$t$时的试样质量（g）；<br>$m_d$——试样烘干后干土质量（g） |
| （2）时间$t$时的试样线缩率$\delta_{st}$（%） | $\delta_{st} = \frac{Z_t - Z_0}{h_0}$ | 式中：$Z_t$——时间$t$时百分表读数（mm）；<br>$Z_0$——百分表初始读数（mm）；<br>$h_0$——试样原始高度（mm） |
| （3）体缩率$\delta_V$（%） | $\delta_V = \frac{V_0 - V_d}{V_0}$ | 式中：$V_0$——试样初始体积（环刀容积）（cm³）；<br>$V_d$——试样烘干后的体积（cm³） |
| （4）收缩系数$\lambda_s$ | $\lambda_s = \frac{\delta_{st}}{\Delta w}$ | 式中：$\delta_{st}$——收缩曲线上第Ⅰ阶段 2 点线缩率之差（%）；<br>$\Delta w$——相应于$\Delta\delta_{st}$两点含水率之差（%） |
| （5）缩限$w_s$（%） | 以线缩率为纵坐标、含水率为横坐标，绘制关系曲线，延长第Ⅰ、Ⅲ阶段的直线段至相交，两线交点对应的横坐标值$w_s$，即为原状土的缩限 | |

## 十一、振动三轴试验

——第29章

**振动三轴试验**

**适用对象：** 土样应为饱和的细粒土或砂土，其他粗粒土也可参照执行。

**试验条件：** 动强度（或抗液化强度）特性试验宜采用固结不排水振动试验条件。动力变形特性试验宜采用固结不排水振动试验条件。动残余变形特性试验宜采用固结排水振动试验条件。

**试验步骤：**（1）试样制备→（2）试样饱和→（3）试样安装→（4）试样固结→（5）根据需要进行动强度试验（排水阀关闭）、动力变形特性试验（排水阀关闭）、动残余变形特性试验（保持排水阀开启）→（6）计算机自动采集、处理数据、成图

| | | |
|---|---|---|
| （1）固结应力比$K_c$ | $K_c = \dfrac{\sigma'_{1c}}{\sigma'_{3c}}$ $= \dfrac{\sigma_{1c} - u_0}{\sigma_{3c} - u_0}$ | 式中：$(\sigma'_{1c})\sigma_{1c}$——（有效）轴向固结应力（kPa）；<br>$(\sigma'_{3c})\sigma_{3c}$——（有效）侧向固结应力（kPa）；<br>$u_0$——初始孔隙水压力（kPa） |
| （2）轴向动应力$\sigma_d$（kPa） | $\sigma_d = \dfrac{W_d}{A_c} \times 10$ | 式中：$W_d$——轴向动荷载（N）；<br>$A_c$——试样固结后截面积（cm²） |
| （3）轴向动应变$\varepsilon_d$（%） | $\varepsilon_d = \dfrac{\Delta h_d}{h_c} \times 100$ | 式中：$\Delta h_d$——轴向动变形（mm）；<br>$h_c$——固结后试样高度（mm） |
| （4）体积应变$\varepsilon_V$（%） | $\varepsilon_V = \dfrac{\Delta V}{V_c}$ | 式中：$\Delta V$——试样体积变化，即固结排水量（cm³）；<br>$V_c$——固结后试样体积（cm³） |
| （5）试样45°面上的破坏动剪应力比$\dfrac{\tau_d}{\sigma'_0}$ | $\dfrac{\tau_d}{\sigma'_0} = \dfrac{\sigma_d/2}{\sigma'_0}$ $= \dfrac{\sigma_d/2}{(\sigma'_{1c} + \sigma'_{3c})/2}$ | 式中：$\sigma_d$——试样轴向动应力（kPa）；<br>$\tau_d$、$\sigma'_0$——试样45°面上动剪应力、有效法向固结应力（kPa）<br>$\sigma'_{1c}$、$\sigma'_{3c}$——有效轴向、侧向固结应力（kPa） |
| （6）动弹性模量$E_d$（kPa） | $E_d = \dfrac{\sigma_d}{\varepsilon_d} \times 100$ | 式中：$\sigma_d$——轴向动应力（kPa）；<br>$\varepsilon_d$——轴向动应变（%） |
| （7）动剪切模量$G_d$（kPa），动剪应变$\gamma_d$（%） | $G_d = \dfrac{E_d}{2(1+\mu)}$ $\gamma_d = \varepsilon_d(1+\mu)$ | 式中：$\mu$——泊松比 |
| （8）阻尼比$\lambda$ | $\lambda = \dfrac{1}{4\pi}\dfrac{A_z}{A_s}$ | 式中：$A_z$——滞回圈 ABCDA 的面积（cm²）；<br>$A_s$——图中直角三角形 OAE 面积（cm²） |

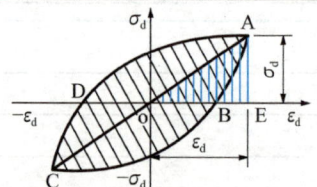

动应力$\sigma_d$～动应变$\varepsilon_d$滞回圈

# 第三章

# 工程岩体试验方法标准

## 一、单轴抗压强度试验

——第 2.7 节

**单轴抗压强度试验**

同一含水状态和同一加载方向下，每组试验试件的数量应为 3 个；试验<u>标准试件</u>尺寸要求（<u>不满足此要求即为非标试件</u>）：

① 试件高度与直径之比 ($\frac{H}{D}$) 宜为 2.0～2.5；
② 圆柱体试件直径 $D$ 宜为 48～54mm；
③ 试件 $D$ 应大于岩石最大颗粒直径的 10 倍

| （1）岩石单轴抗压强度 $R$ 值（MPa） | | |
|---|---|---|
| 适用条件 | 计算公式 | 参数说明 |
| 高径比 $2.0 \leqslant \frac{H}{D} \leqslant 2.5$ 时 | $R = \frac{P}{A}$ | 式中：$R$——标准试件的抗压强度（MPa）；<br>$P$——破坏荷载（N）；<br>$A$——试件截面积（mm²） |
| 高径比 $\frac{H}{D} < 2$ 或 $\frac{H}{D} > 2.5$ 时 | $R = \frac{8R'}{7 + \frac{2D}{H}} \Leftarrow R' = \frac{P}{A}$ | 式中：$R'$——非标试件的抗压强度（MPa） |

| （2）岩石软化系数 $\eta$ | | |
|---|---|---|
| 计算公式 | 《岩土工程勘察规范》第 3.2.4 条 | |
| $\eta = \frac{\overline{R}_w}{\overline{R}_d}$<br><br>式中：$\overline{R}_w$——岩石饱和单轴抗压强度平均值（MPa）；<br>$\overline{R}_d$——岩石烘干单轴抗压强度平均值（MPa） | 划分依据 | 软化程度划分 |
| | $\eta \leqslant 0.75$ | 软化岩石 |
| | $\eta > 0.75$ | 不软化岩石 |

## 二、冻融试验

——第 2.8 节

**冻融试验**

首先判断是否为<u>标准试件</u>（要求同上），若为非标准试件需换算，方法同上

| 岩石冻融质量损失率 $M$（%） | $M = \frac{m_p - m_{fm}}{m_s} \times 100$ | 式中：$m_p$——冻融前饱和试件质量（g）；<br>$m_{fm}$——冻融后试件质量（g）；<br>$m_s$——试验前试件烘干质量（g） |
|---|---|---|
| 岩石冻融单轴抗压强度 $R_{fm}$（MPa） | $R_{fm} = \frac{P}{A}$ | 式中：$P$——破坏荷载（N）；<br>$A$——试件截面积（mm²） |
| 岩石冻融系数 $K_{fm}$ | $K_{fm} = \frac{\overline{R}_{fm}}{\overline{R}_w}$ | 式中：$\overline{R}_{fm}$——冻融后岩石饱和单轴抗压强度平均值（MPa）；<br>$\overline{R}_w$——岩石饱和单轴抗压强度平均值（MPa） |

## 三、点荷载强度试验

——第 2.13 节

### 点荷载强度试验

试验构件要求：

①同一含水状态和同一加载方向下，岩心试件每组试验试件的数量宜为 5～10 个，方块或不规则块体试件每组试验试件的数量宜为 15～20 个。

②作为径向试验的岩心试件的长径比（长度与直径）应大于 1.0，作为轴向试验的岩心试件的长径比（长度与直径）宜为 0.3～1.0；方块体或不规则块体试件，其尺寸宜为 50mm±35mm，加载点间距与加载处平均宽度之比宜为 0.3～1.0

等价岩芯直径 $D_e$（mm）：破坏截面面积（如下图所示），等效变换：$A = \frac{\pi D_e^2}{4} \Rightarrow D_e^2 = \frac{4A}{\pi}$

计算等价岩芯直径 $D_e$（mm）

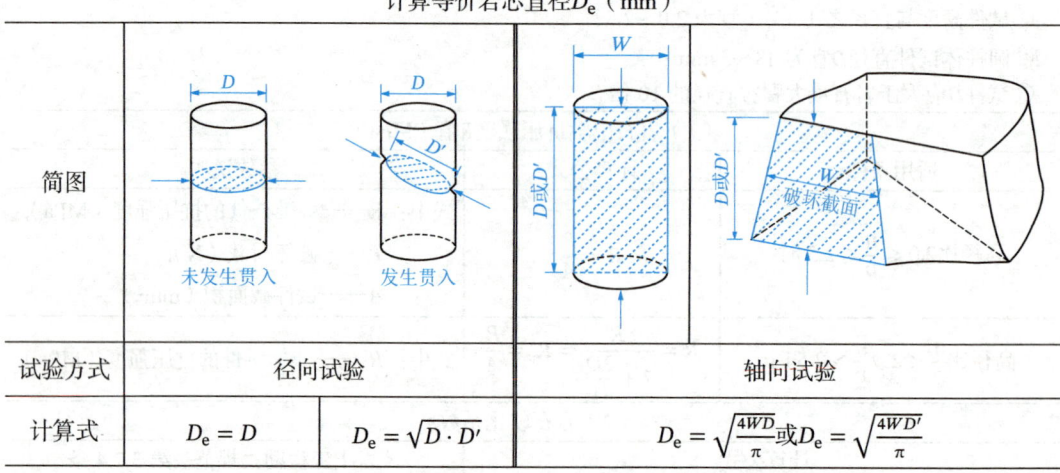

| 试验方式 | 径向试验 | | 轴向试验 |
|---|---|---|---|
| 计算式 | $D_e = D$ | $D_e = \sqrt{D \cdot D'}$ | $D_e = \sqrt{\frac{4WD}{\pi}}$ 或 $D_e = \sqrt{\frac{4WD'}{\pi}}$ |

其中：$D$——为两加载点间距离（mm），即连线长度，无贯入时取$D$，有贯入时取$D'$；

$D'$——上下锥端发生贯入后，试件破坏瞬间的加载点间距（mm）；

$W$——以两贯入点连线为轴所有截面之中，最小截面的宽度或平均宽度（mm）

| （1）未经修正的点荷载强度$I_s$（MPa） | |
|---|---|
| $I_s = \frac{P}{D_e^2}$ | 式中：$D_e$——等价岩心直径（mm）；<br>$P$——破坏荷载（N） |

| （2）点荷载强度指数$I_{s(50)}$（MPa） | |
|---|---|
| ①$D_e = 50$mm | $I_{s(50)} = I_s = \frac{P}{D_e^2}$ |
| ②$D_e \neq 50$mm 且数据较多 | $I_{s(50)} = \frac{P_{50}}{2500}$ |
| ③$D_e \neq 50$mm 且数据较少 | $I_{s(50)} = F \cdot \frac{P}{D_e^2} = F \cdot I_s$ <br> $\Leftarrow F = \left(\frac{D_e}{50}\right)^m$ |

$I_{s(50)}$——等价岩心直径为 50mm 的岩石点荷载强度指数（MPa）；

$P_{50}$——根据$D_e^2 \sim P$关系曲线求得的$D_e^2$为 2500mm²时对应的$P$值（N）；

$F$——修正系数；

$m$——修正指数：

①可取 0.40～0.45；

②由$\lg P \sim \lg D_e^2$关系曲线的斜率$n$求得，$m = 2(1-n)$

续表

| | （3）数据处理 |
|---|---|
| 《工程岩体试验方法标准》 | 一组有效试验数据 ≤ 10 个：含去最大值和最小值，取剩余平均值 |
| | 一组有效试验数据 > 10 个：含去 2 个最大值和 2 个最小值，取剩余平均值 |
| 《工程岩体分级标准》 | 试样数量应 ≥ 10 个，含去最大值和最小值，取剩余平均值 |
| | （4）岩石饱和单轴抗压强度 $R_c$（MPa）、各向异性指数 $I_{a(50)}$ |
| $R_c = 22.82 I_{s(50)}^{0.75}$ | 式中：$I_{s(50)}$——等价岩芯直径为 50mm 的岩石点荷载强度指数（MPa） |
| $I_{a(50)} = \dfrac{I'_{s(50)}}{I''_{s(50)}}$ | 式中：$I'_{s(50)}$——垂直于弱面的岩石点荷载强度指数（MPa）；<br>$I''_{s(50)}$——平行于弱面的岩石点荷载强度指数（MPa） |

【小注】《铁路路基设计规范》P228 条文说明：$R_c = 24.3382 I_{s(50)}^{0.7333}$

（5）岩石按坚硬程度分类—《岩土工程勘察规范》第 3.2.2 条

| 坚硬程度 | 坚硬岩 | 较硬岩 | 较软岩 | 软岩 | 极软岩 |
|---|---|---|---|---|---|
| 饱和单轴抗压强度 $R_c$ | $R_c > 60$ | $30 < R_c \leqslant 60$ | $15 < R_c \leqslant 30$ | $5 < R_c \leqslant 15$ | $R_c \leqslant 5$ |

## 四、岩石基本指标试验

——第 2.1、2.2、2.3、2.4 节

**岩石基本指标试验**

| 试验名称 | 计算公式 | 参数 |
|---|---|---|
| 含水率 $w$（%） | $w = \dfrac{m_0 - m_s}{m_s} \times 100$ | 式中：$m_0$——烘干前的试件质量（g）；<br>$m_s$——烘干后的试件质量（g） |
| 颗粒密度 $\rho_s$（g/cm³） | 比重瓶法：<br>$\rho_s = \dfrac{m_s}{m_1 + m_s - m_2} \rho_{wT}$ | 式中：$m_s$——烘干岩粉质量（g）；<br>$m_1$——瓶 + 试液总质量（g）；<br>$m_2$——瓶 + 试液 + 岩粉总质量（g）；<br>$\rho_{wT}$——与试验温度同温度的试液密度（g/cm³） |
| | 水中称量法：<br>$\rho_s = \dfrac{m_s}{m_s - m_w} \times \rho_w$ | 式中：$m_w$——强制饱和试件在水中的质量（g）；<br>$m_s$——烘干岩石试件质量（g）；<br>$\rho_w$——水的密度（g/cm³） |
| 块体干密度 $\rho_d$（g/cm³） | 量积法：<br>$\rho_d = \dfrac{m_s}{AH}$ | 式中：$m_s$——烘干岩石试件质量（g）；<br>$A$——试件截面积（cm²）；<br>$H$——试件高度（cm） |
| | 蜡封法：<br>$\rho = \dfrac{m}{\dfrac{m_1 - m_2}{\rho_w} - \dfrac{m_1 - m}{\rho_p}}$<br>$\rho_d = \dfrac{m_s}{\dfrac{m_1 - m_2}{\rho_w} - \dfrac{m_1 - m_s}{\rho_p}}$<br>$\rho_d = \dfrac{\rho}{1 + 0.01w}$ | 式中：$\rho$——岩石块体湿密度（g/cm³）；<br>$m$——湿试件质量（g）；<br>$m_1$——蜡封试件质量（g）；<br>$m_2$——蜡封试件在水中的质量（g）；<br>$\rho_w$——水的密度（g/cm³）；<br>$\rho_p$——蜡的密度（g/cm³）；<br>$w$——岩石含水率（%） |

续表

| 试验名称 | 计算公式 | | 参数 |
|---|---|---|---|
| 吸水性试验 | 岩石吸水率 | $w_a = \dfrac{m_0 - m_s}{m_s} \times 100$ | 式中：$w_a$——岩石吸水率（%）；<br>$w_{sa}$——岩石饱和吸水率（%）；<br>$K_w$——饱和系数；<br>$m_0$——试件浸水48h后的质量（g）；<br>$m_s$——烘干后的试件质量（g）；<br>$m_p$——试件经强制饱和后的质量（g）；<br>$m_w$——强制饱和试件在水中的质量（g）；<br>$\rho_w$——水的密度（g/cm³） |
| | 饱和吸水率 | $w_{sa} = \dfrac{m_p - m_s}{m_s} \times 100$ | |
| | 饱和系数 | $K_w = \dfrac{w_a}{w_{sa}}$ | |
| | 块体干密度 | $\rho_d = \dfrac{m_s}{m_p - m_w}\rho_w$ | |
| | 颗粒密度 | $\rho_s = \dfrac{m_s}{m_s - m_w}\rho_w$ | |

## 五、膨胀性试验及膨胀岩判定分级

——第2.5节

**膨胀性试验及膨胀岩判定分级**

| | | |
|---|---|---|
| ①岩石轴向自由膨胀率 $V_H$（%） | $V_H = \dfrac{\Delta H}{H} \times 100$ | 式中：$\Delta H$——试件轴向变形值（mm）；<br>$H$——试件高度（mm） |
| ②岩石径向自由膨胀率 $V_D$（%） | $V_D = \dfrac{\Delta D}{D} \times 100$ | 式中：$\Delta D$——试件径向平均变形值（mm）；<br>$D$——试件直径或边长（mm） |
| ③岩石侧向约束膨胀率 $V_{HP}$（%） | $V_{HP} = \dfrac{\Delta H_1}{H} \times 100$ | 式中：$\Delta H_1$——有侧向约束试件的轴向变形值（mm） |
| ④体积不变条件下，岩石膨胀压力 $p_e$（MPa） | $p_e = \dfrac{F}{A}$ | 式中：$F$——轴向荷载（N）；<br>$A$——试件截面积（mm²） |

**膨胀岩判定—《铁路工程特殊岩土勘察规程》第6.5.2条**

| 试验项目 | 判定指标 |
|---|---|
| 不易崩解的岩石 | 膨胀率$V$（%），$V = \max(V_H, V_D)$ | $V \geq 3$ |
| 易崩解的岩石 | 自由膨胀率$F_s$（%） | $F_s \geq 30$ |
| | 膨胀力$P_p$（kPa） | $P_p \geq 100$ |
| | 饱和吸水率$w_{sa}$（%） | $w_{sa} \geq 10$ |

【小注】当有2项及以上满足的，可判定为膨胀岩

**膨胀岩的膨胀潜势分级—《铁路工程特殊岩土勘察规程》第6.5.2条条文说明**

| 分级指标 | 弱膨胀 | 中等膨胀 | 强膨胀 |
|---|---|---|---|
| 干燥后饱和吸水率$w_{sa}$（%） | $10 \leq w_{sa} < 30$ | $30 \leq w_{sa} < 50$ | $w_{sa} > 50$ |

**膨胀岩的膨胀性试验指标分类—《铁路工程特殊岩土勘察规程》第6.5.2条条文说明**

| 类别 | 膨胀率$V_H$（%） | 膨胀力$P_p$（kPa） | 饱和吸水率$w_{sa}$（%） | 自由膨胀率$F_s$（%） |
|---|---|---|---|---|
| 非膨胀岩 | <3 | <100 | <10 | <30 |
| 弱膨胀岩 | 3～15 | 100～300 | 10～30 | 30～50 |
| 中膨胀岩 | 15～30 | 300～500 | 30～50 | 50～70 |
| 强膨胀岩 | >30 | >500 | >50 | >70 |

## 六、耐崩解试验

——第 2.6 节

**耐崩解试验**

| 岩石二次循环耐崩解性指数$I_{d2}$（%） | $I_{d2} = \dfrac{m_r}{m_s} \times 100$ | 式中：$m_s$——原试件烘干质量（g）；<br>$m_r$——残留试件烘干质量（g） |

## 七、岩石抗拉强度试验

——第 2.11 节

**岩石抗拉强度试验**

| 适用对象 | 采用劈裂法，能制成规则试件的各类岩石 |
|---|---|
| 试件要求 | ①同一加载方向下，每组试验试件的数量应为 3 个。<br>②圆柱体试件直径宜为 48～54mm，试件厚度宜为直径的 0.5～1.0 倍 |
| 岩石抗拉强度$\sigma_t$（MPa）：<br>$\sigma_t = \dfrac{2P}{\pi \cdot D \cdot h}$ | 式中：$P$——试件破坏荷载（N）；<br>$D$——试件直径（mm）；<br>$h$——试件厚度（mm） |

## 八、三轴压缩强度试验

——第 2.10 节

**三轴压缩强度试验**

| ①计算不同侧压条件下的最大主应力$\sigma_1$（MPa）<br>$\sigma_1 = \dfrac{P}{A}$ | 式中：$P$——不同侧压条件下的试件轴向破坏荷载（N）；<br>$A$——试件截面积（mm²） |
|---|---|
| ②根据多组岩石破坏时的应力状态($\sigma_1,\sigma_3$)，在$\tau \sim \sigma$坐标图上绘制摩尔应力圆，然后根据库仑摩尔准则求得岩石的抗剪强度参数($c,\varphi$)。圆心坐标$\left(\dfrac{\sigma_1+\sigma_3}{2},0\right)$，半径$r = \dfrac{\sigma_1-\sigma_3}{2}$ ||
| ③根据不同侧压条件下的$\sigma_1$、$\sigma_3$列线性方程<br>$\sigma_1 = F\sigma_3 + R$ | 式中：$F$——$\sigma_1 \sim \sigma_3$关系曲线的斜率；<br>$R$——$\sigma_1 \sim \sigma_3$关系曲线在纵坐标轴$\sigma_1$上的截距，等同于试件的单轴抗压强度（MPa） |
| ④计算器线性拟合求$F$、$R$ | 菜单→6：统计→2：$y = ax + b$→输入数据→OPTN→4：回归计算 |
| ⑤计算摩擦系数$f$、黏聚力$c$（MPa） | $f = \dfrac{F-1}{2\sqrt{F}}$；$c = \dfrac{R}{2\sqrt{F}}$ |

> **知识拓展**
>
> 岩体结构面抗剪断峰值强度、各类软弱结构面（软弱夹层）抗剪强度，详见《铁路工程地质勘察规范》附录 G 及条文说明。

## 九、直剪试验

——第 2.12 节

直剪试验

| 采用方法 | 平推法 |
|---|---|
| ①各法向荷载作用下，作用于剪切面上的法向应力和剪应力分别按下列公式计算： $\sigma = \dfrac{P}{A},\ \tau = \dfrac{Q}{A}$ | 式中：$\sigma$——作用于剪切面上的法向应力（MPa）；<br>$\tau$——作用于剪切面上的剪应力（MPa）；<br>$P$——作用于剪切面上的法向荷载（N）；<br>$Q$——作用于剪切面上的剪切荷载（N）；<br>$A$——有效剪切面积（mm²） |

②应绘制各法向应力下的剪应力与剪切位移及法向位移关系曲线，应根据曲线确定各剪切阶段特征点的剪应力。

③应将各剪切阶段特征点的剪应力和法向应力点绘在坐标图上，绘制剪应力与法向应力关系曲线，并应按库仑-奈维表达式确定相应的岩石强度参数$(f, c)$。

## 十、岩石声波测试

——第 5 章

岩石声波测试

| 测定参数 | 计算公式 | 参数 |
|---|---|---|
| 岩石动泊松比$\mu_d$ | $\mu_d = \dfrac{(v_P/v_S)^2 - 2}{2(v_P/v_S)^2 - 2}$ | 式中：$v_P$——纵波（压缩波）波速（m/s）；<br>$v_S$——横波（剪切波）波速（m/s）；<br>$\rho$——岩石密度（g/cm³） |
| 岩石动弹性模量$E_d$（MPa） | $E_d = \rho v_P^2 \dfrac{(1+\mu_d)(1-2\mu_d)}{1-\mu_d} \times 10^{-3}$ | |
| | $E_d = 2\rho v_S^2(1+\mu_d) \times 10^{-3}$ | |
| 岩石动刚性模量或动剪切模量$G_d$（MPa） | $G_d = \rho v_S^2 \times 10^{-3}$ | |
| 岩石动拉梅系数$\lambda_d$（MPa） | $\lambda_d = \rho(v_P^2 - 2v_S^2) \times 10^{-3}$ | |
| 岩石动体积模量$K_d$（MPa） | $K_d = \rho \dfrac{3v_P^2 - 4v_S^2}{3} \times 10^{-3}$ | |

笔记区

## 十一、岩体变形试验

——第3章

### 岩体弹性（变形）模量 $E$（MPa）

| 测定弹性模量 $E$（MPa）试验方法 | | 计算公式 | 参数 |
|---|---|---|---|
| 承压板法 | 刚性承压板 | 岩体变形模量 $E$（MPa）：<br>圆形板：$E = 0.785 \times \frac{(1-\mu^2)pD}{W_0}$<br>方形板：$E = 0.886 \times \frac{(1-\mu^2)pD}{W_0}$<br>岩体弹性模量 $E$（MPa）：<br>圆形板：$E = 0.785 \times \frac{(1-\mu^2)pD}{W_e}$<br>方形板：$E = 0.886 \times \frac{(1-\mu^2)pD}{W_e}$ | 式中：$W_0$——岩体总变形（cm）；<br>$W_e$——岩体弹性变形（cm）；<br>$p$——按承压板面积计算的压力（MPa）；<br>$D$——承压板直径或边长（cm）；<br>$\mu$——岩体泊松比 |
| | 柔性承压板测表面变形 | $E = \frac{(1-\mu^2)p}{W} \times 2(r_1 - r_2)$ | 式中：$W$——柔性承压板中心岩体表面变形（cm）；<br>$r_1$——环形承压板有效外半径（cm）；<br>$r_2$——环形承压板有效内半径（cm） |
| | 柔性承压板测深部变形 | $E = \frac{p}{W_z} K_z$<br>← $K_z$ 为与承压板尺寸、测点深度和泊松比有关的系数（cm）：<br>$K_z = 2(1-\mu^2)\left(\sqrt{r_1^2 + Z^2} - \sqrt{r_2^2 + Z^2}\right) - (1+\mu)\left(\frac{Z^2}{\sqrt{r_1^2 + Z^2}} - \frac{Z^2}{\sqrt{r_2^2 + Z^2}}\right)$<br>式中：$W_z$——深度为 $Z$ 处岩体变形（cm）；<br>$Z$——测点深度（cm） | |
| | 柔性承压板测不同深度两点变形 | $E = \frac{p(K_{z1} - K_{z2})}{W_{z1} - W_{z2}}$ | 式中：$K_{z1}$、$K_{z2}$——由上式算出 $Z_1$、$Z_2$ 处的系数；<br>$W_{z1}$、$W_{z2}$——深度 $Z_1$、$Z_2$ 处岩体变形（cm） |
| 钻孔径向加压法 | 钻孔膨胀计 | $E = p(1+\mu)\frac{d}{\Delta d}$<br>式中：$E$——岩体弹性（变形）模量（MPa）；当以总变形 $\Delta d_t$ 代入式中计算的为变形模量 $E_0$，当以弹性变形 $\Delta d_e$ 代入式中计算的为弹性模量 $E$ | 式中：$p$——计算压力，试验压力与初始压力差（MPa）；<br>$d$——实测钻孔直径（cm）；<br>$\Delta d$——加压前后岩体径向变形（cm） |
| | 钻孔弹模计 | $E = Kp(1+\mu)\frac{d}{\Delta d}$ | 式中：$K$——系数，由率定确定 |
| 当方形刚性承压板边长为 30cm 时，基准基床系数 $K_v$： | | $K_v = \frac{p}{W}$ | 式中：$K_v$——基准基床系数（kN/m³）；<br>$p$——按方形刚性承压板计算的压力（kN/m²）；<br>$W$——岩体变形（m） |

## 十二、岩体应力测试（水压致裂法）

——第 6.4 节

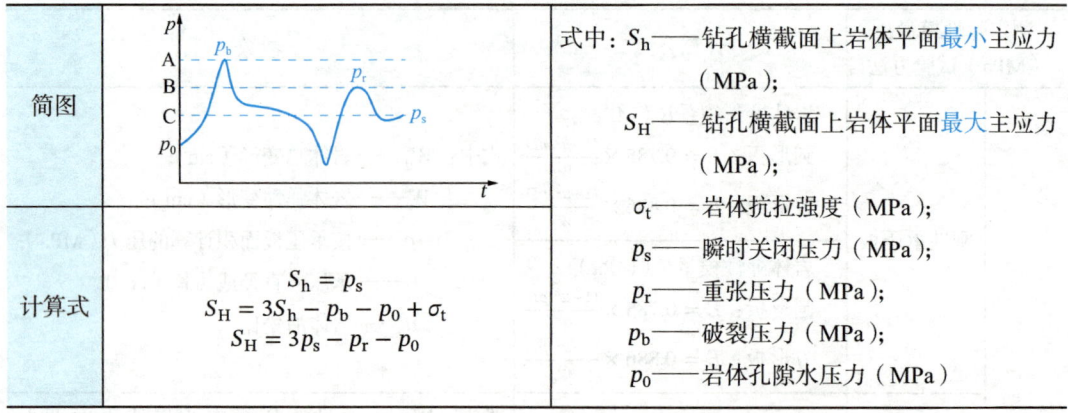

| 简图 | 岩体应力测试（水压致裂法） | |
|---|---|---|
| 简图 | （图示：p-t 曲线，标示 A、B、C、$p_b$、$p_r$、$p_s$、$p_0$） | 式中：$S_h$——钻孔横截面上岩体平面<u>最小</u>主应力（MPa）；<br>$S_H$——钻孔横截面上岩体平面<u>最大</u>主应力（MPa）；<br>$\sigma_t$——岩体抗拉强度（MPa）；<br>$p_s$——瞬时关闭压力（MPa）；<br>$p_r$——重张压力（MPa）；<br>$p_b$——破裂压力（MPa）；<br>$p_0$——岩体孔隙水压力（MPa） |
| 计算式 | $S_h = p_s$<br>$S_H = 3S_h - p_b - p_0 + \sigma_t$<br>$S_H = 3p_s - p_r - p_0$ | |

### 知识拓展

各级压力下岩石的平均弹性模量和平均泊松比，详细见《工程岩体试验方法标准》第 2.9.7 条。

**笔记区**

# 第四章

# 工程岩体分类分级

## 第一节 岩体构造和工程地质

——《工程地质手册》P1100~P1101

### 一、岩层产状

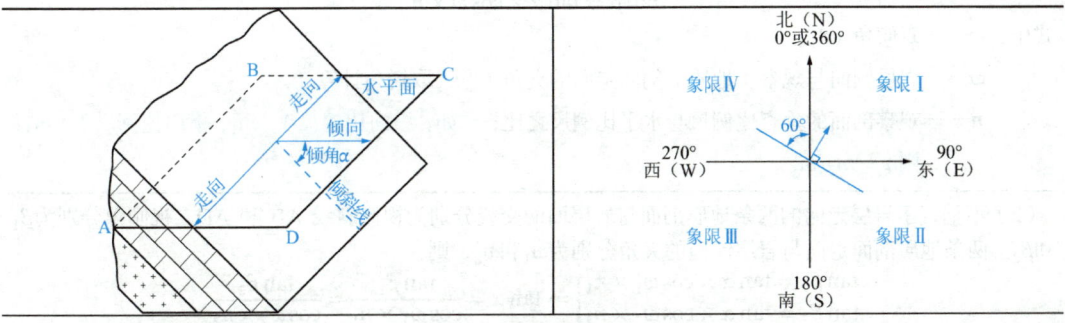

岩层产状示意图

| 岩层产状要素表 | |
|---|---|
| 要素 | 内容 |
| 走向 | 倾斜岩层面与水平面的交线两端延伸的方向,一条走向线两端的方位相差180°。一般用 NE 或 NW 向的方位来表示 |
| 倾向 | 倾斜岩层面上与走向线相垂直的倾斜线在水平面上的投影所指的方向,倾向与走向相差90° |
| 倾角 | 为倾斜岩层面上的倾斜线与其在水平面上的投影线之间的夹角α |

| 岩层产状表示方法 | |
|---|---|
| 方位角法 | 倾向∠倾角。如:60°∠30°,即倾向60°,倾角30°,走向为150°或330°。产状一般常用方位角法表示,少见用象限角法 |
| 象限角法 | 走向∠倾向倾角。如:N60E°∠NW30°,即走向北偏东60°,倾向北西,倾角30° |
| 符号表示法 | ⟋30° :长线代表走向,短线代表倾向,数字为倾角;<br>┼ :岩层水平(0°~5°);<br>┼ :岩层直立(箭头指向较新岩层);<br>⌒30° :岩层倒转(箭头指向倒转后的倾向,即指向老岩层,数字是倾角) |

笔记区

111

## 二、真倾角与视倾角

**真倾角与视倾角**

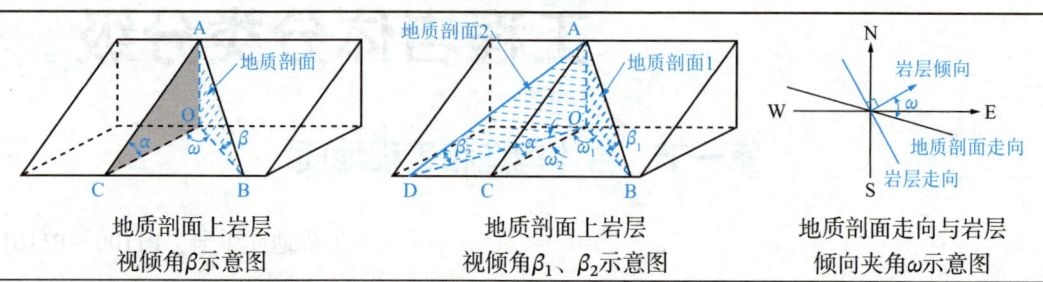

| 地质剖面上岩层视倾角β示意图 | 地质剖面上岩层视倾角$β_1$、$β_2$示意图 | 地质剖面走向与岩层倾向夹角ω示意图 |

（1）不垂直于岩层走向的地质剖面与岩层面的交线为视倾斜线 AB，视倾斜线与其在水平面上投影线 OB 的夹角为视倾角β。视倾角β小于等于真倾角α，二者关系如下：

$$\tan β = \tan α × \cos ω × n$$

式中：α——真倾角（°）。

ω——岩层倾向与观察（地质）剖面走向的夹角（°），取锐角计算。

$n$——观察剖面的垂直比例尺与水平比例尺之比；比如：纵向比例尺 $1:m_1$，横向比例尺 $1:m_2$，则 $n = m_2/m_1$

（2）不垂直于岩层走向的两条地质剖面与岩层面的交线分别为视倾斜线 AB 和 AD，视倾角分别为$β_1$和$β_2$。两条地质剖面走向与岩层倾向的夹角分别为$ω_1$和$ω_2$，则：

$$\left.\begin{array}{l}\tan β_1 = \tan α × \cos ω_1 × n_1 \\ \tan β_2 = \tan α × \cos ω_2 × n_2\end{array}\right\} \Rightarrow \tan α = \frac{\tan β_1}{\cos ω_1 × n_1} = \frac{\tan β_2}{\cos ω_2 × n_2}$$

式中：$n_1$、$n_2$——分别为剖面 1 和剖面 2 的纵向比例尺与横向比例尺的比值

## 三、真厚度与视厚度

**真厚度与视厚度**

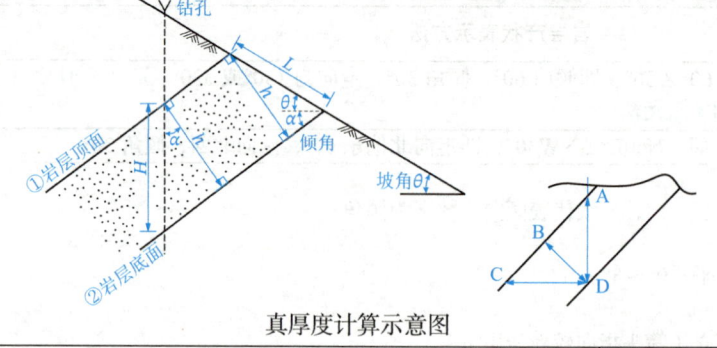

真厚度计算示意图

岩层的厚度包括以下几种：

①**真厚度**$h$：岩层顶面和底面之间的垂直距离BD，真厚度小于等于视厚度；

②**铅直厚度**$H$：岩层顶面和底面之间沿竖直方向的距离AD；

③**水平厚度**：岩层顶面和底面之间的水平距离CD；

④**视厚度**$h'$：在与岩层走向斜交的剖面上，岩层顶面与底面之间的距离（铅直厚度与水平厚度均为视厚度）

【小注】①剖面不垂直岩层走向时，图中用β替换α，$h'$替换$h$；②剖面不垂直边坡走向时，用视坡角$θ'$替换坡角$θ$

真厚度与视厚度：

真厚度：$h = H × \cos α = L × \sin(α + θ)$

视厚度：$h' = H × \cos β = L × \sin(β + θ)$

真厚度与视厚度转化：$h = \frac{h'}{\cos β} × \cos α$

式中：α——真倾角；

β——视倾角；

θ——坡角

| 类型 | 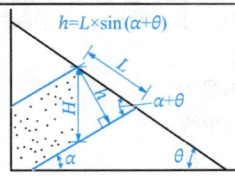<br>（1）岩层与坡向相反 | 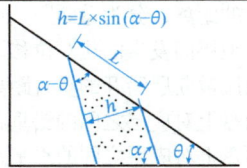<br>（2）岩层与坡向相同，倾角大于坡脚 | 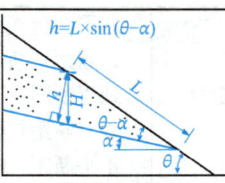<br>（3）岩层与坡向相同，倾角小于坡脚 |
|---|---|---|---|
| 剖面与岩层走向<u>垂直</u>（常考） | $h = H \cdot \cos\alpha$<br>$h = L \cdot \sin(\alpha + \theta)$ | $h = H \cdot \cos\alpha$<br>$h = L \cdot \sin(\alpha - \theta)$ | $h = H \cdot \cos\alpha$<br>$h = L \cdot \sin(\theta - \alpha)$ |
| 剖面与岩层走向<u>不垂直</u> | $h = \dfrac{h'}{\cos\beta} \cdot \cos\alpha$<br>⇑<br>$h' = H \cdot \cos\beta$<br>$h' = L \cdot \sin(\beta + \theta)$ | $h = \dfrac{h'}{\cos\beta} \cdot \cos\alpha$<br>⇑<br>$h' = H \cdot \cos\beta$<br>$h' = L \cdot \sin(\beta - \theta)$ | $h = \dfrac{h'}{\cos\beta} \cdot \cos\alpha$<br>⇑<br>$h' = H \cdot \cos\beta$<br>$h' = L \cdot \sin(\theta - \beta)$ |

式中：$H$——岩层顶板与底板的铅直距离，即垂直钻孔穿过岩层厚度（m）；

　　　$h'$——视厚度（m）；

　　　$\alpha$——真倾角（°）；

　　　$\beta$——视倾角（°）；

　　　$\theta$——坡角（°）。

【小注】①视倾角总是小于真倾角，视倾角的余弦值总是大于真倾角的余弦值，所以视厚度 $h'$ 总是大于真厚度 $h$。倾斜岩层的铅直厚度 $H$ 总是大于真厚度 $h$。

②产状水平，即真倾角等于 0 时，铅直厚度 $H$ 等于真厚度 $h$。

③当岩层产状不变（$\alpha$ 不变）时，在任意方向的剖面上量得的铅直厚度 $H$ 都相等。

## 四、断层

**断层**

| 断裂两侧的岩石沿断裂面发生明显位移者称为断层 ||
|---|---|
| 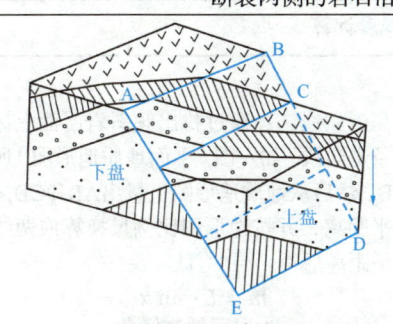<br>ABCDEA 面——断层面<br>AB 线——断层走向线；AE 线——断层倾向线 | AB 线——总断距；BD 线——地层断距；<br>CB 线——垂直断距；AC 线——水平断距 |
| 断层面 | 岩层发生位移的破裂面，它可以是平面或曲面，断层面的产状可用走向、倾向及倾角来表示。有时断层面并不是一个简单的破裂面，而是常形成一个较大的断层破碎带 |
| 断层线 | 断层面与地面的交线。它反映断层地表的延伸方向，可以是直线或曲线 |
| 断盘 | 断层面两侧相对位移的岩块称为断盘。在断层面上部的岩块称为上盘，下部的岩块称为下盘。若断层面直立则无上下盘之分 |

| | |
|---|---|
| 断距 | 断层两盘相对错开的距离,分为总断距、地层断距、垂直断距、水平断距。<br>总断距:断层面上地层间发生的相对位移。(AB线)<br>地层断距:同一地层被断层错开的垂直距离。(DB线)<br>垂直断距:断层两盘上对应层之间的铅垂距离。(CB线)<br>水平断距:断层两盘上对应层之间的水平距离。(AC线) |
| 分类 | 逆断层(上盘上移)    正断层(上盘下移)    平移断层(水平错动) |

## 五、等高线

### (1)等高线上**真倾角**计算

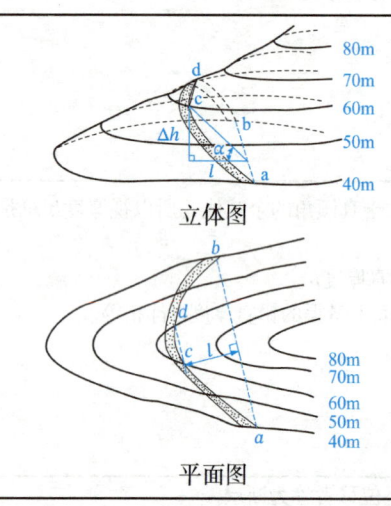

立体图 / 平面图

如左图所示,岩层被 40m、50m、60m 三个等高线所截,同一高程等高线相交的两个点连线为该岩层的走向线,ab为高程40m的走向线,cd为高程60m的走向线,产状稳定的情况下,ab平行于cd,其高程差Δh = 60 − 40 = 20m,设两线在水平面上的投影距离为l,则岩层的真倾角α可表示为:

$$\tan\alpha = \frac{\Delta h}{l}$$

式中:Δh——两等高线之间的高程差(m);
　　　l——两等高线之间的平距(m)。

坡向与岩层倾向相反,则岩层界线与地形线相同。
图为山脊:岩层界线弯曲度缓于等高线。
"V"字形尖端指向下坡

### (2)等高线上**岩层真厚度**计算

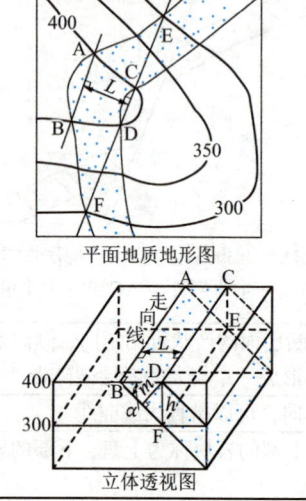

平面地质地形图 / 立体透视图

①等高走向线法:通过找出倾斜岩层面上标高相同的两条走向线,如左图(平面地质地形图)所示的AB和CD,然后从地质地形图上量出AB和CD之间的图上水平距离,并按地形图比例尺换算成两线间的实际水平距离后得岩层的真厚度:

$$m = L \cdot \sin\alpha$$
(α为岩层的真倾角)

②重合走向线法:在地形图找出不同标高处水平投影重合的两条走向线,如左图(立体透视图)所示的CD和EF,则此时该两条走向线的高差即为岩层的铅直厚度h,得岩层的真厚度:

$$m = h \cdot \cos\alpha$$

## 六、V字形法则

**V字形法则**

| | | |
|---|---|---|
| 倾斜岩层 | 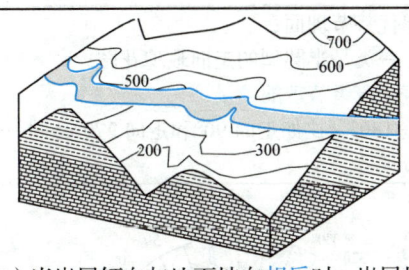 (1)当岩层倾向与地面坡向相反时，岩层界线与地形等高线的弯曲方向相同，但岩层界线的弯曲度小于（缓于）地形等高线的弯曲度。（"相反相同"） 在沟谷处，"V字形"尖端指向上游　　在山脊处，"V字形"尖端指向下坡 | |
| 倾斜岩层 | 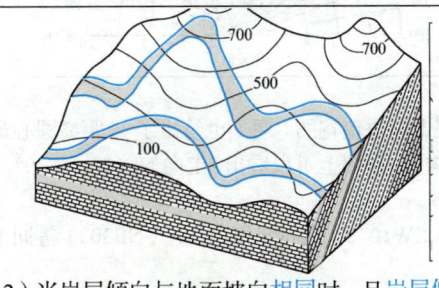 (2)当岩层倾向与地面坡向相同时，且岩层倾角大于地面坡度角时，岩层界线与地形等高线弯曲方向相反。（"相同相反"） 在沟谷处，"V字形"尖端指向下游　　在山脊处，"V字形"尖端指向上坡 | 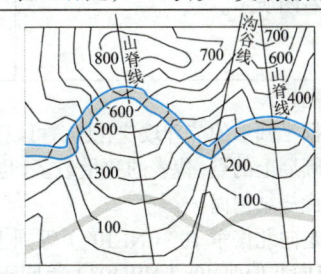 |
| 倾斜岩层 | 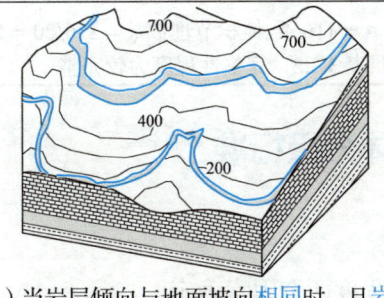 (3)当岩层倾向与地面坡向相同时，且岩层倾角小于地面坡度角时，岩层界线与地形等高线的弯曲方向相同，岩层界线的弯曲度大于（陡于）地形等高线的弯曲度。（"相同相同"） 在沟谷处，"V字形"尖端指向上游　　在山脊处，"V字形"尖端指向下坡 | 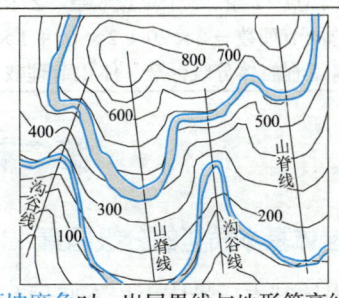 |
| 直立岩层 | 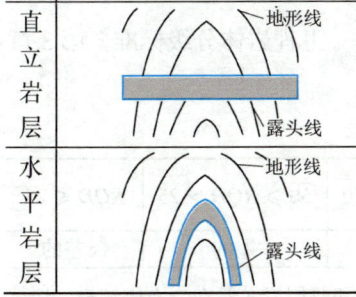 | 直立岩层的出露界线是沿岩层走向所切的一条上下起伏的地形轮廓线，这条空间曲线的投影是一条直线，不受地形的影响，沿地层的走向呈直线延伸，岩层顶、底面出露界线间的距离即为真厚度 |
| 水平岩层 | | 岩层倾向与坡面倾向相同，岩层倾角等于坡角，岩层界线与地形线弯曲方向一致，岩层界线和地形线的弯曲度相等。 在山脊上的水平岩层，"V字形"尖端指向下坡； 在沟谷中的水平岩层，"V字形"尖端指向上游 |

【小注】①岩层界线的"V字形"尖端指向，对于山脊和沟谷，刚好相反；
②若岩层倾向与坡向相同，岩层倾角等于坡角时，整个地表坡面为同一岩层，无岩层界线出露，上述"V字形"法则不适用。

## 七、玫瑰花图

**玫瑰花图**

（1）节理玫瑰花图作用：识别出节理的产状，判断出优势节理面；
（2）玫瑰花图分类：一类是全圆型的倾向玫瑰花图，一类是半圆型的走向玫瑰花图；
（3）倾向玫瑰花图的半径方向表示节理方位，长度表示该组节理的数量；
（4）走向玫瑰花图，只作上半圆，注意走向角度相差180°。比如走向90°和走向270°是同一个走向；
（5）节理玫瑰花的常考点：①优势结构面；②体积节理数

以 2024D03 为例，某场地基岩出露，沿正东方向布置 1 条 20m 测线，按 10°间隔统计的节理裂隙走向玫瑰花图如右图所示。

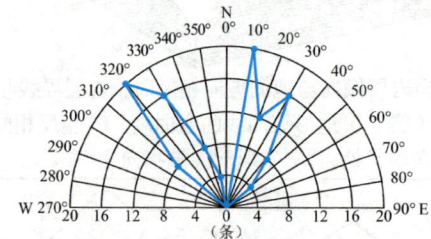

据图剖析：
①根据半圆形的节理玫瑰花图，可以判断出是节理走向玫瑰花图（题干也给出了），距离圆心最远或在最外侧圆周上的点，代表的数量最多，也就是优势结构面，从图上可以看出：走向NE10°、NE30°、NW40°，为三组优势结构面。

但是走向北偏东 10°（NE10°）等同于南偏西 10°（SW10°）、走向北偏东 30°（NE30°）等同于南偏西 30°、走向北偏西 40°（NW40°）等同于南偏东 40°。

②以最外侧圆周为例，该圆周代表落在上面的节理的数量是 20 条，有 10°和 320°两个黑点，代表这两组节理数都是 20 条，同理，由外向内的第二个圆周有 2 个黑点都代表节理数 16 条；按这个顺序，依次为 1 个黑点 12 条、3 个黑点 8 条、2 个黑点 4 条。

③总的节理数 = 2 × 20 + 2 × 16 + 1 × 12 + 3 × 8 + 2 × 4 = 116条。体积节理数$J_v$ = 116/20 = 5.8条/m³；对照《工程岩体分级标准》体积节理数与完整性程度对照表 3.3.2，完整性程度为较完整

# 第二节　工程岩体分级标准

## 一、岩体基本质量的分级因素

岩体基本质量应由岩石坚硬程度和岩体完整程度两个因素确定。
岩石坚硬程度和岩体完整程度，应采用定性划分和定量指标两种方法确定。

### （一）分级因素定性划分
——《岩土工程勘察规范》第 2.1.8 条、第 3.2.5 条、附录 A，《工程岩体分级标准》第 3 章
1. 岩石质量指标RQD

**岩石质量指标$RQD$**

| 岩石质量指标（$RQD$） | $RQD > 90$ | $90 \geqslant RQD > 75$ | $75 \geqslant RQD > 50$ | $50 \geqslant RQD > 25$ | $RQD \leqslant 25$ |
|---|---|---|---|---|---|
| 岩石工程性质好坏 | 好的 | 较好的 | 较差的 | 差的 | 极差的 |

【小注】①岩石质量指标（$RQD$）即采用直径为 75mm 的金刚石钻头和双层岩芯管在岩石中钻进，连续取芯，回次钻进所取岩芯中，长度大于 10cm 的岩芯段长度之和与该回次进尺的比值，以百分数表示。

②采样率 = $\dfrac{回次采样总长度}{总回次进尺}$。

## 2. 岩石按风化程度分类

**岩石按风化程度分类**

| 风化程度 | 野外特征 | 风化程度参数指标 | |
|---|---|---|---|
| | | 波速比 $K_v$ | 风化系数 $K_f$ |
| 未风化 | 岩质新鲜，偶见风化痕迹 | 0.9~1.0 | 0.9~1.0 |
| 微风化 | 结构基本未变，仅节理面有渲染或略有变色，有少量风化裂隙 | 0.8~0.9 | 0.8~0.9 |
| 中等风化 | 结构部分破坏，沿节理面有次生矿物、风化裂隙发育，岩体被切割成岩块。用镐难挖，岩芯钻方可钻进 | 0.6~0.8 | 0.4~0.8 |
| 强风化 | 结构大部分破坏，矿物成分显著变化，风化裂隙很发育，岩体破碎，用镐可挖，干钻不易钻进 | 0.4~0.6 | < 0.4 |
| 全风化 | 结构基本破坏，但尚可辨认，有残余结构强度，可镐挖，干钻可钻进 | 0.2~0.4 | — |
| 残积土 | 组织结构全部破坏，已风化成土状，锹镐易挖掘，干钻易钻进，具可塑性 | < 0.2 | — |

【小注】①波速比 $K_v$ = 风化岩石压缩波速度/新鲜岩石压缩波速度。
②风化系数 $K_f$ = 风化岩石饱和单轴抗压强度/新鲜岩石饱和单轴抗压强度。
③花岗岩类岩石，采用标准贯入试验划分，$N$ 用平均值，不修正，$N \geqslant 50$ 为强风化，$50 > N \geqslant 30$ 为全风化，$N < 30$ 为残积土。
④泥岩和半成岩可不进行分化程度划分。

## 3. 岩石坚硬程度的定性分类

**岩石坚硬程度的定性分类**

| 坚硬程度 | | 定性鉴定 |
|---|---|---|
| 硬质岩 | 坚硬岩 | 锤击声清脆，有回弹，振手，难击碎；浸水后，大多无吸水反应 |
| | 较硬岩 | 锤击声较清脆，有轻微回弹，稍振手，较难击碎；浸水后，有轻微吸水反应 |
| 软质岩 | 较软岩 | 锤击声不清脆，无回弹，轻易击碎；浸水后，指甲可刻出印痕 |
| | 软岩 | 锤击声哑，无回弹，有凹痕，易击碎；浸水后，手可掰开 |
| | 极软岩 | 锤击声哑，无回弹，有较深凹痕，手可捏碎；浸水后，可捏成团 |

## 4. 岩体完整程度的定性分类

**岩体完整程度的定性分类**

| 完整程度 | 结构面发育程度 | | 主要结构面的结合程度 | 主要结构面类型 | 岩体结构类型 |
|---|---|---|---|---|---|
| | 组数 | 平均间距（m） | | | |
| 完整 | 1~2 | > 1.0 | 结合好或结合一般 | 节理、裂隙、层面 | 整体状或巨厚层状 |
| 较完整 | 1~2 | > 1.0 | 结合差 | 节理、裂隙、层面 | 块状或厚层状 |
| | 2~3 | 1.0~0.4 | 结合好或结合一般 | | 块状结构 |
| 较破碎 | 2~3 | 1.0~0.4 | 结合差 | 节理、裂隙、层面、劈理、小断层 | 裂隙块状或中厚层状 |
| | ≥3 | 0.4~0.2 | 结合好 | | 镶嵌碎裂结构 |
| | | | 结合一般 | | 薄层状结构 |

续表

| 完整程度 | 结构面发育程度 | | 主要结构面的结合程度 | 主要结构面类型 | 岩体结构类型 |
|---|---|---|---|---|---|
| | 组数 | 平均间距（m） | | | |
| 破碎 | ≥3 | 0.4～0.2 | 结合差 | 各种类型结构面 | 裂隙块状结构 |
| | | ≤0.2 | 结合一般或结合差 | | 碎裂结构 |
| 极破碎 | | 无序 | 结合很差 | — | 散体状结构 |

【小注】平均间距指主要结构面间距的平均值，与《建筑地基基础设计规范》附录 A 略有不同。岩体节理发育程度分级，区别《铁路桥涵地基和基础设计规范》附录 A（P60）。

## （二）分级因素的定量指标

——第 3.3 节、附录 B

### 1. 岩石坚硬程度

**岩石坚硬程度**

| 坚硬程度 | 硬质岩 | | 软质岩 | | |
|---|---|---|---|---|---|
| | 坚硬岩 | 较坚硬岩 | 较软岩 | 软岩 | 极软岩 |
| 饱和单轴抗压强度 $R_c$（MPa）$R_c = 22.82 I_{s(50)}^{0.75}$ | $R_c > 60$ | $60 \geq R_c > 30$ | $30 \geq R_c > 15$ | $15 \geq R_c > 5$ | $R_c \leq 5$ |

### 2. 岩体完整程度的定量分类

**岩体完整程度的定量分类**

| 完整程度 | 完整 | 较完整 | 较破碎 | 破碎 | 极破碎 |
|---|---|---|---|---|---|
| 《建筑地基基础设计规范》第 A.0.2 条 | 整状结构 | 块状结构 | 镶嵌状结构 | 碎裂状结构 | 散体状结构 |
| 完整性指数 $K_v$ | >0.75 | 0.75～0.55 | 0.55～0.35 | 0.35～0.15 | ≤0.15 |
| 体积节理数 $J_v$ | <3 | 3～10 | 10～20 | 20～35 | ≥35 |

（1）计算完整性指数 $K_v$

$$K_v = \left(\frac{v_{pm}}{v_{pr}}\right)^2 = \left(\frac{v_{p\text{岩体}}}{v_{p\text{岩块}}}\right)^2$$

式中：$v_{pm}$——岩体弹性纵波（压缩波）速度（km/s），小数据；
$v_{pr}$——岩石（岩块）弹性纵波（压缩波）速度（km/s），大数据。

（2）计算体积节理数 $J_v$

岩体体积节理数 $J_v$ 的测试应采用直接法或间距法。间距法的测试应符合下列规定：

（1）测线应水平布置，测线长度不宜小于 5m；根据具体情况，可增加垂直测线，垂直测线长度不宜小于 2m。

（2）应对与测线相交的各结构面迹线交点位置及相应结构面产状进行编录，并根据产状分布情况对结构面进行分组。

（3）应对测线上同组结构面沿测线方向间距进行测量与统计，获得沿测线方向视间距。应根据结构面产状与测线方位，计算该组结构面沿法线方向的真距，其算术平均值的倒数即为该组结构面沿法向每米长结构面的条数。

（4）对迹线长度大于 1m 的分散节理应予以统计，已为硅质、铁质、钙质胶结的节理不应参与统计

续表

| 岩体体积节理数 $J_v$（条/m³） | $J_v = \sum_{i=1}^{n} S_i + S_0$ | 式中：$n$——统计区域内结构面组数；<br>$S_i$——第$i$组结构面沿法向每米长结构面的条数；<br>$S_0$——每立方米岩体非成组节理条数 |
|---|---|---|
| ①视间距（m）：$L = \dfrac{测线长 l}{测线长度范围内节理的条数}$<br>②真间距（m）：$d = L \cdot \cos\omega \cdot \sin\alpha$<br>式中：$\alpha$——真倾角（°）；<br>　　　$\omega$——测线与结构面倾向之间的夹角（°）。<br>③第$i$组结构面沿法向（垂直结构面）每米长结构面的条数：$S_i = \dfrac{1}{d}$<br>④每立方米岩体非成组节理条数：<br>$S_0 = \dfrac{非成组条数}{测线长}$ | | 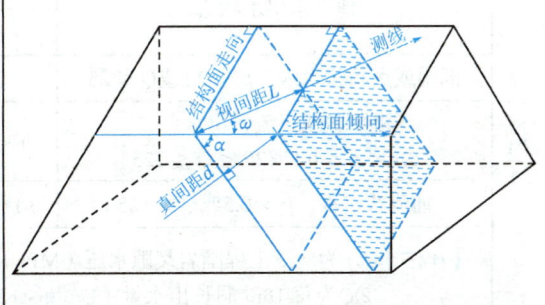 |

## 二、岩体基本质量分级

——第 4.1～4.2 节

### 岩体基本质量分级

| 定量分级 | | |
|---|---|---|
| ① $R_c = 22.82 I_{s(50)}^{0.75}$<br>　$K_v = \left(\dfrac{V_{pm}}{V_{pr}}\right)^2 = \left(\dfrac{小数据}{大数据}\right)^2$<br>　　　　　⇩<br>② $R_c = \min(90K_v + 30, R_c)$<br>　$K_v = \min(0.04R_c + 0.4, K_v)$<br>　　　　　⇩<br>③ $BQ = 100 + 3R_c + 250K_v$ | 岩石基本质量指标 $BQ$ | 岩体基本质量级别 |
| | > 550 | Ⅰ |
| | 451～550 | Ⅱ |
| | 351～450 | Ⅲ |
| | 251～350 | Ⅳ |
| | ≤ 250 | Ⅴ |

式中：$I_{s(50)}$——<u>点荷载强度指数</u>，由点荷载强度试验得出

【小注】《公路工程地质勘察规范》P40：$BQ = 90 + 3R_c + 250K_v$，其他规范与上表公式统一

| 定性分级—《岩土工程勘察规范》第 3.2.2 条 | | | | | |
|---|---|---|---|---|---|
| 坚硬程度 $R_c$（MPa） | 完整程度 $K_v$ | | | | |
| | 完整<br>> 0.75 | 较完整<br>0.55～0.75 | 较破碎<br>0.35～0.55 | 破碎<br>0.15～0.35 | 极破碎<br>< 0.15 |
| 坚硬岩($R_c > 60$) | Ⅰ | Ⅱ | Ⅲ | Ⅳ | Ⅴ |
| 较硬岩($30 < R_c \leq 60$) | Ⅱ | Ⅲ | Ⅳ | Ⅳ | Ⅴ |
| 较软岩($15 < R_c \leq 30$) | Ⅲ | Ⅳ | Ⅳ | Ⅴ | Ⅴ |
| 软岩($5 < R_c \leq 15$) | Ⅳ | Ⅳ | Ⅴ | Ⅴ | Ⅴ |
| 极软岩($R_c \leq 5$) | Ⅴ | Ⅴ | Ⅴ | Ⅴ | Ⅴ |

## 三、工程岩体级别的确定（修正）

——第 5.2~5.4 节、附录 E

### （一）地下工程

**地下工程**

岩体质量指标：$[BQ] = BQ - 100(K_1 + K_2 + K_3)$

| | 地下水出水状态 | BQ值 | | | | |
|---|---|---|---|---|---|---|
| | | > 550 | 451~550 | 351~450 | 251~350 | ≤ 250 |
| $K_1$ | 潮湿或点滴状出水，$p ⩽ 0.1$ 或 $Q ⩽ 25$ | 0 | 0 | 0~0.1 | 0.2~0.3 | 0.4~0.6 |
| | 淋雨状或线流状出水，$0.1 < p ⩽ 0.5$ 或 $25 < Q ⩽ 125$ | 0~0.1 | 0.1~0.2 | 0.2~0.3 | 0.4~0.6 | 0.7~0.9 |
| | 涌流状出水，$p > 0.5$ 或 $Q > 125$ | 0.1~0.2 | 0.2~0.3 | 0.4~0.6 | 0.7~0.9 | 1.0 |

【小注】①$p$ 为地下工程围岩裂隙水压（MPa）。
②$Q$ 为每 10m 洞长出水量（L/min·10m），为抽水试验出水量，非压水试验流量

| | 结构面走向与洞轴线夹角 < 30°<br>且结构面倾角 30°~75° | 结构面走向与洞轴线夹角 > 60°<br>且结构面倾角 > 75° | 其他组合 |
|---|---|---|---|
| $K_2$ | 0.4~0.6 | 0~0.2 | 0.2~0.4 |

| | 围岩强度应力比 | BQ值 | | | | |
|---|---|---|---|---|---|---|
| | | > 550 | 451~550 | 351~450 | 251~350 | ≤ 250 |
| $K_3$ | 极高应力区 $\frac{R_c}{\sigma_{max}} < 4$ | 1.0 | 1.0 | 1.0~1.5 | 1.0~1.5 | 1.0 |
| | 高应力区 $\frac{R_c}{\sigma_{max}} = 4~7$ | 0.5 | 0.5 | 0.5 | 0.5~1.0 | 0.5~1.0 |

【小注】①$\sigma_{max}$ 为垂直洞轴线方向的最大初始应力（MPa）。
②根据开挖或钻芯过程产生的主要现象评估应力状态，见《工程岩体分级标准》P21 表 C.0.2

式中：$K_1$、$K_2$、$K_3$——分别为地下工程地下水影响修正系数$K_1$、主要结构面产状影响修正系数$K_2$、初始应力状态影响修正系数$K_3$，如无所列情况时，相应的修正系数取零即可，取插值或者范围值

**地下工程岩体自稳能力**

| 围岩级别 | 自稳能力 |
|---|---|
| Ⅰ | 跨度≤20m，可长期稳定，偶有掉块，无塌方 |
| Ⅱ | 跨度10～20m，可基本稳定，局部可发生掉块或小塌方；<br>跨度<10m，可长期稳定，偶有掉块 |
| Ⅲ | 跨度10～20m，可稳定数日至1月，可发生小～中塌方；<br>跨度5～10m，可稳定数月，可发生局部块体位移及小～中塌方；<br>跨度<5m，可基本稳定 |
| Ⅳ | 跨度>5m，一般无自稳能力，数日至数月内可发生松动变形、小塌方，进而发展为中～大塌方。埋深小时，以拱部松动破坏为主；埋深大时，有明显塑性流动变形和挤压破坏。<br>跨度≤5m，可稳定数日至1月 |
| Ⅴ | 无自稳能力 |

【小注】①小塌方：塌方高度<3m，或塌方体积<30m³。
②中塌方：塌方高度为3～6m，或塌方体积为30～100m³。
③大塌方：塌方高度>6m，或塌方体积>100m³。

## （二）边坡工程

岩体质量指标：$[BQ] = BQ - 100(K_4 + \lambda K_5)$，其中：$K_5 = F_1 \times F_2 \times F_3$

**（1）地下水影响修正系数$K_4$**

| 边坡地下水发育程度 | BQ值 | | | | |
|---|---|---|---|---|---|
| | >550 | 451～550 | 351～450 | 251～350 | ≤250 |
| 潮湿或点滴状出水，$p_w < 0.2H$ | 0 | 0 | 0～0.1 | 0.2～0.3 | 0.4～0.6 |
| 线流状出水，$0.2H < p_w \leq 0.5H$ | 0～0.1 | 0.1～0.2 | 0.2～0.3 | 0.4～0.6 | 0.7～0.9 |
| 涌流状出水，$p_w > 0.5H$ | 0.1～0.2 | 0.2～0.3 | 0.4～0.6 | 0.7～0.9 | 1.0 |

【小注】①$p_w$为边坡坡内潜水或承压水头（m）。
②$H$为边坡高度（m）。
③取插值或者范围值

**（2）结构面产状影响修正系数$K_5 = F_1 \times F_2 \times F_3$**

| 影响程度划分 | 轻微 | 较小 | 中等 | 显著 | 很显著 |
|---|---|---|---|---|---|
| 结构面倾向与边坡坡面倾向间的夹角（°） | >30 | [30～20) | [20～10) | [10～5) | ≤5 |
| $F_1$ | 0.15 | 0.40 | 0.70 | 0.85 | 1.0 |
| 结构面倾角（°） | <20 | [20～30) | [30～35) | [35～45) | ≥45 |
| $F_2$ | 0.15 | 0.40 | 0.70 | 0.85 | 1.0 |
| 结构面倾角减去边坡坡面倾角的差值（°） | >10 | [10～0) | 0 | (0～-10) | ≤-10 |
| $F_3$ | 0 | 0.2 | 0.8 | 2.0 | 2.5 |

【表注】①表中负值表示结构面倾角小于坡面倾角，在坡面出露。
②取插值或者范围值

**（3）结构面类型与延伸性修正系数$\lambda$**

| 结构面类型与延伸性 | 断层、夹泥层 | 层面、贯通性较好的节理和裂隙 | 断续节理和裂隙 |
|---|---|---|---|
| 修正系数$\lambda$ | 1.0 | 0.8～0.9 | 0.6～0.7 |

### 边坡工程岩体自稳能力

| 围岩级别 | 自稳能力 |
|---|---|
| Ⅰ | 高度≤60m，可长期稳定，偶有掉块 |
| Ⅱ | 高度30~60m，可基本稳定，局部可发生楔形体破坏；<br>高度<30m，可长期稳定，偶有掉块 |
| Ⅲ | 高度15~30m，可稳定数月，可发生由结构面及局部岩体组成的平面或楔形体破坏，或由反倾结构面引起的倾倒破坏；<br>高度<15m，可基本稳定，局部可发生楔形体破坏 |
| Ⅳ | 高度8~15m，可稳定数日至1个月，可发生由不连续面及岩体组成的平面或楔形体破坏，或由反倾结构面引起的倾倒破坏；<br>高度<8m，可稳定数月，局部可发生楔形体破坏 |
| Ⅴ | 不稳定 |

【小注】表中边坡指坡角大于70°的陡倾岩质边坡。

## 四、水利水电工程地质分类

——《水利水电工程地质勘察规范》附录 N、V、Q

### （一）围岩工程地质"初步"分类

#### 岩质类型划分

| 岩质类型 | 硬质岩 | | 软质岩 | | |
|---|---|---|---|---|---|
| | 坚硬岩 | 中硬岩 | 较软岩 | 软岩 | 极软岩 |
| 岩石饱和单轴抗压强度$R_b$（MPa） | $R_b>60$ | $60 \geqslant R_b > 30$ | $30 \geqslant R_b > 15$ | $15 \geqslant R_b > 5$ | $5 \geqslant R_b$ |

#### 岩体完整程度划分

| 结构面间距 | 结构面组数 | | | |
|---|---|---|---|---|
| | 1~2 | 2~3 | 3~5 | >5 或无序 |
| >100cm | 完整 | 完整 | 较完整 | 较完整 |
| 50~100cm | 完整 | 较完整 | 较完整 | 差 |
| 30~50cm | 较完整 | 较完整 | 差 | 较破碎 |
| 10~30cm | 较完整 | 差 | 较破碎 | 破碎 |
| <10cm | 差 | 较破碎 | 破碎 | 破碎 |

#### 围岩工程地质初步分类

| 围岩类别 | 岩质类型 | 岩体完整程度 | 岩体结构类型 | 围岩分类说明 |
|---|---|---|---|---|
| Ⅰ、Ⅱ | 硬质岩 | 完整 | 整体或巨厚层状结构 | 坚硬岩定Ⅰ类；中硬岩定Ⅱ类 |
| Ⅱ、Ⅲ | | 较完整 | 块状或次块状结构 | 坚硬岩定Ⅱ类；中硬岩定Ⅲ类；薄层状结构定Ⅲ类 |
| Ⅱ、Ⅲ | | 较完整 | 厚层或中厚层状结构、层（片）面结合牢固的薄层状结构 | |
| Ⅲ、Ⅳ | | | 互层状结构 | 洞轴线与岩层走向夹角小于30°时，定Ⅳ类 |
| Ⅲ、Ⅳ | | 完整性差 | 薄层状结构 | 岩质均一且无软弱夹层时，定Ⅲ类 |
| Ⅲ | | | 镶嵌结构 | — |

续表

| 围岩类别 | 岩质类型 | 岩体完整程度 | 岩体结构类型 | 围岩分类说明 |
|---|---|---|---|---|
| Ⅳ、Ⅴ | 硬质岩 | 较破碎 | 碎裂结构 | 有地下水活动时，定Ⅴ类 |
| Ⅴ | | 破碎 | 碎块或碎屑状散体结构 | — |
| Ⅲ、Ⅳ | 软质岩 | 完整 | 整体或巨厚层状结构 | 较软岩定Ⅲ类；软岩定Ⅳ类 |
| Ⅳ、Ⅴ | | 较完整 | 块状或次块状结构 | 较软岩定Ⅳ类；软岩定Ⅴ类 |
| | | | 厚层、中厚层或互层状结构 | |
| | | 完整性差 | 薄层状结构 | 较软岩无夹层时，可定Ⅳ类 |
| | | 较破碎 | 碎裂结构 | 较软岩定Ⅳ类 |
| | | 破碎 | 碎块或碎屑状散体结构 | — |

【小注】对深埋洞室，当可能发生岩爆或塑性变形时，由表中确定的围岩类别宜降低一级。

**围岩稳定性评价**

| 围岩类型 | 围岩稳定性评价 | 支护类型 |
|---|---|---|
| Ⅰ | 稳定。围岩可长期稳定，一般无不稳定块体 | 不支护或局部锚杆或喷薄层混凝土。大跨度时，喷混凝土、系统锚杆加钢筋网 |
| Ⅱ | 基本稳定。围岩整体稳定，不会产生塑性变形，局部可能产生掉块 | |
| Ⅲ | 局部稳定性差。围岩强度不足，局部会产生塑性变形，不支护可能产生塌方或变形破坏。完整的较软岩，可能暂时稳定 | 喷混凝土、系统锚杆加钢筋网。采用TBM掘进时，需及时支护。跨度>20m时，宜采用锚杆或刚性支护 |
| Ⅳ | 不稳定。围岩自稳时间很短，规模较大的各种变形和破坏都可能发生 | 喷混凝土、系统锚杆加钢筋网，刚性支护，并浇筑混凝土衬砌。不适宜于开敞式TBM施工 |
| Ⅴ | 极不稳定。围岩不能自稳，变形破坏严重 | |

### （二）围岩工程地质"详细"分类

根据围岩强度应力比$S$和围岩总评分$T$，按下表进行地下洞室围岩详细分类：

| 围岩总评分$T$及围岩分级 | | | |
|---|---|---|---|
| 围岩类别 | 围岩总评分 $T=(1)+(2)+(3)+(4)$ $=A+B+C'+D+E$ | 围岩强度应力比 $S=\dfrac{R_b \cdot K_v}{\sigma_m}$ | 式中：$R_b$——岩石饱和单轴抗压强度（MPa）； $K_v$——岩体完整性指数： $K_v=\left(\dfrac{v_{pm}}{v_{pr}}\right)^2$； $\sigma_m$——围岩最大主应力（MPa），无实测资料时，可取自重应力 |
| Ⅰ | $T>85$ | $S>4$ | |
| Ⅱ | $85 \geqslant T > 65$ | $S>4$ | |
| Ⅲ | | $S \leqslant 4$ | |
| Ⅲ | $65 \geqslant T > 45$ | $S>2$ | |
| Ⅳ | | $S \leqslant 2$ | |
| Ⅳ | $45 \geqslant T > 25$ | $S>2$ | |
| Ⅴ | | $S \leqslant 2$ | |
| Ⅴ | $T \leqslant 25$ | — | |

续表

| （1）岩石强度评分A（插值） ||||||
|---|---|---|---|---|---|
| 软质岩 |||| 硬质岩 ||
| 软岩 $R_b < 5MPa$ | 软岩 $5MPa \leqslant R_b \leqslant 15MPa$ | 较软岩 $15MPa < R_b \leqslant 30MPa$ | 中硬岩 $30MPa < R_b \leqslant 60MPa$ | 坚硬岩 $60MPa < R_b \leqslant 100MPa$ | 坚硬岩 $R_b > 100MPa$ |
| 0 | 0~5 | 5~10 | 10~20 | 20~30 | 30 |
| 内插公式 | $0.5R_b - 2.5$ | $R_b/3$ | $R_b/3$ | $0.25R_b + 5$ | 内插公式 |

（2）岩体完整程度B和结构面状态评分C—$B + C'$（B插值，C不插值）

| | | 完整程度 |||||
|---|---|---|---|---|---|---|
| ①B | 完整性指数$K_v$ | 破碎 | 较破碎 | 完整性差 | 较完整 | 完整 |
| | | $K_v \leqslant 0.15$ | $0.15 < K_v \leqslant 0.35$ | $0.35 < K_v \leqslant 0.55$ | $0.55 < K_v \leqslant 0.75$ | $K_v > 0.75$ |
| | 软质岩 | <4 | 4~9 | 9~14 | 14~19 | 19~25 |
| | 内插 | | | $25K_v + 0.25$ || $24K_v + 1$ |
| | 硬质岩 | <6 | 6~14 | 14~22 | 22~30 | 30~40 |
| | 内插 | | | $40K_v$ |||

| ②C | 结构面宽度W（mm） | <0.5 | 0.5≤W<5.0 |||||||||| W≥5.0 ||
|---|---|---|---|---|---|---|---|---|---|---|---|---|---|---|
| | 充填物 | — | 无充填 ||| 岩屑 ||| 泥质 ||| 岩屑 | 泥质 | 无充填 |
| | 起伏粗糙状况 | | 起伏粗糙 | 平直光滑 | 起伏光滑或平直粗糙 | 起伏粗糙 | 平直光滑 | 起伏光滑或平直粗糙 | 起伏粗糙 | 平直光滑 | 起伏光滑或平直粗糙 | | | |
| | 硬质岩 | 27 | 21 | 24 | 21 | 15 | 21 | 17 | 12 | 15 | 12 | 9 | 12 | 6 | 0~3 |
| | 较软岩 | 27 | 21 | 24 | 21 | 15 | 21 | 17 | 12 | 15 | 12 | 9 | 12 | 6 | 0~3 |
| | 软岩 | 18 | 14 | 17 | 14 | 8 | 14 | 11 | 8 | 10 | 8 | 6 | 8 | 4 | 0~2 |

| C值修正 ($C \geqslant 0$) | 结构面延伸长度<3m时 | 硬质岩、较软岩 | $C' = C + 3$ | 软岩 | $C' = C + 2$ |
|---|---|---|---|---|---|
| | 结构面延伸长度>10m时 | | $C' = C - 3$ | | $C' = C - 2$ |
| | 结构面延伸长度为3~10m时 | | $C' = C$ |||

| ③$B + C'$取值 | $R_b \leqslant 5MPa$ | $B + C' = 0$ | $5MPa < R_b \leqslant 15MPa$ | $B + C' \leqslant 40$ |
|---|---|---|---|---|
| | $15MPa < R_b \leqslant 30MPa$ | $B + C' \leqslant 55$ | $30MPa < R_b \leqslant 60MPa$ | $B + C' \leqslant 65$ |

（3）地下水评分D（主要以水量作为插值依据）（插值）

| D | $T = (1) + (2) = A + B + C'$ || 水量Q[L/(min·10m)]或压力水头H（m） ||||
|---|---|---|---|---|---|---|
| | | | 干燥状态 | 渗水到滴水 | 线状流水 | 涌水 |
| | | | | $Q \leqslant 25$或$H \leqslant 10$ | $25 < Q \leqslant 125$或$10 < H \leqslant 100$ | $Q > 125$或$H > 100$ |
| | 基本因素评分$T'$ || | 地下水评分D ||| 
| | $T' > 85$ || 0 | 0 | 0~-2 | -2~-6 |
| | $85 \geqslant T' > 65$ || | 0~-2 | -2~-6 | -6~-10 |
| | $65 \geqslant T' > 45$ || | -2~-6 | -6~-10 | -10~-14 |
| | $45 \geqslant T' > 25$ || | -6~-10 | -10~-14 | -14~-18 |
| | $T' \leqslant 25$ || | -10~-14 | -14~-18 | -18~-20 |

续表

| （4）主要结构面产状评分$E$（不插值） | | | | | | | | | | | | |
|---|---|---|---|---|---|---|---|---|---|---|---|---|
| 结构面走向与洞轴线夹角$\beta$（°） | | $90 \geqslant \beta \geqslant 60$ | | | | $60 > \beta \geqslant 30$ | | | $\beta < 30$ | | | |
| 结构面倾角$\alpha$（°） | | >70 | [70～45] | [45～20] | ≤20 | >70 | [70～45] | [45～20] | ≤20 | >70 | [70～45] | [45～20] | ≤20 |
| $E$ | 洞顶 | 0 | -2 | -5 | -10 | -2 | -5 | -10 | -12 | -5 | -10 | -12 | -12 |
| | 边墙 | -2 | -5 | -2 | 0 | -5 | -10 | -2 | 0 | -10 | -12 | -5 | 0 |

【表注】①岩体完整程度分级为完整性差、较破碎和破碎（$K_v \leqslant 0.55$时）的围岩，$E = 0$。
②题目未注明洞顶或边墙，按不利取值。

## （三）坝基岩体工程地质分类

**坝基岩体工程地质分类一**

| 岩体类别 | A坚硬岩（$R_b > 60$MPa） | | |
|---|---|---|---|
| | 岩体特征 | 岩体工程性质评价 | 岩体主要特征值 |
| Ⅰ | $A_Ⅰ$：岩体呈整体状或块状、巨厚层状、厚层状结构；结构面不发育～轻度发育，延展性差，多闭合；岩体力学特性各方向的差异性不显著 | 岩体完整，强度高，抗滑、抗变形性能强，不需做专门性地基处理，属优良高混凝土坝地基 | $R_b > 90$MPa<br>$V_P > 5000$m/s<br>$RQD > 85\%$<br>$K_v > 0.85$ |
| Ⅱ | $A_Ⅱ$：岩体呈块状或次块状、厚层结构；结构面中等发育，软弱结构面局部分布，不成为控制性结构面，不存在影响坝基或坝肩稳定的大型楔体或棱体 | 岩体较完整，强度高，软弱结构面不控制岩体稳定，抗滑、抗变形性能较高，专门性地基处理工程量不大，属良好高混凝土坝地基 | $R_b > 60$MPa<br>$V_P > 4500$m/s<br>$RQD > 70\%$<br>$K_v > 0.75$ |
| Ⅲ | $A_{Ⅲ1}$：岩体呈次块状、中厚层状结构或焊合牢固的薄层结构。结构面中等发育，岩体中分布有缓倾角或陡倾角（坝肩）的软弱结构面，存在影响局部坝基或坝肩稳定的楔体或棱体 | 岩体较完整，局部完整性差，强度较高，抗滑、抗变形性能在一定程度上受结构面控制。对影响岩体变形和稳定的结构面应做局部专门处理 | $R_b > 60$MPa<br>$V_P = 4000 \sim 4500$m/s<br>$RQD = 40\% \sim 70\%$<br>$K_v = 0.55 \sim 0.75$ |
| | $A_{Ⅲ2}$：岩体呈互层状、镶嵌状结构，层面为硅质或钙质胶结薄层状结构。结构面发育，但延展性差，多闭合，岩块间嵌合力较好 | 岩体强度较高，但完整性差，抗滑、抗变形性能受结构面发育程度、岩块间嵌合能力，以及岩体整体强度特性控制，基础处理以提高岩体整体性为重点 | $R_b > 60$MPa<br>$V_P = 3000 \sim 4500$m/s<br>$RQD = 20\% \sim 40\%$<br>$K_v = 0.35 \sim 0.55$ |
| Ⅳ | $A_{Ⅳ1}$：岩体呈互层状或薄层状结构，层间结合较差，结构面较发育～发育，明显存在不利于坝基及坝肩稳定的软弱结构面、较大的楔体或棱体 | 岩体完整性差，抗滑、抗变形性能明显受结构面控制。能否作为高混凝土坝地基，视处理难度和效果而定 | $R_b > 60$MPa<br>$V_P = 2500 \sim 3500$m/s<br>$RQD = 20\% \sim 40\%$<br>$K_v = 0.35 \sim 0.55$ |
| | $A_{Ⅳ2}$：岩体呈镶嵌或碎裂结构，结构面很发育，且多张开或夹碎屑和泥，岩块嵌合能力弱 | 岩体较破碎，抗滑、抗变形性能差，一般不宜作为高混凝土坝地基。当坝基局部存在该类岩体时，需做专门处理 | $R_b > 60$MPa<br>$V_P < 2500$m/s<br>$RQD < 20\%$<br>$K_v < 0.35$ |

续表

| 岩体类别 | A坚硬岩（$R_b > 60$MPa） | | |
|---|---|---|---|
| | 岩体特征 | 岩体工程性质评价 | 岩体主要特征值 |
| V | $A_V$：岩体呈散体结构，由岩块夹泥或泥包岩块组成，具有散体连续介质特征 | 岩体破碎，不能作为高混凝土坝地基，当坝基局部地段分布该类岩体时，需做专门处理 | — |

坝基岩体工程地质分类二

| 岩体类别 | B中硬岩（$R_b = 30\sim60$MPa） | | |
|---|---|---|---|
| | 岩体特征 | 岩体工程性质评价 | 岩体主要特征值 |
| I | — | — | — |
| II | $B_{II}$：岩体呈整体状或块状、巨厚层状、厚层状结构；结构面不发育~轻度发育，延展性差，多闭合；岩体力学特性各方向的差异性不显著 | 岩体完整，强度较高，抗滑、抗变形性能较强，专门性地基处理工程量不大，属良好高混凝土坝地基 | $R_b = 40\sim60$MPa<br>$V_P = 4000\sim4500$m/s<br>$RQD > 70\%$<br>$K_v > 0.75$ |
| III | $B_{III1}$：岩体呈块状或次块状、厚层结构；结构面中等发育，软弱结构面局部分布，不成为控制性结构面，不存在影响坝基或坝肩稳定的大型楔体或棱体 | 岩体较完整，有一定强度，抗滑、抗变形性能在一定程度受结构面和岩石强度控制，影响岩体变形和稳定的结构面应做局部专门处理 | $R_b = 40\sim60$MPa<br>$V_P = 3500\sim4000$m/s<br>$RQD = 40\%\sim70\%$<br>$K_v = 0.55\sim0.75$ |
| III | $B_{III2}$：岩体呈次块或中厚层状结构，或硅质、钙质胶结的薄层结构，结构面中等发育，多闭合，岩块间嵌合力较好，贯穿性结构面不多见 | 岩体较完整，局部完整性差，抗滑、抗变形性能受结构面和岩石强度控制 | $R_b = 40\sim60$MPa<br>$V_P = 3000\sim3500$m/s<br>$RQD = 20\%\sim40\%$<br>$K_v = 0.35\sim0.55$ |
| IV | $B_{IV1}$：岩体呈互层状或薄层状，层间结合较差，存在不利于坝基（肩）稳定的软弱结构面、较大楔体或棱体 | 岩体完整性差，抗滑、抗变形性能明显受结构面控制。能否作为高混凝土坝地基，视处理难度和效果而定 | $R_b = 30\sim60$MPa<br>$V_P = 2000\sim3000$m/s<br>$RQD = 20\%\sim40\%$<br>$K_v < 0.35$ |
| IV | $B_{IV2}$：岩体呈薄层状或碎裂状，结构面发育~很发育，多张开，岩块间嵌合力差 | 岩体较破碎，抗滑、抗变形性能差，一般不宜作为高混凝土坝地基。当坝基局部存在该类岩体时，需做专门处理 | $R_b = 30\sim60$MPa<br>$V_P < 2000$m/s<br>$RQD < 20\%$<br>$K_v < 0.35$ |
| V | $B_V$：岩体呈散体结构，由岩块夹泥或泥包岩块组成，具有散体连续介质特征 | 岩体破碎，不能作为高混凝土坝地基。当坝基局部地段分布该类岩体时，需做专门处理 | — |

### 知识拓展

对比《铁路隧道设计规范》第 14.8.2 条岩爆分级、《铁路工程地质勘察规范》第 4.3.2 条条文说明 P181：岩爆临界深度。

**坝基岩体工程地质分类三**

| 岩体类别 | C软质岩（$R_b < 30$MPa） | | |
|---|---|---|---|
| | 岩体特征 | 岩体工程性质评价 | 岩体主要特征值 |
| Ⅰ | — | — | — |
| Ⅱ | — | — | — |
| Ⅲ | $C_Ⅲ$：岩石强度 15～30MPa，岩体呈整体状或巨厚层状结构，结构面不发育～中等发育，岩体力学特性各方向的差异性不显著 | 岩体完整，抗滑、抗变形性能受岩石强度控制 | $R_b < 30$MPa<br>$V_P = 2500\sim3500$m/s<br>$RQD > 50\%$<br>$K_v > 0.55$ |
| | — | — | — |
| Ⅳ | $C_Ⅳ$：岩石强度大于 15MPa，但结构面较发育；或岩石强度小于 15MPa，结构面较中等发育 | 岩体较完整，强度低，抗滑、抗变形性能差，不宜作为高混凝土坝地基，当坝基局部存在该类岩体时，需做专门处理 | $R_b < 30$MPa<br>$V_P < 2500$m/s<br>$RQD < 50\%$<br>$K_v < 0.55$ |
| | — | — | — |
| Ⅴ | $C_Ⅴ$：岩体呈散体结构，由岩块夹泥或泥包岩块组成，具有散体连续介质特征 | 岩体破碎，不能作为高混凝土坝地基。当坝基局部地段分布该类岩体时，需做专门处理 | |

【表注】本分类适用于高度大于 70m 的混凝土坝，$R_b$ 为饱和单轴抗压强度，$V_P$ 为岩体声波纵波波速，$RQD$ 为岩石质量指标，$K_v$ 为岩体完整性系数。

### （四）岩爆分级及判断

**岩爆分级及判断**

| 岩爆分级 | 主要现象和岩性条件 | 岩石强度应力比 $R_b/\sigma_m$ | 建议防治措施 |
|---|---|---|---|
| 轻微岩爆（Ⅰ级） | 围岩表层有爆裂射落现象，内部有噼啪、撕裂声响，人耳偶然可以听到。岩爆零星间断发生。一般影响深度为 0.1～0.3m。对施工影响较小 | 4～7 | 根据需要进行简单支护 |
| 中等岩爆（Ⅱ级） | 围岩爆裂弹射现象明显，有似子弹射击的清脆爆裂声响，有一定的持续时间。破坏范围较大，一般影响深度为 0.3～1m。对施工有一定影响，对设备及人员安全有一定威胁 | 2～4 | 需进行专门支护设计。多进行喷锚支护等 |
| 强烈岩爆（Ⅲ级） | 围岩大片爆裂，出现强烈弹射，发生岩块抛射及岩粉喷射现象，巨响，似爆破声，持续时间长，并向围岩深部发展，破坏范围和块度大，一般影响深度为 1～3m。对施工影响大，威胁机械设备及人员人身安全 | 1～2 | 主要考虑采取应力释放钻孔、超前导洞等措施，进行超前应力解除，降低围岩应力。也可采取超前锚固及格栅钢支撑等措施加固围岩。需进行专门支护设计 |
| 极强岩爆（Ⅳ级） | 洞室断面大部分围岩严重爆裂，大块岩片出现剧烈弹射，振动强烈，响声剧烈，似闷雷。迅速向围岩深处发展，破坏范围和块度大，一般影响深度大于 3m，乃至整个洞室遭受破坏。严重影响施工，人财损失巨大。最严重者可造成地面建筑物破坏 | <1 | |

【表注】$R_b$ 为岩石饱和单轴抗压强度，$\sigma_m$ 为最大主应力。

# 第五章

# 高层建筑岩土工程勘察标准

## 第一节 岩土工程勘察

### 一、高层建筑岩土工程勘察等级划分

——第 3.0.2 条

**高层建筑岩土工程勘察等级划分**

| 项目 | 内容 |
|---|---|
| 勘察等级划分依据 | 根据高层建筑**规模**和**特征**、场地和地基复杂程度、破坏后果的严重程度 |
| 勘察等级 | 高层建筑勘察等级分为特级、甲级和乙级 |
| 勘察等级：特级 | 符合下列条件之一，破坏后果很严重：<br>①高度超过 250m（含 250m）的超高层建筑；<br>②高度超过 300m（含 300m）的高耸结构；<br>③含有周边环境特别复杂或对基坑变形有特殊要求基坑的高层建筑 |
| 勘察等级：甲级 | 符合下列条件之一，破坏后果很严重：<br>①30 层（含 30 层）以上或高于 100m（含 100m）但低于 250m 的超高层建筑（包括住宅、综合性建筑和公共建筑）；<br>②体型复杂、层数相差超过 10 层的高低层连成一体的高层建筑；<br>③对地基变形有特殊要求的高层建筑；<br>④高度超过 200m，但低于 300m 的高耸结构，或重要的工业高耸结构；<br>⑤地质环境复杂的建筑边坡上、下的高层建筑；<br>⑥属于一级（复杂）场地，或一级（复杂）地基的高层建筑；<br>⑦对既有工程影响较大的新建高层建筑；<br>⑧含有基坑支护结构安全等级为一级基坑工程的高层建筑 |
| 勘察等级：乙级 | 符合下列条件之一，破坏后果严重：<br>①不符合特级、甲级的高层建筑和高耸结构；<br>②高度超过 24m、低于 100m 的综合性建筑和公共建筑；<br>③位于邻近地质条件中等复杂、简单的建筑边坡上、下的高层建筑；<br>④含有基坑支护结构安全等级为二级、三级基坑工程的高层建筑 |
| 注意事项 | 高层建筑的勘察等级只有特级、甲级和乙级，没有丙级 |

**笔记区**

## 二、详勘阶段勘探点深度的确定

——第 4.2.2 条

**详勘阶段勘探点深度确定**

| 箱形基础或 | 控制性勘探点 | $d_c = d + \alpha_c \beta b$ 且大于地基变形计算深度 |
|---|---|---|
| 筏形基础 | 一般性勘探点 | $d_g = d + \alpha_g \beta b$ 且大于主要受力层的深度 |

式中：$d_c$——控制性勘探点深度（m）；

$d_g$——一般性勘探点深度（m）；

$d$——箱形基础或筏形基础埋置深度（m）；

$\alpha_c$、$\alpha_g$——与土的压缩性有关的经验系数，根据基础下的地基主要土层按下表（规范第 4.2.2 条）取值；

$\beta$——与高层建筑层数或基底压力有关的经验系数，对勘察等级为甲级的高层建筑可取 1.1，对勘察等级为乙级的高层建筑可取 1.0；

$b$——箱形基础或筏形基础宽度，对圆形基础或环形基础，按最大直径考虑，对不规则形状的基础，按面积等代成方形、矩形或圆形面积的宽度或直径考虑（m）

**$\alpha_c$、$\alpha_g$ 取值**

| 经验系数 | 碎石土 | 砂土 | 粉土 | 黏性土（含黄土） | 软土 |
|---|---|---|---|---|---|
| $\alpha_c$ | 0.5～0.7 | 0.7～0.8 | 0.8～1.0 | 1.0～1.5 | 1.5～2.0 |
| $\alpha_g$ | 0.3～0.4 | 0.4～0.5 | 0.5～0.7 | 0.7～1.0 | 1.0～1.5 |

【小注】①表中同一类土中，地质年代老、密实或地下水位深者取小值，反之取大值。

②$b \geq 50m$ 时取小值，$b \leq 20m$ 时取大值，其间可插值

## 三、不均匀地基的判定

——第 8.2.3 条

**不均匀地基的判定**

| 项目 | 内容 |
|---|---|
| 不均匀地基判定原则 | （1）地基持力层跨越不同地貌单元或工程地质单元，工程特性差异显著。<br>（2）地基持力层虽属于同一地貌单元或工程地质单元，但存在下列情况之一：<br>①中-高压缩性地基，持力层底面或相邻基底高程的坡度大于 10%；<br>②中-高压缩性地基，持力层及其下卧层在基础宽度方向上的厚度差值大于 $0.05b$（$b$ 为基础宽度）。<br>（3）同一高层建筑虽处于同一地貌单元或同一工程地质单元，但各处地基土的压缩性有较大差异时，可在计算各钻孔地基变形计算深度范围内当量模量的基础上，根据当量模量最大值 $\overline{E}_{smax}$ 和当量模量最小值 $\overline{E}_{smin}$ 的比值判定地基均匀性。<br>当 $\dfrac{\overline{E}_{smax}}{\overline{E}_{smin}}$ 大于下表中地基不均匀系数界限值 $K$ 时，可按不均匀地基考虑。 |

**地基不均匀系数 $K$ 界限值**

| 同一建筑物各钻孔压缩模量当量值 $\overline{E}_s$ 的平均值（MPa） | ≤4 | 7.5 | 15 | >20 |
|---|---|---|---|---|
| 不均匀系数界限值 $K$ | 1.3 | 1.5 | 1.8 | 2.5 |

续表

| 项目 | 内容 |
|---|---|
| 压缩模量当量值的计算 | 计算依据：在地基变形计算深度范围内（自基底算起），应根据平均附加应力系数在各层土的层位深度内积分值$A_i$和各土层压缩模量$E_{si}$（按实际压力段取值）计算。<br>$$\overline{E}_s = \frac{\sum A_i}{\sum \frac{A_i}{E_{si}}}$$<br>式中：$\overline{E}_s$——压缩模量当量值；<br>　　　$A_i$——第$i$层土的层位深度内平均附加应力系数的积分值 |
| 注意事项 | 实际压力段：指自重应力至自重应力与附加应力之和段。<br>$A_i$计算公式：$A_i = z_i\overline{\alpha}_i - z_{i-1}\overline{\alpha}_{i-1}$<br>式中：$z_i$、$z_{i-1}$——基础底面至第$i$层土、第$i-1$层土底面的距离（m）；<br>　　　$\overline{\alpha}_i$、$\overline{\alpha}_{i-1}$——基础底面计算点至第$i$层土、第$i-1$层土底面范围内平均附加应力系数 |

## 第二节 浅基础

### 一、地基承载力特征值 $f_{ak}$ 的确定

——第 8.2.7 条和附录 B

**地基承载力特征值 $f_{ak}$ 的确定**

地基承载力特征值（kPa）$f_{ak} = f_u/K \Leftarrow$ 地基极限承载力（kPa）$f_u = \frac{1}{2}N_\gamma \zeta_\gamma b\gamma + N_q\zeta_q\gamma_0 d + N_c\zeta_c\overline{c}_k$

| 参数说明 | | | | |
|---|---|---|---|---|
| ①$\gamma$（kN/m³） | 基底组合持力层的土体平均重度 | 地下水位以下且不属于隔水层时取浮重度 | | |
| | | 地下水位以下且属于隔水层时取天然重度 | | |
| ②$\gamma_0$（kN/m³） | 基础底面以上土体的平均重度 | 地下水位以下且不属于隔水层时取浮重度 | | |
| | | 基底以上的地下水与基底高程处的地下水之间有隔水层，可取天然重度 | | |
| ③$b$、$l$（m） | 基础底面宽度、长度，当$b > 6m$时取$b = 6m$ | | | |
| ④$d$（m） | 一般情况 | — | 自室外地面标高算起 | |
| | 填方整平地区 | 填土在上部结构施工后完成 | 自天然地面标高算起 | |
| | | 其他情况 | 自填土地面标高算起 | |
| | 地下室 | 箱形基础或筏形基础 | 自室外地面标高算起 | |
| | | 独立基础或条形基础 | 自室内地面标高算起 | |
| ⑤$\overline{c}_k$、$\overline{\varphi}_k$ | 持力层平均黏聚力标准值（kPa）、内摩擦角（°），不按地层加权 | | | |
| ⑥$\zeta_r$、$\zeta_q$、$\zeta_c$（按右侧查表，此处$b$按实际取值） | 基础形状 | $\zeta_r$ | $\zeta_q$ | $\zeta_c$ |
| | 条形 | 1.00 | 1.00 | 1.00 |
| | 矩形 | $1 - 0.4\dfrac{b}{l}$ | $1 + \dfrac{b}{l}\tan\overline{\varphi}_k$ | $1 + \dfrac{b}{l} \cdot \dfrac{N_q}{N_c}$ |
| | 圆形或方形 | 0.60 | $1 + \tan\overline{\varphi}_k$ | $1 + \dfrac{N_q}{N_c}$ |
| ⑦$K$ | 安全系数，根据建筑安全等级和土性可靠性在 2～3 之间选取 | | | |
| ⑧$N_\gamma$、$N_q$、$N_c$ | 极限承载力系数，可按下附表查取 | | | |

## 附表　极限承载力系数 $N_r$、$N_q$、$N_c$

| $\overline{\varphi}_k$ | $N_r$ | $N_q$ | $N_c$ | $\overline{\varphi}_k$ | $N_r$ | $N_q$ | $N_c$ |
|---|---|---|---|---|---|---|---|
| 0° | 0.00 | 1.00 | 5.14 | 26° | 12.54 | 11.85 | 22.25 |
| 1° | 0.07 | 1.09 | 5.38 | 27° | 14.47 | 13.20 | 23.94 |
| 2° | 0.15 | 1.20 | 5.63 | 28° | 16.72 | 14.72 | 25.80 |
| 3° | 0.24 | 1.31 | 5.90 | 29° | 19.34 | 16.44 | 27.86 |
| 4° | 0.34 | 1.43 | 6.19 | 30° | 22.40 | 18.40 | 30.14 |
| 5° | 0.45 | 1.57 | 6.49 | 31° | 25.99 | 20.63 | 32.67 |
| 6° | 0.57 | 1.72 | 6.81 | 32° | 30.22 | 23.18 | 35.49 |
| 7° | 0.71 | 1.88 | 7.16 | 33° | 35.19 | 26.09 | 38.64 |
| 8° | 0.86 | 2.06 | 7.53 | 34° | 41.06 | 29.44 | 42.16 |
| 9° | 1.03 | 2.25 | 7.92 | 35° | 48.03 | 33.30 | 46.12 |
| 10° | 1.22 | 2.47 | 8.35 | 36° | 56.31 | 37.75 | 50.59 |
| 11° | 1.44 | 2.71 | 8.80 | 37° | 66.19 | 42.92 | 55.63 |
| 12° | 1.69 | 2.97 | 9.28 | 38° | 78.03 | 48.93 | 61.35 |
| 13° | 1.97 | 3.26 | 9.81 | 39° | 92.25 | 55.96 | 67.87 |
| 14° | 2.29 | 3.59 | 10.37 | 40° | 109.41 | 64.20 | 75.31 |
| 15° | 2.65 | 3.94 | 10.98 | 41° | 130.22 | 73.90 | 83.86 |
| 16° | 3.06 | 4.34 | 11.63 | 42° | 155.55 | 85.38 | 93.71 |
| 17° | 3.53 | 4.77 | 12.34 | 43° | 186.54 | 99.02 | 105.11 |
| 18° | 4.07 | 5.26 | 13.10 | 44° | 224.64 | 155.31 | 118.37 |
| 19° | 4.68 | 5.80 | 13.93 | 45° | 271.76 | 134.88 | 133.88 |
| 20° | 5.39 | 6.40 | 14.83 | 46° | 330.35 | 158.51 | 152.10 |
| 21° | 6.20 | 7.07 | 15.82 | 47° | 403.67 | 187.21 | 173.64 |
| 22° | 7.13 | 7.82 | 16.88 | 48° | 496.01 | 222.31 | 199.26 |
| 23° | 8.20 | 8.66 | 18.05 | 49° | 613.16 | 265.51 | 229.93 |
| 24° | 9.44 | 9.60 | 19.32 | 50° | 762.86 | 319.07 | 266.89 |
| 25° | 10.88 | 10.66 | 20.72 | | | | |

【表注】$N_q = \tan^2\left(45° + \frac{\overline{\varphi}_k}{2}\right) e^{\pi \tan \overline{\varphi}_k}$；$N_c = \frac{N_q - 1}{\tan \overline{\varphi}_k}$；$N_r = 2(N_q + 1) \tan \overline{\varphi}_k$。

## 二、旁压试验估算竖向地基承载力

——第 8.2.8 条

### 旁压试验估算竖向地基承载力

| （1）临塑压力法：$f_{hak} = \lambda (p_f - p_0)$ |
|---|
| （2）极限压力法：$f_{hak} = f_{hu}/K \Leftarrow f_{hu} = p_L - p_0$ |

| 参数说明 | 式中：$f_{hak}$——原位测试深度处均一土层的地基承载力特征值（kPa），在无经验地区，在原位测试深度处用浅层或深层载荷试验验证； |
|---|---|
| | $f_{hu}$——原位测试深度处均一土层的地基极限承载力（kPa） |
| | ①$\lambda$　修正系数，结合地区经验取值，但不应大于 1 |
| | ②$K$　安全系数，根据地区经验在 2~4 之间选取，且 $f_{hak} \leqslant p_f$ |
| | ③$p_f$、$p_0$、$p_L$（如右图所示） |
| | 式中：$p_0$——由旁压试验曲线和经验综合确定的土的初始压力（kPa）； |
| | $p_f$——由旁压试验曲线确定的临塑压力（kPa）； |
| | $p_L$——由旁压试验曲线确定的极限压力（kPa） |

## 三、变形模量估算箱形、筏形、扩展或条形基础的地基沉降量

——第 8.2.10 条和附录 C

适用范围：

对不能准确取得压缩模量的地基土，包括碎石土、砂土、花岗岩残积土、全风化岩、强风化岩等，可按附录 C 求取地基沉降量。

（1）变形模量 $E_0$ 估算箱形或筏形基础地基最终平均沉降量 $s$（mm）

$$s = \psi_s pb\eta \sum_{i=1}^{n}\left(\frac{\delta_i - \delta_{i-1}}{E_{0i}}\right)$$

式中：$\psi_s$——沉降经验系数，根据地区经验确定，对花岗岩残积土 $\varphi_s$ 可取 1；

$b$——基础底面宽度（m）；

$p$——对应于荷载效应准永久组合时的基底平均压力（kPa），非附加应力，地下水以下扣除水浮力；

$\delta_i$、$\delta_{i-1}$——沉降应力系数，与基础长宽比（$l/b$）和基底至第 $i$ 层和第 $i-1$ 层（岩）土底面的距离 $z$ 有关，可按下附表确定；

$E_{0i}$——基底下第 $i$ 层土的变形模量（MPa），可通过载荷试验或地区经验确定；

$\eta$——考虑刚性下卧层影响的修正系数，可按下表确定，若无刚性下卧层，$\eta = 1.0$。

| $m = z_n/b$ | $0 < m \leqslant 0.5$ | $0.5 < m \leqslant 1$ | $1 < m \leqslant 2$ | $2 < m \leqslant 3$ | $3 < m \leqslant 5$ | $m > 5$ |
|---|---|---|---|---|---|---|
| 修正系数 $\eta$ | 1.00 | 0.95 | 0.90 | 0.80 | 0.75 | 0.70 |

**附表　按 $E_0$ 估算地基沉降应力系数 $\delta_i$**

| $m = \dfrac{2z}{b}$ | 圆形基础 $b = 2r$ | 矩形基础 $n = l/b$ | | | | | | 条形基础 $n \geqslant 10$ |
|---|---|---|---|---|---|---|---|---|
| | | 1.0 | 1.4 | 1.8 | 2.4 | 3.2 | 5.0 | |
| 0.0 | 0.000 | 0.000 | 0.000 | 0.000 | 0.000 | 0.000 | 0.000 | 0.000 |
| 0.4 | 0.067 | 0.100 | 0.100 | 0.100 | 0.100 | 0.100 | 0.100 | 0.104 |
| 0.8 | 0.163 | 0.200 | 0.200 | 0.200 | 0.200 | 0.200 | 0.200 | 0.208 |
| 1.2 | 0.262 | 0.299 | 0.300 | 0.300 | 0.300 | 0.300 | 0.300 | 0.311 |
| 1.6 | 0.346 | 0.380 | 0.394 | 0.397 | 0.397 | 0.397 | 0.397 | 0.412 |
| 2.0 | 0.411 | 0.446 | 0.472 | 0.482 | 0.486 | 0.486 | 0.486 | 0.511 |
| 2.4 | 0.461 | 0.499 | 0.538 | 0.556 | 0.565 | 0.567 | 0.567 | 0.605 |
| 2.8 | 0.501 | 0.542 | 0.592 | 0.618 | 0.635 | 0.640 | 0.640 | 0.687 |
| 3.2 | 0.532 | 0.577 | 0.637 | 0.671 | 0.696 | 0.707 | 0.709 | 0.763 |
| 3.6 | 0.558 | 0.606 | 0.676 | 0.717 | 0.750 | 0.768 | 0.772 | 0.831 |
| 4.0 | 0.579 | 0.630 | 0.708 | 0.756 | 0.796 | 0.802 | 0.830 | 0.892 |
| 4.4 | 0.596 | 0.650 | 0.735 | 0.789 | 0.837 | 0.867 | 0.883 | 0.949 |
| 4.8 | 0.611 | 0.668 | 0.759 | 0.819 | 0.873 | 0.908 | 0.932 | 1.001 |
| 5.2 | 0.624 | 0.683 | 0.780 | 0.884 | 0.904 | 0.948 | 0.977 | 1.050 |
| 5.6 | 0.635 | 0.697 | 0.798 | 0.867 | 0.933 | 0.981 | 1.018 | 1.095 |

续表

| $m=\dfrac{2z}{b}$ | 圆形基础 $b=2r$ | 矩形基础 $n=l/b$ | | | | | | 条形基础 $n\geqslant 10$ |
|---|---|---|---|---|---|---|---|---|
| | | 1.0 | 1.4 | 1.8 | 2.4 | 3.2 | 5.0 | |
| 6.0 | 0.645 | 0.708 | 0.814 | 0.887 | 0.958 | 1.011 | 1.056 | 1.138 |
| 6.4 | 0.653 | 0.719 | 0.828 | 0.904 | 0.980 | 1.031 | 1.092 | 1.178 |
| 6.8 | 0.661 | 0.728 | 0.841 | 0.920 | 1.000 | 1.065 | 1.122 | 1.215 |
| 7.2 | 0.668 | 0.736 | 0.852 | 0.935 | 1.019 | 1.088 | 1.152 | 1.251 |
| 7.6 | 0.674 | 0.744 | 0.863 | 0.948 | 1.036 | 1.109 | 1.180 | 1.285 |
| 8.0 | 0.679 | 0.751 | 0.872 | 0.960 | 1.051 | 1.128 | 1.205 | 1.316 |
| 8.4 | 0.684 | 0.757 | 0.881 | 0.970 | 1.065 | 1.146 | 1.229 | 1.347 |
| 8.8 | 0.689 | 0.762 | 0.888 | 0.980 | 1.078 | 1.162 | 1.251 | 1.376 |
| 9.2 | 0.693 | 0.768 | 0.896 | 0.989 | 1.089 | 1.178 | 1.272 | 1.404 |
| 9.6 | 0.697 | 0.772 | 0.902 | 0.998 | 1.100 | 1.192 | 1.291 | 1.431 |
| 10.0 | 0.700 | 0.777 | 0.908 | 1.005 | 1.110 | 1.205 | 1.309 | 1.456 |
| 11.0 | 0.705 | 0.786 | 0.912 | 1.022 | 1.132 | 1.230 | 1.349 | 1.506 |
| 12.0 | 0.710 | 0.794 | 0.933 | 1.037 | 1.151 | 1.257 | 1.384 | 1.550 |

【表注】①$l$与$b$分别为矩形基础的长度与宽度（m）。
②$z$为基础底面至该层土底面的距离（m）。
③$r$为圆形基础的半径（m）。

（2）变形模量$E_0$估算扩展基础或条形基础地基最终沉降量$s$（mm）

$$s=\eta\sum_{i=1}^{n}\dfrac{p_{0i}}{E_{0i}}h_i \Leftarrow p_{0i}=\alpha_i(p_k-p_c)$$

式中：$E_{0i}$——基底下第$i$层土的变形模量（MPa）；

$h_i$——第$i$层土的厚度（m）；

$\eta$——沉降计算经验系数，花岗岩类的土岩层可取 0.8；其他土层宜根据实测资料和工程经验确定；

$p_{0i}$——第$i$层中点处的附加压力（kPa）；

$p_k$——对应于荷载效应标准永久组合基础底面的平均压力（kPa）；

$p_c$——基础底面以上土的自重压力标准值（kPa）；

$\alpha_i$——矩形基础和条形基础均布荷载作用下中心点竖向附加应力系数，非角点的竖向附加应力系数，可根据下附表确定，$l$、$b$分别为基础底面的长度和宽度，$z_i$为基础底面至第$i$层土中点的距离

附表　矩形基础和条形基础均布荷载作用下中心点竖向附加应力系数 $\alpha_i$
（Boussinesq 解） $\alpha_i$ 已乘过 4，不要再乘 4

| 2z/b | l/b | | | | | | | | | | | 条形基础 |
|---|---|---|---|---|---|---|---|---|---|---|---|---|
| | 1 | 1.2 | 1.4 | 1.6 | 1.8 | 2 | 3 | 4 | 5 | 6 | 10 | |
| 0 | 1.000 | 1.000 | 1.000 | 1.000 | 1.000 | 1.000 | 1.000 | 1.000 | 1.000 | 1.000 | 1.000 | 1.000 |
| 0.2 | 0.994 | 0.995 | 0.996 | 0.996 | 0.996 | 0.997 | 0.997 | 0.997 | 0.997 | 0.997 | 0.997 | 0.997 |
| 0.4 | 0.960 | 0.968 | 0.972 | 0.974 | 0.975 | 0.976 | 0.977 | 0.977 | 0.977 | 0.977 | 0.977 | 0.977 |
| 0.6 | 0.892 | 0.910 | 0.920 | 0.926 | 0.930 | 0.932 | 0.936 | 0.936 | 0.937 | 0.937 | 0.937 | 0.937 |
| 0.8 | 0.800 | 0.830 | 0.848 | 0.859 | 0.866 | 0.870 | 0.878 | 0.880 | 0.881 | 0.881 | 0.881 | 0.881 |
| 1.0 | 0.701 | 0.740 | 0.766 | 0.782 | 0.793 | 0.800 | 0.814 | 0.817 | 0.818 | 0.818 | 0.818 | 0.818 |
| 1.2 | 0.606 | 0.651 | 0.682 | 0.703 | 0.717 | 0.727 | 0.748 | 0.753 | 0.754 | 0.755 | 0.755 | 0.755 |
| 1.4 | 0.522 | 0.569 | 0.603 | 0.628 | 0.645 | 0.658 | 0.685 | 0.692 | 0.694 | 0.695 | 0.696 | 0.696 |
| 1.6 | 0.449 | 0.496 | 0.532 | 0.558 | 0.578 | 0.593 | 0.627 | 0.636 | 0.639 | 0.640 | 0.642 | 0.642 |
| 1.8 | 0.388 | 0.433 | 0.469 | 0.496 | 0.517 | 0.534 | 0.573 | 0.585 | 0.590 | 0.591 | 0.593 | 0.593 |
| 2.0 | 0.336 | 0.379 | 0.414 | 0.441 | 0.463 | 0.481 | 0.525 | 0.540 | 0.545 | 0.547 | 0.549 | 0.550 |
| 2.2 | 0.293 | 0.333 | 0.366 | 0.393 | 0.416 | 0.433 | 0.482 | 0.499 | 0.505 | 0.508 | 0.511 | 0.511 |
| 2.4 | 0.257 | 0.294 | 0.325 | 0.352 | 0.374 | 0.392 | 0.443 | 0.462 | 0.470 | 0.473 | 0.477 | 0.477 |
| 2.6 | 0.226 | 0.260 | 0.290 | 0.315 | 0.337 | 0.355 | 0.408 | 0.429 | 0.438 | 0.442 | 0.446 | 0.447 |
| 2.8 | 0.201 | 0.232 | 0.260 | 0.284 | 0.304 | 0.322 | 0.377 | 0.400 | 0.410 | 0.414 | 0.419 | 0.420 |
| 3.0 | 0.179 | 0.208 | 0.233 | 0.256 | 0.276 | 0.293 | 0.348 | 0.373 | 0.384 | 0.389 | 0.395 | 0.396 |
| 3.2 | 0.160 | 0.187 | 0.210 | 0.232 | 0.251 | 0.267 | 0.322 | 0.348 | 0.360 | 0.366 | 0.373 | 0.374 |
| 3.4 | 0.144 | 0.169 | 0.191 | 0.211 | 0.229 | 0.244 | 0.299 | 0.326 | 0.339 | 0.345 | 0.353 | 0.354 |
| 3.6 | 0.131 | 0.153 | 0.173 | 0.192 | 0.209 | 0.224 | 0.278 | 0.305 | 0.319 | 0.327 | 0.335 | 0.337 |
| 3.8 | 0.119 | 0.139 | 0.158 | 0.176 | 0.192 | 0.206 | 0.259 | 0.287 | 0.301 | 0.309 | 0.318 | 0.320 |
| 4.0 | 0.108 | 0.127 | 0.145 | 0.161 | 0.176 | 0.190 | 0.241 | 0.269 | 0.285 | 0.293 | 0.303 | 0.306 |
| 4.2 | 0.099 | 0.116 | 0.133 | 0.148 | 0.163 | 0.176 | 0.225 | 0.254 | 0.270 | 0.278 | 0.290 | 0.292 |
| 4.4 | 0.091 | 0.107 | 0.123 | 0.137 | 0.150 | 0.163 | 0.211 | 0.239 | 0.255 | 0.265 | 0.277 | 0.280 |
| 4.6 | 0.084 | 0.099 | 0.113 | 0.127 | 0.139 | 0.151 | 0.197 | 0.226 | 0.242 | 0.252 | 0.265 | 0.268 |
| 4.8 | 0.077 | 0.091 | 0.105 | 0.118 | 0.130 | 0.141 | 0.185 | 0.213 | 0.230 | 0.240 | 0.254 | 0.258 |
| 5.0 | 0.072 | 0.085 | 0.097 | 0.109 | 0.121 | 0.131 | 0.174 | 0.202 | 0.219 | 0.229 | 0.244 | 0.248 |
| 6.0 | 0.051 | 0.060 | 0.070 | 0.078 | 0.087 | 0.095 | 0.130 | 0.155 | 0.172 | 0.184 | 0.202 | 0.208 |
| 7.0 | 0.038 | 0.045 | 0.052 | 0.059 | 0.065 | 0.072 | 0.100 | 0.122 | 0.139 | 0.150 | 0.171 | 0.179 |
| 8.0 | 0.029 | 0.035 | 0.040 | 0.046 | 0.051 | 0.056 | 0.079 | 0.098 | 0.113 | 0.125 | 0.147 | 0.158 |
| 9.0 | 0.023 | 0.028 | 0.032 | 0.036 | 0.041 | 0.045 | 0.064 | 0.081 | 0.094 | 0.105 | 0.128 | 0.140 |
| 10.0 | 0.019 | 0.022 | 0.026 | 0.030 | 0.033 | 0.037 | 0.053 | 0.067 | 0.079 | 0.089 | 0.112 | 0.126 |
| 12.0 | 0.013 | 0.016 | 0.018 | 0.021 | 0.023 | 0.026 | 0.038 | 0.048 | 0.058 | 0.066 | 0.088 | 0.106 |
| 14.0 | 0.010 | 0.012 | 0.013 | 0.015 | 0.017 | 0.019 | 0.028 | 0.036 | 0.044 | 0.051 | 0.070 | 0.091 |
| 16.0 | 0.007 | 0.009 | 0.010 | 0.012 | 0.013 | 0.015 | 0.022 | 0.028 | 0.034 | 0.040 | 0.057 | 0.079 |
| 18 | 0.006 | 0.007 | 0.008 | 0.009 | 0.010 | 0.012 | 0.017 | 0.023 | 0.028 | 0.032 | 0.047 | 0.071 |
| 20 | 0.005 | 0.006 | 0.007 | 0.008 | 0.009 | 0.009 | 0.014 | 0.018 | 0.023 | 0.027 | 0.040 | 0.064 |
| 25 | 0.003 | 0.004 | 0.004 | 0.005 | 0.005 | 0.006 | 0.009 | 0.012 | 0.015 | 0.017 | 0.027 | 0.051 |
| 30 | 0.002 | 0.003 | 0.003 | 0.003 | 0.004 | 0.004 | 0.006 | 0.008 | 0.010 | 0.012 | 0.019 | 0.042 |
| 35 | 0.002 | 0.002 | 0.002 | 0.002 | 0.003 | 0.003 | 0.005 | 0.006 | 0.008 | 0.009 | 0.015 | 0.036 |
| 40 | 0.001 | 0.001 | 0.002 | 0.002 | 0.002 | 0.002 | 0.004 | 0.005 | 0.006 | 0.007 | 0.011 | 0.032 |

（3）沉降计算深度$z_n$的确定

$$z_n = (z_m + \xi b)\beta$$

式中：$z_n$——沉降计算深度（m）；

$z_m$——与基础长宽比有关的经验值，按下表确定；

$\xi$——折减系数，按下表确定。

$z_m$值和折减系数$\xi$

| $l/b$ | 1 | 2 | 3 | 4 | ≥5 |
|---|---|---|---|---|---|
| $z_m$ | 11.6 | 12.4 | 12.5 | 12.7 | 13.2 |
| $\xi$ | 0.42 | 0.49 | 0.53 | 0.60 | 1.00 |

$\beta$——调整系数，按下表确定。

调整系数$\beta$

| 土类 | 碎石土 | 砂土 | 粉土 | 黏性土、花岗岩残积土 | 软土 |
|---|---|---|---|---|---|
| $\beta$ | 0.30 | 0.50 | 0.60 | 0.75 | 1.00 |

当无相邻荷载影响、基础宽度在30m范围内时，基础中点的地基沉降计算深度也可按下式计算：

$$z_n = b(2.5 - 0.4\ln b)$$

## 四、超固结土、正常固结土和欠固结土的基础沉降计算

——第8.2.11条

**超固结土、正常固结土和欠固结土的基础沉降计算**

| 项目 | 内容 |
|---|---|
| 适用情况 | 地基由饱和土层组成且次固结变形忽略不计时 |
| 土固结状态的确定 | 根据超固结比（OCR）来确定土的固结状态。<br>超固结比（OCR）：先期固结压力$p_c$与土的有效自重压力$p_z$做的比值$\left(OCR = \dfrac{p_c}{p_z}\right)$。<br>当$OCR < 1.0$时，为欠固结土；<br>当$OCR$为$1.0 \sim 1.2$时，可视为正常固结土；<br>当$OCR > 1.2$时，可视为超固结土 |
| 超固结土的固结沉降量$s_i$ | （1）当超固结土层中$p_{0i} + p_{zi} \leqslant p_{ci}$时，该层土的固结沉降量可按下式估算：<br>$$s_i = \dfrac{h_i}{1 + e_{0i}} C_{ri} \lg\left(\dfrac{p_{0i} + p_{zi}}{p_{zi}}\right)$$<br>式中：$s_i$——第$i$层土的固结沉降量（mm）；<br>　　　$h_i$——第$i$层土的平均厚度（mm）；<br>　　　$e_{0i}$——第$i$层土初始孔隙比平均值；<br>　　　$C_{ri}$——第$i$层土的回弹再压缩指数平均值；<br>　　　$p_{zi}$——第$i$层土的有效自重压力平均值（kPa）；<br>　　　$p_{0i}$——对应于荷载效应准永久组合时，第$i$层土有效附加压力平均值（kPa）；<br>　　　$p_{ci}$——第$i$层土的先期固结压力平均值（kPa）。<br>（2）当超固结土层中$p_{0i} + p_{zi} > p_{ci}$时，该层土的固结沉降量可按下式估算：<br>$$s_i = \dfrac{h_i}{1 + e_{0i}}\left[C_{ri}\lg\left(\dfrac{p_{ci}}{p_{zi}}\right) + C_{ci}\lg\left(\dfrac{p_{0i} + p_{zi}}{p_{ci}}\right)\right]$$<br>式中：$C_{ci}$——第$i$层土的压缩指数平均值 |

续表

| 项目 | 内容 |
|------|------|
| 正常固结土固结沉降量$s_i$ | 当为正常固结土时,该层土的固结沉降量可按下式估算:<br>$$s_i = \frac{h_i}{1+e_{0i}} C_{ci} \lg\left(\frac{p_{0i}+p_{zi}}{p_{zi}}\right)$$ |
| 欠固结土的固结沉降量$s_i$ | 当为欠固结土时,该层土的沉降量可按下式估算:<br>$$s_i = \frac{h_i}{1+e_{0i}} C_{ci} \lg\left(\frac{p_{0i}+p_{zi}}{p_{ci}}\right)$$ |
| 沉降计算深度 | 对于中、低压缩性土算至有效附加压力等于上覆土有效自重压力20%处;<br>对于高压缩性土算至有效附加压力等于上覆土有效自重压力10%处 |
| 总沉降量 | 整个沉降计算深度内的总沉降量为各土层沉降量之和 |

## 五、地基的回弹变形量、地基的回弹再压缩量

——第10.0.8条和附录A

**地基的回弹变形量、地基的回弹再压缩量**

(1)适用情况:基础埋深较大时,应分析卸荷引起的地基土的回弹和回弹再压缩对工程的不利影响,分析地基土应力历史对回弹量的影响

(2)回弹变形量的计算深度:

计算深度自**基坑底面**算起,算到坑底以下**1.5倍基坑开挖深度**处,当在计算深度以下尚有**软弱下卧土层**时,应算至软弱下卧层底部

| (3)正常固结土地基回弹变形量$s_r$ | 地基的回弹再压缩量$s_{rc}$ |
|---|---|
| $s_r = \psi_r \sum_{i=1}^{n} \frac{\sigma_{zri}}{E_{ri}} h_i \Leftarrow \sigma_{zri} = \delta_m \alpha_i p_c$ | $s_{rc} = \psi_{rc} \sum_{i=1}^{n} \frac{\sigma_{zrci}}{E_{rci}} h_i \Leftarrow \sigma_{zrci} = \delta_m \alpha_i p_{0c}$ |

式中,$s_r$、$s_{rc}$——地基的回弹量(mm),地基的回弹再压缩量(mm);

$\sigma_{zri}$——由于基坑开挖卸荷,引起基础底面处及底面以下第$i$层土中点处产生向上回弹的附加应力,相当于该处有效自重压力的减量(kPa),为负值;

$\sigma_{zrci}$——基坑开挖卸荷回弹后,随着结构施工再加荷,加至卸除基坑底面以上土的有效自重压力时,基坑底面及基坑底面以下第$i$层土中点产生的附加应力的增量(kPa),为正值;

$\psi_r$、$\psi_{rc}$——回弹量计算经验系数和回弹再压缩量计算经验系数,根据类似工程条件下沉降观测资料及群桩作用情况综合确定,当无经验时可取1.0;

$n$——地基变形计算深度范围内所划分的土层数;

$h_i$——第$i$层土厚度(m);

$\delta_m$——由Boussinesq解换算为Mindlin解的应力修正系数,按附录J确定;当$\delta_m > 1.0$,$\delta_m = 1.0$;

$\alpha_i$——按Boussinesq解的竖向附加应力系数,根据附录C表C.0.3(上页附表)确定,$l$、$b$分别为基础底面的长度和宽度,$z_i$为基坑底面至第$i$层土中点的距离;

$p_c$——基坑底面处有效自重压力(kPa),地下水位以下应扣除浮力;

$p_{0c}$——基坑开挖卸荷后,随着结构施工基坑底面处新增的附加压力;

$E_{ri}$、$E_{rci}$——第$i$层土的回弹模量、回弹再压缩模量(MPa),按附录A回弹模量和回弹再压缩模量室内试验要点确定

（4）根据回弹曲线和回弹再压缩曲线确定回弹模量$E_{ri}$和回弹再压缩模量$E_{rci}$：

$$E_{ri} = (1+e_{ai})\frac{p_d}{e_{bi}-e_{ai}}$$

$$E_{rci} = (1+e_{bi})\frac{p_d}{e_{bi}-e_{ci}}$$

式中：$E_{ri}$、$E_{rci}$——第$i$层土的回弹模量、回弹再压缩模量（MPa）；

$e_{bi}$、$e_{ai}$、$e_{ci}$——回弹曲线和回弹再压缩曲线上，分别为$b_i$、$a_i$、$c_i$点固结压力下相对稳定后的孔隙比。

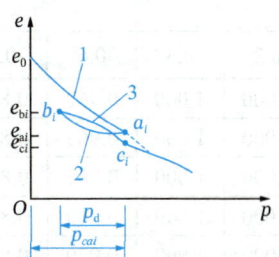

第$i$层土回弹曲线和回弹再压缩曲线示意图
1—恢复自重压力压缩曲线；2—回弹曲线；
3—回弹再压缩曲线

（5）考虑地基土应力历史时，地基土回弹量的计算

当需分析地基土应力历史对回弹的影响时，可采用回弹指数$C_{si}$按下式估算地基回弹量：

$$s_r = \psi_r \sum_{i=1}^{n}\frac{C_{si}h_i}{1+e_{0i}}\lg\left(\frac{p_{czi}+\sigma_{zri}}{p_{czi}}\right) \quad \frac{\text{自重应力}+\text{附加应力}}{\text{有效自重应力}} \Leftarrow p_{czi}=p_{ci}\delta_m$$

式中：$\psi_r$——回弹量计算经验系数，根据类似工程条件下沉降观测资料及群桩作用情况综合确定，当无经验时可取 1.0；

$C_{si}$——坑底开挖面以下第$i$层土的回弹指数，$C_{si}$可用$e\sim\lg p$曲线按应力变化范围确定；

$e_{0i}$——第$i$层土的初始孔隙比；

$p_{czi}$——考虑应力修正系数（$\delta_m$）后的第$i$层土层中心点的原有土层有效自重压力（kPa）；

$p_{ci}$——第$i$层土的原有有效自重压力（kPa）；

$\delta_m$——由 Boussinesq 解，换算为 Mindlin 解的应力修正系数，可按下附表确定，

当$\delta_m > 1.0$时取$\delta_m = 1.0$。

附表  应力修正系数$\delta_m$

| L/B | h/B | | | | | | | | | | |
|---|---|---|---|---|---|---|---|---|---|---|---|
| | 0.2 | 0.3 | 0.4 | 0.6 | 0.8 | 1.0 | 1.2 | 1.4 | 1.6 | 1.8 | 2.0 |
| 1 | 1.000 | 0.954 | 0.899 | 0.814 | 0.750 | 0.702 | 0.663 | 0.633 | 0.608 | 0.588 | 0.570 |
| 1.1 | 1.000 | 0.960 | 0.905 | 0.819 | 0.756 | 0.707 | 0.669 | 0.638 | 0.613 | 0.593 | 0.575 |
| 1.2 | 1.000 | 0.965 | 0.911 | 0.825 | 0.762 | 0.713 | 0.674 | 0.643 | 0.618 | 0.597 | 0.580 |
| 1.3 | 1.000 | 0.970 | 0.916 | 0.830 | 0.767 | 0.718 | 0.680 | 0.649 | 0.623 | 0.602 | 0.585 |
| 1.4 | 1.000 | 0.975 | 0.921 | 0.836 | 0.772 | 0.723 | 0.685 | 0.653 | 0.628 | 0.607 | 0.589 |
| 1.5 | 1.000 | 0.979 | 0.925 | 0.840 | 0.777 | 0.728 | 0.689 | 0.658 | 0.633 | 0.611 | 0.594 |
| 1.6 | 1.000 | 0.983 | 0.929 | 0.845 | 0.782 | 0.733 | 0.694 | 0.663 | 0.637 | 0.616 | 0.598 |
| 1.7 | 1.000 | 0.987 | 0.933 | 0.849 | 0.786 | 0.737 | 0.699 | 0.667 | 0.642 | 0.620 | 0.602 |
| 1.8 | 1.000 | 0.990 | 0.937 | 0.854 | 0.791 | 0.742 | 0.703 | 0.672 | 0.646 | 0.624 | 0.606 |
| 1.9 | 1.000 | 0.993 | 0.941 | 0.857 | 0.795 | 0.746 | 0.707 | 0.676 | 0.650 | 0.629 | 0.610 |
| 2.0 | 1.000 | 0.996 | 0.944 | 0.861 | 0.799 | 0.750 | 0.711 | 0.680 | 0.654 | 0.632 | 0.614 |
| 2.2 | 1.000 | 1.000 | 0.950 | 0.868 | 0.806 | 0.758 | 0.719 | 0.688 | 0.662 | 0.640 | 0.622 |
| 2.4 | 1.000 | 1.000 | 0.954 | 0.874 | 0.813 | 0.765 | 0.726 | 0.695 | 0.669 | 0.647 | 0.629 |
| 2.6 | 1.000 | 1.000 | 0.959 | 0.879 | 0.818 | 0.771 | 0.733 | 0.701 | 0.675 | 0.654 | 0.635 |

续表

| L/B | h/B | | | | | | | | | | |
|---|---|---|---|---|---|---|---|---|---|---|---|
| | 0.2 | 0.3 | 0.4 | 0.6 | 0.8 | 1.0 | 1.2 | 1.4 | 1.6 | 1.8 | 2.0 |
| 2.8 | 1.000 | 1.000 | 0.962 | 0.884 | 0.824 | 0.776 | 0.738 | 0.707 | 0.682 | 0.660 | 0.641 |
| 3.0 | 1.000 | 1.000 | 0.965 | 0.888 | 0.828 | 0.782 | 0.744 | 0.713 | 0.687 | 0.665 | 0.647 |
| 3.2 | 1.000 | 1.000 | 0.967 | 0.891 | 0.832 | 0.786 | 0.749 | 0.718 | 0.692 | 0.671 | 0.652 |
| 3.4 | 1.000 | 1.000 | 0.969 | 0.894 | 0.836 | 0.790 | 0.753 | 0.722 | 0.697 | 0.675 | 0.657 |
| 3.6 | 1.000 | 1.000 | 0.970 | 0.897 | 0.839 | 0.794 | 0.757 | 0.727 | 0.701 | 0.680 | 0.661 |
| 3.8 | 1.000 | 1.000 | 0.971 | 0.899 | 0.842 | 0.797 | 0.761 | 0.730 | 0.705 | 0.684 | 0.666 |
| 4.0 | 1.000 | 1.000 | 0.972 | 0.900 | 0.845 | 0.800 | 0.764 | 0.734 | 0.709 | 0.687 | 0.669 |
| 4.2 | 1.000 | 1.000 | 0.972 | 0.902 | 0.847 | 0.803 | 0.767 | 0.737 | 0.712 | 0.691 | 0.673 |
| 4.4 | 1.000 | 1.000 | 0.973 | 0.903 | 0.849 | 0.805 | 0.769 | 0.740 | 0.715 | 0.694 | 0.676 |
| 4.6 | 1.000 | 1.000 | 0.973 | 0.904 | 0.850 | 0.807 | 0.772 | 0.742 | 0.718 | 0.697 | 0.679 |
| 4.8 | 1.000 | 1.000 | 0.972 | 0.905 | 0.851 | 0.809 | 0.774 | 0.744 | 0.720 | 0.699 | 0.681 |
| 5.0 | 1.000 | 1.000 | 0.972 | 0.905 | 0.853 | 0.810 | 0.775 | 0.746 | 0.722 | 0.701 | 0.683 |
| 5.2 | 1.000 | 1.000 | 0.972 | 0.906 | 0.854 | 0.811 | 0.777 | 0.748 | 0.724 | 0.703 | 0.686 |
| 5.4 | 1.000 | 1.000 | 0.971 | 0.906 | 0.854 | 0.813 | 0.778 | 0.750 | 0.726 | 0.705 | 0.687 |
| 5.6 | 1.000 | 1.000 | 0.971 | 0.906 | 0.855 | 0.814 | 0.780 | 0.751 | 0.727 | 0.707 | 0.689 |
| 5.8 | 1.000 | 1.000 | 0.970 | 0.906 | 0.856 | 0.815 | 0.781 | 0.753 | 0.729 | 0.708 | 0.691 |
| 6.0 | 1.000 | 1.000 | 0.970 | 0.906 | 0.856 | 0.815 | 0.782 | 0.754 | 0.730 | 0.710 | 0.692 |
| 6.2 | 1.000 | 1.000 | 0.969 | 0.906 | 0.856 | 0.816 | 0.783 | 0.755 | 0.731 | 0.711 | 0.693 |
| 6.4 | 1.000 | 1.000 | 0.968 | 0.906 | 0.857 | 0.816 | 0.783 | 0.756 | 0.732 | 0.712 | 0.695 |
| 6.6 | 1.000 | 1.000 | 0.968 | 0.906 | 0.857 | 0.817 | 0.784 | 0.756 | 0.733 | 0.713 | 0.696 |
| 6.8 | 1.000 | 1.000 | 0.967 | 0.906 | 0.857 | 0.817 | 0.785 | 0.757 | 0.734 | 0.714 | 0.697 |
| 7.0 | 1.000 | 1.000 | 0.966 | 0.906 | 0.857 | 0.818 | 0.785 | 0.758 | 0.734 | 0.715 | 0.697 |
| 7.2 | 1.000 | 1.000 | 0.966 | 0.905 | 0.857 | 0.818 | 0.785 | 0.758 | 0.735 | 0.715 | 0.698 |
| 7.4 | 1.000 | 1.000 | 0.965 | 0.905 | 0.857 | 0.818 | 0.786 | 0.759 | 0.736 | 0.716 | 0.699 |
| 7.6 | 1.000 | 1.000 | 0.964 | 0.905 | 0.857 | 0.818 | 0.786 | 0.759 | 0.736 | 0.717 | 0.699 |
| 7.8 | 1.000 | 0.999 | 0.964 | 0.905 | 0.857 | 0.819 | 0.787 | 0.760 | 0.737 | 0.717 | 0.700 |
| 8.0 | 1.000 | 0.998 | 0.963 | 0.904 | 0.857 | 0.819 | 0.787 | 0.760 | 0.737 | 0.718 | 0.701 |
| 8.2 | 1.000 | 0.998 | 0.963 | 0.904 | 0.857 | 0.819 | 0.787 | 0.760 | 0.737 | 0.718 | 0.701 |
| 8.4 | 1.000 | 0.997 | 0.962 | 0.904 | 0.857 | 0.819 | 0.787 | 0.761 | 0.738 | 0.718 | 0.701 |
| 8.6 | 1.000 | 0.996 | 0.962 | 0.904 | 0.857 | 0.819 | 0.787 | 0.761 | 0.738 | 0.719 | 0.702 |
| 8.8 | 1.000 | 0.996 | 0.961 | 0.903 | 0.857 | 0.819 | 0.788 | 0.761 | 0.738 | 0.719 | 0.702 |
| 9.0 | 1.000 | 0.995 | 0.961 | 0.903 | 0.857 | 0.819 | 0.788 | 0.761 | 0.739 | 0.719 | 0.702 |
| 9.2 | 1.000 | 0.994 | 0.960 | 0.903 | 0.857 | 0.819 | 0.788 | 0.761 | 0.739 | 0.720 | 0.703 |
| 9.4 | 1.000 | 0.994 | 0.960 | 0.903 | 0.857 | 0.819 | 0.788 | 0.762 | 0.739 | 0.720 | 0.703 |
| 9.6 | 1.000 | 0.993 | 0.959 | 0.903 | 0.857 | 0.819 | 0.788 | 0.762 | 0.739 | 0.720 | 0.703 |
| 9.8 | 1.000 | 0.993 | 0.959 | 0.902 | 0.857 | 0.819 | 0.788 | 0.762 | 0.739 | 0.720 | 0.704 |
| 10.0 | 1.000 | 0.993 | 0.959 | 0.902 | 0.857 | 0.819 | 0.788 | 0.762 | 0.740 | 0.720 | 0.704 |

【表注】$L$ 为基坑长，$B$ 为基坑宽，$h$ 为挖深。

## 第三节 深基础

### 一、单桩承载力估算

——第 8.3.9～8.3.13 条和附录 D

**单桩承载力估算**

（1）单桩承载力估算方法：
①单桩承载力应通过**现场静载荷试验**确定，无静载荷试验时，也可进行估算。
②估算单桩承载力时应结合地区的经验，采用**静力触探**、**标准贯入试验**或**旁压试验**等原位测试结果进行计算，并根据地质条件类似的试桩资料综合确定。

（2）单桩竖向**承载力特征值**$R_a$（kN）：
$$R_a = Q_u/K$$
式中：$Q_u$——单桩竖向极限承载力（kN）；
　　　$K$——安全系数，一般取$K=2$

（3）静力触探试验确定预制桩的单桩竖向极限承载力：
根据《建筑桩基技术规范》第 5.3.3 条和第 5.3.4 条相关规定来计算

（4）**标准贯入试验**确定单桩竖向**极限承载力**：
$$Q_u = u\sum q_{sis}l_i + q_{ps}A_p$$
式中：$q_{sis}$——第$i$层土的极限侧阻力（kPa），见下附表 1；
　　　$q_{ps}$——桩端土极限端阻力（kPa），见下附表 2

**附表 1　用标准贯入实测击数 $N$ 测求混凝土预制桩极限侧阻力 $q_{sis}$（kPa）**

| 土的名称 | 标准贯入试验实测击数 $N$（击） | 混凝土预制桩极限侧阻力 $q_{sis}$（kPa） |
|---|---|---|
| 淤泥 | $N < 3$ | 14～20 |
| 淤泥质土 | $3 < N \leq 5$ | 22～30 |
| 黏性土 | 流塑 $N \leq 2$ | 24～40 |
| | 软塑 $2 < N \leq 4$ | 40～55 |
| | 可塑 $4 < N \leq 8$ | 55～70 |
| | 硬可塑 $8 < N \leq 15$ | 70～86 |
| | 硬塑 $15 < N \leq 30$ | 86～98 |
| | 坚硬 $N > 30$ | 98～105 |
| 粉土 | 稍密 $2 < N \leq 6$ | 26～46 |
| | 中密 $6 < N \leq 12$ | 46～66 |
| | 密实 $12 < N \leq 30$ | 66～88 |
| 粉细砂 | 稍密 $10 < N \leq 15$ | 24～48 |
| | 中密 $15 < N \leq 30$ | 48～66 |
| | 密实 $N > 30$ | 66～88 |

续表

| 土的名称 | 标准贯入试验实测击数$N$（击） | 混凝土预制桩极限侧阻力$q_{sis}$（kPa） |
|---|---|---|
| 中砂 | 中密$15 < N \leqslant 30$ | 54～74 |
| 中砂 | 密实$N > 30$ | 74～95 |
| 粗砂 | 中密$15 < N \leqslant 30$ | 74～95 |
| 粗砂 | 密实$N > 30$ | 95～116 |
| 砾砂 | 密实$N > 30$ | 116～138 |
| 全风化软质岩 | $30 < N \leqslant 50$ | 100～120 |
| 全风化硬质岩 | $40 < N \leqslant 70*$ | 140～160 |
| 强风化软质岩 | $N > 50$ | 160～240 |
| 强风化硬质岩 | $N > 70*$ | 220～300 |

【表注】①全风化、强风化软质岩和全风化、强风化硬质岩系指其母岩分别为$f_{rk} \leqslant 15MPa$、$f_{rk} > 30MPa$的岩石。

②桩极限承载力最终宜通过单桩静载荷试验确定。

③表中数据可根据地区经验做适当调整。

④带*者，主要适用于花岗岩、花岗片麻岩和火山凝灰岩硬质岩。

附表2　用标准贯入实测击数$N$测求混凝土预制桩极限端阻力$q_{ps}$（kPa）

| 土层类别 | 强风化软质岩 $N > 50$ 强风化硬质岩 $N > 70*$ | | 全风化软质岩 $30 < N \leqslant 50$ 全风化硬质岩 $40 < N \leqslant 70*$ | | $15 < N \leqslant (40)$ 中密-密实 中、粗、砾砂 | $4 < N \leqslant (40)$ 可塑-坚硬黏性土 | | $6 < N \leqslant 30$ 中密-密实粉土 | |
|---|---|---|---|---|---|---|---|---|---|
| 入土深度（m） | 硬质岩 | 软质岩 | 硬质岩 | 软质岩 | 中密、密实 15～(40) | 硬塑、坚硬 15～(40) | 可塑、硬可塑 4～15 | 密实 12～30 | 中密 6～12 |
| <9 | 7000～9000 | 6000～7500 | 5000～6500 | 4000～5000 | 4000～7500 | 2500～3800 | 850～2300 | 1500～2600 | 950～1700 |
| 9～16 | 7000～9000 | 6000～7500 | 5000～6500 | 4000～5000 | 5500～9500 | 3800～5500 | 1400～3300 | 2100～3000 | 1400～2100 |
| 16～30 | 9000～11000 | 7500～9000 | 6500～8000 | 5000～6000 | 6500～10000 | 5500～6000 | 1900～3600 | 2700～3600 | 1900～2700 |
| >30 | 9000～11000 | 7500～9000 | 6500～8000 | 5000～6000 | 7500～11000 | 6000～6800 | 2300～4400 | 3600～4400 | 2500～3400 |

入土深度 = 基础埋深 + 桩长

【表注】①表中极限端阻力$q_{ps}$可根据标准贯入试验实测击数用插入法求取，表中$N$值带()者，系为插入法用。

②表中中密-密实的中砂、粗砂、砾砂的$q_{ps}$范围值，中砂取小值，粗砂取中值，砾砂取大值。

③表中数据可根据地区经验做适当调整。

④带*者，主要适用于花岗岩、花岗片麻岩和火山凝灰岩硬质岩。

（5）根据旁压试验确定单桩竖向极限承载力：

$$Q_u = u\sum q_{sis}l_i + q_{ps}A_p$$

式中：$q_{sis}$——第$i$层土的极限侧阻力（kPa），可根据旁压试验曲线的极限压力$P_L$按下附表3确定。

$q_{ps}$——桩端土极限端阻力（kPa），可按下列公式计算：

黏性土：$q_{ps} = 2p_L$　　　　粉土：$q_{ps} = 2.5p_L$　　　　砂土：$q_{ps} = 3.0p_L$

当为钻孔灌注桩时，其桩周土极限侧阻力$q_{sis}$可按预制桩的70%～80%采用，桩的极限端阻力$q_{ps}$可按预制桩的30%～40%采用。

附表3　预制桩的桩周极限侧阻力$q_{sis}$

| 土性 | 旁压试验$p_L$ | | | | | | | | | | | |
|---|---|---|---|---|---|---|---|---|---|---|---|---|
| | 200 | 400 | 600 | 800 | 1000 | 1200 | 1400 | 1600 | 1800 | 2000 | 2200 | 2400 | ≥2600 |
| | $q_{sis}$（kPa） | | | | | | | | | | | |
| 黏性土 | 10 | 24 | 36 | 50 | 64 | 74 | 80 | 86 | 90 | | | | |
| 粉土 | | 24 | 40 | 52 | 66 | 76 | 84 | 92 | 96 | 98 | 100 | | |
| 砂土 | | | 24 | 40 | 54 | 68 | 84 | 94 | 100 | 106 | 110 | 114 | 118 | 120 |

【表注】①表中数值可内插；
②表中数据对无经验的地区应先进行验证。

（6）嵌岩灌注桩单桩极限承载力的估算（全风化、强风化岩石按土层考虑）：

$$Q_u = u_s\sum_1^n q_{sis}l_i + u_r\sum_1^n q_{sir}h_{ri} + q_{pr}A_p$$

式中：$Q_u$——嵌入中等风化、微风化岩石中的灌注桩单桩竖向极限承载力（kN）；

$u_s$、$u_r$——分别为桩身在土、全风化、强风化岩石和中等、微风化岩石中的周长（m）；

$q_{sis}$、$q_{sir}$——分别为第$i$层土、岩的极限侧阻力（kPa），$q_{sis}$可按《建筑桩基技术规范》中表5.3.5-1、表5.3.5-2和表5.3.6-1确定，$q_{sir}$可按下附表4经地区经验验证后确定；

$q_{pr}$——岩石极限端阻力（kPa），一般应由载荷试验确定，当无条件进行载荷试验时，可按下附表4经地区经验验证后确定；

$h_{ri}$——桩身全断面嵌入第$i$层中风化、微风化岩石内长度（m）；

$A_p$——桩底端面积（m²）。

附表4　嵌岩灌注桩岩石极限侧阻力$q_{sir}$、极限端阻力$q_{pr}$经验值

| 岩石风化程度 | 岩石饱和单轴极限抗压强度标准值$f_{rk}$（MPa） | 岩体完整程度 | 岩石极限侧阻力$q_{sir}$（kPa） | 岩石极限端阻力$q_{pr}$（kPa） |
|---|---|---|---|---|
| 中等风化 | 软岩<br>$5 < f_{rk} \leqslant 15$ | 极破碎、破碎 | 300～800 | 3000～9000 |
| 中等风化或微风化 | 较软岩<br>$15 < f_{rk} \leqslant 30$ | 较破碎 | 800～1200 | 9000～16000 |
| 微风化 | 较硬岩<br>$30 < f_{rk} \leqslant 60$ | 较完整 | 1200～2000 | 16000～32000 |

【表注】①表中极限侧阻力和极限端阻力适用于孔底残渣厚度为50～100mm的钻孔、冲孔、旋挖灌注桩；对于残渣厚度小于50mm的钻孔、冲孔灌注桩和无残渣挖孔桩，其极限端阻力可按表中数值乘以1.1～1.2取值。
②对于扩底桩，扩大头斜面及斜面以上直桩部分1.0～2.0m不计侧阻力（扩大头直径大者取大值，反之取小值）。
③风化程度愈弱、抗压强度愈高、完整程度愈好、嵌入深度愈大，其侧阻力、端阻力可取较高值，反之取较低值，也可根据$f_{rk}$值按内插法求取。
④对于软质岩，单轴极限抗压强度可采用天然湿度试样进行，不经饱和处理。

## 二、群桩基础最终沉降量

——第 8.3.14 条和附录 F

**群桩基础最终沉降量**

方法一：根据《建筑地基基础设计规范》附录 R 计算桩基础最终沉降量

方法二：按附录 F 估算

（1）预制桩基础最终沉降量可按下列公式估算：

$$s = \eta \psi_{s1} \psi_{s2} \sum_{i=1}^{n} \frac{p_{0i} h_i}{E_{si}} \Leftarrow \eta = 1 - 0.5 p_{cz}/p_0$$

式中：$s$——桩基最终沉降量（mm）。

$\eta$——桩端入土深度修正系数；$\eta < 0.3$ 时，取 0.3。

$p_{cz}$——桩端处土的有效自重压力（kPa）。

$p_0$——对应于荷载效应准永久组合时的桩端处的有效附加压力（kPa）。

$\psi_{s1}$——桩侧土性修正系数，桩侧土有层厚不小于 $0.3B$（$B$ 为等效基础宽度）的硬塑状的黏性土或中密-密实砂土，$\psi_{s1} = 0.7 \sim 0.8$；可塑状黏性土或稍密砂土，$\psi_{s1} = 1$；流塑状淤泥质土，$\psi_{s1} = 1.2$。

$\psi_{s2}$——桩端土性修正系数，当桩端下有层厚 $\geqslant 0.5B$ 的硬塑状的黏性土或中密-密实砂土时，$\psi_{s2} = 0.8$；可塑状黏性土或稍密砂土时，$\psi_{s2} = 1$；流塑状淤泥质土时，$\psi_{s2} = 1.1$。

$p_{0i}$——桩端下第 $i$ 土层中的平均有效附加压力（采用 Boussinesq 应力分布解）（kPa）。

$E_{si}$——桩端下第 $i$ 土层中的平均压缩模量（MPa），可按下附表 5 确定。

$h_i$——桩端下第 $i$ 土层的厚度（m）

**附表 5　土的压缩模量 $E_s$ 与原位测试参数的经验关系**

| 原位测试方法 | 土性 | $E_s$（MPa） | 适用深度（m） | 适用范围值 |
|---|---|---|---|---|
| 静力触探试验 | 一般黏性土 | $E_s = 3.3 p_s + 3.2$<br>$E_s = 3.7 q_c + 3.4$ | 15~70 | $0.8 \leqslant p_s \leqslant 5.0$（MPa）<br>$0.7 \leqslant q_c \leqslant 4.0$（MPa） |
| | 粉土及粉细砂 | $E_s = (3 \sim 4) p_s$<br>$E_s = (3.4 \sim 4.4) q_c$ | 20~80 | $3.0 \leqslant p_s \leqslant 25.0$（MPa）<br>$2.6 \leqslant q_c \leqslant 22.0$（MPa） |
| 标准贯入试验 | 粉土及粉细砂 | $E_s = (1 \sim 1.2) N$ | < 120 | $10 \leqslant N \leqslant 50$（击） |
| | 中、粗砂 | $E_s = (1.5 \sim 2) N$ | | $10 \leqslant N \leqslant 50$（击） |
| 旁压试验 | 一般黏性土 | $E_s = (0.7 \sim 1) E_m$ | > 10 | — |
| | 粉土 | $E_s = (1.2 \sim 1.5) E_m$ | | |
| | 粉细砂 | $E_s = (2 \sim 2.5) E_m$ | | |
| | 中、粗砂 | $E_s = (3 \sim 4) E_m$ | | |

【表注】表中经验公式仅适用于桩基，使用前应根据地区资料进行验证。

笔记区

（2）采用静力触探试验或标准贯入试验方法估算桩基础最终沉降量，可按下列公式计算：

$$s = \psi_s \frac{p_0}{2} B\eta/(3.3\bar{p}_s) \qquad s = \psi_s \frac{p_0}{2} B\eta/(4\bar{q}_c) \qquad s = \psi_s \frac{p_0}{2} B\eta/(\overline{N})$$

$$B = \sqrt{A}$$

式中：$s$——桩基最终沉降量（mm）；

$\psi_s$——桩基沉降估算经验系数，应根据类似工程条件下沉降观测资料和经验确定；

$B$——等效基础宽度（m）；

$\eta$——桩端入土修正系数，按 $\eta = 1 - 0.5 p_{cz}/p_0$ 计算，$\eta < 0.3$时，取 0.3；

$A$——等效基础面积（m²）；

$\bar{p}_s$——取 1 倍$B$范围内静探比贯入阻力按厚度修正平均值（MPa）；

$\bar{q}_c$——取 1 倍$B$范围内静探锥尖阻力按厚度修正平均值（MPa）；

$\overline{N}$——取 1 倍$B$范围内标准贯入试验击数按厚度修正平均值，计算方法与静力触探计算相同

↑静力触探比贯入阻力按厚度修正平均值$\bar{p}_s$

$$\bar{p}_s = \sum_{i=1}^{n} p_{si} I_{si} h_i / \left(\frac{1}{2}B\right)$$

式中：$p_{si}$——桩端以下第$i$层土的比贯入阻力（MPa）；

$I_{si}$——第$i$层土应力衰减系数，取该层土深度中点处与桩端处为 1.0，一倍等效基础宽度深度处为 0 的应力三角形交点值，$I_{si} = 1 - \frac{z_i}{B} = \frac{B - z_i}{B}$；

$h_i$——桩端下第$i$层土厚度（m）

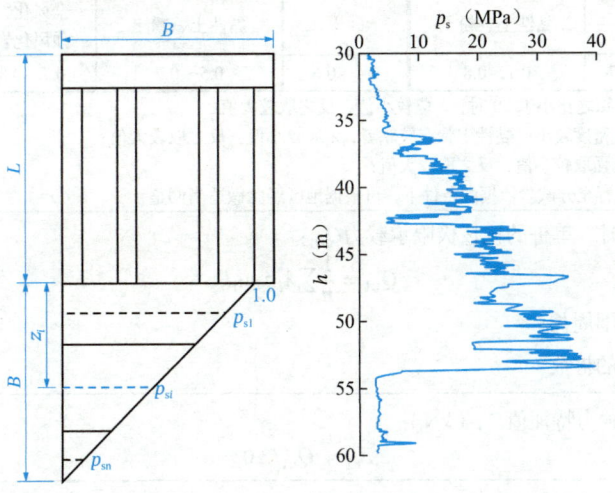

$\bar{p}_s$计算方法示意图

## 三、抗浮桩和抗浮锚杆

——第 8.6.9 条

**抗浮桩和抗浮锚杆**

(1) 抗浮桩的单桩抗拔极限承载力可按下式估算:

$$Q_{ul} = \sum_{1}^{n} \lambda_i q_{si} u_i l_i$$

式中：$Q_{ul}$——单桩抗拔极限承载力（kN）。

$u_i$——桩的破坏表面周长（m），对于等直径桩 $u_i = \pi d$，对于扩底桩按下附表 6 取值。

$q_{si}$——桩侧表面第 $i$ 层岩土的抗压极限侧阻力（kPa），按《建筑桩基技术规范》确定。

$\lambda_i$——第 $i$ 层土的抗拔系数，可按下附表 7 取值。

$l_i$——第 $i$ 层土的桩长（m）。

附表 6　扩底桩破坏表面周长 $u_i$

| 自桩底起算的长度 $l_i$ | ≤ 5d | > 5d |
|---|---|---|
| $u_i$ | $\pi D$ | $\pi d$ |

【表注】$D$——桩的扩底直径（m）。
　　　　$d$——桩身直径（m）。

附表 7　抗拔系数 $\lambda_i$

| 桩型 | 预制桩 | | 泥浆护壁的冲孔、钻孔、旋挖灌注桩 | | | |
|---|---|---|---|---|---|---|
| 土、岩类别 | 砂土 | 黏性土、粉土 | 砂土 | 黏性土、粉土 | 全风化、强风化岩 | 中等风化、微风化岩 |
| $\lambda_i$ | 0.5~0.7 | 0.7~0.8 | 0.4~0.6 | 0.5~0.7 | 0.7~0.8 | 0.8~0.9 |

【表注】①桩长 $l$ 与桩径 $d$ 之比小于 20 时，$\lambda_i$ 取较小值，反之取较大值；
②砂土、粉土密度较小，黏性土状态较软者，$\lambda_i$ 取较小值，反之取较大值；
③风化程度越强取较小值，反之取较大值；
④表中 $\lambda_i$ 值在有充分试验依据的条件下，可根据地区经验做适当调整

(2) 群桩整体破坏时，单桩的抗拔极限承载力 $Q_{ul}$：

$$Q_{ul} = \frac{1}{n} \sum \lambda_i q_{si} u_l l_i$$

式中：$u_l$——桩群外围周长；

$n$——桩群内的桩数

(3) 抗浮桩抗拔承载力特征值 $F_{a1}$（kN）：

$$F_{a1} = Q_{ul}/2.0$$

(4) 抗浮锚杆承载力特征值 $F_{a2}$（kN）：

$$F_{a2} = \sum f_{sai} u_i l_i$$

式中：$u_i$——锚固体周长（m），对于等直径锚杆取 $u_i = \pi d$（$d$ 为锚固体直径）；

$f_{sai}$——第 $i$ 层土体与锚固体粘结强度特征值（kPa），按《建筑边坡工程技术规范》确定

# 第二篇

# 浅基础

## 浅基础知识点分级

| 规范 | 内容 | 知识点 | 知识点分级 |
|---|---|---|---|
| 《建筑地基基础设计规范》 | 地基承载力验算 | 基底压力计算（轴心受压、偏心受压） | ★★★★★ |
| | | 地基承载力的深宽修正（载荷试验、原位试验、经验数据） | ★★★★★ |
| | | 土的抗剪强度指标确定地基承载力 | ★★★★ |
| | | 岩石地基承载力的确定 | ★★★ |
| | | 双层地基模型软弱下卧层的验算 | ★★★★ |
| | 地基变形计算 | 压缩变形量计算（分层总和法，上软下硬的变形增大系数） | ★★★★★ |
| | | 回弹变形量计算 | ★★★ |
| | | 回弹再压缩变形量预估 | ★★★ |
| | | 变形计算深度 | ★★★ |
| | | 大面积地面荷载作用下地基附加沉降量计算 | ★★★★ |
| | 稳定性验算 | 稳定土坡坡顶上建筑的验算 | ★★★ |
| | | 抗浮验算 | ★★★★ |
| | 基础设计 | 无筋扩展基础设计 | ★★★★ |
| | | 柱下独立基础设计（抗剪、抗冲切、抗弯） | ★★★★★ |
| | | 墙下条基设计（抗弯、抗剪） | ★★★★ |
| | | 柱下条基设计（抗弯、抗剪） | ★★★★ |
| | | 高层建筑筏形设计（抗冲切、抗剪切、抗弯） | ★★★★ |
| 《公路桥涵地基与基础设计规范》《铁路桥涵地基和基础设计规范》 | 地基承载力 | 地基承载力的确定（一般土、软土、水位修正） | ★★★★ |
| | | 基底压力的计算（轴心受压、偏心受压、双向大偏心受压） | ★★★★ |
| | | 软弱下卧层验算（轴心、偏心） | ★★★★ |
| | 地基变形计算 | 压缩变形量计算（轴心、偏心） | ★★★★ |
| | | 变形计算深度 | ★★★ |
| | 稳定性验算 | 抗滑移 | ★★★★ |
| | | 抗倾覆 | ★★★★ |
| 《水运工程地基设计规范》 | 地基承载力 | 抛石基床基底压力计算 | ★★★★ |
| | | 附录G地基承载力计算 | ★★★★ |

【表注】①五星：必考点，必需掌握；四星：常考点，必需掌握；三星：可能考点，应理解；两星：基本知识，应知道；一星：储备知识，了解即可。②知识点分级是根据本知识点历年真题考查频率划分的，是为了帮助考友对知识的重要程度有一定认识，备考过程以做到有的放矢，事半功倍。③本模块一般考查8道案例题，其中《建筑地基基础设计规范》一般考查6～7道，《公路桥涵地基与基础设计规范》或《铁路桥涵地基和基础设计规范》一般考查1道力学题。④本模块近年来一般有1道难、偏、怪题目。

# 第六章

# 建筑地基基础设计规范

## 第一节 地基承载力特征值计算

### 一、土质地基承载力特征值

#### (一) 修正后的地基承载力特征值 $f_a$

——第 5.2.4 条

修正后的地基承载力特征值 $f_a$

| | | | | |
|---|---|---|---|---|
| | 深宽修正法:$f_a = f_{ak} + \eta_b \gamma (b-3) + \eta_d \gamma_m (d-0.5)$ ||||
| 参数说明 | ① $f_{ak}$(kPa)地基承载力特征值 | 浅层载荷板试验 | 由试验直接测得地基承载力特征值 $f_{ak}$ ||
| | | 深层载荷板试验 | 由试验直接测得试验处含深度修正的承载力特征值 $f_{az}$,由 $f_{az} = f_{ak} + \eta_d \gamma_m (d-0.5) \Rightarrow f_{ak}$ ||
| | ② $\gamma$(kN/m³) | 基础底面以下土的重度,地下水位以下取有效重度 |||
| | ③ $\gamma_m$(kN/m³) | 基础底面以上土的加权平均重度,地下水位以下取有效重度,计算范围和 $d$ 对应 |||
| | ④ $b$(m) | 基础底面短边宽度,$3m \leq b \leq 6m$;圆形或者正多边形基础时,可参考《铁路桥涵地基和基础设计规范》第 4.1.3 条:$b = \sqrt{A}$,$A$ 为基础底面积 |||
| | ⑤ $d$(m)基础埋置深度 | 一般情况 | — | 自室外地面标高算起 |
| | | 填方整平地区 | 填土在上部结构施工后完成 | 自天然地面标高算起 |
| | | | 其他情况 | 自填土地面标高算起 |
| | | 地下室 | 箱形基础或筏形基础 | 自室外地面标高算起 |
| | | | 独立基础或条形基础 | 自室内地面标高算起 |
| | | 裙楼基础(超载宽度大于基础宽度2倍时) | 主裙楼一体结构基础埋深取值示意图 | 计算基础埋深 $d$ 范围内加权平均重度 $\gamma_m$ $\Downarrow$ $d_1 = \dfrac{p_{k1}}{\gamma_m}, d_2 = \dfrac{p_{k2}}{\gamma_m}$ $\Downarrow$ $d = \min(d_1, d_2, d)$ |
| | ⑥ $\eta_b$,$\eta_d$ | 基础宽度和埋置深度的地基承载力修正系数,见下表 |||

笔记区

承载力修正系数 $\eta_b$、$\eta_d$

| 土的类别 | | | $\eta_b$ | $\eta_d$ |
|---|---|---|---|---|
| 淤泥和淤泥质土 | | | 0 | 1.0 |
| 人工填土（填土范围≤2b基础宽度，按此条查取） | | | 0 | 1.0 |
| 黏性土 | | $e \geqslant 0.85$ 或 $I_L \geqslant 0.85$ | 0 | 1.0 |
| | | $e < 0.85$ 且 $I_L < 0.85$ | 0.3 | 1.6 |
| 红黏土 | | $\alpha_w = \dfrac{w}{w_L} = \dfrac{\text{天然含水量}}{\text{液限}} > 0.8$ | 0 | 1.2 |
| | | $\alpha_w = \dfrac{w}{w_L} = \dfrac{\text{天然含水量}}{\text{液限}} \leqslant 0.8$ | 0.15 | 1.4 |
| 大面积压实填土（填土范围>2b基础宽度） | | 压实系数大于0.95，黏粒含量$\rho_c \geqslant 10\%$的粉土 | 0 | 1.5 |
| | | 最大干密度大于2100kg/m³的级配砂石 | 0 | 2.0 |
| 粉土 | | 黏粒含量$\rho_c \geqslant 10\%$的粉土 | 0.3 | 1.5 |
| | | 黏粒含量$\rho_c < 10\%$的粉土 | 0.5 | 2.0 |
| 粉砂、细砂（不包括很湿与饱和时的稍密状态） | | | 2.0 | 3.0 |
| 中砂、粗砂、砾砂和碎石土 | | | 3.0 | 4.4 |

【表注】①强风化和全风化的岩石，可参照所风化成的相应土类取值，其他状态下的岩石不修正。

②地基承载力特征值按深层平板载荷试验确定时，$\eta_d$ 取 0；载荷试验测试深度和基础埋置深度不一致时，需按两者的深度差修正。

③含水比 $\alpha_w$ 是指土的天然含水量与液限的比值。

④大面积压实填土是指填土范围大于两倍基础宽度的填土。

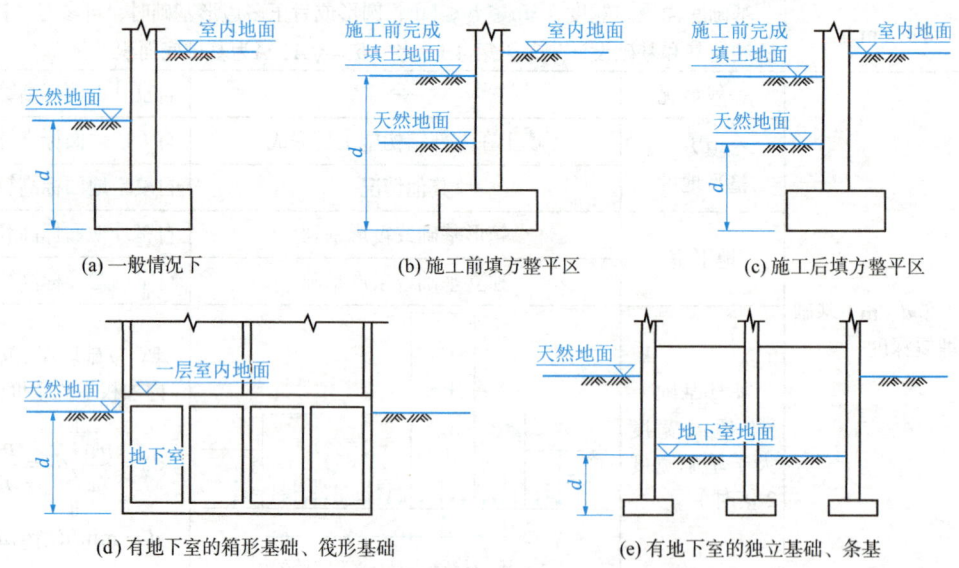

基础埋置深度d取值示意图

笔记区

## 基础埋置深度的构造要求——第5.1节

5.1.2 在满足地基稳定和变形要求的前提下，当上层地基的承载力大于下层土时，宜利用上层土作持力层。除岩石地基外，基础埋深不宜小于0.5m

5.1.3 高层建筑基础的埋置深度应满足地基承载力、变形和稳定性要求。位于岩石地基上的高层建筑，其基础埋深应满足抗滑稳定性要求

5.1.4 在抗震设防区，除岩石地基外，天然地基上的箱形和筏形基础其埋置深度不宜小于建筑物高度的1/15；桩箱或桩筏基础的埋置深度（不计桩长）不宜小于建筑物高度的1/18

5.1.5 基础宜埋置在地下水位以上，当必须埋在地下水位以下时，应采取地基土在施工时不受扰动的措施。当基础埋置在易风化的岩层上，施工时应在基坑开挖后立即铺筑垫层

5.1.6 当存在相邻建筑物时，新建建筑物的基础埋深不宜大于原有建筑基础。当埋深大于原有建筑基础时，两基础间应保持一定净距，其数值应根据建筑荷载大小、基础形式和土质情况确定

（1）宽深修正说明

现场载荷试验测试$f_{ak}$时的尺寸、埋深往往与施工时实际基础尺寸、埋深不一致，而且随着宽度、深度的增大，承载力随之提高，因此需要对载荷试验测得的承载力进行宽度、深度修正得到修正后的地基承载力特征值，才能应用到实际工程上。

①浅层载荷试验没有边载，相当于试验时基础埋深为0，所测定的承载力$f_{ak}$没有包含深度影响，同时由于载荷板的尺寸比基础的尺寸要小很多，因此要进行宽度和深度修正。

②深层载荷试验有边载，如果试验时的深度和实际基础埋深一致时，则所测定的承载力$f_{ak}$包含了深度影响，不再需要进行深度修正，只进行宽度修正。但如果试验时的深度和实际基础埋深不一致时，虽然所测定的承载力$f_{ak}$包含了试验时的深度影响，但不是实际基础的埋深影响，此时需要按二者的深度差进行深度修正。

也可采用"复原法"修正，即先扣除试验时的边载分量（深度影响），得到施工相当于浅层载荷试验下的承载力$f_{ak}$，再按浅层载荷试验一样的方法重新修正。由试验直接测得试验处含深度修正的承载力特征值$f_{az}$，由$f_{az} = f_{ak} + \eta_d \gamma_m (d - 0.5) \Rightarrow f_{ak}$。

此外，对于深层载荷试验，如果试验时和施工时水位变化，有效应力也相应发生变化，则会影响边载分量变化（$\gamma_m$变化），同理，也需要重新修正深度影响。

（2）主裙楼一体结构——第5.2.4条及条文说明

主裙楼一体结构（图1），对主体结构地基承载力的深度修正，宜将基础底面以上范围内的荷载，按基础两侧的超载考虑，当超载宽度大于主体结构基础宽度的两倍时，可将超载折算成土层厚度作为基础埋深，基础两侧超载不相等时，取小值，即：

$$d = \min\left\{\frac{p_{k1}}{\gamma_m}, \frac{p_{k2}}{\gamma_m}, d\right\}$$

式中：$\gamma_m$——主楼基底至地面范围内土层的加权重度。

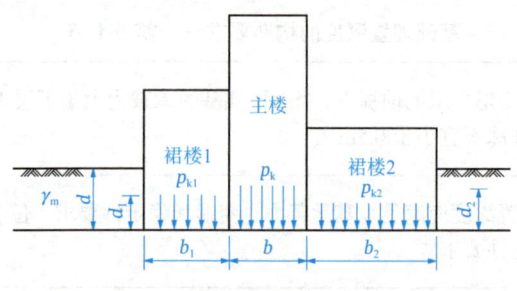

图 1　主裙楼一体结构示意图

① 地基承载力的深度修正，就是为了考虑基础两侧基底标高以上的超载 $q$ 对基础两侧滑动土体向上滑动的抵抗作用。这个超载可以直观地理解为作用在滑动土体表面的压重，如图 2 所示。

超载 $q$ 可以是土自重 $q=\gamma_m d$，也可以是裙房产生的连续均布压力 $p$。无论是用土的天然埋深，还是将裙房等其他连续均匀压重折算为土厚进行地基承载力的深度修正，其实质都是基础两侧超载抵抗滑动土体向上运动的体现。结合地基土体的破坏机理，破坏点往往发生在最薄弱的部位，因此，规范规定取两侧超载的小值。

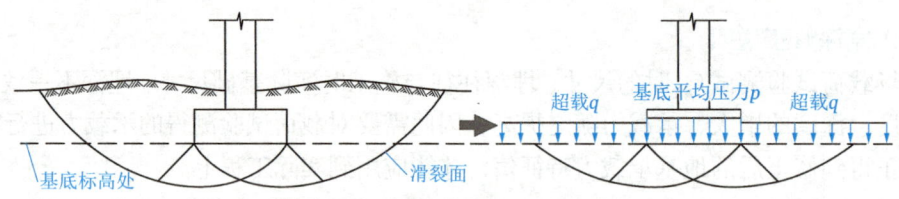

图 2　基础两侧基底标高以上的超载作用示意图

② 此外，对于裙楼宽度小于主楼宽度 2 倍的情况，规范没有明确说明，对于设计偏于安全的情况来考虑，编者建议：对于裙楼超载折算深度大于主楼埋深的情况，按照主楼埋深进行地基承载力修正；对于裙楼折算埋深小于主楼埋深的情况，按折算深度进行修正。

③ 另外，对于裙楼基底标高位于主楼基底之上时（图 3），根据规范规定："将基础底面以上范围内的荷载，按基础两侧的超载考虑"进行处理，编者建议：将裙楼基底压力和裙楼基底至主楼基底范围土体均当作主楼侧的超载，然后折算为主楼埋深，即：

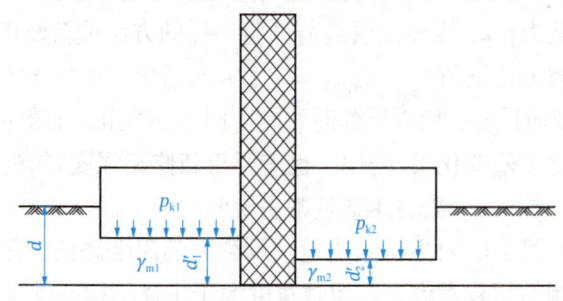

图 3　裙楼基底标高位于主楼基底之上

$$d = \min\left\{\frac{p_{k1}+\gamma_{m1}\cdot d_1'}{\gamma_m}, \frac{p_{k2}+\gamma_{m2}\cdot d_2'}{\gamma_m}, d\right\}$$

式中：$\gamma_m$——主楼基底至地面范围内土层的加权重度。

## （二）抗剪强度指标确定地基承载力特征值 $f_a$

——第 5.2.5 条

**抗剪强度指标确定地基承载力特征值 $f_a$**

| 当偏心距 $e \leqslant 0.033b = \frac{b}{30}$ 时：$f_a = M_b \gamma b + M_d \gamma_m d + M_c c_k$ |||||
|---|---|---|---|---|
| 参数说明 | ① $\gamma$、$\gamma_m$ | 式中：$\gamma$——基础底面以下土的重度，水位以下取浮重度（kN/m³）；<br>$\gamma_m$——基础底面以上土的加权平均重度，水位以下取浮重度（kN/m³），范围对应 $d$ |||
| | ② $d$（m） | 基础埋置深度 | 一般自室外地面标高算起 ||
| | | | 填方整平区 | 先期填土（填土在上部结构施工前完成）→自填土地面标高算起 |
| | | | | 后期填土（填土在上部结构施工后完成）→自天然地面标高算起 |
| | | | 地下室 | 采用箱形基础或者筏形基础→自室外地面标高算起 |
| | | | | 采用独立基础或条形基础→自室内地面标高算起 |
| | ③ $b$（m） | 基础底面<u>短边</u>宽度，且 $b \leqslant 6m$，对于砂土，$3m \leqslant b \leqslant 6m$<br>圆形或者多边形基础时，可参考《工程地质手册》P456：$b = 2\sqrt{A/\pi}$，$A$ 为基础底面积 |||
| | ④ $c_k$（kPa） | 基础底面以下<u>一倍短边宽度对应的深度</u>范围内土的黏聚力标准值 |||
| | ⑤ $M_b$、$M_d$、$M_c$ 承载力系数：<br>按基底以下<u>一倍短边宽度 $b$ 对应的深度</u>范围内土的内摩擦角标准值 $\varphi_k$ 查表取值；<br>一倍短边宽度 $b$ 内有多层土时，取加权平均值：$\varphi_k = \frac{\varphi_{k1}d_1 + \varphi_{k2}d_2 + \cdots}{b}$ $(b = d_1 + d_2 + \cdots)$ ||||

| $\varphi_k$ | $M_b$ | $M_d$ | $M_c$ | $\varphi_k$ | $M_b$ | $M_d$ | $M_c$ |
|---|---|---|---|---|---|---|---|
| 0° | 0 | 1 | 3.14 | 17° | 0.395 | 2.575 | 5.155 |
| 1° | 0.015 | 1.06 | 3.23 | 18° | 0.43 | 2.72 | 5.31 |
| 2° | 0.03 | 1.12 | 3.32 | 19° | 0.47 | 2.89 | 5.485 |
| 3° | 0.045 | 1.185 | 3.415 | 20° | 0.51 | 3.06 | 5.66 |
| 4° | 0.06 | 1.25 | 3.51 | 21° | 0.56 | 3.25 | 5.85 |
| 5° | 0.08 | 1.32 | 3.61 | 22° | 0.61 | 3.44 | 6.04 |
| 6° | 0.10 | 1.39 | 3.71 | 23° | 0.705 | 3.655 | 6.245 |
| 7° | 0.12 | 1.47 | 3.82 | 24° | 0.8 | 3.87 | 6.45 |
| 8° | 0.14 | 1.55 | 3.93 | 25° | 0.95 | 4.12 | 6.675 |
| 9° | 0.16 | 1.64 | 4.05 | 26° | 1.1 | 4.37 | 6.9 |
| 10° | 0.18 | 1.73 | 4.17 | 28° | 1.4 | 4.93 | 7.4 |
| 11° | 0.205 | 1.835 | 4.295 | 30° | 1.9 | 5.59 | 7.95 |
| 12° | 0.23 | 1.94 | 4.42 | 32° | 2.6 | 6.35 | 8.55 |
| 13° | 0.26 | 2.055 | 4.555 | 34° | 3.4 | 7.21 | 9.22 |
| 14° | 0.29 | 2.17 | 4.69 | 36° | 4.2 | 8.25 | 9.97 |
| 15° | 0.325 | 2.3 | 4.845 | 38° | 5 | 9.44 | 10.8 |
| 16° | 0.36 | 2.43 | 5 | 40° | 5.8 | 10.84 | 11.73 |

**【小注】**若要采用上述公式计算软弱下卧层的地基承载力特征值，$\varphi_k$ 应选用下卧层顶面以下<u>一倍短边宽度 $b$ 对应的深度</u>范围土的内摩擦角标准值。

## 二、岩石地基承载力特征值

——第 5.2.6 条

**岩石地基承载力特征值 $f_a$**

| | 1.1 完整、较完整和较破碎的岩石——公式法：$f_a = \psi_r \cdot f_{rk}$ | | | | | |
|---|---|---|---|---|---|---|
| 参数说明 | ①$\psi_r$取值 | 完整程度 | 完整性指数$K_v$ | 岩体体积节理数$J_v$ | 结构面组数 | 控制性结构面平均间距 | 结构类型 |
| | 0.5 | 完整岩 | >0.75 | <3 | 1～2 | >1.0 | 整状结构 |
| | 0.2～0.5 | 较完整岩 | 0.55～0.75 | 3～10 | 2～3 | 0.4～1.0 | 块状结构 |
| | 0.1～0.2 | 较破碎岩 | 0.35～0.55 | 10～20 | >3 | 0.2～0.4 | 镶嵌状结构 |
| | ②$f_{rk}$（kPa） | 岩石饱和单轴抗压强度标准值，$R_c = 22.82 I_{s(50)}^{0.75}$，统计修正见下 | | | | | |

【常见考题计算步骤】

（1）确定标准值 $f_{rk}$：

①平均值 $f_{rm} = \dfrac{\sum f_{ri}}{n}$ →②标准差 $\sigma_f = \sqrt{\dfrac{\sum\limits_{i=1}^{n} f_{ri}^2 - n \cdot f_{rm}^2}{n-1}} = \sqrt{\dfrac{1}{n-1}\left[\sum\limits_{i=1}^{n} f_{ri}^2 - \dfrac{\left(\sum\limits_{i=1}^{n} f_{ri}\right)^2}{n}\right]} \to$

③变异系数 $\delta = \dfrac{\sigma_f}{f_{rm}}$ →④统计修正系数 $\gamma_s = 1 - \left\{\dfrac{1.704}{\sqrt{n}} + \dfrac{4.678}{n^2}\right\}\delta$ →⑤标准值 $f_{rk} = \gamma_s f_{rm}$

（2）确定折减系数 $\psi_r$：⑥$K_v = \left(\dfrac{v_{pm}}{v_{pr}}\right)^2$ →⑦判断岩体完整性→⑧折减系数 $\psi_r$

| $n$ | 6 | 7 | 8 | 9 | 10 | 11 | 12 |
|---|---|---|---|---|---|---|---|
| $\left\{\dfrac{1.704}{\sqrt{n}} + \dfrac{4.678}{n^2}\right\}$ | 0.8256 | 0.7395 | 0.6755 | 0.6258 | 0.5856 | 0.5524 | 0.5244 |

**岩体完整程度的定性分类**

| 完整程度 | 组数 | 平均间距（m） | 岩体结构类型 |
|---|---|---|---|
| 完整 | 1～2 | >1.0 | 整状结构 |
| 较完整 | 2～3 | 1.0～0.4 | 块状结构 |
| 较破碎 | >3 | 0.4～0.2 | 镶嵌状结构 |
| 破碎 | >3 | <0.2 | 碎裂状结构 |
| 极破碎 | 无序 | — | 散体状结构 |

**岩体完整程度的定量分类**

| 完整程度 | 完整 | 较完整 | 较破碎 | 破碎 | 极破碎 |
|---|---|---|---|---|---|
| $K_v$ | >0.75 | 0.55～0.75 | 0.35～0.55 | 0.15～0.35 | ≤0.15 |
| $J_v$（条/m³） | <3 | 3～10 | 10～20 | 20～35 | ≥35 |
| $K_v = \left(\dfrac{v_{pm}}{v_{pr}}\right)^2 = \left(\dfrac{v_{p\text{岩体}}}{v_{p\text{岩石}}}\right)^2$ | 式中：$v_{pm}$——岩体弹性纵波（压缩波）速度（km/s），小数据；$v_{pr}$——岩石（岩块）弹性纵波（压缩波）速度（km/s），大数据 | | | | |

1.2 完整、较完整和较破碎的岩石—试验法：利用附录 H 岩石地基载荷试验确定$f_a$。
1.3 破碎、极破碎的岩石视为土，按照平板载荷试验确定。

### 三、常见地基承载力修正总结

**（1）常见地基承载力修正总结**

| 序号 | 常见情况 | 深宽修正 | 计算参数及依据规范 | |
|---|---|---|---|---|
| 1 | 岩石地基承载力特征值$f_a$ | 除全风化和强风化外，不做深宽修正 | $\eta_b = 0, \eta_d = 0$ | 《建筑地基基础设计规范》 |
| 2 | 按土体抗剪强度指标计算$f_a$ | 不做深宽修正 | $M_b$、$M_d$、$M_c$ | |
| 3 | 浅层平板载荷试验确定的$f_{ak}$ | 深度和宽度均需修正 | $\eta_b$、$\eta_d$查表 5.2.4 | |
| 4 | 深层平板载荷试验确定的$f_{ak}$ | 仅需进行宽度修正（特例：试验时与施工时的埋深不一致时，需要复原修正） | $\eta_b$查表5.2.4，$\eta_d = 0$ | |
| 5 | 主群楼一体结构的承载力修正 | 将群楼超载换算为等效基础埋深后，再进行深宽修正 | $\eta_b$、$\eta_d$查表 5.2.4 | |
| 6 | 软弱下卧层的承载力修正$f_{az}$ | 仅需进行深度修正 | $\eta_b = 0$，$\eta_d$按原土查表（一般为软弱土$\eta_d = 1$） | |
| 7 | 复合地基承载力修正$f_{spk}$ | 仅需进行深度修正 | 《建筑地基处理技术规范》$\eta_b = 0, \eta_d = 1$（大面积压实填土需查表） | |
| 8 | 湿陷性黄土地基承载力修正 | 深度和宽度均需修正 | 《湿陷性黄土地区建筑标准》第 5.6.5 条 $f_a = f_{ak} + \eta_b\gamma(b-3) + \eta_d\gamma_m(d-1.5)$ | |
| 9 | 膨胀土地基承载力修正 | 仅需进行深度修正 | 《膨胀土地区建筑技术规范》第 5.2.6 条 $f_a = f_{ak} + \gamma_m(d-1.0)$ | |
| 10 | 公路工程地基承载力修正 | 深度和宽度均需修正 | 《公路桥涵地基与基础设计规范》第 4.3.4 条 $f_a = f_{a0} + k_1\gamma_1(b-2) + k_2\gamma_2(h-3)$ | |
| 11 | 铁路工程地基承载力修正 | 深度和宽度均需修正 | 《铁路桥涵地基和基础设计规范》第 4.1.3 条 $[\sigma] = \sigma_0 + k_1\gamma_1(b-2) + k_2\gamma_2(h-3)$ | |
| 12 | 水运工程地基承载力修正 | 深度和宽度均需修正 | 《水运工程地基设计规范》附录 G | |

常见几种情况确定的地基承载力特征值$f_{ak}$的深宽修正的理解：

①地基承载力深度修正的本质是基础侧面土体或者建筑物的等代重力作用。《建筑地基基础设计规范》附录 C 中规定：浅层平板载荷试验的承压板的面积不应小于 0.25m²，且试坑的宽度不应小于承压板直径或宽度的 3 倍，表明浅层平板载荷试验过程中，承压板周围并无超载作用且承压板的尺寸远远小于实际基础尺寸，说明浅层平板载荷试验承压板的宽度、试验深度与实际基础尺寸、埋深不一致，故试验所得$f_{ak}$需根据实际基础情况进行深度和宽度修正。

②《建筑地基基础设计规范》附录 D 中规定：深层平板载荷试验的承压板的直径为 0.8m 且紧靠承压板周围外侧的土层高度应不小于 800mm，表明深层平板载荷试验过程中，

承压板周围存在超载作用但承压板的尺寸却远远小于实际基础尺寸，说明深层平板载荷试验承压板的宽度与实际基础尺寸不一致，但试验深度若同实际基础埋深一致时，通过试验所得$f_{ak}$仅需根据实际基础尺寸进行宽度修正，此外，当深层平板载荷试验深度与建筑物的基础埋深不一致时，需根据实际基础情况进行深度和宽度修正。

③《建筑地基基础设计规范》的表 5.2.4 和附录 H 规定：强风化和全风化的岩石承载力可参照岩石所风化成的相应土类进行深宽修正，但是对于其他状态下的岩石承载力特征值（包括岩石地基载荷试验和饱和单轴抗压强度试验确定的承载力特征值）不需进行深度和宽度修正。

④《建筑地基基础设计规范》的第 5.2.4 条的条文说明规定：对于主群楼一体结构，对于主体结构地基承载力的深度修正问题，宜将基础底面以上范围内的荷载，按基础两侧的超载作用考虑，当超载宽度大于基础宽度两倍时，可将超载作用折算成土层厚度（按照主楼基础埋深范围内的土层加权平均重度$\gamma_m$折算而得）作为基础埋深，基础两侧埋深不一致时，取小值。

⑤《膨胀土地区建筑技术规范》规定：考虑到膨胀土地基在受水影响后的土体抗剪强度会大幅度变化，故膨胀土地基承载力特征值仅需考虑深度修正且深度修正系数取 1.0，不必考虑宽度修正。

⑥ 因为软弱下卧层多为淤泥或淤泥质土，故而在软弱下卧层承载力验算过程中，其承载力深度修正系数多采用$\eta_d = 1.0$ 计算；但是并非所有的"下卧层承载力验算"中的下卧层承载力深度修正系数均取$\eta_d = 1.0$，因为实际工程中，当持力层与下卧层的压缩模量之比大于 3 时，就应该进行"下卧层承载力验算"，此时下卧层便不一定就是淤泥或淤泥质土，相应下卧层承载力深度修正系数$\eta_d$取值，完全根据下卧层的性质按《建筑地基基础设计规范》表 5.2.4 取值，切记"不能认为所有下卧层的承载力深度修正系数$\eta_d$都取 1.0"。同理，地基处理中下卧层承载力验算、桩端软弱下卧层承载力验算亦是如此。

**（2）常见强度指标计算地基承载力总结**

| 内容 | 规范名称 | 计算公式 |
| --- | --- | --- |
| 由强度指标计算地基承载力 | 《建筑地基基础设计规范》第 5.2.5 条 | $f_a = M_b \gamma b + M_d \gamma_m d + M_c c_k$ |
| | 《公路桥涵地基与基础设计规范》第 4.3.5 条 | 软土地基修正后的地基承载力特征值：$f_a = \dfrac{5.14}{m} k_p c_u + \gamma_2 h$ |
| | 《铁路桥涵地基和基础设计规范》第 4.1.4 条 | 软土地基修正后的容许承载力：$[\sigma] = 5.14 c_u \dfrac{1}{m'} + \gamma_2 h$ |
| | 《水运工程地基设计规范》第 5.3.6 条 | $p_{zj} = 0.5 \gamma_k (b_j + b_{j-1}) N_\gamma + q_k N_q + c_k N_c$ |

**笔记区**

## 第二节 地基承载力验算

基底压力计算及承载力验算——第 5.2.1 条、第 5.2.2 条

| 受压情况 | 简图 | 偏心判断 $e = \dfrac{M}{F_k + G_k}$ | 基底压力计算 | 基底压力验算 |
|---|---|---|---|---|
| 轴心受压 | 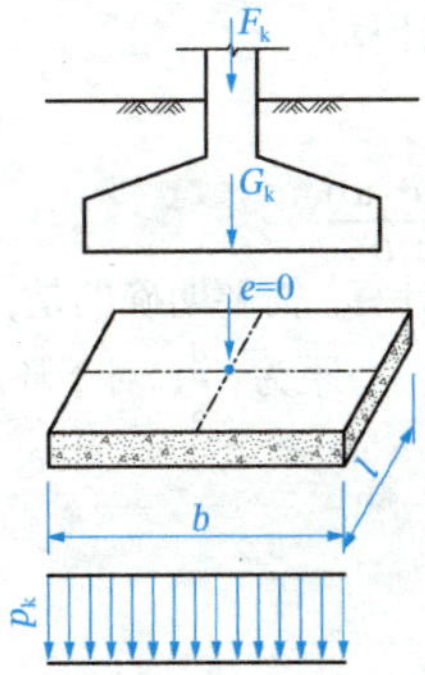 | $e = 0$ | $p_k = \dfrac{F_k + G_k}{A}$ | $p_k \leqslant f_a$ |
| 小偏心受压 | 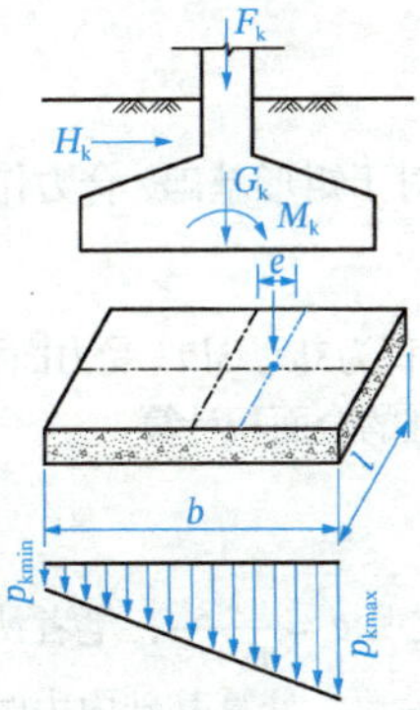 | 矩形：$e \leqslant \dfrac{b}{6}$ | $p_{k\max} = \dfrac{F_k + G_k}{A} + \dfrac{M_k}{W} = p_k\left(1 + \dfrac{6e}{b}\right)$<br>$p_{k\min} = \dfrac{F_k + G_k}{A} - \dfrac{M_k}{W} = p_k\left(1 - \dfrac{6e}{b}\right)$ | $p_k \leqslant f_a$ 且<br>$p_{k\max} \leqslant 1.2 f_a$ |
| | | 圆形：$e \leqslant \dfrac{d}{8}$ | $p_{k\max} = \dfrac{F_k + G_k}{A} + \dfrac{M_k}{W} = p_k\left(1 + \dfrac{8e}{d}\right)$<br>$p_{k\min} = \dfrac{F_k + G_k}{A} - \dfrac{M_k}{W} = p_k\left(1 - \dfrac{8e}{d}\right)$ | $p_k \leqslant f_a$ 且<br>$p_{k\max} \leqslant 1.2 f_a$ |
| 单向大偏心受压 | 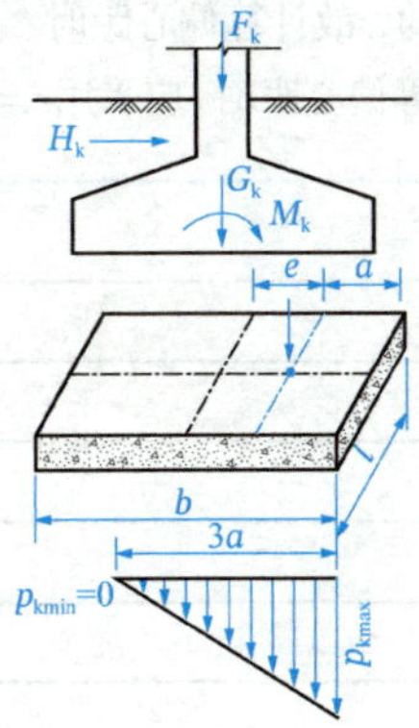 | 矩形：$e > \dfrac{b}{6}$ | $p_{k\max} = \dfrac{2(F_k + G_k)}{3la} = \dfrac{2(F_k + G_k)}{3l\left(\dfrac{b}{2} - e\right)}$ | $p_{k\max} \leqslant 1.2 f_a$ |
| | | 圆形见《公路桥涵地基与基础设计规范》部分 | | |

【小注1】

①式中：$F_k$——相应于作用的标准组合时，上部结构传至基础顶面的竖向力值（kN）；

$M_k$——相应于作用的标准组合时，作用于基础底面的力矩值（kN·m）；

$e$——偏心距（m）；

$A$——基础底面面积（m²），$A = 长l \times 宽b$；

$b$——平行于力矩作用方向的基础底面边长（m）；

$l$——垂直于力矩作用方向的基础底面边长（m）；

$a$——合力作用点至基础底面最大压力边缘的距离（m）；

$G_k$——基础自重和基础上的土重（kN）：

$$G_k = \gamma_G A d = \gamma_G \cdot (b \times l) \cdot d$$

式中：$\gamma_G$——基础及其上覆土体的平均重度（kN/m³），水下采用浮重度，工程中一般采用 20kN/m³；

$d$——基础埋置深度（m），一般起算标高为"室外标高"，但对于建筑物边柱，室内标高和室外标高不一致时（即基础两侧土压重不同），可按二者平均值计算。

②截面抵抗矩 $W$（m³）：

矩形基础 $W = \frac{b^2 l}{6}$，条形基础 $W = \frac{b^2}{6}$，圆形基础 $W = \frac{\pi d^3}{32}$，环形基础 $W = \frac{\pi(D^4-d^4)}{32D}$。

③计算基底压力时应先计算偏心距，判断基底受力类型，再套用相应公式计算。需要明确的是，图示偏心距验算中的界限偏心距为：$\frac{b}{6}$，仅适用于矩形基础；对于圆形基础，其界限偏心距为：$\frac{d}{8}$；对于环形基础，其界限偏心距为：$\frac{D^2+d^2}{8D}$。

$$e = \frac{b}{6}\left(\frac{d}{8}, \frac{D^2+d^2}{8D}\right) \Rightarrow p_{kmax} = 2p_k; \quad p_{kmin} = 0$$

圆形基础用 $e$ 与 $\frac{W}{A} = \frac{d}{8}$ 比较判断偏心情况，若为小偏心（$e \leq \frac{d}{8}$）：

$$p_{kmin}^{kmax} = \frac{F_k + G_k}{A} \pm \frac{M_k}{W} = \frac{F_k + G_k}{A}\left(1 \pm \frac{8e}{d}\right)$$

④偏心距 $e = \frac{M_k}{F_k + G_k}$，等于基础底面的总弯矩与基础底面的总竖向力比值；对于矩形基础，合力作用点至基础底面最大压力边缘的距离 $a = \frac{b}{2} - e$。

⑤对于矩形基础，在计算大偏心受压时，因基底一部分脱空，基底实际受力面积为 $3la$，$3la$（受力面积）$= lb$（基底面积）$-$ 脱空面积（零应力区面积），但在计算基底平均压力 $p_k$ 时应按基础的全面积计算：

$$p_k = \frac{F_k + G_k}{A}$$

【小注 2】对于判别基础偏心，采用净荷载偏心距 $e = \frac{M}{F}$，还是采用合力偏心距 $e = \frac{M_k}{F_k + G_k}$，笔者认为，要看是计算基础内力还是验算地基承载力，因为两者采用的荷载组合和效应不一致，计算基础内力时，采用净反力计算，净反力是采用扣除基础自重的荷载基本组合下的地基反力计算的，故计算偏心距时，采用 $e = \frac{M}{F}$；验算地基承载力时，采用标准组合下的地基反力，是包含基础自重的，故计算偏心距时，应采用 $e = \frac{M_k}{F_k + G_k}$。

## 第三节 软弱下卧层验算

### 一、软弱下卧层顶面处附加压力

——第 5.2.7 条

**软弱下卧层顶面处附加压力 $p_z$**

| | | | |
|---|---|---|---|
| 条形基础 | | $p_z = \dfrac{b(p_k - p_c)}{b + 2z\tan\theta}$ | 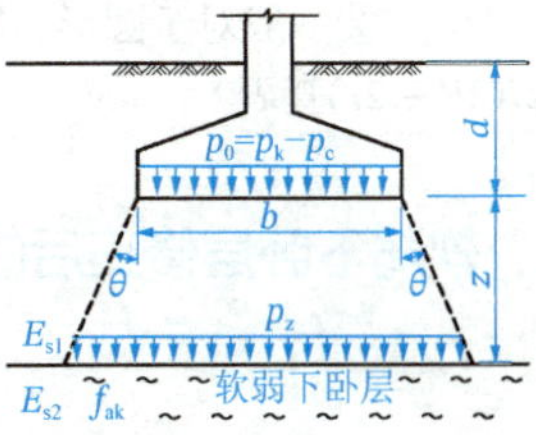 |
| 矩形基础 | | $p_z = \dfrac{bl(p_k - p_c)}{(b + 2z\tan\theta)(l + 2z\tan\theta)}$ | |
| 圆形基础 | | $p_z = \dfrac{r^2(p_k - p_c)}{(r + z\tan\theta)^2}$ | 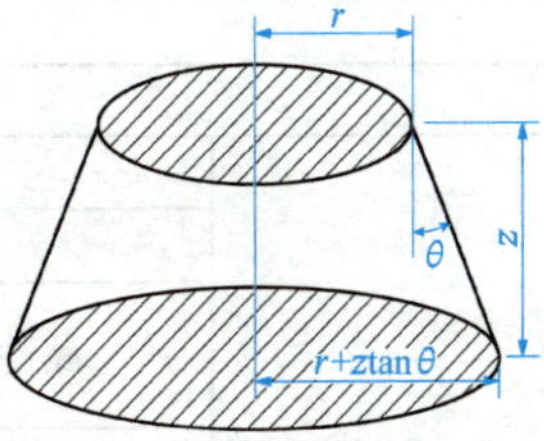 |
| 环形基础 | ①扩散后为圆环 $r - z\tan\theta > 0$ 时 | $p_z = \dfrac{(R^2 - r^2)(p_k - p_c)}{(R + z\tan\theta)^2 - (r - z\tan\theta)^2}$ | 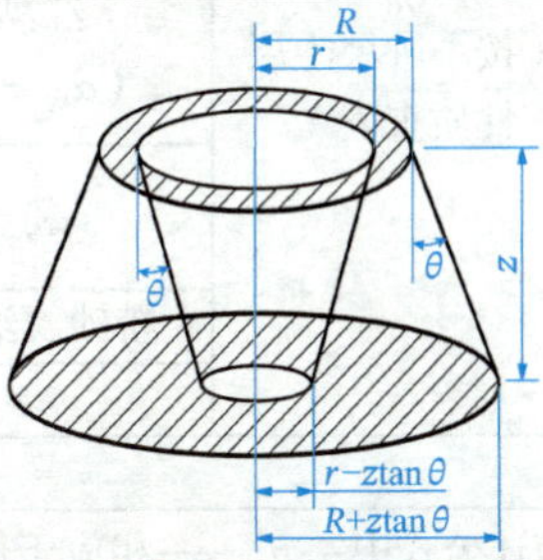 |
| | ②扩散后为圆形 $r - z\tan\theta \leqslant 0$ 时 | $p_z = \dfrac{(R^2 - r^2)(p_k - p_c)}{(R + z\tan\theta)^2}$ | 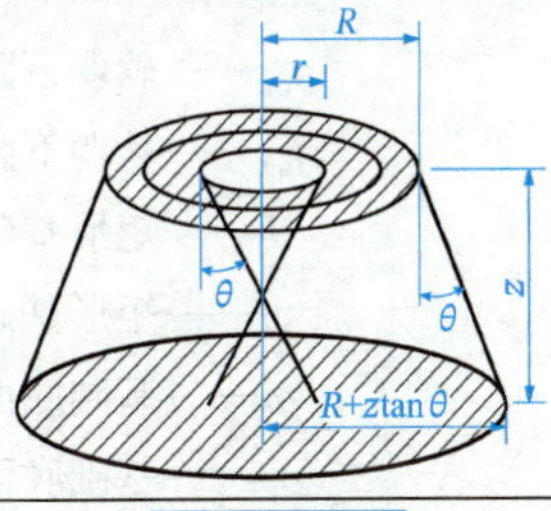 |
| 正多边形 （边长为$b$，边数为$n$，图示正六边形，$n = 6$） 正$n$变形的外、内切圆半径为$R$、$r$： $r = R\cos\left(\dfrac{180°}{n}\right)$ $b = 2r\tan\left(\dfrac{180°}{n}\right)$ | | 方法一： 原多边形面积：$A_1 = n \cdot \dfrac{1}{2} B \cdot h$ 扩散后面积：$A_2 = n \cdot \dfrac{1}{2} B \cdot (h + z \cdot \tan\theta)$ 方法二： 原多边形面积：$A_1 = nr^2 \tan\left(\dfrac{180°}{n}\right)$ 扩散后面积：$A_2 = n(r + z \cdot \tan\theta)^2 \tan\left(\dfrac{180°}{n}\right)$ $\Downarrow$ $p_z = \dfrac{(p_k - p_c)A_1}{A_2}$ | 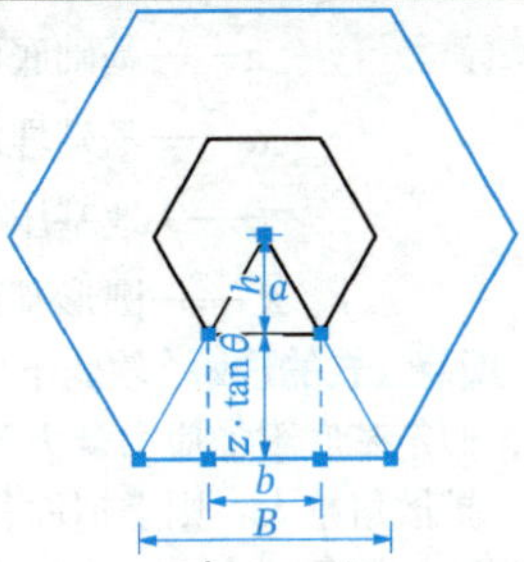 $\alpha = \dfrac{180°}{n}$, $h = \dfrac{b}{2}\cot\alpha$ $B = b + 2z \cdot \tan\theta \cdot \tan\alpha$ |

**压力扩散角 $\theta$ 取值（第 5.2.7 条）**

| | 规范表格 | | | | 快速插值 | | | |
|---|---|---|---|---|---|---|---|---|
| $E_{s1}/E_{s2}$ | $z/b$（$b$为短边） | | | $E_{s1}/E_{s2}$ | $z/b$（$b$为短边） | | | |
| | <0.25 | 0.25 | ≥0.50 | | <0.25 | 0.25 | 0.25~0.50 | ≥0.50 |
| 3 | | 6° | 23° | | | | | |
| 5 | 0° | 10° | 25° | 3~10 | 0° | $2°\times\dfrac{E_{s1}}{E_{s2}}$ | $2\dfrac{E_{s1}}{E_{s2}}+\left(20-\dfrac{E_{s1}}{E_{s2}}\right)\left(4\dfrac{z}{b}-1\right)$ | $20°+\dfrac{E_{s1}}{E_{s2}}$ |
| 10 | | 20° | 30° | | | | | |

【表注】①$E_{s1}$、$E_{s2}$ 分别为上层土、下层土压缩模量。
②一般对于圆形、圆环基础题目会给出压力扩散角，如未给出，建议：圆形用 $z/2r$ 查表，圆环用 $z/(2R-2r)$ 查表。

## 二、软弱下卧层修正后的地基承载力特征值

——第 5.2.7 条

**软弱下卧层修正后的地基承载力特征值 $f_{az}$**

| $f_{az}=f_{ak}+\eta_d\gamma_m(d+z-0.5)$ | | | |
|---|---|---|---|
| | 土的类别 | | $\eta_d$ |
| $\eta_d$（按下卧层土层性质查表） | 淤泥和淤泥质土 | | 1.0 |
| | 黏性土 | $e\geqslant 0.85$ 或 $I_L\geqslant 0.85$ | 1.0 |
| | | $e<0.85$ 且 $I_L<0.85$ | 1.6 |
| | 红黏土（$\alpha_w=\dfrac{w}{w_L}$） | $\alpha_w>0.8$ | 1.2 |
| | | $\alpha_w\leqslant 0.8$ | 1.4 |
| | 粉土 | 黏粒含量 $\rho_c\geqslant 10\%$ 的粉土 | 1.5 |
| | | 黏粒含量 $\rho_c<10\%$ 的粉土 | 2.0 |
| | 粉砂、细砂（不包括很湿与饱和时的稍密状态） | | 3.0 |
| | 中砂、粗砂、砾砂和碎石土 | | 4.4 |
| 验算下卧层承载力：$p_z+p_{cz}\leqslant f_{az}$ | | | |

前述公式中：$p_z$——相应于作用的标准组合时，软弱下卧层顶面处的附加压力值（kPa）；

$p_{cz}$——软弱下卧层顶面处土的自重压力值（kPa），计算范围：$d+z$，天然地面起算；

$f_{az}$——软弱下卧层顶面处经深度修正后的地基承载力特征值（kPa）；

$b$——矩形基础或条形基础底边的宽度（m）；

$l$——矩形基础底边的长度（m）；

$p_c$——基础底面处土的自重压力值（kPa）；

$p_k$——基础底面处平均压力（kPa）；

$z$——基础底面至软弱下卧层顶面的距离（m）；

$d$——基础埋深（m）；

$\theta$——地基压力扩散线与垂直线的夹角（°），可按上表（第 5.2.7 条）采用；

$r$、$R$——圆形基础的半径（圆环基础内径）（m）、圆环基础外径（m）。

【规范公式的理解】软弱下卧层顶面处附加压力的计算采用压力扩散角法，是将弹性理论应力的计算结果，假定基底附加应力合力不变的条件下，均匀分布在不断扩大的虚拟面积上，即 $p_0A=p_zA'$。深度越深，扩散角越大，则虚拟面积就越大，土中应力就越小。刚度比（$E_{s1}/E_{s2}$）越大，应力的扩散作用也就越强，扩散角越大，土中应力就越小。

【小注】提速关键，此处反算任意参数，直接将未知数代入，然后用计算器解方程即可。

## 第四节 土体中应力的计算

——《土力学》

### 一、有效应力原理

有效应力原理的主要内容可归纳为如下两点：

（1）饱和土体内任一平面上受到的总应力可分为由土骨架承受的有效应力和由孔隙水承受的孔隙水压力两部分，二者间关系总是满足下式：

$$\sigma = \sigma' + u$$

式中：$\sigma$——作用在饱和土中任意面上的总应力；

$\sigma'$——有效应力，作用于同一平面的土骨架上；

$u$——孔隙水压力，作用于同一平面的孔隙水上。

（2）土的变形（压缩）与强度的变化都只取决于有效应力的变化。

### 二、土的自重应力

土中自重应力（自重压力），指由土体重力引起的应力，它随深度增大而增大，其本质为有效应力，则处于深度$z$处的自重应力$\sigma_z$（kPa）：

$$\sigma_z = p_{cz} = \sum_{i=1}^{n} \gamma_i \cdot h_i$$

式中：$\gamma_i$——第$i$层土体的重度（kN/m³），水下取浮重度；

$h_i$——第$i$层土体的厚度（m）。

**（1）静水下的自重应力（有效应力）**

①处于静水环境下，土层中的自重应力计算：

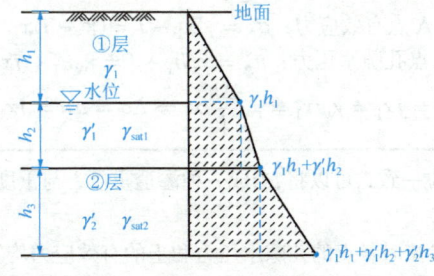
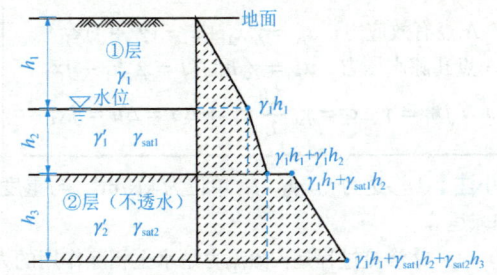

②地面位于水位以下，处于静水环境下，土层中的自重应力计算：

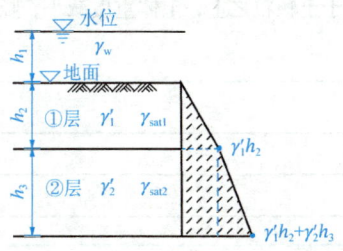
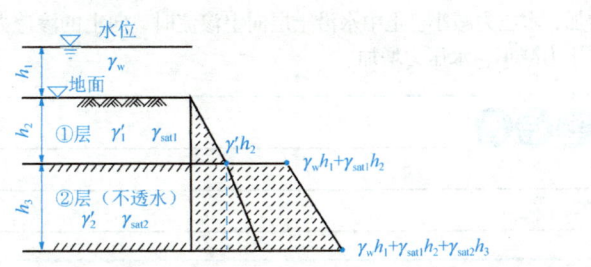

③存在承压水，土层中的自重应力计算：

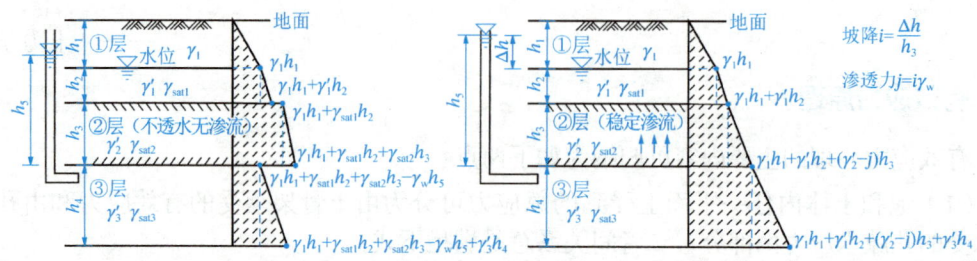

【小注】①地基土往往是成层的，计算出各层土重的总和，即为成层土的自重应力；计算自重应力时，地下水位面应作为分层界面，地下水位升降均会引起土中自重应力变化。

②当地下水位以下存在有不透水层时，不透水层顶面及层面以下的自重应力应按上覆土层的水土总重（采用饱和重度）计算。

（2）渗流下的有效应力

渗流对水"顺流减压，逆流加压"；渗流对土"顺流增压，逆流减压"

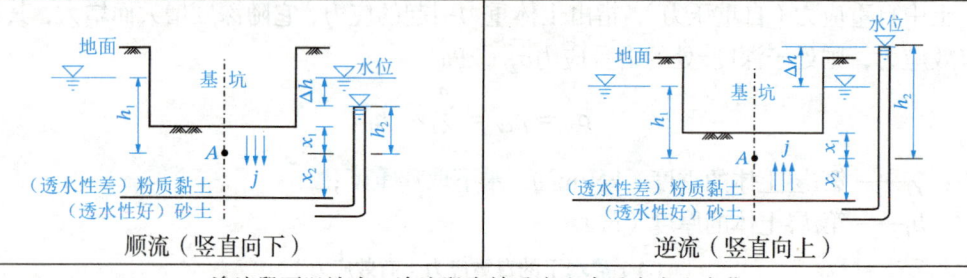

| 顺流（竖直向下） | 逆流（竖直向上） |
|---|---|
| 渗流段可以认为：渗流段有效重度和水重度发生变化 | |
| 顺流：$\gamma' \to \gamma' + j, \gamma_w \to \gamma_w - j$ | 逆流：$\gamma' \to \gamma' - j, \gamma_w \to \gamma_w + j$ |
| A点有效应力：$\sigma_A = \gamma' x_1 + J = (\gamma' + j)x_1$<br>A点孔隙水压力：$u_A = \gamma_w h_1 - J = \gamma_w h_1 - jx_1$<br>$J = jx_1 = \gamma_w i x_1 = \gamma_w \dfrac{\Delta h}{L} x_1 \Rightarrow \Delta\sigma = \Delta u = jx_1$ | A点有效应力：$\sigma_A = \gamma' x_1 - J = (\gamma' - j)x_1$<br>A点孔隙水压力：$u_A = \gamma_w h_1 + J = \gamma_w h_1 + jx_1$<br>$J = jx_1 = \gamma_w i x_1 = \gamma_w \dfrac{\Delta h}{L} x_1 \Rightarrow \Delta\sigma = \Delta u = jx_1$ |

【小注】①渗透力$j = \gamma_w \cdot i$，单位为$kN/m^3$，与重度$\gamma$单位一致，可以将$j$当成一种渗透重度，与重度$\gamma$进行加减运算。

②渗流过程是：渗流力是水土相互作用的力，渗流时各点的孔隙水压力和土的有效应力均发生变化，总应力保持不变，即为：$\sigma = \sigma' + u$，有效应力$\sigma'$和孔隙水压力$u$的相互转化，总应力不变。

③土中水沿土层向下渗流时，向下的渗透力作用于土颗粒之上，土体重度增加，竖向有效压力增加，水压力减小。土中水沿土层向上渗流时，向上的渗透力作用于土颗粒之上，土体重度减小，竖向有效压力减小，水压力增加。

### （3）毛细饱和区的有效应力

在毛细力作用下，土中的地下水在自由水面以上一定范围内会上升，其饱和度可达80%以上。这个区域也可近似看作是饱和的，称为毛细饱和区，在这个区域内，有效应力原理也基本是适用的。

当地下水位以上某个高度$h_c$范围内出现毛细饱和区时，毛细区内的水呈张拉状态，故孔隙水压力$u_c$是负值

①在毛细饱和区最高处：

$$u_c = -\gamma_w h_c$$

②按照有效应力原理，毛细饱和区的有效应力$\sigma'_z$将会比总应力$\sigma_z$增大，即：

$$\sigma'_z = \sigma_z - u_c$$
$$= \sigma + |u_c|$$

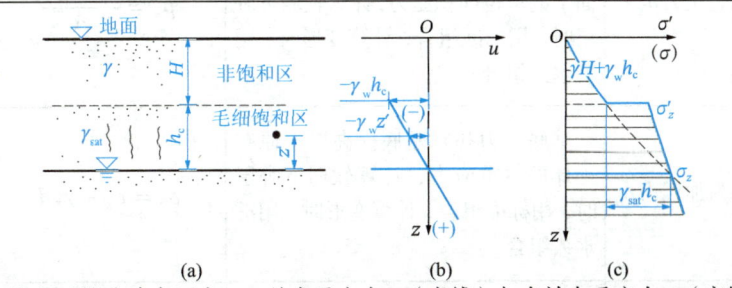

毛细饱和区的孔隙水压力$u_c$、总自重应力$\sigma_z$（虚线）与有效自重应力$\sigma'_z$（实线）

## 三、基底附加应力

由于建筑物荷载的作用，在土中产生的超过原土重的应力增量，称为附加压力。一般浅基础总是埋置在天然地面下一定深度内，该处原有的自重应力由于开挖基坑而卸除，因此，基底压力中扣除基底标高处原始自重应力后，才是基底平面处新增应力，称为基底附加压力。

基底平均附加压力$p_0$值按下式计算：

$$p_0 = p_k - p_c = p_k - \sum_{i=1}^{n}\gamma_i h_i = p_k - \gamma_m d$$

$$\gamma_m = \frac{\sum_{i=1}^{n}\gamma_i h_i}{\sum_{i=1}^{n}h_i} = \frac{\gamma_1 h_1 + \gamma_2 h_2 + \cdots + \gamma_n h_n}{h_1 + h_2 + \cdots + h_n}$$

式中：$p_k$——基底平均压力（kPa）；

$\gamma_m$——基础底面标高以上天然土层的加权平均重度，对地下水位以下的土层取浮重度（kN/m³）；

$d$——基础埋深（m），从开挖前的天然地面算起，对于新填土场地应从老天然地面算起。

【小注】

①基底附加压力计算是沉降变形计算和承载力验算的第一步和最关键的一步，容易出错，计算要特别细心。

②当基底附加压力等于0时，称为补偿基础。

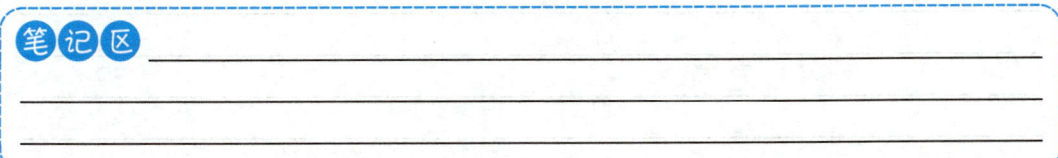

**与基底相关的几种压力的比较归类**

| 名称 | 定义 | 计算公式 | 使用范围 |
|---|---|---|---|
| 基底压力 $p_k$ | 建筑物上部结构荷载和基础自重通过基础传递给地基，作用于基础底面上的单位面积压力，计算软弱下卧层时，用标准组合，计算变形时，用准永久组合 | $p_k = \dfrac{F_k + G_k}{A}$ | 承载力验算、基础面积计算 |
| 基底附加压力 $p_0$ | 基底压力扣除基底标高以上原有土体的自重应力，计算软弱下卧层时，用标准组合，计算变形时，用准永久组合 | $p_0 = p_k - \gamma_m d$ | 沉降计算、软弱下卧层验算 |
| 基底净反力 $p_j$ | 扣除基础及其上覆土层自重后地基土单位面积的压力，净反力一般用于基础设计，采用基本组合 | $p_j = \dfrac{F}{A}$ | 计算内力、验算截面强度、配筋等 |

## 四、地基中某点的附加应力

（1）如果在地基上作用的为大面积荷载 $p$，那么基底中任意点的附加应力 $p_0$ 均为 $p$：

$$p_0 = p$$

（2）由于基础范围有限，作用于地基上的荷载为局部荷载，基底附加压力向更深层土中传播，传递过程中发生应力扩散现象，随着深度的不断增加，附加应力逐渐变小。

以下内容均为基于局部荷载（有限范围荷载）作用下，基底中任意点的附加应力计算，采用角点法计算地基中附加应力。

**笔记区**

## （一）矩形（条形）均布荷载

**矩形（条形）均布荷载**

| $p_z = \alpha \cdot p_0$ | （矩形示意图，O点在右上角） |
|---|---|

式中：$p_z$——基底以下地基中某点 $O$ 的附加应力（kPa）；

$p_0$——基础底面处的附加应力（kPa）；

$\alpha$——角点附加应力系数，根据 $l/b$ 和 $z/b$ 按下附表（K.0.1-1）查得

在利用<u>角点法</u>计算地基中的附加应力时，对于平面任意点 $O$ <u>以下</u>某一深度的附加应力计算，可采用矩形分块法分别计算出交点处的附加应力系数，然后进行叠加，从而计算出任意点的附加应力系数

| 简图 | 计算点 $O$ 位置 | 计算式 |
|---|---|---|
| （矩形，$O$在中心） | 基础中心点 | $\alpha = 4\alpha_O$ |
| （矩形ABCD，$O$在边EC上） | 基础边缘 | $\alpha = \alpha_{OBAE} + \alpha_{OCDE}$ |
| （矩形ABCD，$O$在内部，分成四块） | 基础范围内 | $\alpha = \alpha_{OGAE} + \alpha_{OGDF} + \alpha_{OHBE} + \alpha_{OHCF}$ |
| （矩形ABCD，$O$在外侧右边） | 基础范围外 | $\alpha = \alpha_{OGAE} + \alpha_{OGDF} - \alpha_{OHBE} - \alpha_{OHCF}$ |
| （矩形ABCD，$O$在外侧右下角） | 基础范围外 | $\alpha = \alpha_{OGAE} - \alpha_{OGDF} - \alpha_{OHBE} + \alpha_{OHCF}$ |

【小注】（1）矩形分块后，在查表计算相应的附加应力系数时，注意<u>小矩形的长边 $l$ 和短边 $b$</u> 分别为多少，<u>并非是原基础底面尺寸</u>，否则容易出错。

（2）<u>条形基础，查表时取 $l/b = 10$</u> 即可。

（3）先求出矩形面积角点下的应力，再利用"角点法"求出任意点下的应力，角点划分的原则：
①划分的每一个矩形，都有一个共同的角点，即为计算点 $O$；
②所有划分的各矩形的面积总和等于原受荷面积；
③划分的每一个小矩形中，<u>$l$ 均为长边，$b$ 为短边</u>。

附表（K.0.1-1）矩形面积上均布荷载作用下角点附加应力系数 $\alpha$

| z/b | l/b | | | | | | | | | | | |
|---|---|---|---|---|---|---|---|---|---|---|---|---|
| | 1.0 | 1.2 | 1.4 | 1.6 | 1.8 | 2.0 | 3.0 | 4.0 | 5.0 | 6.0 | 10.0 | 条形 |
| 0.0 | 0.250 | 0.250 | 0.250 | 0.250 | 0.250 | 0.250 | 0.250 | 0.250 | 0.250 | 0.250 | 0.250 | 0.250 |
| 0.2 | 0.249 | 0.249 | 0.249 | 0.249 | 0.249 | 0.249 | 0.249 | 0.249 | 0.249 | 0.249 | 0.249 | 0.249 |
| 0.3 | 0.245 | 0.246 | 0.246 | 0.246 | 0.247 | 0.247 | 0.247 | 0.247 | 0.247 | 0.247 | 0.247 | 0.247 |
| 0.4 | 0.24 | 0.242 | 0.243 | 0.243 | 0.244 | 0.244 | 0.244 | 0.244 | 0.244 | 0.244 | 0.244 | 0.244 |
| 0.5 | 0.232 | 0.235 | 0.237 | 0.238 | 0.238 | 0.239 | 0.239 | 0.239 | 0.239 | 0.239 | 0.239 | 0.239 |
| 0.6 | 0.223 | 0.228 | 0.23 | 0.232 | 0.232 | 0.233 | 0.234 | 0.234 | 0.234 | 0.234 | 0.234 | 0.234 |
| 0.7 | 0.212 | 0.218 | 0.221 | 0.224 | 0.224 | 0.226 | 0.227 | 0.227 | 0.227 | 0.227 | 0.227 | 0.227 |
| 0.8 | 0.2 | 0.207 | 0.212 | 0.215 | 0.216 | 0.218 | 0.22 | 0.22 | 0.22 | 0.22 | 0.22 | 0.22 |
| 0.9 | 0.188 | 0.196 | 0.202 | 0.205 | 0.207 | 0.209 | 0.212 | 0.212 | 0.212 | 0.212 | 0.213 | 0.213 |
| 1 | 0.175 | 0.185 | 0.191 | 0.195 | 0.198 | 0.2 | 0.203 | 0.204 | 0.204 | 0.204 | 0.205 | 0.205 |
| 1.1 | 0.164 | 0.174 | 0.181 | 0.186 | 0.189 | 0.191 | 0.195 | 0.196 | 0.197 | 0.197 | 0.197 | 0.197 |
| 1.2 | 0.152 | 0.163 | 0.171 | 0.176 | 0.179 | 0.182 | 0.187 | 0.188 | 0.189 | 0.189 | 0.189 | 0.189 |
| 1.3 | 0.142 | 0.153 | 0.161 | 0.167 | 0.170 | 0.173 | 0.179 | 0.181 | 0.182 | 0.182 | 0.182 | 0.182 |
| 1.4 | 0.131 | 0.142 | 0.151 | 0.157 | 0.161 | 0.164 | 0.171 | 0.173 | 0.174 | 0.174 | 0.174 | 0.174 |
| 1.5 | 0.122 | 0.133 | 0.142 | 0.149 | 0.153 | 0.156 | 0.164 | 0.166 | 0.167 | 0.167 | 0.167 | 0.167 |
| 1.6 | 0.112 | 0.124 | 0.133 | 0.14 | 0.145 | 0.148 | 0.157 | 0.159 | 0.16 | 0.16 | 0.16 | 0.16 |
| 1.7 | 0.105 | 0.116 | 0.125 | 0.132 | 0.137 | 0.141 | 0.150 | 0.153 | 0.154 | 0.154 | 0.154 | 0.154 |
| 1.8 | 0.097 | 0.108 | 0.117 | 0.124 | 0.129 | 0.133 | 0.143 | 0.146 | 0.147 | 0.148 | 0.148 | 0.148 |
| 1.9 | 0.091 | 0.102 | 0.110 | 0.117 | 0.123 | 0.127 | 0.137 | 0.141 | 0.142 | 0.143 | 0.143 | 0.143 |
| 2 | 0.084 | 0.095 | 0.103 | 0.11 | 0.116 | 0.12 | 0.131 | 0.135 | 0.136 | 0.137 | 0.137 | 0.137 |
| 2.1 | 0.079 | 0.089 | 0.098 | 0.104 | 0.110 | 0.114 | 0.126 | 0.130 | 0.131 | 0.132 | 0.133 | 0.133 |
| 2.2 | 0.073 | 0.083 | 0.092 | 0.098 | 0.104 | 0.108 | 0.121 | 0.125 | 0.126 | 0.127 | 0.128 | 0.128 |
| 2.3 | 0.069 | 0.078 | 0.087 | 0.093 | 0.099 | 0.103 | 0.116 | 0.121 | 0.122 | 0.123 | 0.124 | 0.124 |
| 2.4 | 0.064 | 0.073 | 0.081 | 0.088 | 0.093 | 0.098 | 0.111 | 0.116 | 0.118 | 0.118 | 0.119 | 0.119 |
| 2.5 | 0.061 | 0.069 | 0.077 | 0.084 | 0.089 | 0.094 | 0.107 | 0.112 | 0.114 | 0.115 | 0.116 | 0.116 |
| 2.6 | 0.057 | 0.065 | 0.072 | 0.079 | 0.084 | 0.089 | 0.102 | 0.107 | 0.11 | 0.111 | 0.112 | 0.112 |
| 2.7 | 0.054 | 0.062 | 0.069 | 0.075 | 0.080 | 0.085 | 0.098 | 0.104 | 0.106 | 0.108 | 0.109 | 0.109 |
| 2.8 | 0.05 | 0.058 | 0.065 | 0.071 | 0.076 | 0.08 | 0.094 | 0.1 | 0.102 | 0.104 | 0.105 | 0.105 |
| 2.9 | 0.048 | 0.055 | 0.062 | 0.068 | 0.073 | 0.077 | 0.091 | 0.097 | 0.099 | 0.101 | 0.102 | 0.102 |
| 3 | 0.045 | 0.052 | 0.058 | 0.064 | 0.069 | 0.073 | 0.087 | 0.093 | 0.096 | 0.097 | 0.099 | 0.099 |
| 3.1 | 0.043 | 0.050 | 0.056 | 0.061 | 0.066 | 0.070 | 0.084 | 0.090 | 0.093 | 0.095 | 0.096 | 0.097 |
| 3.2 | 0.04 | 0.047 | 0.053 | 0.058 | 0.063 | 0.067 | 0.081 | 0.087 | 0.09 | 0.092 | 0.093 | 0.094 |
| 3.3 | 0.038 | 0.045 | 0.051 | 0.056 | 0.060 | 0.064 | 0.078 | 0.084 | 0.088 | 0.089 | 0.091 | 0.092 |

续表

| z/b | l/b | | | | | | | | | | | |
|---|---|---|---|---|---|---|---|---|---|---|---|---|
| | 1.0 | 1.2 | 1.4 | 1.6 | 1.8 | 2.0 | 3.0 | 4.0 | 5.0 | 6.0 | 10.0 | 条形 |
| 3.4 | 0.036 | 0.042 | 0.048 | 0.053 | 0.057 | 0.061 | 0.075 | 0.081 | 0.085 | 0.086 | 0.088 | 0.089 |
| 3.5 | 0.035 | 0.040 | 0.046 | 0.051 | 0.055 | 0.059 | 0.072 | 0.079 | 0.083 | 0.084 | 0.086 | 0.087 |
| 3.6 | 0.033 | 0.038 | 0.043 | 0.048 | 0.052 | 0.056 | 0.069 | 0.076 | 0.08 | 0.082 | 0.084 | 0.084 |
| 3.7 | 0.032 | 0.037 | 0.042 | 0.046 | 0.050 | 0.054 | 0.067 | 0.074 | 0.078 | 0.080 | 0.082 | 0.082 |
| 3.8 | 0.03 | 0.035 | 0.04 | 0.044 | 0.048 | 0.052 | 0.065 | 0.072 | 0.075 | 0.077 | 0.08 | 0.08 |
| 3.9 | 0.029 | 0.034 | 0.038 | 0.042 | 0.046 | 0.050 | 0.063 | 0.070 | 0.073 | 0.075 | 0.078 | 0.078 |
| 4 | 0.027 | 0.032 | 0.036 | 0.04 | 0.044 | 0.048 | 0.06 | 0.067 | 0.071 | 0.073 | 0.076 | 0.076 |
| 4.1 | 0.026 | 0.031 | 0.035 | 0.039 | 0.043 | 0.046 | 0.058 | 0.065 | 0.069 | 0.072 | 0.074 | 0.075 |
| 4.2 | 0.025 | 0.029 | 0.033 | 0.037 | 0.041 | 0.044 | 0.056 | 0.063 | 0.067 | 0.07 | 0.072 | 0.073 |
| 4.3 | 0.024 | 0.028 | 0.032 | 0.036 | 0.040 | 0.043 | 0.055 | 0.062 | 0.066 | 0.068 | 0.071 | 0.072 |
| 4.4 | 0.023 | 0.027 | 0.031 | 0.034 | 0.038 | 0.041 | 0.053 | 0.06 | 0.064 | 0.066 | 0.069 | 0.07 |
| 4.5 | 0.022 | 0.026 | 0.030 | 0.033 | 0.037 | 0.040 | 0.051 | 0.058 | 0.063 | 0.065 | 0.068 | 0.069 |
| 4.6 | 0.021 | 0.025 | 0.028 | 0.032 | 0.035 | 0.038 | 0.049 | 0.056 | 0.061 | 0.063 | 0.066 | 0.067 |
| 4.7 | 0.020 | 0.024 | 0.027 | 0.031 | 0.034 | 0.037 | 0.048 | 0.055 | 0.060 | 0.062 | 0.065 | 0.066 |
| 4.8 | 0.019 | 0.023 | 0.026 | 0.029 | 0.032 | 0.035 | 0.046 | 0.053 | 0.058 | 0.06 | 0.064 | 0.064 |
| 5 | 0.018 | 0.021 | 0.024 | 0.027 | 0.03 | 0.033 | 0.043 | 0.05 | 0.055 | 0.057 | 0.061 | 0.062 |
| 5.5 | 0.016 | 0.018 | 0.021 | 0.024 | 0.026 | 0.029 | 0.038 | 0.045 | 0.049 | 0.052 | 0.056 | 0.057 |
| 6 | 0.013 | 0.015 | 0.017 | 0.02 | 0.022 | 0.024 | 0.033 | 0.039 | 0.043 | 0.046 | 0.051 | 0.052 |
| 6.5 | 0.011 | 0.013 | 0.015 | 0.018 | 0.019 | 0.021 | 0.029 | 0.035 | 0.039 | 0.042 | 0.047 | 0.049 |
| 7 | 0.009 | 0.011 | 0.013 | 0.015 | 0.016 | 0.018 | 0.025 | 0.031 | 0.035 | 0.038 | 0.043 | 0.045 |
| 8 | 0.007 | 0.009 | 0.01 | 0.011 | 0.013 | 0.014 | 0.02 | 0.025 | 0.028 | 0.031 | 0.037 | 0.039 |
| 9 | 0.006 | 0.007 | 0.008 | 0.009 | 0.01 | 0.011 | 0.016 | 0.02 | 0.024 | 0.026 | 0.032 | 0.035 |
| 10 | 0.005 | 0.006 | 0.007 | 0.007 | 0.008 | 0.009 | 0.013 | 0.017 | 0.02 | 0.022 | 0.028 | 0.032 |
| 12 | 0.003 | 0.004 | 0.005 | 0.005 | 0.006 | 0.006 | 0.009 | 0.012 | 0.014 | 0.017 | 0.022 | 0.026 |
| 14 | 0.002 | 0.003 | 0.003 | 0.004 | 0.004 | 0.005 | 0.007 | 0.009 | 0.011 | 0.013 | 0.018 | 0.023 |
| 16 | 0.002 | 0.002 | 0.003 | 0.003 | 0.003 | 0.004 | 0.005 | 0.007 | 0.009 | 0.01 | 0.014 | 0.02 |
| 18 | 0.001 | 0.002 | 0.002 | 0.002 | 0.003 | 0.003 | 0.004 | 0.006 | 0.007 | 0.008 | 0.012 | 0.018 |
| 20 | 0.001 | 0.001 | 0.002 | 0.002 | 0.002 | 0.002 | 0.004 | 0.005 | 0.006 | 0.007 | 0.01 | 0.016 |
| 25 | 0.001 | 0.001 | 0.001 | 0.001 | 0.001 | 0.002 | 0.002 | 0.003 | 0.004 | 0.004 | 0.007 | 0.013 |
| 30 | 0.001 | 0.001 | 0.001 | 0.001 | 0.001 | 0.001 | 0.001 | 0.002 | 0.003 | 0.002 | 0.005 | 0.011 |
| 35 | 0 | 0 | 0.001 | 0.001 | 0.001 | 0.001 | 0.001 | 0.002 | 0.002 | 0.002 | 0.004 | 0.009 |
| 40 | 0 | 0 | 0 | 0 | 0.001 | 0.001 | 0.001 | 0.001 | 0.001 | 0.002 | 0.003 | 0.008 |

【表注】$l$为基础长度（m），一般是基础的长边；$b$为基础宽度（m），一般是基础的短边；$z$为计算点离基础底面垂直距离（m）

## (二) 矩形面积上三角形荷载

**矩形面积上三角形荷载**

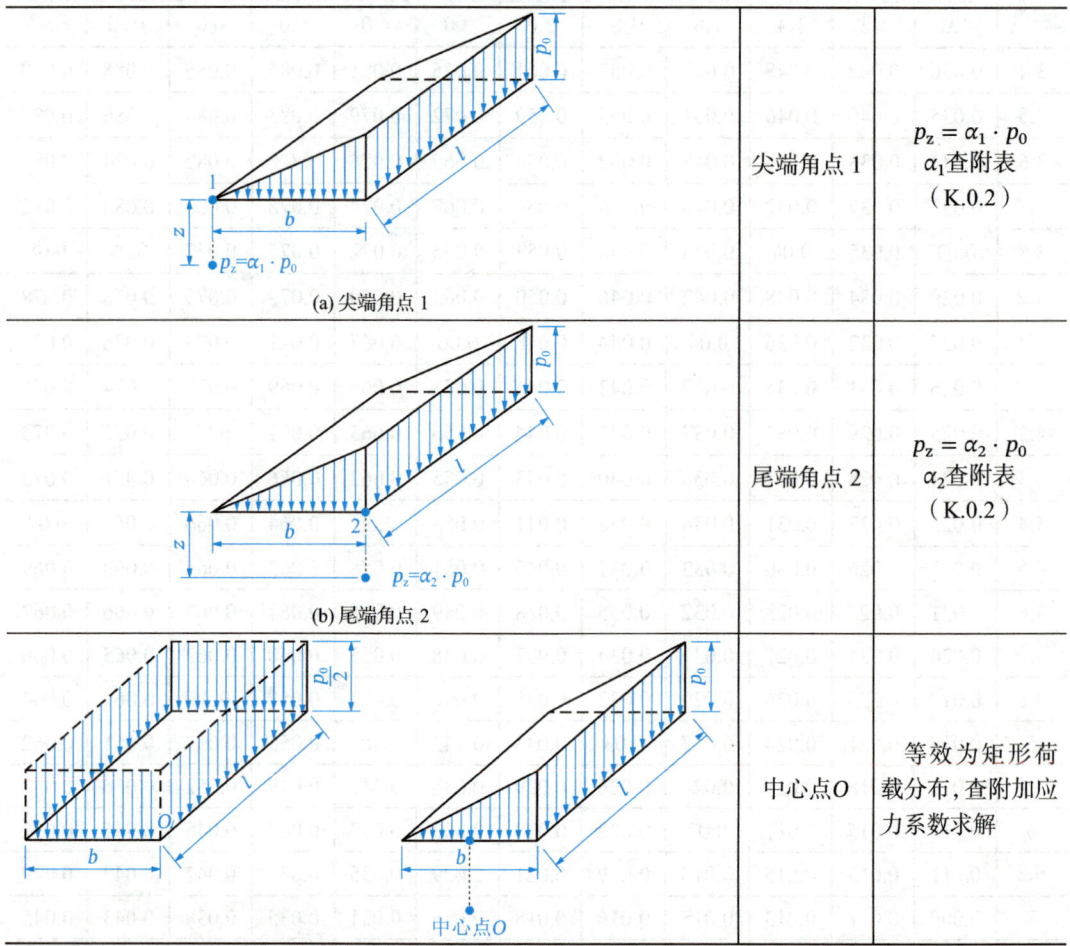

| 图 | 位置 | 公式 |
|---|---|---|
| (a) 尖端角点 1 | 尖端角点 1 | $p_z = \alpha_1 \cdot p_0$<br>$\alpha_1$ 查附表<br>（K.0.2） |
| (b) 尾端角点 2 | 尾端角点 2 | $p_z = \alpha_2 \cdot p_0$<br>$\alpha_2$ 查附表<br>（K.0.2） |
| 中心点 O | 中心点 O | 等效为矩形荷载分布，查附加应力系数求解 |

【小注】①$p_0$ 为基础底面处的附加应力（kPa）；
②此处查表时 $l$ 为<u>垂直</u>于三角形荷载变化方向的边长（不一定为长边）；
③$b$ 为<u>沿着</u>三角形荷载变化方向的边长（不一定为短边）；
④$z$ 为<u>计算点距离基础底面</u>的垂直距离（m）。

附表（K.0.2）矩形面积上三角形分布荷载作用下角点附加应力系数 $\alpha$

| z/b | l/b | | | | | | | | | |
|---|---|---|---|---|---|---|---|---|---|---|
| | 0.2 | | 0.4 | | 0.6 | | 0.8 | | 1.0 | |
| | $\alpha_1$ | $\alpha_2$ | $\alpha_1$ | $\alpha_2$ | $\alpha_1$ | $\alpha_2$ | $\alpha_1$ | $\alpha_2$ | $\alpha_1$ | $\alpha_2$ |
| 0.0 | 0.0000 | 0.2500 | 0.0000 | 0.2500 | 0.0000 | 0.2500 | 0.0000 | 0.2500 | 0.0000 | 0.2500 |
| 0.2 | 0.0223 | 0.1821 | 0.0280 | 0.2115 | 0.0296 | 0.2165 | 0.0301 | 0.2178 | 0.0304 | 0.2182 |
| 0.4 | 0.0269 | 0.1094 | 0.0420 | 0.1604 | 0.0487 | 0.1781 | 0.0517 | 0.1844 | 0.0531 | 0.1870 |
| 0.6 | 0.0259 | 0.0700 | 0.0448 | 0.1165 | 0.0560 | 0.1405 | 0.0621 | 0.1520 | 0.0654 | 0.1575 |
| 0.8 | 0.0232 | 0.0480 | 0.0421 | 0.0853 | 0.0553 | 0.1093 | 0.0637 | 0.1232 | 0.0688 | 0.1311 |
| 1.0 | 0.0201 | 0.0346 | 0.0375 | 0.0638 | 0.0508 | 0.0852 | 0.0602 | 0.0996 | 0.0666 | 0.1086 |
| 1.2 | 0.0171 | 0.0260 | 0.0324 | 0.0491 | 0.0450 | 0.0673 | 0.0546 | 0.0807 | 0.0615 | 0.0901 |
| 1.4 | 0.0145 | 0.0202 | 0.0278 | 0.0386 | 0.0392 | 0.0540 | 0.0483 | 0.0661 | 0.0554 | 0.0751 |
| 1.6 | 0.0123 | 0.0160 | 0.0238 | 0.0310 | 0.0339 | 0.0440 | 0.0424 | 0.0547 | 0.0492 | 0.0628 |
| 1.8 | 0.0105 | 0.0130 | 0.0204 | 0.0254 | 0.0294 | 0.0363 | 0.0371 | 0.0457 | 0.0435 | 0.0534 |
| 2.0 | 0.0090 | 0.0108 | 0.0176 | 0.0211 | 0.0255 | 0.0304 | 0.0324 | 0.0387 | 0.0384 | 0.0456 |
| 2.5 | 0.0063 | 0.0072 | 0.0125 | 0.0140 | 0.0183 | 0.0205 | 0.0236 | 0.0265 | 0.0284 | 0.0318 |
| 3.0 | 0.0046 | 0.0051 | 0.0092 | 0.0100 | 0.0135 | 0.0148 | 0.0176 | 0.0192 | 0.0214 | 0.0233 |
| 5.0 | 0.0018 | 0.0019 | 0.0036 | 0.0038 | 0.0054 | 0.0056 | 0.0071 | 0.0074 | 0.0088 | 0.0091 |
| 7.0 | 0.0009 | 0.0010 | 0.0019 | 0.0019 | 0.0028 | 0.0029 | 0.0038 | 0.0038 | 0.0047 | 0.0047 |
| 10.0 | 0.0005 | 0.0004 | 0.0009 | 0.0010 | 0.0014 | 0.0014 | 0.0019 | 0.0019 | 0.0023 | 0.0024 |

| z/ | l/b | | | | | | | | | |
|---|---|---|---|---|---|---|---|---|---|---|
| | 1.2 | | 1.4 | | 1.6 | | 1.8 | | 2.0 | |
| | $\alpha_1$ | $\alpha_2$ | $\alpha_1$ | $\alpha_2$ | $\alpha_1$ | $\alpha_2$ | $\alpha_1$ | $\alpha_2$ | $\alpha_1$ | $\alpha_2$ |
| 0.0 | 0.0000 | 0.2500 | 0.0000 | 0.2500 | 0.0000 | 0.2500 | 0.0000 | 0.2500 | 0.0000 | 0.2500 |
| 0.2 | 0.0305 | 0.2184 | 0.0305 | 0.2185 | 0.0306 | 0.2185 | 0.0306 | 0.2185 | 0.0306 | 0.2185 |
| 0.4 | 0.0539 | 0.1881 | 0.0543 | 0.1886 | 0.0545 | 0.1889 | 0.0546 | 0.1891 | 0.0547 | 0.1892 |
| 0.6 | 0.0673 | 0.1602 | 0.0684 | 0.1616 | 0.0690 | 0.1625 | 0.0694 | 0.1630 | 0.0696 | 0.1633 |
| 0.8 | 0.0720 | 0.1355 | 0.0739 | 0.1381 | 0.0751 | 0.1396 | 0.0759 | 0.1405 | 0.0764 | 0.1412 |
| 1.0 | 0.0708 | 0.1143 | 0.0735 | 0.1176 | 0.0753 | 0.1202 | 0.0766 | 0.1215 | 0.0774 | 0.1225 |
| 1.2 | 0.0664 | 0.0962 | 0.0698 | 0.1007 | 0.0721 | 0.1037 | 0.0738 | 0.1055 | 0.0749 | 0.1069 |
| 1.4 | 0.0606 | 0.0817 | 0.0644 | 0.0864 | 0.0672 | 0.0897 | 0.0692 | 0.0921 | 0.0707 | 0.0937 |
| 1.6 | 0.0545 | 0.0696 | 0.0586 | 0.0743 | 0.0616 | 0.0780 | 0.0639 | 0.0806 | 0.0656 | 0.0826 |
| 1.8 | 0.0487 | 0.0596 | 0.0528 | 0.0644 | 0.0560 | 0.0681 | 0.0585 | 0.0709 | 0.0604 | 0.0730 |
| 2.0 | 0.0434 | 0.0513 | 0.0474 | 0.0560 | 0.0507 | 0.0596 | 0.0533 | 0.0625 | 0.0553 | 0.0649 |
| 2.5 | 0.0326 | 0.0365 | 0.0362 | 0.0405 | 0.0393 | 0.0440 | 0.0419 | 0.0469 | 0.0440 | 0.0491 |
| 3.0 | 0.0249 | 0.0270 | 0.0280 | 0.0303 | 0.0307 | 0.0333 | 0.0331 | 0.0359 | 0.0352 | 0.0380 |

续表

| z/b | l/b | | | | | | | | | |
|---|---|---|---|---|---|---|---|---|---|---|
| | 1.2 | | 1.4 | | 1.6 | | 1.8 | | 2.0 | |
| | $\alpha_1$ | $\alpha_2$ | $\alpha_1$ | $\alpha_2$ | $\alpha_1$ | $\alpha_2$ | $\alpha_1$ | $\alpha_2$ | $\alpha_1$ | $\alpha_2$ |
| 5.0 | 0.0104 | 0.0108 | 0.0120 | 0.0123 | 0.0135 | 0.0139 | 0.0148 | 0.0154 | 0.0161 | 0.0167 |
| 7.0 | 0.0056 | 0.0056 | 0.0064 | 0.0066 | 0.0073 | 0.0074 | 0.0081 | 0.0083 | 0.0089 | 0.0091 |
| 10.0 | 0.0028 | 0.0028 | 0.0033 | 0.0032 | 0.0037 | 0.0037 | 0.0041 | 0.0042 | 0.0046 | 0.0046 |

| z/b | l/b | | | | | | | | | |
|---|---|---|---|---|---|---|---|---|---|---|
| | 3.0 | | 4.0 | | 6.0 | | 8.0 | | 10.0 | |
| | $\alpha_1$ | $\alpha_2$ | $\alpha_1$ | $\alpha_2$ | $\alpha_1$ | $\alpha_2$ | $\alpha_1$ | $\alpha_2$ | $\alpha_1$ | $\alpha_2$ |
| 0.0 | 0.0000 | 0.2500 | 0.0000 | 0.2500 | 0.0000 | 0.2500 | 0.0000 | 0.2500 | 0.0000 | 0.2500 |
| 0.2 | 0.0306 | 0.2186 | 0.0306 | 0.2186 | 0.0306 | 0.2186 | 0.0306 | 0.2186 | 0.0306 | 0.2186 |
| 0.4 | 0.0548 | 0.1894 | 0.0549 | 0.1894 | 0.0549 | 0.1894 | 0.0549 | 0.1894 | 0.0549 | 0.1894 |
| 0.6 | 0.0701 | 0.1638 | 0.0702 | 0.1639 | 0.0702 | 0.1640 | 0.0702 | 0.1640 | 0.0702 | 0.1640 |
| 0.8 | 0.0773 | 0.1423 | 0.0776 | 0.1424 | 0.0776 | 0.1426 | 0.0776 | 0.1426 | 0.0776 | 0.1426 |
| 1.0 | 0.0790 | 0.1244 | 0.0794 | 0.1248 | 0.0795 | 0.1250 | 0.0796 | 0.1250 | 0.0796 | 0.1250 |
| 1.2 | 0.0774 | 0.1096 | 0.0779 | 0.1103 | 0.0782 | 0.1105 | 0.0783 | 0.1105 | 0.0783 | 0.1105 |
| 1.4 | 0.0739 | 0.0973 | 0.0748 | 0.0982 | 0.0752 | 0.0986 | 0.0752 | 0.0987 | 0.0753 | 0.0987 |
| 1.6 | 0.0697 | 0.0870 | 0.0708 | 0.0882 | 0.0714 | 0.0887 | 0.0715 | 0.0888 | 0.0715 | 0.0889 |
| 1.8 | 0.0652 | 0.0782 | 0.0666 | 0.0797 | 0.0673 | 0.0805 | 0.0675 | 0.0806 | 0.0675 | 0.0808 |
| 2.0 | 0.0607 | 0.0707 | 0.0624 | 0.0726 | 0.0634 | 0.0734 | 0.0636 | 0.0736 | 0.0636 | 0.0738 |
| 2.5 | 0.0504 | 0.0559 | 0.0529 | 0.0585 | 0.0543 | 0.0601 | 0.0547 | 0.0604 | 0.0548 | 0.0605 |
| 3.0 | 0.0419 | 0.0451 | 0.0449 | 0.0482 | 0.0469 | 0.0504 | 0.0474 | 0.0509 | 0.0476 | 0.0511 |
| 5.0 | 0.0214 | 0.0221 | 0.0248 | 0.0256 | 0.0283 | 0.0290 | 0.0296 | 0.0303 | 0.0301 | 0.0309 |
| 7.0 | 0.0124 | 0.0126 | 0.0152 | 0.0154 | 0.0186 | 0.0190 | 0.0204 | 0.0207 | 0.0212 | 0.0216 |
| 10.0 | 0.0066 | 0.0066 | 0.0084 | 0.0083 | 0.0111 | 0.0111 | 0.0128 | 0.0130 | 0.0139 | 0.0141 |

【表注】上表中 b 为受压边，平行于弯矩方向，而不一定是短边，下表类似。

### （三）圆形面积上均布荷载

**圆形面积上均布荷载**

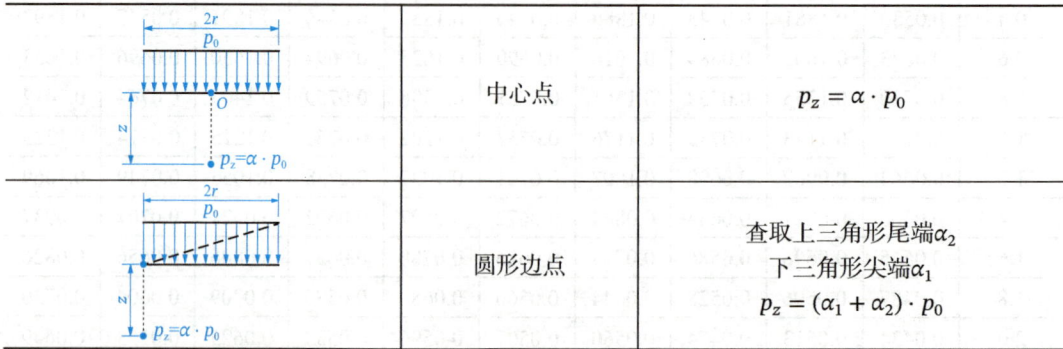

| | 中心点 | $p_z = \alpha \cdot p_0$ |
|---|---|---|
| | 圆形边点 | 查取上三角形尾端 $\alpha_2$<br>下三角形尖端 $\alpha_1$<br>$p_z = (\alpha_1 + \alpha_2) \cdot p_0$ |

【小注】①$p_0$ 为基础底面处的附加应力（kPa）；
②$z$ 为计算点距离基础底面的垂直距离（m）。

### 圆形面积上均布荷载作用下中点附加应力系数 α

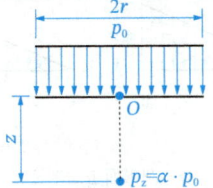

圆形中点

| z/r | α | z/r | α | z/r | α | z/r | α | z/r | α |
|---|---|---|---|---|---|---|---|---|---|
| 0.0 | 1.000 | 1.1 | 0.595 | 2.2 | 0.245 | 3.3 | 0.124 | 4.4 | 0.073 |
| 0.1 | 0.999 | 1.2 | 0.547 | 2.3 | 0.229 | 3.4 | 0.117 | 4.5 | 0.070 |
| 0.2 | 0.992 | 1.3 | 0.502 | 2.4 | 0.210 | 3.5 | 0.111 | 4.6 | 0.067 |
| 0.3 | 0.976 | 1.4 | 0.461 | 2.5 | 0.200 | 3.6 | 0.106 | 4.7 | 0.064 |
| 0.4 | 0.949 | 1.5 | 0.424 | 2.6 | 0.187 | 3.7 | 0.101 | 4.8 | 0.062 |
| 0.5 | 0.911 | 1.6 | 0.390 | 2.7 | 0.175 | 3.8 | 0.096 | 4.9 | 0.059 |
| 0.6 | 0.864 | 1.7 | 0.360 | 2.8 | 0.165 | 3.9 | 0.091 | 5.0 | 0.057 |
| 0.7 | 0.811 | 1.8 | 0.332 | 2.9 | 0.155 | 4.0 | 0.087 | | |
| 0.8 | 0.756 | 1.9 | 0.307 | 3.0 | 0.146 | 4.1 | 0.083 | | |
| 0.9 | 0.701 | 2.0 | 0.285 | 3.1 | 0.138 | 4.2 | 0.079 | | |
| 1.0 | 0.647 | 2.1 | 0.264 | 3.2 | 0.130 | 4.3 | 0.076 | | |

## （四）圆形面积上三角形荷载

### 圆形面积上三角形荷载

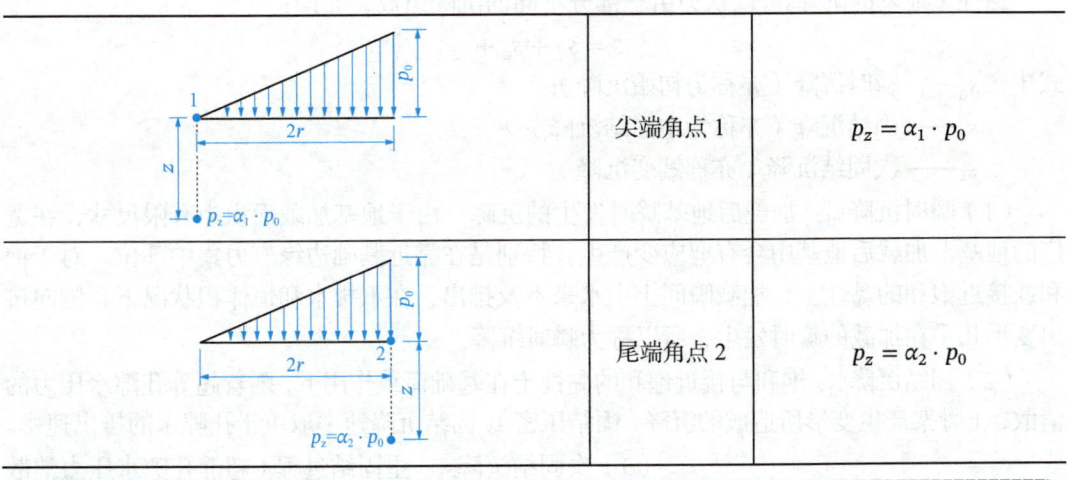

笔记区

### 圆形面积上三角形分布荷载作用下边点的附加应力系数α

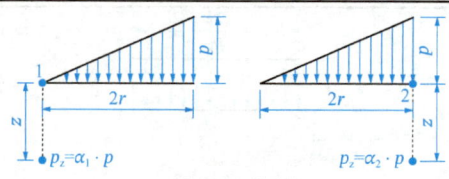

r—圆形面积的半径

圆形边点

| z/r | $\alpha_1$ | $\alpha_2$ | z/r | $\alpha_1$ | $\alpha_2$ | z/r | $\alpha_1$ | $\alpha_2$ | z/r | $\alpha_1$ | $\alpha_2$ |
|---|---|---|---|---|---|---|---|---|---|---|---|
| 0.0 | 0.000 | 0.500 | 1.2 | 0.093 | 0.205 | 2.4 | 0.067 | 0.091 | 3.6 | 0.041 | 0.051 |
| 0.1 | 0.016 | 0.465 | 1.3 | 0.092 | 0190 | 2.5 | 0.064 | 0.086 | 3.7 | 0.040 | 0.048 |
| 0.2 | 0.031 | 0.443 | 1.4 | 0.091 | 0.177 | 2.6 | 0.062 | 0.081 | 3.8 | 0.038 | 0.046 |
| 0.3 | 0.044 | 0.403 | 1.5 | 0.089 | 0.165 | 2.7 | 0.059 | 0.078 | 3.9 | 0.037 | 0.043 |
| 0.4 | 0.054 | 0.376 | 1.6 | 0.087 | 0.154 | 2.8 | 0.057 | 0.074 | 4.0 | 0.036 | 0.041 |
| 0.5 | 0.063 | 0.349 | 1.7 | 0.085 | 0.144 | 2.9 | 0.055 | 0.070 | 4.2 | 0.033 | 0.038 |
| 0.6 | 0.071 | 0.324 | 1.8 | 0.083 | 0.134 | 3.0 | 0.052 | 0.067 | 4.4 | 0.031 | 0.034 |
| 0.7 | 0.078 | 0.300 | 1.9 | 0.080 | 0.126 | 3.1 | 0.050 | 0.064 | 4.6 | 0.029 | 0.031 |
| 0.8 | 0.083 | 0.279 | 2.0 | 0.078 | 0.117 | 3.2 | 0.048 | 0.061 | 4.8 | 0.027 | 0.029 |
| 0.9 | 0.088 | 0.258 | 2.1 | 0.075 | 0.110 | 3.3 | 0.046 | 0.059 | 5.0 | 0.025 | 0.027 |
| 1.0 | 0.091 | 0.238 | 2.2 | 0.072 | 0.104 | 3.4 | 0.045 | 0.055 | | | |
| 1.1 | 0.092 | 0.221 | 2.3 | 0.070 | 0.097 | 3.5 | 0.043 | 0.053 | | | |

## 第五节 地基变形计算

黏性土地基的沉降s可以认为由三部分不同的沉降组成，亦即：

$$s = s_d + s_c + s_s$$

式中：$s_d$——瞬时沉降（亦称为初始沉降）；

$s_c$——固结沉降（亦称为主固结沉降）；

$s_s$——次固结沉降（亦称蠕变沉降）。

（1）瞬时沉降$s_d$：加载后地基瞬时发生的沉降。由于地基加载面积为有限尺寸，在宽广的地基上加载后地基中会有剪应变产生，特别是在靠近基础边缘应力集中部位。对于饱和或接近饱和的黏性土，加载瞬间土中水来不及排出，在不排水和恒体积状况下，侧向挤出变形几乎在加载的瞬时发生，所以称为瞬时沉降。

（2）固结沉降$s_c$：饱和与接近饱和的黏性土在基础荷载作用下，随着超静孔隙水压力的消散，土骨架产生变形所造成的沉降（固结压密）。固结沉降速率取决于孔隙水的排出速率。

（3）次固结沉降$s_s$：主固结过程（超静孔隙水压力消散过程）结束后，在有效应力不变的情况下，土骨架仍随时间继续发生变形。这种变形的速率与孔隙水排出的速率无关，而是取决于土骨架本身的蠕变性质。次固结沉降既包括剪切变形，也包括体积变化。

上述三部分沉降实际上并非在不同时刻截然分开发生的，如次固结沉降实际上在固结过程一开始就产生了，只不过数量相对很小而已，而主要沉降量是主固结沉降。但超静

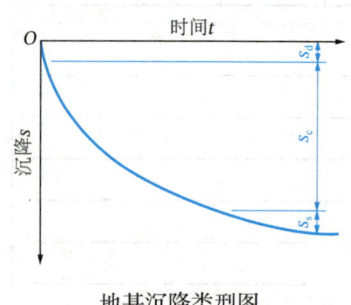

地基沉降类型图

孔隙水压力消散殆尽时，主固结沉降基本完成，而次固结沉降越来越显著，逐渐成为沉降增量的主要部分。

但是为了计算方便，人为将其区别开来，单独计算。不论是土力学还是规范中的分层总和法均是主固结沉降的计算方法。

固结沉降计算公式，不论土力学还是规范法，均是基于此公式：

$$s = \sum_{i=1}^{n} \frac{1}{E_{si}} \Delta p_i h_i = \sum_{i=1}^{n} \frac{\text{本层土的平均附加应力}}{\text{本层土的压缩模量}} \times \text{本层土的厚度}$$

## 一、一维压缩变形

——《土力学》

**一维压缩变形**

| | | |
|---|---|---|
| 不考虑应力历史的分层总和法（$e$-$p$曲线法） | 土体的变形本质为孔隙比的变化 | $s = \sum_{i=1}^{n} \frac{e_{0i} - e_{1i}}{1 + e_{0i}} h_i = \sum_{i=1}^{n} \frac{a_i}{1 + e_{0i}} \Delta p_i h_i = \sum_{i=1}^{n} \frac{1}{E_{si}} \Delta p_i h_i$ |
| 考虑应力历史的分层总和法（$e$-$\lg p$曲线法） | 正常固结土 $OCR \approx 1$ | $s = \sum_{i=1}^{n} \frac{h_i}{1 + e_{0i}} C_{ci} \lg\left(\frac{p_{czi} + p_{zi}}{p_{czi}}\right)$ |
| | 欠固结土 $OCR < 1$ | $s = \sum_{i=1}^{n} \frac{h_i}{1 + e_{0i}} C_{ci} \lg\left(\frac{p_{czi} + p_{zi}}{p_{ci}}\right)$ |
| | 超固结土 $OCR > 1$，$p_{zi} + p_{czi} \leq p_{ci}$ | $s = \sum_{i=1}^{n} \frac{h_i}{1 + e_{0i}} C_{ei} \lg\left(\frac{p_{czi} + p_{zi}}{p_{czi}}\right)$ |
| | $p_{zi} + p_{czi} > p_{ci}$ | $s = \sum_{i=1}^{n} \frac{h_i}{1 + e_{0i}} \left[C_{ei} \lg\left(\frac{p_{ci}}{p_{czi}}\right) + C_{ci} \lg\left(\frac{p_{czi} + p_{zi}}{p_{ci}}\right)\right]$ |

式中：$e_{0i}$——第$i$层土的初始孔隙比；

$h_i$——第$i$层土的厚度（m）；

$C_{ci}$——第$i$层土的压缩指数；

$C_{ei}$——第$i$层土的回弹指数或回弹再压缩指数；

$p_{czi}$——第$i$层土中点处的平均自重应力（kPa）；

$p_{zi}$——第$i$层土的平均附加应力（kPa）；

$p_{ci}$——第$i$层土的平均先期固结压力（kPa）。

【小注】水位处要进行分层。

## 二、分层总和法

——《土力学》

分层总和法计算地基土的变形，主要基于一维压缩试验及土体三相关系，外荷载由$p_1 = p_{cz}$增加至$p_2 = p_{cz} + p_z$，相应试样的孔隙比由$e_1$减小至$e_2$，侧限条件下土样高度变化与孔隙比的关系如下图所示：

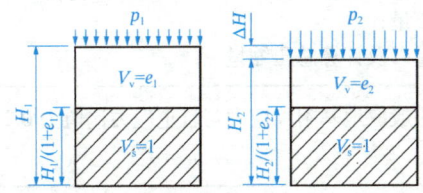

根据固结压缩试验原理及土体三相关系，可推导出：

$$s = H_1 - H_2 = \frac{e_1 - e_2}{1 + e_1} \cdot H_1 = \frac{\Delta p}{E_s} H_1$$

根据土体压缩试验结果，对于多层土的沉降量计算，采用如下假设：

（1）基底压力呈线形分布，采用弹性理论法计算基底中心点下地基附加应力来计算各分层土的竖向压缩量。

（2）地基土只在竖向有变形，没有侧向变形，平均沉降量为各土层的压缩量总和。

（3）只计算主固结沉降。

因此，基于以上假设，将地基土分为若干层，计算出每一层的沉降量，汇总后即为地基土的压缩总的沉降量。

**分层总和法**

| | |
|---|---|
| 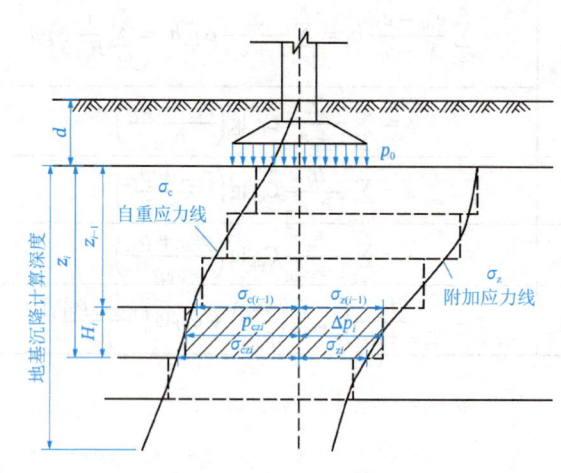 | $s = \sum_{i=1}^{i=n} s_i = \sum \frac{\Delta p_i}{E_{si}} \cdot H_i$ $= \sum_{i=1}^{i=n} \frac{e_{1i} - e_{2i}}{1 + e_{1i}} H_i$ $= \sum_{i=1}^{i=n} \frac{a_i}{1 + e_{1i}} \Delta p_i \cdot H_i$ 【小注】①孔隙比 $e_{1i}$ 的取值对应于该土层中点处有效自重应力 $p_{czi}$，即为：$p_{czi} = \frac{\sigma_{ci} - \sigma_{c(i-1)}}{2}$ ②孔隙比 $e_{2i}$ 的取值对应于该土层中点处附加应力 $p_{zi}(\Delta p_i)$ 与有效自重应力 $p_{czi}$ 的和，即为：$p_{zi}(\Delta p_i) + p_{czi} = \frac{\sigma_{zi} - \sigma_{z(i-1)}}{2} + \frac{\sigma_{ci} - \sigma_{c(i-1)}}{2}$ |
| 公式说明 | 式中：$s_i$——第 $i$ 层土的沉降量（mm）； $s$——地基总沉降量（mm）； $e_{1i}$——对应于第 $i$ 分层土中点处的自重应力的平均值对应的孔隙比； $e_{2i}$——对应于第 $i$ 分层土中点处的自重应力平均值和附加应力平均值之和对应的孔隙比； $E_{si}$——第 $i$ 层土的压缩模量（MPa）； $a_i$——第 $i$ 层土的压缩系数（MPa$^{-1}$）； $\Delta p_i$——第 $i$ 土层中点处的平均附加应力（MPa）； $H_i$——第 $i$ 土层的厚度（mm） |
| 计算步骤 | ①确定沉降计算深度； ②划分地基土层，天然土层界限及地下水位处均应分层，分层越薄，计算结果越精确； ③计算各分层中点处的平均自重应力 $p_{cz}$ 和平均附加应力 $p_z$； ④确定各分层的压缩模量； ⑤计算各分层的压缩量以及计算总压缩量 |
| 计算深度 | 采用应力比法确定，一般取地基附加应力与自重应力比值为 0.2 的深度，软黏土取比值为 0.1，作为沉降计算深度 |

## 三、降水引起的地面沉降

——《工程地质手册》P719

本内容适用于抽吸地下水引起水位或水压下降而造成大面积地面沉降的计算。抽吸地下水，引起含水层的有效应力发生变化，进而产生压缩变形。该类型的题，本质在于求出含水层顶面和底面水压力变化。

根据不同的含水层，压缩变形分为潜水含水层、承压水含水层和弱透水层三种类型。

**不同含水层压缩变形**

| | |
|---|---|
| （1）黏性土及粉土土层计算最终沉降量（cm）：<br>$$s_\infty = \frac{a}{1+e_0} \Delta p H$$ | 式中：$a$——土层压缩系数（$MPa^{-1}$）；<br>$e_0$——土层原始孔隙比；<br>$\Delta p$——水位变化施加于土层上的平均附加应力（MPa）； |
| （2）砂土土层计算最终沉降量（cm）：<br>$$s_\infty = \frac{1}{E} \Delta p H$$ | $H$——计算土层厚度（cm）；<br>$E$——砂层弹性模量（MPa），计算回弹量时用回弹模量，弹性模量应为压缩模量：$E_s = \frac{1+e_0}{\alpha} = \frac{1}{m_v}$ |
| （3）预测某时刻$t$月后地面沉降量$s_t$（mm）<br>$$s_t = U \cdot s_\infty$$<br>$$U = 1 - \frac{8}{\pi^2}\left[e^{-N} + \frac{1}{9}e^{-9N} + \frac{1}{25}e^{-25N} + \cdots\right]$$<br>（$U$的计算公式一般取第 1 项即可）<br>$$N = \frac{\pi^2 C_v}{4H^2}t$$ | 式中：$U$——固结度，以小数表示；<br>$t$——时间（月）；<br>$N$——时间因素；<br>$C_v$——固结系数（$mm^2$/月）；<br>$H$——土层的计算厚度，两面排水时取实际厚度的一半，单面排水时取全部厚度（mm）<br>$1 cm^2/s = 2.59 \times 10^8 mm^2$/月 |

**降水引起的沉降常见情况总结**

| （1）无不透水层，无承压水，粗略认为：<br>土层天然重度$\gamma \cong$饱和重度$\gamma_{sat}$ | （2）无不透水层，无承压水：<br>土层天然重度$\gamma <$饱和重度$\gamma_{sat}$ |
|---|---|
| 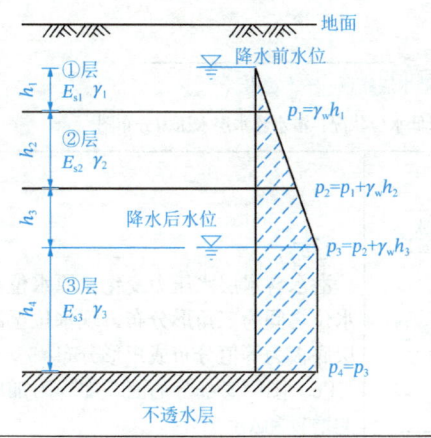 | 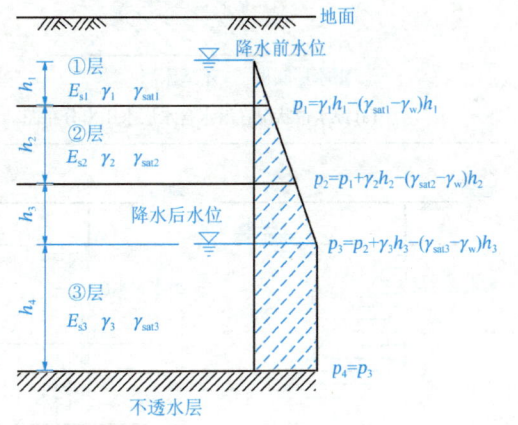 |

$$s = \frac{p_1}{2E_{s1}}h_1 + \frac{p_1+p_2}{2E_{s2}}h_2 + \frac{p_2+p_3}{2E_{s3}}h_3 + \frac{p_3}{E_{s3}}h_4$$

续表

| （3）有不透水层，有承压水，隔水层认为完全不透水，即为不存在渗流 | （4）有承压水，潜水位和承压水之间的隔水层②层非完全不透水，即②层存在渗流 |
|---|---|
| 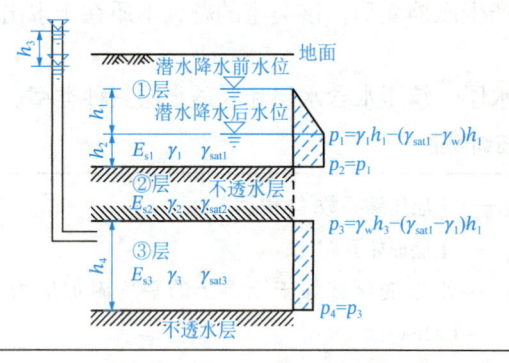 | 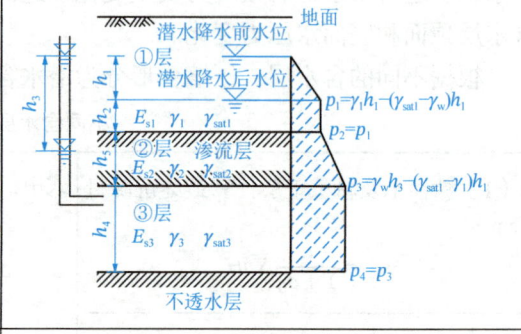 |
| $s = \dfrac{p_1}{2E_{s1}}h_1 + \dfrac{p_1}{E_{s1}}h_2 + \dfrac{p_3}{E_{s3}}h_4$ | $s = \dfrac{p_1}{2E_{s1}}h_1 + \dfrac{p_1}{E_{s1}}h_2 + \dfrac{p_1+p_3}{2E_{s2}}h_5 + \dfrac{p_3}{E_{s3}}h_4$ |

**第一种情形**：当降水前后土体重度保持不变，即总应力不变的情形下，根据有效应力原理，水压力变化即为有效应力变化（附加应力的变化量），根据含水层水压力变化的线性分布，可以求出含水层的有效应力变化，进而求出压缩变形。

### （一）潜水含水层

**潜水含水层水位降低前后水压力分布详图**

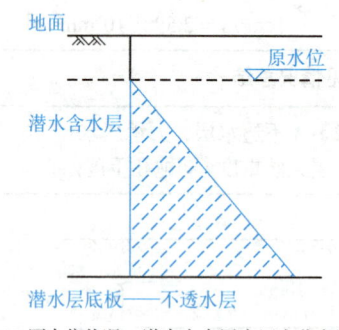

(a) 原水位状况：潜水含水层水压力分布图

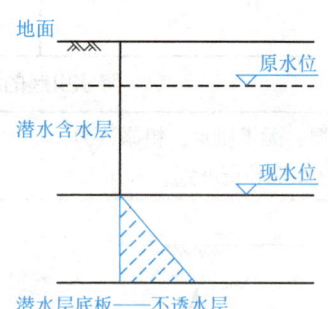

(b) 降低水位状况：潜水含水层水压力分布图

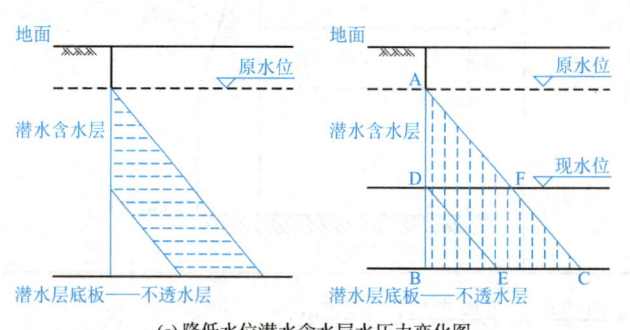

(c) 降低水位潜水含水层水压力变化图

**总结**

潜水含水层水压力变化：原水位与现水位之间为三角形分布，现水位至潜水层底板为等值分布或矩形分布。

(c) 图阴影部分的面积即为附加应力的增量和 $\Delta p$

## （二）承压含水层

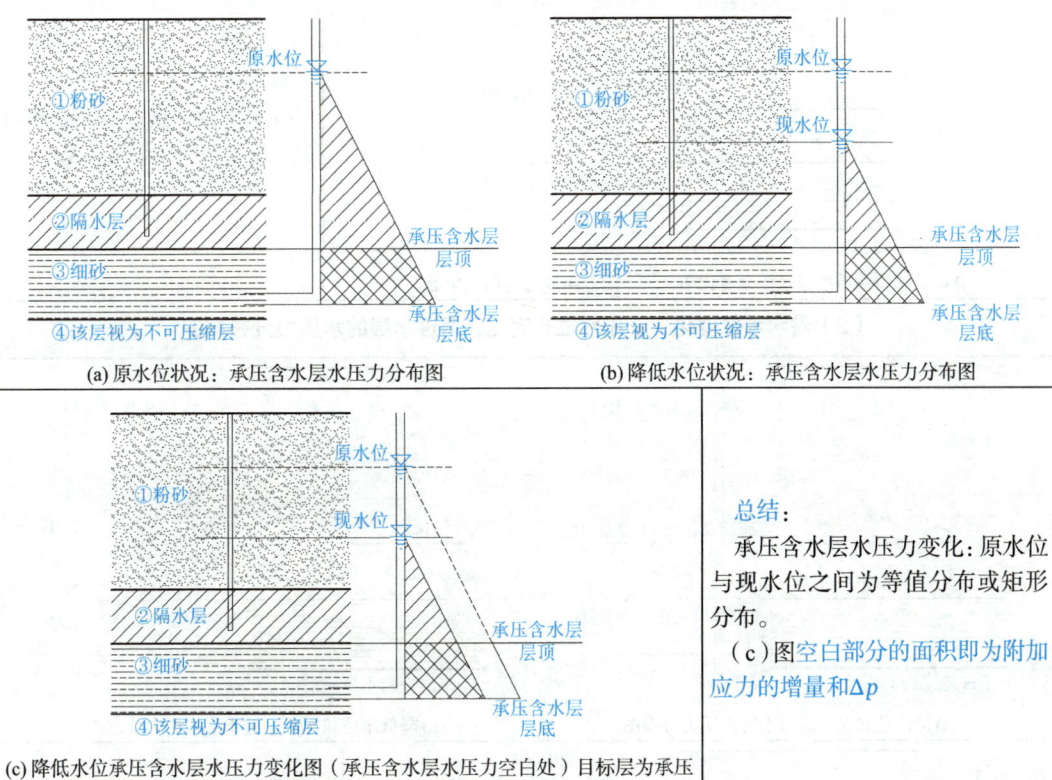

## （三）弱透水层

潜水含水层与承压含水层之间会存在一个隔水层，这个隔水层，有时是不透水层，有时是弱透水层。

如果是弱透水层，意味着潜水和承压水存在越流现象，弱透水层中存在水压力差。

（1）潜水水位不变，仅承压水位变化，弱透水层的水压力分布详图

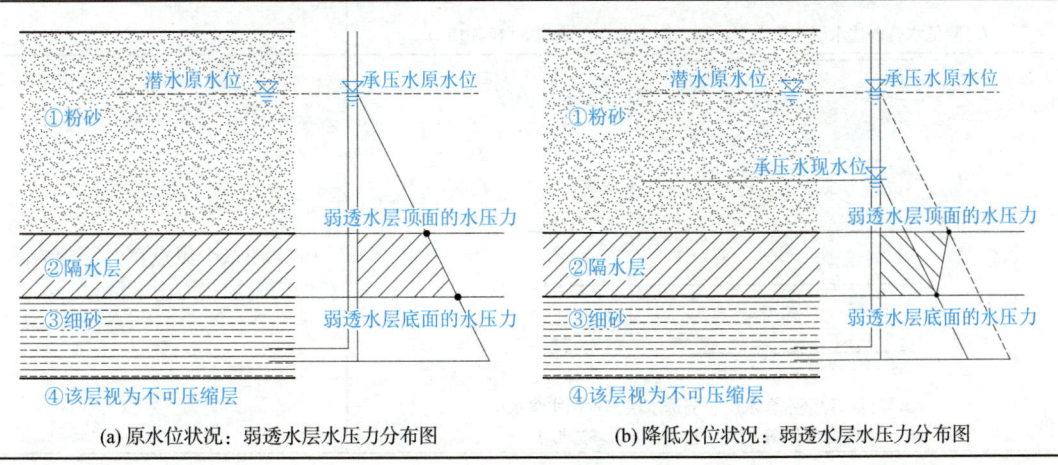

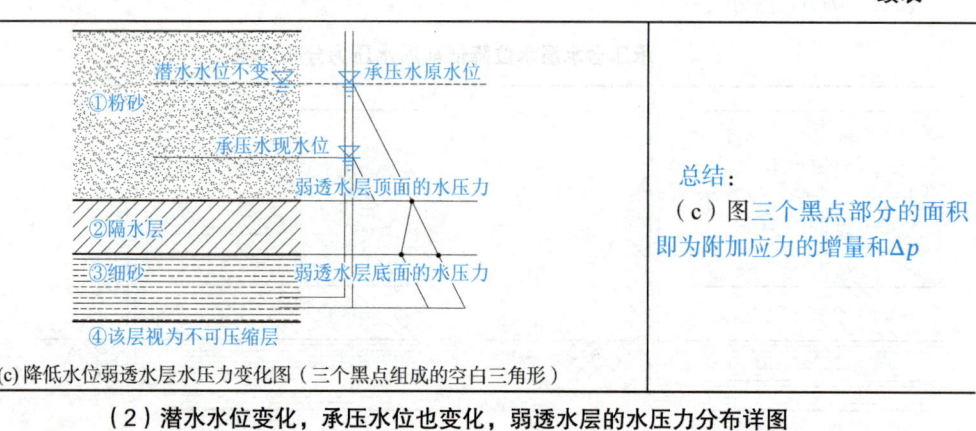

| | |
|---|---|
| (c) 降低水位弱透水层水压力变化图（三个黑点组成的空白三角形） | 总结：<br>（c）图三个黑点部分的面积即为附加应力的增量和$\Delta p$ |

（2）潜水水位变化，承压水位也变化，弱透水层的水压力分布详图

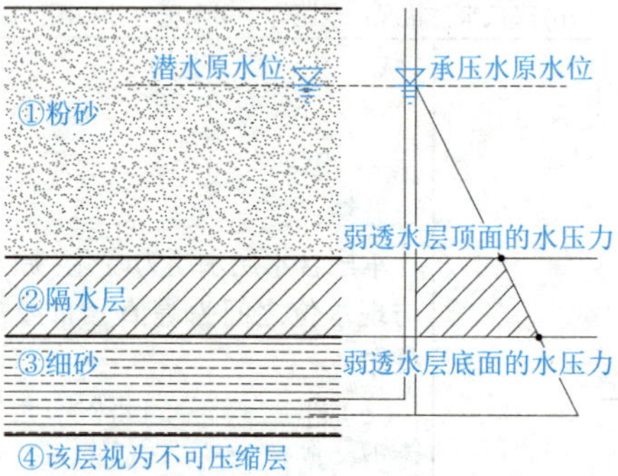

| | |
|---|---|
| (a) 原水位状况：弱透水层水压力分布图　　(b) 降低水位状况：弱透水层水压力分布图 | 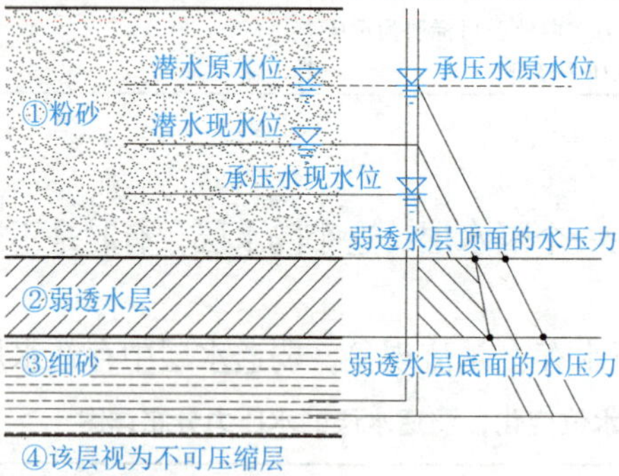 |
| (c) 降低水位弱透水层水压力变化图（四个黑点组成的空白四边形） | 总结：<br>（c）图四个黑点空白部分的面积即为附加应力的增量和$\Delta p$ |
| (d) 降低水位潜水含水层、弱透水层和承压水含水层水压力变化图（黑点组成的空白多边形） | 总结：<br>（d）图八个黑点空白部分的面积即为附加应力的增量和$\Delta p$ |

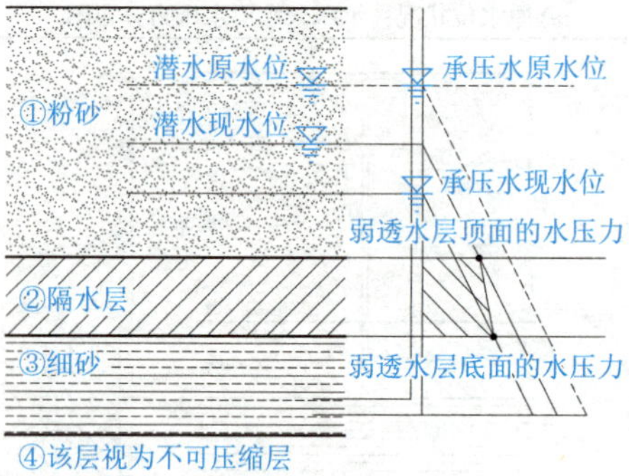

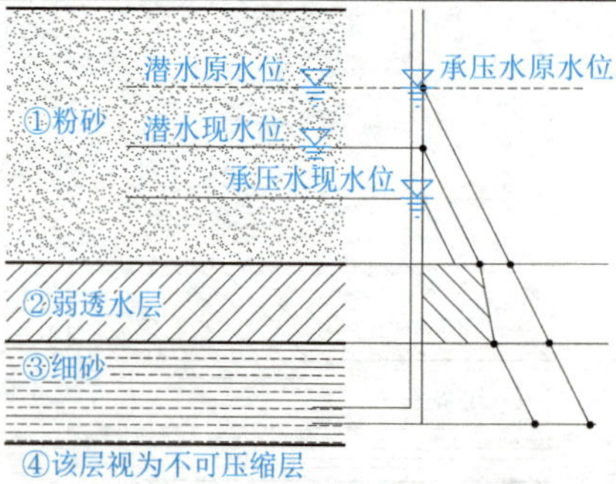

## （四）根据沉降反算土层压缩模量

在已知沉降量$s_\infty$、水压力变化$\Delta p$和层厚$H$的条件下，可以反算土层压缩模量。

$$E = \frac{1}{s_\infty}\Delta pH \Leftarrow s_\infty = \frac{1}{E}\Delta pH$$

式中：$s_\infty$——土层最终沉降量（cm）；

$\Delta p$——水位变化施加于土层上的平均附加应力（MPa）；

$H$——计算土层厚度（cm）；

$E$——砂层弹性模量（MPa），<u>计算回弹量时用回弹模量，弹性模量应为压缩模量</u>。

**第二种情形**：当降水前后土体重度变化，即降水前后总应力发生变化的情形下，根据有效应力原理，总应力变化量减去水压力变化量，$\Delta\sigma' = \Delta\sigma - \Delta u$，即为有效应力变化。

## （五）降水前后土体重度发生变化情形下的有效应力计算

总应力的求解：地下水位以上是天然重度，地下水位以下是饱和重度。

对于有效应力大小变化，分布图形不变：潜水含水层原水位与现水位之间为三角形分布，现水位至潜水层底板为等值分布或矩形分布。承压含水层水压力变化：原水位与现水位之间为等值分布或矩形分布。

### 📖 知识拓展

地下水位的上升引起的回弹变形，地下水位的上升引起的附加应力和降水一样，只是方向不同，具体回弹变形计算参考第五部分。

## 四、地基变形计算

——第 5.3.5～5.3.8 条、第 6.2.2 条

### （一）地基最终沉降量

**地基最终沉降量**

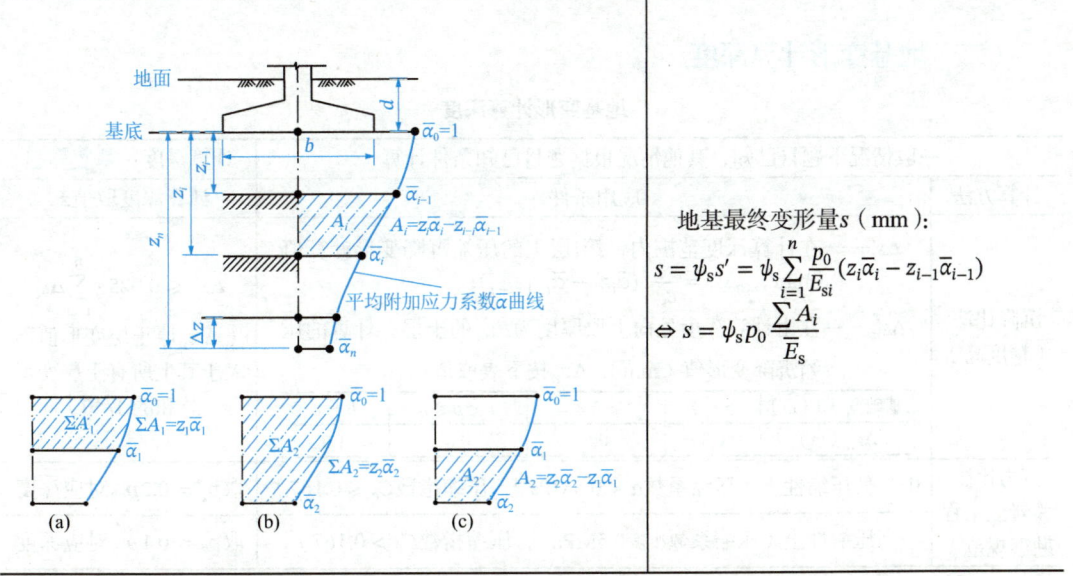

地基最终变形量$s$（mm）：
$$s = \psi_s s' = \psi_s \sum_{i=1}^{n}\frac{p_0}{E_{si}}(z_i\bar{\alpha}_i - z_{i-1}\bar{\alpha}_{i-1})$$
$$\Leftrightarrow s = \psi_s p_0 \frac{\sum A_i}{E_s}$$

续表

式中：$s'$——按分层总和法计算出的地基变形量（mm）；
　　　$\psi_s$——沉降计算经验系数，无地区经验时可按下表取值；
　　　$n$——地基变形计算深度范围内所划分的土层数；
　　　$p_0$——相应于作用的准永久组合时的基础底面处的附加压力（kPa），$p_0 = p_k - p_c = \frac{F_k + G_k}{A} - \gamma_m d$；
　　　$E_{si}$——基础底面下第$i$层土的压缩模量（MPa），应取土的自重压力至土的自重压力与附加压力之和的压力段计算；
　　　$z_i$、$z_{i-1}$——基础底面至第$i$层土、第$i-1$层土底面的距离（m）；
　　　$\bar{\alpha}_i$、$\bar{\alpha}_{i-1}$——基础底面计算点至第$i$层土、第$i-1$层土底面范围内平均附加应力系数，可按后附表（规范附录 K.0.1-2）采用。

（1）列表计算平均附加应力系数面积$A_i$

角点法列表

| $z$ | $l/b$ | $z/0.5b$ | $\bar{\alpha}_i$ | $4z_i\bar{\alpha}_i$ | $A_i = 4(z_i\bar{\alpha}_i - z_{i-1}\bar{\alpha}_{i-1})$ | $E_{si}$（MPa） |
|---|---|---|---|---|---|---|
| 0 | | | | 0 | 0 | |
| $z_1$ | | | | $\sum A_1$ | $A_1 = \sum A_1 - 0$ | |
| $z_2$ | | | | $\sum A_2$ | $A_2 = \sum A_2 - \sum A_1$ | |
| …… | | | | $\sum A_i$ | $A_i = \sum A_i - \sum A_{i-1}$ | |

（2）计算压缩模量当量值$\bar{E}_s$（MPa）

$$\bar{E}_s = \frac{\sum A_i}{\frac{A_1}{E_{s1}} + \frac{A_2}{E_{s2}} + \cdots} = \frac{\sum A_i}{\sum \frac{A_i}{E_{si}}}$$

（3）查取沉降经验系数$\psi_s$（可插值）

| 基底附加压力$p_0$ | $\bar{E}_s$（MPa） | | | | | | | |
|---|---|---|---|---|---|---|---|---|
| | 2.5 | 2.5~4 | 4 | 4~7 | 7 | 7~15 | 15 | 15~20 | 20 |
| $p_0 \geq f_{ak}$ | 1.4 | $\frac{23.5 - \bar{E}_s}{15}$ | 1.3 | $\frac{17 - \bar{E}_s}{10}$ | 1.0 | $\frac{61 - 3\bar{E}_s}{40}$ | 0.4 | $\frac{25 - \bar{E}_s}{25}$ | 0.2 |
| $p_0 \leq 0.75 f_{ak}$ | 1.1 | $\frac{19 - \bar{E}_s}{15}$ | 1.0 | $\frac{14 - \bar{E}_s}{10}$ | 0.7 | $\frac{77 - 3\bar{E}_s}{80}$ | | | |

【小注】强烈建议用好表格法，将计算题简化为填空题。

### （二）地基变形计算深度

**地基变形计算深度**

| 计算方法 | 一般情况下题目已知，其他情况根据题目已知条件计算 | | 计算深度：基底算起 |
|---|---|---|---|
| | 应用条件 | | 计算深度取值$z_n$ |
| 沉降比法（精度高） | $\Delta s'_i$——在计算深度范围内，第$i$层土的压缩沉降变形计算值（mm），$\Delta s'_i = \frac{p_0}{E_{si}} \cdot (\bar{\alpha}_i z_i - \bar{\alpha}_{i-1} z_{i-1})$；$\Delta s'_n$——在由计算深度处向上取厚度为$\Delta z_n$的土层，计算的压缩沉降变形值（mm），$\Delta z_n$按下表取值： | | $\Delta s'_n \leq 0.025 \cdot \sum_{i=1}^{n} \Delta s'_i$（$\Delta z_n$厚土层变形值不大于其上所有土层变形总和的1/40） |
| | 基础宽度$b$（m）： $b \leq 2$ \| $2 < b \leq 4$ \| $4 < b \leq 8$ \| $b > 8$ $\Delta z_n$（m）： 0.3 \| 0.6 \| 0.8 \| 1.0 | | |
| 应力比法《岩土工程勘察规范》 | 中、低压缩性土（压缩系数$a < 0.5\text{MPa}^{-1}$，压缩指数$C_c \leq 0.167$） | | 取$p_z = 0.2 p_{cz}$对应深度 |
| | 高压缩性土（压缩系数$a \geq 0.5\text{MPa}^{-1}$，压缩指数$C_c > 0.167$） | | 取$p_z = 0.1 p_{cz}$对应深度 |

续表

| 计算方法 | 应用条件 | 计算深度取值$z_n$ |
|---|---|---|
| 公式法 | 无相邻荷载影响，且基础宽度为1～30m时 | $z_n = b(2.5 - 0.4\ln b)$ |
| 无需计算 | 在计算深度范围内：<br>①存在基岩时，$z_n$可取至基岩表面；<br>②存在较厚坚硬黏性土层，其$e < 0.5$，$E_s > 50$MPa时，$z_n$可取至该层表面；<br>③存在较厚密实砂卵石，$E_s > 80$MPa时，$z_n$可取至该层表面 | |

【小注】$b$为基础底面宽度（m）；$p_z$为附加压力（kPa）；$p_{cz}$为上覆土层有效自重压力（kPa）。

## （三）刚性下卧层的增大效应

### 刚性下卧层的增大效应

1. 当地基中下卧基岩面为单向倾斜、岩面坡度大于10%、基底下的土层厚度大于1.5m时，当结构类型和地质条件符合下表1的要求时，可不做地基变形验算

**表1 下卧基岩表面允许坡度值**

| 地基土承载力特征值$f_{ak}$（kPa） | 四层及四层以下的砌体承重结构，三层及三层以下的框架结构 | 具有≤150kN吊车的一般单层排架结构 | |
|---|---|---|---|
| | | 带墙的边柱和山墙 | 无墙的中柱 |
| ≥150 | ≤15% | ≤15% | ≤30% |
| ≥200 | ≤25% | ≤30% | ≤50% |
| ≥300 | ≤40% | ≤50% | ≤70% |

2. 满足下列情况之一，地基土附加应力分布应考虑相对硬层存在的影响，其地基压缩沉降变形应考虑刚性下卧层对地基变形造成的增大效应，计算地基最终压缩沉降变形量。

（1）不满足上述第1款条件。

（2）满足以下条件之一时：

地基下卧基岩面单向倾斜、岩面坡度（注意不是角度，取$\tan\alpha$）大于10%、基底下土层厚度大于1.5m时，且计算深度范围内存在下列情况时：

①存在基岩时，$z_n$可取至基岩表面；

②存在较厚坚硬黏性土层，其孔隙比$e < 0.5$、压缩模量$E_s > 50$MPa时，$z_n$可取至该层表面；

③存在较厚密实砂卵石，压缩模量$E_s > 80$MPa时，$z_n$可取至该层表面

$$s_{gz} = \beta_{gz} \cdot s_z$$

式中：$s_{gz}$——基底下存在刚性下卧层时，地基土的变形计算值（mm）；

$s_z$——变形计算深度相当于实际土层厚度计算确定的地基最终变形计算值（mm）；

$\beta_{gz}$——刚性下卧层对上覆土层的变形增大系数，按下表取值

**表2 刚性下卧层对上覆土层的变形增大系数$\beta_{gz}$**

| $h/b$ | 0.5 | 1.0 | 1.5 | 2.0 | 2.5 |
|---|---|---|---|---|---|
| $\beta_{gz}$ | 1.26 | 1.17 | 1.12 | 1.09 | 1.00 |

表中，$h$为基底至刚性下卧层顶面的土层厚度（m）；$b$为基础底面宽度（m），为短边。

【小注】注意理解什么是应力扩散、应力集中。上硬下软，应力扩散；上软下硬，应力集中。刚性下卧层会导致应力集中，实际变形比计算更大。

### （四）附加应力系数$\alpha$和平均附加应力系数$\bar{\alpha}$的区别

**附加应力系数$\alpha$**：指基底下某一深度$z$处的附加应力系数，用于计算地基中某一点的附加应力，工程中常应用于软弱下卧层承载力验算和附加应力简化为直线分布法的沉降估算（分层总和法沉降计算）。

**平均附加应力系数$\bar{\alpha}$**：指基底某点下至地基深度$z$范围内附加应力（分布图）面积$A$对基底附加压力与地基深度的乘积$p_0 z$之比值，即为：

$$\bar{\alpha} = \frac{A}{p_0 z}$$

平均附加应力系数$\bar{\alpha}_i$为基础底面计算点到第$i$层土底面全部土层的平均附加应力系数，而非地基中某一点的附加应力系数，可以认为为此范围内附加应力系数的平均值。

平均附加应力系数，用于计算地基土中某一厚度范围内的平均附加应力，故平均附加应力系数不单个使用，而应成对使用。工程中常应用于地基中附加应力呈曲线分布法的沉降计算。

$$s' = \int_0^z \varepsilon \, dz = \frac{1}{E_s} \int_0^z \sigma_z \, dz = \frac{A}{E_s}$$

附加应力面积：$A = \int_0^z \sigma_z \, dz = p_0 \int_0^z K \, dz$

深度$z$范围内的竖向平均附加应力系数：$\bar{\alpha} = \dfrac{A}{p_0 z}$

深度$z$范围内竖向附加应力面积的等代值：$s' = \dfrac{p_0 z \bar{\alpha}}{E_s}$

| 附加应力系数$\alpha$ | 平均附加应力系数$\bar{\alpha}$ |
|---|---|
| 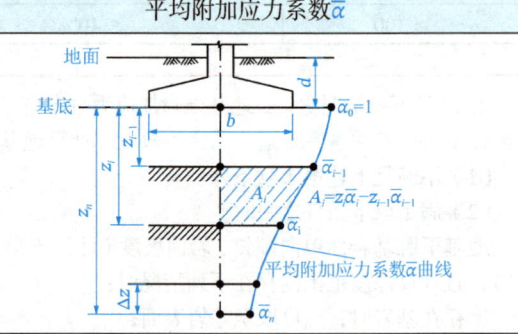 | |
| 阴影部分面积：$A_i = \Delta p h_i = \dfrac{p_0 \alpha_{i-1} + p_0 \alpha_i}{2} h_i$ 求出两个点的附加应力，然后取平均值，作为本层土的平均附加应力，其为直线分布，为近似解 | 阴影部分面积：$A_i = \Delta p h_i = p_0 z_i \bar{\alpha}_i - p_0 z_{i-1} \bar{\alpha}_{i-1}$ 求出$z_i$范围内附加应力面积$p_0 z_i \bar{\alpha}_i$，求出$z_{i-1}$范围内附加应力面积$p_0 z_{i-1} \bar{\alpha}_{i-1}$，两者差值即为阴影部分面积。$\bar{\alpha}$通过积分求得，其计算出来为精确解 |

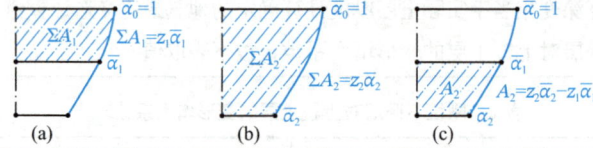

> **知识拓展**

第8.4.22条带裙房的高层建筑下的大面积整体筏形基础，其主楼下筏板的整体挠度值不宜大于0.05%，主楼与相邻的裙房柱的差异沉降不应大于其跨度的0.1%。

第 8.4.22 条条文说明：高层建筑基础不但应满足强度要求，而且应有足够的刚度，方可保证上部结构的安全。本规范基础挠曲度$\Delta/L$的定义为：基础两端沉降的平均值和基础中间最大沉降的差值与基础两端之间距离的比值。本条给出了基础挠曲$\Delta/L = 0.05\%$限值。

**建筑物的地基变形允许值（表5.3.4）**

| 变形特征 | | 地基土类别 | |
|---|---|---|---|
| | | 中、低压缩性土 | 高压缩性土 |
| 砌体承重结构基础的局部倾斜 | | 0.002 | 0.003 |
| 工业与民用建筑相邻柱基的沉降差 | 框架结构 | 0.002$l$ | 0.003$l$ |
| | 砌体墙填充的边排柱 | 0.0007$l$ | 0.001$l$ |
| | 当基础不均匀沉降时不产生附加应力的结构 | 0.005$l$ | 0.005$l$ |
| 单层排架结构（柱距为6m）柱基的沉降量（mm） | | (120) | 200 |
| 桥式吊车轨面的倾斜（按不调整轨道考虑） | 纵向 | 0.004 | |
| | 横向 | 0.003 | |
| 多层和高层建筑的整体倾斜 | $H_g \leqslant 24$ | 0.004 | |
| | $24 < H_g \leqslant 60$ | 0.003 | |
| | $60 < H_g \leqslant 100$ | 0.0025 | |
| | $H_g > 100$ | 0.002 | |
| 体型简单的高层建筑基础的平均沉降量（mm） | | 200 | |
| 高耸结构基础的倾斜 | $H_g \leqslant 20$ | 0.008 | |
| | $20 < H_g \leqslant 50$ | 0.006 | |
| | $50 < H_g \leqslant 100$ | 0.005 | |
| | $100 < H_g \leqslant 150$ | 0.004 | |
| | $150 < H_g \leqslant 200$ | 0.003 | |
| | $200 < H_g \leqslant 250$ | 0.002 | |
| 高耸结构基础的沉降量（mm） | $H_g \leqslant 100$ | 400 | |
| | $100 < H_g \leqslant 200$ | 300 | |
| | $200 < H_g \leqslant 250$ | 200 | |

【表注】①本表数值为建筑物地基实际最终变形允许值；
②有括号者仅适用于中压缩性土；
③$l$为相邻柱基的中心距离（mm），$H_g$为自室外地面起算的建筑物高度（m）；
④倾斜指基础倾斜方向两端点的沉降差与其距离的比值；
⑤局部倾斜指砌体承重结构沿纵向6～10m内基础两点的沉降差与其距离的比值。

**相邻建筑物基础间的净距（m）（表7.3.3）**

| 影响建筑的预估平均沉降量$s$（mm） | 被影响建筑的长高比 | |
|---|---|---|
| | $2.0 \leqslant \dfrac{L}{H_f} < 3.0$ | $3.0 \leqslant \dfrac{L}{H_f} < 5.0$ |
| 70～150 | 2～3 | 3～6 |
| 160～250 | 3～6 | 6～9 |
| 260～400 | 6～9 | 9～12 |
| >400 | 9～12 | ≥12 |

【表注】①表中$L$为建筑物长度或沉降缝分隔的单元长度（m），$H_f$为自基础底面标高算起的建筑物高度（m）。
②当被影响建筑的长高比为$1.5 < L/H_f < 2.0$时，其间净距可适当缩小。

### 矩形面积上均布荷载作用下角点平均附加应力系数 $\bar{\alpha}_i$（K.0.1-2）

| z/b | l/b | | | | | | | | | | | | |
|---|---|---|---|---|---|---|---|---|---|---|---|---|---|
| | 1.0 | 1.2 | 1.4 | 1.6 | 1.8 | 2.0 | 2.4 | 2.8 | 3.2 | 3.6 | 4.0 | 5.0 | 10.0 |
| 0.0 | 0.2500 | 0.2500 | 0.2500 | 0.2500 | 0.2500 | 0.2500 | 0.2500 | 0.2500 | 0.2500 | 0.2500 | 0.2500 | 0.2500 | 0.2500 |
| 0.2 | 0.2496 | 0.2497 | 0.2497 | 0.2498 | 0.2498 | 0.2498 | 0.2498 | 0.2498 | 0.2498 | 0.2498 | 0.2498 | 0.2498 | 0.2498 |
| 0.3 | 0.2485 | 0.2488 | 0.2489 | 0.2491 | 0.2491 | 0.2491 | 0.2492 | 0.2492 | 0.2492 | 0.2492 | 0.2492 | 0.2492 | 0.2492 |
| 0.4 | 0.2474 | 0.2479 | 0.2481 | 0.2483 | 0.2483 | 0.2484 | 0.2485 | 0.2485 | 0.2485 | 0.2485 | 0.2485 | 0.2485 | 0.2485 |
| 0.5 | 0.2449 | 0.2458 | 0.2463 | 0.2466 | 0.2467 | 0.2468 | 0.2470 | 0.2470 | 0.2470 | 0.2470 | 0.2470 | 0.2470 | 0.2471 |
| 0.6 | 0.2423 | 0.2437 | 0.2444 | 0.2448 | 0.2451 | 0.2452 | 0.2454 | 0.2455 | 0.2455 | 0.2455 | 0.2455 | 0.2455 | 0.2456 |
| 0.7 | 0.2385 | 0.2405 | 0.2416 | 0.2422 | 0.2426 | 0.2428 | 0.2431 | 0.2432 | 0.2432 | 0.2432 | 0.2433 | 0.2433 | 0.2433 |
| 0.8 | 0.2346 | 0.2372 | 0.2387 | 0.2395 | 0.2400 | 0.2403 | 0.2407 | 0.2408 | 0.2409 | 0.2409 | 0.2410 | 0.2410 | 0.2410 |
| 0.9 | 0.2299 | 0.2332 | 0.2350 | 0.2361 | 0.2368 | 0.2372 | 0.2377 | 0.2379 | 0.2380 | 0.2381 | 0.2381 | 0.2382 | 0.2382 |
| 1 | 0.2252 | 0.2291 | 0.2313 | 0.2326 | 0.2335 | 0.2340 | 0.2346 | 0.2349 | 0.2351 | 0.2352 | 0.2352 | 0.2353 | 0.2353 |
| 1.1 | 0.2201 | 0.2245 | 0.2271 | 0.2287 | 0.2298 | 0.2304 | 0.2312 | 0.2316 | 0.2318 | 0.2319 | 0.2320 | 0.2321 | 0.2321 |
| 1.2 | 0.2149 | 0.2199 | 0.2229 | 0.2248 | 0.2260 | 0.2268 | 0.2278 | 0.2282 | 0.2285 | 0.2286 | 0.2287 | 0.2288 | 0.2289 |
| 1.3 | 0.2096 | 0.2151 | 0.2185 | 0.2206 | 0.2220 | 0.2230 | 0.2241 | 0.2247 | 0.2250 | 0.2252 | 0.2253 | 0.2254 | 0.2255 |
| 1.4 | 0.2043 | 0.2102 | 0.2140 | 0.2164 | 0.2180 | 0.2191 | 0.2204 | 0.2211 | 0.2215 | 0.2217 | 0.2218 | 0.2220 | 0.2221 |
| 1.5 | 0.1991 | 0.2054 | 0.2095 | 0.2122 | 0.2140 | 0.2152 | 0.2167 | 0.2175 | 0.2179 | 0.2182 | 0.2183 | 0.2185 | 0.2187 |
| 1.6 | 0.1939 | 0.2006 | 0.2049 | 0.2079 | 0.2099 | 0.2113 | 0.2130 | 0.2138 | 0.2143 | 0.2146 | 0.2148 | 0.2150 | 0.2152 |
| 1.7 | 0.1890 | 0.1959 | 0.2005 | 0.2037 | 0.2059 | 0.2074 | 0.2093 | 0.2102 | 0.2108 | 0.2112 | 0.2114 | 0.2116 | 0.2118 |
| 1.8 | 0.1840 | 0.1912 | 0.1960 | 0.1994 | 0.2018 | 0.2034 | 0.2055 | 0.2066 | 0.2073 | 0.2077 | 0.2079 | 0.2082 | 0.2084 |
| 1.9 | 0.1793 | 0.1867 | 0.1918 | 0.1953 | 0.1978 | 0.1996 | 0.2019 | 0.2031 | 0.2039 | 0.2043 | 0.2046 | 0.2049 | 0.2051 |
| 2 | 0.1746 | 0.1822 | 0.1875 | 0.1912 | 0.1938 | 0.1958 | 0.1982 | 0.1996 | 0.2004 | 0.2009 | 0.2012 | 0.2015 | 0.2018 |
| 2.1 | 0.1703 | 0.1780 | 0.1834 | 0.1873 | 0.1900 | 0.1921 | 0.1947 | 0.1962 | 0.1971 | 0.1976 | 0.1980 | 0.1984 | 0.1987 |
| 2.2 | 0.1659 | 0.1737 | 0.1793 | 0.1833 | 0.1862 | 0.1883 | 0.1911 | 0.1927 | 0.1937 | 0.1943 | 0.1947 | 0.1952 | 0.1955 |
| 2.3 | 0.1619 | 0.1697 | 0.1754 | 0.1795 | 0.1826 | 0.1848 | 0.1877 | 0.1895 | 0.1905 | 0.1912 | 0.1916 | 0.1921 | 0.1925 |
| 2.4 | 0.1578 | 0.1657 | 0.1715 | 0.1757 | 0.1789 | 0.1812 | 0.1843 | 0.1862 | 0.1873 | 0.1880 | 0.1885 | 0.1890 | 0.1895 |
| 2.5 | 0.1541 | 0.1620 | 0.1679 | 0.1722 | 0.1754 | 0.1779 | 0.1811 | 0.1831 | 0.1843 | 0.1850 | 0.1855 | 0.1861 | 0.1867 |
| 2.6 | 0.1503 | 0.1583 | 0.1642 | 0.1686 | 0.1719 | 0.1745 | 0.1779 | 0.1799 | 0.1812 | 0.1820 | 0.1825 | 0.1832 | 0.1838 |
| 2.7 | 0.1468 | 0.1549 | 0.1608 | 0.1653 | 0.1687 | 0.1713 | 0.1748 | 0.1769 | 0.1783 | 0.1792 | 0.1797 | 0.1805 | 0.1811 |
| 2.8 | 0.1433 | 0.1514 | 0.1574 | 0.1619 | 0.1654 | 0.1680 | 0.1717 | 0.1739 | 0.1753 | 0.1763 | 0.1769 | 0.1777 | 0.1784 |
| 2.9 | 0.1401 | 0.1482 | 0.1542 | 0.1588 | 0.1623 | 0.1650 | 0.1688 | 0.1711 | 0.1726 | 0.1736 | 0.1742 | 0.1751 | 0.1759 |
| 3 | 0.1369 | 0.1449 | 0.1510 | 0.1556 | 0.1592 | 0.1619 | 0.1658 | 0.1682 | 0.1698 | 0.1708 | 0.1715 | 0.1725 | 0.1733 |
| 3.1 | 0.1340 | 0.1420 | 0.1480 | 0.1527 | 0.1563 | 0.1591 | 0.1630 | 0.1655 | 0.1672 | 0.1683 | 0.1690 | 0.1700 | 0.1709 |
| 3.2 | 0.1310 | 0.1390 | 0.1450 | 0.1497 | 0.1533 | 0.1562 | 0.1602 | 0.1628 | 0.1645 | 0.1657 | 0.1664 | 0.1675 | 0.1685 |
| 3.3 | 0.1283 | 0.1362 | 0.1422 | 0.1469 | 0.1506 | 0.1535 | 0.1576 | 0.1603 | 0.1620 | 0.1632 | 0.1640 | 0.1652 | 0.1662 |
| 3.4 | 0.1256 | 0.1334 | 0.1394 | 0.1441 | 0.1478 | 0.1508 | 0.1550 | 0.1577 | 0.1595 | 0.1607 | 0.1616 | 0.1628 | 0.1639 |
| 3.5 | 0.1231 | 0.1308 | 0.1368 | 0.1415 | 0.1453 | 0.1482 | 0.1525 | 0.1553 | 0.1572 | 0.1584 | 0.1593 | 0.1606 | 0.1617 |
| 3.6 | 0.1205 | 0.1282 | 0.1342 | 0.1389 | 0.1427 | 0.1456 | 0.1500 | 0.1528 | 0.1548 | 0.1561 | 0.1570 | 0.1583 | 0.1595 |
| 3.7 | 0.1182 | 0.1258 | 0.1318 | 0.1365 | 0.1403 | 0.1432 | 0.1476 | 0.1505 | 0.1525 | 0.1539 | 0.1548 | 0.1562 | 0.1575 |
| 3.8 | 0.1158 | 0.1234 | 0.1293 | 0.1340 | 0.1378 | 0.1408 | 0.1452 | 0.1482 | 0.1502 | 0.1516 | 0.1526 | 0.1541 | 0.1554 |

续表

| z/b | l/b | | | | | | | | | | | | |
|---|---|---|---|---|---|---|---|---|---|---|---|---|---|
| | 1.0 | 1.2 | 1.4 | 1.6 | 1.8 | 2.0 | 2.4 | 2.8 | 3.2 | 3.6 | 4.0 | 5.0 | 10.0 |
| 3.9 | 0.1136 | 0.1212 | 0.1271 | 0.1317 | 0.1355 | 0.1385 | 0.1430 | 0.1460 | 0.1481 | 0.1495 | 0.1506 | 0.1521 | 0.1535 |
| 4 | 0.1114 | 0.1189 | 0.1248 | 0.1294 | 0.1332 | 0.1362 | 0.1408 | 0.1438 | 0.1459 | 0.1474 | 0.1485 | 0.1500 | 0.1516 |
| 4.1 | 0.1094 | 0.1168 | 0.1227 | 0.1273 | 0.1311 | 0.1341 | 0.1387 | 0.1417 | 0.1439 | 0.1454 | 0.1465 | 0.1481 | 0.1498 |
| 4.2 | 0.1073 | 0.1147 | 0.1205 | 0.1251 | 0.1289 | 0.1319 | 0.1365 | 0.1396 | 0.1418 | 0.1434 | 0.1445 | 0.1462 | 0.1479 |
| 4.3 | 0.1054 | 0.1127 | 0.1185 | 0.1231 | 0.1269 | 0.1299 | 0.1345 | 0.1377 | 0.1399 | 0.1415 | 0.1426 | 0.1444 | 0.1462 |
| 4.4 | 0.1035 | 0.1107 | 0.1164 | 0.1210 | 0.1248 | 0.1279 | 0.1325 | 0.1357 | 0.1379 | 0.1396 | 0.1407 | 0.1425 | 0.1444 |
| 4.5 | 0.1018 | 0.1089 | 0.1146 | 0.1191 | 0.1229 | 0.1260 | 0.1306 | 0.1338 | 0.1361 | 0.1378 | 0.1389 | 0.1408 | 0.1427 |
| 4.6 | 0.1000 | 0.1070 | 0.1127 | 0.1172 | 0.1209 | 0.1240 | 0.1287 | 0.1319 | 0.1342 | 0.1359 | 0.1371 | 0.1390 | 0.1410 |
| 4.7 | 0.0984 | 0.1053 | 0.1109 | 0.1154 | 0.1191 | 0.1222 | 0.1269 | 0.1301 | 0.1325 | 0.1342 | 0.1354 | 0.1374 | 0.1395 |
| 4.8 | 0.0967 | 0.1036 | 0.1091 | 0.1136 | 0.1173 | 0.1204 | 0.1250 | 0.1283 | 0.1307 | 0.1324 | 0.1337 | 0.1357 | 0.1379 |
| 4.9 | 0.0951 | 0.1020 | 0.1074 | 0.1119 | 0.1156 | 0.1187 | 0.1233 | 0.1266 | 0.1290 | 0.1308 | 0.1321 | 0.1341 | 0.1364 |
| 5 | 0.0935 | 0.1003 | 0.1057 | 0.1102 | 0.1139 | 0.1169 | 0.1216 | 0.1249 | 0.1273 | 0.1291 | 0.1304 | 0.1325 | 0.1348 |
| 5.1 | 0.0921 | 0.0988 | 0.1042 | 0.1086 | 0.1123 | 0.1153 | 0.1200 | 0.1233 | 0.1257 | 0.1275 | 0.1289 | 0.1310 | 0.1334 |
| 5.2 | 0.0906 | 0.0972 | 0.1026 | 0.1070 | 0.1106 | 0.1136 | 0.1183 | 0.1217 | 0.1241 | 0.1259 | 0.1273 | 0.1295 | 0.1320 |
| 5.3 | 0.0892 | 0.0958 | 0.1011 | 0.1055 | 0.1091 | 0.1121 | 0.1168 | 0.1202 | 0.1226 | 0.1244 | 0.1258 | 0.1280 | 0.1306 |
| 5.4 | 0.0878 | 0.0943 | 0.0996 | 0.1039 | 0.1075 | 0.1105 | 0.1152 | 0.1186 | 0.1211 | 0.1229 | 0.1243 | 0.1265 | 0.1292 |
| 5.5 | 0.0865 | 0.0930 | 0.0982 | 0.1025 | 0.1061 | 0.1091 | 0.1137 | 0.1171 | 0.1196 | 0.1215 | 0.1229 | 0.1252 | 0.1279 |
| 5.6 | 0.0852 | 0.0916 | 0.0968 | 0.1010 | 0.1046 | 0.1076 | 0.1122 | 0.1156 | 0.1181 | 0.1200 | 0.1215 | 0.1238 | 0.1266 |
| 5.7 | 0.0840 | 0.0903 | 0.0955 | 0.0997 | 0.1032 | 0.1062 | 0.1108 | 0.1142 | 0.1167 | 0.1186 | 0.1201 | 0.1225 | 0.1253 |
| 5.8 | 0.0828 | 0.0890 | 0.0941 | 0.0983 | 0.1018 | 0.1047 | 0.1094 | 0.1128 | 0.1153 | 0.1172 | 0.1187 | 0.1211 | 0.1240 |
| 5.9 | 0.0817 | 0.0878 | 0.0929 | 0.0970 | 0.1005 | 0.1034 | 0.1081 | 0.1115 | 0.1140 | 0.1159 | 0.1174 | 0.1198 | 0.1228 |
| 6 | 0.0805 | 0.0866 | 0.0916 | 0.0957 | 0.0991 | 0.1021 | 0.1067 | 0.1101 | 0.1126 | 0.1146 | 0.1161 | 0.1185 | 0.1216 |
| 6.1 | 0.0794 | 0.0854 | 0.0904 | 0.0945 | 0.0979 | 0.1008 | 0.1054 | 0.1088 | 0.1114 | 0.1133 | 0.1149 | 0.1173 | 0.1205 |
| 6.2 | 0.0783 | 0.0842 | 0.0891 | 0.0932 | 0.0966 | 0.0995 | 0.1041 | 0.1075 | 0.1101 | 0.1120 | 0.1136 | 0.1161 | 0.1193 |
| 6.3 | 0.0773 | 0.0831 | 0.0880 | 0.0921 | 0.0954 | 0.0983 | 0.1029 | 0.1063 | 0.1089 | 0.1108 | 0.1124 | 0.1149 | 0.1182 |
| 6.4 | 0.0762 | 0.0820 | 0.0869 | 0.0909 | 0.0942 | 0.0971 | 0.1016 | 0.1050 | 0.1076 | 0.1096 | 0.1111 | 0.1137 | 0.1171 |
| 6.5 | 0.0752 | 0.0810 | 0.0858 | 0.0898 | 0.0931 | 0.0960 | 0.1005 | 0.1039 | 0.1065 | 0.1085 | 0.1100 | 0.1126 | 0.1160 |
| 6.6 | 0.0742 | 0.0799 | 0.0847 | 0.0886 | 0.0919 | 0.0948 | 0.0993 | 0.1027 | 0.1053 | 0.1073 | 0.1088 | 0.1114 | 0.1149 |
| 6.7 | 0.0733 | 0.0789 | 0.0837 | 0.0876 | 0.0909 | 0.0937 | 0.0982 | 0.1016 | 0.1042 | 0.1062 | 0.1077 | 0.1103 | 0.1139 |
| 6.8 | 0.0723 | 0.0779 | 0.0826 | 0.0865 | 0.0898 | 0.0926 | 0.0970 | 0.1004 | 0.1030 | 0.1050 | 0.1066 | 0.1092 | 0.1129 |
| 6.9 | 0.0714 | 0.0770 | 0.0816 | 0.0855 | 0.0888 | 0.0915 | 0.0960 | 0.0993 | 0.1019 | 0.1039 | 0.1055 | 0.1082 | 0.1119 |
| 7 | 0.0705 | 0.0761 | 0.0806 | 0.0844 | 0.0877 | 0.0904 | 0.0949 | 0.0982 | 0.1008 | 0.1028 | 0.1044 | 0.1071 | 0.1109 |
| 7.1 | 0.0697 | 0.0752 | 0.0797 | 0.0835 | 0.0867 | 0.0894 | 0.0939 | 0.0972 | 0.0998 | 0.1018 | 0.1034 | 0.1061 | 0.1100 |
| 7.2 | 0.0688 | 0.0742 | 0.0787 | 0.0825 | 0.0857 | 0.0884 | 0.0928 | 0.0962 | 0.0987 | 0.1008 | 0.1023 | 0.1051 | 0.1090 |
| 7.3 | 0.0680 | 0.0734 | 0.0778 | 0.0816 | 0.0848 | 0.0875 | 0.0918 | 0.0952 | 0.0977 | 0.0998 | 0.1014 | 0.1041 | 0.1081 |
| 7.4 | 0.0672 | 0.0725 | 0.0769 | 0.0806 | 0.0838 | 0.0865 | 0.0908 | 0.0942 | 0.0967 | 0.0988 | 0.1004 | 0.1031 | 0.1071 |
| 7.5 | 0.0664 | 0.0717 | 0.0761 | 0.0798 | 0.0829 | 0.0856 | 0.0899 | 0.0932 | 0.0958 | 0.0978 | 0.0994 | 0.1022 | 0.1063 |
| 7.6 | 0.0656 | 0.0709 | 0.0752 | 0.0789 | 0.0820 | 0.0846 | 0.0889 | 0.0922 | 0.0948 | 0.0968 | 0.0984 | 0.1012 | 0.1054 |

续表

| z/b | l/b | | | | | | | | | | | | |
|---|---|---|---|---|---|---|---|---|---|---|---|---|---|
| | 1.0 | 1.2 | 1.4 | 1.6 | 1.8 | 2.0 | 2.4 | 2.8 | 3.2 | 3.6 | 4.0 | 5.0 | 10.0 |
| 7.7 | 0.0649 | 0.0701 | 0.0744 | 0.0780 | 0.0811 | 0.0837 | 0.0880 | 0.0913 | 0.0939 | 0.0959 | 0.0975 | 0.1003 | 0.1045 |
| 7.8 | 0.0642 | 0.0693 | 0.0736 | 0.0771 | 0.0802 | 0.0828 | 0.0871 | 0.0904 | 0.0929 | 0.0950 | 0.0966 | 0.0994 | 0.1036 |
| 7.9 | 0.0635 | 0.0686 | 0.0728 | 0.0763 | 0.0794 | 0.0820 | 0.0862 | 0.0895 | 0.0921 | 0.0941 | 0.0957 | 0.0985 | 0.1028 |
| 8 | 0.0627 | 0.0678 | 0.0720 | 0.0755 | 0.0785 | 0.0811 | 0.0853 | 0.0886 | 0.0912 | 0.0932 | 0.0948 | 0.0976 | 0.1020 |
| 8.1 | 0.0621 | 0.0671 | 0.0713 | 0.0747 | 0.0777 | 0.0803 | 0.0845 | 0.0878 | 0.0903 | 0.0923 | 0.0940 | 0.0968 | 0.1012 |
| 8.2 | 0.0614 | 0.0663 | 0.0705 | 0.0739 | 0.0769 | 0.0795 | 0.0837 | 0.0869 | 0.0894 | 0.0914 | 0.0931 | 0.0959 | 0.1004 |
| 8.3 | 0.0608 | 0.0656 | 0.0698 | 0.0732 | 0.0762 | 0.0787 | 0.0829 | 0.0861 | 0.0886 | 0.0904 | 0.0923 | 0.0951 | 0.0996 |
| 8.4 | 0.0601 | 0.0649 | 0.0690 | 0.0724 | 0.0754 | 0.0779 | 0.0820 | 0.0852 | 0.0878 | 0.0893 | 0.0914 | 0.0943 | 0.0988 |
| 8.5 | 0.0595 | 0.0643 | 0.0683 | 0.0717 | 0.0747 | 0.0772 | 0.0813 | 0.0844 | 0.0870 | 0.0888 | 0.0906 | 0.0935 | 0.0981 |
| 8.6 | 0.0588 | 0.0636 | 0.0676 | 0.0710 | 0.0739 | 0.0764 | 0.0805 | 0.0836 | 0.0862 | 0.0882 | 0.0898 | 0.0927 | 0.0973 |
| 8.7 | 0.0582 | 0.0630 | 0.0670 | 0.0703 | 0.0732 | 0.0757 | 0.0798 | 0.0829 | 0.0854 | 0.0874 | 0.0890 | 0.0920 | 0.0966 |
| 8.8 | 0.0576 | 0.0623 | 0.0663 | 0.0696 | 0.0724 | 0.0749 | 0.0790 | 0.0821 | 0.0846 | 0.0866 | 0.0882 | 0.0912 | 0.0959 |
| 9 | 0.0565 | 0.0611 | 0.0650 | 0.0683 | 0.0711 | 0.0735 | 0.0776 | 0.0807 | 0.0832 | 0.0852 | 0.0868 | 0.0897 | 0.0945 |
| 9.2 | 0.0554 | 0.0599 | 0.0637 | 0.0670 | 0.0697 | 0.0721 | 0.0761 | 0.0792 | 0.0817 | 0.0837 | 0.0853 | 0.0882 | 0.0931 |
| 9.4 | 0.0544 | 0.0588 | 0.0626 | 0.0658 | 0.0685 | 0.0709 | 0.0748 | 0.0779 | 0.0803 | 0.0823 | 0.0839 | 0.0869 | 0.0918 |
| 9.6 | 0.0533 | 0.0577 | 0.0614 | 0.0645 | 0.0672 | 0.0696 | 0.0734 | 0.0765 | 0.0789 | 0.0809 | 0.0825 | 0.0855 | 0.0905 |
| 9.8 | 0.0524 | 0.0567 | 0.0603 | 0.0634 | 0.0661 | 0.0684 | 0.0722 | 0.0752 | 0.0776 | 0.0796 | 0.0812 | 0.0842 | 0.0893 |
| 10 | 0.0514 | 0.0556 | 0.0592 | 0.0622 | 0.0649 | 0.0672 | 0.0710 | 0.0739 | 0.0763 | 0.0783 | 0.0799 | 0.0829 | 0.0880 |
| 10.2 | 0.0505 | 0.0547 | 0.0582 | 0.0612 | 0.0638 | 0.0661 | 0.0698 | 0.0728 | 0.0751 | 0.0771 | 0.0787 | 0.0817 | 0.0869 |
| 10.4 | 0.0496 | 0.0537 | 0.0572 | 0.0601 | 0.0627 | 0.0649 | 0.0686 | 0.0716 | 0.0739 | 0.0759 | 0.0775 | 0.0804 | 0.0857 |
| 10.6 | 0.0488 | 0.0528 | 0.0563 | 0.0591 | 0.0617 | 0.0639 | 0.0675 | 0.0705 | 0.0728 | 0.0748 | 0.0763 | 0.0793 | 0.0846 |
| 10.8 | 0.0479 | 0.0519 | 0.0553 | 0.0581 | 0.0606 | 0.0628 | 0.0664 | 0.0693 | 0.0717 | 0.0736 | 0.0751 | 0.0781 | 0.0834 |
| 11 | 0.0471 | 0.0511 | 0.0544 | 0.0572 | 0.0597 | 0.0619 | 0.0654 | 0.0683 | 0.0706 | 0.0725 | 0.0741 | 0.0770 | 0.0824 |
| 11.2 | 0.0463 | 0.0502 | 0.0535 | 0.0563 | 0.0587 | 0.0609 | 0.0644 | 0.0672 | 0.0695 | 0.0714 | 0.073 | 0.0759 | 0.0813 |
| 11.6 | 0.0448 | 0.0486 | 0.0518 | 0.0545 | 0.0569 | 0.059 | 0.0625 | 0.0652 | 0.0675 | 0.0694 | 0.0709 | 0.0738 | 0.0793 |
| 12 | 0.0435 | 0.0471 | 0.0502 | 0.0529 | 0.0552 | 0.0573 | 0.0606 | 0.0634 | 0.0656 | 0.0674 | 0.069 | 0.0719 | 0.0774 |
| 12.8 | 0.0409 | 0.0444 | 0.0474 | 0.0499 | 0.0521 | 0.0541 | 0.0573 | 0.0599 | 0.0621 | 0.0639 | 0.0654 | 0.0682 | 0.0739 |
| 13.6 | 0.0387 | 0.042 | 0.0448 | 0.0472 | 0.0493 | 0.0512 | 0.0543 | 0.0568 | 0.0589 | 0.0607 | 0.0621 | 0.0649 | 0.0707 |
| 14.4 | 0.0367 | 0.0398 | 0.0425 | 0.0448 | 0.0468 | 0.0486 | 0.0516 | 0.054 | 0.0561 | 0.0577 | 0.0592 | 0.0619 | 0.0677 |
| 15.2 | 0.0349 | 0.0379 | 0.0404 | 0.0426 | 0.0446 | 0.0463 | 0.0492 | 0.0515 | 0.0535 | 0.0551 | 0.0565 | 0.0592 | 0.065 |
| 16 | 0.0332 | 0.0361 | 0.0385 | 0.0407 | 0.0425 | 0.0442 | 0.0469 | 0.0492 | 0.0511 | 0.0527 | 0.054 | 0.0567 | 0.0625 |
| 18 | 0.0297 | 0.0323 | 0.0345 | 0.0364 | 0.0381 | 0.0396 | 0.0422 | 0.0442 | 0.046 | 0.0475 | 0.0487 | 0.0512 | 0.057 |
| 20 | 0.0269 | 0.0292 | 0.0312 | 0.033 | 0.0345 | 0.0359 | 0.0383 | 0.0402 | 0.0418 | 0.0432 | 0.0444 | 0.0468 | 0.0524 |

### 矩形面积上三角形分布荷载作用下角点平均附加应力系数 $\bar{\alpha}$

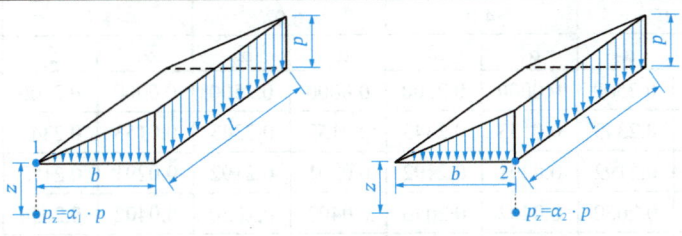

| z/b | l/b点 | | | | | | | | | |
|---|---|---|---|---|---|---|---|---|---|---|
| | 0.2 | | 0.4 | | 0.6 | | 0.8 | | 1.0 | |
| | $\bar{\alpha}_1$ | $\bar{\alpha}_2$ | $\bar{\alpha}_1$ | $\bar{\alpha}_2$ | $\bar{\alpha}_1$ | $\bar{\alpha}_2$ | $\bar{\alpha}_1$ | $\bar{\alpha}_2$ | $\bar{\alpha}_1$ | $\bar{\alpha}_2$ |
| 0.0 | 0.0000 | 0.2500 | 0.0000 | 0.2500 | 0.0000 | 0.2500 | 0.0000 | 0.2500 | 0.0000 | 0.2500 |
| 0.2 | 0.0112 | 0.2161 | 0.0140 | 0.2308 | 0.0148 | 0.2333 | 0.0151 | 0.2339 | 0.0152 | 0.2341 |
| 0.4 | 0.0179 | 0.1810 | 0.0245 | 0.2084 | 0.0270 | 0.2153 | 0.0280 | 0.2175 | 0.0285 | 0.2184 |
| 0.6 | 0.0207 | 0.1505 | 0.0308 | 0.1851 | 0.0355 | 0.1966 | 0.0376 | 0.2011 | 0.0388 | 0.2030 |
| 0.8 | 0.0217 | 0.1277 | 0.0340 | 0.1640 | 0.0405 | 0.1787 | 0.0440 | 0.1852 | 0.0459 | 0.1883 |
| 1.0 | 0.0217 | 0.1104 | 0.0351 | 0.1461 | 0.0430 | 0.1624 | 0.0476 | 0.1704 | 0.0502 | 0.1746 |
| 1.2 | 0.0212 | 0.0970 | 0.0351 | 0.1312 | 0.0439 | 0.1480 | 0.0492 | 0.1571 | 0.0525 | 0.1621 |
| 1.4 | 0.0204 | 0.0865 | 0.0344 | 0.1187 | 0.0436 | 0.1356 | 0.0495 | 0.1451 | 0.0534 | 0.1507 |
| 1.6 | 0.0195 | 0.0779 | 0.0333 | 0.1082 | 0.0427 | 0.1247 | 0.0490 | 0.1345 | 0.0533 | 0.1405 |
| 1.8 | 0.0186 | 0.0709 | 0.0321 | 0.0993 | 0.0415 | 0.1153 | 0.0480 | 0.1252 | 0.0525 | 0.1313 |
| 2.0 | 0.0178 | 0.0650 | 0.0308 | 0.0917 | 0.0401 | 0.1071 | 0.0467 | 0.1169 | 0.0513 | 0.1232 |
| 2.5 | 0.0157 | 0.0538 | 0.0276 | 0.0769 | 0.0365 | 0.0908 | 0.0429 | 0.1000 | 0.0478 | 0.1063 |
| 3.0 | 0.0140 | 0.0458 | 0.0248 | 0.0661 | 0.0330 | 0.0786 | 0.0392 | 0.0871 | 0.0439 | 0.0931 |
| 5.0 | 0.0097 | 0.0289 | 0.0175 | 0.0424 | 0.0236 | 0.0476 | 0.0285 | 0.0576 | 0.0324 | 0.0624 |
| 7.0 | 0.0073 | 0.0211 | 0.0133 | 0.0311 | 0.0180 | 0.0352 | 0.0219 | 0.0427 | 0.0251 | 0.0465 |
| 10.0 | 0.0053 | 0.0150 | 0.0097 | 0.0222 | 0.0133 | 0.0253 | 0.0162 | 0.0308 | 0.0186 | 0.0336 |

| z/b | l/b点 | | | | | | | | | |
|---|---|---|---|---|---|---|---|---|---|---|
| | 1.2 | | 1.4 | | 1.6 | | 1.8 | | 2.0 | |
| | $\bar{\alpha}_1$ | $\bar{\alpha}_2$ | $\bar{\alpha}_1$ | $\bar{\alpha}_2$ | $\bar{\alpha}_1$ | $\bar{\alpha}_2$ | $\bar{\alpha}_1$ | $\bar{\alpha}_2$ | $\bar{\alpha}_1$ | $\bar{\alpha}_2$ |
| 0.0 | 0.0000 | 0.2500 | 0.0000 | 0.2500 | 0.0000 | 0.2500 | 0.0000 | 0.2500 | 0.0000 | 0.2500 |
| 0.2 | 0.0153 | 0.2342 | 0.0153 | 0.2343 | 0.0153 | 0.2343 | 0.0306 | 0.2343 | 0.0153 | 0.2343 |
| 0.4 | 0.0288 | 0.2187 | 0.0289 | 0.2189 | 0.0290 | 0.2190 | 0.0546 | 0.2190 | 0.0290 | 0.2191 |
| 0.6 | 0.0394 | 0.2039 | 0.0397 | 0.2043 | 0.0399 | 0.2046 | 0.0694 | 0.2047 | 0.0401 | 0.2048 |
| 0.8 | 0.0470 | 0.1899 | 0.0476 | 0.1907 | 0.0480 | 0.1912 | 0.0759 | 0.1915 | 0.0483 | 0.1917 |
| 1.0 | 0.0518 | 0.1769 | 0.0528 | 0.1781 | 0.0534 | 0.1789 | 0.0766 | 0.1794 | 0.0540 | 0.1797 |
| 1.2 | 0.0546 | 0.1649 | 0.0560 | 0.1666 | 0.0568 | 0.1678 | 0.0738 | 0.1684 | 0.0577 | 0.1689 |
| 1.4 | 0.0559 | 0.1541 | 0.0575 | 0.1562 | 0.0586 | 0.1576 | 0.0692 | 0.1585 | 0.0599 | 0.1591 |
| 1.6 | 0.0561 | 0.1443 | 0.0580 | 0.1467 | 0.0594 | 0.1484 | 0.0603 | 0.1494 | 0.0609 | 0.1502 |
| 1.8 | 0.0556 | 0.1354 | 0.0578 | 0.1381 | 0.0593 | 0.1400 | 0.0604 | 0.1413 | 0.0611 | 0.1422 |
| 2.0 | 0.0547 | 0.1274 | 0.0570 | 0.1303 | 0.0587 | 0.1324 | 0.0599 | 0.1338 | 0.0608 | 0.1348 |
| 2.5 | 0.0513 | 0.1107 | 0.0540 | 0.1139 | 0.0560 | 0.1163 | 0.0575 | 0.1180 | 0.0586 | 0.1193 |
| 3.0 | 0.0476 | 0.0976 | 0.0503 | 0.1008 | 0.0525 | 0.1033 | 0.0541 | 0.1052 | 0.0554 | 0.1067 |
| 5.0 | 0.0356 | 0.0661 | 0.0382 | 0.0690 | 0.0403 | 0.0714 | 0.0421 | 0.0734 | 0.0435 | 0.0749 |
| 7.0 | 0.0277 | 0.0496 | 0.0299 | 0.0520 | 0.0318 | 0.0541 | 0.0333 | 0.0558 | 0.0347 | 0.0572 |
| 10.0 | 0.0207 | 0.0359 | 0.0224 | 0.0379 | 0.0239 | 0.0395 | 0.0252 | 0.0409 | 0.0263 | 0.0403 |

续表

| z/b | l/b点 | | | | | | | | | |
|---|---|---|---|---|---|---|---|---|---|---|
| | 3.0 | | 4.0 | | 6.0 | | 8.0 | | 10.0 | |
| | $\bar{\alpha}_1$ | $\bar{\alpha}_2$ | $\bar{\alpha}_1$ | $\bar{\alpha}_2$ | $\bar{\alpha}_1$ | $\bar{\alpha}_2$ | $\bar{\alpha}_1$ | $\bar{\alpha}_2$ | $\bar{\alpha}_1$ | $\bar{\alpha}_2$ |
| 0.0 | 0.0000 | 0.2500 | 0.0000 | 0.2500 | 0.0000 | 0.2500 | 0.0000 | 0.2500 | 0.0000 | 0.2500 |
| 0.2 | 0.0153 | 0.2343 | 0.0153 | 0.2343 | 0.0153 | 0.2343 | 0.0153 | 0.2343 | 0.0153 | 0.2343 |
| 0.4 | 0.0290 | 0.2192 | 0.0291 | 0.2192 | 0.0291 | 0.2192 | 0.0291 | 0.2192 | 0.0291 | 0.2192 |
| 0.6 | 0.0402 | 0.2050 | 0.0402 | 0.2050 | 0.0402 | 0.2050 | 0.0402 | 0.2050 | 0.0402 | 0.2050 |
| 0.8 | 0.0486 | 0.1920 | 0.0487 | 0.1920 | 0.0487 | 0.1921 | 0.0487 | 0.1921 | 0.0487 | 0.1921 |
| 1.0 | 0.0545 | 0.1803 | 0.0546 | 0.1803 | 0.0546 | 0.1804 | 0.0546 | 0.1804 | 0.0546 | 0.1804 |
| 1.2 | 0.0584 | 0.1697 | 0.0586 | 0.1699 | 0.0587 | 0.1700 | 0.0587 | 0.1700 | 0.0587 | 0.1700 |
| 1.4 | 0.0609 | 0.1603 | 0.0612 | 0.1605 | 0.0613 | 0.1606 | 0.0613 | 0.1606 | 0.0613 | 0.1606 |
| 1.6 | 0.0623 | 0.1517 | 0.0626 | 0.1521 | 0.0628 | 0.1523 | 0.0628 | 0.1523 | 0.0628 | 0.1523 |
| 1.8 | 0.0628 | 0.1441 | 0.0633 | 0.1445 | 0.0635 | 0.1447 | 0.0635 | 0.1448 | 0.0635 | 0.1448 |
| 2.0 | 0.0629 | 0.1371 | 0.0634 | 0.1377 | 0.0637 | 0.1380 | 0.0638 | 0.1380 | 0.0638 | 0.1380 |
| 2.5 | 0.0614 | 0.1223 | 0.0623 | 0.1233 | 0.0627 | 0.1237 | 0.0628 | 0.1238 | 0.0628 | 0.1239 |
| 3.0 | 0.0589 | 0.1104 | 0.0600 | 0.1116 | 0.0607 | 0.1123 | 0.0609 | 0.1124 | 0.0609 | 0.1125 |
| 5.0 | 0.0480 | 0.0797 | 0.0500 | 0.0817 | 0.0515 | 0.0833 | 0.0519 | 0.0837 | 0.0521 | 0.0839 |
| 7.0 | 0.0391 | 0.0619 | 0.0414 | 0.0642 | 0.0435 | 0.0663 | 0.0442 | 0.0671 | 0.0445 | 0.0674 |
| 10.0 | 0.0302 | 0.0462 | 0.0325 | 0.0485 | 0.0349 | 0.0509 | 0.0359 | 0.0520 | 0.0364 | 0.0526 |

【表注】上式中b为受压边，平行于弯矩方向，而不一定是短边。

圆形面积上均布荷载作用下中点平均附加应力系数$\bar{\alpha}$

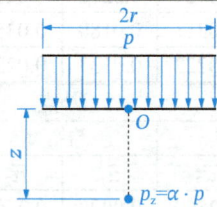

| 圆形中点 | | | | | | | | | | |
|---|---|---|---|---|---|---|---|---|---|---|
| z/r | $\bar{\alpha}$ | z/r | $\bar{\alpha}$ | z/r | $\bar{\alpha}$ | z/r | $\bar{\alpha}$ | z/r | $\bar{\alpha}$ |
| 0.0 | 1.000 | 1.1 | 0.855 | 2.2 | 0.623 | 3.3 | 0.473 | 4.4 | 0.379 |
| 0.1 | 1.000 | 1.2 | 0.831 | 2.3 | 0.606 | 3.4 | 0.463 | 4.5 | 0.372 |
| 0.2 | 0.998 | 1.3 | 0.808 | 2.4 | 0.590 | 3.5 | 0.453 | 4.6 | 0.365 |
| 0.3 | 0.993 | 1.4 | 0.784 | 2.5 | 0.574 | 3.6 | 0.443 | 4.7 | 0.359 |
| 0.4 | 0.986 | 1.5 | 0.762 | 2.6 | 0.560 | 3.7 | 0.434 | 4.8 | 0.353 |
| 0.5 | 0.974 | 1.6 | 0.739 | 2.7 | 0.546 | 3.8 | 0.425 | 4.9 | 0.347 |
| 0.6 | 0.960 | 1.7 | 0.718 | 2.8 | 0.532 | 3.9 | 0.417 | 5.0 | 0.341 |
| 0.7 | 0.942 | 1.8 | 0.697 | 2.9 | 0.519 | 4.0 | 0.409 | | |
| 0.8 | 0.923 | 1.9 | 0.677 | 3.0 | 0.507 | 4.1 | 0.401 | | |
| 0.9 | 0.901 | 2.0 | 0.658 | 3.1 | 0.495 | 4.2 | 0.393 | | |
| 1.0 | 0.878 | 2.1 | 0.640 | 3.2 | 0.484 | 4.3 | 0.386 | | |

圆形面积上三角形分布荷载作用下边点的平均附加应力系数 $\overline{\alpha}$

| 圆形边点 | | | | | | | | | | | |
|---|---|---|---|---|---|---|---|---|---|---|---|
| $z/r$ | $\overline{\alpha}_1$ | $\overline{\alpha}_2$ | $z/r$ | $\overline{\alpha}_1$ | $\overline{\alpha}_2$ | $z/r$ | $\overline{\alpha}_1$ | $\overline{\alpha}_2$ | $z/r$ | $\overline{\alpha}_1$ | $\overline{\alpha}_2$ |
| 0.0 | 0.000 | 0.500 | 1.2 | 0.063 | 0.333 | 2.4 | 0.073 | 0.236 | 3.6 | 0.066 | 0.180 |
| 0.1 | 0.008 | 0.483 | 1.3 | 0.065 | 0.323 | 2.5 | 0.072 | 0.230 | 3.7 | 0.065 | 0.177 |
| 0.2 | 0.016 | 0.466 | 1.4 | 0.067 | 0.313 | 2.6 | 0.072 | 0.225 | 3.8 | 0.065 | 0.173 |
| 0.3 | 0.023 | 0.450 | 1.5 | 0.069 | 0.303 | 2.7 | 0.071 | 0.219 | 3.9 | 0.064 | 0.170 |
| 0.4 | 0.030 | 0.435 | 1.6 | 0.070 | 0.294 | 2.8 | 0.071 | 0.214 | 4.0 | 0.063 | 0.167 |
| 0.5 | 0.035 | 0.420 | 1.7 | 0.071 | 0.286 | 2.9 | 0.070 | 0.209 | 4.2 | 0.062 | 0.161 |
| 0.6 | 0.041 | 0.406 | 1.8 | 0.072 | 0.278 | 3.0 | 0.070 | 0.204 | 4.4 | 0.061 | 0.155 |
| 0.7 | 0.045 | 0.393 | 1.9 | 0.072 | 0.270 | 3.1 | 0.069 | 0.200 | 4.6 | 0.059 | 0.150 |
| 0.8 | 0.050 | 0.380 | 2.0 | 0.073 | 0.263 | 3.2 | 0.069 | 0.196 | 4.8 | 0.058 | 0.145 |
| 0.9 | 0.054 | 0.368 | 2.1 | 0.073 | 0.255 | 3.3 | 0.068 | 0.192 | 5.0 | 0.057 | 0.140 |
| 1.0 | 0.057 | 0.356 | 2.2 | 0.073 | 0.249 | 3.4 | 0.067 | 0.188 | | | |
| 1.1 | 0.061 | 0.344 | 2.3 | 0.073 | 0.242 | 3.5 | 0.067 | 0.184 | | | |

**知识拓展**

环形基础的沉降为潜在考点，关键在于平均附加应力的计算，可以采用求大圆的平均附加应力减去小圆的平均附加应力。

## 五、地基土回弹变形计算

——第 5.3.10 条

当建筑物地下室基础埋置深度较深，且基坑开挖后，闲置时间较长时，基底土会发生向上的回弹，此时应考虑坑底地基土的回弹，地基土的回弹变形量可按下式计算：

**地基土回弹变形计算**

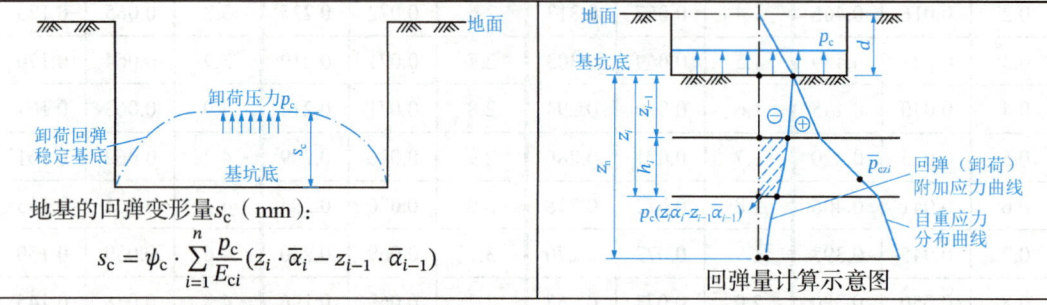

回弹量计算示意图

地基的回弹变形量 $s_c$（mm）：
$$s_c = \psi_c \cdot \sum_{i=1}^{n} \frac{p_c}{E_{ci}}(z_i \cdot \overline{\alpha}_i - z_{i-1} \cdot \overline{\alpha}_{i-1})$$

式中：$\psi_c$——回弹量计算的经验系数，无地区经验时可取 1.0；

$n$——地基沉降变形计算深度范围内，所划分的土层数；

$p_c$——基底以上土体的自重压力（kPa），一般自天然地面起算，地下水位以下应扣除浮力；

$E_{ci}$——基础底面下，第 $i$ 层土的回弹模量（MPa），基坑开挖完毕后，自基底起算的基底下第 $i$ 层土中点处<u>自重应力～自重应力 + 基底以上土体的自重压力段</u>的回弹模量；

$z_{i-1}$、$z_i$——自基础底面到第 $i-1$ 层土、第 $i$ 层土的土层底面的距离（m）；

$\overline{\alpha}_{i-1}$、$\overline{\alpha}_i$——自基础底面计算点到第 $i-1$ 层土、第 $i$ 层土的土层底面范围内的平均附加应力系数，可按规范附录 K 查取采用，或者查前表

**解题步骤：**

①计算基坑底面处卸荷的土自重应力（负值）：$p_c = -\gamma_{m1} d$，$\gamma_{m1}$ 为基坑<u>底面以上</u>土层平均有效重度。

②计算基坑底面以下第 $i$ 层土的平均自重应力（中点处）：$\overline{p}_{czi} = \gamma_{m1} d + \gamma_{m2}(z_{i-1} + \frac{h_i}{2})$，$\gamma_{m2}$ 为基坑<u>底面以下</u>$(z_{i-1} + \frac{h_i}{2})$范围内土层平均有效重度。

③计算基坑底面以下第 $i$ 层土的平均卸荷附加应力（负值）：$\overline{p}_{zi} = \frac{p_c(z_i \cdot \overline{\alpha}_i - z_{i-1} \cdot \overline{\alpha}_{i-1})}{z_i - z_{i-1}}$

④根据应力区间 $[\overline{p}_{czi} \to (\overline{p}_{czi} + \overline{p}_{zi})]$ 确定回弹模量 $E_{ci}$（$\overline{p}_{zi}$ 用负值代入）。

⑤计算地基的回弹变形量：$s_c = \psi_c \cdot \sum_{i=1}^{n} \frac{p_c}{E_{ci}}(z_i \cdot \overline{\alpha}_i - z_{i-1} \cdot \overline{\alpha}_{i-1})$（$p_c$ 用负值代入）。

注：应力区间 $[\overline{p}_{czi} \to (\overline{p}_{czi} + \overline{p}_{zi})]$ 跨越多个固结试验回弹曲线上不同应力段的回弹模量 $E_{ci}$ 时，应按回弹曲线上不同应力段分段计算；也可先计算出 $E_{ci}$ 平均值后代入回弹变形量公式（精度较差）

**【公式的理解】**

（1）对比传统的沉降计算公式：$s = \psi_s s' = \psi_s \sum_{i=1}^{n} \frac{p_0}{E_{si}}(z_i \overline{\alpha}_i - z_{i-1} \overline{\alpha}_{i-1})$，此公式的附加应力向下且扩散，而回弹相当于向下压缩（沉降）的反过程，附加应力为向上且也会向上扩散。

（2）深基坑开挖以后的卸荷回弹变形计算时，以基坑坑底为起算面，基坑底面处的附加应力，其方向是向上的，为负值，大小等于坑底以上土层的自重应力，然后以基坑底面以下土体为研究对象，用与计算附加应力相同的方法计算卸荷引起的应力随深度的变化，基底下某一深度处的回弹模量根据<u>开挖前的荷载</u>和<u>开挖后的荷载确定压力段</u>，采用应力面积法或者分层总和法计算回弹变形量。

## 六、地基土回弹再压缩变形

——第 5.3.11 条

回弹再压缩指基坑开挖并经回弹变形后,再加载至不超过原卸载土重时的压缩变形,土体在"再加荷量作用下"发生的回弹再压缩沉降小于等于基坑开挖造成的卸荷回弹变形。

根据土的固结回弹再压缩试验或平板载荷试验卸荷再加荷试验结果,地基土回弹再压缩曲线在再压缩比率与再加荷比关系中可用两段线性关系模拟。

**地基土回弹再压缩变形**

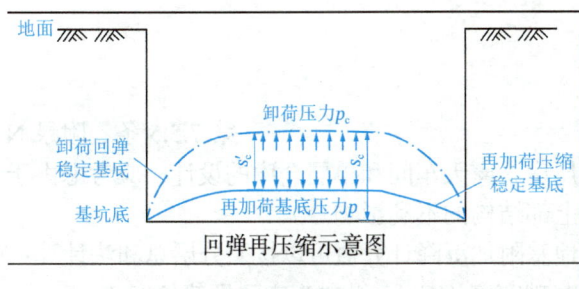

回弹再压缩示意图

回弹再压缩过程:
(1)基坑开挖→造成地基土被卸荷 $p_c$ →地基土产生卸荷回弹变形 $s_c$;
(2)建筑物施工→造成地基土被再加荷 $p$ →地基土产生回弹再压缩变形 $s'_c$;
(3)再压缩比率 $r' = \dfrac{s'_c}{s_c}$,再加荷比 $R' = \dfrac{p}{p_c}$

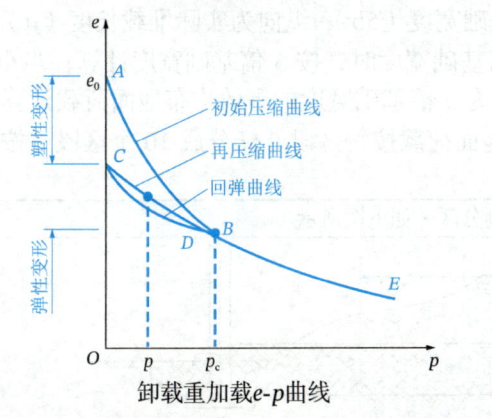

卸载重加载 $e$-$p$ 曲线

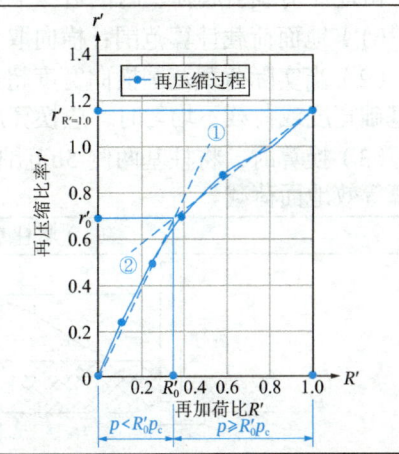

| | |
|---|---|
| $p < R'_0 p_c$ | $s'_c = r'_0 s_c \dfrac{p}{p_c R'_0}$ |
| $R'_0 p_c \leqslant p \leqslant p_c$ | $s'_c = s_c \left[ r'_0 + \dfrac{r'_{R'=1.0} - r'_0}{1 - R'_0} \left( \dfrac{p}{p_c} - R'_0 \right) \right]$ |

式中:$s'_c$——地基土的回弹再压缩变形量(mm);

$s_c$——地基的回弹变形量(mm),根据前一页内容计算;

$p_c$——基底以上土体的自重压力(kPa),<u>一般自天然地面起算</u>;

$p$——再加荷的基底压力(kPa);

$r'_0$——临界再压缩比率,相应于<u>再压缩比率</u>与<u>再加荷比</u>关系曲线上两段线性交点对应的再压缩比率,由土的固结回弹再压缩试验确定;

$R'_0$——临界再加荷比,相应于<u>再压缩比率</u>与<u>再加荷比</u>关系曲线上两段线性交点对应的再加荷比;

$r'_{R'=1.0}$——对应于再加荷比 $R' = 1.0$ 时的再压缩比率,由土的固结回弹再压缩试验确定,其值等于回弹再压缩变形增大系数。

【公式的理解】

[ $r'$(再压缩比率)和 $R'$(再加荷比)]:

(1) 基坑开挖→造成地基土被卸荷 $p_c$→地基土产生卸荷回弹变形 $s_c$；

(2) 建筑物施工→造成地基土被再加荷 $p$→地基土产生回弹再压缩变形 $s'_c$。

在上述卸荷、再加荷过程中，地基土产生的回弹再压缩变形与卸荷回弹变形的比值，便称为再压缩比率，即 $r' = s'_c/s_c$。

在上述卸荷、再加荷过程中，地基土再加荷量与卸荷量的比值，便称为再加荷比，即 $R' = p/p_c$。

试验表明：再压缩比率 $r'$～再加荷比 $R'$ 关系曲线上，存在两个线性段，这两个线性段的交点⇒临界再压缩比率 $r'_0$ 和临界再加荷比 $R'_0$。具体可参看《建筑地基基础设计规范》第 5.3.11 条条文说明。

### 七、大面积地面荷载引起的沉降

——第 7.5.5 条、附录 N

在建筑范围内有地面荷载的单层工业厂房、露天车间和单层仓库的设计，应考虑由于地面荷载所产生的地基不均匀变形及其对上部结构的不利影响。

由地面荷载引起柱基内侧边缘中点的地基附加沉降计算值可以按照分层总和法计算：

（1）地面荷载计算范围：横向取 5 倍基础宽度（$5b$）、纵向为实际堆载长度（$a$）。

（2）当实际荷载范围横向宽度超过 5 倍基础宽度时，按 5 倍基础宽度计算；当小于 5 倍基础宽度或荷载不均匀时，应换算成宽度为 5 倍基础宽度的等效均布地面荷载计算。

（3）换算时，将柱基两侧 $5b$ 范围内的地面荷载按每区段 $0.5b$ 分成 10 个区段，按下式计算等效地面荷载。

| （1）将柱基内外侧分区（如下图所示） |
|---|
| 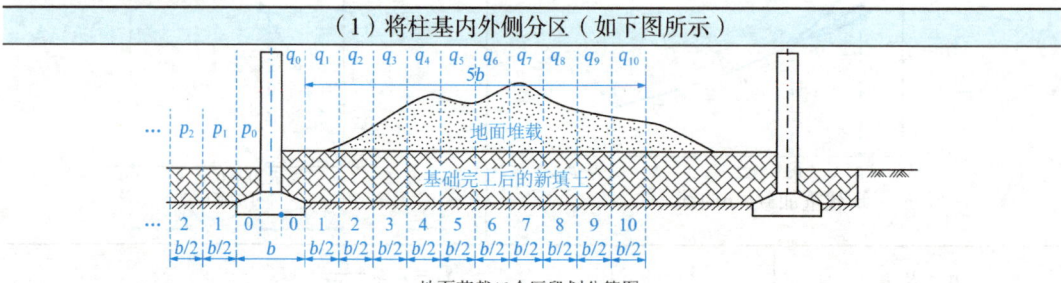 |
| 地面荷载10个区段划分简图 |

（2）计算等效均布地面荷载（kPa），下式计算的结果为正值时说明柱基将发生内倾、为负值时将发生外倾

$$q_{eq} = 0.8\left[\sum_{i=0}^{10}\beta_i q_i - \sum_{i=0}^{10}\beta_i p_i\right]$$

$q_i$——柱内侧第 $i$ 区段内的平均地面荷载（kPa）；

$p_i$——柱外侧第 $i$ 区段内的平均地面荷载（kPa）；

$\beta_i$——柱内、外侧第 $i$ 区段的地面荷载换算系数，按下表取值：

| $\beta_i$ 取值 | 区段 | 0 | 1 | 2 | 3 | 4 | 5 | 6 | 7 | 8 | 9 | 10 | $\sum\beta_i$ |
|---|---|---|---|---|---|---|---|---|---|---|---|---|---|
| | $\frac{a}{5b} \geq 1$ | 0.30 | 0.29 | 0.22 | 0.15 | 0.10 | 0.08 | 0.06 | 0.04 | 0.03 | 0.02 | 0.01 | 1.3 |
| | $\frac{a}{5b} < 1$ | 0.52 | 0.40 | 0.30 | 0.13 | 0.08 | 0.05 | 0.02 | 0.01 | 0.01 | — | — | 1.52 |

$a$——地面荷载的纵向长度（垂直于纸面方向）(m)；$b$——车间跨度方向基础底面的边长（m）

【小注】①参与计算的地面荷载包括地面堆载和基础完工后的新填土，地面荷载应按均布荷载考虑，载荷作用面在基底平面处。

②上述方法可以简单地理解为：将原矩形荷载作用面积，折算成长度为 $a$、宽度为 $5b$ 的矩形荷载面积，并将荷载也等效作用在该面积内。

③表格中 1～10 区段换算系数相加为 1.0，不含 0 区段，0 区段为特殊区段（0 区段直接作用于基础上）

续表

（3）柱基内侧边缘中点的地基附加沉降量$s'_g$

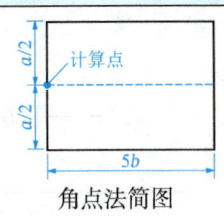

角点法简图
注：$\bar{\alpha}_i$查表后×2，不是×4

$$s'_g = \sum_{i=1}^{n} \frac{q_{eq}}{E_{si}}(z_i\bar{\alpha}_i - z_{i-1}\bar{\alpha}_{i-1}) \leqslant [s'_g]$$

$\bar{\alpha}_i$、$\bar{\alpha}_{i-1}$——地基土的平均附加应力系数，按$l = 5b$、$b' = \frac{a}{2}$，用$\frac{5b}{\frac{a}{2}}$、$\frac{z}{\frac{a}{2}}$查附录K取值，注意边界点需乘2

附表　地基附加沉降量允许值$[s'_g]$（mm）

| b | a | | | | | | | |
|---|---|---|---|---|---|---|---|---|
| | 6 | 10 | 20 | 30 | 40 | 50 | 60 | 70 |
| 1 | 40 | 45 | 50 | 55 | 55 | | | |
| 2 | 45 | 50 | 55 | 60 | 60 | | | |
| 3 | 50 | 55 | 60 | 65 | 70 | 75 | | |
| 4 | 55 | 60 | 65 | 70 | 75 | 80 | 85 | 90 |
| 5 | 65 | 70 | 75 | 80 | 85 | 90 | 95 | 100 |

【表注】$a$——地面荷载的纵向长度（垂直于纸面方向）（m）；$b$——车间跨度方向基础底面的边长（m）。

## 八、次固结引起的沉降

次固结引起的沉降

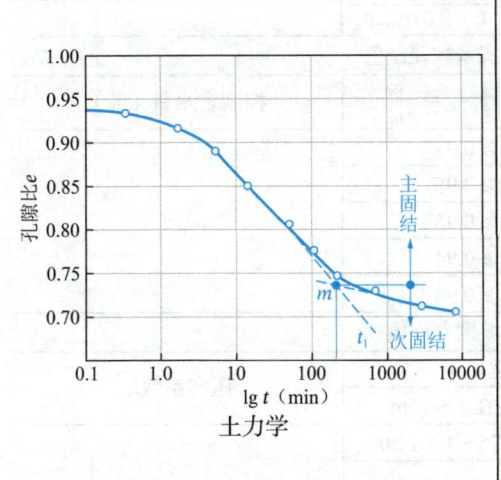

土力学-土的次固结沉降$s_s$：

$$s_s = \frac{H}{1+e_1} C_\alpha \lg \frac{t}{t_1}$$

式中：$H, e_1$——土层的厚度和初始孔隙比。

$t$——欲求次固结沉降量的时间，$t > t_1$。

$t_1$——室内压缩试验得出的孔隙比$e$与时间对数$\lg t$的关系曲线，取曲线反弯点前后两段曲线的切线的交点$m$作为主固结段与次固结段的分界点；设相当于分界点的时间为$t_1$。

$C_\alpha$——土的次固结系数，见《土工试验方法标准》第17.2.7条

《工程地质手册》P442 次固结引起的沉降量$\Delta H_{sc}$：

$$\Delta H_{sc} = C_\alpha H \lg \frac{t_{sc}}{t_p}$$

式中：$H$——可压缩层的原始厚度；

$t_{sc}$——包括次固结在内的整个计算时间；

$t_p$——主固结完成的时间（相应于压缩曲线上主固结达到100%的时间）

## 第六节 山区地基

### 一、土岩组合地基褥垫层要求

——第 6.2.5 条

**土岩组合地基褥垫层要求**

| 褥垫层材料 | 褥垫层厚度 | 夯填度 = $\dfrac{夯实后厚度}{虚铺厚度}$ |
|---|---|---|
| 中砂、粗砂 | 300～500mm | 0.87 ± 0.05 |
| 土夹石（其中碎石含量为 20%～30%） | | 0.70 ± 0.05 |

### 二、压实填土质量要求

——第 6.3.7～6.3.11 条

**压实填土质量要求**

| (1) 最大干密度 $\rho_{dmax}$（kg/m³） | | | |
|---|---|---|---|
| 填料 | 一般情况 | 无试验资料时（使用条件） | |
| 碎石、卵石、岩石碎屑 | 由击实试验确定，可取 2100～2200kg/m³ | — | $w_{op}$——最优含水量（%）;<br>$\rho_w$——水的密度（kg/m³）;<br>$d_s$——土粒相对密度（比重） |
| 粉质黏土 | 由击实试验确定 | $\rho_{dmax} = \dfrac{0.96\rho_w d_s}{1 + 0.01 w_{op} d_s}$ | |
| 粉土 | 由击实试验确定 | $\rho_{dmax} = \dfrac{0.97\rho_w d_s}{1 + 0.01 w_{op} d_s}$ | |
| (2) 压实填土地基压实系数控制值 | | | |
| 结构类型 | 填土部位 | 压实系数 $\lambda_c = \dfrac{\rho_d}{\rho_{dmax}}$ | 控制含水量（%） |
| 砌体承重及框架结构 | 在地基主要受力层范围内 | ≥ 0.97 | $w_{op} \pm 2$ |
| | 在地基主要受力层范围以下 | ≥ 0.95 | |
| 排架结构 | 在地基主要受力层范围内 | ≥ 0.96 | |
| | 在地基主要受力层范围以下 | ≥ 0.94 | |
| 地坪垫层以下及基础底面标高以上的压实填土 | | ≥ 0.94 | |
| (3) 压实填土边坡坡度允许值 | | | |
| 填土类型 | 边坡坡度允许值（高宽比） | | 压实系数 $\lambda_c$ |
| | 坡高在 8m 以内 | 坡高在 8～15m | |
| 碎石、卵石 | 1：1.50～1：1.25 | 1：1.75～1：1.50 | 0.94～0.97 |
| 砂夹石（碎石、卵石占全重 30%～50%） | 1：1.50～1：1.25 | 1：1.75～1：1.50 | |
| 土夹石（碎石、卵石占全重 30%～50%） | 1：1.50～1：1.25 | 1：2.00～1：1.50 | |
| 粉质黏土，粉土（黏粒含量 $\rho_c^* \geq 10\%$） | 1：1.75～1：1.50 | 1：2.25～1：1.75 | |

【小注】符合上表要求可不设支挡结构，超出上表范围则需设支挡结构。

## 第七节 基础设计

### 一、常用参数

**常用参数**

| 混凝土轴心抗拉强度设计值$f_t$（MPa） | | | | | | | | | | | | | | |
|---|---|---|---|---|---|---|---|---|---|---|---|---|---|---|
| 强度 | C15 | C20 | C25 | C30 | C35 | C40 | C45 | C50 | C55 | C60 | C65 | C70 | C75 | C80 |
| $f_t$ | 0.91 | 1.10 | 1.27 | 1.43 | 1.57 | 1.71 | 1.80 | 1.89 | 1.96 | 2.04 | 2.09 | 2.14 | 2.18 | 2.22 |

| 普通钢筋强度设计值（MPa） | | | |
|---|---|---|---|
| 牌号 | HPB300 | HRB335 | HRB400、HRBF400、RRB400 | HRB500、HRBF500 |
| 抗拉强度设计值$f_y$ | 270 | 300 | 360 | 435 |
| 抗压强度设计值$f'_y$ | 270 | 300 | 360 | 435 |

### 二、无筋扩展基础

——第8.1节

**无筋扩展基础**

| （1）基底压力$p_k \leqslant 300$kPa | 基础高度计算 |
|---|---|
| 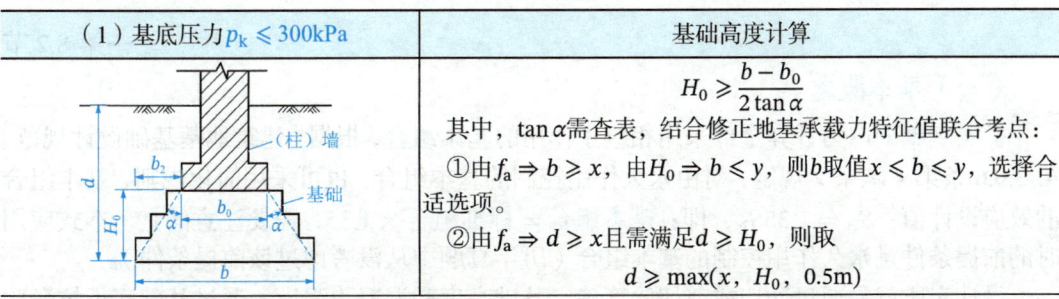 | $H_0 \geqslant \dfrac{b-b_0}{2\tan\alpha}$<br>其中，$\tan\alpha$需查表，结合修正地基承载力特征值联合考点：<br>①由$f_a \Rightarrow b \geqslant x$，由$H_0 \Rightarrow b \leqslant y$，则$b$取值$x \leqslant b \leqslant y$，选择合适选项。<br>②由$f_a \Rightarrow d \geqslant x$且需满足$d \geqslant H_0$，则取<br>$d \geqslant \max(x,\ H_0,\ 0.5\text{m})$ |

二皮一收指砖基础大放脚砌筑过程，每砌两皮砖收进一次，每次每边收进砖长的1/4，即60mm

式中：$H_0$——基础高度（m），$H_0$不一定为基础埋深，一般来说，$d$应大于$H_0$；
　　　$b$——基础底面宽度（m）；
　　　$b_0$——基础顶面的墙脚或柱脚宽度（m）；
　　　$b_2$——基础台阶的高度（m）；
　　　$\tan\alpha$——基础台阶宽高比，即$\tan\alpha = b_2/H_0$，其允许值可按下表选用：

| 基础材料 | 质量要求 | 台阶宽高比允许值[$\tan\alpha$] | | |
|---|---|---|---|---|
| | | $p_k \leqslant 100$kPa | $100\text{kPa} < p_k \leqslant 200$kPa | $200\text{kPa} < p_k \leqslant 300$kPa |
| 混凝土基础 | C15混凝土 | 1∶1.00 | 1∶1.00 | 1∶1.25 |
| 毛石混凝土基础 | C15混凝土 | 1∶1.00 | 1∶1.25 | 1∶1.50 |
| 砖基础 | 砖不低于MU10<br>砂浆不低于M5 | 1∶1.50 | 1∶1.50 | 1∶1.50 |
| 毛石基础 | 砂浆不低于M5 | 1∶1.25 | 1∶1.50 | — |
| 灰土基础 | 体积比为3∶7或2∶8的灰土 | 1∶1.25 | 1∶1.50 | — |

续表

| 基础材料 | 质量要求 | 台阶宽高比允许值 [tan α] | | |
|---|---|---|---|---|
| | | $p_k \leqslant 100\text{kPa}$ | $100\text{kPa} < p_k \leqslant 200\text{kPa}$ | $200\text{kPa} < p_k \leqslant 300\text{kPa}$ |
| 三合土基础 | 石灰、砂、骨料体积比 1∶2∶4~1∶3∶6 | 1∶1.50 | 1∶2.00 | — |

【小注】$p_k$——相应于作用的标准组合时,基础底面的<u>平均基底压力</u>(kPa)。

(2)混凝土基础单侧扩展范围内基础底面处的平均压力值 $p_k > 300\text{kPa}$ 时,尚应按下式对墙(柱)边缘或变阶处进行抗剪验算:

$$\text{同时验算}\begin{cases} V_s = \overline{p}_j A_l = \dfrac{1.35F_k}{A} \cdot \dfrac{b-b_t}{2} \leqslant 0.366 f_t A \\ H_0 \geqslant \dfrac{b-b_0}{2\tan\alpha} \end{cases}$$

式中:$V_s$——相应于作用的基本组合时,基底土平均净反力沿剪切面的剪力设计值(kN),$V_s = \overline{p}_j \cdot A_l$;

$f_t$——混凝土轴心抗拉强度设计值(kPa);

$A$——沿墙(柱)边缘或变阶处基础的垂直截面面积(m²),当验算截面为阶形时其截面折算宽度按附录U计算;

$\overline{p}_j$——相应于作用的基本组合时的地基净反力(kPa),$\overline{p}_j = F/A$ 或 $\overline{p}_j = 1.35F_k/A$;

$A_l$——受剪切验算时取用的部分基础底面积(m²)。

## 三、扩展基础

——第8.2节

### (一)基本概念

<u>扩展基础的内力</u>计算全部采用相应于作用的<u>基本组合</u>,根据《建筑地基基础设计规范》第3.0.6条第4款条文规定,对由永久作用控制的基本组合,也可采用简化规则,基本组合的效应设计值:$S_d = 1.35S_k$,即:<u>基本组合 = 标准组合 × 1.35</u>,需要注意的是,本式应用时的前提条件是永久作用控制的基本组合(历年真题中从没考虑过该前提条件)。

设计实质就是通过冲切或剪切验算确定基础高度和混凝土强度,通过基础底板抗弯验算确定基础底板配筋。

(1)**冲切**:基础在柱下集中或局部荷载作用下,出现沿应力扩散角(45°)破裂的现象。多发生于"双向受力"状态下的独立基础中(一般基础长短边较为接近),形成四个剪切斜面组成的四面锥体(上小下大,由四个剪切斜截面组成)。冲切破坏实质上就是<u>多面剪切</u>,空间剪切。

(2)**剪切**:基础在柱下集中或局部荷载作用下,沿最不利斜截面发生受剪破坏的现象。多发生于"单向受力"状态下的独立基础(一般基础长短边尺寸相差较大)或条形基础中。

(3)**基础底板抗弯**:钢筋混凝土基础在剪力作用下,发生的柔性弯曲变形的现象。基础底板抗弯能力的大小取决于基础底板的配筋率的大小。配筋时要注意弯矩和配筋的方向一致性,弯矩方向和配筋在同一个平面内,一般通过计算柱边最大弯矩,配置基础纵向主筋。

冲切、剪切属于脆性破坏,一般情况下,通过提高基础高度或提高基础混凝土强度,以达到提高基础的抗冲切或剪切的能力,<u>配置钢筋对基础抗冲切和抗剪切是有利的,但基础设计中,通常并不考虑该有利作用。</u>

弯曲变形属于柔性破坏,一般情况下,通过提高基础底板配筋率,以达到提高基础底板的抗弯能力。

## （二）独立基础受冲切验算

——第8.2.8条

独立基础受冲切验算

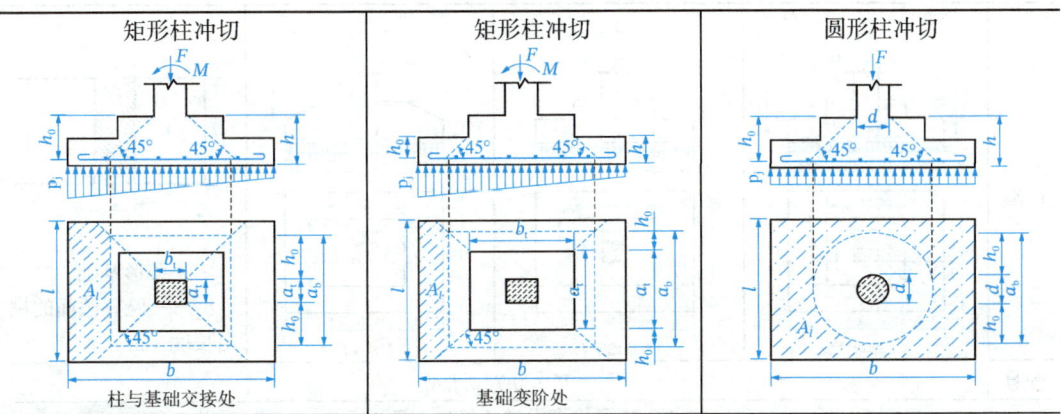

| 验算公式 | $F_l \leqslant 0.7\beta_{hp} f_t a_m h_0$ |||
|---|---|---|---|
| （1）计算冲切力设计值 $F_l$（kN） ||||
| 矩形柱<br>矩形基础 | $b \geqslant l$ 时（常见）：<br>$A_l = \left(\dfrac{b-b_t}{2} - h_0\right)l - \left(\dfrac{l-a_t}{2} - h_0\right)^2$<br>$b < l$ 时（罕见）：<br>$A_l = \left(\dfrac{b-b_t}{2} - h_0\right)^2 + \left(\dfrac{b-b_t}{2} - h_0\right)(a_t + 2h_0)$ || ①轴心荷载时：<br>$F_l = p_j A_l = \dfrac{1.35 F_k}{A} \cdot A_l$<br>$\Leftarrow p_j = \dfrac{F}{A} = \dfrac{1.35 \cdot F_k}{A} = 1.35 \cdot \left(p_k - \dfrac{G_k}{A}\right)$<br>②偏心荷载时：<br>$F_l = p_{j\max} A_l = \left(\dfrac{1.35 F_k}{A} + \dfrac{1.35 M_k}{W}\right) \cdot A_l$<br>$\Leftarrow p_{j\max} = \dfrac{F}{A} + \dfrac{M}{W} = \dfrac{F}{A}\left(1 + \dfrac{6e_0}{b}\right)$（小偏心）<br>$\Leftarrow e_0 = \dfrac{M}{F} \quad e = \dfrac{M}{F+G}$ |
| 方形柱<br>方形基础 | $b = l,\ a_t = b_t$ 时，$A_l = \dfrac{b^2 - (a_t + 2h_0)^2}{4}$ |||
| 圆形柱<br>矩形基础 | $A_l = bl - \dfrac{\pi}{4}(d + 2h_0)^2$ |||
| （2）计算受冲切承载力 $0.7\beta_{hp} f_t a_m h_0$（kN） ||||
| $\beta_{hp} = 1 - \dfrac{h - 0.8}{12}$ | $\begin{cases} h < 0.8\text{m 取 }0.8\text{m} \rightarrow \beta_{hp} = 1 \\ h > 2.0\text{m 取 }2.0\text{m} \rightarrow \beta_{hp} = 0.9 \end{cases}$ || 矩（方）形柱：$a_m = \dfrac{a_t + a_b}{2} = a_t + h_0$<br>圆形柱：$a_m = \pi(d + h_0)$ |

式中：$F_l$——相应于作用的基本组合时作用在 $A_l$ 上的地基土净反力设计值（kN）。

$f_t$——混凝土轴心抗拉强度设计值（kPa）。

$a_m$——冲切破坏锥体最不利一侧计算长度（m）。

$a_t$——冲切破坏锥体最不利一侧斜截面的上边长（m），当计算柱与基础交接处的受冲切承载力时，取柱宽；当计算基础变阶处的受冲切承载力时，取上阶宽。

$a_b$——冲切破坏锥体最不利一侧斜截面在基础底面积范围内的下边长（m），$a_b = a_t + 2h_0$。

$h_0$——基础冲切破坏锥体有效高度（m），$h_0 = h -$ 保护层厚度 $-\dfrac{d}{2}$（单层布置钢筋，$d$ 为钢筋直径）。

$A_l$——冲切验算时取用的部分基底面积，即图中阴影部分的面积（m²）。

$p_j$——轴心受压时，扣除基础自重及其上土重后相应于作用的基本组合时地基土<u>单位面积净反力</u>（kPa）。

$p_{j\max}$——偏心受压时，基础边缘处<u>最大地基土单位面积净反力</u>（kPa）。

【小注】浅基础冲切公式只是验算最不利一侧，当为方形柱冲切方形基础，整个基础均匀受力，四侧均为最不利，整个基础的最大冲切承载力应为四侧承载力之和，$A_l = b^2 - (a_t + 2h_0)^2$，$a_m = 4(a_t + h_0)$。

## （三）独立（条形）基础受剪切验算

——第8.2.9条、第8.2.10条

独立（条形）基础受剪切验算

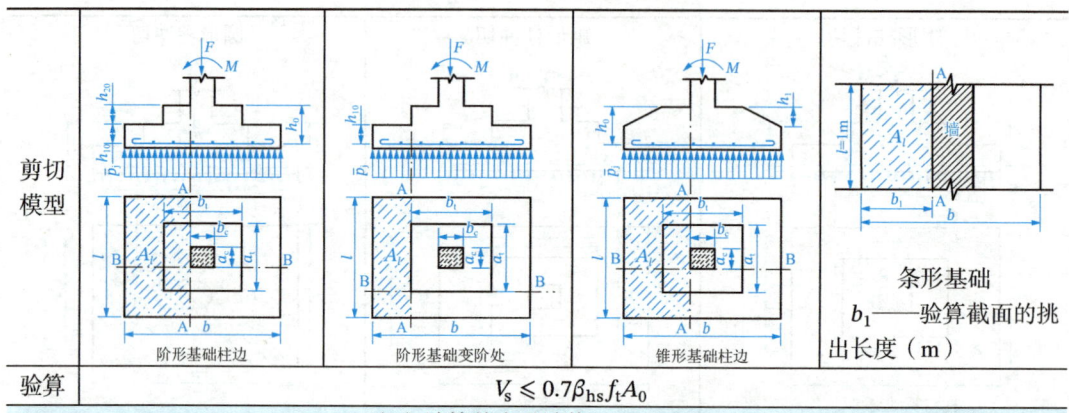

| 剪切模型 | 阶形基础柱边 | 阶形基础变阶处 | 锥形基础柱边 | 条形基础 $b_1$——验算截面的挑出长度（m） |
|---|---|---|---|---|
| 验算 | | $V_s \leqslant 0.7\beta_{hs}f_t A_0$ | | |

（1）计算剪力设计值：$V_s = \overline{p}_j A_l$

①如果采用全基底平均净反力设计值（kPa）：$\overline{p}_j = \dfrac{F}{A} = \dfrac{1.35 \cdot F_k}{A} = 1.35 \cdot \left(p_k - \dfrac{G_k}{A}\right)$

②如果采用阴影部分基底平均净反力设计值（kPa），需要计算出剪切面处的基底净反力，进而对阴影部分两端的净反力求平均。

此处存在争议，有两种理解方式，2013年官方给出的解答为方式①，计算不受弯矩影响，简单处理

| A-A 截面 | $A_l = \left(\dfrac{b-b_c}{2}\right)l$ | $A_l = \left(\dfrac{b-b_t}{2}\right)l$ | $A_l = \left(\dfrac{b-b_c}{2}\right)l$ | $A_l = b_1$ |
|---|---|---|---|---|
| B-B 截面 | $A_l = \left(\dfrac{l-a_c}{2}\right)b$ | $A_l = \left(\dfrac{l-a_t}{2}\right)b$ | $A_l = \left(\dfrac{l-a_c}{2}\right)b$ | |

（2）计算受剪承载力：$0.7\beta_{hs}f_t A_0$

| 简图 | | | | |
|---|---|---|---|---|
| A-A 截面 | $A_0 = lh_{10} + a_t h_{20}$ | $A_0 = lh_{10}$ | $A_0 = lh_0 - \dfrac{l-a_t}{2}h_1$ | $A_0 = h_0$ |
| B-B 截面 | $A_0 = bh_{10} + b_t h_{20}$ | $A_0 = bh_{10}$ | $A_0 = bh_0 - \dfrac{b-b_t}{2}h_1$ | |

截面高度（$h_0$）影响系数：$\beta_{hs} = \left(\dfrac{0.8}{h_0}\right)^{1/4}$ （0.8m $\leqslant h_0 \leqslant$ 2m） $\begin{cases} h_0 < 0.8\text{m}, h_0 = 0.8\text{m} \rightarrow \beta_{hs} = 1 \\ h_0 > 2\text{m}, h_0 = 2\text{m} \rightarrow \beta_{hs} = 0.795 \end{cases}$

式中：$V_s$——相应于作用的基本组合时，柱与基础交接处的剪力设计值，即图中的阴影面积乘以基底平均净反力（kN）。

$f_t$——混凝土轴心抗拉强度设计值（kPa）。

$h_0$——基础剪切破坏截面的有效高度（m）。

$A_0$——验算截面处基础的有效截面面积（m²）。

$A_l$——剪切验算时取用的部分基底面积，即图中阴影部分的面积（m²）。

$\overline{p}_j$——扣除基础自重及其上土重后相应于作用的基本组合时的地基土单位面积净反力（kPa），规范在这里有歧义，即采用全基底平均净反力还是阴影部分的平均净反力，需要考生在考场上灵活处理

## （四）受弯验算及配筋

——第 8.2.11～8.2.14 条

在轴心荷载或单向偏心荷载作用下，当台阶的宽高比小于或等于 2.5 且偏心距小于或等于 1/6 基础宽度时，即：$(b - b_c)/2h \leq 2.5$ 且 $e \leq b/6$，$b_c$ 为柱宽，柱下矩形独立基础和墙下条形基础的弯矩可按下列简化方法计算：

**受弯验算及配筋**

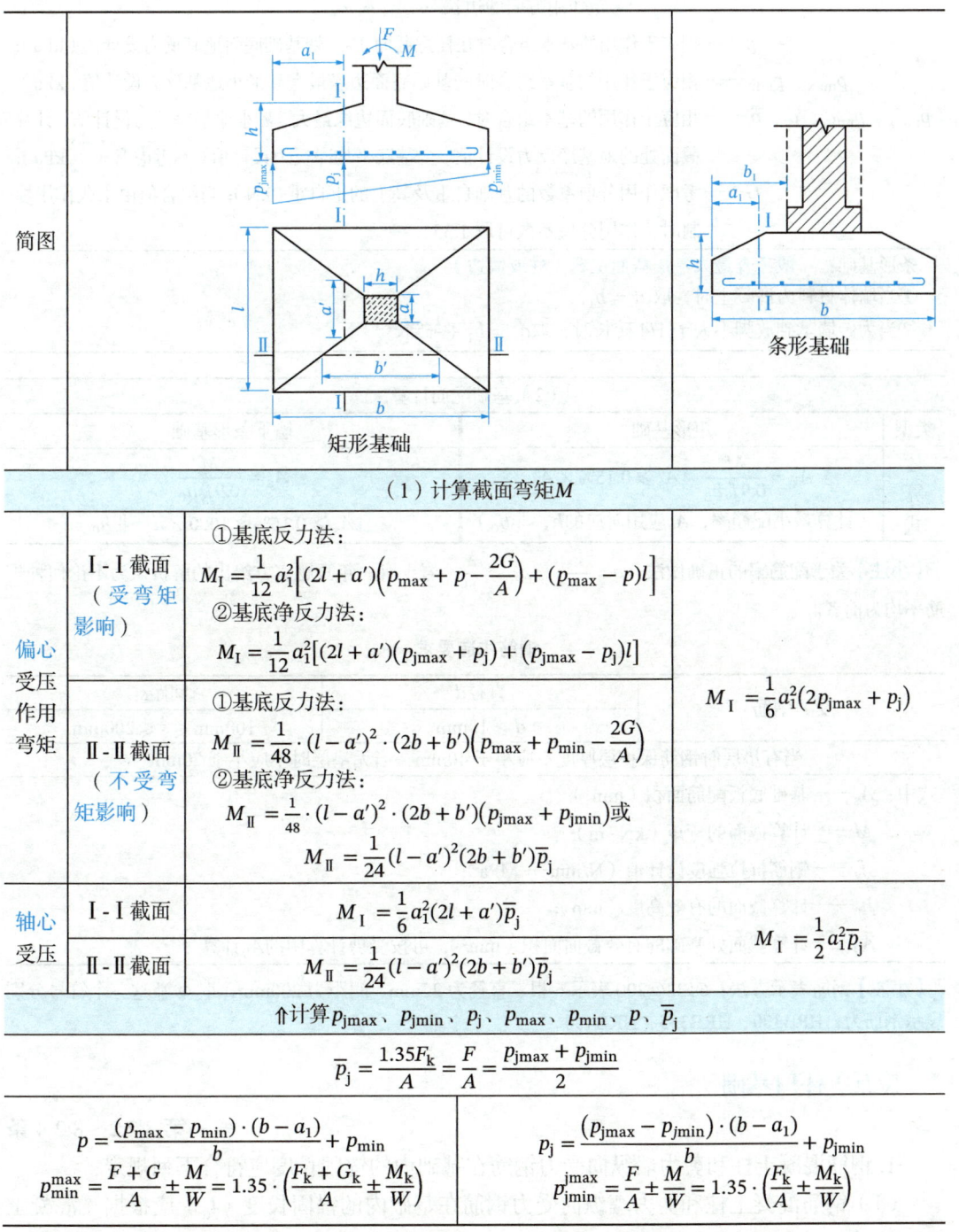

| | | （1）计算截面弯矩 $M$ | |
|---|---|---|---|
| 偏心受压作用弯矩 | Ⅰ-Ⅰ 截面（受弯矩影响） | ①基底反力法：$M_{\mathrm{I}} = \frac{1}{12}a_1^2\left[(2l+a')\left(p_{\max}+p-\frac{2G}{A}\right)+(p_{\max}-p)l\right]$<br>②基底净反力法：$M_{\mathrm{I}} = \frac{1}{12}a_1^2[(2l+a')(p_{j\max}+p_j)+(p_{j\max}-p_j)l]$ | $M_{\mathrm{I}} = \frac{1}{6}a_1^2(2p_{j\max}+p_j)$ |
| | Ⅱ-Ⅱ 截面（不受弯矩影响） | ①基底反力法：$M_{\mathrm{II}} = \frac{1}{48}\cdot(l-a')^2\cdot(2b+b')\left(p_{\max}+p_{\min}-\frac{2G}{A}\right)$<br>②基底净反力法：$M_{\mathrm{II}} = \frac{1}{48}\cdot(l-a')^2\cdot(2b+b')(p_{j\max}+p_{j\min})$ 或<br>$M_{\mathrm{II}} = \frac{1}{24}(l-a')^2(2b+b')\overline{p}_j$ | |
| 轴心受压 | Ⅰ-Ⅰ 截面 | $M_{\mathrm{I}} = \frac{1}{6}a_1^2(2l+a')\overline{p}_j$ | $M_{\mathrm{I}} = \frac{1}{2}a_1^2\overline{p}_j$ |
| | Ⅱ-Ⅱ 截面 | $M_{\mathrm{II}} = \frac{1}{24}(l-a')^2(2b+b')\overline{p}_j$ | |

⇧计算 $p_{j\max}$、$p_{j\min}$、$p_j$、$p_{\max}$、$p_{\min}$、$p$、$\overline{p}_j$

$$\overline{p}_j = \frac{1.35 F_k}{A} = \frac{F}{A} = \frac{p_{j\max}+p_{j\min}}{2}$$

$$p = \frac{(p_{\max}-p_{\min})\cdot(b-a_1)}{b}+p_{\min}$$
$$p_{\min}^{\max} = \frac{F+G}{A} \pm \frac{M}{W} = 1.35 \cdot \left(\frac{F_k+G_k}{A} \pm \frac{M_k}{W}\right)$$

$$p_j = \frac{(p_{j\max}-p_{j\min})\cdot(b-a_1)}{b}+p_{j\min}$$
$$p_{j\min}^{j\max} = \frac{F}{A} \pm \frac{M}{W} = 1.35 \cdot \left(\frac{F_k}{A} \pm \frac{M_k}{W}\right)$$

续表

式中： $M_I$、$M_{II}$——任意截面Ⅰ-Ⅰ、Ⅱ-Ⅱ处相应于作用的基本组合时的弯矩设计值（kN·m）；

$a_1$——任意截面Ⅰ-Ⅰ至基底边缘最大反力处的距离（m）；

$a'$、$b'$——截面Ⅰ-Ⅰ、Ⅱ-Ⅱ与基础上表面交线长，当计算柱边最大弯矩时，$a'$、$b'$等于柱边长；

$l$、$b$——基础底面的边长（m），图中 $l$ 为短边（垂直于弯矩作用方向的边长），$b$ 为长边（平行于弯矩作用方向的边长）；

$p$——相应于作用的基本组合时在任意截面Ⅰ-Ⅰ处基础底面地基反力设计值（kPa）；

$p_{max}$、$p_{min}$——相应于作用的基本组合时的基础底面边缘最大和最小地基反力设计值（kPa）；

$p_{jmax}$、$p_{jmin}$、$p_j$、$\bar{p}_j$——相应于作用的基本组合时，基础底面边缘最大、最小地基净反力设计值，计算截面处的地基净反力设计值，全基评平均净反力设计值（不考虑弯矩）（kPa）；

$G$——考虑作用分项系数的基础自重及其上的土自重（kN）；当组合值由永久作用控制时，作用分项系数可取 1.35。

条形基础：一般考查最大弯矩截面位置（柱或墙边）
①当墙体材料为混凝土时，取 $a_1 = b_1$；
②当为砖墙基础放脚不大于 1/4 砖长时，取 $a_1 = b_1 + \frac{1}{4}$砖长

（2）基础配筋计算

| 类型 | 矩形基础 | 墙下条形基础 |
|---|---|---|
| 计算式 | $A_s = \dfrac{M}{0.9 f_y h_0}$ 且 $A_s \geq 0.15\% \times A_0$（计算最小配筋率，$A_0$ 应用对应的 $h$，非 $h_0$） | $A_s = \dfrac{M}{0.9 f_y h_0}$ 且 $A_s \geq 0.15\% \times 1000 \times h$ ← 非 $h_0$ |

【小注】关于配筋率的正确做法：$\rho = \dfrac{A_s}{b h_0}$；$\rho_{min} = \dfrac{A_s}{bh}$，岩土有一年真题官方给出的解析认为不论何种配筋率均为前者。

钢筋构造要求

| 受力钢筋 | 直径 $d$ | 间距 $s$ |
|---|---|---|
| | $d \geq 10\text{mm}$ | $100\text{mm} \leq s \leq 200\text{mm}$ |
| 当有垫层时钢筋保护层厚度不应小于 40mm，当无垫层时不应小于 70mm | | |

式中： $A_s$——基础底板配筋面积（mm²）；

$M$——计算截面的弯矩（kN·m）；

$f_y$——钢筋抗拉强度设计值（N/mm² = MPa）；

$h_0$——计算截面的有效高度（mm）；

$A_0$——计算截面处基础的有效截面面积（mm²），可按受剪计算中的 $A_0$ 计算

【小注】钢筋表示方法：6$\phi$22@200 表示 6 根、直径为 22mm、间距为 200mm，Φ Φ Φ 这三个符号分别表示钢筋为：HPB300、HRB335、HRB400

## （五）杯口基础

——第 8.2.2~8.2.4 条

1. 钢筋混凝土柱和剪力墙纵向受力钢筋在基础内的锚固长度应符合下列规定：

（1）钢筋混凝土柱和剪力墙纵向受力钢筋在基础内的锚固长度（$l_a$）应根据《混凝土

结构设计规范》有关规定确定。

（2）抗震设防烈度为6度、7度、8度和9度地区的建筑工程，纵向受力钢筋的抗震锚固长度（$l_{aE}$）应按下式计算：

① 一、二级抗震等级纵向受力钢筋的抗震锚固长度：$l_{aE} = 1.15l_a$；

② 三级抗震等级纵向受力钢筋的抗震锚固长度：$l_{aE} = 1.05l_a$；

③ 四级抗震等级纵向受力钢筋的抗震锚固长度：$l_{aE} = l_a$；式中：$l_a$——纵向受拉钢筋的锚固长度（m）。

（3）当基础高小于$l_a$（$l_{aE}$）时，纵向受力钢筋的锚固总长度除符合上述要求外，其最小直锚段的长度$\geq 20d$，弯折段的长度$\geq 150mm$。

2. 现浇柱的基础，其插筋的数量、直径以及钢筋种类应与柱内纵向受力钢筋相同。插筋的锚固段长度应满足上一条（第 8.2.2 条）的规定，插筋与柱的纵向受力钢筋的连接方法，应符合《混凝土结构设计规范》的有关规定。

插筋的下端宜做成直钩放在基础底板钢筋网上。当符合下列条件之一时，可仅将四角的插筋伸至底板钢筋网上，其余插筋锚固在基础顶面下$l_a$或$l_{aE}$处。

（1）柱为轴心受压或小偏心受压，基础高度$\geq 1200mm$；

（2）柱为大偏心受压，基础高度$\geq 1400mm$。

3. 预制钢筋混凝土柱与杯口基础的连接（如下图所示），应符合下列规定：

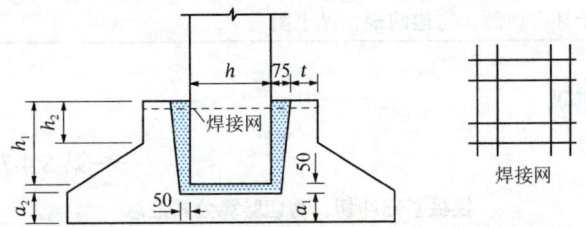

预制钢筋混凝土柱与杯口基础的连接示意图（单位：mm）

（1）柱的插入深度$h_1$（mm）

| | 矩形或工字形柱 | | | 双肢柱 |
|---|---|---|---|---|
| $h < 500$ | $500 \leq h < 800$ | $800 \leq h < 1000$ | $h > 1000$ | $(1/3\sim2/3)h_a$ |
| $h\sim1.2h$ | $h$ | $0.9h$且$\geq 800$ | $0.8h$且$\geq 1000$ | $(1.5\sim1.8)h_b$ |

【表注】① $h$为柱截面长边尺寸；$h_a$为双肢柱全截面长边尺寸；$h_b$为双肢柱全截面短边尺寸；
② 柱轴心受压或小偏心受压时，$h_1$可适当减小，当偏心距大于$2h$时，$h_1$应适当加大；
③ 并满足第一条（第 8.2.2 条）的钢筋锚固长度的要求及吊装时柱的稳定性

（2）基础的杯底厚度和杯壁厚度

| 柱截面长边尺寸$h$（mm） | 杯底厚度$a_1$（mm） | 杯壁厚度$t$（mm） |
|---|---|---|
| $h < 500$ | $\geqslant 150$ | $150 \sim 200$ |
| $500 \leqslant h < 800$ | $\geqslant 200$ | $\geqslant 200$ |
| $800 \leqslant h < 1000$ | $\geqslant 200$ | $\geqslant 300$ |
| $1000 \leqslant h < 1500$ | $\geqslant 250$ | $\geqslant 350$ |
| $1500 \leqslant h < 2000$ | $\geqslant 300$ | $\geqslant 400$ |

【表注】①双肢柱的杯底厚度值，可适当加大。②当有基础梁时，基础梁下的杯壁厚度，应满足其支承宽度的要求。③柱子插入杯口部分的表面应凿毛，柱子与杯口之间的空隙，应用比基础混凝土强度等级高一级的细石混凝土充填密实，当达到材料设计强度的70%以上时，方能进行上部吊装

①当柱为轴心受压或小偏心受压且$t/h_2 \geqslant 0.65$时，或大偏心受压且$t/h_2 \geqslant 0.75$时，杯壁可不配筋；
②当柱为轴心受压或小偏心受压且$0.5 \leqslant t/h_2 < 0.65$时，杯壁可按下表构造配筋；
③其他情况下，应按计算配筋

（3）杯壁构造配筋

| 柱截面长边尺寸$h$（mm） | $h < 1000$ | $1000 \leqslant h < 1500$ | $1500 \leqslant h < 2000$ |
|---|---|---|---|
| 钢筋直径（mm） | $8 \sim 10$ | $10 \sim 12$ | $12 \sim 16$ |

【表注】表中钢筋置于杯口顶部，每边两根，见上图

## 四、高层建筑筏板基础

——第8.4.7~8.4.12条、附录P

筏板基础冲切、剪切验算公式汇总

| 类别 | 验算内容 | | 验算公式 |
|---|---|---|---|
| 平板式 | 受冲切 | （1）柱下 | $\tau_{max} \leqslant 0.7(0.4 + 1.2/\beta_s)\beta_{hp}f_t$ |
| | | （2）内筒下 | $\tau_{max} \leqslant \dfrac{0.7\beta_{hp}f_t}{\eta}$ |
| | 受剪切 | （3）柱边、内筒边 | $V_s \leqslant 0.7\beta_{hs}f_t b_w h_0$ |
| 梁板式 | 受冲切 | — | $F_l \leqslant 0.7\beta_{hp}f_t u_m h_0$ |
| | 受剪切 | 双向板 | $V_s \leqslant 0.7\beta_{hs}f_t(l_{n2} - 2h_0)h_0$ |
| | | 单向板 | $V_s \leqslant 0.7\beta_{hs}f_t A_0$ |

笔记区

## （一）平板式筏基柱下受冲切承载力验算

——第 8.4.7 条、附录 P

平板式筏基柱下受冲切承载力验算时应考虑作用在冲切临界截面重心上的不平衡弯矩产生的附加剪力。对基础<u>边柱和角柱</u>冲切验算时，<u>其冲切力 $F_l$ 应分别乘以 1.1 和 1.2 的增大系数</u>，距柱边 $h_0/2$ 处冲切临界截面的最大剪力 $\tau_{max}$ 应按下式计算，并按下式验算筏基柱下受冲切承载力。板的最小厚度不应小于 500mm。

### 平板式筏基柱下受冲切承载力验算

| | 步骤①：计算柱的冲切临界截面周长和冲切力 | |
|---|---|---|
| 内柱冲切 | | $F_l = N - \overline{p}_j(h_c + 2h_0)(b_c + 2h_0)$<br>$u_m = 2c_1 + 2c_2$<br>$I_s = \dfrac{c_1 h_0^3}{6} + \dfrac{c_1^3 h_0}{6} + \dfrac{c_2 h_0 c_1^2}{2}$<br>$c_1 = h_c + h_0,\ c_2 = b_c + h_0,\ c_{AB} = \dfrac{c_1}{2}$ |
| 边柱冲切 | | $F_l = 1.1 \times [N - \overline{p}_j c_1 c_2]$<br>$u_m = 2c_1 + c_2$<br>$I_s = \dfrac{c_1 h_0^3}{6} + \dfrac{c_1^3 h_0}{6} + 2h_0 c_1\left(\dfrac{c_1}{2} - \overline{X}\right)^2 + c_2 h_0 \overline{X}^2$<br>$c_1 = h_c + \dfrac{h_0}{2},\ c_2 = b_c + h_0,\ c_{AB} = c_1 - \overline{X}$<br>$\overline{X} = \dfrac{c_1^2}{2c_1 + c_2}$ |
| 角柱冲切 | | $F_l = 1.2 \times [N - \overline{p}_j c_1 c_2]$<br>$u_m = c_1 + c_2$<br>$I_s = \dfrac{c_1 h_0^3}{12} + \dfrac{c_1^3 h_0}{12} + c_1 h_0\left(\dfrac{c_1}{2} - \overline{X}\right)^2 + c_2 h_0 \overline{X}^2$<br>$c_1 = h_c + \dfrac{h_0}{2},\ c_2 = b_c + \dfrac{h_0}{2},\ c_{AB} = c_1 - \overline{X}$<br>$\overline{X} = \dfrac{c_1^2}{2c_1 + 2c_2}$ |
| 参数说明 | 式中：$F_l$——相应于作用的基本组合时的冲切力（kN），对<u>内柱</u>取轴力设计值减去筏板冲切破坏锥体内的基底净反力设计值；对<u>边柱</u>和<u>角柱</u>，取轴力设计值减去筏板冲切临界截面范围内的基底净反力设计值；<u>对基础边柱和角柱冲切验算时，其冲切力应分别乘以 1.1 和 1.2 的增大系数。</u><br>$N$——相应于作用的基本组合，柱轴力设计值（kN）。<br>$u_m$——距柱边缘不小于 $h_0/2$ 处冲切临界截面的最小周长（m）。<br>$h_0$——筏板的有效高度（m）。<br>$I_s$——冲切临界截面对其重心的极惯性矩（m⁴）。<br>$c_1$——与弯矩作用方向一致的冲切临界截面的边长（m）。<br>$c_2$——垂直于 $c_1$ 的冲切临界截面上的边长（m）。<br>$\overline{p}_j$——基底平均净反力（kPa）。<br>$h_c$——与弯矩作用方向一致的柱截面的边长（m）。<br>$b_c$——垂直于 $h_c$ 的柱截面边长（m）。 | |

【小注】当柱边外侧的悬挑长度 $\leqslant h_0 + 0.5b_c$ 时，冲切临界截面可计算至垂直于自由边的板端，此项要求只适用于边柱、角柱的情况。

续表

| | 步骤②：计算最大剪应力 |
|---|---|
| 计算公式 | $\tau_{\max} = \dfrac{F_l}{u_m h_0} + \alpha_s \dfrac{M_{unb} c_{AB}}{I_s}$ |
| 公式说明 | 式中：$u_m$——距柱边缘不小于 $h_0/2$ 处冲切临界截面的最小周长，由步骤①计算；<br>$\alpha_s$——不平衡弯矩通过冲切临界截面上的偏心剪力来传递的分配系数，按下式计算：<br>$$\alpha_s = 1 - \dfrac{1}{1 + \dfrac{2}{3}\sqrt{\dfrac{c_1}{c_2}}}$$<br>$M_{unb}$——作用在冲切临界截面重心上的不平衡弯矩设计值（kN·m），见条文说明（P269）；<br>$c_{AB}$——沿弯矩作用方向，冲切临界截面重心至冲切临界截面最大剪应力点的距离（m），由步骤①计算 |

| | 步骤③：验算最大剪应力 |
|---|---|
| 计算公式 | $\tau_{\max} \leqslant 0.7(0.4 + 1.2/\beta_s)\beta_{hp} f_t \Leftarrow \beta_s = \dfrac{柱截面长边}{柱截面短边} = \begin{cases} 2, & \beta_s < 2 \\ \beta_s \\ 4, & \beta_s > 4 \end{cases}$ |
| 公式说明 | 式中：$\beta_s$——柱截面长边与短边的比值；<br>$\beta_{hp}$——受冲切承载力截面高度影响系数；<br>$f_t$——混凝土轴心抗拉强度设计值（kPa）；<br>混凝土轴心抗拉强度设计值 $f_t$（N/mm²）<br><br>| 混凝土 | C15 | C20 | C25 | C30 | C35 | C40 | C45 | C50 | C55 | C60 |<br>|---|---|---|---|---|---|---|---|---|---|---|<br>| $f_t$ | 0.91 | 1.1 | 1.27 | 1.43 | 1.57 | 1.71 | 1.8 | 1.89 | 1.96 | 2.04 |<br><br>受冲切承载力截面高度影响系数 $\beta_{hp}$<br><br>| $\beta_{hp}$ | $h \leqslant 800\mathrm{mm}$ | $800\mathrm{mm} < h < 2000\mathrm{mm}$ | $h \geqslant 2000\mathrm{mm}$ |<br>|---|---|---|---|<br>| | 1.0 | $\beta_{hp} = 1 - \dfrac{h-800}{12000}$ | 0.9 | |

笔记区

# 第六章　建筑地基基础设计规范

## （二）平板式筏基内筒下受冲切承载力验算

——第 8.4.8 条

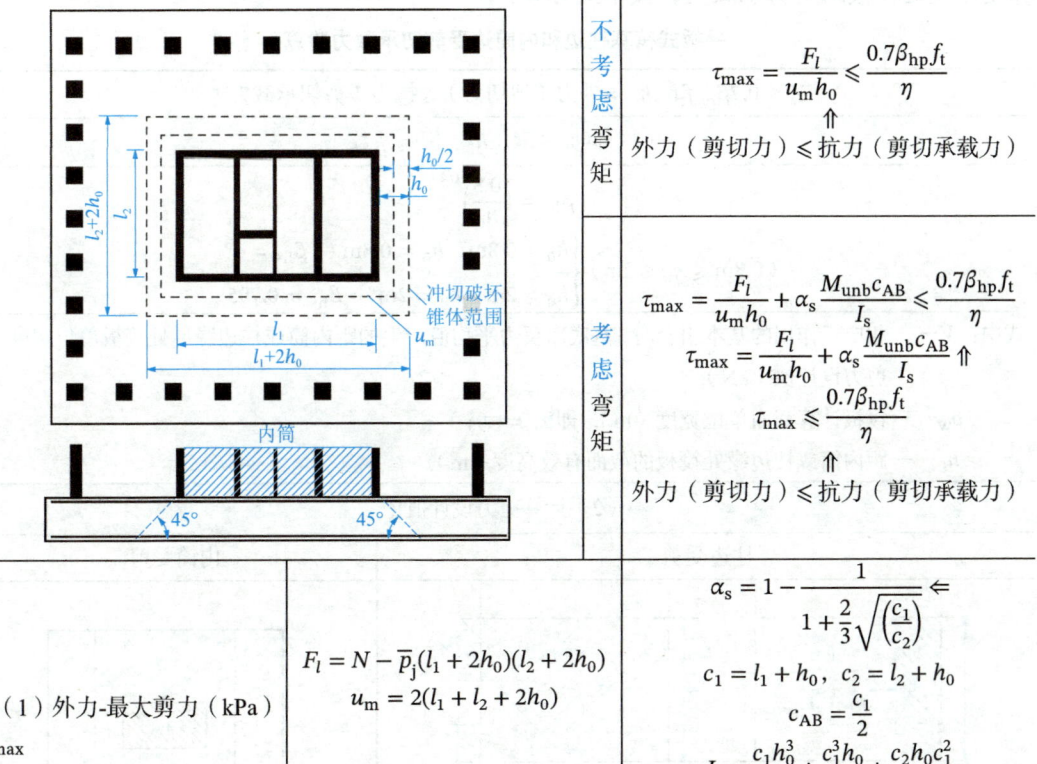

平板式筏基内筒下受冲切承载力验算

| | | |
|---|---|---|
| | 不考虑弯矩 | $\tau_{max} = \dfrac{F_l}{u_m h_0} \leqslant \dfrac{0.7\beta_{hp} f_t}{\eta}$<br>⇑<br>外力（剪切力）≤抗力（剪切承载力） |
| | 考虑弯矩 | $\tau_{max} = \dfrac{F_l}{u_m h_0} + \alpha_s \dfrac{M_{unb} c_{AB}}{I_s} \leqslant \dfrac{0.7\beta_{hp} f_t}{\eta}$<br>$\tau_{max} = \dfrac{F_l}{u_m h_0} + \alpha_s \dfrac{M_{unb} c_{AB}}{I_s}$ ⇑<br>$\tau_{max} \leqslant \dfrac{0.7\beta_{hp} f_t}{\eta}$<br>⇑<br>外力（剪切力）≤抗力（剪切承载力） |
| （1）外力-最大剪力（kPa）<br>$\tau_{max}$ | $F_l = N - \bar{p}_j (l_1 + 2h_0)(l_2 + 2h_0)$<br>$u_m = 2(l_1 + l_2 + 2h_0)$ | $\alpha_s = 1 - \dfrac{1}{1 + \dfrac{2}{3}\sqrt{\dfrac{c_1}{c_2}}}$ ⇐<br>$c_1 = l_1 + h_0,\ c_2 = l_2 + h_0$<br>$c_{AB} = \dfrac{c_1}{2}$<br>$I_s = \dfrac{c_1 h_0^3}{6} + \dfrac{c_1^3 h_0}{6} + \dfrac{c_2 h_0 c_1^2}{2}$ |
| | 【小注】$\alpha_s$、$I_s$、$c_1$、$c_2$、$c_{AB}$ 计算同前内柱冲切，计算时将 $h_c$、$b_c$ 换成 $l_1$、$l_2$ | |
| 式中：$F_l$——相应于作用的基本组合时，内筒所承受的轴力设计值 $N$ 减去内筒下筏板冲切破坏锥体内的基底净反力设计值（kN）；<br>$u_m$——距内筒外表面 $h_0/2$ 处冲切临界截面的周长（m）；<br>$h_0$——距内筒外表面 $h_0/2$ 处筏板的截面有效高度（m）| | |
| （2）抗力-剪切承载力（kPa）<br>$\dfrac{0.7\beta_{hp} f_t}{\eta}$ | $\beta_{hp} = 1 - \dfrac{h - 0.8}{12}$（$h < 0.8$ 取 0.8；$h > 2.0$ 取 2.0）<br>$\eta$——内筒冲切临界截面周长影响系数，取 1.25 | |

【小注】其余参数同上。

## （三）平板式筏基柱边和内筒边受剪切承载力验算

——第 8.4.9 条、第 8.4.10 条及条文说明

平板式筏基应验算距内筒和柱边缘 $h_0$ 处截面的受剪承载力。当筏板变厚度时，尚应验算变厚度处筏板的受剪承载力，按下式计算：

### 平板式筏基柱边和内筒边受剪切承载力验算

$$V_s \leqslant 0.7\beta_{hs}f_t b_w h_0 \Leftarrow 外力（剪切力）\leqslant 抗力（剪切承载力）$$

#### （1）截面高度（$h_0$）影响系数

$$\beta_{hs} = \left(\frac{0.8}{h_0}\right)^{1/4}$$

（$0.8\text{m} \leqslant h_0 \leqslant 2\text{m}$） $\begin{cases} h_0 < 0.8\text{m}, \ h_0 = 0.8\text{m} \rightarrow \beta_{hs} = 1 \\ h_0 > 2\text{m}, \ h_0 = 2\text{m} \rightarrow \beta_{hs} = 0.795 \end{cases}$

式中：$V_s$——相应于作用的基本组合时，基底净反力平均值产生的距内筒或柱边缘 $h_0$ 处筏板<u>单位宽度</u>的剪力设计值（kN）；

$b_w$——筏板计算截面单位宽度（m），即 $b_w = 1.0$；

$h_0$——距内筒或柱边缘处筏板的截面有效高度（m）

#### （2）计算剪力设计值 $V_s$

| 柱边受剪 | 内筒受剪 |
|---|---|
| 内柱边筒图　　　角柱边筒图 <br> $V_s = \dfrac{\overline{p}_j A_l}{b}$　　$V_s = \dfrac{1.2\overline{p}_j A_l}{b_1}$ <br> $A_l = b\left(\dfrac{l}{2} - \dfrac{h_c}{2} - h_0\right)$　$b_1 = 2h_0 + \sqrt{2}(h_c + b_c)$ | 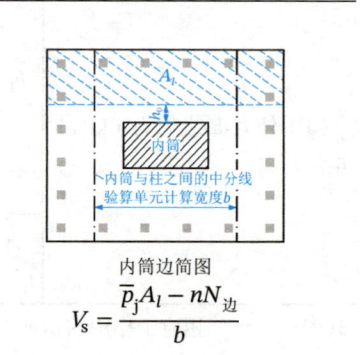 <br> 内筒边筒图 <br> $V_s = \dfrac{\overline{p}_j A_l - nN_{边}}{b}$ |

式中：$A_l$——图中阴影部分面积（m²）；

$n$——阴影面积内边柱的数量；

$N_{边}$——边柱轴力设计值（kN）；

$\overline{p}_j$——相应于作用的<u>基本组合</u>时，<u>阴影部分的平均净反力设计值</u>（kPa）

$$p_j = \frac{F}{A} = \frac{1.35 \cdot F_k}{A} = 1.35 \cdot \left(p_k - \frac{G_k}{A}\right)$$

**笔记区**

# （四）梁板式筏基底板受冲切承载力验算

——第 8.4.12 条

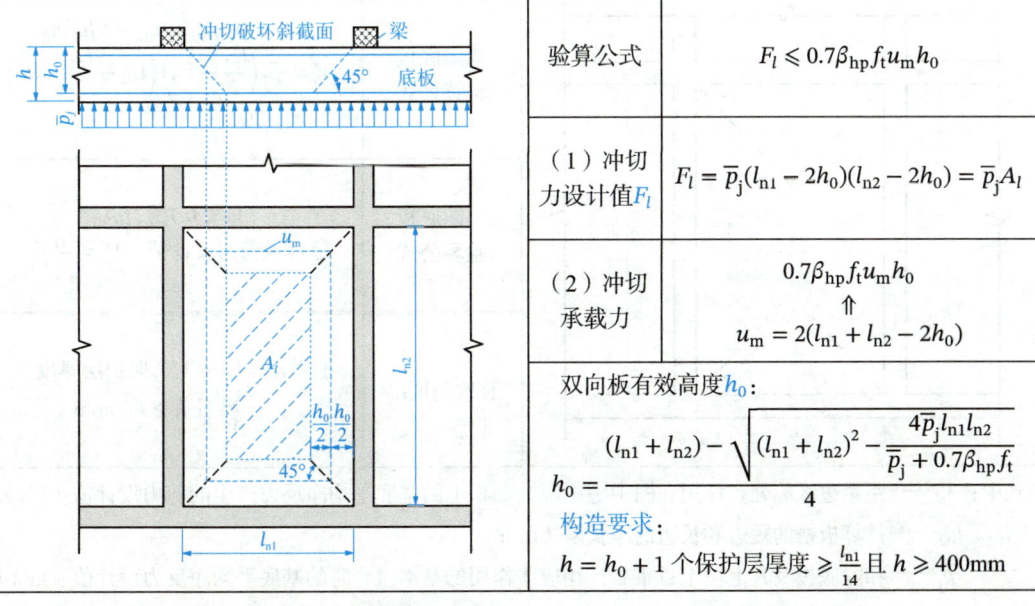

梁板式筏基底板受冲切承载力验算

| 验算公式 | $F_l \leqslant 0.7\beta_{hp} f_t u_m h_0$ |
|---|---|
| （1）冲切力设计值 $F_l$ | $F_l = \overline{p}_j(l_{n1} - 2h_0)(l_{n2} - 2h_0) = \overline{p}_j A_l$ |
| （2）冲切承载力 | $0.7\beta_{hp} f_t u_m h_0$<br>⇑<br>$u_m = 2(l_{n1} + l_{n2} - 2h_0)$ |
| 双向板有效高度 $h_0$：<br>$h_0 = \dfrac{(l_{n1}+l_{n2}) - \sqrt{(l_{n1}+l_{n2})^2 - \dfrac{4\overline{p}_j l_{n1} l_{n2}}{\overline{p}_j + 0.7\beta_{hp} f_t}}}{4}$<br>构造要求：<br>$h = h_0 + 1\text{个保护层厚度} \geqslant \dfrac{l_{n1}}{14}$ 且 $h \geqslant 400\text{mm}$ | |

式中：$F_l$——作用的基本组合时，在上图矩形阴影部分面积上的基底平均净反力设计值（kN）；
$u_m$——距基础梁边 $h_0/2$ 处冲切临界截面的周长（m）；
$l_{n1}$、$l_{n2}$——计算板格的短边和长边的净长度（m），净长度 = 板格中心线间距 − 梁宽；
$h_0$——板的有效高度（m）；
$\beta_{hp}$——受冲切承载力截面高度影响系数：

$$\beta_{hp} = 1 - \dfrac{h-0.8}{12} \begin{cases} h < 0.8\text{m 取 } 0.8\text{m} \to \beta_{hp} = 1 \\ h > 2.0\text{m 取 } 2.0\text{m} \to \beta_{hp} = 0.9 \end{cases}$$

$f_t$——混凝土轴心抗拉强度设计值（kPa）；
$\overline{p}_j$——扣除底板及其上填土自重后，相应于作用的基本组合时的基底平均净反力设计值（kPa）

$$p_j = \dfrac{F}{A} = \dfrac{1.35 \cdot F_k}{A} = 1.35 \cdot \left(p_k - \dfrac{G_k}{A}\right)$$

笔记区

## （五）梁板式筏基底板受剪切承载力验算

——第 8.4.12 条

### 梁板式筏基底板受剪切承载力验算

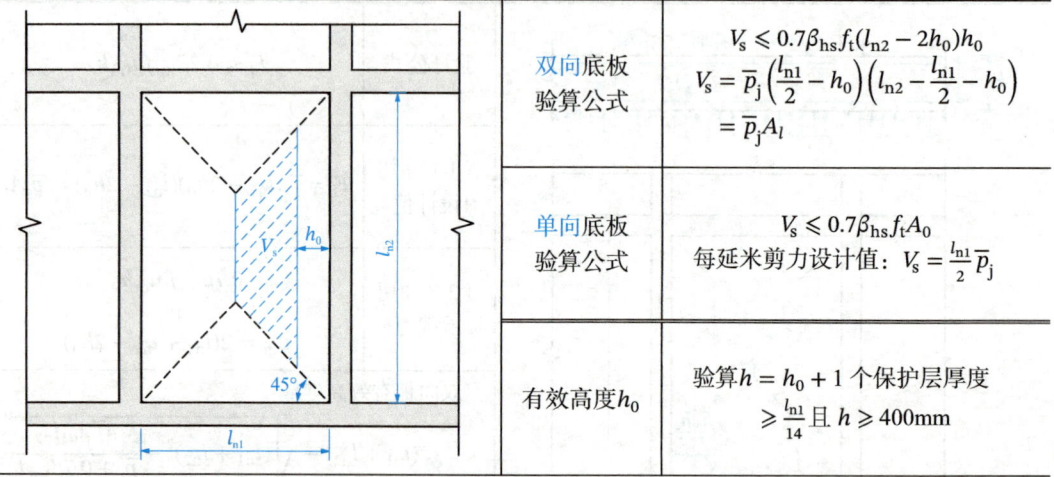

| | |
|---|---|
| 双向底板验算公式 | $V_s \leqslant 0.7\beta_{hs}f_t(l_{n2} - 2h_0)h_0$<br>$V_s = \bar{p}_j\left(\dfrac{l_{n1}}{2} - h_0\right)\left(l_{n2} - \dfrac{l_{n1}}{2} - h_0\right)$<br>$= \bar{p}_j A_l$ |
| 单向底板验算公式 | $V_s \leqslant 0.7\beta_{hs}f_t A_0$<br>每延米剪力设计值：$V_s = \dfrac{l_{n1}}{2}\bar{p}_j$ |
| 有效高度 $h_0$ | 验算 $h = h_0 + 1$ 个保护层厚度<br>$\geqslant \dfrac{l_{n1}}{14}$ 且 $h \geqslant 400\text{mm}$ |

式中：$V_s$——距梁边缘 $h_0$ 处，作用在图中<u>阴影部分面积</u>上的基底平均净反力产生的剪力设计值（kN）；

$l_{n1}$、$l_{n2}$——计算板格的短边和长边的净长度（m）；

$\bar{p}_j$——扣除底板及其上填土自重后，相应于作用的<u>基本组合</u>时的基底平均净反力设计值（kPa）；

$\beta_{hs}$——截面高度（$h_0$）影响系数：

$$\beta_{hs} = \left(\dfrac{0.8}{h_0}\right)^{1/4} \;(0.8\text{m} \leqslant h_0 \leqslant 2\text{m}) \begin{cases} h_0 \leqslant 0.8\text{m} \rightarrow \beta_{hs} = 1 \\ h_0 \geqslant 2\text{m} \rightarrow \beta_{hs} = 0.795 \end{cases}$$

$f_t$——混凝土轴心抗拉强度设计值（kPa）；

$A_0$——验算截面处基础底板的单位长度<u>垂直截面有效面积</u>（m²）。

# 第八节　基础稳定性验算

## 一、圆弧滑动

——第 5.4.1 条

### 圆弧滑动

| | |
|---|---|
| $F_s = \dfrac{M_R(\text{抗滑力矩})}{M_S(\text{滑动力矩})} \geqslant 1.2$ | 注：地震条件下，水平和竖向地震力产生的效应计入滑动力矩 |

## 二、稳定土坡坡顶建筑

——第 5.4.2 条

稳定土坡坡顶建筑

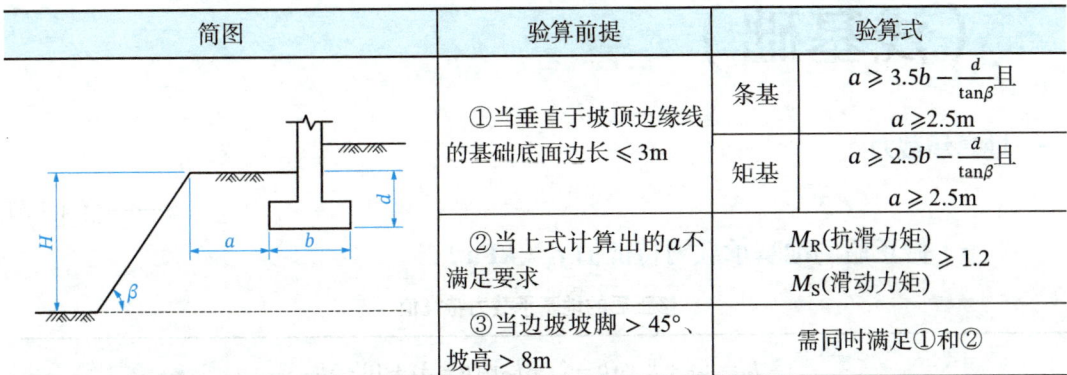

| 简图 | 验算前提 | | 验算式 |
|---|---|---|---|
| | ①当垂直于坡顶边缘线的基础底面边长 ≤3m | 条基 | $a \geqslant 3.5b - \dfrac{d}{\tan\beta}$ 且 $a \geqslant 2.5\text{m}$ |
| | | 矩基 | $a \geqslant 2.5b - \dfrac{d}{\tan\beta}$ 且 $a \geqslant 2.5\text{m}$ |
| | ②当上式计算出的 $a$ 不满足要求 | | $\dfrac{M_R(抗滑力矩)}{M_S(滑动力矩)} \geqslant 1.2$ |
| | ③当边坡坡脚 > 45°、坡高 > 8m | | 需同时满足①和② |

式中：$a$——基础底面外边缘距离坡顶的水平距离（m）；
　　　$b$——垂直于坡顶边缘线的基础底面边长（m）；
　　　$d$——基础埋置深度（m）；
　　　$\beta$——边坡坡角（°）。

【小注】当地震工况时，需令上式 $\beta$ 带入 $\Rightarrow \beta - \rho$。
地震角 $\rho$ 由下表查取：

| 类别 | 7度 | | 8度 | | 9度 |
|---|---|---|---|---|---|
| | 0.10g | 0.15g | 0.20g | 0.30g | 0.40g |
| 水上 | 1.5° | 2.3° | 3.0° | 4.5° | 6.0° |
| 水下 | 2.5° | 3.8° | 5.0° | 7.5° | 10.0° |

## 三、抗浮稳定性

——第 5.4.3 条

抗浮稳定性

$\dfrac{G_k}{N_{w,k}} \geqslant K_w$

$G_k$——建筑物自重及压重之和（kN），自重水下采用饱和重度，此处按有效应力验算和整体验算略有争议，建议考试灵活把握，压重建议：浮重度计算，详见小注课程。

$N_{w,k}$——浮力作用值（kN），浮力计算范围和建筑物饱和自重的范围对应。

$K_w$——抗浮稳定安全系数，一般情况下取 1.05。

# 第七章

# 公路桥涵地基与基础设计规范（浅基础）

## 一、地基承载力

——第 4.3 节

### （一）修正后的地基承载力特征值 $f_a$（kPa）

**修正后的地基承载力特征值**

| | $f_a = f_{a0} + k_1\gamma_1(b-2) + k_2\gamma_2(h-3) + 10\cdot\Delta h$ |
|---|---|---|
| 施工阶段、使用阶段地基承载力特征值 | | $\gamma_R \cdot f_a \Leftarrow \gamma_R -$抗力系数，见附表 2 |
| 参数说明 | ① $f_{a0}$ | | 地基承载力特征值（kPa），查规范 P15~P17，注意表下小注 |
| | ② $b$ | | 基础底面的最小宽度（m），$2 \leqslant b \leqslant 10$ |
| | ③ $h$ | 基底埋置深度（m） | 一般情况从自然地面起算 | $3 \leqslant h \leqslant 4b$ |
| | | | 有水流冲刷时从一般冲刷线起算 | |
| | ④ $\Delta h$ | | 基础位于水中不透水层上时 | $\Delta h =$ 平均常水位至一般冲刷线深度 |
| | | | 其他情况 | $\Delta h = 0$ |
| | ⑤ $\gamma_1$ | 基底持力层重度（kN/m³） | 持力层在水面以下且为透水者 | 取浮重度 |
| | | | 其他情况 | 取天然重度 |
| | ⑥ $\gamma_2$ | 基底以上土层的加权平均重度（kN/m³） | 持力层在水面以下且不透水时 | 无论基底以上土层透水性，均取饱和重度 |
| | | | 持力层在水面以下且透水时 | 水中部分取浮重度 |
| | ⑦ $k_1$、$k_2$ | | 基底宽度、深度修正系数，按附表 1 查取 |

【小注】当基础位于水中不透水地层上时：$f_a$ 按平均常水位至一般冲刷线的水深，每米再增加 10kPa，即为上述公式中：$10 \cdot \Delta h$；公铁中一般黏性土、软土、老黏土、淤泥类土等均可认为是不透水。

笔记区

附表1 地基土承载力基底宽度、深度修正系数 $k_1$、$k_2$

| 土类 | 土的状态 | 宽度修正系数$k_1$ | 深度修正系数$k_2$ |
|---|---|---|---|
| 老黏性土 | — | 0 | 2.5 |
| 一般黏性土 | $I_L \geq 0.5$ | 0 | 1.5 |
| | $I_L < 0.5$ | 0 | 2.5 |
| 新近沉积黏性土 | — | 0 | 1 |
| 粉土 | — | 0 | 1.5 |
| 粉砂 | 密实 | 1.2 | 2.5 |
| | 中密 | 1 | 2 |
| | 稍密、松散 | 0.5 | 1 |
| 细砂 | 密实 | 2 | 4 |
| | 中密 | 1.5 | 3 |
| | 稍密、松散 | 0.75 | 1.5 |
| 中砂 | 密实 | 3 | 5.5 |
| | 中密 | 2 | 4 |
| | 稍密、松散 | 1 | 2 |
| 砾砂、粗砂 | 密实 | 4 | 6 |
| | 中密 | 3 | 5 |
| | 稍密、松散 | 1.5 | 2.5 |
| 碎石、圆砾、角砾 | 密实 | 4 | 6 |
| | 中密 | 3 | 5 |
| | 稍密、松散 | 1.5 | 2.5 |
| 卵石 | 密实 | 4 | 10 |
| | 中密 | 3 | 6 |
| | 稍密、松散 | 1.5 | 3 |

附表2 抗力系数$\gamma_R$—第3.0.7条

| 受荷阶段 | 作用组合或地基条件 | | 修正后的地基承载力$f_a$（kPa） | $\gamma_R$ |
|---|---|---|---|---|
| 使用阶段 | 频遇组合 | 永久作用与可变作用组合 | ≥150 | 1.25 |
| | | | <150 | 1.00 |
| | | 仅计结构重力、预加力、土的重力、土侧压力和汽车荷载、人群荷载 | — | 1.00 |
| | 偶然组合 | | ≥150 | 1.25 |
| | | | <150 | 1.00 |
| | 多年压实未遭破坏的非岩石旧桥基 | | ≥150 | 1.5 |
| | | | <150 | 1.25 |
| | 岩石旧桥基 | | — | 1.00 |
| 施工阶段 | 不承受单向推力 | | — | 1.25 |
| | 承受单向推力 | | — | 1.5 |

## （二）软土地基承载力

**软土地基承载力**

| （1）据原状土天然含水率 | $f_a = f_{a0} + \gamma_2 h$ | | | | | | |
|---|---|---|---|---|---|---|---|
| | 原状土天然含水率$w$（%） | 36 | 40 | 45 | 50 | 55 | 65 | 75 |
| | $f_{a0}$（kPa） | 100 | 90 | 80 | 70 | 60 | 50 | 40 |

| （2）据原状土强度指标 | $f_a = \dfrac{5.14}{m} k_p C_u + \gamma_2 h \Leftarrow k_p = \left(1 + 0.2\dfrac{b}{l}\right)\left(1 - \dfrac{0.4H}{blC_u}\right)$ | |
|---|---|---|
| | ①$C_u$ | 地基土的不排水抗剪强度标准值（kPa） |
| | ②$b$ | 基础宽度（m），有偏心作用时取$b - 2e_b$ |
| | ③$l$ | 垂直与$b$边的基础长度（m），有偏心作用时取$l - 2e_l$ |
| | ④$e_b$、$e_l$ | 偏心作用在宽度和长度方向的偏心距（m） |
| | ⑤$H$ | 由作用（标准值）引起的水平力（kN） |
| | ⑥$m$ | 抗力修正系数，可视软土灵敏度及基础长宽比等因素选用1.5~2.5 |

**其他参数**

| 基底埋置深度$h$（m） | 一般情况从自然地面起算 | $3m \leqslant h \leqslant 4b$ <是否遵守此规定，灵活把握> |
|---|---|---|
| | 有水流冲刷时从一般冲刷线起算 | |
| 基底以上土层加权平均重度 $\gamma_2$（kN/m³） | 持力层在水面以下且不透水时 | 无论基底以上土层透水性，均取饱和重度 |
| | 持力层在水面以下且透水时 | 水中部分取浮重度 |

【小注】①当基础位于水中不透水地层上时：$f_a$按平均常水位至一般冲刷线的水深，每米再增加10kPa，此部分规范未明确，建议灵活把握；
②施工阶段、使用阶段地基承载力特征值：$\gamma_R \cdot f_a$

## 二、基底压力计算及承载力验算

——第5.2节

应首先计算偏心矩大小，并与$\rho$进行比较以选择对应的承载力验算公式。

**基底压力计算及承载力验算**

| 轴压+单向偏心受压 | 偏心判断$e_0 = \dfrac{M}{N}$ | 基底压力计算 | 承载力验算 |
|---|---|---|---|
| 轴心受压 | $e_0 = 0$ | $p = \dfrac{N}{A}$ | $p \leqslant f_a$ 且 $p_{max} \leqslant \gamma_R f_a$ 且 $e_0 \leqslant [e_0]$ |
| 矩形基础 单向小偏心 | $e_0 \leqslant \dfrac{b}{6}$ | $p_{min}^{max} = \dfrac{N}{A} \pm \dfrac{M}{W} = \dfrac{N}{A}\left(1 \pm \dfrac{6e_0}{b}\right)$ | |
| 岩基矩形基础 单向大偏心 | $e_0 > \dfrac{b}{6}$ | $p_{max} = \dfrac{2N}{3a\left(\dfrac{b}{2} - e_0\right)}$ | |
| 圆形基础 单向小偏心 | $e_0 \leqslant \dfrac{d}{8}$ | $p_{min}^{max} = \dfrac{N}{A} \pm \dfrac{M}{W} = \dfrac{N}{A}\left(1 \pm \dfrac{8e_0}{d}\right)$ | |
| 岩基圆形基础 单向大偏心 （双向作用时将力矩合成后再判断） | $e_0 > \dfrac{d}{8}$ | $p_{max} = \lambda \dfrac{N}{A}$ $\lambda$查下页附表（规范P75 表G.0.2） | |

续表

| | 偏心判断 | 基底压力计算 | 承载力验算 |
|---|---|---|---|
| 双向偏心受压 | $p_{\min} = \dfrac{N}{A} - \dfrac{M_x}{W_x} - \dfrac{M_y}{W_y}$ $= \dfrac{N}{A}\left(1 - \dfrac{6e_x}{b} - \dfrac{6e_y}{a}\right)$ | | |
| 矩形双向小偏心 | | $p^{\max}_{\min} = \dfrac{N}{A} \pm \dfrac{M_x}{W_x} \pm \dfrac{M_y}{W_y}$ $= \dfrac{N}{A}\left(1 \pm \dfrac{6e_x}{b} \pm \dfrac{6e_y}{a}\right)$ | $p \leqslant f_a$ 且 $p_{\max} \leqslant \gamma_R f_a$ |
| 圆形双向小偏心 | $e_0 \leqslant \rho \Leftrightarrow p_{\min} \geqslant 0$ | 求合弯矩 $M = \sqrt{M_x^2 + M_y^2}$，转为单向小偏心 $p^{\max}_{\min} = \dfrac{N}{A} \pm \dfrac{M}{W} = \dfrac{N}{A}\left(1 \pm \dfrac{8e_0}{d}\right)$ | |
| 岩基矩形双向大偏心 | $e_0 > \rho \Leftrightarrow p_{\min} < 0$ | $p_{\max} = \lambda \dfrac{N}{A}$  $\lambda$ 查规范 P74 图 G.0.1 | |

式中： $p$——基底平均压应力（kPa）；
       $f_a$——修正后的地基承载力特征值（kPa）；
       $N$——作用组合下基底的竖向力（kN）；
       $A$——基础底面面积（m²）；
$p_{\min}$、$p_{\max}$——分别为基底最小、最大压应力（kPa）；
       $\lambda$——作用系数，参见本规范附录 G；
       $M$——作用组合下墩台的所有水平力和竖向力对基底重心轴的弯矩（kN·m）；
       $W$——基础底面偏心方向面积抵抗矩（m³）；
       $\gamma_R$——抗力系数，参见前附表 2（规范 P8）；
       $b$——偏心方向基础底面边长（沿力矩作用方向的边长）（m）；
       $a$——垂直于$b$边基础底面的边长（m）。

【小注】如为双向偏心，$a$、$b$为平行于对应弯矩方向的边长；
       $e_0$——偏心荷载$N$作用点至截面重心的距离（m）；
       $d$——圆截面直径（m）；
$M_x$、$M_y$——作用于墩台的水平力和竖向力对基底分别对$x$轴和$y$轴的弯矩（kN·m）；
$W_x$、$W_y$——基础底面偏心方向边缘对$x$轴和$y$轴的面积抵抗矩（m³）。

| 偏向距判断 ↑ | |
|---|---|
| $e_0 = \dfrac{M}{N} \leqslant [e_0]$ $[e_0]$见下表 | $M$——所有外力（竖向力、水平力）对基底截面重心轴的弯矩（kN·m） $N$——作用于基底的竖向力（kN） |
| 单向偏心： $\rho = \dfrac{W}{A}$ | 矩形、条形基础$\rho = \dfrac{b}{6}$，圆形基础$\rho = \dfrac{d}{8}$ 矩形抵抗矩$W = \dfrac{lb^2}{6}$；条形基础$W = \dfrac{b^2}{6}$；圆形基础$W = \dfrac{\pi d^3}{32}$ $b$——力矩作用方向的边长（m） |
| 双向偏心： $\rho = \dfrac{e_0}{1 - \dfrac{p_{\min} A}{N}}$ | $p_{\min} = \dfrac{N}{A} - \dfrac{M_x}{W_x} - \dfrac{M_y}{W_y} = \dfrac{N}{A}\left(1 - \dfrac{6e_x}{b} - \dfrac{6e_y}{a}\right)$ |

**墩台基底的合力偏心距容许值$[e_0]$**

| 作用情况 | 地基条件 | $[e_0]$ | 备注 |
|---|---|---|---|
| 仅承受永久作用标准值组合 | 非岩石地基 | 桥墩，$0.1\rho$ <br> 桥台，$0.75\rho$ | 拱桥、刚构桥墩台，其合力作用点应尽量保持在基底重心附近 |
| 承受作用标准值组合或偶然作用标准值组合 | 非岩石地基 | $\rho$ | 拱桥单向推力墩不受限制，但应符合本规范表 5.4.3 规定的抗倾覆稳定安全系数 |
|  | 较破碎~极破碎岩石地基 | $1.2\rho$ |  |
|  | 完整、较完整岩石地基 | $1.5\rho$ |  |

**系数$\lambda$表（适用于岩石地基圆形截面偏心受压）**

| $n=\dfrac{e}{d}$ | $\lambda$ | $n=\dfrac{e}{d}$ | $\lambda$ | $n=\dfrac{e}{d}$ | $\lambda$ | $n=\dfrac{e}{d}$ | $\lambda$ |
|---|---|---|---|---|---|---|---|
| 0.1250 | 2.000 | 0.1752 | 2.457 | 0.2310 | 3.208 | 0.2945 | 4.729 |
| 0.1260 | 2.012 | 0.1780 | 2.487 | 0.2347 | 3.271 | 0.2980 | 4.828 |
| 0.1270 | 2.015 | 0.1787 | 2.499 | 0.2380 | 3.321 | 0.3020 | 4.949 |
| 0.1290 | 2.034 | 0.1815 | 2.524 | 0.2415 | 3.382 | 0.3050 | 5.074 |
| 0.1330 | 2.064 | 0.1848 | 2.571 | 0.2452 | 3.465 | 0.3080 | 5.203 |
| 0.1370 | 2.102 | 0.1886 | 2.608 | 0.2470 | 3.497 | 0.3115 | 5.334 |
| 0.1384 | 2.109 | 0.1890 | 2.620 | 0.2490 | 3.540 | 0.3150 | 5.484 |
| 0.1414 | 2.134 | 0.1916 | 2.645 | 0.2529 | 3.610 | 0.3190 | 5.634 |
| 0.1430 | 2.151 | 0.1951 | 2.690 | 0.2565 | 3.692 | 0.3220 | 5.793 |
| 0.1441 | 2.160 | 0.1989 | 2.736 | 0.2597 | 3.768 | 0.3260 | 5.957 |
| 0.1468 | 2.181 | 0.2020 | 2.777 | 0.2620 | 3.803 | 0.3310 | 6.130 |
| 0.1500 | 2.213 | 0.2022 | 2.773 | 0.2640 | 3.859 | 0.3330 | 6.311 |
| 0.1532 | 2.242 | 0.2055 | 2.823 | 0.2678 | 3.949 | 0.3380 | 6.512 |
| 0.1562 | 2.268 | 0.2070 | 2.851 | 0.2718 | 4.046 | 0.3390 | 6.700 |
| 0.1580 | 2.288 | 0.2122 | 2.920 | 0.2741 | 4.161 | 0.3430 | 6.911 |
| 0.1593 | 2.296 | 0.2160 | 2.967 | 0.2770 | 4.193 | 0.3470 | 7.141 |
| 0.1625 | 2.327 | 0.2174 | 2.996 | 0.2789 | 4.245 | 0.3500 | 7.368 |
| 0.1654 | 2.358 | 0.2200 | 3.036 | 0.2826 | 4.356 | 0.3540 | 7.620 |
| 0.1680 | 2.378 | 0.2232 | 3.080 | 0.2868 | 4.471 | 0.3570 | 7.881 |
| 0.1686 | 2.391 | 0.2271 | 3.143 | 0.2907 | 4.593 | 0.3600 | 8.157 |
| 0.1716 | 2.421 | 0.2300 | 3.193 | 0.2940 | 4.715 | 0.3690 | 8.467 |

# 第七章 公路桥涵地基与基础设计规范（浅基础）

## 三、软弱下卧层验算

——第 5.2.6 条

基础底面下或基桩桩端下有软弱地基或软土层时，应验算软弱地基或软土层的承载力。

**软弱下卧层验算**

$$p_z = \gamma_1(h+z) + \alpha(p - \gamma_2 h) \leqslant \gamma_R f_a$$
<软土层顶面自重应力> + <附加应力>

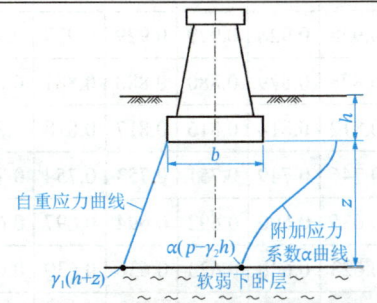

根据软弱下卧层的性质，<u>一般仅进行深度修正</u>。
一般地基下卧层：
$$f_a = f_{a0} + k_2 \gamma_1 (h + z - 3)$$
软土下卧层时：
$$\begin{cases} f_a = f_{a0} + \gamma_1(h+z) \\ f_a = \dfrac{5.14}{m} k_p C_u + \gamma_1(h+z) \end{cases}$$

【小注】重点关注深度修正时的深度取值

式中：$p_z$——软弱地基或软土层<u>顶面</u>的压应力（kPa）。

$h$——基底的埋置深度（m）。①当基础受水流冲刷时，由一般冲刷线算起；②当不受水流冲刷时，由天然地面算起；③位于挖方内，则由开挖后地面算起。

$z$——从<u>基底</u>或<u>基桩桩端</u>处到软弱地基或软土层<u>地基顶面</u>的距离（m）。

$\gamma_1$——深度$(h+z)$范围内，各土层的换算重度（kN/m³）。

$\gamma_2$——深度$h$范围内，各土层的换算重度（kN/m³）。

$\alpha$——土中附加压应力系数，根据$l/b$和$z/b$，由后附表（规范附录 J.0.1）直接查得基底<u>中点</u>下卧层附加压应力系数（规范 P79），非角点法，<u>非平均附加应力系数</u>。

$\gamma_R$——地基承载力抗力系数，见前附表 2。

$f_a$——软弱地基或软土层地基顶面处的地基承载力特征值（kPa），按照规范第 4.3.4 条或第 4.3.5 条采用。

$p$——基底压应力（kPa），见下表

| | | |
|---|---|---|
| $z/b$($b$为短边) > 1 | | $p = \dfrac{F_k + G_k}{A}$ |
| $z/b$($b$为短边) ≤ 1 | 梯形分布压力差较大时 | $\sigma_h = $ 距 $p_{max}$ 为 $\dfrac{1}{4}b$ 处的压力 |
| | 梯形分布压力差较小时 | $\sigma_h = $ 距 $p_{max}$ 为 $\dfrac{1}{3}b$ 处的压力 |

【小注】①公路的软弱下卧层承载力验算的方法不同于《建筑地基基础设计规范》，此处采用的是"附加应力系数法"，而非"应力扩散角法"。

②换填垫层同《建筑地基处理技术规范》，不能忽略垫层材料的重度差。

笔记区

公路、铁路桥涵均布荷载作用时基底中点下附加压应力系数α（公路表 J.0.1、铁路表 C）

| z/b 或 z/d | 圆形 | l/b或a/b | | | | | | | | | | | | 条基 ≥10 |
|---|---|---|---|---|---|---|---|---|---|---|---|---|---|---|
| | | 1.0 | 1.2 | 1.4 | 1.6 | 1.8 | 2.0 | 2.4 | 2.8 | 3.2 | 3.6 | 4.0 | 5.0 | |
| 0.0 | 1.000 | 1.000 | 1.000 | 1.000 | 1.000 | 1.000 | 1.000 | 1.000 | 1.000 | 1.000 | 1.000 | 1.000 | 1.000 | 1.000 |
| 0.1 | 0.974 | 0.980 | 0.984 | 0.986 | 0.987 | 0.987 | 0.988 | 0.988 | 0.989 | 0.989 | 0.989 | 0.989 | 0.989 | 0.989 |
| 0.2 | 0.949 | 0.960 | 0.968 | 0.972 | 0.974 | 0.975 | 0.976 | 0.976 | 0.977 | 0.977 | 0.977 | 0.977 | 0.977 | 0.977 |
| 0.3 | 0.864 | 0.880 | 0.899 | 0.910 | 0.917 | 0.920 | 0.923 | 0.925 | 0.928 | 0.928 | 0.929 | 0.929 | 0.929 | 0.929 |
| 0.4 | 0.756 | 0.800 | 0.830 | 0.848 | 0.859 | 0.866 | 0.870 | 0.875 | 0.878 | 0.879 | 0.880 | 0.880 | 0.881 | 0.881 |
| 0.5 | 0.646 | 0.703 | 0.741 | 0.765 | 0.781 | 0.791 | 0.799 | 0.810 | 0.812 | 0.814 | 0.816 | 0.817 | 0.818 | 0.818 |
| 0.6 | 0.547 | 0.606 | 0.651 | 0.682 | 0.703 | 0.717 | 0.727 | 0.737 | 0.746 | 0.749 | 0.751 | 0.753 | 0.754 | 0.755 |
| 0.7 | 0.461 | 0.527 | 0.574 | 0.607 | 0.630 | 0.648 | 0.660 | 0.674 | 0.685 | 0.690 | 0.692 | 0.694 | 0.697 | 0.698 |
| 0.8 | 0.390 | 0.449 | 0.496 | 0.532 | 0.558 | 0.578 | 0.593 | 0.612 | 0.623 | 0.630 | 0.633 | 0.636 | 0.639 | 0.642 |
| 0.9 | 0.332 | 0.392 | 0.437 | 0.473 | 0.499 | 0.520 | 0.536 | 0.559 | 0.572 | 0.579 | 0.584 | 0.588 | 0.592 | 0.596 |
| 1.0 | 0.285 | 0.334 | 0.378 | 0.414 | 0.441 | 0.463 | 0.482 | 0.505 | 0.520 | 0.529 | 0.536 | 0.540 | 0.545 | 0.550 |
| 1.1 | 0.246 | 0.295 | 0.336 | 0.369 | 0.396 | 0.418 | 0.436 | 0.462 | 0.479 | 0.489 | 0.496 | 0.501 | 0.508 | 0.513 |
| 1.2 | 0.214 | 0.257 | 0.294 | 0.325 | 0.352 | 0.374 | 0.392 | 0.419 | 0.437 | 0.449 | 0.457 | 0.462 | 0.470 | 0.477 |
| 1.3 | 0.187 | 0.229 | 0.263 | 0.292 | 0.318 | 0.339 | 0.357 | 0.384 | 0.403 | 0.416 | 0.424 | 0.431 | 0.440 | 0.448 |
| 1.4 | 0.165 | 0.201 | 0.232 | 0.260 | 0.284 | 0.304 | 0.321 | 0.350 | 0.369 | 0.383 | 0.393 | 0.400 | 0.410 | 0.420 |
| 1.5 | 0.146 | 0.180 | 0.209 | 0.235 | 0.258 | 0.277 | 0.294 | 0.322 | 0.341 | 0.356 | 0.366 | 0.374 | 0.385 | 0.397 |
| 1.6 | 0.130 | 0.160 | 0.187 | 0.210 | 0.232 | 0.251 | 0.267 | 0.294 | 0.314 | 0.329 | 0.340 | 0.348 | 0.360 | 0.374 |
| 1.7 | 0.117 | 0.145 | 0.170 | 0.191 | 0.212 | 0.230 | 0.245 | 0.272 | 0.292 | 0.307 | 0.317 | 0.326 | 0.340 | 0.355 |
| 1.8 | 0.106 | 0.130 | 0.153 | 0.173 | 0.192 | 0.209 | 0.224 | 0.250 | 0.270 | 0.285 | 0.296 | 0.305 | 0.320 | 0.337 |
| 1.9 | 0.095 | 0.119 | 0.140 | 0.159 | 0.177 | 0.192 | 0.207 | 0.233 | 0.251 | 0.263 | 0.278 | 0.288 | 0.303 | 0.320 |
| 2.0 | 0.087 | 0.108 | 0.127 | 0.145 | 0.161 | 0.176 | 0.189 | 0.214 | 0.233 | 0.241 | 0.260 | 0.270 | 0.285 | 0.304 |
| 2.1 | 0.079 | 0.099 | 0.116 | 0.133 | 0.148 | 0.163 | 0.176 | 0.199 | 0.220 | 0.230 | 0.244 | 0.255 | 0.270 | 0.292 |
| 2.2 | 0.073 | 0.090 | 0.107 | 0.122 | 0.137 | 0.150 | 0.163 | 0.185 | 0.208 | 0.218 | 0.230 | 0.239 | 0.256 | 0.280 |
| 2.3 | 0.067 | 0.083 | 0.099 | 0.113 | 0.127 | 0.139 | 0.151 | 0.173 | 0.193 | 0.205 | 0.216 | 0.226 | 0.243 | 0.269 |
| 2.4 | 0.062 | 0.077 | 0.092 | 0.105 | 0.118 | 0.130 | 0.141 | 0.161 | 0.178 | 0.192 | 0.204 | 0.213 | 0.230 | 0.258 |
| 2.5 | 0.057 | 0.072 | 0.085 | 0.097 | 0.109 | 0.121 | 0.131 | 0.151 | 0.167 | 0.181 | 0.192 | 0.202 | 0.219 | 0.249 |
| 2.6 | 0.053 | 0.066 | 0.079 | 0.091 | 0.102 | 0.112 | 0.123 | 0.141 | 0.157 | 0.170 | 0.184 | 0.191 | 0.208 | 0.239 |
| 2.7 | 0.049 | 0.062 | 0.073 | 0.084 | 0.095 | 0.105 | 0.115 | 0.132 | 0.148 | 0.161 | 0.174 | 0.182 | 0.199 | 0.234 |
| 2.8 | 0.046 | 0.058 | 0.069 | 0.079 | 0.089 | 0.099 | 0.108 | 0.124 | 0.139 | 0.152 | 0.163 | 0.172 | 0.189 | 0.228 |
| 2.9 | 0.043 | 0.054 | 0.064 | 0.074 | 0.083 | 0.093 | 0.101 | 0.117 | 0.132 | 0.144 | 0.155 | 0.163 | 0.180 | 0.218 |
| 3.0 | 0.040 | 0.051 | 0.060 | 0.070 | 0.078 | 0.087 | 0.095 | 0.110 | 0.124 | 0.136 | 0.146 | 0.155 | 0.172 | 0.208 |
| 3.2 | 0.036 | 0.045 | 0.053 | 0.062 | 0.070 | 0.077 | 0.085 | 0.098 | 0.111 | 0.122 | 0.133 | 0.141 | 0.158 | 0.190 |

续表

| z/b 或 z/d | 圆形 | l/b或a/b | | | | | | | | | | | 条基 ≥10 |
|---|---|---|---|---|---|---|---|---|---|---|---|---|---|
| | | 1.0 | 1.2 | 1.4 | 1.6 | 1.8 | 2.0 | 2.4 | 2.8 | 3.2 | 3.6 | 4.0 | 5.0 | |
| 3.4 | 0.033 | 0.040 | 0.048 | 0.055 | 0.062 | 0.069 | 0.076 | 0.088 | 0.100 | 0.110 | 0.120 | 0.128 | 0.144 | 0.184 |
| 3.6 | 0.030 | 0.036 | 0.042 | 0.049 | 0.056 | 0.062 | 0.068 | 0.080 | 0.090 | 0.100 | 0.109 | 0.117 | 0.133 | 0.175 |
| 3.8 | 0.027 | 0.032 | 0.038 | 0.044 | 0.050 | 0.056 | 0.062 | 0.072 | 0.082 | 0.091 | 0.100 | 0.107 | 0.123 | 0.166 |
| 4.0 | 0.025 | 0.029 | 0.035 | 0.040 | 0.046 | 0.051 | 0.056 | 0.066 | 0.075 | 0.084 | 0.090 | 0.095 | 0.113 | 0.158 |
| 4.2 | 0.023 | 0.026 | 0.031 | 0.037 | 0.042 | 0.048 | 0.051 | 0.060 | 0.069 | 0.077 | 0.084 | 0.091 | 0.105 | 0.150 |
| 4.4 | 0.021 | 0.024 | 0.029 | 0.034 | 0.038 | 0.042 | 0.047 | 0.055 | 0.063 | 0.070 | 0.077 | 0.084 | 0.098 | 0.144 |
| 4.6 | 0.019 | 0.022 | 0.026 | 0.031 | 0.035 | 0.039 | 0.043 | 0.051 | 0.058 | 0.065 | 0.072 | 0.078 | 0.091 | 0.137 |
| 4.8 | 0.018 | 0.020 | 0.024 | 0.028 | 0.032 | 0.036 | 0.040 | 0.047 | 0.054 | 0.060 | 0.067 | 0.072 | 0.085 | 0.132 |
| 5.0 | 0.017 | 0.019 | 0.022 | 0.026 | 0.030 | 0.033 | 0.037 | 0.044 | 0.050 | 0.056 | 0.062 | 0.067 | 0.079 | 0.126 |

【表注】$l(a)$、$b$：矩形基础边缘的长边和短边尺寸（m）；$z$：基底至下卧层土面的距离（m）。

## 四、基础沉降计算

——第 5.3 节

墩台基础的最终沉降量计算公式采用分层总和法并适当考虑沉降计算经验系数确定。

**基础沉降计算**

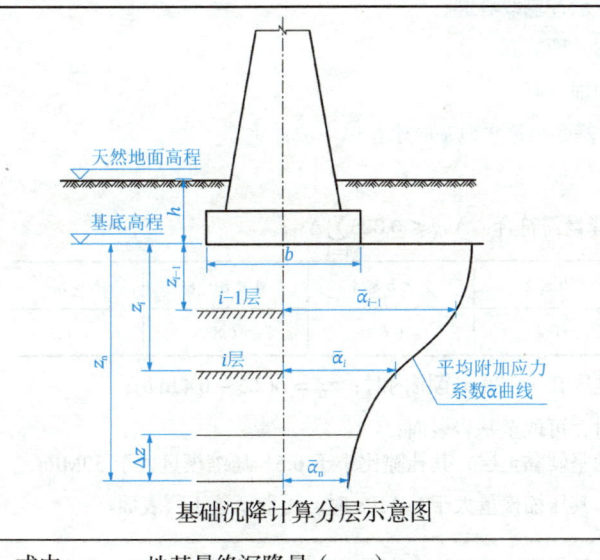

$$s = \psi_s s_0 = \psi_s \sum_{i=1}^{n} \frac{p_0}{E_{si}} (z_i \bar{\alpha}_i - z_{i-1} \bar{\alpha}_{i-1})$$
$$p_0 = p - \gamma h$$

基础沉降计算分层示意图

式中：$s$——地基最终沉降量（mm）；

$s_0$——按分层总和法计算的地基沉降量（mm）；

$\psi_s$——沉降计算经验系数；根据地区沉降观测资料及经验确定，缺少沉降观测资料及经验数据时，可按下表取值：

| 基底附加压应力 | $\bar{E}_s$（MPa） | | | | |
|---|---|---|---|---|---|
| | 2.5 | 4.0 | 7.0 | 15.0 | 20.0 |
| $p_0 \geq f_{a0}$ | 1.4 | 1.3 | 1.0 | 0.4 | 0.2 |
| $p_0 \leq 0.75 f_{a0}$ | 1.1 | 1.0 | 0.7 | 0.4 | 0.2 |

续表

【表注】$\overline{E}_s$ 为沉降计算范围内压缩模量的当量值：$\overline{E}_s = \dfrac{\sum A_i}{\sum \frac{A_i}{E_{si}}}$

$n$——地基沉降计算深度范围内所划分的土层数。

$p_0$——对应于作用的准永久组合时的基础底面附加压应力（kPa）。

$E_{si}$——基础底面下第 $i$ 层土的压缩模量（MPa），应取土的"自重压应力"至"土的自重压应力与附加压应力之和"的压应力段计算。

$z_i$、$z_{i-1}$——基础底面至第 $i$ 层土、第 $i-1$ 层土底面的距离（m）。

$\overline{\alpha}_i$、$\overline{\alpha}_{i-1}$——基础底面计算点至第 $i$ 层土、第 $i-1$ 层土底面范围内平均附加压应力系数，可按后附表（附录 J.0.2）取用，其中 $l$、$b$、$z$ 取值均为原始长度（规范 P80），不需要划分角点，直接查出矩形中点的平均附加应力系数，如果题目要求桥头边点或角点，要注意将此平均附加应力系数除以 2 或者 4。

$p$——基底压应力（kPa），$b$ 为矩形基础宽度：
①当 $\dfrac{z}{b} > 1$ 时，采用基底平均压应力；
②当 $\dfrac{z}{b} \leqslant 1$ 时：$p$ 采用距最大压应力点 $b/3 \sim b/4$ 处的压应力：
对于梯形图形前后端压应力差较大时，采用 $b/4$ 处的压应力；
对于梯形图形前后端压应力差较小时，采用 $b/3$ 处的压应力。

$h$——基底的埋置深度（m）：
①当基础受水流冲刷时，由一般冲刷线算起；
②当不受水流冲刷时，由天然地面算起；
③位于挖方内，则由开挖后地面算起。

$\gamma$——$h$ 范围内土的重度（kN/m³），基底为透水地基时水位以下取浮重度。

$z_n$——沉降计算深度：
①在 $z_n$ 以上取 $\Delta z$ 厚度，其沉降量需符合：$\Delta s_n \leqslant 0.025 \sum\limits_{i=1}^{n} \Delta s_i$；

| 基底宽度 $b$（m） | $b \leqslant 2$ | $2 < b \leqslant 4$ | $4 < b \leqslant 8$ | $b > 8$ |
|---|---|---|---|---|
| $\Delta z$（m） | 0.3 | 0.6 | 0.8 | 1.0 |

②无相邻荷载影响，且基底宽度在 1~30m 范围内时：$z_n = b(2.5 - 0.4 \ln b)$；
③计算深度范围内存在基岩时，可取至基岩表面；
④计算深度范围内存在较厚的坚硬黏土层，其孔隙比小于 0.5、压缩模量大于 50MPa，或存在较厚的密实砂卵石层，其压缩模量大于 80MPa 时，可取至该土层表面

【小注】公路基底下地基土中的附加应力系数，按照规范是直接查得"基底中点"下的附加应力系数。

笔记区

矩形面积上均布荷载作用时中点下平均附加压应力系数$\bar{\alpha}$（公路表 J.0.2、铁路表 B）

| z/b | l/b或a/b | | | | | | | | | | | |
|---|---|---|---|---|---|---|---|---|---|---|---|---|
| | 1.0 | 1.2 | 1.4 | 1.6 | 1.8 | 2.0 | 2.4 | 2.8 | 3.2 | 3.6 | 4.0 | 5.0 | 条基≥10.0 |
| 0.0 | 1.000 | 1.000 | 1.000 | 1.000 | 1.000 | 1.000 | 1.000 | 1.000 | 1.000 | 1.000 | 1.000 | 1.000 | 1.000 |
| 0.1 | 0.997 | 0.998 | 0.998 | 0.998 | 0.998 | 0.998 | 0.998 | 0.998 | 0.998 | 0.998 | 0.998 | 0.998 | 0.998 |
| 0.2 | 0.987 | 0.990 | 0.991 | 0.992 | 0.992 | 0.992 | 0.993 | 0.993 | 0.993 | 0.993 | 0.993 | 0.993 | 0.993 |
| 0.3 | 0.967 | 0.973 | 0.976 | 0.978 | 0.979 | 0.979 | 0.980 | 0.980 | 0.981 | 0.981 | 0.981 | 0.981 | 0.981 |
| 0.4 | 0.936 | 0.947 | 0.953 | 0.956 | 0.958 | 0.965 | 0.961 | 0.962 | 0.962 | 0.963 | 0.963 | 0.963 | 0.963 |
| 0.5 | 0.900 | 0.915 | 0.924 | 0.929 | 0.933 | 0.935 | 0.937 | 0.939 | 0.939 | 0.940 | 0.940 | 0.940 | 0.940 |
| 0.6 | 0.858 | 0.878 | 0.890 | 0.898 | 0.903 | 0.906 | 0.910 | 0.912 | 0.913 | 0.914 | 0.914 | 0.915 | 0.915 |
| 0.7 | 0.816 | 0.840 | 0.855 | 0.865 | 0.871 | 0.876 | 0.881 | 0.884 | 0.885 | 0.886 | 0.887 | 0.887 | 0.888 |
| 0.8 | 0.775 | 0.801 | 0.819 | 0.831 | 0.839 | 0.844 | 0.851 | 0.855 | 0.857 | 0.858 | 0.859 | 0.860 | 0.860 |
| 0.9 | 0.735 | 0.764 | 0.784 | 0.797 | 0.806 | 0.813 | 0.821 | 0.826 | 0.829 | 0.830 | 0.831 | 0.830 | 0.836 |
| 1.0 | 0.698 | 0.728 | 0.749 | 0.764 | 0.775 | 0.783 | 0.792 | 0.798 | 0.801 | 0.803 | 0.804 | 0.806 | 0.807 |
| 1.1 | 0.663 | 0.694 | 0.717 | 0.733 | 0.744 | 0.753 | 0.764 | 0.771 | 0.775 | 0.777 | 0.779 | 0.780 | 0.782 |
| 1.2 | 0.631 | 0.663 | 0.686 | 0.703 | 0.715 | 0.725 | 0.737 | 0.744 | 0.749 | 0.752 | 0.754 | 0.756 | 0.758 |
| 1.3 | 0.601 | 0.633 | 0.657 | 0.674 | 0.688 | 0.698 | 0.711 | 0.719 | 0.725 | 0.728 | 0.730 | 0.733 | 0.735 |
| 1.4 | 0.573 | 0.605 | 0.629 | 0.648 | 0.661 | 0.672 | 0.687 | 0.696 | 0.701 | 0.705 | 0.708 | 0.711 | 0.714 |
| 1.5 | 0.548 | 0.580 | 0.604 | 0.622 | 0.637 | 0.648 | 0.664 | 0.673 | 0.679 | 0.683 | 0.686 | 0.690 | 0.693 |
| 1.6 | 0.524 | 0.556 | 0.580 | 0.599 | 0.613 | 0.625 | 0.641 | 0.651 | 0.658 | 0.663 | 0.666 | 0.670 | 0.675 |
| 1.7 | 0.502 | 0.533 | 0.558 | 0.577 | 0.591 | 0.603 | 0.620 | 0.631 | 0.638 | 0.643 | 0.646 | 0.651 | 0.656 |
| 1.8 | 0.482 | 0.513 | 0.537 | 0.556 | 0.571 | 0.588 | 0.600 | 0.611 | 0.619 | 0.624 | 0.629 | 0.633 | 0.638 |
| 1.9 | 0.463 | 0.493 | 0.517 | 0.536 | 0.551 | 0.563 | 0.581 | 0.593 | 0.601 | 0.606 | 0.610 | 0.616 | 0.622 |
| 2.0 | 0.446 | 0.475 | 0.499 | 0.518 | 0.533 | 0.545 | 0.563 | 0.575 | 0.584 | 0.590 | 0.594 | 0.600 | 0.606 |
| 2.1 | 0.429 | 0.459 | 0.482 | 0.500 | 0.515 | 0.528 | 0.546 | 0.559 | 0.567 | 0.574 | 0.578 | 0.585 | 0.591 |
| 2.2 | 0.414 | 0.443 | 0.466 | 0.484 | 0.499 | 0.511 | 0.530 | 0.543 | 0.552 | 0.558 | 0.563 | 0.570 | 0.577 |
| 2.3 | 0.400 | 0.428 | 0.451 | 0.469 | 0.484 | 0.496 | 0.515 | 0.528 | 0.537 | 0.544 | 0.548 | 0.554 | 0.564 |
| 2.4 | 0.387 | 0.414 | 0.436 | 0.454 | 0.469 | 0.481 | 0.500 | 0.513 | 0.523 | 0.530 | 0.535 | 0.543 | 0.551 |
| 2.5 | 0.374 | 0.401 | 0.423 | 0.441 | 0.455 | 0.468 | 0.486 | 0.500 | 0.509 | 0.516 | 0.522 | 0.530 | 0.539 |
| 2.6 | 0.362 | 0.389 | 0.410 | 0.428 | 0.442 | 0.473 | 0.473 | 0.487 | 0.496 | 0.504 | 0.509 | 0.518 | 0.528 |
| 2.7 | 0.351 | 0.377 | 0.398 | 0.416 | 0.430 | 0.461 | 0.461 | 0.474 | 0.484 | 0.492 | 0.497 | 0.506 | 0.517 |
| 2.8 | 0.341 | 0.366 | 0.387 | 0.404 | 0.418 | 0.449 | 0.449 | 0.463 | 0.472 | 0.480 | 0.486 | 0.495 | 0.506 |
| 2.9 | 0.331 | 0.356 | 0.377 | 0.393 | 0.407 | 0.438 | 0.438 | 0.451 | 0.461 | 0.469 | 0.475 | 0.485 | 0.496 |
| 3.0 | 0.322 | 0.346 | 0.366 | 0.383 | 0.397 | 0.409 | 0.429 | 0.441 | 0.451 | 0.459 | 0.465 | 0.474 | 0.487 |
| 3.1 | 0.313 | 0.337 | 0.357 | 0.373 | 0.387 | 0.398 | 0.417 | 0.430 | 0.440 | 0.448 | 0.454 | 0.464 | 0.477 |
| 3.2 | 0.305 | 0.328 | 0.348 | 0.364 | 0.377 | 0.389 | 0.407 | 0.420 | 0.431 | 0.439 | 0.445 | 0.455 | 0.468 |
| 3.3 | 0.297 | 0.320 | 0.339 | 0.355 | 0.368 | 0.379 | 0.397 | 0.411 | 0.421 | 0.429 | 0.436 | 0.446 | 0.460 |
| 3.4 | 0.289 | 0.312 | 0.331 | 0.346 | 0.359 | 0.371 | 0.388 | 0.402 | 0.412 | 0.420 | 0.427 | 0.437 | 0.452 |
| 3.5 | 0.282 | 0.304 | 0.323 | 0.338 | 0.351 | 0.362 | 0.380 | 0.393 | 0.403 | 0.412 | 0.418 | 0.429 | 0.444 |
| 3.6 | 0.276 | 0.297 | 0.315 | 0.330 | 0.343 | 0.354 | 0.372 | 0.385 | 0.395 | 0.403 | 0.410 | 0.421 | 0.436 |
| 3.7 | 0.269 | 0.290 | 0.308 | 0.323 | 0.335 | 0.346 | 0.364 | 0.377 | 0.387 | 0.395 | 0.402 | 0.413 | 0.429 |

续表

| z/b | l/b或a/b | | | | | | | | | | | 条基≥10.0 |
| --- | --- | --- | --- | --- | --- | --- | --- | --- | --- | --- | --- | --- |
| | 1.0 | 1.2 | 1.4 | 1.6 | 1.8 | 2.0 | 2.4 | 2.8 | 3.2 | 3.6 | 4.0 | 5.0 | |
| 3.8 | 0.263 | 0.284 | 0.301 | 0.316 | 0.328 | 0.339 | 0.356 | 0.369 | 0.379 | 0.388 | 0.394 | 0.405 | 0.422 |
| 3.9 | 0.257 | 0.277 | 0.294 | 0.309 | 0.321 | 0.332 | 0.349 | 0.362 | 0.372 | 0.380 | 0.387 | 0.398 | 0.415 |
| 4.0 | 0.251 | 0.271 | 0.288 | 0.302 | 0.311 | 0.325 | 0.342 | 0.355 | 0.365 | 0.373 | 0.379 | 0.391 | 0.408 |
| 4.1 | 0.246 | 0.265 | 0.282 | 0.296 | 0.308 | 0.318 | 0.335 | 0.348 | 0.358 | 0.366 | 0.372 | 0.384 | 0.402 |
| 4.2 | 0.241 | 0.260 | 0.276 | 0.290 | 0.302 | 0.312 | 0.328 | 0.341 | 0.352 | 0.359 | 0.366 | 0.377 | 0.396 |
| 4.3 | 0.236 | 0.255 | 0.270 | 0.284 | 0.296 | 0.306 | 0.322 | 0.335 | 0.345 | 0.353 | 0.359 | 0.371 | 0.390 |
| 4.4 | 0.231 | 0.250 | 0.265 | 0.278 | 0.290 | 0.300 | 0.316 | 0.329 | 0.339 | 0.347 | 0.353 | 0.365 | 0.384 |
| 4.5 | 0.226 | 0.245 | 0.260 | 0.273 | 0.285 | 0.294 | 0.310 | 0.323 | 0.333 | 0.341 | 0.347 | 0.359 | 0.378 |
| 4.6 | 0.222 | 0.240 | 0.255 | 0.268 | 0.279 | 0.289 | 0.305 | 0.317 | 0.327 | 0.335 | 0.341 | 0.353 | 0.373 |
| 4.7 | 0.218 | 0.235 | 0.250 | 0.263 | 0.274 | 0.284 | 0.299 | 0.312 | 0.321 | 0.329 | 0.336 | 0.347 | 0.367 |
| 4.8 | 0.214 | 0.231 | 0.245 | 0.258 | 0.269 | 0.279 | 0.294 | 0.306 | 0.316 | 0.324 | 0.330 | 0.342 | 0.362 |
| 4.9 | 0.210 | 0.227 | 0.241 | 0.253 | 0.265 | 0.274 | 0.289 | 0.301 | 0.311 | 0.319 | 0.325 | 0.337 | 0.357 |
| 5.0 | 0.206 | 0.223 | 0.237 | 0.249 | 0.260 | 0.269 | 0.284 | 0.296 | 0.306 | 0.313 | 0.320 | 0.332 | 0.352 |

【表注】$l(a)$、$b$:矩形基础边缘的长边和短边尺寸(m);$z$:基底底算起的土层深度(m)。

### 知识拓展

第9.3.3条:陡坡地基上的基础埋置深度(P58)。

## 五、基础稳定性验算

——第 5.4 节

**基础稳定性验算**

（1）抗滑动稳定性验算

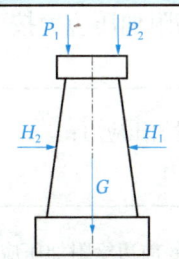

桥涵墩台基础的抗滑动稳定安全系数：$k_c = \dfrac{\mu \sum P_i + \sum H_{ip}}{\sum H_{ia}}$

式中：$\sum P_i$——竖向力总和（kN），勿忘基础自重；

$\sum H_{ip}$——抗滑稳定水平力总和（kN）；

$\sum H_{ia}$——滑动水平力总和（kN），水平合力较大者；

$\mu$——基础底面与地基土之间的摩擦系数，通过试验确定；当缺少实际资料时，可参照下表（规范表 5.4.2）

【小注】$\sum H_{ip}$ 和 $\sum H_{ia}$ 分别为两个相对方向的各自水平力总和，绝对值较大者为滑动水平力 $\sum H_{ia}$，另一个为抗滑稳定力 $\sum H_{ip}$；$\mu \sum P_i$ 为抗滑稳定力。

| 地基土分类 | 黏土（流塑～坚硬）粉土 | 砂土（粉砂～砾砂） | 碎石土（松散～密实） | 软岩（极软～较软） | 硬岩（较硬、坚硬） |
|---|---|---|---|---|---|
| $\mu$ | 0.25～0.35 | 0.30～0.40 | 0.40～0.50 | 0.40～0.60 | 0.60、0.70 |

（2）抗倾覆稳定性验算

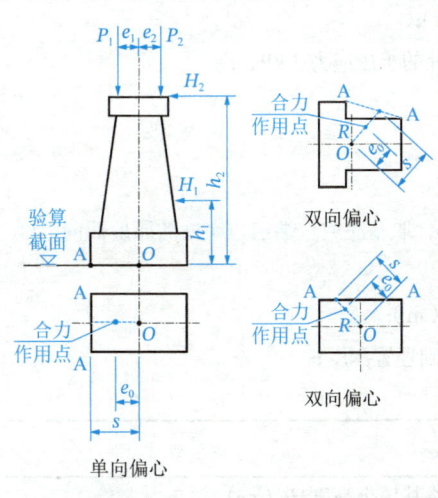

单向偏心　双向偏心

墩台基础抗倾覆稳定安全系数：$k_0 = \dfrac{s}{e_0}$

⇐ $e_0 = \dfrac{\sum P_i e_i + \sum H_i h_i}{\sum P_i}$（本质：$e_0 = M/N$）

式中：$s$——在截面重心至合力作用点的延长线上，自截面重心至验算倾覆轴（A-A）的距离（m）；

$e_0$——所有外力合力$R$在验算截面的作用点对基底重心轴的偏心距（m）；

$P_i$——不考虑其分项系数和组合系数的作用标准值组合或偶然作用标准值组合引起的竖向力（kN），勿忘基础自重；

$e_i$——竖向力$P_i$对验算截面重心的力臂（m）；

$H_i$——不考虑其分项系数和组合系数的作用标准值组合或偶然作用标准值组合引起的水平力（kN）；

$h_i$——水平力对验算截面的力臂（m）

【小注】①弯矩应视其绕验算截面重心轴的不同方向取正负号；
②对于矩形凹缺的多边形基础，其倾覆轴应取基底截面的外包线

（3）抗滑动和抗倾覆稳定性系数 ≥ 下表限值

| 作用组合 | | 验算项目 | 稳定安全系数限值 |
|---|---|---|---|
| 使用阶段 | 仅计永久作用（不计混凝土收缩及徐变、浮力）和汽车、人群的标准值组合 | 抗滑动 | 1.3 |
| | | 抗倾覆 | 1.5 |
| | 各种作用的标准值组合 | 抗滑动 | 1.2 |
| | | 抗倾覆 | 1.3 |
| 施工阶段作用的标准值组合 | | 抗滑动、抗倾覆 | 1.2 |

【小注】公、铁桥涵基础抗倾覆、抗滑移稳定验算：从结构设计角度来看，活载对抗滑、抗倾覆有利时，

不计入；当某活载同时产生的水平、竖向分力一个有利一个不利时，应按计入和不计入分别验算，结果取不利；当活载、偶然作用方向不确定时，按不利取。

## 六、台背路基填土对桥台基底或桩端平面处的附加竖向压应力

——附录F

台背路基填土或台前锥体对桥台基底或桩端平面处地基土上引起的附加压应力按下列规定计算：

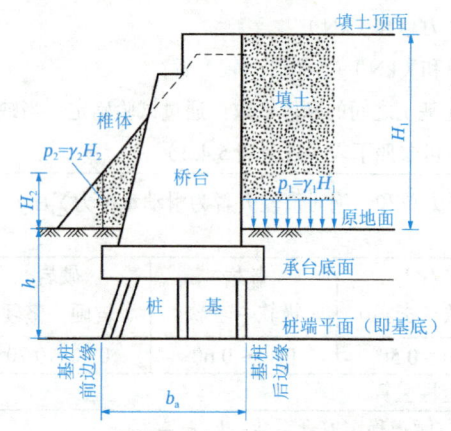

（1）台背路基填土引起的附加压应力：
$$p_1 = \alpha_1 \gamma_1 H_1$$

（2）台前锥体填土引起的基底前边缘附加压应力：
$$p_2 = \alpha_2 \gamma_2 H_2$$

【小注】①无锥体填土时，直接利用 $p_1 = \alpha_1 \gamma_1 H_1$ 计算基底前、后边缘的附加压应力，前、后边缘的系数 $\alpha_1$ 不同。

②有锥体填土时，基底前缘的附加压力为 $p = p_1 + p_2$，后缘的附加压力不变

式中：$p_1$——台背路基填土产生的原地面处的土压应力（kPa）；

$p_2$——台前锥体产生的基底或桩端平面前边缘原地面处的土压应力（kPa）；

$\gamma_1$——路基填土的重度（kN/m³）；

$\gamma_2$——锥体填土的重度（kN/m³）；

$H_1$——台背路基填土的高度（m）；

$H_2$——基底或桩端平面处的前边缘上的锥体高度（m），取基底或桩端前边缘处的原地面向上竖向引线与溜坡相交点距离（m）；

$b_a$——基底或桩端平面处的前、后边缘间的基础长度（m）；

$h$——原地面至基底或桩端平面处的深度（m），即基础埋置深度；

$\alpha_1$、$\alpha_2$——附加竖向压应力系数，见下表。

| 基础埋置深度 $h$（m） | 系数 $\alpha_2$ | |
|---|---|---|
| | 台背路基填土高度 $H_1$（m） | |
| | 10 | 20 |
| 5 | 0.4 | 0.5 |
| 10 | 0.3 | 0.4 |
| 15 | 0.2 | 0.3 |
| 20 | 0.1 | 0.2 |
| 25 | 0 | 0.1 |
| 30 | 0 | 0 |

【表注】①当 $H_1 < 10$m 时，取 $H_1 = 10$m 对应的 $\alpha_2$ 值；

②当 $H_1 > 20$m 时，取 $H_1 = 20$m 对应的 $\alpha_2$ 值；

③10m < $H_1$ < 20m 时，可内插。

系数 $\alpha_1$

| 基础埋置深度 $h$（m） | 填土高度 $H_1$（m） | 桥台边缘 | | | |
|---|---|---|---|---|---|
| | | 后边缘 | 前边缘，基底平面的基础长度 $b_a$（m） | | |
| | | | 5 | 10 | 15 |
| 5 | 5 | 0.44 | 0.07 | 0.01 | 0 |
| | 10 | 0.47 | 0.09 | 0.02 | 0 |
| | 20 | 0.48 | 0.11 | 0.04 | 0.01 |
| 10 | 5 | 0.33 | 0.13 | 0.05 | 0.02 |
| | 10 | 0.40 | 0.17 | 0.06 | 0.02 |
| | 20 | 0.45 | 0.19 | 0.08 | 0.03 |
| 15 | 5 | 0.26 | 0.15 | 0.08 | 0.04 |
| | 10 | 0.33 | 0.19 | 0.10 | 0.05 |
| | 20 | 0.41 | 0.24 | 0.14 | 0.07 |
| 20 | 5 | 0.20 | 0.13 | 0.08 | 0.04 |
| | 10 | 0.28 | 0.18 | 0.10 | 0.06 |
| | 20 | 0.37 | 0.24 | 0.16 | 0.09 |
| 25 | 5 | 0.17 | 0.12 | 0.08 | 0.05 |
| | 10 | 0.24 | 0.17 | 0.12 | 0.08 |
| | 20 | 0.33 | 0.24 | 0.17 | 0.10 |
| 30 | 5 | 0.15 | 0.11 | 0.08 | 0.06 |
| | 10 | 0.21 | 0.16 | 0.12 | 0.08 |
| | 20 | 0.31 | 0.24 | 0.18 | 0.12 |

【小注】路堤按黏性土考虑。

# 第八章

# 铁路桥涵地基和基础设计规范（浅基础）

## 一、地基承载力

——第 4.1 节

### （一）地基容许承载力[σ]（kPa）

$[\sigma] = \sigma_0 + k_1\gamma_1(b-2) + k_2\gamma_2(h-3) \Rightarrow$ 承载力提高$[\sigma]' = K \cdot [\sigma] + 10 \cdot \Delta h$（$10 \cdot \Delta h$ 是否乘$K$有争议）

| 参数说明 | | | |
|---|---|---|---|
| ①$\sigma_0$ | 地基基本承载力（kPa），查《铁路桥涵地基和基础设计规范》P13～P18，注意表下**小注** | | |
| ②$b$ | 基础底面最小边宽度（m）；圆形、正多边形基础为$\sqrt{F}$，$F$为基础底面积；**$2m \leqslant b \leqslant 10m$** | | |
| ③$h$ | 基底埋置深度（m） | 一般情况下，从天然地面起算 | **$3m \leqslant h \leqslant 4b$** |
| | | 有水流冲刷时，从一般冲刷线起算 | |
| | | 位于挖方内，自开挖后地面起算 | |
| ④$\Delta h$ | 基础位于水中不透水层上时 | | $\Delta h = $ 平均常水位至一般冲刷线深度 |
| | 其他情况 | | $\Delta h = 0$ |
| ⑤$\gamma_1$ | 基底持力层重度（kN/m³） | 持力层在水面以下且为透水者 | 取浮重度 |
| | | 其他情况 | 取天然重度 |
| ⑥$\gamma_2$ | 基底以上土层的加权平均重度（kN/m³）（与$h$范围一致） | 持力层在水面以下且不透水时 | 无论基底以上土层透水性，均取饱和重度 |
| | | 持力层在水面以下且透水时 | 水中部分取浮重度 |
| ⑦$k_1$、$k_2$ | 基础宽度、深度修正系数，根据**持力层土**的类别，按下表查取 | | |
| ⑧$K$ 提高系数 | 主力+附加力（不含长钢轨纵向力） | | $K = 1.2$ |
| | 主力+特殊荷载（地震力除外） | $\sigma_0 > 500kPa$ 的岩石和土 | $K = 1.4$ |
| | | $150kPa < \sigma_0 \leqslant 500kPa$ 的岩石和土 | $K = 1.3$ |
| | | $100kPa < \sigma_0 \leqslant 150kPa$ 的土 | $K = 1.2$ |
| ⑨提高$\sigma_0$ | 既有墩台地基 | 根据压密程度，地基基本承载力$\sigma_0$提高值不超过25% | |

【**小注**】当基础位于水中不透水地层上时：[σ]按平均常水位至一般冲刷线的水深$\Delta h$，**每米再增加 10kPa**，即为上述公式中：$10 \cdot \Delta h$；公铁中**一般黏性土、软土、老黏土、淤泥**等均可认为是不透水的。

**基础宽度、深度修正系数 $k_1$、$k_2$**

| 持力层土的类别 | 土的状态 | 宽度修正系数 $k_1$ | 深度修正系数 $k_2$ |
|---|---|---|---|
| $Q_3$及以前的冲、洪积土 | — | 0 | 2.5 |
| $Q_4$的冲、洪积土 | $I_L \geq 0.5$ | 0 | 1.5 |
| | $I_L < 0.5$ | 0 | 2.5 |
| 残积土、粉土、黄土 | — | 0 | 1.5 |
| 粉砂 | 密实 | 1.2 | 2.5 |
| | 稍密、中密 | 1 | 2 |
| | 稍松、松散 | 0.5 | 1 |
| 细砂 | 密实 | 2 | 4 |
| | 稍密、中密 | 1.5 | 3 |
| | 稍松、松散 | 0.75 | 1.5 |
| 中砂 | 密实 | 3 | 5.5 |
| | 稍密、中密 | 2 | 4 |
| | 稍松、松散 | 1 | 2 |
| 砾砂、粗砂、碎石、圆砾、角砾 | 密实 | 4 | 6 |
| | 稍密、中密 | 3 | 5 |
| | 稍松、松散 | 1.5 | 2.5 |
| 卵石 | 密实 | 4 | 10 |
| | 稍密、中密 | 3 | 6 |
| | 稍松、松散 | 1.5 | 3 |
| 冻土 | — | 0 | 0 |

【表注】节理不发育或较发育的岩石不做宽深修正；节理发育或很发育的岩石，可采用碎类石土的系数；对已风化成砂土、土状的岩石，则为砂类土、黏性土的系数。

## （二）软土地基容许承载力$[\sigma]$

——第4.1.4条

**软土地基容许承载力$[\sigma]$（kPa）**

| $[\sigma] = 5.14C_u \dfrac{1}{m'} + \gamma_2 h \Rightarrow$ 承载力提高$[\sigma]' = K \cdot [\sigma] + 10 \cdot \Delta h$（K取值同上，$10 \cdot \Delta h$是否乘K有争议） | |
|---|---|
| ①$C_u$ | 不排水剪切强度（kPa） |
| ②$m'$ | 安全系数，可根据软土灵敏度及建筑物对变形的要求等因素取1.5~2.5 |
| ③$\gamma_2$——基底以上土层的加权平均重度（kN/m³）（$\gamma_2$计算范围同$h$） | *当持力层在水面以下且不透水时，不论基底以上土层透水性如何，$\gamma_2$一律取饱和重度；<br>*当持力层在水面以下且透水时，水中部分$\gamma_2$取浮重度 |
| ④$h$——基础埋深（m） | *自天然地面或挖方后地面算起；<br>*有冲刷时自一般冲刷线起算；<br>*$3 \leq h \leq 4b$ |

【小注】当基础位于水中不透水地层上时：$[\sigma]$按平均常水位至一般冲刷线的水深$\Delta h$，每米再增加10kPa，即为上述公式中：$10 \cdot \Delta h$。

## （三）小桥、涵洞软土地基容许承载力$[\sigma]$

——第 4.1.4 条

**小桥、涵洞软土地基容许承载力$[\sigma]$（kPa）**

| $[\sigma] = \sigma_0 + \gamma_2(h-3) \Rightarrow$承载力提高$[\sigma]' = K \cdot [\sigma] + 10 \cdot \Delta h$（$K$取值同上，$10 \cdot \Delta h$是否乘$K$有争议） | | | | | | | |
|---|---|---|---|---|---|---|---|
| ①$\sigma_0$——地基基本承载力（kPa）（按原状土天然含水率查表） | 天然含水率$w$（%） | 36 | 40 | 45 | 50 | 55 | 65 | 75 |
| | $\sigma_0$（kPa） | 100 | 90 | 80 | 70 | 60 | 50 | 40 |
| ②$\gamma_2$——基底以上土层的加权平均重度（kN/m³）（$\gamma_2$计算范围同$h$） | *当持力层在水面以下且不透水时，不论基底以上土层透水性如何，$\gamma_2$一律取饱和重度；<br>*当持力层在水面以下且透水时，水中部分$\gamma_2$取浮重度 | | | | | | | |
| ③$h$——基础埋深（m） | *自天然地面或挖方后地面算起；<br>*有冲刷时自一般冲刷线起算；<br>*$3 \leqslant h \leqslant 4b$（保证基底以上土的自重修正为正值） | | | | | | | |

## 二、承载力验算及偏心距计算

——第 5.1.2、5.2.2 条

（1）基底压应力不应大于地基的容许承载力，即为：$p_{\max} \leqslant [\sigma]$。

设置在基岩上的基底承受偏心荷载，其基底合力偏心矩超过截面核心半径时，可仅按受压区计算基底最大压应力（不考虑基底承受拉应力）。

（2）墩台基底的合力偏心距限值见下表：

**合力偏心距$e$的限值**

| 地基及荷载情况 | | | $e$的限值 |
|---|---|---|---|
| 仅承受恒载作用 | 非岩石地基 | 合力的作用点应接近基础底面的重心 | |
| ①主力+附加力<br>②主力+附加力+长钢轨伸缩力（或挠曲力） | 非岩石地基上的桥台（包括土状的风化岩层） | 土的基本承载力$\sigma_0 > 200$kPa | $1.0\rho$ |
| | | 土的基本承载力$\sigma_0 \leqslant 200$kPa | $0.8\rho$ |
| | 岩石地基 | 硬质岩 | $1.5\rho$ |
| | | 其他岩石 | $1.2\rho$ |
| 主力+长钢轨伸缩力或挠曲力（桥上无车） | 非岩石地基 | 土的基本承载力$\sigma_0 > 200$kPa | $0.8\rho$ |
| | | 土的基本承载力$\sigma_0 \leqslant 200$kPa | $0.6\rho$ |
| | 岩石地基 | 硬质岩 | $1.25\rho$ |
| | | 其他岩石 | $1.0\rho$ |
| 主力+特殊荷载（地震力除外） | 非岩石地基 | 土的基本承载力$\sigma_0 > 200$kPa | $1.2\rho$ |
| | | 土的基本承载力$\sigma_0 \leqslant 200$kPa | $1.0\rho$ |
| | 岩石地基 | 硬质岩 | $2.0\rho$ |
| | | 其他岩石 | $1.5\rho$ |

【小注】①表中②指当长钢轨纵向力参与组合时，计入长钢轨纵向力的桥上线路应按无车考虑。

②基底以上外力作用点对基底重心轴的偏心矩：$e_0 = \dfrac{M}{N} \leqslant e$。

式中：$N$、$M$——作用于基底的竖向力和所有外力（竖向力、水平力）对基底截面重心的弯矩。

③基底承受单向或双向偏心受压的基底截面核心半径$\rho$：

$$\frac{e_0}{\rho} = 1 - \frac{\sigma_{\min}}{N/A} \ ;\quad \sigma_{\min} = \frac{N}{A} - \frac{M_y}{W_y} - \frac{M_x}{W_x}$$

式中：$A$——基底面积（m²）；

$\sigma_{\min}$——基底最小压应力（kPa），当为负值时可表示拉应力；

$M_x$、$M_y$——作用于基底的水平力和竖向力绕$x$轴、$y$轴的对基底的弯矩（kN·m）；

$W_x$、$W_y$——基底底面偏心方向边缘绕$x$轴、$y$轴的面积抵抗矩（m³）。

## 三、软弱下卧层验算

——第 5.2.1 条

**软弱下卧层验算**

$$\gamma(h+z) + \alpha(\sigma_h - \gamma h) \leqslant [\sigma]$$
<软土层顶面自重应力> + <附加应力>

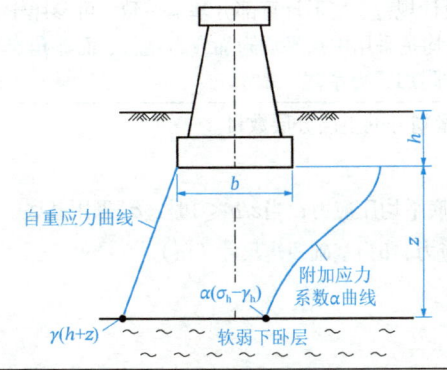

$[\sigma]$——软弱下卧土层经深度修正后的容许承载力（kPa）根据软弱下卧层的性质，<u>一般仅进行深度修正</u>：

$$\begin{cases} \text{一般地基土下卧层时：} [\sigma] = \sigma_0 + k_2\gamma_2(h+z-3) \\ \text{软土地基下卧层时：} \begin{cases} [\sigma] = \sigma_0 + \gamma_2(h+z-3) \\ [\sigma] = \frac{5.14}{m'}C_u + \gamma_2(h+z) \end{cases} \end{cases}$$

【小注】
① 当基础位于水中不透水地层上时，容许承载力按平均常水位至一般冲刷线的水深每米增大 10kPa；
② 主力加附加力时，地基容许承载力可提高 20%

式中：$\gamma$——土的容重（kN/m³），应为$(h+z)$范围内土的平均容重，即为$\gamma_2$。

$h$——基底埋置深度（m）。

① 当基础<u>受水流冲刷时</u>，由<u>一般冲刷线算起</u>；

② 当<u>不受水流冲刷时</u>，由<u>天然地面算起</u>；

③ 位于<u>挖方内</u>，由<u>开挖后地面算起</u>。

$z$——自基底至软弱下卧土层顶面的距离（m）。

$\alpha$——基底下卧土层附加应力系数，见本书第二章或规范附录 C。

$\sigma_h$——基底压应力（kPa），见下表，其中$b$为矩形基础的短边宽度（m），$d$为基础的直径（m）

| $z/b$（$b$为短边）> 1（或$z/d>1$） | | $\sigma_h = \dfrac{F_k+G_k}{A}$ |
|---|---|---|
| $z/b$（$b$为短边）$\leqslant 1$（或$z/d \leqslant 1$） | 梯形分布压力差较大时 | $\sigma_h = $ 距$p_{\max}$为$\frac{1}{4}b(d)$处的压力 |
| | 梯形分布压力差较小时 | $\sigma_h = $ 距$p_{\max}$为$\frac{1}{3}b(d)$处的压力 |

【小注】计算内容同《公路桥涵地基与基础设计规范》。

## 四、基础沉降

——第 3.2.3 条

### 基础沉降

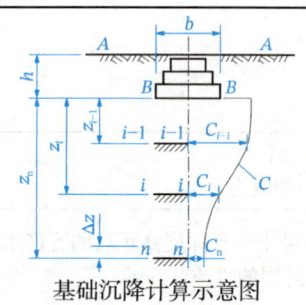

基础沉降计算示意图

桥涵基础的总沉降量（m）：

$$S = m_s \sum_{i=1}^{n} \Delta S_i = m_s \sum_{i=1}^{n} \frac{\sigma_{z(0)}}{E_{si}}(z_i C_i - z_{i-1} C_{i-1})$$

$$\sigma_{z(0)} = \sigma_h - \gamma h$$

【小注】此部分变形计算与《公路桥涵地基与基础设计规范》变形计算部分基本一致，可参照学习，均是采用<u>中点平均附加应力系数</u>，而<u>非角点平均附加应力系数</u>

式中：$n$——基底以下地基沉降计算深度范围内按压缩模量划分的土层分层数目。

$\sigma_{z(0)}$——基础底面处的附加压应力（kPa）。

$\sigma_h$——基底压应力（kPa）。当 $z/b > 1$ 时，$\sigma_h$ 采用基底平均压应力；当 $z/b \leqslant 1$ 时，$\sigma_h$ 采用基底压应力图形中距最大应力点 $b/4 \sim b/3$ 处的压应力，$b$ 为基础<u>短边尺寸</u>（m）。

$b$——基础的宽度（m）。

$\gamma$——土的容重（kN/m³）。

$h$——基底埋置深度（m）。①当基础受水流冲刷时，由一般冲刷线算起；②当不受水流冲刷时，由天然地面算起；③如位于挖方内，则由开挖后地面算起。

$z$——基底至计算土层顶面的距离（m）。

$z_i$、$z_{i-1}$——基底至第 $i$ 和第 $i-1$ 层底面的距离（m）；地基沉降计算总深度 $z_n$ 的确定，应符合下列规定。当计算土层下部仍有较软土层时，应继续计算。

$\Delta S_n$——深度 $z_n$ 处，向上取厚度为 $\Delta z$ 的土层沉降值。

$\Delta S_i$——计算深度范围内，第 $i$ 层土的沉降量。

$$\Delta S_n \leqslant 0.025 \sum_{i=1}^{n} \Delta S_i$$

| 基底宽度 $b$（m） | $\leqslant 2$ | $2 < b \leqslant 4$ | $4 < b \leqslant 8$ | $b > 8$ |
|---|---|---|---|---|
| $\Delta z$（m） | 0.3 | 0.6 | 0.8 | 1.0 |

$E_{si}$——基础底面以下受压土层内第 $i$ 层的压缩模量，根据压缩曲线按实际压力范围取值（kPa）。

$C_i$、$C_{i-1}$——基础底面至第 $i$ 层底面范围内和至第 $i-1$ 层底面范围内的平均附加应力系数，可按本书第二章或规范附录B查得，<u>采用中点平均附加应力系数</u>，而非角点平均附加应力系数。

$m_s$——沉降经验修正系数，见下表，根据地区沉降观测资料及经验确定，无地区经验时可按规范表 3.2.3-2 采用，对于软土地基 $m_s$ 不得小于 1.3

### 沉降经验修正系数 $m_s$

| 基础底面处附加压应力 $\sigma_{z(0)}$（kPa） | 地基压缩模量当量值 $\overline{E}_s$（kPa） | | | | |
|---|---|---|---|---|---|
| | 2500 | 4000 | 7000 | 15000 | 20000 |
| $\sigma_{z(0)} \geqslant \sigma_0$ | 1.4 | 1.3 | 1.0 | 0.4 | 0.2 |
| $\sigma_{z(0)} \leqslant 0.75\sigma_0$ | 1.1 | 1.0 | 0.7 | 0.4 | 0.2 |

【表注】①$\overline{E}_s$ 为沉降计算总深度 $z_n$ 内地基压缩模量的当量值，可按下式确定：

$$\overline{E}_s = \frac{\sum A_i}{\sum \dfrac{A_i}{E_{si}}}$$

式中：$A_i$——第$i$层土平均附加应力系数沿该土层厚度的积分值，即第$i$层土的平均附加应力系数面积。

②$\sigma_{z(0)}$为基础底面处的附加压应力，$\sigma_{z(0)} = \sigma_h - \gamma h$，$\sigma_h$为基底压应力，近似地取基底压应力图形中距最大压应力为$\frac{b}{4} \sim \frac{b}{3}$处的压应力，$b$为基础短边尺寸。

③$\sigma_0$为基底处地基基本承载力。

## 五、基础稳定性验算

——第3.1条

**基础稳定性验算**

**（1）抗滑动稳定性验算**

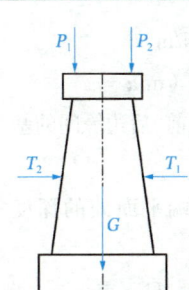

桥墩台基础抗滑动稳定性系数$K_c$：

$$K_c = \frac{f\sum R}{\sum T_i}(K_c \geqslant 1.3，施工荷载作用下 K_c \geqslant 1.2)$$

【小注】①$P_i$为竖向力，勿忘基础自重；

②$f$为基础底面与地基土之间的摩擦系数，查下表

| 地基土分类 | 黏性土 | | | 粉土 | 砂类土 | 碎石类土 | 软质岩 | 硬质岩 |
|---|---|---|---|---|---|---|---|---|
| | 软塑 | 硬塑 | 坚硬 | | | | | |
| $f$ | 0.25 | 0.3 | 0.3~0.4 | 0.3~0.4 | 0.4 | 0.5 | 0.4~0.6 | 0.6~0.7 |

$T_i$——各水平力（kN），均计入分母，与《公路桥涵地基与基础设计规范》不同

**（2）抗倾覆稳定性验算（下述为单向偏心，双向偏心由几何关系确定）**

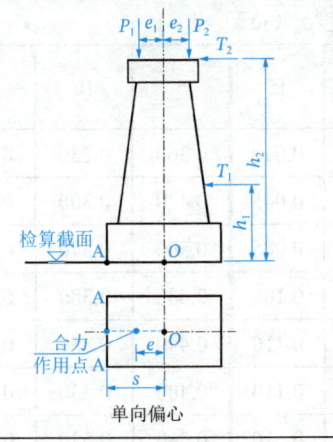

基础的倾覆稳定系数$K_0$：

$$K_0 = \frac{s\sum P_i}{\sum P_i e_i + \sum T_i h_i} = \frac{s}{e} \Leftarrow e = \frac{M}{N}$$

（$K_0 \geqslant 1.5$，施工荷载作用下$K_0 \geqslant 1.2$）

式中：$e$——所有外力合力$R$的作用点至截面重心的距离（m）；

$s$——在沿截面重心与合力作用点的连接线上，自截面重心至检算倾覆轴的距离（m）；

$P_i$——各竖直力（kN），勿忘基础自重；

$e_i$——各竖直力$P_i$对检算截面重心的力臂（m）；

$T_i$——各水平力（kN）；

$h_i$——水平力$T_i$对检算截面的力臂（m）

拱桥桥墩基础应按施工过程中可能产生的单侧横推力进行验算，倾覆和滑动稳定系数不小于1.2，地基容许承载力可较计算主力时的容许承载力提高40%。

## 六、台后路基对桥台基底附加竖向压应力

——附录 F

台后路基及台前锥体对桥台基底前后边缘的附加竖向压应力按下列规定计算：

### 台后路基对桥台基底附加竖向压应力

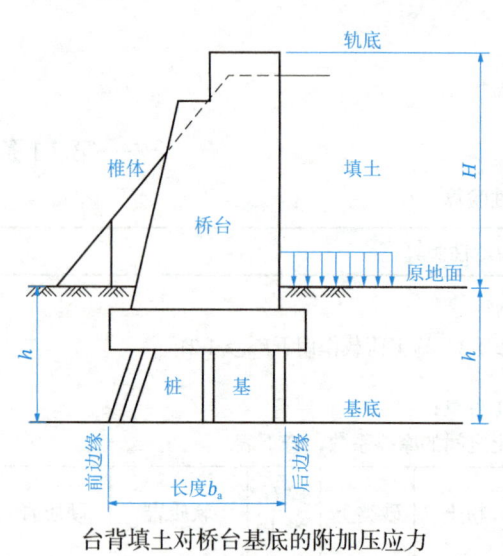

台背填土对桥台基底的附加压应力

$$\sigma = \alpha \gamma H$$

【小注】①无锥体填土时，直接利用 $\sigma = \alpha\gamma H$ 计算基底前、后边缘的附加压应力，前、后边缘的系数 $\alpha$ 不同。

②有锥体填土时，建议按《公路桥涵地基与基础设计规范》内容进行计算。

式中：$\sigma$——台后路基填土产生的附加竖向压应力（kPa）；

$\gamma$——路基填土的重度（$kN/m^3$）；

$H$——台背路基填土的高度（m）；

$b_a$——基底或桩端平面处的前、后边缘间的基础长度（m）；

$h$——原地面至基底或桩端平面处的深度（m）；

$\alpha$——附加竖向压应力系数，见下表

### 附加竖向压应力系数 $\alpha$

| 基础前后缘 | 路基填土高度 $H$（m） | 5 | | 10 | | | 20 | | |
|---|---|---|---|---|---|---|---|---|---|
| | 距地面深度 $h$（m） | 基础长度 $b_a$（m） | | | | | | | |
| | | 5 | 10 | 5 | 10 | 15 | 5 | 10 | 15 |
| 前缘 | 5 | 0.100 | 0.020 | 0.250 | 0.040 | 0.010 | 0.360 | 0.230 | 0.120 |
| | 10 | 0.170 | 0.060 | 0.320 | 0.130 | 0.045 | 0.430 | 0.300 | 0.170 |
| | 15 | 0.170 | 0.090 | 0.310 | 0.170 | 0.085 | 0.500 | 0.370 | 0.240 |
| | 20 | 0.150 | 0.095 | 0.260 | 0.160 | 0.100 | 0.480 | 0.380 | 0.260 |
| | 25 | 0.140 | 0.090 | 0.240 | 0.160 | 0.110 | 0.440 | 0.350 | 0.260 |
| | 30 | 0.120 | 0.085 | 0.200 | 0.150 | 0.110 | 0.400 | 0.330 | 0.260 |
| 后缘 | 5 | 0.480 | 0.480 | 0.520 | 0.510 | 0.510 | 0.540 | 0.520 | 0.510 |
| | 10 | 0.380 | 0.380 | 0.510 | 0.490 | 0.490 | 0.580 | 0.550 | 0.540 |
| | 15 | 0.290 | 0.290 | 0.440 | 0.420 | 0.420 | 0.590 | 0.560 | 0.550 |
| | 20 | 0.220 | 0.220 | 0.360 | 0.350 | 0.350 | 0.560 | 0.540 | 0.530 |
| | 25 | 0.190 | 0.190 | 0.300 | 0.290 | 0.290 | 0.500 | 0.490 | 0.480 |
| | 30 | 0.150 | 0.150 | 0.250 | 0.250 | 0.250 | 0.450 | 0.440 | 0.430 |

# 第九章

# 水运工程地基设计规范（浅基础）

## 一、作用于计算面上的应力

——第 5.2 节

**作用于计算面上的应力**

验算地基承载力时，无抛石基床的水工建筑物应以建筑物结构底面为计算面；有抛石基床的水工建筑物基础应以抛石基床底面为计算面

| （1）抛石基床底面的计算宽度 $B_e = B_1 + 2d$ | 式中：$B_e$——计算面宽度（m）； $B_1$——建筑物底面即抛石基床顶面的实际受压宽度（m）； $d$——抛石基床厚度（m） |
|---|---|
| （2）计算面的竖向应力可按线性分布考虑，其后端、前端的竖向应力： $p_{v1} = \dfrac{B_1}{B_e} p_1 + \gamma d;\ p_{v2} = \dfrac{B_1}{B_e} p_2 + \gamma d$ | 式中：$p_{v1}$、$p_{v2}$——计算面后端、前端竖向应力标准值（kPa）； $p_1$、$p_2$——建筑物底面后踵、前趾竖向应力标准值（kPa）； $\gamma$——抛石体的重度标准值（kN/m³），水下用浮重度 |
| （3）计算面合力的倾斜率可按下式计算： $\tan\delta = \dfrac{H_k}{V_k}$ | 式中：$\delta$——作用于计算面上的合力方向与竖向的夹角（°）； $H_k$——作用于计算面以上的水平合力标准值（kN/m），对重力式码头，$H_k$ 应包括基床厚度范围内的主动土压力，对直立式防坡堤可不计土压力； $V_k$——作用于计算面上的竖向合力标准值（kN/m） |

**笔记区**

## 二、地基承载力计算

——第 5.3 节、附录 G

**地基承载力计算**

地基承载力应按极限状态验算,并应结合原位测试和实践经验综合确定。
对岩石、碎石、砂土等非黏性土地基或安全等级为三级的建筑物亦可按附录 G 确定

(1)当作用于基础底面的合力为偏心时,根据偏心矩将基础面积或宽度化为中心受荷的有效面积(对矩形基础)或有效宽度(对条形基础)。对有抛石基床的港口工程建筑物基础,以抛石基床底面作为基础底面,该基础底面的有效面积或有效宽度应按下列公式计算:

①对矩形基础:$A_e = B'_{re} L'_{re} = (B'_{r1} - 2e'_B)(L'_{r1} - 2e'_L)$
$$B'_{re} = B'_{r1} - 2e'_B, \ L'_{re} = L'_{r1} - 2e'_L; \ B'_{r1} = B_{r1} + 2d, \ L'_{r1} = L_{r1} + 2d$$

式中:$A_e$——基础的有效面积(m²);
　　　$d$——抛石基床厚度(m);
　　$B_{r1}$、$L_{r1}$——分别为矩形基础墙底面处的实际受压宽度(m)和长度(m),应根据墙底合力作用点与墙前趾的距离ζ按《重力式码头设计与施工规范》有关规定确定;
　　$B'_{r1}$、$L'_{r1}$——分别为矩形基础墙底面扩散至抛石基床底面处的受压宽度(m)和长度(m);
　　$B'_{re}$、$L'_{re}$——分别为矩形基础墙底面扩散至抛石基床底面处的有效受压宽度(m)和长度(m);
　　$e'_B$、$e'_L$——分别作用于矩形基础抛石基床底面上的合力标准值(包括抛石基床重量)在$B'_{re}$和$L'_{re}$方向的偏心矩(m)

②对于条形基础($L'_{re}/B'_{re} \geq 10$):$B'_e = B'_1 - 2e'; \ B'_1 = B_1 + 2d$

式中:$B'_e$——条形基础抛石基床底面处的有效受压宽度(m);
　　　$B'_1$——条形基础抛石基床底面处的受压宽度(m);
　　　$B_1$——墙底面处的实际受压宽度(m),按《重力式码头设计与施工规范》规定确定;
　　　$e'$——抛石基床底面合力标准值的偏心矩(m),按《重力式码头设计与施工规范》规定确定

(2)当条形基础有效宽度大于 3m 或基础埋深大于 1.5m 时,由表 G.0.3-1~表 G.0.3-3 查得的承载力设计值,应按下式进行修正:
$$f'_d = f_d + m_B \gamma_1 (B'_e - 3) + m_D \gamma_2 (D - 1.5)$$

式中:$f'_d$——修正后地基承载力设计值(kPa);
　　　$f_d$——由表查得的地基承载力设计值(kPa);
　　　$\gamma_1$——基础底面以下土的重度,水下用浮重度(kN/m³);
　　　$\gamma_2$——基础底面以上土的加权平均重度,水下用浮重度(kN/m³);
　　　$m_B$——基础宽度的承载力修正系数,见下表;
　　　$m_D$——基础埋深的承载力修正系数,见下表;
　　　$B'_e$——基础有效宽度(m);当宽度小于 3m 时,取 3m;大于 8m 时,取 8m;
　　　$D$——基础埋深(m),当埋深小于 1.5m 时,取 1.5m,如果是抛石基床,$D$应取抛石基床底的埋深

**基础宽度和埋深的承载力修正系数 $m_B$、$m_D$**

| 土类 | | tan δ | | | | | |
|---|---|---|---|---|---|---|---|
| | | 0 | | 0.2 | | 0.4 | |
| | | $m_B$ | $m_D$ | $m_B$ | $m_D$ | $m_B$ | $m_D$ |
| 砂土 | 细砂、粉砂 | 2.0 | 3.0 | 1.6 | 2.5 | 0.6 | 1.2 |
| | 砾砂、粗砂、中砂 | 4.0 | 5.0 | 3.5 | 4.5 | 1.8 | 2.4 |
| | 碎石土 | 5.0 | 6.0 | 4.0 | 5.0 | 1.8 | 2.4 |

【表注】①δ 为合力方向与竖直的夹角（°），见上一页第一部分（即为规范第 5.2.3 条）。
②微风化、中等风化岩石不修正；强风化岩石的修正系数按相近的土类采用

（3）按基础的有效面积或有效宽度计算垂直平均压力设计值应满足下列要求：

矩形基础：$\sigma_d = \dfrac{V'_d}{A_e} \leqslant f'_d$ 　　条形基础：$\sigma_d = \dfrac{V'_d}{B'_e} \leqslant f'_d$

式中：$\sigma_d$——作用于基础底面，单位有效面积的平均压力设计值（kPa）；
$V'_d$——对于矩形基础为作用于基础底面上的竖向合力设计值（kN），对于条形基础为作用于基础底面单位宽度（m）上竖向合力的设计值（kN/m）；
$f'_d$——修正后地基承载力设计值（kPa）；
$A_e$——矩形基础的有效面积（m²）；
$B'_e$——条形基础的有效宽度（m）

（4）设计值和标准值转化：
$V_d = \gamma_s V_k$

式中：$V_d$——作用于计算面上竖向合力的设计值（kN/m）；
$\gamma_s$——作用综合分项系数，可取 1.0；
$V_k$——作用于计算面上竖向合力的标准值（kN/m）

（5）地基承载力应按极限状态设计表达式验算：
$\gamma_0 V_d \leqslant \dfrac{1}{\gamma_R} F_k$

式中：$\gamma_0$——重要性系数，安全等级为一级、二级、三级的建筑物分别取 1.1、1.0、1.0；
$\gamma_R$——抗力分项系数，见下表；
$F_k$——计算面上地基承载力的竖向合力标准值（kN/m）

**抗力分项系数**

| 设计状况 | 强度指标 | 抗力分项系数 $\gamma_R$ | 说明 |
|---|---|---|---|
| 持久状况 | 直剪固结快剪或三轴固结不排水剪 | 2.0～3.0 | — |
| 短暂状况 | 十字板剪或三轴固结不排水剪 | 1.5～2.0 | 有经验时可采用直剪快剪 |

【表注】①持久状况时，安全等级为一、二级的建筑物取较高值，安全等级为三级的建筑物取较低值，以黏性土为主的地基取较高值，以砂土为主的地基取较低值，基床较厚取较高值。
②短暂状况时，由砂土和饱和软黏土组成的非均质地基取高值，以波浪力为主导可变作用时取较高值。

# 第三篇

# 深基础

## 《建筑桩基技术规范》知识点分级

| 名称 | | | 模块一：桩基承载力计算 | | 模块二：桩基沉降计算 | 模块三：承台内力计算 |
|---|---|---|---|---|---|---|
| 内容分布 | 竖向承载力计算 | 1 | 静载试验★★ | | 密桩★★★ | 剪切★★★ |
| | | 2 | 单桥、双桥静力触探★★★ | | 单桩★★ | 冲切★ |
| | | 3 | 经验法★★★★ | | 减沉复合梳桩★★★ | 受弯★★★ |
| | | 4 | 大直径桩★★★★ | | | |
| | | 5 | 钢管桩★★★★ | | | |
| | | 6 | 混凝土空心桩★★★★ | | | |
| | | 7 | 嵌岩桩★★★★ | | | |
| | | 8 | 后注浆★★★★ | | | |
| | | 9 | 液化桩承载力★★★★ | | | |
| | | 10 | 桩顶作用效应计算★★★ | 结合考 | | |
| | | 11 | 承载力验算★★★ | | | |
| | | 12 | 软弱下卧层验算★★★★ | 特殊条件下 | | |
| | | 13 | 负摩阻力★★★★★ | | | |
| | | 14 | 抗拔桩★★★★ | | | |
| | | 15 | 桩身承载力验算★★★★ | | | |
| | 水平 | 16 | 水平力承载力计算★★★ | | | |

# 第十章

# 建筑桩基技术规范

## 第一节 基桩分类及构造

### 一、基桩分类

——第 3.3.1 条

**基桩分类**

| | | |
|---|---|---|
| 按承载性状分类 | ①摩擦型桩 | 摩擦桩：在承载能力极限状态下，桩顶竖向荷载由桩侧阻力承受，桩端阻力小到可忽略不计。<br>端承摩擦桩：在承载能力极限状态下，桩顶竖向荷载主要由桩侧阻力承受 |
| | ②端承型桩 | 端承桩：在承载能力极限状态下，桩顶竖向荷载由桩端阻力承受，桩侧阻力小到可忽略不计。<br>摩擦端承桩：在承载能力极限状态下，桩顶竖向荷载主要由桩端阻力承受 |
| 按成桩方法分类 | ①非挤土桩 | 完全排土，桩的体积等于排出土的体积，干作业法钻（挖）孔灌注桩、泥浆护壁法钻（挖）孔灌注桩、套管护壁法钻（挖）孔灌注桩 |
| | ②部分挤土桩 | 部分排土，桩的体积大于排出土的体积，冲孔灌注桩、钻孔挤扩灌注桩、搅拌劲芯桩、预钻孔打入（静压）预制桩、打入（静压）式敞口钢管桩、敞口预应力混凝土空心桩和 H 型钢桩、长螺旋压灌灌注桩 |
| | ③挤土桩 | 不排土，沉管灌注桩、沉管夯（挤）扩灌注桩、打入（静压）预制桩、闭口预应力混凝土空心桩和闭口钢管桩 |
| 按桩径大小分类 | ①小直径桩 | $d \leqslant 250mm$ |
| | ②中等直径桩 | $250mm < d < 800mm$ |
| | ③大直径桩 | $d \geqslant 800mm$ |

### 二、基桩的中心距要求

——第 3.3.3 条

**基桩的中心距要求**

| 土类与成桩工艺 | | 排数不少于 3 排且桩数不少于 9 根的桩基摩擦桩 | 其他情况 |
|---|---|---|---|
| 非挤土灌注桩 | 非端承桩 | $3.0d$ | $3.0d$ |
| | 端承桩 | — | $2.5d$ |
| 部分挤土桩 | 非饱和土、饱和非黏性土 | $3.5d$ | $3.0d$ |
| | 饱和黏性土 | $4.0d$ | $3.5d$ |
| 挤土桩 | 非饱和土、饱和非黏性土 | $4.0d$ | $3.5d$ |
| | 饱和黏性土 | $4.5d$ | $4.0d$ |
| 钻、挖孔扩底桩 | $D \leqslant 2m$ | $2D$ | $1.5D$ |
| | $D > 2m$ | $D + 2.0m$ | $D + 1.5m$ |

续表

| 土类与成桩工艺 | | 排数不少于3排且桩数不少于9根的桩基摩擦桩 | 其他情况 |
|---|---|---|---|
| 沉管夯扩、钻孔挤扩 | 非饱和土、饱和非黏性土 | 2.2D且4.0d | 2.0D且3.5d |
| | 饱和黏性土 | 2.5D且4.5d | 2.2D且4.0d |

【表注】①$d$——圆桩（方桩）设计直径（边长）；$D$——扩大端设计直径；②当纵横向桩距不相等时，其最小中心距应满足"其他情况"一栏的规定。

## 三、桩长要求

——第 3.3.3、3.3.4、3.4.6 条

**桩长要求**

| 桩端土类 | | 桩长构造要求 | |
|---|---|---|---|
| | | 无软弱下卧层时 | 有软弱下卧层时 |
| 黏性土、粉土 | | 桩端全断面进入持力层深度 $\geqslant 2.0d$ | 桩端以下硬持力层厚度 $\geqslant 3.0d$ |
| 砂土 | | 桩端全断面进入持力层深度 $\geqslant 1.5d$ | |
| 碎石类土 | | 桩端全断面进入持力层深度 $\geqslant 1.0d$ | |
| 嵌岩 | 嵌入倾斜的完整和较完整岩 | 桩端全断面进入持力层深度 $\geqslant \max(0.4d, 0.5m)$ | |
| | 嵌入平整、完整的坚硬岩和较硬岩 | 桩端全断面进入持力层深度 $\geqslant \max(0.2d, 0.2m)$ | |
| 抗震区 | 季节性冻土 | 桩端全断面进入冻深线以下深度 $\geqslant \max(4d, 1D, 1.5m)$ | |
| | 膨胀土 | 桩端全断面进入大气影响急剧层以下深度 $\geqslant \max(4d, 1D, 1.5m)$ | |
| | 碎石土、砾、粗、中砂，密实粉土，坚硬黏性土 | 桩端进入液化土层以下稳定土层深度 $\geqslant (2\sim3)d$ | |
| | 其他非岩石土 | 桩端进入液化土层以下稳定土层深度 $\geqslant (4\sim5)d$ | |

## 四、混凝土强度要求

——第 4.1.2、3.5.2 条

**混凝土强度要求**

| 灌注桩桩身混凝土 | $\geqslant C25$ |
|---|---|
| 混凝土预制桩桩尖 | $\geqslant C30$ |
| 设计使用年限为50年的桩基桩身在二b类环境及三类环境中 | $\geqslant C30$ |

## 五、配筋率及长度要求

——第 4.1.1 条

**配筋长度要求**

灌注桩配筋率：当桩身直径为 300～2000mm 时，正截面配筋率可取 0.2%～0.65%（小直径桩取高值）；对受荷载特别大的桩、抗拔桩和嵌岩端承桩应根据计算确定配筋率，并不应小于上述规定值。

采用锤击法沉桩时，预制桩的最小配筋率不宜小于 0.8%；采用静压法沉桩时，最小配筋率不宜小于 0.6%

| | | |
|---|---|---|
| 位于坡地、岸边的基桩和端承型桩 | | 通长配筋 |
| 摩擦型灌注桩 | 无水平荷载 | $\geqslant \frac{2}{3}$桩长 |
| 摩擦型灌注桩 | 受水平荷载 | $\geqslant \frac{2}{3}$桩长且 $\geqslant \frac{4.0}{\alpha}$；$\alpha = \sqrt[5]{\frac{mb_0}{EI}} = \left(\frac{mb_0}{EI}\right)^{0.2}$<br>其中：$\alpha$——桩的水平变形系数(1/m) |
| 地震作用基桩 | 碎石土、砾、粗、中砂，密实粉土，坚硬黏性土 | 应穿过可液化土层和软弱土层，进入稳定土层的深度 $\geqslant (2\sim3)d$ |
| 地震作用基桩 | 其他非岩石土 | 应穿过可液化土层和软弱土层，进入稳定土层的深度 $\geqslant (4\sim5)d$ |
| 受负摩阻力的桩 | | 应穿过软弱土层，进入稳定土层的深度 $\geqslant (2\sim3)d$ |
| 抗拔桩及因地震作用、冻胀或膨胀力作用而受拔力的桩 | | 通长配筋 |

## 六、勘探深度

——第 3.2.2 条

**勘探深度**

| 桩类型 | | 勘探深度 |
|---|---|---|
| 非嵌岩桩 | 控制性孔 | 穿透桩端平面以下压缩层厚度 |
| 非嵌岩桩 | 一般性勘孔 | 深入预制桩端平面以下 3～5 倍桩身设计直径，且不得小于 3m |
| 非嵌岩桩 | 大直径桩 | 不得小于 5m |
| 嵌岩桩 | 控制性钻孔 | 深入预制桩端平面以下不小于 3～5 倍桩身设计直径 |
| 嵌岩桩 | 一般性钻孔 | 深入预制桩端平面以下不小于 1～3 倍桩身设计直径 |
| 嵌岩桩 | 持力层较薄 | 应有部分钻孔钻穿持力岩层；<br>在岩溶、断层破碎带地区，应查明溶洞、溶沟、溶槽、石笋等的分布情况，钻孔应钻穿溶洞或断层破碎带进入稳定土层，进入深度应满足上述控制性钻孔和一般性钻孔的要求 |

宜布置 1/3～1/2 的勘探孔为控制性孔。
①设计等级为甲级的建筑桩基，至少应布置 3 个控制性孔；
②设计等级为乙级的建筑桩基，至少应布置 2 个控制性孔

## 七、扩底桩构造要求及桩基设计等级

——第 4.1.3 条

### 扩底桩构造要求

| | |
|---|---|
| 持力层承载力较高、上覆土层较差的抗压桩和桩端以上有一定厚度较好土层的抗拔桩，可采用扩底 | 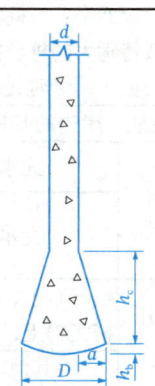 |
| （1）扩底端直径与桩身直径之比$D/d$，应根据承载力要求及扩底端侧面和桩端持力层土性特征以及扩底施工方法确定：<br>　　　　挖孔桩的$D/d ⩽ 3$；<br>　　　　钻孔桩的$D/d ⩽ 2.5$<br>（2）扩底端侧面的斜率应根据实际成孔及土体自立条件确定：<br>　　$a/h_c = 1/4 \sim 1/2$，砂土可取 1/4，粉土、黏性土可取 $1/3 \sim 1/2$。<br>（3）抗压桩扩底端底面宜呈锅底形，矢高$h_b = (0.15 \sim 0.20)D$ | |

### 建筑桩基设计等级（表 3.1.2）

| 设计等级 | 建筑类型 |
|---|---|
| 甲级 | （1）重要的建筑；<br>（2）30 层以上或高度超过 100m 的高层建筑；<br>（3）体型复杂且层数相差超过 10 层的高低层（含纯地下室）连体建筑；<br>（4）20 层以上框架-核心筒结构及其他对差异沉降有特殊要求的建筑；<br>（5）场地和地基条件复杂的 7 层以上的一般建筑及坡地、岸边建筑；<br>（6）对相邻既有工程影响较大的建筑 |
| 乙级 | 除甲级、丙级以外的建筑 |
| 丙级 | 场地和地基条件简单、荷载分布均匀的 7 层及 7 层以下的一般建筑 |

## 第二节 桩基承载力计算

### 一、单桩竖向极限承载力标准值

#### （一）原位测试法——适用预制桩

（1）单桥静力触探法——第 5.3.3 条

单桥探头静力触探确定混凝土预制桩竖向极限承载力标准值$Q_{uk}$时，主要是测定各土层"比贯入阻力$p_s$"进行计算。

| 简图 | 土层类别 | | 土层$p_s$（kPa） | 土层$q_{sik}$（kPa） |
|---|---|---|---|---|
| （图示：地面以下6m，I 黏性土 $p_s$；II 粉土或砂土 $p_s$；III 黏性土 $p_s$；IV 粉土或砂土 $p_s$。图中$p_s$指所要计算土层的静力触探比贯入值，而非桩端处的，区别$p_{sk}$） | \multicolumn{5}{l}{$Q_{uk}$ = 总极限侧阻力标准值$Q_{sk}$ + 总极限端阻力标准值$Q_{pk}$ = $u\sum q_{sik}l_i + \alpha p_{sk}A_p$} |
| | \multicolumn{4}{c}{（1）计算侧阻力$q_{sik}$（kPa）} |
| | \multicolumn{2}{l}{地表以下 6m} | 任意土 | 15 |
| | I 类 | 无粉土及砂土层的黏性土；粉土或砂土层以上的黏性土 | $p_s \leqslant 1000$ | $0.05p_s$ |
| | | | $1000 < p_s < 4000$ | $0.025p_s + 25$ |
| | | | $p_s \geqslant 4000$ | 125 |
| | II 类 | 被穿透的粉土或砂土 | $p_s < 5000$ | $\eta_s \times 0.02p_s$ |
| | | | $p_s \geqslant 5000$ | $\eta_s \times 100$ |
| | III 类 | 紧邻粉土或砂土层以下的黏性土；粉土或砂土层之间的黏性土 | $p_s \leqslant 600$ | $0.05p_s$ |
| | | | $600 < p_s < 5000$ | $0.016p_s + 20.45$ |
| | | | $p_s \geqslant 5000$ | 100 |
| | IV 类 | 未被穿透的粉土或砂土 | $p_s < 5000$ | $0.02p_s$ |
| | | | $p_s \geqslant 5000$ | 100 |
| | II 类中 $\eta_s$ | $\dfrac{\text{被穿透的粉土或砂土}\, p_s}{\text{其下卧层的}\, p_s}$ | $\leqslant 5$ | 7.5 | $\geqslant 10$ |
| | | $\eta_s$（可内插） | 1.0 | 0.5 | 0.33 |

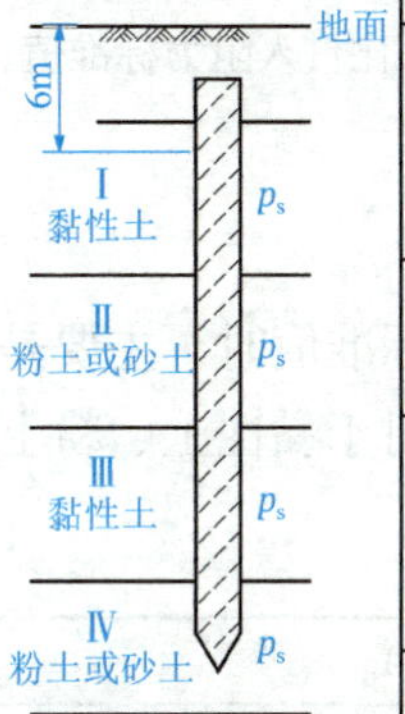

（续）

| | \multicolumn{4}{c}{（2）计算端阻力$p_{sk}$（kPa）} |
|---|---|---|---|---|
| （图示：d，$P_{sk1}$ 8d，$P_{sk2}$ 4d，桩端） | ①$p_{sk1}$ | \multicolumn{3}{l}{桩端以上8d比贯入阻力加权平均（kPa）} |
| | ②$p_{sk2}$ | \multicolumn{3}{l}{桩端以下4d比贯入阻力加权平均（持力层为**密实砂土**取值如下）} |
| | | 密实砂土 | $p_s \leqslant 20$MPa | $p_{sk2} = p_s$ |
| | | | $p_s > 20$MPa | $p_{sk2} = C \cdot p_s$ |
| | | 折减系数$C$（可内插） | $20 < p_s < 30$ | $p_s = 35$ | $p_s > 40$ |
| | | | 5/6 | 2/3 | 1/2 |
| | ③$p_{sk}$ | \multicolumn{3}{l}{$p_{sk1} > p_{sk2}$时    $p_{sk} = p_{sk2}$} |
| | | \multicolumn{3}{l}{$p_{sk1} \leqslant p_{sk2}$时    $p_{sk} = \dfrac{p_{sk1} + \beta p_{sk2}}{2}$} |
| | | 折减系数$\beta$（可内插） | $\dfrac{p_{sk2}}{p_{sk1}} \leqslant 5$ | $\dfrac{p_{sk2}}{p_{sk1}} = 7.5$ | $\dfrac{p_{sk2}}{p_{sk1}} = 12.5$ | $\dfrac{p_{sk2}}{p_{sk1}} \geqslant 15$ |
| | | | 1 | 5/6 | 2/3 | 1/2 |
| | 桩端阻力修正系数$\alpha$（可内插） | 桩长$l < 15$m | 15m$\leqslant$桩长$l \leqslant 30$m | 30m$<$桩长$l \leqslant 60$m |
| | | 0.75 | 0.75~0.90 | 0.90 |

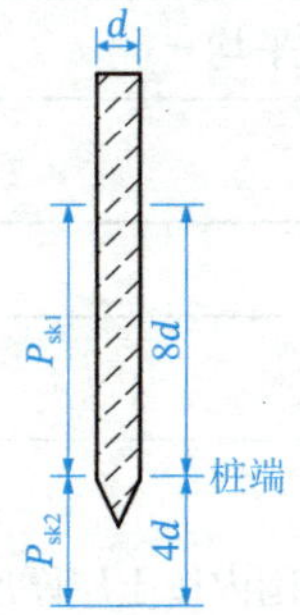

续表

式中：$u$——桩身周长（m）；

$A_p$——桩端面积（m²）；

$l_i$——桩周第$i$层土的厚度（m）；

$\alpha$——桩端阻力修正系数，可按上表取值；

$\beta$——折减系数；

$q_{sik}$——用静力触探比贯入阻力值估算的桩周第$i$层土的极限侧阻力（kPa）；

$p_{sk}$——桩端附近的静力触探比贯入阻力标准值（平均值）（kPa）；

$p_{sk1}$——桩端全截面以上8倍桩径范围内的比贯入阻力平均值（kPa）；

$p_{sk2}$——桩端全截面以下4倍桩径范围内的比贯入阻力平均值（kPa），如桩端持力层为密实的砂土层，其比贯入阻力平均值$p_{sk2}$超过20MPa时，则需将$p_{sk2}$乘以上表中系数$C$予以折减后，再按上式计算$p_{sk}$

【小注】①$l$为桩长，不包括桩尖，《建筑桩基技术规范》均为此规定。②本部分内容历年真题考查2~3次，常见的考查形式为：已知桩周第$i$层土的极限侧阻力，主要比较求解桩端静力触探比贯入阻力标准值，进而求解单桩竖向极限承载力标准值。

（2）双桥静力触探法——第5.3.4条

根据双桥探头静力触探资料确定混凝土预制桩单桩竖向极限承载力标准值时，主要是根据测定的各土层"探头平均侧阻力$f_{si}$"和"探头阻力$q_{ci}$"进行计算，对于黏性土、粉土和砂土，如无当地经验时可按下式计算：

| $Q_{uk} = Q_{sk} + Q_{pk} = u \cdot \sum \beta_i \cdot f_{si} \cdot l_i + \alpha q_c A_p \Rightarrow Q_{uk} = u\sum q_{sik} l_i + \alpha q_c A_p$ | |
|---|---|
| （1）计算侧阻力$q_{sik} = \beta_i \cdot f_{si}$ | |
| 土层类别 | 土层$q_{sik}$（kPa） |
| 黏性土、粉土 | $\beta_i \cdot f_{si} = 10.04(f_{si})^{-0.55} \times f_{si} \Leftarrow \beta_i = 10.04(f_{si})^{-0.55}$ |
| 砂土 | $\beta_i \cdot f_{si} = 5.05(f_{si})^{-0.45} \times f_{si} \Leftarrow \beta_i = 5.05(f_{si})^{-0.45}$ |
| | （2）计算端阻力$q_c$ |
| $q_{c1}$ | 桩端以上$4d$范围探头阻力加权平均 |
| $q_{c2}$ | 桩端以下$1d$范围探头阻力加权平均 |
| $q_c$ | $\dfrac{q_{c1}+q_{c2}}{2}$ |
| 桩端修正系数$\alpha$ | 黏性土、粉土 饱和砂土 |
| | $\dfrac{2}{3}$ $\dfrac{1}{2}$ |

式中：$f_{si}$——第$i$层土的探头平均侧阻力（kPa）；

$q_c$——桩端平面上、下探头阻力，取桩端平面以上$4d$（$d$为桩的直径或边长）范围内按土层厚度的探头阻力加权平均值（kPa），然后再和桩端平面以下（$1.0 \times d$）范围内的探头阻力进行平均；

$\beta_i$——第$i$层土桩侧阻力综合修正系数，黏性土、粉土：$\beta_i = 10.04(f_{si})^{-0.55}$；砂土：$\beta_i = 5.05(f_{si})^{-0.45}$

## （二）经验参数法

——第 5.3.5、5.3.6 条

**普通桩 + 大直径桩**

| 普通桩：$d \leqslant 800\text{mm}$ 时 | $Q_{uk} = Q_{sk} + Q_{pk} = u\sum q_{sik}l_i + q_{pk}A_p$ |
|---|---|
| 大直径桩：$d > 800\text{mm}$ 时 | $Q_{uk} = Q_{sk} + Q_{pk} = u\sum \psi_{si}q_{sik}l_i + \psi_p q_{pk}A_p$ |

| 参数说明 | | | |
|---|---|---|---|
| ①侧阻力系数 $\psi_{si}$ | 土层类别 | 桩型 | 计算值 |
| | 黏性土、粉土 | 任意 | $\left(\dfrac{0.8}{d}\right)^{1/5}$ |
| | 砂土、碎石土 | | $\left(\dfrac{0.8}{d}\right)^{1/3}$ |
| ②端阻力系数 $\psi_p$ | 黏性土、粉土 | 扩底桩 | $\left(\dfrac{0.8}{D}\right)^{1/4}$ |
| | 砂土、碎石土 | | $\left(\dfrac{0.8}{D}\right)^{1/3}$ |
| | 黏性土、粉土 | 非扩底桩 | $\left(\dfrac{0.8}{d}\right)^{1/4}$ |
| | 砂土、碎石土 | | $\left(\dfrac{0.8}{d}\right)^{1/3}$ |
| ③桩身周长 $u$（m） | 人工挖孔振捣密实混凝土护壁 | | $\pi(d+2t) \Leftarrow t$ 为混凝土护壁厚度 |
| | 其他情况 | | $\pi d$ |
| ④桩底面积 $A_p$（m²） | 扩底桩 | | $\dfrac{\pi}{4}D^2$ |
| | 其他 | | $\dfrac{\pi}{4}d^2$ |
| ⑤侧阻计算长度 $l_i$（m） | 扩底桩 | | ①人工挖孔振捣密实混凝土护壁：不计 $h + 2(d+2t)$ 范围侧阻；<br>②其他情况：不计 $h + 2d$ 范围侧阻 |
| | 其他 | | 全桩长度 |

式中：$q_{sik}$——桩侧第 $i$ 层土的极限侧阻力标准值（kPa）；

$q_{pk}$——桩端持力层的极限端阻力标准值（kPa）；

$l_i$——桩身位于第 $i$ 层土的长度（m）

【小注】①此效应系数应为折减系数，因为桩成孔后产生应力释放，孔壁出现松弛变形，导致大直径桩的侧阻力有所降低；端阻力多为以压剪变形为主导的渐进破坏，桩端阻力随桩径增大而减小。

②对于嵌入基岩的大直径嵌岩灌注桩，无需考虑端阻与侧阻尺寸效应。

③"当人工挖孔桩桩周护壁为振捣密实的混凝土时，桩周长可按护壁外直径计算"：认为桩径即为护壁外径（即为：内径 $d$ +2$t$，$t$ 为护壁厚度），则计算以下参数均采用护壁外径：周长 $u$、$\psi_{si}$ 以及对于扩底桩计算 $q_{sik}$ 时，$2d$ 以上范围。

**大直径桩尺寸效应系数 $\psi_{si}$、$\psi_p$**

| $d/D$ (m) | 尺寸效应系数 | 0.9 | 1.0 | 1.1 | 1.2 | 1.3 | 1.4 | 1.5 | 1.6 | 1.7 | 1.8 | 1.9 | 2.0 |
|---|---|---|---|---|---|---|---|---|---|---|---|---|---|
| 黏性土 粉土 | $\psi_{si}$ $(0.8/d)^{1/5}$ | 0.977 | 0.956 | 0.938 | 0.922 | 0.907 | 0.894 | 0.882 | 0.871 | 0.860 | 0.850 | 0.841 | 0.833 |
| | $\psi_p$ $(0.8/D)^{1/4}$ | 0.971 | 0.946 | 0.923 | 0.904 | 0.886 | 0.869 | 0.855 | 0.841 | 0.828 | 0.816 | 0.806 | 0.795 |
| $d/D$ (m) | 尺寸效应系数 | 0.9 | 1.0 | 1.1 | 1.2 | 1.3 | 1.4 | 1.5 | 1.6 | 1.7 | 1.8 | 1.9 | 2.0 |
| 砂土 碎石土 | $\psi_{si}$ $(0.8/d)^{1/3}$ | 0.961 | 0.928 | 0.899 | 0.874 | 0.851 | 0.830 | 0.811 | 0.794 | 0.788 | 0.763 | 0.750 | 0.737 |
| | $\psi_p$ $(0.8/D)^{1/3}$ | 0.961 | 0.928 | 0.899 | 0.874 | 0.851 | 0.830 | 0.811 | 0.794 | 0.788 | 0.763 | 0.750 | 0.737 |

【表注】$D$ 为扩底桩直径，等直径时：$D = d$；$d$ 对于人工挖孔桩振捣密实混凝土护壁，$d$ 应用 $d + 2t$ 替代。

**桩的极限侧阻力标准值 $q_{sik}$（kPa）**

| 土的名称 | 土的状态 | | 混凝土预制桩 | 泥浆护壁钻（冲）孔桩 | 干作业钻孔桩 |
|---|---|---|---|---|---|
| 填土 | 未完成自重固结 | | 0 | | |
| | 生活垃圾为主 | | 0 | | |
| | 其他 | | 22～30 | 20～28 | 20～28 |
| 淤泥 | | | 14～20 | 12～18 | 12～18 |
| 淤泥质土 | | | 22～30 | 20～28 | 20～28 |
| 黏性土 | 流塑 | $I_L > 1$ | 24～40 | 21～38 | 21～38 |
| | 软塑 | $0.75 < I_L \leq 1$ | 40～55 | 38～53 | 38～53 |
| | 可塑 | $0.5 < I_L \leq 0.75$ | 55～70 | 53～68 | 53～66 |
| | 硬可塑 | $0.25 < I_L \leq 0.5$ | 70～86 | 68～84 | 66～82 |
| | 硬塑 | $0 < I_L \leq 0.25$ | 86～98 | 84～96 | 82～94 |
| | 坚硬 | $I_L \leq 0$ | 98～105 | 96～102 | 94～104 |
| 红黏土 $\alpha_w = \omega/\omega_L$ | | $0.7 < \alpha_w \leq 1$ | 13～32 | 12～30 | 12～30 |
| | | $0.5 < \alpha_w \leq 0.7$ | 32～74 | 30～70 | 30～70 |
| 粉土 | 稍密 | $e > 0.9$ | 26～46 | 24～42 | 24～42 |
| | 中密 | $0.75 \leq e \leq 0.9$ | 46～66 | 42～62 | 42～62 |
| | 密实 | $e < 0.75$ | 66～88 | 62～82 | 62～82 |
| 粉细砂 | 稍密 | $10 < N \leq 15$ | 24～48 | 22～46 | 22～46 |
| | 中密 | $15 < N \leq 30$ | 48～66 | 46～64 | 46～64 |
| | 密实 | $N > 30$ | 66～88 | 64～86 | 64～86 |
| 中砂 | 中密 | $15 < N \leq 30$ | 54～74 | 53～72 | 53～72 |
| | 密实 | $N > 30$ | 74～95 | 72～94 | 72～94 |
| 粗砂 | 中密 | $15 < N \leq 30$ | 74～95 | 74～95 | 76～98 |
| | 密实 | $N > 30$ | 95～116 | 95～116 | 98～120 |
| 砾砂 | 稍密 | $5 < N_{63.5} \leq 15$ | 70～110 | 50～90 | 60～100 |
| | 中密（密实） | $N_{63.5} > 15$ | 116～138 | 116～130 | 112～130 |
| 圆砾、角砾 | 中密、密实 | $N_{63.5} > 10$ | 160～200 | 135～150 | 135～150 |
| 碎石、卵石 | 中密、密实 | $N_{63.5} > 10$ | 200～300 | 140～170 | 150～170 |
| 全风化软质岩 | 母岩 $f_{rk} \leq 15$MPa | $30 < N \leq 50$ | 100～120 | 80～100 | 80～100 |
| 全风化硬质岩 | 母岩 $f_{rk} > 30$MPa | $30 < N \leq 50$ | 140～160 | 120～140 | 120～150 |
| 强风化软质岩 | 母岩 $f_{rk} \leq 15$MPa | $N_{63.5} > 10$ | 160～240 | 140～200 | 140～220 |
| 强风化硬质岩 | 母岩 $f_{rk} > 30$MPa | $N_{63.5} > 10$ | 220～300 | 160～240 | 160～260 |

# 第十章 建筑桩基技术规范

桩的极限端阻力标准值 $q_{pk}$ (kPa)

| 土名称 | 桩型土的状态 | | 混凝土预制桩桩长 $l$ (m) | | | | 泥浆护壁钻(冲)孔桩桩长 $l$ (m) | | | | | 干作业钻孔桩桩长 $l$ (m) | | | |
|---|---|---|---|---|---|---|---|---|---|---|---|---|---|---|---|
| | | | $l \leq 9$ | $9 < l \leq 16$ | $16 < l \leq 30$ | $l > 30$ | $5 \leq l < 10$ | $10 \leq l < 15$ | $15 \leq l < 30$ | $30 \leq l$ | | $5 \leq l < 10$ | $10 \leq l < 15$ | $15 \leq l$ |
| 黏性土 | 软塑 | $0.75 < I_L \leq 1$ | 210~850 | 650~1400 | 1200~1800 | 1300~1900 | 150~250 | 250~300 | 300~450 | 300~450 | | 200~400 | 400~700 | 700~950 |
| | 可塑 | $0.50 < I_L \leq 0.75$ | 850~1700 | 1400~2200 | 1900~2800 | 2300~3600 | 350~450 | 450~600 | 600~750 | 750~800 | | 500~700 | 800~1100 | 1000~1600 |
| | 硬可塑 | $0.25 < I_L \leq 0.50$ | 1500~2300 | 2300~3300 | 2700~3600 | 3600~4400 | 800~900 | 900~1000 | 1000~1200 | 1200~1400 | | 850~1100 | 1500~1700 | 1700~1900 |
| | 硬塑 | $0 < I_L \leq 0.25$ | 2500~3800 | 3800~5500 | 5500~6000 | 6000~6800 | 1100~1200 | 1200~1400 | 1400~1600 | 1600~1800 | | 1600~1800 | 2200~2400 | 2600~2800 |
| 粉土 | 中密 | $0.75 \leq e < 0.9$ | 950~1700 | 1400~2100 | 1900~2700 | 2500~3400 | 300~500 | 500~650 | 650~750 | 750~850 | | 800~1200 | 1200~1400 | 1400~1600 |
| | 密实 | $e < 0.75$ | 1500~2600 | 2100~3000 | 2700~3600 | 3600~4400 | 650~900 | 750~950 | 900~1100 | 1100~1200 | | 1200~1700 | 1400~1900 | 1600~2100 |
| 粉砂 | 稍密 | $10 < N \leq 15$ | 1000~1600 | 1500~2300 | 1900~2700 | 2100~3000 | 350~500 | 450~600 | 600~700 | 650~750 | | 500~950 | 1300~1600 | 1500~1700 |
| | 中密、密实 | $N > 15$ | 1400~2200 | 2100~3000 | 3000~4500 | 3800~5500 | 600~750 | 750~900 | 900~1100 | 1100~1200 | | 900~1000 | 1700~1900 | 1700~1900 |
| 细砂 | | | 2500~4000 | 3600~5000 | 4400~6000 | 5300~7000 | 650~850 | 900~1200 | 1200~1500 | 1500~1800 | | 1200~1600 | 2000~2400 | 2400~2700 |
| 中砂 | 中密、密实 | $N > 15$ | 4000~6000 | 5500~7000 | 6500~8000 | 7500~9000 | 850~1050 | 1100~1500 | 1500~1900 | 1900~2100 | | 1800~2400 | 2800~3800 | 3600~4400 |
| 粗砂 | | | 5700~7500 | 7500~8500 | 8500~10000 | 9500~11000 | 1500~1800 | 2100~2400 | 2400~2600 | 2600~2800 | | 2900~3600 | 4000~4600 | 4600~5200 |
| 砾砂 | | $N > 15$ | 6000~9500 | | 9000~10500 | | 1400~2000 | | 2000~3200 | | | 3500~5000 | | |
| 角砾、圆砾 | 中密、密实 | $N_{63.5} > 10$ | 7000~10000 | | 9500~11500 | | 1800~2200 | | 2200~3600 | | | 4000~5500 | | |
| 碎石、卵石 | | $N_{63.5} > 10$ | 8000~11000 | | 10500~13000 | | 2000~3000 | | 3000~4000 | | | 4500~6500 | | |
| 全风化软质岩 | | $30 < N \leq 50$ | | 4000~6000 | | | | 1000~1600 | | | | | 1200~2000 | |
| 全风化硬质岩 | | $30 < N \leq 50$ | | 5000~8000 | | | | 1200~2000 | | | | | 1400~2400 | |
| 强风化软质岩 | | $N_{63.5} > 10$ | | 6000~9000 | | | | 1400~2200 | | | | | 1600~2600 | |
| 强风化硬质岩 | | $N_{63.5} > 10$ | | 7000~11000 | | | | 1800~2800 | | | | | 2000~3000 | |

【表注】①砂土和碎石类土中桩的极限端阻力取值，宜综合考虑土的密实度，桩端进入持力层的深径比 $h_b/d$，土愈密实，$h_b/d$愈大，取值愈高。
②预制桩的岩石极限端阻力指桩端支承于中、微风化基岩表面或进入强风化岩、软质岩一定深度条件下的极限端阻力。
③全风化、强风化软质岩和全风化、强风化硬质岩是指其母岩分别为 $f_{rk} \leq 15$MPa、$f_{rk} > 30$MPa 的岩石。

**干作业挖孔桩（清底干净，$D = 800mm$）极限端阻力标准值 $q_{pk}$（kPa）**

| 土名称 | | 状态 | | |
|---|---|---|---|---|
| 黏性土 | | $0.25 < I_L \leqslant 0.75$ | $0 < I_L \leqslant 0.25$ | $I_L \leqslant 0$ |
| | | 800～1800 | 1800～2400 | 2400～3000 |
| 粉土 | | — | $0.75 \leqslant e \leqslant 0.9$ | $e < 0.75$ |
| | | — | 1000～1500 | 1500～2000 |
| 砂土<br>碎石类土 | — | 稍密 | 中密 | 密实 |
| | 粉砂 | 500～700 | 800～1100 | 1200～2000 |
| | 细砂 | 700～1100 | 1200～1800 | 2000～2500 |
| | 中砂 | 1000～2000 | 2200～3200 | 3500～5000 |
| | 粗砂 | 1200～2200 | 2500～3500 | 4000～5500 |
| | 砾砂 | 1400～2400 | 2600～4000 | 5000～7000 |
| | 圆砾、角砾 | 1600～3000 | 3200～5000 | 6000～9000 |
| | 卵石、碎石 | 2000～3000 | 3300～5000 | 7000～11000 |

【表注】①当桩进入持力层的深度 $h_b$ 分别为：$h_b \leqslant D$，$D < h_b \leqslant 4D$，$h_b > 4D$ 时，$q_{pk}$ 可相应取低、中、高值。

②砂土密实度可根据标贯击数判定，$N \leqslant 10$ 为松散，$10 < N \leqslant 15$ 为稍密，$15 < N \leqslant 30$ 为中密，$N > 30$ 为密实。

③当桩的长径比 $l/d \leqslant 8$ 时，$q_{pk}$ 宜取较低值。

④当对沉降要求不严时，$q_{pk}$ 可取高值。

## （三）钢管桩（壁厚可忽略）

——第 5.3.7 条

**钢管桩（壁厚可忽略）**

| 桩型 | $n$（即圆被分为几部分） | $d_e = \dfrac{d}{\sqrt{n}}$ | $h_b/d_e$<br>$h_b$——桩端进入持力层深度 | $\lambda_p$ | $A_p$ |
|---|---|---|---|---|---|
| ○ | 1 | $d_e = \dfrac{d}{\sqrt{1}} = d$ | $h_b/d_e < 5$ | $0.16\dfrac{h_b}{d_e}$ | $\dfrac{\pi d^2}{4}$<br>（此处为桩径，切勿代入 $d_e$） |
| | | | $h_b/d_e \geqslant 5$ | 0.8 | |
| ⊖ | 2 | $d_e = \dfrac{d}{\sqrt{2}}$ | $h_b/d_e < 5$ | $0.16\dfrac{h_b}{d_e}$ | |
| | | | $h_b/d_e \geqslant 5$ | 0.8 | |
| ⊕ | 4 | $d_e = \dfrac{d}{\sqrt{4}} = \dfrac{d}{2}$ | $h_b/d_e < 5$ | $0.16\dfrac{h_b}{d_e}$ | |
| | | | $h_b/d_e \geqslant 5$ | 0.8 | |
| ⊞ | 9 | $d_e = \dfrac{d}{\sqrt{9}} = \dfrac{d}{3}$ | $h_b/d_e < 5$ | $0.16\dfrac{h_b}{d_e}$ | |
| | | | $h_b/d_e \geqslant 5$ | 0.8 | |
| ● | 底部完全封闭 | — | — | 1.0 | |

$$Q_{uk} = Q_{sk} + Q_{pk} = u\sum q_{sik}l_i + \lambda_p q_{pk} A_p$$

式中：$q_{sik}$——桩侧第 $i$ 层土的极限侧阻力标准值（kPa）；

$q_{pk}$——极限端阻力标准值（kPa）；

$A_p$——钢管桩桩底面积（m²），$A_p = (\pi d^2)/4$，$d$ 不能用等效直径 $d_e$ 代替；

$d$——钢管桩外径（m）;

$\lambda_p$——桩端土塞效应系数；

$h_b$——桩端进入持力层深度（m）。

## （四）混凝土空心桩（壁厚不可忽略）

——第 5.3.8 条

混凝土空心桩常见：预应力混凝土管桩（PC 桩）和预应力高强混凝土管（方）桩（PHC、PHS 桩）。

| 桩型 | $A_{p1}$ | $A_j$（即阴影面积） | $\lambda_p$ |
|---|---|---|---|
| 空心管桩 PHC 桩 | $\dfrac{\pi}{4}d_1^2$ （空心部分的面积） | $\dfrac{\pi}{4}d^2 - A_{p1} = \dfrac{\pi}{4}(d^2 - d_1^2)$ | $\dfrac{h_b}{d_1} < 5$ 时 $\Rightarrow \lambda_p = 0.16\dfrac{h_b}{d_1}$ |
| 空心方桩 PHS 桩 | | $b^2 - A_{p1} = b^2 - \dfrac{\pi}{4}d_1^2$ | $\dfrac{h_b}{d_1} \geqslant 5$ 时 $\Rightarrow \lambda_p = 0.8$ |

$$Q_{uk} = Q_{sk} + Q_{pk} = u\sum q_{sik}l_i + q_{pk}(A_j + \lambda_p A_{p1})$$

式中：$A_{p1}$——空心桩敞口面积（m²）：$A_{p1} = \pi d_1^2/4$；

$d_1$——空心桩内径（m）；

$\lambda_p$——桩端土塞效应系数；

$h_b$——桩端进入持力层深度（m）；

$d$、$b$——空心桩外径、边长（m）；

$q_{sik}$——桩侧第 $i$ 层土的极限侧阻力标准值（kPa）；

$q_{pk}$——桩端极限端阻力标准值（kPa）；

$A_j$——空心桩桩端净面积（m²）。

【小注】预应力混凝土管桩的单桩竖向极限承载力的计算，其端阻力可以等效为：敞口钢管桩桩端阻力＋实心部分的端阻力，由于预应力混凝土管桩的壁厚较钢管桩大得多，计算端阻力时，不能忽略实心管壁端部提供的端阻力。

### 知识拓展

试桩是为了验证设计方案的可行性及预估实际施工效果而进行的一种试验。通过试桩，可以了解土壤的实际承载力，验证所选的桩型、桩径、桩长等设计参数是否合适，从而为后续的施工提供重要参考。

工程桩就是在工程中使用的，最终在建（构）筑物中受力起作用的桩。

试桩的服务期是短暂的，工程桩的服务期和建（构）筑物的设计使用年限是一致的，一般来说具有长期性,那么负摩阻力、液化、冻拔力、胀拔力等的产生都需要较长的时间,可能在建(构)筑物的设计使用年限内才可能产生,也就是说工程桩的验算需要考虑这些,而试桩的验算是不需要的。

### (五)嵌岩桩(不计嵌岩段侧阻,不考虑大直径)

——第5.3.9条

**定义**:桩端置于**完整、较完整基岩**(参考《公路桥涵地基与基础设计规范》:**中等风化、微风化或未风化**)的嵌岩桩单桩竖向极限承载力,由桩周土总极限侧阻力和嵌岩段总极限阻力组成。

| | | |
|---|---|---|
| (1)干作业成桩(清底干净)和泥浆护壁成桩后注浆 | $Q_{uk} = Q_{sk} + Q_{rk} = u\sum q_{sik}l_i + 1.2\zeta_r f_{rk} A_p$ | |
| (2)泥浆护壁成桩等其他情况 | $Q_{uk} = Q_{sk} + Q_{rk} = u\sum q_{sik}l_i + \zeta_r f_{rk} A_p$ | |

<table>
<tr><th colspan="11">参数说明</th></tr>
<tr><td>①$l_i$</td><td colspan="10">土层部分侧阻计算长度(不计嵌岩段长度,即扣除进入中等风化、微风化或未风化长度)</td></tr>
<tr><td rowspan="5">②$\zeta_r$</td><td colspan="2">$h_r/d$(深径比)<br>$h_r$为嵌岩深度</td><td>0</td><td>0.5</td><td>1.0</td><td>2.0</td><td>3.0</td><td>4.0</td><td>5.0</td><td>6.0</td><td>7.0</td><td>8.0</td></tr>
<tr><td colspan="2">极软岩、软岩<br>($f_{rk} \leqslant 15$MPa)</td><td>0.60</td><td>0.80</td><td>0.95</td><td>1.18</td><td>1.35</td><td>1.48</td><td>1.57</td><td>1.63</td><td>1.66</td><td>1.70</td></tr>
<tr><td colspan="2">$15$MPa $< f_{rk} \leqslant 30$MPa</td><td colspan="10">内插:$\zeta_r = \zeta_{r15} - \frac{\zeta_{r15}-\zeta_{r30}}{15}(f_{rk}-15)$<br>$\zeta_{r15}$、$\zeta_{r30}$——分别为$f_{rk}=15$MPa、$f_{rk}=30$MPa对应的$\zeta_r$值</td></tr>
<tr><td colspan="2">较硬岩、坚硬岩<br>($f_{rk} > 30$MPa)</td><td>0.45</td><td>0.65</td><td>0.81</td><td>0.90</td><td>1.00</td><td>1.04</td><td>—</td><td>—</td><td>—</td><td>—</td></tr>
</table>

式中:$Q_{sk}$、$Q_{rk}$——分别为土的总极限侧阻力标准值、嵌岩段总极限阻力标准值(kN);

$q_{sik}$——桩周第$i$层土的极限侧阻力(kPa);

$f_{rk}$——岩石饱和单轴抗压强度标准值,黏土取天然湿度单轴抗压强度标准值(kPa);

$\zeta_r$——嵌岩段侧阻和端阻综合系数,按上表取值

| | |
|---|---|
| 反算$h_r$ | 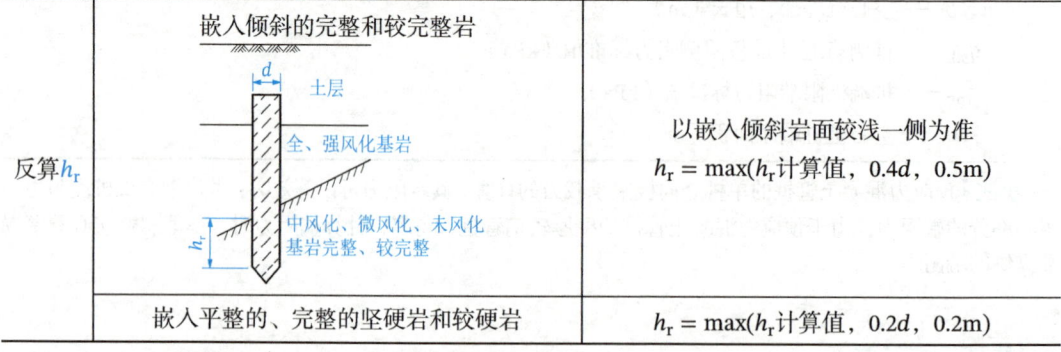以嵌入倾斜岩面较浅一侧为准<br>$h_r = \max(h_r\text{计算值}, 0.4d, 0.5\text{m})$ |
| | 嵌入平整的、完整的坚硬岩和较硬岩    $h_r = \max(h_r\text{计算值}, 0.2d, 0.2\text{m})$ |

【小注1】嵌岩桩承载力计算部分,《建筑桩基技术规范》与《公路桥涵地基与基础设计规范》《铁路桥涵地基和基础设计规范》差别较大:

①《建筑桩基技术规范》将嵌岩部分的侧阻和端阻合算;

②《公路桥涵地基与基础设计规范》将嵌岩部分的侧阻和端阻分算;

③《铁路桥涵地基和基础设计规范》将嵌岩部分的侧阻和端阻分算,且不计土层的侧阻力。

【小注2】《建筑地基基础设计规范》中嵌岩桩承载力计算方法不同,按第8.5.6条第5款:桩端嵌入完整及较完整的硬质岩中,当桩长较短且入岩较浅时,估算单桩竖向承载力,只计入端阻,不考虑侧阻,计

算公式为：$R_a = q_{pa}A_p$。

## （六）后注浆灌注桩

（1）后注浆灌注桩单桩极限承载力$Q_{uk}$（需考虑大直径效应）——第5.3.10条

| $d \leqslant 800mm$ | $Q_{uk} = Q_{sk} + Q_{gsk} + Q_{gpk} = u\sum q_{sjk}l_j + u\sum \beta_{si} \cdot q_{sik}l_{gi} + \beta_p \cdot q_{pk}A_p$ |
|---|---|
| $d > 800mm$（大直径） | $Q_{uk} = u\sum \psi_{sj} \cdot q_{sjk}l_j + u\sum \psi_{si} \cdot \beta_{si} \cdot q_{sik}l_{gi} + \psi_p \cdot \beta_p \cdot q_{pk}A_p$ |

### 参数说明

| | 泥浆护壁后注浆<br>取注浆断面以上12m为增强段$l_{gi}$ | | | 干作业、挖孔桩<br>取注浆断面上下各6m为增强段$l_{gi}$ | | | |
|---|---|---|---|---|---|---|---|
| ①注浆段长度$l_{gi}$，非注浆段长度$l_j$ | （桩侧注浆面，12m，桩端注浆面） | | | （桩侧注浆面上下各6m，桩端注浆面） | | | |

重叠部分扣除，只计一次

| | 淤泥<br>淤泥质土 | 黏性土<br>粉土 | 粉砂<br>细砂 | 中砂 | 粗砂<br>砾砂 | 砾石<br>卵石 | 全风化岩<br>强风化岩 |
|---|---|---|---|---|---|---|---|
| ②后注浆侧阻力增强系数$\beta_{si}$ | 1.2～1.3 | 1.4～1.8 | 1.6～2.0 | 1.7～2.1 | 2.0～2.5 | 2.4～3.0 | 1.4～1.8 |

| | 桩端土类 | 黏性土<br>粉土 | 粉砂<br>细砂 | 中砂 | 粗砂<br>砾砂 | 砾石<br>卵石 | 全风化岩<br>强风化岩 |
|---|---|---|---|---|---|---|---|
| ③后注浆端阻力增强系数$\beta_p$ | 一般工况 | 2.2～2.5 | 2.4～2.8 | 2.6～3.0 | 3.0～3.5 | 3.2～4.0 | 2.0～2.4 |
| | 干作业钻、干作业挖孔桩 | 1.32～1.5 | 1.92～2.24 | 2.08～2.4 | 2.4～2.8 | 2.56～3.2 | |

| ④大直径桩尺寸效应系数$\psi_{si}$、$\psi_p$ | 当桩直径$d > 800mm$，应考虑尺寸效应系数：<br>大直径灌注桩桩侧阻力尺寸效应系数$\psi_{si}$和端阻力尺寸效应系数$\psi_p$ | |
|---|---|---|
| | 土的类别 | 黏土、粉土 | 砂土、碎石类土 |
| | $\psi_{si}$ | $(0.8/d)^{1/5}$ | $(0.8/d)^{1/3}$ |
| | $\psi_p$ | $(0.8/D)^{1/4}$ | $(0.8/D)^{1/3}$ |

【表注】$D$为扩底桩径，等直径桩时，$D = d$；$\psi_{si}$是根据桩侧各层土分别求各层的

式中： $Q_{sk}$——后注浆非竖向增强段的总极限侧阻力标准值（kN）；

$Q_{gsk}$——后注浆竖向增强段的总极限侧阻力标准值（kN）；

$Q_{gpk}$——后注浆总极限端阻力标准值（kN）；

$u$——桩身周长（m）；

$l_j$——后注浆非竖向增强段第$j$层土厚度（m）；

$l_{gi}$——后注浆竖向增强段内第$i$层土厚度（m）；

$q_{sik}$、$q_{sjk}$、$q_{pk}$——分别为后注浆竖向增强段第$i$层土初始极限侧阻力标准值、非竖向增强段第$j$层土初始极限侧阻力标准值、初始极限端阻力标准值（kPa）；

$\beta_{si}$、$\beta_p$——分别为后注浆侧阻力、端阻力增强系数

【小注】（1）后注浆是专为泥浆护壁而设计的，是为了解决泥浆护壁的桩侧泥皮（减弱桩侧摩阻力）、桩端沉渣问题（减弱桩端阻力），遇到干作业的情形，后注浆的增强作用减弱，因此将其端阻力增大系数进行折减。

（2）后注浆总的变化规律是：①端阻的增幅高于侧阻；②粗粒土的增幅高于细粒土；③桩端、桩侧复式注浆高于桩端、桩侧单一注浆。

（2）注浆量（以水泥质量计）$G_c(t)$估算——第 6.7.4 条

| $G_c = \varepsilon(\alpha_p d + \alpha_s nd)$ $\alpha_p$、$\alpha_s$、$\varepsilon$ 查右侧表 式中：$n$——桩侧注浆断面数； $d$——桩基设计直径（m） | $\alpha_p = 1.5\sim1.8$ | 卵、砾石、中粗砂取较高值 |
|---|---|---|
| | $\alpha_s = 0.5\sim0.7$ | |
| | $\varepsilon = 1.2$ | 独立单桩、桩距大于6d的群桩、群桩初始注浆的数根基桩 |
| | $\varepsilon = 1.0$ | 除上述其他情况桩基 |

### （七）液化效应下桩基极限承载力 $Q_{uk}$

（1）《建筑桩基技术规范》第 5.3.12 条

$$Q_{uk} = u\sum(\psi_l \times q_{sjk}l_j + q_{sik}l_i) + q_{pk}A_p$$

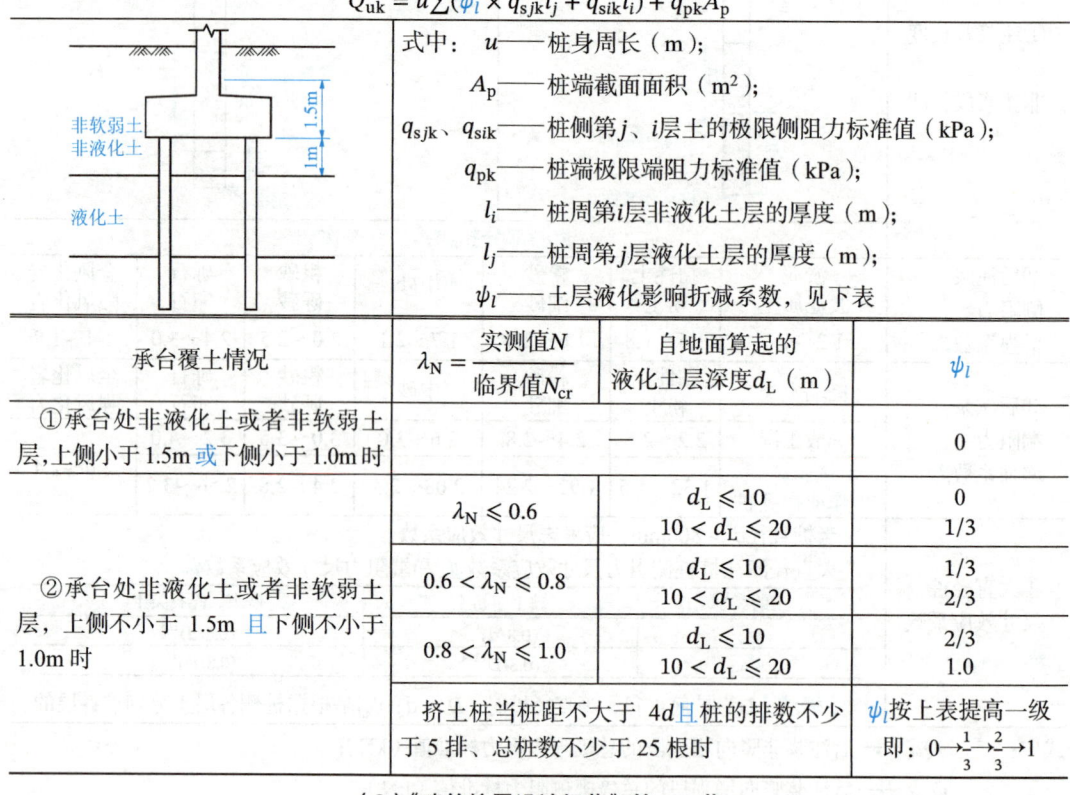

式中：$u$——桩身周长（m）；
$A_p$——桩端截面面积（m²）；
$q_{sjk}$、$q_{sik}$——桩侧第 $j$、$i$ 层土的极限侧阻力标准值（kPa）；
$q_{pk}$——桩端极限端阻力标准值（kPa）；
$l_i$——桩周第 $i$ 层非液化土层的厚度（m）；
$l_j$——桩周第 $j$ 层液化土层的厚度（m）；
$\psi_l$——土层液化影响折减系数，见下表。

| 承台覆土情况 | $\lambda_N = \dfrac{\text{实测值}N}{\text{临界值}N_{cr}}$ | 自地面算起的液化土层深度 $d_L$（m） | $\psi_l$ |
|---|---|---|---|
| ①承台处非液化土或者非软弱土层，上侧小于1.5m 或下侧小于1.0m时 | — | — | 0 |
| ②承台处非液化土或者非软弱土层，上侧不小于 1.5m 且下侧不小于 1.0m 时 | $\lambda_N \leqslant 0.6$ | $d_L \leqslant 10$ | 0 |
| | | $10 < d_L \leqslant 20$ | 1/3 |
| | $0.6 < \lambda_N \leqslant 0.8$ | $d_L \leqslant 10$ | 1/3 |
| | | $10 < d_L \leqslant 20$ | 2/3 |
| | $0.8 < \lambda_N \leqslant 1.0$ | $d_L \leqslant 10$ | 2/3 |
| | | $10 < d_L \leqslant 20$ | 1.0 |
| 挤土桩当桩距不大于 4d 且桩的排数不少于 5 排、总桩数不少于 25 根时 | | | $\psi_l$ 按上表提高一级 即：$0 \to \dfrac{1}{3} \to \dfrac{2}{3} \to 1$ |

（2）《建筑抗震设计规范》第 4.4 节

| ①地震作用按水平地震影响系数最大值的10%采用 | $Q_{uk} = u\sum q_{sik}l_i + q_{pk}A_p$（计算范围：桩长 − 液化土层厚度 − 2m）液化层取 $\psi_l = 0$，且扣除承台下 2m 深度范围内非液化土的桩周摩阻力 | | |
|---|---|---|---|
| ②桩承受全部地震作用（同上述《建筑桩基技术规范》） | $Q_{uk} = u\sum(\psi_l \times q_{sjk}l_j + q_{sik}l_i) + q_{pk}A_p$（计算范围：桩长 $l$） | | |
| | $\lambda_N = \dfrac{\text{实测值}N}{\text{临界值}N_{cr}}$ | 自地面算起的液化土层深度 $d_L$（m） | $\psi_l$ |
| | $\lambda_N \leqslant 0.6$ | $d_L \leqslant 10$ | 0 |
| | | $10 < d_L \leqslant 20$ | 1/3 |
| | $0.6 < \lambda_N \leqslant 0.8$ | $d_L \leqslant 10$ | 1/3 |
| | | $10 < d_L \leqslant 20$ | 2/3 |
| | $0.8 < \lambda_N \leqslant 1.0$ | $d_L \leqslant 10$ | 2/3 |
| | | $10 < d_L \leqslant 20$ | 1.0 |

| ②桩承受全部地震作用（同上述《建筑桩基技术规范》） | 挤土桩当桩距为 $2.5d\sim 4d$ 且桩数不少于 5×5：<br>$N_1 = N_p + 100\rho(1 - e^{-0.3N_p})$<br>$N_{cr} = N_0\beta[\ln(0.6d_s + 1.5) - 0.1d_w]\sqrt{3/\rho_c}$ | $N_1 > N_{cr}$ 时 $\psi_l = 1.0$<br>$N_1 \leqslant N_{cr}$ 时 $\psi_l$ 按上表 |
|---|---|---|

式中：$N_p$——打桩前的标准贯入锤击数；

$N_1$——打桩后的标准贯入锤击数；

$\rho$——预制桩的面积置换率：$m = \dfrac{d^2}{d_e^2}$，等边三角形 $d_e = 1.05s$，正方形 $d_e = 1.13s$，矩形 $d_e = 1.13\sqrt{s_1 s_2}$，$s$、$s_1$、$s_2$ 分别为桩间距、纵向间距、横向间距，$d$ 为桩直径；

$d_s$——饱和土标准贯入点深度；

$d_w$——地下水位深度，设计基准期内年平均最高水位或近年最高水位；

$N_0$——标准贯入锤击数基准值，查下表；

$\beta$——调整系数，查下表

| 设计基本地震动加速度 $a$ | 0.10g | 0.15g | 0.20g | 0.30g | 0.40g |
|---|---|---|---|---|---|
| $N_0$ | 7 | 10 | 12 | 16 | 19 |
| 地震分组 | 第一组 | | 第二组 | | 第三组 |
| $\beta$ | 0.80 | | 0.95 | | 1.05 |

## 二、基桩、复合基桩竖向承载力特征值 $R_a$（$R$）

——第 5.2 节

由于桩基位于承台之下，在上部荷载效应作用下，桩土产生相对位移，造成桩间土对承台产生一定竖向抗力，成为桩基竖向承载力的一部分而起到增强作用，称为"承台效应"。

| 单桩 $R_a$ | | $R_a = \dfrac{Q_{uk}}{2}$ | |
|---|---|---|---|
| 基桩 $R$ | 不考虑<br>承台效应 | 端承型桩 | $R = R_a = \dfrac{Q_{uk}}{2}$ |
| | | 桩数少于 4 根的摩擦型桩下独立桩基 | |
| | | 承台底下有特殊土：液化土、湿陷性土、高灵敏度软土、欠固结土、新填土等 | |
| 复合<br>基桩 $R$ | 考虑<br>承台效应<br>（不考虑之外） | 上部结构整体刚度较好、体型简单的建（构）筑物 | ①不考虑地震时：<br>$R = R_a + \eta_c f_{ak} A_c$<br>②考虑地震时：<br>$R = R_a + \dfrac{\zeta_a}{1.25}\eta_c f_{ak} A_c$<br>承台净面积：$A_c = \dfrac{A - nA_{ps}}{n}$ |
| | | 对差异沉降适应性较强的排架结构和柔性构筑物 | |
| | | 按变刚度调平原则设计的桩基刚度相对弱化区 | |
| | | 软土地基的减沉复合疏桩基础 | |

式中：$R_a$——单桩竖向承载力特征值（kN）。

$\eta_c$——承台效应系数，见附表 1。

$f_{ak}$——承台下 1/2 承台宽度且不超过 5m 深度范围内，各层土的地基承载力特征值按厚度加权平均（kPa）。

$A_c$——计算基桩所对应的承台底净面积（m²）。

$A_{ps}$——桩身截面面积（m²）。

续表

$\xi_a$——地基抗震承载力调整系数,按《建筑抗震设计规范》采用(按承台底直接接触的那层土进行调整),见附表2。

$A$——承台计算域面积($m^2$),对于柱下独立桩基,$A$为承台总面积;对于桩筏基础,$A$为柱、墙筏板的1/2跨距和悬臂边2.5倍筏板厚度所围成的面积,见附表3;桩集中布置于单片墙下的桩筏基础,取墙两边各1/2跨距围成的面积,按条形承台计算$\eta_c$。

附表1 承台效应系数 $\eta_c$

| $B_c/l$ (承台宽度/桩长) | $s_a/d$ | | | | |
|---|---|---|---|---|---|
| | 3 | 4 | 5 | 6 | >6 |
| ≤0.4 | 0.06~0.08 | 0.14~0.17 | 0.22~0.26 | 0.32~0.38 | 0.50~0.80 |
| 0.4~0.8 | 0.08~0.10 | 0.17~0.20 | 0.26~0.30 | 0.38~0.44 | |
| >0.8 | 0.10~0.12 | 0.20~0.22 | 0.30~0.34 | 0.44~0.50 | |
| 单排桩条形承台 | 0.15~0.18 | 0.25~0.30 | 0.38~0.45 | 0.50~0.60 | |

【表注】①当承台底为可液化土、湿陷性土、高灵敏度软土、欠固结土、新填土、沉桩引起超孔隙水压力和土体隆起时,不考虑承台效应,取 $\eta_c = 0$;
②表中 $s_a/d$ 为桩中心距与桩径之比,当计算基桩为非正方形排列时,$s_a = \sqrt{A/n}$,$A$ 为承台计算域面积,$n$ 为总桩数;
③对于桩布置于墙下的箱、筏承台,$\eta_c$ 可按单排桩条形承台取值;
④对于单排桩条形承台,当承台宽度小于1.5d时,$\eta_c$ 按非条形承台取值;
⑤对于采用后注浆灌注桩的承台,$\eta_c$ 宜取低值;
⑥对于饱和黏性土中的挤土桩基、软土地基上的桩基承台,$\eta_c$ 宜取低值的0.8倍。

附表2 地基抗震承载力调整系数 $\zeta_a$

| 岩土名称 | 性状 | $\zeta_a$ |
|---|---|---|
| 岩石 | — | 1.5 |
| 碎石土 | 密实 | 1.5 |
| | 中密、稍密 | 1.3 |
| 砾砂、粗砂、中砂 | 密实 | 1.5 |
| | 中密、稍密 | 1.3 |
| | 松散 | 1.0 |
| 黏性土、粉土 | $f_{ak} \geq 300kPa$ | 1.5 |
| | $150kPa \leq f_{ak} < 300kPa$ | 1.3 |
| | $100kPa \leq f_{ak} < 150kPa$ | 1.1 |
| 细砂、粉砂 | 密实和中密 | 1.3 |
| | 稍密 | 1.1 |
| | 松散 | 1.0 |
| 黄土 | 坚硬 | 1.3 |
| | 可塑 | 1.1 |
| | 新近堆积、流塑 | 1.0 |
| 淤泥、淤泥质土、杂填土 | — | 1.0 |

**附表3 承台计算域A的说明**

| | | |
|---|---|---|
| ①柱下独立基础 | | $A$为承台总面积 |
| 桩筏基础示例图（$t$为筏板厚度、$L$为跨距） | \multicolumn{2}{c}{(图示：桩筏基础平面布置，标注悬臂端2.5t、L/2、跨中、B、b'、l'等，桩编号1~12号，区域标注 $A_1$、$A_2$、$A_3$、$A_4$)} |
| ②桩筏基础（每根柱所覆盖的计算域可由右侧算出，然后看所求桩落在哪个计算域，求取$A_c$） | 角柱（有两侧悬臂） | $A_1 = \left[\dfrac{B}{2} + \min(2.5t,\ b')\right] \times \left[\dfrac{L}{2} + \min(2.5t,\ l')\right]$ |
| | 边柱（有一侧悬臂） | $A_2 = \left[\dfrac{B}{2} + \min(2.5t,\ b')\right]L$<br>或 $A_3 = \left[\dfrac{L}{2} + \min(2.5t,\ l')\right]B$，$t$为筏板的厚度 |
| | 中间柱（无悬臂） | $A_4 = BL$ |
| 以本图为例计算 $A_c$ | 1号、2号桩（落于角柱范围）<br>$n$为区域内覆盖桩数，本图$n=3$ | $A_c = \dfrac{A_1 - nA_{ps}}{n}$ |
| | 3号、4号桩（落于角柱与边柱范围）<br>$n$为区域内覆盖桩数，本图$n=5$ | $A_c = \dfrac{A_1 + A_3 - nA_{ps}}{n}$ |
| | 5号、6号桩（落于两边柱范围）<br>$n$为区域内覆盖桩数，本图$n=4$ | $A_c = \dfrac{2A_3 - nA_{ps}}{n}$ |
| | 7号、8号桩（落于边柱范围）<br>$n$为区域内覆盖桩数，本图$n=3$ | $A_c = \dfrac{A_2 - nA_{ps}}{n}$ |
| | 9号、10号桩（落于边柱与中柱范围）<br>$n$为区域内覆盖桩数，本图$n=5$ | $A_c = \dfrac{A_2 + A_4 - nA_{ps}}{n}$ |
| | 11号、12号桩（落于两中柱范围）<br>$n$为区域内覆盖桩数，本图$n=4$ | $A_c = \dfrac{2A_4 - nA_{ps}}{n}$ |
| ③桩集中布置于单片墙下 | 边墙（有悬臂） | $A = \left[\dfrac{L}{2} + \min(2.5t,\ l')\right]B$ |
| | 中间墙（无悬臂） | $A = BL$ |

## 三、桩基竖向承载力验算

——第 5.1.1 条

### 桩基竖向承载力验算

| | (1) 桩顶竖向力计算—形心轴已知 |
|---|---|
| 简图 | 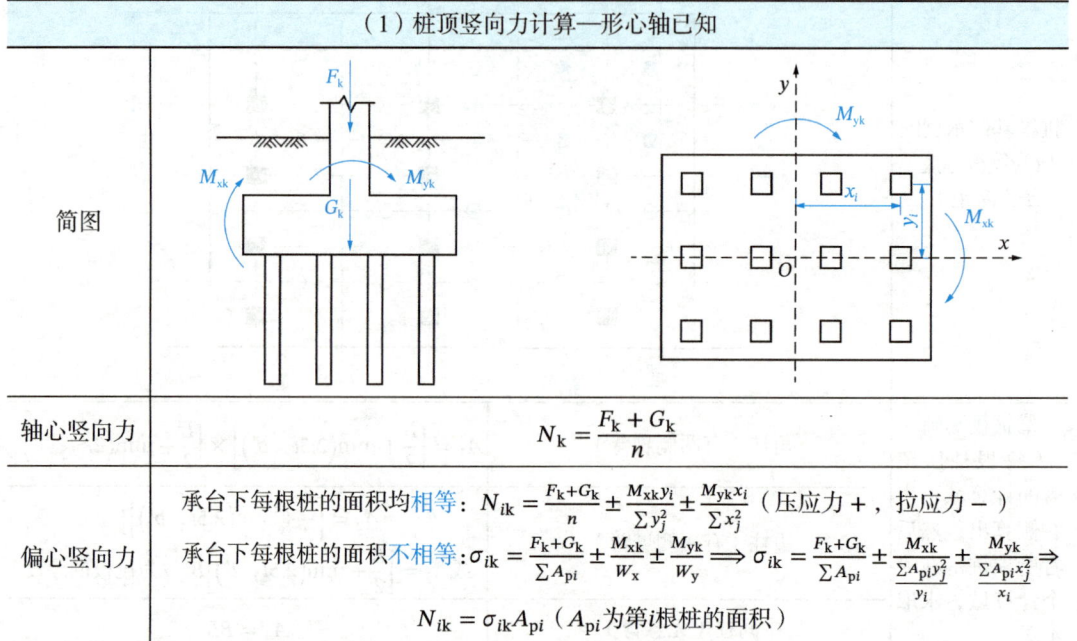 |
| 轴心竖向力 | $N_k = \dfrac{F_k + G_k}{n}$ |
| 偏心竖向力 | 承台下每根桩的面积均<u>相等</u>：$N_{ik} = \dfrac{F_k + G_k}{n} \pm \dfrac{M_{xk} y_i}{\sum y_j^2} \pm \dfrac{M_{yk} x_i}{\sum x_j^2}$（压应力 +，拉应力 −）<br>承台下每根桩的面积<u>不相等</u>：$\sigma_{ik} = \dfrac{F_k + G_k}{\sum A_{pi}} \pm \dfrac{M_{xk}}{W_x} \pm \dfrac{M_{yk}}{W_y} \Longrightarrow \sigma_{ik} = \dfrac{F_k + G_k}{\sum A_{pi}} \pm \dfrac{M_{xk}}{\frac{\sum A_{pi} y_i^2}{y_i}} \pm \dfrac{M_{yk}}{\frac{\sum A_{pi} x_j^2}{x_i}} \Rightarrow$<br>$N_{ik} = \sigma_{ik} A_{pi}$（$A_{pi}$ 为第 $i$ 根桩的面积）|

式中： $F_k$——荷载效应标准组合下，作用于承台顶面的竖向力（kN）；

$G_k$——桩基承台和承台上土自重标准值（kN），对稳定的地下水位以下部分应扣除水的浮力；

$N_k$——荷载效应标准组合轴心竖向力作用下，基桩或复合基桩的平均竖向力（kN）；

$N_{ik}$——荷载效应标准组合偏心竖向力作用下，第 $i$ 基桩或复合基桩的竖向力（kN）；

$M_{xk}$、$M_{yk}$——荷载效应标准组合下，<u>作用于承台底面</u>，绕通过桩群形心的 $x$、$y$ 主轴力矩（kN·m）；

$x_i$、$x_j$、$y_i$、$y_j$——第 $i$、$j$ 基桩或复合基桩至 $y$、$x$ 轴的距离（m）；

$n$——桩基中的总桩数。

【小注】$M_{xk}$、$M_{yk}$ 代表此方向的总弯矩，包括外弯矩、偏心轴力、水平力等对弯矩的贡献值，弯矩应作用在承台底，应对承台底的形心轴的交叉点 $O$ 取力矩

| (2) 桩基竖向承载力验算 | | |
|---|---|---|
| 一般工况 | 轴心竖向力 | $N_k \leqslant R$ |
| | 偏心竖向力 | $N_k \leqslant R$ 且 $N_{k\max} \leqslant 1.2R$ |
| 地震工况 | 轴心竖向力 | $N_{Ek} \leqslant 1.25R$ |
| | 偏心竖向力 | $N_{Ek} \leqslant 1.25R$ 且 $N_{Ek\max} \leqslant 1.5R$ |

式中： $N_k$——荷载效应标准组合轴心竖向力作用下，基桩或复合基桩的平均竖向力（kN）；

$N_{k\max}$——荷载效应标准组合偏心竖向力作用下，桩顶最大竖向力（kN）；

$N_{Ek}$——地震作用效应和荷载效应标准组合下，基桩或复合基桩的平均竖向力（kN）；

$N_{Ek\max}$——地震作用效应和荷载效应标准组合下，基桩或复合基桩的最大竖向力（kN）；

$R$——基桩或复合基桩竖向承载力特征值（kN）

续表

| （3）桩顶竖向力计算—形心轴未知（废桩、补桩） | |
|---|---|
| 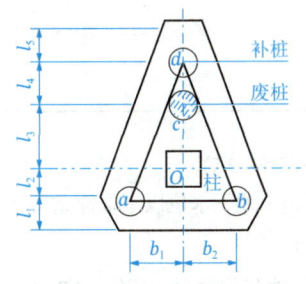<br>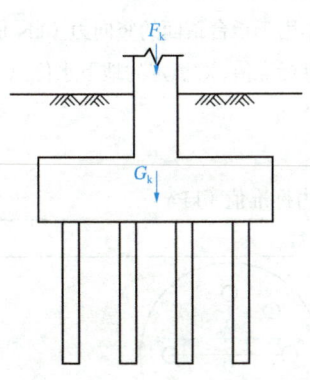 | ①力矩平衡法：<br>理论上对任意一点取力矩，合力矩均为零，但是为了计算方便，选取力矩点尽量能够方便计算出力臂，如左图所示。<br>柱底作用于承台顶面的力为$F_k$，承台及其上土重为$G_k$，若两者的作用线重合，作用于$O$点。<br>方法一：对$d$桩形心取力矩<br>$$N_a = N_b = \frac{(F_k + G_k) \times (l_3 + l_4)}{2 \times (l_2 + l_3 + l_4)}$$<br>$$N_d = F_k + G_k - N_a - N_b$$<br>方法二：对$ab$轴线取力矩<br>$$N_d = \frac{(F_k + G_k) \times l_2}{(l_2 + l_3 + l_4)}$$<br>$$N_a = N_b = \frac{(F_k + G_k) - N_d}{2}$$<br>②求形心轴法：<br>任意平面形心到任意轴的距离：$x = \frac{\sum A_i x_i}{\sum A_i}$<br>$x_i$为组成部分$A_i$形心到该轴的距离，$A_i$为组成部分的面积。<br>对$ab$轴线取力矩，形心轴到$ab$轴线的距离为$x$。<br>废桩前形心位置：$x_1 = \frac{\sum A_i x_i}{\sum A_i} = \frac{0 \times 2A + (l_2 + l_3)A}{3A}$<br>废桩后形心位置：$x_2 = \frac{\sum A_i x_i}{\sum A_i} = \frac{0 \times 2A + (l_2 + l_3 + l_4)A}{3A}$<br>废桩后合力弯矩：$M = (F_k + G_k) \times (x_2 - x_1)$<br>$$N_{ik} = \frac{F_k + G_k}{n} \pm \frac{M_{xk} y_i}{\sum y_j^2}$$ |
| 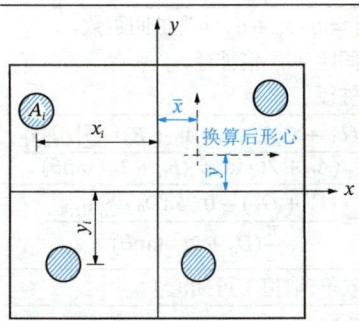<br>桩非对称布置时形心的换算 | $$\bar{x} = \frac{\sum A_i x_i}{\sum A_i} = \frac{A_1 x_1 + A_2 x_2 + A_3 x_3 + A_4 x_4}{A_1 + A_2 + A_3 + A_4}$$<br>$$\bar{y} = \frac{\sum A_i y_i}{\sum A_i} = \frac{A_1 y_1 + A_2 y_2 + A_3 y_3 + A_4 y_4}{A_1 + A_2 + A_3 + A_4}$$<br>式中：$\bar{x}$、$\bar{y}$——以任意坐标原点建立坐标系后，群桩的形心坐标；<br>$A_i$——群桩中第$i$桩的面积；<br>$x_i$、$y_i$——以任意坐标原点建立坐标系后，群桩中第$i$桩的坐标 |

# 第三节 特殊条件下桩基竖向承载力验算

## 一、软弱下卧层验算

——第 5.4.1 条

### 软弱下卧层验算

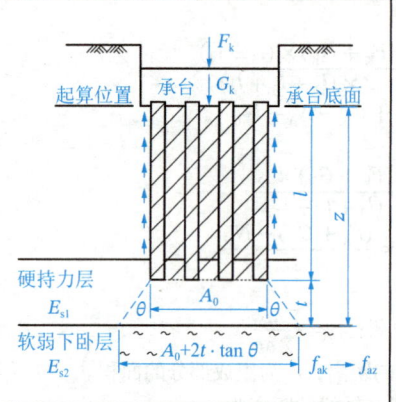

验算软弱下卧层:
$$\sigma_z + \sigma_{cz} \leqslant f_{az} = f_{ak} + \eta_d \gamma_m (z - 0.5),\ \eta_d\text{一般取}1$$

$\gamma_m$——软弱层顶面以上各土层重度(地下水位以下取浮重度)按厚度加权平均值(kN/m³);

$f_{az}$——软弱下卧层经深度 $z$ 修正的地基承载力特征值(kPa);

$F_k$——荷载效应标准组合下,作用于承台顶面的竖向力(kN);

$G_k$——桩基承台和承台上土自重标准值,对稳定的地下水位以下部分应扣除水的浮力(kN);

$t$——硬持力层厚度(m);

$q_{sik}$——桩周第 $i$ 层土的极限侧阻力标准值(kPa)

| 矩形承台 | 圆形承台 |
|---|---|

| | |
|---|---|
| (1) 计算群桩外围尺寸 $A_0$、$B_0$ (m) | ①矩形布桩:$A_0 = n \cdot s_x + d$,$B_0 = n \cdot s_y + d$,$n$ 为桩间距数。其中:$A_0$ 为长边,$B_0$ 为短边 ⇐ 总间距 + 一倍桩径,非承台的长、宽。<br>②圆形布桩:$D_0 = D + d$,($d$ 为桩径) |
| (2) 计算软弱下卧层顶面附加应力 $\sigma_z$ (kPa) | 矩形布桩: $\sigma_z = \dfrac{(F_k + G_k) - 1.5(A_0 + B_0) \cdot \sum q_{sik} l_i}{(A_0 + 2t \cdot \tan\theta)(B_0 + 2t \cdot \tan\theta)}$ |
| | 圆形布桩: $\sigma_z = \dfrac{(F_k + G_k) - 0.75\pi D_0 \cdot \sum q_{sik} l_i}{\dfrac{\pi}{4}(D_0 + 2t \cdot \tan\theta)^2}$ |
| | 桩端硬持力层压力扩散角 $\theta$ 取值(可插值) |

| $E_{s1}/E_{s2}$ | $t/B_0$($B_0$ 为短边) | | | 备注 |
|---|---|---|---|---|
| | <0.25 | 0.25 | ≥0.50 | |
| 1 | | 4° | 12° | 对于圆形布桩,若题目未告知,建议按 $t/D_0$ 查表 |
| 3 | 0° | 6° | 23° | |
| 5 | | 10° | 25° | |
| 10 | | 20° | 30° | |

| (3) 计算软弱层顶面上覆土自重 $\sigma_{cz}$ (kPa) | $\sigma_{cz} = \gamma_m z$<br>其中:$z$ 如上图所示,从承台底起算,$z = l + t$ |
|---|---|

【小注】①传递至桩端平面的荷载,把桩群所包围的部分看成实体基础,扣除实体基础外表面总极限侧阻力的 3/4,就得到规范的表达式:$\dfrac{3}{4} \times 2(A_0 + B_0)\sum q_{sik} l_i = 3/2(A_0 + B_0)\sum q_{sik} l_i$。

②$\gamma_m$、$f_{az}$ 的计算及修正的计算深度为 $z$ 范围内,$z$ 为软弱下卧层顶面以上至承台底面的距离,$z =$ 桩长 $l$ + 硬持力层厚度 $t$。

# 第十章 建筑桩基技术规范

## 二、负摩阻力

### （一）《建筑桩基技术规范》

——第 5.4.2～5.4.4 条

负摩阻力

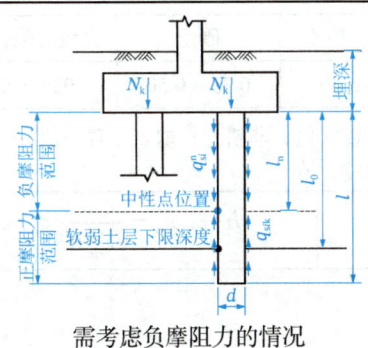

需考虑负摩阻力的情况

负摩阻力产生的条件：
① 桩穿越较厚松散填土、自重湿陷性黄土、欠固结土、液化土层进入相对较硬土层时。
② 桩周存在软弱土层，邻近桩侧地面承受局部较大的长期荷载，或地面大面积堆载（包括填土）时。
③ 由于降低地下水位，使桩周土有效应力增大，并产生显著压缩沉降时。

计算基桩的下拉荷载 $Q_g^n$（kN）：$Q_g^n = \eta_n \cdot u \sum_{i=1}^{n} q_{si}^n l_i$

| | 桩周土情况 | 持力层性质 | $l_n$ |
|---|---|---|---|
| （1）确定由桩顶算起的软弱土层的下限深度 $l_0$，并计算中性点深度 $l_n$（m） | ①一般情况 | 黏性土、粉土 | $(0.5\sim0.6)l_0$ |
| | | 中密以上砂 | $(0.7\sim0.8)l_0$ |
| | | 砾石、卵石 | $0.9l_0$ |
| | | 基岩 | $l_0$ |
| | ②桩穿过自重湿陷性黄土 | 黏性土、粉土 | $(0.55\sim0.66)l_0$ |
| | | 中密以上砂 | $(0.77\sim0.88)l_0$ |
| | | 砾石、卵石 | $0.99l_0$ |
| | | 基岩 | $l_0$ |
| | ③桩周土层计算沉降量<20mm | 黏性土、粉土 | $(0.4\sim0.8)\times(0.5\sim0.6)l_0$ |
| | | 中密以上砂 | $(0.4\sim0.8)\times(0.7\sim0.8)l_0$ |
| | | 砾石、卵石 | $(0.4\sim0.8)\times 0.9l_0$ |
| | | 基岩 | $(0.4\sim0.8)\times l_0$ |
| | ④桩周土层固结与桩基沉降同时完成 | | 0 |
| | 【小注】高承台桩基从地面算起，低承台桩基从承台底算起，不是一味地从桩顶算起 | | |
| （2）中性点以上（$l_n$对应范围）各土层负摩阻力标准值 $q_{si}^n$（kPa） | 群桩外围桩、单桩（自地面起算） | $\sigma_i' = p + \sum_{e=1}^{i-1}\gamma_e \Delta z_e + \frac{1}{2}\gamma_i \Delta z_i$（水位处要分层） | 式中：$\sigma_i'$——$i$ 土层平均竖向有效应力（kPa）；$p$——地面均布荷载(kPa)；$\gamma_i$、$\gamma_e$——分别为第 $i$ 层和其上第 $e$ 土层的有效重度（kN/m³）；$\Delta z_i$、$\Delta z_e$——分别为第 $i$ 层和其上第 $e$ 土层的厚度（m） |
| | 群桩内部桩（自承台底起算，不计 $p$） | $\sigma_i' = \sum_{e=1}^{i-1}\gamma_e \Delta z_e + \frac{1}{2}\gamma_i \Delta z_i$（水位处要分层） | |

续表

| | | | | | |
|---|---|---|---|---|---|
| （2）中性点以上（$l_n$对应范围）各土层负摩阻力标准值$q_{si}^n$（kPa） | 【小注】①$\sigma_i'$本质：第$i$土层中点的平均有效应力（即为自重应力+可能超载，用中点的有效应力代表本层土），遇到地下水时，在水位处分层计算，水位以下取土体有效重度。②计算分界处：承台底（桩顶）、土层分界处、水位分界处、$l_n$处 | | | | |
| | $q_{si}^n = \xi_{ni} \cdot \sigma_i'$（当$q_{si}^n > q_{sik}$时，取$q_{si}^n = q_{sik}$） | | | | |
| | 土层类别 | 饱和软土 | 黏性土、粉土 | 砂土 | 自重湿陷性黄土 |
| | 负摩阻力系数$\xi_{ni}$ | 0.15～0.25 | 0.25～0.40 | 0.35～0.50 | 0.20～0.35 |
| | 【表注】①在同一类土中，挤土桩取表中较大值；非挤土桩取表中较小值。②填土按其组成取表中同类土的较大值 | | | | |
| （3）群桩效应系数$\eta_n$ | 圆桩：$\eta_n = \dfrac{s_{ax} \cdot s_{ay}}{\pi \cdot d \cdot \left(\dfrac{q_s^n}{\gamma_m} + \dfrac{d}{4}\right)} \leqslant 1.0$ | | | 方桩：$\eta_n = \dfrac{s_{ax} \cdot s_{ay}}{4b\dfrac{q_s^n}{\gamma_m} + b^2} \leqslant 1.0$ | |

式中：$u$——桩的周长（m）；
　　　$n$——中性点以上土层数；
　　　$l_i$——中性点以上第$i$层土层的厚度（m）；
　　　$q_s^n$——中性点以上桩周土层厚度加权平均负摩阻力标准值（kPa）；
　　　$q_{si}^n$——第$i$层土桩侧负摩阻力标准值，当计算值大于正摩阻力标准值$q_{sik}$时，取正摩阻力标准值$q_{sik}$（kPa）；
　　$s_{ax}$、$s_{ay}$——分别为纵、横向桩的中心距（m）；
　　　$\gamma_m$——中性点以上桩周土层厚度加权平均重度（地下水位以下取浮重度）（kN/m³）；
　　　$\xi_{ni}$——桩周第$i$层土负摩阻力系数

| 桩基承载力验算 | 摩擦型桩基 | $N_k \leqslant R_a$ | 式中：$R_a$——仅计算中性点以下的侧阻力和端阻力。$R_a = \dfrac{Q_{uk}}{2} = \dfrac{1}{2} \times (Q_{sk}^{中性点以下} + Q_{pk})$ |
|---|---|---|---|
| | 端承型桩基 | $N_k + Q_g^n \leqslant R_a$ | |

【后记】其他概念
（1）负摩阻力的概念。

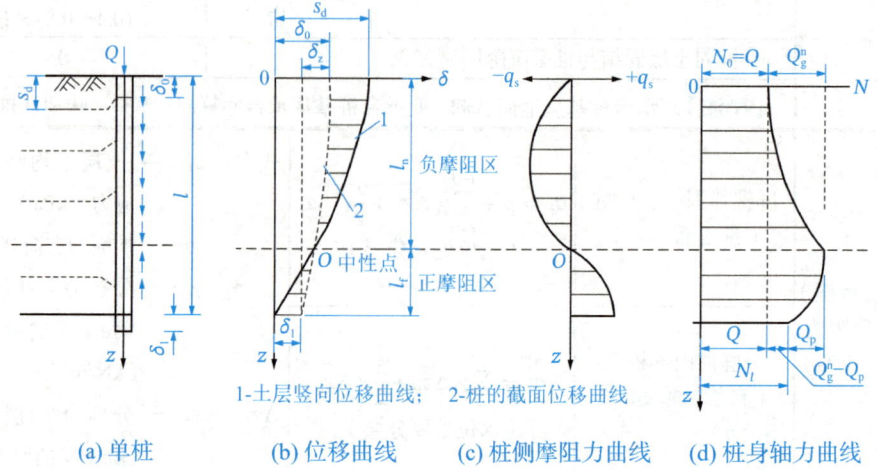

(a) 单桩　　(b) 位移曲线　　(c) 桩侧摩阻力曲线　　(d) 桩身轴力曲线

1-土层竖向位移曲线；2-桩的截面位移曲线

在桩顶竖向力$Q$作用下，桩身压缩、桩端下沉，土对桩产生向上的（正）摩阻力，当桩侧土由于某种原因下沉，且其下沉量大于桩的沉降量时，土对桩产生向下作用的摩阻力，称为负摩阻力。

（2）桩、土之间不产生相对位移的截面位置，称为中性点。

由上图可知，中性点之上，土层产生相对于桩身向下的位移（土层沉降比桩的沉降大），出现负摩阻力，在此范围之内桩身轴力随深度递增；中性点之下，土层产生相对于桩身向上的位移（土层沉降比桩的沉降小），在桩侧产生（正）摩阻力，桩身轴力随深度递减，在中性点处桩身轴力达到最大值$Q+Q_g^n$，桩底的轴力$N_1$等于$Q+(Q_g^n-Q_p)$，$Q_p$为中性点至桩底的正摩阻力累计值。

可见，桩侧负摩阻力的发生，将使桩侧土的部分重力和地面荷载通过负摩阻力传递给桩，因此桩的负摩阻力非但不能成为桩承载力的一部分，反而相当于施加于桩上的外荷载，这就必然导致桩的承载力相对降低，沉降增大。

中性点有三大性质：

①桩土之间相对位移为零；②既没有负摩阻力，又没正摩阻力；③截面桩身轴力最大。

（3）中性点深度确定。

中性点深度$l_n$应按桩周土层沉降与桩沉降相等的条件计算确定，也可按下表确定：

**自桩顶算起的中性点深度$l_n$**

| 持力层性质 | 黏性土、粉土 | 中密以上砂 | 砾石、卵石 | 基岩 |
|---|---|---|---|---|
| 中性点深度比$l_n/l_0$ | 0.5～0.6 | 0.7～0.8 | 0.9 | 1.0 |

【表注】①$l_n$、$l_0$——分别为自桩顶算起的中性点深度和桩周软弱土层下限深度；
②桩穿过自重湿陷性黄土层时，$l_n$可按表列值增大10%（持力层为基岩除外）；
③当桩周土层固结与桩基沉降同时完成时，取$l_n=0$；
④当桩周土层计算沉降量小于20mm时，$l_n$应按表列值乘以0.4～0.8折减。

（4）负摩阻力易错点：

①计算下拉荷载首先确定中性点的深度$l_n$，切勿直接取全桩长进行计算。

②$l_n$、$l_0$的确定应自桩顶算起，而非从地表面算起，高承台桩基从地面算起，低承台桩基从承台底算起，不是一味地从桩顶算起。

③当负摩阻力$q_{si}^n$的计算值大于正摩阻力标准值$q_{sik}$时，取正摩阻力标准值$q_{sik}$进行计算。

④计算平均竖向有效应力$\sigma_i'$时：

\*$\sigma_i'$本质就是：计算第$i$土层中点的平均有效应力（即为自重应力+可能超载，用中点的有效应力代表本层土），遇到地下水时，在水位处分层计算，水位以下取土体有效重度。

\*平均有效应力$\sigma_i'$的计算范围：中性点以上至桩顶的各土层，对桩群外围桩，自地面算起；对桩群内部桩自承台底算起，且不计入地面均布荷载$p$。

⑤负摩阻力群桩效应系数$\eta_n$，对于单桩基础或者按照公式计算出来的群桩效应系数$\eta_n>1$时，取$\eta_n=1$；基桩的负摩阻力因群桩效应（分担作用）而降低，此系数应为折减系数$\eta_n\leq 1$。

⑥桩周软弱土层下限深度$l_0$的确定：对于新填土，取填土厚度；当新填土下有软弱下

卧层时，应算至软弱面底面（欠固结土层类似）；对于自重湿陷性黄土和冻融土层，取自重湿陷土层和冻融层厚度；对地下水下降和大面积堆载，取桩顶自桩侧坚硬土层（坚硬夹层除外）顶部的厚度。

当负摩阻力由"特殊土"引起的，从桩顶算起的下限深度$l_0$即为特殊土的底部；当负摩阻力由大面积堆载或者地下水下降引起的，从桩顶算起的下限深度$l_0$即为取自软弱土层粉土或黏土的底部。

⑦ 负摩阻力不考虑大直径尺寸效应。

⑧ 考虑负摩阻力的基桩承载力验算中，基桩的竖向承载力特征值$R_a$，只计中性点以下部分侧阻值及端阻值。

### （二）《湿陷性黄土地区建筑标准》

——第 5.7.7 条

**基桩的下拉荷载$Q_g^n$（kN）**

| | $Q_g^n = 2\eta_n \cdot u\bar{q}_{sa}z$ | | |
|---|---|---|---|
| （1）中性点深度$z$（m） | ①单桩竖向静载荷浸水试验实测 | | |
| | ②浸水饱和状态下，取桩周黄土沉降与桩身沉降相等的深度 | | |
| | ③取自重湿陷性黄土层底面深度 | | |
| | ④根据建筑使用年限内场地水环境变化研究结果结合场地黄土湿陷性条件综合确定 | | |
| | ⑤有经验的地区，可根据当地经验结合场地黄土湿陷性条件综合确定 | | |
| （2）桩侧各土层平均负摩阻力特征值$\bar{q}_{sa}$（kPa） | 自重湿陷量的计算值或实测值（mm） | 钻、挖孔灌注桩 | 打（压）入式预制桩 |
| | 70～200 | 10 | 15 |
| | ≥200 | 15 | 20 |
| （3）计算群桩效应系数$\eta_n$ | 圆桩 | $\eta_n = \dfrac{s_{ax} \cdot s_{ay}}{\pi d\left(\dfrac{2\bar{q}_{sa}}{\gamma_s} + \dfrac{d}{4}\right)} \leqslant 1$ | $s_{ax}$、$s_{ay}$——基桩的纵、横向间距（m）；<br>$\bar{q}_{sa}$——中性点以上黄土层的平均负摩阻力特征值（kPa）；<br>$\gamma_s$——中性点以上黄土层按厚度加权的平均饱和重度（kN/m³）<br>$\gamma_s = \gamma_d\left(1 + \dfrac{0.85e}{G_s}\right)$ |
| | 方桩 | $\eta_n = \dfrac{s_{ax} \cdot s_{ay}}{4b \times \dfrac{2\bar{q}_{sa}}{\gamma_s} + b^2} \leqslant 1$ | |

**桩基承载力验算**

| | $N_k \leqslant R_a$ | | |
|---|---|---|---|
| 计算桩基竖向承载力特征值$R_a$ | 非自重湿陷性黄土场地 | $R_a = q_{pa}A_p + uq_{sa}z$<br>（不考虑负摩阻力） | $q_{pa}$——桩端阻力特征值（kPa）；<br>$q_{sa}$——中性点以下（加权平均）桩侧摩阻力特征值（kPa）；<br>$l$——桩长（m）；<br>$u$——桩周长（m）；<br>$A_p$——桩端截面积（m²） |
| | 自重湿陷性黄土场地 | $R_a = q_{pa}A_p + uq_{sa}(l-z) - u\bar{q}_{sa}z$<br>（除不计中性点以上黄土层的正摩阻力，尚应扣除负摩阻力） | |

【小注】此部分内容详见第七篇第一章。

## 三、抗拔桩基承载力验算

承受拔力的桩基，应按同时验算群桩基础呈整体破坏和呈非整体破坏时基桩的抗拔承载力。整体破坏：群桩中基桩的抗拔承载力计算是把桩群作为一个实体基础，上拔破坏时的破坏面为实体基础的外表面。不论整体、非整体破坏，只针对基桩进行验算。

### （一）抗拔（浮）桩

——第 5.4.5、5.4.6 条

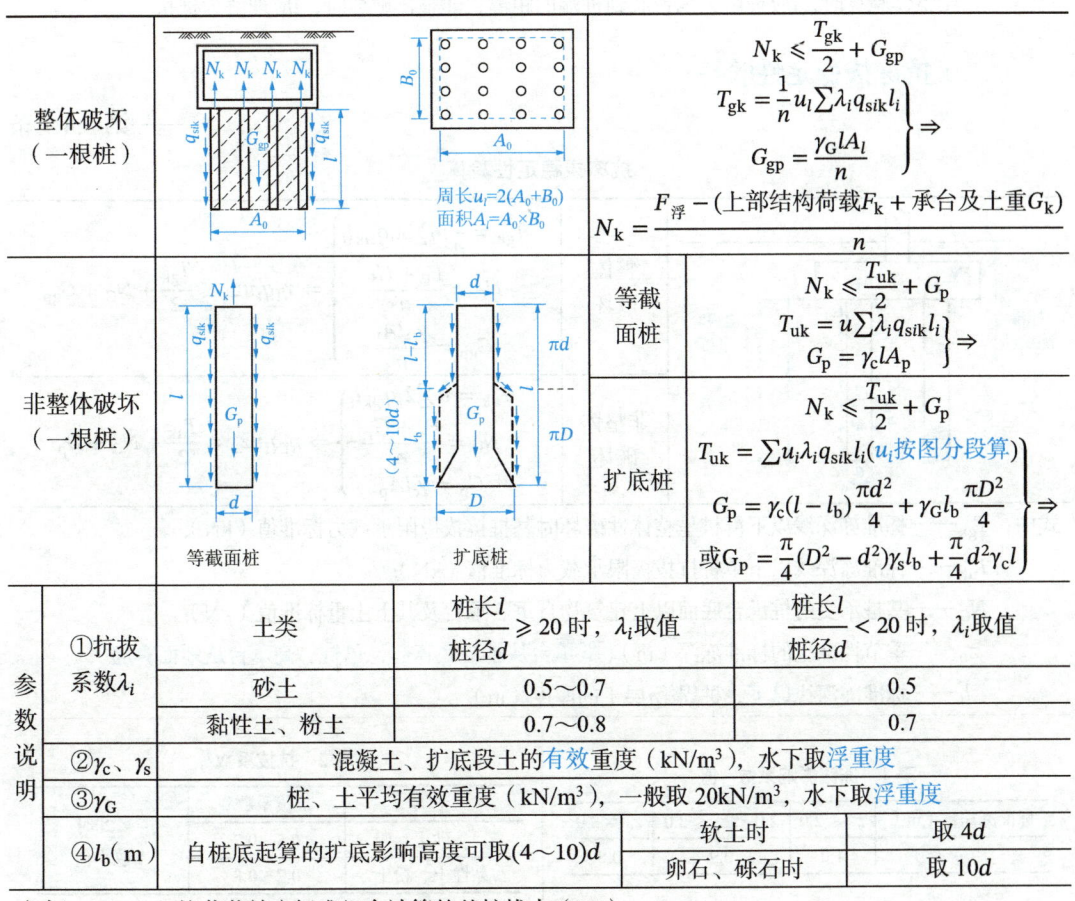

| 参数说明 | ①抗拔系数 $\lambda_i$ | 土类 | $\dfrac{桩长 l}{桩径 d} \geqslant 20$ 时，$\lambda_i$ 取值 | $\dfrac{桩长 l}{桩径 d} < 20$ 时，$\lambda_i$ 取值 |
|---|---|---|---|---|
| | | 砂土 | 0.5～0.7 | 0.5 |
| | | 黏性土、粉土 | 0.7～0.8 | 0.7 |
| | ② $\gamma_c$、$\gamma_s$ | 混凝土、扩底段土的有效重度（kN/m³），水下取浮重度 | | |
| | ③ $\gamma_G$ | 桩、土平均有效重度（kN/m³），一般取 20kN/m³，水下取浮重度 | | |
| | ④ $l_b$(m) | 自桩底起算的扩底影响高度可取(4～10)d | 软土时 | 取 4d |
| | | | 卵石、砾石时 | 取 10d |

式中：$N_k$——按荷载效应标准组合计算的基桩拔力（kN）；

$T_{gk}$——群桩呈整体性破坏时基桩的抗拔极限承载力标准值（kN）；

$T_{uk}$——群桩呈非整体性破坏时基桩的抗拔极限承载力标准值（kN）；

$G_{gp}$——群桩基础所包围体积的桩土总自重除以总桩数，地下水位以下取浮重度（kN）；

$G_p$——基桩自重，地下水位以下取浮重度（kN），对于扩底桩应按图示确定扩底高度；

$q_{sik}$——桩侧表面第 i 层土的抗压极限侧阻力标准值（kPa）；

$u_i$——桩身周长（m），等直径桩：$u = \pi d$；扩底桩取：$\pi D$；

$u_l$——桩群外围周长（m），非承台外围尺寸；

$A_p$——单根桩身截面积（m²）；

$A_l$——群桩基础桩土总面积（m²）；

$l$——桩长（m）；
$n$——总桩数

**【小注】**①$T_{gk}$、$T_{uk}$为抗拔极限承载力的标准值，$T_{gk}/2$、$T_{uk}/2$为抗拔承载力的特征值，公式验算类似：$N_k \leqslant R$，$R = \frac{1}{2}Q_{uk}$，只是在抗力部分加入了自重；不论整体、非整体破坏，只针对基桩验算。

②抗拔系数$\lambda_i$ = 抗拔极限侧阻力/抗压极限侧阻力，由于抗拔桩的极限侧阻力 < 抗压桩的极限侧阻力，知抗拔系数$\lambda_i$ < 1。

③对于抗浮桩，就算题目没有给定水位，计算桩土自重也采用浮重度。

④整体验算时，$l$应理解为承台底到桩端的距离；非整体破坏时，$l$应理解为桩长。

### （二）抗冻拔稳定性验算

——第 5.4.7 条

**抗冻拔稳定性验算**

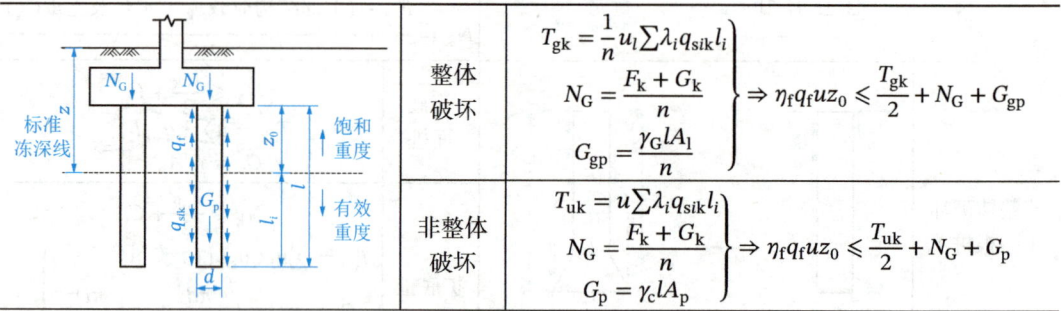

式中：$T_{gk}$——标准冻深线以下群桩呈整体性破坏时基桩抗拔极限承载力标准值（kN）；

$T_{uk}$——标准冻深线以下单桩抗拔极限承载力标准值（kN）；

$N_G$——基桩承受的桩承台底面以上建筑物自重、承台及其上土重标准值（kN）；

$z_0$——季节性冻土的标准冻深（m）（低承台从承台底算起，单桩、高承台从地面算起）；

$l_i$——标准冻深线以下，桩周第$i$层土的厚度（m）

表 1　冻深影响系数$\eta_f$值

| 标准冻深$z_0$（m） | $z_0 \leqslant 2.0$ | $2.0 < z_0 \leqslant 3.0$ | $z_0 > 3.0$ |
|---|---|---|---|
| $\eta_f$ | 1.0 | 0.9 | 0.8 |

表 2　抗拔系数$\lambda_i$

| 土类 | 抗拔系数$\lambda_i$ | |
|---|---|---|
| 砂土 | 0.5～0.7 | $\frac{l}{d} < 20$时 $\lambda_i$取小值 |
| 黏性土、粉土 | 0.7～0.8 | |

表 3　切向冻胀力$q_f$（kPa）

| 土类 | 冻胀性分类 | | | |
|---|---|---|---|---|
| | 弱冻胀 | 冻胀 | 强冻胀 | 特强冻胀 |
| 黏性土、粉土 | 30～60 | 60～80 | 80～120 | 120～150 |
| 砂土、砾（碎）石（黏、粉粒含量 > 15%） | < 10 | 20～30 | 40～80 | 90～200 |

**【表注】**①表面粗糙的灌注桩，表中数值乘以系数 1.1～1.3；

②本表不适用于含盐量大于 0.5%的冻土。

**【小注】**①基桩、群桩自重计算：标准冻深线以上均取饱和重度，以下均取浮重度；

②构造要求：桩端进入标准冻深线以下的深度，除满足上述抗拔稳定性验算要求外，不得小于 4 倍桩径及 1 倍扩大端直径，最小深度应大于 1.5m。

## （三）抗胀拔稳定性验算

——第5.4.8条

膨胀土上轻型建筑物的短桩基础，应验算群桩基础呈整体破坏和非整体破坏的抗拔稳定性。

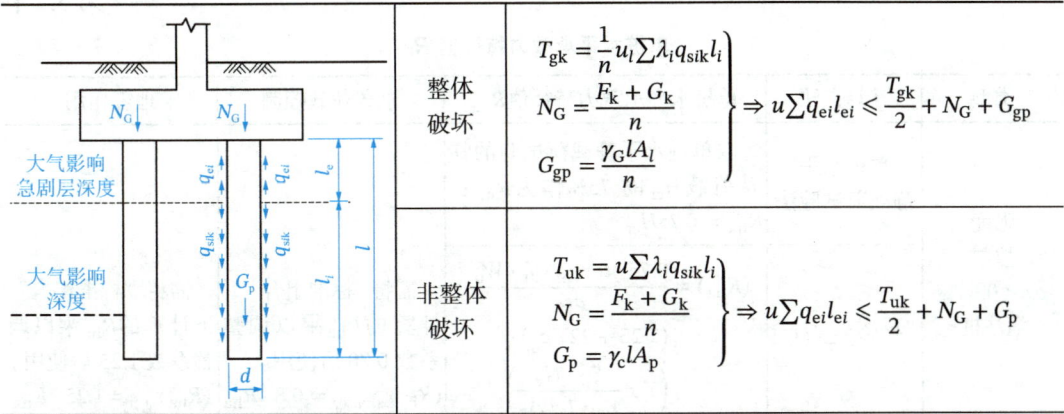

**构造要求**：桩端进入大气影响急剧层以下的深度，除满足上述抗拔稳定性验算要求，且<u>不得小于4倍桩径及1倍扩大端直径</u>，<u>最小深度应</u>大于1.5m。

式中：$T_{gk}$——群桩呈整体破坏时，大气影响急剧层下稳定土层中基桩的抗拔极限承载力标准值（kN）；

$T_{uk}$——群桩呈非整体破坏时，大气影响急剧层下稳定土层中基桩的抗拔极限承载力标准值（kN）；

$q_{ei}$——大气影响急剧层中第$i$层土的极限胀切力（kPa），由现场浸水试验确定；

$l_{ei}$——大气影响急剧层中第$i$层土的厚度（m），<u>低承台从承台底算起，单桩、高承台从地面算起</u>

表1 抗拔系数$\lambda_i$

| 土类 | 抗拔系数$\lambda_i$ | |
|---|---|---|
| 砂土 | 0.5~0.7 | $\dfrac{l}{d}<20$时，$\lambda_i$取小值 |
| 黏性土、粉土 | 0.7~0.8 | |

表2 大气影响急剧层深度

| 土的湿度系数$\psi_w$ | 大气影响深度（m） | 大气影响急剧层深度（m） |
|---|---|---|
| 0.6 | 5.0 | 2.25 |
| 0.7 | 4.0 | 1.8 |
| 0.8 | 3.5 | 1.575 |
| 0.9 | 3.0 | 1.35 |

【表注】大气影响急剧层深度等于大气影响深度值乘以0.45。

## 第四节 桩基水平承载力计算

### 一、单桩水平承载力特征值

——第 5.7 节

**单桩水平承载力特征值 $R_{ha}$**

| 类型 | 计算方法 | 单桩水平承载力特征值$R_{ha}$ | 永久荷载控制 | 地震作用 |
|---|---|---|---|---|
| 强度控制<br>$\rho_g < 0.65\%$<br>灌注桩 | 单桩水平静载荷试验法 | 取单桩水平静载荷试验的临界荷载$H_{cr}$的 75%作为$R_{ha}$：<br>$R_{ha} = 0.75 H_{cr}$ | 需将"标准组合"下计算的$R_{ha}$乘以调整系数 0.80 后使用。<br>$(R_{ha})_{永久荷载控制} = 0.8 \cdot R_{ha}$ | 需将"标准组合"下计算的$R_{ha}$乘以调整系数 1.25 后使用。<br>$(R_{ha})_{地震作用} = 1.25 \cdot R_{ha}$ |
| | 经验公式法 | $(R_{ha}) = \dfrac{0.75 \cdot \alpha \cdot \gamma_m \cdot f_t \cdot W_0}{v_M} \cdot$<br>$(1.25 + 22 \cdot \rho_g) \cdot$<br>$\left(1 \pm \dfrac{\xi_N \cdot N_k}{\gamma_m \cdot f_t \cdot A_n}\right)$ | | |
| 位移控制<br>$\rho_g \geq 0.65\%$<br>灌注桩、预制桩、钢桩 | 单桩水平静载荷试验法 | 取地面处水平位移 10mm（对于水平位移敏感的建筑物取水平位移 6mm）所对应荷载$H$的 75%作为$R_{ha}$：$R_{ha} = 0.75H$ | 不需调整，直接使用 | |
| | 经验公式法 | $R_{ha} = 0.75 \cdot \dfrac{\alpha^3 \cdot EI}{v_x} \cdot \chi_{0a}$ | | |

**（1）单桩水平承载力特征值$R_{ha}$（kN）计算（位移控制）**——第 5.7.2 条

| | 位移控制：$R_{ha} = 0.75 \cdot \dfrac{\alpha^3 EI}{v_x} \cdot \chi_{0a}$ | |
|---|---|---|
| 桩的水平变形系数<br>$\alpha$（m$^{-1}$） | $\alpha = \sqrt[5]{\dfrac{m \cdot b_0}{EI}} = \left(\dfrac{mb_0}{EI}\right)^{0.2}$ | |
| 桩身计算宽度$b_0$（m）<br>（仅用作水平变形系数$\alpha$计算） | 圆桩：<br>桩径$d \leq 1m$：$b_0 = 0.9(1.5d + 0.5)$<br>桩径$d > 1m$：$b_0 = 0.9(d + 1)$ | 方桩：<br>桩宽$b \leq 1m$：$b_0 = 1.5b + 0.5$<br>桩宽$b > 1m$：$b_0 = b + 1$ |
| 参数 | 圆桩（桩径$d$） | 方桩（桩截面宽度$b$） |
| 桩身换算截面受拉边缘的截面模量$W_0$（m$^3$） | $W_0 = \dfrac{\pi \cdot d}{32} \cdot [d^2 + 2 \cdot (\alpha_E - 1) \cdot \rho_g \cdot d_0^2]$ | $W_0 = \dfrac{b}{6} \cdot [b^2 + 2 \cdot (\alpha_E - 1) \cdot \rho_g \cdot b_0^2]$ |
| 桩身换算截面的惯性矩$I_0$（m$^4$） | $I_0 = \dfrac{W_0 \cdot d_0}{2}$ | $I_0 = \dfrac{W_0 \cdot b_0}{2}$ |
| 桩身抗弯刚度$EI$<br>（kN·m$^2$） | $EI = 0.85 \cdot E_c \cdot I_0$（$E_c$为混凝土弹性模量 kPa） | |

式中：$R_{ha}$——单桩水平承载力特征值（kN）；

$v_x$——桩顶水平位移系数，按下表取值；

$m$——桩侧土水平抗力系数的比例系数（kN/m$^4$），按下表取值，多层土时，见下一页转化公式；

$\chi_{0a}$——桩顶允许水平位移（m），一般情况，$\chi_{0a}$取 0.01m；对水平位移敏感时，$\chi_{0a}$取 0.006m

**桩顶（身）水平位移系数 $v_x$**

| 桩的换算埋深（$a \cdot h$） | | ≥4.0 | 3.5 | 3.0 | 2.8 | 2.6 | 2.4 |
|---|---|---|---|---|---|---|---|
| $v_x$ | 桩顶铰接、自由 | 2.441 | 2.502 | 2.727 | 2.905 | 3.163 | 3.526 |
|  | 桩顶固接 | 0.940 | 0.970 | 1.028 | 1.055 | 1.079 | 1.095 |

【表注】$\alpha$——桩的水平变形系数（$m^{-1}$）；$h$——桩身入土深度（m）。

**混凝土的弹性模量 $E_c$ 及抗拉强度设计值 $f_t$（kPa）**

| 强度 | C20 | C25 | C30 | C35 | C40 | C45 | C50 |
|---|---|---|---|---|---|---|---|
| $f_t$ | 1100 | 1270 | 1430 | 1570 | 1710 | 1800 | 1890 |
| $E_c$（×$10^7$） | 2.55 | 2.80 | 3.00 | 3.15 | 3.25 | 3.55 | 3.60 |

（2）单桩水平承载力特征值 $R_{ha}$（kN）计算（强度控制）——第 5.7.2 条

| 强度控制：$R_{ha} = \frac{0.75 \cdot \alpha \cdot \gamma_m \cdot f_t \cdot W_0}{v_M} \cdot (1.25 + 22 \cdot \rho_g) \cdot \left(1 \pm \frac{\xi_N \cdot N_k}{\gamma_m \cdot f_t \cdot A_n}\right)$ | | |
|---|---|---|
| 桩顶作用压力时取"+"，拉力时取"−" | | |
| 桩的水平变形系数 $\alpha$（$m^{-1}$） | \multicolumn{2}{c}{$\alpha = \sqrt[5]{\frac{m \cdot b_0}{EI}} = \left(\frac{mb_0}{EI}\right)^{0.2}$} | |
| 桩身计算宽度 $b_0$（m）（仅用作水平变形系数 $\alpha$ 计算） | 圆桩：桩径 $d \leq 1m$：$b_0 = 0.9(1.5d + 0.5)$ 桩径 $d > 1m$：$b_0 = 0.9(d + 1)$ | 方桩：桩宽 $b \leq 1m$：$b_0 = 1.5b + 0.5$ 桩宽 $b > 1m$：$b_0 = b + 1$ |
| 桩身抗弯刚度 $EI$（$kN \cdot m^2$） | $EI = 0.85 E_c I_0$（$E_c$ 为混凝土弹性模量，kPa） | |
| 参数 | 圆桩（桩径 $d$） | 方桩（桩截面宽度 $b$） |
| 有效桩径 $d_0$、宽度 $b_0$（m） | $d_0 = d - 2$倍保护层厚度 | $b_0 = b - 2$倍保护层厚度 |
| 桩身换算截面惯性矩 $I_0$（$m^4$） | $I_0 = \frac{W_0 d_0}{2}$ | $I_0 = \frac{W_0 b_0}{2}$ |
| 桩身换算截面受拉边缘的截面模量 $W_0$（$m^3$） | $W_0 = \frac{\pi d}{32}[d^2 + 2(\alpha_E - 1)\rho_g d_0^2]$ | $W_0 = \frac{b}{6}[b^2 + 2(\alpha_E - 1)\rho_g b_0^2]$ |
| 桩截面模量塑性系数 $\gamma_m$ | 2 | 1.75 |
| 桩身换算截面积 $A_n$（$m^2$） | $A_n = \frac{\pi d^2}{4}[1 + (\alpha_E - 1)\rho_g]$ | $A_n = b^2[1 + (\alpha_E - 1)\rho_g]$ |
| 桩身配筋率 $\rho_g$ | 以小数代入，例如：$\rho_g = 0.62\%$ 取 0.0062 代入 | |
| $\alpha_E$ | 钢筋弹性模量/混凝土弹性模量 | |
| 桩顶竖向力影响系数 $\zeta_N$ | 竖向压力时取正号：$\zeta_N = 0.5$；竖向拉力时取负号：$\zeta_N = 1.0$ | |

式中：$m$——桩侧土水平抗力系数的比例系数（$kN/m^4$）；

$f_t$——桩身混凝土抗拉强度设计值（kPa）；

$d$——圆形桩直径（m）；

$b$——方形桩边长（m）；

$d_0$——扣除保护层厚度的桩直径（m）；

$b_0$——计算 $I_0$、$W_0$ 时的 $b_0$ 为扣除保护层厚度的桩边长，计算 $\alpha$ 时的 $b_0$ 为桩身计算宽度（m）；

$N_k$——在荷载效应标准组合下桩顶的竖向力（kN），这里有认为：基本组合，不建议勘误；

$v_M$——桩身最大弯矩系数，按下表取值（单桩或单排桩基纵轴线与水平力方向垂直，按桩顶铰接）

## 桩顶（身）最大弯矩系数 $v_m$

| 桩的换算埋深（$ah$） | | ≥4.0 | 3.5 | 3.0 | 2.8 | 2.6 | 2.4 |
|---|---|---|---|---|---|---|---|
| $v_m$ | 桩顶铰接、自由 | 0.768 | 0.750 | 0.703 | 0.675 | 0.639 | 0.601 |
| | 桩顶固接 | 0.926 | 0.934 | 0.967 | 0.990 | 1.018 | 1.045 |

【表注】$\alpha$——桩的水平变形系数（$m^{-1}$）；$h$——桩身入土深度（m）

## 二、群桩水平承载力特征值

——第 5.7.3 条

### 群桩水平承载力特征值 $R_h$（kN）

| $R_h = \eta_h \cdot R_{ha}$，$\eta_h$——群桩效应综合系数；$R_{ha}$——单桩水平承载力特征值 | |
|---|---|
| 考虑地震作用且 $s_a/d \leq 6$ 时：$\eta_h = \eta_i \cdot \eta_r + \eta_l$ | 群桩水平承载力特征值：$R_h = (\eta_i\eta_r + \eta_l)R_{ha}$ |
| | 群桩水平抗震承载力特征值：$R_h = 1.25(\eta_i\eta_r + \eta_l)R_{ha}$ |
| 其他情况：$\eta_h = \eta_i \cdot \eta_r + \eta_l + \eta_b$ | $R_h = (\eta_i\eta_r + \eta_l + \eta_b)R_{ha}$ |

【小注】注意题目的问法，一般这样处理：①考虑地震作用时，计算基桩的竖向（水平）承载力特征值 $R$，则不乘 1.25；②计算基桩的竖向（水平）抗震承载力特征值 $R$，需要乘 1.25

### ①计算效应系数 $\eta_i$、$\eta_r$、$\eta_l$、$\eta_b$

| 系数 | 计算式 | | | 参数说明 | | |
|---|---|---|---|---|---|---|
| 桩相互影响效应系数 $\eta_i$ | $\eta_i = \dfrac{(s_a/d)^{0.015n_2+0.45}}{0.15n_1 + 0.1n_2 + 1.9}$ | | | $n_1$、$n_2$ 为沿水平、垂直荷载方向每排桩中的桩数 | | |
| 桩顶约束效应系数 $\eta_r$ | 换算深度 $\alpha h$ | 2.4 | 2.6 | 2.8 | 3.0 | 3.5 | ≥4.0 |
| | 位移控制 $\eta_r$ | 2.58 | 2.34 | 2.20 | 2.13 | 2.07 | 2.05 |
| | 强度控制 $\eta_r$ | 1.44 | 1.57 | 1.71 | 1.82 | 2.00 | 2.07 |
| | 【表注】$\alpha$——桩的水平变形系数（$m^{-1}$），$\alpha = \sqrt[5]{\dfrac{m \cdot b_0}{EI}}$，$m$ 为桩侧参数；$h$——桩的入土深度（m） | | | | | | |
| 承台侧向土水平抗力效应系数 $\eta_l$ | ①高承台：$\eta_l = 0$<br>②承台外围为松散土：$\eta_l = 0$<br>其他：$\eta_l = \dfrac{mx_{0a}B'_c h_c^2}{2n_1n_2R_{ha}}$ | | | $m$——承台侧向土水平抗力系数的比例系数。<br>$x_{0a}$——桩顶（承台）的允许水平位移（m）。<br>位移控制：$\chi_{0a} = 0.01m$（对水平位移敏感取 6mm）<br>强度控制：$\chi_{0a} = \dfrac{R_{ha} \cdot v_x}{\alpha^3 \cdot EI}$<br>$B'_c$——承台受侧向土抗力一边的计算宽度（m），$B'_c = B_c + 1$（$B_c$ 对应承台宽度）。<br>$h_c$——承台高度（m），$h_c = h_0 + $ 保护层厚度 | | |
| 承台底摩阻效应系数 $\eta_b$ | ①高承台：$\eta_b = 0$<br>②承台底为可液化土、湿陷性土、高灵敏度软土、欠固结土、新填土、沉桩引起超孔隙水压力和土体隆起时：$\eta_b = 0$<br>其他：$\eta_b = \dfrac{\mu P_c}{n_1n_2R_{ha}}$ | | | $\mu$——承台底与地基土摩擦系数，按规范 P63 查取；<br>$P_c$——承台底地基土分担的竖向总荷载标准值；<br>$P_c = \eta_c f_{ak}(A - nA_{ps})$<br>$\eta_c$——承台效应系数，按规范表 P26 表 5.2.5 查取；<br>$f_{ak}$——承台下 1/2 承台宽度且不超过 5m 深度范围内，各层土的地基承载力特征值按厚度加权的平均值（kPa）计算；<br>$A$——承台总面积（$m^2$）；<br>$A_{ps}$——桩身截面面积（$m^2$） | | |

**承台底与地基土间的摩擦系数 $\mu$**

| 黏土 | 可塑 | $\mu = 0.25 \sim 0.30$ | 中砂、粗砂、砾砂 | $\mu = 0.40 \sim 0.50$ |
|---|---|---|---|---|
| | 硬塑 | $\mu = 0.30 \sim 0.35$ | 碎石土 | $\mu = 0.40 \sim 0.60$ |
| | 坚硬 | $\mu = 0.35 \sim 0.45$ | 软岩、软质岩 | $\mu = 0.40 \sim 0.60$ |
| 粉土 | 密实、中密（稍湿） | $\mu = 0.30 \sim 0.40$ | 表面粗糙的较硬岩、坚硬岩 | $\mu = 0.65 \sim 0.75$ |

## 三、单桩水平承载力验算

——第 5.7.1 条

**单桩水平承载力验算**

| $H_{ik} \leqslant R_h$ | $H_{ik} = H_k/n$ | $H_{ik}$——荷载效应标准组合下，作用于基桩 $i$ 桩顶处的水平力（kN）；<br>$H_k$——荷载效应标准组合下，作用于基桩承台底面的水平力（kN）；<br>$n$——桩基中的桩数 |
|---|---|---|
| | $R_h$ | 单桩基础或群桩中基桩的水平承载力特征值；<br>单桩基础，可取单桩的水平承载力特征值 $R_{ha}$（kN） |

## 四、桩侧土水平抗力比例系数 $m$ 值

### （一）查表法

——第 5.7.5 条

地基土水平抗力系数的比例系数 $m$，宜通过单桩水平静载试验确定。当无静载试验资料时，可按下表取值。

**地基土水平抗力系数的比例系数 $m$ 值**

| 序号 | 地基土类别 | 预制桩、钢桩 | | 灌注桩 | |
|---|---|---|---|---|---|
| | | $m$（MN/m⁴） | 相应单桩在地面处水平位移（mm） | $m$（MN/m⁴） | 相应单桩在地面处水平位移（mm） |
| 1 | 淤泥；淤泥质土；饱和湿陷性黄土 | $2 \sim 4.5$ | 10 | $2.5 \sim 6$ | $6 \sim 12$ |
| 2 | 流塑（$I_L > 1$）、软塑（$0.75 < I_L \leqslant 1$）状黏性土；$e > 0.9$ 粉土；松散粉细砂；松散、稍密填土 | $4.5 \sim 6.0$ | 10 | $6 \sim 14$ | $4 \sim 8$ |
| 3 | 可塑（$0.25 < I_L \leqslant 0.75$）状黏性土、湿陷性黄土；$e = 0.75 \sim 0.9$ 粉土；中密填土；稍密细砂 | $6.0 \sim 10$ | 10 | $14 \sim 35$ | $3 \sim 6$ |
| 4 | 硬塑（$0 < I_L \leqslant 0.25$）、坚硬（$I_L \leqslant 0$）状黏性土、湿陷性黄土；$e < 0.75$ 粉土；中密的中粗砂；密实老填土 | $10 \sim 22$ | 10 | $35 \sim 100$ | $2 \sim 5$ |
| 5 | 中密、密实的砾砂、碎石类土 | — | — | $100 \sim 300$ | $1.5 \sim 3$ |

【表注】①当桩顶水平位移大于表列数值或灌注桩配筋率较高（$\geqslant 0.65\%$）时，$m$ 值应适当降低；当预制桩的水平向位移小于 10mm 时，$m$ 值可适当提高；
②当水平荷载为长期或经常出现的荷载时，应将表列数值乘以 0.4 降低采用；
③当地基为可液化土层时，应将表列数值乘以本规范表 5.3.12 中相应的系数 $\psi_l$，即为：$\psi_l \cdot m$。

## （二）单桩水平静载试验法

单桩水平静载试验确定桩侧土水平抗力系数的比例系数$m$。

| | | |
|---|---|---|
| 《建筑桩基技术规范》第 5.7.5 条条文说明 | 配筋率<0.65%的低配筋率的桩 | 取临界荷载$H_{cr}$及对应的位移$\chi_{cr}$：$$m = \frac{\left(\frac{H_{cr}}{\chi_{cr}} v_x\right)^{\frac{5}{3}}}{b_0(EI)^{\frac{2}{3}}}$$ |
| | 配筋率高的预制桩和钢桩 | 取允许位移及对应的荷载，按上式计算 |
| 《建筑基桩检测技术规范》第 6.4 节 | 当桩顶自由且水平力作用位置位于地面处 | $$m = \frac{(v_y \cdot H)^{\frac{5}{3}}}{b_0(Y_0)^{\frac{5}{3}}(EI)^{\frac{2}{3}}}$$ |

式中：$m$——地基土的水平抗力系数的比例系数（$kN/m^4$）。

$v_x$——桩顶水平位移系数。

$v_y$——桩顶水平位移系数，$ah \geqslant 4.0$时（$h$为桩的入土深度），$v_y = 2.441$。

$H$——作用于地面的水平力（kN），一般$H = R_{ha}/0.75$。

$Y_0$——水平力作用点的水平位移（m）。

$\chi_{cr}$——水平力作用点的水平位移（m）。

$EI$——桩身抗弯刚度（$kN \cdot m^2$），其中$E$为桩身材料弹性模量，$I$为桩身换算截面惯性矩。

$b_0$——桩身计算宽度（m），其取值如下：

$$b_0 = \begin{cases} 圆形桩 \begin{cases} 桩径D \leqslant 1m \text{ 时}, b_0 = 0.9(1.5D + 0.5) \\ 桩径D > 1m \text{ 时}, b_0 = 0.9(D + 1) \end{cases} \\ 矩形桩 \begin{cases} 边宽B \leqslant 1m \text{ 时}, b_0 = 1.5B + 0.5 \\ 边宽B > 1m \text{ 时}, b_0 = B + 1 \end{cases} \end{cases}$$

$R_{ha}$——单桩水平承载力特征值（kN）。

①桩身强度控制时：取单桩水平静载试验的临界荷载$H_{cr}$的 75%作为$R_{ha} = 75\% \cdot H_{cr}$；

②水平位移控制时：取地面处水平位移为 10mm（对于水平位移敏感的建筑物取水平位移 6mm）所对应的荷载的 75%作为$R_{ha}$。

$H_{cr}$——单桩水平临界荷载（kN），$H_{cr}$应按《建筑地基基础设计规范》附录 S 或《建筑基桩检测技术规范》第 6.4.4 条确定：

（1）取单向多循环加载法时的$H$-$t$-$Y_0$（水平力-时间-水平位移）曲线或慢速维持荷载法时的$H$-$Y_0$曲线出现拐点的前一级水平荷载值作为临界荷载；

（2）取$H$-$\Delta Y_0/\Delta H$曲线或$lgH$-$lgY_0$曲线上第一拐点对应的水平荷载值作为临界荷载；

（3）取$H$-$\sigma_s$曲线第一拐点对应的水平荷载值作为临界荷载

## （三）多层土的 $m$ 值计算

——附录 C

当基桩侧面为几种土层组成时，应求得主要影响深度 $h_\mathrm{m} = 2(d+1)$ 范围内的 $m$ 值作为计算值。

| 桩侧土体（低桩承台底或高桩承台底面下 $h_\mathrm{m} = 2d + 2$ 范围），方桩 $d = 1.129b$ 水平抗力系数的比例系数 $m$（kN/m⁴） | | |
|---|---|---|
| | 桩侧土体为：多层土 | |
| | 两层土 | $m = \dfrac{m_1 h_1^2 + m_2(2h_1 + h_2)h_2}{h_\mathrm{m}^2}$ |
| | 三层土 | $m = \dfrac{m_1 h_1^2 + m_2(2h_1 + h_2)h_2 + m_3(2h_1 + 2h_2 + h_3)h_3}{h_\mathrm{m}^2}$ |

| | 承台覆土情况 | $\lambda_\mathrm{N} = \dfrac{\text{实测值} N}{\text{临界值} N_\mathrm{cr}}$ | 自地面算起的液化土层深度 $d_\mathrm{L}$（m） | $\psi_l$ |
|---|---|---|---|---|
| | ①承台底面处非液化土或者非软弱土层，上侧小于 1.5m 或下侧小于 1.0m | | | 0 |
| $h_\mathrm{m} = 2d + 2$ 范围内有 液化夹层 ⇒ 先将该层 $m$ 乘折减系数 $\psi_l (m \cdot \psi_l) \Rightarrow$ 再代入上式 | ②承台底面处非液化土或者非软弱土层，上侧不小于 1.5m 且下侧不小于 1.0m | $\lambda_\mathrm{N} \leqslant 0.6$ | $d_\mathrm{L} \leqslant 10$<br>$10 < d_\mathrm{L} \leqslant 20$ | 0<br>1/3 |
| | | $0.6 < \lambda_\mathrm{N} \leqslant 0.8$ | $d_\mathrm{L} \leqslant 10$<br>$10 < d_\mathrm{L} \leqslant 20$ | 1/3<br>2/3 |
| | | $0.8 < \lambda_\mathrm{N} \leqslant 1.0$ | $d_\mathrm{L} \leqslant 10$<br>$10 < d_\mathrm{L} \leqslant 20$ | 2/3<br>1.0 |
| | 挤土桩当桩距不大于 $4d$ 且桩的排数不少于 5 排、总桩数不少于 25 根时 | | | $\psi_l$ 提高一级<br>即：$0 \to \dfrac{1}{3} \to \dfrac{2}{3} \to 1$ |

## 第五节 桩身承载力计算

### 一、受压桩桩身承载力计算

——第 5.8.2～5.8.4 条

**受压桩桩身承载力计算**

| | | |
|---|---|---|
| ①桩顶以下$5d$范围的螺旋式箍筋间距≤100mm，且符合规范第 4.1.1 条时 | $N \leq \varphi(\psi_c f_c A_{ps} + 0.9 f_y' A_s')$ | $N$——基本组合下桩顶轴向压力设计值（kN），$N = 1.35 N_k$；考虑下拉荷载时：$N = 1.35(N_k + Q_g^n)$<br>$f_c$——混凝土轴心抗压强度设计值（kPa），桩身混凝土强度等级不低于 C25；<br>$f_y'$——纵向主筋抗压强度设计值（kPa）；<br>$A_{ps}$——桩的有效截面积（m²），扣除空心面积，不扣钢筋面积；<br>$A_s'$——纵向主筋截面积（m²） |
| ②不满足上述条件 | $N \leq \varphi \psi_c f_c A_{ps}$ | |

$\varphi$——桩身稳定系数（也称压屈稳定系数），具体可根据下表确定。
（1）对于轴心受压混凝土桩，一般取$\varphi = 1.0$；
（2）满足以下条件之一，应考虑压屈影响，即：考虑稳定性系数$\varphi$，此时$\varphi \leq 1.0$
①高承台基桩；
②桩身穿越可液化土；
③不排水抗剪强度小于10kPa（地基承载力特征值小于 25kPa）的软弱土层的基桩

**其他参数说明**

| （1）成桩工艺系数$\psi_c$ | |
|---|---|
| 成桩工艺 | $\psi_c$ |
| 混凝土预制桩、预应力混凝土空心桩 | 0.85 |
| 干作业非挤土灌注桩 | 0.90 |
| 泥浆护壁和套筒非挤土灌注桩、部分挤土灌注桩、挤土灌注桩 | 0.7～0.8 |
| 软土地区挤土灌注桩 | 0.60 |

| （2）桩身稳定系数$\varphi$ | | | | | | | | | | | |
|---|---|---|---|---|---|---|---|---|---|---|---|
| 圆桩：$l_c/d$ | ≤7 | 8.5 | 10.5 | 12 | 14 | 15.5 | 17 | 19 | 21 | 22.5 | 24 |
| 方桩：$l_c/b$ | ≤8 | 10 | 12 | 14 | 16 | 18 | 20 | 22 | 24 | 26 | 28 |
| $\varphi$ | 1.00 | 0.98 | 0.95 | 0.92 | 0.87 | 0.81 | 0.75 | 0.70 | 0.65 | 0.60 | 0.56 |
| 圆桩：$l_c/d$ | 26 | 28 | 29.5 | 31 | 33 | 34.5 | 36.5 | 38 | 40 | 41.5 | 43 |
| 方桩：$l_c/b$ | 30 | 32 | 34 | 36 | 38 | 40 | 42 | 44 | 46 | 48 | 50 |
| $\varphi$ | 0.52 | 0.48 | 0.44 | 0.40 | 0.36 | 0.32 | 0.29 | 0.26 | 0.23 | 0.21 | 0.19 |

【表注】$b$为矩形桩短边尺寸，$d$为圆形桩直径，$l_c$为桩身压屈计算长度，见下表。

## 桩身压屈计算长度 $l_c$

| 桩顶铰接 | | | | 桩顶固接 | | | |
|---|---|---|---|---|---|---|---|
| 桩底支于非岩石土中 | | 桩底嵌于岩石中 | | 桩底支于非岩石土中 | | 桩底嵌于岩石中 | |
| $\alpha h < 4$ | $\alpha h \geqslant 4$ | $\alpha h < 4$ | $\alpha h \geqslant 4$ | $\alpha h < 4$ | $\alpha h \geqslant 4$ | $\alpha h < 4$ | $\alpha h \geqslant 4$ |
| $l_c = l_0 + h$ | $l_c = 0.7\left(l_0 + \dfrac{4}{\alpha}\right)$ | $l_c = 0.7(l_0 + h)$ | $l_c = 0.7\left(l_0 + \dfrac{4}{\alpha}\right)$ | $l_c = 0.7(l_0 + h)$ | $l_c = 0.5\left(l_0 + \dfrac{4}{\alpha}\right)$ | $l_c = 0.5(l_0 + h)$ | $l_c = 0.5\left(l_0 + \dfrac{4}{\alpha}\right)$ |

【表注】①表中 $\alpha = \sqrt[5]{\dfrac{mb_0}{EI}}$；

②$l_0$ 为高桩承台基桩露出地面的长度，对于低承台桩，$l_0 = 0$；

③当存在 $f_{ak} < 25\text{kPa}$ 的软弱土时，按液化土处理；

④当桩侧有厚度为 $d_l$ 的液化土层（$f_{ak} < 25\text{kPa}$ 或 $c_u < 10\text{kPa}$ 的软弱土可按液化土处理），此时将桩的入土长度 $h$ 和桩露出地面长度 $l_0$ 调整后代入上式：

$l_0' = l_0 + (1 - \psi_l)d_l$，$h' = h - (1 - \psi_l)d_l =$ 桩长 $l - l_0'$，其中 $\psi_l$ 查规范 P42 表 5.3.12。

【小注】不需要遵守液化折减系数 $\psi_l$ 的应用条件：承台上下满足不低于 1.5m、1.0m 的非液化土或非软弱土层，不满足，即：$\psi_l = 0$。

## 二、打入式钢管桩局部压屈验算

——第 5.8.6 条

**打入式钢管桩局部压屈验算**

| ①当 $\dfrac{t}{d} = \dfrac{1}{50} \sim \dfrac{1}{80}$，$d \leqslant 600\text{mm}$，最大锤击压应力小于钢材强度设计值时，可不进行局部压屈验算 | | |
|---|---|---|
| ②当 $600\text{mm} < d < 900\text{mm}$ 时 | $\dfrac{t}{d} \geqslant \dfrac{f_y'}{0.388E}$ | $t$、$d$——分别为钢管桩壁厚和外径（mm）；<br>$f_y'$——纵向主筋抗压强度设计值（MPa）；<br>$E$——钢材的弹性模量（MPa）。<br>※联合考点：反算 $d$ 之后，计算钢管桩承载力特征值 $R_a$ |
| ③当 $d \geqslant 900\text{mm}$ 时 | $\dfrac{t}{d} \geqslant \dfrac{f_y'}{0.388E}$ 且 $\dfrac{t}{d} \geqslant \sqrt{\dfrac{f_y'}{14.5E}}$ | |

## 三、抗拔桩正截面受拉承载力验算

**抗拔桩正截面受拉承载力验算**

| $N = \dfrac{1.35(F_浮 - G_k)}{n} \leqslant f_y A_s + f_{py} A_{py}$ | 式中：$N$——基本组合下桩顶轴向拉力设计值（kN）；<br>$f_y$、$f_{py}$——普通钢筋、预应力钢筋抗拉强度设计值（kPa）；<br>$A_s$、$A_{py}$——普通钢筋、预应力钢筋的截面面积（m²） |
|---|---|

## 四、预制桩的锤击力验算

——第 5.8.12 条

### 预制桩的锤击力验算

| 最大锤击压应力（kPa）：<br>$$\sigma_p = \frac{\alpha\sqrt{2eE\gamma_p H}}{\left[1+\dfrac{A_c}{A_H}\sqrt{\dfrac{E_c \cdot \gamma_c}{E_H \cdot \gamma_H}}\right]\left[1+\dfrac{A}{A_c}\sqrt{\dfrac{E \cdot \gamma_p}{E_c \cdot \gamma_c}}\right]} \leq f_c$$ | $\alpha$——锤型系数（kN） | 自由落锤：$\alpha = 1.0$ |
| --- | --- | --- |
| | | 柴油锤：$\alpha = 1.4$ |
| | $e$——锤击效率系数 | 自由落锤：$e = 0.6$ |
| | | 柴油锤：$e = 0.8$ |
| 最大锤击拉应力（kPa）：<br>$\sigma_t \leq f_t$ | 式中：$E_H$、$E_c$、$E$——锤、桩垫、桩的纵向弹性模量（kPa）；<br>$A_H$、$A_c$、$A$——锤、桩垫、桩的实际断面积（m²）；<br>$\gamma_H$、$\gamma_c$、$\gamma_p$——锤、桩垫、桩的重度（kN/m³）；<br>$H$——锤落距（m）；<br>$f_c$——混凝土轴心抗压强度设计值（kPa）；<br>$f_t$——混凝土轴心抗拉强度设计值（kPa） | |

当桩需穿越软土层或桩存在变截面时，可按下表确定桩身的最大锤击拉应力。

### 最大锤击拉应力 $\sigma_t$ 建议值（kPa）

| 应力类别 | 桩类 | 建议值 | 出现部位 |
| --- | --- | --- | --- |
| 桩轴向拉应力值 | 预应力混凝土管桩 | $(0.33\sim0.5)\sigma_p$ | ①桩刚穿越软土层时；<br>②距桩尖（0.5～0.7）桩长 $l$ 处 |
| | 混凝土及预应力混凝土桩 | $(0.25\sim0.33)\sigma_p$ | |
| 桩截面环向拉应力或侧向拉应力 | 预应力混凝土管桩 | $0.25\sigma_p$ | 最大锤击压应力相应的截面 |
| | 混凝土及预应力混凝土桩（侧向） | $(0.22\sim0.25)\sigma_p$ | |

### 知识拓展

裂缝控制验算，详见规范第 5.8.8 条、第 3.5.3 条，可能和《混凝土结构设计规范》结合命题。

笔记区

# 第六节 桩基沉降计算

## 一、密桩沉降（$s_a/d \leqslant 6$）

### （一）等效作用分层总和法

——第 5.5.6～5.5.11 条

密桩最终沉降量计算可采用"等效作用分层总和法"：
①等效作用面位于"桩端平面"；
②等效作用面积为"桩承台投影面积"；
③等效作用附加应力近似采用"承台底平均附加应力"；
④等效作用面以下的应力分布采用各向同性均质直线变形体理论，即桩基任意点最终沉降量计算可采用"角点法"。然后经修正后，即为群桩基础的最终沉降量。

| 题型一 | $s = \psi \cdot \psi_e \cdot s' = 4\psi \cdot \psi_e \cdot p_0 \cdot \sum\limits_{i=1}^{n} \dfrac{z_i \cdot \bar{\alpha}_i - z_{i-1} \cdot \bar{\alpha}_{i-1}}{E_{si}}$（计算位置：等效作用面中点以下） |
|---|---|
| 题型二 | $s = \psi \cdot \psi_e \cdot \sum\limits_{i=1}^{n} \left( \dfrac{\Delta p}{E_s} \Delta h = \dfrac{e_0 - e_1}{1+e_0} \Delta h = \dfrac{\alpha}{1+e_0} \Delta p \cdot \Delta h \right)$<br>（括号内代表每层土层相应的参数） |

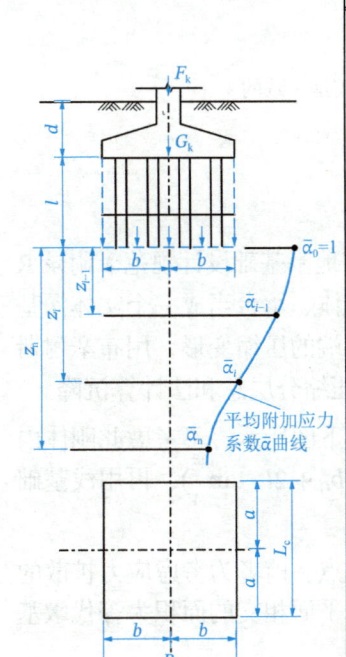

（1）荷载<u>准永久组合</u>下桩端（承台底）平均附加应力 $p_0$（kPa）：
$$p_0 = p_k - p_c = \dfrac{F_k + G_k}{A} - \gamma_m d$$

（2）等效沉降系数 $\psi_e$：
$$\psi_e = C_0 + \dfrac{n_b - 1}{C_1 \times (n_b - 1) + C_2}$$

群桩距径比 $s_a/d$
桩体长径比 $l/d$ ⎱ 查规范 附录E → $\begin{cases} C_0 \\ C_1 \\ C_2 \end{cases}$
承台长宽比 $L_c/B_c$

$n_b$——规则布桩时短边桩数
不规则布桩时：$n_b = \sqrt{n \cdot B_c/L_c}$

规则布桩：正方形布桩（四根桩围成的图形是正方形）

不规则布桩时（非正方形）距径比 $s_a/d$

| 圆桩 | $\dfrac{s_a}{d} = \dfrac{\sqrt{A}}{\sqrt{n} \cdot d}$ | 方桩 | $\dfrac{s_a}{d} = \dfrac{0.886\sqrt{A}}{\sqrt{n} \cdot b}$ |
|---|---|---|---|

$A$——桩基承台总面积（m²）；$b$——方形桩截面边长（m）；$n$——总桩数

（3）列表角点法计算平均附加应力系数 $\bar{\alpha}_i$、$\bar{E}_s$

| $z_i$ | $a/b$ | $z_i/b$ | $\bar{\alpha}_i$ | $z_i\bar{\alpha}_i$ | $A_i = z_i\bar{\alpha}_i - z_{i-1}\bar{\alpha}_{i-1}$ | $E_{si}$（MPa） |
|---|---|---|---|---|---|---|
| 0 | | | 查规范 P147 表 D.0.1-2 | 0 | 0 | |
| $z_i$ | | | | | | |

承台宽度 $B_c \Rightarrow b = \dfrac{B_c}{2}$
承台长度 $L_c \Rightarrow a = \dfrac{L_c}{2}$ ⎰ ⇒ 长宽比：$\dfrac{a}{b}$ 深宽比：$\dfrac{z_i}{b}$ ⎱ 查规范 附录D → 平均附加应力系数 $\bar{\alpha}_i$
由桩端起算，$i$ 层底深埋深 $z_i$

续表

| （4）桩基沉降计算经验系数$\psi$（可内插） | | | | | | | | |
|---|---|---|---|---|---|---|---|---|
| 压缩模量当量值$\overline{E}_s$ | ≤10 | 10~15 | 15 | 15~20 | 20 | 20~35 | 35 | 35~50 | ≥50 |
| 沉降经验系数$\psi$ | 1.2 | $\dfrac{90-3\overline{E}_s}{50}$ | 0.9 | $\dfrac{33-\overline{E}_s}{20}$ | 0.65 | $\dfrac{85-\overline{E}_s}{100}$ | 0.5 | $\dfrac{110-\overline{E}_s}{150}$ | 0.4 |

**【表注】**

$$\overline{E}_s = \frac{\sum A_i}{\sum \left(\dfrac{A_i}{E_{si}}\right)} = \frac{\sum(4 \cdot z_i \cdot \bar{\alpha}_i - 4 \cdot z_{i-1} \cdot \bar{\alpha}_{i-1})}{\sum \left(\dfrac{4 \cdot z_i \cdot \bar{\alpha}_i - 4 \cdot z_{i-1} \cdot \bar{\alpha}_{i-1}}{E_{si}}\right)}$$

**桩基沉降计算经验系数$\psi$的修正**

| 后注浆灌注桩 | 桩端持力层 | 砂、砾、卵石 | $0.7\psi$ |
|---|---|---|---|
| | | 黏性土、粉土 | $0.8\psi$ |
| 饱和土中预制桩（不含复打、复压、引孔沉桩） | $\psi$乘以 1.3~1.8 的挤土效应系数 | | |
| | 渗透性高、桩距大、桩数少、沉降速度慢 | | $1.3\psi$ |
| | 渗透性低、桩距小、桩数多、沉降速度快 | | $1.8\psi$ |

（5）（应力比法）中点下沉降计算深度$z_n$：
$$\sigma_z = 4\alpha p_0 \leq 0.2\sigma_c$$

式中：$\sigma_c$——计算深度$z_n$处的土自重应力；
$\alpha$——附加应力系数，查规范 P145，表 D.0.1-1

**【小注】** 将更加适合均质土中群桩沉降的 Mindlin 解与均布荷载下矩形基础沉降的 Boussinesq 解之比值用以修正假想实体深基础的基底附加压力，然后按一般分层总和法计算群桩沉降；

$$\text{等效沉降系数}\psi_e = \frac{\text{附加应力采用 Mindlin 解计算的沉降量}}{\text{附加应力采用布辛奈斯克(Boussinesq)法计算沉降}}$$

（Mindlin 解、Boussinesq 解为附加应力的不同计算方法，沉降计算公式是一致的）

$$\text{沉降经验系数}\psi = \frac{\text{实测沉降量}}{\text{计算沉降量}}$$

## （二）实体深基础

——《建筑地基基础设计规范》附录 R

实体深基础法，是把桩端以上的桩长范围内的桩周土、桩体、承台当成一个实体深基础，上部荷载沿着桩群外侧扩散到桩端平面，不考虑地面到桩端的压缩变形，用布辛耐斯克解（Boussinesq）计算桩端以下各点的附加应力，再用单向压缩分层总和法计算沉降。

（1）实质为将其看作为整体性很好/刚体的"浅基础"（如下图所示，不考虑此刚体内部的变形），基底埋置深度$(l+d)$，底面积为：$(a_0 + 2l \cdot \tan\dfrac{\overline{\varphi}}{4})(b_0 + 2l \cdot \tan\dfrac{\overline{\varphi}}{4})$，再用浅基础的沉降计算方法（分层总和法），只是沉降经验系数不同。

（2）此方法与《建筑桩基技术规范》中沉降计算方法不同点：前者为考虑应力扩散的实体深基础，即为：墩侧剪应力按$\overline{\varphi}/4$角扩散，扩散线与墩底水平面相交的面积为等代墩基底面积；后者为不考虑应力扩散的实体深基础。

| 公式① | 公式② |
|---|---|
| $s = 4\psi_{ps} \cdot p_0 \cdot \sum_{i=1}^{n} \dfrac{z_i \cdot \bar{\alpha}_i - z_{i-1} \cdot \bar{\alpha}_{i-1}}{E_{si}}$ | $s = \psi_{ps} \sum_{i=1}^{n} \dfrac{\Delta p_{zi}}{E_{si}} \Delta z_i$ |
| 求平面中点的沉降，即为4倍关系 | |

计算方法同《建筑地基基础设计规范》浅基础分层总和法，只是沉降经验系数不同

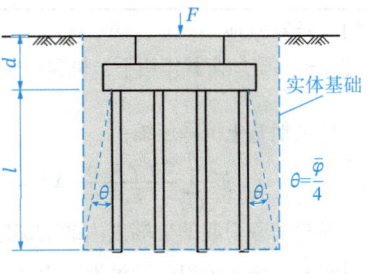

（1）计算桩端平面附加压力 $p_0$

$$p_0 = \dfrac{F + G_T}{\left(a_0 + 2l \cdot \tan\dfrac{\bar{\varphi}}{4}\right)\left(b_0 + 2l \cdot \tan\dfrac{\bar{\varphi}}{4}\right)} - p_c \Leftarrow p_c = \sum \gamma_i \cdot h_i$$

式中：$a_0$、$b_0$——桩群外边缘包围面积的边长（m）；

$l$——承台底面下的桩长（m）；

$\bar{\varphi}$——桩长范围内各土层的内摩擦角的加权平均值（°）；

$G_T$——在扩散面积上，从桩端平面到设计地面间的承台、桩和土的总重量（kN），$\gamma_{桩土}$一般取 $20kN/m^3$，水下采用浮重度；

$G_T = \gamma_{桩土} \cdot (d + l)\left(a_0 + 2l \cdot \tan\dfrac{\bar{\varphi}}{4}\right)\left(b_0 + 2l \cdot \tan\dfrac{\bar{\varphi}}{4}\right)$

$F$——承台顶的竖向力（kN）；

$d$——承台埋深（m）；

$p_c$——桩端平面上地基土的自重压力（kPa）；

$\gamma_i$——桩端平面以上各土层的重度（kN/m³），水位以下取浮重度；

$h_i$——桩端平面以上各土层的厚度(m)，计算范围：$d + l$

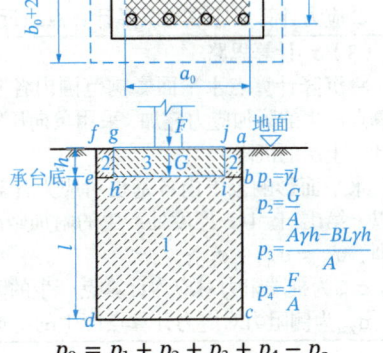

$p_0 = p_1 + p_2 + p_3 + p_4 - p_c$

（2）"角点法"计算桩端以下土层的平均附加应力系数 $\bar{\alpha}_i$（求平面中点的附加应力）

桩底等效宽度 $a = a_0 + 2l \cdot \tan\dfrac{\bar{\varphi}}{4}$

桩底等效长度 $b = b_0 + 2l \cdot \tan\dfrac{\bar{\varphi}}{4}$

由桩端起算，$i$ 层底埋深 $z_i$

$\Rightarrow \begin{cases} 长宽比：0.5a/0.5b \\ 深宽比：z_i/0.5b \end{cases} \xrightarrow{查规范附录D} 平均附加应力系数 \bar{\alpha}_i$

| 层底埋深 $z_i$ | $a/b$ | $z_i/0.5b$ | $\bar{\alpha}_i$ | $4\bar{\alpha}_i z_i$ | $4\bar{\alpha}_i z_i - 4\bar{\alpha}_{i-1} z_{i-1}$ | $E_{si}$ |
|---|---|---|---|---|---|---|
| $z_i$ | | | | | | |
| … | | | | | | |

（3）查表实体深基础沉降经验系数 $\psi_{ps}$

| $\bar{E}_s$（MPa） | ≤15 | 15~25 | 25 | 25~35 | 35 | 35~45 | ≥45 |
|---|---|---|---|---|---|---|---|
| $\psi_{ps}$ | 0.5 | $\dfrac{65 - \bar{E}_s}{100}$ | 0.4 | $\dfrac{105 - \bar{E}_s}{200}$ | 0.35 | $\dfrac{70 - \bar{E}_s}{100}$ | 0.25 |

【表注】

$$\bar{E}_s = \dfrac{\sum A_i}{\sum \left(\dfrac{A_i}{E_{si}}\right)} = \dfrac{\sum(4 \cdot z_i \cdot \bar{\alpha}_i - 4 \cdot z_{i-1} \cdot \bar{\alpha}_{i-1})}{\sum \left(\dfrac{4 \cdot z_i \cdot \bar{\alpha}_i - 4 \cdot z_{i-1} \cdot \bar{\alpha}_{i-1}}{E_{si}}\right)}$$

## 二、单桩、单排桩、疏桩基础沉降（$s_a/d > 6$）

**单桩、单排桩、疏桩（$s_a/d > 6$）基础沉降**

（1）计算原理
①在桩顶附加荷载作用下，桩身产生压缩量$s_e$。
  +
②桩端地基土沉降压缩：
$$\psi \cdot \sum_{i=1}^{n} \frac{\sigma_{zi} + \sigma_{zci}}{E_{si}} \cdot \Delta z_i \Rightarrow$$
$\begin{cases} 基桩荷载引起的桩端土内的附加应力 \\ 承台底土压力引起的桩端土内的附加应力 \end{cases} \Rightarrow$

最终沉降量：$s = \psi \cdot \sum_{i=1}^{n} \frac{\sigma_{zi} + \sigma_{zci}}{E_{si}} \cdot \Delta z_i + s_e$

（2）计算范围
①以沉降计算点为圆心，0.6倍桩长为半径的水平面影响范围内的基桩数。
②应力计算点应取与沉降计算点最近的桩中心点

（3）$\sigma_{zi}$计算思路
将沉降计算点水平面影响范围内各基桩对应力计算点产生的附加应力叠加，采用单向压缩分层总和法计算土层的沉降。
水平面影响范围内各基桩对应力计算点桩端平面以下第$i$层土 1/2 厚度处产生的附加竖向应力之和，
即：$\sigma_{zi} = \sigma_{zpi} + \sigma_{zsi}$；
$\sigma_{zpi}$为桩端阻力对应力计算点产生的附加应力；
$\sigma_{zsi}$为侧阻力对应力计算点产生的附加应力

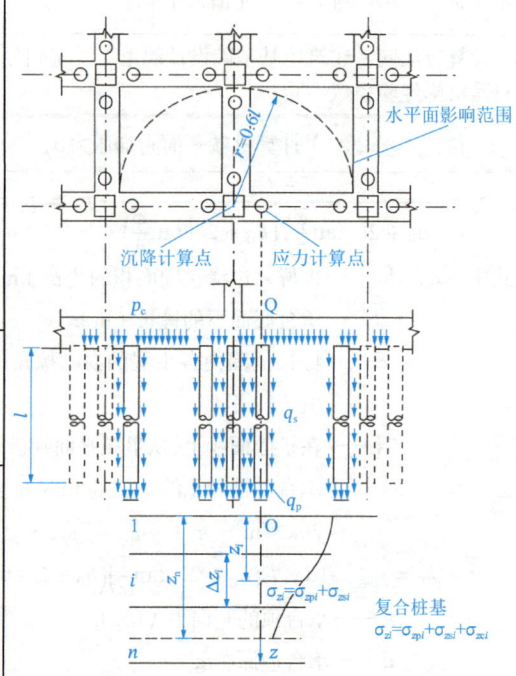

单排桩、疏桩基础沉降计算原理图

### （一）桩身压缩量 $s_e$ 计算

——5.5.14

**桩身压缩量 $s_e$ 计算**

| $s_e = \xi_e \cdot \dfrac{Q_j \cdot l_j}{E_c \cdot A_{ps}}$ | 变形值 / 原始长度 | ← | 力/面积 / 弹性模量 | ← 应变 = 应力/弹性模量 |

式中：$l_j$——第$j$根桩桩长（m）；
　　　$A_{ps}$——桩身截面面积（m²），空心桩扣除空心面积；
　　　$E_c$——桩身混凝土的弹性模量（MPa）；
　　　$Q_j$——第$j$桩在准永久作用下（对于复合桩基应扣除承台底土的分担荷载），桩顶附加荷载（kN）；当地下室埋深超过 5m 时，取荷载效应准永久组合作用下的总荷载为考虑回弹再压缩的等代附加荷载

| 普通基桩 | $Q_j = \dfrac{F_k + G_k - \gamma_m dA}{n}$ | 式中：$\eta_c$——按规范 P29 表 5.2.5 查取； |
| 复合基桩 | $Q_j = \dfrac{F_k + G_k - \gamma_m dA - \eta_c f_{ak}(A - nA_{ps})}{n}$ | $A$、$A_{ps}$——承台、桩身面积（m²） |

| 系数 | 桩型 | | | |
|---|---|---|---|---|
| | 端承桩 | 摩擦桩 | | |
| | | $l/d \leq 30$ | $30 < l/d < 50$ | $l/d \geq 50$ |
| 桩身压缩系数 $\xi_e$ | 1.0 | 2/3 | $\dfrac{11}{12} - \dfrac{l/d}{120}$ | 1/2 |

## （二）桩基的最终沉降量计算

——第 5.5.14 条

**桩基的最终沉降量计算**

| | | |
|---|---|---|
| （1）承台底地基土**不**分担荷载 | $s = \psi \cdot \sum_{i=1}^{n} \dfrac{\sigma_{zi}}{E_{si}} \cdot \Delta z_i + s_e$<br>$\Leftarrow \sigma_{zi} = \sum_{j=1}^{m} \dfrac{Q_j}{l_j^2} \cdot [\alpha_j \cdot I_{p,ij} + (1-\alpha_j) \cdot I_{s,ij}]$<br>（基桩引起的附加应力 = 端阻产生 + 侧阻力产生的附加应力） | 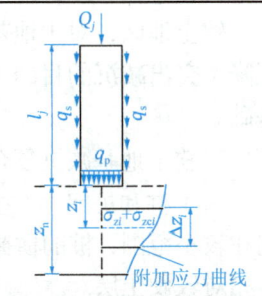<br>附加应力曲线 |

式中：$\sigma_{zi}$——水平面影响范围内，在桩端平面下地基土内，各基桩对应力计算点桩端平面以下第 $i$ 层土 1/2 厚度处产生的附加应力之和（kPa），应力计算点应取与沉降计算点最近的桩中心点；

$\psi$——沉降经验系数，无经验时，可取 1.0；

$\Delta z_i$——桩端下，第 $i$ 层土的厚度（m）；

$l_j$——第 $j$ 桩桩长（m）；

$E_{si}$——第 $i$ 计算土层的压缩模量（MPa），采用土的自重压力至土的自重压力加附加压力作用时的压缩模量；

$\alpha_j$——第 $j$ 桩总桩端阻力与桩顶荷载之比，近似取<u>极限总端阻力 $Q_{pk}$ 与单桩极限承载力 $Q_{uk}$ 之比</u>；

$I_{p,ij}$、$I_{s,ij}$——分别为第 $j$ 桩的桩端阻力和桩侧阻力对计算轴线第 $i$ 计算土层 1/2 厚度处的应力影响系数，按本规范附录 F 确定；

【小注】本沉降计算公式依然是基本沉降公式，所谓的明德林解（Mindlin 解）为计算附加应力 $\sigma_{zi}$ 时采用的方法，即不采用传统的布辛奈斯克解（Boussinesq 解）计算某土层的平均附加应力

| | |
|---|---|
| （2）承台底地基土**分担**荷载 | $s = \psi \cdot \sum_{i=1}^{n} \dfrac{\sigma_{zi} + \sigma_{zci}}{E_{si}} \cdot \Delta z_i + s_e$<br>① $\sigma_{zi} = \sum_{j=1}^{m} \dfrac{Q_j}{l_j^2} \cdot [\alpha_j \cdot I_{p,ij} + (1-\alpha_j) \cdot I_{s,ij}]$<br>[ 基桩（侧阻力+端阻力）引起的附加应力，<u>Mindlin 求解</u>，计算示意图同上 ]<br>② $\sigma_{zci} = \sum_{k=1}^{u} \alpha_{ki} \cdot p_{c,k}$（承台底压力引起的附加应力，<u>Boussinesq 求解</u>） |

$\sigma_{zci}$——承台压力对应力计算点桩端平面以下第 $i$ 计算土层 1/2 厚度处产生的应力（kPa）；可将承台板划分为 $u$ 个矩形块，可按本书第六章第四节附表（K.0.1-2）（本规范附录 D）采用角点法计算；

$p_{c,k}$——第 $k$ 块承台底均布压力（kPa），可按 $p_{c,k} = \eta_{c,k} f_{ak}$ 取值，其中 $\eta_{c,k}$ 为第 $k$ 块承台底板的承台效应系数，可按本书第十章第二节确定（本规范表 5.2.5），$f_{ak}$ 为承台底地基承载力特征值；

$\alpha_{ki}$——第 $k$ 块承台底角点处，桩端平面以下第 $i$ 计算土层 1/2 厚度处的附加应力系数，可按本规范附录 D 确定；

【小注】桩端以下土层的沉降量即为桩的沉降量，加上桩的自身弹性压缩量即为总沉降量，求解桩端以下土层的沉降量，关键为求出土层的附加应力，此附加应力等于桩顶（<u>桩侧摩阻力 + 桩端阻力</u>）传递过来的附加应力 $\sigma_{zi}$（mindlin 求解）+ 承台底土传递过来的附加应力 $\sigma_{zci}$（Boussinesq 求解）

| | |
|---|---|
| （3）（应力比法）沉降计算深度 $z_n$：<br>$\sigma_z + \sigma_{zc} = 0.2\sigma_c$ | 式中：$\sigma_z$——由桩引起的附加应力；<br>$\sigma_{zc}$——由承台土压力引起的附加应力；<br>$\sigma_c$——土的自重应力 |

### 三、软土地基减沉复合桩基础

#### （一）基本原理

1. 概念

软土地区，对于地基承载力基本满足要求的多层建筑，可设置少量摩擦型桩，以减少沉降（**突出减沉的目的**），荷载由桩、土共同分担（**突出复合的概念**），称为减沉复合疏桩基础。

2. 软土地基减沉复合疏桩基础的设计原则

（1）桩和桩间土在受荷变形过程中始终确保两者共同分担荷载，因此单桩承载力宜控制在较小范围，桩的横截面尺寸一般宜选择$\phi 200 \sim \phi 400$，桩应穿越上部软土层，桩端支承于相对较硬土层。

（2）桩距$s_a > 5 \sim 6d$，以确保桩间土的荷载分担比足够大。

3. 沉降特点及计算原则

（1）桩的沉降发生塑性刺入的可能性较大。

（2）桩间土体压缩固结受承台压力作用为主，受桩、土相互影响居次。

4. 软土地基减沉复合疏桩基础的沉降包括两部分：

（1）承台底土的沉降（$s_s$）

承台底土承担的荷载引起地基土产生附加应力，使得地基土产生压缩变形沉降（$s_s$）。此部分沉降计算可直接按布辛奈斯克解计算的附加应力，采用分层总和法求解。（基本同浅基础的沉降计算）

（2）桩土相互作用产生的地基沉降（$s_{sp}$）

桩土相互作用产生的沉降

$s_{sp} \begin{cases} 桩侧阻力引起桩周土体的沉降 \\ 桩端阻力引起持力层土体的沉降（比例很小，可以忽略） \end{cases}$

#### （二）承台面积及桩数计算

**承台面积及桩数计算**

| 承台总净面积 $A_c$（m²） | $A_c = \xi \dfrac{F_k + G_k}{f_{ak}} = A - nA_{ps}$ | 式中：$\xi$——承台面积控制系数，$\xi \geqslant 0.6$；<br>$f_{ak}$——承台底地基土承载力特征值（kPa）；<br>$\eta_c$——按本篇第二节（规范表 5.2.5 P29）查取，注意软土地基上的桩基承台，$\eta_c$宜取低值的0.8倍； |
|---|---|---|
| 桩数 $n$ | $n \geqslant \dfrac{F_k + G_k - \eta_c f_{ak} A_c}{R_a} = \dfrac{(F_k + G_k)(1 - \eta_c \xi)}{R_a}$ | $n$——基桩数；<br>$R_a$——单桩竖向承载力特征值（kPa）；<br>$A_{ps}$——单桩截面积（m²） |

## （三）基础中心点沉降计算

**软土地基减沉复合疏桩基础中心点总沉降 $s$（mm）**

| $s = \psi \cdot (s_s + s_{sp})$ | 式中：$s_s$——由承台底地基土附加应力作用产生的中点沉降量（mm），是由地基土承担的部分荷载引起的；<br>$s_{sp}$——由桩土相互作用产生的沉降量（mm），由于桩侧阻力影响造成的地基土沉降；<br>$\psi$——沉降经验系数，无地区经验时，可取 1.0 |
|---|---|

（1）计算承台底地基土附加压力作用下产生的中点沉降（mm）$s_s$

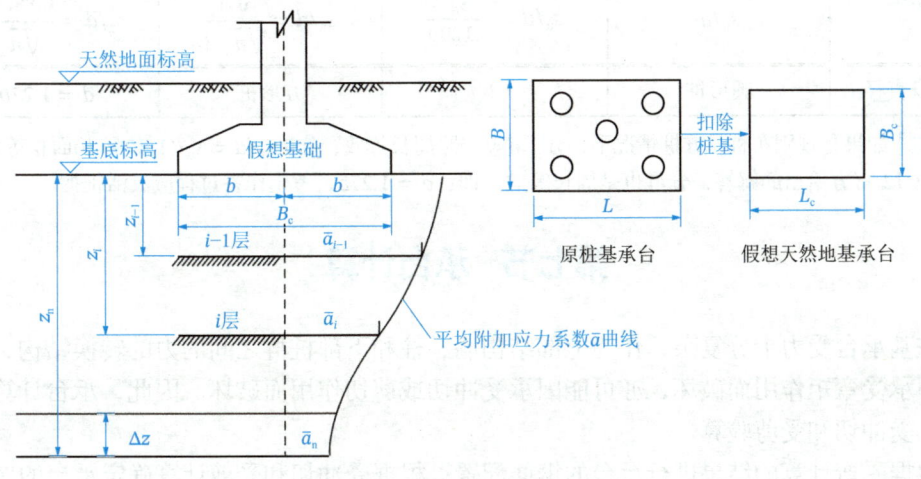

复合疏桩基础沉降计算分层示意图

【小注】计算完全类似浅基础的沉降，唯一不同点在于 $p_0$ 的取值：浅基础为基底的附加应力 $p_0 = \frac{F_k + G_k}{A} - p_c$，而这里指的是扣除减沉复合疏桩所承担的力，剩余的附加应力，即为基底土所承担的附加应力

| $s_s = 4p_0 \sum_{i=1}^{m} \frac{z_i \bar{\alpha}_i - z_{i-1} \bar{\alpha}_{i-1}}{E_{si}}$ | $\Leftarrow p_0 = \eta_p \frac{F - nR_a}{A_c} \Leftarrow F = F_k + G_k - \gamma_m dA$ |
|---|---|
| 式中：$E_{si}$——承台底以下第 $i$ 层土的压缩模量，应取自重压力至自重压力与附加压力段的模量值（MPa）；<br>$m$——地基沉降计算深度范围内的土层数；沉降计算深度按 $\sigma_z = 0.1\sigma_c$ 确定；<br>$z_i$、$z_{i-1}$——承台底至第 $i$ 层、第 $i-1$ 层土底面距离；<br>$\bar{\alpha}_i$、$\bar{\alpha}_{i-1}$——承台底至第 $i$ 层、第 $i-1$ 层土层底范围内的角点平均附加应力系数，查规范 P147；<br>承台等效面积的计算分块矩形长宽比 $a/b$ 及深宽比 $z_i/b = 2z_i/B_c$；<br>承台等效宽度 $B_c = B\sqrt{A_c}/L \Rightarrow b = \frac{B_c}{2}$<br>承台等效长度 $L_c = \frac{L\sqrt{A_c}}{B} = \frac{A_c}{B_c} \Rightarrow a = \frac{L_c}{2}$<br>$B$、$L$ 为建筑物基础外缘平面的宽度和长度 | 式中：$p_0$——按荷载效应准永久值组合计算的假想天然地基平均附加压力（kPa）；<br>$F$——荷载效应准永久组合下，作用于承台底的总附加荷载（kN）；<br>$\eta_p$——基桩刺入变形影响系数；按桩端持力层土质确定：<br>砂土为 1.0<br>粉土为 1.15<br>黏性土为 1.30<br>$A_c$——承台总净面积（m²）；<br>$n$——基桩数；<br>$R_a$——单桩竖向承载力特征值（kPa） |

续表

| (2）计算桩土相互作用引起的沉降$s_{sp}$（mm） ||||
|---|---|---|---|
| $s_{sp} = 280 \dfrac{\overline{q}_{su}}{\overline{E}_s} \cdot \dfrac{d}{\left(\frac{s_a}{d}\right)^2} \Rightarrow$ $s_{sp} = 280 \dfrac{\sum \overline{q}_{si} \cdot l_i}{\sum \overline{E}_{si} \cdot l_i} \cdot \dfrac{d}{\left(\frac{s_a}{d}\right)^2}$ | 式中：$\overline{q}_{su}$、$\overline{E}_s$——桩身范围内按厚度加权的平均桩侧极限摩阻力（kPa）、平均压缩模量（MPa）； $d$——桩身直径（m），当为方形桩时，$d=1.27b$，$b$为方形桩截面边长（方桩须转化为圆桩，等周长换算）； $s_a/d$——等效距径比，见下表 ||||

| ①等效距径比 $s_a/d$ | 正方形布桩 || 非正方形布桩 ||
|---|---|---|---|---|
|  | 圆形桩 | 方形桩 | 圆形桩 | 方形桩 |
|  | $s_a/d$ | $s_a/d = \dfrac{s_a}{1.129b}$ | $s_a/d = \dfrac{\sqrt{A}}{\sqrt{n \cdot d}}$ | $s_a/d = \dfrac{0.886\sqrt{A}}{\sqrt{n \cdot b}}$ |
| ②桩身直径$d$ | 圆形桩 | $d$ | 方形桩 | $d = 1.27b$ |

【小注】如果是规则布桩，方桩情况下，分子$d$应按照周长等效，分母$s_a/d = s_a/(1.129 \cdot b)$面积等效，但是2013C12官方给出的解答，分母也是周长等效，即：$d = 1.27b$，考生作答过程应灵活把握。

## 第七节　承台计算

桩基承台受力十分复杂，作为上部结构墙、柱和下部桩群之间的力的转换结构，承台可能因承受弯矩作用而破坏，亦可能因承受冲切或剪切作用而破坏。因此，承台计算包括受弯、受冲切和受剪验算。

根据受弯计算的结果进行承台的钢筋配置；根据受冲切和受剪计算确定承台的厚度。

（1）桩基承台计算为内力计算，因此其荷载均采用基本组合；
（2）弯矩、剪力及冲切力的外力计算都是采用净反力，即不考虑承台及其上土重。

# 第十章 建筑桩基技术规范

## 一、受弯计算

——第 5.9.1~5.9.5 条

### （一）两桩条形承台和多桩矩形承台弯矩计算

计算截面选择：未包括柱子一侧截面所有桩到计算截面的弯矩之和。

如下图：$Y$-$Y$ 截面，勿选择 $Y$-$Y$ 截面右侧桩取矩，因为 $Y$-$Y$ 截面右侧包括了柱子 $F$ 的力矩，此数值为负值，需要一并考虑，计算复杂

$X$-$X$ 截面弯矩 $M_x$：
$$M_x = \sum N_i \cdot y_i$$
$Y$-$Y$ 截面弯矩 $M_y$：
$$M_y = \sum N_i \cdot x_i$$

式中：$M_x$、$M_y$——分别为绕 $X$ 轴和绕 $Y$ 轴方向计算截面处的弯矩设计值（$kN \cdot m$）；

$x_i$、$y_i$——垂直 $Y$ 轴和 $X$ 轴方向自桩轴线（中心）到相应计算截面的距离（m）；

$N_i$——不计承台及其上土重，在荷载效应基本组合下的第 $i$ 基桩或复合基桩竖向反力设计值（kN）。

圆柱时应进行圆方转化，$c = 0.8d$（$d$ 为圆柱直径），因为其会影响力臂的大小

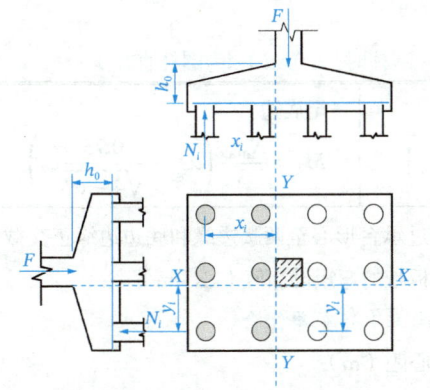

基本组合下，基桩 $i$ 的竖向净反力设计值 $N_i$（kN）：
$$N_i = \frac{F}{n} \pm \frac{M_x y_i}{\sum y_j^2} \pm \frac{M_y x_i}{\sum x_j^2}$$

式中：$F$、$F_k$——荷载效应基本组合、标准组合下，作用于承台顶面的竖向力（kN），$F = 1.35 F_k$；

$n$——桩基中的总桩数；

$M_x$、$M_y$——基本组合下，作用于承台底，绕通过桩群形心的 $x$、$y$ 轴的力矩（$kN \cdot m$）；

$x_i$、$y_i$——各桩中心至通过桩群形心 $x$、$y$ 主轴的距离（m）

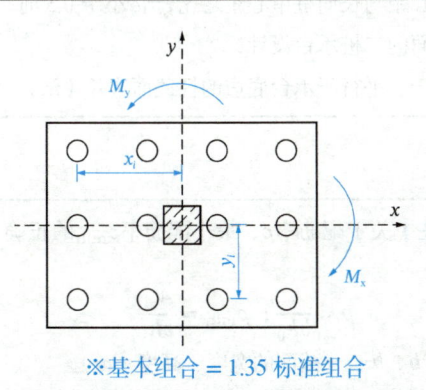

※基本组合 = 1.35 标准组合

【小注】①$M_y = \sum N_i x_i$ 可理解为：如上图所示，自柱边 $Y$-$Y$ 截面截断，$Y$-$Y$ 截面处弯矩即为截面左侧 6 根桩的弯矩之和，每根桩的弯矩 = 每根桩的反力 × 桩到计算截面的距离。

②基桩竖向反力设计值 $N_i$ 不包含承台及土重，因为由承台及其上填土的自重引起的基桩和基底反力对验算截面产生的弯矩大小相等，方向相反，故可不必计算。

③$M_x$、$M_y$ 分别为绕 $X$ 轴和绕 $Y$ 轴方向的弯矩；$x_i$、$y_i$ 为桩轴线到计算截面的距离，而不是桩轴线到柱轴线的距离，容易混用。

## （二）三桩承台的正截面弯矩计算

**三桩承台的正截面弯矩计算**

| 简图 | 计算正截面弯矩值 | |
|---|---|---|
| 等边三桩承台 | $M = \dfrac{N_{max}}{3}\left(s_a - \dfrac{\sqrt{3}}{4}c\right)$ | ※基本组合 = 1.35 标准组合 |
| | 式中：$M$——通过承台形心至各边边缘正交截面范围内板带的弯矩设计值（kN·m）；<br>$N_{max}$——不计承台及其上土重，在荷载效应基本组合下三桩中最大基桩或复合基桩竖向反力设计值（kN）；<br>$s_a$——桩中心距（m）；<br>$c$——方柱边长（m），圆柱时 $c = 0.8d$（$d$ 为圆柱直径） | |
| 等腰三桩承台 | 至两腰：<br>$M_1 = \dfrac{N_{max}}{3}\left(s_a - \dfrac{0.75}{\sqrt{4-\alpha^2}}c_1\right)$ | 至底边：<br>$M_2 = \dfrac{N_{max}}{3}\left(\alpha s_a - \dfrac{0.75}{\sqrt{4-\alpha^2}}c_2\right)$ |
| | 式中：$M_1$、$M_2$——分别为通过承台形心至两腰边缘和底边边缘正交截面范围内板带的弯矩设计值（kN·m）；<br>※基本组合 = 1.35 标准组合<br>$s_a$——长向桩中心距（m）；<br>$\alpha$——短向桩中心距与长向桩中心距之比，当 $\alpha$ 小于 0.5 时，应按变截面的二桩承台设计；<br>$c_1$、$c_2$——分别垂直于、平行于承台底边的柱截面边长（m） | |

## （三）配筋计算

相应计算截面的承台底板配筋面积（计算值）：

$$A_s = \dfrac{M}{0.9 \cdot f_y \cdot h_0} \times 1000$$

（柱下独立桩基承台最小配筋率：$\rho_{min} \geq 0.15\%$）

式中：$f_y$——钢筋抗拉强度设计值（N/mm² = MPa）；
$h_0$——计算截面的有效高度（m）

【小注】关于配筋率 $\rho$、最小配筋率 $\rho_{min}$ 的正确做法：

$$\rho = \dfrac{A_s}{bh_0}\ ;\ \rho_{min} = \dfrac{A_s}{bh}$$

式中：$b$、$h$——截面的宽度、高度（m）。
有一年岩土考试真题，官方给出的解析认为不论何种配筋率均为前者

# 二、受冲切计算

——第5.9.6～5.9.8条

## （一）柱（墙）对承台的冲切承载力验算

**柱（墙）对承台的冲切承载力验算**

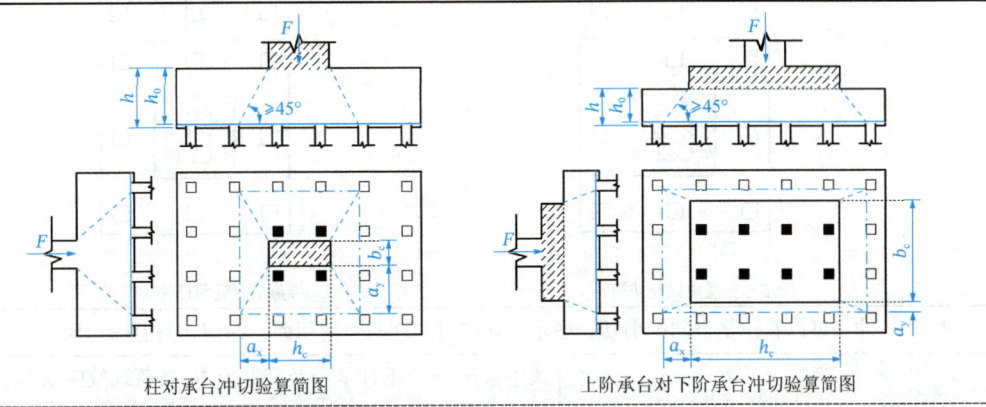

柱对承台冲切验算简图　　　　　　　上阶承台对下阶承台冲切验算简图

把上阶承台视为更大柱子，进行冲切验算，冲切可以看做是空间的剪切（图示同时出现四个剪切面）

| 冲切验算公式 | $F_l = F - \sum Q_i \leqslant 2[\beta_x(b_c + a_y) + \beta_y(h_c + a_x)]\beta_{hp} f_t h_0$ |
|---|---|
| （1）外力—冲切力：$F_l = F - \sum Q_i$ | |
| ①轴心受压： $F_l = F - \dfrac{n_1 F}{n}$ | ②偏心受压—基本组合下各基桩竖向净反力设计值$Q_i$： $Q_i = N_i = \dfrac{F}{n} \pm \dfrac{M_x \cdot y_i}{\sum y_i^2} \pm \dfrac{M_y \cdot x_i}{\sum x_i^2} = 1.35 \cdot \left(\dfrac{F_k}{n} \pm \dfrac{M_{xk} \cdot y_i}{\sum y_i^2} \pm \dfrac{M_{yk} \cdot x_i}{\sum x_i^2}\right)$ |
| （2）抗力—承台冲切承载力：$2[\beta_x(b_c + a_y) + \beta_y(h_c + a_x)]\beta_{hp} f_t h_0$ | |
| ①确定柱边（或阶边）至最近桩边的距离$a_x$、$a_y$，承台（或变阶处）总高度和有效高度$h$、$h_0$ ※图中若为圆柱和圆桩均需转化为方形，即$b = 0.8d$ | |
| ②冲跨比：$\lambda_x$、$\lambda_y$ | |
| $\lambda_x = \dfrac{a_x}{h_0}(0.25 \leqslant \lambda_x \leqslant 1)$ $\lambda_y = \dfrac{a_y}{h_0}(0.25 \leqslant \lambda_y \leqslant 1)$ | $\lambda_x(\lambda_y) > 1 \Rightarrow \lambda_x(\lambda_y) = 1$，反算$a_x(a_y) = h_0$ $\lambda_x(\lambda_y) < 0.25 \Rightarrow \lambda_x(\lambda_y) = 0.25$，反算$a_x(a_y) = 0.25 h_0$ |
| ③冲切系数：$\beta_x$、$\beta_y$ | ④承台冲切承载力截面高度影响系数：$\beta_{hp}$ |
| $\beta_x = \dfrac{0.84}{\lambda_x + 0.2}$，$\beta_y = \dfrac{0.84}{\lambda_y + 0.2}$ $(0.7 \leqslant \beta_{x(y)} \leqslant 1.867)$ | $\beta_{hp} = 1 - \dfrac{h - 0.8}{12}(0.9 \leqslant \beta_{hp} \leqslant 1) \Leftarrow \begin{cases} h \leqslant 0.8\text{m} \text{ 取 } h = 0.8\text{m} \\ h \geqslant 2\text{m} \text{ 取 } h = 2\text{m} \end{cases}$ |

式中：$F_l$——不计承台及其上土重，在荷载效应基本组合作用下，作用于冲切破坏锥体上的冲切力设计值（kN）；
　　　$F$——不计承台及其上土重，在荷载效应基本组合作用下，柱（墙）底的竖向荷载设计值（kN）；
　　　$\sum Q_i$——不计承台及上土重，在荷载效应基本组合作用下，冲切破坏锥体内的各基桩或复合基桩竖
　　　　　　向净反力设计值之和（kN），如左上图所示，冲切破坏椎体范围内有4根桩；
　　　$f_t$——承台混凝土抗拉强度设计值（kPa）；
　　　$b_c$、$h_c$——分别为$x$、$y$方向的柱截面（承台上阶）的边长；
　　　$n$——承台下总桩数；
　　　$n_1$——冲切破坏锥体之内桩数之和（图中黑色桩）

## （二）四桩及以上承台受角桩冲切承载力验算

### 四桩及以上承台受角桩冲切承载力验算

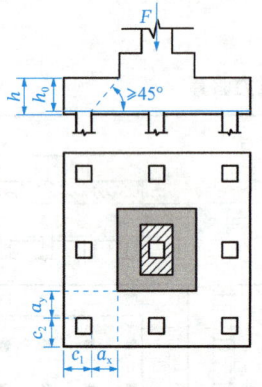

阶形承台受角桩冲切简图

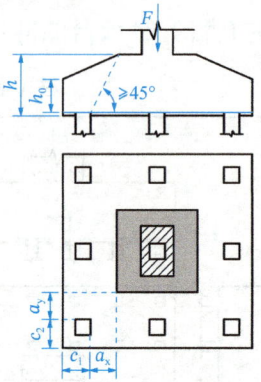

锥形承台受角桩冲切简图

冲切可以看作是空间的剪切，图示冲切同时出现两个剪切面，而剪切只有一个面

$$N_l \leq \left[\beta_x\left(c_2 + \frac{a_y}{2}\right) + \beta_y\left(c_1 + \frac{a_x}{2}\right)\right]\beta_{hp} f_t h_0$$

式中：$N_l$——不计承台及其上土重，在荷载效应基本组合作用下，角桩净反力设计值（kN）；

$F$——不计承台及其上土重，在荷载效应基本组合作用下，柱（墙）底的竖向荷载设计值（kN）

（1）外力-角桩冲切力 $N_l$：

①轴心受压：$N_l = \frac{F}{n}$；　　②偏心受压：$N_l = \frac{F}{n} + \frac{M_x y_i}{\sum y_j^2} + \frac{M_y x_i}{\sum x_j^2}$；　　$F = 1.35 F_k$

式中：$F_k$——不计承台及其上土重，荷载效应标准组合下，柱（墙底）的竖向力（kN）；

$n$——桩基中的总桩数；

$M_x$、$M_y$——基本组合下，作用于承台底，绕通过桩群形心的 $x$、$y$ 轴的力矩（kN·m）；

$x_i$、$y_i$——各桩中心至通过桩群形心的 $x$、$y$ 主轴的距离（m）

（2）抗力—承台抗冲切承载力：

$$\left[\beta_x\left(c_2 + \frac{a_y}{2}\right) + \beta_y\left(c_1 + \frac{a_x}{2}\right)\right]\beta_{hp} f_t h_0$$

①确定柱边（或阶边）至角桩内边缘至承台边的水平距离 $a_x$、$a_y$、$c_1$、$c_2$，截面总高度和有效高度 $h$、$h_0$
　　※图中若为圆柱和圆桩均需转化为方桩，即 $b = 0.8d$

②冲跨比：$\lambda_x$、$\lambda_y$

| $\lambda_x = \frac{a_x}{h_0}(0.25 \leq \lambda_x \leq 1)$ | $\lambda_x(\lambda_y) > 1 \Rightarrow \lambda_x(\lambda_y) = 1$，反算 $a_x(a_y) = h_0$ |
|---|---|
| $\lambda_y = \frac{a_y}{h_0}(0.25 \leq \lambda_y \leq 1)$ | $\lambda_x(\lambda_y) < 0.25 \Rightarrow \lambda_x(\lambda_y) = 0.25$，反算 $a_x(a_y) = 0.25 h_0$ |

③冲切系数：$\beta_x$、$\beta_y$　　　　　　　　　④承台冲切承载力截面高度影响系数：$\beta_{hp}$

| $\beta_x = \frac{0.56}{\lambda_x + 0.2}$，$\beta_y = \frac{0.56}{\lambda_y + 0.2}$ $(0.467 \leq \beta_{x(y)} \leq 1.24)$ | $\beta_{hp} = 1 - \frac{h - 0.8}{12}(0.9 \leq \beta_{hp} \leq 1) \Leftarrow \begin{cases} h \leq 0.8\text{m 取 } h = 0.8\text{m} \\ h \geq 2\text{m 取 } h = 2\text{m} \end{cases}$ |
|---|---|

【小注】①注意 $a_x$、$a_y$ 长度取值，为桩边到计算截面的距离，计算截面位置可能在柱边或者柱内侧，保证冲切面和水平面的夹角大于 45°；②$c_1$、$c_2$ 的长度取值，其包含的是一倍的边长，而不是一半的边长；③对于锥形承台，$h$ 为全高，$h_0$ 为外边缘有效高，也有认为 $h$ 非全高，为外边缘高，建议灵活把握。

## （三）三桩三角形承台受角桩冲切承载力验算

**三桩三角形承台受角桩冲切承载力验算**

| 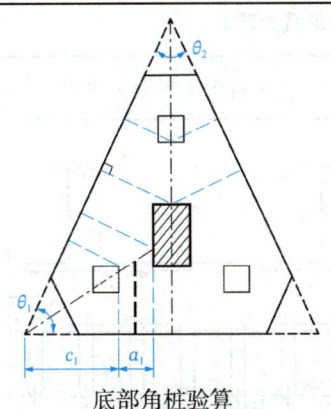 | 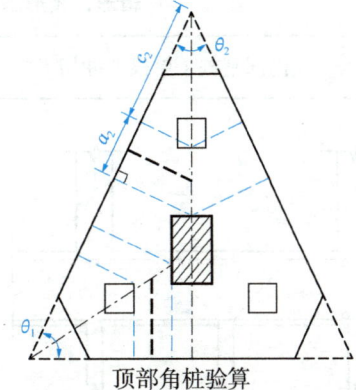 |
|---|---|
| 底部角桩验算 | 顶部角桩验算 |
| $N_l \leqslant \beta_1(2c_1+a_1)\tan\left(\dfrac{\theta_1}{2}\right)\beta_{hp}f_t h_0$ | $N_l \leqslant \beta_2(2c_2+a_2)\tan\left(\dfrac{\theta_2}{2}\right)\beta_{hp}f_t h_0$ |
| （1）抗力—承台抗冲切承载力： | |
| $\beta_1(2c_1+a_1)\tan\left(\dfrac{\theta_1}{2}\right)\beta_{hp}f_t h_0$ | $\beta_2(2c_2+a_2)\tan\left(\dfrac{\theta_2}{2}\right)\beta_{hp}f_t h_0$ |
| ①确定 $a_1$、$c_1$，截面总高度和有效高度 $h$、$h_0$ | ①确定 $a_2$、$c_2$，截面总高度和有效高度 $h$、$h_0$ |
| ※图中若为圆柱和圆桩均需转化为方形，即 $b=0.8d$ | ※图中若为圆柱和圆桩均需转化为方形，即 $b=0.8d$ |
| ②冲垮比 $\lambda_1$ | ②冲垮比 $\lambda_2$ |
| $\lambda_1=\dfrac{a_1}{h_0}(0.25 \leqslant \lambda_x \leqslant 1)$ | $\lambda_2=\dfrac{a_2}{h_0}(0.25 \leqslant \lambda_x \leqslant 1)$ |
| *当 $\lambda>1$ 时，取 $\lambda=1$，并反算 $a_1=h_0$、$a_2=h_0$ | |
| *当 $\lambda<0.25$ 时，取 $\lambda=0.25$，并反算 $a_x(a_y)=0.25h_0$ | |
| 【小注】$a_1$ 和 $a_2$ 同样不能超过 $h_0$，应包括两种情况，规范中示意图仅为其中一种情况，还有一种情况 $a_1$、$a_2$ 的交线位于柱子的左侧。不要一味地套规范，容易产生误解 | |
| ③冲切系数 $\beta_1$ | ③冲切系数 $\beta_2$ |
| $\beta_1=\dfrac{0.56}{\lambda_1+0.2}(0.467 \leqslant \beta \leqslant 1.24)$ | $\beta_2=\dfrac{0.56}{\lambda_2+0.2}(0.467 \leqslant \beta \leqslant 1.24)$ |
| ④承台冲切承载力截面高度影响系数 $\beta_{hp}$ | |
| $\beta_{hp}=1-\dfrac{h-0.8}{12}(0.9 \leqslant \beta_{hp} \leqslant 1) \Leftarrow \begin{cases} h \leqslant 0.8\text{m} \text{ 取 } h=0.8\text{m} \\ h \geqslant 2\text{m} \text{ 取 } h=2\text{m} \end{cases}$ | |
| （2）外力—角桩冲切力 $N_l$： ①轴心受压：$N_l=\dfrac{F}{n}$；　②偏心受压：$N_l=\dfrac{F}{n}+\dfrac{M_x y_i}{\sum y_j^2}+\dfrac{M_y x_i}{\sum x_j^2}$；　　$F=1.35F_k$ | |

式中：$F_k$——不计承台及其上土重，荷载效应标准组合下，柱（墙）底的竖向力（kN）；

　　　$n$——桩基中的总桩数；

$M_x$、$M_y$——基本组合下，作用于承台底，绕通过桩群形心的 $x$、$y$ 轴的力矩（kN·m）；

　$x_i$、$y_i$——各桩中心至通过桩群形心的 $x$、$y$ 主轴的距离（m）

## （四）箱形、筏形承台受内部基桩冲切承载力验算

——第 5.9.8 条

**箱形、筏形承台受内部基桩冲切承载力验算**

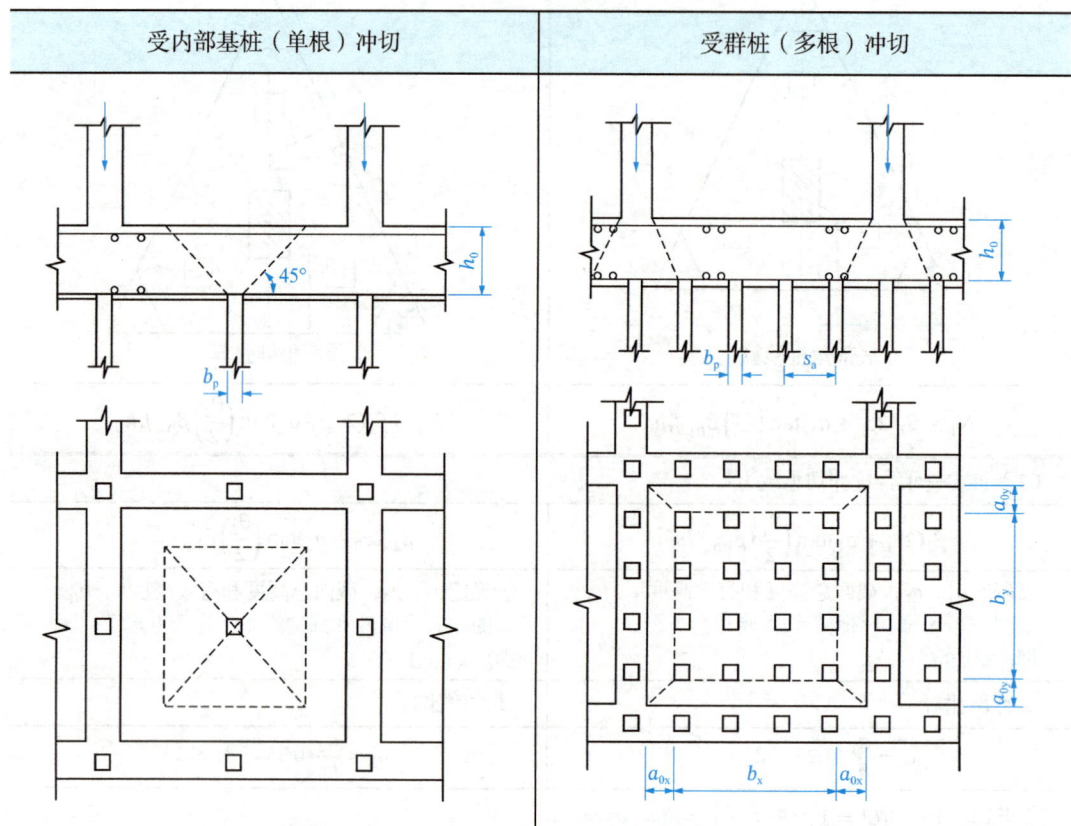

对于圆桩和圆柱，均应换算为方桩和方柱，换算系数为 0.8

| 受内部基桩（单根）冲切 | 受群桩（多根）冲切 |
|---|---|
| $N_l \leqslant 2.8 \cdot (b_p + h_0) \cdot \beta_{hp} \cdot f_t \cdot h_0$ | $\sum N_{li} \leqslant 2[\beta_{0x}(b_y + a_{0y}) + \beta_{0y}(b_x + a_{0x})]\beta_{hp} f_t h_0$ |

（1）外力—冲切力：

轴心受压：$N_l = F/n$；偏心受压：$N_l = \dfrac{F}{n} \pm \dfrac{M_x \cdot y_i}{\sum y_i^2} \pm \dfrac{M_y \cdot x_i}{\sum x_i^2}$；$F = 1.35 F_k$

【小注】注意箱形、筏形承台的冲切力 $\sum N_{li}$ 的计算，不同于前面讲的矩形承台冲切力 $F_l$，$\sum N_{li}$ 为锥体内桩的反力和（如右上侧图所示，冲切破坏锥体内 16 根桩的反力之和），而 $F_l$ 为锥体外桩的反力和

式中：$N_l$——不计承台及其上土重，在基本组合作用下，每根基桩净反力设计值（kN）；

$\sum N_{li}$——不计承台及其上土重，在基本组合作用下，冲切破坏锥体内所有基桩净反力设计值之和（kN）；

$F_k$——不计承台及其上土重，荷载效应标准组合下，柱（墙）底的竖向力（kN）；

$n$——桩基中的总桩数；

$M_x$、$M_y$——基本组合下，作用于承台底，绕通过桩群形心的 $x$、$y$ 轴的力矩（kN·m）；

$x_i$、$y_i$——各桩中心至通过桩群形心的 $x$、$y$ 主轴的距离（m）

续表

(2) 抗力——筏板抗冲切承载力：

| $2.8 \cdot (b_p + h_0) \cdot \beta_{hp} \cdot f_t \cdot h_0$ | $2 \cdot [\beta_{0x} \cdot (b_y + a_{0y}) + \beta_{0y} \cdot (b_x + a_{0x})] \cdot \beta_{hp} \cdot f_t \cdot h_0$ |
|---|---|
| 桩宽：$b_p$；有效高度$h_0$；总高度$h$ | 桩宽：$b_p$；有效高度$h_0$；总高度$h$<br>柱（梁）边到桩边的距离：$a_{0x}$、$a_{0y}$、$b_x$、$b_y$ |
| — | 冲跨比$\lambda$（$0.25 \leqslant \lambda \leqslant 1$）<br>$\lambda_{0x} = a_{0x}/h_0$；$\lambda_{0y} = a_{0y}/h_0$<br>$\lambda > 1$时，直接取$\lambda = 1 \Rightarrow$反算取$a_{0x}(a_{0y}) = h_0$<br>$\lambda < 0.25$时，取$\lambda = 0.25 \Rightarrow$反算取$a_{0x}(a_{0y}) = 0.25 \cdot h_0$<br>冲切系数$\beta$：<br>$\beta_{0x} = 0.84/(\lambda_{0x} + 0.2)$；$\beta_{0y} = 0.84/(\lambda_{0y} + 0.2)$ |

承台受冲切承载力截面高度影响系数$\beta_{hp}$：$\beta_{hp} = 1 - \frac{h-0.8}{12}$（$h \leqslant 0.8m$，取$h = 0.8m$；$h \geqslant 2.0m$，取$h = 2.0m$）

## 三、受剪切计算

——第 5.9.9～5.9.14 条

### （一）一阶矩形承台与锥形承台柱边受剪切承载力验算

**一阶矩形承台与锥形承台柱边受剪切承载力验算**

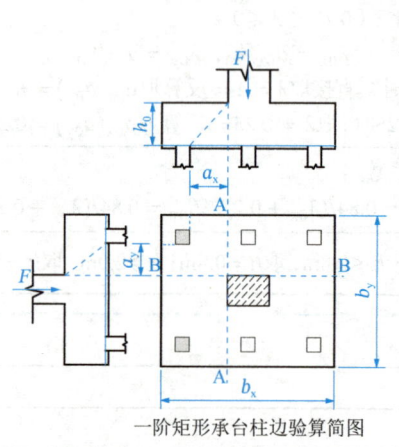

一阶矩形承台柱边验算简图

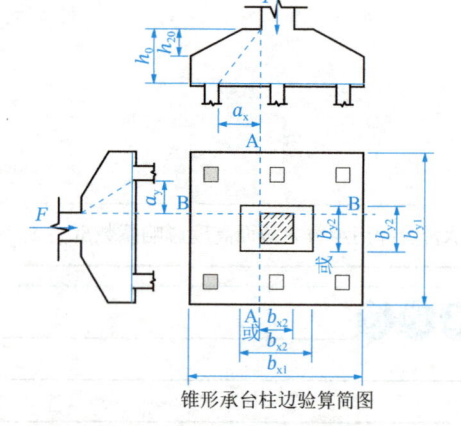

锥形承台柱边验算简图

A-A 截面：$V \leqslant \beta_{hs}\alpha f_t b_y h_0$
B-B 截面：$V \leqslant \beta_{hs}\alpha f_t b_x h_0$

A-A 截面：$V \leqslant \beta_{hs}\alpha f_t \left(b_{y1}h_0 - \dfrac{b_{y1}-b_{y2}}{2}h_{20}\right)$
B-B 截面：$V \leqslant \beta_{hs}\alpha f_t \left(b_{x1}h_0 - \dfrac{b_{x1}-b_{x2}}{2}h_{20}\right)$

**（1）外力-剪切力**

轴心受压：$V = \dfrac{n_1 F}{n}$；　偏心受压：$V = \sum N_i = \sum\left(\dfrac{F}{n} + \dfrac{M_x y_i}{\sum y_j^2} + \dfrac{M_y x_i}{\sum x_j^2}\right)$

**（2）抗力-抗剪切承载力（A-A 截面）**

$\beta_{hs}\alpha f_t b_y h_0$ 　　　　　　　　$\beta_{hs}\alpha f_t \left(b_{y1}h_0 - \dfrac{b_{y1}-b_{y2}}{2}h_{20}\right)$

① 确定柱边（或阶边）至计算一排桩的桩边的水平距离 $a_x$、$a_y$，截面总高度和有效高度 $h$、$h_0$、$h_{20}$

※ 图中若为圆柱和圆桩均需转化为方形，即 $b = 0.8d$

② 剪跨比 $\lambda$

A-A 截面：$\lambda_x = \dfrac{a_x}{h_0}$ $(0.25 \leqslant \lambda_x \leqslant 3)$，无需反算
B-B 截面：$\lambda_y = \dfrac{a_y}{h_0}$ $(0.25 \leqslant \lambda_y \leqslant 3)$，无需反算

③ 剪切系数 $\alpha$

$\alpha = \dfrac{1.75}{\lambda + 1}$

④ 受剪切承载力截面高度影响系数：$\beta_{hs}$

$\beta_{hs} = \left(\dfrac{0.8}{h_0}\right)^{0.25}$ $(0.795 \leqslant \beta_{hs} \leqslant 1) \Leftarrow \begin{cases} h_0 \leqslant 0.8\text{m，取 } h_0 = 0.8\text{m} \\ h_0 \geqslant 2\text{m，取 } h_0 = 2\text{m} \end{cases}$

式中：$n$——承台下总桩数；

$n_1$——剪切截面外侧桩数之和（图中黑色桩）；

$F$——不计承台及其上土重，在荷载效应基本组合作用下，承台顶面的竖向荷载设计值（kN）；

$f_t$——承台混凝土抗拉强度设计值（kPa）

【小注】关于锥形承台，《建筑地基基础设计规范》附录 U 和《建筑桩基技术规范》采用的都是面积等效，但是截面的选取 $b_{y1}$（$b_{x1}$）、$b_{y2}$（$b_{x2}$）取值有差异，处理原则：选择的计算截面（变阶处或柱边）应和计算宽度相对应，但也有书籍对此处进行勘误，小注提示不要进行勘误。

## （二）二阶矩形承台柱边和变阶处受剪切承载力验算

### 二阶矩形承台柱边和变阶处受剪切承载力验算

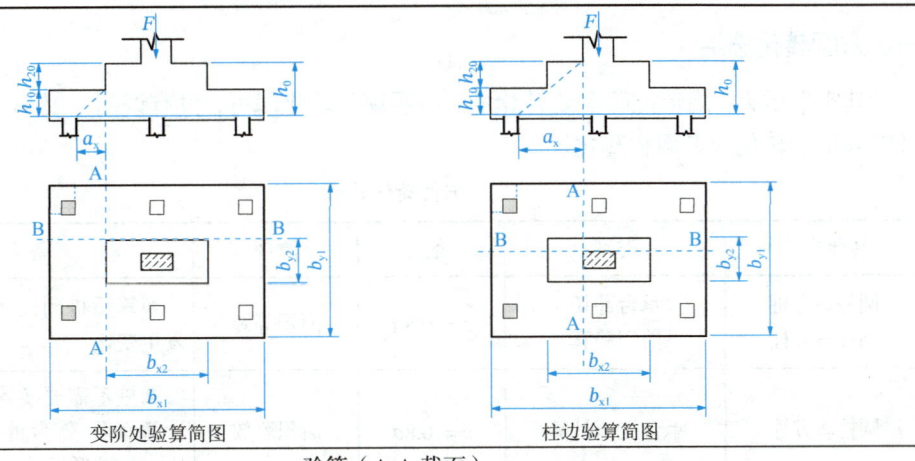

| 变阶处验算简图 | 柱边验算简图 |

验算（A-A 截面）

| $V \leqslant \beta_{hs}\alpha f_t b_{y1} h_{10}$ | $V \leqslant \beta_{hs}\alpha f_t (b_{y1} h_{10} + b_{y2} h_{20})$ |

**（1）外力—剪切力**

轴心受压：$V = \dfrac{n_1 F}{n}$；  偏心受压：$V = \sum N_i = \sum \left( \dfrac{F}{n} + \dfrac{M_x y_i}{\sum y_j^2} + \dfrac{M_y x_i}{\sum x_j^2} \right)$

**（2）抗力—抗剪切承载力**

| $\beta_{hs}\alpha f_t b_{y1} h_{10}$ | $\beta_{hs}\alpha f_t (b_{y1} h_{10} + b_{y2} h_{20})$ |

①确定$\alpha_x$，截面总高度和有效高度$h$、$h_0$、$h_{10}$、$h_{20}$

※图中若为圆柱和圆桩均需转化为方形，即 $b = 0.8d$

②计算$\lambda$和$\alpha$

| $\lambda = \dfrac{a_x}{h_{10}} (0.25 \leqslant \lambda \leqslant 3) \Rightarrow \alpha = \dfrac{1.75}{\lambda + 1}$ | $\lambda = \dfrac{a_x}{h_0} = \dfrac{a_x}{h_{10} + h_{20}} (0.25 \leqslant \lambda \leqslant 3) \Rightarrow \alpha = \dfrac{1.75}{\lambda + 1}$ |

③计算$\beta_{hs}$

$$\beta_{hs} = \left( \dfrac{0.8}{h_0} \right)^{0.25} (0.795 \leqslant \beta_{hs} \leqslant 1) \Leftarrow \begin{cases} h_0 \leqslant 0.8\text{m}，\text{取} h_0 = 0.8\text{m} \\ h_0 \geqslant 2\text{m}，\text{取} h_0 = 2\text{m} \end{cases}$$

式中：$n$——承台下总桩数；

$n_1$——剪切截面外侧桩数之和（图中黑色桩）；

$F$——不计承台及其上土重，在荷载效应基本组合作用下，承台顶面的竖向荷载设计值（kN）；

$f_t$——承台混凝土抗拉强度设计值（kPa）

### 剪切面积汇总

| 剪切类型 | 一阶矩形承台柱边 | 锥型承台柱边 | 二阶矩形承台变阶处 | 二阶矩形承台柱边 |
|---|---|---|---|---|
| 剪切示意图 | | | | |
| 剪切面积$A_0$ | $b_y h_0$ | $b_{y1} h_0 - \dfrac{b_{y1} - b_{y2}}{2} h_1$ | $b_{y1} h_{10}$ | $b_{y1} h_{10} + b_{y2} h_{20}$ |

## 第八节 方圆转化和内夯沉管灌注桩

### 一、方圆转化总结

其实本质为：规范说明需要转化的，按照规范转化即可，没有说明一般不会设置考点，可以采用不转化或者面积转化。

方圆转化总结

| 转化方式 | 类别 | 公式 | 原理 | 备注 |
| --- | --- | --- | --- | --- |
| 圆桩⇒方桩<br>圆柱⇒方柱 | 承台冲切<br>剪切验算 | $c = 0.8d$ | 面积等效 | 换算后桩到柱之间的距离将发生变化 |
| 圆柱⇒方柱 | 承台抗弯计算 | $c = 0.8d$ | 面积等效 | 圆桩不需要换算，因为弯矩计算的距离为桩中心到柱子边，与桩形无关 |
| 方桩⇒圆桩<br>（规范未明确，灵活把握）<br>如果不转化，依然可以整除，可以不转化 | 查承台效应系数 | $d = 1.13b$ | 面积等效 | 不规则，规则$d$都需要转化 |
| | 桩基等效沉降系数中查表求$C_0$、$C_1$、$C_2$ | $d = 1.13b$ | 面积等效 | 规则布桩需要转化，不规则不需要 |
| | 减沉疏桩复合基桩土相互作用计算沉降 | 分母按<br>$d = 1.13b$ | 面积等效 | 分母$s_a/d$仍然为面积等效 |
| 方桩⇒圆桩 | | 分子按<br>$d = 1.27b$ | 周长等效 | 分子中的侧摩阻力$q_{sik}$与周长有关，采用周长等效，唯一一个周长等效 |

**笔记区**

## 二、内夯沉管灌注桩

——第 6.5.13 条

### 内夯沉管灌注桩

| | 桩端夯扩头平均直径 |
|---|---|
| 一次夯扩 | $D_1 = d_0 \sqrt{\dfrac{H_1 + h_1 - C_1}{h_1}}$ |
| 二次夯扩 | $D_2 = d_0 \sqrt{\dfrac{H_1 + H_2 + h_2 - C_1 - C_2}{h_2}}$ |

式中：$D_1$、$D_2$——第一次、第二次夯扩扩头平均直径（m）；

$d_0$——外管直径（m）；

$H_1$、$H_2$——第一次、第二次夯扩工序中，外管内灌注混凝土面从桩底算起的高度（m）；

$h_1$、$h_2$——第一次、第二次夯扩工序中，外管从桩底算起的上拔高度（m），分别可取 $H_1/2$、$H_2/2$；

$C_1$、$C_2$——第一次、第二次夯扩工序中，内外管同步下沉至离桩底的距离，均可取为 0.2m（见右图）。

【小注】公式推导：

利用夯击前后灌入干硬性混凝土的体积相等：

$$\frac{1}{4} \times \pi \times D_1^2 \times h_1 = \frac{1}{4} \times \pi \times d_0^2 \times H_1 + \frac{1}{4} \times \pi \times d_0^2 \times (h_1 - C_1)$$

$$\frac{1}{4} \times \pi \times D_1^2 \times h_1 = \frac{1}{4} \times \pi \times d_0^2 \times (H_1 + h_1 - C_1)$$

$$\Rightarrow D_1 = d_0 \sqrt{\frac{H_1 + h_1 - C_1}{h_1}}$$

施工流程：

首先把外管和内夯管全放在地面，然后用内夯管向下夯，外管会跟着内夯管一起下沉，沉到桩底标高为止。然后拔出内夯管，灌入高度为 $H_1$ 的干硬性混凝土，再把外管向上拔起 $h_1$ 高度，用内夯管向下夯击干硬性混凝土，直到内夯管距桩底标高为 $C_1$ 时停止。由于外管上拔 $h_1$ 高度，夯击的过程会使混凝土向外扩散，扩散后的半径为 $D_1$。这就是第一次内夯，第二次内夯和第一次内夯的过程是一样的，这里就不再赘述。

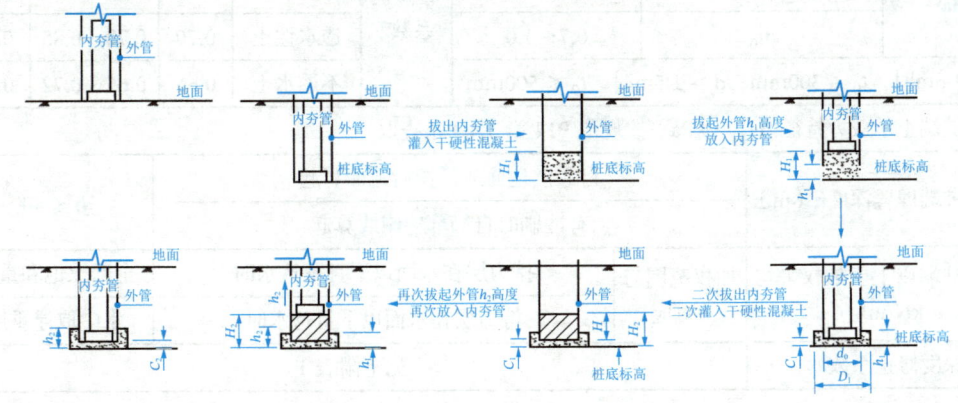

# 第十一章

# 公路桥涵地基与基础设计规范（深基础）

## 第一节 桩基础

### 一、钻（挖）孔灌注桩的承载力特征值

——第 6.3.3 条

| 钻（挖）孔灌注桩的承载力特征值 | |
|---|---|
| $R_a = \frac{1}{2} u \sum_{i=1}^{n} q_{ik} l_i + A_p q_r$ | 施工阶段、使用阶段桩承载力特征值：$\gamma_R \cdot R_a$<br>← $\gamma_R$—抗力系数，见下附表 3 |

式中：$R_a$——单桩轴向受压承载力特征值（kN），桩身自重与置换土重（当自重计入浮力时，置换土重也计入浮力）的差值计入作用效应；

　　　$u$——桩身周长（m）；

　　　$A_p$——桩端截面面积（m²），对于扩底桩，取扩底截面面积；

　　　$n$——土的层数；

　　　$l_i$——承台底面或局部冲刷线以下各土层厚度（m），扩孔部分及变截面以上 $2d$ 长度范围内不计；

　　　$q_{ik}$——与 $l_i$ 对应的各土层与桩侧的摩阻力标准值（kPa）。宜采用单桩摩阻力试验确定，当无试验条件时可按下表选用（规范表 6.3.3-1），扩孔部分及变截面以上 $2d$ 长度范围内不计

| 修正后的桩端土承载力特征值$q_r$（kPa）：<br>$q_r = m_0 \lambda [f_{a0} + k_2 \gamma_2 (h-3)]$<br>$q_r$上限值如右侧 | | 桩端土类型 | $q_r$上限值（kPa） | | |
|---|---|---|---|---|---|
| | | 粉砂 | $q_r \leqslant 1000$ | | |
| | | 细砂 | $q_r \leqslant 1150$ | | |
| | | 中砂、粗砂、砾砂 | $q_r \leqslant 1450$ | | |
| | | 碎石土 | $q_r \leqslant 2750$ | | |
| ①清底系数$m_0$ | $\dfrac{桩端沉渣厚度 t_0}{桩直径 d}$ | 0.3～0.1 | ②修正系数$\lambda$ | 桩端土情况 | $l/d$ | | |
| | | | | | 4～20 | 20～25 | >25 |
| | $m_0$ | 0.7～1.0 | | 透水性土 | 0.70 | 0.70～0.85 | 0.85 |
| | $d \leqslant 1.5m$时，$t_0 \leqslant 300mm$；$d > 1.5m$时，$t_0 \leqslant 500mm$ | | | 不透水土 | 0.65 | 0.65～0.72 | 0.72 |
| ③桩端土承载力特征值$f_{a0}$（kPa）按规范 P14 第 3.3.3 条查取 | | | | | | | |
| ④桩端埋置深度 $h$（m） | | 自天然地面或开挖后地面算起 | | $h \leqslant 40$ | | | |
| | | 有冲刷时自局部冲刷线算起 | | | | | |
| ⑤桩端以上土加权平均重度$\gamma_2$（kN/m³） | 加权范围与$h$对应 | 持力层在水面以下且不透水时 | | 全部取饱和重度 | | | |
| | | 持力层在水面以下且透水时 | | 水中取浮重度 | | | |
| ⑥深度修正系数$k_2$ | | 见下附表 1 | | | | | |

附表1　深度修正系数 $k_2$

| 土类 | 土类 | 土的状态 | $k_2$取值 |
|---|---|---|---|
| 黏性土 | 老黏性土 | — | 2.5 |
| 黏性土 | 一般黏性土 | $I_L \geq 0.5$ | 1.5 |
| 黏性土 | 一般黏性土 | $I_L < 0.5$ | 2.5 |
| 黏性土 | 新近沉积黏性土 | — | 1.0 |
| 粉土 | — | — | 1.5 |
| 砂土 | 粉砂 | 密实 | 2.5 |
| 砂土 | 粉砂 | 中密 | 2.0 |
| 砂土 | 粉砂 | 稍密、松散 | 1.0 |
| 砂土 | 细砂 | 密实 | 4.0 |
| 砂土 | 细砂 | 中密 | 3.0 |
| 砂土 | 细砂 | 稍密、松散 | 1.5 |
| 砂土 | 中砂 | 密实 | 5.5 |
| 砂土 | 中砂 | 中密 | 4.0 |
| 砂土 | 中砂 | 稍密、松散 | 2.0 |
| 砂土 | 砾砂、粗砂 | 密实 | 6.0 |
| 砂土 | 砾砂、粗砂 | 中密 | 5.0 |
| 砂土 | 砾砂、粗砂 | 稍密、松散 | 2.5 |
| 碎石土 | 碎石、圆砾、角砾 | 密实 | 6.0 |
| 碎石土 | 碎石、圆砾、角砾 | 中密 | 5.0 |
| 碎石土 | 碎石、圆砾、角砾 | 稍密、松散 | 2.5 |
| 碎石土 | 卵石 | 密实 | 10.0 |
| 碎石土 | 卵石 | 中密 | 6.0 |
| 碎石土 | 卵石 | 稍密、松散 | 3.0 |

附表2　钻(挖)孔桩桩侧土的摩阻力标准值$q_{ik}$

| 土类 | 状态 | 摩阻力标准值$q_{ik}$（kPa） |
|---|---|---|
| 中密炉渣、粉煤灰 | — | 40～60 |
| 黏性土 | 坚硬 | 80～120 |
| | 硬塑、可塑 | 50～80 |
| | 软塑 | 30～50 |
| | 流塑 | 20～30 |
| 粉土 | 中密 | 30～55 |
| | 密实 | 55～80 |
| 粉、细砂 | 中密 | 35～55 |
| | 密实 | 55～70 |
| 中砂 | 中密 | 45～60 |
| | 密实 | 60～80 |
| 粗砂、砾砂 | 中密 | 60～90 |
| | 密实 | 90～140 |
| 圆砾、角砾 | 中密 | 120～150 |
| | 密实 | 150～180 |
| 碎石、卵石 | 中密 | 160～220 |
| | 密实 | 220～400 |
| 漂石、块石 | — | 400～600 |

附表3　抗力系数$\gamma_R$—第3.0.7条

| 受荷阶段 | 作用组合 | | $\gamma_R$ |
|---|---|---|---|
| 使用阶段 | 频遇组合 | 永久作用与可变作用组合 | 1.25 |
| | | 仅计结构重力、预加力、土的重力、土侧压力和汽车荷载、人群荷载 | 1.00 |
| | 偶然组合 | | 1.25 |
| 施工阶段 | 施工荷载组合 | | 1.25 |

笔记区

## 二、后注浆灌注桩承载力特征值

——第 6.3.4 条

### 后注浆灌注桩承载力特征值

| $R_a = \dfrac{1}{2}u\sum_{i=1}^{n}\beta_{si}q_{ik}l_i + \beta_p A_p q_r$ | 施工阶段、使用阶段桩承载力特征值:$\gamma_R \cdot R_a$ $\Leftarrow \gamma_R$—抗力系数,见前页附表 3 |
|---|---|

| 参数说明 ||||
|---|---|---|---|
| ①修正后的桩端土承载力特征值$q_r$(kPa) | $q_r = m_0\lambda[f_{a0} + k_2\gamma_2(h-3)]$ $q_r$ 上限值如右侧 | 粉砂 | $q_r \leqslant 1000$kPa |
| | | 细砂 | $q_r \leqslant 1150$kPa |
| | | 中砂、粗砂、砾砂 | $q_r \leqslant 1450$kPa |
| | | 碎石土 | $q_r \leqslant 2750$kPa |
| ②增强段长度 | 饱和土层 || 桩端或桩侧注浆点以上 10~12m |
| | 非饱和土层 || 桩端以上或桩侧注浆点上下各 5~6m |

| 土层名称 | 淤泥质土 | 黏土、粉质黏土 | 粉土 | 粉砂 | 细砂 | 中砂 | 粗砂、砾砂 | 角砾、圆砾 | 碎石、卵石 | 全风化岩、强风化岩 |
|---|---|---|---|---|---|---|---|---|---|---|
| ③$\beta_{si}$ | 1.2~1.3 | 1.3~1.4 | 1.4~1.5 | 1.5~1.6 | 1.6~1.7 | 1.7~1.9 | 1.8~2.0 | 1.6~1.8 | 1.8~2.0 | 1.2~1.4 |
| ④$\beta_p$ | — | 1.6~1.8 | 1.8~2.1 | 1.9~2.2 | 2.0~2.3 | 2.0~2.3 | 2.2~2.4 | 2.2~2.5 | 2.3~2.5 | 1.3~1.6 |

【小注】对稍密和松散状态的砂、碎石土可取较高值,对密实状态的砂、碎石土可取较低值

式中:$R_a$——后压浆灌注桩的单桩轴向受压承载力特征值(kN),桩身自重与置换土重(当自重计入浮力时,置换土重也计入浮力)的差值计入作用效应;

$\beta_{si}$——第 $i$ 层土的侧阻力增强系数,对非增强影响范围,$\beta_{si} = 1$;

$\beta_p$——端阻力增强系数;

其他参数均同前钻(挖)孔灌注桩计算公式

### 后注浆压浆量的计算——附录 K

$$G_c = \sum_{1}^{m}\alpha_{si}d + \alpha_p d$$

| 土类 | 黏土、粉质黏土 | 粉土 | 粉砂 | 细砂 | 中砂 | 粗砂、砾砂 | 角砾、碎石 | 砾石、卵石 | 全风化、强风化岩 |
|---|---|---|---|---|---|---|---|---|---|
| $\alpha_{si}$ | 0.7~0.8 | 0.8~0.9 | 0.8~0.9 | 0.8~0.9 | 0.9~1.1 | 0.9~1.1 | 0.8~0.9 | 0.8~0.9 | 0.8~0.9 |
| $\alpha_p$ | 2.0~2.4 | 2.1~2.5 | 2.4~2.7 | 2.4~2.7 | 2.3~2.7 | 2.7~3.0 | 2.9~3.2 | 3.0~3.2 | 2.3~2.5 |

【表注】对稍密和松散状态的砂、碎石土可取较高值,对密实状态的砂、碎石土可取较低值

式中:$G_c$——单桩压浆量(t);

$m$——桩侧压浆横断面数;

$\alpha_{si}$、$\alpha_p$——分别为第 $i$ 压浆断面处桩侧压浆量经验系数、桩端压浆量经验系数(t/m);

$d$——桩径(m)

## 三、沉桩（预制桩）的承载力特征值

——第 6.3.5 条

### 沉桩（预制桩）的承载力特征值

| $R_a = \dfrac{1}{2}\left(u\sum\limits_{i=1}^{n}\alpha_i q_{ik}l_i + \alpha_r \lambda_p A_p q_{rk}\right)$ | 施工阶段、使用阶段桩承载力特征值：$\gamma_R \cdot R_a$ <br> ⇐ $\gamma_R$—抗力系数，见上附表 3 |
|---|---|

| 参数说明 ||||||
|---|---|---|---|---|---|
| ①振动沉桩影响系数 $\alpha_i$、$\alpha_r$ ||||||
| 桩径或边长（m） | 砂土 | 粉土 | 粉质黏土 | 黏土 | 打入桩（锤击、静压） |
| $d \leqslant 0.8$ | 1.1 | 0.9 | 0.7 | 0.6 | |
| $0.8 < d \leqslant 2.0$ | 1.0 | 0.9 | 0.7 | 0.6 | 1.0 |
| $d > 2.0$ | 0.9 | 0.7 | 0.6 | 0.5 | |
| ②$l_i$——承台底面或局部冲刷线以下各土层的厚度（m） ||||||
| ③桩端土塞效应系数 $\lambda_p$ ||||||
| 闭口桩 | — |||| 1.0 |
| 开口桩 | $1.2m < d \leqslant 1.5m$ |||| 0.3~0.4 |
| | $d > 1.5m$ |||| 0.2~0.3 |
| ④静力触探试验测定：侧阻 $q_{ik}$、端阻 $q_{rk}$ ||||||
| $q_{ik} = \beta_i \bar{q}_i$ | 当 $\bar{q}_r > 2000$ kPa 且 $\bar{q}_i/\bar{q}_r \leqslant 0.014$ ||| $\beta_i = 5.067(\bar{q}_i)^{-0.45}$ || 当 $\bar{q}_i < 5$ kPa 时 取 5kPa 代入 |
| | 其他情况 ||| $\beta_i = 10.045(\bar{q}_i)^{-0.55}$ || |
| $q_{rk} = \beta_r \bar{q}_r$ | 当 $\bar{q}_r > 2000$ kPa 且 $\bar{q}_i/\bar{q}_r \leqslant 0.014$（有说法按铁路桥涵勘误，建议维持原式） ||| $\beta_r = 3.975(\bar{q}_r)^{-0.25}$ || $\bar{q}_r = \dfrac{\bar{q}_{r上} + \bar{q}_{r下}}{2}$ 若 $\bar{q}_{r上} > \bar{q}_{r下}$，取 $\bar{q}_r = \bar{q}_{r下}$ |
| | 其他情况 ||| $\beta_r = 12.064(\bar{q}_r)^{-0.35}$ || |
| $\bar{q}_{r上}$、$\bar{q}_{r下}$分别为桩端上、下 $4d$ 范围静力触探端阻的平均值 ||||||

【小注】无静力触探资料时按下附表查取

式中：$R_a$——单桩轴向受压承载力特征值（kN），桩身自重与置换土重（当自重计入浮力时，置换土重也计入浮力）的差值计入作用效应。

$\bar{q}_i$——桩侧第 $i$ 层土由静力触探测得的局部侧摩阻力的平均值（kPa），当 $\bar{q}_i < 5$ kPa 时取 5kPa。

$\bar{q}_r$——桩端（不包括桩靴）标高以上 $4d(\bar{q}_{r上})$ 和以下 $4d(\bar{q}_{r下})$ 范围内静力触探端阻的平均值（kPa）；若桩端标高以上 $4d(\bar{q}_{r上})$ 范围内端阻的平均值大于桩端标高以下 $4d(\bar{q}_{r下})$ 的端阻平均值时，则取桩端以下 $4d(\bar{q}_{r下})$ 范围内端阻的平均值，$d$ 为桩的直径或边长。

$q_{ik}$——与 $l_i$ 对应的各土层桩侧摩阻力标准值（kPa）；宜采用单桩摩阻力试验确定或通过静力触探试验确定；当无试验条件时，可按下附表 4（规范第 6.3.5 条）取用。

$q_{rk}$——桩端处土的承载力标准值（kPa）；宜采用单桩试验确定或通过静力触探试验确定；当无试验条件时，可按下附表 5（规范第 6.3.5 条）取用。

$u$——桩身周长（m）。

$n$——土的层数

附表4　沉桩桩侧土摩阻力标准值$q_{ik}$（kPa）

| 土类 | 状态 | 摩阻力标准值$q_{ik}$（kPa） |
|---|---|---|
| 黏性土 | 坚硬（$I_L < 0$） | 95～85 |
| | 硬塑（$0 \leqslant I_L < 0.25$） | 85～75 |
| | 可塑（$0.25 \leqslant I_L < 0.5$） | 75～60 |
| | 可塑（$0.5 \leqslant I_L < 0.75$） | 60～45 |
| | 软塑（$0.75 \leqslant I_L < 1$） | 45～30 |
| | 流塑（$1 \leqslant I_L \leqslant 1.5$） | 30～15 |
| 粉土 | 稍密 | 20～35 |
| | 中密 | 35～65 |
| | 密实 | 65～80 |
| 粉、细砂 | 稍密 | 20～35 |
| | 中密 | 35～65 |
| | 密实 | 65～80 |
| 中砂 | 中密 | 55～75 |
| | 密实 | 75～90 |
| 粗砂 | 中密 | 70～90 |
| | 密实 | 90～105 |

【表注】对钢管桩宜取小值。

附表5　沉桩桩端处土的承载力标准值$q_{rk}$（kPa）

| 土类 | 状态 | 端阻力标准值$q_{rk}$（kPa） | | |
|---|---|---|---|---|
| 黏性土 | $I_L < 0.35$ | 3000 | | |
| | $0.35 \leqslant I_L < 0.65$ | 2200 | | |
| | $0.65 \leqslant I_L < 1$ | 1600 | | |
| | $I_L \geqslant 1$ | 1000 | | |
| $d$为桩身直径或边长 | | 桩端进入持力层的相对深度（不含桩靴）$h_c$ | | |
| | | $h_c/d < 1$ | $1 \leqslant h_c/d < 4$ | $h_c/d \geqslant 4$ |
| 粉土 | 中密 | 1700 | 2000 | 2300 |
| | 密实 | 2500 | 3000 | 3500 |
| 粉砂 | 中密 | 2500 | 3000 | 3500 |
| | 密实 | 5000 | 6000 | 7000 |
| 细砂 | 中密 | 3000 | 3500 | 4000 |
| | 密实 | 5500 | 6500 | 7500 |
| 中、粗砂 | 中密 | 3500 | 4000 | 4500 |
| | 密实 | 6000 | 7000 | 8000 |
| 圆砾石 | 中密 | 4000 | 4500 | 5000 |
| | 密实 | 7000 | 8000 | 9000 |

## 四、嵌岩桩承载力特征值

——第 6.3.7、6.3.8 条

嵌岩桩：桩端嵌入中风化岩、微风化岩或新鲜岩，嵌入强风化岩、全风化岩部分不计。

$$R_a = \underbrace{c_1 A_p f_{rk}}_{\text{〈端阻〉}} + \underbrace{u \sum_{i=1}^{m} c_{2i} h_i f_{rki}}_{\text{〈嵌岩段侧阻〉}} + \underbrace{\frac{1}{2} \zeta_s u \sum_{i=1}^{n} q_{ik} l_i}_{\text{〈非嵌岩段桩周土段侧阻〉}}$$

施工阶段、使用阶段桩承载力特征值：$\gamma_R \cdot R_a$
⇐ $\gamma_R$—抗力系数，见前附表 3

### 参数说明

| | 岩层情况 | 一般情况 | | 嵌岩深度 $h \leq 0.5m$ | | 钻孔桩 | | 桩端为中风化岩 | | 钻孔桩+桩端为中风化岩 | |
|---|---|---|---|---|---|---|---|---|---|---|---|
| | | $c_1$ | $c_2$ | $c_1$ | $c_2$ | $c_1$ | $c_2$ | $c_1$ | $c_2$ | $c_1$ | $c_2$ |
| ①系数 $c_1$、$c_2$ | 完整、较完整 | 0.6 | 0.05 | 0.45 | 0 | 0.48 | 0.04 | 0.45 | 0.0375 | 0.36 | 0.03 |
| | 较破碎 | 0.5 | 0.04 | 0.375 | | 0.4 | 0.032 | 0.375 | 0.03 | 0.3 | 0.024 |
| | 破碎、极破碎 | 0.4 | 0.03 | 0.3 | | 0.32 | 0.024 | 0.3 | 0.0225 | 0.24 | 0.018 |
| ② $f_{rk}$ | 桩端岩石饱和单轴抗压强度（kPa），黏土岩取天然湿度单轴抗压强度标准值，$f_{rk} < 2$MPa 时按支撑在土层中计算 | | | | | | | | | | |
| ③ $\zeta_s$ | 桩端持力层 $f_{rk}$（MPa） | 2 | | 15 | | 30 | | ≥60 | | | |
| | 侧阻发挥系数 $\zeta_s$（可内插） | 1.0 | | 0.8 | | 0.5 | | 0.2 | | | |
| ④ $h_i$ | 桩嵌入各岩层部分的深度（m），不包括强风化层和全风化层及局部冲刷线以上的基岩；计算见第五部分 | | | | | | | | | | |
| ⑤ $l_i$ | 承台底面或局部冲刷线以下各土层的厚度（m） | | | | | | | | | | |
| ⑥ $q_{ik}$ | 桩侧第 $i$ 层土的侧阻力标准值（kPa），应采用单桩摩阻力试验值。对钻（挖）孔桩可按上附表 2 查取，对沉桩可按上附表 4 查取，扩底部分不计侧阻力 | | | | | | | | | | |

式中：$A_p$——桩端截面面积（m²），对于扩底桩，取扩底截面面积；

$u$——各土层或各岩层部分的桩身周长（m）；

$m$——岩层的层数，不包括强风化层和全风化层；

$n$——土层的层数，强风化和全风化岩层按土层考虑

## 五、嵌岩桩嵌岩深度

——第 6.3.8 条

### 嵌岩桩嵌岩深度

| 圆形桩 | 矩形桩 |
|---|---|
| $h_r = \dfrac{1.27H + \sqrt{3.81\beta f_{rk} d M_H + 4.84 H^2}}{0.5\beta f_{rk} d} \geq 0.5m$ | $h_r = \dfrac{H + \sqrt{3\beta f_{rk} b M_H + 3H^2}}{0.5\beta f_{rk} b} \geq 0.5m$ |

式中：$h_r$——桩嵌入基岩中的有效深度（m），不包括强风化层和全风化层及局部冲刷线以上基岩；

$H$——基岩顶面处的水平力（kN）；

$M_H$——基岩顶面处的弯矩（kN·m）；

$\beta$——系数，$\beta = 0.5 \sim 1.0$，岩层节理发育取小值，不发育取大值；

$b$——垂直于弯矩平面的桩边长（m）；

$f_{rk}$——岩石饱和单轴抗压强度标准值（kPa）

## 六、摩擦型单桩轴向受拉承载力特征值

——第 6.3.9 条

### 摩擦型单桩轴向受拉承载力特征值 $R_t$（kN）

$$R_t = 0.3u\sum_{i=1}^{n}\alpha_i q_{ik} l_i$$

| 参数说明 | | | | | | | |
|---|---|---|---|---|---|---|---|
| ① $u$ | 非扩底桩（$d$ 为桩身直径） | \multicolumn{5}{c}{$u = \pi d$} | |
| | 扩底桩（$D$ 为桩的扩底直径） | \multicolumn{5}{c}{自桩端起算 $5d$ 范围内，取 $u = \pi D$；其余部分取 $u = \pi d$} | |
| ② $\alpha_i$ | 桩径或边长（m） | \multicolumn{6}{c}{振动沉桩影响系数 $\alpha_i$} |
| | | 砂土 | 粉土 | 粉质黏土 | 黏土 | 锤击、静压沉桩和钻孔桩 |
| | $d \leq 0.8$ | 1.1 | 0.9 | 0.7 | 0.6 | |
| | $0.8 < d \leq 2.0$ | 1.0 | 0.9 | 0.7 | 0.6 | 1.0 |
| | $d > 2.0$ | 0.9 | 0.7 | 0.6 | 0.5 | |

【小注】计算作用于承台底面由外荷载引起的轴向力时，应扣除桩身自重值。

## 七、挤扩支盘桩

——第 9.5.4 条

### （1）单桩轴向受压承载力特征值 $R_a$（kN）

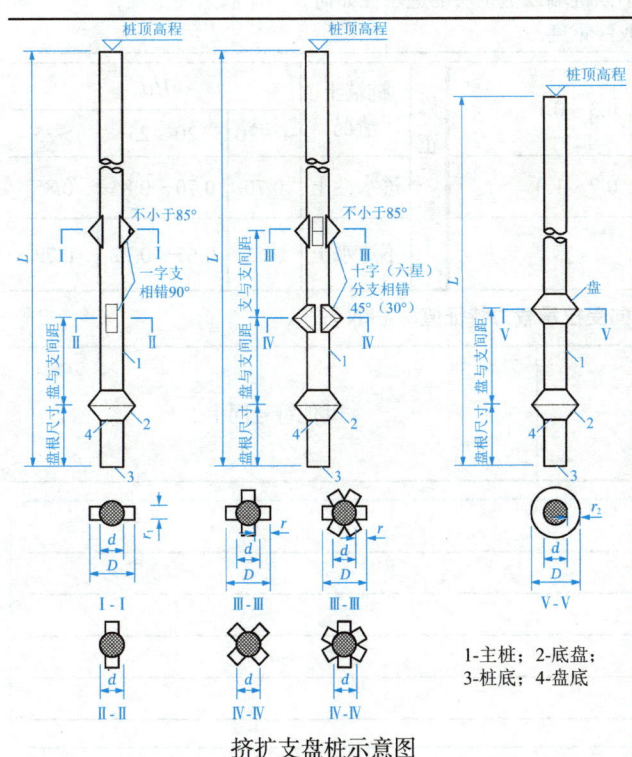

公式①：

$$R_a = \frac{1}{2}u\sum_{i=1}^{m}(q_{ik}l_i) + \sum_{j=1}^{n}A_{pj}q_{rj} + A_p q_r$$

<桩侧阻力> <支或盘端阻力> <主桩端阻力>

公式②：

$$q_{rj} = m_0 \lambda [f_{aj} + k_2 \gamma_2 (h_j - 3)]$$

$q_{rj}$——第 $j$ 个支或盘端土（修正后）的承载力特征值（kPa），限值见下表：

| 桩端土类型 | $q_r$ 上限值 |
|---|---|
| 粉砂 | $q_r \leq 1000$ |
| 细砂 | $q_r \leq 1150$ |
| 中砂、粗砂、砾砂 | $q_r \leq 1450$ |
| 碎石土 | $q_r \leq 2750$ |

1-主桩；2-底盘；3-桩底；4-盘底

挤扩支盘桩示意图

续表

式中：$u$——桩身周长（m）。

$l_i$——承台底面或局部冲刷线以下第$i$土层的厚度（m），当该层土内设有支、盘时，应减去每个支高和盘高的 1.5 倍；【小注】从支或盘的中心开始，上下各减去 0.75 倍支高或盘高。

$A_{pj}$——第$j$个支或盘的面积（扣除主桩的面积）（m²）。

$n$——支、盘的总数。

$f_{aj}$——支盘处土的承载力特征值（kPa），按规范第 4.3.3 条确定（规范 P15）。

$h_j$——第$j$个支或盘底算起的埋深（m）。

$q_{ik}$——与$l_i$对应的各土层与桩侧的摩阻力标准值（kPa），宜采用单桩摩阻力试验确定，当无试验条件时可按上附表 2 选用（规范表 6.3.3-1），扩孔部分及变截面以上 $2d$ 长度范围内不计。

$k_2$——承载力特征值的深度修正系数，根据桩端（或支、盘底）持力层土类按下表选用（或规范表 4.3.4）。

地基承载力深度修正系数 $k_2$

| 土类 | 黏性土 | | | 粉土 | 砂土 | | | | | | 碎石土 | | | |
|---|---|---|---|---|---|---|---|---|---|---|---|---|---|---|
| | 老性黏土 | 一般黏性土 | | 新近沉积黏性土 | — | 粉砂 | | 细砂 | | 中砂 | | 砾砂、粗砂 | | 碎石、圆砾、角砾 | 卵石 |
| | | $I_L \geq 0.5$ | $I_L < 0.5$ | | | 中密 | 密实 | 中密 | 密实 | 中密 | 密实 | 中密 | 密实 | 中密 密实 | 中密 密实 |
| $k_2$ | 2.5 | 1.5 | 2.5 | 1.0 | 1.5 | 2.0 | 2.5 | 3.0 | 4.0 | 4.0 | 5.5 | 5.0 | 6.0 | 5.0  6.0 | 6.0  10.0 |

【表注】对于稍密和松散状态的砂、碎石土，$k_2$ 可取表列中"中密值"的 50%，$\gamma_2$——桩端（或支、盘底）以上各土层的加权平均重度（kN/m³）。

①若持力层在水位以下且不透水时，不论桩端以上土层的透水性如何，一律取饱和重度；
②当持力层透水时，则水中部分土层取浮重度

| 清底系数 $m_0$ | 桩端沉渣厚度 $t_0$ / 桩直径 $d$ | 0.3~0.1 | 修正系数 $\lambda$ | 桩端土情况 | $l/d$ | | |
|---|---|---|---|---|---|---|---|
| | | | | | 4~20 | 20~25 | >25 |
| | $m_0$ | 0.7~1.0 | | 透水性土 | 0.70 | 0.70~0.85 | 0.85 |
| | $d \leq 1.5$m 时，$t_0 \leq 300$mm；$d > 1.5$m 时，$t_0 \leq 500$mm | | | 不透水土 | 0.65 | 0.65~0.72 | 0.72 |

（2）单桩轴向受拉承载力特征值 $R_t$（kN）

| $R_t = 0.3u\sum_{i=1}^{n} q_{ik}l_i + 0.8\sum_{j=1}^{n} A_{pj}q_{rj}$<br><桩侧阻力> <支或盘端阻力> | 其他符号同上 |
|---|---|

笔记区

## 八、群桩作为整体基础验算桩端平面处地基承载力

——第 6.3.11 条、附录 N

群桩（摩擦桩）作为整体基础时，桩基础可视为如图中的 $acde$ 范围内的实体基础，按下列公式计算：

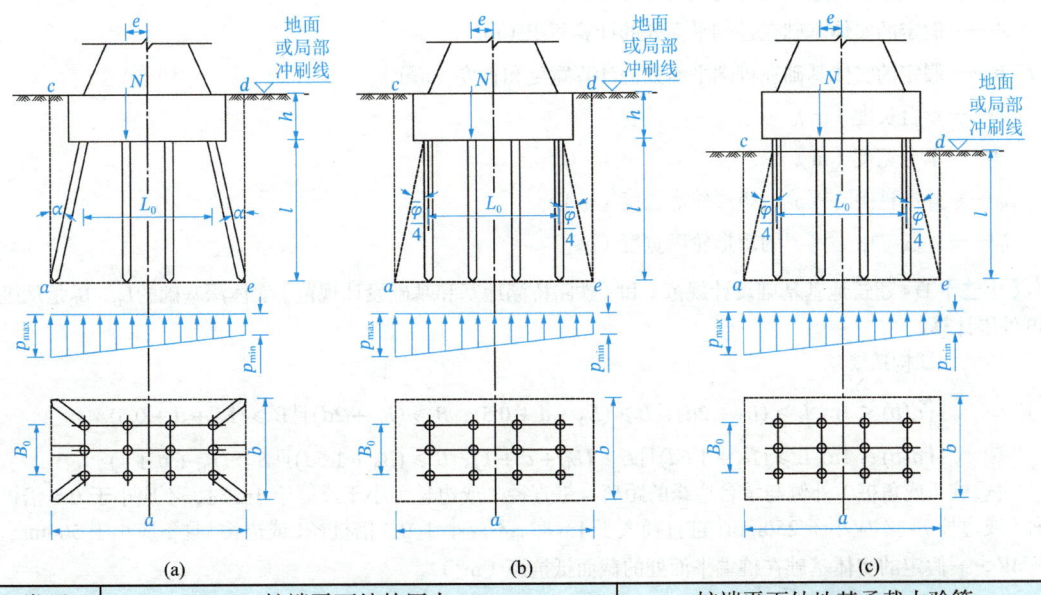

| 类型 | 桩端平面处的压力 | 桩端平面处地基承载力验算 |
|---|---|---|
| 轴心受压 | $p = \bar{\gamma}l + \gamma h - \dfrac{BL\gamma h}{A} + \dfrac{N}{A}$ | $p \leq f_a$ |
| 偏心受压 | $p_{max} = \bar{\gamma}l + \gamma h - \dfrac{BL\gamma h}{A} + \dfrac{N}{A}\left(1 + \dfrac{eA}{W}\right)$ | $p \leq f_a$ <br> $p_{max} \leq \gamma_R f_a$ |
| 解释 | 〈图 a〉 桩土总重量 $\gamma Al$，$N = F + G$ 〈图 b〉承台埋深范围内土重量 $\gamma Ah$ 〈图 c〉承台范围内土中 $\gamma BLh$；承台范围内土扩散后的应力 $\gamma BLh/A$ <br> $p = \left(\dfrac{N}{A} + \bar{\gamma}l\right) + (\gamma h) - \left(\dfrac{BL\gamma h}{A}\right)$ | |
| $A = ab$ | 当桩的斜度 $\alpha \leq \dfrac{\bar{\varphi}}{4}$ <br> $a = L_0 + d + 2l\tan(\bar{\varphi}/4)$ <br> $b = B_0 + d + 2l\tan(\bar{\varphi}/4)$ | 当桩的斜度 $\alpha > \dfrac{\bar{\varphi}}{4}$ <br> $a = L_0 + d + 2l\tan\alpha$ <br> $b = B_0 + d + 2l\tan\alpha$ |

式中： $p$——桩端平面处的平均压应力（kPa）。

$p_{max}$——桩端平面处的最大压应力（kPa）。

$\bar{\gamma}$——承台底面至桩端平面包括桩的重力在内的土的平均重度（kN/m³），水下取浮重度。

续表

$\gamma$——承台底面以上土的重度（$kN/m^3$），水下取浮重度。

$l$——桩的深度（m）。

$d$——桩的直径（m）。

$N$——作用于承台底面合力的竖向分力（kN）。

$A$——假定的实体基础在桩端平面处的计算面积（$m^2$）。

$a$、$b$——假定的实体基础在桩端平面处的计算宽度和长度（m）。

$L$——承台长度（m）。

$B$——承台宽度（m）。

$L_0$——外围桩中心围成的矩形轮廓长度（m）。

$B_0$——外围桩中心围成的矩形轮廓宽度（m）。

【小注】①《建筑地基基础设计规范》和《铁路桥涵地基和基础设计规范》实体深基础的 $L_0$、$B_0$ 是从桩群外围计算。

②构造要求：

$$\begin{cases} d(b) \leqslant 1m, L \geqslant (L_0 + 2d) 且 L \geqslant (L_0 + d + 0.5)、B \geqslant (B_0 + 2d) 且 B \geqslant (B_0 + d + 0.5) \\ d(b) > 1m, L \geqslant (L_0 + 1.6d) 且 L \geqslant (L_0 + d + 1)、B \geqslant (B_0 + 1.6d) 且 B \geqslant (B_0 + d + 1) \end{cases}$$

对边桩（或角桩）外侧与承台边缘的距离，桩直径（或边长）小于或等于 1m 时，不应小于 0.5 倍桩径（或边长）且不应小于 250mm；桩直径大于 1m 时，不应小于 0.3 倍桩径（或边长）且不应小于 500mm。

$W$——假定的实体基础在桩端平面处的截面抵抗矩（$m^3$）。

$e$——作用于承台底面合力的竖向分力对桩端平面处计算面积重心轴的偏心距（m）。

$f_a$——桩端平面处修正后的地基承载力特征值（kPa），按本规范第 4.3.4 条、第 4.3.5 条规定采用，并应按本规范第 3.0.7 条予以提高。

$\gamma_R$——抗力系数，见下表（本规范第 3.0.7 条）。

$\overline{\varphi}$——基桩所穿过土层的平均土内摩擦角（°）：

$$\overline{\varphi} = \frac{\varphi_1 l_1 + \varphi_2 l_2 + \cdots + \varphi_n l_n}{l}$$

式中：$\varphi_1 l_1$、$\varphi_2 l_2 \cdots \varphi_n l_n$——各层土的内摩擦角与相应土层厚度的乘积。

单桩承载力抗力系数 $\gamma_R$

| 受荷阶段 | | 作用效应组合 | 抗力系数 $\gamma_R$ |
|---|---|---|---|
| 使用阶段 | 频遇组合 | 永久作用与可变作用组合 | 1.25 |
| | | 仅计结构自重、预加力、土的重力、土侧压力和汽车荷载、人群荷载 | 1.00 |
| | | 偶然组合 | 1.25 |
| 施工阶段 | | 施工荷载组合 | 1.25 |

【小注】（1）本附录 N 与《建筑地基基础设计规范》P162 的区别：

①本规范，$B_0$、$L_0$ 是桩中心到中心的距离，《建筑地基基础设计规范》是桩外围；

②本规范考虑基础范围内土的应力扩散，《建筑地基基础设计规范》不考虑。

（2）《公路桥涵地基与基础设计规范》与《铁路桥涵地基和基础设计规范》群桩作为实体基础计算，主要区别在于对桩端以上土层的重力计算不同，两式中 $N$ 所代表的竖向力也不同，注意区分（公路规范中 $N$ 作用在承台底，而铁路规范中 $N$ 作用在桩底）。

# 第十一章　公路桥涵地基与基础设计规范（深基础）

## 第二节　沉井基础

**（1）沉井自重下沉验算（刃脚底面支撑反力为零）——第7.3.2条**

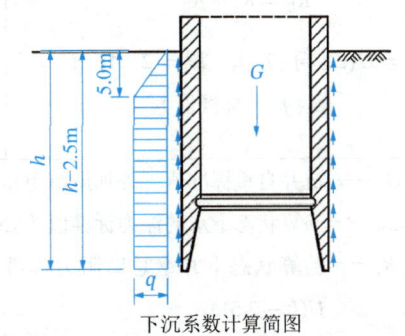

下沉系数计算简图

$$k_{st} = \frac{G_k - F_{fw,k}}{R_f} \quad (k_{st} = 1.15 \sim 1.25)$$
$$\Uparrow$$
$$R_f = u(h - 2.5)q$$

式中：$G_k$——沉井自重标准值（外加助沉重量的标准值）（kN），用天然重度计算；

$F_{fw,k}$——下沉过程中水的浮托力标准值（kN）；

$R_f$——井壁总摩阻力标准值（kN），单位面积摩阻力沿深度按梯度分布，距离地面 5m 范围内按三角形分布，其下为常数；

$u$——沉井下端面周长（m），对阶梯形井壁，各阶梯端的 $u$ 值可取本阶梯段的下端面周长；

$h$——沉井入土深度（m）；

$q$——井壁与土体间的摩阻力标准值按厚度的加权平均值，$q = \Sigma q_i h_i / \Sigma h_i$，$h_i$ 为各土层厚度。$q$ 应根据实践经验或实测资料确定，当缺乏资料时，可按下表（表 7.3.2）选用

| 井壁与土体间的摩阻力标准值 $q_i$（kPa） | | | |
|---|---|---|---|
| 土的名称 | $q_i$（kPa） | 土的名称 | $q_i$（kPa） |
| 黏性土 | 25～50 | 砾石 | 15～20 |
| 砂土 | 12～25 | 软土 | 10～12 |
| 卵石 | 15～30 | 泥浆套 | 3～5 |

【表注】泥浆套为灌注在井壁外侧的触变泥浆，是一种助沉材料

**（2）薄壁浮运沉井横向稳定性验算（沉井浮体稳定倾斜角 $\varphi$）——第7.3.7条**

$$\varphi = \arctan \frac{M}{\gamma_w V(\rho - a)} \leqslant 6° \Leftarrow \rho = \frac{I}{V}$$

式中：$\varphi$——沉井在浮运阶段的倾斜角，不应大于 6°，并应满足 $(\rho - a) > 0$；

$M$——外力矩（kN·m）；

$V$——排水体积（m³）；

$a$——沉井重心至浮心的距离（m），重心在浮心之上为正，反之为负；

$\rho$——定倾半径，即定倾中心至浮心的距离（m）；

$I$——薄壁沉井浮体排水截面面积的惯性矩（m⁴）；

$\gamma_w$——水的重度，$\gamma_w = 10$ kN/m³

### （3）沉井下沉稳定验算（下沉系数较大，或下沉过程中遇软弱土层，即为**有支撑反力**）

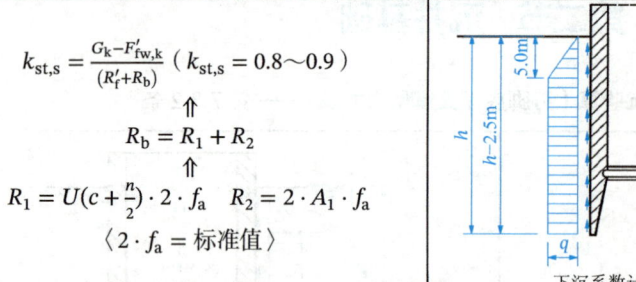

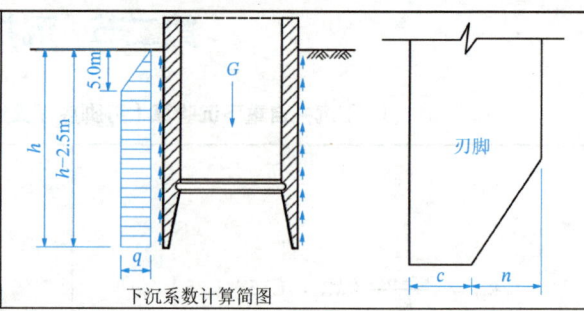

下沉系数计算简图

式中：$G_k$——沉井自重标准值（外加助沉重量的标准值）（kN），用天然重度计算；

$F'_{fw,k}$——验算状态下水的浮力标准值（kN）；

$R'_f$——验算状态下井壁总摩阻力标准值（kN），可按规范第 7.3.2 条第 2 款计算，即 $R_f = U(h-2.5)q$；

$R_b$——沉井刃脚、隔墙和底梁下地基土的承载力标准值之和（kN）；

$R_1$——刃脚踏面及斜面下土的支撑力（kN）；

$U$——侧壁外围周长（m）；

$c$——刃脚踏面宽度（m）；

$f_a$——地基土的承载力特征值（kPa），当缺乏资料时可按规范第 4.3 节规定取值；

$R_2$——隔墙和底梁下土的支承反力（kN）；

$A_1$——隔墙和底梁的总支承面积（m²）。

### （4）沉井**井壁拉力**——附录 P

| 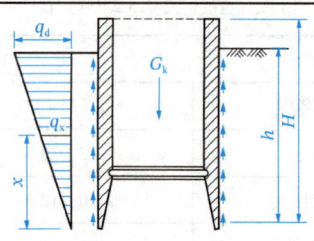<br>等截面井壁竖向受拉计算简图 | 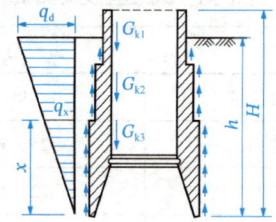<br>台阶形井壁竖向受拉计算简图 |
|---|---|
| $$P_{max} = \frac{G_k}{4}$$<br>式中：$P_{max}$——最大竖向拉力（kN）；<br>　　　$G_k$——沉井全部自重（kN） | $$P_x = G_{xk} - \frac{1}{2}uq_x x$$<br>⇑<br>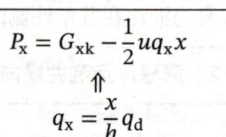 |
| **【小注】**<br>①井壁摩阻力假定沿沉井总高按三角形分布，即在刃脚处为零，在地面处为最大。<br>②最危险的截面在沉井入土深度的1/2处，此处为最大竖向拉力$P_{max}$ | 式中：$P_x$——距刃脚底面$x$变阶处的井壁拉力（kN）；<br>　　　$G_{xk}$——$x$高度范围内的沉井自重（kN）；<br>　　　$u$——井壁周长（m）；<br>　　　$h$——沉井总高（m）；<br>　　　$q_x$——距刃脚底面$x$变阶处的摩阻力（kPa）；<br>　　　$q_d$——沉井顶面摩阻力（kPa）；<br>　　　$x$——刃脚底面至变阶处（或验算截面）的高度（m） |

# 第十二章

# 铁路桥涵地基和基础设计规范（深基础）

## 一、打入、振动下沉、桩尖爆扩桩（预制桩）轴向受压容许承载力

——第 6.2.2 条

**打入、振动下沉、桩尖爆扩桩（预制桩）轴向受压容许承载力 $[P]$**

| $N_k + \Delta G_k \leqslant [P]$（第 6.2.6 条） | $N_k$ 为桩顶轴向压力，$\Delta G_k$ 为桩身自重与桩身入土部分同体积土重之差 |
|---|---|
| $[P] = \dfrac{1}{2}\left(U\sum\limits_{i=1}^{n}\alpha_i f_i l_i + \lambda A R \alpha\right)$（kN） | $[P] = \dfrac{1}{2}\left(U\sum\limits_{i=1}^{n}\alpha_i f_i l_i + \lambda A R \alpha\right)\cdot \varepsilon$（kN） |

式中：$U$——桩身截面周长（m）；

$l_i$——各土层厚度（m）；

$A$——桩底支承面积（m²）；

$f_i$——桩周土的极限摩阻力（kPa），可查下附表 1（或表 6.2.2-3）确定或采用静力触探试验测定；

$R$——桩尖土的极限承载力（kPa），可查下附表 2（或表 6.2.2-4）确定或采用静力触探试验测定

| ①提高系数 $\varepsilon$ | 主力+附加力作用（不含长钢轨纵向力） | | | | $\varepsilon = 1.2$ | |
|---|---|---|---|---|---|---|
| | 主力+特殊荷载（地震力除外） | | | 柱桩 | $\varepsilon = 1.4$ | |
| | | | | 摩擦桩 | $\varepsilon = 1.2 \sim 1.4$ | |

| ②系数 $\alpha_i$、$\alpha$ | 桩径或边长（m） | 振动沉桩影响系数 $\alpha_i$、$\alpha$ | | | | 打入桩（锤击、静压） |
|---|---|---|---|---|---|---|
| | | 砂类土 | 粉土 | 粉质黏土 | 黏土 | |
| | $d \leqslant 0.8$ | 1.1 | 0.9 | 0.7 | 0.6 | |
| | $0.8 < d \leqslant 2.0$ | 1.0 | 0.9 | 0.7 | 0.6 | 1.0 |
| | $d > 2.0$ | 0.9 | 0.7 | 0.6 | 0.5 | |

| ③系数 $\lambda$ | 爆扩体直径 $D_p$ | 桩尖爆扩体处土的种类 | | | |
|---|---|---|---|---|---|
| | 桩径 $d$ | 砂类土 | 粉土 | 粉质黏土 $I_L = 0.5$ | 黏土 $I_L = 0.5$ |
| | 1.0 | 1.0 | 1.0 | 1.0 | 1.0 |
| | 1.5 | 0.95 | 0.85 | 0.75 | 0.70 |
| | 2.0 | 0.90 | 0.80 | 0.65 | 0.50 |
| | 2.5 | 0.85 | 0.75 | 0.50 | 0.40 |
| | 3.0 | 0.80 | 0.60 | 0.40 | 0.30 |

续表

| | 条件 | $\overline{q}_{ci}>2000\text{kPa}$ 且 $\overline{f}_{si}/\overline{q}_{ci} \leqslant 0.014$ | 其他情况 | 当 $\overline{f}_{si}<5\text{kPa}$ 时取 5kPa 代入 |
|---|---|---|---|---|
| ④侧阻 $f_i$ 端阻 $R$ | $f_i = \beta_i \overline{f}_{si}$ | $\beta_i = 5.067(\overline{f}_{si})^{-0.45}$ | $\beta_i = 10.045(\overline{f}_{si})^{-0.55}$ | |
| | 条件 | $\overline{q}_{c下}>2000\text{kPa}$ 且 $\overline{f}_{s下}/\overline{q}_{c下} \leqslant 0.014$ | 其他情况 | $\overline{q}_c = \dfrac{\overline{q}_{c上}+\overline{q}_{c下}}{2}$ $\overline{q}_{c上}>\overline{q}_{c下}$ 时，取 $\overline{q}_c=\overline{q}_{c下}$ $\overline{q}_{c上}$、$\overline{q}_{c下}$ 分别为桩端上、下各 $4d$ 范围静力触探平均端阻力 |
| | $R = \beta \overline{q}_c$ | $\beta = 3.975(\overline{q}_c)^{-0.25}$ | $\beta = 12.064(\overline{q}_c)^{-0.35}$ | |

【表注】$\overline{f}_{si}$——桩侧第 $i$ 层土由静力触探测得的平均侧摩阻力（kPa），当 $\overline{f}_{si}<5\text{kPa}$ 时取 5kPa；

$\overline{q}_{ci}$——相应于 $\overline{f}_{si}$ 土层中桩侧触探平均端阻力（kPa）；$\overline{f}_{s下}$——相应于 $\overline{q}_{c下}$ 土层桩底触探平均侧阻力；

$\overline{q}_c$——桩尖（不包括桩靴）高程以上 $4d(\overline{q}_{c上})$ 和以下 $4d(\overline{q}_{c下})$（$d$ 为桩的直径或边长）范围内静力触探平均端阻力的平均值（kPa）。

附表 1　打入、振动下沉、桩尖爆扩摩擦桩桩周土极限摩阻力 $f_i$（kPa）

| 土类 | 状态 | 极限摩阻力 $f_i$（kPa） |
|---|---|---|
| 黏性土 | $I_L < 0$（坚硬） | 95～85 |
| | $0 \leqslant I_L < 0.25$（硬塑） | 85～75 |
| | $0.25 \leqslant I_L < 0.5$（硬塑） | 75～60 |
| | $0.5 \leqslant I_L < 0.75$（软塑） | 60～45 |
| | $0.75 \leqslant I_L < 1$（软塑） | 45～30 |
| | $1 \leqslant I_L < 1.5$（流塑） | 30～15 |
| 粉土 | 稍密（$e > 0.9$） | 20～35 |
| | 中密（$0.75 \leqslant e \leqslant 0.9$） | 35～65 |
| | 密实（$e < 0.75$） | 65～80 |
| 粉砂 细砂 | 松散（$N \leqslant 10$，$D_r \leqslant 0.33$） | 20～35 |
| | 稍密（$10 < N \leqslant 15$，$0.33 < D_r \leqslant 0.4$）、中密（$15 < N \leqslant 30$，$0.4 < D_r \leqslant 0.67$） | 35～65 |
| | 密实（$N > 30$，$D_r > 0.67$） | 65～80 |
| 中砂 | 稍密（$10 < N \leqslant 15$，$0.33 < D_r \leqslant 0.4$）、中密（$15 < N \leqslant 30$，$0.4 < D_r \leqslant 0.67$） | 55～75 |
| | 密实（$N > 30$，$D_r > 0.67$） | 75～90 |
| 粗砂 | 稍密（$10 < N \leqslant 15$，$0.33 < D_r \leqslant 0.4$）、中密（$15 < N \leqslant 30$，$0.4 < D_r \leqslant 0.67$） | 70～90 |
| | 密实（$N > 30$，$D_r > 0.67$） | 90～105 |

### 附表2　打入、振动下沉、桩尖爆扩摩擦桩桩尖土极限承载力 R（kPa）

| 土类 | 状态 | 极限承载力 R（kPa） | | |
|---|---|---|---|---|
| 黏性土 | $I_L < 0.35$ | 3000 | | |
| | $0.35 \leqslant I_L < 0.65$ | 2200 | | |
| | $0.65 \leqslant I_L < 1$ | 1600 | | |
| | $I_L \geqslant 1$ | 1000 | | |
| d为桩身直径或边长 | | 桩尖进入持力层的相对深度 h'（不包括桩靴） | | |
| | | $h'/d < 1$ | $1 \leqslant h'/d < 4$ | $h'/d \geqslant 4$ |
| 粉土 | 中密 | 1700 | 2000 | 2300 |
| | 密实 | 2500 | 3000 | 3500 |
| 粉砂 | 中密 | 2500 | 3000 | 3500 |
| | 密实 | 5000 | 6000 | 7000 |
| 细砂 | 中密 | 3000 | 3500 | 4000 |
| | 密实 | 5500 | 6500 | 7500 |
| 中、粗砂 | 中密 | 3500 | 4000 | 4500 |
| | 密实 | 6000 | 7000 | 8000 |
| 圆砾石 | 中密 | 4000 | 4500 | 5000 |
| | 密实 | 7000 | 8000 | 9000 |

## 二、钻（挖）孔灌注摩擦桩的轴向受压容许承载力

——第6.2.2条

### 钻（挖）孔灌注摩擦桩的轴向受压容许承载力[P]（kN）

| $N_k + \Delta G_k \leqslant [P]$（第6.2.6条） | $N_k$为桩顶轴向压力，$\Delta G_k$为桩身自重与桩身入土部分同体积土重之差 |
|---|---|
| $[P] = \frac{1}{2}U\sum f_i l_i + m_0 A[\sigma]$ | $[P] = \left(\frac{1}{2}U\sum f_i l_i + m_0 A[\sigma]\right)\cdot\varepsilon$（见前 $\varepsilon$） |

式中：$U$——桩身截面周长（m），按设计桩径计算；

　　　$A$——桩底支承面积（m²），按设计桩径计算；

　　　$f_i$——各土层的极限摩阻力（kPa），按下附表3（规范表6.2.2-5）采用；

　　　$l_i$——各土层的厚度（m）；

　　　$m_0$——钻孔灌注桩桩底支承力折减系数。按下表（规范表6.2.2-6）采用；挖孔灌注桩桩底支承力折减系数可根据具体情况确定，一般可取 $m_0 = 1.0$。

### 钻孔灌注桩桩底支承力折减系数 $m_0$

| 土质及清底情况 | $m_0$ | | |
|---|---|---|---|
| | $5d < h \leqslant 10d$ | $10d < h \leqslant 25d$ | $25d < h \leqslant 50d$ |
| 土质较好，不易坍塌，清底良好 | 0.9～0.7 | 0.7～0.5 | 0.5～0.4 |
| 土质较差，易坍塌，清底稍差 | 0.7～0.5 | 0.5～0.4 | 0.4～0.3 |
| 土质差，难以清底 | 0.5～0.4 | 0.4～0.3 | 0.3～0.1 |

【表注】h为地面线或局部冲刷线以下桩长，d为桩的直径，均以 m 计。

**桩底地基土的容许承载力$[\sigma]$（kPa）**

| 当$h \leqslant 4d$时 | $[\sigma] = \sigma_0 + k_2\gamma_2(h-3)$ |
|---|---|
| 当$4d < h \leqslant 10d$时 | $[\sigma] = \sigma_0 + k_2\gamma_2(4d-3) + k_2'\gamma_2(h-4d)$ |
| 当$h > 10d$时 | $[\sigma] = \sigma_0 + k_2\gamma_2(4d-3) + k_2'\gamma_2(6d)$ |

① $\sigma_0$——地基基本承载力（kPa）；② $d$为桩径或桩的宽度（m）；③ $k_2$、$k_2'$取值见下表

④ $\gamma_2$——基底以上土层的加权平均重度（kN/m³）（$\gamma_2$计算范围同$h$）
* 当持力层在水面以下且不透水时，不论基底以上土层透水性如何，$\gamma_2$一律取饱和重度；
* 当持力层在水面以下且透水时，水中部分$\gamma_2$取浮重度

⑤ $h$——桩基础埋深（m）
* 自天然地面或挖方后地面算起；
* 有冲刷时自一般冲刷线起算；
* $h$无限值

**承载力深度修正系数$k_2$、$k_2'$**

| 土类 | 黏性土 | | 黄土 | | 粉土 | 砂土 | | | | | | | 碎石土 | | |
|---|---|---|---|---|---|---|---|---|---|---|---|---|---|---|---|
| | $Q_3$及以前的冲、洪积土 | $Q_4$的冲、洪积土 | 残积土 | 新黄土 | 老黄土 | | 粉砂 | | 细砂 | | 中砂 | | 砾砂粗砂 | 碎石、圆砾、角砾 | | 卵石 | |
| | | $I_L < 0.5$ | $I_L \geqslant 0.5$ | | | | | 稍、中密 | 密实 | 稍、中密 | 密实 | 稍、中密 | 密实 | 稍、中密 | 密实 | 稍、中密 | 密实 | 稍、中密 | 密实 |
| $k_2$ | 2.5 | 2.5 | 1.5 | 1.5 | 1.5 | 1.5 | 1.5 | 2.0 | 2.5 | 3 | 4 | 4 | 5.5 | 5 | 6 | 5 | 6 | 6 | 10 |
| $k_2'$ | 1.0 | | | | | | 0.75 | 1.0 | 1.25 | 1.5 | 2.0 | 2.0 | 2.75 | 2.5 | 3.0 | 2.5 | 3.0 | 3.0 | 5.0 |

【表注】① 稍松状态的砂类土和松散状态的碎石类土，$k_2$、$k_2'$可采用表列稍、中密值的50%。
② 节理不发育或较发育的岩石不做宽深修正；节理发育或很发育的岩石，$k_2$可采用碎石类土的系数；对已风化成砂、土状的岩石，则按砂类土、黏性土的系数。
③ 冻土的$k_2$取0。

**附表3 钻（挖）孔灌注桩桩周极限摩阻力$f_i$（kPa）**

| 土的种类 | 土性状态 | 极限摩阻力$f_i$（kPa） |
|---|---|---|
| 软土 | — | 12～22 |
| 黏性土 | 流塑（$I_L > 1$） | 20～35 |
| | 软塑（$0.5 < I_L \leqslant 1$） | 35～55 |
| | 硬塑（$0 < I_L \leqslant 0.5$） | 55～75 |
| 粉土 | 中密（$0.75 \leqslant e \leqslant 0.9$） | 30～55 |
| | 密实（$e < 0.75$） | 55～70 |
| 粉砂、细砂 | 中密（$15 < N \leqslant 30$，$0.4 < D_r \leqslant 0.67$） | 30～55 |
| | 密实（$N > 30$，$D_r > 0.67$） | 55～70 |
| 中砂 | 中密（$15 < N \leqslant 30$，$0.4 < D_r \leqslant 0.67$） | 45～70 |
| | 密实（$N > 30$，$D_r > 0.67$） | 70～90 |
| 粗砂、砾砂 | 中密（$15 < N \leqslant 30$，$0.4 < D_r \leqslant 0.67$） | 70～90 |
| | 密实（$N > 30$，$D_r > 0.67$） | 90～150 |
| 圆砾土、角砾土 | 中密 | 90～150 |
| | 密实 | 150～220 |
| 碎石土、卵石土 | 中密 | 150～220 |
| | 密实 | 220～420 |
| 漂石土、块石土 | — | 400～600 |

【表注】$I_L$：液性指数；$e$：孔隙比；$N$：标准贯入锤击数；$D_r$：相对密度。

# 第十二章　铁路桥涵地基和基础设计规范（深基础）

## 三、支承于岩石层上（嵌岩桩）的柱桩轴向受压容许承载力

——第 6.2.2 条第 2 款

### 支承于岩石层上（嵌岩桩）的柱桩轴向受压容许承载力

| $N_k + G_k \leqslant [P]$（第 6.2.6 条） | 　 | $N_k$ 为桩顶轴向压力，$G_k$ 为桩身自重 |
|---|---|---|
| ①支承于岩石层上的打入桩、振动下沉桩（包括管柱）等柱桩的轴向受压容许承载力<br>（嵌岩+预制桩） | $[P] = CRA$ | $[P] = CRA \cdot \varepsilon$ |
| | 式中：$[P]$——桩的容许承载力（kN）；<br>　　　$R$——岩石单轴抗压强度（kPa）；<br>　　　$C$——系数，匀质无裂缝的岩石层采用 0.45，有严重裂缝的、风化的或易软化的岩石层采用 0.30；<br>　　　$A$——柱底面积（m²） | |
| ②支承在岩石层上与嵌入岩石层内的钻（挖）孔灌注桩、管柱等柱桩的轴向受压容许承载力<br>（嵌岩+灌注桩） | $[P] = R(C_1 A + C_2 Uh)$ | $[P] = R(C_1 A + C_2 Uh) \cdot \varepsilon$ |
| | 式中：$[P]$——桩及管柱的容许承载力（kN）；<br>　　　$R$——岩石单轴抗压强度（kPa）；<br>　　　$U$——嵌入岩石层内的桩及管柱的钻孔周长（m）；<br>　　　$A$——柱底面积（m²）；<br>　　　$h$——自新鲜岩石面（平均高程）算起的嵌入深度（m）；<br>　　　$C_1$、$C_2$——系数，根据岩石层破碎程度和清底情况决定，按下表（规范表 6.2.2-7）采用 | |

### 系数 $C_1$、$C_2$

| 岩石层及清底情况 | 入岩深度 $h > 0.5$m 或未知 | | 入岩深度 $h \leqslant 0.5$m | |
|---|---|---|---|---|
| | $C_1$ | $C_2$ | $C_1$ | $C_2$ |
| 良好 | 0.5 | 0.04 | 0.5×0.7 | 0 |
| 一般 | 0.4 | 0.03 | 0.4×0.7 | |
| 较差 | 0.3 | 0.02 | 0.3×0.7 | |

当桩下端锚固在岩石内时，假定弯矩由锚固侧壁岩石承受，可按下式确定嵌岩深度 $h_1$：

$$\text{圆形桩：} h_1 = \sqrt{\frac{M}{0.066 K \cdot R \cdot d}}; \quad \text{矩形桩：} h_1 = \sqrt{\frac{M}{0.083 K \cdot R \cdot b}}$$

（$h_1 \geqslant 0.5$m，满足：新鲜岩面 + 钻挖孔灌注桩）

式中：$h_1$——自桩下端锚固点算起的锚固深度（m）；

　　　$M$——桩下端锚固点处的弯矩（kN·m）；

　　　$K$——根据岩层构造在水平方向的岩石容许压力换算系数，取 0.5～1.0；

　　　$d$——钻孔直径（m）；

　　　$b$——垂直于弯矩作用平面桩的边长（m）；

　　　$R$——桩尖土的极限承载力（kPa）（岩石单轴抗压强度），按本规范第 6.2.2 条确定

| 提高系数 $\varepsilon$ | 作用组合 | | $\varepsilon$ |
|---|---|---|---|
| | 主力+附加力作用（不含长钢轨纵向力） | | 1.2 |
| | 主力+特殊荷载（地震力除外） | 柱桩 | 1.4 |
| | | 摩擦桩 | 1.2～1.4 |

## 四、摩擦桩轴向受拉容许承载力

——第 6.2.2 条第 5 款

**摩擦桩轴向受拉容许承载力验算**

| $N_k - G_k \leq [P']$（第 6.2.6 条） | $N_k$ 为桩顶承受的拉力，$G_k$ 为桩身自重 |
|---|---|
| | $[P'] = 0.30U\sum a_i l_i f_i$ |

式中：$[P']$——摩擦桩轴向受拉的容许承载力（kN）；
$\quad\quad U$——桩身截面周长（m），按设计桩径计算；
$\quad\quad f_i$——各土层的极限摩阻力（kPa），见前附表 3；
$\quad\quad l_i$——各土层的厚度（m）；
$\quad\quad a_i$——振动沉桩对各土层桩周摩阻力的影响系数，见下表：

**振动沉桩影响系数 $a_i$**

| 桩径或边宽 | 土类 | | | | 打入桩（锤击、静压） |
|---|---|---|---|---|---|
| | 砂类土 | 粉土 | 粉质黏土 | 黏土 | |
| $d \leq 0.8m$ | 1.1 | 0.9 | 0.7 | 0.6 | |
| $0.8m < d \leq 2.0m$ | 1.0 | 0.9 | 0.7 | 0.6 | 1.0 |
| $d > 2.0m$ | 0.9 | 0.7 | 0.6 | 0.5 | |

## 五、管柱振动下沉中振动荷载作用下管柱的应力

——第 6.2.4 条

**管柱振动下沉中振动荷载作用下管柱的应力**

$$N = \eta P_{max}$$

式中：$N$——振动时作用于管柱的计算外力（kN）；
$\quad\quad P_{max}$——所选用的振动打桩机的额定最大振动力（kN）；
$\quad\quad \eta$——振动冲击系数，按管柱振动下沉入土深度、土质条件和施工辅助设施确定，采用 1.5～2.0。

## 六、沉井基础

——第 7.2.6 条

与《公路桥涵地基与基础设计规范》沉井部分内容及计算完全相同，可参照学习。

**沉井浮体稳定的倾斜角 $\varphi$**

$$\varphi = \arctan\frac{M}{\gamma_w V(\rho - a)} \leq 6° \Leftarrow \rho = \frac{I}{V}$$

式中：$\varphi$——倾斜角，不应大于 6°，并应满足 $(\rho - a) > 0$；
$\quad\quad M$——外力矩（kN·m）；
$\quad\quad V$——排水体积（m³）；
$\quad\quad a$——沉井重心至浮心的距离（m），重心在浮心之上为正，反之为负；
$\quad\quad \rho$——定倾半径，即定倾中心至浮心的距离（m）；
$\quad\quad I$——浮体排水截面的惯性矩（m⁴），按沉井轮廓面积和各阶段沉井入水深度计算；
$\quad\quad \gamma_w$——水的重度，$\gamma_w = 10kN/m^3$

# 第十二章 铁路桥涵地基和基础设计规范（深基础）

## 七、桥梁桩基按实体基础的验算

——附录 E

**桥梁桩基按实体基础的验算**

桩基础可视为如图中的虚线和地面线框起来范围内的实体基础，按下列公式计算：

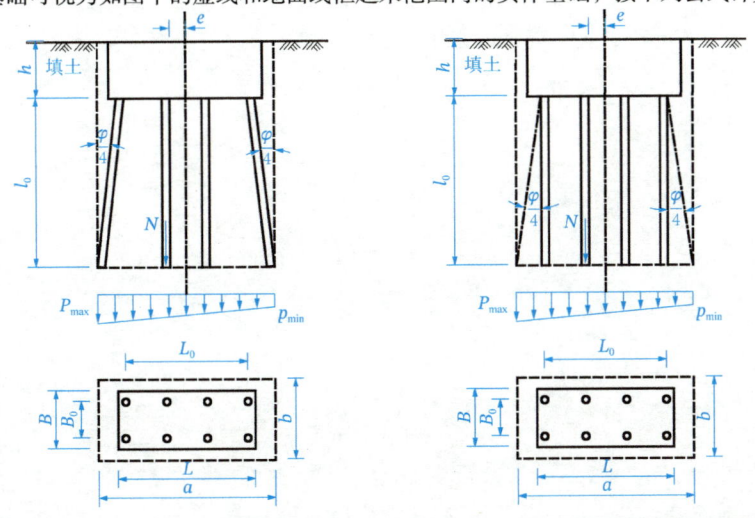

| 受压类型 | 桩端平面处的压力 | 桩端下地基承载力验算 |
|---|---|---|
| 轴心 | $p = \dfrac{N}{A}$ | $p \leqslant [\sigma]$ |
| 偏心 | $p_{\max} = \dfrac{N}{A} + \dfrac{M}{W}$ | $p_{\max} \leqslant [\sigma]$ |
| $A = a \times b$, $a = L_0 + d + 2l_0 \tan\left(\dfrac{\overline{\varphi}}{4}\right)$<br>$b = B_0 + d + 2l_0 \tan\left(\dfrac{\overline{\varphi}}{4}\right)$ | $W = \dfrac{ba^2}{6}$（$a$ 为弯矩或偏心作用方向，$b$ 为垂直方向）<br>$\overline{\varphi} = \dfrac{\varphi_1 l_1 + \varphi_2 l_2 + \cdots + \varphi_n l_n}{l_0}$ | |

式中：$N$——作用于假想实体基础（桩基）底面的竖向力，包括实体基础范围内土重和桩自重（kN）；

$A$——假想实体基础的底面积（m²），从<u>最外桩基的外侧以 $\dfrac{\overline{\varphi}}{4}$ 扩散，非从承台外侧扩散</u>；

$h$、$l_0$——承台埋深及桩长（m）；

$L$、$B$——承台的长度和宽度（m）；

$L_0$、$B_0$——<u>外围桩中心</u>围成的矩形轮廓的长度和宽度（m）；

$d$——桩的直径（m）；

$M$——外力对承台底面处桩基重心的力矩（kN·m）；

$W$——假想实体深基础在桩端平面处的抵抗矩（m³）；

$\overline{\varphi}$——桩所穿过土层的内摩擦角加权平均值（°）；

$[\sigma]$——桩端平面处土（经修正后的）地基容许承载力（kPa）。

【小注】①《铁路桥涵地基和基础设计规范》的实体深基础法验算与《公路桥涵地基与基础设计规范》的区别在于：铁路规范假定竖向力 $N$ 作用于假想实体基础的底面，亦即已包含了假想实体基础范围内的桩、土自重；公路规范假定竖向力 $N$ 作用在承台底面上，未包含假想实体基础范围内的桩、土自重。

②铁路规范和地基规范采用的是桩群外围向下扩散，而公路规范是桩中间围成轮廓向下扩散。

# 第四篇

# 地基处理

## 地基处理知识点分级

| 规范 | 内容 | 知识点 | 知识点分级 |
|---|---|---|---|
| 《建筑地基处理技术规范》 | 换填垫层法 | 垫层厚度的确定（双层地基模型） | ★★★★ |
| | | 垫层底面宽度的确定 | ★★★ |
| | | 换填垫层后变形计算 | ★★ |
| | | 垫层的压实标准 | ★★ |
| | 预压地基 | 竖向排水固结参数的确定α、β（排水距离、排水面） | ★★★★ |
| | | 径向排水固结参数的确定α、β（等效排水直径、井径比、井阻和涂抹影响） | ★★★★ |
| | | 瞬时加载条件下固结度计算 | ★★★★★ |
| | | 等速加载条件下固结度计算 | ★★★★★ |
| | | 预压荷载下地基抗剪强度计算 | ★★★ |
| | | 预压地基竖向最终变形量计算 | ★★★ |
| | | 三点法预测地基最终竖向变形量 | ★★★★ |
| | 压实和夯实地基 | 压实地基设计与检测 | ★★★ |
| | | 夯实地基设计与检测 | ★★★ |
| | | 强夯置换地基设计与检测（加固原理、承载力计算） | ★★★★ |
| | 有粘结强度桩（刚性桩）复合地基 | 有粘结强度桩的承载力确定（桩侧摩阻控制、桩身强度控制） | ★★★★★ |
| | | 水泥土搅拌桩施工（搅拌次数、提升速度） | ★★★ |
| | | 有粘结强度桩的处理范围 | ★★★★ |
| | | 变形计算 | ★★★ |
| | 散体材料桩（无粘结强度）复合地基 | 无粘结强度桩的承载力确定（桩侧摩阻控制、桩身强度控制） | ★★★★★ |
| | | 有挤密效应桩的挤密原理（挤密后桩间土的干密度与孔隙比的变化） | ★★★★★ |
| | | 预钻孔的挤密原理 | ★★★★ |
| | | 无粘结强度桩的处理范围 | ★★★★ |
| | | 变形计算 | ★★★ |
| | 多桩型复合地基 | 承载力计算 | ★★★ |
| | | 变形计算 | ★★★ |
| | 注浆加固 | 水泥为主剂的注浆加固 | ★★★★ |
| | | 硅化浆液的注浆加固 | ★★ |
| | | 碱液注浆加固 | ★★ |
| | | 浆液调配 | ★★★★ |

【表注】①本模块一般考查6道案例题，大部分都出自《建筑地基处理技术规范》，但是近年来每年至少有1道原理题、施工题或灵活题，这些题目都是在规范上找不到的，增加了难度。②2024年首次出现非核心规范《湿陷性黄土地区建筑标准》《土工合成材料应用技术规范》的题目。

# 第十三章

# 建筑地基处理技术规范

## 第一节 总体规定

**3.0.4** 经处理后的地基，当按地基承载力确定基础底面积及埋深而需要对本规范确定的地基承载力特征值进行修正时，应符合下列规定：

1 大面积压实填土地基，基础宽度的地基承载力修正系数应取零；基础埋深的地基承载力修正系数，对于压实系数大于 0.95、黏粒含量 $\rho_c \geq 10\%$ 的粉土，可取 1.5，对于干密度大于 $2.1\text{t/m}^3$ 的级配砂石可取 2.0。

2 其他处理地基，基础宽度的地基承载力修正系数应取零，基础埋深的地基承载力修正系数应取 1.0。

**3.0.5** 处理后的地基应满足建筑物地基承载力、变形和稳定性要求，地基处理的设计尚应符合：

1 经处理后的地基，当在受力层范围内仍存在软弱下卧层时，应进行软弱下卧层地基承载力验算；

2 按地基变形设计或应做变形验算且需进行地基处理的建筑物或构筑物，应对处理后的地基进行变形验算；

3 对建造在处理后的地基上受较大水平荷载或位于斜坡上的建筑物及构筑物，应进行地基稳定性验算。

**3.0.6** 处理后地基承载力验算，应同时满足轴心和偏心荷载作用的要求：$p_k \leq f_a$，$p_{k\max} \leq 1.2 f_a$

根据第 3.0.4 条可知，处理后地基的修正承载力特征值 $f_a$ 如下：

$$f_a = f_{ak} + \eta_d \cdot \gamma_m \cdot (d - 0.5)$$

| 地基处理方式 | | $\eta_b$ | $\eta_d$ |
|---|---|---|---|
| 大面积压实填土地基（处理宽度＞2倍基础宽度） | 压实系数大于 0.95、黏粒含量 $\rho_c \geq 10\%$ 的粉土 | 0 | 1.5 |
| | 干密度大于 $2.1\text{t/m}^3$ 的级配砂石 | 0 | 2.0 |
| 其他处理地基（换填垫层、预压地基、复合地基等） | | 0 | 1.0 |

【小注】①地基处理后的宽度修正系数：永远取零；地基处理后的深度修正系数：除大面积压实填土可按《建筑地基基础设计规范》取值外，其余全部取 1.0。

②天然地基的性质，在水平方向是均匀和无限延伸的。而处理的地基是局部的，处理的宽度比基础的宽度稍宽一点，在基础宽度以外的土层没有经过加固处理。地基承载力由三个分量构成，第一项分量是由土的黏聚力在滑动面上形成的抗力；第二项分量是侧向超载（即埋置深度范围内的土体重力）在滑动面上形成的摩阻力所形成的抗力；第三项分量是由滑动土体的体积力在滑动面上形成的摩阻力所形成的抗力。构成地基承载力的这三个分量都需要通过滑动面来发挥，如果滑动土体中只加固了基础底面以下很小的一部分，而大部分没有得到加固，根据加固了的这部分地基的性质来确定修正系数，偏于危险，所以，最多是根据处理前的地基性质来选取修正系数。但既然需要加固，天然土层必然是软弱的，即使按天然土层取值，也会得到宽度修正系数为 0、深度修正系数为 1.0 的结果。因此，《建筑地基处理技术规范》就将其明确规定了。

## 第二节 换填垫层

### 一、垫层设计

——第4.2节

**垫层设计**

承载力验算
垫 层：$p_k \leq f_a$ 且 $p_{kmax} \leq 1.2 f_a$
下卧层：$p_z + p_{cz} \leq f_{az}$（以此为准）
一般情况下，垫层的厚度根据垫层底面处土的自重应力与附加应力之和不大于同一标高处下卧层经深度修正后的承载力确定，即：垫层的厚度以满足下卧层承载力为准

①持力层（换填垫层）承载力特征值的修正 $f_a$：
$$f_a = f_{ak1} + \eta_{d1}\gamma_{m1}(d - 0.5)$$
②下卧层（垫层下）原土承载力的修正 $f_{az}$：
$$f_{az} = f_{ak2} + \eta_{d2}\gamma_{m2}(d + z - 0.5)$$

①基础底面处自重应力：
$$p_c = \gamma_{m1} d$$
②垫层底面处自重应力：
$$p_{cz} = \gamma_{m2}(d + z) = \gamma_{m1} d + \gamma_{垫} z$$

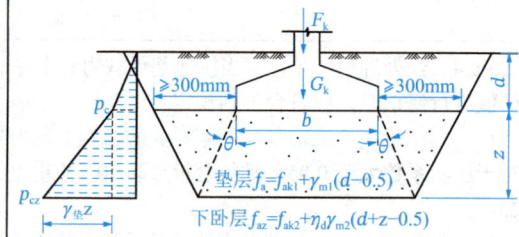

式中：$f_{ak1}$——垫层承载力特征值（kPa）；
$f_{ak2}$——垫层下原土承载力特征值（kPa）；
$\gamma_{m1}$——基底以上（垫层顶面以上）"原土层"的加权平均重度（kN/m³）；
$\gamma_{m2}$——垫层底面以上"原土层"的加权平均重度（kN/m³）；若为大面积换填，垫层部分可取垫层重度；
$d$——基础埋置深度（m）；
$z$——基础底下垫层的厚度（m）

**深度修正系数 $\eta_{d1}$**

| $\eta_{d1}$ | 地基处理方式 | | $\eta_d$ |
|---|---|---|---|
| $\eta_{d1}$ | 大面积压实填土 | 压实系数大于0.95，黏粒含量$\rho_c \geq 10\%$的粉土 | 1.5 |
| | | 最大干密度大于2.1t/m³的级配砂石 | 2.0 |
| | 其他地基处理（换填垫层法一般属于此） | | 1.0 |

**深度修正系数 $\eta_{d2}$**

| $\eta_{d2}$（按垫层下原土/下卧层土层性质查表） | 土的类别 | | $\eta_d$ |
|---|---|---|---|
| | 淤泥和淤泥质土 | | 1.0 |
| | 黏性土 | $e \geq 0.85$ 或 $I_L \geq 0.85$ | 1.0 |
| | | $e < 0.85$ 且 $I_L < 0.85$ | 1.6 |
| | 红黏土（$\alpha_w = \dfrac{w}{w_L}$） | $\alpha_w > 0.8$ | 1.2 |
| | | $\alpha_w \leq 0.8$ | 1.4 |
| | 粉土 | 黏粒含量$\rho_c \geq 10\%$的粉土 | 1.5 |
| | | 黏粒含量$\rho_c < 10\%$的粉土 | 2.0 |
| | 粉砂、细砂（不包括很湿与饱和时的稍密状态） | | 3.0 |
| | 中砂、粗砂、砾砂和碎石土 | | 4.4 |

**垫层底面处附加压力 $p_z$（kPa）**

| 基础形式 | | 公式 | 图示 |
|---|---|---|---|
| 条形基础 | | $p_z = \dfrac{b(p_k - p_c)}{b + 2z\tan\theta}$ | 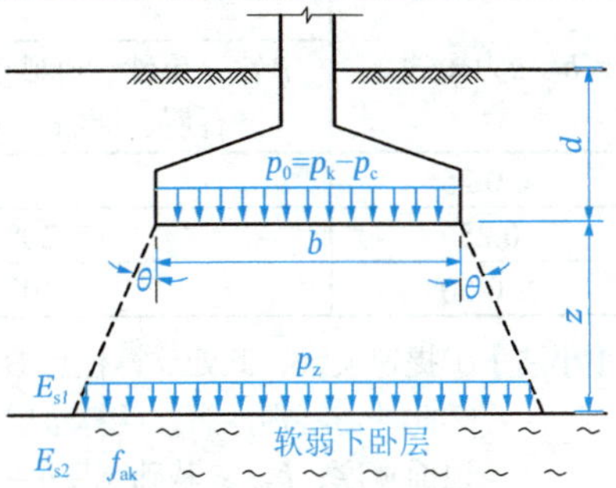 |
| 矩形基础 | | $p_z = \dfrac{bl(p_k - p_c)}{(b + 2z\tan\theta)(l + 2z\tan\theta)}$ | |
| 圆形基础 | | $p_z = \dfrac{r^2(p_k - p_c)}{(r + z\tan\theta)^2}$ | 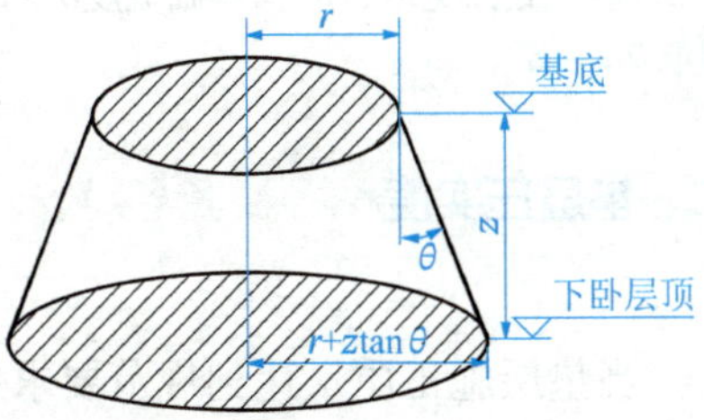 |
| 环形基础 | 扩散后为圆环 $r - z\tan\theta > 0$ 时 | $p_z = \dfrac{(R^2 - r^2)(p_k - p_c)}{(R + z\tan\theta)^2 - (r - z\tan\theta)^2}$ | 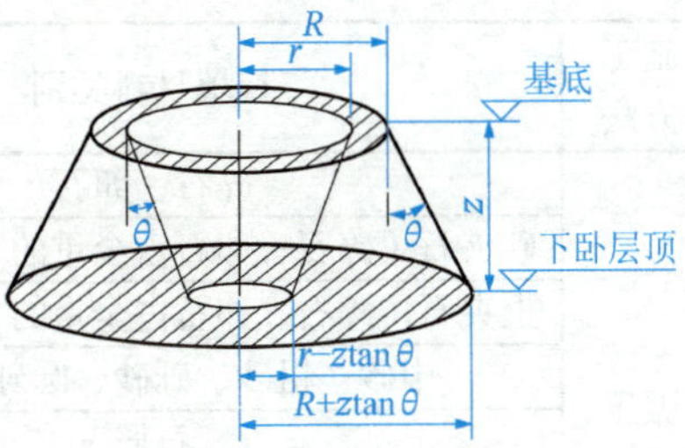 |
| | 扩散后为圆形 $r - z\tan\theta \leqslant 0$ 时 | $p_z = \dfrac{(R^2 - r^2)(p_k - p_c)}{(R + z\tan\theta)^2}$ | 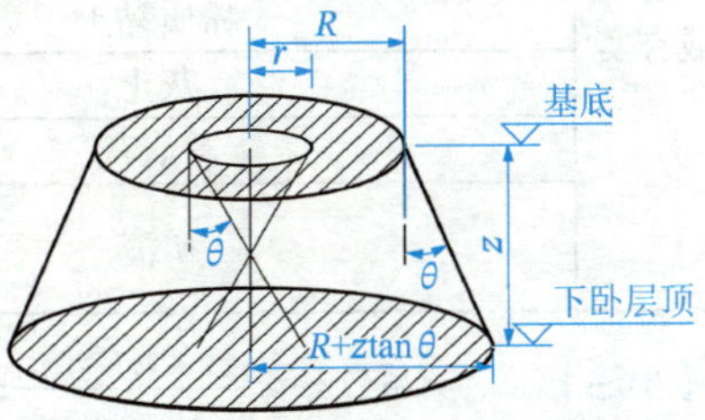 |
| 正多边形（边数为 $n$，以正六边形图示，其中 $n=6$） | | $\alpha = \dfrac{180°}{n}$<br>$h = \dfrac{b}{2}\cot\alpha$；$B = b + 2z\cdot\tan\theta\cdot\tan\alpha$<br>原多边形面积：$A_1 = n \cdot \dfrac{1}{2} b \cdot h$<br>扩散后面积：$A_2 = n \cdot \dfrac{1}{2} B \cdot (h + z\cdot\tan\theta)$<br>$p_z = \dfrac{(p_k - p_c)A_1}{A_2}$ | 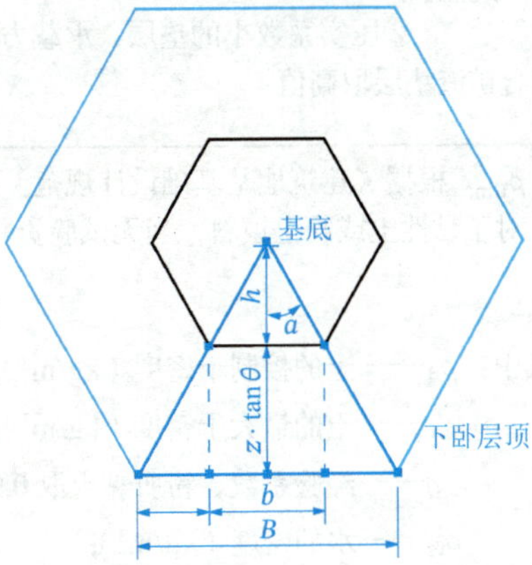 |

式中：$p_k$——相应于作用的标准组合时，基础底面处平均压力（kPa）；

$p_c$——基础底面处土的自重压力值（kPa）

## 垫层压力扩散角 $\theta$ 取值

| z/b（b为短边） | 垫层材料 | | | | |
|---|---|---|---|---|---|
| | 中砂、粗砂、砾砂、圆砾、角砾、石屑、卵石、碎石、矿渣 | 粉质黏土、粉煤灰 | 灰土 | 土工带加筋垫层 | |
| < 0.25 | 0° | | 28° | 一层筋：26°<br>两层及以上筋：35° | |
| 0.25 | 20° | 6° | | | |
| ≥ 0.50 | 30° | 23° | | | |

【小注】①提速关键，此处反算任意参数，直接将未知数代入，然后用计算器解方程即可；

②此处需特别注意，反算垫层宽度有构造要求：

顶面宽度：$b_顶$ ≥ 基础宽度 $b$ + 0.6m。

底面宽度：$b'$ ≥ 基础宽度 $b + 2z \tan\theta$，其中 $\theta$ 按上表查取，但 z/b < 0.25时，按 z/b = 0.25取值，即取 20°、6°、28°。

## 二、垫层压实度

——第 4.2.4、4.2.5 条

当垫层施工质量达到规范要求后，可按下表经验取值：

### 垫层施工质量经验取值

| 施工方法 | 换填材料类别 | 承载力特征值 $f_{ak1}$（kPa） | 压实系数 $\lambda_c$ | |
|---|---|---|---|---|
| | | | 轻型击实试验 | 重型击实试验 |
| 碾压振密或夯实 | 碎石、卵石 | 200～300 | $\lambda_c$ ≥ 0.97 | $\lambda_c$ ≥ 0.97 |
| | 砂夹石（碎石、卵石占全重的30%～50%） | 200～250 | | |
| | 土夹石（碎石、卵石占全重的30%～50%） | 150～200 | | |
| | 中砂、粗砂、砾砂、圆砾、角砾 | 150～200 | | |
| | 石屑 | 120～150 | | |
| | 粉质黏土 | 130～180 | $\lambda_c$ ≥ 0.97 | $\lambda_c$ ≥ 0.94 |
| | 灰土 | 200～250 | $\lambda_c$ ≥ 0.95 | |
| | 粉煤灰 | 120～150 | $\lambda_c$ ≥ 0.95 | |
| | 矿渣 | 200～300 | — | 最后两遍压陷差 < 2mm |

【小注】①压实系数 $\lambda_c = \dfrac{土的控制干密度 \rho_d}{土的最大干密度 \rho_{dmax}}$；土的最大干密度宜采用击实试验确定；碎石或者卵石的最大干密度 $\rho_{dmax}$ 可按照经验取 2.1～2.2t/m³。

②压实系数小的垫层，承载力特征值取低值，反之取高值；原状矿渣垫层取低值，分级矿渣或混合矿渣垫层取高值

$\rho_{dmax}$ 根据《建筑地基基础设计规范》第 6.3.8 条：

对于黏性土或粉土填料，当无试验资料时，可按下式计算最大干密度：

$$\rho_{dmax} = \eta \frac{\rho_w d_s}{1 + 0.01 w_{op} d_s}$$

式中：$\rho_d$——土的控制干密度（kg/m³），环刀取样，取样数据为每层垫层厚度的 2/3 深度处数据；

$\rho_{dmax}$——土的最大干密度（kg/m³）；

$\eta$——经验系数，粉质黏土取 0.96，粉土取 0.97；

$\rho_w$——水的密度（kg/m³）；

$d_s$——土粒比重；

$w_{op}$——最优含水量（％），可取塑限含水量±2。

一般情况下，换填垫层地基沉降变形由"垫层自身变形量"和"下卧层变形量"两部分组成。《建筑地基处理技术规范》第4.2.7条规定：当垫层施工质量满足规范要求时，仅考虑下卧层变形量即可；当地基沉降要求严格时，应计算垫层变形量＋下卧层变形量。

垫层地基沉降变形计算方法：将垫层视为地基土的一部分地层，完全按《建筑地基基础设计规范》进行计算即可。

在《建筑地基处理技术规范》第4.2.7条的条文说明里面给出了各种材料垫层的压缩模量经验值，见下表。

**各种垫层压缩模量经验值**

| 垫层材料 | 模量（MPa） | |
|---|---|---|
| | 压缩模量$E_s$ | 变形模量$E_0$ |
| 粉煤灰 | 8～20 | — |
| 砂 | 20～30 | — |
| 碎石、卵石 | 30～50 | — |
| 矿渣 | — | 35～70 |

【表注】压实矿渣 $\frac{E_0}{E_s}=1.5\sim3.0$

## 第三节　预压地基

**预压地基加载与排水系统**

| 预压法加载系统 | 堆载预压 | 真空预压 | 堆载真空联合预压 | 降水预压 |
|---|---|---|---|---|
| 预压法排水系统 | 竖向排水系统 | | | 水平排水系统 |
| | 普通砂井 | 袋装砂井 | 塑料排水带 | 砂垫层 |

### 一、一维渗流固结理论（太沙基渗透固结理论）

——《土力学》

根据有效应力原理，在外荷载作用下，饱和土体所受到的附加应力由土骨架和孔隙水共同承担，即土骨架上产生有效应力增量和孔隙水内产生超静孔隙水压力。随着土体内超静孔隙水压力的逐渐消散，孔隙水逐渐排出，有效应力逐渐增加，土体体积随之逐渐发生压缩变形，此过程即为"渗流固结"现象。

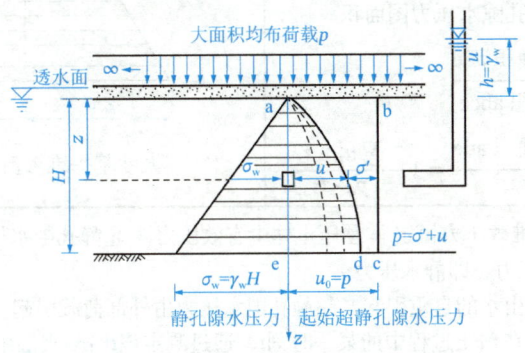

太沙基一维渗流固结理论示意图

在厚度为$H$的饱和土体上,施加无限宽度的均布荷载$p$,土体中的附加应力$p_0 = p$是不随深度变化的,土体中的孔隙水只能沿竖向渗流排出,土体仅能产生竖向压缩,此便称为"一维单向渗流固结"过程。

"一维单向渗流固结"的三个特殊时间点的土体内部应力变化:

(1)如图,原土层中某点静孔隙水压力为$\gamma_w z$,堆载$p$加载的瞬间,饱和土体未来得及发生渗流固结变形,此时堆载$p$全部由孔隙水承担,产生超静孔隙水压力,$p = u_0$。

(2)在堆载$p$作用下,饱和土体中的超静孔隙水压力逐渐消散,孔隙水沿竖向渗流排出,土体逐渐地压缩变形,有效应力$\sigma'$逐渐地增大,堆载$p$由土骨架和孔隙水共同承担。

$$p(恒定) = \sigma'\uparrow + u_0 \downarrow$$

(3)在堆载$p$作用下,土体的渗流固结完成后,此时超静孔隙水压力已经完全消散,堆载$p$完全由土骨架承担,$p = \sigma'$。

综合上述,饱和土体的渗流固结本质就是土体内的超静孔隙水压力消散的过程,超静孔隙水压力的存在,是渗透固结的标志,渗透固结过程就是超静孔隙水压力不断减小(消散),有效应力不断增加,减小值等于增加值,总附加应力不变,$p(恒定) = \sigma'\uparrow + u_0 \downarrow$。

该过程的快慢取决于土体的渗透性、渗流路径等因素。

孔隙水压力 $\begin{cases} 超静孔隙水压力 \begin{cases} 渗流引起的超静孔隙水压力 \\ 附加应力引起的超静孔隙水压力:固结过程要完全消散掉,为零时,固结结束 \end{cases} \\ 静孔隙水压力(静水压力) \end{cases}$

1. 土层中某点的竖向固结度$U_{zt}$

$t$时刻,对某一深度$z$处,$t$时刻有效应力$\sigma'_t$与$t = \infty$时有效应力$\sigma'_\infty$的比值:

$$U_{zt} = \frac{超静孔隙水压力消散部分(u_0 - u_{zt})}{起始超静孔隙水压力 u_0 (附加应力 p_0)} = \frac{有效应力\sigma'_t}{总应力 p_0}$$

2. 土层的平均固结度$\overline{U}_{zt}$

$t$时刻,整个土层的平均固结度$\overline{U}_{zt}$,土骨架已经承担的有效应力面积(abcd)与全部附加应力面积的比值(abce),如下:

$$\begin{aligned} \overline{U}_{zt} &= \frac{t时刻已完成的沉降量 s_t}{最终沉降量 s_f} \\ &= \frac{有效应力图面积\ abcd}{附加应力图面积\ abce} \\ &= 1 - \frac{某时刻土体内全部超静孔隙水压力面积}{起始超静孔隙水压力图面积} \\ &= 1 - \frac{超孔压应力图面积\ ade}{附加应力图面积\ abce} \\ &= 1 - \frac{超孔压应力图面积\ ade}{p_0 \cdot H} = 1 - \frac{\sum u_{ti} \cdot z_i}{p_0 \cdot H} \end{aligned}$$

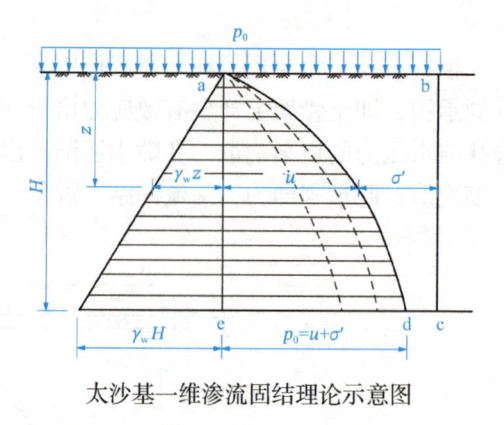

太沙基一维渗流固结理论示意图

【小注】①整个过程中:堆载压力恒定 = 预压土体中有效压力 + 超静孔隙水压力,超静孔隙水压力的增加和消散不影响静孔隙水压力(即静水压力);

②静孔隙水压力由水的自重引起,超静孔隙水压力由外部荷载引起;

③工程中,经常在预压过程中的某一时刻$t$,通过测定该$t$时刻土层中各深度处的超静孔隙水压力$u_{ti}$,绘制$u_i$-$z_i$关系曲线,便可估算出该时刻土层的平均固结度$\overline{U}_{zt}$。

## 二、渗流固结

——《土力学》

渗流固结

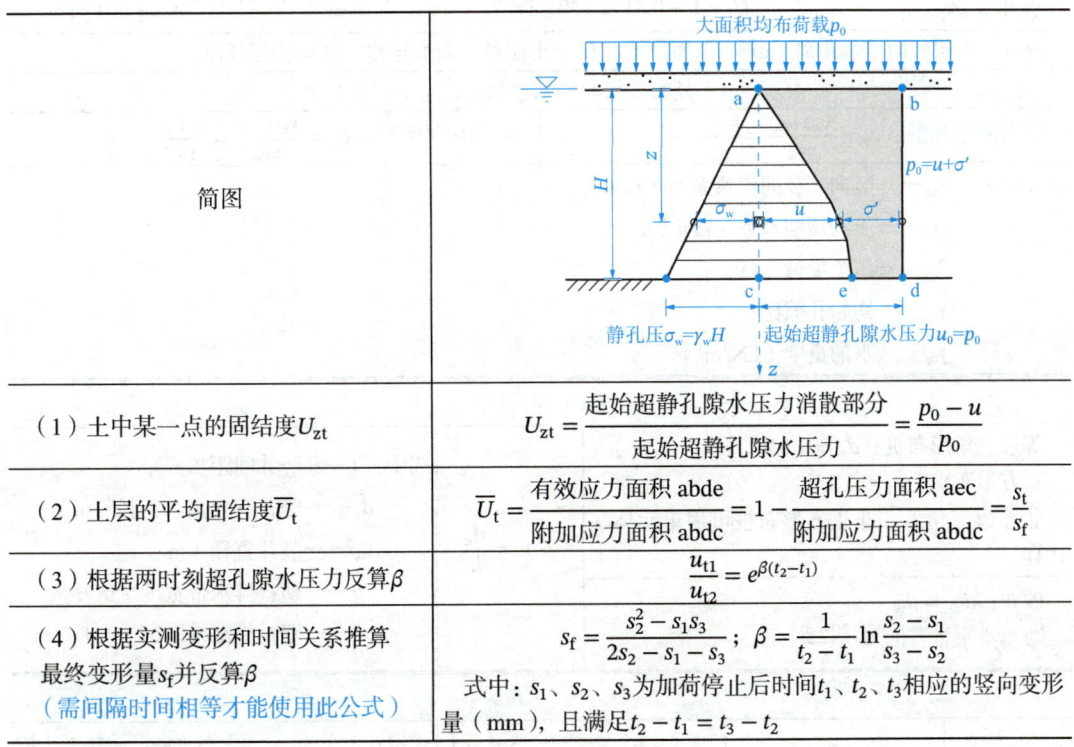

| 简图 | |
|---|---|
| （1）土中某一点的固结度$U_{zt}$ | $U_{zt} = \dfrac{\text{起始超静孔隙水压力消散部分}}{\text{起始超静孔隙水压力}} = \dfrac{p_0 - u}{p_0}$ |
| （2）土层的平均固结度$\overline{U}_t$ | $\overline{U}_t = \dfrac{\text{有效应力面积 abde}}{\text{附加应力面积 abdc}} = 1 - \dfrac{\text{超孔压力面积 aec}}{\text{附加应力面积 abdc}} = \dfrac{s_t}{s_f}$ |
| （3）根据两时刻超孔隙水压力反算$\beta$ | $\dfrac{u_{t1}}{u_{t2}} = e^{\beta(t_2 - t_1)}$ |
| （4）根据实测变形和时间关系推算最终变形量$s_f$并反算$\beta$<br>（需间隔时间相等才能使用此公式） | $s_f = \dfrac{s_2^2 - s_1 s_3}{2s_2 - s_1 - s_3}$；$\beta = \dfrac{1}{t_2 - t_1}\ln\dfrac{s_2 - s_1}{s_3 - s_2}$<br>式中：$s_1$、$s_2$、$s_3$为加荷停止后时间$t_1$、$t_2$、$t_3$相应的竖向变形量（mm），且满足$t_2 - t_1 = t_3 - t_2$ |

## 三、单级瞬时加载地基平均固结度

### （一）一般情况

——第 5.2.1 条条文说明、第 5.2.7 条

一般情况平均固结度计算

| | 单面排水 | 双面排水 |
|---|---|---|
| 简图 | 堆载／砂垫层／不透水层／$H$／$l$／$d_w$ | 堆载／砂垫层／透水层／$H$／$l$／$d_w$ |
| 通用公式 | $\overline{U} = 1 - \alpha \cdot e^{-\beta \cdot t} = 1 - (1 - \overline{U}_r) \cdot (1 - \overline{U}_z)$ | |
| ①仅竖向固结度$\overline{U}_z$（$\overline{U}_z > 30\%$）砂井、塑料排水带 | $\overline{U}_z = 1 - 0.811 e^{-\frac{\pi^2 c_v}{4H^2} t}$ | $\alpha = \dfrac{8}{\pi^2} = 0.811$；$\beta = \dfrac{\pi^2}{4} \cdot \dfrac{c_v}{H^2}$ |
| ②仅竖向固结度$\overline{U}_z$（$T_v < 0.06$，$\overline{U}_z < 30\%$）砂井、塑料排水带 | $\overline{U}_z = \sqrt{\dfrac{4T_v}{\pi}}$ | — |

续表

| | | |
|---|---|---|
| ③仅径向固结度 $\overline{U}_r$<br>水平砂垫层 | $\overline{U}_r = 1 - e^{-\frac{8c_h}{F_n d_e^2}t}$ | $\alpha = 1$; $\beta = \frac{8c_h}{F_n \cdot d_e^2}$ |
| ④竖向+径向固结度 $\overline{U}$<br>砂井+砂垫层 | $\overline{U} = 1 - 0.811 e^{-\left(\frac{\pi^2 c_v}{4H^2} + \frac{8c_h}{F_n d_e^2}\right)t}$ | $\alpha = \frac{8}{\pi^2} = 0.811$; $\beta = \frac{8c_h}{F_n \cdot d_e^2} + \frac{\pi^2}{4} \cdot \frac{c_v}{H^2}$ |

$H$——土层竖向排水距离（m），单面排水：$H=$ 土层厚，双面排水：$H=$ 土层厚/2

### （1）竖向、径向固结系数 $c_v$、$c_h$（m²/d）

| | |
|---|---|
| 竖向固结系数：$c_v = \frac{k_v(1+e_0)}{\alpha \gamma_w} = \frac{k_v E_s}{\gamma_w}$ | 径向固结系数：$c_h = \frac{k_h(1+e_0)}{\alpha \gamma_w} = \frac{k_h E_s}{\gamma_w}$ |

式中：$k_v$、$k_h$——竖向、径向渗透系数（m/d）；
　　　$\alpha$——土的压缩系数（kPa⁻¹）；
　　　$E_s$——压缩模量（kPa）；
　　　$e_0$——初始孔隙比；
　　　$\gamma_w$——水的重度（kN/m³）

### （2）井径比 $n$

| | |
|---|---|
| 等边三角形布桩：$d_e = 1.05l$<br>正方形布桩：$d_e = 1.13l$<br>非等边三角形、非正方形布桩可用单元体法计算 | 式中：$l$——竖井间距（m）；<br>　　　$d_e$——竖井有效排水直径（m）；<br>　　　$d_w$——竖井直径（m）；<br>　　　$b$——塑料排水带宽度（m）；<br>　　　$\delta$——塑料排水带厚度（m） |
| 砂井：$d_w = d_w$<br>塑料排水带：$d_w = \frac{2(b+\delta)}{\pi}$ | $\Rightarrow n = \frac{d_e}{d_w}$ |

### （3）$F_n$

| | | | |
|---|---|---|---|
| 不考虑涂抹和井阻时 | $n < 15$ 时 | $F_n = \frac{n^2}{n^2-1}\ln(n) - \frac{3n^2-1}{4n^2}$ | 式中：$k_h$、$k_s$——天然土层、涂抹区土层水平向渗透系数（m/d），<br>$k_s = (1/5 \sim 1/3)k_h$；<br>$s = \frac{涂抹区直径 d_s}{竖井直径 d_w} = 2 \sim 3$，中等灵敏度黏性土取低值，高灵敏度黏性土取高值；<br>$L$——竖井深度（m）；<br>$q_w$——竖井纵向通水量，为单位水力梯度下单位时间的排水量（m³/d）；<br>$k_w$——砂料的渗透系数（m/d） |
| | $n \geqslant 15$ 时 | $F_n = \ln(n) - 0.75$ | |
| 考虑涂抹和井阻时 | $n < 15$ 时 | $F_n = \frac{n^2}{n^2-1}\ln(n) - \frac{3n^2-1}{4n^2}$ | |
| | $n \geqslant 15$ 时 | $F_n = \ln(n) - 0.75$ | |
| | $F_s = \left[\frac{k_h}{k_s} - 1\right]\ln(s)$ | $\Rightarrow F = F_n + F_s + F_r$<br>（在计算$\beta$时，$F$代替公式中的$F_n$） | |
| | $F_r = \frac{\pi^2 L^2 k_h}{4 q_w} = \frac{\pi L^2 k_h}{d_w^2 k_w}$ | $F_s$——涂抹因子<br>$F_r$——井阻因子 | |

单位换算：cm²/s = 8.64m²/d；m²/s = 86400m²/d；d = 86400s；cm/s = 864m/d

**井径比 $n$ 和 $F_n$ 对应关系表**

| $n$ | 4.0 | 4.1 | 4.2 | 4.3 | 4.4 | 4.5 | 4.6 | 4.7 | 4.8 | 4.9 |
|---|---|---|---|---|---|---|---|---|---|---|
| $F_n$ | 0.744 | 0.765 | 0.785 | 0.806 | 0.825 | 0.845 | 0.864 | 0.882 | 0.901 | 0.919 |
| $n$ | 5.0 | 5.1 | 5.2 | 5.3 | 5.4 | 5.5 | 5.6 | 5.7 | 5.8 | 5.9 |
| $F_n$ | 0.936 | 0.954 | 0.971 | 0.988 | 1.005 | 1.021 | 1.037 | 1.053 | 1.069 | 1.085 |
| $n$ | 6.0 | 6.1 | 6.2 | 6.3 | 6.4 | 6.5 | 6.6 | 6.7 | 6.8 | 6.9 |
| $F_n$ | 1.100 | 1.115 | 1.130 | 1.144 | 1.159 | 1.173 | 1.187 | 1.201 | 1.215 | 1.228 |
| $n$ | 7.0 | 7.1 | 7.2 | 7.3 | 7.4 | 7.5 | 7.6 | 7.7 | 7.8 | 7.9 |
| $F_n$ | 1.242 | 1.255 | 1.268 | 1.281 | 1.293 | 1.306 | 1.318 | 1.330 | 1.343 | 1.355 |
| $n$ | 8.0 | 8.1 | 8.2 | 8.3 | 8.4 | 8.5 | 8.6 | 8.7 | 8.8 | 8.9 |
| $F_n$ | 1.366 | 1.378 | 1.390 | 1.401 | 1.412 | 1.424 | 1.435 | 1.446 | 1.456 | 1.467 |
| $n$ | 9.0 | 9.1 | 9.2 | 9.3 | 9.4 | 9.5 | 9.6 | 9.7 | 9.8 | 9.9 |
| $F_n$ | 1.478 | 1.488 | 1.499 | 1.509 | 1.519 | 1.529 | 1.539 | 1.549 | 1.559 | 1.569 |
| $n$ | 10.0 | 10.1 | 10.2 | 10.3 | 10.4 | 10.5 | 10.6 | 10.7 | 10.8 | 10.9 |
| $F_n$ | 1.578 | 1.588 | 1.597 | 1.607 | 1.616 | 1.625 | 1.634 | 1.643 | 1.652 | 1.661 |
| $n$ | 11.0 | 11.1 | 11.2 | 11.3 | 11.4 | 11.5 | 11.6 | 11.7 | 11.8 | 11.9 |
| $F_n$ | 1.670 | 1.679 | 1.687 | 1.696 | 1.704 | 1.713 | 1.721 | 1.730 | 1.738 | 1.746 |
| $n$ | 12.0 | 12.1 | 12.2 | 12.3 | 12.4 | 12.5 | 12.6 | 12.7 | 12.8 | 12.9 |
| $F_n$ | 1.754 | 1.762 | 1.770 | 1.778 | 1.786 | 1.794 | 1.801 | 1.809 | 1.817 | 1.824 |
| $n$ | 13.0 | 13.1 | 13.2 | 13.3 | 13.4 | 13.5 | 13.6 | 13.7 | 13.8 | 13.9 |
| $F_n$ | 1.832 | 1.839 | 1.847 | 1.854 | 1.861 | 1.868 | 1.876 | 1.883 | 1.890 | 1.897 |
| $n$ | 14.0 | 14.1 | 14.2 | 14.3 | 14.4 | 14.5 | 14.6 | 14.7 | 14.8 | 14.9 |
| $F_n$ | 1.904 | 1.911 | 1.918 | 1.925 | 1.931 | 1.938 | 1.945 | 1.952 | 1.958 | 1.965 |

## （二）砂井未打穿压缩层

——《工程地质手册》P1138

**砂井未打穿压缩层平均固结度计算**

| 简图 | 下部为不透水层时 | 下部为透水层时 |
|---|---|---|
| $\overline{U} = Q\overline{U}_{rz} + (1-Q)\overline{U}_z \Leftarrow$<br>$Q = \dfrac{H_1}{H} = \dfrac{H_1}{H_1 + H_2}$ | 式中：$\overline{U}_{rz}$——竖井深度部分（$H_1$）平均固结度（竖向 + 径向，单面排水计算）； | $\overline{U}_z$——竖井深度以下部分（$H_2$）平均固结度（竖向固结）。<br>下部不透水时，按单面排水 $H_2$ 计算；<br>下部透水时，按双面排水 $H_2/2$ 计算 |

## 四、一级或多级加荷地基平均固结度

### (一) 改进高木俊介法 (规范法)

——第 5.2.7 条

**改进高木俊介法 (规范法)**

$$\overline{U}_t = \sum_{i=1}^{n} \frac{\dot{q}_i}{\sum \Delta p}\left[(T_i - T_{i-1}) - \frac{\alpha}{\beta} \cdot e^{-\beta \cdot t} \cdot (e^{\beta \cdot T_i} - e^{\beta \cdot T_{i-1}})\right]$$

式中：$\overline{U}_t$——$t$ 时刻，地基土的平均固结度；

$\sum \Delta p$——各级荷载的累加值 (kPa) (总加载量)；

$\dot{q}_i$——第 $i$ 级加载的 "加荷速率" (kPa/d)，按如下计算：$\dot{q}_i = \Delta p_i / (T_i - T_{i-1})$；

$T_{i-1}$、$T_i$——第 $i$ 级荷载加载的起始和终止时间 (从零点起算)(d)，当计算第 $i$ 级荷载加载过程中某时间 $t$ 的固结度时，$T_i$ 改为 $t$；

$t$——预压排水固结时间(d)，注意单位换算为：$s = \frac{1}{86400} d$，当 $t$ 位于第 $i$ 级加载过程中时，取 $T_i = t$

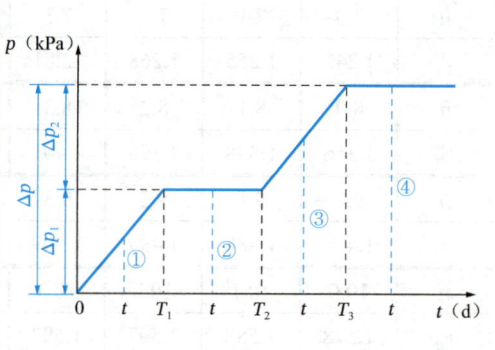

**分段计算平均固结度 $\overline{U}_t$**

| | |
|---|---|
| 情况①：$0 < t \leq T_1$ | $\overline{U}_t = \frac{\Delta p_1 / T_1}{\sum \Delta p}\left[t - \frac{\alpha}{\beta} e^{-\beta t}(e^{\beta t} - 1)\right]$ |
| 情况②：$T_1 < t \leq T_2$ | $\overline{U}_t = \frac{\Delta p_1 / T_1}{\sum \Delta p}\left[T_1 - \frac{\alpha}{\beta} e^{-\beta t}(e^{\beta T_1} - 1)\right]$ |
| 情况③：$T_2 < t \leq T_3$ | $\overline{U}_t = \frac{\Delta p_1 / T_1}{\sum \Delta p}\left[T_1 - \frac{\alpha}{\beta} e^{-\beta t}(e^{\beta T_1} - 1)\right] + \frac{\Delta p_2 /(T_3 - T_2)}{\sum \Delta p}\left[(t - T_2) - \frac{\alpha}{\beta}(1 - e^{-\beta(t - T_2)})\right]$ |
| 情况④：$t > T_3$ | $\overline{U}_t = \frac{\Delta p_1 / T_1}{\sum \Delta p}\left[T_1 - \frac{\alpha}{\beta} e^{-\beta t}(e^{\beta T_1} - 1)\right] + \frac{\Delta p_2 /(T_3 - T_2)}{\sum \Delta p}\left[(T_3 - T_2) - \frac{\alpha}{\beta} e^{-\beta t}(e^{\beta T_3} - e^{\beta T_2})\right]$<br>化简为：$\overline{U}_t = 1 - \frac{\alpha e^{-\beta t}}{\beta \times \sum \Delta p}\left[\frac{\Delta p_1}{T_1}(e^{\beta T_1} - 1) + \frac{\Delta p_2}{T_3 - T_2}(e^{\beta T_3} - e^{\beta T_2})\right]$ |

**(1) 参数 α、β**

| 排水条件 | 参数 | | 说明 |
|---|---|---|---|
| | α | β | |
| 竖向排水 $\overline{U}_z$<br>($\overline{U}_z > 30\%$) | $\frac{8}{\pi^2}$ | $\frac{\pi^2}{4} \cdot \frac{c_v}{H^2}$ | 竖向固结系数 $c_v$ (m²/d)<br>$c_v = \frac{k_v \cdot E_s}{\gamma_w} = \frac{k_v \cdot (1 + e_0)}{a \cdot \gamma_w}$ |
| 竖向排水 $\overline{U}_z$<br>($T_v < 0.06$, $\overline{U}_z < 30\%$) | — | — | $\overline{U}_z = \sqrt{\frac{4 T_v}{\pi}}$ (土力学) |
| 径向排水 $\overline{U}_r$ | 1 | $\frac{8 c_h}{F_n \cdot d_e^2}$ | 径向固结系数 $c_h$ (m²/d)<br>$c_h = \frac{k_h \cdot E_s}{\gamma_w} = \frac{k_h \cdot (1 + e_0)}{a \cdot \gamma_w}$ |
| 径向 + 竖向排水 $\overline{U}_{rz}$<br>(竖井穿透受压土层) | $\frac{8}{\pi^2}$ | $\frac{8 c_h}{F_n \cdot d_e^2} + \frac{\pi^2}{4} \cdot \frac{c_v}{H^2}$ | 排水距离 $H$ (m)<br>单面排水：$H = $ 层厚<br>双面排水：$H = $ 层厚/2 |

续表

式中：$k_v$、$k_h$——竖向、径向渗透系数（m/d）；

$\alpha$——土的压缩系数（$kPa^{-1}$）；

$E_s$——压缩模量（kPa）；

$e_0$——初始孔隙比；

$\gamma_w$——水的重度（$kN/m^3$）

注意常用单位换算：$cm^2/s = 8.64 m^2/d$；$m^2/s = 86400 m^2/d$；$d = 86400s$；$cm/s = 864 m/d$

（2）井径比 $n$

| 等边三角形布桩：$d_e = 1.05l$<br>正方形布桩：$d_e = 1.13l$<br>非等边三角形、非正方形布桩<br>可用单元体法计算<br>砂井：$d_w = d_w$<br>塑料排水带：$d_w = \frac{2(b+\delta)}{\pi}$ | $\Rightarrow n = \dfrac{d_e}{d_w}$ | 式中：$l$——竖井间距（m）；<br>$d_e$——竖井有效排水直径（m）；<br>$d_w$——竖井直径（m）；<br>$b$——塑料排水带宽度（m）；<br>$\delta$——塑料排水带厚度（m） |
|---|---|---|

（3）$F_n$

| | | | |
|---|---|---|---|
| 不考虑涂抹和井阻时 | $n < 15$时 | $F_n = \dfrac{n^2}{n^2-1}\ln(n) - \dfrac{3n^2-1}{4n^2}$ | $k_h$、$k_s$——天然土层、涂抹区土层水平向渗透系数（m/d），$k_s = (1/5 \sim 1/3)k_h$；<br>$s$——$\dfrac{涂抹区直径 d_s}{竖井直径 d_w} = 2 \sim 3$，中等灵敏度黏性土取低值，高灵敏度黏性土取高值；<br>$L$——竖井深度（m）；<br>$q_w$——竖井纵向通水量，为单位水力梯度下单位时间的排水量（$m^3/d$）；<br>$k_w$——砂料的渗透系数（m/d） |
| | $n \geq 15$时 | $F_n = \ln(n) - 0.75$ | |
| 考虑涂抹和井阻时 | $n < 15$时 | $F_n = \dfrac{n^2}{n^2-1}\ln(n) - \dfrac{3n^2-1}{4n^2}$ | |
| | $n \geq 15$时 | $F_n = \ln(n) - 0.75$ | |
| | $F_s = \left[\dfrac{k_h}{k_s} - 1\right]\ln(s)$ | $\Rightarrow F = F_n + F_s + F_r$<br>（在计算 $\beta$ 时，<br>$F$ 代替公式中的 $F_n$） | |
| | $F_r = \dfrac{\pi^2 L^2 k_h}{4 q_w} = \dfrac{\pi L^2 k_h}{d_w^2 k_w}$ | $F_s$——涂抹因子<br>$F_r$——井阻因子 | |

单位换算：$cm^2/s = 8.64 m^2/d$；$m^2/s = 86400 m^2/d$；$d = 86400s$；$cm/s = 864 m/d$

## （二）《水运工程地基设计规范》

——第 8.5.10 条

### 多级瞬时加载平均固结度计算

| 简图 | 多级瞬时加载条件计算示意图 |
|---|---|
| | 荷载$P$（kPa）随时间$t$（d）变化示意图，分级加载至$P_1$、$P_2$、$P_3$，对应时间$T_1$、$T_2$、$T_3$ |

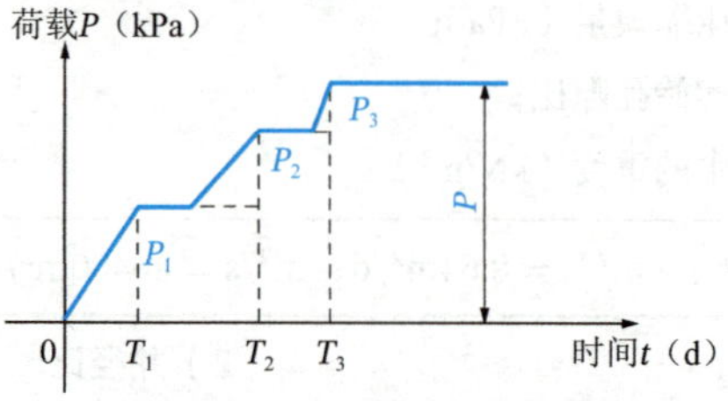

$$U_{rz} = \sum U_{rzi\left(t-\frac{T_i^0+T_i^f}{2}\right)} \cdot \frac{P_i}{\sum P_i} \qquad U_{rz} = U_{rz1}\frac{P_1}{P} + U_{rz2}\frac{P_2}{P} + \cdots + U_{rzi}\frac{P_i}{P}$$

### 多级瞬时加载条件下，地基固结度计算步骤

| | |
|---|---|
| ① | 按"单级瞬时加载条件"考虑，计算"不同预压固结时间$t$"下，对应的地基土固结度：$$U_{rzt} = 1 - \alpha \cdot e^{-\beta \cdot t} = 1 - (1-\overline{U}_r) \cdot (1-\overline{U}_z)$$ 并列出下表：（一般情况下，此种题目题干中会给出该表，否则计算量特别大） <table><tr><td>固结时间$t$</td><td>$t_1$</td><td>$t_2$</td><td>$t_3$</td><td>…</td><td>$t_n$</td></tr><tr><td>固结度$U_{rzt}$</td><td>$U_{rz1}$</td><td>$U_{rz2}$</td><td>$U_{rz3}$</td><td>…</td><td>$U_{rzn}$</td></tr></table> |
| ② | 根据"多级瞬时加载条件计算示意图"，可直接计算各级加载的预压时间：$$\Delta t_i = t - \frac{1}{2} \cdot (T_i^0 + T_i^f)$$ 式中：$T_i^0$——第$i$级加载的起始时间（s）； $T_i^f$——第$i$级加载的终了时间（s），当计算加荷期间的应力固结时，$T_i^f$应改为$t$ |
| ③ | 根据各级加载预压时间$\Delta t_i = t - \frac{1}{2} \cdot (T_i^0 + T_i^f)$，按照"第①步"中表格可直接查得各级加载预压条件下的固结度：$U_{rzi\left(t-\frac{T_i^0+T_i^f}{2}\right)}$ |
| ④ | 根据求解多级瞬时加载条件下的地基土平均固结度公式计算其固结度：$$U_{rz} = \sum U_{rzi\left(t-\frac{T_i^0+T_i^f}{2}\right)} \cdot \frac{P_i}{\sum P_i}$$ 式中：$U_{rz}$——分级加荷条件下，砂井地基对应于总荷载在$t$时间的平均总应力固结度； $U_{rzi\left(t-\frac{T_i^0+T_i^f}{2}\right)}$——瞬时加荷条件下，对应于第$i$级荷载$t$时刻的平均应力固结度，其对应的瞬时加荷固结时间为：$t - \frac{1}{2} \cdot (T_i^0 + T_i^f)$； $t$——对应第$i$分级加荷起点计算的分级加荷固结时间（s）； $P_i$——第$i$级预压荷载（kPa），当计算加荷期间的应力固结度时，式中$P_i$应改为$\Delta P_i$，$\Delta P_i$为对应于第$i$级荷载加荷期间$t$时刻的荷载增量； $\sum P_i$——预压总加载量（kPa），注意始终是设计总加载量，其与加载预压时间无关 |

## 五、预压下土的抗剪强度

——第 5.2.11 条

**预压下土的抗剪强度**

| 预压荷载引起的抗剪强度增量 $\Delta\tau$（kPa） | $\Delta\tau = \Delta\sigma_z \cdot U_t \cdot \tan\varphi_{cu}$ | 式中：$\tau_{ft}$——$t$ 时刻，该点地基土的抗剪强度（kPa）；<br>$\tau_{f0}$——地基土的天然抗剪强度（kPa）；<br>$\Delta\sigma_z$——预压荷载引起的在该点处的附加竖向应力（kPa）；<br>$U_t$——$t$ 时刻，该点土的固结度；<br>$\varphi_{cu}$——三轴固结不排水试验求得的土的内摩擦角（°） |
|---|---|---|
| 预压荷载下最终抗剪强度 $\tau_{ft}$（kPa） | $\tau_{ft} = \tau_{f0} + \Delta\tau = \tau_{f0} + \Delta\sigma_z \cdot U_t \cdot \tan\varphi_{cu}$ | |

## 六、预压地基最终竖向变形量 $s_f$ 计算

### （一）分层总和法

——第 5.2.12 条

**分层总和法计算变形量**

| ①地基最终竖向变形量 $s_f$（mm）：<br>$s_f = \xi \sum_{i=1}^{n} \dfrac{e_{0i} - e_{1i}}{1 + e_{0i}} \cdot h_i = \xi \sum_{i=1}^{n} \dfrac{p_{zi}}{E_{si}} \cdot h_i$<br>②预压过程中，$t$ 时刻地基土层的沉降量 $s_t$（mm）：<br>$s_t = U_t \cdot s_f$<br>③压缩层计算深度：<br>$\dfrac{\text{附加应力}}{\text{土自重应力}} = 0.1$ | 式中：$e_{0i}$——第 $i$ 层中点自重应力对应的孔隙比；<br>$e_{1i}$——第 $i$ 层中点自重应力 + 附加应力之和对应的孔隙比；<br>$h_i$——第 $i$ 层土层厚度（m）；<br>$p_{zi}$——第 $i$ 层的平均附加应力（kPa），大面积堆载时取 $p_0$；<br>$E_s$——第 $i$ 层的压缩模量（kPa）；<br>$\xi$——经验系数，堆载预压取 $\xi = 1.1 \sim 1.4$；真空预压取 $\xi = 1.0 \sim 1.3$。<br>荷载较大或地基软弱土层厚度大时应取较大值 |
|---|---|

### （二）预压地基变形推算（规范法）

——第 5.4.1 条条文说明

工程上常利用实测变形与时间关系曲线按以下公式推算最终竖向变形量 $s_f$ 和参数 $\beta$ 值：

**利用实测竖向变形与时间关系曲线推算最终竖向变形量 $s_f$ 和参数 $\beta$ 值**

| 相关参数 | 计算公式 | 备注说明 |
|---|---|---|
| 最终竖向变形量 $s_f$ | $s_f = \dfrac{s_3 \cdot (s_2 - s_1) - s_2 \cdot (s_3 - s_2)}{(s_2 - s_1) - (s_3 - s_2)}$<br>$= \dfrac{s_2^2 - s_1 s_3}{2s_2 - s_1 - s_3}$ | $s_1$、$s_2$、$s_3$——分别为"加载停止后"时间 $t_1$、$t_2$、$t_3$ 相对应的竖向变形量（mm）。<br>同时规定 $t_2 - t_1 = t_3 - t_2$ |
| 参数 $\beta$ | $\beta = \dfrac{1}{t_2 - t_1} \cdot \ln\dfrac{s_2 - s_1}{s_3 - s_2}$ | 注：此 $\beta$ 值反映土层的平均固结速率，可用于计算平均固结系数和任意时间的平均固结度 |
| | $\dfrac{u_1}{u_2} = e^{\beta \cdot (t_2 - t_1)} \Rightarrow \beta = \dfrac{1}{t_2 - t_1} \ln\dfrac{u_1}{u_2}$ | 根据加载停荷后的 $u$-$t$ 推算：<br>$u_1$、$u_2$——分别为"加载停止后"时间 $t_1$、$t_2$ 相对应的实测超静孔隙水压力值（kPa）。<br>注：此 $\beta$ 值反映测点附近土体的固结速率 |

【小注】①$\beta$ 值主要反映土体的平均固结速率，主要用于计算土体的固结度。采用不同时间段的整体沉降值计算的 $\beta$ 值，反映土体的平均固结速率；而采用不同时刻的测点附近的超孔隙水压力计算的 $\beta$ 值，反映

了测点部位的土体固结速率，可用于计算测点附近的固结度。

②这里着重介绍一个概念，建筑物地基某时间的总沉降$s_t$可表示为：

$$s_t = s_d + s_c + s_s$$

式中：$s_d$——瞬时沉降量；
$s_c$——主固结沉降量；
$s_s$——次固结沉降量。

瞬时沉降是在荷载施加后立即发生的那部分沉降量，它是由剪切变形引起的。相对于土层厚度，建筑物的荷载面积一般都是有限的，当荷载加上后，地基中就会产生剪切变形。主固结沉降指的是那部分主要由于主固结而引起的沉降量，在主固结过程中，沉降速率是由水从孔隙中排出的速率所控制的。而次固结沉降是土骨架在持续荷载下发生蠕变所引起的。

次固结大小和土的性质有关。泥炭土、有机质土或高塑性黏土土层，次固结沉降占很可观的部分，而其他土则所占比例不大。

在建筑物使用年限内，次固结沉降经判断可以忽略的话，则最终总沉降$s_f$可按下式计算：

$$s_f = s_d + s_c$$

从实测的沉降-时间（即$s$-$t$）曲线上选择荷载停止后任意三个时间$t_1$、$t_2$和$t_3$，并使$t_3 - t_2 = t_2 - t_1$，根据固结度普遍表达式

$$\overline{U}_1 = 1 - \alpha e^{-\beta t_1}$$
$$\overline{U}_2 = 1 - \alpha e^{-\beta t_2}$$
$$\overline{U}_3 = 1 - \alpha e^{-\beta t_3}$$

等式变换：

$$\frac{1 - \overline{U}_1}{1 - \overline{U}_2} = e^{\beta(t_2 - t_1)}$$

$$\frac{1 - \overline{U}_2}{1 - \overline{U}_3} = e^{\beta(t_3 - t_2)}$$

这里延伸一下，$\frac{1-\overline{U}_1}{1-\overline{U}_2} = \frac{\overline{u}_1}{\overline{u}_2} = e^{\beta(t_2-t_1)}$，$\overline{u}$代表土层的平均超静水压力，这个式子正是规范中条文说明的式(8)。

再根据：

$$s_f = s_d + s_c \Rightarrow$$

得到：

$$\overline{U} = \frac{s_t - s_d}{s_f - s_d}$$

其中$s_t$是$t$时刻的总沉降，由于三个检测时间的间隔相同，故得到：

$$e^{\beta(t_2-t_1)} = e^{\beta(t_3-t_2)} = e^{\beta \Delta t} = \frac{1-\overline{U}_1}{1-\overline{U}_2} = \frac{1-\overline{U}_2}{1-\overline{U}_3}$$

把$\overline{U} = \frac{s_t-s_d}{s_f-s_d}$代入$\frac{1-\overline{U}_1}{1-\overline{U}_2} = \frac{1-\overline{U}_2}{1-\overline{U}_3}$得到：

$$\frac{1 - \dfrac{s_1 - s_d}{s_f - s_d}}{1 - \dfrac{s_2 - s_d}{s_f - s_d}} = \frac{1 - \dfrac{s_2 - s_d}{s_f - s_d}}{1 - \dfrac{s_3 - s_d}{s_f - s_d}}$$

$$\frac{\dfrac{s_f - s_d - s_1 + s_d}{s_f - s_d}}{\dfrac{s_f - s_d - s_2 + s_d}{s_f - s_d}} = \frac{\dfrac{s_f - s_d - s_2 + s_d}{s_f - s_d}}{\dfrac{s_f - s_d - s_3 + s_d}{s_f - s_d}}$$

化简得一重要公式：

$$\frac{s_f - s_1}{s_f - s_2} = \frac{s_f - s_2}{s_f - s_3}$$

把这个式子再化简可得到$s_f$关于$s_1$、$s_2$、$s_3$的表达式：

$$s_f = \frac{s_3(s_2 - s_1) - s_2(s_3 - s_2)}{(s_2 - s_1) - (s_3 - s_2)}$$

这个式子就是规范中条文说明的式(6)。

设

$$\frac{s_f - s_1}{s_f - s_2} = \frac{s_f - s_2}{s_f - s_3} = k$$

$$\frac{(s_f - s_1) - (s_f - s_2)}{(s_f - s_2) - (s_f - s_3)} = \frac{k(s_f - s_2) - k(s_f - s_3)}{(s_f - s_2) - (s_f - s_3)} = k = \frac{s_2 - s_1}{s_3 - s_2}$$

得到：

$$\frac{s_f - s_1}{s_f - s_2} = \frac{s_f - s_2}{s_f - s_3} = \frac{s_2 - s_1}{s_3 - s_2}$$

由于

$$e^{\beta(t_2 - t_1)} = \frac{1 - \overline{U}_1}{1 - \overline{U}_2} = \frac{s_f - s_1}{s_f - s_2} = \frac{s_2 - s_1}{s_3 - s_2}$$

即

$$e^{\beta(t_2 - t_1)} = \frac{s_2 - s_1}{s_3 - s_2} \rightarrow \beta = \frac{1}{t_2 - t_1} \ln \frac{s_2 - s_1}{s_3 - s_2}$$

这个式子就是规范中条文说明的式(7)。

这里大家需要改变一下认知，由于历年考试中，关于固结度和沉降的关系，命题组并没有区分出瞬时沉降和主固结沉降，认为总沉降就是主固结沉降，这是不正确的，未来考试一定会纠正，本章所说的排水固结法计算变形，所研究阶段仅仅是主固结沉降阶段；从公式推导过程来看，时间间隔相同的三时间点公式不仅适用于以前普遍认为的"总沉降＝主固结沉降"，也适用于"总沉降＝瞬时沉降＋主固结沉降"。

## （三）双曲线法推算沉降

双曲线法是假定荷载恒定后的沉降平均速度以双曲线形式逐渐减少的经验推导法。利用实测曲线，在恒定荷载条件下某一时刻$t_0$的沉降量为$s_0$，则以后任意时刻$t$的沉降量$s_t$可由下式求得：

$$s_t = s_0 + \frac{t - t_0}{a + b(t - t_0)}$$

式中：$t_0$、$s_0$——拟合计算起始参考点的观测时间和沉降值；

$t$、$s_t$——拟合曲线上任意点的时间与对应的沉降值；

$a$、$b$——根据实测值求出的参数，化为直线时分别表示直线的截距和斜率，对上式进行等式变换：

$$\frac{t - t_0}{s_t - s_0} = a + b(t - t_0)$$

用$t_0$后现场实测的沉降相关资料，绘制$\frac{t - t_0}{s_t - s_0}$与$(t - t_0)$的关系图，并进行线性拟合，如下图所示：

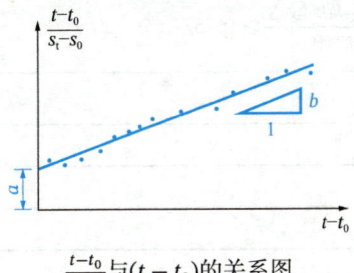

$\frac{t - t_0}{s_t - s_0}$与$(t - t_0)$的关系图

从图中可知，$a$、$b$即是该直线的截距和斜率，将求得的$a$、$b$代入式中，即可求得任意时刻$t$的沉降量$s_t$，当$t\to\infty$时，可用下式求得最终沉降量$s_f$：

$$s_f = s_0 + \frac{1}{b}$$

荷载恒定后并经过时间$t$后的残余沉降量$\Delta s$为：

$$\Delta s = s_f - s_t$$

用双曲线法推算$t$时刻的沉降量，要求实测沉降时间较长，最好在半年以上。在分析过程中还应该剔除比较反常的数据，否则将对预估沉降量产生较大偏差。

## 第四节 压实地基和夯实地基

### 一、压实填土的质量控制

——第 6.2.2 条

**压实填土的质量控制**

| 结构类型 | 填土部位 | 压实系数$\lambda_c = \frac{\rho_d}{\rho_{dmax}}$ | 控制含水率（%） |
|---|---|---|---|
| 砌体承重结构和框架结构 | 在地基主要受力层范围内 | ≥0.97 | $w_{op} \pm 2$ |
| | 在地基主要受力层范围以下 | ≥0.95 | |
| | 地坪垫层以下及基础底面标高以上 | ≥0.94 | |
| 排架结构 | 在地基主要受力层范围内 | ≥0.96 | |
| | 在地基主要受力层范围以下 | ≥0.94 | |
| | 地坪垫层以下及基础底面标高以上 | ≥0.94 | |

【表注】①地基主要受力层指条形基础底面下深度3$b$，独立基础为1.5$b$，且厚度不小于 5m 范围。
②$\rho_{dmax}$由击实试验给出，碎石、卵石或岩石碎屑等填料可取 2.1～2.2t/m³。

粉质黏土或粉土填料，当无试验资料时，可按下式计算最大干密度。

**粉质黏土或粉土填料最大干密度计算**

| 粉质黏土 | $\rho_{dmax} = 0.96 \dfrac{\rho_w d_s}{1 + 0.01 w_{op} d_s}$ | 式中：$\rho_{dmax}$——分层压实土的最大干密度（t/m³）； |
|---|---|---|
| 粉土 | $\rho_{dmax} = 0.97 \dfrac{\rho_w d_s}{1 + 0.01 w_{op} d_s}$ | $\rho_w$——水的密度（t/m³）；<br>$d_s$——土粒相对密度（比重）（t/m³）；<br>$w_{op}$——最优含水率（%），可取塑限含水量±2 |

【小注】有效夯实系数 = $\dfrac{\text{有效夯沉量} - \text{坑周隆起量}}{\text{有效夯沉量}}$ ≥ 0.75。

## 二、强夯法有效加固深度

——第 6.3.3 条及条文说明

### （一）查表法

强夯的有效加固深度（m）

| 单击夯击能 $E$（kN·m） | 碎石土、砂土等粗颗粒土 | 粉土、粉质黏土、湿陷性黄土等细颗粒土 |
|---|---|---|
| 1000 | 4.0~5.0 | 3.0~4.0 |
| 2000 | 5.0~6.0 | 4.0~5.0 |
| 3000 | 6.0~7.0 | 5.0~6.0 |
| 4000 | 7.0~8.0 | 6.0~7.0 |
| 5000 | 8.0~8.5 | 7.0~7.5 |
| 6000 | 8.5~9.0 | 7.5~8.0 |
| 8000 | 9.0~9.5 | 8.0~8.5 |
| 10000 | 9.5~10.0 | 8.5~9.0 |
| 12000 | 10.0~11.0 | 9.0~10.0 |

注：有效加固深度应从最初起夯面算起。

### （二）公式法

计算有效加固深度

| | 计算式 | 式中： |
|---|---|---|
| 《建筑地基处理技术规范》第 6.3.3 条条文说明 | $H = K\sqrt{Mh}$ | $M$——夯锤质量（t）；<br>$h$——落距（m）；<br>$K$——取 0.34~0.80； |
| 《水运工程地基设计规范》第 8.7.4 条 | $H = \alpha\sqrt{Mh}$ | $\alpha$——取 0.40~0.70 |

## 三、强夯置换法地基承载力计算

——第 6.3.5 条及条文说明

强夯置换法地基承载力计算

| 处理土层 | 计算式 | 参数说明 |
|---|---|---|
| 淤泥<br>流塑黏土（$I_L > 1$） | $f_{spk} = \dfrac{R_a}{A_c} = m\dfrac{R_a}{A_p} = mf_{pk}$ | $f_{spk}$——强夯置换复合地基承载力特征值（kPa）；<br>$R_a$——置换墩单墩静载荷试验承载力特征值（kN）；<br>$f_{sk}$——处理后墩间土的地基承载力特征值（kPa）；<br>$f_{pk}$——单墩体（桩体）的承载力特征值（kPa）；<br>$A_c$——单墩承担的加固面积（m²）；<br>$A_p$——单墩面积（m²）；<br>$m$——置换率，计算见后 |
| 饱和粉土（处理后形成 2m 以上厚度的硬层时） | $f_{spk} = mf_{pk} + (1-m)f_{sk}$ | |

## 四、强夯置换法单击夯击能计算

——第 6.3.5 条及条文说明

**强夯置换法单击夯击能计算**

| 较适宜的夯击能 | $\overline{E} = 940(H_1 - 2.1)$ | $H_1$——置换墩深度（m） |
|---|---|---|
| 最低夯击能 | $E_w = 940(H_1 - 3.3)$ | |

## 五、强夯置换地基的变形

——第 6.3.5 条

强夯置换地基的变形宜按单墩静载荷试验确定的变形模量计算加固区的地基变形，对墩下地基土的变形可按置换墩材料的压力扩散角计算传至墩下土层的附加应力，按《建筑地基基础设计规范》的有关规定计算确定。

对饱和粉土地基，当处理后形成 2.0m 以上厚度的硬层时，可按本规范第 7.1.7 条复合地基（第五节第七部分）的规定确定。

# 第五节 复合地基

## 一、面积置换率

——第 7.1.5 条及条文说明

置换率（$m$）就是指地基处理过程中，单桩桩身截面积 $A_p$ 与该桩所承担的处理地基等效面积 $A_e$ 之比。

$$m = \frac{A_p}{A_e}$$

规范中把单桩承担处理面积等效为圆形，其直径为 $d_e$，$m$ 也写作：$m = \frac{A_p}{A_e} = \frac{\frac{\pi}{4}d^2}{\frac{\pi}{4}d_e^2} = \frac{d^2}{d_e^2}$。

### （一）无限大面积复合地基

**无限大面积复合地基面积置换率计算**

| 整片处理或筏板基础 | $m = \dfrac{\text{单元体内，全部桩截面积}}{\text{单元体面积}}$ |
|---|---|
| 等边三角形 一个三角形内，内含 3 个 $\frac{1}{6}$ 桩，即总共含 $3 \times \frac{1}{6} = \frac{1}{2}$ 根桩，即 1 根桩承担 2 个三角形面积 | 圆桩（直径 $d$）：<br>$m = \dfrac{\frac{1}{2}A_p}{S_\triangle} = \dfrac{\frac{1}{2} \times \frac{\pi}{4}d^2}{\frac{1}{2}s^2 \sin 60°} = \dfrac{d^2}{\left[\sqrt{\frac{4\sin 60°}{\pi}}s\right]^2} \Rightarrow$<br>$d_e = \sqrt{\dfrac{4\sin 60°}{\pi}}s = 1.05s \Rightarrow m = \dfrac{d^2}{d_e^2} = \dfrac{d^2}{(1.05s)^2}$<br>方桩（边长 $b$）：<br>$m = \dfrac{\frac{1}{2} \times b^2}{\frac{\sqrt{3}}{4}s^2} = \dfrac{b^2}{\frac{\sqrt{3}}{2}s^2}$ |

续表

| | |
|---|---|
| 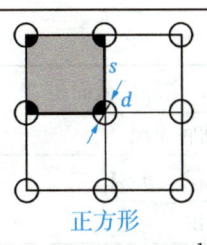<br>正方形<br>一个四边形内，内含 4 个 $\frac{1}{4}$ 桩，即总共含 $4 \times \frac{1}{4} = 1$ 根桩，即 1 根桩承担 1 个四边形面积 | 圆桩（直径 $d$）：<br>$$m = \frac{A_p}{s_\square} = \frac{\frac{\pi}{4}d^2}{s^2} = \frac{d^2}{\left[\sqrt{\frac{4}{\pi}}s\right]^2} \Rightarrow d_e = \sqrt{\frac{4}{\pi}}s = 1.13s$$<br>$$\Rightarrow m = \frac{d^2}{d_e^2} = \frac{d^2}{(1.13s)^2}$$<br>方桩（边长 $b$）：<br>$$m = \frac{b^2}{s^2}$$ |
| 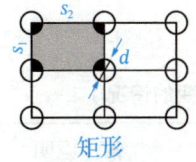<br>矩形<br>（等腰三角形）<br>一根桩承担一个阴影面积 | 圆桩（直径 $d$）：<br>$$m = \frac{A_p}{s_\square} = \frac{\frac{\pi}{4}d^2}{s_1 s_2} = \frac{d^2}{\left[\sqrt{\frac{4s_1 s_2}{\pi}}\right]^2} \Rightarrow d_e = 1.13\sqrt{s_1 s_2}$$<br>$$\Rightarrow m = \frac{d^2}{d_e^2} = \frac{d^2}{(1.13\sqrt{s_1 s_2})^2}$$ |
| 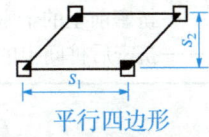<br>平行四边形<br>一根桩承担一个平行四边形面积 | 方桩（边长 $b$）：<br>$$m = \frac{b^2}{s_1 s_2}$$ |
| 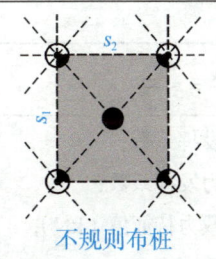<br>不规则布桩<br>一个重复单元体内，包含 $n$ 根桩<br>一根桩承担半个阴影面积 | $$m = \frac{n \cdot A_p}{\text{可重复单元体面积}}$$<br>（左图中 $n = 2$） |

## （二）半无限大面积复合地基

### 半无限大面积复合地基面积置换率计算

| | |
|---|---|
| 条形基础 | $$m = \frac{\text{单元体内，全部桩截面积}}{\text{单元体面积}}$$ |
| <br>一个单元体内部包含 $n$ 根桩<br>一根桩承担半个阴影面积 | $$m = \frac{n \cdot A_p}{\text{可重复单元体面积}(s_1 \times b)}$$<br>（左图中 $n = 2$） |

## （三）有限面积复合地基

**有限面积复合地基面积置换率计算**

| 独立基础 | | $m = \dfrac{\text{基础范围内，全部桩截面积}}{\text{基础底面积}}$ |
|---|---|---|
| ![一个基础下伏共计n根桩] 一个基础下伏共计 $n$ 根桩 | 单一桩布置 | $m = \dfrac{\text{总桩面积}}{\text{基础面积}} = \dfrac{n \cdot A_p}{A}$ |
| | 多桩型布置 | $m_1 = \dfrac{n_1 \cdot A_{p1}}{A},\ m_2 = \dfrac{n_2 \cdot A_{p2}}{A}$<br>处理原则为"各算各的"，即在有限面积内或在单元体内，分别计算每一种桩型的置换率，详见本章第四节 |

## （四）利用土的三相关系计算面积置换率

**利用土的三相关系计算面积置换率（仅适用于地面高程不变的情况）**

| 土体指标 | 计算公式 | 适用范围 | 备注说明 |
|---|---|---|---|
| 孔隙比 | $m = \dfrac{e_0 - e_1}{1 + e_0}$ | 振冲碎石桩、沉管砂石桩 | $e_0$——处理前土的孔隙比；<br>$e_1$——处理后土的孔隙比 |
| 干密度 | $m = \dfrac{\bar{\rho}_{d1} - \bar{\rho}_{d0}}{\bar{\rho}_{d1}}$<br>$\bar{\rho}_{d1} = \bar{\eta}_c \cdot \rho_{dmax}$ | 灰土挤密桩、土挤密桩 | $\bar{\rho}_{d0}$——挤密前土的干密度；<br>$\bar{\rho}_{d1}$——挤密后桩间土的干密度 |

# 二、桩土应力比 $n$ 的概念与应用

**桩土应力比 $n$ 的概念与应用**

散体材料桩：$n = \dfrac{f_{pk}}{f_{sk}}$  　　有粘结强度桩：$n = \dfrac{\lambda f_{pk}}{\beta f_{sk}} = \dfrac{\lambda \frac{R_a}{A_p}}{\beta f_{sk}}$

式中：$n$——复合地基桩土应力比；
　　　$f_{pk}$——散体桩体承载力特征值（kPa）；
　　　$f_{sk}$——处理后桩间土承载力特征值（kPa）

式中：$\lambda$——单桩承载力发挥系数；
　　　$\beta$——桩间土承载力发挥系数；
　　　$R_a$——单桩竖向承载力特征值（kN）；
　　　$A_p$——桩的截面积（m²）

【说明】对比《建筑地基处理技术规范》公式(7.1.5-1)和公式(7.1.5-2)，发现在散体材料桩复合地基承载力公式中，参数 $n$ 称为桩土应力比，而有粘结强度桩的复合地基承载力公式中，却没有该参数，实际上桩土应力比的概念不仅适用于散体材料桩，也适用于有粘结强度的桩型，下面对桩土应力比作深入说明。

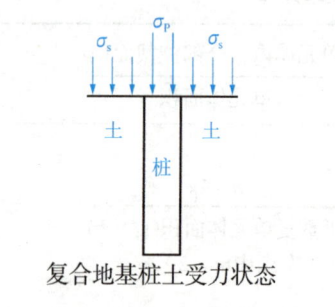

复合地基桩土受力状态

如左图所示，复合地基中用桩土应力比 $n$ 或荷载分担比 $N$ 来定性地反映复合地基的工作状况。在荷载作用下，假设桩顶应力为 $\sigma_p$，桩间土表面应力为 $\sigma_s$，则桩土应力比 $n$ 为：

$$n = \dfrac{\sigma_p}{\sigma_s}$$

桩体承担的荷载 $P_p$ 与桩间土承担的荷载 $P_s$ 之比称为桩土荷载分担比，用 $N$ 表示：

$$N = \dfrac{P_p}{P_s} = \dfrac{\sum A_{pi} \times \sigma_p}{(A - \sum A_{pi}) \times \sigma_s} = \dfrac{mA \times \sigma_p}{(1-m)A \times \sigma_s} = \dfrac{mn}{1-m}$$

$m$——面积置换率

因基础是刚性的，在轴心荷载下基础底面处的桩体与桩间土的沉降将是相同的，但由于桩体的刚度较大，因此荷载将向桩体集中，基础底面处桩顶应力$\sigma_p$，将大于基础底面处桩间土表面应力$\sigma_s$。

实际工程中，即便是单一桩型的复合地基，由于桩体在基础下的部位不同或桩距不同，桩土应力比$n$也不同，将基础下<u>桩体的平均桩顶应力与桩间土平均应力之比定义为平均桩土应力比</u>。

平均桩土应力比是反映桩土荷载分担的一个参数，当其他参数相同时，桩土应力比越大，桩体承担的荷载占总荷载的百分比越大。

此外，桩土应力比对某些桩型（例如碎石桩）是复合地基的设计参数。一般情况下，桩土应力比与桩体材料、桩长、面积置换率有关。

其他条件相同时，桩体材料<u>刚度越大</u>，桩土应力比就越大；<u>桩越长</u>，桩土应力比就越大；<u>面积置换率越小</u>，桩土应力比就越大。

（1）对散体桩（振冲桩、砂石桩）复合地基，浅基础直接置于复合地基上，可以通过改变面积置换率来调整桩土应力比。

（2）对半刚性桩（CFG桩）复合地基，桩体与浅基础之间通过褥垫层过渡，独立桩体顶部与基础不连接，改变褥垫层参数可调节桩土应力比。

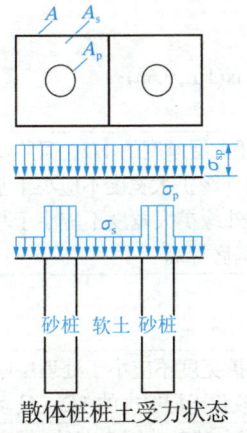

散体桩桩土受力状态

规范公式(7.1.5-1)实质上是采用应力比法计算地基承载力，根据力的平衡：

向上的承载力为：$N_r = \sigma_s A_s + \sigma_p A_p$

以地基承载力表示上式：$\sigma_{sp} A = \sigma_s A_s + \sigma_p A_p$

将桩土应力比$n = \dfrac{\sigma_p}{\sigma_s}$，$m = \dfrac{A_p}{A}$代入：

$$\sigma_{sp} = \frac{m(n-1)+1}{n}\sigma_p \text{ 或}$$

$$\sigma_{sp} = [m(n-1)+1]\sigma_s$$

由散体材料形成的散体桩复合地基，在桩土间应变协调的条件下，当桩体和桩间土的承载力同时发挥时，桩土应力比就是桩和土的承载力比值，即$n = \dfrac{f_{pk}}{f_{sk}}$，将这一概念代入，得：

$$f_{spk} = \frac{m(n-1)+1}{n}f_{pk},\ f_{spk} = [m(n-1)+1]f_{sk}$$

式中：$f_{spk}$——复合地基承载力特征值（kPa）；

$f_{pk}$——<u>散体桩体承载力特征值</u>（kPa）；

$f_{sk}$——<u>处理后桩间土承载力特征值</u>（kPa）

同样把应力比的概念用于有粘结强度桩，因有粘结强度桩和土的承载力难以同时发挥，故计算其复合地基承载力时，对于不同的桩型和桩间土，其承载力都需要进行一定的折减，折减系数分别为单桩承载力发挥系数$\lambda$与桩间土承载力发挥系数$\beta$，桩与土的承载力同时发挥时，桩土应力比：

$$n = \frac{\lambda \dfrac{R_a}{A_p}}{\beta f_{sk}} = \frac{\sigma_{pk}}{\sigma_{sk}}$$

公式(7.1.5-2)变形为：

$$f_{spk} = \lambda m \frac{R_a}{A_p} + \beta(1-m)f_{sk} = m\sigma_{pk} + (1-m)\sigma_{sk}$$

$$f_{spk} = \frac{m(n-1)+1}{n}\sigma_{pk},\ f_{spk} = [m(n-1)+1]\sigma_{sk}$$

由此可以看出：<u>散体材料桩复合地基是桩土承载力发挥系数均为1的特殊情况</u>

## 三、地基处理范围（处理宽度 $B$，基础宽度 $b$，处理土层厚度 $h$）

地基处理范围

| | | |
|---|---|---|
| 堆载预压 | 5.2.10 | $B \geq b$ |
| 真空预压 | 5.2.21 | $B \geq b + 6m$ |

| | |
|---|---|
| 强夯法<br>强夯置换法 | 6.3.1 强夯和强夯置换施工前，应在施工现场有代表性的场地选取一个或几个试验区，进行试夯或试验性施工。每个试验区面积不宜小于 20m×20m。<br>6.3.3 强夯处理范围应大于建筑物基础范围，每边超出基础外缘宽度宜为基底下设计处理深度的 1/2~2/3，且不应小于 3m；对可液化地基，基础边缘的处理宽度，不应小于 5m；对湿陷性黄土地基，应符合《湿陷性黄土地区建筑标准》的有关规定（处理范围应大于建筑物基础范围） |

| | | |
|---|---|---|
| 散体材料桩 | 振冲碎石桩<br>沉管砂石桩 | 一般情况：$B \geq b + (2\sim 6)$排桩<br>可液化地基：$B \geq b + 10m$ 且 $B \geq b + h_{液}$<br>7.2.2 一般地基：在基础外缘扩大 1~3 排桩；<br>液化地基：在基础外缘扩大宽度不应小于基底下伏可液化土层厚度的 1/2，且 $\geq 5m$ |
| | 灰土挤密桩<br>土挤密桩 | 整片处理时：$B \geq b + \max(4m, h)$<br>局部处理时：<br>①非自湿陷性黄土、素填土和杂填土时，$B \geq b + \max(1m, 0.5b)$；<br>②自湿陷性黄土时，$B \geq b + \max(2m, 1.5b)$<br>7.5.2 整片处理：在基础外缘扩大宽度不应小于处理土层厚度的 1/2，且不小于 2m；<br>局部处理：对非自重湿陷黄土、填土等地基，在基础外缘扩大宽度不应小于基础宽度的 25%，且不小于 0.5m；对自重湿陷黄土地基，在基础外缘扩大宽度不应小于基础宽度的 75%，且不小于 1.0m。处理土层厚度起算标高一般为基底标高 |
| | 柱锤冲扩桩 | 一般情况：$B \geq b + \max\{(2\sim 6)$排桩$, h\}$<br>可液化地基：$B \geq b + \max(10m, h)$<br>7.8.4 一般地基：在基础外缘扩大 1~3 排桩，且外扩宽度不应小于处理层厚度的 1/2；<br>液化地基：在基础外缘扩大宽度不应小于基底下伏可液化土层厚度的 1/2，且 $\geq 5m$ |

| | |
|---|---|
| 有粘结强度桩：水泥土搅拌桩、旋喷桩、夯实水泥土桩、CFG 桩等在基础范围内布桩 | |
| 多桩复合地基 | 7.9.4 多桩型复合地基的布桩宜采用正方形或三角形间隔布置，刚性桩宜在基础范围内布桩，其他增强体布桩应满足液化土地基和湿陷性黄土地基对不同性质土质处理范围的要求。 |
| 硅化浆液注浆法 | 8.2.2 第 5 款 最外侧注浆孔位超出基础底面宽度不得小于 0.5m。<br>8.2.2 第 8 款 单液硅化法加固湿陷性黄土地基时：对新建建（构）筑物和设备基础的地基，应在基础底面下按等边三角形满堂布孔，超出基础底面外缘的宽度，每边不得小于 1.0m |

## 四、散体材料桩复合地基

——第 7.1～7.8 节

### (一) 承载力计算

**散体材料桩复合地基承载力计算**

| $f_{spk} = mf_{pk} + (1-m)f_{sk} = [1+m(n-1)]f_{sk}$ $\Leftarrow f_{pk} = nf_{sk}$ | 散体材料桩复合地基桩土应力比：$n = \dfrac{f_{pk}}{f_{sk}}$ |
|---|---|

式中：$f_{spk}$——复合地基承载力特征值（kPa）；
$f_{pk}$——散体材料桩体竖向抗压承载力特征值（kPa）；
$f_{sk}$——处理后桩间土承载力特征值（kPa）；
$m$——面积置换率，$m = A_p/A_e = d^2/d_e^2$

| 经修正后的复合地基承载力特征值（kPa） | $f_{spa} = f_{spk} + \eta_d \gamma_m (d - 0.5)$ |
|---|---|

式中：$f_{spk}$——复合地基承载力特征值（kPa）；
$\gamma_m$——基础底面以上土的加权平均重度，地下水位以下取浮重度（kN/m³）；
$d$——基础埋置深度（m），在填方整平区，可自填土面标高算起，但填土在上部结构施工完成后进行时，应从天然地面算起

**深度修正系数 $\eta_d$**

| 地基处理类型 | | $\eta_d$ |
|---|---|---|
| 大面积压实填土地基 | 压实系数 $\lambda_c > 0.95$、黏粒含量 $\rho_c \geq 10\%$ 的粉土 | 1.5 |
| | 干密度大于 2.1t/m³ 的级配砂石 | 2.0 |
| 其他处理地基 | — | 1.0 |

**其他参数**

| 振冲碎石桩 沉管砂石桩 | 黏性土时：$n = 2\sim 4$；$f_{sk} = f_{ak}$ 砂土、粉土时：$n = 1.5\sim 3$；$f_{sk} = (1.2\sim 1.5)f_{ak}$ | | | | | |
|---|---|---|---|---|---|---|
| 灰土挤密桩 | $f_{spk} \leq \min(2f_{ak}, 250\text{kPa})$ 灰土挤密桩复合地基承载力特征值，不宜大于处理前天然地基承载力特征值 $f_{ak}$ 的 2.0 倍，且不宜大于 250kPa | | | | | |
| 土挤密桩 | $f_{spk} \leq \min(1.4f_{ak}, 180\text{kPa})$ 对土挤密桩复合地基承载力特征值，不宜大于处理前天然地基承载力特征值 $f_{ak}$ 的 1.4 倍，且不宜大于 180kPa | | | | | |
| 柱锤冲扩桩 | $n = 2\sim 4$（桩间土承载力低时取大值）；$m = 0.2\sim 0.5$ ① $f_{ak} \geq 80\text{kPa}$，$f_{sk} = f_{ak}$（加固前天然地基承载力） ② 其他情况 $f_{sk}$ 查下表： | $\overline{N}_{63.5}$ | 2 | 3 | 4 | 5 | 6 |
| | | $E_s$（MPa） | 4 | 6 | 7 | 7.5 | 8 |
| | 重型动力触探平均击数 $\overline{N}_{63.5}$ | 2 | 3 | 4 | 5 | 6 | 7 |
| | $f_{sk}$（kPa） 杂填土/饱和松软土层 | 72 | 99 | 117 | 126 | 135 | 144 |
| | 其他土层 | 80 | 110 | 130 | 140 | 150 | 160 |
| | 【表注】①计算 $\overline{N}_{63.5}$ 时应去掉 10% 的极大值和极小值；②当触探深度大于 4m 时，$\overline{N}_{63.5}$ 应乘以 0.9 折减 | | | | | | |

## （二）桩间距计算

**散体材料桩桩间距计算**

| 振冲碎石桩沉管砂石桩 | 等边三角形布桩时：$s = 0.95\xi d\sqrt{\dfrac{1+e_0}{e_0-e_1}}$<br>正方形布桩时：$s = 0.89\xi d\sqrt{\dfrac{1+e_0}{e_0-e_1}}$<br>$e_1 = e_{\max} - D_{r1}(e_{\max} - e_{\min})$ | 式中：$\xi$——不考虑振密时取 1，考虑振密时取 1.1～1.2；<br>$D_{r1}$——挤密后砂土相对密实度，可取 0.70～0.85；<br>$e_0$、$e_1$——挤密前后砂土的孔隙比；<br>$e_{\max}$、$e_{\min}$——砂土的最大、最小孔隙比；<br>$d$——桩孔直径（m） |
|---|---|---|
| 灰土挤密桩土挤密桩 | 等边三角形布桩时：<br>$s = 0.95d\sqrt{\dfrac{\overline{\eta}_c \cdot \rho_{d\max}}{\overline{\eta}_c \cdot \rho_{d\max} - \overline{\rho}_d}} = 0.95d\sqrt{\dfrac{\overline{\rho}_{d1}}{\overline{\rho}_{d1} - \overline{\rho}_d}}$<br>正方形布桩时：<br>$s = 0.89d\sqrt{\dfrac{\overline{\eta}_c \cdot \rho_{d\max}}{\overline{\eta}_c \cdot \rho_{d\max} - \overline{\rho}_d}} = 0.89d\sqrt{\dfrac{\overline{\rho}_{d1}}{\overline{\rho}_{d1} - \overline{\rho}_d}}$<br>$d$——桩孔直径（m）<br>等边三角形布桩（预钻孔）（《湿陷性黄土地区建筑标准》第 6.4.3 条）：<br>$s = 0.95\sqrt{\dfrac{\overline{\eta}_c \cdot \rho_{d\max}D^2 - \overline{\rho}_d d^2}{\overline{\eta}_c \cdot \rho_{d\max} - \overline{\rho}_d}}$<br>$D$、$d$——成孔与预钻孔直径（m） | 式中：$\overline{\rho}_d$、$\overline{\rho}_{d1}$——处理前、后桩间土的平均干密度（t/m³）；<br>$\overline{\rho}_d = \overline{\rho}/(1+w_0)$<br>$\rho_{d\max}$——处理后桩间土的最大干密度（t/m³）；<br>$\overline{\eta}_c$——桩间土平均挤密系数，不宜小于 0.93；<br>$\overline{\eta}_c = \overline{\rho}_{d1}/\rho_{d\max}$ |
| | 平均干密度的取样自桩顶向下 0.5m 起，每 1m 不应少于 2 点（1 组），即：桩孔外 100mm 处 1 点，桩孔之间的中心距（1/2 处）1 点。<br>当桩长 > 6m 时，全部深度内取样点不应少于 12 点（6 组）；<br>当桩长 < 6m 时，全部深度内取样点不应少于 10 点（5 组）。 | |
| | 当地基土含水量 $\overline{w}$ < 12%时，宜对地基土进行增湿，其增湿加水量$Q$（t）如下：<br>$Q = v \cdot \overline{\rho}_d \cdot (w_{op} - \overline{w}) \cdot k$<br>式中：$\overline{\rho}_d$——地基处理前，地基土的平均干密度（t/m³）；<br>　　　$k$——损耗系数，取 1.05～1.1；<br>　　　$\overline{w}$——处理前，地基土的平均含水量（%）；<br>　　　$w_{op}$——地基土的最优含水量（%）；<br>　　　$v$——拟加固土的体积（m³），$v = A \times h$<br>　　　（$A$ 为处理面积，注意外扩范围，$h$ 为桩长范围） | |

## （三）挤密原理

挤密处理的分析出发点：所分析土体的土颗粒在挤密前后质量（不含水）和体积（纯固体）不变：$m_s = \rho_{d0}V_0 = \rho_{d1}V_1$。

计算步骤：①选取分析土体，常选取未挤密前的单元体体积为分析土体；②利用质量守恒列式计算，常用的恒等式为：$\dfrac{V_0}{1+e_0} = \dfrac{V_1}{1+e_1}$ 和 $\rho_{d0}V_0 = \rho_{d1}V_1$，两式分别用来计算孔隙比与干密度的变化。

### （1）无预钻孔原理

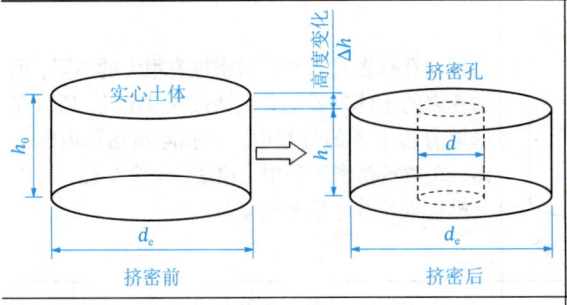

| | |
|---|---|
| | 普通挤密桩在挤密过程中，取原始单元体为分析土体，经挤土桩挤密后（挤密过程桩体和土体完全分离，桩体中不含任何原始土体），体积变小，孔隙比减小，干密度增大 |
| 大面积布桩举例如下：<br>所选取的分析土体为原始土体单元体，其体积：<br>$$V_0 = \frac{\pi}{4}d_e^2 h_0$$<br>挤密后桩土分离，分析土体体积变小，其体积：<br>$$V_1 = \frac{\pi}{4}(d_e^2 - d^2)h_1$$ | 挤密前为实心土体<br>式中：$d_e$——一根桩分担的地基处理面积的等效圆直径；<br>$h_0$、$h_1$——处理前、处理后的土体厚度；<br>$e_0$、$e_1$——处理前、处理后的土体孔隙比；<br>$\rho_{d0}$、$\rho_{d1}$——处理前、处理后的土体干密度；<br>$d$——（挤密）桩体的直径 |

**无预钻孔结论**

| | |
|---|---|
| ①挤密前后高度变化 | $\dfrac{\frac{\pi}{4}d_e^2 h_0}{1+e_0} = \dfrac{\frac{\pi}{4}(d_e^2-d^2)h_1}{1+e_1}$ ； $\rho_{d0}\dfrac{\pi}{4}d_e^2 h_0 = \rho_{d1}\dfrac{\pi}{4}(d_e^2-d^2)h_1$ |
| ②挤密前后高度不变<br>$h_0 = h_1$ | $\dfrac{d_e^2}{1+e_0} = \dfrac{d_e^2-d^2}{1+e_1} \rightarrow \dfrac{d_e^2-d^2}{d_e^2} = \dfrac{1+e_0}{1+e_1} \rightarrow 1-m = \dfrac{1+e_0}{1+e_1} \rightarrow m = \dfrac{e_0-e_1}{1+e_0}$<br>$\rho_{d0}d_e^2 = \rho_{d1}(d_e^2-d^2) \rightarrow \dfrac{d_e^2-d^2}{d_e^2} = \dfrac{\rho_{d0}}{\rho_{d1}} \rightarrow 1-m = \dfrac{\rho_{d0}}{\rho_{d1}} \rightarrow m = \dfrac{\bar{\rho}_{d1}-\bar{\rho}_{d0}}{\bar{\rho}_{d1}}$<br>灰土和土挤密桩（规范第7.5.2条）：<br>等边三角形布桩（$d_e = 1.05s$）：<br>$$s = 0.95d\sqrt{\dfrac{\bar{\eta}_c \cdot \rho_{dmax}}{\bar{\eta}_c \cdot \rho_{dmax} - \bar{\rho}_d}} = 0.95d\sqrt{\dfrac{\bar{\rho}_{d1}}{\bar{\rho}_{d1}-\bar{\rho}_{d0}}} = 0.95d\sqrt{\dfrac{1}{m}}$$<br>正方形布桩（$d_e = 1.13s$）：<br>$$s = 0.89d\sqrt{\dfrac{\bar{\eta}_c \cdot \rho_{dmax}}{\bar{\eta}_c \cdot \rho_{dmax} - \bar{\rho}_d}} = 0.89d\sqrt{\dfrac{\bar{\rho}_{d1}}{\bar{\rho}_{d1}-\bar{\rho}_{d0}}} = 0.89d\sqrt{\dfrac{1}{m}}$$<br>振冲碎石桩和沉管砂石桩（考虑高度变化，振动下沉系数ξ，规范第7.2.2条）<br>等边三角形布桩：<br>$$s = 0.95\xi d\sqrt{\dfrac{1+e_0}{e_0-e_1}} = 0.95\xi d\sqrt{\dfrac{1}{m}}$$<br>正方形布桩：<br>$$s = 0.89\xi d\sqrt{\dfrac{1+e_0}{e_0-e_1}} = 0.89\xi d\sqrt{\dfrac{1}{m}}$$ |

### （2）有预钻孔原理

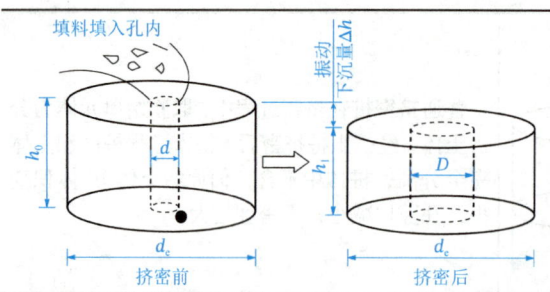

预钻孔挤密桩与普通挤密桩有很大的不同，预钻孔内的土体是要随着预钻过程排出的，所以在选取分析土体的过程中，要扣除预钻孔内的土体，在填料挤密过程中，预钻孔又会扩孔，所以分析过程比普通挤密桩复杂一些

大面积布桩举例如下：
所选取的分析土体为扣除预钻孔后的原始土体，其体积：
$$V_0 = \frac{\pi}{4}(d_e^2 - d^2)h_0$$
挤密时预钻孔扩孔，分析土体体积变小，其体积：
$$V_1 = \frac{\pi}{4}(d_e^2 - D^2)h_1$$

式中：$d$——挤密前预钻孔直径；
$D$——挤密后桩体的直径，类似无预钻孔中$d$；
$d_e$——一根桩分担的地基处理面积的等效圆直径；
$h_0$、$h_1$——处理前、处理后的土体厚度；
$e_0$、$e_1$——处理前、处理后的土体孔隙比；
$\rho_{d0}$、$\rho_{d1}$——处理前、处理后的土体干密度。

#### 有预钻孔结论

| ①挤密前后高度变化 | $\frac{\frac{\pi}{4}(d_e^2-d^2)h_0}{1+e_0} = \frac{\frac{\pi}{4}(d_e^2-D^2)h_1}{1+e_1}$<br>$\rho_{d0}\frac{\pi}{4}(d_e^2-d^2)h_0 = \rho_{d1}\frac{\pi}{4}(d_e^2-D^2)h_1$ |
|---|---|
| ②挤密前后高度不变<br>$h_0 = h_1$ | $\frac{\frac{\pi}{4}(d_e^2-d^2)}{1+e_0} = \frac{\frac{\pi}{4}(d_e^2-D^2)}{1+e_1} \rightarrow d_e = \sqrt{\frac{(1+e_0)D^2-(1+e_1)d^2}{e_0-e_1}}$<br>$\rho_{d0}(\frac{\pi}{4}d_e^2-\frac{\pi}{4}d^2) = \rho_{d1}(\frac{\pi}{4}d_e^2-\frac{\pi}{4}D^2) \rightarrow d_e = \sqrt{\frac{\rho_{d1}D^2-\rho_{d0}d^2}{\rho_{d1}-\rho_{d0}}}$<br>灰土和土挤密桩（《湿陷性黄土地区建筑标准》第 6.4.3 条）：<br>正三角形布桩（$d_e=1.05s$）：<br>$s = 0.95\sqrt{\frac{(1+e_0)D^2-(1+e_1)d^2}{e_0-e_1}} = 0.95\sqrt{\frac{\rho_{d1}D^2-\rho_{d0}d^2}{\rho_{d1}-\rho_{d0}}} = 0.95\sqrt{\frac{\bar{\eta}_c\rho_{dmax}D^2-\rho_{d0}d^2}{\bar{\eta}_c\rho_{dmax}-\rho_{d0}}}$<br>正方形布桩（$d_e=1.13s$）：<br>$s = 0.89\sqrt{\frac{(1+e_0)D^2-(1+e_1)d^2}{e_0-e_1}} = 0.89\sqrt{\frac{\rho_{d1}D^2-\rho_{d0}d^2}{\rho_{d1}-\rho_{d0}}} = 0.89\sqrt{\frac{\bar{\eta}_c\rho_{dmax}D^2-\rho_{d0}d^2}{\bar{\eta}_c\rho_{dmax}-\rho_{d0}}}$<br>引申：振冲碎石桩和沉管砂石桩（考虑高度变化，振动下沉系数$\xi$）<br>等边三角形布桩（$d_e=1.05s$）：$s = 0.95\xi\sqrt{\frac{(1+e_0)D^2-(1+e_1)d^2}{e_0-e_1}}$<br>正方形布桩（$d_e=1.13s$）：$s = 0.89\xi\sqrt{\frac{(1+e_0)D^2-(1+e_1)d^2}{e_0-e_1}}$ |

【小注】只有挤土桩才可以用上述结论，对于有限面积的挤土处理地基，可根据原理写出挤密前后的表达式计算其挤密前后的孔隙比或干密度，这里不再赘述。

## 五、有粘结强度桩复合地基

——第 7.1～7.8 节

### （一）承载力计算

**有粘结强度桩复合地基承载力计算**

| 复合地基承载力特征值（kPa）： $$f_{spk} = \lambda m \frac{R_a}{A_p} + \beta(1-m)f_{sk}$$ | 粘结材料桩复合地基桩土应力比： $$n = \frac{\lambda f_{pk}}{\beta f_{sk}} = \frac{\lambda \frac{R_a}{A_p}}{\beta f_{sk}} \Leftarrow f_{pk} = \frac{R_a}{A_p}$$ |
|---|---|

式中：$m$——面积置换率，$m = A_p/A_e = d^2/d_e^2$；

　　　$f_{sk}$——处理后桩间土承载力特征值（kPa）；

　　　$\lambda$——单桩承载力发挥系数；

　　　$R_a$——单桩竖向承载力特征值（kN）；

　　　$\beta$——桩间土承载力发挥系数；

　　　$A_p$——单桩的截面面积（m²）

| 水泥土搅拌桩 | $\min = \begin{cases} R_a = u_p \sum q_{si} l_{pi} + \alpha_p q_p A_p \\ \text{由桩周土和桩端土抗力确定} \\ R_a = \eta f_{cu} A_p \\ \text{由桩身材料强度确定} \end{cases}$ 桩身强度折减系数 $\eta$ 干法：$\eta = 0.2 \sim 0.25$；湿法：$\eta = 0.25$ | 旋喷桩 夯实水泥土桩 CFG 桩 素混凝土桩 | $R_a = u_p \sum q_{si} l_{pi} + \alpha_p q_p A_p$ 同时验算：$f_{cu} \geqslant \frac{4\lambda R_a}{A_p}$ 或 $f_{cu} \geqslant \frac{4\lambda R_a}{A_p} \cdot \left[1 + \frac{\gamma_m(d-0.5)}{f_{spa}}\right]$ （承载力深度修正时） |
|---|---|---|---|

【小注】同时根据"桩周土 + 桩端土抗力"和"桩身材料"计算 $R_a$，二者计算结果取小值

式中：$u_p$——桩身周长（m）；

　　　$q_{si}$——桩周第 $i$ 层土侧阻力特征值（kPa）；

　　　$\alpha_p$——桩端阻力发挥系数；

　　　$q_p$——桩端阻力特征值（kPa）；

　　　$f_{spa}$——经深度修正后的复合地基承载力特征值（kPa）；

　　　$d$——基础埋置深度（m）；

　　　$f_{cu}$——桩体试块（边长 150mm 立方体）标准养护 28d 的立方体抗压强度平均值（kPa）；

　　　$\gamma_m$——基础底面以上土的加权平均重度（kN/m³），地下水位以下取有效重度

**相关计算参数的取值**

| 增强体类型 | $\lambda$ | $\beta$ | $f_{sk}$ | $\alpha_p$ | $q_p$ |
|---|---|---|---|---|---|
| 水泥土搅拌桩 | 1.0 | 对淤泥土和流塑状软土等可取 0.1～0.4；其他土层可取 0.4～0.8 | $f_{sk} = f_{ak}$ | 0.4～0.6 | 桩端土 $f_{ak}$ |
| 旋喷桩 | 1.0 | — | — | 1.0 | 桩端土 $f_{ak}$ |
| 夯实水泥土桩 | 1.0 | 0.9～1.0 | — | 1.0 | — |
| CFG 桩 素混凝土桩 | 0.8～0.9 | 0.9～1.0 | ①非挤土桩取 $f_{ak}$；②挤土成桩时：黏性土：取 $f_{ak}$；松散砂土、粉土取（1.2～1.5）$f_{ak}$ | 1.0 | — |

### 经修正后的复合地基承载力特征值 $f_{spa}$（kPa）

$$f_{spa} = f_{spk} + \eta_d \gamma_m (d - 0.5)$$

式中：$f_{spk}$——复合地基承载力特征值（kPa）；

$\gamma_m$——基础底面以上土的加权平均重度，地下水位以下取浮重度（kN/m³）；

$d$——基础埋置深度（m），在<u>填方整平区</u>，可<u>自填土面标高算起</u>，但填土在上部结构施工完成<u>后</u>进行时，应<u>从天然地面算起</u>。

### 深度修正系数 $\eta_d$

| 地基处理类型 | | $\eta_d$ |
|---|---|---|
| 大面积压实填土地基 | 压实系数 $\lambda_c > 0.95$、黏粒含量 $\rho_c \geq 10\%$ 的粉土 | 1.5 |
| | 干密度大于 2.1t/m³ 的级配砂石 | 2.0 |
| <u>其他处理地基</u> | — | 1.0 |

### 常用反算公式

| 置换率 | 桩间距 | 单桩承载力特征值 |
|---|---|---|
| $m = \dfrac{f_{spk} - \beta f_{sk}}{\lambda \dfrac{R_a}{A_p} - \beta f_{sk}}$ | <u>三角形布桩</u>：$s = \dfrac{d}{1.05\sqrt{m}}$ <br> <u>正方形布桩</u>：$s = \dfrac{d}{1.13\sqrt{m}}$ | $R_a = \dfrac{[f_{spk} - \beta(1-m)f_{sk}]A_p}{\lambda m}$ |

## （二）搅拌桩喷浆搅拌次数 $N$ 与提升速度 $V$

——第 7.3.5 条条文说明

### 搅拌桩喷浆搅拌次数 $N$ 与提升速度 $V$

| | |
|---|---|
| 搅拌桩喷浆搅拌次数 $N$： $$N = \dfrac{nh\cos\beta \sum Z}{V}$$ 此数值代表每遍搅拌次数，若为二次搅拌用 $\dfrac{N}{2}$ 代入（二次喷浆也类似）。<br>本质：任意一点土体的加固要经过下沉和提升两次搅拌，因此每遍搅拌次数要除以 2 | 式中：$n$——搅拌头的回转数（rev/min）；<br>$h$——搅拌叶片的宽度（m）；<br>$\beta$——搅拌叶片与搅拌轴的垂直夹角（°）；<br>$\sum Z$——搅拌叶片的总枚数；<br>$V$——搅拌头的提升速度（m/min） |
| 提升速度 $V$：<br>$$V = \dfrac{\gamma_d Q}{F\gamma \alpha_w (1+\alpha_c)}$$ $$\Uparrow$$ $$\gamma_d = \dfrac{1+\alpha_c}{\dfrac{\alpha_c}{1} + \dfrac{1}{\rho_{水泥}}}$$ | 式中：$V$——搅拌头喷浆提升速度（m/min）；<br>$\gamma_d$、$\gamma$——分别为<u>水泥浆</u>和土的重度（kN/m³）；<br>$Q$——泥浆泵的排量（m³/min）；<br>$F$——搅拌桩截面积（m²）；<br>$\alpha_w$——水泥掺入比；<br>$\alpha_c$——水泥浆水灰比 |

## 六、多桩型复合地基

——第 7.9 节

### （一）多桩型复合地基的置换率计算

计算原则为："各算各的"，即在有限面积内或在单元体内，分别计算各自桩型的置换率。

**多桩型复合地基的置换率计算**

| 处理面积 | 计算方法 | 简图 |
| --- | --- | --- |
| 有限面积<br>（独立基础） | 直接取整个基础作为研究对象进行分析可知：一个基础下伏的某$i$型桩共计$n$根。<br>$$m = \frac{n \cdot A_{pi}}{基础面积A(B \times L)}$$ | 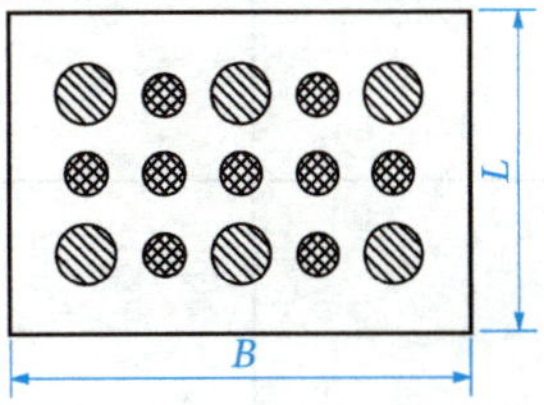 |
| 大面积处理<br>（筏板基础） | 三角形布桩（梅花状布桩）：<br>直接取阴影部分重复单元体作为研究对象，进行分析可知：<br>一个重复单元体内的某$i$型桩共计 2 根。<br>$$m = \frac{2A_{pi}}{2s_1 \times s_2}$$<br>右图桩 1 面积置换率：$m_1 = \frac{A_{p1}}{s_1 s_2}$<br>右图桩 2 面积置换率：$m_2 = \frac{A_{p2}}{s_1 s_2}$ | 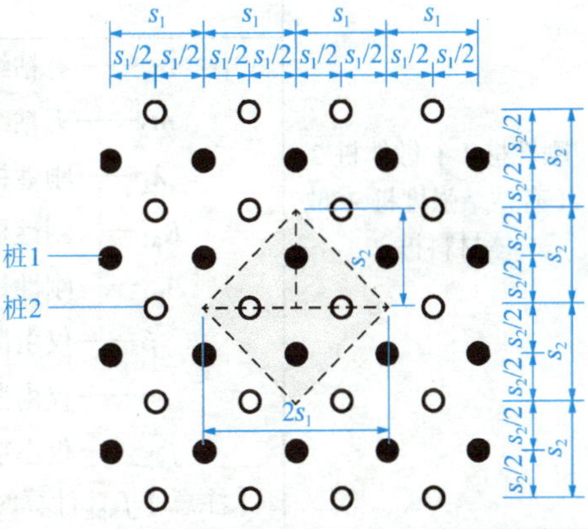 |
| | 矩形布桩：<br>直接取阴影部分重复单元体作为研究对象，进行分析可知：<br>一个重复单元体内的某$i$型桩共计 2 根。<br>$$m = \frac{2 \times A_{pi}}{2s_1 \times 2s_2}$$<br>右图桩 1 面积置换率：$m_1 = \frac{A_{p1}}{2s_1 s_2}$<br>右图桩 2 面积置换率：$m_2 = \frac{A_{p2}}{2s_1 s_2}$ | 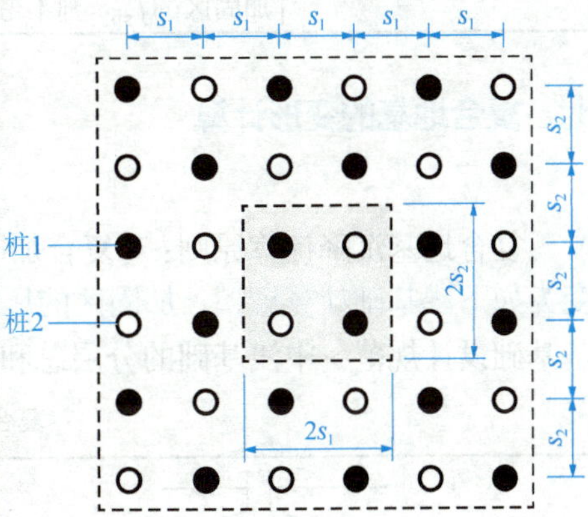 |

## （二）多桩型复合地基的承载力特征值 $f_{spk}$

**多桩型复合地基的承载力特征值 $f_{spk}$**

| | |
|---|---|
| 刚性桩1+刚性桩2（有粘结强度桩） | $$f_{spk} = m_1 \cdot \frac{\lambda_1 \cdot R_{a1}}{A_{p1}} + m_2 \cdot \frac{\lambda_2 \cdot R_{a2}}{A_{p2}} + \beta \cdot (1 - m_1 - m_2) \cdot f_{sk}$$ 〈桩1〉 〈桩2〉 〈桩间土〉<br>式中：$m_1$、$m_2$——分别为桩1、桩2的面积置换率；<br>$\lambda_1$、$\lambda_2$——分别为桩1、桩2的单桩承载力发挥系数；<br>$R_{a1}$、$R_{a2}$——分别为桩1、桩2的单桩承载力特征值（kN）；<br>$A_{p1}$、$A_{p2}$——分别为桩1、桩2的桩端截面积（m²）；<br>$\beta$——桩间土承载力发挥系数，可取 0.9～1.0；<br>$f_{sk}$——处理后复合地基桩间土承载力特征值（kPa） |
| 刚性桩1+散体桩2（有粘结强度桩+散体材料桩） | $$f_{spk} = m_1 \cdot \frac{\lambda_1 \cdot R_{a1}}{A_{p1}} + \beta \cdot [1 - m_1 + m_2(n-1)] \cdot f_{sk}$$<br>$$\Leftarrow f_{spk} = m_1 \cdot \frac{\lambda_1 \cdot R_{a1}}{A_{p1}} + \beta \cdot [m_2 n + (1 - m_1 - m_2)] \cdot f_{sk}$$<br>〈刚性桩〉 〈散体桩〉 〈桩间土〉<br>式中：$m_1$——有粘结强度桩（刚性桩）的面积置换率；<br>$m_2$——无粘结强度桩（散体桩）的面积置换率；<br>$\lambda_1$——刚性桩的单桩承载力发挥系数；<br>$R_{a1}$——刚性桩的单桩承载力特征值（kN）；<br>$A_{p1}$——刚性桩的桩端截面积（m²）；<br>$\beta$——仅由散体材料桩加固处理后形成的复合地基承载力发挥系数；<br>$n$——仅由散体材料桩加固处理后形成的复合地基桩土应力比；<br>$f_{sk}$——仅由散体材料桩加固处理后，桩间土承载力特征值（kPa）。<br>【注意】$f_{spk}$计算时，需要考虑"散体短桩"的有利影响；但是在计算仅长桩加固区的$f_{spk1}$则不考虑"散体短桩"的有利影响 |

## 七、复合地基的变形计算

——第 7.1.7、7.1.8、7.9.8 条

复合地基沉降计算原则：对复合加固区内各天然土层的压缩模量$E_{si}$统一增大$\zeta$倍后，即变为如下浅基础计算模型：加固区的压缩模量$E_{spi}$变为$\zeta E_{si}$，基底位置不变，按照《建筑地基基础设计规范》中浅基础的分层总和法直接计算，计算示意图及计算步骤如下。

**复合地基的变形计算**

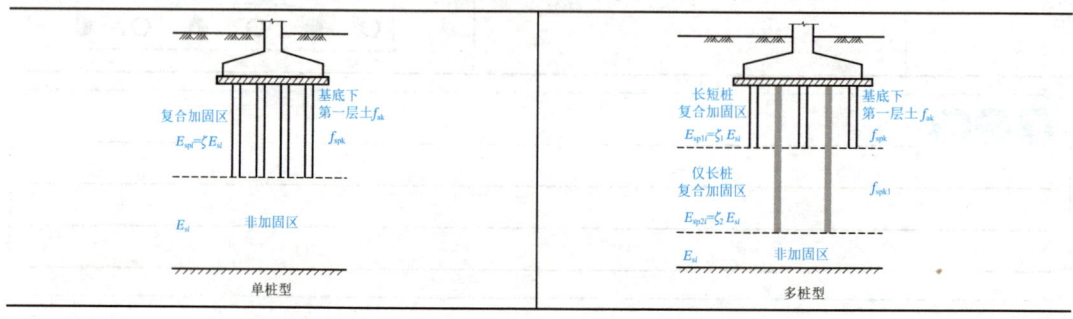

单桩型　　　　　　　多桩型

续表

| (1)复合地基承载力特征值$f_{spk}$ | |
|---|---|
| ①散体材料桩处理后的复合地基承载力特征值(kPa)：<br>$f_{spk} = [1+m(n-1)]f_{sk}$<br>②粘结材料桩处理后的复合地基承载力特征值(kPa)：<br>$f_{spk} = \lambda m \dfrac{R_a}{A_p} + \beta(1-m)f_{sk}$ | 长短桩共同加固部分：<br>①粘结材料桩+散体材料桩：<br>$f_{spk} = m_1 \dfrac{\lambda_1 R_{a1}}{A_{p1}} + \beta[1-m_1+m_2(n-1)]f_{sk}$<br>②粘结材料桩+粘结材料桩：<br>$f_{spk} = m_1 \dfrac{\lambda_1 R_{a1}}{A_{p1}} + m_2 \dfrac{\lambda_2 R_{a2}}{A_{p2}} + \beta(1-m_1-m_2)f_{sk}$ |

(2)加固区压缩模量$E_{spi} = \zeta E_{si} \Leftarrow \zeta = \dfrac{复合地基承载力特征值 f_{spk}}{基底下天然地基承载力特征值 f_{ak}}$（基本公式）

复合土层的分层与天然地基相同，复合加固区各土层的压缩模量$E_{spi}$等于该层天然地基压缩模量$E_{si}$的$\zeta$倍。

| | ①单桩型复合地基 | | $E_{spi}=\zeta \cdot E_{si} \Leftarrow \zeta = \dfrac{f_{spk}}{f_{ak}}$ | | 砂碎石桩桩长>12$d$，黏性土不提高 |
|---|---|---|---|---|---|
| ②多桩型复合地基 | 桩型 | | 长短桩复合加固区 | | 仅长桩加固区 |
| | 有粘结强度的长短桩复合 | | $\zeta_1 = \dfrac{f_{spk}}{f_{ak}}$ | | $\zeta_2 = \dfrac{f_{spk1}}{f_{ak}}$ |
| | 有粘结强度+散体材料桩复合 | | $\zeta_1 = \dfrac{f_{spk}}{f_{spk2}}[1+m_2(n-1)]\alpha = \dfrac{f_{spk}}{f_{ak}}$ | | |

式中：$f_{ak}$——基础底面下第一层土天然地基承载力特征值（kPa），即为加固前的数值；

$f_{spk}$——(长短桩)复合加固区土层的承载力特征值（kPa）；

$f_{spk1}$——仅由长桩处理形成的复合地基承载力特征值（kPa）；

常为粘结材料：$f_{spk1} = \lambda_1 m_1 \dfrac{R_{a1}}{A_{p1}} + \beta(1-m_1)f_{ak}$

$f_{spk2}$——仅由散体材料桩加固处理后复合地基承载力特征值（kPa），$f_{spk2}=[1+m_2(n-1)]f_{sk}$；

$E_{si}$——某土层天然地基（未加固之前）压缩模量（MPa）；

$m_2$——散体材料桩的面积置换率；

$\alpha$——处理后桩间土地基承载力的调整系数，$\alpha = \dfrac{f_{sk}}{f_{ak}}$；

$f_{sk}$——处理后桩间土承载力特征值（kPa）

(3)列表计算平均附加应力系数面积$A_i$

角点法列表

| $z$ | $l/b$ | $z/0.5b$ | $\bar{\alpha}_i$ | $4z_i\bar{\alpha}_i$ | $A_i = 4(z_i\bar{\alpha}_i - z_{i-1}\bar{\alpha}_{i-1})$ | $E_{si}$（MPa） |
|---|---|---|---|---|---|---|
| 0 | | | | 0 | 0 | |
| $z_1$ | | | | $\sum A_1$ | $A_1 = \sum A_1 - 0$ | |
| $z_2$ | | | | $\sum A_2$ | $A_2 = \sum A_2 - \sum A_1$ | |
| …… | | | | $\sum A_i$ | $A_i = \sum A_i - \sum A_{i-1}$ | |

(4)查取沉降经验系数$\psi_s$（可插值）

| $\bar{E}_s$ | 4 | 4～7 | 7 | 7～15 | 15 | 15～20 | 20 | 20～35 | 35 |
|---|---|---|---|---|---|---|---|---|---|
| $\psi_s$ | 1.0 | $\dfrac{14-\bar{E}_s}{10}$ | 0.7 | $\dfrac{77-3\bar{E}_s}{80}$ | 0.4 | $\dfrac{85-3\bar{E}_s}{100}$ | 0.25 | $\dfrac{95-\bar{E}_s}{300}$ | 0.2 |

【表注】压缩模量当量值$\bar{E}_s$（MPa）：

$$\bar{E}_s = \dfrac{\sum A_i + \sum A_j}{\sum A_i/E_{spi} + \sum A_j/E_{sj}}$$

式中：$A_i$——加固土层第$i$层土附加应力系数沿土层厚度的积分值；

$A_j$——加固土层下（非加固区）第$j$层土附加应力系数沿土层厚度的积分值

续表

| （5）计算复合地基最终变形量 $s$（mm） |
| :---: |
| $s = \psi_s \sum_{i=1}^{n} \dfrac{p_0}{E_{si}}(z_i \bar{\alpha}_i - z_{i-1} \bar{\alpha}_{i-1}) \leftarrow$ 加固区用 $E_{spi}$ |

式中：$n$——地基变形计算深度范围内所划分的土层数；

$\quad\quad\ p_0$——相应于作用的准永久组合时的基础底面处的附加压力（kPa）；

$\quad\quad\ E_{si}$——基础底面下天然地基（未加固区）第 $i$ 层土的压缩模量（MPa），复合加固区各土层的压缩模量用 $E_{spi} = \zeta \cdot E_{si}$ 代替；应取土的自重压力至土的自重压力与附加压力之和的压力段计算；

$\quad\quad\ z_i$、$z_{i-1}$——基础底面至第 $i$ 层土、第 $i-1$ 层土底面的距离（m）；

$\quad\quad\ \bar{\alpha}_i$、$\bar{\alpha}_{i-1}$——基础底面计算点至第 $i$ 层土、第 $i-1$ 层土底面范围内平均附加应力系数，可按《建筑地基基础设计规范》附录 K.0.1-2 采用

## 第六节　注浆加固

### 一、水泥浆加固法

水泥为主剂的浆液主要包括水泥浆、水泥砂浆和水泥水玻璃浆。对软弱地基土处理，可选用以水泥为主剂的浆液及水泥和水玻璃的双液型混合溶液，对地下水流动的软弱地基，不应采用单液水泥浆液。

**水泥浆配制**

| 基本概念 | 水灰比 $n = \dfrac{水的质量}{水泥质量}$ | 水泥掺量 $\alpha = \dfrac{水泥质量}{土的质量}$（水泥土搅拌桩） |
| :---: | :---: | :---: |
| 水泥浆的密度 $\rho_2$ | $\rho_2 = \rho_{水泥浆} = \dfrac{n+1}{n+\dfrac{1}{\rho_1}}$ | 式中：$n$——水灰比；<br>$\rho_1$、$\rho_2$——分别为水泥、水泥浆的密度（t/m³） |
| 制造水泥浆的<br>水泥用量 $Q$ | $Q = V\rho_1 \dfrac{\rho_2 - \rho_3}{\rho_1 - \rho_3}$（近似解）<br>$Q = \dfrac{V\rho_1}{1 + n\rho_1/\rho_3}$（精确解） | 式中：$Q$——制造水泥浆所需水泥的质量（t）；<br>$V$——欲制造水泥浆的体积（m³）；<br>$\rho_1$、$\rho_2$、$\rho_3$——分别为水泥、水泥浆和水的密度（t/m³） |
| 制造水泥浆的<br>水用量 $w$ | $w = \left(V - \dfrac{Q}{\rho_1}\right)\rho_3$（近似解）<br>$w = n \cdot \rho_1$（精确解） | 式中：$w$——制造水泥浆所需水的质量（t） |
| 水泥土搅拌桩中<br>土的重量 $M_\pm$ | $M_\pm = \dfrac{水泥质量}{水泥掺量} = \dfrac{Q}{\alpha}$ | |

【小注】制造水泥浆所需水泥的质量 $Q$（t）也可以根据下式计算：

$$V_{水泥浆} = V_{水泥} + V_水 = \dfrac{m_{水泥}}{G_s} + \dfrac{m_水}{\rho_水} = \dfrac{m_{水泥}}{G_s} + \dfrac{nm_{水泥}}{1} \quad (水泥颗粒密度 \rho_s = 水泥比重 G_s)$$

## 二、单液硅化法

——第 8.2.2 条

### （一）一般规定

**单液硅化法一般规定**

| 灌注孔间距 | 压力灌浆 | 0.8～1.2m |
|---|---|---|
| | 无压力自渗 | 0.4～0.6m |
| 注浆范围 | <u>新建</u>建（构）筑和设备基础的地基 | 等边三角形满堂布孔，宽度 $B \geqslant b + 2m$ |
| | | 在基底下等边三角形满堂布桩，超出基础底面外缘每边的宽度，每边不得小于 1.0m |
| | <u>既有</u>建（构）筑和设备基础的地基 | 沿基础侧向布孔，每侧不宜少于 2 排 |
| | 基础底面宽度 > 3m | 除应在基础下每侧布置两排孔外，可在基础两侧布置斜向基础底面中心以下的灌注孔。<br>或在其台阶上布置穿透基础的灌注孔 |

### （二）溶液用量和稀释加水量计算

**溶液用量和稀释加水量计算**

| 硅酸钠溶液稀释加水量 $Q'(t)$ | $Q' = \dfrac{d_N - d_{N1}}{d_{N1} - 1} \times \dfrac{q}{d_N}$ | 式中： $d_N$——加水<u>稀释前</u>，硅酸钠溶液的相对密度；<br>$d_{N1}$——灌注时，硅酸钠溶液的相对密度；<br>$q$——加水<u>稀释前</u>，拟稀释硅酸钠溶液的质量（t）；<br>$\bar{n}$——加固前，地基土的平均孔隙率（注意非孔隙比）；<br>$\alpha$——溶液填充孔隙的系数，可取 0.6～0.8； |
|---|---|---|
| 硅酸钠溶液<u>稀释后</u>，溶液的总质量 $Q(t)$ | $Q = Q' + q$ | |
| 加固湿陷性黄土的硅酸钠溶液总用量 $Q(t)$<br>（无需稀释） | $Q = V \bar{n} d_{N1} \alpha$ | $V$——拟加固湿陷性黄土地基的体积（m³），<u>从基底起算</u>：<br>$V = A \cdot h = (B+2)(L+2)h$[新建建（构）筑物]；<br>$h$——自基础底面算起，拟注浆加固处理土层的厚度（m） |
| 加固湿陷性黄土的单孔硅酸钠溶液设计注入量 $Q(t)$<br>（《湿陷性黄土地区建筑标准》第 9.2.8 条） | $Q = \pi r^2 h \bar{n} d_n \alpha$ | 式中： $r$——溶液设计扩散半径（m）；<br>$h$——自<u>基础底面算起</u>，拟注浆加固处理土层的厚度（m）；<br>$\bar{n}$——加固前，地基土的平均孔隙率；<br>$d_n$——灌注时，硅酸钠溶液的密度（t/m³）；<br>$\alpha$——溶液灌注系数，可取 0.6～0.8 |

【小注】规范中提供的公式(8.2.2-2)有误，正确的为：$Q' = \dfrac{d_N - d_{N1}}{d_{N1} - 1} \times \dfrac{q}{d_N}$。

推导过程采用质量守恒定律，并假定稀释后溶液体积$V_{后}$等于稀释前水的体积$V_w$和浓溶液的体积$V_{前}$和，即不考虑稀释后的体积变化。

$$V_{后} = V_{前} + V_w \Rightarrow Q' + q = \left( \dfrac{Q'}{\rho_w} + \dfrac{q}{\rho_w d_N} \right) \times \rho_w d_{N1} \Rightarrow Q' = \dfrac{d_N - d_{N1}}{d_{N1} - 1} \times \dfrac{q}{d_N}$$

## 三、碱液法

——第 8.2.3、8.3.3 条

### （一）一般规定

**碱液法一般规定**

| 加固深度 | 非自重湿陷性黄土地基 | (1.5～2.0)×基础宽度 |
|---|---|---|
| | Ⅱ级自重湿陷性黄土地基 | (2.0～3.0)×基础宽度 |
| | 其他要求 | 综合确定，宜为 2～5m |
| 灌注孔间距 | 湿陷性严重时 | 0.7～0.9m |
| | 湿陷性较轻时 | 1.2～2.5m |
| | 加固既有建（构）筑物地基时 | 可沿条形基础两侧或单独基础周边各布置一排灌注孔 |

### （二）碱液灌注量及烧碱用量计算

**碱液灌注量及烧碱用量计算**

| （1）估算每孔碱液灌注量 $V$（m³） | $V = \alpha\beta\pi r^2(l+r)n$ | 式中：$\alpha$——碱液充填系数，可取 0.6～0.8；<br>$\beta$——工作条件系数，考虑碱液流失影响，可取 1.1；<br>$r$——有效加固半径（m），当无试验条件或工程量较小时可取 0.4～0.5m，一般有效加固半径根据现场试验确定，按下式计算；<br>$n$——拟加固土体（加固前）的天然孔隙率，$n = \dfrac{e}{1+e}$ |
|---|---|---|
| （2）每孔灌注量估算 | 加固半径 $r$（m）：<br>$r = 0.6\sqrt{\dfrac{V}{nl \times 1000}}$<br>（只能已知 $V$ 求 $r$，不能通过 $r$ 反算 $V$） | 式中：$V$——每孔碱液灌注量（L）；<br>$l$——灌注孔长度（m），从注浆管底部到灌注孔底部的距离 |
| （3）加固土层厚度（m） | $h = l + r$ | — |
| （4）每孔烧碱用量 | 加固体烧碱 $G_s = \dfrac{1000M}{P}$ | 式中：$G_s$——每 1m³ 碱液中投入固体烧碱量（g）；<br>$P$——固体烧碱中，NaOH 含量的百分数（%），以小数带入；<br>$M$——需配置碱液浓度（g/L）；<br>$V_1$——配制 1m³ 碱液，所需液体烧碱体积（L）；<br>$V_2$——配制 1m³ 碱液，所需加水量体积（L）；<br>$d_N$——液体烧碱相对密度（kg/L）；<br>$N$——液体烧碱的质量分数（%），代入小数 |
| | 加液体烧碱 烧碱体积 $V_1 = \dfrac{M}{d_N N}$ | |
| | 加水体积 $V_2 = 1000 - \dfrac{M}{d_N N}$ | |

**【小注】** ①1m³ = 1000L，kg/L = g/cm³ = t/m³；②对比固体和液体、液体和液体的混合体积计算，可发现，固体和液体的混合，没有考虑固体的体积，即混合后的体积同液体体积，而液体和液体的混合，混合后的体积等于两液体体积的和，在三相关系推算中，这个结论很重要。

## 四、注浆孔布置

注浆加固常用于防渗，通过注浆形成防渗的屏障，此时，如何布孔获得最经济的防渗厚度是设计的重点。

**注浆孔布置**

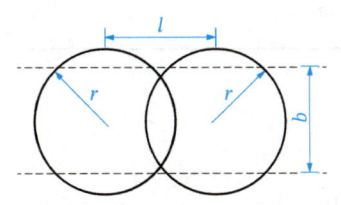

（1）对于<u>单排孔</u>，假定浆液扩散半径已知，浆液呈圆球状扩散，则两圆必须相交才能形成一定厚度$b$，如左图所示，图中$l$为灌浆孔距，当$r$为已知时，灌浆体厚度$b$取决于$l$的大小：

$$b = 2\sqrt{r^2 - \left[(l-r) + \frac{r-(l-r)}{2}\right]^2} = 2\sqrt{r^2 - \frac{l^2}{4}}$$

从上式可以看出，$l$越小，$b$值越大，而当$l = 0$时，$b = 2r$，这是$b$的最大值，但$l = 0$的情况没有意义；反之$l$越大，$b$值越小，当$l = 2r$时，两圆相切，$b$为零。因此，孔距$l$必须在$r \sim 2r$之间选择。

设灌浆体的设计厚度为$T$，则灌浆孔距可按下式计算：

$$l = 2 \cdot \sqrt{r^2 - \frac{T^2}{4}}$$

在按上式进行孔距设计时，可能出现下述几种情况：

①当$l$值接近零，$b$值仍不能满足设计厚度（即$b < T$）时，应考虑采用多排灌浆孔。

②虽然单排孔能满足设计要求，但若孔距太小，钻孔数太多，就应进行两排孔的方案比较。如施工场地允许钻两排孔，且钻孔数反而比单排少，则采用两排孔较为有利。

③当$l$值较大而设计$T$值较小时，对减少钻孔数是有利的，但因$l$值越大，可能造成的浆液浪费也越大，故设计时应对钻孔费和浆液费用进行比较。

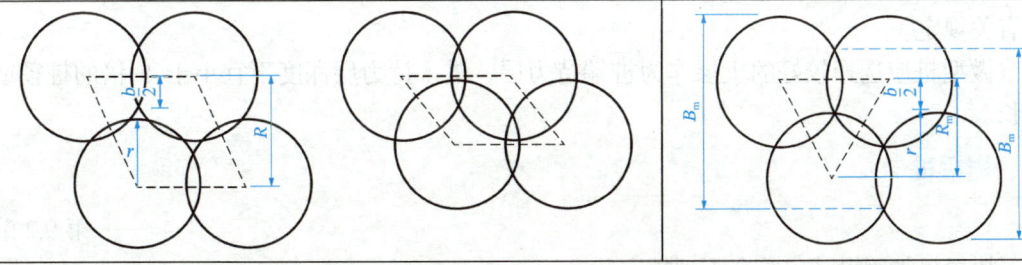

（2）对于<u>多排孔</u>：是要充分发挥灌浆孔的潜力，以获得最大的灌浆体厚度，然而不同的设计方法，将得出不同的结果，如下所示：

①排距$R > \left(r + \frac{b}{2}\right)$，两排孔不能紧密搭接，将在灌浆体中留下"窗口"。

②排距$R < \left(r + \frac{b}{2}\right)$，两排孔搭接过多，将造成一定浪费。

③排距$R = \left(r + \frac{b}{2}\right)$，两排孔正好紧密搭接，最大限度发挥了各灌浆孔的作用，是一种最优的设计，如上右侧图所示。

综上所述：

①可得出多排孔的<u>最优排距</u>为：

$$R_m = r + \frac{b}{2} = r + \sqrt{r^2 - \frac{l^2}{4}}$$

②<u>最优厚度</u>为：

奇数排：

$$B_m = (n-1)\left[r + \frac{(n+1)}{(n-1)} \cdot \frac{b}{2}\right] = (n-1)\left[r + \frac{(n+1)}{(n-1)} \cdot \sqrt{r^2 - \frac{l^2}{4}}\right]$$

续表

偶数排：

$$B_{\mathrm{m}} = n\left(r + \frac{b}{2}\right) = n\left(r + \sqrt{r^2 - \frac{l^2}{4}}\right)$$

式中：$n$——灌浆孔排数。

设计工作中，常遇到 $n$ 排孔厚度不够，但 $(n+1)$ 排孔厚度又偏大的情况，如有必要，可用放大孔距的办法来调整，但也应对钻孔费和浆材费进行比较，以确定合理的孔距

### 知识拓展

注浆加固对比《湿陷性黄土地区建筑标准》第 9.2 节。

## 第七节　微型桩加固

微型桩加固适用于既有建筑地基加固或新建建筑的地基处理。微型桩按桩型和施工工艺，可分树根桩、预制桩和注浆钢管桩等。

微型桩加固后的地基，当桩与承台整体连接时，可按桩基础设计；桩与基础不整体连接时，可按复合地基设计。按桩基设计时，桩顶与基础的连接应符合《建筑桩基技术规范》的有关规定。

按复合地基设计时，应符合本规范第 7 章的有关规定，褥垫层厚度宜为 100～150mm。

既有建筑地基基础采用微型桩加固补强，应符合《既有建筑地基基础加固技术规范》的有关规定。

微型桩应选择较好的土层作为桩端持力层，进入持力层深度不宜小于 5 倍的桩径或边长。

### 一、树根桩

——第 9.2 节

树根桩加固设计应符合下列规定：

（1）树根桩的直径宜为 150～300mm，桩长不宜超过 30m，对新建建筑宜采用直桩型或斜桩网状布置。

（2）树根桩的单桩竖向承载力应通过单桩静载荷试验确定。当无试验资料时，可按下表中公式估算。当采用水泥浆二次注浆工艺时，桩侧阻力可乘 1.2～1.4 的系数。

（3）桩身材料混凝土强度不应小于 C25，灌注材料可用水泥浆、水泥砂浆、细石混凝土或其他灌浆料，也可用碎石或细石充填再灌注水泥浆或水泥砂浆。

（4）树根桩主筋不应少于 3 根，钢筋直径不应小于 12mm，且宜通长配筋。

### 二、预制桩

——第 9.3 节

预制桩桩体可采用边长为 150～300mm 的预制混凝土方桩，直径 300mm 的预应力混凝土管桩，断面尺寸为 100～300mm 的钢管桩和型钢等。

预制桩单桩竖向承载力应通过单桩静载荷试验确定；无试验资料，初步设计可按下表中公式估算。

## 三、注浆钢管桩

——第 9.4 节

注浆钢管桩单桩承载力的设计计算，应符合《建筑桩基技术规范》的有关规定。
当采用二次注浆工艺时，桩侧摩阻力特征值取值可乘以 1.3 的系数。

## 四、单桩承载力计算

**单桩承载力计算**

| 桩型 | 工艺 | 计算式 | 参数说明 |
|---|---|---|---|
| 树根桩<br>（第 9.2 节） | 一般工艺 | $R_a = u_p \sum_{i=1}^{n} q_{si} l_{pi} + \alpha_p q_p A_p$ | 注意侧阻 $q_{si}$、端阻 $q_p$ 为特征值（kPa） |
| | 二次注浆 | $R_a = u_p \sum_{i=1}^{n} (1.2 \sim 1.4) q_{si} l_{pi} + \alpha_p q_p A_p$ | |
| 预制桩<br>（第 9.3 节） | — | $R_a = u_p \sum_{i=1}^{n} q_{si} l_{pi} + \alpha_p q_p A_p$ | |
| 注浆钢管桩<br>（第 9.4 节） | 一般工艺 | $Q_{uk} = u_p \sum_{i=1}^{n} q_{sik} l_{pi} + q_{pk} A_p$  $\Rightarrow R_a = \dfrac{Q_{uk}}{2}$ | 注意极限侧阻 $q_{sik}$、端阻 $q_{pk}$ 为标准值（kPa） |
| | 二次注浆 | $Q_{uk} = u_p \sum_{i=1}^{n} 1.3 q_{sik} l_{pi} + q_{pk} A_p$ | |

式中：$R_a$——单桩竖向承载力特征值（kN）；
　　　$u_p$——桩身周长（m）；
　　　$q_{si}$——桩周第 $i$ 层土侧阻力特征值（kPa）；
　　　$l_{pi}$——桩长范围内第 $i$ 层土的厚度（m）；
　　　$\alpha_p$——桩端阻力发挥系数；
　　　$q_p$——桩端阻力特征值（kPa）；
　　　$A_p$——桩的截面面积（m²）；
　　　$Q_{uk}$——单桩竖向极限承载力标准值（kN）；
　　　$q_{sik}$——桩侧第 $i$ 层土的极限侧阻力标准值（kPa）；
　　　$q_{pk}$——桩端持力层的极限端阻力标准值（kPa）

# 第十四章

# 公路路基设计规范

## 一、软土地区地基沉降

——第 7.7.2 条

**软土地区地基沉降**

（1）沉降深度：对用于计算沉降的压缩层，其底面应在附加应力与有效自重应力之比不大于0.15处

（2）沉降计算：
行车荷载对沉降的影响，对于高路堤可忽略不计。主固结沉降$S_c$应采用分层总和法计算

| | |
|---|---|
| ①总沉降$S$—沉降系数$m_s$与主固结沉降$S_c$之积计算<br>$S = m_s S_c$<br>$m_s = 0.123\gamma^{0.7}(\theta H^{0.2} + \nu H) + Y$ | 式中：$m_s$——沉降系数，与地基条件、荷载强度、加荷速率等因素有关，其范围为 1.1～1.7，应根据现场沉降监测资料确定，也可按照公式估算；<br>$\theta$——地基处理类型系数，地基用塑料排水板处理时可取 0.95～1.1，用粉体搅拌桩处理时可取 0.85，一般预压时取 0.90； |
| ②总沉降—瞬时沉降$S_d$、主固结沉降$S_c$及次固结沉降$S_s$之和计算<br>$S = S_d + S_c + S_s$ | $H$——路堤中心高度（m）；<br>$\gamma$——填料重度（kN/m³）；<br>$\nu$——加载速率修正系数，加载速率为 20～70mm/d 时，取 0.025；采用分期加载，速度小于 20mm/d 时取 0.005；采用快速加载，速度大于 70mm/d 时取 0.05；<br>$Y$——地质因素修正系数，满足软土层不排水抗剪强度小于 25kPa、软土层的厚度大于5m、硬壳层厚度小于 2.5m 三个条件时，$Y = 0$，其他条件可取 $Y = -0.1$； |
| ③任意时刻沉降量$S_t$——考虑主固结随时间的变化过程<br>$S_t = (m_s - 1 + U_t)S_c$ 或<br>$S_t = S_d + S_c U_t + S_s$ | $U_t$——地基平均固结度，采用太沙基一维固结理论解计算；对于砂井、塑料排水板等竖向排水体处理的地基，固结度按巴隆给出的太沙基-伦杜立克固结理论轴对称条件固结方程在等应变条件下求解计算 |

**容许工后沉降（m）**

| 公路等级 | 工程位置 | | |
|---|---|---|---|
| | 桥台与路堤相邻处 | 涵洞、箱涵、通道处 | 一般路段 |
| 高速公路、一级公路 | ≤ 0.10 | ≤ 0.20 | ≤ 0.30 |
| 作为干线公路的二级公路 | ≤ 0.20 | ≤ 0.30 | ≤ 0.50 |

【小注】工后沉降 = 工程工作时间的沉降 − 预压结束时间的沉降。

## 二、软土地区复合地基

——第 7.7.7～7.7.10 条

**软土地区复合地基**

粒料桩处理地基设计应符合下列要求：
①振冲粒料桩可用于加固十字板抗剪强度大于 15kPa 的地基土；沉管粒料桩可用于加固十字板抗剪强度大于 20kPa 的地基土。
②粒料桩可用砂、砂砾、碎石等材料，桩料不应使用单一尺寸粒料，且桩料含泥量不得超过 5%。
③粒料桩的直径、桩长及间距应经稳定验算和沉降验算确定，相邻桩净距不应大于 4 倍桩径

加固土桩处理地基设计：
①深层拌合法可用于加固十字板抗剪强度不小于 10kPa 的软土地基。采用粉喷桩法时，深度不宜超过 12m；采用浆喷法时，深度不宜超过 20m。
②加固土桩的直径、桩长及间距应经稳定验算确定并应满足工后沉降的要求。相邻桩的净距不应大于 4 倍桩径。
③加固土桩复合地基的路堤整体抗剪稳定系数计算时，复合地基内滑动面上的抗剪强度应采用复合地基抗剪强度 $\tau_{ps}$，并按下式计算。
④加固土桩的抗剪强度以 90d 龄期的强度为标准强度，可按钻取试验路段的原状试件测得无侧限抗压强度 $q_u$ 的一半计算；也可按设计配合比由室内制备的加固土试件测得的 90d 无侧限抗压强度 $q_u$ 乘以折减系数 0.30 求得

| （1）粒料桩复合地基抗剪强度 $\tau_{ps}$：<br>$$\tau_{ps} = \eta\tau_p + (1-\eta)\tau_s$$ | （2）粒料桩桩长深度内地基沉降 $S_z$：<br>$$S_z = \mu_s S \Leftarrow \mu_s = \frac{1}{1+\eta(n-1)}$$ |
|---|---|
| 式中：$\eta$——桩土面积置换率：<br>等边三角形布桩：$\eta = 0.907\left(\frac{D}{B}\right)^2$<br>正方形布桩：$\eta = 0.785\left(\frac{D}{B}\right)^2$<br>$\tau_p$——桩体抗剪强度（kPa）；<br>$\tau_s$——地基土抗剪强度（kPa）；<br>$D$、$B$——分别为桩的直径和桩间距（m） | 式中：$\mu_s$——桩间土应力折减系数；<br>$n$——桩土应力比，宜经试验工程确定；<br>无资料时，可取 2～5；当桩底土质好、桩间土质差时可取高值，否则取低值<br>$S$——粒料桩桩长深度内原地基的沉降 |

加固土桩复合地基的沉降量应按复合地基加固区的沉降量 $S_1$ 和加固区下卧层的沉降量 $S_2$ 两部分来计算。加固区的沉降量 $S_1$ 宜采用复合压缩模量法计算；下卧层的沉降量 $S_2$ 可按现行《建筑地基基础设计规范》的有关规定计算

| （3）加固土桩复合压缩模量 $E_{ps}$：<br>$$E_{ps} = \eta E_p + (1-\eta)E_s$$<br>$E_p$、$E_s$——分别为桩体、土体压缩模量（MPa） | （4）刚性桩复合地基最终沉降 $S$：<br>$$S = \psi_P \sum_{j=1}^{m}\sum_{i=1}^{n_j} \frac{1}{E_{sj,i}}\sigma_{j,i}\Delta h_{j,i}$$ |
|---|---|

式中：$m$——桩端平面以下压缩层内土层分层的数目；
　　　$n_j$——桩端平面下第 $j$ 层土的计算分层数；
　　　$E_{sj,i}$——桩端平面下第 $j$ 层土第 $i$ 个分层在自重应力至自重应力加附加应力作用段的压缩模量（MPa）；
　　　$\Delta h_{j,i}$——桩端平面下第 $j$ 层第 $i$ 分层的厚度（m）；
　　　$\psi_P$——桩基沉降计算经验系数；
　　　$\sigma_{j,i}$——桩端平面下第 $j$ 层第 $i$ 分层的竖向附加应力（kPa），按《建筑地基基础设计规范》附录 R 计算

续表

| （5）强夯法的有效加固深度 $d$ $$d = \alpha\sqrt{mh}$$ | （6）强夯置换法复合地基的沉降 $$S_z = \mu_s S \Leftarrow \mu_s = \frac{1}{1 + \eta(n-1)}$$ |
|---|---|
| 式中：$m$——夯锤质量（t）； $h$——夯锤落距（m）； $\alpha$——修正系数，与土质条件、地下水位、夯击能大小、夯锤底面积等有关，其值范围：0.34～0.80 | 式中：$n$——桩土应力比取值：黏性土地基可取 2～4，粉土和砂土地基可取 1.5～3 |
| （7）CFG 桩配合比—第 7.7.9 条条文说明 ||
| 水泥粉煤灰碎石桩（CFG 桩）的配合比设计具体步骤如下： ||
| ①确定用水量 $W$ | 用水量由坍落度具体值试配确定，一般从经验用水量开始；令单方用水量为 $W$（kg） |
| ②确定水泥用量 $C$ | 根据水泥强度等级 $R_c^b$（MPa），混合料 28d 强度 $f_{cu}$（MPa）（由边长 150mm 的立方体试块测得），按下式计算水泥单方用量 $C$（kg）： $$f_{cu} = 0.366 R_c^b \left(\frac{C}{W} - 0.071\right)$$ |
| ③确定粉煤灰用量 $F$ | 单方粉煤灰用量 $F$（kg）按下式计算： $$\frac{C}{W} = 0.187 + 0.791 \frac{F}{C}$$ |
| ④石屑用量 $G_1$ 和碎石用量 $G_2$ | 计算单方石屑用量 $G_1$ 和单方碎石用量 $G_2$ 需要用到石屑率 $\lambda$： $$\lambda = \frac{G_1}{G_1 + G_2}$$ $\lambda$ 值取 0.25～0.33 为合理的石屑率 |

已知混合料的密度（一般为 2.2～2.3t/m³），由已经求得的 $W$、$C$、$F$ 可以得到 $G_1 + G_2$，再由上式分别得到 $G_1$、$G_2$。按以上步骤试配，并根据坍落度调整用水量，直到满足要求

笔记区

# 第十五章

# 铁路路基设计规范

——第 3.3.6～3.3.9 条

**路基沉降计算**

（1）地基沉降计算深度：
①高速铁路、无砟轨道铁路地基压缩层的计算深度按附加应力等于 0.1 倍的自重应力确定，其他铁路地基压缩层的计算深度按附加应力等于 0.2 倍的自重应力确定。
②计算深度以下仍有软土层时，应继续增加计算深度。
双线路基沉降计算时，轨道荷载可按双线设计，列车荷载宜按单线设计

（2）工后沉降量 $S_r$（m）：$S_r \leqslant C_d$

$$S_r = S_{有荷} + CH - \eta S_{无荷} \Leftarrow S_r = S_{有荷} + S_D - S_T \Leftarrow S_D = CH;\ S_T = \eta S_{无荷}$$

式中： $C_d$——工后沉降控制限值（m），见下表；
$S_{有荷}$、$S_{无荷}$——分别为有荷、无荷状态下地基总沉降量（m），按照以下（3）计算；
$S_D$——铺轨工程完成后路堤填料的剩余沉降量（m）；
$S_T$——施工期沉降量（m）（一般按无荷状态计算，当采用堆载预压或超载预压措施处理时宜按相应荷载状态计算）；
$C$——路堤填料的沉降比，结合填料、路基填筑完成放置时间、压实设备、压实标准及地区经验综合确定；
$H$——路堤边坡高度（m）；
$\eta$——施工期沉降量完成比例系数，结合地基条件、地基处理措施、路基填筑完成放置时间及地区经验综合确定；

（3）总沉降量 $S$（m）

| 天然地基总沉降量 | 排水固结法处理地基总沉降量 | 复合地基总沉降量 |
| --- | --- | --- |
| $S = m_s S_j$ | $S = S_C + S_I + S_S$ | $S = m_{Js} S_1 + m_{Xs} S_2$ |
| 式中：$S$——地基总沉降量（m）；<br>$m_s$——沉降经验修正系数，与地基条件、荷载强度、加荷速率等有关；<br>$S_j$——沉降计算值（m），一般采用分层总和法计算；<br>$S_C$——主固结沉降量（m），一般采用分层总和法计算；<br>$S_I$——瞬时沉降量（m），可按弹性理论计算；<br>$S_S$——次固结沉降量（m），可采用次固结系数计算 | | 式中：$m_{Js}$——加固区沉降经验修正系数，与地基条件、荷载强度、地基处理措施及路基填筑完成放置时间等因素有关；<br>$S_1$——加固区沉降计算值（m）；<br>$m_{Xs}$——下卧层沉降经验修正系数，与地基条件、荷载强度、加荷速率等有关；<br>$S_2$——下卧层沉降计算值（m） |

**路基工后沉降控制限值$C_d$**

| 铁路类别 | | | 一般地段工后沉降（mm） | 桥台台尾过渡段工后沉降（差异沉降）(mm) | 沉降速率（mm/年） |
|---|---|---|---|---|---|
| 有砟轨道 | 客货共线铁路 | 200km/h | ≤150 | ≤80 | ≤40 |
| | | 200km/h 以下 Ⅰ级 | ≤200 | ≤100 | ≤50 |
| | | 200km/h 以下 Ⅱ级 | ≤300 | ≤150 | ≤60 |
| | 高速铁路 | 300km/h、350km/h | ≤50 | ≤30 | ≤20 |
| | | 250km/h | ≤100 | ≤50 | ≤30 |
| | 城际铁路 | 200km/h | ≤150 | ≤80 | ≤40 |
| | | 160km/h、120km/h | ≤200 | ≤100 | ≤50 |
| | 重载铁路 | | ≤200 | ≤100 | ≤50 |
| 无砟轨道 | | | ≤15 | 5 | — |

**笔记区**

第五篇

# 土工结构与边坡防护

## 土工结构与边坡防护知识点分级

| 规范 | 模块一：侧向岩土压力计算 | | 模块二：边坡稳定性的计算 | 模块三：支挡结构的设计 |
|---|---|---|---|---|
| 《土力学》 | 静止土压力 | | 直线滑动（地震、超载、水、锚杆等）★★★★★ | 重力式挡墙抗滑移、抗倾覆★★★★★ |
| | 朗肯土压力 | 主动土压力★★★★★<br>被动土压力★ | 折线滑动（显式解、隐式解）★★★★★ | 水中挡墙★★★★ |
| | 库仑土压力 | 主动土压力★★★<br>被动土压力★ | 圆弧滑动（整体圆弧、条分法，规范法，简化 bishop 法）★★★★ | 锚杆锚固段长度、截面积、刚度系数★★★★ |
| 《土力学》—特殊主动土压力计算 | 1 | 填土表面有均布荷载★★★★ | | 锚杆加固危岩★★★★ |
| | 2 | 渗流下土压力的计算★★★★ | | 桩板墙地基横向承载力★★★★ |
| | 3 | 成层填土★★★★ | | 静力平衡法★★★★ |
| | 4 | 墙后填土有地下水★★★★ | | 等值梁法★★★★ |
| | 5 | 墙背和填土均倾斜，且填土上有均布荷载★★ | | |
| | 6 | 墙背形状有变化（折线、卸荷台）★★★★ | | |
| | 7 | 墙后填土受限制（有限范围）★★★★ | | |
| | 8 | 坦墙★★★★ | | |
| | 9 | 液化★★★★ | | |
| | 10 | 管道或地下结构的土压力★ | | |
| 《建筑边坡工程技术规范》 | 《建筑地基基础设计规范》《建筑边坡工程技术规范》主动土压力计算★★★ | | | |
| | 《建筑地基基础设计规范》《建筑边坡工程技术规范》有限范围土压力计算★★★ | | | |
| | 边坡坡面倾斜的土压力计算★★ | | | |
| | 地震作用下土压力计算★ | | | |
| | 特殊条件下侧向压力的计算★★ | | | |
| | 岩石压力：沿外倾结构面、沿缓倾的外倾软弱结构面、无外倾结构面★★★、边坡坡顶水平，无超载★★、地震作用★ | | | |
| | 坡顶有重要建（构）筑物的岩土压力★★★ | | | |

【表注】①本表格未包括其他规范中边坡部分的内容，《土力学》中土压力的内容比《建筑边坡工程技术规范》要重要，且需要理解，而规范中的土压力内容考查很少，重点掌握其和《土力学》中土压力的关系。
②本模块一般考查 6 道案例题，边坡 5 道，土工合成材料 1 道，如果考虑不良地质中滑坡，一般会有 1~2 道题，本模块就是 7~8 道案例题。

# 第十六章

# 建筑边坡工程技术规范

## 第一节 基本规定

### 一、边坡岩体的分类

——第 4.1.4、4.1.5 条

#### （一）有外倾结构面的边坡岩体分类

**有外倾结构面的边坡岩体分类**

| 边坡岩体类型 | 判定条件 | | | |
|---|---|---|---|---|
| | 岩体完整程度 | 结合面结合程度 | 结构面产状 | 直立边坡自稳能力 |
| I | 完整 | 良好或一般 | 外倾结构面或外倾不同结构面的组合线倾角 >75°或 <27° | 30m 高的边坡长期稳定，偶有掉块 |
| II | 完整 | 良好或一般 | 外倾结构面或外倾不同结构面的组合线倾角 27°～75° | 15m 高的边坡稳定 15～30m 高的边坡欠稳定 |
| | 完整 | 差 | 外倾结构面或外倾不同结构面的组合线倾角 >75°或 <27° | |
| | 较完整 | 良好或一般 | 外倾结构面或外倾不同结构面的组合线倾角 >75°或 <27° | 边坡局部落块 |
| III | 完整 | 差 | 外倾结构面或外倾不同结构面的组合线倾角 27°～75° | 8m 高边坡稳定 15m 高边坡欠稳定 |
| | 较完整 | 良好或一般 | 外倾结构面或外倾不同结构面的组合线倾角 27°～75° | |
| | 较完整 | 差 | 外倾结构面或外倾不同结构面的组合线倾角 >75°或 <27° | |
| | 较完整 | 差或很差 | 外倾结构面或外倾不同结构面的组合线倾角 27°～75°；结构面贯通性差时（比IV类多出的判定条件） | |
| | 较破碎 | 良好或一般 | 外倾结构面或外倾不同结构面的组合线倾角 >75°或 <27° | |
| | 较破碎（碎裂镶嵌） | 良好或一般 | 结构面无明显规律 | |
| IV | 较完整 | 差或很差 | 外倾结构面以层面为主、倾角多为 27°～75° | 8m 高边坡不稳定 |
| | 较破碎 | 一般或差 | 外倾结构面或外倾不同结构面的组合线倾角 27°～75° | |
| | 破碎或极破碎 | 碎块间结合很差 | 结构面无明显规律 | |

【表注】①结构面指原生结构面和构造结构面，不包括风化裂隙；

②外倾结构面系指倾向与坡向夹角小于30°的结构面；
③不包括全风化基岩，全风化基岩可视为土体；
④Ⅰ类岩体为软岩，应降为Ⅱ类；Ⅰ类岩体为较软岩且边坡高度大于15m，可降为Ⅱ类；
⑤Ⅱ、Ⅲ类岩体，当地下水发育时，可根据具体情况降低一档；
⑥强风化岩应划分为Ⅳ类，完整的极软岩可划分为Ⅲ类或Ⅳ类。

### （二）无外倾结构面的边坡岩体分类

**无外倾结构面的边坡岩体分类**

| 类别 | 岩体特征 |
|---|---|
| Ⅰ类 | 完整、较完整的坚硬岩、较硬岩 |
| Ⅱ类 | 较破碎的坚硬岩、较硬岩<br>完整、较完整的较软岩、软岩 |
| Ⅲ类 | 较破碎的较软岩、软岩 |

## 二、边坡力学参数取值

——第4.3节、第6.2.6条

### （一）结构面结合程度划分

**结构面结合程度划分**

| 结合程度 | 结合状况 | 起伏粗糙程度 | 结构面张开度（mm） | 充填状况 | 岩体状况 |
|---|---|---|---|---|---|
| 良好 | 铁硅钙质胶结 | 起伏粗糙 | ≤3 | 胶结 | 硬岩或较软岩 |
| 一般 | 铁硅钙质胶结 | 起伏粗糙 | 3～5 | 胶结 | 硬岩或较软岩 |
| | 铁硅钙质胶结 | 起伏粗糙 | ≤3 | 胶结 | 软岩 |
| | 分离 | 起伏粗糙 | ≤3（无充填时） | 无充填或岩块、岩屑充填 | 硬岩或较软岩 |
| 差 | 分离 | 起伏粗糙 | ≤3 | 干净无充填 | 软岩 |
| | 分离 | 平直光滑 | ≤3（无充填时） | 无充填或岩块、岩屑充填 | 任意岩层 |
| | 分离 | 平直光滑 | — | 岩块、岩屑夹泥或附泥膜 | 任意岩层 |
| 很差 | 分离 | 平直光滑、略有起伏 | — | 泥质或泥夹岩屑充填 | 任意岩层 |
| | 分离 | 平直很光滑 | ≤3 | 无充填 | 任意岩层 |
| 极差 | 结合极差 | — | — | 泥化夹层 | 任意岩层 |

续表

| 【小注】 | 起伏度 $R_A = \frac{A}{L}$<br>$A$——连续结构面起伏幅度(cm);<br>$L$——连续结构面取样长度(cm),<br>一般为100~300cm | $R_A \leqslant 1\%$ | $1\% < R_A \leqslant 2\%$ | $R_A > 2\%$ |
|---|---|---|---|---|
| | 起伏程度 | 平直 | 略有起伏 | 起伏 |
| | 触感 | 细腻如镜面 | 比较细腻无颗粒感觉 | 可以感觉到一定的颗粒状 | 明显感觉到颗粒状 |
| | 粗糙程度 | 很光滑 | 光滑 | 较粗糙 | 粗糙 |
| | 岩石饱和单轴抗压强度$R_c$（MPa） | $R_c > 30$ | $15 < R_c \leqslant 30$ | $5 < R_c \leqslant 15$ |
| | 岩石坚硬程度 | 硬岩 | 较软岩 | 软岩 |

注：上表触感一行跨4列。

## （二）结构面抗剪强度取值

**结构面抗剪强度取值**

| 结构面类型 | | 结构面结合程度 | 内摩擦角$\varphi$（°） | 黏聚力$c$（kPa） |
|---|---|---|---|---|
| 硬性结构面 | ① | 好 | > 35 | > 130 |
| | ② | 一般 | 35~27 | 130~90 |
| | ③ | 差 | 27~18 | 90~50 |
| 软弱结构面 | ④ | 很差 | 18~12 | 50~20 |
| | ⑤ | 极差（泥化层） | < 12 | < 20 |

【表注】①除第1项和第5项外，结构面两壁岩性为极软岩、软岩时取较低值。
②结构面浸水时取低值；临时性边坡可取高值。

## （三）边坡岩体等效内摩擦角标准值$\varphi_e$

**边坡岩体等效内摩擦角标准值$\varphi_e$**

| 边坡岩体类型 | Ⅰ | Ⅱ | Ⅲ | Ⅳ |
|---|---|---|---|---|
| 等效内摩擦角$\varphi_e$（°） | $\varphi_e > 72°$ | $62° < \varphi_e \leqslant 72°$ | $52° < \varphi_e \leqslant 62°$ | $42° < \varphi_e \leqslant 52°$ |

【表注】①适用于高度不大于30m的边坡。
②边坡高度较大时宜取较小值；高度较小时宜取较大值；当边坡岩体变化较大时，应按等高度段分别取值。
③已考虑时间效应；对于Ⅱ、Ⅲ、Ⅳ类岩质临时边坡可取上限值，Ⅰ类岩质临时边坡可根据岩体强度及完整程度取大于72°的数值。
④适用于完整、较完整岩体；破碎、较破碎的岩体可根据地方经验适当折减。

## （四）内摩擦角$\varphi$折减

**内摩擦角$\varphi$折减**

| 边坡岩体完整程度 | 完整 | 较完整 | 较破碎 |
|---|---|---|---|
| 内摩擦角$\varphi$折减系数 | 0.90~0.95 | 0.85~0.90 | 0.80~0.85 |

## （五）土压力和边坡稳定性选取抗剪强度指标

**土压力和边坡稳定性选取抗剪强度指标**

| | |
|---|---|
| 土压力计算<br>（第6.2.6条） | 边坡坡体中有地下水但未形成渗流时，作用于支护结构上的侧压力可按下列规定计算：<br>①对砂土和粉土应按水土分算原则计算；<br>②对黏性土宜根据工程经验按水土分算或水土合算原则计算；<br>③按水土分算原则计算时，作用在支护结构上的侧压力等于土压力和静止水压力之和，地下水位以下土压力计算采用浮重度（$\gamma'$）和有效应力抗剪强度指标（$c'$、$\varphi'$）计算；<br>④按水土合算原则计算时，地下水位以下的土压力采用饱和重度（$\gamma_{sat}$）和总应力抗剪强度指标（$c$、$\varphi$）计算 |
| | 【小注】实际做题过程中，除非题目明确需要水土合算，否则不论什么土，水位以下均采用水土分算 |
| 边坡稳定性<br>（第4.3.5条） | 边坡稳定性计算应根据不同的工况选择相应的抗剪强度指标：<br>①土质边坡按水土合算原则计算时，地下水位以下宜采用土的饱和自重固结不排水抗剪强度指标；<br>②按水土分算原则计算时，地下水位以下宜采用土的有效抗剪强度指标 |
| 试验方法<br>（第4.3.7条） | 土质边坡抗剪强度试验方法的选择应符合下列规定：<br>①根据坡体内的含水状态选择天然或饱和状态的抗剪强度试验方法；<br>②用于土质边坡，在计算土压力和抗倾覆计算时，对黏土、粉质黏土宜选择直剪固结快剪或三轴固结不排水剪，对粉土、砂土和碎石土宜选择有效应力强度指标；<br>③用于土质边坡计算整体稳定、局部稳定和抗滑稳定性时，对一般的黏性土、砂土和碎石土，按第2款相同的试验方法，但对饱和软黏性土，宜选择直剪快剪、三轴不固结不排水试验或十字板剪切试验 |

## 三、边坡滑塌区范围

——第3.2.3条

**边坡滑塌区范围**

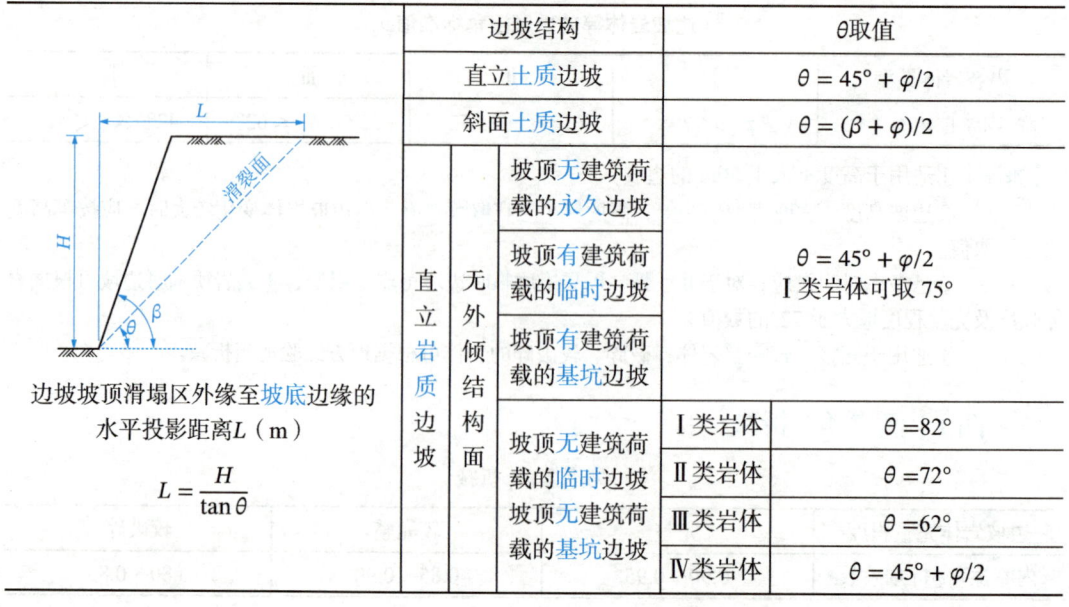

边坡坡顶滑塌区外缘至坡底边缘的
水平投影距离 $L$（m）

$$L = \frac{H}{\tan\theta}$$

| 边坡结构 | | | $\theta$取值 |
|---|---|---|---|
| 直立土质边坡 | | | $\theta = 45° + \varphi/2$ |
| 斜面土质边坡 | | | $\theta = (\beta + \varphi)/2$ |
| 直立岩质边坡 | 无外倾结构面 | 坡顶无建筑荷载的永久边坡 | $\theta = 45° + \varphi/2$<br>Ⅰ类岩体可取75° |
| | | 坡顶有建筑荷载的临时边坡 | |
| | | 坡顶有建筑荷载的基坑边坡 | |
| | | 坡顶无建筑荷载的临时边坡 | Ⅰ类岩体 $\theta = 82°$ |
| | | | Ⅱ类岩体 $\theta = 72°$ |
| | | 坡顶无建筑荷载的基坑边坡 | Ⅲ类岩体 $\theta = 62°$ |
| | | | Ⅳ类岩体 $\theta = 45° + \varphi/2$ |

续表

| | | | |
|---|---|---|---|
| 边坡坡顶滑塌区外缘至坡顶边缘的水平投影距离$L'$（m）<br><br>$L' = \dfrac{H}{\tan\theta} - \dfrac{H}{\tan\beta}$<br><br>式中：$H$——边坡高度（m）；<br>$\beta$——坡角（°）；<br>$\theta$——破裂角（°），取值如右；<br>$\alpha$——外倾结构面倾角（°）；<br>$\varphi$——岩土体的内摩擦角（°）；<br>$c$——岩土体的黏聚力（kPa）；<br>$\gamma$——岩土体的重度（kN/m³） | 直立岩质边坡 | 外倾硬性结构面 | 坡顶无建筑荷载的永久边坡 | $\theta = \min(45° + \varphi/2, \alpha)$<br>I 类岩体可取 $\min(75°, \alpha)$ |
| | | | 坡顶有建筑荷载的临时边坡 | |
| | | | 坡顶有建筑荷载的基坑边坡 | |
| | | | 坡顶无建筑荷载的临时边坡 | I 类岩体：$\theta = \min(82°, \alpha)$ |
| | | | | II 类岩体：$\theta = \min(72°, \alpha)$ |
| | | | 坡顶无建筑荷载的基坑边坡 | III 类岩体：$\theta = \min(62°, \alpha)$ |
| | | | | IV 类岩体：$\theta = \min(45° + \varphi/2, \alpha)$ |
| | | 外倾软弱结构面 | | $\theta = \alpha$ |
| | 斜面岩质边坡 | 无外倾结构面 | | $\eta = \dfrac{2c}{\gamma h} \Rightarrow$<br>$\theta = \arctan\left[\dfrac{\cos\varphi}{\sqrt{1+\dfrac{\cot\beta}{\eta+\tan\varphi}} - \sin\varphi}\right]$ |
| | | 有外倾结构面 | | $\theta = \alpha$ |

## 第二节　岩土压力计算

### 一、土压力计算方法选取

**土压力计算方法选取**

| 破裂角$\theta$已知 | | 楔体法或规范库仑衍生公式（第 6.2.8 条、第 6.3.1 条） |
|---|---|---|
| 破裂角$\theta$未知 | 符合朗肯条件 | 朗肯土压力 |
| | 不符合朗肯条件 | 库仑土压力或土压力万能公式（第 6.2.3 条） |

同时满足以下条件，才考虑土压力增大系数$\psi_a$：
①重力式挡土墙；②主动土压力；③土质边坡；④题目指定作答规范：《建筑边坡工程技术规范》或《建筑地基基础设计规范》。
墙高$H < 5$m，$\psi_a = 1.0$；墙高$H = 5 \sim 8$m，$\psi_a = 1.1$；墙高$H > 8$m，$\psi_a = 1.2$。
几点说明：
（1）不论采用朗肯理论、库仑理论还是规范公式计算土压力，只要满足上述四个条件，即需考虑土压力的增大系数$\psi_a$。
（2）被动土压力、岩石压力、水压力勿考虑。
（3）规范表述土压力增大系数$\psi_a$和墙高$H$有关系，作者认为这是规范表述的"小瑕疵"，应该和墙后填土高度有关系，只不过一般工程墙高＝墙后填土高度。

## 二、静止土压力

### 静止土压力

| 常见的静止土压力 | 地下室的外墙、地下连续墙、建在岩石地基上的重力式挡土墙,其受到的土体的挤压力可认为是静止土压力,本质为墙不动 |
|---|---|

| （1）墙背直立、光滑、填土水平 | | |
|---|---|---|
| （1）任意深度$h_i$处的静止土压力强度$e_{0i}$（kPa） | $e_{0i}=(\sum\gamma_ih_i+q)K_{0i}$ | |
| （2）静止土压力合力$E_0$（kN/m） | $E_0=\dfrac{1}{2}\gamma H^2K_0$ | |
| （3）静止土压力系数$K_0$ | 无黏性土 正常固结黏性土 | $K_0=1-\sin\varphi'$ |
| | 超固结黏性土 | $K_0=(OCR)^m\times(1-\sin\varphi')$ |

$K_0$——静止土压力系数,砂土取 0.34～0.45,黏性土取 0.5～0.7。
理论上:$K_0=\nu/(1-\nu)$,土泊松比$\nu$难确定,可用左侧经验公式估算。
$\varphi'$——有效内摩擦角（°）。
$OCR$——超固结比 $=\dfrac{先期固结压力p_c}{自重应力\sigma_{cz}}$。
$m$——经验系数,一般取 0.4～0.5;塑性指数小取大值

静止土压力强度沿墙高呈三角形分布,取挡土墙单位宽度的土压力合力则为土压力强度三角形的面积,其合力作用点距墙底$H/3$

| （2）墙背倾斜 | | |
|---|---|---|
| 作用在 $AB'$ 面上的静止土压力$E'_0$（kN/m） | $E'_0=\dfrac{1}{2}\gamma H^2K_0$ | 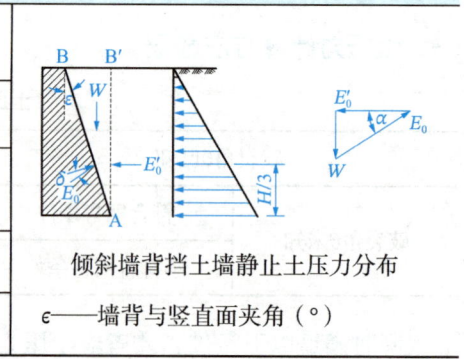 |
| 楔形体 $ABB'$ 自重$W$（kN/m） | $W=\dfrac{1}{2}\gamma H^2\tan\varepsilon$ | |
| 作用在墙背 $AB$ 上的土压力$E_0$（kN/m） | $E_0=\dfrac{1}{2}\gamma H^2\sqrt{K_0^2+\tan^2\varepsilon}$ | |
| $E_0$与水平面的夹角$\alpha$ | $\tan\alpha=\dfrac{W}{E'_0}=\dfrac{\tan\varepsilon}{K_0}$ | 倾斜墙背挡土墙静止土压力分布 |
| $E_0$与墙背法线的夹角$\delta$ | $\delta=\arctan\dfrac{(1-K_0)\tan\varepsilon}{K_0+\tan^2\varepsilon}$ | $\varepsilon$——墙背与竖直面夹角（°） |

## 三、朗肯土压力

应用条件:破裂角$\theta$未知,墙背竖直、光滑、墙后填土水平（$\alpha=90°$,$\delta=0$,$\beta=0$）,若不满足,请看下一条。考试的必考点:朗肯主动土压力。

## （一）朗肯主动土压力

**朗肯主动土压力**

| 大部分挡土墙（支挡结构）受到土的挤压力为主动土压力，因此也是考试的常考点 ||
|---|---|
| 主动土压力形成过程 ||
| 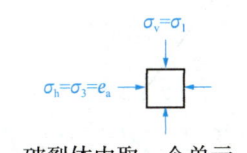<br>破裂体内取一个单元 | 随着墙体逐渐向前（背离土体）变形增大→土体被水平向伸长，水平应力$\sigma_h$逐渐减小，竖向应力$\sigma_v$保持不变→墙后土体在其自身重力作用下产生的下滑趋势逐渐增大→土体内部出现一个贯通的滑动面，抗剪强度$\tau$逐渐全部发挥→导致墙背土压力$E$逐渐减小至最小值→土体达到朗肯主动破坏极限平衡状态，此时墙背土压力即为朗肯主动土压力$E_a$ |
| 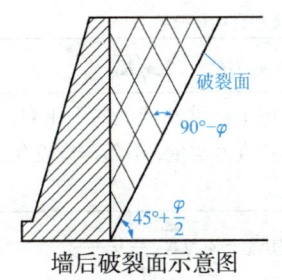<br>墙后破裂面示意图 | 由极限平衡条件得：<br>$$\sigma_3 = \sigma_1 \tan^2\left(45° - \frac{\varphi}{2}\right) - 2c\tan\left(45° - \frac{\varphi}{2}\right)$$<br>大主应力：$\boldsymbol{\sigma_v = \sigma_1}$，小主应力：$\boldsymbol{\sigma_h = \sigma_3 = e_a} \Rightarrow$<br>令主动土压力系数：$K_a = \tan^2\left(45° - \frac{\varphi}{2}\right) \Rightarrow$<br>任意深度$h$处的朗肯主动土压力：$e_a = \gamma h K_a - 2c\sqrt{K_a}$ |
| 破裂角 | $\theta = 45° + \dfrac{\varphi}{2}$（破裂面和水平面的夹角） |

**（1）无黏性土主动土压力**

| | | |
|---|---|---|
| 计算简图 | (a) 无超载下主动土压力分布 | (b) 有均布荷载情况下 |
| 墙后某一深度$h$处，主动土压力强度$e_a$（kPa） | $e_a = \gamma h K_a$ | $e_a = (\gamma h + q)K_a$ |
| 主动土压力合力$E_a$（kN/m） | $E_a = \dfrac{1}{2}\gamma H^2 K_a$ | $E_a = \dfrac{1}{2}\gamma H^2 K_a + qHK_a$ |
| | 多层土等复杂情况下，采用求关键点的土压力强度，然后求面积即为合力：<br>$E_a = \sum \dfrac{1}{2}(e_{ai顶} + e_{ai底})h_i$ ||
| 合力分布 | 三角形分布 | 梯形分布 |
| 作用点位置 | 合力作用点在三角形形心，即作用在离墙底$H/3$处 | 合力作用点在梯形形心，三角形部分合力$\dfrac{1}{2}\gamma H^2 K_a$，作用点在离墙底$H/3$处，矩形部分合力$qHK_a$，作用点在离墙底$H/2$处 |
| 合力方向 | 垂直于墙背，水平向外 | 垂直于墙背，水平向外 |

### （2）黏性土主动土压力

| | | | |
|---|---|---|---|
| 计算简图 | 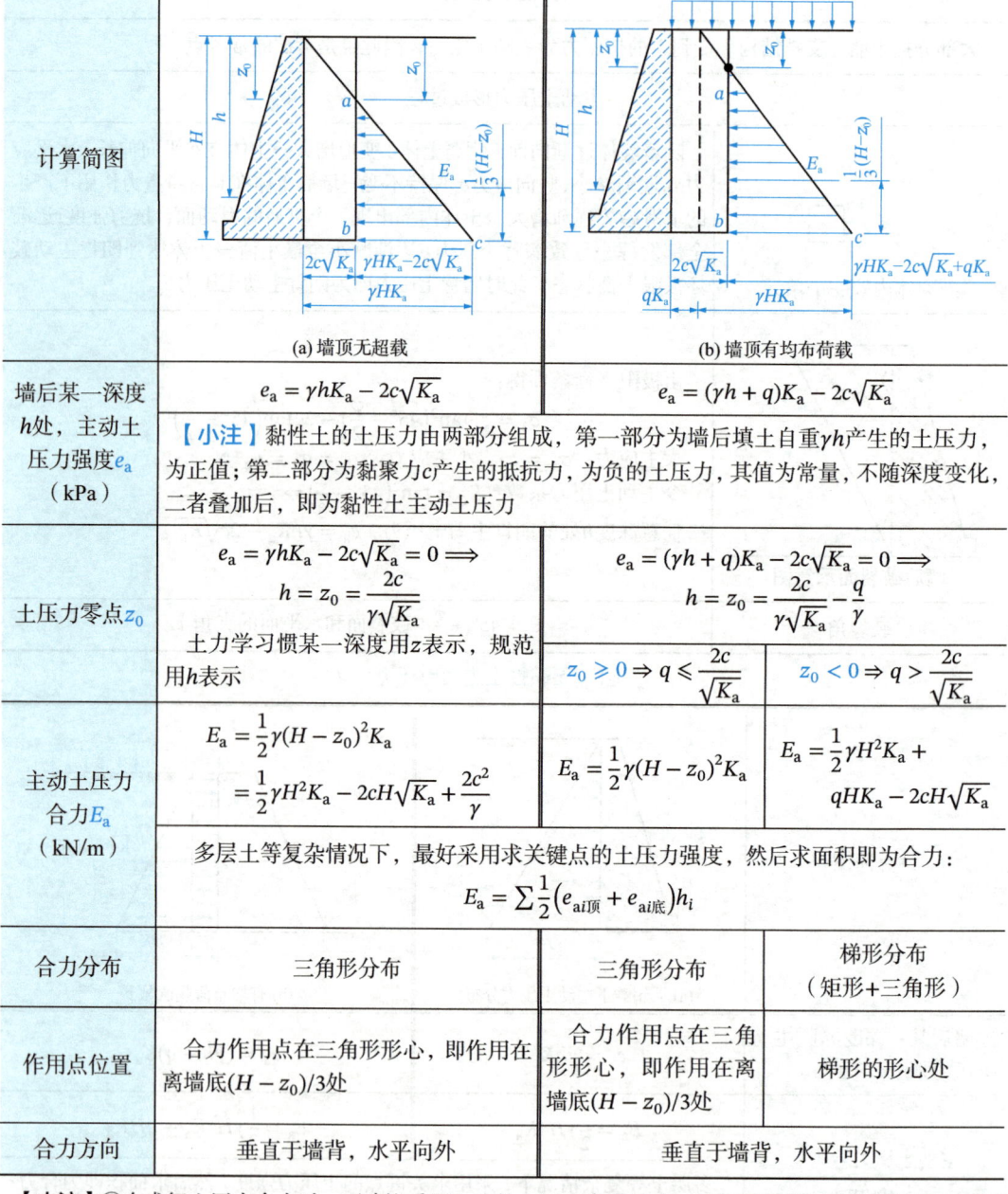 | | |
| | (a) 墙顶无超载 | (b) 墙顶有均布荷载 | |
| 墙后某一深度$h$处，主动土压力强度$e_a$（kPa） | $e_a = \gamma h K_a - 2c\sqrt{K_a}$ | $e_a = (\gamma h + q)K_a - 2c\sqrt{K_a}$ | |
| | 【小注】黏性土的土压力由两部分组成，第一部分为墙后填土自重$\gamma h$产生的土压力，为正值；第二部分为黏聚力$c$产生的抵抗力，为负的土压力，其值为常量，不随深度变化，二者叠加后，即为黏性土主动土压力 | | |
| 土压力零点$z_0$ | $e_a = \gamma h K_a - 2c\sqrt{K_a} = 0 \Rightarrow$ $h = z_0 = \dfrac{2c}{\gamma\sqrt{K_a}}$ 土力学习惯某一深度用$z$表示，规范用$h$表示 | $e_a = (\gamma h + q)K_a - 2c\sqrt{K_a} = 0 \Rightarrow$ $h = z_0 = \dfrac{2c}{\gamma\sqrt{K_a}} - \dfrac{q}{\gamma}$ | |
| | | $z_0 \geqslant 0 \Rightarrow q \leqslant \dfrac{2c}{\sqrt{K_a}}$ | $z_0 < 0 \Rightarrow q > \dfrac{2c}{\sqrt{K_a}}$ |
| 主动土压力合力$E_a$（kN/m） | $E_a = \dfrac{1}{2}\gamma(H-z_0)^2 K_a$ $= \dfrac{1}{2}\gamma H^2 K_a - 2cH\sqrt{K_a} + \dfrac{2c^2}{\gamma}$ | $E_a = \dfrac{1}{2}\gamma(H-z_0)^2 K_a$ | $E_a = \dfrac{1}{2}\gamma H^2 K_a +$ $qHK_a - 2cH\sqrt{K_a}$ |
| | 多层土等复杂情况下，最好采用求关键点的土压力强度，然后求面积即为合力： $E_a = \sum \dfrac{1}{2}(e_{ai顶} + e_{ai底})h_i$ | | |
| 合力分布 | 三角形分布 | 三角形分布 | 梯形分布（矩形+三角形） |
| 作用点位置 | 合力作用点在三角形形心，即作用在离墙底$(H-z_0)/3$处 | 合力作用点在三角形形心，即作用在离墙底$(H-z_0)/3$处 | 梯形的形心处 |
| 合力方向 | 垂直于墙背，水平向外 | 垂直于墙背，水平向外 | |

【小注】①在求解土压力合力时，不建议采用上述的土压力合力公式，最好采用求解出关键位置的土压力强度，得出土压力分布图，然后求解面积来得到合力，这样不容易出错。②强度为一点的土压力的大小，单位为kPa，合力为整个高度受到的力，单位为kN/m。静止、主动、被动土压力都类似。

## (二)朗肯被动土压力

**朗肯被动土压力**

实际很少有挡土墙(支挡结构)受到土的挤压力能够达到被动极限状态,一般拱桥桥台受到的土压力可以认为被动土压力,考试很少涉及

| 被动土压力形成过程 | |
|---|---|
| 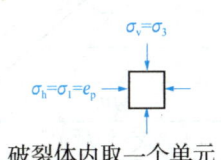<br>破裂体内取一个单元 | 随着墙体逐渐向后(挤压土体)变形增大→土体被水平向压缩,水平应力$\sigma_h$逐渐增大,竖向应力$\sigma_v$保持不变→墙后土体在墙背挤压作用下产生的上滑趋势逐渐增大→土体内部逐渐出现一个贯通的滑动面,抗剪强度$\tau$逐渐全部发挥→导致墙背土压力$E$逐渐增大至最大值→土体达到朗肯被动破坏极限平衡状态,此时墙背土压力即为朗肯被动土压力$E_p$ |
| 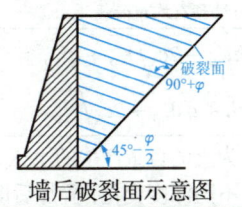<br>墙后破裂面示意图 | 由极限平衡条件得:<br>$\sigma_1 = \sigma_3 \tan^2(45° + \frac{\varphi}{2}) + 2c\tan(45° + \frac{\varphi}{2})$<br>小主应力:$\sigma_v = \sigma_3$,大主应力:$\sigma_h = \sigma_1 = e_p \Rightarrow$<br>令被动土压力系数:$K_p = \tan^2(45° + \frac{\varphi}{2})$<br>任意深度$h$处的朗肯被动土压力:$e_p = \gamma h K_p + 2c\sqrt{K_p}$ |
| 破裂角 | $\theta = 45° - \frac{\varphi}{2}$(破裂面和水平面的夹角) |

**(1)无黏性土被动土压力**

| | 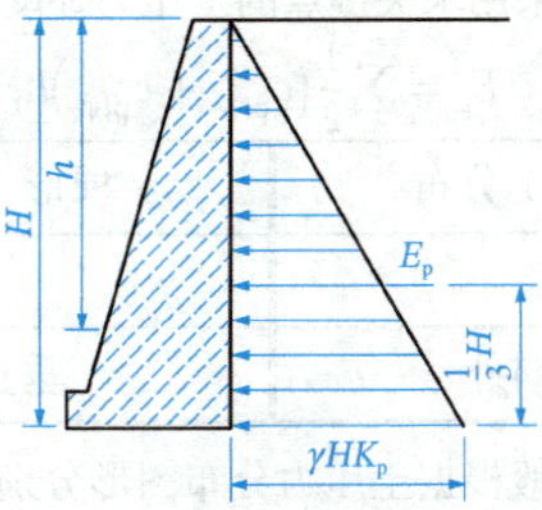 (a)墙顶无超载 | 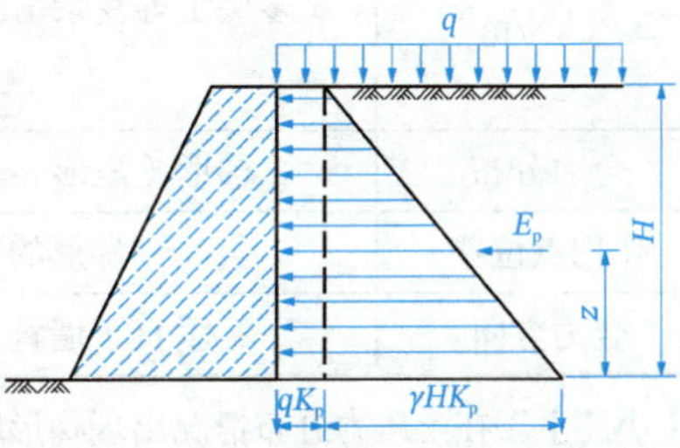 (b)墙顶有均布荷载 |
|---|---|---|
| 计算简图 | 三角形分布图,底边 $\gamma H K_p$,合力$E_p$作用于 $\frac{1}{3}H$ | 梯形分布图,顶边$qK_p$,底边$\gamma HK_p$,高$H$,合力作用点高$z$ |
| 墙后某一深度$h$处,被动土压力强度$e_p$(kPa) | $e_p = \gamma h K_p$ | $e_p = (\gamma h + q)K_p$ |
| 被动土压力合力$E_p$(kN/m) | $E_p = \frac{1}{2}\gamma H^2 K_p$ | $E_p = \frac{1}{2}\gamma H^2 K_p + qHK_p$ |
| | 多层土等复杂情况下,采用求关键点的土压力强度,然后求面积即为合力:<br>$E_p = \sum \frac{1}{2}(e_{pi顶} + e_{pi底})h_i$ | |
| | 【小注】被动土压力由两部分组成,一部分为均布荷载引起的,与深度无关,沿墙高矩形分布,一部分是填土自重引起的,沿墙高三角形分布 | |
| 合力分布 | 三角形分布 | 梯形分布 |
| 作用点位置 | 合力作用点在三角形形心,即作用在离墙底$H/3$处 | 合力作用点在梯形形心。<br>①三角形部分合力为$\frac{1}{2}\gamma H^2 K_p$,作用点在离墙底$H/3$处。<br>②矩形部分合力为$qHK_p$,作用点在离墙底$H/2$处 |
| 合力方向 | 垂直于墙背,水平向外 | 垂直于墙背,水平向外 |

## （2）黏性土被动土压力

| 项目 | 墙顶无超载 | 墙顶有均布荷载 |
|---|---|---|
| 计算简图 | 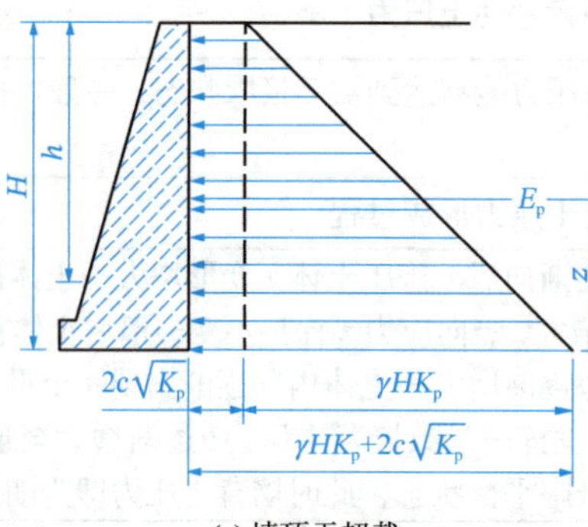 (a) 墙顶无超载 | 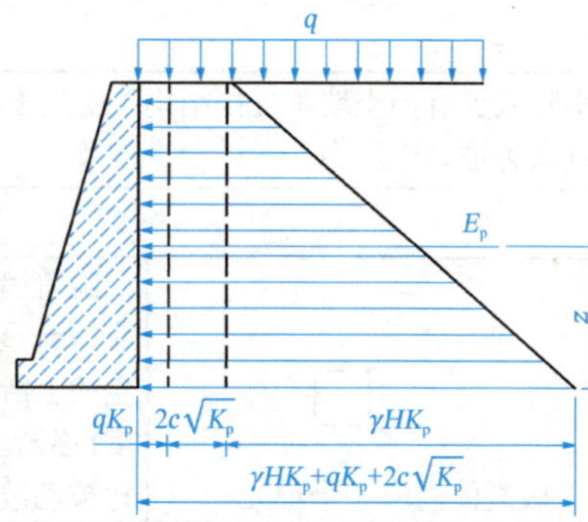 (b) 墙顶有均布荷载 |
| 墙后某一深度$h$处，被动土压力强度$e_p$（kPa） | $e_p = \gamma h K_p + 2c\sqrt{K_p}$ | $e_p = \gamma h K_p + 2c\sqrt{K_p} + q K_p$ $= (\gamma h + q)K_p + 2c\sqrt{K_p}$ |
| | 【小注】黏性土的被动土压力由两部分组成，第一部分为土的自重产生的土压力，三角形分布；第二部分为黏聚力产生的抗力，矩形分布，不随深度变化，叠加后即为黏性土的被动土压力 | |
| 被动土压力合力$E_p$（kN/m） | $E_p = \frac{1}{2}\gamma H^2 K_p + 2cH\sqrt{K_p}$ | $E_p = \frac{1}{2}\gamma H^2 K_p + qHK_p + 2cH\sqrt{K_p}$ |
| | 多层土等复杂情况下，采用求关键点的土压力强度，然后求面积即为合力：$E_p = \sum \frac{1}{2}(e_{p顶} + e_{p底})h_i$ | |
| 合力分布 | 梯形（矩形+三角形）分布 | 梯形（矩形+三角形）分布 |
| 作用点位置 | 梯形的形心处 | 梯形的形心处 |
| 合力方向 | 垂直于墙背，水平向外 | 垂直于墙背，水平向外 |

【小注】①在土压力分布情况出现梯形时，一般根据土压力分布图形分别计算矩形和三角形的土压力，这样不容易出错，且在后期计算墙背弯矩等都是较为方便的，此类情况，一般不建议采用公式法计算。

②被动土压力重点理解形成机理，考试中很少涉及计算。

土压力的面积法，对于新考生不易出错，且适用于土层较少。

分块法熟练掌握后可提高抗倾覆计算的速度，其实质就是上层应力传至界面后向下层传递分布为矩形，下层自身分布成三角形，计算抗倾覆时可直接按形状分布乘以力臂即可，下面以二层土为例总结一些常见情况，考生应辅以适当习题熟悉掌握，闭卷作答。

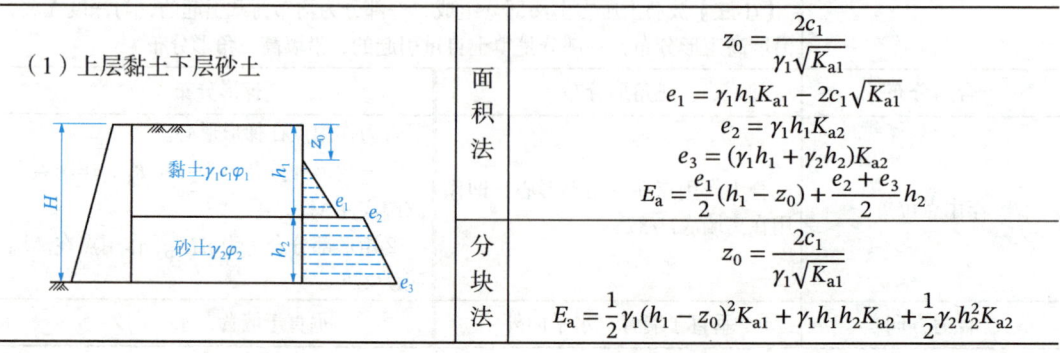

（1）上层黏土下层砂土

| | | |
|---|---|---|
| | 面积法 | $z_0 = \dfrac{2c_1}{\gamma_1 \sqrt{K_{a1}}}$ $e_1 = \gamma_1 h_1 K_{a1} - 2c_1\sqrt{K_{a1}}$ $e_2 = \gamma_1 h_1 K_{a2}$ $e_3 = (\gamma_1 h_1 + \gamma_2 h_2)K_{a2}$ $E_a = \dfrac{e_1}{2}(h_1 - z_0) + \dfrac{e_2 + e_3}{2}h_2$ |
| | 分块法 | $z_0 = \dfrac{2c_1}{\gamma_1\sqrt{K_{a1}}}$ $E_a = \dfrac{1}{2}\gamma_1(h_1 - z_0)^2 K_{a1} + \gamma_1 h_1 h_2 K_{a2} + \dfrac{1}{2}\gamma_2 h_2^2 K_{a2}$ |

续表

| 情况 | 方法 | 公式 |
|---|---|---|
| （2）上层砂土下层黏土，下层土无$z_0$ 即$\gamma_1 h_1 K_{a2} - 2c_2\sqrt{K_{a2}} > 0$时<br>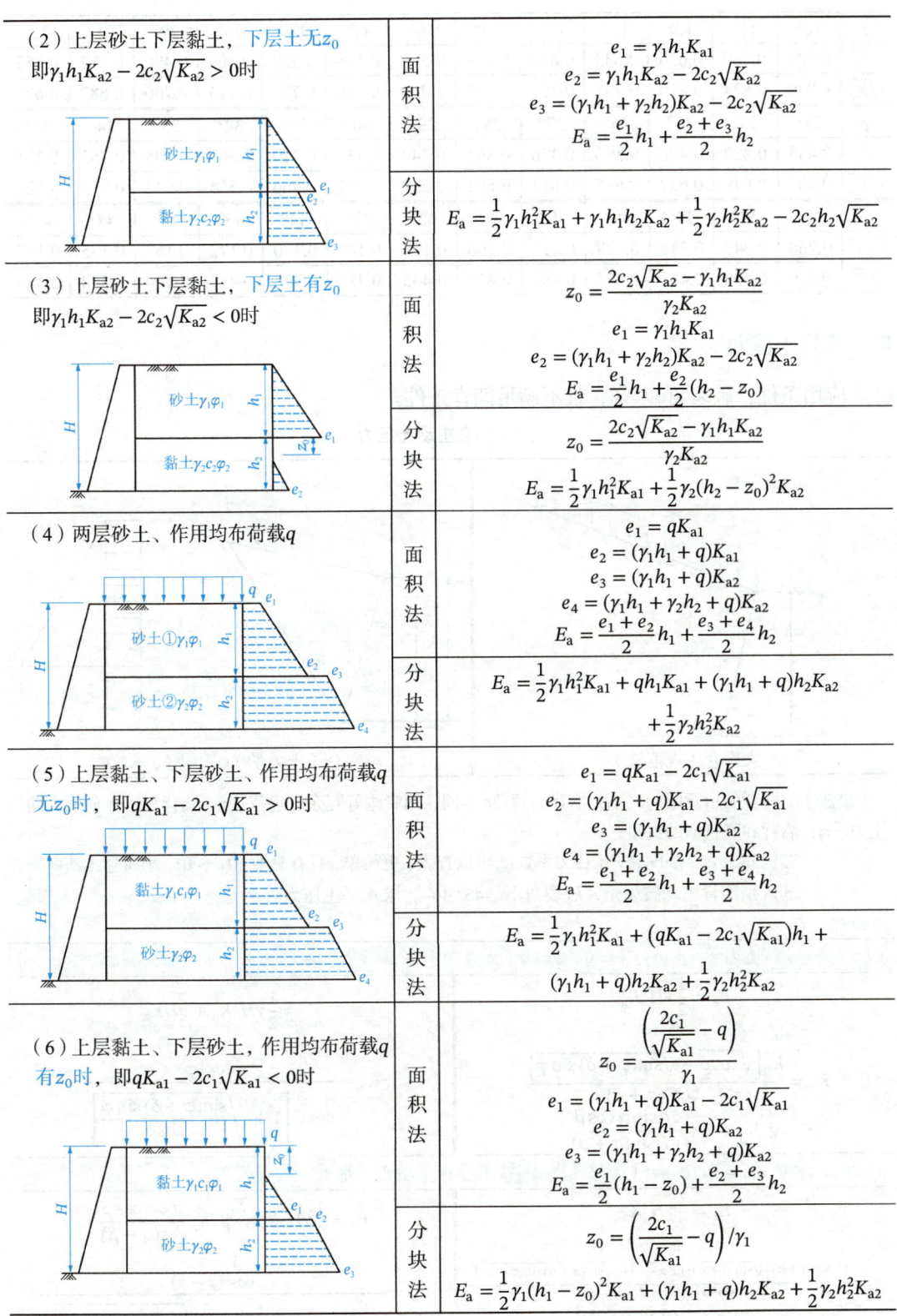 | 面积法 | $e_1 = \gamma_1 h_1 K_{a1}$<br>$e_2 = \gamma_1 h_1 K_{a2} - 2c_2\sqrt{K_{a2}}$<br>$e_3 = (\gamma_1 h_1 + \gamma_2 h_2)K_{a2} - 2c_2\sqrt{K_{a2}}$<br>$E_a = \dfrac{e_1}{2}h_1 + \dfrac{e_2+e_3}{2}h_2$ |
| | 分块法 | $E_a = \dfrac{1}{2}\gamma_1 h_1^2 K_{a1} + \gamma_1 h_1 h_2 K_{a2} + \dfrac{1}{2}\gamma_2 h_2^2 K_{a2} - 2c_2 h_2\sqrt{K_{a2}}$ |
| （3）上层砂土下层黏土，下层土有$z_0$ 即$\gamma_1 h_1 K_{a2} - 2c_2\sqrt{K_{a2}} < 0$时 | 面积法 | $z_0 = \dfrac{2c_2\sqrt{K_{a2}} - \gamma_1 h_1 K_{a2}}{\gamma_2 K_{a2}}$<br>$e_1 = \gamma_1 h_1 K_{a1}$<br>$e_2 = (\gamma_1 h_1 + \gamma_2 h_2)K_{a2} - 2c_2\sqrt{K_{a2}}$<br>$E_a = \dfrac{e_1}{2}h_1 + \dfrac{e_2}{2}(h_2 - z_0)$ |
| | 分块法 | $z_0 = \dfrac{2c_2\sqrt{K_{a2}} - \gamma_1 h_1 K_{a2}}{\gamma_2 K_{a2}}$<br>$E_a = \dfrac{1}{2}\gamma_1 h_1^2 K_{a1} + \dfrac{1}{2}\gamma_2 (h_2 - z_0)^2 K_{a2}$ |
| （4）两层砂土、作用均布荷载$q$ | 面积法 | $e_1 = qK_{a1}$<br>$e_2 = (\gamma_1 h_1 + q)K_{a1}$<br>$e_3 = (\gamma_1 h_1 + q)K_{a2}$<br>$e_4 = (\gamma_1 h_1 + \gamma_2 h_2 + q)K_{a2}$<br>$E_a = \dfrac{e_1+e_2}{2}h_1 + \dfrac{e_3+e_4}{2}h_2$ |
| | 分块法 | $E_a = \dfrac{1}{2}\gamma_1 h_1^2 K_{a1} + qh_1 K_{a1} + (\gamma_1 h_1 + q)h_2 K_{a2}$<br>$\quad + \dfrac{1}{2}\gamma_2 h_2^2 K_{a2}$ |
| （5）上层黏土、下层砂土、作用均布荷载$q$ 无$z_0$时，即$qK_{a1} - 2c_1\sqrt{K_{a1}} > 0$时 | 面积法 | $e_1 = qK_{a1} - 2c_1\sqrt{K_{a1}}$<br>$e_2 = (\gamma_1 h_1 + q)K_{a1} - 2c_1\sqrt{K_{a1}}$<br>$e_3 = (\gamma_1 h_1 + q)K_{a2}$<br>$e_4 = (\gamma_1 h_1 + \gamma_2 h_2 + q)K_{a2}$<br>$E_a = \dfrac{e_1+e_2}{2}h_1 + \dfrac{e_3+e_4}{2}h_2$ |
| | 分块法 | $E_a = \dfrac{1}{2}\gamma_1 h_1^2 K_{a1} + (qK_{a1} - 2c_1\sqrt{K_{a1}})h_1 +$<br>$(\gamma_1 h_1 + q)h_2 K_{a2} + \dfrac{1}{2}\gamma_2 h_2^2 K_{a2}$ |
| （6）上层黏土、下层砂土、作用均布荷载$q$ 有$z_0$时，即$qK_{a1} - 2c_1\sqrt{K_{a1}} < 0$时 | 面积法 | $z_0 = \dfrac{\left(\dfrac{2c_1}{\sqrt{K_{a1}}} - q\right)}{\gamma_1}$<br>$e_1 = (\gamma_1 h_1 + q)K_{a1} - 2c_1\sqrt{K_{a1}}$<br>$e_2 = (\gamma_1 h_1 + q)K_{a2}$<br>$e_3 = (\gamma_1 h_1 + \gamma_2 h_2 + q)K_{a2}$<br>$E_a = \dfrac{e_1}{2}(h_1 - z_0) + \dfrac{e_2+e_3}{2}h_2$ |
| | 分块法 | $z_0 = \left(\dfrac{2c_1}{\sqrt{K_{a1}}} - q\right)/\gamma_1$<br>$E_a = \dfrac{1}{2}\gamma_1 (h_1 - z_0)^2 K_{a1} + (\gamma_1 h_1 + q)h_2 K_{a2} + \dfrac{1}{2}\gamma_2 h_2^2 K_{a2}$ |

【小注】分块法计算时已将土压力分为三角形和矩形分布，计算抗倾覆时，直接乘以力臂即可。

**朗肯主动土压力系数$K_a$**

| $\varphi$ | 10° | 11° | 12° | 13° | 14° | 15° | 16° | 17° | 18° | 19° | 20° | 21° | 22° |
|---|---|---|---|---|---|---|---|---|---|---|---|---|---|
| $K_a$ | 0.704 | 0.680 | 0.656 | 0.633 | 0.610 | 0.589 | 0.568 | 0.548 | 0.528 | 0.509 | 0.490 | 0.472 | 0.455 |
| $\sqrt{K_a}$ | 0.839 | 0.824 | 0.810 | 0.795 | 0.781 | 0.767 | 0.754 | 0.740 | 0.727 | 0.713 | 0.700 | 0.687 | 0.675 |
| $\varphi$ | 23° | 24° | 25° | 26° | 27° | 28° | 29° | 30° | 31° | 32° | 33° | 34° | 35° |
| $K_a$ | 0.438 | 0.422 | 0.406 | 0.390 | 0.376 | 0.361 | 0.347 | 0.333 | 0.320 | 0.307 | 0.295 | 0.283 | 0.271 |
| $\sqrt{K_a}$ | 0.662 | 0.649 | 0.637 | 0.625 | 0.613 | 0.601 | 0.589 | 0.577 | 0.566 | 0.554 | 0.543 | 0.532 | 0.521 |
| $\varphi$ | 36° | 37° | 38° | 39° | 40° | 41° | 42° | 43° | 44° | 45° | 46° | 47° | 48° |
| $K_a$ | 0.260 | 0.249 | 0.238 | 0.228 | 0.217 | 0.208 | 0.198 | 0.189 | 0.180 | 0.172 | 0.163 | 0.155 | 0.147 |
| $\sqrt{K_a}$ | 0.510 | 0.499 | 0.488 | 0.477 | 0.466 | 0.456 | 0.445 | 0.435 | 0.424 | 0.414 | 0.404 | 0.394 | 0.384 |

## 四、库仑土压力

应用条件：破裂角$\theta$未知，且不满足朗肯条件。

### （1）库仑主动土压力

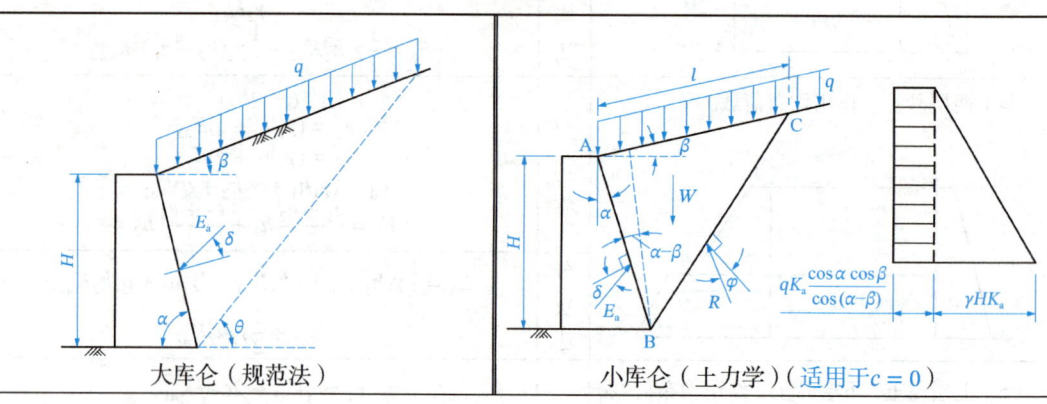

大库仑（规范法）　　　　小库仑（土力学）（适用于$c=0$）

【小注】①两者的示意图的区别，墙背的倾角$\alpha$不同，两者刚好互余，规范法$\alpha$：墙背和水平面的夹角，土力学$\alpha$：墙背和竖直面的夹角；

②优先土力学小库仑，土压力系数$K_a$可以查表，更简单，只有黏性土（$c\neq 0$），小库仑无法解决；

③区别朗肯主动破裂角，破裂角不是$45°+\dfrac{\varphi}{2}$，求水平土压力：小库仑$\times\cos(\delta+\alpha)$，大库仑$\times\sin(\alpha-\delta)$

（1）$\alpha=90°$（土力学$\alpha=0°$）、$c=0$、$\beta=0$（无黏性土+墙背竖直+填土水平+均布荷载$q$）

$$E_a=\frac{1}{2}\gamma H^2 K_a \qquad\qquad E_a=\frac{1}{2}\gamma H^2 K_a+qHK_a$$

$$\Uparrow \qquad\qquad\qquad\qquad \Uparrow$$

$$K_a=\frac{K_q[\sqrt{\cos\delta}-\sqrt{\sin(\varphi+\delta)\sin\varphi}]^2}{\cos^2(\varphi+\delta)} \qquad K_a=\frac{\cos^2\varphi}{\cos\delta\left[1+\sqrt{\dfrac{\sin(\varphi+\delta)\sin\varphi}{\cos\delta}}\right]^2}$$

$$\Uparrow K_q=1+\frac{2q\sin\alpha\cos\beta}{\gamma H\sin(\alpha+\beta)}$$

（2）$\alpha\neq 90°$、$c=0$、$\beta\neq 0$（无黏性土+墙背不竖直+填土不水平+均布荷载$q$）

$$E_a=\frac{1}{2}\gamma H^2 K_a \qquad\qquad E_a=\frac{1}{2}\gamma H^2 K_a+qHK_a\frac{\cos\alpha\cos\beta}{\cos(\alpha-\beta)}$$

$$\Uparrow \qquad\qquad\qquad\qquad \Uparrow$$

$$K_a=\frac{K_q\sin(\alpha+\beta)[\sqrt{\sin(\alpha+\beta)\sin(\alpha-\delta)}-\sqrt{\sin(\varphi+\delta)\sin(\varphi-\beta)}]^2}{\sin^2\alpha\sin^2(\alpha+\beta-\varphi-\delta)} \qquad K_a=\frac{\cos^2(\varphi-\alpha)}{\cos^2\alpha\cos(\alpha+\delta)\left[1+\sqrt{\dfrac{\sin(\varphi+\delta)\sin(\varphi-\beta)}{\cos(\alpha+\delta)\cos(\alpha-\beta)}}\right]^2}$$

$$\Uparrow K_q=1+\frac{2q\sin\alpha\cos\beta}{\gamma H\sin(\alpha+\beta)}$$

续表

(3) $\alpha = 90°$、$c \neq 0$、$\beta = 0$（黏性土+墙背竖直+填土水平+均布荷载$q$）—规范法

$$E_a = \frac{1}{2}\gamma H^2 K_a$$
⇑
$$K_a = \frac{K_q[\cos\delta + \sin(\varphi+\delta)\sin\varphi] + 2\eta\cos\varphi\sin(\varphi+\delta) - 2\sqrt{K_q\sin\varphi + \eta\cos\varphi} \times \sqrt{K_q\cos\delta\sin(\varphi+\delta) + \eta\cos\varphi}}{\cos^2(\varphi+\delta)}$$
⇑ $\eta = \frac{2c}{\gamma H} \Rightarrow K_q = 1 + \frac{2q\sin\alpha\cos\beta}{\gamma H \sin(\alpha+\beta)}$

(4) $\alpha \neq 90°$、$c \neq 0$、$\beta \neq 0$（黏性土＋墙背不竖直＋填土不水平＋均布荷载$q$）—规范法

$$E_a = \frac{1}{2}\gamma H^2 K_a \text{（第6.2.3条土压力万能公式）}$$
⇑
$$K_a = \frac{\sin(\alpha+\beta)\cdot(A+B-C\cdot D)}{\sin^2\alpha\sin^2(\alpha+\beta-\varphi-\delta)}$$

计算出$\alpha+\beta$、$\alpha-\delta$、$\varphi+\delta$、$\varphi-\beta$、$\alpha+\beta-\varphi-\delta$值代入下列公式：

$A = K_q[\sin(\alpha+\beta)\sin(\alpha-\delta) + \sin(\varphi+\delta)\sin(\varphi-\beta)]$;   $B = 2\eta\sin\alpha\cos\varphi\cos(\alpha+\beta-\varphi-\delta)$

$C = 2\sqrt{K_q\sin(\alpha+\beta)\sin(\varphi-\beta) + \eta\sin\alpha\cos\varphi}$;   $D = \sqrt{K_q\sin(\alpha-\delta)\sin(\varphi+\delta) + \eta\sin\alpha\cos\varphi}$

⇑
$\eta = \frac{2c}{\gamma H} \Rightarrow K_q = 1 + \frac{2q\sin\alpha\cos\beta}{\gamma H \sin(\alpha+\beta)}$

$K_a = \frac{\sin(\alpha+\beta)}{\sin^2\alpha\sin^2(\alpha+\beta-\varphi-\delta)}\{K_q[\sin(\alpha+\beta)\sin(\alpha-\delta)+\sin(\varphi+\delta)\sin(\varphi-\beta)] + 2\eta\sin\alpha\cos\varphi\cos(\alpha+\beta-\varphi-\delta) - 2\sqrt{K_q\sin(\alpha+\beta)\sin(\varphi-\beta)+\eta\sin\alpha\cos\varphi} \times \sqrt{K_q\sin(\alpha-\delta)\sin(\varphi+\delta)+\eta\sin\alpha\cos\varphi}\}$

式中：$E_a$——主动土压力合力标准值（kN/m）；

$K_a$——主动土压力系数；

$H$——挡土墙高度（m）；

$\gamma$——填土的重度（kN/m³）；

$c$——填土的黏聚力（kPa）；

$\varphi$——填土的内摩擦角（°）；

$q$——地表均布荷载标准值（kN/m²）；

$\delta$——土对挡土墙墙背的摩擦角（°），可按规范表6.2.3取值；

$\beta$——填土表面与水平面的夹角（°），水平面以上为正，水平面以下为负；

$\alpha$——支挡结构墙背与水平面的夹角（°）[规范法（大库仑）]，小于90°为俯斜，大于90°为仰斜；

$\alpha$——支挡结构墙背与竖直面的夹角（°）[土力学（小库仑）]，图示俯斜取正号，仰斜取负号

**土对挡土墙墙背的摩擦角$\delta$**

| 挡土墙情况 | 摩擦角$\delta$ | 挡土墙情况 | 摩擦角$\delta$ |
|---|---|---|---|
| 墙背平滑，排水不良 | （0.00~0.33）$\varphi$ | 墙背很粗糙，排水良好 | （0.50~0.67）$\varphi$ |
| 墙背粗糙，排水良好 | （0.33~0.50）$\varphi$ | 墙背与填土间不可能滑动 | （0.67~1.00）$\varphi$ |

【小注】

(1)《建筑地基基础设计规范》第6.7.3条和《建筑边坡工程技术规范》第6.2.3条中$K_a$一致。

此公式为土压力计算的"万能公式"，可以计算各种情况：$c \neq 0$（黏性土），$q \neq 0$（有超载），$\alpha \neq 90°$（墙背非竖直），$\beta \neq 0$（填土非水平），$\delta \neq 0$（墙背非光滑）。

（2）规范法是在土力学库仑土压力的基础上，考虑了黏聚力c及超载q进行演变，规范法比库仑理论扩大了使用范围，朗肯∈库仑∈规范法。

①当$c=0$，$q=0$，规范的主动土压力系数$K_a$与土力学库仑土压力的系数$K_a$完全一致；土力学库仑公式中的$\alpha$与规范公式中的$\alpha$互余。

②当$c=0$，$q=0$，$\alpha=90°$（墙背竖直），$\beta=\delta=0$（墙背光滑），规范的主动土压力系数$K_a$与朗肯主动土压力系数$K_a$完全一致。

③当$c=0$，$q\neq0$，超载下的库仑计算公式：$\frac{1}{2}\gamma H^2 K_a + qHK_a\frac{\cos\alpha\cdot\cos\beta}{\cos(\alpha-\beta)}$，计算结果与《建筑边坡工程技术规范》公式(6.2.3)的计算一致。

（3）主动土压力强度沿墙高呈三角形分布，合力作用点在离墙底$H/3$处，土压力的方向非水平，方向与墙背法线成$\delta$，小库仑与水平面成$(\alpha+\delta)$。思考，若墙背光滑，主动土压力方向为垂直于墙背。

**（2）土力学库仑被动土压力（适用于无黏性土 $c=0$）**

$$E_p = \frac{1}{2}\gamma H^2 K_p \quad \Leftarrow \quad 被动土压力系数 K_p = \frac{\cos^2(\alpha+\varphi)}{\cos^2\alpha\cdot\cos(\alpha-\delta)\left[1-\sqrt{\frac{\sin(\varphi+\delta)\cdot\sin(\varphi+\beta)}{\cos(\alpha-\delta)\cdot\cos(\alpha-\beta)}}\right]^2}$$

【小注】①其他参数同上；

②被动土压力强度沿墙高呈三角形分布，合力作用点在离墙底$H/3$处，方向与墙背法线成$\delta$，与水平面成$(\delta-\alpha)$；

③破裂角不是$45°-\frac{\varphi}{2}$。

④了解即可，考试很少考查。

## 五、有限范围土压力（已知或可求出破裂角 $\theta$ 时使用）

已知破裂角$\theta$（按指定$\theta$角滑动）或挡土墙墙后填土受限（$\theta>45°+\frac{\varphi}{2}$）时，这种情况下，不能发生朗肯或库仑理论所确定的破裂面，这时土压力的计算不能采用常规的计算方法（朗肯或者库仑），而应采用楔形体静力平衡法和规范法。

## （一）楔形体法

**楔形体法（破裂角θ已知 + 滑体自重G容易求解时）**

| 库仑万能公式：<br>（适用于$\alpha \neq 90°$，$\delta \neq 0°$，$\beta \neq 0°$，$q=0$） | 朗肯万能公式：<br>（适用于$\alpha = 90°$，$\delta = 0$，$\beta = 0$） |
|---|---|
| 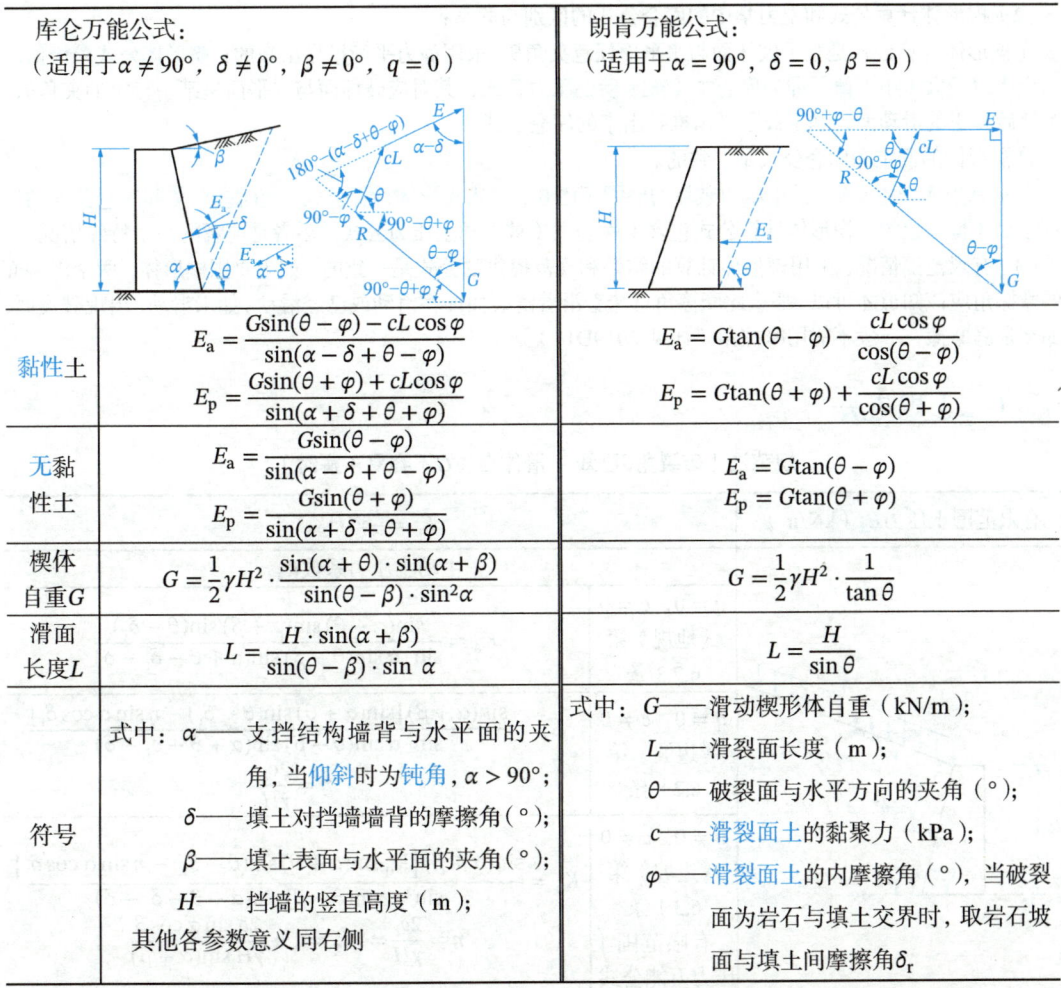 | |

| | 库仑万能公式 | 朗肯万能公式 |
|---|---|---|
| 黏性土 | $E_a = \dfrac{G\sin(\theta-\varphi) - cL\cos\varphi}{\sin(\alpha-\delta+\theta-\varphi)}$<br>$E_p = \dfrac{G\sin(\theta+\varphi) + cL\cos\varphi}{\sin(\alpha+\delta+\theta+\varphi)}$ | $E_a = G\tan(\theta-\varphi) - \dfrac{cL\cos\varphi}{\cos(\theta-\varphi)}$<br>$E_p = G\tan(\theta+\varphi) + \dfrac{cL\cos\varphi}{\cos(\theta+\varphi)}$ |
| 无黏性土 | $E_a = \dfrac{G\sin(\theta-\varphi)}{\sin(\alpha-\delta+\theta-\varphi)}$<br>$E_p = \dfrac{G\sin(\theta+\varphi)}{\sin(\alpha+\delta+\theta+\varphi)}$ | $E_a = G\tan(\theta-\varphi)$<br>$E_p = G\tan(\theta+\varphi)$ |
| 楔体自重$G$ | $G = \dfrac{1}{2}\gamma H^2 \cdot \dfrac{\sin(\alpha+\theta)\cdot\sin(\alpha+\beta)}{\sin(\theta-\beta)\cdot\sin^2\alpha}$ | $G = \dfrac{1}{2}\gamma H^2 \cdot \dfrac{1}{\tan\theta}$ |
| 滑面长度$L$ | $L = \dfrac{H\cdot\sin(\alpha+\beta)}{\sin(\theta-\beta)\cdot\sin\alpha}$ | $L = \dfrac{H}{\sin\theta}$ |
| 符号 | 式中：$\alpha$——支挡结构墙背与水平面的夹角，当仰斜时为钝角，$\alpha > 90°$；<br>$\delta$——填土对挡墙墙背的摩擦角（°）；<br>$\beta$——填土表面与水平面的夹角（°）；<br>$H$——挡墙的竖直高度（m）；<br>其他各参数意义同右侧 | 式中：$G$——滑动楔形体自重（kN/m）；<br>$L$——滑裂面长度（m）；<br>$\theta$——破裂面与水平方向的夹角（°）；<br>$c$——滑裂面土的黏聚力（kPa）；<br>$\varphi$——滑裂面土的内摩擦角（°），当破裂面为岩石与填土交界时，取岩石坡面与填土间摩擦角$\delta_r$ |

【小注】①土压力注意非水平，求水平力$\times \sin(\alpha-\delta)$；②黏聚力$c$、内摩擦角$\varphi$一定要对应为滑裂面的参数；③有超载时，超载加在滑体自重$G$作为新的自重；④朗肯万能公式是库仑万能公式的特殊情况。

**计算滑体（楔形体）自重$G$**

| 朗肯，无超载$q$时 | $G = \dfrac{1}{2}\gamma\dfrac{H^2}{\tan\theta}$ |
|---|---|
| 朗肯，有超载$q$时 | $G = \dfrac{1}{2}\gamma\dfrac{H^2}{\tan\theta} + \dfrac{qH}{\tan\theta}$ |
| 库仑，$\beta=0$，无超载$q$时 | $G = \dfrac{1}{2}\gamma H^2 \dfrac{\sin(\alpha+\theta)}{\sin\theta\sin\alpha}$ |
| 库仑，$\beta=0$，有超载$q$时 | $G = \left(\dfrac{1}{2}\gamma H^2 + qH\right)\dfrac{\sin(\alpha+\theta)}{\sin\theta\sin\alpha}$ |
| 库仑，$\beta \neq 0$，无超载$q$时 | $G = \dfrac{1}{2}\gamma H^2 \dfrac{\sin(\alpha+\theta)\sin(\alpha+\beta)}{\sin(\theta-\beta)\sin^2\alpha}$ |
| 库仑，$\beta \neq 0$，有超载$q$时 | $G = \dfrac{1}{2}\gamma H^2 \dfrac{\sin(\alpha+\theta)\sin(\alpha+\beta)}{\sin(\theta-\beta)\sin^2\alpha} + \dfrac{qH\sin(180-\alpha-\beta)}{\sin(\theta-\beta)\sin\alpha}$ |

【小注】（1）对于黏性土，当已知破裂角，且滑动面如上图所示，$z_0 = 0$，无自稳段，可以采用上述方法

计算，即：只有当黏性土的破裂面为图示直线时，才可以用上述黏性土公式；如果破裂面是直线＋后缘的拉裂段，土压力零点$z_0 > 0$，即存在自稳段，破裂面并非上述形状，那么就不是直线滑动，不能用此楔形体公式，因此，一般对于黏性土，建议用规范法计算有限范围土压力，而非楔形体。

（2）楔形体计算公式和土力学中的库仑公式的区别与联系：

①楔形体计算公式是基于破坏面与水平面任意夹角$\theta$，采用静力平衡推导出来的；楔形体公式求极值求出土压力最大（小）值，即为库仑主（被）动土压力公式，其对应破坏面与水平面呈某一特定的夹角$\theta$，为墙后真正的滑动面，基于极限平衡推导出来的库仑公式。

②楔形体的假定和库仑公式是一致的。

③只有当库仑主（被）动土压力破坏的破裂角已知，带入楔形体计算公式，此时楔形体和库仑公式的计算结果才是一致的，楔形体计算公式包含了库仑主（被）动土压力公式，后者是前者的一个特殊情况。

（3）有限范围情况，采用楔形体计算的结果和规范提供的公式是一致的。如果要用楔形体，两个滑裂面的摩擦角应该知道才可以，那么此摩擦角意味着沿着滑裂面即将滑动或已经滑动。如未滑动，出现破裂面，那么是静摩擦，一般不能用摩擦角（详见2019D14）。

## （二）规范法

**规范法（破裂角$\theta$已知＋滑体自重$G$不容易求解时）**

| 有限范围土压力$E_a$（kN/m） | | $E_a = \dfrac{1}{2}\gamma H^2 K_a$ |
|---|---|---|
| | | 主动土压力系数$K_a$ |
| | $q=0$，$c=0$《地规》第6.7.3条 | $K_a = \dfrac{\sin(\alpha+\theta)\sin(\alpha+\beta)\sin(\theta-\delta_r)}{\sin^2\alpha\sin(\theta-\beta)\sin(\alpha+\theta-\delta_r-\delta)}$ |
| | $q=0$，$c\neq 0$《边坡》第6.2.8条 | $K_a = \dfrac{\sin(\alpha+\beta)[\sin(\alpha+\theta)\sin(\theta-\delta_r) - \eta\sin\alpha\cos\delta_r]}{\sin^2\alpha\sin(\theta-\beta)\sin(\alpha+\theta-\delta_r-\delta)}$ <br> $\eta = \dfrac{2c_r}{\gamma H}$ |
| | $q\neq 0$，$c\neq 0$《边坡》第6.3.1条 有限范围土压力万能公式 | $K_a = \dfrac{\sin(\alpha+\beta)[K_q\sin(\alpha+\theta)\sin(\theta-\delta_r) - \eta\sin\alpha\cos\delta_r]}{\sin^2\alpha\sin(\theta-\beta)\sin(\alpha+\theta-\delta_r-\delta)}$ <br> $\eta = \dfrac{2c_r}{\gamma H} \Rightarrow K_q = 1 + \dfrac{2q\sin\alpha\cos\beta}{\gamma H\sin(\alpha+\beta)}$ |

式中：$\gamma$——有限范围（滑动楔形体）土体重度（kN/m³）；

$H$——挡墙的竖直高度（m）；

$q$——地表均布荷载标准值（kN/m²）；

$\theta$——破裂角（°）；

$\beta$——填土与水平面的夹角（°）；

$\alpha$——支挡结构墙背与水平面的夹角，当仰斜时为钝角，$\alpha > 90°$；

$\delta$——土对挡土墙墙背的摩擦角（°）；

$\delta_r$——稳定且无软弱层的岩石坡面与填土间（滑裂面岩土体之间）的摩擦角（°），宜根据试验确定；当无试验资料时，可$\delta_r = (0.40\sim0.70)\varphi$，$\varphi$为填土的内摩擦角；

$c_r$——滑裂面岩土体之间的黏聚力（kPa）。

$\delta$对应墙背，$c_r$、$\delta_r$对应滑面

**【小注】**

（1）规范法共性：破裂角$\theta$已知，含破裂角$\theta$的库仑土压力系数$K_a$，计算公式不包括滑体自重$G$。

（2）《建筑地基基础设计规范》（上表简称《地规》）公式只适用于墙后填土$c=0$的无黏性土，而《建筑边坡工程技术规范》（上表简称《边坡》）公式适用于墙后填土为无黏性土和黏性土，公式中体现$c$，如$c=0$无黏性土，《地规》和《边坡》公式一致；$c\neq 0$，$q\neq 0$，有限范围土压力采用《边坡》第6.3.1条，其为有限范围土压力的"万能公式"，可以计算各种情况，楔形体公式≈《地规》第6.7.3条∈《边坡》第6.2.8条∈《边坡》第6.3.1条。

①当$q=0$，第6.3.1条系数与《边坡》有限范围公式(6.2.8)一致；同样，当$q=0$，$c=0$，与无黏性土楔形体的计算公式、《地规》第6.7.3条一致。

②无黏性土楔形体计算公式（$q=0$，$c=0$，《地规》第6.7.3条）∈任意土有限范围公式（$q=0$，《边坡》第6.2.8条）∈任意土＋超载有限范围土压力计算公式（《边坡》第6.3.1条）。

（3）$E_a$的方向非水平方向，与水平方向的夹角为$90°-\alpha+\delta$，求水平力×$\sin(\alpha-\delta)$。

（4）两规范提供的计算公式，和前述楔体式计算结果一致，推导见下：

$$G=\frac{1}{2}\gamma H^2 \frac{\sin(\alpha+\beta)\sin(\alpha+\theta)}{\sin^2\alpha\cdot\sin(\theta-\beta)} \Rightarrow E_a=\frac{G\sin(\theta-\delta_r)}{\sin(\alpha+\theta-\delta-\delta_r)} \Rightarrow$$

$$E_a=\frac{1}{2}\gamma H^2 \frac{\sin(\alpha+\theta)\sin(\alpha+\beta)\sin(\theta-\delta_r)}{\sin^2\alpha\sin(\theta-\beta)\sin(\alpha-\delta+\theta-\delta_r)} \Rightarrow \text{《地规》公式第6.7.3条}$$

## 六、几种特殊情况下的主动土压力

### （一）成层土的土压力分布

——第6.2.4条

当墙后填土由不同性质的土层组成时，土压力将受到不同填土性质的影响，土压力分布图在不同填土交界面处发生突变。下面将根据黏性土的主动土压力计算为例来进行说明。

| 计算部位 | 计算公式 | 计算图例 |
|---|---|---|
| A点 | $e_a=-2c_1\sqrt{K_{a1}}+qK_{a1}$（当$e_a<0$，则需计算$z_0=\frac{2c}{\gamma\sqrt{K_a}}-\frac{q}{\gamma}$） | |
| B点上界面 | $e_a=\gamma_1 h_1 K_{a1}-2c_1\sqrt{K_{a1}}+qK_{a1}$ | |
| B点下界面 | $e_a=\gamma_1 h_1 K_{a2}-2c_2\sqrt{K_{a2}}+qK_{a2}$ | |
| C点上界面 | $e_a=(\gamma_1 h_1+\gamma_2 h_2)K_{a2}-2c_2\sqrt{K_{a2}}+qK_{a2}$ | |
| C点下界面 | $e_a=(\gamma_1 h_1+\gamma_2 h_2)K_{a3}-2c_3\sqrt{K_{a3}}+qK_{a3}$ | |
| D点 | $e_a=(\gamma_1 h_1+\gamma_2 h_2+\gamma_3 h_3)K_{a3}-2c_3\sqrt{K_{a3}}+qK_{a3}$ | |

【小注】①土压力合力的大小为各个土层分布图形的面积，作用点位于土压力分布图的形心处。

②对于黏性土来说，由于黏聚力的存在，首先应先判定是否存在挡墙顶面$e_a<0$的情况，即$z_0>0$的情况，在计算土压力分布图时，应减去拉应力区的高度；当填土顶面有均布荷载的情况时，应把均布荷载产生的应力进行叠加计算。

## （二）有地下水的主动土压力

有地下水的主动土压力

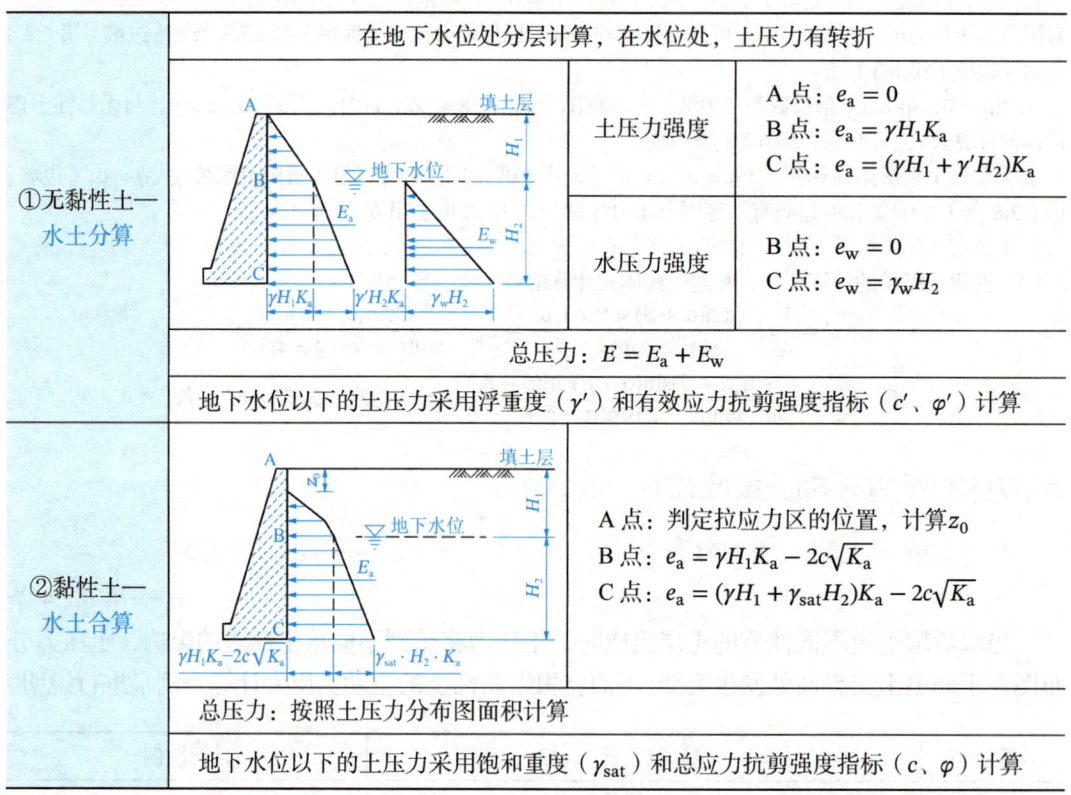

| ①无黏性土—水土分算 | 在地下水位处分层计算，在水位处，土压力有转折 | | |
|---|---|---|---|
| | | 土压力强度 | A 点：$e_a = 0$<br>B 点：$e_a = \gamma H_1 K_a$<br>C 点：$e_a = (\gamma H_1 + \gamma' H_2) K_a$ |
| | | 水压力强度 | B 点：$e_w = 0$<br>C 点：$e_w = \gamma_w H_2$ |
| | 总压力：$E = E_a + E_w$ | | |
| | 地下水位以下的土压力采用浮重度（$\gamma'$）和有效应力抗剪强度指标（$c'$、$\varphi'$）计算 | | |
| ②黏性土—水土合算 | | | A 点：判定拉应力区的位置，计算 $z_0$<br>B 点：$e_a = \gamma H_1 K_a - 2c\sqrt{K_a}$<br>C 点：$e_a = (\gamma H_1 + \gamma_{sat} H_2) K_a - 2c\sqrt{K_a}$ |
| | 总压力：按照土压力分布图面积计算 | | |
| | 地下水位以下的土压力采用饱和重度（$\gamma_{sat}$）和总应力抗剪强度指标（$c$、$\varphi$）计算 | | |

【小注】一般题目没有要求的情况下，不论什么土，均采用水土分算，除非题目明确采用水土合算，才可以采用水土合算，在 2022 年及 2022 年补考出现过两次水土合算。

## （三）有效应力变化下的主动土压力

有效应力变化下的主动土压力

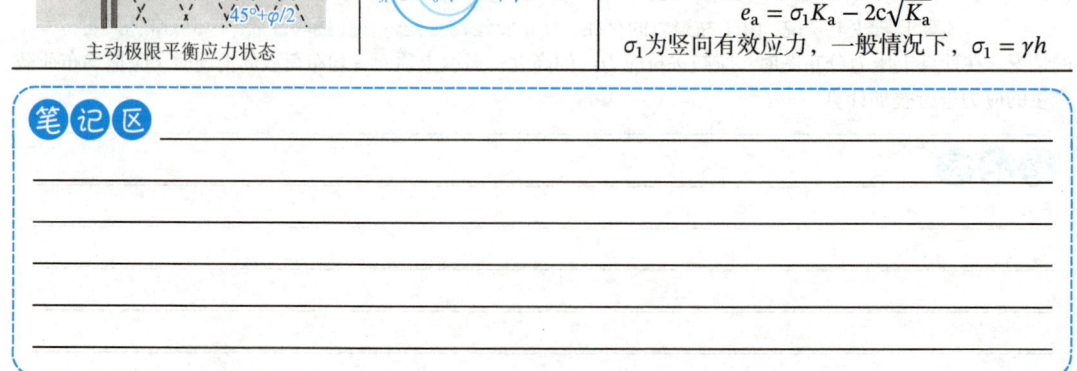

主动极限平衡应力状态

$$\sigma_3 = \sigma_1 \tan^2\left(45° - \frac{\varphi}{2}\right) - 2c\tan\left(45° - \frac{\varphi}{2}\right)$$

$$e_a = \sigma_1 \tan^2\left(45° - \frac{\varphi}{2}\right) - 2c\tan\left(45° - \frac{\varphi}{2}\right)$$

$$K_a = \tan^2\left(45° - \frac{\varphi}{2}\right)$$

$$e_a = \sigma_1 K_a - 2c\sqrt{K_a}$$

$\sigma_1$ 为竖向有效应力，一般情况下，$\sigma_1 = \gamma h$

笔记区

### （1）大面积超载作用下主动土压力

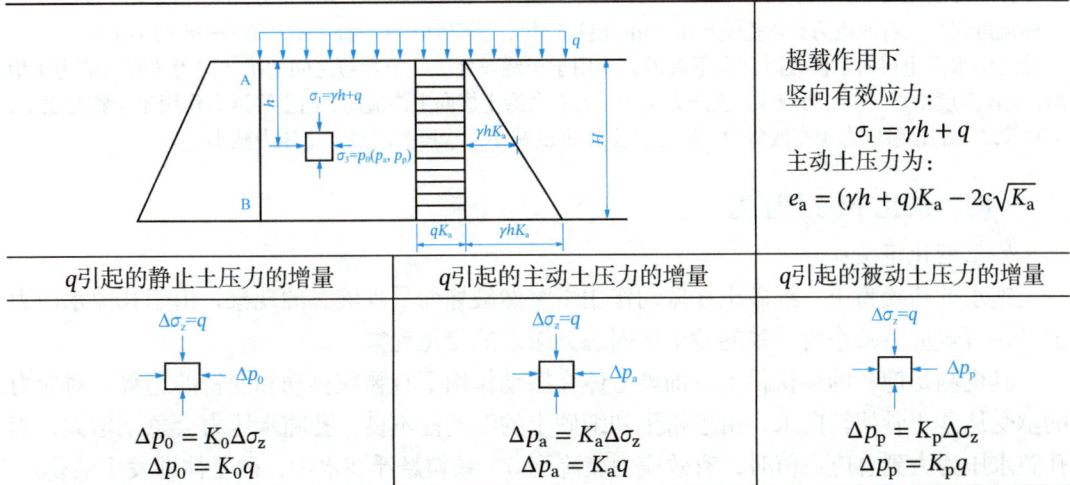

超载作用下
竖向有效应力：
$$\sigma_1 = \gamma h + q$$
主动土压力为：
$$e_a = (\gamma h + q)K_a - 2c\sqrt{K_a}$$

| $q$引起的静止土压力的增量 | $q$引起的主动土压力的增量 | $q$引起的被动土压力的增量 |
|---|---|---|
| $\Delta p_0 = K_0 \Delta \sigma_z$ <br> $\Delta p_0 = K_0 q$ | $\Delta p_a = K_a \Delta \sigma_z$ <br> $\Delta p_a = K_a q$ | $\Delta p_p = K_p \Delta \sigma_z$ <br> $\Delta p_p = K_p q$ |

### （2）渗流下水土分算计算水土压力

边坡体中有地下水（存在水头差）形成渗流时：

① 在水土合算时，无需单独考虑渗透，因为此时$\gamma_{sat}$保持不变（渗透力为内力）。

② 在水土分算时，应计算渗透力对土压力的影响：对水"**顺流减压，逆流加压**"；对土"**顺流增压，逆流减压**"，详细见下。

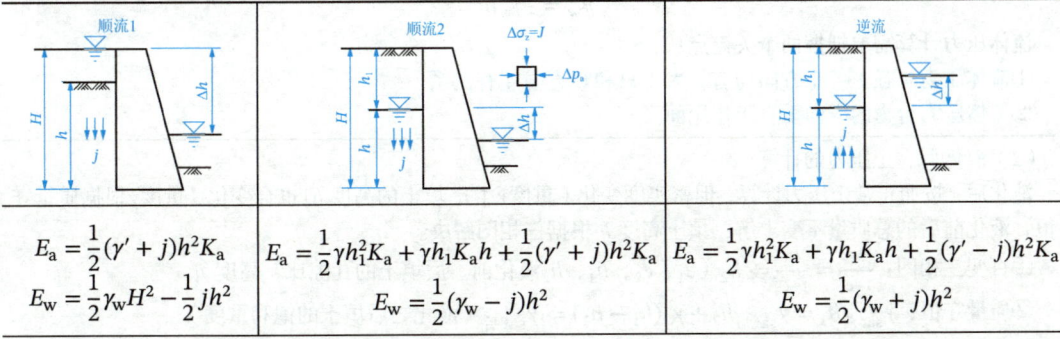

| 顺流1 | 顺流2 | 逆流 |
|---|---|---|
| $E_a = \frac{1}{2}(\gamma' + j)h^2 K_a$ <br> $E_w = \frac{1}{2}\gamma_w H^2 - \frac{1}{2}jh^2$ | $E_a = \frac{1}{2}\gamma h_1^2 K_a + \gamma h_1 K_a h + \frac{1}{2}(\gamma' + j)h^2 K_a$ <br> $E_w = \frac{1}{2}(\gamma_w - j)h^2$ | $E_a = \frac{1}{2}\gamma h_1^2 K_a + \gamma h_1 K_a h + \frac{1}{2}(\gamma' - j)h^2 K_a$ <br> $E_w = \frac{1}{2}(\gamma_w + j)h^2$ |

【小注】$E_a$、$E_w$分别代表渗流作用下挡墙受到的土压力、水压力，本表公式为单一无黏性土推导而来

| ①渗流作用下，渗流方向向下，和自重应力方向一致，竖向有效应力$\sigma_1 = \gamma h + J$ | $e_a = (\gamma h + J)K_a - 2c\sqrt{K_a} \Rightarrow e_a = (\gamma + j)h K_a - 2c\sqrt{K_a}$ <br> $J = jh = \gamma_w i h = \gamma_w \dfrac{\Delta h}{L} h \Rightarrow \Delta \sigma = \Delta u = jh$ |
|---|---|
| ②渗流作用下，渗流方向向上，和自重应力方向相反，竖向有效应力$\sigma_1 = \gamma h - J$ | $e_a = (\gamma h - J)K_a - 2c\sqrt{K_a} \Rightarrow e_a = (\gamma - j)h K_a - 2c\sqrt{K_a}$ <br> $J = jh = \gamma_w i h = \gamma_w \dfrac{\Delta h}{L} h \Rightarrow \Delta \sigma = \Delta u = jh$ |

渗流段可以认为：渗流段有效重度和水重度发生变化：
**顺流**：$\gamma' \rightarrow \gamma' + j$，$\gamma_w \rightarrow \gamma_w - j$；**逆流**：$\gamma' \rightarrow \gamma' - j$，$\gamma_w \rightarrow \gamma_w + j$

渗流段土压力、水压力的变化绝对值为：$\Delta E_a = \frac{1}{2}jh^2 K_a$，$\Delta E_w = \frac{1}{2}jh^2$
**顺流**：$\Delta E = \Delta E_a + \Delta E_w = \frac{1}{2}jh^2 K_a - \frac{1}{2}jh^2 < 0$ **逆流**：$\Delta E = \Delta E_a + \Delta E_w = -\frac{1}{2}jh^2 K_a + \frac{1}{2}jh^2 > 0$

【小注】

①渗透力$j = \gamma_w \cdot i$，单位为 kN/m³，与重度$\gamma$单位一致，可以将$j$当成一种渗透重度，与重度$\gamma$进行加减

运算。

②什么是渗流？水在土中孔隙的流动；什么是渗透力？水的流动给土骨架的作用力（拖拽力）。

渗流过程是：有效应力$\sigma'$和孔隙水压力$u$的相互转化，总应力不变，即：$\sigma(不变) = \sigma'\uparrow\downarrow + u\downarrow\uparrow$。

③土中水沿土层向下渗流时，向下渗透力作用于土颗粒之上，土颗粒之间的接触应力（有效应力）增加，土体重度增加，水压力减小，土压力增加。土中水沿土层向上渗流时，向上渗透力作用于土颗粒之上，土颗粒之间的接触应力（有效应力）减小，土体重度减小，水压力增加，土压力减小。

### （四）液化下的土压力

砂土液化定义：

饱水的疏松粉土、细砂土在振动作用下突然破坏而呈现液态的现象，由于孔隙水压力上升，有效应力减小所导致的砂土从固态到液态的变化现象。

其机制是饱和的疏松粉土、细砂土体在振动作用下有颗粒移动和变密的趋势，对应力的承受从砂土骨架转向水，由于粉土和细砂土的渗透性不良，孔隙水压力会急剧增大，当孔隙水压力大到总应力值时，有效应力就降到0，颗粒悬浮在水中，砂土体即发生液化。

**液化下的土压力**

（1）液化时，土压力的计算

液化时：按照流体的压力计算（泥浆护壁类似）：$p_w = \gamma_{sat}h$，$\gamma_{sat}$为其液化时的饱和重度。

液体压力合力：

$$E_a = \frac{1}{2}\gamma_{sat}h^2$$

水压力合力：

$$E_w = \frac{1}{2}\gamma_w h^2$$

流体压力计算需要把握两个关键点：

①流体压力（强）各个方向均有，大小只和竖直高度有关系；
②流体压力合力的方向垂直于作用面。

（2）液化后，土压力的计算

液化后：按照正常土压力计算，但密实度变化（重度$\gamma\uparrow$），填土的高度$h\downarrow$也会变化，重度$\gamma$根据质量守恒，液化前后的总质量不变求得；填土高度$h$根据三相图解决。

①百变三相图：$\frac{h_1}{1+e_1} = \frac{h_2}{1+e_2} \Rightarrow h_2$（$e_1$、$e_2$、$h_1$、$h_2$液化前、后填土的孔隙比、高度）；
②质量守恒：$\gamma_{sat前}h_1 = \gamma_{sat后}h_2 + \gamma_w(h_1-h_2) \Rightarrow \gamma_{sat后}$（液化之后填土的饱和重度）。

土压力合力：

$$E_a = \frac{1}{2}(\gamma_{sat后} - \gamma_w)h_2^2 K_{a2}$$

式中：$K_{a2}$——液化后土体的内摩擦角计算的主动土压力系数

### （五）折线墙背土压力

——《土力学》P259

当挡土墙墙背不是一个平面而是折面时，可用墙背转折点为界，分成上墙与下墙，然后分别按库仑理论计算主动土压力$E_a$，最后再叠加。

首先将上墙AB当作独立挡土墙，计算出主动土压力$E_{a1}$，这时不考虑下墙的存在。然后计算下墙的土压力，可将下墙背BC向上延长交地面线于D点，以DBC作为假想墙背，算出墙背土压力分布，再截取与BC段相应的部分，算出其合力，即为作用于下墙BC段的总主动土压力$E_{a2}$。

## （1）折线墙背情况一

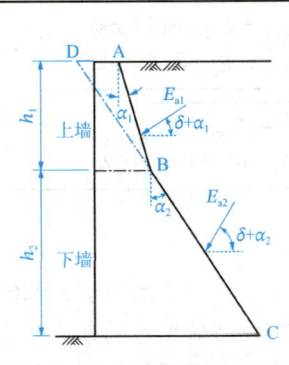 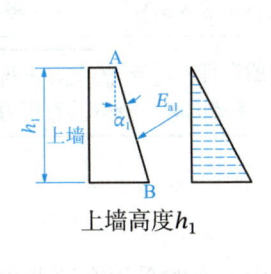 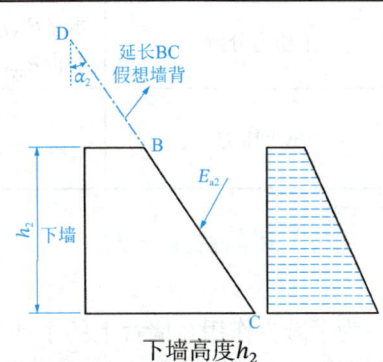

| 无黏性土（$K_a$详见库仑土压力）单层土 | 上墙：$E_{a1}=\frac{1}{2}\gamma h_1^2 K_{a1}$ | 下墙：$E_{a2}=\frac{e_{a1}+e_{a2}}{2}h_2=\gamma\left(h_1+\frac{h_2}{2}\right)h_2 K_{a2}$ |
|---|---|---|
| 黏性土（$K_a$详见库仑土压力）单层土 | 上墙：$E_{a1}=\frac{1}{2}\gamma(h_1-z_0)^2 K_{a1}$ | 下墙：$E_{a2}=\frac{e_{a1}+e_{a2}}{2}h_2$ |
| 对于多层土等复杂情况下，采用求关键点的土压力强度，然后求面积即为**合力**：$E_a=\sum\frac{1}{2}(e_{ai顶}+e_{ai底})h_i$ |||
| 土压力分解 | 水平$E_{ax1}=E_{a1}\cos(\delta+\alpha_1)$<br>竖向$E_{ay1}=E_{a1}\sin(\delta+\alpha_1)$ | 水平$E_{ax2}=E_{a2}\cos(\delta+\alpha_2)$<br>竖向$E_{ay2}=E_{a2}\sin(\delta+\alpha_2)$ |
| 总土压力 | 勾股定理：$E_a=\sqrt{(E_{ax1}+E_{ax2})^2+(E_{ay1}+E_{ay2})^2}$ ||
| 土压力水平分力 | $\times\sin(\alpha-\delta)$ ||

$\delta$——墙背和填土之间的摩擦角，$\alpha$——墙背和水平面的夹角

## （2）折线墙背情况二

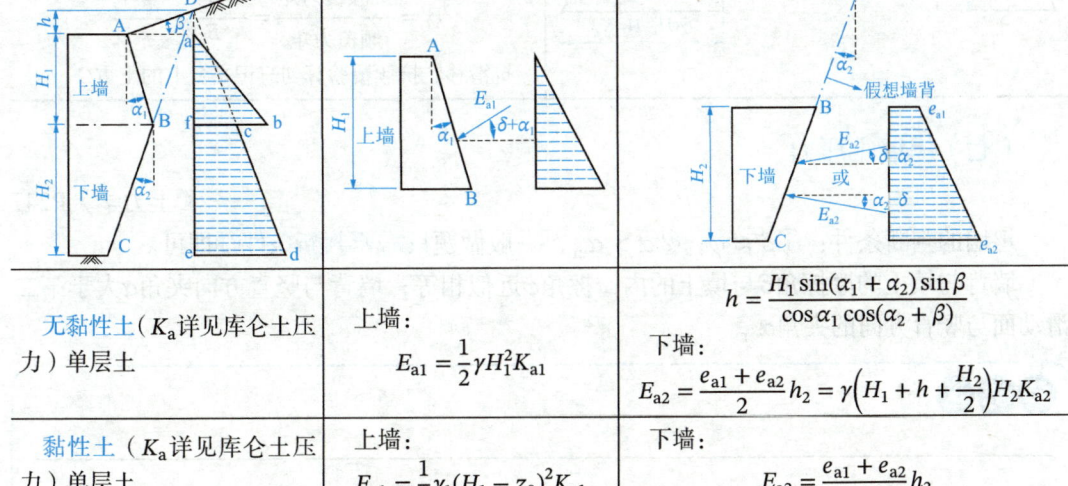

| 无黏性土（$K_a$详见库仑土压力）单层土 | 上墙：$E_{a1}=\frac{1}{2}\gamma H_1^2 K_{a1}$ | $h=\frac{H_1\sin(\alpha_1+\alpha_2)\sin\beta}{\cos\alpha_1\cos(\alpha_2+\beta)}$<br>下墙：$E_{a2}=\frac{e_{a1}+e_{a2}}{2}h_2=\gamma\left(H_1+h+\frac{H_2}{2}\right)H_2 K_{a2}$ |
|---|---|---|
| 黏性土（$K_a$详见库仑土压力）单层土 | 上墙：$E_{a1}=\frac{1}{2}\gamma_1(H_1-z_0)^2 K_{a1}$ | 下墙：$E_{a2}=\frac{e_{a1}+e_{a2}}{2}h_2$ |
| 对于多层土等复杂情况下，求关键点的土压力强度，然后求面积即为**合力**：$E_a=\sum\frac{1}{2}(e_{ai顶}+e_{ai底})h_i$ |||

式中：$\delta$——墙背和填土之间的摩擦角

| 土压力分解 | 水平$E_{ax1} = E_{a1}\cos(\delta+\alpha_1)$<br>竖向$E_{ay1} = E_{a1}\sin(\delta+\alpha_1)$ | 水平$E_{ax2} = E_{a2}\cos(\delta-\alpha_2)$<br>竖向$E_{ay2} = E_{a2}\sin(\delta-\alpha_2)$ |
|---|---|---|
| 总土压力 | 勾股定理：$E_a = \sqrt{(E_{ax1}+E_{ax2})^2 + (E_{ay1}+E_{ay2})^2}$<br>其中：$\delta < \alpha_2$时，分解垂直压力向上，$E_{ay2}$取负值代入 | |

### （六）卸荷台土压力

——《土力学》P260

为了减少作用在墙背上的主动土压力，有时采用在墙背中部加设卸荷平台的办法，如下图所示。此时，平台以上$H_1$高度内，可按朗肯理论，计算作用在 AB 面上的土压力分布如下图所示。由于平台以上土重$G$已由卸荷台 BCD 承担，故平台下 B 点处土压力变为零，从而起到减少平台下$H_2$段内土压力的作用。减压范围，一般认为至滑裂面与墙背的交点 E 处为止。连接图中相应的 B′和 E′，则图中阴影部分即为减压后的土压力分布。显然卸荷平台伸出越长，减压作用越大。

**卸荷台土压力**

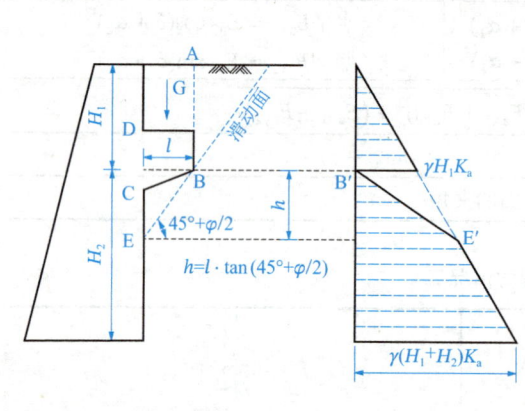

墙背土压力合力$E_a$为图中阴影部分的面积：

砂土：
$$E_a = \frac{1}{2}\gamma(H_1+H_2)^2 K_a - \frac{\gamma H_1 K_a}{2}h$$
$$\Uparrow h = l \cdot \tan\left(45°+\frac{\varphi}{2}\right)$$

抗滑移：
$$F_s = \frac{抗滑力}{滑动力} = \frac{(G_墙 + G)\mu}{E_a}$$

抗倾覆：
$$F_t = \frac{抗倾覆力矩}{倾覆力矩} = \frac{Gx_土 + G_墙 x_墙}{E_a z_{土压力}}$$

抗滑移、抗倾覆验算勿忘记平台上的土重$G$

### （七）坦墙土压力

——《土力学》P247

坦墙的判断条件：①$\delta \approx \varphi$；②$\alpha > \alpha_{cr}$，一般做题只需要判断条件②即可。

墙背与填土的摩擦角$\delta$与填土的内摩擦角$\varphi$近似相等；墙背与竖直方向夹角$\alpha$大于第二滑动面与竖直方向的夹角$\alpha_{cr}$。

笔记区

## 坦墙土压力

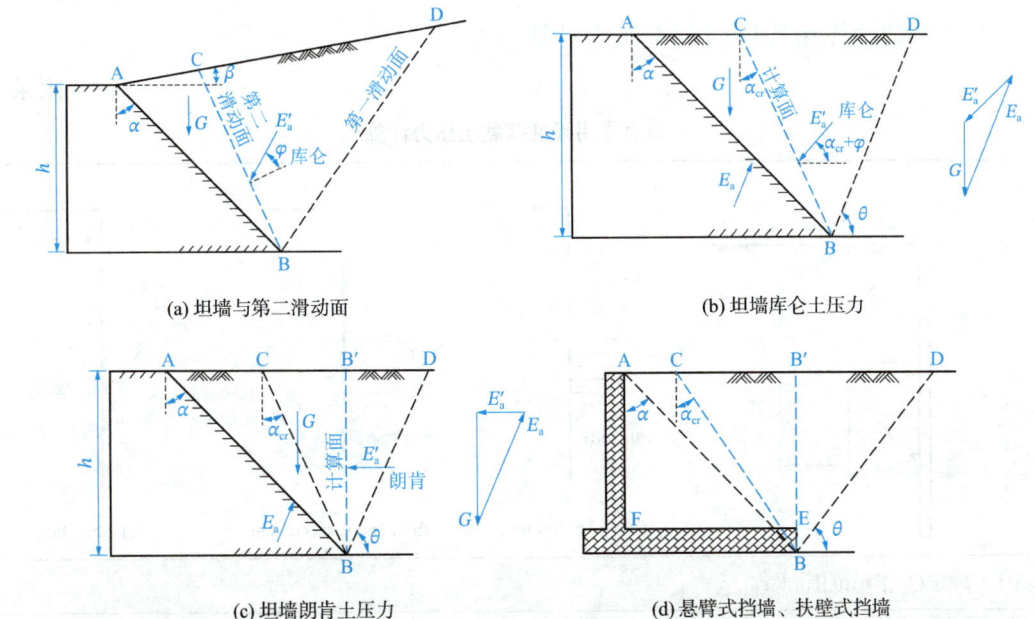

(a) 坦墙与第二滑动面　　(b) 坦墙库仑土压力

(c) 坦墙朗肯土压力　　(d) 悬臂式挡墙、扶壁式挡墙

（1）当 $\beta = 0 \Rightarrow \alpha_{cr} = 45° - \dfrac{\varphi}{2}$，第一滑裂面 $\theta$ 为土体理论破裂面时，按朗肯理论计算 $E'_a$：（图示 c）

$$E_a = \sqrt{(E'_{a(朗肯)})^2 + G^2_{\triangle ABB'}}$$

式中：$E_a$——作用在墙背 AB 上的土压力；
$E'_{a(朗肯)}$——作用在 BB' 上的土压力

挡墙抗滑移：$F_s = \dfrac{(G_墙 + G_{\triangle ABB'})\mu}{E'_a}$

$G_{\triangle ABB'} = \dfrac{1}{2}\gamma h^2 \tan\alpha$

（2）当 $\beta = 0 \Rightarrow \alpha_{cr} = 45° - \dfrac{\varphi}{2}$，第一滑裂面 $\theta$ 为岩土体接触面或指定时（此时未必属于坦墙），按库仑楔体法计算 $E'_a$：（图示 b）

$$\begin{cases} E'_a = \dfrac{G_{\triangle CBD}\sin(\theta - \delta_r) - cL\cos\delta_r}{\sin(90° - \alpha_{cr} + \theta - \delta_r - \varphi)} \\ G_{\triangle CBD} = \dfrac{1}{2}\gamma h^2\left(\tan\alpha_{cr} + \dfrac{1}{\tan\theta}\right) \end{cases} \Rightarrow$$

$$E_a = \sqrt{(E'_{ax(库仑)})^2 + (G_{\triangle ABC} + E'_{ay(库仑)})^2} \text{ 或者 } \vec{E}_a = \vec{E}'_a + \vec{W}$$

挡墙抗滑移：

$$F_s = \dfrac{[G_墙 + G_{\triangle ABC} + E'_a \sin(\alpha_{cr} + \varphi)]\mu}{E'_a \cos(\alpha_{cr} + \varphi)}$$

$$G_{\triangle ABC} = \dfrac{1}{2}\gamma h^2(\tan\alpha - \tan\alpha_{cr})$$

式中：$E_a$——作用在 BC 上的土压力；
$\delta_r,\ \varphi$——对应第一滑动面 BD、第二滑动面 BC 的内摩擦角（°）

（3）当 $\beta \neq 0 \Rightarrow \alpha_{cr} = 45° - \dfrac{\varphi}{2} + \dfrac{\beta}{2} - \dfrac{1}{2}\cdot\arcsin\left(\dfrac{\sin\beta}{\sin\varphi}\right)$，按库仑楔体法计算：（图示 a），可考性不大

$$E_a = \sqrt{(E'_{ax(库仑)})^2 + (G_{\triangle ABC} + E'_{ay(库仑)})^2} \text{ 或者 } \vec{E}_a = \vec{E}'_a + \vec{W}$$

$E'_a = \dfrac{1}{2}\gamma H^2 K_a$（滑体 BCD 在假想墙背 BC 上产生的主动土压力 $E'_a$，$H$ 应为此假想墙背的竖直高度）

$$G_{\triangle ABC} = \dfrac{1}{2}\gamma h^2 \dfrac{\cos(\alpha - \beta)\cdot\sin(\alpha - \alpha_{cr})}{\cos^2\alpha\cdot\cos(\beta - \alpha_{cr})}$$

【小注】①若第一滑动面为岩土体接触面或题目指定滑动面时，只能按库仑楔体法计算，不属于坦墙的范畴。

②《建筑边坡工程技术规范》第 12.2.3 条规定，悬臂式挡墙、扶壁式挡墙宜按第二破裂面法进行计算，当不能形成第二破裂面时，可用墙踵下缘与墙顶内缘的连线或通过墙踵的竖向面作为假想墙背计算，取其中不利状态的侧向压力作为设计控制值。

## 七、特殊土压力

### （一）坡顶作用线性荷载土压力计算

——附录B

**坡顶作用线性荷载土压力计算**

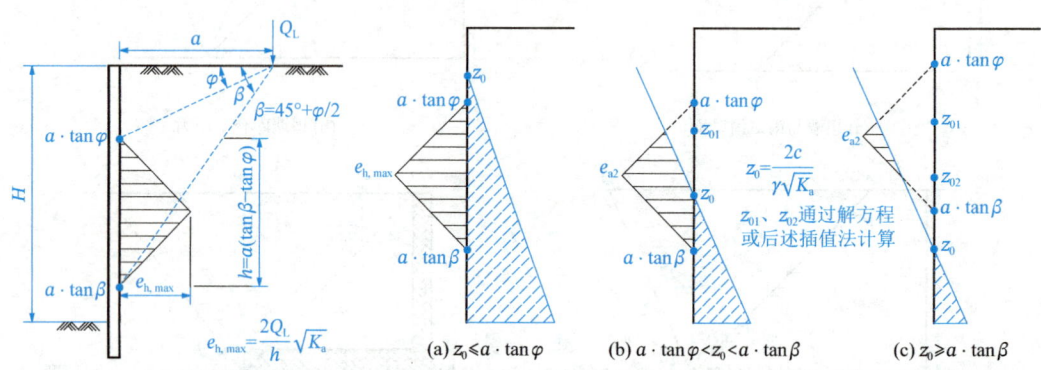

(1) 确定 $Q_L$ 作用范围 $h$ 及 $e_{hmax}$

$$z_1 = a \cdot \tan\varphi \; ; \; z_2 = a \cdot \tan\beta \; ; \; h = a(\tan\beta - \tan\varphi) \Rightarrow e_{hmax} = \frac{2Q_L}{h}\sqrt{K_a}$$

(2) 计算土压力

| 情况（a）：$z_0 = \dfrac{2c}{\gamma\sqrt{K_a}} \leqslant a \cdot \tan\varphi$ | $E_a = \dfrac{1}{2}\gamma(H-z_0)^2 K_a + Q_L\sqrt{K_a}$ |
|---|---|
| 情况（b）：<br>$z_1 = a\cdot\tan\varphi < z_0 = \dfrac{2c}{\gamma\sqrt{K_a}} < z_2 = a\cdot\tan\beta$ | 令 $\gamma z_{01} K_a + \dfrac{4Q_L\sqrt{K_a}}{h^2}(z_{01}-z_1) - 2c\sqrt{K_a} = 0 \Rightarrow z_{01}$<br>$\Downarrow$<br>$E_a = \dfrac{1}{2}\gamma(H-z_0)^2 K_a + Q_L\sqrt{K_a} - \dfrac{\gamma(z_0-z_{01})K_a}{2}(z_0-z_1)$ |
| 情况（c）：$z_0 = \dfrac{2c}{\gamma\sqrt{K_a}} \geqslant z_2 = a\cdot\tan\beta$ | 令 $\gamma z_{01} K_a + \dfrac{4Q_L\sqrt{K_a}}{h^2}(z_{01}-z_1) - 2c\sqrt{K_a} = 0 \Rightarrow z_{01}$<br>令 $\gamma z_{02} K_a + \dfrac{4Q_L\sqrt{K_a}}{h^2}(z_2-z_{02}) - 2c\sqrt{K_a} = 0 \Rightarrow z_{02}$<br>$e_{a2} = \dfrac{2Q_L}{h}\sqrt{K_a} + \gamma\left(z_1 + \dfrac{h}{2}\right)K_a - 2c\sqrt{K_a}$<br>$\Downarrow$<br>$E_a = \dfrac{1}{2}\gamma(H-z_0)^2 K_a + \dfrac{e_{a2}}{2}(z_{02}-z_{01})$ |

## （二）坡顶有局部均布荷载土压力计算

——附录 B

### 坡顶有局部均布荷载土压力计算

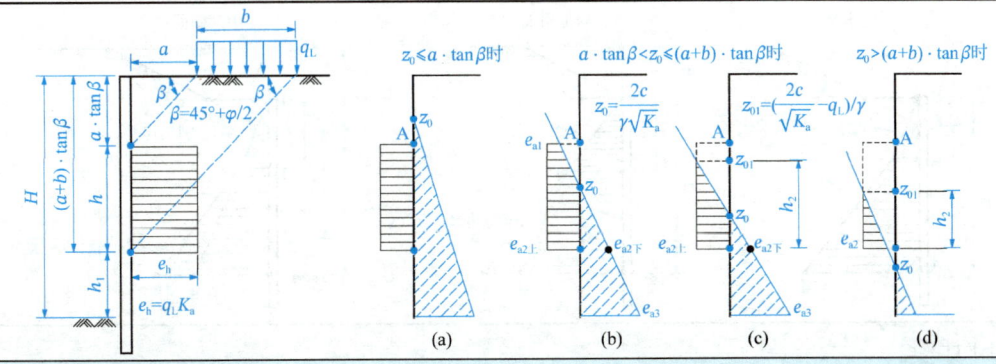

| （1）确定 $q_L$ 作用范围 $h$ 及 $e_h$ | |
|---|---|
| $z_1 = a \cdot \tan\beta$ ； $z_2 = (a+b) \cdot \tan\beta$ ； $h = b \cdot \tan\beta$ ； $e_h = q_L K_a$ | |
| （2）计算土压力 | |
| 情况（a）： $z_0 = \dfrac{2c}{\gamma\sqrt{K_a}} \leqslant z_1$ | $E_a = \dfrac{1}{2}\gamma(H-z_0)^2 K_a + q_L h K_a$ |
| 情况（b）： $z_1 < z_0 = \dfrac{2c}{\gamma\sqrt{K_a}} \leqslant z_2$ 且叠加处 $e_A \geqslant 0$ 时 | $E_a = \dfrac{1}{2}\gamma(H-z_0)^2 K_a + q_L h K_a - \dfrac{1}{2}\gamma(z_0-z_1)^2 K_a$ |
| 情况（c）： $z_1 < z_0 = \dfrac{2c}{\gamma\sqrt{K_a}} \leqslant z_2$ 且叠加处 $e_A < 0$ 时 | $z_{01} = \left(\dfrac{2c}{\sqrt{K_a}} - q_L\right)/\gamma$ ； $h_2 = z_2 - z_{01}$ $\Downarrow$ $E_a = \dfrac{1}{2}\gamma(H-z_0)^2 K_a + q_L h_2 K_a - \dfrac{1}{2}q_L K_a(z_0 - z_{01})$ |
| 情况（d）： $z_0 = \dfrac{2c}{\gamma\sqrt{K_a}} > z_2$ | $z_{01} = \left(\dfrac{2c}{\sqrt{K_a}} - q_L\right)/\gamma$ ； $h_2 = z_2 - z_{01}$ $e_{a2} = (\gamma z_2 + q)K_a - 2c\sqrt{K_a}$ $\Downarrow$ $E_a = \dfrac{1}{2}\gamma(H-z_0)^2 K_a + \dfrac{e_{a2}}{2} h_2$ |

## （三）垂直二阶台边坡岩土压力计算

——附录 B

### 垂直二阶台边坡岩土压力计算

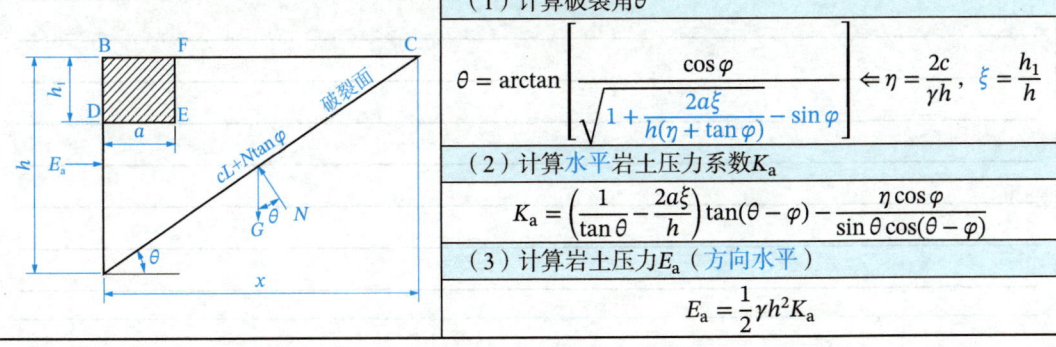

| （1）计算破裂角 $\theta$ |
|---|
| $\theta = \arctan\left[\dfrac{\cos\varphi}{\sqrt{1+\dfrac{2a\xi}{h(\eta+\tan\varphi)}}-\sin\varphi}\right] \Leftarrow \eta = \dfrac{2c}{\gamma h},\ \xi = \dfrac{h_1}{h}$ |
| （2）计算水平岩土压力系数 $K_a$ |
| $K_a = \left(\dfrac{1}{\tan\theta} - \dfrac{2a\xi}{h}\right)\tan(\theta-\varphi) - \dfrac{\eta\cos\varphi}{\sin\theta\cos(\theta-\varphi)}$ |
| （3）计算岩土压力 $E_a$（方向水平） |
| $E_a = \dfrac{1}{2}\gamma h^2 K_a$ |

## （四）坡顶非水平土压力计算

——附录 B

坡顶非水平土压力计算

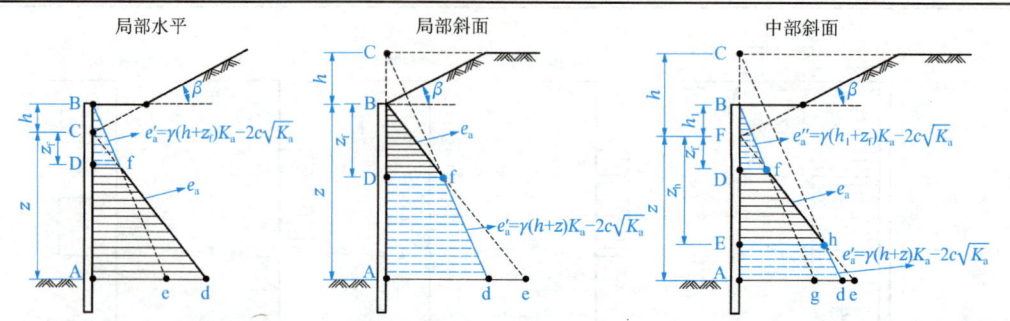

### （1）计算 $e_a$

主动土压力计算采用叠加法，叠加后的阴影部分面积即为主动土压力合力，如上图所示。

$e_a = \gamma z \cos\beta \dfrac{\cos\beta - \sqrt{\cos^2\beta - \cos^2\varphi}}{\cos\beta + \sqrt{\cos^2\beta - \cos^2\varphi}}$；化简至 $e_a = k \cdot z$，方便后续代入计算

### （2）计算土压力合力

| | |
|---|---|
| 情况（a）：局部水平 | $e'_a = \gamma(h + z_f)K_a - 2c\sqrt{K_a}$<br>令 $e'_a = e_a \Rightarrow z_f$；代入步骤（1），求出交点 $e_f$、$e_d$<br>$E_a = \dfrac{e_f}{2}(z_f + h) + \dfrac{e_f + e_d}{2}(z - z_f)$ |
| 情况（b）：局部倾斜 | $e'_a = \gamma(h + z_f)K_a - 2c\sqrt{K_a}$<br>令 $e'_a = e_a \Rightarrow z_f$；代入步骤（1），求出交点 $e_f$、$e_d$<br>$E_a = \dfrac{e_f}{2}z_f + \dfrac{e_f + e_d}{2}(z - z_f)$ |
| 情况（c）：中部斜面 | $e'_a = \gamma(h + z_h)K_a - 2c\sqrt{K_a}$；$e''_a = \gamma(h_1 + z_f)K_a - 2c\sqrt{K_a}$<br>令 $e'_a = e_a \Rightarrow z_h$；代入步骤（1），求出交点 $e_h$<br>令 $e''_a = e_a \Rightarrow z_f$；代入步骤（1），求出交点 $e_f$<br>$E_a = \dfrac{e_f}{2}(z_f + h_1) + \dfrac{e_f + e_h}{2}(z_h - z_f) + \dfrac{e_h + e_d}{2}(z - z_h)$ |

笔记区

## （五）斜面边坡岩土压力计算

——第 6.2.10 条

**斜面边坡岩土压力计算**

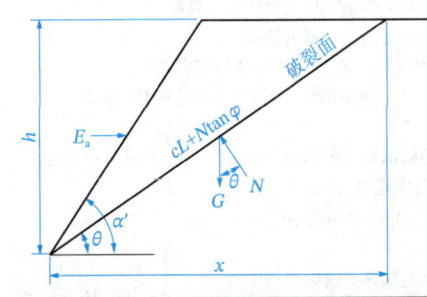

适用于：坡顶水平、无超载、挖方边坡

（1）计算破裂角 $\theta$

$$\theta = \arctan\left[\frac{\cos\varphi}{\sqrt{1+\dfrac{\cot\alpha'}{\eta+\tan\varphi}}-\sin\varphi}\right] \Leftarrow \eta = \frac{2c}{\gamma h}$$

（2）计算水平岩土压力系数 $K_a$

$$K_a = \left(\frac{1}{\tan\theta} - \frac{1}{\tan\alpha'}\right)\tan(\theta-\varphi) - \frac{\eta\cos\varphi}{\sin\theta\cos(\theta-\varphi)}$$

（3）计算岩土压力 $E_a$（方向水平）

$$E_a = \frac{1}{2}\gamma h^2 K_a$$

式中：$c$、$\varphi$——滑裂面或外倾结构面的黏聚力（kPa）、内摩擦角（°）

## （六）地震工况下的土压力计算

——第 6.2.11 条

**地震工况下的土压力计算**

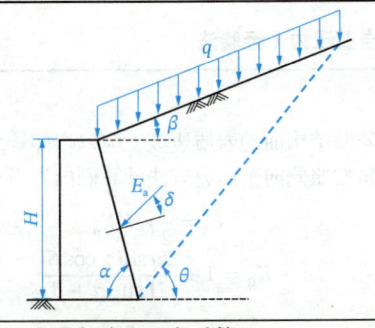

$$E_a = \frac{1}{2}\gamma H^2 K_a$$

式中：$H$——挡墙的高度（m）；

$\rho$——地震角，按下表取值；

$\gamma$——土体重度（kN/m³）。

勿带入 $\gamma_E = \gamma/\cos\rho$；

$\varphi_E = \varphi - \rho$，规范中公式有误，三处 $\varphi$ 应替换为 $\varphi_E$；

其他参数见库仑土压力部分

$c \neq 0$ 时，地震主动土压力系数 $K_a$：

$$K_a = \frac{\sin(\alpha+\beta)}{\cos\rho\sin^2\alpha\sin^2(\alpha+\beta-\varphi-\delta)}\{K_q[\sin(\alpha+\beta)\sin(\alpha-\delta-\rho)+\sin(\varphi+\delta)\sin(\varphi-\rho-\beta)] + 2\eta\sin\alpha\cos\varphi_E\cos\rho\cos(\alpha+\beta-\varphi-\delta) - 2\sqrt{[K_q\sin(\alpha+\beta)\sin(\varphi-\rho-\beta)+\eta\sin\alpha\cos\varphi_E\cos\rho]\times[K_q\sin(\alpha-\delta-\rho)\sin(\varphi+\delta)+\eta\sin\alpha\cos\varphi_E\cos\rho]}\}$$

$c = 0$ 时，地震主动土压力系数 $K_a$：

$$K_a = \frac{K_q\sin(\alpha+\beta)\left[\sqrt{\sin(\alpha+\beta)\cdot\sin(\alpha-\delta-\rho)} - \sqrt{\sin(\varphi+\delta)\cdot\sin(\varphi-\beta-\rho)}\right]^2}{\cos\rho\cdot\sin^2\alpha\cdot\sin^2(\alpha+\beta-\varphi-\delta)}$$

【小注】本公式来自于：$\varphi_E = \varphi - \rho$、$\delta_E = \delta + \rho$、$\gamma_E = \gamma/\cos\rho$ 分别代替公式(6.2.3)中的 $\varphi$、$\delta$、$\gamma$，化简即为公式(6.2.11)。

**地震角 $\rho$**

| 类别 | 7 度 | | 8 度 | | 9 度 |
|---|---|---|---|---|---|
| | 0.10g | 0.15g | 0.20g | 0.30g | 0.40g |
| 水上 | 1.5° | 2.3° | 3.0° | 4.5° | 6.0° |
| 水下 | 2.5° | 3.8° | 5.0° | 7.5° | 10.0° |

## 八、侧向岩石压力

——第 6.3、7.2 节

设计岩石压力
- (1) **无外倾**结构面：等效内摩擦角 $\varphi_e$，见规范表4.3.4（P23）
  按"侧向土压力方法"**经验法**计算岩石压力
  - **坡顶无建筑**的永久边坡、**坡顶有建筑**的临时边坡、**基坑边坡**
    ⇒ 破裂角取45°+φ/2或I类岩体边坡取75°
  - **坡顶无建筑**的临时边坡、**基坑边坡**
    ⇒ I类岩体边坡取82°，II类岩体边坡取72°
    ⇒ III类岩体边坡取62°，IV类岩体边坡取45°+φ/2

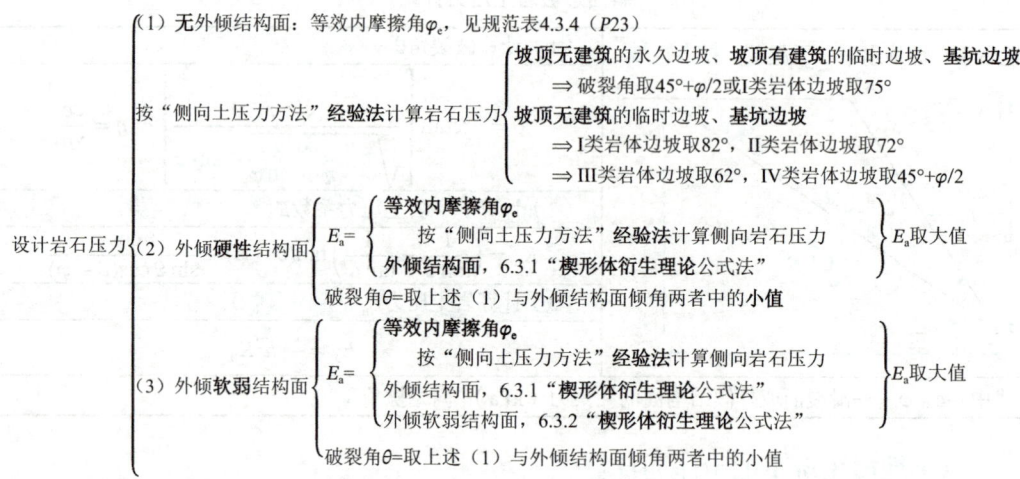

- (2) 外倾**硬性**结构面 $E_a = \begin{cases} \text{等效内摩擦角}\varphi_e \\ \text{按"侧向土压力方法"经验法计算侧向岩石压力} \\ \text{外倾结构面，6.3.1 "楔形体衍生理论公式法"} \end{cases}$ $E_a$取大值
  破裂角θ=取上述（1）与外倾结构面倾角两者中的**小值**

- (3) 外倾**软弱**结构面 $E_a = \begin{cases} \text{等效内摩擦角}\varphi_e \\ \text{按"侧向土压力方法"经验法计算侧向岩石压力} \\ \text{外倾结构面，6.3.1 "楔形体衍生理论公式法"} \\ \text{外倾软弱结构面，6.3.2 "楔形体衍生理论公式法"} \end{cases}$ $E_a$取大值
  破裂角θ=取上述（1）与外倾结构面倾角两者中的**小值**

### （一）无外倾结构面的岩质边坡侧向岩石压力

——第 6.3.3 条

**无外倾结构面的岩质边坡侧向岩石压力（经验法）**

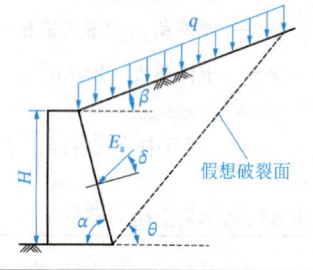

无外倾结构面的岩质边坡，应以岩体等效内摩擦角按照侧向土压力方法计算侧向岩石压力：

$$E_a = \frac{1}{2}\gamma H^2 K_a$$

$$K_q = 1 + \frac{2q\sin\alpha\cos\beta}{\gamma H \sin(\alpha+\beta)}$$

$$K_a = \frac{\sin(\alpha+\beta)}{\sin^2\alpha \sin^2(\alpha+\beta-\varphi_e)}\left\{K_q[\sin(\alpha+\beta)\sin(\alpha-\delta)+\sin(\varphi_e+\delta)\sin(\varphi_e-\beta)] - \sqrt{[K_q\sin(\alpha+\beta)\sin(\varphi_e-\beta)]} \times \sqrt{K_q\sin(\alpha-\delta)\sin(\varphi_e+\delta)}\right\}$$

岩体等效内摩擦角$\varphi_e$是考虑黏聚力在内的假想的"内摩擦角"，也称似内摩擦角或综合内摩擦角

**笔 记 区**

边坡岩体等效内摩擦角标准值$\varphi_e$及无外倾结构面的岩质边坡破裂角$\theta$

| 边坡岩体类型 | | | I | II | III | IV | 备注 |
|---|---|---|---|---|---|---|---|
| 等效内摩擦$\varphi_e$（°） | | | $\varphi_e > 72$ | $72 \geqslant \varphi_e > 62$ | $62 \geqslant \varphi_e > 52$ | $52 \geqslant \varphi_e > 42$ | |
| 破裂角$\theta$ | 坡顶无建筑物荷载 | 永久性边坡 | 75° | \multicolumn{3}{c}{$45°+\varphi/2$} | | 此处$\varphi$应为岩体的内摩擦角，非等效内摩擦角 |
| | | 临时性边坡 | 82° | 72° | 62° | $45°+\varphi/2$ | |
| | | 基坑边坡 | | | | | |
| | 坡顶有建筑物荷载 | 临时性边坡 | 75° | \multicolumn{3}{c}{$45°+\varphi/2$} | | |
| | | 基坑边坡 | | | | | |

【表注】①边坡高度较大时宜取较小值；高度较小时宜取较大值；当边坡岩体变化较大时，应按同等高度段分别取值；②对于Ⅱ、Ⅲ、Ⅳ类岩质临时边坡可取上限值；③适用于完整、较完整的岩体；破碎、较破碎的岩体可根据地方经验适当折减。

## （二）沿外倾结构面滑动的岩石边坡

——第 6.3.1 条

沿外倾结构面滑动的岩石边坡（理论法）

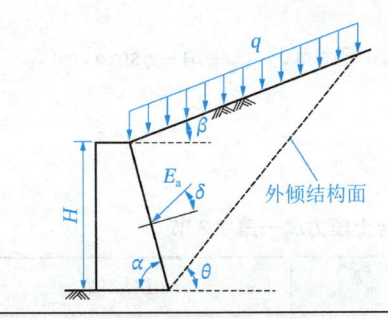

主动岩石压力合力：

$$E_a = \frac{1}{2}\gamma H^2 K_a$$

$$K_q = 1 + \frac{2q\sin\alpha\cos\beta}{\gamma H \sin(\alpha+\beta)}$$

$$\eta = \frac{2c_s}{\gamma H}$$

$$K_a = \frac{\sin(\alpha+\beta)}{\sin^2\alpha\sin(\alpha-\delta+\theta-\varphi_s)\sin(\theta-\beta)} \times [K_q \sin(\alpha+\theta)\sin(\theta-\varphi_s) - \eta\sin\alpha\cos\varphi_s]$$

式中：$\alpha$——支挡结构墙背与水平面的夹角（°）；

$\beta$——岩石表面与水平面的夹角（°）；

$\delta$——岩石与挡墙墙背的摩擦角（°），取（0.33～0.50）$\varphi$；

$\theta$——外倾结构面的倾角（°）；

$H$——挡墙高度（m）；

$\gamma$——岩体重度（kN/m³）；

$c_s$——外倾结构面黏聚力（kPa）；

$\varphi_s$——外倾结构面的内摩擦角（°）。

【小注】①当有多组外倾结构面时，应计算每组结构面的主动岩石压力，并取其大值；②此公式本质为有超载$q$库仑楔形体，即为"有限范围土压力的万能公式"，只要滑动体为三角形均可采用此公式。

## （三）沿缓倾的外倾软弱结构面滑动的岩石边坡

——第 6.3.2 条

**沿缓倾的外倾软弱结构面滑动的岩石边坡（理论法）**

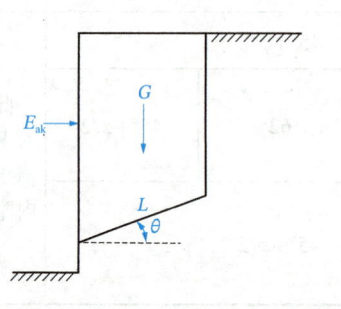

主动岩石压力合力：

$$E_a = G\tan(\theta - \varphi_s) - \frac{c_s L \cos\varphi_s}{\cos(\theta - \varphi_s)}$$

式中：$G$——四边形滑裂体自重（kN/m）；
$L$——滑裂面长度（m）；
$\theta$——缓倾的外倾软弱结构面的倾角（°）；
$c_s$——外倾软弱结构面的黏聚力（kPa）；
$\varphi_s$——外倾软弱结构面的内摩擦角（°）

【小注】①按照多边体静力平衡推导出来的，适用于 $\theta$ 已知的平面滑动，滑体形状可以是多边形，只要滑面为平面即可，而其他的库仑衍生公式，破裂体需为三角形。
②此式为楔形体朗肯万能公式，当 $c_s = 0$，$E_a = G\tan(\theta - \varphi)$，与无黏性土楔形体的计算公式一致。
③$E_a$ 的方向为水平，非岩石压力的水平分力。

## （四）地震作用下主动岩石压力

$$E_a = \frac{1}{2}\gamma H^2 K_a$$

$$K_a = \frac{\sin(\alpha + \beta)}{\cos\rho \cdot \sin^2\alpha \cdot \sin(\alpha - \delta + \theta - \varphi_s)\sin(\theta - \beta)} \times [K_q \sin(\alpha + \theta)\sin(\theta - \varphi_s + \rho) - \eta\sin\alpha\cos(\varphi_s - \rho)]$$

$\rho$ 为地震角，取值见前。

## 九、侧向岩土压力修正

（1）坡顶有<u>重要建（构）物</u>修正侧向岩土压力 $E_a'$——第 7.2 节

| 简图 | 适用情况 | | | $E_a'$ 取值 | |
|---|---|---|---|---|---|
| 有重要建筑或支护变形要求严格 | 无外倾结构面（按等效内摩擦角计算 $E_a$，修正计算 $E_a'$） | 土质边坡 | $a < 0.5H$ | $E_a' = E_0$ | |
| | | | $0.5H \leqslant a \leqslant H$ | $E_a' = \frac{1}{2}(E_0 + E_a)$ | |
| | | | $a > H$ | $E_a' = E_a$ | |
| | | 岩质边坡 | $a < 0.5H$ | $E_a' = \beta_1 E_a$ | |
| | | | $a \geqslant 0.5H$ | $E_a' = E_a$ | |
| | | 岩体类型 | Ⅰ | Ⅱ | Ⅲ | Ⅳ |
| | | 修正系数 $\beta_1$ | 1.30 | 1.30 | 1.30～1.45 | 1.45～1.55 |

【表注】①裂隙发育时<u>取大值</u>，不发育时<u>取小值</u>；
②坡顶有重要建筑物对边坡变形控制要求高时<u>取大值</u>；
③对临时性边坡及基坑边坡<u>取小值</u>

续表

| 简图 | 适用情况 | | $E'_a$ 取值 |
|---|---|---|---|
| 基底设置软性隔离层时取 $H$；否则取 $H$<br>$a$——坡脚线到坡顶重要建（构）筑物基础外边缘的水平距离 | 有外倾结构面 | 土质边坡 | ①按无外倾结构面修正计算；<br>②按结构面破坏计算 × 1.30 | $E_a = \max(①,②)$ |
| | | 岩质边坡 | ①按无外倾结构面修正计算；<br>②按结构面破坏计算 × 1.15 | $E_a = \max(①,②)$ |

【小注】①$E_a$——主动岩土压力合力，应理解为其满足《建筑边坡工程技术规范》第 6 章的哪一种情况，即采用其对应的方法计算；②$E'_a$——修正主动岩土压力合力；③$E_0$——静止土压力合力

（2）锚杆挡墙侧向岩土压力水平分力修正值 $E'_{ah}$——第 7.2.6 条、第 9.2.2 条

坡顶有重要建（构）筑物和锚杆挡墙侧向岩土压力的修正是平行的，如同时存在两种情况，分别计算取大值。

$$E'_{ah} = \beta_2 E_{ah}$$

式中：$E'_{ah}$——每延米侧向岩土压力合力水平分力修正值；

$E_{ah}$——每延米侧向主动岩土压力合力水平分力。

| | | 适用情况 | | $E'_{ah}$ 取值 |
|---|---|---|---|---|
| 无重要建筑<br>锚杆挡墙 | 无外倾结构面 | 按等效内摩擦角计算$E_a$，修正计算$E'_a$ | | $E'_{ah} = \beta_2 E_{ah}$ |
| | 有外倾结构面 | ①用等效内摩擦角$\varphi_e$按库仑土压力计算；<br>②用结构面破坏按库仑楔体法计算 | | $E'_{ah} = \beta_2 \cdot \max(①,②)$ |
| 有重要建筑<br>锚杆挡墙 | 无外倾结构面 | 按等效内摩擦角计算$E_a$，修正计算$E'_a$ | | $E'_{ah} = \max(\beta_1 E_{ah}/E_{ah}, \beta_2 E_{ah})$ |
| | 有外倾结构面 | 土质边坡 | ①按无外倾结构面修正计算；<br>②按结构面破坏计算 | $E'_{ah} = \max(\beta_2①, \beta_2②, \beta_1①, 1.30②)$ |
| | | 岩质边坡 | ①按无外倾结构面修正计算；<br>②按结构面破坏计算 | $E'_{ah} = \max(\beta_2①, \beta_2②, \beta_1①, 1.15②)$ |

| 锚杆类型 | 非预应力锚杆 | | | 预应力锚杆 | |
|---|---|---|---|---|---|
| | 土层锚杆 | 岩层锚杆 | | 自由段土层 | 自由段岩层 |
| | | 自由段土层 | 自由段岩层 | | |
| $\beta_2$ 取值 | 1.1~1.2 | 1.1~1.2 | 1.0 | 1.2~1.3 | 1.1 |

【小注】锚杆变形计算值较小时取大值，反之取小值；岩土压力= max(重要建筑，锚杆挡墙$\beta_2$修正)。

# 第三节　边坡稳定性分析

## 一、基本规定

——第3.2、5.3节

### （一）边坡工程安全等级

边坡工程安全等级

| 边坡类型 | | 边坡高度H（m） | 破坏后果 | 安全等级 | |
|---|---|---|---|---|---|
| 岩质边坡 | 岩体类别Ⅰ或Ⅱ | H≤30 | 很严重 | 一级 | 【表注】<br>（1）破坏后果：<br>①很严重：造成重大人员伤亡或财产损失；<br>②严重：可能造成人员伤亡或财产损失；<br>③不严重：可能造成财产损失。<br>（2）破坏后果很严重、严重的下列边坡工程，其安全等级应定为一级：<br>①由外倾软弱结构面控制；<br>②工程滑坡地段；<br>③滑塌区内有重要建（构）筑物。 |
| | | | 严重 | 二级 | |
| | | | 不严重 | 三级 | |
| | 岩体类别Ⅲ或Ⅳ | 15＜H≤30 | 很严重 | 一级 | |
| | | | 严重 | 二级 | |
| | | H≤15 | 很严重 | 一级 | |
| | | | 严重 | 二级 | |
| | | | 不严重 | 三级 | |
| 土质边坡 | | 10＜H≤15 | 很严重 | 一级 | |
| | | | 严重 | 二级 | |
| | | H≤10 | 很严重 | 一级 | |
| | | | 严重 | 二级 | |
| | | | 不严重 | 三级 | |

### （二）边坡稳定安全系数$F_{st}$

边坡稳定安全系数$F_{st}$

| 边坡类型 | | 边坡安全等级 | | |
|---|---|---|---|---|
| | | 一级 | 二级 | 三级 |
| 永久边坡 | 一般工况 | 1.35 | 1.30 | 1.25 |
| | 地震工况 | 1.15 | 1.10 | 1.05 |
| 临时边坡 | | 1.25 | 1.20 | 1.15 |

【表注】①地震工况时，安全系数仅适用于塌滑区内无重要建（构）筑物的边坡。
②对地质条件很复杂或破坏后果极严重的边坡工程，其稳定安全系数应适当提高。
③受水影响的边坡工程，当建筑边坡规模较小，一般工况中的安全系数较高，不再考虑土体的雨季饱和工况；对于受雨水或地下水影响大的边坡工程，按饱和工况计算，即按饱和重度与饱和状态时的抗剪强度参数。

### （三）边坡稳定性划分

边坡稳定性划分

| 边坡稳定系数$F_s$ | $F_s＜1$ | $1≤F_s＜1.05$ | $1.05≤F_s＜F_{st}$ | $F_s≥F_{st}$ |
|---|---|---|---|---|
| 边坡稳定性 | 不稳定 | 欠稳定 | 基本稳定 | 稳定 |

【表注】①当边坡稳定性系数$F_s$小于边坡稳定安全系数$F_{st}$时应对边坡进行处理。
②边坡稳定性系数$F_s$：是指边坡未进行支护，计算出来的安全系数；边坡稳定安全系数$F_{st}$：是指规范所规定的，边坡达到安全，至少需要的安全系数。

## （四）边坡稳定性分析中地震力

对于边坡滑塌区内无重要建（构）筑物的边坡采用刚体极限平衡法和静力数值计算法计算边坡稳定性时，滑体、条块或单元的地震作用可简化为一个作用于滑体、条块或单元重心处、指向坡外（滑动方向）的水平静力，其值应按下式计算：

$$Q_e = \alpha_w G_e \qquad Q_{ei} = \alpha_w G_i$$

式中：$Q_e$、$Q_{ei}$——滑体、第$i$计算条块或单元体单位宽度地震力（kN/m）；

$G_e$、$G_{ei}$——滑体、第$i$计算条块或单元体单位宽度自重（含坡顶建筑物作用）（kN/m）。

**边坡综合水平地震系数 $\alpha_w$**

| 类别 | 地震基本烈度 | 7度 | | 8度 | | 9度 |
|---|---|---|---|---|---|---|
| $\alpha_w = \dfrac{0.25 k_h}{g}$ | 地震峰值加速度$k_h$ | 0.10g | 0.15g | 0.20g | 0.30g | 0.40g |
| | 综合水平地震系数$\alpha_w$ | 0.025 | 0.038 | 0.050 | 0.075 | 0.100 |

【表注】《工程地质手册》中倾倒式崩塌规定：地震力$F$等于崩塌体重力$W$乘水平加速度$\alpha$：$F = W\alpha$，实际做题中究竟采用哪种方式计算，一般根据题目给出的条件判断，优先采用规范方法。

## 二、直线滑动

### （一）土力学中均质直线滑动土坡

**土力学中均质直线滑动土坡**

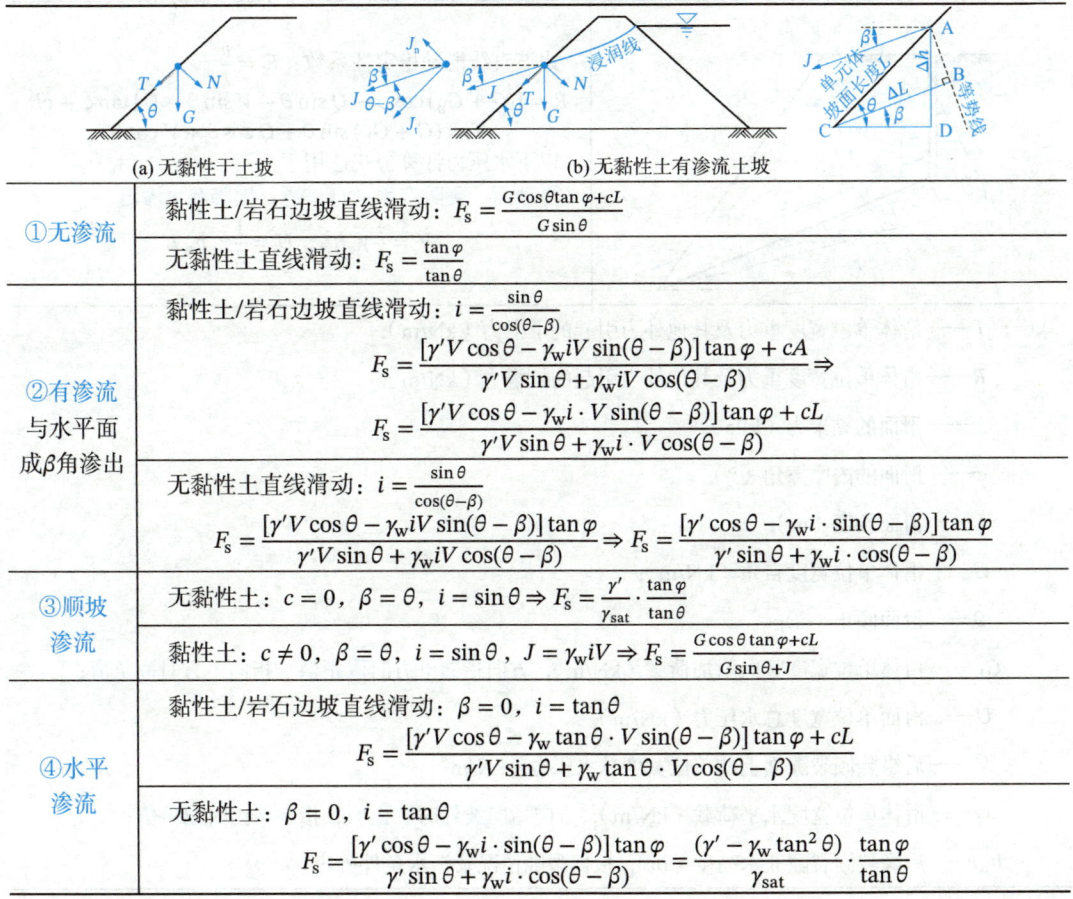

(a) 无黏性干土坡　　　　　　　(b) 无黏性土有渗流土坡

| | | |
|---|---|---|
| ①无渗流 | 黏性土/岩石边坡直线滑动：$F_s = \dfrac{G\cos\theta \tan\varphi + cL}{G\sin\theta}$ | |
| | 无黏性土直线滑动：$F_s = \dfrac{\tan\varphi}{\tan\theta}$ | |
| ②有渗流 与水平面 成$\beta$角渗出 | 黏性土/岩石边坡直线滑动：$i = \dfrac{\sin\theta}{\cos(\theta-\beta)}$ $$F_s = \dfrac{[\gamma'V\cos\theta - \gamma_w iV\sin(\theta-\beta)]\tan\varphi + cA}{\gamma'V\sin\theta + \gamma_w iV\cos(\theta-\beta)} \Rightarrow$$ $$F_s = \dfrac{[\gamma'V\cos\theta - \gamma_w \cdot V\sin(\theta-\beta)]\tan\varphi + cL}{\gamma'V\sin\theta + \gamma_w i \cdot V\cos(\theta-\beta)}$$ | |
| | 无黏性土直线滑动：$i = \dfrac{\sin\theta}{\cos(\theta-\beta)}$ $$F_s = \dfrac{[\gamma'V\cos\theta - \gamma_w iV\sin(\theta-\beta)]\tan\varphi}{\gamma'V\sin\theta + \gamma_w iV\cos(\theta-\beta)} \Rightarrow F_s = \dfrac{[\gamma'\cos\theta - \gamma_w i\cdot\sin(\theta-\beta)]\tan\varphi}{\gamma'\sin\theta + \gamma_w i\cdot\cos(\theta-\beta)}$$ | |
| ③顺坡 渗流 | 无黏性土：$c = 0$，$\beta = \theta$，$i = \sin\theta \Rightarrow F_s = \dfrac{\gamma'}{\gamma_{sat}} \cdot \dfrac{\tan\varphi}{\tan\theta}$ | |
| | 黏性土：$c \ne 0$，$\beta = \theta$，$i = \sin\theta$，$J = \gamma_w iV \Rightarrow F_s = \dfrac{G\cos\theta\tan\varphi + cL}{G\sin\theta + J}$ | |
| ④水平 渗流 | 黏性土/岩石边坡直线滑动：$\beta = 0$，$i = \tan\theta$ $$F_s = \dfrac{[\gamma'V\cos\theta - \gamma_w\tan\theta\cdot V\sin(\theta-\beta)]\tan\varphi + cL}{\gamma'V\sin\theta + \gamma_w\tan\theta\cdot V\cos(\theta-\beta)}$$ | |
| | 无黏性土：$\beta = 0$，$i = \tan\theta$ $$F_s = \dfrac{[\gamma'\cos\theta - \gamma_w i\cdot\sin(\theta-\beta)]\tan\varphi}{\gamma'\sin\theta + \gamma_w i\cdot\cos(\theta-\beta)} = \dfrac{(\gamma' - \gamma_w\tan^2\theta)}{\gamma_{sat}}\cdot\dfrac{\tan\varphi}{\tan\theta}$$ | |

## （二）规范中平面直线滑动

——附录 A.0.2

**（1）计算原理**

$$F_s = \frac{\text{抗滑力}R}{\text{滑动力}T} = \frac{\sum N\tan\varphi + cL + \sum T_{\text{抗力类}}}{\sum T_{\text{荷载类}}}$$

式中：$\sum N$——垂直于滑动面所有法向应力之和，影响摩阻力，压为正，反之为负；

$\sum T$——平行于滑动面所有切向应力之和

"外加"力的法向分力处理原则：置于分子$N$处，压为正，反之为负，影响摩阻力。

"外加"的力切向分力$\sum T$的处理原则为"不忘初心"：

① "外加"力属于抗力类的，切向分力放在分子中，即为：$\sum T_{\text{抗力类}}$，使得抗滑力变化，与抗滑动方向相同为"+"，反之为"-"；

② "外加"力属于荷载类的，切向分力放在分母中，即为：$\sum T_{\text{荷载类}}$，使得下滑力变化，与滑动方向相同为"+"，反之为"-"。

"外加"力一般分为抗力类或者荷载类两大类：

①抗力类一般包括锚杆（索）、内支撑、加筋土等；②荷载类一般包括坡顶超载、地震作用、水作用

"不忘初心"原则适用于：①题目没有要求具体规范；②根据《建筑边坡工程技术规范》作答

**（2）规范总公式**

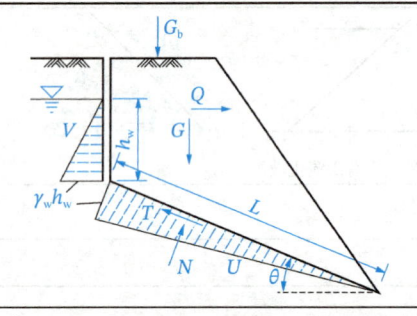

边坡直线滑动稳定性系数：$F_s = \dfrac{R}{T}$

$R = [(G + G_b)\cos\theta - Q\sin\theta - V\sin\theta - U]\tan\varphi + cL$

$T = (G + G_b)\sin\theta + Q\cos\theta + V\cos\theta$

以下水压力计算公式适用于：

滑动面、裂隙有水，且贯通，坡脚有水渗出

$V = \dfrac{1}{2}\gamma_w h_w^2$；$U = \dfrac{1}{2}\gamma_w h_w L$

式中：$T$——滑体单位宽度重力及其他外力引起的下滑力（kN/m）；

$R$——滑体单位宽度重力及其他外力引起的抗滑力（kN/m）；

$c$——滑面的黏聚力（kPa）；

$\varphi$——滑面的内摩擦角（°）；

$L$——滑面长度（m）；

$G$——滑体单位宽度自重（kN/m）；

$\theta$——滑面倾角（°）；

$G_b$——滑体单位宽度竖向附加荷载（kN/m），方向指向下方时取正值，指向上方时取负值；

$U$——滑面单位宽度总水压力（kN/m）；

$V$——后缘陡倾裂隙面上的单位宽度总水压力（kN/m）；

$Q$——滑体单位宽度水平荷载（kN/m），方向指向坡外时取正值，指向坡内时取负值；

$h_w$——后缘陡倾裂隙充水高度（m），根据裂隙情况及汇水条件确定

### (3) 直线滑动分公式

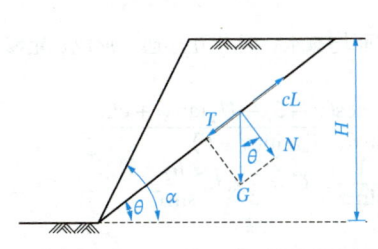

① 一般情况，无水、无外荷载作用时，上述公式可以简化为：
黏性土/岩质边坡直线滑动：
$$F_s = \frac{G\cos\theta\tan\varphi + cL}{G\sin\theta} = \frac{0.5\gamma h\cos\theta\tan\varphi + c}{0.5\gamma h\sin\theta} \Leftarrow$$
$$G = \frac{1}{2}\gamma H^2\left(\frac{1}{\tan\theta} - \frac{1}{\tan\alpha}\right)$$
结论：$F_s$ 与滑动面长度 $L$ 无关，只与垂直滑动面的高度 $h$ 有关

无黏性土：$F_s = \dfrac{\tan\varphi}{\tan\theta}$

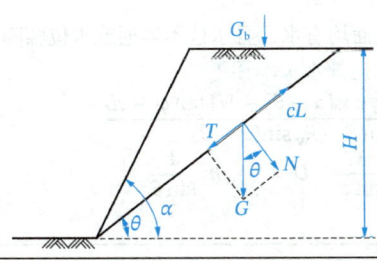

② 滑体上作用超载 $G_b$ 时：
$$F_s = \frac{(G+G_b)\cos\theta\tan\varphi + cL}{(G+G_b)\sin\theta}$$
【小注】超载和自重加到一起，视为新的自重应力来看待

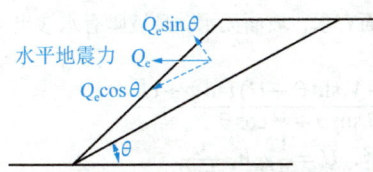

③ 仅地震力 $Q_e$ 作用下，上述公式简化为：
$$F_s = \frac{(G\cos\theta - Q_e\sin\theta)\tan\varphi + cL}{G\sin\theta + Q_e\cos\theta}$$
$$Q_e = \alpha_w G$$

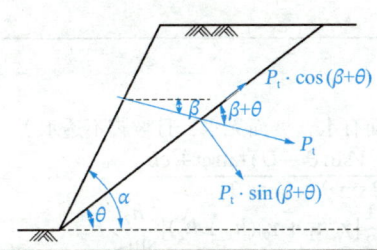

④ 仅锚杆（索）轴向拉力 $P_t$ 加固，上述公式简化为：
$$F_s = \frac{[G\cos\theta + P_t\sin(\beta+\theta)]\tan\varphi + cL + P_t\cos(\beta+\theta)}{G\sin\theta}$$
增设锚杆所增加的安全系数 $\Delta F_s$：
$$\Delta F_s = \frac{P_t\sin(\beta+\theta)\tan\varphi + P_t\cos(\beta+\theta)}{G\sin\theta}$$

⑤ 有水情况下直线滑动稳定性计算

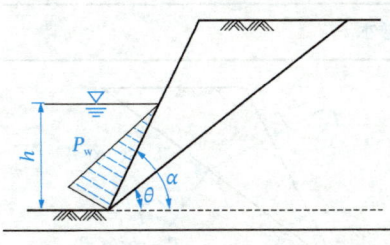

（a）情况 1（滑动面无水，坡面有水）：
$$F_s = \frac{[G\cos\theta + P_w\cos(\alpha-\theta)]\tan\varphi + cL}{G\sin\theta - P_w\sin(\alpha-\theta)}$$
$$P_w = \frac{1}{2}\gamma_w h^2 \frac{1}{\sin\alpha}$$

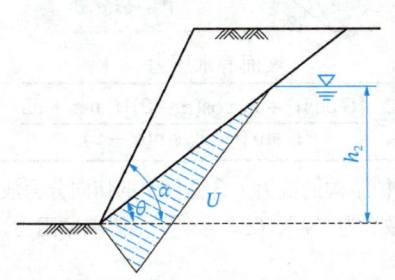

（b）情况 2（滑动面有水，坡面无水，且坡脚无水渗出）：
$$F_s = \frac{(G\cos\theta - U)\tan\varphi + cL}{G\sin\theta}$$
$$U = \frac{1}{2}\gamma_w h_2^2 \frac{1}{\sin\theta}$$

续表

| | |
|---|---|
| 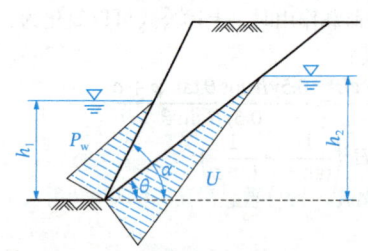 | （c）情况 3（滑动面与坡面均有水，且相互连通，形成稳定渗流）：〈坡脚内外水头相等〉<br>$$F_s = \frac{[G\cos\theta + P_w\cos(\alpha-\theta) - U]\tan\varphi + cL}{G\sin\theta - P_w\sin(\alpha-\theta)}$$<br>$$P_w = \frac{1}{2}\gamma_w h_1^2 \frac{1}{\sin\alpha}, \quad U = \frac{1}{2}\gamma_w h_1 \frac{h_2}{\sin\theta}$$ |
| 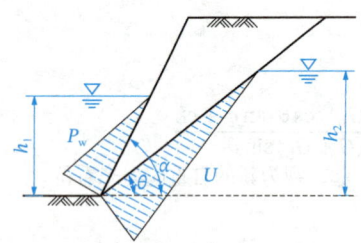 | （d）情况 4（滑动面与坡面均有水，且水位不连通或水位骤降时，尚未发生渗流）：〈坡脚内外水头不相等〉<br>$$F_s = \frac{[G\cos\theta + P_w\cos(\alpha-\theta) - U]\tan\varphi + cL}{G\sin\theta - P_w\sin(\alpha-\theta)}$$<br>$$P_w = \frac{1}{2}\gamma_w h_1^2 \frac{1}{\sin\alpha}, \quad U = \frac{1}{2}\gamma_w h_2^2 \frac{1}{\sin\theta}$$ |
| 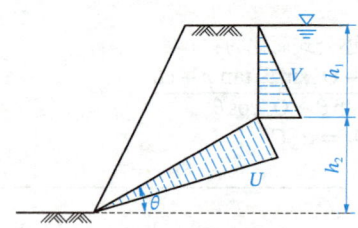 | （e）情况 5（裂隙、滑动面有水，坡面无水，且坡脚有水渗出）（即为规范所示）：<br>$$F_s = \frac{(G\cos\theta - V\sin\theta - U)\tan\varphi + cL}{G\sin\theta + V\cos\theta}$$<br>$$V = \frac{1}{2}\gamma_w h_1^2, \quad U = \frac{1}{2}\gamma_w h_1 \frac{h_2}{\sin\theta}$$ |
| 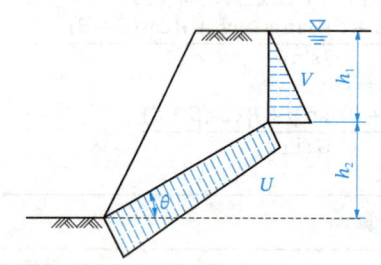 | （f）情况 6（裂隙、滑动面有水，坡面无水，且坡脚不透水）：<br>$$F_s = \frac{(G\cos\theta - V\sin\theta - U)\tan\varphi + cL}{G\sin\theta + V\cos\theta}$$<br>$$V = \frac{1}{2}\gamma_w h_1^2, \quad U = \frac{1}{2}[\gamma_w h_1 + \gamma_w(h_1+h_2)]\frac{h_2}{\sin\theta}$$ |

### （4）锚杆（索）加固 VS 坡面静水

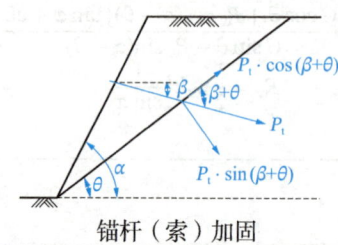

锚杆（索）加固

$$F_s = \frac{[G\cos\theta + P_t\sin(\beta+\theta)]\tan\varphi + cL + P_t\cos(\beta+\theta)}{G\sin\theta}$$

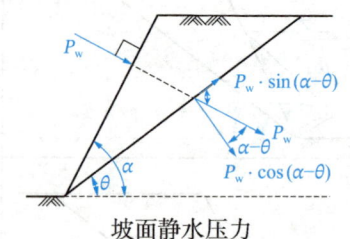

坡面静水压力

$$F_s = \frac{[G\cos\theta + P_w\cos(\alpha-\theta)]\tan\varphi + cL}{G\sin\theta - P_w\sin(\alpha-\theta)}$$

【小注】①《建筑边坡工程鉴定与加固技术规范》例外，原有支护结构的抗力（含锚杆）的切向分力放在分母。②法向分力放在分子 $N$ 处，使得正应力变化，与 $N$ 方向一致，为"+"，反之为"-"，影响摩阻力，切向分力是放在分母或放在分子？看"初心"。

## 三、圆弧滑动

——《土力学》《工程地质手册》P1098

**计算原理**

$$F_s = \frac{\text{抗滑力矩}M_R}{\text{滑动力矩}M_T} = \frac{\sum(N\tan\varphi + cL)R + \sum(T_{\text{抗力类}} \cdot R_{\text{抗力类}})}{\sum(T_{\text{荷载类}} \cdot R_{\text{荷载类}})}$$

式中：$N$——垂直于滑面所有法向应力之和，影响摩阻力，压为正，反之为负；

$T$——平行于滑面切向应力

（1）若为分条法：

"外加"力的法向分力处理原则：置于分子$N$处，压为正，反之为负，影响摩阻力。

"外加"力切向分力$\sum T$的处理原则为"不忘初心"：

① "外加"力属于抗力类的，切向分力乘以力臂放在分子中，即为：$\sum T_{\text{抗力类}}$，使得抗滑力矩变化，与抗滑动力矩方向相同为"+"，反之为"−"；

② "外加"力属于荷载类的，切向分力乘以力臂放在分母中，即为：$\sum T_{\text{荷载类}}$，使得下滑力矩变化，与滑动力矩方向相同为"+"，反之为"−"。

"外加"力一般分为抗力类或者荷载类两大类：

①抗力类一般包括锚杆（索）、内支撑、加筋土等；②荷载类一般包括坡顶堆载、地震作用、水作用。

（2）若为整体圆弧滑动："外加"力不进行分解，直接按照外加力的切向分力处理原则

"不忘初心"原则适用于：①题目没有要求具体规范；②根据《建筑边坡工程技术规范》作答

【小注】上述原则中有一个例外，《土力学》渗流下瑞典条分法（见后土骨架分析法），当$J$的方向与滑动面夹角不大时，通常只考虑渗透力的滑动作用，而不考虑渗透力增加（或减小）骨架径向压力，从而影响沿滑动面的抗滑力。

### （一）整体圆弧滑动法

**整体圆弧滑动法(适用于$\varphi=0$ 饱和黏性土)**

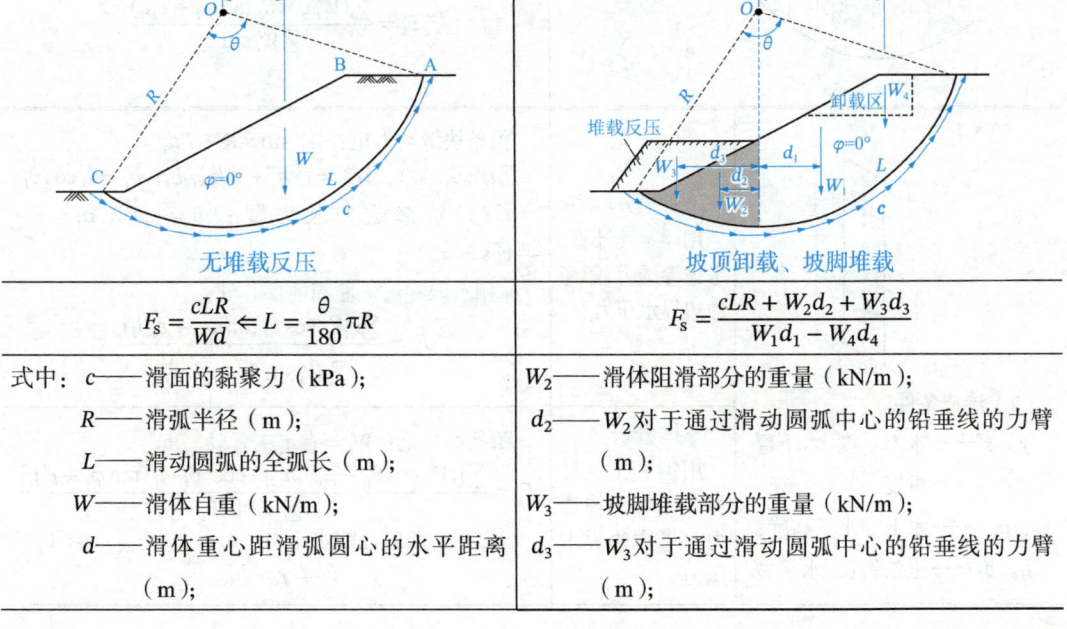

| 无堆载反压 | 坡顶卸载、坡脚堆载 |
|---|---|
| $F_s = \dfrac{cLR}{Wd} \Leftarrow L = \dfrac{\theta}{180}\pi R$ | $F_s = \dfrac{cLR + W_2 d_2 + W_3 d_3}{W_1 d_1 - W_4 d_4}$ |
| 式中：$c$——滑面的黏聚力（kPa）；<br>$R$——滑弧半径（m）；<br>$L$——滑动圆弧的全弧长（m）；<br>$W$——滑体自重（kN/m）；<br>$d$——滑体重心距滑弧圆心的水平距离（m）； | $W_2$——滑体阻滑部分的重量（kN/m）；<br>$d_2$——$W_2$对于通过滑动圆弧中心的铅垂线的力臂（m）；<br>$W_3$——坡脚堆载部分的重量（kN/m）；<br>$d_3$——$W_3$对于通过滑动圆弧中心的铅垂线的力臂（m）； |

续表

| | |
|---|---|
| $W_1$——滑体下滑部分的重量（kN/m）；<br>$d_1$——$W_1$对于通过滑动圆弧中心的铅垂线的力臂（m）； | $W_4$——坡顶卸载部分的重量（kN/m）；<br>$d_4$——$W_4$对于通过滑动圆弧中心的铅垂线的力臂（m） |
| 【小注】是否考虑滑体自重中产生的抗滑力矩$W_2 d_2$，关键还是看题目中是否有$W_2$、$d_2$信息 | |
| 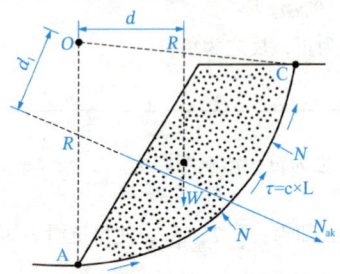<br>锚索（杆）加固（内支撑、筋带） | 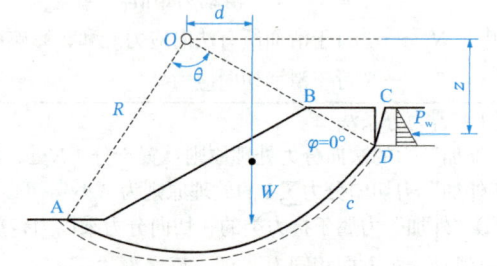<br>坡顶后侧有裂缝，存在静水压力$P_w$ |
| $F_s = \dfrac{c \cdot L \cdot R + (N_{ak} \cdot d_1)/s_x}{W \cdot d}$ | $F_s = \dfrac{cLR}{Wd + P_w z}$ |
| $N_{ak}$——锚索拉力；$s_x$——锚索间距；<br>$d_1$——锚索滑动力臂 | 【小注】滑弧长度$L$由$\overset{\frown}{AC}$变为$\overset{\frown}{AD}$ |

## （二）简单条分法（瑞典条分法）

**简单条分法（瑞典条分法）（适用于$\varphi \neq 0$的土）**

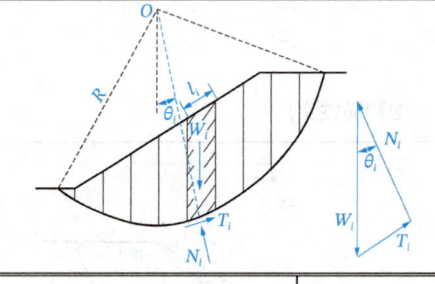

（1）一般表达式

滑动力矩：$W_i \sin\theta_i R$

抗滑力矩：$(W_i \cos\theta_i \tan\varphi_i + c_i l_i)R$

$$F_s = \frac{\sum(W_i \cos\theta_i \tan\varphi_i + c_i l_i)}{\sum W_i \sin\theta_i}$$

| | | |
|---|---|---|
| 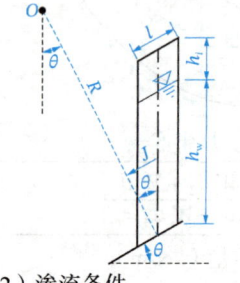<br><br>（2）渗流条件<br>$\gamma$、$\gamma'$——水上重度、水下浮重度；<br>$h_i$、$h_{wi}$——水上、水下高度；<br>$l_i$、$b_i$——土条斜长、水平宽 | **土骨架分析法**：用浮重度计算，考虑渗透力，不考虑边界水压力 | 第$i$条块滑动力矩：$W_i' \sin\theta_i R + J_i d_i$<br>第$i$条块自重：$W_i' = (\gamma h_i + \gamma' h_{wi})b_i$；$b_i = l_i \cos\theta_i$<br>第$i$条块渗透力及力臂：$J_i = \gamma_w iV$；$d_i = R - \dfrac{h_{wi}}{2}\cos\theta_i$<br>**作用点取在渗流面积的形心处**；<br>$$F_s = \dfrac{\sum(W_i' \cos\theta_i \tan\varphi_i' + c_i' l_i)}{\sum W_i \sin\theta_i + \sum \dfrac{J_i d_i}{R}}$$ |
| | **整体分析法**：用饱和重度计算，不考虑渗透力，考虑边界水压力 | 第$i$条块自重：$W_i = (\gamma h_i + \gamma_{sat} h_{wi})b_i$<br>$$F_s = \dfrac{\sum[(W_i \cos\theta_i - \gamma_w \cdot h_{wi} \cdot \cos^2\theta_i \cdot l_i)\tan\varphi_i' + c_i' l_i]}{\sum W_i \sin\theta_i}$$<br>渗流下土条底孔隙水压力：$u_i = \gamma_w \cdot h_{wi} \cdot \cos^2\theta_i$<br>$u_i \neq \gamma_w \cdot h_{wi}$ |

续表

| | |
|---|---|
| 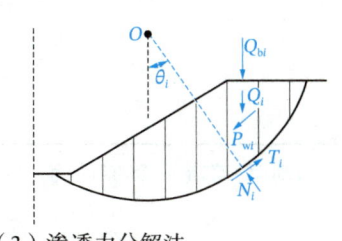<br>（3）渗透力分解法 | $F_s = \dfrac{抗滑力矩 M_R}{滑动力矩 M_T}$，力作用在滑动面，力臂$R$约掉。<br>《工程地质手册》P666，类似《铁路路基设计规范》<br>$R_i = [(Q_i + Q_{bi})\cos\theta_i + P_{wi}\sin(\alpha_i - \theta_i) - F_i\sin\theta_i]\tan\varphi_i + c_i l_i$<br>$T_i = (Q_i + Q_{bi})\sin\theta_i + P_{wi}\cos(\alpha_i - \theta_i) + F_i\cos\theta_i$<br>当滑面下端土体**外倾**时：$F_s = \dfrac{\sum R_i}{\sum T_i}$<br>当滑面下端土体**内倾**时：$F_s = \dfrac{\sum R_i}{\sum T_{滑} - \sum T_{抗}}$ |

式中：$c_i$——条块滑动面上岩土体的黏结强度标准值（kPa）；

　　　$\varphi_i$——条块滑动面上岩土体的内摩擦角标准值（°）；

　　$\theta_i$、$\alpha_i$——条块底面倾角和地下水位面倾角（°）；

　　　$Q_i$——第$i$计算条块单位宽度岩土体自重（kN/m）；

　　　$P_{wi}$——第$i$计算条块单位宽度的总渗透力（kN/m），$P_{wi} = \gamma_w V_i \dfrac{\sin(\theta_i + \alpha_i)}{2}$；

　　　$V_i$——第$i$计算条块水下体积（m³/m）；

　　　$F_i$——第$i$计算条块滑体的地震力（kN/m）；

　　　$Q_{bi}$——第$i$计算条块滑体地表建筑物（外加荷载）的单位宽度自重（kN/m）。

## （三）简化毕肖普法（规范法）

——附录 A.0.1

**简化毕肖普法（规范法）**

| | |
|---|---|
| 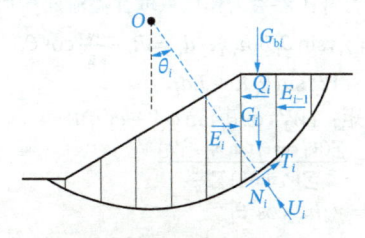 | $F_s = \dfrac{\sum \dfrac{1}{m_{\theta i}}[c_i l_i \cos\theta_i + (G_i + G_{bi} - U_i\cos\theta_i)\tan\varphi_i]}{\sum[(G_i + G_{bi})\sin\theta_i + Q_i\cos\theta_i]}$<br>⇑<br>$m_{\theta i} = \cos\theta_i + \dfrac{\tan\varphi_i \sin\theta_i}{F_s}$<br>$U_i = \dfrac{1}{2}\gamma_w(h_{wi} + h_{w,i-1})l_i$ |

式中：$F_s$——边坡稳定性系数；

　　　$c_i$——第$i$计算条块滑面黏聚力（kPa）；

　　　$\varphi_i$——第$i$计算条块滑面内摩擦角（°）；

　　　$l_i$——第$i$计算条块滑面长度（m）；

　　　$\theta_i$——第$i$计算条块滑面倾角（°），滑面倾向与滑动方向相同时取正值，滑面倾向与滑动方向相反时取负值；

　　　$U_i$——第$i$计算条块滑面单位宽度总水压力（kN/m），规范提供的公式用在静水环境下；

　　　$G_i$——第$i$计算条块单位宽度自重（kN/m），水位以下取饱和重度；

　　　$G_{bi}$——第$i$计算条块单位宽度竖向附加荷载（kN/m），方向指向下方时取正值，指向上方时取负值；

　　　$Q_i$——第$i$计算条块单位宽度水平荷载（kN/m），方向指向坡外时取正值，指向坡内时取负值；

$\left[ 地震力取 Q_i = \dfrac{\alpha}{4g}(G_i + G_{bi}) = \alpha_w(G_i + G_{bi})，\alpha 为地震峰值加速度，\alpha_w 为边坡综合水平地震系数 \right]$

式中：$h_{wi}$，$h_{w,i-1}$——第$i$及第$i-1$计算条块滑面前端水头高度（m）；

$\gamma_w$——水重度，取$10kN/m^3$；

$i$——计算条块号，从后方起编；

$n$——条块数量。

**【小注】**圆弧条分法的本质是：直线滑动，对于每一个土条的底面（滑动面）都是一个直线平面，力分解为平行于滑动面和垂直于滑动面。

## （四）条分法水压力总结

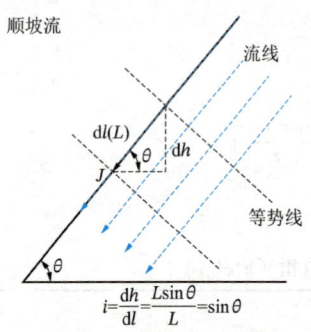
顺坡流
$i = \dfrac{dh}{dl} = \dfrac{L\sin\theta}{L} = \sin\theta$

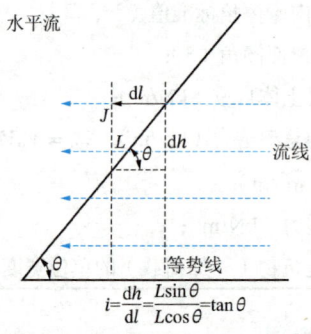
水平流
$i = \dfrac{dh}{dl} = \dfrac{L\sin\theta}{L\cos\theta} = \tan\theta$

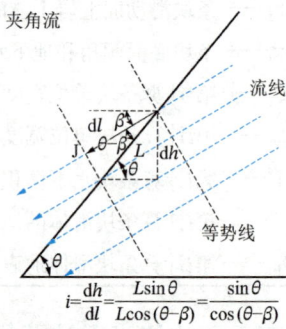
夹角流
$i = \dfrac{dh}{dl} = \dfrac{L\sin\theta}{L\cos(\theta-\beta)} = \dfrac{\sin\theta}{\cos(\theta-\beta)}$

以下为土骨架分析法，非整体分析法，其不需要单独考虑渗透力

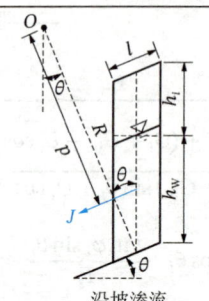

沿坡渗流
$\beta$指渗流方向和水平面的夹角
$\theta$指（土条）滑面和水平面的夹角

①顺坡渗流（$\beta = \theta$，$i = \sin\theta$）：

第$i$条块自重：$W_i' = (\gamma h_i + \gamma' h_{wi})b_i$；$b_i = l_i\cos\theta_i$

第$i$条块渗透力及力臂：（渗透力作用点取在渗流面积形心处）

$$J_i = \gamma_w iV = \gamma_w \sin\theta_i b_i h_{wi}；\quad d_i = R - \dfrac{h_{wi}}{2}\cos\theta_i$$

第$i$条块滑动力矩：$W_i'\sin\theta_i R + J_i d_i$

第$i$条块抗滑动力矩：$(W_i'\cos\theta_i\tan\varphi_i' + c_i' l_i)R$

稳定性系数：$F_s = \dfrac{\sum(W_i'\cos\theta_i\tan\varphi_i' + c_i' l_i)}{\sum W_i\sin\theta_i + \sum \dfrac{J_i d_i}{R}}$

底部扬压力：$u_i = \gamma_w h_{wi}\cos^2\theta_i$

底部扬压力合力：$U_i = u_i l_i = \gamma_w h_{wi}\cos^2\theta_i l_i = \gamma_w h_{wi} b_i\cos\theta_i$

水平渗流

②水平渗流（$\beta = 0$，$i = \tan\theta$）：

第$i$条块自重：$W_i' = (\gamma h_i + \gamma' h_{wi})b_i$；$b_i = l_i\cos\theta$

第$i$条块渗透力及力臂：（渗透力作用点取在渗流面积形心处）

$$J_i = \gamma_w iV = \gamma_w \tan\theta_i b_i h_{wi}；\quad d_i = R\cos\theta_i - \dfrac{h_{wi}}{2}$$

第$i$条块滑动力矩：$W_i'\sin\theta_i R + J_i d_i$

第$i$条块抗滑动力矩：$(W_i'\cos\theta_i\tan\varphi_i' + c_i' l_i)R$

稳定性系数：$F_s = \dfrac{\sum(W_i'\cos\theta_i\tan\varphi_i' + c_i' l_i)}{\sum W_i\sin\theta_i + \sum \dfrac{J_i d_i}{R}}$

底部扬压力：$u_i = \gamma_w h_{wi}$

底部扬压力合力：$U_i = u_i l_i = \gamma_w h_{wi} l_i = \gamma_w h_{wi} b_i / \cos\theta_i$

③任意方向渗流：土条中的$J_i$为渗透力，$J_i = jV = i\gamma_w V$，原理同上，但力臂不好确定，考查可能不大。如为直线滑动，比如无黏性土边坡或者沿着直线结构面滑动，$J$的下滑分力和法向分力分别为：$i\gamma_w V\cos(\theta-\beta)$和$i\gamma_w V\sin(\theta-\beta)$，按照"不忘初心"原则，稳定系数为：$F_s = \dfrac{[\gamma'\cos\theta - i\gamma_w\sin(\theta-\beta)]\tan\varphi + cl}{\gamma'\sin\theta + i\gamma_w\cos(\theta-\beta)}$

# 第十六章 建筑边坡工程技术规范

## 四、折线滑动

（熟练掌握可以做到闭卷作答）

**基本原理**：当滑动面为多个坡度的折线倾斜面时，可按折线滑动面考虑，将滑动面上土体按折线段划分成若干条块，自上而下分别计算各土体的剩余下滑力（=下滑力－抗滑力），根据最后一块土体的剩余下滑力的正负值确定整个坡体的整体稳定性。

折线形滑动面，不论采用传递系数显式解法还是传递系数隐式解法，**本质都可以看作是若干个直线滑动的集合体，把每一个滑块可以看作是一个单独的直线滑动。**

**传递系数隐式解与显式解对比表**

| 项目 | 传递系数隐式解 | 传递系数显式解 |
|---|---|---|
| 涉及规范 | 《建筑边坡工程技术规范》第 A.0.3 条<br>《公路路基设计规范》第 3.6.10 条<br>《建筑边坡工程鉴定与加固技术规范》附录 A.0.3 | 《建筑地基基础设计规范》第 6.4.3 条<br>《岩土工程勘察规范》第 5.2.8 条条文说明<br>《铁路路基支挡结构设计规范》第 13.2.3 条<br>《公路路基设计规范》第 7.2.2 条 |
| 传递系数 $\psi_{i-1}$ | $\psi_{i-1} = \cos(\theta_{i-1} - \theta_i) - \dfrac{\sin(\theta_{i-1} - \theta_i) \times \tan\varphi_i}{F_s}$ | $\psi_{i-1} = \cos(\theta_{i-1} - \theta_i) - \sin(\theta_{i-1} - \theta_i) \times \tan\varphi_i$ |
| 第 $i$ 块下滑力 $T_i$ | $T_i = G_i \sin\theta_i$ | $T_i = G_i \sin\theta_i$ |
| 第 $i$ 块抗滑力 $R_i$ | $R_i = c_i \cdot l_i + G_i \cdot \cos\theta_i \cdot \tan\varphi_i$ | $R_i = c_i \cdot l_i + G_i \cdot \cos\theta_i \cdot \tan\varphi_i$ |
| 剩余下滑力 $P_i$ | $P_i = P_{i-1} \cdot \psi_{i-1} + T_i - \dfrac{R_i}{F_s}$ | $P_i = P_{i-1} \cdot \psi_{i-1} + F_s \cdot T_i - R_i$ |
| 不同点 | 通过减小抗滑力，以达到安全储备 | 通过增大下滑力，以达到安全储备 |
| 相同点 | 若安全系数为1，显式与隐式两者的计算结果一样 ||
| 特点 | 计算量大，更科学合理 | 计算量相对较小 |

$$P_i = P_{i-1} \cdot \psi_{i-1} + T_i - \frac{R_i}{F_s}$$

$$P_i = P_{i-1} \cdot \psi_{i-1} + F_s \cdot T_i - R_i$$

①本条块总的剩余下滑力 = 上条块传递来的剩余下滑力 + 本条块下滑力－抗滑力

②传递系数 $\psi_{i-1}$ 作用为**转化方向**，将上条块 $i-1$ 传来的剩余下滑力转化为平行于本条块 $i$ 的剩余下滑力：

$$\psi_{i-1} = \overline{\cos(\theta_{i-1} - \theta_i)} - \overline{\sin(\theta_{i-1} - \theta_i)} \tan\varphi_i / F_s$$

$$\psi_{i-1} = \overline{\cos(\theta_{i-1} - \theta_i)} - \overline{\sin(\theta_{i-1} - \theta_i)} \tan\varphi_i$$

力的传递方向：$i-1 \longrightarrow \longrightarrow \longrightarrow i$

上条块 $i-1$ 传递来的剩余下滑力转化为平行于本条块 $i$ 的**下滑力**：

$$P_{i-1} \cos(\theta_{i-1} - \theta_i)$$

上条块 $i-1$ 传递来的剩余下滑力转化为垂直于本条块 $i$ 的**法向力**：

$$P_{i-1} \sin(\theta_{i-1} - \theta_i)$$

转化为摩阻力即为**抗滑力**：

$$P_{i-1} \sin(\theta_{i-1} - \theta_i) \times \tan\varphi_i$$

转化为平行于本条块 $i$ 的剩余下滑力：

$$P_{i-1} \cos(\theta_{i-1} - \theta_i) - P_{i-1} \sin(\theta_{i-1} - \theta_i) \times \tan\varphi_i$$

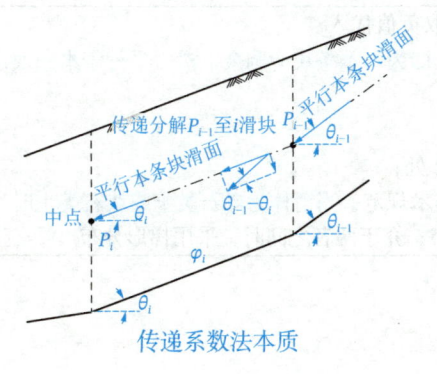

传递系数法本质

### 折线滑动常考的三本规范汇总

| 传递系数显式解 | 传递系数隐式解 |
|---|---|
| 《建筑地基基础设计规范》《岩土工程勘察规范》《铁路路基支挡结构设计规范》《公路路基设计规范》滑坡地段 | 《建筑边坡工程技术规范》《建筑边坡工程鉴定与加固技术规范》《公路路基设计规范》路堤、路堑边坡 |
| 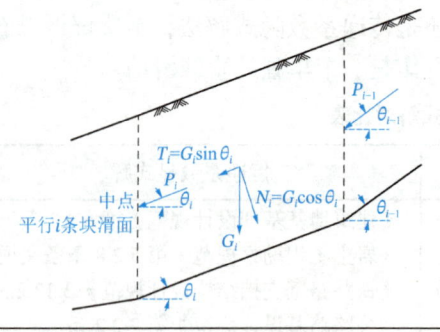 | 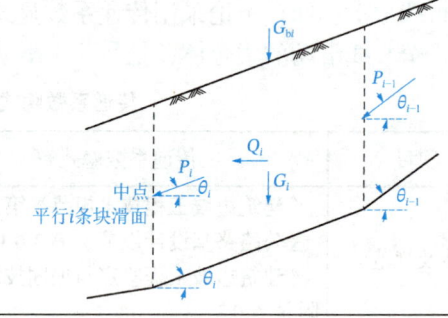 |
| 《建筑地基基础设计规范》第6.4.3条：<br>$\psi_{i-1} = \cos(\theta_{i-1} - \theta_i) - \sin(\theta_{i-1} - \theta_i)\tan\varphi_i$<br>$T_i = G_i \sin\theta_i$；$R_i = G_i \cos\theta_i \tan\varphi_i + c_i l_i$<br>$P_i = P_{i-1}\psi_{i-1} + \gamma_t T_i - R_i \Rightarrow$<br>$P_i = P_{i-1}\psi_{i-1} + \gamma_t G_i \sin\theta_i - G_i \cos\theta_i \tan\varphi_i - c_i l_i$<br>（当$P_i < 0$，取$P_i = 0$）<br>$\gamma_t$——甲级建筑取1.3；乙级取1.2；丙级取1.1。<br>适用于：①计算剩余下滑力；<br>②令剩余下滑力为0，反算$c$、$\varphi$<br><br>《岩土工程勘察规范》第5.2.8条条文说明：<br>$T_i = G_i \sin\theta_i$<br>$R_i = G_i \cos\theta_i \tan\varphi_i + c_i l_i$<br>两个滑块时：$F_s = \dfrac{R_1\psi_1 + R_2}{T_1\psi_1 + T_2}$<br>三个滑块时：$F_s = \dfrac{R_1\psi_1\psi_2 + R_2\psi_2 + R_3}{T_1\psi_1\psi_2 + T_2\psi_2 + T_3}$<br>（$T_i$与滑动方向相反时，取负值）<br>适用于：①计算安全系数$F_s$；②$F_s = 1 \Rightarrow c$、$\varphi$ | 《建筑边坡工程技术规范》附录A.0.3：<br>$\psi_{i-1} = \cos(\theta_{i-1} - \theta_i) - \dfrac{\sin(\theta_{i-1} - \theta_i)\tan\varphi_i}{F_s}$<br>$T_i = (G_i + G_{bi})\sin\theta_i + Q_i\cos\theta_i$<br>$R_i = [(G_i + G_{bi})\cos\theta_i - Q_i\sin\theta_i - U_i]\tan\varphi_i + c_i l_i$<br>$P_i = P_{i-1}\psi_{i-1} + T_i - \dfrac{R_i}{F_s}$<br>（当$P_i < 0$，取$P_i = 0$）<br>适用于：<br>①用$F_{st}$替换$F_s$计算剩余下滑力$P_n$<br>$P_i = P_{i-1}\psi_{i-1} + T_i - R_i/F_{st}$<br>$\psi_{i-1} = \cos(\theta_{i-1} - \theta_i) - \sin(\theta_{i-1} - \theta_i)\tan\varphi_i/F_{st}$<br>②令剩余下滑力$P_n = 0 \Rightarrow$反算其他参数<br>③令剩余下滑力$P_n = 0 \Rightarrow F_s$稳定性划分<br>$F_{st}$稳定性划分见本节第一部分 |

【小注】①$\theta_i$反向时，取负值代入；$(\theta_{i-1} - \theta_i) < 0$时，取负值代入。

②剩余下滑力作用方向平行于上段滑面的底面，即为：本条块的剩余下滑力平行于本条块滑面的底面。

③剩余下滑力（滑坡推力）作用点位置：
《建筑地基基础设计规范》可取在滑体厚度的1/2处；
《铁路路基支挡结构设计规范》《建筑边坡工程技术规范》当滑体为砾石类土或块石类土时，下滑力采用三角形分布；当滑体为黏性土时，采用矩形分布；介于两者之间时，采用梯形分布

式中：$F_s$——稳定性系数；
$P_i$——第$i$块单位宽度滑体的剩余下滑力（kN/m）；
$R_i$——作用于第$i$块计算条块的抗滑力（kN/m）；
$T_i$——作用于第$i$块滑动面上的滑动分力（kN/m），为与滑动方向相反的滑动分力时，$T_i$应取负值；
$\theta_i$——第$i$块计算条块滑动面与水平面的夹角（°）；
$\psi_{i-1}$——第$i-1$块段的剩余下滑力传递至第$i$块段时的传递系数；

# 第十六章 建筑边坡工程技术规范

续表

$\varphi_i$——第$i$块计算条块滑动面的内摩擦角（°）；
$c_i$——第$i$块计算条块滑动面的黏聚力（kPa）；
$l_i$——第$i$块计算条块滑动面长度（m）；
$G_i$——第$i$块计算条块单位宽度自重（kN/m）；
$G_{bi}$——第$i$块计算条块单位宽度竖向附加荷载（kN/m）；方向指向下方时取正，指向上方时取负；
$Q_i$——第$i$块计算条块单位宽度水平荷载（地震力）（kN/m）；方向指向坡外取正，指向坡内取负；
$U_i$——第$i$块计算条块单位宽度总水压力（kN/m）。

**显式解**常见三个滑块的计算分析（《建筑地基基础设计规范》《公路路基设计规范》滑坡）

| 序号 | 滑坡推力 | 传递系数 | 下滑力 | 抗滑力 |
|---|---|---|---|---|
| ① | $P_1 = \gamma_t T_1 - R_1$ | 0 | $T_1 = G_1 \sin\theta_1$ | $R_1 = G_1 \cos\beta_1 \tan\varphi_1 + c_1 l_1$ |
| ② | $P_2 = P_1\psi_1 + \gamma_t T_2 - R_2$ | $\psi_1 = \cos(\theta_1 - \theta_2) - \sin(\theta_1 - \theta_2)\tan\varphi_2$ | $T_2 = G_2 \sin\beta_2$ | $R_2 = G_2 \cos\theta_2 \tan\varphi_2 + c_2 l_2$ |
| ③ | $P_3 = P_2\psi_2 + \gamma_t T_3 - R_3$ | $\psi_2 = \cos(\theta_2 - \theta_3) - \sin(\theta_2 - \theta_3)\tan\varphi_3$ | $T_3 = G_3 \sin\beta_3$ | $R_3 = G_3 \cos\theta_3 \tan\varphi_3 + c_3 l_3$ |

【小注】①当$P_n < 0$时，取$P_n = 0$，即传递给下一滑块$n+1$的滑坡推力为零，滑块$n+1$应重新开始计算；②当$\theta_{n-1} < \theta_n$时，$\theta_{n-1} - \theta_n$为负值计算；③滑坡推力作用点，可取在滑体厚度的1/2处，作用方向平行于上段滑面的底面。

**显式解**常见三个滑块的计算分析（《岩土工程勘察规范》）

| 稳定系数 | 传递系数 | 抗滑力 | 下滑力 |
|---|---|---|---|
| $F_s = \dfrac{R_1}{T_1}$ | — | $R_1 = Q_1 \cos\theta_1 \tan\varphi_1 + c_1 L_1$ | $T_1 = Q_1 \sin\theta_1$ |
| $F_s = \dfrac{R_1\psi_1 + R_2}{T_1\psi_1 + T_2}$ | $\psi_1 = \cos(\theta_1 - \theta_2) - \sin(\theta_1 - \theta_2)\tan\varphi_2$ | $R_2 = Q_2 \cos\theta_2 \tan\varphi_2 + c_2 L_2$ | $T_2 = Q_2 \sin\theta_2$ |
| $F_s = \dfrac{R_1\psi_1\psi_2 + R_2\psi_2 + R_3}{T_1\psi_1\psi_2 + T_2\psi_2 + T_3}$ | $\psi_2 = \cos(\theta_2 - \theta_3) - \sin(\theta_2 - \theta_3)\tan\varphi_3$ | $R_3 = Q_3 \cos\theta_3 \tan\varphi_3 + c_3 L_3$ | $T_3 = Q_3 \sin\theta_3$ |

【小注】当$F_s = 1.0$时，即滑坡的最终剩余下滑力等于零，可以通过此反算滑坡滑面的强度指标：黏聚力$c$和内摩擦角$\varphi$。

**隐式解**常见三个滑块的计算分析（《建筑地基基础设计规范》《公路路基设计规范》路堤）

| 序号 | 滑坡推力 | 传递系数 | 下滑力 | 抗滑力 |
|---|---|---|---|---|
| ① | $P_1 = T_1 - \dfrac{R_1}{F_s}$ | 0 | $T_1 = G_1 \sin\theta_1$ | $R_1 = G_1 \cos\theta_1 \tan\varphi_1 + c_1 l_1$ |
| ② | $P_2 = P_1\psi_1 + T_2 - \dfrac{R_2}{F_s}$ | $\psi_1 = \cos(\theta_1 - \theta_2) - \dfrac{\sin(\theta_1 - \theta_2)\tan\varphi_2}{F_s}$ | $T_2 = G_2 \sin\theta_2$ | $R_2 = G_2 \cos\theta_2 \tan\varphi_2 + c_2 l_2$ |
| ③ | $P_3 = P_2\psi_2 + T_3 - \dfrac{R_3}{F_s}$ | $\psi_2 = \cos(\theta_2 - \theta_3) - \dfrac{\sin(\theta_2 - \theta_3)\tan\varphi_3}{F_s}$ | $T_3 = G_3 \sin\beta_3$ | $R_3 = G_3 \cos\theta_3 \tan\varphi_3 + c_3 l_3$ |

【小注】①当$P_n < 0$时，取$P_n = 0$，即传递给下一滑块$n+1$的滑坡推力为零，滑块$n+1$应重新开始计算；②当$\theta_{n-1} < \theta_n$时，$\theta_{n-1} - \theta_n$为负值计算；③滑坡推力作用方向平行于上段滑面的底面。

### 五、楔体滑动分析法

——《工程地质手册》P1098、《建筑地基基础设计规范》6.8.3 条文说明

楔体滑动也是岩石边坡常见的破坏形式。当两组不连续面产状组合达到一定条件时，它们与坡顶和坡面组成的楔体沿两组不连续面交线滑动。如下图所示，垂直边坡由两组节理面切割成一个四面体 ABCD。设四面体 ABCD 的重量为 $Q$，滑面 $\triangle$ABD 及 $\triangle$CBD 相交的倾斜线 BD 的倾角为 $\alpha$。滑面 $\triangle$ABD 命名为 $F_1$ 滑面，具有抗剪强度指标 $c_1$ 及 $\varphi_1$。滑面 $\triangle$CBD 命名为 $F_2$ 滑面，具有抗剪强度指标 $c_2$ 及 $\varphi_2$。

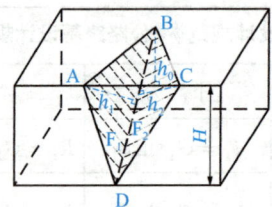 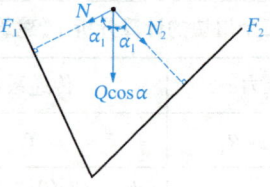

两组节理面相交切割的楔体的稳定计算：

四面体的体积 $V_{ABCD}$ 为：

$$V_{ABCD} = \frac{1}{3} S_{\triangle ABC} \cdot H; \quad S_{\triangle ABC} = \frac{1}{2} \overline{AC} \cdot h_0$$

四面体的重量 $Q$ 为：

$$Q = \frac{1}{6} \gamma \cdot H \cdot \overline{AC} \cdot h_0$$

令 $\overline{BD} = l$，两个节理面的面积为：

$$S_{\triangle ABD} = \frac{1}{2} \overline{BD} \cdot h_1 = \frac{1}{2} l \cdot h_1; \quad S_{\triangle BCD} = \frac{1}{2} \overline{BD} \cdot h_2 = \frac{1}{2} l \cdot h_2$$

四面体的稳定性系数 $F_s$ 为：

$$F_s = \frac{Q\cos\alpha(\sin\alpha_2\tan\varphi_1 + \sin\alpha_1\tan\varphi_2) + (c_1 S_{\triangle ABD} + c_2 S_{\triangle BCD})\sin(\alpha_1+\alpha_2)}{Q\sin\alpha\sin(\alpha_1+\alpha_2)} \Rightarrow$$

$$F_s = \frac{\gamma \cdot H \cdot \overline{AC} \cdot h_0 \cdot \cos\alpha(\sin\alpha_2\tan\varphi_1 + \sin\alpha_1\tan\varphi_2) + 3l(c_1 h_1 + c_2 h_2)\sin(\alpha_1+\alpha_2)}{\gamma \cdot H \cdot \overline{AC} \cdot h_0 \cdot \sin\alpha\sin(\alpha_1+\alpha_2)}$$

式中：$\alpha_1$——两滑面交线的法线与 $F_1$ 滑面法线之夹角（$F_1$ 滑面倾角）；

$\alpha_2$——两滑面交线的法线与 $F_2$ 滑面法线之夹角（$F_2$ 滑面倾角）。

## 六、赤平极射投影图

**赤平极射投影图**

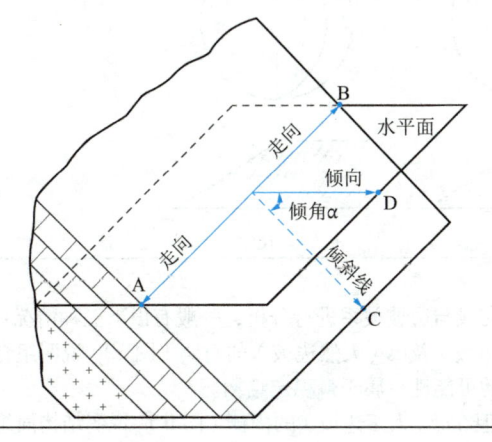

原理：上极射点 P 与下半球的斜面上的点相连，记录在赤平面上的交点，形成赤平投影面。

赤平极射投影法是岩质边坡稳定性分析中的一个重要的方法，它既可以确定边坡上的结构面和边坡临空面的空间组合关系，确定边坡上可能不稳定楔形结构体的几何形态、规模大小，以及它们的空间位置和分布，也可以确定不稳定结构体的可能变形位移方向，直观、初步做出边坡稳定性状态评价

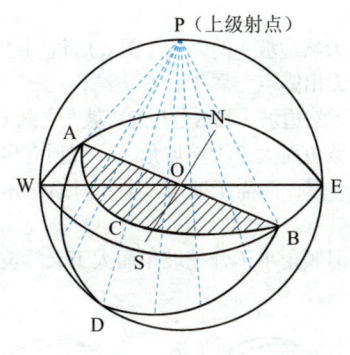

下半球投影

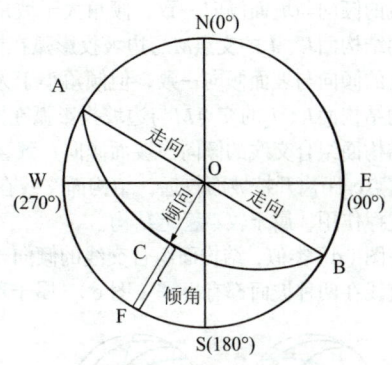

结构面产状：210°∠40°

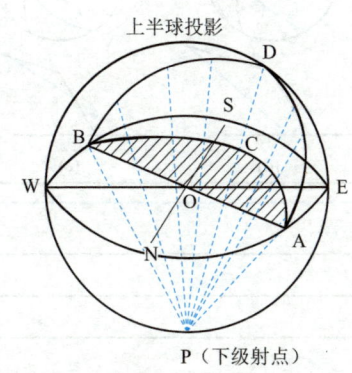

上半球投影

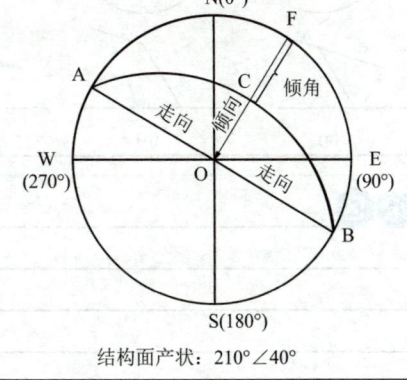

结构面产状：210°∠40°

（1）只有一组结构面时的分析：

①结构面走向与边坡走向一致而<u>倾向相反</u>（图a），边坡M与结构面$J_1$投影弧相对，属于<u>稳定结构</u>；

②当结构面与边坡的<u>走向、倾向均相同</u>，但其<u>倾角小于坡角</u>（图b），结构面$J_2$的投影弧位于边坡M的投影弧之外，属于<u>不稳定结构</u>；

③当结构面与边坡的<u>走向、倾向均相同</u>，但其<u>倾角大于坡角</u>（图c），结构面$J_3$的投影弧位于边坡M的投影弧之内，属于<u>稳定结构</u>

续表

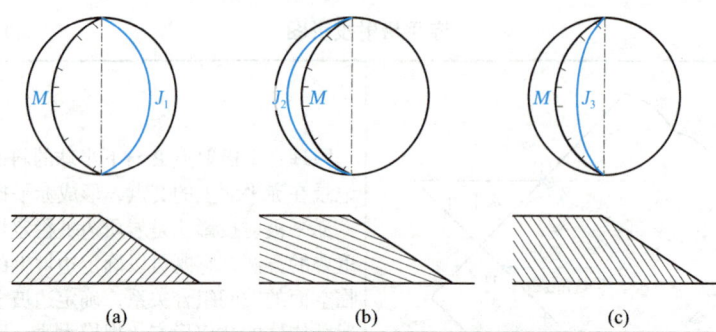

(2) 两组结构面的分析：

由两组结构面控制的边坡稳定性，主要结构面组合交线与边坡关系进行分析，一般有以下五种情况：

① 两结构面 $J_1$、$J_2$ 的交点 $M$ 位于边坡投影弧 $cs$（人工边坡）及 $ns$（天然边坡）的对侧（图 a），说明组合交线的倾向与边坡倾向相反，所以没有发生顺层滑动的可能性，属于最稳定结构。

② 两结构面 $J_1$、$J_2$ 的交点 $M$ 与边坡投影弧在同一侧，但在 $cs$（人工边坡）的内侧（图 b），说明结构面组合交线的倾向与坡面倾向一致，倾角大于坡角，属于稳定结构。

③ 两结构面 $J_1$、$J_2$ 的交点 $M$ 与边坡投影弧在同一侧，但在 $ns$（天然边坡）的外侧（图 c），说明结构面组合交线的倾向与坡面倾向一致，但倾角小于天然坡角，在坡顶无出露点，属于较稳定结构。

④ 两结构面 $J_1$、$J_2$ 的交点 $M$ 与边坡投影弧在同一侧，但在 $ns$（天然边坡）和 $cs$（人工边坡）之间（图 d），说明结构面组合交线的倾向与坡面倾向一致，但倾角小于开挖坡角而大于天然坡角，在坡顶有出露点，但出露点 $c_0$ 距离开挖坡面较远，结构面交线在开挖坡面上没有出露，而插于坡角以下，对结构体具有一定的支撑作用，属于较不稳定结构。

⑤ 与图（d）类似，结构面组合交线的倾向与坡面倾向一致，但倾角小于开挖坡角而大于天然坡角，结构面交线在两种坡面都有出露（图 e），属于不稳定结构。

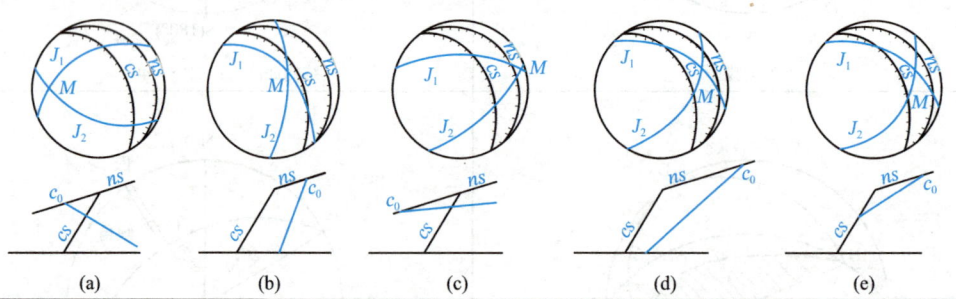

# 第四节 边坡支挡结构

## 一、重力式挡土墙

### （一）"一般工况"抗滑移、抗倾覆

——第 11.2 节

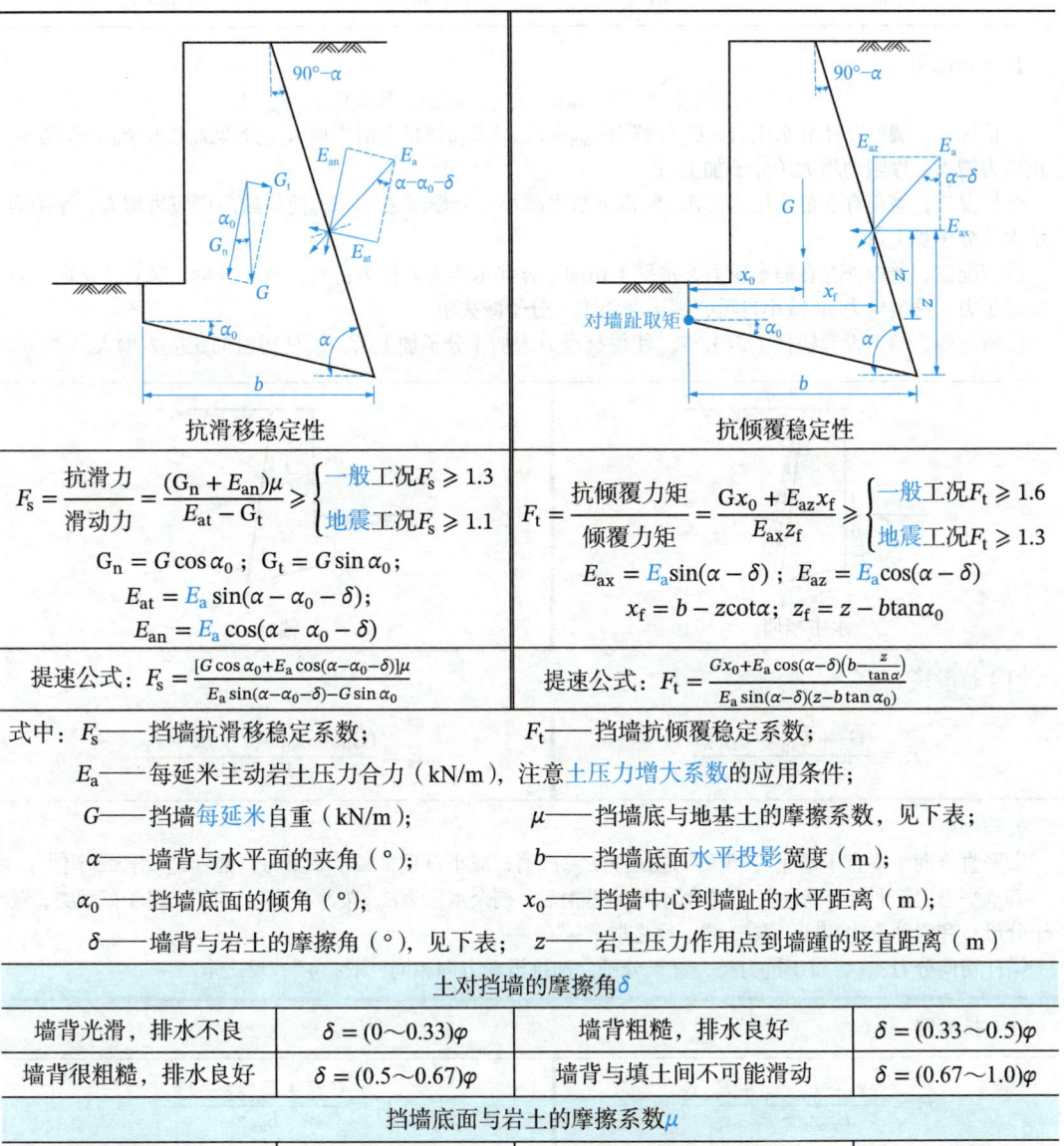

"一般工况"抗滑移、抗倾覆

| 抗滑移稳定性 | 抗倾覆稳定性 |
|---|---|
| $F_s = \dfrac{\text{抗滑力}}{\text{滑动力}} = \dfrac{(G_n + E_{an})\mu}{E_{at} - G_t} \geqslant \begin{cases} \text{一般工况}F_s \geqslant 1.3 \\ \text{地震工况}F_s \geqslant 1.1 \end{cases}$ <br> $G_n = G\cos\alpha_0$；$G_t = G\sin\alpha_0$； <br> $E_{at} = E_a \sin(\alpha - \alpha_0 - \delta)$； <br> $E_{an} = E_a \cos(\alpha - \alpha_0 - \delta)$ | $F_t = \dfrac{\text{抗倾覆力矩}}{\text{倾覆力矩}} = \dfrac{Gx_0 + E_{az}x_f}{E_{ax}z_f} \geqslant \begin{cases} \text{一般工况}F_t \geqslant 1.6 \\ \text{地震工况}F_t \geqslant 1.3 \end{cases}$ <br> $E_{ax} = E_a\sin(\alpha - \delta)$；$E_{az} = E_a\cos(\alpha - \delta)$ <br> $x_f = b - z\cot\alpha$；$z_f = z - b\tan\alpha_0$ |
| 提速公式：$F_s = \dfrac{[G\cos\alpha_0 + E_a\cos(\alpha-\alpha_0-\delta)]\mu}{E_a\sin(\alpha-\alpha_0-\delta) - G\sin\alpha_0}$ | 提速公式：$F_t = \dfrac{Gx_0 + E_a\cos(\alpha-\delta)\left(b - \frac{z}{\tan\alpha}\right)}{E_a\sin(\alpha-\delta)(z - b\tan\alpha_0)}$ |

式中：$F_s$——挡墙抗滑移稳定系数；　　　　　$F_t$——挡墙抗倾覆稳定系数；
　　　$E_a$——每延米主动岩土压力合力（kN/m），注意土压力增大系数的应用条件；
　　　$G$——挡墙每延米自重（kN/m）；　　　　$\mu$——挡墙底与地基土的摩擦系数，见下表；
　　　$\alpha$——墙背与水平面的夹角（°）；　　　　$b$——挡墙底面水平投影宽度（m）；
　　　$\alpha_0$——挡墙底面的倾角（°）；　　　　　$x_0$——挡墙中心到墙趾的水平距离（m）；
　　　$\delta$——墙背与岩土的摩擦角（°），见下表；　$z$——岩土压力作用点到墙踵的竖直距离（m）

| 土对挡墙的摩擦角 $\delta$ | | | |
|---|---|---|---|
| 墙背光滑，排水不良 | $\delta = (0\sim0.33)\varphi$ | 墙背粗糙，排水良好 | $\delta = (0.33\sim0.5)\varphi$ |
| 墙背很粗糙，排水良好 | $\delta = (0.5\sim0.67)\varphi$ | 墙背与填土间不可能滑动 | $\delta = (0.67\sim1.0)\varphi$ |
| 挡墙底面与岩土的摩擦系数 $\mu$ | | | |
| 可塑黏土 | $\mu = 0.2\sim0.25$ | 中砂、粗砂、砾砂 | $\mu = 0.35\sim0.40$ |
| 硬塑黏土 | $\mu = 0.25\sim0.30$ | 碎石土 | $\mu = 0.40\sim0.50$ |
| 坚硬黏土 | $\mu = 0.30\sim0.40$ | 极软岩、软岩、较软岩 | $\mu = 0.40\sim0.60$ |
| 粉土 | $\mu = 0.25\sim0.35$ | 表面粗糙的坚硬岩、较硬岩 | $\mu = 0.65\sim0.75$ |

## （二）"特殊工况"抗滑移、抗倾覆

**"特殊工况"抗滑移、抗倾覆**

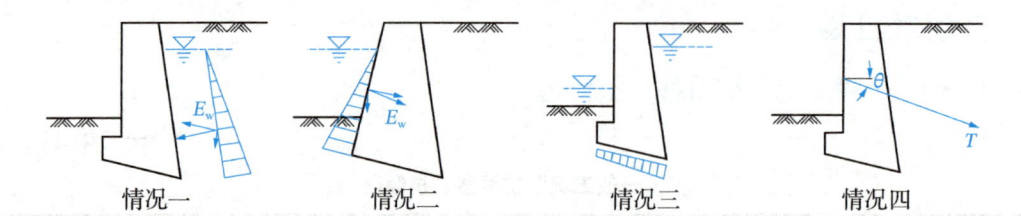

情况一　　　　　情况二　　　　　情况三　　　　　情况四

抗滑移说明：

（力分解为平行于基底$E_{wh}$、$T_{wh}$，垂直于基底$E_{wv}$、$T_{wv}$）

①情况一，墙后存在静水压力，$E_w$分解为$E_{wh}$和$E_{wv}$，$E_{wh}$使得下滑力增大（**分母加上**），$E_{wv}$使得法向正应力增大，摩阻力增大（**分子加上**）；

②情况二，墙前存在静水压力，$E_{wh}$使得下滑力减小（**分母减去**），$E_{wv}$使得法向正应力增大，摩阻力增大（**分子加上**）；

③情况三，墙内外存在静水压力，水平（切向）方向水压力差作为荷载，放在分母，竖直（法向）方向扬压力（法向应力），减小自重，减小摩阻力（**分子减去**）；

④情况四，墙上设置锚杆（索），$T_{wh}$使得抗滑力增加（**分子加上**），$T_{wv}$使得法向正应力增大。

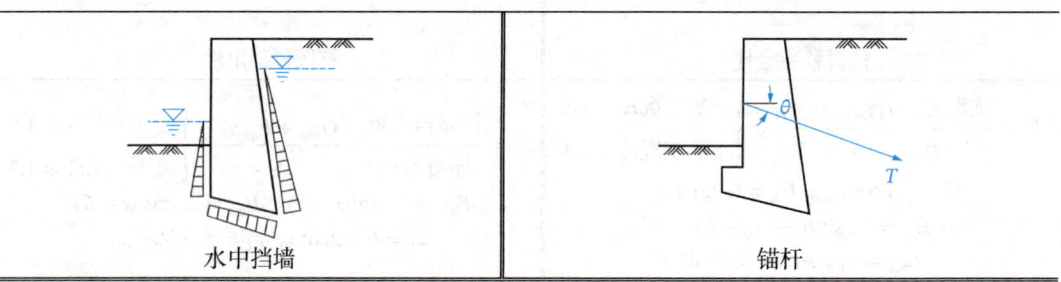

水中挡墙　　　　　　　　　　　　　　　　锚杆

（1）抗滑移

$$F_s = \frac{(G_n + E_{an} - E_{wv})\mu}{E_{at} - G_t \pm E_{wh}} \qquad F_s = \frac{(G_n + E_{an} + T_{wv})\mu + T_{wh}}{E_{at} - G_t}$$

处理原则：

①竖直方向（垂直于基底）：重力与扬压力$E_{wv}$抵消，减小自重，减小摩阻力；锚杆$T_{wv}$增大摩阻力；

②水平方向（平行于基底）：左右侧水压力抵消后，剩余水压力$E_{wh}$按照"不忘初心"，属于荷载类，置于分母，和滑动方向相同，取"+"，反之取"-"。

锚杆切向分力$T_{wh}$，属于抗力类，置于分子，和抗滑动方向相同，取"+"，反之取"-"

（2）抗倾覆

$$F_t = \frac{Gx_0 - E_{wv}x_v + E_{az}x_f}{E_{ax}z_f \pm E_{wh}x_f} \qquad F_t = \frac{Gx_0 + E_{az}x_f + Tx_t}{E_{ax}z_f}$$

处理原则：

①竖直方向（与$G$方向一致）：重力力矩与扬压力力矩$E_{wv}x_v$作差。

②水平方向（与$G$方向垂直）：左右侧水压力分别对倾覆点取力矩$E_{wh}x_f$，按照"不忘初心"，属于荷载类，置于分母，和倾覆方向相同，取"+"，反之取"-"；锚杆属于抗力类，置于分子中

## 二、锚杆（锚索）

### （一）锚杆（索）设计

**（1）抗拔出⇒锚固段长度$l_a$（m）——第3.2.3、8.2.2、8.2.3、8.2.4条**

| ①锚固体与岩土层间的粘结强度确定锚固段长度$l_a$ | ②杆体与锚固浆体间的粘结强度确定锚固段长度$l_a$ |
|---|---|
| $l_a \geq \dfrac{KN_{ak}}{\pi \cdot D \cdot f_{rbk}}$ | $l_a \geq \dfrac{KN_{ak}}{n\pi d f_b}$ |

【小注】土层锚固段，一般只需要验算①锚固体与土层间的粘结强度，岩层需两者都验算取不利。

**锚杆（索）锚固体长度$l_a$的构造要求**

| 土层锚杆 | 岩石锚杆 | 预应力锚索 |
|---|---|---|
| 4.0m ≤ $l_a$ ≤ 10m | 3.0m ≤ $l_a$ ≤ 6.5m 和 45D | 3.0m ≤ $l_a$ ≤ 8m 和 55D |

**锚杆锚固体抗拔安全系数$K$**

| 边坡工程安全等级 | 抗拔安全系数$K$ | | |
|---|---|---|---|
| | 临时性锚杆 | 永久性锚杆 | 抗震永久性锚杆 |
| 一级 | 2.0 | 2.6 | 2.6×0.8 = 2.08 |
| 二级 | 1.8 | 2.4 | 2.4×0.8 = 1.92 |
| 三级 | 1.6 | 2.2 | 2.2×0.8 = 1.76 |

式中：$f_{rbk}$——岩土层与锚固体极限粘结强度标准值(kPa)，见下表（按规范表8.2.3-2和表8.2.3-3取值）；

$D$——锚杆锚固段钻孔直径（m）；

$d$——锚筋直径（m）；

$n$——杆体（钢筋、钢绞线）根数（根）；

$f_b$——钢筋与锚固砂浆间的粘结强度设计值（kPa），见下表（按规范表8.2.4取值）

**锚杆（索）的轴向拉力标准值$N_{ak}$（kN）**

| $N_{ak} = \dfrac{H_{tk}}{\cos \alpha}$<br>$H_{tk} = e_{ahk} s_x s_y$ | 式中：$H_{tk}$——锚杆水平拉力标准值（kN）；<br>$e_{ahk}$——锚杆处的水平岩土压力值（kPa）；<br>$\alpha$——锚杆倾角（°）；<br>$s_x$、$s_y$——锚杆的水平、竖直间距（m） |
|---|---|

**（2）非锚固段长度$l_f$（m）**

$$l_f \geq \dfrac{(h-h_i)\sin(\beta-\theta)}{\sin\beta \cdot \sin(\alpha+\theta)} + 1.5$$

预应力锚杆非锚固段长度应不小于5.0m，且应超过潜在滑裂面1.5m。

$\theta$取值见本章第一节中边坡滑塌区范围（规范第3.2.3条）。

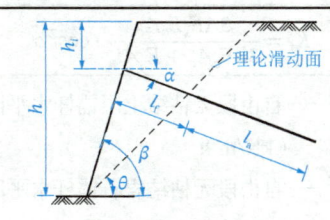

锚杆(索)长度计算示意图

**岩石与锚固体极限粘结强度标准值$f_{rbk}$（kPa）**

| 岩石类别 | 极软岩<br>$f_r$ < 5MPa | 软岩<br>5MPa ≤ $f_r$ < 15MPa | 较软岩<br>15MPa ≤ $f_r$ < 30MPa | 较硬岩<br>30MPa ≤ $f_r$ < 60MPa | 坚硬岩<br>$f_r$ ≥ 60MPa |
|---|---|---|---|---|---|
| $f_{rbk}$（kPa） | 270～360 | 360～760 | 760～1200 | 1200～1800 | 1800～2600 |

【表注】①表中数据适用于注浆强度等级为M30；②岩体结构面发育时，取表中下限值。

**土层与锚固体极限粘结强度标准值 $f_{rbk}$（kPa）**

| 土层种类 | 黏性土 | | | | 砂土 | | | 碎石土 | | |
|---|---|---|---|---|---|---|---|---|---|---|
| | 坚硬 | 硬塑 | 可塑 | 软塑 | 稍密 | 中密 | 密实 | 稍密 | 中密 | 密实 |
| $f_{rbk}$ | 65～100 | 50～65 | 40～50 | 20～40 | 100～140 | 140～200 | 200～280 | 120～160 | 160～220 | 220～300 |

【表注】表中数据适用于注浆强度等级为 M30。

**钢筋、钢绞线与砂浆之间的极限粘结强度设计值 $f_b$（MPa）**

| 锚杆类型 | 水泥浆或水泥砂浆强度等级 | | |
|---|---|---|---|
| | M25 | M30 | M35 |
| 水泥砂浆与螺纹钢筋间粘结强度设计值 $f_b$ | 2.10 | 2.40 | 2.70 |
| 水泥砂浆与钢绞线、高强钢丝间粘结强度设计值 $f_b$ | 2.75 | 2.95 | 3.40 |

【表注】①当采用二根钢筋点焊成束的做法时，粘结强度应乘 0.85 折减系数；
②当采用三根钢筋点焊成束的做法时，粘结强度应乘 0.7 折减系数；
③对比《铁路路基支挡结构设计规范》，此处应为标准值。

（3）抗拉断⇒截面积 $A_s$（内力范畴）

普通钢筋锚杆：

$$A_s \geq \frac{K_b N_{ak}}{f_y}$$

预应力锚索锚杆：

$$A_s \geq \frac{K_b N_{ak}}{f_{py}}$$

式中：$A_s$——锚杆钢筋或预应力锚索截面积（m²）；

$f_y$、$f_{py}$——普通钢筋或预应力钢绞线抗拉强度设计值（kPa），此数值可以查《混凝土结构设计规范》。

**锚杆杆体抗拉安全系数 $K_b$**

| 边坡工程安全等级 | 抗拉安全系数 $K_b$ | | |
|---|---|---|---|
| | 临时性锚杆 | 永久性锚杆 | 抗震永久性锚杆 |
| 一级 | 1.8 | 2.2 | 2.2×0.8=1.76 |
| 二级 | 1.6 | 2.0 | 2.0×0.8=1.60 |
| 三级 | 1.4 | 1.8 | 1.8×0.8=1.44 |

## （二）锚杆（索）水平刚度系数

—第 8.2.6 条

**锚杆（索）水平刚度系数 $K_t$、$K_h$**

| 自由段无粘结的土层锚杆 | 自由段无粘结的岩石锚杆 |
|---|---|
| $K_t = \dfrac{3AE_sE_cA_c}{3l_fE_cA_c + E_sAl_a} \cdot \cos^2\alpha$ | $K_h = \dfrac{AE_s}{l_f} \cdot \cos^2\alpha$ |

式中：$K_t$——自由段无粘结土层锚杆水平刚度系数（kN/m）；

$K_h$——自由段无粘结岩石锚杆水平刚度系数（kN/m）；

$l_f$——锚杆无粘结自由段长度（m）；

$l_a$——锚杆杆体与锚固体粘结的锚固段长度（m）；

$A$——锚杆杆体截面面积（m²）；

$A_c$——锚固体截面面积（m²）；

$E_s$——锚杆杆体弹性模量（kPa）；

$E_m$——注浆体弹性模量（kPa）；

$E_c$——锚固体组合弹性模量（kPa），按下式计算：

$$E_c = \frac{AE_s + (A_c - A) \cdot E_m}{A_c}$$

$\alpha$——锚杆倾角（°）。

【小注】①水平刚度系数指使杆端产生单位位移时，杆端所施加的力；②预应力岩石锚杆和全粘结岩石锚杆可按"刚性拉杆"考虑。

## （三）锚杆挡墙土压力

——第 9.2、10.2 节

**锚杆挡墙土压力**

| ①不需对边坡变形控制时，相应于作用的标准组合时，每延米侧向岩土压力合力水平分力修正值$E'_{ah}$计算 |||||
|---|---|---|---|---|
| $E'_{ah} = \beta_2 E_{ah}$ |||| $E_{ah}$——相应于作用的标准组合时，每延米侧向主动岩土压力合力的水平分力（kN/m）； $\beta_2$——修正系数，查下表 |
| 锚杆类型 | 非预应力锚杆 || 预应力锚杆 ||
| 岩土类别 | 自由段为土层 | 自由段为岩层 | 自由段为土层 | 自由段为岩层 |
| $\beta_2$ | 1.1~1.2 | 1.0 | 1.2~1.3 | 1.1 |
| 【小注】锚杆变形计算值较小时取大值，反之取小值 |||||

②对岩质边坡以及坚硬、硬塑黏性土和密实、中密砂土类边坡，采用逆作法时，$e'_{ah}$计算

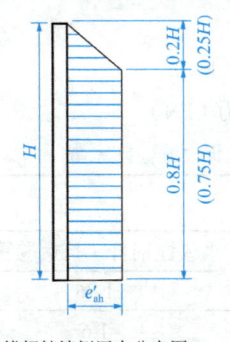

锚杆挡墙侧压力分布图
(括号内数值适用于土质边坡)

| 岩质边坡 | $e'_{ah} = \dfrac{E'_{ah}}{0.9H}$ |
|---|---|
| 土质边坡 | $e'_{ah} = \dfrac{E'_{ah}}{0.875H}$ |

$e'_{ah}$——相应于作用的标准组合时，侧向岩土压力水平分力修正值（kN/m²）；
$E'_{ah}$——相应于作用的标准组合时，每延米侧向岩土压力合力水平分力修正值（kN/m）；
$H$——挡墙高度（m）；

【小注】侧向压力强度分布调整基于：①分布形式变化，即某一点的强度变化；②总侧向压力合力不变

锚杆（索）轴向拉力标准值$N_{aki}$：$N_{aki} = e'_{ahi} s_{xi} s_{yi} / \cos\alpha'$

## 三、岩石喷锚

——第 10.2 节

**（1）锚杆轴向拉力$N_{ak}$**

$N_{ak} = e'_{ah} s_{xj} s_{yj} / \cos\alpha$

式中：$N_{ak}$——锚杆所受轴向拉力（kN）；
　　　$s_{xj}$、$s_{yj}$——锚杆的水平、垂直间距（m）；
　　　$e'_{ah}$——相应于作用的标准组合时侧向岩石压力水平分力修正值（kN/m²）；
　　　$\alpha$——锚杆倾角（°）

【小注】侧向岩石压力水平分力修正值$e'_{ah}$，即为上表的岩石锚杆挡墙侧压力计算（规范第 9.2.5 条）。

### （2）危岩加固

采用局部锚杆加固不稳定岩石块体时，以锚杆为分析对象，计算锚杆的抗拉（出）安全系数$K_b$，区别边坡直线滑动，是以滑动面为分析对象，计算边坡稳定系数$F_s$。

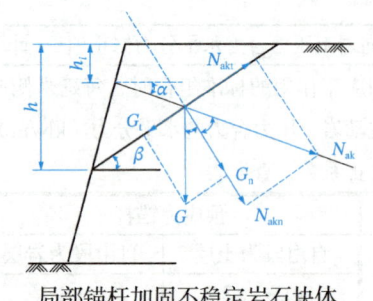

局部锚杆加固不稳定岩石块体

$$K_b(G_t - fG_n - cA) \leqslant \sum N_{akti} + f\sum N_{akni}$$

$$\Leftarrow K_b = \frac{\sum N_{akti} + f\sum N_{akni}}{G_t - fG_n - cA}$$

$$G_t = G\sin\beta ; \qquad G_n = G\cos\beta$$

$$N_{akti} = N_{ak}\sin(90° - \alpha - \beta) = N_{ak}\cos(\alpha + \beta)$$

$$N_{akni} = N_{ak}\cos(90° - \alpha - \beta) = N_{ak}\sin(\alpha + \beta)$$

①规范给出的不稳定块体的自重、锚杆的拉力单位均为：kN；

②若不稳定岩块的自重单位为：kN/m，锚杆轴向拉力$N_{ak}$也应转化为 kN/m，即为：$\dfrac{N_{ak}}{锚杆间距s}$。

式中： $A$——滑动面面积（m²）；

$c$——滑移面的黏聚力（kPa）；

$f$——滑动面上的摩擦系数；

$G_t$、$G_n$——分别为不稳定块体自重在平行和垂直于滑动面方向的分力（kN）；

$N_{akti}$、$N_{akni}$——单根锚杆轴向拉力在抗滑方向和垂直于滑动面方向上的分力（kN）；

$K_b$——锚杆钢筋抗拉安全系数，见下表（规范第8.2.2条）取值，非边坡稳定系数

锚杆钢筋抗拉安全系数$K_b$

| 边坡安全等级 | 临时性锚杆 | 永久性锚杆（一般情况） | 永久性锚杆（抗震验算） |
|---|---|---|---|
| 一级 | 1.8 | 2.2 | 1.76 |
| 二级 | 1.6 | 2.0 | 1.6 |
| 三级 | 1.4 | 1.8 | 1.44 |

## 四、桩板式挡墙

——第13.2.8条

**桩板式挡墙**

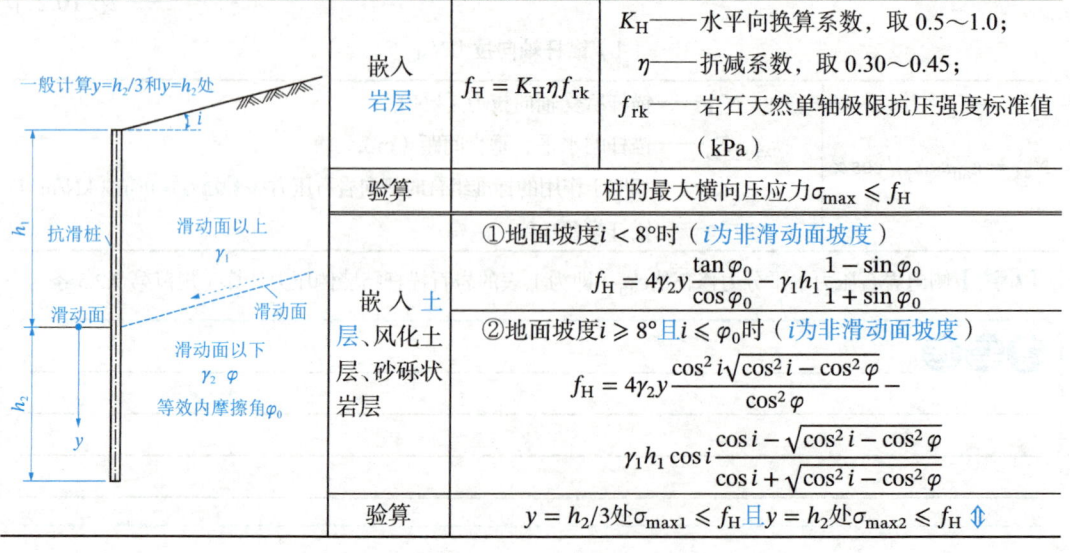

| | | |
|---|---|---|
| 嵌入岩层 | $f_H = K_H \eta f_{rk}$ | $K_H$——水平向换算系数，取 0.5～1.0；<br>$\eta$——折减系数，取 0.30～0.45；<br>$f_{rk}$——岩石天然单轴极限抗压强度标准值（kPa） |
| 验算 | 桩的最大横向压应力$\sigma_{max} \leqslant f_H$ | |
| 嵌入土层、风化土层、砂砾状岩层 | ①地面坡度$i < 8°$时（$i$为非滑动面坡度）<br>$$f_H = 4\gamma_2 y \frac{\tan\varphi_0}{\cos\varphi_0} - \gamma_1 h_1 \frac{1-\sin\varphi_0}{1+\sin\varphi_0}$$<br>②地面坡度$i \geqslant 8°$且$i \leqslant \varphi_0$时（$i$为非滑动面坡度）<br>$$f_H = 4\gamma_2 y \frac{\cos^2 i \sqrt{\cos^2 i - \cos^2\varphi}}{\cos^2\varphi} -$$<br>$$\gamma_1 h_1 \cos i \frac{\cos i - \sqrt{\cos^2 i - \cos^2\varphi}}{\cos i + \sqrt{\cos^2 i - \cos^2\varphi}}$$ | |
| 验算 | $y = h_2/3$处$\sigma_{max1} \leqslant f_H$且$y = h_2$处$\sigma_{max2} \leqslant f_H$ | |

续表

当锚固段地基为土层或风化层土、砂砾状岩层时，滑动面以下或桩嵌入稳定岩土层内深度为$h_2/3$和$h_2$处（滑动面以下或嵌入稳定岩土层内桩长）的横向压应力$\sigma$不应大于地基横向承载力特征值$f_H$

式中：$f_H$——地基的横向承载力特征值（kPa）；
　　　$\varphi_0$——滑动面以下土体的等效内摩擦角（°）；
　　　$\gamma_1$——滑动面以上土体的重度（kN/m³）；
　　　$\gamma_2$——滑动面以下土体的重度（kN/m³）；
　　　$\varphi$——滑动面以下土体的内摩擦角（°）；
　　　$h_1$——设桩处滑动面至地面的距离（m）；
　　　$h_2$——滑动面以下或嵌入稳定岩土层内桩长（m）；
　　　$y$——滑动面至计算点的距离（m）

【小注】悬臂式桩板墙：岩质地基中$h_2 \geq (h_1+h_2)/4$，土质地基中$h_2 \geq (h_1+h_2)/3$。
悬臂式桩板挡墙桩长在岩质地基中嵌固深度不宜小于桩总长的1/4，土质地基中不宜小于1/3。

## 五、岩石锚杆和岩石锚杆基础

——《建筑地基基础设计规范》第6.8、8.6节

### （一）抗拔承载力计算

**抗拔承载力计算**

| 岩石锚杆 | 岩石锚杆的抗拔承载力可按下式估算：<br>$R_t = \xi f u_r h_r$ | 式中：$R_t$——锚杆抗拔承载力特征值（kN）；<br>$u_r$——锚杆的周长（m）；<br>$\xi$——经验系数，对于永久性锚杆取0.8，对于临时性锚杆取1.0；<br>$h_r$——锚杆锚固段嵌入岩层中的长度（m），当长度超过13倍锚杆直径时，按13倍直径计算；<br>$f$——砂浆与岩石间的粘结强度特征值（kPa），见下表：<br><br>| 岩石坚硬程度 | 软岩 | 较软岩 | 硬质岩 |<br>|---|---|---|---|<br>| 粘结强度$f$（MPa） | <0.2 | 0.2~0.4 | 0.4~0.6 |<br><br>【表注】水泥砂浆强度为30MPa或细石混凝土强度等级为C30。<br>【小注】计算岩石锚杆挡土结构的荷载，宜取主动土压力增大系数$\psi_a = 1.1~1.2$（规范6.8.4） |

**笔记区**

续表

| | | |
|---|---|---|
| 岩石锚杆基础 | 岩石锚杆基础适用于直接建在基岩上的柱基，以及承受拉力或水平力较大的建筑物基础。<br>单根锚杆所承受的拔力，应按下列公式验算：<br>$$N_{ti} = \frac{F_k + G_k}{n} - \frac{M_{xk}y_i}{\sum y_i^2} - \frac{M_{yk}x_i}{\sum x_i^2}$$<br>$N_{t\max} \leq R_t \Leftarrow R_t \leq 0.8\pi d_1 lf$<br>（甲级建筑物除外） | 式中：$G_k$——基础自重及其上的土自重（kN）；<br>$F_k$——相应于作用标准组合时，作用在基础顶面上竖向力（kN）；<br>$M_{xk}$、$M_{yk}$——按作用标准组合计算作用在基础底面形心力矩值（kN·m）；<br>$x_i$、$y_i$——第$i$根锚杆至基础底面形心的$y$、$x$轴线的距离（m）；<br>$N_{ti}$——相应于作用标准组合时，第$i$根锚杆所承受的拔力值（kN）；<br>$R_t$——单根锚杆抗拔承载力特征值（kN）；<br>$d_1$——锚杆孔直径（m）；<br>$l$——锚杆的有效锚固长度（m）；<br>$f$——砂浆与岩石间的粘结强度特征值（kPa），见下表：<br><br>| 岩石坚硬程度 | 软岩 | 较软岩 | 硬质岩 |<br>|---|---|---|---|<br>| 粘结强度$f$（MPa） | <0.2 | 0.2～0.4 | 0.4～0.6 |<br><br>【表注】水泥砂浆强度为30MPa 或细石混凝土强度等级为C30 |

## （二）设计和构造要求

设计和构造要求

| 岩石锚杆 | 岩石锚杆基础 | |
|---|---|---|
| ①岩石锚杆由锚固段和非锚固段组成。锚固段嵌入基岩深度应大于 40 倍锚杆筋体直径，且不得小于 3 倍锚杆孔径。<br>②岩石锚杆孔径不宜小于 100mm；作防护用的锚杆，其孔径可小于 100mm，但不应小于 60mm。<br>③岩石锚杆间距不应小于锚杆孔径的 6 倍；岩石锚杆与水平面的夹角宜为 15°～25° | 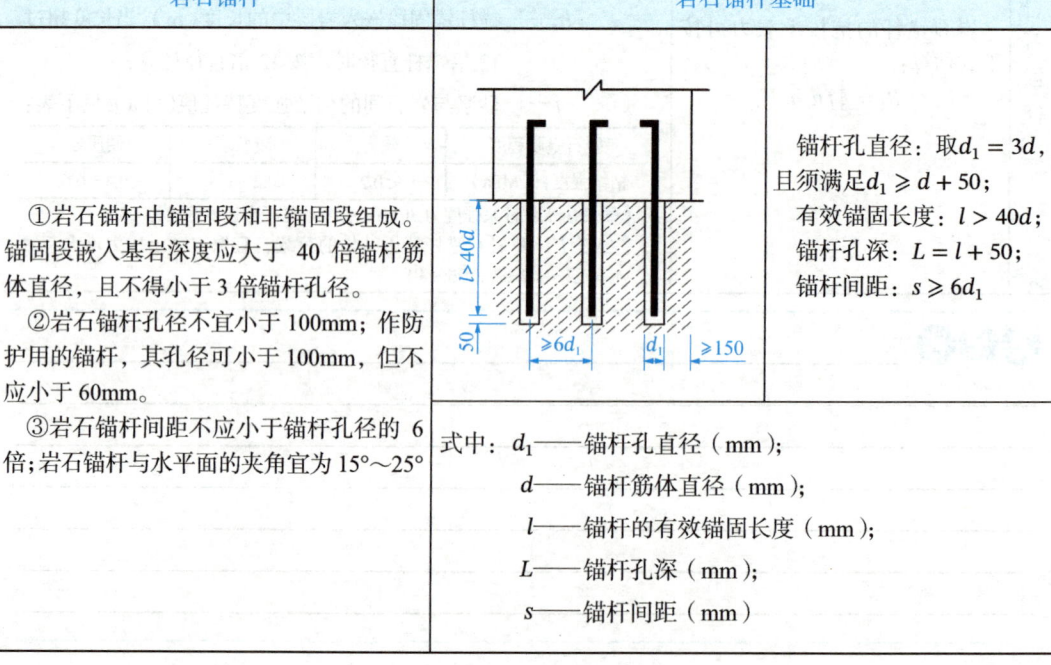 | 锚杆孔直径：取$d_1 = 3d$，且须满足$d_1 \geq d + 50$；<br>有效锚固长度：$l > 40d$；<br>锚杆孔深：$L = l + 50$；<br>锚杆间距：$s \geq 6d_1$ |
| | 式中：$d_1$——锚杆孔直径（mm）；<br>$d$——锚杆筋体直径（mm）；<br>$l$——锚杆的有效锚固长度（mm）；<br>$L$——锚杆孔深（mm）；<br>$s$——锚杆间距（mm） | |

## 六、静力平衡法和等值梁法

——附录 F

**静力平衡法和等值梁法**

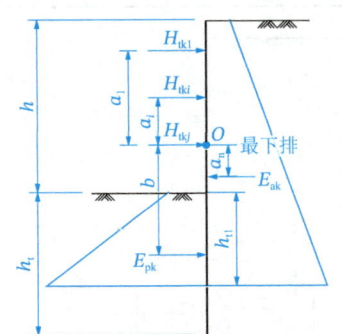

静力平衡法计算示意图

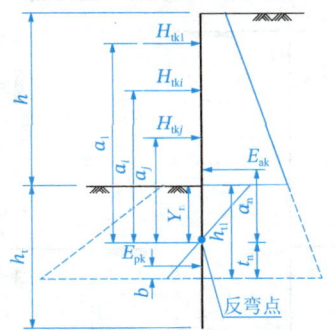

等值梁法计算示意图

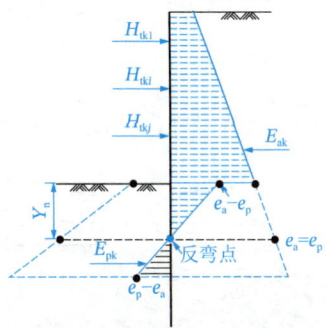

等值梁法剩余土压力分布示意图
（被动土压力与主动土压力抵消后）

| 计算项目 | 静力平衡法 | 等值梁法 |
|---|---|---|
| 锚杆水平分力 | 立柱两侧力的平衡： （总锚杆拉力 = 主动土压力 − 被动土压力） $$H_{tkj} = E_{ak} - E_{pk} - \sum_{i=1}^{j-1} H_{tki}$$ | 对反弯点取矩，合力矩为零： （令 $e_a = e_p \Rightarrow$ 求出反弯点） $$H_{tkj}a_j = E_{ak}a_n - \sum_{i=1}^{j-1} H_{tki}a_i$$ 式中：$a_j$、$a_n$、$a_i$——分别为应力到反弯点的距离 |
| **土压力计算宽度**（计算挡墙后的侧向土压力 $E_{ak}$） | | |
| 坡脚地面以上部分 | 取立柱间的水平距离 | |
| 坡脚地面以下部分 | 肋柱取 $1.5b + 0.5$；桩取 $0.90（1.5d + 0.50）$（$b$ 为肋柱宽度，$d$ 为桩径） | |
| 最小嵌入深度 $h_{r1}$ | 各分力对最下排支点（$H_{tkn}$ 处）取矩，合力矩为 0： （锚杆总力矩 = 被动土压力力矩 − 主动土压力力矩） $$E_{pk}b - E_{ak}a_n - \sum_{i=1}^{n} H_{tki}a_i = 0$$ 实质就是土压力分块（矩形 + 三角形），求力矩平衡解方程，求出最小嵌固深度 $h_{r1}$ | 反弯点以下各水平力对立柱底取矩： $$t_n = \frac{E_{pk}b}{E_{ak} - \sum H_{tki}}$$ （$b$——$E_{pk}$ 到立柱底的距离） $E_{ak}$、$E_{pk}$ 见上图阴影部分 最小嵌固深度：$h_{r1} = Y_n + t_n$ |
| 设计嵌入深度 $h_r$ | 一级边坡 $h_r = 1.5 h_{r1}$ | 二级边坡 $h_r = 1.4 h_{r1}$ | 三级边坡 $h_r = 1.3 h_{r1}$ |
| | 式中：$H_{tki}$、$H_{tkj}$——标准组合时，第 $i$、$j$ 层锚杆水平分力（kN）； $E_{ak}$——标准组合时，挡墙后侧向主动土压力合力（kN）； $E_{pk}$——标准组合时，挡墙前侧向被动土压力合力（kN）； $a_1$——$H_{tk1}$ 作用点到 $H_{tkn}$ 的距离（m）； $a_i$——$H_{tki}$ 作用点到 $H_{tkn}$ 的距离（m）； $a_n$——$E_{ak}$ 作用点到 $H_{tkn}$ 的距离（m）； $b$——$E_{pk}$ 作用点到 $H_{tkn}$ 的距离（m） | 式中：等值梁法 $E_{ak}$、$E_{pk}$ 特殊： $E_{ak}$——反弯点以上主、被动土压力合力，即为抵消后的净值； $E_{pk}$——反弯点以下主、被动土压力合力，即为抵消后的净值 |

## 等值梁法的原理

**等值梁法的定义：**
属于极限平衡法，一般将主动土压力与被动土压力强度相等的点（即净土压力零点）近似看作为零弯矩点（又叫等值点、反弯点），因此可在净土压力零点的地方将桩断开，将超静定梁简化为简支梁来计算

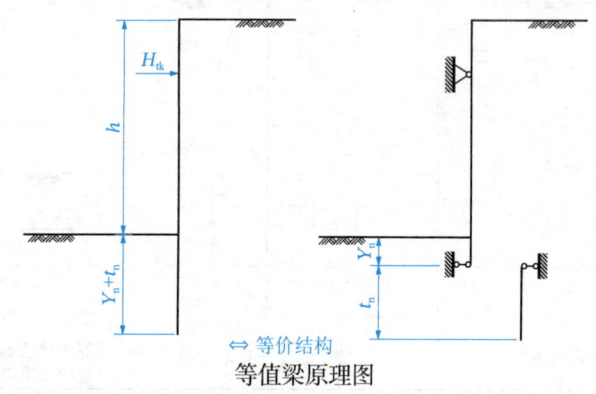

等值梁原理图

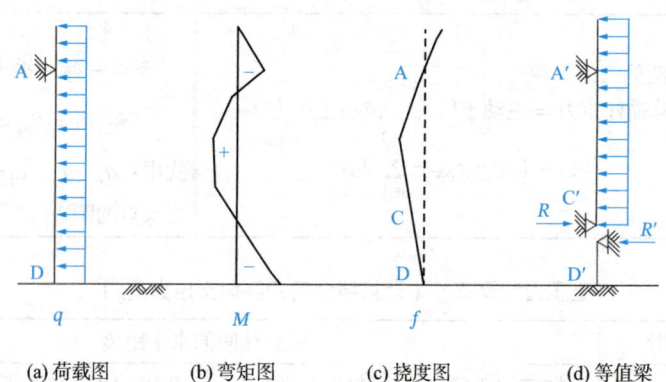

(a) 荷载图　　(b) 弯矩图　　(c) 挠度图　　(d) 等值梁

图示（a）：一端固定、一端简支的梁，受到均布荷载作用，该梁的弯矩图如图（b）、挠度图如图（c）所示。将梁 AD 在反弯点 C 处截断（因为 C 处弯矩为 0），并设简单支承于截断处，如图（d）所示。则梁 $A'C'$ 的弯矩与原梁 AC 段的弯矩相同，称 $A'C'$ 为 AC 的等值梁，将超静定梁简化为简支梁来计算。

通过求解 $A'C'$ 的支座反力 $R$，即梁 $C'D'$ 的支座反力 $R'$，由此可以求得 $C'D'$ 梁的其他未知量（嵌固深度）

【小注】
①最大弯矩发生在剪力为零处，即主动土压力合力 = 被动土压力合力的点（$E_{ak} = E_{pk}$）。
②最大剪力发生在弯矩为零处，即反弯点 = 等值点 = 弯矩零点，主动土压力强度 = 被动土压力强度的点（$e_{ak} = e_{pk}$）。
③静力平衡法和等值梁法可用于计算锚杆水平分力 $H$，当立柱入土深度较小或坡脚土体较软弱时，按静力平衡法计算；当立柱入土深度较大或为岩层或坡脚土体较坚硬时，按等值梁法计算。
④《建筑基坑支护技术规程》采用弹性支点法和静力平衡法计算，不采用等值梁法，《建筑边坡工程技术规范》采用静力平衡法和等值梁法计算。

# 第十七章

# 铁路路基支挡结构设计规范

## 一、重力式挡土墙

——第 3.2、6.2 节

### （一）抗滑移、抗倾覆

**抗滑移、抗倾覆**

| 抗滑移稳定性 | |
|---|---|
| 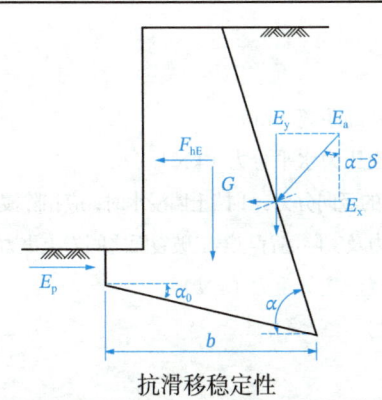 抗滑移稳定性 | $\dfrac{[G + E_y + (E_x + F_{hE} - E_p)\tan\alpha_0]f + E_p}{E_x + F_{hE} - (G + E_y)\tan\alpha_0} \geqslant K_c$ <br> $\begin{cases} 一般及常水位工况 K_c = 1.3 \\ 洪水位工况 K_c = 1.2 \\ 地震工况 K_c = 1.1 \\ 临时工况 K_c = 1.1 \end{cases}$ <br> 【小注】不考虑被动土压力、地震作用时，和边坡规范除安全系数外计算一致 |
| 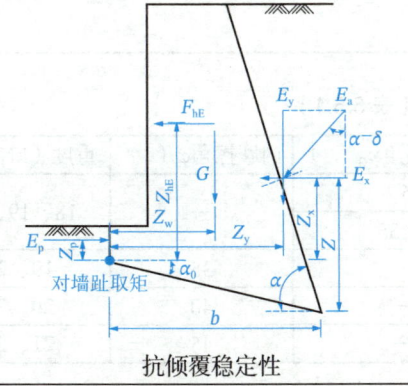 抗倾覆稳定性 | $\dfrac{GZ_w + E_y Z_y + E_p Z_p}{E_x Z_x + F_{hE} Z_{hE}} \geqslant K_0$ <br> $\begin{cases} 一般及常水位工况 K_0 = 1.6 \\ 洪水位工况 K_0 = 1.4 \\ 地震工况 K_0 = 1.3 \\ 临时工况 K_0 = 1.2 \end{cases}$ <br> 【小注】不考虑被动土压力、地震作用时，和边坡规范除安全系数外计算一致 |
| ①已知 $E_a$ 时：$E_x = E_a \sin(\alpha - \delta)$； $E_y = E_a \cos(\alpha - \delta)$；$Z_x = Z - b\tan\alpha_0$；$Z_y = b - \dfrac{Z}{\tan\alpha}$ | |
| 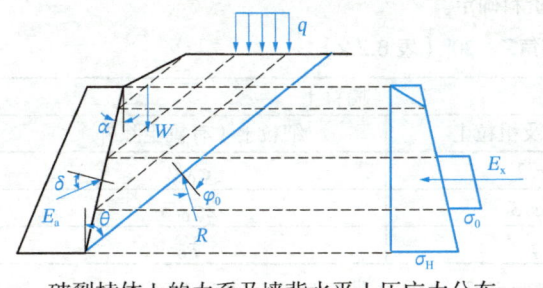 破裂棱体上的力系及墙背水平土压应力分布 | ②未知 $E_a$ 时： <br> $E_x = \dfrac{W}{\tan(\theta + \varphi_0) + \tan(\delta - \alpha)}$ <br> $E_y = E_x \tan(\delta - \alpha)$ <br> 式中：$E_x$——墙背所承受的水平土压力（kN）； <br> $E_y$——墙背所承受的竖向土压力（kN） |

413

续表

式中：$E_a$——墙背主动土压力（反力）(kN)。

$E_p$——被动土压力(kN)，应符合本规范第 4.2.1 条：明挖基础挡土墙前的被动土压力可不考虑；当基础埋置较深且地层稳定、不受水流冲刷和扰动破坏时，根据墙身位移条件，采用 1/3 被动土压力值。

$F_{hE}$——地震时，作用于墙体质心和墙背与第二破裂面间岩土质心处的水平地震力之和(kN)。

$G$——作用于基底上的墙身重力，浸水时应扣除浸水部分墙身的浮力(kN)。

$f$——基底与地基间的摩擦系数，见下表（规范表 6.2.4）。

$\alpha_0$——基底倾斜角度(°)。

$Z_x$——墙后土压力的水平分力到墙趾的距离(m)。

$Z_y$——墙后土压力的总竖向分力到墙趾的距离(m)。

$Z_p$——墙前被动土压力到墙趾的距离(m)。

$Z_{hE}$——水平地震力到墙趾的距离(m)。

$Z_w$——墙身自重及墙顶以上恒载自重合力重心到墙趾的距离(m)。

$E_x$——一般地区、浸水地区或地震地区，墙后主动土压力水平分力(kN)。

$E_y$——一般地区、浸水地区或地震地区，墙后土压力总的竖向分力：①挡土墙浸水时，应扣除浸水部分岩土的浮力；②出现第二破裂面时，含主动土压力及实际墙背与第二破裂面之间岩土重量(kN)。

$W$——破裂棱体的重力及破裂面以内的路基面上荷载产生的重力(kN)。

$\theta$——墙背岩土内产生的破裂面与竖直面的夹角(°)。

$\varphi_0$——墙背岩土综合内摩擦角(°)。

$\delta$——土与墙背间的摩擦角(°)，见下表（规范表 6.2.2）。

$\alpha$——墙背倾角(°)。

**填料的物理力学指标（表 5.5.1）**

| 填料种类 | | 综合内摩擦角$\varphi_0$(°) | 内摩擦角$\varphi$(°) | 重度(kN/m³) |
|---|---|---|---|---|
| 细粒土（有机土除外） | 墙高 $H \leq 6m$ | 35 | — | 18、19、20 |
| | $6m < $墙高$ H \leq 12m$ | 30~35 | | |
| 砂类土 | | — | 35 | 19、20 |
| 碎石类、砾石类 | | — | 40 | 20、21 |
| 不易风化的块石类 | | — | 45 | 21、22 |

【表注】①计算水位以下的填料重度采用浮重度；
②填料的重度可根据填料性质和压实等情况，做适当修正；
③全风化岩石、特殊土的值宜根据试验资料确定。

**土与墙背间的摩擦角 $\delta \leq 30°$（表 6.2.2）**

| 项目 | 墙背土 | |
|---|---|---|
| | 巨粒土及粗粒土 | 细粒土（有机土除外） |
| 墙身混凝土或片石混凝土 | $\varphi/2$ | $\varphi_0/2$ |
| 浆砌片石 | $2\varphi/3$ | $2\varphi_0/3$ |
| 第二破裂面或假想墙背土体 | $\varphi$ | $\varphi_0$ |

【表注】计算墙背摩擦角 $\delta > 30°$ 时仍采用 30°。墙背光滑，排水条件差时，墙背摩擦角宜取 0。

基底与地基间的摩擦系数经验值$f$（表 6.2.4）

| 地基类别 | 经验值 $f$ |
|---|---|
| 硬塑黏土 | 0.25～0.30 |
| 粉质黏土、粉土、半干硬的黏土 | 0.30～0.40 |
| 砂类土 | 0.30～0.40 |
| 碎石类土 | 0.40～0.50 |
| 软质岩 | 0.40～0.60 |
| 硬质岩 | 0.60～0.70 |

## （二）基底压应力

### 基底压应力

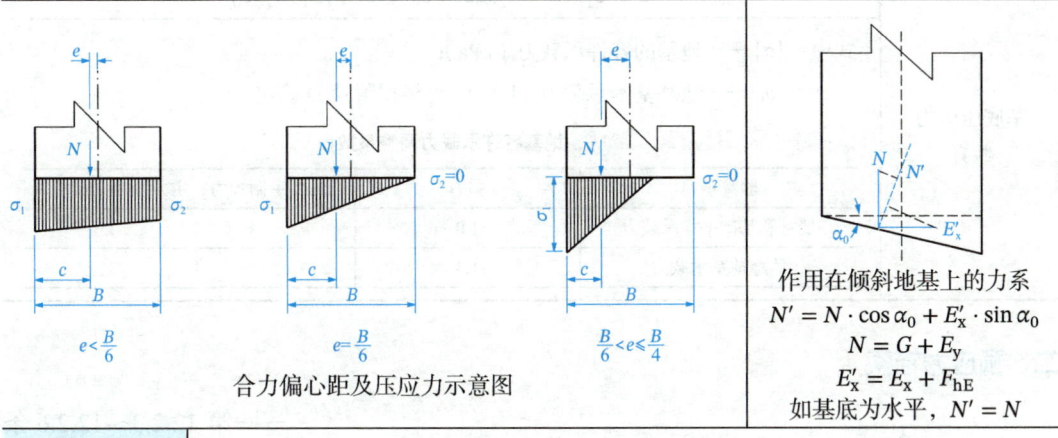

合力偏心距及压应力示意图

作用在倾斜地基上的力系
$$N' = N \cdot \cos\alpha_0 + E'_x \cdot \sin\alpha_0$$
$$N = G + E_y$$
$$E'_x = E_x + F_{hE}$$
如基底为水平，$N' = N$

| 基底合力偏心矩 $e$ | $e = \dfrac{B}{2} - c = \dfrac{B}{2} - \dfrac{M_y - M_0}{N'}$<br>抗倾覆力矩：$M_y = GZ_w + E_y Z_y + E_p Z_p$；倾覆力矩：$M_0 = E_x Z_x + F_{hE} Z_{hE}$<br>式中：$e$——基底合力的偏心距（m）；<br>　　　$B$——基底宽度（m），基底无斜底时为水平宽度，倾斜时为斜宽，弯矩作用方向；<br>　　　$c$——作用于基底上的垂直分力对墙趾的力臂（m）；<br>　　　$N'$——作用于基底上的总垂直力（kN）；<br>　　　$N$——挡土墙上的总竖向作用（kN）；<br>　　　$Z_p$——墙前被动土压力到墙趾的距离（m）；<br>　　　$M_y$——稳定力系对墙趾的总力矩（kN·m）；<br>　　　$M_0$——倾覆力系对墙趾的总力矩（kN·m）；<br>　　　$E'_x$——挡土墙上的总水平作用（kN）；<br>　　　$\alpha_0$——基底倾斜角度（°） |
|---|---|

### 基底合力偏心距限定值

| 基底岩土状况 | 一般地区和浸水地区常水位 | 施工临时荷载地区 | 地震地区和洪水位 |
|---|---|---|---|
| 未风化或弱风化的硬质岩 | ≤ B/4 | ≤ B/4 | ≤ B/3 |
| 软质岩及全、强风化的硬质岩 | ≤ B/6 | ≤ B/4 | ≤ B/4 |

续表

| 基底岩土状况 | 一般地区和浸水地区常水位 | 施工临时荷载地区 | 地震地区和洪水位 |
|---|---|---|---|
| 基本承载力大于 200kPa 的土层 | ≤ B/6 | ≤ B/5 | ≤ B/5 |
| 基本承载力小于 200kPa 的土层 | ≤ B/6 | ≤ B/6 | ≤ B/6 |

| | |
|---|---|
| 基底压应力σ | 当 $\|e\| \leq \frac{B}{6}$ 时，$\sigma_{1,2} = \frac{N'}{B}\left(1 \pm \frac{6e}{B}\right)$<br>当 $e > \frac{B}{6}$ 时，$\sigma_1 = \frac{2N'}{3c}$，$\sigma_2 = 0$<br>当 $e < -\frac{B}{6}$ 时，$\sigma_1 = 0$，$\sigma_2 = \frac{2N'}{3(B-c)}$ | $\sigma_p = \frac{\sigma_1 + \sigma_2}{2}$<br>式中：$\sigma_1$——挡土墙趾部的压应力（kPa）；<br>$\sigma_2$——挡土墙踵部的压应力（kPa）；<br>$\sigma_p$——挡土墙基底平均压应力（kPa） |

| | |
|---|---|
| 基底压应力验算 | $\sigma = \sigma_1$ 或 $\sigma = \sigma_2$ 或 $\sigma = \sigma_p \Rightarrow \sigma \leq [\sigma] = \gamma_\sigma \sigma_0$<br>式中：$[\sigma]$——地基的容许承载力（kPa）；<br>$\sigma_0$——地基基本承载力（kPa），可根据附录 D 确定。<br><br>地基容许承载力调整系数 $\gamma_\sigma$<br><br>| 验算项目 | 主力 | 主力+附加力；主力+施工荷载 |<br>|---|---|---|<br>| 墙趾和基础平均承载力 | 1.0 | 1.2 |<br>| 墙踵地基承载力 | 1.3 | 1.5 | |

## 二、预应力锚索

——第 12.2.3～12.2.6 条

预应力锚索

| | |
|---|---|
| 设计锚固力 $P_t$ | $P_t = \dfrac{F}{[\lambda \sin(\alpha+\beta)\tan\varphi + \cos(\alpha+\beta)]}$<br>$\beta = \dfrac{45°}{A+1} + \dfrac{2A+1}{2(A+1)}\varphi - \alpha \Leftarrow A = \dfrac{锚固段长度}{自由段长度}$<br>式中：$P_t$——锚索轴向拉力（N）；<br>　　　$F$——单孔锚索范围内下滑力（N），指剩余下滑力，其单位为：/m，需×间距 s，转化为单孔下滑力；<br>　　　$\varphi$——滑动面内摩擦角（°）；<br>　　　$\alpha$——锚索与滑动面相交处滑动面倾角（°）；<br>　　　$\beta$——锚索与水平面的夹角，以下倾为宜，宜为 10°～30°；<br>　　　$\lambda$——折减系数，对土质边坡及松散破碎的岩质边坡应进行折减，未明确取 1 |
| 锚索抗拉断验算 $A_s$ | $A_s \geq \dfrac{K_1 P_t}{n f_{py}}$<br>式中：$A_s$——每束预应力钢绞线截面积（mm²）；<br>　　　$n$——单孔锚索中钢绞线束数（束）；<br>　　　$K_1$——锚索轴向抗拉安全系数，取 1.4～1.6，腐蚀性地层中取大值；<br>　　　$f_{py}$——预应力钢绞线抗拉强度设计值（N/mm²），应按本规范附录表 C.0.5-2 选取 |

续表

| | 锚固段长度$L_a$（mm），同时验算，取大值 | |
|---|---|---|
| 锚索抗拔出验算$L_a$ | ①根据锚索与孔壁的抗剪强度确定：$$L_a \geqslant \frac{K_2 P_t}{\pi D f_{rb}}$$ | ②根据水泥砂浆与锚索钢材黏结强度确定：$$L_a \geqslant \frac{K_2 P_t}{\pi d_s f_b} 或 L_a \geqslant \frac{K_2 P_t}{n \pi d f_b}（锚固段为枣核状）$$ |
| | 式中：$K_2$——抗拔设计时，轴向拔出力安全系数，可采用 2.0；<br>$D$——锚固体直径（mm）；<br>$f_{rb}$——水泥砂浆与岩石孔壁间的黏结强度设计值（N/mm²），应通过试验确定，无试验时，可取下表（附录 H.0.1）中极限黏结强度标准值的 0.8 倍，$f_{rb} = 0.8 f_{rbk}$；<br>$d_s$——张拉钢绞线外表直径（mm）；<br>$d$——张拉钢绞线公称直径（mm）；<br>$f_b$——水泥砂浆（锚固体）与钢绞线间的黏结强度设计值（N/mm²），宜通过试验确定，当无试验资料时，可取下表（附录 H.0.2）中选用 | |
| 预应力锚索长度构造要求 | ①自由段长度不应小于 5m，且伸入滑动面或潜在滑动面的长度不应小于 1.5m。<br>②锚固段长度应满足抗拔要求，拉力型锚索的锚固段长度在岩层中锚固段长度宜为 4～10m；压力分散型锚索的单元锚固段长度在岩层中宜为 2～3m，风化严重的岩层中宜为 3～6m。<br>③张拉段长度应根据张拉机具确定，锚索外露部分长度宜为 1.5m | |
| 锚索伸长量$\Delta$ | $$\Delta = \frac{(P_t - P_0)}{K_r} \Leftarrow K_r = \frac{A E_s}{l_f}$$<br>式中：$\Delta$——单根锚索的伸长量（mm）；<br>$P_0$——锚索的初始预应力或初始拉力（N）；<br>$l_f$——锚索无黏结自由段长度（mm）；<br>$K_r$——锚固段为岩层时的锚索刚度系数（N/mm），应根据锚索抗拔试验确定，无试验资料时且锚固段为岩层时，自由段无黏结锚索的刚度系数可按上式计算；<br>$A$——锚索索体截面积（mm²）；<br>$E_s$——锚索索体的弹性模量（N/mm²） | |

**锚孔壁与锚固体间极限黏结强度标准值$f_{rbk}$（MPa）**

| 岩石类别 | 极软岩、风化岩 | 软岩 | 较软岩 | 较硬岩及硬岩 |
|---|---|---|---|---|
| 单轴饱和抗压强度（MPa） | <5 | 5～15 | 15～30 | >(15～30) |
| $f_{rbk}$ | 0.15～0.3 | 0.3～0.8 | 0.6～1.2 | 1.0～2.5 |

| 土层种类 | 黏性土 | | 粉土 | 砂土 | |
|---|---|---|---|---|---|
| | 坚硬 | 硬塑 | 中密 | 中密 | 密实 |
| $f_{rbk}$ | 0.06～0.07 | 0.05～0.06 | 0.1～0.15 | 0.22～0.25 | 0.27～0.40 |

### 钢筋、钢绞线与砂浆锚固体之间的极限黏结强度 $f_b$（MPa）

| 类型 | 水泥浆或水泥砂浆强度等级 | | | |
|---|---|---|---|---|
| | M30 | | M35 | |
| | 标准值 | 设计值 | 标准值 | 设计值 |
| 锚固体与螺纹钢筋间或带肋钢筋间黏结强度 $f_b$ | 2.40 | 1.92 | 2.70 | 2.16 |
| 锚固体与钢绞线、高强钢丝间黏结强度 $f_b$ | 2.95 | 2.36 | 3.40 | 2.72 |

【表注】采用 2 根或 2 根以上钢筋或钢绞线时，黏结强度应乘以 0.60～0.85 折减系数。

### 锚索束表面尺寸

| 束数 | 外表直径 $d_s$ | Φ12.7mm 型 | | Φ15.2mm 型 | |
|---|---|---|---|---|---|
| | | 直径 $d_s$（mm） | 周长 $v$（mm） | 直径 $d_s$（mm） | 周长 $v$（mm） |
| 3 | $(d\pi + 3d)/\pi$ | 24.8 | 77.9 | 30.0 | 94.2 |
| 4 | $(d\pi + 4d)/\pi$ | 28.9 | 90.8 | 34.6 | 108.6 |
| 5 | $(d\pi + 5d)/\pi$ | 32.9 | 103.4 | 39.4 | 123.8 |
| 6 | $(d\pi + 6d)/\pi$ | 37.0 | 116.2 | 44.2 | 138.9 |
| 7 | $(d\pi + 7d)/\pi$ | 41.0 | 128.8 | 49.1 | 154.2 |
| 9 | $(d\pi + 8d)/\pi$ | 45.0 | 141.4 | 53.9 | 169.3 |
| 12 | $(d\pi + 9d)/\pi$ | 49.1 | 154.3 | 58.7 | 184.4 |

### 钢绞线的公称直径和公称截面面积及理论重量

| 种类 | 公称直径（mm） | 公称截面面积（mm²） | 理论重量（kg/m） |
|---|---|---|---|
| 1×3 | 8.6 | 37.7 | 0.296 |
| | 10.8 | 58.9 | 0.462 |
| | 12.9 | 84.8 | 0.666 |
| 1×7 | 9.5 | 54.8 | 0.43 |
| | 12.7 | 98.7 | 0.775 |
| | 15.2 | 140 | 1.101 |
| | 17.8 | 191 | 1.500 |
| | 21.6 | 285 | 2.237 |

## 三、加筋土挡墙

——第9.2节

加筋土挡墙

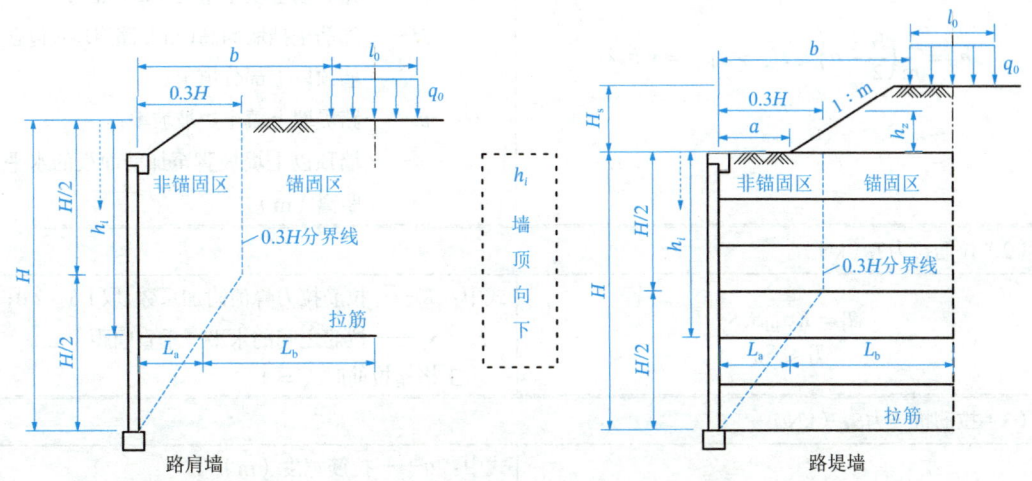

路肩墙                  路堤墙

| （1）总水平土压力 $\sigma_{hi}$（kPa） | | | |
|---|---|---|---|
| 路肩墙<br>墙顶以上填土 $H_s \leqslant 1m$ | $\sigma_{hi} = \sigma_{h1i} + \sigma_{h2i}$ | 路堤墙<br>墙顶以上填土 $H_s > 1m$ | $\sigma_{hi} = \sigma_{h1i} + \sigma_{h2i} + \sigma_{h3i}$ |

①填料产生的水平土压力 $\sigma_{h1i}$（kPa）：

| 当 $h_i < 6m$ | $\sigma_{h1i} = \lambda_i \gamma h_i$<br>$\Uparrow$<br>$\lambda_i = (1 - \sin\varphi_0)\left(1 - \dfrac{h_i}{6}\right) + \dfrac{h_i}{6}\tan^2\left(45° - \dfrac{\varphi_0}{2}\right)$ | 式中：$\gamma$——加筋体的填料重度（kN/m³）；<br>$h_i$——如上图所示，注意起始位置，墙顶（路肩挡土墙包括墙顶以上填土高度）至计算点（第 $i$ 加筋层处）的高度（m）； |
|---|---|---|
| 当 $h_i \geqslant 6m$ | $\sigma_{h1i} = \lambda_i \gamma h_i$<br>$\Uparrow$<br>$\lambda_i = \tan^2\left(45° - \dfrac{\varphi_0}{2}\right)$ | $\varphi_0$——填料的综合内摩擦角（°）；<br>$\lambda_i$——$h_i$ 深度处的土压力系数 |

②荷载产生的水平土压力 $\sigma_{h2i}$（kPa）：

| 路肩墙 | $\sigma_{h2i} = \dfrac{q}{\pi}\left[\dfrac{bh_i}{b^2 + h_i^2} - \dfrac{(b+l_0)h_i}{h_i^2 + (b+l_0)^2} + \dfrac{\pi}{180}\left(\arctan\dfrac{b+l_0}{h_i} - \arctan\dfrac{b}{h_i}\right)\right]$ | |
|---|---|---|
| 路堤墙 | $\sigma_{h2i} = \dfrac{q}{\pi}\left[\dfrac{b(h_i+H_s)}{b^2 + (h_i+H_s)^2} - \dfrac{(h_i+H_s)(b+l_0)}{(h_i+H_s)^2 + (b+l_0)^2} + \dfrac{\pi}{180}\left(\arctan\dfrac{b+l_0}{h_i+H_s} - \arctan\dfrac{b}{h_i+H_s}\right)\right]$ | |

| 式中：$b$——荷载内边缘至面板的水平距离（m）；<br>   $l_0$——路基面以上的荷载宽度（m）；<br>   $q$——作用在路基面上的荷载，运营期应考虑轨道及列车荷载（kN/m²） | 路堤墙 $\sigma_{h2i}$ 也可采用第9.2.3条文说明计算 |
|---|---|

续表

| ③路堤墙上填土产生的水平压力$\sigma_{h3i}$（kPa） | |
|---|---|
| $h_z = \dfrac{1}{m}\left(\dfrac{H}{2} - a\right) \leqslant H_s \Rightarrow \sigma_{h3i} = \gamma_1 h_z \lambda_i$ | 式中：$h_z$——路堤墙上填土换算荷载土柱高（m），<br>　　　　$h_z > H_s$时取$h_z = H_s$；<br>　　$\gamma_1$——路堤墙上填土重度（kN/m³）；<br>　　$H$——加筋土挡墙墙高（m），路肩墙$H$包含墙顶以上部分填土；<br>　　$m$——路堤墙上填土边坡坡率；<br>　　$a$——墙顶以上堤坡脚至加筋面板的水平距离（m） |
| （2）拉筋拉力$T_i$（kN） | |
| $T_i = K\sigma_{hi}S_xS_y$<br>$T_i \leqslant S_{fi}$ | 式中：$K$——拉筋拉力峰值附加系数，取1.5～2.0；<br>　　$S_x$、$S_y$——拉筋之间的水平、垂直间距（m）。<br>　　土工格栅拉筋时$S_x = 1$ |
| （3）拉筋抗拔力$S_{fi}$（kN） | |
| $S_{fi} = 2\sigma_{vi} a L_b f$ | 式中：$a$——拉筋宽度（m）；<br>　　$L_b$——拉筋有效锚固长度（m）；<br>　　$f$——拉筋与填料间摩擦系数，可采用0.3～0.4 |
| ④拉筋上的垂直压力$\sigma_{vi}$（kPa） | |
| 路肩墙　　$\sigma_{vi} = \gamma h_i$ | 路堤墙　　$\sigma_{vi} = \gamma h_i + \gamma_1 h_z$ |
| 有超载$q$时，上式应+$q$产生的垂直压力$\sigma_{vi}$ | |
| 路肩墙：$\sigma_{vi} = \gamma h_i + \dfrac{q}{\pi}\left(\dfrac{\pi}{180} \cdot \arctan X_1 - \dfrac{\pi}{180} \cdot \arctan X_2 + \dfrac{X_1}{1+X_1^2} - \dfrac{X_2}{1+X_2^2}\right)$<br>路堤墙：$\sigma_{vi} = \gamma h_i + \gamma_1 h_z + \dfrac{q}{\pi}\left(\dfrac{\pi}{180} \cdot \arctan X_1 - \dfrac{\pi}{180} \cdot \arctan X_2 + \dfrac{X_1}{1+X_1^2} - \dfrac{X_2}{1+X_2^2}\right)$<br>$X_1 = \dfrac{2x+l_0}{2h_i}$；$X_2 = \dfrac{2x-l_0}{2h_i}$　［$x$——计算点至荷载中线的距离（m）］ | |
| （4）拉筋抗拔出验算、拉筋总长度$L$ | |
| 一般情况：$K_s = \dfrac{2\sigma_{vi}aL_bf}{\sigma_{hi}S_xS_y} \geqslant 2.0$<br>条件困难时：$K_s = \dfrac{2\sigma_{vi}aL_bf}{\sigma_{hi}S_xS_y} \geqslant 1.5$ $\Rightarrow L_b$<br>$h_i \leqslant 0.5H$<br>$h_i > 0.5H$ $\Rightarrow \begin{cases} L_a = 0.3H \\ L_a = 0.6(H - h_i) \end{cases}$ | 土工格栅拉筋：$L \geqslant \max(L_a + L_b, 0.6H, 4m)$<br>其他：$L \geqslant L_a + L_b$<br>$L_a$——非锚固段长度，按图中几何关系进行计算；<br>$L_b$——有效锚固长度 |
| （5）拉筋抗拉断验算 | |
| $T_i \leqslant [T]$<br>⇑<br>$T_i = K\sigma_{hi}S_xS_y$ | 式中：$T$——由加筋材料拉伸试验测得的极限抗拉强度（kN）；<br>　　$[T]$——拉筋的容许抗拉强度（kN），当拉筋采用土工合成材料时，$[T] = T/F_k$；<br>　　$F_k$——土工合成材料抗拉强度折减系数，考虑铺设时机械损伤、材料蠕变、化学及生物破坏等因素时，应按实际经验确定，无经验时可采用2.5～5.0，当施工条件差、材料蠕变性大时，取大值；临时性工程可取小值 |

续表

（6）构造要求：

①土工格栅的拉筋长度 $L$ 不应小于 0.6 倍墙高，且不应小于 4.0m；

②包裹式加筋土挡土墙拉筋水平回折包裹长度不宜小于 2m；包裹式挡土墙墙面板宜采用在加筋体中预埋钢筋进行连接，钢筋埋入加筋体中的锚固长度不应小于 3.0m，钢筋直径宜为 16～22mm

## 四、锚杆挡墙

——第 11.2 节

### （1）锚杆轴向拉力 $N_t$

①不需对边坡变形控制时，侧向岩土压力水平分力修正值 $E'_h$ 计算

$$E'_h = \gamma_x E_h$$

$E_h$——主动岩土压力的水平分力（kN/m）；
$\gamma_x$——岩土压力修正系数，查下表

| 锚杆类型 | 非预应力锚杆 | | 预应力锚杆 | |
|---|---|---|---|---|
| 岩土类别 | 自由段为土层 | 自由段为岩层 | 自由段为土层 | 自由段为岩层 |
| $\gamma_x$ | 1.1～1.2 | 1.0 | 1.2～1.3 | 1.1 |

【表注】锚杆变形计算值较小时取大值，反之取小值

②对岩质边坡以及坚硬、硬塑黏性土和密实、中密砂土类边坡，采用逆作法时，侧压力计算 $\sigma_h$

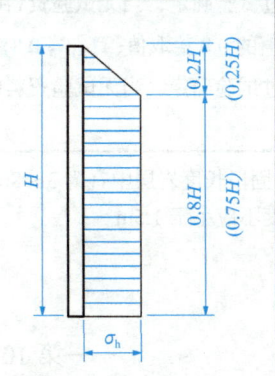

锚杆挡墙侧压力分布图
（括号内数值适用于土质边坡）

| 岩质边坡 | $\sigma_h = \dfrac{E'_h}{0.9H}$ |
|---|---|
| 土质边坡 | $\sigma_h = \dfrac{E'_h}{0.875H}$ |

式中：$\sigma_h$——侧向岩土压力水平分力（kN/m²）；
$E'_h$——侧向岩土压力合力水平分力修正值（kN/m）；
$H$——挡墙高度（m）。

【小注】侧向压力强度分布调整基于：①分布形式变化，即某一点的强度变化；②总侧向压力合力不变

锚杆轴向拉力 $N_t$（N）：

$$N_t = \frac{R_n}{\cos(\beta - \alpha)} \Leftarrow R_n = \frac{\sigma_h s_{ax} s_{ay}}{\cos \alpha}$$

式中：$R_n$——第 $n$ 个锚杆支点反力（N）；
$\beta$——锚杆与水平面的夹角（°）；
$\alpha$——竖肋或立柱的竖向倾角（°）；
$s_{ax}$、$s_{ay}$——锚杆的水平、竖直间距（m）

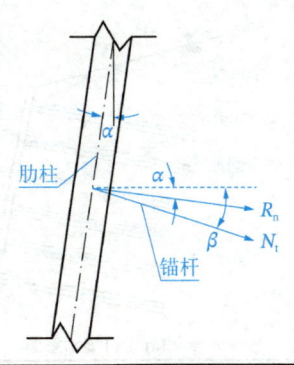

（2）锚杆抗拔出、抗拉断验算

| | |
|---|---|
| 抗拉断验算 | 预应力钢筋：$$A_s \geq \frac{K_1 \times N_t}{f_{py}}$$ 普通钢筋：$$A_s \geq \frac{K_1 \times N_t}{f_y}$$ 式中：$A_s$——钢筋截面面积（$mm^2$）； $N_t$——锚杆轴向拉力（N）； $K_1$——锚杆杆体抗拉作用安全系数，可采用 2.0～2.2； $f_{py}$——预应力螺纹钢筋的抗拉强度设计值（$N/mm^2$），应按规范附录表 C.0.5-2 取值； $f_y$——普通钢筋的抗拉强度设计值（$N/mm^2$），应按规范附录表 C.0.5-1 取值 |
| 抗拔出验算 | 锚固段长度$L_a$（mm），同时验算取不利<br>①锚孔壁与锚固体间抗拔出验算：$L_a \geq \frac{K_2 N_t}{\pi D f_{rb}}$ ②钢筋与锚固体间抗拔出验算：$L_a \geq \frac{K_2 N_t}{n\pi d f_b}$<br>式中：$K_2$——锚杆锚固体抗拔作用安全系数，可取 1.6～2.0； $D$——锚杆锚固段钻孔直径（mm）； $d$——单根钢筋直径（mm）； $n$——钢筋根数； $f_{rb}$——锚孔壁与锚固体间黏结强度设计值，应通过试验确定，当无试验资料时，可按本章第二部分表中（附录 H.0.1）$f_{rbk}$值的 0.8 倍取值，$f_{rb}=0.8f_{rbk}$； $f_b$——锚固体与钢筋间的黏结强度设计值，应通过试验确定，当无试验资料时，可按第二部分表中（附录 H.0.2）采用 |

【小注】锚杆长度应包括非锚固长度和锚固段长度。①预应力锚杆的锚固段长度岩层中宜为 3～8m，土层中宜为 4～10m；②自由段长度不应小于 5m，且穿过潜在滑裂面的长度不应小于 1.5m。

## 五、土钉墙

——第 10.2 节

土钉墙

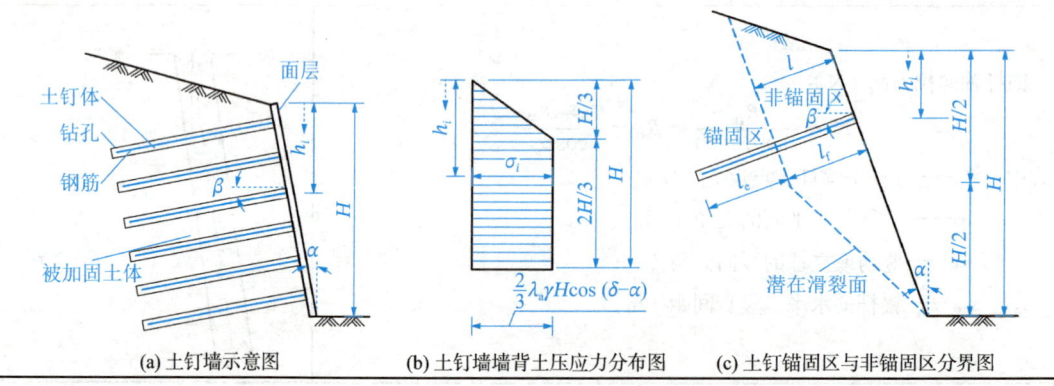

(a) 土钉墙示意图　　(b) 土钉墙墙背土压应力分布图　　(c) 土钉锚固区与非锚固区分界图

续表

| （1）确定非锚固区长度 $l_f$ | | |
|---|---|---|
| $h_i \leqslant H/2$ 时 | $l = (0.3 \sim 0.35)H$ | 式中：$l$——潜在破裂面至墙面的距离（m），坡体渗水较严重、岩体风化较破碎严重或节理发育时，取大值； |
| $h_i > H/2$ 时 | $l = (0.6 \sim 0.7)(H - h_i)$ | |
| | $l_f = \dfrac{l}{\cos(\beta - \alpha)}$  $(\beta = \alpha \Rightarrow l = l_f)$ | $\beta$——锚杆倾角（°）；<br>$\alpha$——墙背与竖直面的夹角（°） |
| （2）确定锚固段长度 $l_e$——抗拔出验算 | | |
| $l_{e1} \geqslant \dfrac{K_2 E_i}{\pi D f_{rb}}$<br>$l_{e2} \geqslant \dfrac{K_2 E_i}{\pi d f_b}$ | $l_{ei} \geqslant \max(l_{e1}, l_{e2})$ | 式中：$K_2$——土钉抗拔安全系数，取 1.45；<br>$f_{rb}$——锚孔壁与注浆体之间黏结强度设计值（MPa），本章第二部分表中（附录 H.0.1）<br>$f_{rb} = 0.8 f_{rbk}$；<br>$f_b$——钉材与砂浆之间黏结强度设计值（MPa），本章第二部分表中（附录 H.0.2）；<br>$D$——钻孔直径（mm）；<br>$d$——钉材直径（mm） |
| 构造要求：土钉的长度（$l_f + l_e$）宜为墙高的 0.5～1.0 倍 | | |
| ①水平土压力 $\sigma_i$（kPa）（呈梯形分布） | | |
| $h_i \leqslant H/3$ 时 | $\sigma_i = 2\lambda_a \gamma h_i \cos(\delta - \alpha)$ | 式中：$\lambda_a$——库仑主动土压力系数；<br>$\gamma$——边坡岩土体重度（kN/m³）；<br>$\delta$——墙背摩擦角（°）；<br>$\alpha$——墙背与竖直面的夹角（°）；<br>$H$——土钉墙墙高（m）；<br>$h_i$——墙顶距第 $i$ 层土钉的竖直距离（m） |
| $h_i > H/3$ 时 | $\sigma_i = \dfrac{2}{3}\lambda_a \gamma H \cos(\delta - \alpha)$ | |
| ②土钉计算拉力 $E_i$（kN） | | |
| | $E_i = \sigma_i S_x S_y / \cos\beta$ | 式中：$S_x$、$S_y$——土钉间的水平、垂直距离，尤其注意最上和最下一排土钉的作用范围 |
| （3）抗拉断验算 | | |
| | $K_1 = \dfrac{f_y A_s}{E_i} \Rightarrow A_s \geqslant \dfrac{K_1 E_i}{f_y}$ | 式中：$K_1$——土钉抗拉断作用安全系数，取 1.8；<br>$f_y$——钢筋抗拉强度设计值（MPa），查规范 P109 表 C.0.5-1；<br>$A_s$——土钉钢筋截面面积（mm²）；<br>$E_i$——第 $i$ 层土钉拉力值（N） |
| （4）整体稳定性验算 | | |
| | $\dfrac{\sum\limits_{i=1}^{m} c_i L_i S_x + \sum\limits_{i=1}^{m} W_i \cos\alpha_i \tan\varphi_i S_x + \sum\limits_{j=1}^{n} P_j [\cos\beta_j + \sin\beta_j \tan\varphi_i]}{\sum\limits_{i=1}^{m} W_i \sin\alpha_i S_x} \geqslant K$ | |

续表

式中：$K$——安全系数，施工阶段$K=1.3$，使用阶段$K=1.5$；
$m$——破裂棱体分条（块）总数；
$W_i$——破裂棱体第$i$分条（块）重量（kN/m）；
$\alpha_i$——破裂面切线与水平面夹角（°）；
$S_x$——土钉水平间距（m）；
$c_i$——岩土的黏聚力（kPa）；
$L_i$——分条（块）$i$的潜在破裂面长度（m）；
$\varphi_i$——岩土的内摩擦角（°）；
$n$——实设土钉排数；
$P_j$——第$j$层土钉抗拔能力（kN）；
$\beta_j$——土钉轴线与破裂面的夹角（°）。

【小注】土钉墙外部稳定性检算时，可将土钉及其加固体视为重力式挡土墙，抗倾覆、抗滑动及基底承载力验算应符合本规范第6.2.4条～第6.2.6条的规定。《建筑基坑支护技术规程》中土钉墙不需要进行外部稳定性验算。

## 六、抗滑桩

——第 13.2 节

**滑坡推力、变形系数、横向允许承载力**

（1）抗滑桩锚固段以上的外力应包括：桩后滑坡推力、土压力、桩前滑体抗力、水平地震力等。
计算荷载 = max(滑坡推力，土压力)

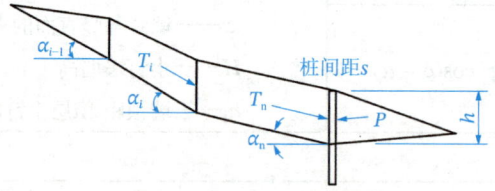

滑坡受力及抗滑桩示意图
$T$—桩上滑坡推力；$P$—桩前滑体抗力

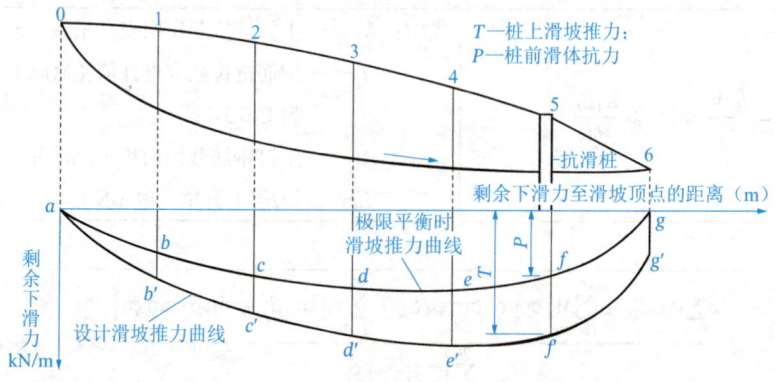

续表

| | |
|---|---|
| ①剩余下滑力$T_i$：<br>一般地区滑坡剩余下滑力（滑坡推力）可采用"传递系数显式解"计算：<br>$T_i = \psi_{i-1}T_{i-1} + KW_i\sin\alpha_i - W_i\cos\alpha_i\tan\varphi_i - c_i l_i$<br>$\psi_{i-1} = \cos(\alpha_{i-1} - \alpha_i) - \sin(\alpha_{i-1} - \alpha_i)\cdot\tan\varphi_i$<br>②单根抗滑桩上受到的下滑水平力$F$：<br>$F = (T_n\cos\alpha_n - P)\times$桩间距$s$<br>③单根抗滑桩锚固点受到的弯矩$M$：<br>$M = F\times$力臂<br>【小注】注意显、隐式解的原理是一致的，因此各本规范论述差不多，差别在安全系数取值 | 式中：$T_i$——第$i$个条块末端的滑坡推力（kN/m）；<br>　　　$K$——安全系数，一般地区可采用1.10～1.25；<br>　　　$W_i$——第$i$个条块滑体的重力（kN/m）；<br>　　　$\alpha_i$——第$i$个条块所在滑动面的倾角（°）；<br>　　　$\alpha_{i-1}$——第$i-1$个条块所在滑动面的倾角（°）；<br>　　　$\varphi_i$——第$i$个条块所在滑动面上的内摩擦角（°）；<br>　　　$c_i$——第$i$个条块所在滑动面上的单位黏聚力（kPa）；<br>　　　$l_i$——第$i$个条块所在滑动面上的长度（m）；<br>　　　$\psi_{i-1}$——第$i-1$个条块的传递系数；<br>　　　$P$——抗滑桩桩前滑体的水平抗力（kN/m） |
| 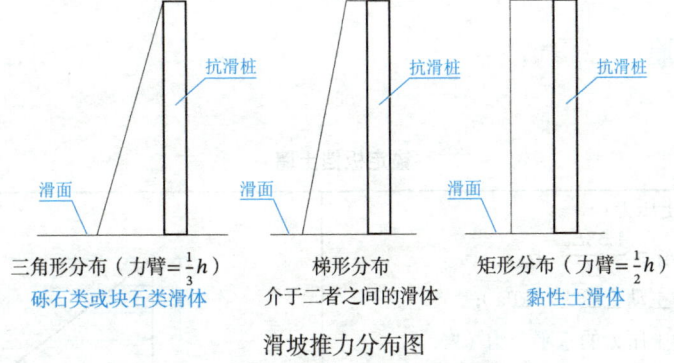<br>滑坡推力分布图 | |
| 桩身内力计算包括：滑动面以上、以下的桩身截面的剪力和弯矩计算 | |
| （2）锚固段抗力应以地层水平抗力为主，设计时可不计桩身重力、桩侧摩阻力、黏聚力和桩底反力 | |
| 1）桩的变形系数<br>①锚固段地层为岩层或硬黏土时，可采用地基系数$K$为常数计算，锚固段桩的换算长度为$\beta H_2$，$H_2$为锚固段长度，桩的变形系数$\beta$（m$^{-1}$）如下：<br>$$\beta = \left(\frac{K\cdot B_p}{4\cdot EI}\right)^{0.25}$$<br>②锚固段地层为硬塑～半干硬砂黏土、碎石类土、风化破碎岩时，当桩前滑动面以上无滑坡体和超载时，可采用三角形分布的地基系数$m$计算，反之为梯形分布，锚固段桩的换算长度为$\alpha H_2$，桩的变形系数$\alpha$（m$^{-1}$）如下：<br>$$\alpha = \left(\frac{m\cdot B_p}{E\cdot I}\right)^{0.2}$$ | 式中：$B_p$——桩身横截面计算宽度（m）：<br>　　　矩形桩：$B_p = b + 1$；圆形桩：$B_p = 0.9(d+1)$；<br>　　　$b$：矩形桩实际宽度；$d$：圆形桩直径；<br>　　　$K$——地基系数（kPa/m），按本规范附录L采用；<br>　　　$EI$——桩的截面抗弯刚度（kPa·m$^4$），$EI = 0.8E_cI$，$E_c$为混凝土的弹性模量（kPa）；<br>　　　$I$——桩的截面惯性矩（m$^4$）；<br>　　　$m$——地基系数随深度变化的比例系数（kN/m$^4$），按本规范附录L采用 |
| 2）锚固深度（地基的横向容许承载力）<br>①当锚固段地基为岩层时，桩的最大横向压应力$\sigma_{max}\leq$地基的横向容许承载力$[\sigma]$，当桩为矩形截面时：<br>$$[\sigma] = K_H\cdot\eta\cdot R_c$$ | 式中：$K_H$——地基承载力在水平方向的换算系数，取0.5～1.0；<br>　　　$\eta$——折减系数，根据岩层的裂隙、风化及软化程度，取0.3～0.45；<br>　　　$R_c$——岩石单轴抗压强度（kPa） |

| | |
|---|---|
| ②当锚固段地基为<u>土层或风化成土、砂砾状岩层</u>时，滑动面以下深度为$H_2/3$和$H_2$处（$H_2$表示滑动面以下桩长）的横向压应力值$\sigma \leqslant$地基横向容许承载力$[\sigma]$：<br>$$[\sigma] = P_p - P_a$$ | 式中：$P_p$——锚固段所受<u>朗肯</u>被动土压应力（kPa）；<br>$$P_p = \gamma y_1 \tan^2\left(45° + \frac{\varphi}{2}\right) + 2c\tan\left(45° + \frac{\varphi}{2}\right)$$<br>$P_a$——锚固段所受<u>朗肯</u>主动土压应力（kPa）；<br>$$P_a = \gamma y_2 \tan^2\left(45° - \frac{\varphi}{2}\right) - 2c\tan\left(45° - \frac{\varphi}{2}\right)$$<br>$y_1$、$y_2$——桩前、桩后地面至<u>计算点</u>的距离（m） |
| ③对于全埋式抗滑桩，当地面无横坡或横坡较小时，地基$y$点地基的横向容许承载力$\sigma_a$（kPa），按下式计算：<br>$$\sigma_a = \frac{4}{\cos\varphi}[(\gamma_1 h_1 + \gamma_2 y)\tan\varphi + c]$$ | 式中：$\gamma_1$——滑动面以上土体的重度（kN/m³）；<br>$\gamma_2$——滑动面以下土体的重度（kN/m³）；<br>$\varphi$——滑动面以下土体的内摩擦角（°）；<br>$c$——滑动面以下土体的黏聚力（kPa）；<br>$h_1$——设桩处滑面至地面的距离（m）；<br>$y$——滑动面至计算点的距离（m） |

## 七、锚定板挡土墙

——第 17.2 节

**锚定板挡土墙**

| | |
|---|---|
| （1）填料产生的土压力：<br>$$\sigma_H = \frac{1.33 E_x}{H} \cdot \gamma_{xz}$$<br>式中：$\sigma_H$——<u>水平</u>主动土压力（kPa）；<br>$E_x$——主动土压力的<u>水平分力</u>（kN）；<br>①第 6.2.1 条：$E_x = \dfrac{W}{\tan(\theta+\varphi_0)+\tan(\delta-\alpha)}$<br>②根据库仑公式计算$E_a \Rightarrow E_x = E_a \cos(\alpha - \delta)$<br>$\alpha$：挡墙与竖直方向的夹角；$\delta$：填料与墙背摩擦角<br>$H$——墙高（m）（当为分级墙时，为上、下级墙高之和）；<br>$\gamma_{xz}$——土压力修正系数，一般采用 <u>1.2～1.4</u><br>【小注】列车荷载产生的土压力，仍按照重力式挡土墙有关规定计算，不乘增大系数 | 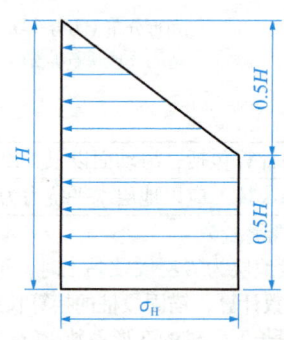<br>填料产生的土压应力分布 |
| （2）锚定板面积：<br>$$F_A = \frac{R}{[P]}$$ | 式中：$F_A$——锚定板面积（m²）；<br>$R$——拉杆设计拉力（kN）；<br>$[P]$——锚定板单位面积容许抗拔力（kPa） |

## 八、桩基托梁重力式挡土墙

——第 15 章

**桩基托梁重力式挡土墙**

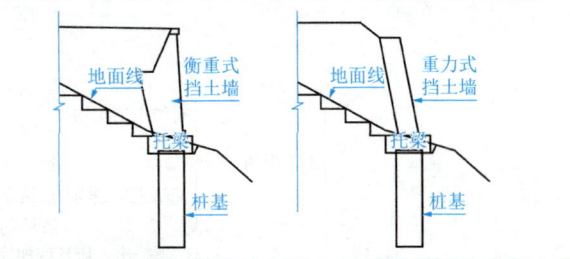

**适用范围**：桩基托梁重力式挡土墙适用于一般地区、浸水地区和地震地区，可用于斜坡或地基承载力较低的路堤地段。

**组成**：桩基托梁重力式挡土墙由桩、托梁和重力式挡土墙组成，如右图所示。每个墙段桩基不应少于 2 根

(1) 挡土墙传递到每跨托梁上的荷载包括水平推力和竖向力

①水平推力 $E_m$：
$$E_m = L \times E_x$$
②竖向力 $N_m$：
$$N_m = L \times (E_y + G_q)$$

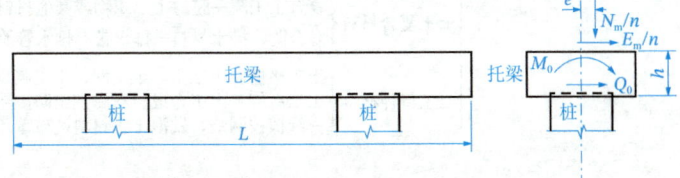

式中：$E_m$——单跨水平推力（kN）；

$L$——每跨托梁的长度（m）；

$E_x$——墙背所承受的水平土压力（kN/m）；

$N_m$——单跨竖向力（kN）；

$E_y$——墙背所承受的竖向土压力（kN/m）；如满足朗肯条件，按朗肯土压力公式计算，否则按下式计算：

$$E_x = \frac{W}{\tan(\theta + \varphi_0) + \tan(\delta - \alpha)}; \qquad E_y = E_x \tan(\delta - \alpha)$$

$G_q$——挡土墙自重（kN/m）；

$E_x$——墙后主动土压力水平分力（kN）；

$W$——破裂棱体的重力及破裂面以内的路基面上荷载产生的重力（kN）；

$\theta$——破裂面与竖直面的夹角（°）；

$\varphi_0$——墙背岩土综合内摩擦角（°）；

$\delta$——墙背摩擦角（°）；

$\alpha$——墙背与竖直面夹角（°）。

(2) 桩顶水平力和弯矩，可按一跨托梁中每根桩平均承担的原则分配

①桩顶水平力 $Q_0$：$Q_0 = E_m/n$

②桩顶弯矩 $M_0$：$M_0 = (E_m \times h + N_m \times e)/n$

式中：$Q_0$——桩顶水平力（kN）；

$n$——单跨托梁的桩基根数；

$M_0$——桩顶弯矩（kN·m）；

$h$——托梁厚度（m）；

$e$——挡土墙合力偏心距（m）：$e = \dfrac{\text{挡土墙受到总的弯矩} M}{\text{挡土墙受到总的竖向力} N}$

# 第十八章

# 土工合成材料应用技术规范

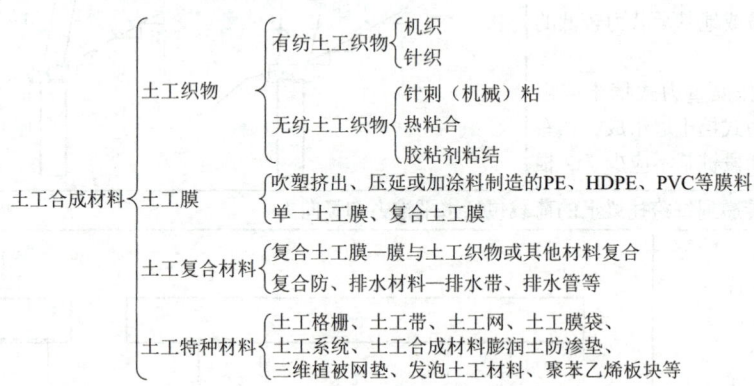

## 第一节 基本规定

### 一、土工合成材料的允许抗拉（拉伸）强度

——第 3.1.3 条

**土工合成材料的允许抗拉（拉伸）强度 $T_a$**

$$T_a = \frac{T}{RF}; \qquad RF = RF_{CR} \cdot RF_{iD} \cdot RF_D$$

式中：$T_a$——土工合成材料的允许抗拉强度（kN）；

$T$——土工合成材料的实测极限抗拉强度（kN）；

$RF$——综合强度折减系数，宜采用 2.5～5.0，施工条件差、材料蠕变性大时，应采用大值

**蠕变影响的强度折减系数 $RF_{CR}$**

| 加筋材料 | 折减系数 $RF_{CR}$ |
|---|---|
| 聚酯（PET） | 2.5～2.0 |
| 聚丙烯（PP） | 5.0～4.0 |
| 聚乙烯（PE） | 5.0～2.5 |

**PET 加筋材料的老化折减系数 $RF_D$**

| 工作环境的 pH 值 | 5 < pH < 8 | 3 < pH < 5，8 < pH < 9 |
|---|---|---|
| 土工织物，Mn < 20000，40 < CEG < 50 | 1.60 | 2.00 |
| 涂面土工格栅，Mn > 25000，CEG < 30 | 1.15 | 1.30 |

【表注】①Mn 为分子量，CEG 为碳酰基；②表中 pH 值指材料所处介质的酸碱度。

## 第十八章　土工合成材料应用技术规范

**施工损伤折减系数 $RF_{iD}$**

| 加筋材料 | 填料最大粒径为 102mm，平均粒径 $D_{50}$ 为 30mm | 填料最大粒径为 20mm，平均粒径 $D_{50}$ 为 0.7mm |
|---|---|---|
| HDPE 单向土工格栅 | 1.20~1.45 | 1.10~1.20 |
| PP 双向土工格栅 | 1.20~1.45 | 1.10~1.20 |
| PP、PET 有纺土工织物 | 1.40~2.20 | 1.10~1.40 |
| PP、PET 无纺土工织物 | 1.40~2.50 | 1.10~1.40 |
| PP 裂膜丝有纺土工织物 | 1.60~3.00 | 1.10~2.00 |

【表注】①用于加筋的土工织物的单位面积质量不应小于 270g/m²；
②单位面积质量低、抗拉强度低的加筋材料取用表列系数中的大值

## 二、筋材与土的摩擦系数

——第 3.1.5 条

**筋材与土的摩擦系数**

| 对不均匀系数 $C_u > 5$ 的透水性回填土料，筋材与土的摩擦系数可按下列规定取值 ||
|---|---|
| 有纺土工织物：$u = 2/3 \tan\varphi$<br>塑料土工格栅：$u = 0.8 \tan\varphi$ | 式中：$\varphi$——回填土料的内摩擦角（°）|

## 三、反滤和排水

### （一）反滤和排水材料性能要求

——第 4.1~4.3 节

**反滤和排水材料性能要求**

| | | | | |
|---|---|---|---|---|
| ①强度要求 | 用作反滤的无纺土工织物单位面积质量不应小于 300g/m²，拉伸强度应能承受施工应力，其最低强度应符合下表（规范表 4.1.5）要求。 ||||
| | **用作反滤排水的无纺土工织物的最低强度要求++** ||||
| | 强度 | 单位 | $\varepsilon^+ <50\%$ | $\varepsilon \geq 50\%$ |
| | 握持强度 | N | 1100 | 700 |
| | 接缝强度 | N | 990 | 630 |
| | 撕裂强度 | N | 400*(250) | 250 |
| | 穿刺强度 | N | 2200 | 1375 |
| | 【表注】*表示有纺单丝土工织物时要求为 250N；$\varepsilon$ 代表应变；++ 为卷材弱方向平均值 ||||
| ②保土性 | 织物孔径应与被保护土粒径相匹配，防止骨架颗粒流失引起的渗透变形，即符合下列要求：<br>$O_{95} \leq Bd_{85}$ ||||
| ③透水性 | 织物应具有足够的透水性，保证渗透水通畅排除，即符合下列要求：<br>$k_g \geq Ak_s$ ||||
| ④防堵性 | 被保护土级配良好，水力梯度低，流态稳定时，反滤材料的等效孔径应满足右式 | | | $O_{95} \geq 3d_{15}$ |
| | 被保护土易管涌，具分散性，水力梯度高，流态复杂，$k_s \geq 1 \times 10^{-5}$cm/s 时，应进行淤堵试验，得到的梯度比 $GR \leq 3$ ||||
| | 对于大中型工程及被保护土的 $k_s < 1 \times 10^{-5}$cm/s 的工程，应以拟用的土工织物和现场土料进行室内的长期淤堵试验，验证其防堵有效性 ||||

续表

式中：$O_{95}$——土工织物的等效孔径（mm）；
　　　$B$——与被保护土的类型、级配、织物品种和状态等有关的系数，按下表采用；
　　　$d_{85}$——被保护土中小于该粒径的土粒质量占土粒总质量的85%（mm）；
　　　$k_g$——土工织物的垂直渗透系数（cm/s）；
　　　$k_s$——被保护土的渗透系数（cm/s）；
　　　$A$——系数，按工程经验确定，不宜小于10。来水量大、水力梯度高时，应增大$A$值；
　　　$d_{15}$——土中小于该粒径的土质量占土粒总质量的15%（mm）；
　　　$GR$——淤堵试验梯度比

系数$B$的取值

| 被保护土的细粒（$d \leqslant 0.075$mm）含量（%） | 土的不均匀系数或土工织物品种 | | $B$值 |
|---|---|---|---|
| ≤50 | $C_u \leqslant 2$，$C_u \geqslant 8$ | | 1 |
| | $2 < C_u \leqslant 4$ | | $0.5C_u$ |
| | $4 < C_u < 8$ | | $8/C_u$ |
| >50 | 有纺织物 | $O_{95} \leqslant 0.3$mm | 1 |
| | 无纺织物 | | 1.8 |

【表注】$C_u$为不均匀系数，$C_u = d_{60}/d_{10}$，$d_{60}$、$d_{10}$为土中小于各该粒径的土质量分别占土料总质量的60%和10%（mm）。

## （二）土石坝坝体排水

——第4.4～4.6节及条文说明

土工织物作为坝内排水体，可分为竖式、倾斜式及水平式三种。

| 排水体排水量 | ①土工织物排水体排水量可用流网法估算，排水体流量应分段估算。<br>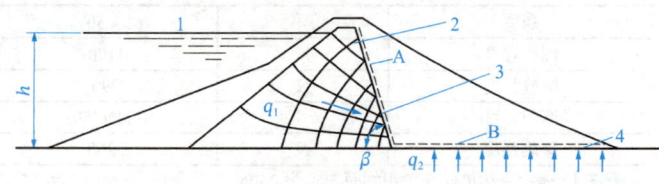<br>坝内排水体示意图<br>1—水面；2—心墙；3—倾斜式排水；4—水平式排水；A、B—土工织物或复合排水材料；$q_1$—来自倾斜式排水体的流量；$q_2$—来自水平式排水体的流量；$h$—坝前水深<br>②排水体上游的来水量（m³/s）：<br>$$q_1 = k_s \frac{n_f}{n_d} \Delta H$$<br>式中：$k_s$——坝体土的渗透系数（m/s）；<br>　　　$\Delta H$——上下游水头差（m）。当下游水位为地面时，取$h$；<br>　　　$n_f$——流网中的流槽数，$n_f$ = 流线数目 − 1，上图中取5；<br>　　　$n_d$——流网中的水头降落数，$n_d$ = 等势线数目 − 1，上图中取7 |
|---|---|

续表

| | |
|---|---|
| 土工织物的平面导水能力 | ①土工织物的平面导水能力，沿排水体自上而下地逐段计算导水率$\theta_a$和$\theta_r$：<br>$$\theta_a = k_h \delta; \quad \theta_r = q/i$$<br>式中：$k_h$——土工织物的平面渗透系数（cm/s）；<br>　　　$\delta$——土工织物在预计现场法向压力作用下的厚度（cm）；<br>　　　$q$——预估单宽来水量（cm³/s）；<br>　　　$i$——土工织物首末端间的水力梯度。<br>②选用土工织物导水率应满足：<br>$$\theta_a \geq F_s \theta_r$$<br>式中：$F_s$——排水安全系数，可取 3～5，重要工程取大值。<br>③倾斜式排水体在设计排水所需导水率：<br>$$\theta_r = q/i$$<br>式中：$i = \sin\beta$，[$\beta$为排水体的倾角（°），$q$为预估单宽来水量（cm³/s）]<br>④下游水平排水体的总排水量应为倾斜式排水底部最大流量$q_1$和从地基进入水平排水体内的流量$q_2$总和，公式为：<br>$$q_r = q_1 + q_2$$ |

## （三）土工织物允许（有效）渗透指标（透水率$\psi$和导水率$\theta$）

——第4.2.8条

**土工织物允许（有效）渗透指标（透水率$\psi$和导水率$\theta$）**

| 有效渗透指标 | | | | | | | |
|---|---|---|---|---|---|---|---|
| 总折减系数 | $$RF = RF_{SCB} \cdot RF_{CR} \cdot RF_{IN} \cdot RF_{CC} \cdot RF_{BC}$$<br>式中：$RF_{SCB}$——织物被淤堵的折减系数；<br>　　　$RF_{CR}$——蠕变导致织物孔隙减小的折减系数；<br>　　　$RF_{IN}$——相邻土料挤入织物孔隙引起的折减系数；<br>　　　$RF_{CC}$——化学淤堵折减系数；<br>　　　$RF_{BC}$——生物淤堵折减系数。 | | | | | | |
| | **以上各折减系数合理取值** | | | | | | |
| | 应用情况 | 折减系数范围 | | | | | |
| | | $RF_{SCB}$① | $RF_{CR}$ | $RF_{IN}$ | $RF_{CC}$② | $RF_{BC}$ | |
| | 挡土墙滤层 | 2.0～4.0 | 1.5～2.0 | 1.0～1.2 | 1.0～1.2 | 1.0～1.3 | |
| | 地下排水滤层 | 5.0～10.0 | 1.0～1.5 | 1.0～1.2 | 1.2～1.5 | 2.0～4.0 | |
| | 防冲滤层 | 2.0～10.0 | 1.0～1.5 | 1.0～1.2 | 1.0～1.2 | 2.0～4.0 | |
| | 填土排水滤层 | 5.0～10.0 | 1.5～2.0 | 1.0～1.2 | 1.2～1.5 | 5.0～10.0③ | |
| | 重力排水 | 2.0～4.0 | 2.0～3.0 | 1.0～1.2 | 1.2～1.5 | 1.2～1.5 | |
| | 压力排水 | 2.0～3.0 | 2.0～3.0 | 1.0～1.2 | 1.1～1.3 | 1.1～1.3 | |
| | 【表注】①织物表面盖有乱石或混凝土块时，采用上限值；<br>②含高碱的地下水数值可取高些；<br>③混浊水和（或）微生物含量超过 500mg/L 的水采用更高数值 | | | | | | |
| 土工织物具有导水率$\theta_a$ | $\theta_a = k_h \delta$ | $k_h$——土工织物的平面渗透系数（cm/s）；<br>$\delta$——土工织物在预计现场法向压力作用下的厚度（cm） | | | | | |
| 工程要求的导水率$\theta_r$ | $\theta_r = \dfrac{q}{i}$ | $q$——预计单宽来水量（cm³/s）；<br>$i$——土工织物首末端间的水力梯度 | | | | | |

## （四）排水沟、管排水安全系数 $F_s$

**排水沟、管排水安全系数 $F_s$**

| | | |
|---|---|---|
| 排水能力 $q_c$ | | （1）无纺土工织物包裹透水粒料建成的排水沟的排水能力 $q_c$（m³/s）：$$q_c = kiA$$ 式中：$k$——被包裹透水粒料的渗透系数（m/s），可按下表（规范表4.2.10）取值；$i$——排水沟的纵向坡度；$A$——排水沟断面积（m²）。 |

**透水粒料渗透系数参考值（表4.2.10）**

| 粒料粒径（mm） | $k$（m/s） | 粒料粒径（mm） | $k$（m/s） | 粒料粒径（mm） | $k$（m/s） |
|---|---|---|---|---|---|
| >50 | 0.80 | 19 单粒 | 0.37 | 6～9 级配 | 0.06 |
| 50 单粒 | 0.78 | 12～19 级配 | 0.20 | 6 单粒 | 0.05 |
| 35～50 级配 | 0.68 | 12 单粒 | 0.16 | 3～6 级配 | 0.02 |
| 25 单粒 | 0.60 | 9～12 级配 | 0.12 | 3 单粒 | 0.015 |
| 19～25 级配 | 0.41 | 9 单粒 | 0.10 | 0.5～3 级配 | 0.0015 |

（2）外包无纺土工织物带孔管的排水能力

| | | |
|---|---|---|
| 排水能力 $q_c$ | 渗入管内的水量 $q_e$（m³/s） | $$q_e = k_s i \pi d_{ef} L \Leftarrow d_{ef} = d \cdot \exp(-2\alpha\pi) = d \cdot e^{-2\alpha\pi}$$ 式中：$k_s$——管周土的渗透系数（m/s）；$i$——沿管周围土的渗透坡降；$d_{ef}$——等效管径（m），即包裹土工织物的带孔管（直径为 $d$）虚拟为管壁完全透水的排水管的等效直径；$L$——管长度（m），即<u>沿管纵向的排水出口距离</u>；$\alpha$——水流流入管内的无因次阻力系数，$\alpha = 0.1～0.3$。外包土工织物<u>渗透系数大时取小值</u> |
| | 带孔管的排水能力 $q_t$（m³/s） | $$q_t = vA \Leftarrow A = \frac{\pi}{4} d_e^2$$ 式中：$v$——管中水流速度（m/s）。 ①开孔的光滑塑料管管中水流速度 $v$ 应按下式计算：$$v = 198.2 R^{0.714} i^{0.572}$$ ②波纹塑料管管中水流速度应按下式计算：$$v = 71 R^{2/3} i^{1/2}$$ 式中：$R$——水力半径，$R = \dfrac{\text{过水断面面积}}{\text{湿周}} = \dfrac{\frac{\pi}{4} d_e^2}{\pi d_e} = \dfrac{d_e}{4}$（满管流）；$A$——管的断面积（m²）；$d_e$——管直径（m）；$i$——水力梯度 |
| | 排水能力 $q_c$ | $$q_c = \min [q_e \quad q_t]$$ |
| 排水安全系数 $F_s$ | | $$F_s = \frac{q_c}{q_r} \quad F_s \text{ 取 } 2.0～5.0,\text{有清淤能力的排水管可取低值}$$ 式中：$q_r$——来水量（m³/s），即要求排除的流量 |

## （五）地下埋管降水

——第 4.6 节

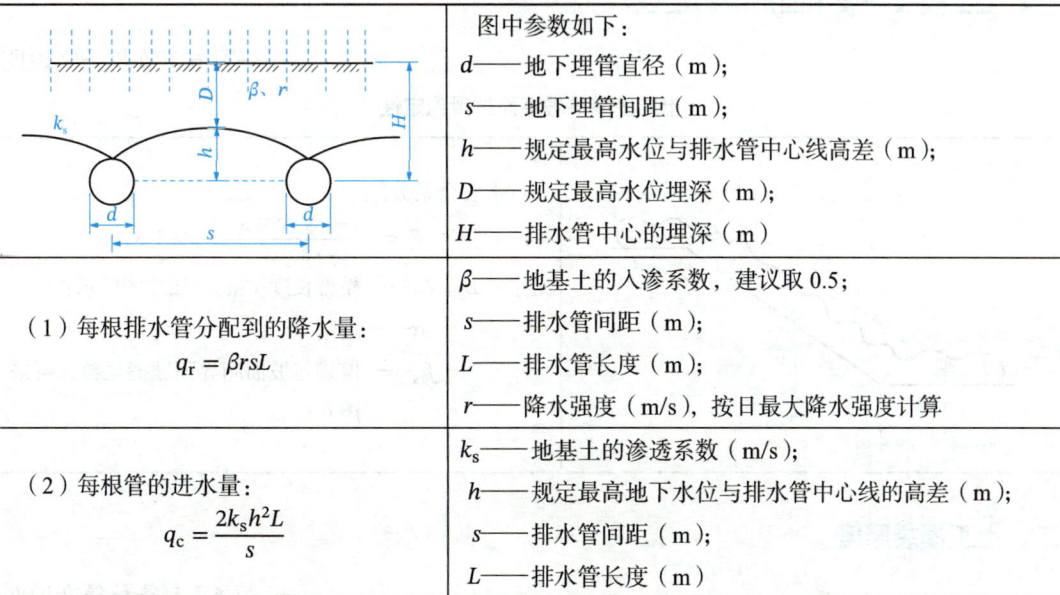

**地下埋管降水**

| | 图中参数如下：<br>$d$——地下埋管直径（m）；<br>$s$——地下埋管间距（m）；<br>$h$——规定最高水位与排水管中心线高差（m）；<br>$D$——规定最高水位埋深（m）；<br>$H$——排水管中心的埋深（m） |
|---|---|
| （1）每根排水管分配到的降水量：<br>$q_r = \beta r s L$ | $\beta$——地基土的入渗系数，建议取 0.5；<br>$s$——排水管间距（m）；<br>$L$——排水管长度（m）；<br>$r$——降水强度（m/s），按日最大降水强度计算 |
| （2）每根管的进水量：<br>$q_c = \dfrac{2 k_s h^2 L}{s}$ | $k_s$——地基土的渗透系数（m/s）；<br>$h$——规定最高地下水位与排水管中心线的高差（m）；<br>$s$——排水管间距（m）；<br>$L$——排水管长度（m） |
| （3）埋管间距：<br>$s = \sqrt{\dfrac{2 k_s}{\beta r}} \cdot h$　（应用条件：给出 $h$ 时，进水量等于降水分配量） | |
| （4）管中流速：<br>$\upsilon = \dfrac{q_c}{A}$ | $A$——埋管横截面积（m²）；<br>$\upsilon$——与管几何尺寸及其坡降 $i$ 有关的流速（m/s），也可按规范第 4.2.10 条执行：<br>开孔的光滑塑料管：$\upsilon = 198.2 R^{0.714} i^{0.572}$<br>波纹塑料管：$\upsilon = 71 R^{2/3} i^{1/2}$ |
| （5）地下埋管的排水能力验算：$F_s = q_c / q_r$<br>$F_s$——排水安全系数，管道的排水能力应加大，可取 2.0～5.0 | |

## （六）软基塑料排水带

——第 4.7 节

**软基塑料排水带**

| 排水带的等效（砂）井直径 $d_w$ | $d_w = 2(b + \delta)/\pi$ | $b$——塑料排水带的宽度（cm）；<br>$\delta$——排水带的厚度（cm） |
|---|---|---|
| 固结时间 $t_r$ | $t_r = \dfrac{d_e^2}{8 C_h}\left(\ln \dfrac{d_e}{d_w} - 0.75\right) \ln \dfrac{1}{1 - U_r}$<br>式中：$d_e$——排水带排水范围的等效直径（cm）：<br>　三角形布置时：$d_e = 1.05 L$；正方形布置时：$d_e = 1.13 L$。<br>　$L$——排水带的平面间距（cm）；　　$U_r$——设计要求的平均固结度；<br>　$C_h$——地基土的水平固结系数（cm²/s）；$d_w$——排水带的等效（砂）井直径（cm） | |

# 第二节 坡面防护与加筋

## 一、土工模袋护坡平面抗滑稳定性

——第 6.3 节及条文说明

**土工模袋护坡平面抗滑稳定性**

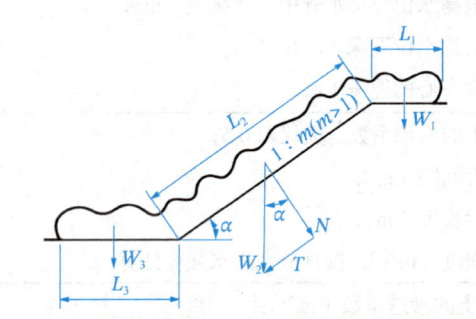

抗滑安全系数 $F_s$：

$$F_s = \frac{L_3 + L_2 \cdot \cos\alpha}{L_2 \cdot \sin\alpha} \cdot f_{cs} > 1.5$$

式中：$L_2$、$L_3$——模带长度（m），如左图所示；

$\alpha$——坡角（°）；

$f_{cs}$——模袋与坡面间界面摩擦系数，可采用 0.5

## 二、土工模袋厚度

——第 6.3.5 条及条文说明

**土工模袋厚度**

| 模袋厚度 | 抗漂浮所需厚度 $\delta$ | $\delta \geqslant 0.07 c H_w \sqrt[3]{\dfrac{L_w}{L_r}} \cdot \dfrac{\gamma_w}{\gamma_c - \gamma_w} \cdot \dfrac{\sqrt{1+m^2}}{m}$ <br><br> 式中：$c$——面板系数。对<u>大块混凝土护面，$c$ 取 1</u>；<u>护面上有滤水点时，$c$ 取 1.5</u>。<br>$H_w$——波浪高度（m）。<br>$L_w$——波浪长度（m）。<br>$L_r$——垂直于水边线的护面长度（m）。<br>$m$——坡角 $\alpha$ 的余切值。<br>$\gamma_c$——砂浆或混凝土有效容重（kN/m³）。<br>$\gamma_w$——水容重（kN/m³） |
|---|---|---|
| | 抗冻胀力厚度 $\delta$ | $\delta \geqslant \dfrac{\dfrac{P_i \delta_i}{\sqrt{1+m^2}}(F_s m - f_{cs}) - H_1 C_{cs}\sqrt{1+m^2}}{\gamma_c H_i (1+m f_{cs})}$ <br><br> 式中：$\delta$——所需厚度（m）；<br>$\delta_i$——冰层厚度（m）；<br>$P_i$——设计水平冰推力，<u>初设值可取 150kN/m²</u>；<br>$H_i$——冰层以上护面垂直高度（m）；<br>$C_{cs}$——护面与坡面间黏着力，取 <u>150kN/m²</u>；<br>$f_{cs}$——护面与坡面间摩擦系数；<br>$F_s$——安全系数，可取 3 |

## 三、加筋土挡墙设计

——第 7.3.2～7.3.6 条

加筋土挡墙按筋材模量可分为下列两种形式：

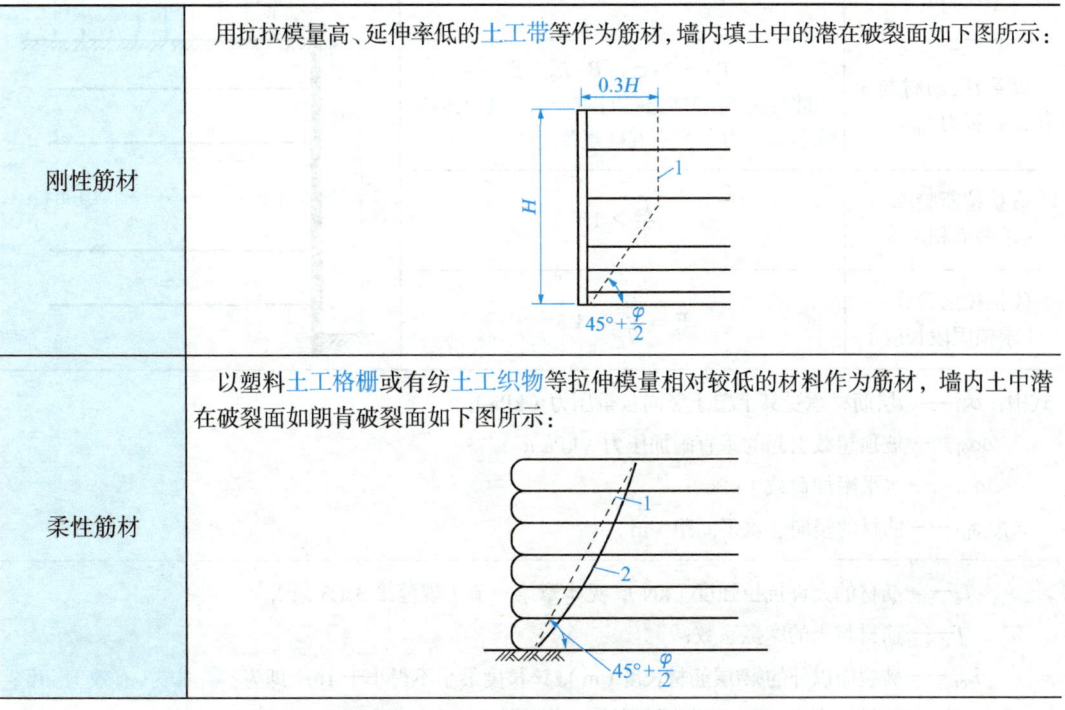

1—潜在破裂面；2—实测破裂面；$\varphi$—填土内摩擦角

### （一）外部稳定性验算

**外部稳定性验算**

外部稳定性验算：应将整个加筋土体视为刚体，采用一般重力式挡墙的方法验算墙体的抗水平滑动稳定性、抗深层滑动稳定性和地基承载力

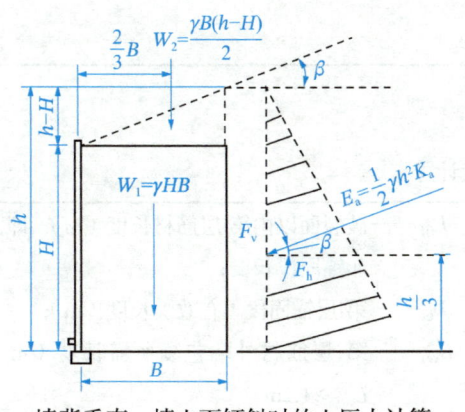

墙背垂直、填土面倾斜时的土压力计算

墙背土压力应按朗肯（Rankine）土压力理论确定，土压力合力 $E_a$：

$$E_a = \frac{1}{2}\gamma h^2 K_a$$

$$K_a = \tan^2\left(45° - \frac{\varphi}{2}\right)$$

自重合力 $W$：

$$W = W_1 + W_2 = \gamma HB + \frac{\gamma B(h-H)}{2}$$

墙底面上作用合力作用点距离底面：$\frac{h}{3}$

$E_a$ 方向平行于填土面

【小注】$K_a$ 也有认为采用填土表面倾斜的朗肯土压力系数，笔者认为规范编者的本意应该是上述公式

## （二）抗拔出、抗拉断验算

**抗拔出、抗拉断验算**

| | | |
|---|---|---|
| ①第$i$层筋材承受的水平拉力$T_i$ | $T_i = [(\sigma_{vi} + \sum\Delta\sigma_{vi}) \cdot K_i + \Delta\sigma_{hi}] \times s_{vi} \cdot s_{hi}$ | |
| ②第$i$层筋材与土体的抗拔力$T_{pi}$ | $T_{pi} = 2 \cdot \sigma_{vi} \cdot B \cdot L_{ei} \cdot f$ <br> 此处$\sigma_{vi}$应理解为：自重压力，不包括超载附加压力，区别其他规范 | |
| ③抗拉断验算（求截面积） | $\dfrac{T_a}{T_i} \geq 1$ | |
| ④抗拔出验算（求锚固段长度） | $F_s = \dfrac{T_{pi}}{T_i} \geq 1.5$ | |

式中：$\sigma_{vi}$——$i$层筋材承受其上覆土竖向自重压力（kPa）；

$\Delta\sigma_{vi}$——坡顶超载引起的垂直附加压力（kPa）；

$\Delta\sigma_{hi}$——水平附加荷载（kPa）；

$s_{vi}$、$s_{hi}$——筋材的竖向、水平间距（m）；

$T_a$——筋材的允许抗拉强度（kN），见本章第一节（规范第3.1.3条）；

$f$——筋材与土的摩擦系数；

$L_{ei}$——破裂面以外的第$i$层筋材长度（m），该长度最小不得小于1m，即为：锚固段（有效）长度；

$B$——筋材的宽度（m），满堂铺设取1m。

**土压力系数$K_i$**

| | |
|---|---|
| 柔性筋材（土工格栅、土工织物等） | $K_i = K_a = \tan^2\left(45° - \dfrac{\varphi}{2}\right)$ |
| 刚性筋材（土工带等） | $K_i = K_0 - \dfrac{(K_0 - K_a) \cdot z_i}{6}$    $0 < z_i < 6\text{m}$ <br> $K_i = K_a$    $z_i \geq 6\text{m}$ |

$K_a$——朗肯主动土压力系数，$K_a = \tan^2\left(45° - \dfrac{\varphi}{2}\right)$；

$K_0$——静止土压力系数，$K_0 = 1 - \sin\varphi$。

## （三）筋材总长度计算

**筋材总长度计算**

| | |
|---|---|
| 第$i$层筋材的总长度$L_i$如下： <br> $L_i = L_{0i} + L_{ei} + L_{wi}$ | 式中：$L_{0i}$——破裂面以内第$i$层筋材长度（m），即为：非锚固段长度； <br> $L_{ei}$——第$i$层锚固段（有效）长度（m）； <br> $L_{wi}$——第$i$层筋材外端包裹所需长度（m），$L_{wi} \geq 1.2$m。 <br> $L_{0i}$、$L_{ei}$的计算如下： |

续表

| | | | |
|---|---|---|---|
| 刚性筋材<br>（土工带） | 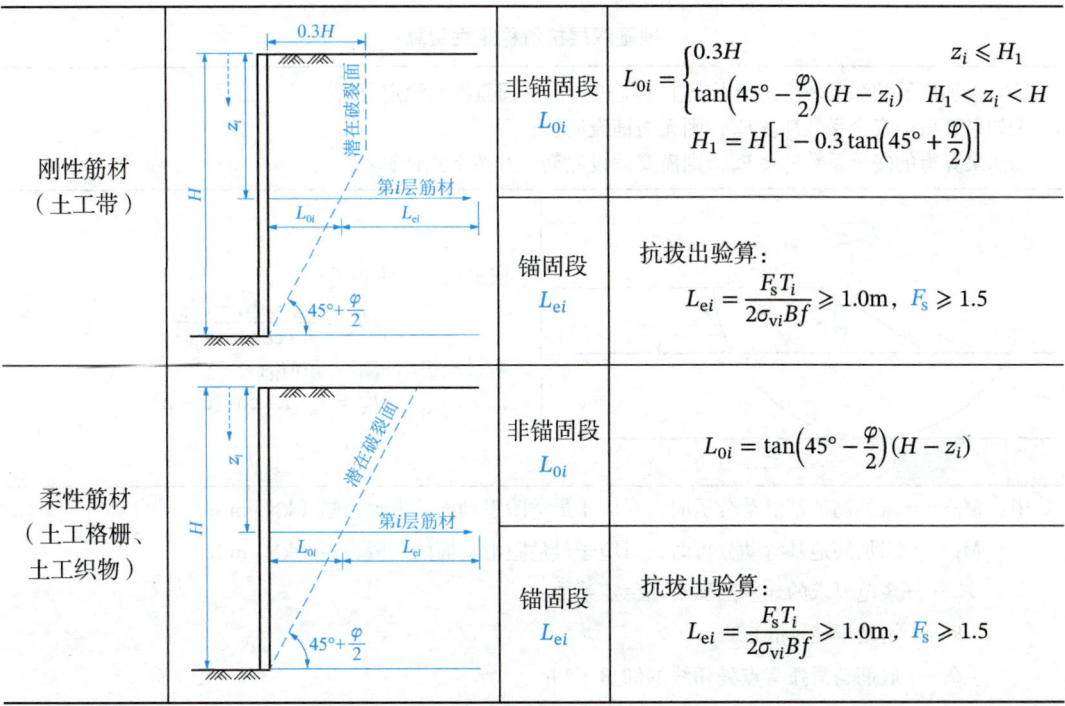 | 非锚固段<br>$L_{0i}$ | $L_{0i} = \begin{cases} 0.3H & z_i \leqslant H_1 \\ \tan\left(45° - \dfrac{\varphi}{2}\right)(H - z_i) & H_1 < z_i < H \end{cases}$<br>$H_1 = H\left[1 - 0.3\tan\left(45° + \dfrac{\varphi}{2}\right)\right]$ |
| | | 锚固段<br>$L_{ei}$ | 抗拔出验算：<br>$L_{ei} = \dfrac{F_s T_i}{2\sigma_{vi} B f} \geqslant 1.0\text{m}, \ F_s \geqslant 1.5$ |
| 柔性筋材<br>（土工格栅、<br>土工织物） | | 非锚固段<br>$L_{0i}$ | $L_{0i} = \tan\left(45° - \dfrac{\varphi}{2}\right)(H - z_i)$ |
| | | 锚固段<br>$L_{ei}$ | 抗拔出验算：<br>$L_{ei} = \dfrac{F_s T_i}{2\sigma_{vi} B f} \geqslant 1.0\text{m}, \ F_s \geqslant 1.5$ |

## 四、软基筑堤加筋设计

——第 7.4.3～7.4.7 条

### （一）地基承载力验算

**地基承载力验算**

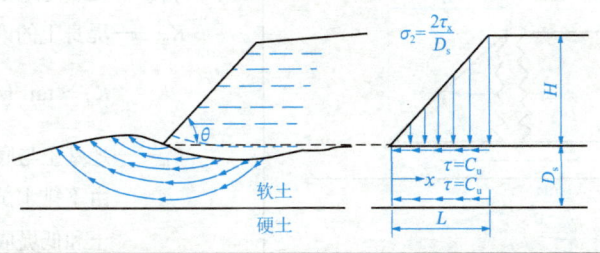

| 软土地基厚度 $D_s \gg$ 路堤底宽度 $L$ | 软土地基厚度 $D_s <$ 路堤底宽度 $L$ |
|---|---|
| 软土地基极限承载力 $q_{ult}$ 如下：<br>$q_{ult} = C_u \cdot N_c$ | 坡趾处软土抗挤出安全系数如下：<br>$F_s = \dfrac{2C_u}{\gamma D_s \cdot \tan\theta} + \dfrac{4.14 C_u}{\gamma H}$ |

式中：$C_u$——软土地基土的不排水抗剪强度（kPa）；
　　　$N_c$——软土上条形基础下，地基承载力系数取 5.14；
　　　$\gamma$——路堤坡土的重度（kN/m³）；
　　　$D_s$——地基软土层厚度（m）；
　　　$H$——路堤高度（m）；
　　　$\theta$——路堤坡角（°）。

## （二）地基深层抗滑稳定性验算

**地基深层抗滑稳定性验算**

针对未加底筋的深层软土地基及其上土堤进行深层圆弧滑动稳定分析。
① 如果算得的安全系数 $F_s \geq F_{sr}$，则无需铺设底筋；
② 如果算得的安全系数 $F_s < F_{sr}$，则需要铺设底筋，并按下式计算：

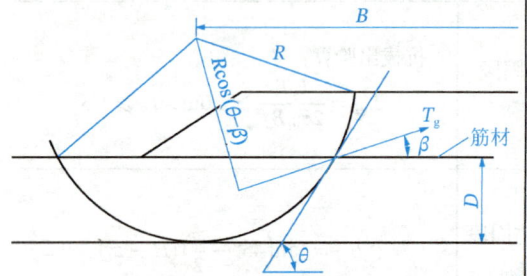

底筋的抗拉强度 $T_g$：
$$T_g = \frac{F_{sr} \cdot M_D - M_R}{R \cdot \cos(\theta - \beta)}$$

筋材提供的抗滑力矩 $M'_R$：
$$M'_R = T_g \cdot R \cdot \cos(\theta - \beta)$$

式中：$M_D$——未加筋地基滑动分析时，对应于最危险滑动面的滑动力矩（kN·m）；

$M_R$——未加筋地基滑动分析时，对应于最危险滑动面的抗滑力矩（kN·m）；

$F_{sr}$——规范要求的地基圆弧滑动稳定系数；

$R$——滑动半径（m）；

$\theta$——底筋与滑弧交点处切线的仰角（°）；

$\beta$——原来水平铺放的筋材在圆弧滑动时，其方位的改变角度（°），地基软土或泥炭等可采用 $\beta = \theta$，$\beta = 0$ 为最保守情况

## （三）地基浅层抗滑稳定性验算

**地基浅层抗滑稳定性验算**

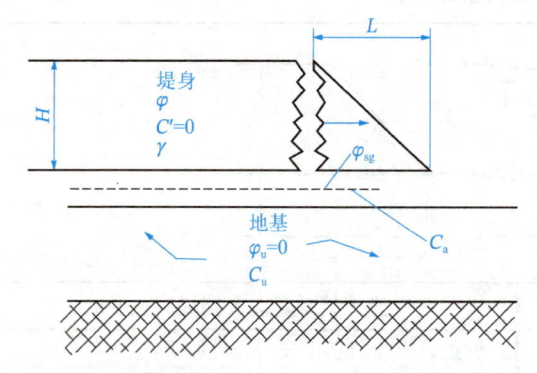

式中：$\varphi_f$——堤底与地基土间的摩擦角（°）；

$K_a$——堤身土的朗肯主动土压力系数：
$$K_a = \tan^2\left(45 - \frac{\varphi}{2}\right)$$

$C_a$——地基土与底筋间的黏着力（kPa），由不排水试验测定，对极软地基土和低堤取 $C_a = 0$；

$\gamma$——堤身土体的重度（kN/m³）；

$\varphi_{sg}$——堤底与底筋顶面间的摩擦角（°）

| | |
|---|---|
| ① 路堤底部"未加底筋"时，浅层软土地基及其上土堤进行浅层平面抗滑稳定性分析，分析计算得的安全系数 $F_s$ | $F_s = \dfrac{L \cdot \tan \varphi_f}{K_a \cdot H}$ |
| ② 需要底部铺设底筋，同时底筋的抗拉强度 $T_{ls}$ | $T_{ls} = \dfrac{F_{sr} K_a \cdot \gamma \cdot H^2}{2} - LC_a \Leftarrow F_{sr} = \dfrac{2(L \cdot C_a + T_{ls})}{K_a \cdot \gamma \cdot H^2}$ |
| ③ 路堤底部铺设底筋后，土堤沿底筋顶面的抗滑稳定性 | $F_s = \dfrac{L \cdot \tan \varphi_{sg}}{K_a \cdot H} \Leftarrow F_s = \dfrac{\frac{1}{2}\gamma HL \cdot \tan \varphi_{sg}}{\frac{1}{2}\gamma H^2 K_a}$ |

## （四）底筋抗拉强度计算

**底筋抗拉强度计算**

软土地基深层和浅层滑动稳定验算后，取二者中底筋抗拉强度的大值作为底部筋材提供的拉力值 $T_a$

$$T = RF \cdot \max\{T_g, T_{1s}\}$$
$$RF = RF_{CR} \cdot RF_{iD} \cdot RF_D$$

式中：$T_g$——由深层抗滑稳定性验算得到的底筋抗拉强度（kN/m）；
$T_{1s}$——由浅层抗滑稳定性验算得到的底筋抗拉强度（kN/m）；
$RF$——综合强度折减系数，见本章第一节

## 五、加筋土坡设计

——第 7.5.3 条及条文说明

**加筋土坡设计**

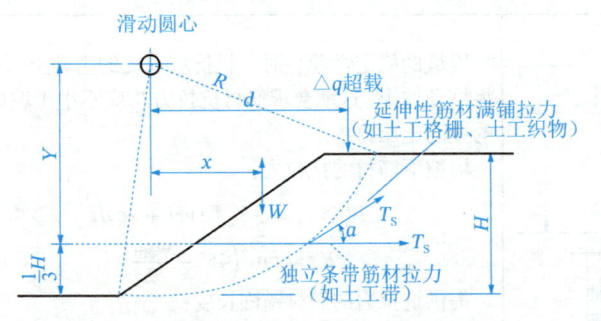

需筋材的总拉力：

$$T_s = \frac{(F_{sr} - F_{su}) \cdot M_D}{D}$$

$F_{su}$ 为最小安全系数；
$F_{sr}$ 为设计要求的安全系数；
当 $F_{su} < F_{sr}$ 时，应采取加筋处理

式中：$M_D$——未加筋土坡的某一滑弧对应的滑动力矩（kN·m）；
$D$——对应于某一滑弧的筋材总拉力 $T_s$ 相对于圆心的力臂（m），其力臂的计算如下：
① 当筋材为**延性**筋材满铺时，筋材总拉力 $T_s$ 方向与圆弧**相切**，$D = R$，如上图所示；
② 当筋材为**独立**筋材时，筋材总拉力 $T_s$ **方向水平**，其作用点为坡高的 **1/3** 处

## 六、软基加筋柱网结构设计

——第 7.6.3、7.6.4 条及条文说明

**软基加筋柱网结构设计**

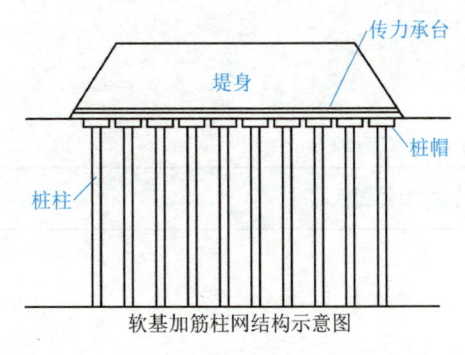

软基加筋柱网结构示意图

在极软地基上按常规速度建堤，但要求消除过大的工后沉降时，可采用土工合成材料和碎石或砂砾构成的加筋网垫形式的桩网支承结构。

加筋桩网基础宜用于堤高不大于 10m 的工程。桩型可采用木桩、预制混凝土桩、振动混凝土桩、水泥土搅拌桩等，桩顶应设配筋桩帽。利用桩帽上的土工合成材料传力承台和桩间土形成的拱作用，将堤身重量通过桩柱传递给桩下相对硬土层

续表

| （1）桩的分布范围$L_p$计算 | |
|---|---|
| 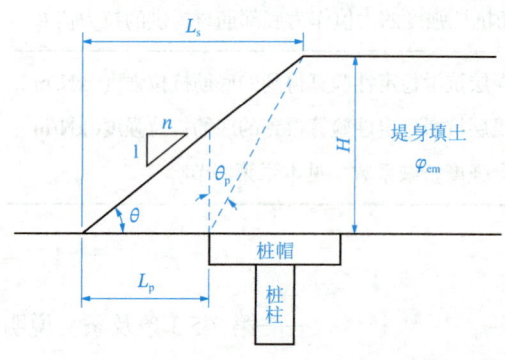 | $L_p = H(n - \tan\theta_p)$<br>$\theta_p = 45° - \dfrac{\varphi_{em}}{2}$<br>式中：$H$——堤身高度（m）；<br>　　　$n$——堤坡坡率，$n = 1/\tan\theta$，$\theta$为坡角；<br>　　　$\theta_p$——与垂线的夹角（°）；<br>　　　$\varphi_{em}$——堤身土的有效内摩擦角（°）。 |
| （2）堤坡下筋材的强度和长度计算 | |
| 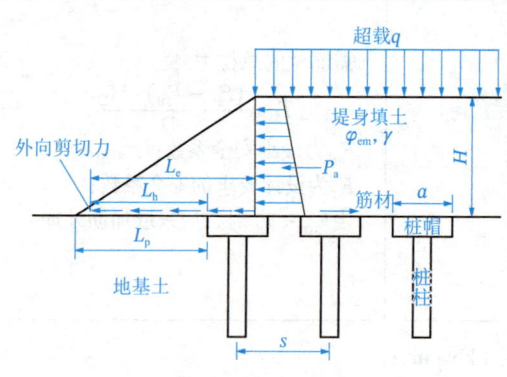 | 堤坡的稳定性验算时，抵抗坡肩处的主动土压力$P_a$将推动坡土，这就要求筋材抗拉力$T_{ls}$应不小于坡肩处的主动土压力$P_a$。<br>堤坡下筋材的抗拉力：<br>$T_{ls} \geqslant P_a = \dfrac{1}{2}K_a f_f(\gamma H + 2q)H$<br>$K_a = \tan^2\left(45° - \dfrac{\varphi_{em}}{2}\right)$<br>提供抗拉力的筋材锚固长度：<br>$L_e = \dfrac{T_{ls} + T_{rp}}{0.5\gamma C_i \tan(\varphi_{em})}$ |

式中：$T_{ls}$——堤坡下筋材的抗拉力（kN/m）；

　　　$T_{rp}$——堤轴向筋材拉力（kN/m）；

　　　$P_a$——抵抗坡肩处主动土压力合力（kN/m）；

　　　$q$——均布荷载（kPa）；

　　　$K_a$——主动土压力系数；

　　　$f_f$——荷载因数，取 1.3；

　　　$\gamma$——堤身填土的重度（kN/m³）；

　　　$L_e$——提供抗拉力$T_{ls}$的筋材锚固长度（m）；

　　　$\varphi_{em}$——堤身填土的有效内摩擦角（°）；

　　　$H$——堤身高度（m）；

　　　$C_i$——筋材与堤填土之间抗滑相互作用系数，$C_i < 1$，$C_i$宜取 0.8

（3）传力承台筋材的总设计强度

传力承台筋材的总设计强度$T_t$，应按下列公式计算：

堤轴线方向：$T_t = T_{rp}$

横贯堤轴线方向：$T_t = T_{ls} + T_{rp}$

续表

### （4）堤轴向筋材单宽拉力$T_{rp}$计算

加筋网垫设计按悬索线理论法设计，堤轴向筋材的单宽拉力$T_{rp}$可按下列规定计算：

$$T_{rp} = \frac{W_T(s-a)}{2a}\sqrt{1+\frac{1}{6\varepsilon}}$$

悬索承受的竖向荷载$W_T$：

$$W_T = \begin{cases} \dfrac{1.4sf_{fs}\gamma(s-a)}{s^2-a^2}\left(s^2-a^2\dfrac{p'_c}{\sigma'_v}\right) & H > 1.4(s-a) \\ \dfrac{s(f_{fs}\gamma H+f_q q)}{s^2-a^2}\left(s^2-a^2\dfrac{p'_c}{\sigma'_v}\right) & 0.7(s-a) \leqslant H \leqslant 1.4(s-a) \end{cases}$$

【小注】$s-a$为桩净距

桩顶平均垂直应力$p'_c$与堤底平均垂直应力$\sigma'_v$之比：

$$\frac{p'_c}{\sigma'_v} = \left(\frac{C_c a}{H}\right)^2$$

$$\sigma'_v = f_{fs}\gamma H + f_q q$$

成拱系数$C_c$：

①端承桩：$C_c = 1.95\dfrac{H}{a} - 0.18$

②摩擦桩：$C_c = 1.50\dfrac{H}{a} - 0.07$

【小注】①端承桩一般为桩侧岩土层的强度远低于桩端岩土层的，两者差异较大，比如桩侧为淤泥类土等，而桩端是密实砂土、基岩等，承载力主要依靠桩端岩土层提供；

②摩擦桩一般为桩侧岩土层的强度和桩端岩土层的强度差不多，两者差异不大，由于侧摩阻力先发挥，一般为摩擦桩，比如：桩侧、桩端均为淤泥类土，均为密实砂土等，此类桩一般认为是摩擦桩

式中：$s$——桩柱中心距（m）；

$a$——桩帽直径或宽度（m）；

$\varepsilon$——筋材的应变，堤重全部传递给桩时的最大应变为6%；

$f_{fs}$——土单位质量分项荷载因数，取1.3；

$f_q$——超载分项荷载因数，取1.3；

$C_c$——成拱系数；

$H$——堤身高度（m）；

$\gamma$——堤身填土的重度（kN/m³）；

$q$——均布荷载（kPa）

笔记区

# 第十九章

# 碾压式土石坝设计规范

## 第一节 渗透稳定性计算

——第 9.1.12 条、附录 C

### 一、渗透变形类型判别

本规范附录 C 关于渗透变形类型的判别,与《水利水电工程地质勘察规范》附录 G 基本一致。两者区别在于前者多了按照地基土的细粒含量 $P_c$ 判别渗透变形类型。

#### （一）基本参数

**基本参数**

| ①土的级配不均匀系数 $C_u$ | ②土的级配曲率系数 $C_c$ | ③粗、细粒的区分粒径 $d_f$ |
|---|---|---|
| $C_u = \dfrac{d_{60}}{d_{10}}$ | $C_c = \dfrac{d_{30}^2}{d_{10} \cdot d_{60}}$ | $d_f = \sqrt{d_{70} \cdot d_{10}}$ |
| ④土的细粒含量 $P_c$ 确定 | 级配不连续的土：级配曲线上平缓段的最大粒径和最小粒径的平均值即粗细粒的区分粒径 $d_f$，或以最小粒径为区分粒径 级配连续的土：粗、细粒的区分粒径 $d_f = \sqrt{d_{70} \cdot d_{10}}$ ⇒相应于粗细粒的区分粒径 $d_f$ 的颗粒含量，即为土的细粒含量 $P_c$ | |

式中： $d_{10}$、$d_{30}$、$d_{60}$、$d_{70}$——小于该粒径的含量分别占总土重 10%、30%、60%、70% 的颗粒粒径（mm）

#### （二）渗透类型的判别

**渗透类型的判别**

| 土层 | 渗透变形的判别方法 | | | 类型 |
|---|---|---|---|---|
| 单层土 | — | | $P_c \geqslant \dfrac{1}{4 \cdot (1-n)} \times 100\%$ | 流土 |
| | — | | $P_c < \dfrac{1}{4 \cdot (1-n)} \times 100\%$ | 管涌 |
| | 不均匀的土 $C_u > 5$ | 级配不连续 $C_c \neq 1-3$（土力学） | $P_c \geqslant 35\%$ | 流土 |
| | | | $25\% \leqslant P_c < 35\%$ | 过渡型 |
| | | | $P_c < 25\%$ | 管涌 |

式中：$P_c$——地基土的细粒颗粒含量（%）；
$n$——地基土的孔隙率（%），以小数代入

续表

| 土层 | 渗透变形的判别方法 | | 类型 |
|---|---|---|---|
| 双层土层 | | 对于上下两层土的不均匀系数$C_u \leqslant 10$且符合下列条件：（多为水平渗流）$$D_{10}/d_{10} \leqslant 10$$ 式中：$D_{10}$、$d_{10}$——分别为较粗一层土、较细一层土中，小于该粒径的含量占总土重10%的土粒粒径（mm） | 不会发生接触冲刷 |
| | 渗流向上情况下 | 当两层土的不均匀系数$C_u \leqslant 5$且符合下列条件时：$$D_{15}/d_{85} \leqslant 5$$ | 不会发生接触流失 |
| | | 当两层土的不均匀系数$C_u \leqslant 10$且符合下列条件时：$$D_{20}/d_{70} \leqslant 7$$ | 不会发生接触流失 |
| | | 式中：$d_{85}$——为较细一层土中，小于该粒径的含量占总土重85%的土粒粒径（mm）；$D_{15}$——为较粗一层土中，小于该粒径的含量占总土重15%的土粒粒径（mm）；$d_{70}$——为较细一层土中，小于该粒径的含量占总土重70%的土粒粒径（mm）；$D_{20}$——为较粗一层土中，小于该粒径的含量占总土重20%的土粒粒径（mm） | |

## 二、临界渗透坡降

**临界渗透坡降$J_{cr}$**

| 流土型 | 过渡型或管涌型 | 管涌型 |
|---|---|---|
| $J_{cr} = (G_s - 1)(1 - n)$ | $J_{cr} = 2.2 \cdot (G_s - 1)(1-n)^2 \cdot \dfrac{d_5}{d_{20}}$ | $J_{cr} = \dfrac{42d_3}{\sqrt{k/n^3}} \Leftarrow k = \dfrac{6.3C_u^{-3/8}}{d_{20}^2}$ |

式中：$G_s$——土粒比重，土粒密度与水的密度之比；

   $n$——土体的孔隙率，以小数计；

   $k$——土体的渗透系数（cm/s）；

$d_3$、$d_5$、$d_{20}$——分别占总土重的3%、5%和20%的土粒粒径（mm）

工程中，允许水力坡降$J_{允许}$：$J_{允许} = \dfrac{J_{cr}}{F_s}$

式中：$F_s$——安全系数，一般取1.5~2.0。

①当渗透稳定对水工建筑物的危害较大时，取2.0的安全系数；

②对于特别重要的工程也可用2.5的安全系数。

### 三、排水盖重厚度计算

**排水盖重厚度计算**

对于双层结构的地基,坝基表层土的渗透系数小于下层土的渗透系数($k_1 < k_2$),而且下游渗透出逸坡降又符合下式时,应设置排水盖重层或排水减压井。

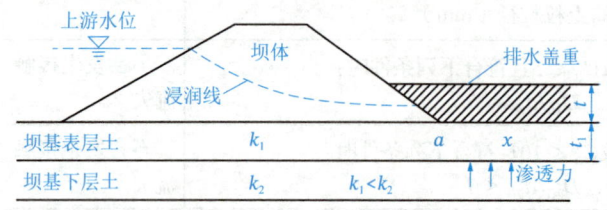

$$J_{a-x} > \frac{(G_{s1}-1)(1-n_1)}{K}$$

排水盖重层的厚度$t$可按下式计算:

$$t = \frac{K \cdot J_{a-x} \cdot t_1 \cdot \gamma_w - (G_{s1}-1)(1-n_1)t_1 \cdot \gamma_w}{\gamma}$$

式中:$J_{a-x}$——表层土在坝下游坡脚点$a$至$a$以下范围$x$点的渗透坡降,可按表层土上下表面的水头差除以表层土层厚度$t_1$得出;

$G_{s1}$——表层土的土粒比重;

$n_1$——表层土的孔隙率;

$K$——安全系数,取 1.5~2.0;

$t_1$——表层土的厚度(m);

$\gamma$——排水盖重层的重度(kN/m³),水上取湿重度,水下取浮重度;

$\gamma_w$——水的重度(kN/m³)

$$K = \frac{\text{抗力}}{\text{荷载}} = \frac{\gamma t + \gamma_1' t_1}{j t_1}$$

$$\gamma_1' = (G_{s1}-1)(1-n_1)\gamma_w$$

$$j = J_{a-x} \cdot \gamma_w = \frac{\Delta h}{t_1} \cdot \gamma_w$$

## 第二节 坝体和坝基内孔隙压力估算

——第 9.2.7 条、附录 C.3

### 一、施工期间某点的起始孔隙水压力

**施工期间某点的起始孔隙水压力$u_0$**

起始孔隙水压力$u_0$(kPa):
$$u_0 = \gamma h \overline{B}$$

孔隙水压力系数$\overline{B}$:
$$\overline{B} = \frac{u}{\sigma_1}$$

式中:$\gamma$——某点以上土的平均重度(kN/m³);

$h$——某点以上的填土高度(m);

$u$——三轴不排水试验中,相应剪应力水平下的孔隙水压力(kPa);

$\sigma_1$——三轴不排水试验中,相应剪应力水平下的大主总应力(kPa)

## 二、稳定渗流期坝体中的孔隙水压力

**稳定渗流期坝体中的孔隙水压力**

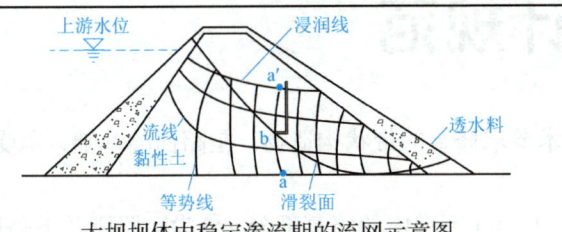

大坝坝体内稳定渗流期的流网示意图

稳定渗流期坝体中的孔隙水压力应根据流网确定。

如左图所示，在图中任一等势线 aa′ 上任意点 b 的孔隙水压力就等于 b 点与 a′ 点（该等势线与浸润线的交点）的水头压力。

## 三、水位降落期上游坝体中 A 点的孔隙水压力

**水位降落期上游坝体中 A 点的孔隙水压力 $u$**

（1）对于无黏性土，应按本节第二部分（规范第 C.3.3 条）计算

（2）对于黏性土，见下图

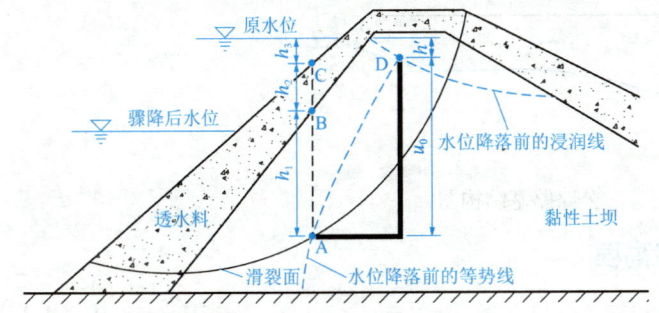

黏性土可假定孔隙水压力系数 $\overline{B}$ 为 1

**通用公式**

当水库水位降落在任意点时，坝内某点 A 的孔隙水压力计算公式：

$$u = u_0 - \gamma_w \cdot (\Delta h_w + \Delta h_s \cdot n_e)$$
$$\Updownarrow$$
$$u_0 = \gamma_w \cdot [h_1 + h_2 + h_3 - h']$$

坝内某点 A 的孔隙水压力计算公式如下：

① 当水库水位降落到 B 点及以下时：

$$u = \gamma_w \cdot [h_1 + h_2 \cdot (1 - n_e) - h'] \Leftarrow \Delta h_w = h_3,\ \Delta h_s = h_2$$

② 当水库水位降落到 C 点及以上时：

$$u = \gamma_w \cdot (h_1 + h_2 + h_3 - h' - \Delta h_w) \Leftarrow \begin{cases} u = u_0 - \gamma_w \cdot (\Delta h_w + \Delta h_s \cdot n_e) \\ u_0 = \gamma_w \cdot [h_1 + h_2 + h_3 - h'] \\ \Delta h_s = 0 \end{cases}$$

③ 当水库水位降落到 B、C 点之间：

$$u = \gamma_w \cdot (h_1 + h_2 - \Delta h_s \cdot n_e - h') \Leftarrow \begin{cases} u = u_0 - \gamma_w \cdot (\Delta h_w + \Delta h_s \cdot n_e) \\ u_0 = \gamma_w \cdot [h_1 + h_2 + h_3 - h'] \\ h_w = h_3 \end{cases}$$

式中：$u_0$——水库水位降落前的孔隙水压力（kPa）；

$\Delta h_w$——A 点土柱的坝面以上库水位降落高度（m）；

$\Delta h_s$——A 点土柱中砂壳无黏土区内库水位降落高度（m）；

$h_1$——A 点上部黏性填土的土柱高度（m）；

$h_2$——A 点上部无黏性填土（砂壳）的土柱高度（m）；

$h_3$——A 点上部坝面以上至库水位降落前水面的高度（m）；

$n_e$——大坝无黏性填土（砂壳）的有效孔隙率；

$h'$——稳定渗流期，库水流达 A 点时的水头损失值（m）。

# 第二十章

# 公路路基设计规范

路基：按照路线位置和一定技术要求修筑的带状构造物，是路面的基础，承受由路面传来的行车荷载。

路床：路面结构层以下 0.8m 或 1.20m 范围内的路基部分，分为上路床及下路床两层。上路床厚度 0.3m；下路床厚度在轻、中等及重交通公路为 0.5m，在特重、极重交通公路为 0.9m。

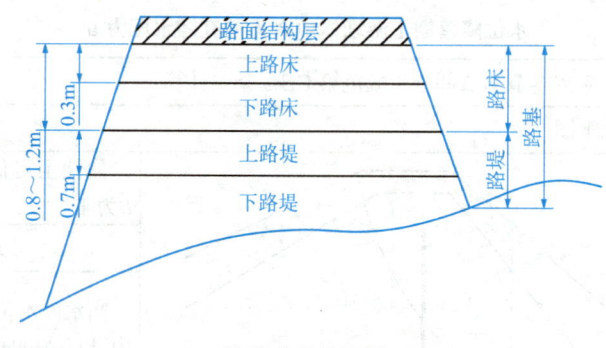

公路路基结构图

## 一、沿河及受水浸淹的路基边缘高程

——第 3.1.3 条

应高出规定设计洪水频率计算水位＋壅水高度＋波浪侵袭高度＋0.5m 的安全高度之和。

**路基设计洪水频率**

| 公路等级 | 高速公路 | 一级公路 | 二级公路 | 三级公路 | 四级公路 |
|---|---|---|---|---|---|
| 路基设计洪水频率 | 1/100 | 1/100 | 1/50 | 1/25 | 按具体情况确定 |

【表注】区域内唯一通道的公路路基设计洪水频率，可采用高一个等级公路的标准。

## 二、新建公路路基回弹模量设计值

——第 3.2.6 条

**新建公路路基回弹模量设计值 $E_0$**

| 标准状态下路基动态回弹模量 $M_R$ | ①根据附录 A（规范 P104）通过路基土动态回弹模量标准试验确定；<br>②根据附录 B 由土组类别及粒料类型查表确定；<br>③初步设计阶段，由填料的 $CBR$ 值进行如下估算：<br>　　　$M_R = 17.6CBR^{0.64}$　　$2 < CBR \leqslant 12$<br>　　　$M_R = 22.1CBR^{0.55}$　　$12 < CBR < 80$ |
|---|---|

| | | 续表 |
|---|---|---|
| 新建公路路基回弹模量设计值$E_0$ | \multicolumn{2}{l}{$E_0 = K_s K_\eta M_R \geq [E_0]$<br>式中：$M_R$——标准状态下路基动态回弹模量（MPa），可由上式确定；<br>　　　$K_s$——路基回弹模量湿度调整系数，为平衡湿度（含水率）状态下的回弹模量与标准状态下的回弹模量之比，按附录C与D确定；<br>　　　$K_\eta$——干湿循环或冻融循环条件下路基土模量折减系数，一般可取0.7～0.95。} |

| 新建公路路基回弹模量设计值$E_0$ | 非冰冻地区 | 粉质土、黏质土失水率大于30%时，取$K_\eta$小值 |
|---|---|---|
| | | 粉质土、黏质土失水率小于等于30%时，取$K_\eta$较大值 |
| | | 粗粒土，取$K_\eta$大值 |
| | 季节冻土地区 | 粉质土、黏质土冻结温度低于−15℃，冻前含水率高时，取$K_\eta$小值 |
| | | 粉质土、黏质土冻结温度高于−15℃，冻前含水率不高时，取$K_\eta$较大值 |
| | | 粗粒土，取$K_\eta$大值 |

## 三、填料和压实度要求

——第3.2、3.3节

（1）**路床**填料最小承载比要求

| 路基部位 | | 路基底面以下深度（m） | 填料最小承载比（CBR）（%） | | |
|---|---|---|---|---|---|
| | | | 高速公路、一级公路 | 二级公路 | 三、四级公路 |
| \multicolumn{2}{l}{上路床} | 0～0.3 | 8 | 6 | 5 |
| 下路床 | 轻、中等及重交通 | 0.3～0.8 | 5 | 4 | 3 |
| | 特重、极重交通 | 0.3～1.2 | 5 | 4 | — |

【小注】承载比试验见《土工试验方法标准》第14章，本书第一篇第二章。

（2）**路堤**填料最小承载比要求

| 路基部位 | | 路面底面以下深度（m） | 填料最小承载比（CBR）（%） | | |
|---|---|---|---|---|---|
| | | | 高度公路、一级公路 | 二级公路 | 三、四级公路 |
| 上路堤 | 轻、中等及重交通 | 0.8～1.5 | 4 | 3 | 3 |
| | 特重、极重交通 | 1.2～1.9 | 4 | 3 | — |
| 下路堤 | 轻、中等及重交通 | 1.5以下 | 3 | 2 | 2 |
| | 特重、极重交通 | 1.9以下 | | | |

【表注】当三、四级公路铺筑沥青混凝土和水泥混凝土路面时，应采用二级公路的规定。

**笔记区**

（3）路床及路堤压实标准

| 路基部位 | | 路面底面以下深度（m） | 压实度（%） | | | |
|---|---|---|---|---|---|---|
| | | | 高速公路一级公路 | 二级公路 | 三、四级公路 | |
| | | | | | 一般情况 | 沥青混凝土或水泥混凝土路面 |
| 上路床 | | 0~0.3 | ≥96 | ≥95 | ≥94 | ≥95 |
| 下路床 | 轻、中等及重交通 | 0.3~0.8 | ≥96 | ≥95 | ≥94 | ≥95 |
| | 特重、极重交通 | 0.3~1.2 | ≥96 | ≥95 | — | ≥95 |
| 上路堤 | 轻、中等及重交通 | 0.8~1.5 | ≥94 | ≥94 | ≥93 | ≥94 |
| | 特重、极重交通 | 1.2~1.9 | ≥94 | ≥94 | — | ≥94 |
| 下路堤 | 轻、中等及重交通 | 1.5以下 | ≥93 | ≥92 | ≥90 | ≥92 |
| | 特重、极重交通 | 1.9以下 | | | | |

【表注】当三、四级公路铺筑沥青混凝土和水泥混凝土路面时，其压实度应采用二级公路压实度标准。

## 四、路基稳定性验算

——第3.6.9、3.6.10、7.2.2条

（1）路堤堤身稳定性、路堤和地基的整体稳定性简化 Bishop 法

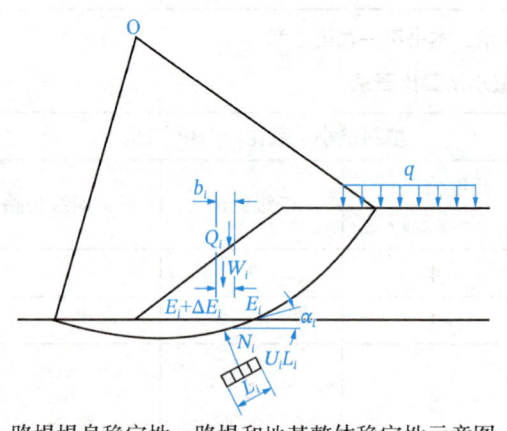

路堤稳定系数$F_s$：

$$F_s = \frac{\frac{1}{m_{\alpha i}}\sum[c_i b_i + (W_i + Q_i)\tan\varphi_i]}{\sum(W_i + Q_i)\sin\alpha_i}$$

系数：$m_{ai} = \cos\alpha_i + \frac{\sin\alpha_i \tan\varphi_i}{F_s}$

【小注】原理和《建筑边坡工程技术规范》A.0.1 类似，只是没有给出土条底部水压力、水平荷载的处理方式

路堤堤身稳定性、路堤和地基整体稳定性示意图

式中：$b_i$——第$i$土条宽度（m）；

$\alpha_i$——第$i$土条底滑面的倾角（°）；

$c_i$、$\varphi_i$——第$i$土条滑弧所在土层的黏聚力（kPa）和内摩擦角（°），依滑弧所在位置取值；

$W_i$——第$i$土条重力（kN/m）；

$Q_i$——第$i$土条垂直方向外力（kN/m）

（2）路堤沿斜坡地基或软弱层带滑动的稳定性分析采用不平衡推力法（隐式解）

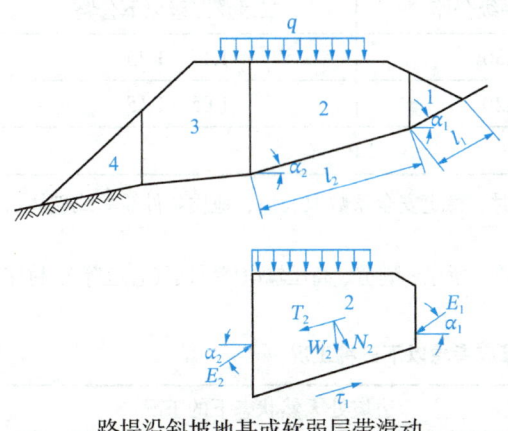

路堤沿斜坡地基或软弱层带滑动的稳定性分析示意图

第 $i$ 土条的剩余下滑力 $E_i$（kN/m）：

$$E_i = E_{i-1}\psi_{i-1} + W_{Qi}\sin\alpha_i - \frac{c_i l_i + W_{Qi}\cos\alpha_i \tan\varphi_i}{F_s}$$

第 $i-1$ 土条对第 $i$ 土条的传递系数 $\psi_{i-1}$：

$$\psi_{i-1} = \cos(\alpha_{i-1} - \alpha_i) - \frac{\sin(\alpha_{i-1} - \alpha_i)\cdot\tan\varphi_i}{F_s}$$

应用：
① 令 $E_i = 0 \Rightarrow F_s$
② 令 $F_s = F_{st} \Rightarrow E_i$

【小注】原理和《建筑边坡工程技术规范》A.0.3 类似，只是没有给出滑面底部水压力、水平荷载的处理方式

式中：$W_{Qi}$——第 $i$ 土条的重力与外加竖向荷载之和（kN/m）；
$\alpha_i$——第 $i$ 土条底滑面的倾角（°）；
$\alpha_{i-1}$——第 $i-1$ 土条底滑面的倾角（°）；
$c_i$——第 $i$ 土条底的黏聚力（kPa）；
$\varphi_i$——第 $i$ 土条底的内摩擦角（°）；
$l_i$——第 $i$ 土条底滑面长度（m）；
$E_{i-1}$——第 $i-1$ 土条传递给第 $i$ 土条的剩余下滑力（kN/m）。

**高路堤与陡坡路堤稳定安全系数 $F_{st}$**

| 分析内容 | 地基强度指标 | 分析工况 | 稳定安全系数 $F_{st}$ | |
| --- | --- | --- | --- | --- |
| | | | 二级及二级以上公路 | 三、四级公路 |
| 路堤的堤身稳定性、路堤和地基的整体稳定性 | 采用直剪的固结快剪或三轴固结不排水剪指标 | 正常工况 | 1.45 | 1.35 |
| | | 非正常工况 I | 1.35 | 1.25 |
| | 采用快剪指标 | 正常工况 | 1.35 | 1.30 |
| | | 非正常工况 I | 1.25 | 1.15 |
| 路堤沿斜坡地基或软弱层滑动的稳定性 | — | 正常工况 | 1.30 | 1.25 |
| | | 非正常工况 I | 1.20 | 1.15 |

【表注】区域内唯一通道的三、四级公路重要路段，高路堤与陡坡路堤稳定安全系数用二级公路标准。

**高路堤与陡坡路堤设计时，进行路基稳定性计算，应考虑以下三种工况**

| 正常工况 | 路基投入运营后经常发生或持续时间长的工况 |
| --- | --- |
| 非正常工况 I | 路基处于暴雨或连续降雨状态下的工况 |
| 非正常工况 II | 路基遭遇地震等荷载作用的工况 |

路堑边坡稳定安全系数 $F_{st}$

| 分析工况 | 高速公路、一级公路 | 二级及二级以下公路 |
|---|---|---|
| 正常工况 | 1.20～1.30 | 1.15～1.25 |
| 非正常工况Ⅰ | 1.10～1.20 | 1.05～1.15 |
| 施工临时边坡 | 1.05 ||

【表注】①路堑边坡地质条件<u>复杂</u>或破坏后危害<u>严重</u>时，稳定安全系数<u>取大值</u>；地质条件简单或破坏后危害较轻时，稳定安全系数可取小值。

②路堑边坡破坏后的影响区域内有<u>重要建筑物</u>（桥梁、隧道、高压输电塔、油气管道等）、村庄和学校时，稳定安全系数<u>取大值</u>。

路堑、滑坡边坡稳定性计算应考虑以下三种工况

| 正常工况 | 边坡处天然状态下的工况 |
|---|---|
| 非正常工况Ⅰ | 边坡处于暴雨或连续降雨状态下的工况 |
| 非正常工况Ⅱ | 边坡处于地震等荷载作用状态下的工况 |

（3）滑坡稳定性（<u>显式解</u>）

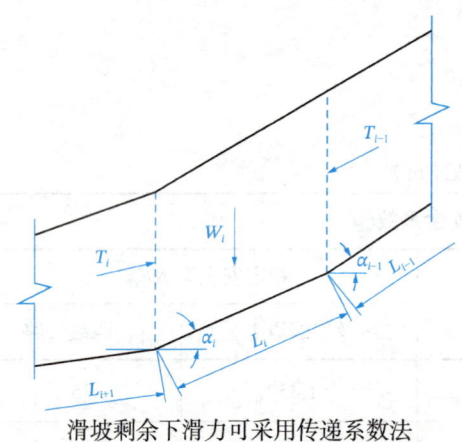

第$i$滑块剩余下滑力$T_i$（kN/m）：
$$T_i = F_s W_i \sin\alpha_i + \psi_i T_{i-1} - W_i \cos\alpha_i \tan\varphi_i - c_i L_i$$
↑
第$i-1$土条对第$i$土条的传递系数$\psi_{i-1}$：
$$\psi_{i-1} = \cos(\alpha_{i-1} - \alpha_i) - \sin(\alpha_{i-1} - \alpha_i)\tan\varphi_i$$

【小注】原理和《建筑地基基础设计规范》第6.4.3条滑坡折线滑动显式解类似，只是滑坡安全系数不同，原理分析详细见本篇第一章第三节内容

滑坡剩余下滑力可采用传递系数法

式中：$T_{i-1}$——第$i-1$土条传递给第$i$土条的剩余下滑力（kN/m）；

$F_s$——稳定安全系数，理解为《建筑边坡工程技术规范》中的$F_{st}$；

$W_i$——第$i$滑块的自重力（kN/m）；

$\alpha_i$、$\alpha_{i-1}$——第$i$和第$i-1$滑块对应滑面的倾角（°）；

$\varphi_i$——第$i$滑块滑面内摩擦角（°）；

$c_i$——第$i$滑块滑面岩土黏聚力（kPa）；

$L_i$——第$i$滑块滑面长度（m）。

滑坡稳定安全系数 $F_{st}$

| 分析工况 | 高速公路、一级公路 | 二级公路 | 三、四级公路 |
|---|---|---|---|
| 正常工况 | 1.20～1.30 | 1.15～1.20 | 1.10～1.15 |
| 非正常工况Ⅰ | 1.10～1.20 | 1.10～1.15 | 1.05～1.10 |

【表注】①地质条件简单或危害程度较轻时，稳定安全系数可取小值；滑坡地质条件<u>复杂</u>或危害程度严

重时，稳定安全系数可取大值。

②滑坡影响区域内有重要建筑物（桥梁、隧道、高压输电塔、油气管道等）、村庄和学校时，稳定安全系数可取大值。

③水库区域公路滑坡防治，周期性库水位升降变化频繁、高水位与低水位间落差大时，稳定安全系数可取大值。

④临时工程或抢险应急工程，滑坡防治工程设计按照正常工况考虑，稳定安全系数可取 1.05。

**路堑、滑坡边坡稳定性计算应考虑以下三种工况**

| 正常工况 | 边坡处于天然状态下的工况 |
|---|---|
| 非正常工况 I | 边坡处于暴雨或连续降雨状态下的工况 |
| 非正常工况 II | 边坡处于地震等荷载作用状态下的工况 |

## 五、挡土墙验算

——附录 H.0.2

### （一）挡土墙基底压应力

**挡土墙基底压应力**

挡土墙地基计算时，各类作用（或荷载）组合下，作用效应组合设计值计算式中的作用分项系数，除被动土压力分项系数 $\gamma_{Q2}=0.3$ 外，其余作用（或荷载）的分项系数规定均等于 1

| 基底压应力验算 | 基底压应力 $\sigma_p = \frac{\sigma_1+\sigma_2}{2} \leqslant$ 基底的容许承载力 $[\sigma_0]$ |
|---|---|
| | $[\sigma_0]$——基底的容许承载力（kPa），根据《公路桥涵地基与基础设计规范》采用，当为作用（或荷载）组合Ⅲ及施工荷载时，且 $[\sigma_0]>150\mathrm{kPa}$，可提高 25% |

基底合力的偏心距 $e_0$ (m)：

$$e_0 = \frac{M_d}{N_d}$$

土质地基：$e_0 \leqslant \frac{B}{6}$；岩质地基：$e_0 \leqslant \frac{B}{4}$

①当 $|e_0| \leqslant \frac{B}{6}$ 时，$\sigma_{1,2} = \frac{N_d}{A}\left(1 \pm \frac{6e_0}{B}\right)$

②当 $e_0 > \frac{B}{6}$ 时，$\sigma_1 = \frac{2N_d}{3\left(\frac{B}{2}-e_0\right)}$，$\sigma_2 = 0$

式中：$M_d$——作用于基底形心的弯矩组合设计值（MPa）；
$N_d$——作用于基底上的垂直力组合设计值（kN/m）；
$\sigma_1$——挡土墙趾部的压应力（kPa）；
$\sigma_2$——挡土墙踵部的压应力（kPa）；
$\sigma_p$——挡土墙基底平均压应力（kPa）；
$B$——基底宽度（m），基底无斜底时为水平宽度，倾斜时为斜宽，弯矩作用方向；
$A$——基础底面每延米的面积（m²），矩形基础为 $B \times 1$

## （二）挡土墙抗滑动、抗倾覆稳定验算

**挡土墙抗滑动、抗倾覆稳定验算**

| | | |
|---|---|---|
| 抗滑稳定性验算 | $K_c = \dfrac{[N + (E_x - E'_p) \cdot \tan\alpha_0] \cdot \mu + E'_p}{E_x - N \cdot \tan\alpha_0}$<br><br>式中：$N$——作用于基底上合力的竖向分力（kN）；<br>　　　一般情况下：$N = G + E_y$，浸水挡墙的浸水部分应计入浮力。<br>　　$G$——作用于基底上的墙身重力（kN），浸水挡墙的浸水部分应计入浮力。<br>　　$E_y$——墙后主动土压力的竖向分量(kN)。<br>　　$E_x$——墙后主动土压力的水平分量(kN)。<br>　　$E_p$——墙前被动土压力水平分量（kN）。<br>　　一般情况下，可取 $E'_p = 0.3 \cdot E_p$；<br>　　当挡墙为浸水挡墙时，$E'_p = 0$。<br>　　$\alpha_0$——基底倾斜角(°)，基底水平时取0°。<br>　　$\mu$——基底与地基土的摩擦系数 | 抗滑动<br><br>注：<br>$N_w$——浸水挡墙时，墙身的总浮力 |
| 抗倾覆稳定性验算 | $K_0 = \dfrac{G \cdot Z_G + E_y \cdot Z_y + E'_p \cdot Z_p}{E_x \cdot Z_x}$<br><br>式中：$G$——作用于基底上的重力（kN）。<br>　　$Z_G$——$G$重心到墙趾的距离（m）。<br>　　$E_y$——墙后主动土压力竖向分量（kN）。<br>　　$Z_y$——$E_y$作用线到墙趾的距离（m）。<br>　　$E_x$——墙后主动土压力的水平分量（kN）。<br>　　$Z_x$——$E_x$作用线到墙趾的距离（m）。<br>　　$E_p$——墙前被动土压力水平分量（kN）。<br>　　一般情况下，可取 $E'_p = 0.3 \cdot E_p$；<br>　　当挡墙为浸水挡墙时，$E'_p = 0$。<br>　　$Z_p$——$E'_p$作用线到墙趾的距离（m） | 抗倾覆 |

**基底与基底土间的摩擦系数 $\mu$**

| 地基土的分类 | 摩擦系数 $\mu$ | 地基土的分类 | 摩擦系数 $\mu$ |
|---|---|---|---|
| 软塑黏土 | 0.25 | 碎石类土 | 0.50 |
| 硬塑黏土 | 0.30 | 软质岩石 | 0.40~0.60 |
| 砂类土、黏砂土、半干硬的黏土 | 0.30~0.40 | 硬质岩石 | 0.60~0.70 |
| 砂类土 | 0.40 | — | — |

**抗滑动 $K_c$ 和抗倾覆 $K_0$ 的稳定系数**

| 荷载组合Ⅰ、Ⅱ | | 荷载组合Ⅲ | | 施工验算阶段 | |
|---|---|---|---|---|---|
| 抗滑动 $K_c = 1.3$ | 抗倾覆 $K_0 = 1.5$ | 抗滑动 $K_c = 1.3$ | 抗倾覆 $K_0 = 1.3$ | 抗滑动 $K_c = 1.2$ | 抗倾覆 $K_0 = 1.2$ |

## 六、预应力锚杆

——第5.5.4条

预应力锚杆

| | | | |
|---|---|---|---|
| （1）锚杆设计锚固力 $P_d$（kN） | $P_d = \dfrac{E}{[\sin(\alpha+\beta)\tan\varphi + \cos(\alpha+\beta)]}$ 【小注】此公式和《铁路路基支挡结构设计规范》类似，相差折减系数λ | | $E$——边坡下滑力（kN），即剩余下滑力；<br>$\alpha$——锚索与滑动面相交处滑动面倾角（°）；<br>$\beta$——锚索与水平面的夹角（°）；<br>$\varphi$——滑动面内摩擦角（°） |

（2）锚杆截面积（m²）——抗拉断验算

$$A \geqslant \dfrac{K_1 P_d}{F_{ptk}}$$

$F_{ptk}$——锚杆杆体材料抗拉强度标准值（kPa）；
$K_1$——安全系数，取值如下

| 公路等级 | $K_1$取值 | |
|---|---|---|
| | 锚杆服务期限≤2年（临时性锚杆） | 锚杆服务期限>2年（永久性锚杆） |
| 高速公路、一级公路 | 1.8 | 2.0 |
| 二级及二级以下公路（一般情况） | 1.6 | 1.8 |
| 二级及二级以下公路（有重点保护对象） | 1.8 | 2.0 |

（3）锚固段长度——抗拔出验算

①地层与注浆体算锚固长度：
$$L_r \geqslant \dfrac{K_2 P_d}{\pi d f_{rb}}$$

②注浆体与锚杆算锚固长度：
$$L_g \geqslant \dfrac{K_2 P_t}{n\pi d_g f_b}$$

锚固段长度：$3m \leqslant \max(L_r, L_g) \leqslant 10m$

$f_{rb}$——地层与注浆体间黏结强度设计值（kPa），见下表（规范P45 表5.5.6-1、表5.5.6-2）；
$f_b$——注浆体与锚杆体间黏结强度设计值（kPa），见下表（规范P45 表5.5.6-3）；
$d$——锚固段钻孔直径（m）；
$d_g$——锚杆杆体直径（m）；
$n$——锚杆体根数；
$K_2$——安全系数，取值如下

| 公路等级 | $K_2$取值 | |
|---|---|---|
| | 锚杆服务期限≤2年（临时性锚杆） | 锚杆服务期限>2年（永久性锚杆） |
| 高速公路、一级公路 | 1.8～2.0 | 2.0～2.2 |
| 二级及二级以下公路（一般情况） | 1.5～1.8 | 1.7～2.0 |
| 二级及二级以下公路（有重点保护对象） | 1.8～2.0 | 2.0～2.2 |

【表注】土体或全风化岩中锚固体取表中较高值

| 岩体类别 | 极软岩 | 软岩 | 较软岩 | 较硬岩 | 坚硬岩 |
|---|---|---|---|---|---|
| 单轴饱和抗压强度 $R_c$（MPa） | $R_c<5$ | $5\leqslant R_c<15$ | $15\leqslant R_c<30$ | $30\leqslant R_c<60$ | $R_c\geqslant 60$ |
| $f_{rb}$（kPa） | 150～250 | 250～550 | 550～800 | 800～1200 | 1200～2400 |

| 土层种类 | 黏性土 | | | 砂土 | | | | 碎石土 | | |
|---|---|---|---|---|---|---|---|---|---|---|
| | 坚硬 | 硬塑 | 软塑 | 松散 | 稍密 | 中密 | 密实 | 稍密 | 中密 | 密实 |
| $f_{rb}$（kPa） | 60～80 | 50～60 | 30～50 | 90～160 | 160～220 | 220～270 | 270～350 | 180～240 | 240～300 | 300～400 |

续表

| 类型 | 水泥浆或水泥砂浆强度等级 | | | |
|---|---|---|---|---|
| | M30 | M35 | 2根钢筋点焊 | 3根钢筋点焊 |
| 水泥砂浆与螺纹钢筋间黏结强度设计值$f_b$（MPa） | 2.40 | 2.70 | ×0.85 | ×0.70 |
| 水泥砂浆与钢绞线、高强钢丝间黏结强度设计值$f_b$（MPa） | 2.95 | 3.40 | | |

## 七、加筋土挡土墙

——第5.4.10、5.4.11、H.0.7条

### （1）拉筋有效锚固长度$L_{\alpha i}$—拉筋抗拔出验算

拉筋在稳定区的有效锚固长度$L_{\alpha i}$（m）：

$$\left.\begin{array}{l}\gamma_0 T_{i0} \leqslant \dfrac{T_{pi}}{\gamma_{R1}} \text{①} \\ T_{pi} = 2\sigma_i b_i L_{\alpha i} f' \text{②} \\ T_{i0} = \gamma_{Q1} T_i = \gamma_{Q1}(\sum \sigma_{Ei}) s_x s_y \text{③}\end{array}\right\} \Rightarrow L_{\alpha i} = \dfrac{\gamma_0 \gamma_{Q1} \gamma_{R1} T_i}{2\sigma_i b_i f'} = \dfrac{\gamma_0 \gamma_{Q1} \gamma_{R1}(\sum \sigma_{Ei}) s_x s_y}{2\sigma_i b_i f'}$$

（1）单筋抗拔出验算：

$$\gamma_0 T_{i0} \leqslant \dfrac{T_{pi}}{\gamma_{R1}} \text{外载} \gamma_{R1}\gamma_0 T_{i0} \leqslant T_{pi} \text{抗力}$$

全墙抗拔出验算：

$$K_b = \dfrac{\sum T_{pi}}{\sum T_i} \geqslant 2 \text{（分项系数均为1）}$$

$T_{i0}$——$z_i$层深度处的筋带所承受的水平拉力设计值（kN）；

$T_{pi}$——永久荷载重力作用下，$z_i$层深度处，筋带有效长度所提供的抗拔力（kN）；

$\sum T_{pi}$——各层筋带所产生的摩擦力总和；

$\sum T_i$——各层拉筋承担的水平拉力总和

筋带抗拔力计算调节系数$\gamma_{R1}$

| 荷载组合 | Ⅰ、Ⅱ | Ⅲ | 施工荷载 |
|---|---|---|---|
| $\gamma_{R1}$ | 1.4 | 1.3 | 1.2 |

| 墙高（m） | 结构重要系数$\gamma_0$ | |
|---|---|---|
| | 高速公路、一级公路 | 二级及二级以下公路 |
| ≤5m | 1.0 | 0.95 |
| >5m | 1.05 | 1.0 |

（2）抗力—抗拔力$T_{pi}$：

$$T_{pi} = 2\sigma_i b_i L_{\alpha i} f'$$
$$\Uparrow$$
$$\sigma_i = \gamma z_i + \gamma h_1$$

<加筋土重> + <加筋体顶填土重>

$$h_1 = \dfrac{\gamma_{填土} h_{填土}}{\gamma}$$

$\gamma_{填土}$、$h_{填土}$——分别为加筋体上坡面填土的重度（kN/m³）和厚度（m）

$b_i$——结点上的筋带总宽度（m）；

$L_{\alpha i}$——筋带在稳定区的有效锚固长度（m）；

$\sigma_i$——$z_i$层深度处，作用于筋带上的竖直压应力（kPa）；

$\gamma$——加筋体的重度（kN/m³），当为浸水挡土墙时，应按最不利水位上下的不同分别计入；

$z_i$——第$i$单元筋带结点至加筋体顶面的垂直距离（m）；

$h_1$——加筋体上坡面填土换算等代均布土厚度（m）；

$f'$——填料与筋带间的似摩擦系数，取值可参考下表

| 填料类型 | 黏性土 | 砂类土 | 砾碎石类土 |
|---|---|---|---|
| 似摩擦系数$f'$ | 0.25～0.40 | 0.35～0.45 | 0.40～0.50 |

（3）外力—水平拉力设计值$T_{i0}$

$$T_{i0} = \gamma_{Q1} T_i = \gamma_{Q1}(\sum \sigma_{Ei}) s_x s_y$$
$$\sum \sigma_{Ei} = \sigma_{zi} + \sigma_{ai} + \sigma_{bi}$$

$T_i$——$z_i$层深度处的筋带所承受的水平拉力（kN）；

$s_x$、$s_y$——筋带结点水平和垂直间距（m），采用土工格栅拉筋时，$s_x=1$m；

$\gamma_{Q1}$——加筋体及墙顶填土主动土压力或附加荷载土压力的分项系数，见下表

续表

| 情况 | 荷载增大对挡土墙结构起有利作用时 | | 荷载增大对挡土墙结构起不利作用时 | |
|---|---|---|---|---|
| 组合 | Ⅰ、Ⅱ | Ⅲ | Ⅰ、Ⅱ | Ⅲ |
| $\gamma_{Q1}$ | 1.0 | 0.95 | 1.4 | 1.3 |

⇑
水平土压应力 $\sum \sigma_{Ei}$

$z_i$ 层深度处，面板上的水平土压应力 $\sum \sigma_{Ei}$（kPa）：
$$\sum \sigma_{Ei} = \sigma_{zi} + \sigma_{ai} + \sigma_{bi}$$
式中：$\sigma_{zi}$——加筋土填料作用于深度$z_i$处墙面板上的水平土压应力（kPa）；
$\sigma_{ai}$——车辆（或人群）附加荷载作用于深度$z_i$处墙面板上的水平土压应力（kPa）；
$\sigma_{bi}$——加筋体顶面以上填土重力换算均布土厚所引起的深度$z_i$处墙面板上的水平土压应力（kPa）

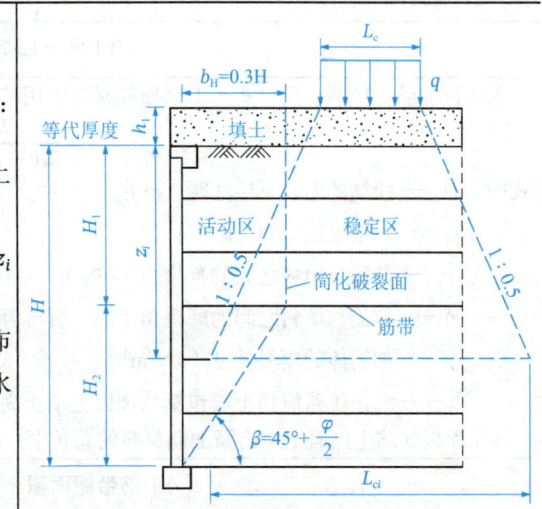

原理：土压力 = 竖直（有效）压应力 × 土压力系数

| ①填料产生的土压力：<br>$\sigma_{zi} = \gamma z_i K_i$ | ②附加荷载产生的土压力：<br>$\sigma_{ai} = \gamma h_0 \dfrac{L_c}{L_{ci}} K_i$ 或者 $\sigma_{ai} = 0$ | ③填土产生的土压力：<br>$\sigma_{bi} = \gamma h_1 K_i$ |
|---|---|---|
| 附加荷载作用下，可按沿深度以 1：0.5 的扩散坡率计算扩散宽度。<br>加筋体深度$z_i$处的附加竖直应力$\sigma_{fi}$：<br>①扩散线的内边缘点未进入活动区时：<br>$\sigma_{fi} = 0$<br>②扩散线的内边缘点进入活动区时：<br>$\sigma_{fi} = \gamma h_0 \dfrac{L_c}{L_{ci}}$<br>$h_0 = \dfrac{q}{\gamma}$ | $h_0$——车辆或人群附加荷载换算土层厚度（m）。<br>$q$——车辆荷载附加荷载强度：墙高小于2m，取 $20\mathrm{kN/m^2}$；墙高大于10m，取 $10\mathrm{kN/m^2}$；墙高在2～10m 之内时，附加荷载强度用直线内插法计算。<br>作用于墙顶或墙后填土上的人群荷载强度为 $3\mathrm{kN/m^2}$；作用于挡墙栏杆顶的水平推力采用 0.75kN/m；作用于栏杆扶手上的竖向力采用 1kN/m。<br>$\gamma$——墙背填土（或加筋体）的重度（$\mathrm{kN/m^3}$）。<br>$L_c$——加筋体计算时采用的荷载布置宽度（m），取路基全宽。<br>$L_{ci}$——加筋体深度$z_i$处的荷载扩散宽度（m），见上示意图 | |

土压力系数$K_i$

| $\begin{cases} z_i < 6\mathrm{m}, \ K_i = K_j(1-\dfrac{z_i}{6}) + K_a \dfrac{z_i}{6} \\ z_i \geqslant 6\mathrm{m}, \ K_i = K_a \end{cases}$ | $K_a$——主动土压力系数，$K_a = \tan^2(45° - \dfrac{\varphi}{2})$；<br>$K_j$——静止土压力系数，$K_j = 1 - \sin\varphi$（$\varphi$为填料内摩擦角） |
|---|---|

### （2）拉筋总长度 $L$

$$L = L_a + L_{\alpha i} \Leftarrow \begin{cases} z_i \leqslant H_1, \ L_a = 0.3H \\ z_i > H_1, \ L_a = \dfrac{H - z_i}{\tan\left(45° + \dfrac{\varphi}{2}\right)} \end{cases}$$

$$H_1 = H - 0.3H \tan\left(45° + \dfrac{\varphi}{2}\right)$$

$$H_2 = 0.3H \tan\left(45° + \dfrac{\varphi}{2}\right)$$

$L_a$——非锚固段长度，按图中几何关系计算；
$L_{\alpha i}$——有效锚固长度

拉筋长度构造要求：
①墙高 $H$ 大于 3.0m 时，$L \geqslant 0.8H$，且 $L \geqslant 5m$。采用不等长的拉筋时，同长度拉筋的墙段高度不应小于 3.0m。相邻不等长拉筋的长度差不宜小于 1.0m。
②墙高小于 3.0m 时，$L \geqslant 3m$，且应采用等长拉筋。
③采用预制钢筋混凝土带时，每节长度不宜大于 2.0m。

### （3）水平回折包裹长度 $L_0$

无面板加筋土挡墙，反包式土工格栅筋材应采用统一的水平回折包裹长度 $L_0$，其计算值如下：

$$L_0 = \dfrac{D\sigma_{hi}}{2(c + \gamma h_i \tan\delta)}$$

式中：$D$——拉筋的上、下层间距（m）；
$\sigma_{hi}$——水平土压应力（kPa）；
$c$——拉筋与填料之间的黏聚力（kPa）；
$\delta$——拉筋与填料之间的摩擦角（°），填料为砂类土时取（0.5~0.8）$\varphi$；
$\gamma$——加筋体的填料重度（kN/m³）；
$h_i$——墙顶（路肩挡土墙包括墙顶以上填土高度）距第 $i$ 层墙面板中心的高度（m）。

⇒无面板加筋土挡墙土工格栅加筋材料的总长度 $L = L_0 + L_a + L_{\alpha i}$

### （4）筋带截面积 $A$——拉筋抗拉断验算

$$\gamma_0 T_{i0} \leqslant \dfrac{A f_k}{1000 \gamma_f \gamma_{R2}} = \dfrac{A f_k}{1000 \times 1.25 \gamma_{R2}} \qquad \Leftarrow T_{i0} = \gamma_{Q1} T_i = \gamma_{Q1}\left(\sum \sigma_{Ei}\right) s_x s_y$$

式中：$A$——筋带截面的有效净截面积（mm²）；
$\gamma_f$——筋带材料抗拉性能的分项系数，各类筋带均取 1.25；
$f_k$——筋带材料强度标准值（MPa），按下表采用；
$\gamma_{R2}$——拉筋材料抗拉计算调节系数，可按下表采用。

| 筋带类型 | 筋带材料强度标准值 $f_k$（MPa） | 抗拉计算调节系数 $\gamma_{R2}$ |
|---|---|---|
| Q235 扁钢带 | 240 | 1.0 |
| Ⅰ级钢筋混凝土板带 | 240 | 1.05 |
| 钢塑复合带 | 试验断裂拉力 | 1.55~2.0 |
| 土工格栅 | 试验断裂拉力 | 1.8~2.5 |

【表注】①土工合成材料筋带的 $\gamma_{R2}$，在施工条件差、材料蠕变大时，取大值；材料蠕变小或施工荷载验算时，可取较小值。
②当为钢筋混凝土带时，受拉钢筋的含筋率应小于 2.0%。
③试验断裂拉力相应延伸率不得大于 10%。

筋带截面的有效净截面面积 $A$ 应按下列规定计算：
①扁钢带，设计厚度为扣除预留腐蚀厚度并扣除螺栓孔后的计算净截面积。
②钢筋混凝土带，不计混凝土的抗拉强度，钢筋有效面积为扣除钢筋直径预留腐蚀量后的主钢筋截面积的总和。
③钢塑复合带、塑料土工格栅、聚丙烯土工带。由供货厂家提供尺寸，经严格检验延伸率和断裂应力后，按统计原理确定其设计截面积和极限强度，保证率为 98%

## 八、抗滑桩

——第 5.7 节及条文说明

**抗滑桩**

抗滑桩结构计算应符合下列要求：
①作用于抗滑桩的外力包括滑坡推力、地震力、桩前滑体抗力和锚固段地层的抗力。桩侧摩阻力和黏聚力以及桩身重力和桩底反力可不计算。
滑坡推力应按本章第四部分（规范第 7.2 节）的规定采用传递系数法计算确定。
②桩前抗力可按桩前滑体处于极限平衡时的滑坡推力或桩前被动土压力确定，设计时选其中小值。
③抗滑桩上滑坡推力图形应根据滑体的性质和厚度等因素确定，可采用矩形分布或梯形分布；当滑体为极松散的土体时，可采用三角形分布。
④桩底支承宜选用自由端，嵌入岩石较深时可选用自由端或铰支

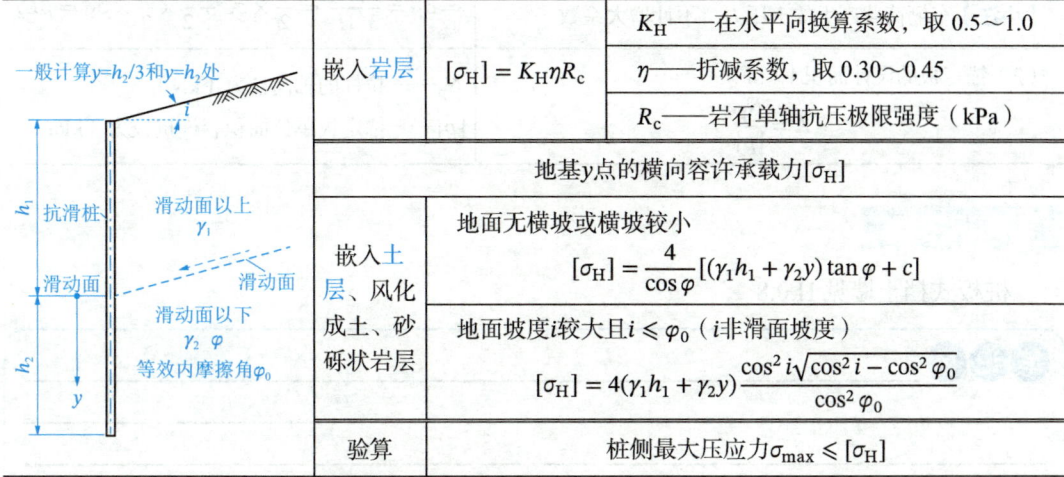

| 嵌入岩层 | $[\sigma_H] = K_H \eta R_c$ | $K_H$——在水平向换算系数，取 0.5～1.0 |
| | | $\eta$——折减系数，取 0.30～0.45 |
| | | $R_c$——岩石单轴抗压极限强度（kPa） |
| 嵌入土层、风化成土、砂砾状岩层 | 地基 $y$ 点的横向容许承载力 $[\sigma_H]$ | |
| | 地面无横坡或横坡较小 $[\sigma_H] = \dfrac{4}{\cos\varphi}[(\gamma_1 h_1 + \gamma_2 y)\tan\varphi + c]$ | |
| | 地面坡度 $i$ 较大且 $i \leqslant \varphi_0$（$i$ 非滑面坡度） $[\sigma_H] = 4(\gamma_1 h_1 + \gamma_2 y)\dfrac{\cos^2 i \sqrt{\cos^2 i - \cos^2 \varphi_0}}{\cos^2 \varphi_0}$ | |
| 验算 | 桩侧最大压应力 $\sigma_{max} \leqslant [\sigma_H]$ | |

式中：$[\sigma_H]$——桩侧地基的横向容许承载力（kPa）；
　　　$\varphi_0$——滑动面以下土体的综合内摩擦角（°）；
　　　$\gamma_1$——滑动面以上土体的重度（kN/m³）；
　　　$\gamma_2$——滑动面以下土体的重度（kN/m³）；
　　　$\varphi$——滑动面以下土体的内摩擦角（°）；
　　　$c$——滑动面以下土体的黏聚力（°）；
　　　$h_1$——设桩处滑动面至地面的距离（m）；
　　　$y$——滑动面至计算点的距离（m）

## 九、锚定板挡土墙

——第 H.0.6 条

（1）填料等产生的水平土压应力：
$$\sigma_H = \frac{1.33E_x}{H} \cdot \beta$$

$\sigma_H$——恒载作用下墙底水平土压应力（kPa）；

$E_x$——按库仑理论计算的单位墙长上墙后主动土压力的水平分力（kN/m）：
$$E_x = E_a \cos(\alpha - \delta)$$

$H$——墙高（m）（当为两级墙，为上、下级墙高之和）；

$\beta$——土压力增大系数，一般采用 1.2~1.4。

【小注】车辆荷载产生的土压力，不计增大系数

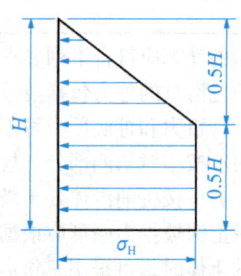

恒载土压应力分布

$\leftarrow \sigma_H = \frac{4}{3}\frac{\beta E_x}{H} \leftarrow \frac{H}{2} \times \sigma_H + \frac{1}{2} \times \frac{H}{2} \times \sigma_H = \beta E_x$

（2）锚定板的设计面积 $A$（m²）：
$$A = \frac{N_p}{[p]}$$

$N_p$——拉杆的轴向拉力（kN）；

$[p]$——锚定板单位面积容许抗拔力（kPa）

### 知识拓展

桩板式挡土墙见 H.0.8。

# 第二十一章

# 铁路路基设计规范

## 一、路基边坡稳定

——第 3.3.1~3.3.5 条

边坡稳定性应根据边坡类型和可能的破坏形式，采用圆弧滑动法、平面滑动法或折线滑动法等适宜的计算方法分析。当边坡破坏机制复杂时，宜结合数值分析法进行分析。

路基边坡稳定分析最小稳定安全系数$K_s$

| 永久边坡 | | 临时边坡 |
|---|---|---|
| 一般工况 | 地震工况 | $K_s \geqslant 1.05 \sim 1.10$ |
| $K_s \geqslant 1.15 \sim 1.25$ | $K_s \geqslant 1.10 \sim 1.15$ | |

### 圆弧滑动法

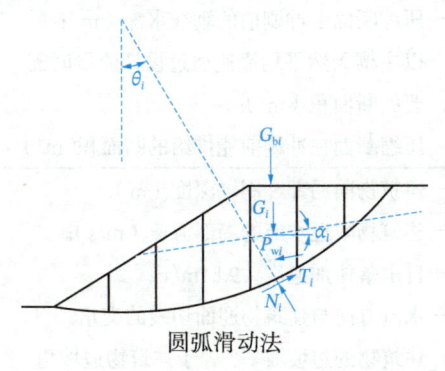

圆弧滑动法

黏性土边坡和较大规模的破碎结构岩质边坡宜采用圆弧滑动法

计算原理：$F_s = \dfrac{抗滑力矩 M_R}{滑动力矩 M_T}$

边坡稳定性系数：$K_s = \dfrac{\sum\limits_{i=1}^{n} R_i}{\sum\limits_{i=1}^{n} T_i}$

$$K_s = \frac{\sum\{[(G_i + G_{bi})\cos\theta_i + P_{wi}\sin(\alpha_i - \theta_i)]\tan\varphi_i + c_i l_i\}}{\sum[(G_i + G_{bi})\sin\theta_i + P_{wi}\cos(\alpha_i - \theta_i)]}$$

①平行于计算土条滑面的<u>抗滑力</u>
$$R_i = N_i \tan\varphi_i + c_i l_i$$
垂直于土条滑面的方向力
$$N_i = (G_i + G_{bi})\cos\theta_i + P_{wi}\sin(\alpha_i - \theta_i)$$
②平行于计算土条滑面的<u>下滑力</u>
$$T_i = (G_i + G_{bi})\sin\theta_i + P_{wi}\cos(\alpha_i - \theta_i)$$

【小注】在渗透力的考虑中，土力学中认为渗透力作用在渗流面以下土条的中点处，本规范的抗滑验算中，没有体现力臂，可以认为渗流力作用在土条的滑面处，最后分子分母约掉了统一的力臂$R$

式中：$R_i$——第$i$计算条块在滑动面上的抗滑力（kN/m）；

$T_i$——第$i$计算条块在滑动面上的下滑力（kN/m）；

$N_i$——第$i$计算条块在滑动面法线上的下反力（kN/m）；

$i$——计算条块号；

$n$——条块数量；

$l_i$——第$i$计算条块滑面长度（m）；

$\varphi_i$——第$i$计算条块滑面内摩擦角（°）；

$c_i$——第$i$计算条块滑面黏聚力（kPa）；

续表

- $G_i$——第$i$计算条块单位宽度自重（kN/m），地下水位以下砂土和粉土采用浮重度，黏性土采用饱和重度计算自重；
- $G_{bi}$——第$i$计算条块单位宽度竖向附加荷载（kN/m）；
- $\theta_i$——第$i$计算条块滑面倾角（°），滑面倾向与滑动方向相同时取正值，滑面倾向与滑动方向相反时取负值；
- $P_{wi}$——第$i$计算条块单位宽度的渗透力（kN/m）；
- $\alpha_i$——第$i$计算条块地下水位面倾角（°）。

平面直线滑动与《建筑边坡工程技术规范》类似，折线滑动为传递系数显示解，与《岩土工程勘察规范》类似，这里不再赘述。

## 二、实体护坡（墙）基础埋置深度

——第 12.4.5 条及条文说明

（1）构造要求：

① 用于河流冲刷或岸坡的护坡，应埋设在冲刷深度以下不小于 1.0m 或嵌入基岩内不小于 0.2m。

② 用于路堑边坡的护墙基础埋深不应小于 1.0m。

（2）计算要求：

目前在设计中使用的冲刷深度公式分为一般冲刷和局部冲刷两类。

| ①一般冲刷深度 | 当防护地段河床纵坡变大或防护建筑物较多地压缩了水流断面，致使水流流速增大，而水流流向并不直冲建筑物时，可以按一般冲刷考虑 $$h_p = \frac{A_1}{A_2} h \text{（包尔达柯夫公式）}$$ | $h_p$——压缩断面上冲刷停止时垂线水深（m）；<br>$h$——压缩断面上冲刷前的垂线水深（m）；<br>$A_1$——以主槽天然平均流速通过设计流量时需要的断面积（m²）；<br>$A_2$——压缩断面在冲刷前能供给的断面积（m²） |
|---|---|---|
| ②局部冲刷深度 | 当防护建筑物没有或很少压缩水流断面，但水流方向与建筑物迎面切线交角较大时，可以按局部冲刷考虑。 $$h_{pj} = \frac{23v^2 \tan\frac{\alpha}{2}}{g\sqrt{1+m^2}} - 30d$$ （雅罗斯拉夫采夫公式） | $h_{pj}$——建筑物前局部冲刷坑深度（m）；<br>$v$——建筑物附近水流的局部流速（m/s）；<br>$g$——自由落体加速度，9.81m/s²；<br>$\alpha$——水流方向与建筑物迎面切线的交角；<br>$m$——建筑物的边坡坡率，等于建筑物边坡角的余切；<br>$d$——冲刷过程中裸露出来的铺在冲刷坑底的土颗粒粒径，用土中占有 15% 以上重量的最大粒径的直径（m） |

路基面加宽值——第 7.3.4 条

| 路堤边坡高度大于 15m 时，应根据填料、边坡高度等加宽路基面，其每侧加宽值应按下式计算确定： $$\Delta b = CHm$$ | $C$——路堤填料的沉降比，应结合填料、压实设备、压实标准及地区经验综合确定；<br>$H$——路堤边坡高度（m）；<br>$m$——道床边坡坡率，$m = 1.75$ |
|---|---|

## 三、常用排水设施的水力半径和过水断面面积

——附录 F.0.1

**常用排水设施的水力半径和过水断面面积**

| 断面形状 | 断面示意图 | 过水断面面积$A$ | | 水力半径$R$ |
|---|---|---|---|---|
| 矩形 | | $A = bh$ | | $R = \dfrac{bh}{b+2h}$<br>〈分母为湿周$P$〉 |
| 对称梯形 | | $A = bh + mh^2$ | | $R = \dfrac{bh+mh^2}{b+(2\sqrt{1+m^2})h}$<br>〈分母为湿周$P$〉 |
| 不对称梯形 | | $A = bh + 0.5(m_1+m_2)h^2$ | $R = \dfrac{A}{P}$ | $R = \dfrac{bh+0.5(m_1+m_2)h^2}{b+(\sqrt{1+m_1^2}+\sqrt{1+m_2^2})h}$<br>〈分母为湿周$P$〉 |
| 圆形 | | $A = \dfrac{\pi d^2}{4}$ | | $R = \dfrac{d}{4}$<br>〈湿周$P = \pi d$〉 |
| 半圆形 | | $A = \dfrac{\pi d^2}{8}$ | | $R = \dfrac{d}{4}$<br>〈湿周$P = \pi d/2$〉 |

【小注】$P$为湿周,水力半径$R$等于过水断面面积$A$除以湿周$P$。
此表公式具有通用性,可适用于铁路、公路、建筑边坡等各行业规范的排水计算。

## 四、路基地面排水设施的设计径流量

——附录 F.0.7

**路基地面排水设施的设计径流量$Q$**

| ①一般地区 | ②膨胀土、湿陷性黄土、砂性土、戈壁碎石土等易冲刷地区 |
|---|---|
| $Q = 16.67\psi qF$ | $Q = 1.1 \times 16.67\psi qF$ |

式中:$Q$——设计径流量(m³/s);

$\psi$——径流系数,按汇水区域内的地表种类确定。当汇水区域内有多种类型的地表时,每种类型应分别选取径流系数后,按相应的面积大小加权平均值;

$q$——设计重现期和降雨历时内的平均降雨强度(mm/min),宜采用当地气象部门的降雨强度计算公式;

$F$——汇水面积(km²)。

## 五、水沟泄水能力和水沟允许流速

——附录 F.0.9

（1）泄水能力 $Q_c$（m³/s）

$$Q_c = vA$$
$$①v = C\sqrt{Ri};\quad ②C = \frac{1}{n}R^y;\quad ③y = 2.5\sqrt{n} - 0.13 - 0.75\sqrt{R}(\sqrt{n} - 0.1)$$

式中：$v$——平均流速（m/s）；

$A$——过水断面面积（m²），见上表；

$R$——水力半径（m），见上表；

$i$——水力坡度，$i = \frac{h}{l}$（$h$ 为水头差，$l$ 为流水长度），一般情况可取用沟管的底坡；

$C$——流速系数或谢才系数；

$n$——沟管壁的粗糙系数，见下表。

沟（管）壁粗糙系数 $n$

| 沟管类别 | 粗糙系数 $n$ | 沟管类别 | 粗糙系数 $n$ |
| --- | --- | --- | --- |
| UPVC 管、PE 管、玻璃钢管 | 0.010 | 砂砾质明沟、浆砌片石明沟 | 0.025 |
| 混凝土明沟（预制） | 0.012 | 波纹管、带杂草土质明沟 | 0.027 |
| 混凝土管、陶土管 | 0.013 | 干砌片石明沟 | 0.032 |
| 铸铁管、混凝土明沟（抹面） | 0.015 | 岩石质明沟 | 0.035 |
| 土质明沟 | 0.022 | — | — |

【表注】本表给出的粗糙系数值是指过水界面较好的情况，若有充分资料或过水界面状况较为复杂时，可不受该表限制。

（2）水沟的允许流速 $= v_{\max} \times k$

明沟最大允许流速 $v_{\max}$

| 明沟类别 | 最大允许流速（m/s） | 明沟类别 | 最大允许流速（m/s） | 明沟类别 | 最大允许流速（m/s） | 明沟类别 | 最大允许流速（m/s） |
| --- | --- | --- | --- | --- | --- | --- | --- |
| 粉土 | 0.8 | 干砌片石 | 2.0 | 黏土 | 1.2 | 混凝土 | 4.0 |
| 粉质黏土 | 1.0 | 浆砌片石 | 3.0 | 草皮护面 | 1.6 | 石灰岩、中砂岩 | 4.0 |

最大允许流速的水深修正系数 $k$

| 水深 $h$（m） | $h \leqslant 0.4$ | $0.4 < h \leqslant 1.0$ | $1.0 < h < 2.0$ | $h \geqslant 2.0$ |
| --- | --- | --- | --- | --- |
| 修正系数 $k$ | 0.85 | 1.00 | 1.25 | 1.40 |

# 第二十二章

# 生活垃圾卫生填埋处理技术规范

——第 5.2.1、6.1.4 条及条文说明

**地基极限荷载、极限堆填高度、有效库容**

| (1) 地基极限荷载 $P_u = \frac{1}{2}b\gamma N_r + cN_c + qN_q \Rightarrow$ 修正地基极限承载力 $P'_u = P_u/K$ |||||
|---|---|---|---|---|
| ① $b$ | 垃圾体基础底宽（m） ||||
| ② $\gamma$ | 填埋场库底地基土的天然重度（kN/m³） ||||
| ③ $c$、$\varphi$ | 地基土层的黏聚力（kPa）和内摩擦角（°） ||| 按固结排水后取值 |
| ④ $q$ | 原自然地面至填埋场库底范围内土的自重压力（kPa） ||||
| ⑤ $N_r$、$N_c$、$N_q$ | 地基承载力系数，依据地勘资料确定 ||||
| ⑥ $K$ | 重要性等级 | 处理规模（t/d） || $K$ |
| | Ⅰ | ≥ 900 || 2.5～3.0 |
| | Ⅱ | 200～900 || 2.0～2.5 |
| | Ⅲ | ≤ 200 || 1.5～2.0 |

**填埋场处理规模**

| 重要性等级 | 日平均填埋量 |
|---|---|
| Ⅰ 类填埋场 | 日平均填埋量宜为 1200t/d 及以上 |
| Ⅱ 类填埋场 | 日平均填埋量宜为 500～1200t/d（含 500t/d） |
| Ⅲ 类填埋场 | 日平均填埋量宜为 200～500t/d（含 200t/d） |
| Ⅳ 类填埋场 | 日平均填埋量宜为 200t/d 以下 |

| (2) 极限堆填高度 $H_{max}$：<br>$H_{max} = \dfrac{P'_u - \gamma_2 d}{\gamma_1}$ | 式中：$d$——垃圾堆体埋深（m）；<br>$\gamma_1$、$\gamma_2$——分别为垃圾堆体和被挖除土体的重度（kN/m³） |
|---|---|
| (3) 有效库容 $V'$（m³）<br>$V' = \zeta V \Leftarrow \zeta = 1 - (I_1 + I_2 + I_3)$ | 式中：$\zeta$——有效库容系数；<br>$V$——填埋库容（m³） |
| $I_1$——防渗系统所占库容系数<br>$I_1 = \dfrac{A_1 h_1}{V}$ | 式中：$A_1$——防渗系统的表面积（m²）；<br>$h_1$——防渗系统厚度（m） |
| $I_2$——覆盖层所占库容系数 | ①平原型填埋场黏土中间覆盖层厚度 30cm，垃圾层厚度为 10～20m 时，黏土中间盖层所占用的库容系数 $I_2$ 可近似取 1.5%～3%。<br>②日覆盖和中间覆盖层采用土工膜作为覆盖材料时，可不考虑 $I_2$ 的影响，近似取 $I_2 = 0$ |
| $I_3$——封场所占库容系数<br>$I_3 = \dfrac{A_{2T} h_{2T} + A_{2S} h_{2S}}{V}$ | 式中：$A_{2T}$——封场堆体顶面覆盖系统的表面积（m²）；<br>$h_{2T}$——封场堆体顶面覆盖系统厚度（m）；<br>$A_{2S}$——封场堆体边坡覆盖系统的表面积（m²）；<br>$h_{2S}$——封场堆体边坡覆盖系统厚度（m） |

第六篇

# 基坑工程与地下工程

## 基坑工程与地下工程知识点分级

| 《建筑基坑支护技术规程》 | | | | 《公路隧道设计规范》《铁路隧道设计规范》 |
|---|---|---|---|---|
| 模块一：水平荷载 | 模块二：抗力 | 模块三：支护结构设计 | 模块四：地下水控制 | |
| 大面积超载 ★★★★ | 土反力 ★★★★ | 抗隆起、抗突涌、抗流土 ★★★★ | 涌水量计算 ★★★★ | 【BQ】计算 ★★★★ |
| 局部附加荷载 ★★★★ | 锚杆支点反力 ★★★★ | 整体稳定性验算（排桩、土钉墙、重力式水泥土墙）★★★ | 降水井数量 | 浅埋隧道围岩压力 ★★★★ |
| 支护结构顶部为放坡或土钉墙 ★★★ | 双排桩桩间土压力 ★★★ | 锚杆锚固长度 ★★★★ | 降水井数量及布置 ★★ | 超浅埋隧道围岩压力 ★★★★ |
| 渗流下水土压力 ★★★★ | | 锚杆自由段长度 ★★★★ | 任意一点降深计算 ★★★ | 深埋隧道围岩压力 ★★★★ |
| | | 锚杆截面积 ★★★ | | 偏压隧道侧压力 ★★★ |
| | | 锚杆刚度系数 ★★★★ | | 明洞土压力 ★★★ |
| | | 排桩（悬臂、锚拉、双排桩）抗倾覆 ★★★★ | | 洞门墙土压力 ★★★ |
| | | 内支撑受压计算长度 ★★ | | 铁路盾构隧道 ★★ |
| | | 重力式水泥土墙抗滑移、抗倾覆 ★★★★ | | 小净距隧道围岩压力 ★ |
| | | 重力式水泥土墙正截面 ★★ | | 连拱隧道围岩压力 ★ |
| | | 格栅式水泥土墙（面积置换率、长宽比等）★★★ | | 巷道岩石力学 ★ |
| | | | | 隧道地震荷载计算 ★ |

【表注】本模块一般考查4道案例题，基坑3道，地下工程1道。

# 第二十三章

# 建筑基坑支护技术规程

**支护结构的安全等级——第 3.1.3 条**

| 安全等级 | 破坏后果 |
|---|---|
| 一级 | 支护结构失效、土体过大变形对基坑周边环境或主体结构施工安全的影响很严重 |
| 二级 | 支护结构失效、土体过大变形对基坑周边环境或主体结构施工安全的影响严重 |
| 三级 | 支护结构失效、土体过大变形对基坑周边环境或主体结构施工安全的影响不严重 |

【表注】支护结构安全等级时应掌握的原则：

①基坑周边存在受影响的重要既有住宅、公共建筑、道路或地下管线等时，或因场地的地质条件复杂、缺少同类地质条件下相近基坑深度的经验时，支护结构破坏、基坑失稳或过大变形对人的生命、经济、社会或环境影响很大，安全等级应定为一级。

②当支护结构破坏、基坑过大变形不会危及人的生命、经济损失轻微、对社会或环境的影响不大时，安全等级可定为三级。

③对大多数基坑，安全等级应该定为二级。

④对内支撑结构，当基坑一侧支撑失稳破坏会殃及基坑另一侧支护结构因受力改变而使支护结构形成连续倒塌，相互影响的基坑各边支护结构应取相同的安全等级。

**设计值和标准值的转化——第 3.1.7 条**

| 弯矩设计值 $M$ | 剪力设计值 $V$ | 轴向力设计值 $N$ |
|---|---|---|
| $M = \gamma_0 \gamma_F M_k$ | $V = \gamma_0 \gamma_F V_k$ | $N = \gamma_0 \gamma_F N_k$ |

式中：$\gamma_F$——作用基本组合的综合分项系数，$\gamma_F \geq 1.25$；

$\gamma_0$——结构重要性系数，$\gamma_0$：安全等级一级 1.1，二级 1.0，三级 0.9；

$M_k$——按作用标准组合计算的弯矩值（kN·m）；

$V_k$——按作用标准组合计算的剪力值（kN）；

$N_k$——按作用标准组合计算的轴向拉力或轴向压力值（kN）。

## 第一节 水平荷载

——第 3.4.2～3.4.8 条

### 水平土压力

土压力计算公式本质：朗肯土压力，无需满足：墙背直立光滑、土体表面水平，只要是基坑问题，均可采用下述公式计算

①对地下水位以下的黏性土、黏质粉土，可采用土压力、水压力合算方法；

②对地下水位以下的砂质粉土、砂土和碎石土，应采用土压力、水压力分算方法；

③除非题目明确要求采用水土合算，否则不论边坡还是基坑问题，均采用水土分算

续表

① 对地下水位以上或水土合算的土层：
主动土压力公式：

$$e_{ai} = p_{ak} = \sigma_{ak}K_{a,i} - 2c_i\sqrt{K_{a,i}} \Rightarrow$$
$$(\sum\gamma_i h_i + \sum\Delta\sigma_{k,j})K_{a,i} - 2c_i\sqrt{K_{a,i}} \Rightarrow$$
$$(\sum\gamma_{sati} h_i + \sum\Delta\sigma_{k,j})K_{a,i} - 2c_i\sqrt{K_{a,i}}$$
$$K_{a,i} = \tan^2(45 - \varphi_i/2)$$

被动土压力公式：

$$e_{pi} = p_{pk} = \sigma_{pk}K_{p,i} + 2c_i\sqrt{K_{p,i}} \Rightarrow (\sum\gamma_i h_i)K_{p,i} + 2c_i\sqrt{K_{p,i}} \Rightarrow$$
$$(\sum\gamma_{sati} h_i)K_{p,i} + 2c_i\sqrt{K_{p,i}}$$
$$K_{p,i} = \tan^2(45 + \varphi_i/2)$$

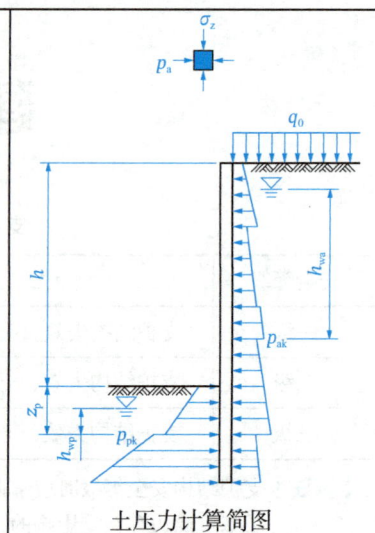

土压力计算简图

② 对于水土分算的土层：
主动土压力公式：

$$e_{ai} = p_{ak} = (\sigma_{ak} - u_a)K_{a,i} - 2c_i\sqrt{K_{a,i}} + u_a \Rightarrow$$
$$(\sum\gamma_i h_i + \sum\Delta\sigma_{k,j} - \gamma_w h_{wa})K_{a,i} - 2c_i\sqrt{K_{a,i}} + \gamma_w h_{wa} \Rightarrow$$

常用公式：$(\sum\gamma'_i h_i + \sum\Delta\sigma_{k,j})K_{a,i} - 2c_i\sqrt{K_{a,i}} + \gamma_w h_{wa}$

被动土压力公式：

$$e_{pi} = p_{pk} = (\sigma_{pk} - u_p)K_{p,i} + 2c_i\sqrt{K_{p,i}} + u_p \Rightarrow$$
$$(\sum\gamma_i h_i - \gamma_w h_{wp})K_{p,i} + 2c_i\sqrt{K_{p,i}} + \gamma_w h_{wp} \Rightarrow \sum\gamma'_i h_i K_{p,i} + 2c_i\sqrt{K_{p,i}} + \gamma_w h_{wp}$$

式中：$p_{ak}$——支护结构外侧，第 $i$ 层土中计算点的主动土压力强度标准值（kPa）；当 $p_{ak} < 0$ 时，应取 $p_{ak} = 0$；

$\sigma_{ak}$、$\sigma_{pk}$——分别为支护结构外侧、内侧计算点的土中竖向应力标准值（kPa）；

$K_{a,i}$、$K_{p,i}$——分别为第 $i$ 层土的主动土压力系数、被动土压力系数；

$c_i$、$\varphi_i$——第 $i$ 层土的黏聚力（kPa）、内摩擦角（°）；

$p_{pk}$——支护结构内侧，第 $i$ 层土中计算点的被动土压力强度标准值（kPa）；

$\Delta\sigma_{k,j}$——支护结构外侧第 $j$ 个附加荷载作用下计算点的土中附加竖向应力标准值（kPa），见下表；

$u_a$、$u_p$——分别为支护结构外侧、内侧计算点的水压力（kPa）；

$\gamma_w$——地下水的重度（kN/m³），取 $\gamma_w = 10$ kN/m³；

$h_{wa}$——基坑外侧地下水位至主动土压力强度计算点的垂直距离（m）；对承压水，地下水位取测压管水位；当有多个含水层时，应取计算点所在含水层的地下水位；

$h_{wp}$——基坑内侧地下水位至被动土压力强度计算点的垂直距离（m）；对承压水，地下水位取测压管水位

【小注】① 关于水土分算，《建筑基坑支护技术规程》很特殊，土压力的计算公式中包括了水压力，在具体题目中应予以注意。

② 一般《土力学》《建筑边坡工程技术规范》水土分算中，土压力应该理解为不包括水压力，如果要包括，一般会这样问：总水平荷载或水土压力合力。

## 附加荷载作用下土中附加应力$\Delta\sigma_k$

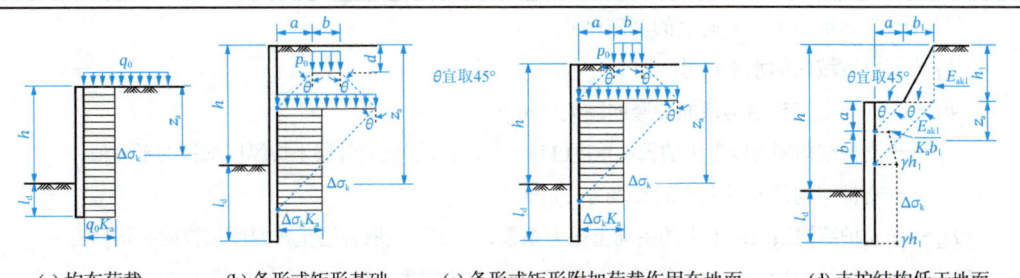

(a) 均布荷载　　(b) 条形或矩形基础　　(c) 条形或矩形附加荷载作用在地面　　(d) 支护结构低于地面

| 由基坑顶部超载引起的附加应力$\Delta\sigma_k$所产生的主动土压力强度为：$\Delta e_a = \Delta p_{ak} = \Delta\sigma_k \cdot K_a$ |||| 超载引起的主动土压力合力为：$\Delta e_a = \Delta p_{ak}$产生深度范围内求面积，即为图中阴影部分的面积 |
|---|---|---|---|---|
| 情况（a）：大面积均布荷载 || 作用范围：全长 || $\Delta\sigma_k = q_0$ |
| 情况（b）：条形或矩形作用在地面下 | 条形 | $d + \dfrac{a}{\tan\theta} \leqslant z_a \leqslant d + \dfrac{3a+b}{\tan\theta}$ || $\Delta\sigma_k = \dfrac{p_0 b}{b+2a}$ |
|  | 矩形 |  || $\Delta\sigma_k = \dfrac{p_0 bl}{(b+2a)(l+2a)}$ |
| 情况（c）：条形或矩形作用在地面上 | 条形 | $\dfrac{a}{\tan\theta} \leqslant z_a \leqslant \dfrac{3a+b}{\tan\theta}$ || $\Delta\sigma_k = \dfrac{p_0 b}{b+2a}$ |
|  | 矩形 |  || $\Delta\sigma_k = \dfrac{p_0 bl}{(b+2a)(l+2a)}$ |
| 情况（d）：支护结构低于地面上部采用放坡或土钉墙时<br>【$E_{ak1}$计算公式应用条件】<br>$h_1 \geqslant z_0$<br>（$z_0$为支护结构顶面以上黏性土的土压力临界深度）<br>若$h_1 < z_0$，取$E_{ak1}=0$ || ①$z_a < \dfrac{a}{\tan\theta}$ || $\Delta\sigma_k = 0$ |
|  || ②$z_a = \dfrac{a}{\tan\theta}$ || $\Delta\sigma_k = \dfrac{E_{ak1}}{K_a b_1}$ |
|  || ③$z_a \geqslant \dfrac{a+b_1}{\tan\theta}$ || $\Delta\sigma_k = \gamma h_1$ |
|  || ④$\dfrac{a}{\tan\theta} < z_a < \dfrac{a+b_1}{\tan\theta}$<br>除$z_a$外右式参数均为地面以上参数 || $\Delta\sigma_k$在上述数值②、③中线性内插：<br>$\Delta\sigma_k = \dfrac{\gamma h_1}{b_1}(z_a - a) + \dfrac{E_{ak1}(a+b_1-z_a)}{K_a b_1^{\,2}}$<br>⇩<br>$E_{ak1} = \dfrac{1}{2}\gamma(h_1 - z_0)^2 K_a$；$z_0 = \dfrac{2c}{\gamma\sqrt{K_a}}$ |

【小注】①$\theta$宜取45°；
②计算某点处土压力，切记使用某点处土层的$K_a$，而非直接代入上式值，黏性土需减$2c\sqrt{K_a}$

式中：$q_0$——均布附加荷载标准值（kPa）；
　　　$p_0$——基础底面附加压力标准值（kPa）；
　　　$d$——基础底面埋深（m）；
　　　$a$——支护结构外边缘至基础（放坡坡脚）的水平距离（m）；
　　　$\theta$——附加荷载的扩散角（°），宜取45°；
　　　$z_a$——支护结构顶面至土中附加竖向应力计算点的竖向距离（m）；
　　　$b$——与基坑边垂直方向上的基础尺寸（m）；

续表

$l$——与基坑边平行方向上的基础尺寸（m）；
$b_1$——放坡坡面的水平尺寸（m）；
$h_1$——地面至支护结构顶面的竖向距离（m）；
$\gamma$——支护结构顶面以上土的天然重度（kN/m³），对多层土取各层土按厚度加权的平均值；
$c$——支护结构顶面以上土的黏聚力（kPa）；
$K_a$——支护结构顶面以上土的主动土压力系数，对多层土取各层土按厚度加权的平均值；
$E_{ak1}$——支护结构顶面以上土体的自重所产生的单位宽度主动土压力标准值（kN/m）。

**知识拓展**

渗流下水土压力的计算，类似边坡的，参考第十六章第二节。

## 第二节 基坑支护结构内力计算

弹性支点法将支护结构视作竖向放置的弹性地基梁，假定支点为弹性支点，基坑底以下按 Winkler 弹性地基梁模型，支护结构后的土压力始终考虑为主动土压力，主动土压力按朗肯土压力计算，基坑开挖面以上的锚杆和内支撑视为弹性支座，基坑开挖面以下的土层则采用一系列弹簧进行模拟，详见下图。

其计算步骤为：

① 将支护结构简化为竖向的弹性地基梁，锚杆和内支撑按弹性支座考虑，计算主动土压力；

② 计算土反力；

③ 根据支护结构的变形计算支座反力；

④ 根据主动土压力、支座反力及被动区土弹簧受力，将支座反力作为外荷载，反向施加在支撑体系上。按材料力学的截面法计算围护结构的内力。

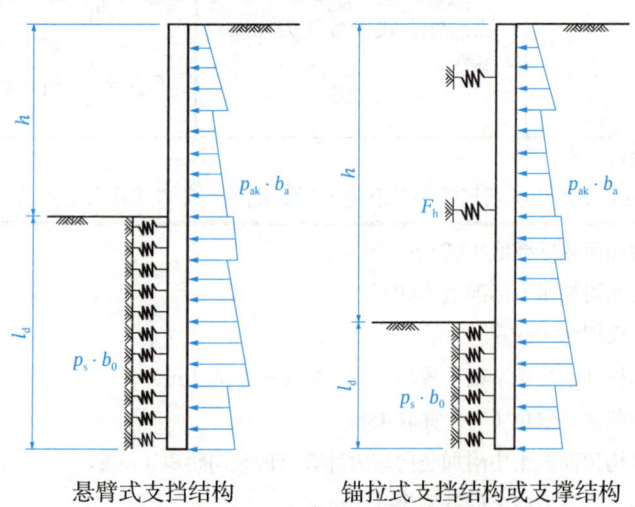

悬臂式支挡结构　　锚拉式支挡结构或支撑结构

## 一、计算宽度

——第 4.1.3、4.1.7 条

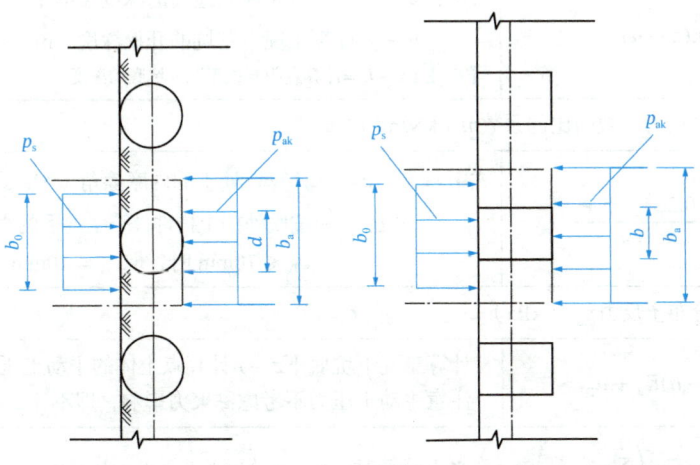

圆形截面计算宽度　　矩形截面或工字形截面计算宽度

（1）主动土压力计算宽度 $b_a$

| 排桩（双排桩） | 地下连续墙 |
|---|---|
| $b_a$ = 排桩间距（双排桩）$s$ | $b_a$ = 包括接头的单幅墙宽度 |

（2）土反力计算宽度 $b_0$

| 排桩（双排桩） | | | | 地下连续墙 |
|---|---|---|---|---|
| 圆形桩 | | 矩形桩或工字形桩 | | |
| $d \leqslant 1m$ | $b_0 = 0.9(1.5d + 0.5)$ | $b \leqslant 1m$ | $b_0 = 1.5b + 0.5$ | $b_0$ = 包括接头的单幅墙宽度 |
| $d > 1m$ | $b_0 = 0.9(d + 1)$ | $b > 1m$ | $b_0 = b + 1$ | |
| $d$ 为圆形桩的直径 | | $b$ 为矩形桩或工字形桩的宽度 | | |

【小注】$b_0 \leqslant b_a$，若：$b_0 > b_a$，则：$b_0 = b_a$。

## 二、土反力计算（弹性支点法）

——第 4.1.4～4.1.6 条

**土反力计算（弹性支点法）**

（1）挡土构件嵌固段上的基坑内侧土反力合力 $P_{sk}$，应符合下式；
当不符合时，应增加挡土构件的嵌固长度或取 $P_{sk} = E_{pk}$ 时的分布土压力

$$P_{sk} \leqslant E_{pk} \Leftarrow \text{一根桩}：P_{sk} = b_0 \sum p_{si} \leqslant b_0 \cdot E_{pk}$$

【小注】$P_{sk}$——挡土构件嵌固段上的基坑内侧分布土反力合力标准值（kN）；
$E_{pk}$——挡土构件嵌固段上的被动土压力合力标准值（kN），其计算宽度为 $b_0$，非 $b_a$

（2）某一计算点处分布土反力 $p_s$（kPa）

| $p_s = k_s v + p_{s0}$ | 式中：$v$——挡土构件在分布土反力计算点使土体压缩的水平位移值（m） |
|---|---|

续表

| ①计算土的水平反力系数$k_s$（kPa/m） | |
|---|---|
| $k_s = m(z-h)$ | 式中：$z$——计算点距原始地面的深度（m）；<br>$h$——计算工况下基坑的开挖深度（m）。<br>【小注】$z-h$=计算点距开挖工况下坑底的深度 |
| ②计算土的水平反力系数的比例系数$m$（kN/m⁴） | |
| $m = 1000 \times \dfrac{0.2\varphi^2 - \varphi + c}{v_b}$ | 式中：$\varphi$、$c$——计算点处土的内摩擦角（°）、黏聚力（kPa）；<br>$v_b$——坑底处挡土构件计算工况下的水平位移量（mm）；<br>$v_b \leqslant 10$mm 时，取 $v_b = 10$mm |
| ③计算点初始分布土反力$p_{s0}$（kPa） | |
| $p_{s0} = \gamma(z-h)K_a + u_p$ | 计算工况下坑底下$z-h$计算点土体的主动土压力强度$p_{s0}$<br>注意主动土压力不考虑黏聚力影响，即不计$2c\sqrt{K_a}$影响 |
| 水土合算时：$p_{s0i} = \left(\sum\limits_{i=1}^{i}\gamma_{sat,j}h_j\right)K_{a,j}$；水土分算时：$p_{s0i} = \sum\limits_{i=1}^{i}\gamma_j h_j K_{a,j} + \gamma_w h_{wp}$ | |

## 三、弹性支点刚度系数 $k_R$ 与水平反力 $F_h$

——第 4.1.8~4.1.10 条

**弹性支点刚度系数 $k_R$ 与水平反力 $F_h$**

| | | （1）计算宽度$b_a$内的弹性支点刚度系数$k_R$（kN/m） | |
|---|---|---|---|
| 锚拉式 | 锚杆抗拉试验 | $k_R = \dfrac{(Q_2 - Q_1)b_a}{(s_2 - s_1)s}$<br>锚杆锁定值=锚杆轴向拉力标准值×(0.7~0.95) | 式中：$Q_1$、$Q_2$——$Q \sim s$曲线上对应锚杆锁定值、轴向拉力标准值的荷载值（kN）；<br>$b_a$——挡土构件的计算宽度（m）；<br>$s_1$、$s_2$——对应于$Q_1$、$Q_2$的锚头位移值（m）；<br>$s$——锚杆水平间距（m） |
| | 经验法 | $k_R = \dfrac{3E_c A E_s A_p b_a}{[3E_c A l_f + E_s A_p(l - l_f)]s}$<br>应为：轴向刚度系数，如要转化为水平刚度系数：×$\cos^2\alpha$ ⇧<br>锚杆的复合弹性模量$E_c$（kPa）⇧<br>$E_c = \dfrac{E_s A_p + E_m(A - A_p)}{A}$ | 式中：$E_s$——锚杆杆体的弹性模量（kPa）；<br>$E_m$——注浆固结体的弹性模量（kPa）；<br>$A_p$——锚杆杆体的截面面积（m²）；<br>$A$——注浆固结体的截面面积（m²）；<br>$l$——锚杆长度（m）；<br>$l_f$——锚杆的自由段长度（m） |
| | 试验法引申 | 单根锚杆轴向刚度系数$k_R$：$k_R = \dfrac{(Q_2 - Q_1)}{(s_2 - s_1)}$ | |

经验法引申：

| ①计算宽度$b_a$内的锚杆轴向刚度系数$k_R$：<br>$k_R = \dfrac{3E_s E_c A_p A b_a}{[3E_c A l_f + E_s A_p(l - l_f)]s}$ | ②计算宽度$b_a$内锚杆水平向刚度系数$k_R$：<br>$k_R = \dfrac{3E_s E_c A_p A b_a \cos^2\alpha}{[3E_c A l_f + E_s A_p(l - l_f)]s}$ |
|---|---|

续表

| ③单根锚杆轴向刚度系数$k_R$：$$k_R = \frac{3E_sE_cA_pA}{[3E_cAl_f + E_sA_p(l-l_f)]}$$ | ④单根锚杆水平向刚度系数$k_R$：$$k_R = \frac{3E_sE_cA_pA\cos^2\alpha}{[3E_cAl_f + E_sA_p(l-l_f)]}$$ | | |
|---|---|---|---|
| 支撑式 $$k_R = \frac{\alpha_R E A b_a}{\lambda l_0 s}$$ | 式中：$E$——支撑材料的弹性模量（kPa）；$A$——支撑的截面面积（m²）；$l_0$——受压支撑构件的长度（m）；$s$——支撑水平间距（m） | | |
| | 混凝土支撑和预加轴向压力的钢支撑 | $\alpha_R = 1.0$ | |
| | 不预加轴向压力的钢支撑 | $\alpha_R = 0.8 \sim 1.0$ | |
| | 支撑两边基坑的土性、深度、周边荷载等条件相近且对称开挖 | $\lambda = 0.5$ | |
| | 支撑两边基坑的土性、深度、周边荷载等条件相近或开挖时间有差异 | 土压力较大或先开挖的一侧 | $\lambda = 0.5 \sim 1.0$ |
| | | 土压力较小或后开挖的一侧 | 取 $1-\lambda$ |
| | 竖向斜撑构件 | $\lambda = 1.0$ | |

（2）锚杆和内支撑计算宽度$b_a$内的弹性支点水平反力$F_h$（kN）

$$F_h = k_R(v_R - v_{R0}) + P_h$$

| ①锚杆预加轴向拉力值或支撑预加轴向压力值$P$（kN） | 锚杆 | $P = (0.75 \sim 0.9)N_k$ | 式中：$N_k$——锚杆轴向拉力或支撑预加轴向压力标准值（kN）；$\alpha$——锚杆倾角或支撑仰角（°）；$b_a$——挡土构件的计算宽度（m）；$s$——锚杆或支撑水平间距（m）；$v_R$——挡土构件在支点处的水平位移值（m）；$v_{R0}$——设置锚杆或支撑，支点处的初始水平位移值（m）；$k_R$——计算宽度$b_a$内的（轴向）刚度系数（kN/m） |
|---|---|---|---|
| | 支撑 | $P = (0.5 \sim 0.8)N_k$ | |
| ②挡土构件计算宽度$b_a$内的法向预加力$P_h$（kN） | 锚杆或竖向斜撑 | $P_h = \dfrac{P \cdot \cos\alpha \cdot b_a}{s}$ | |
| | 水平对撑 | $P_h = \dfrac{P \cdot b_a}{s}$ | |
| | 不预加轴向压力支撑 | $P_h = 0$ | |

【小注】$F_h$为水平反力，以及对比《建筑边坡工程技术规范》与《建筑基坑支护技术规程》（1999年版），$k_R$应采用水平刚度系数，规范提供的轴向刚度系数是错误的。

# 第三节 支挡结构设计

## 一、抗倾覆验算

——第 4.2.1、4.2.2 条

**抗倾覆验算**

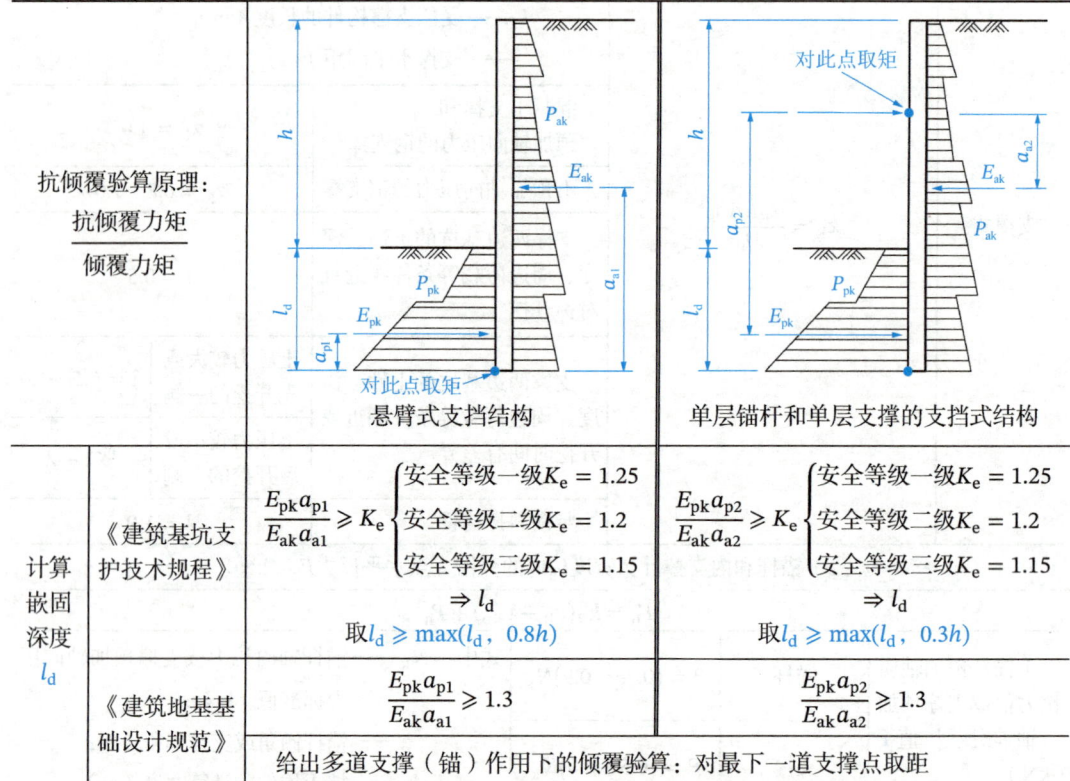

| 抗倾覆验算原理：$\dfrac{\text{抗倾覆力矩}}{\text{倾覆力矩}}$ | | 悬臂式支挡结构 | 单层锚杆和单层支撑的支挡式结构 |
|---|---|---|---|
| 计算嵌固深度 $l_d$ | 《建筑基坑支护技术规程》 | $\dfrac{E_{pk}a_{p1}}{E_{ak}a_{a1}} \geqslant K_e$ $\begin{cases} 安全等级一级 K_e = 1.25 \\ 安全等级二级 K_e = 1.2 \\ 安全等级三级 K_e = 1.15 \end{cases}$ $\Rightarrow l_d$ 取 $l_d \geqslant \max(l_d, 0.8h)$ | $\dfrac{E_{pk}a_{p2}}{E_{ak}a_{a2}} \geqslant K_e$ $\begin{cases} 安全等级一级 K_e = 1.25 \\ 安全等级二级 K_e = 1.2 \\ 安全等级三级 K_e = 1.15 \end{cases}$ $\Rightarrow l_d$ 取 $l_d \geqslant \max(l_d, 0.3h)$ |
| | 《建筑地基基础设计规范》 | $\dfrac{E_{pk}a_{p1}}{E_{ak}a_{a1}} \geqslant 1.3$ | $\dfrac{E_{pk}a_{p2}}{E_{ak}a_{a2}} \geqslant 1.3$ |
| | | 给出多道支撑（锚）作用下的倾覆验算：对最下一道支撑点取距 | |

式中：$K_e$——嵌固稳定安全系数，安全等级为一级、二级、三级的悬臂式支挡结构，$K_e$ 分别不应小于 1.25、1.20、1.15；

$E_{ak}$、$E_{pk}$——分别为基坑外侧主动土压力、基坑内侧被动土压力标准值（kN）；

$a_{a1}$、$a_{p1}$——分别为基坑外侧主动土压力、基坑内侧被动土压力合力作用点至挡土构件底端距离（m）；

$a_{a2}$、$a_{p2}$——分别为基坑外侧主动土压力、基坑内侧被动土压力合力作用点至支点的距离（m）。

## 二、抗隆起验算

**（1）抗隆起验算——《建筑基坑支护技术规程》——第 4.2.4 条**

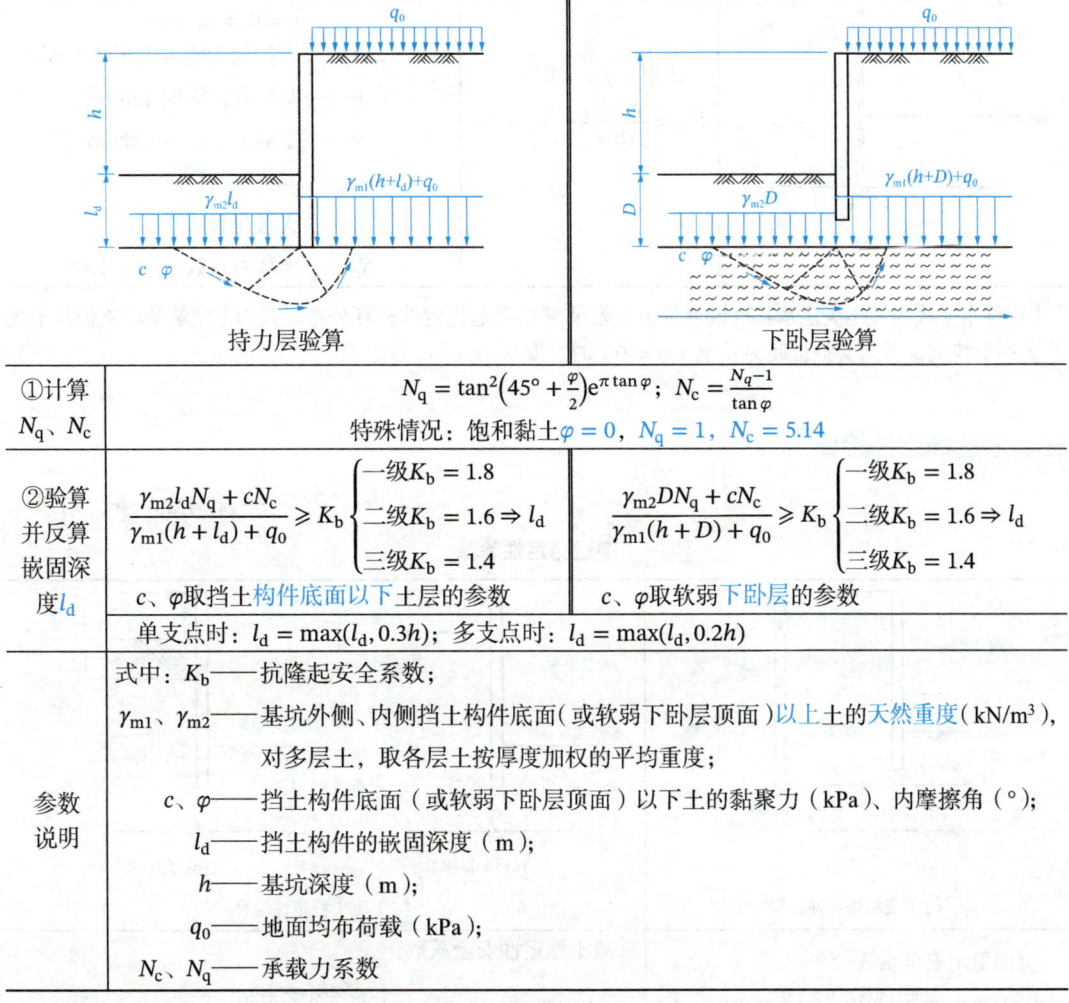

持力层验算　　　　　　　下卧层验算

| | | |
|---|---|---|
| ①计算 $N_q$、$N_c$ | \multicolumn{2}{l\|}{$N_q = \tan^2\left(45° + \dfrac{\varphi}{2}\right)e^{\pi\tan\varphi}$；　$N_c = \dfrac{N_q-1}{\tan\varphi}$<br>特殊情况：饱和黏土 $\varphi = 0$，$N_q = 1$，$N_c = 5.14$} |
| ②验算并反算嵌固深度 $l_d$ | $\dfrac{\gamma_{m2}l_d N_q + cN_c}{\gamma_{m1}(h+l_d)+q_0} \geq K_b \begin{cases}一级 K_b=1.8\\ 二级 K_b=1.6 \Rightarrow l_d\\ 三级 K_b=1.4\end{cases}$<br>$c$、$\varphi$ 取挡土构件底面以下土层的参数 | $\dfrac{\gamma_{m2}DN_q + cN_c}{\gamma_{m1}(h+D)+q_0} \geq K_b \begin{cases}一级 K_b=1.8\\ 二级 K_b=1.6 \Rightarrow l_d\\ 三级 K_b=1.4\end{cases}$<br>$c$、$\varphi$ 取软弱下卧层的参数 |
| | \multicolumn{2}{l\|}{单支点时：$l_d = \max(l_d, 0.3h)$；　多支点时：$l_d = \max(l_d, 0.2h)$} |
| 参数说明 | \multicolumn{2}{l\|}{式中：$K_b$——抗隆起安全系数；<br>　　　$\gamma_{m1}$、$\gamma_{m2}$——基坑外侧、内侧挡土构件底面（或软弱下卧层顶面）以上土的天然重度（kN/m³），<br>　　　　　　　　　对多层土，取各层土按厚度加权的平均重度；<br>　　　$c$、$\varphi$——挡土构件底面（或软弱下卧层顶面）以下土的黏聚力（kPa）、内摩擦角（°）；<br>　　　$l_d$——挡土构件的嵌固深度（m）；<br>　　　$h$——基坑深度（m）；<br>　　　$q_0$——地面均布荷载（kPa）；<br>　　　$N_c$、$N_q$——承载力系数} |

【小注】①注意 $\gamma_{m1}$、$\gamma_{m2}$ 为天然重度，不能单纯理解为饱和重度、浮重度，如果天然就是饱和，那么就采用饱和重度；土钉墙的抗隆起验算也是类似的。

②悬臂式支挡结构可不进行抗隆起稳定性验算。

③参数 $c$、$\varphi$ 为抗隆起计算平面以下土的黏聚力、内摩擦角。

### $N_q$、$N_c$ 速查表

| $\varphi$ | 5 | 6 | 7 | 8 | 9 | 10 | 11 | 12 | 13 | 14 | 15 | 16 | 17 |
|---|---|---|---|---|---|---|---|---|---|---|---|---|---|
| $N_q$ | 1.568 | 1.716 | 1.879 | 2.058 | 2.255 | 2.471 | 2.710 | 2.974 | 3.264 | 3.586 | 3.941 | 4.335 | 4.772 |
| $N_c$ | 6.489 | 6.813 | 7.158 | 7.257 | 7.922 | 8.345 | 8.798 | 9.285 | 9.807 | 10.370 | 10.977 | 11.631 | 12.338 |
| $\varphi$ | 18 | 19 | 20 | 21 | 22 | 23 | 24 | 25 | 26 | 27 | 28 | 29 | 30 |
| $N_q$ | 5.258 | 5.798 | 6.399 | 7.071 | 7.821 | 8.661 | 9.603 | 10.662 | 11.854 | 13.199 | 14.720 | 16.443 | 18.401 |
| $N_c$ | 13.104 | 13.934 | 14.835 | 15.815 | 16.833 | 18.049 | 19.324 | 20.721 | 22.254 | 23.942 | 25.803 | 27.860 | 30.140 |
| $\varphi$ | 31 | 32 | 33 | 34 | 35 | 36 | 37 | 38 | 39 | 40 | 41 | 42 | 43 |
| $N_q$ | 20.631 | 23.177 | 26.092 | 29.440 | 33.296 | 37.752 | 42.920 | 48.933 | 55.957 | 64.195 | 73.897 | 85.374 | 99.104 |
| $N_c$ | 32.671 | 35.490 | 38.638 | 42.164 | 46.124 | 50.585 | 55.630 | 61.352 | 67.867 | 75.313 | 83.858 | 93.706 | 105.11 |

## （2）抗隆起验算——《建筑地基基础设计规范》——附录 V

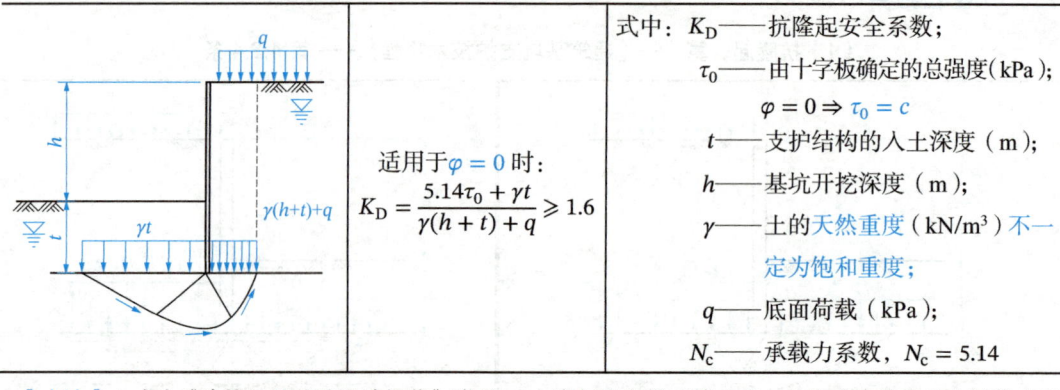

适用于 $\varphi = 0$ 时：

$$K_D = \frac{5.14\tau_0 + \gamma t}{\gamma(h+t) + q} \geq 1.6$$

式中：$K_D$——抗隆起安全系数；
$\tau_0$——由十字板确定的总强度（kPa）；
$\varphi = 0 \Rightarrow \tau_0 = c$
$t$——支护结构的入土深度（m）；
$h$——基坑开挖深度（m）；
$\gamma$——土的天然重度（kN/m³）不一定为饱和重度；
$q$——底面荷载（kPa）；
$N_c$——承载力系数，$N_c = 5.14$。

【小注】上式为《建筑地基基础设计规范》附录 V 中隆起稳定性验算公式，其为《建筑基坑支护技术规程》一个特例，即当支护桩底为软土（$\varphi = 0$）时，取 $N_c = 5.14$、$N_q = 1$。

## 三、渗透稳定性验算

——第 4.2.6 条、附录 C

**渗透稳定性验算**

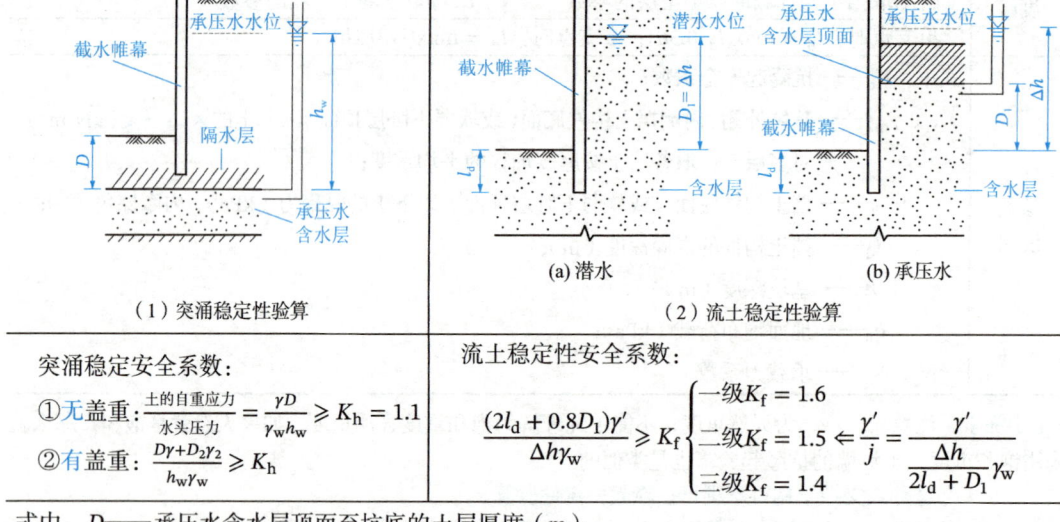

（1）突涌稳定性验算　　　　　　　　（2）流土稳定性验算

突涌稳定安全系数：

① 无盖重：$\dfrac{\text{土的自重应力}}{\text{水头压力}} = \dfrac{\gamma D}{\gamma_w h_w} \geq K_h = 1.1$

② 有盖重：$\dfrac{D\gamma + D_2\gamma_2}{h_w\gamma_w} \geq K_h$

流土稳定性安全系数：

$\dfrac{(2l_d + 0.8D_1)\gamma'}{\Delta h \gamma_w} \geq K_f \begin{cases} \text{一级} K_f = 1.6 \\ \text{二级} K_f = 1.5 \\ \text{三级} K_f = 1.4 \end{cases} \Leftarrow \dfrac{\gamma'}{j} = \dfrac{\gamma'}{\dfrac{\Delta h}{2l_d + D_1}\gamma_w}$

式中：$D$——承压水含水层顶面至坑底的土层厚度（m）；
　　　$\gamma$——承压水含水层顶面至坑底土层的天然重度（kN/m³），对多层土，取按土层厚度加权的平均天然重度；
　　　$D_2$、$\gamma_2$——盖重层的厚度（m）、天然重度（kN/m³）；
　　　$h_w$——承压含水层顶面的压力水头高度（m）；
　　　$\gamma_w$——水的重度（kN/m³）；
　　　$l_d$——截水帷幕在坑底以下的插入深度（m）；
　　　$D_1$——潜水面或承压水含水层顶面至基坑底面的土层厚度（m）；
　　　$\gamma'$——土的浮重度（kN/m³）；
　　　$\Delta h$——基坑内外的水头差（m）

【小注】①$\gamma$ 为天然重度，不能单纯理解为饱和重度、浮重度，如果天然是饱和的，那么就用饱和重度；

②$\dfrac{D\gamma}{h_w\gamma_w} \geqslant K_h \Longrightarrow \dfrac{土的自重应力}{水头压力} \geqslant 1.1$，本质为静力平衡，向下的自重应力和向上的水头压力比较；

③构件的嵌固深度应满足规范构造要求：对悬臂式结构，尚不宜小于 $0.8h$；对单支点支挡式结构，尚不宜小于 $0.3h$；对多支点支挡式结构，尚不宜小于 $0.2h$。

## 四、整体滑动稳定性

——第 4.2.3、4.2.5 条

（1）锚拉式、悬臂式和双排桩的整体滑动稳定性验算

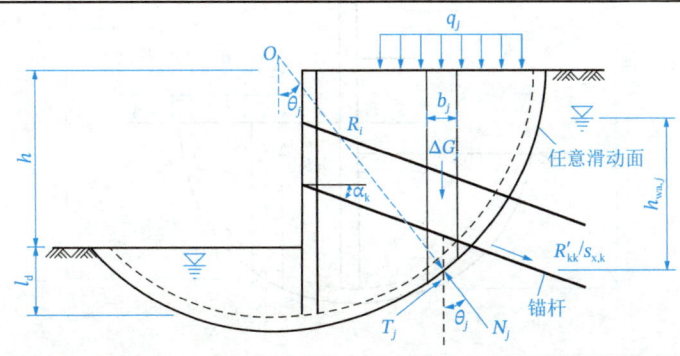

$$K_s = \dfrac{M_r}{M_s} = \dfrac{\sum\{c_j l_j + [(q_j b_j + \Delta G_j)\cos\theta_j - u_j l_j]\tan\varphi_j\} + \sum R'_{kk}[\cos(\theta_k + \alpha_k) + \psi_v]/s_{x,k}}{\sum(q_j b_j + \Delta G_j)\sin\theta_j}$$

式中：$K_s$——圆弧滑动稳定安全系数，安全等级为一、二、三级的支挡结构分别 $\geqslant 1.35、1.3、1.25$；

$c_j、\varphi_j$——分别为第 $j$ 土条滑弧面处土的黏聚力（kPa）、内摩擦角（°）；

$b_j$——第 $j$ 土条的宽度（m）；

$\theta_j$——第 $j$ 土条滑弧面中点处的法线与垂直面的夹角（°）；

$l_j$——第 $j$ 土条滑弧长度（m），取 $l_j = b_j/\cos\theta_j$；

$q_j$——第 $j$ 土条上的附加分布荷载标准值（kPa）；

$\Delta G_j$——第 $j$ 土条的自重（kN），按天然重度计算；

$u_j$——第 $j$ 土条滑弧面上的水压力（kPa），采用落底式截水帷幕时，对地下水位以下的砂土、碎石土、砂质粉土，在基坑外侧可取 $u_j = \gamma_w h_{wa,j}$，在基坑内侧可取 $u_j = \gamma_w h_{wp,j}$；滑弧面在水位以上或对地下水位以下的黏性土，取 $u_j = 0$；

$h_{wa,j}$——基坑外侧第 $j$ 土条滑面中点处的压力水头（m）；

$h_{wp,j}$——基坑内侧第 $j$ 土条滑面中点处的压力水头（m）；

$\alpha_k$——第 $k$ 层锚杆的倾角（°）；

$\theta_k$——滑弧面在第 $k$ 层锚杆处的法线与垂直面的夹角（°）；

$s_{x,k}$——第 $k$ 层锚杆的水平间距（m）；

$\psi_v$——计算系数 $\psi_v = 0.5\sin(\theta_k + \alpha_k)\tan\varphi$；

$\varphi$——第 $k$ 层锚杆与滑弧交点处土的内摩擦角（°）；

$R'_{kk}$——第 $k$ 层锚杆在滑动面以外的锚固段的极限抗拔承载力标准值与锚杆杆体受拉承载力标准值（$f_{ptk}A_p$）的较小值（kN），锚固段应取滑动面以外的长度计算，对悬臂式、双排桩支挡结构，可不考虑 $\sum R'_{k,k}[\cos(\theta_k + \alpha_k) + \psi_v]/s_{x,k}$ 项。

续表

$$R'_{k,k} = \begin{cases} \pi d \sum q_{sk,i} l_i \\ f_{ptk} A_p \end{cases} 取小值$$

【小注】本公式本质为瑞典条分法 + 锚杆抗转动力矩,分子为两部分构成,一部分为未加锚杆时,土体提供的抗转动力矩,另一部分为锚杆提供的抗转动力矩;分母为转动力矩,可以按照工况题考查。

(2)坑底以下为软土时,锚拉式和支撑式支挡结构的滑动稳定性验算

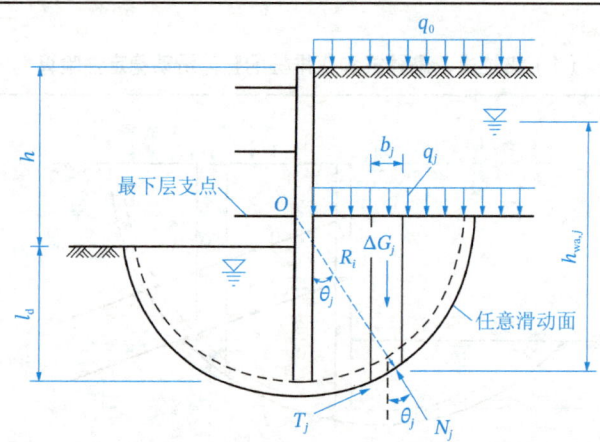

$$K_r = \frac{M_r}{M_s} = \frac{\sum[c_j l_j + (q_j b_j + \Delta G_j)\cos\theta_j \tan\varphi_j]}{\sum(q_j b_j + \Delta G_j)\sin\theta_j}$$

| 安全等级 | 一级 | 二级 | 三级 |
| --- | --- | --- | --- |
| $K_r$ | ≥2.2 | ≥1.9 | ≥1.7 |

式中:$K_r$——以最下层支点为轴心的圆弧滑动稳定安全系数;

$c_j$、$\varphi_j$——分别为第 $j$ 土条滑弧面处土的黏聚力(kPa)、内摩擦角(°);

$l_j$——第 $j$ 土条滑弧长度(m),取 $l_j = b_j/\cos\theta_j$;

$q_j$——第 $j$ 土条顶面上的竖向压力标准值(kPa);

$b_j$——第 $j$ 土条的宽度(m);

$\theta_j$——第 $j$ 土条滑弧面中点处的法线与垂直面的夹角(°);

$\Delta G_j$——第 $j$ 土条的自重(kN/m),天然重度计算

【小注】锚拉式支挡结构和支撑式支挡结构,当坑底以下为软土时,其嵌固深度应符合以最下层支点为轴心的圆弧滑动稳定性要求。

笔记区

## 五、双排桩

——第 4.12 节

### 双排桩

| （1）前、后排桩间土对桩侧的压力 $p_c$（kPa）——某一点处的压力 | |
|---|---|
| $p_c = k_c \Delta v + p_{c0}$ | 式中：$\Delta v$——前、后排桩位移的差值（m），当相对位移减小时为正值；当相对位移增加时，取 $\Delta v = 0$。<br>【小注】后排桩位移 > 前排桩位移，为挤压，$\Delta v$ 为正值 |
| ①水平刚度系数（kN/m³）：<br>$k_c = \dfrac{E_s}{s_y - d}$ | 式中：$E_s$——计算深度 $i$ 处，前、后排桩间土的压缩模量（kPa）；当为成层土时，应按计算点的深度分别取相应土层的压缩模量 |
| ②前、后排桩间土对桩侧的初始压力 $p_{c0}$（kPa） | |
| 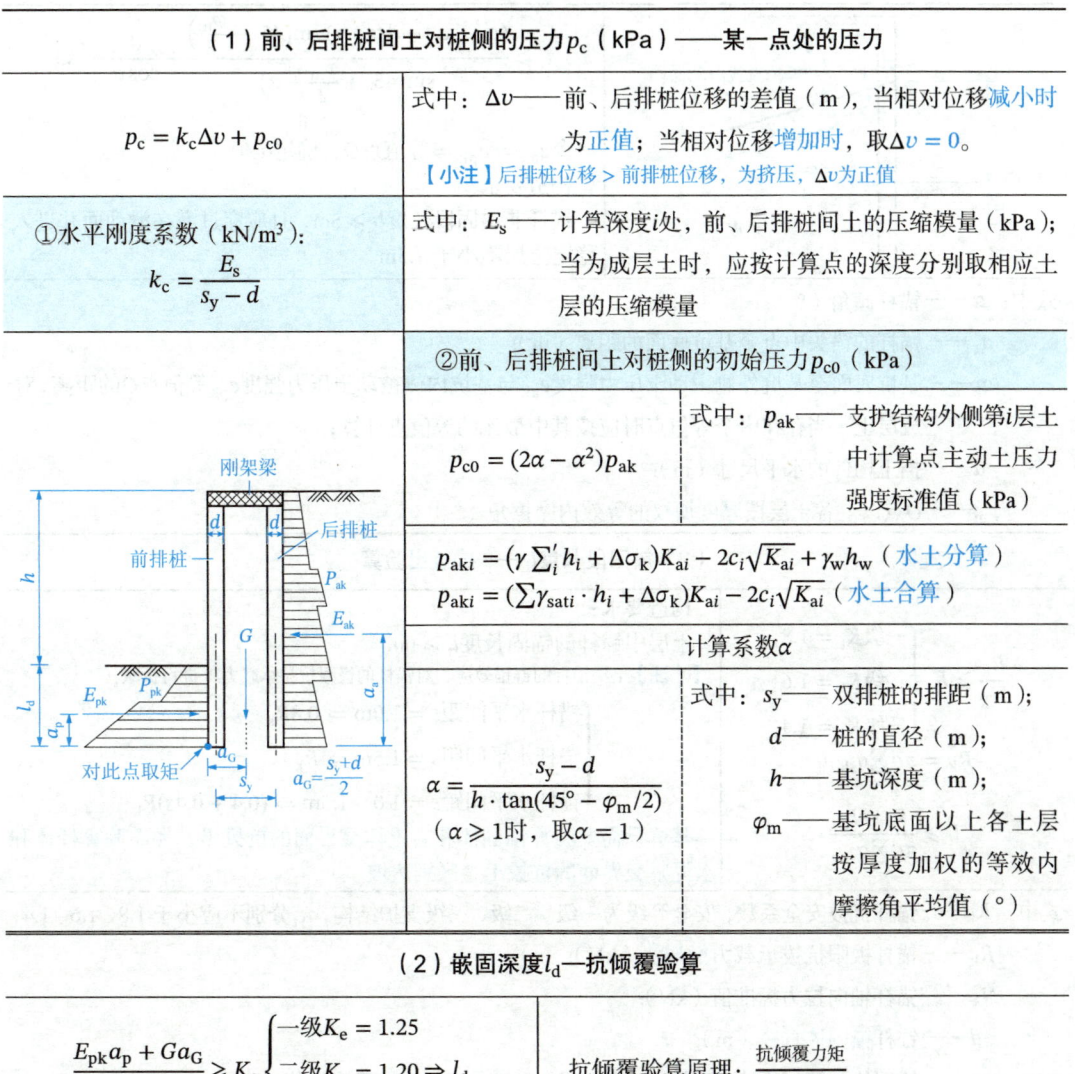 | $p_{c0} = (2\alpha - \alpha^2) p_{ak}$ |
| | 式中：$p_{ak}$——支护结构外侧第 $i$ 层土中计算点主动土压力强度标准值（kPa） |
| | $p_{aki} = (\gamma \sum_i' h_i + \Delta\sigma_k) K_{ai} - 2c_i \sqrt{K_{ai}} + \gamma_w h_w$（水土分算）<br>$p_{aki} = (\sum \gamma_{sati} \cdot h_i + \Delta\sigma_k) K_{ai} - 2c_i \sqrt{K_{ai}}$（水土合算） |
| | 计算系数 $\alpha$ |
| | $\alpha = \dfrac{s_y - d}{h \cdot \tan(45° - \varphi_m/2)}$<br>（$\alpha \geq 1$ 时，取 $\alpha = 1$） | 式中：$s_y$——双排桩的排距（m）；<br>$d$——桩的直径（m）；<br>$h$——基坑深度（m）；<br>$\varphi_m$——基坑底面以上各土层按厚度加权的等效内摩擦角平均值（°） |

| （2）嵌固深度 $l_d$——抗倾覆验算 | |
|---|---|
| $\dfrac{E_{pk} a_p + G a_G}{E_{ak} a_a} \geq K_e \begin{cases} \text{一级} K_e = 1.25 \\ \text{二级} K_e = 1.20 \\ \text{三级} K_e = 1.15 \end{cases} \Rightarrow l_d$ | 抗倾覆验算原理：$\dfrac{\text{抗倾覆力矩}}{\text{倾覆力矩}}$ |
| 构造要求： | 式中：$K_e$——嵌固稳定安全系数；<br>$G$——双排桩、刚架梁和桩间土的自重之和（kN）；<br>$a_G$——双排桩、刚架梁和桩间土的重心至前排桩边缘的水平距离（m）；<br>$a_a$、$a_p$——分别为基坑外侧主动土压力、基坑内侧被动土压力合力作用点至双排桩底端的距离（m） |
| 淤泥：$l_d \geq \max(l_d, 1.2h)$ | |
| 淤泥质土：$l_d \geq \max(l_d, 1.0h)$ | |
| 一般黏性土、砂土：$l_d \geq \max(l_d, 0.6h)$ | |

## 六、锚杆

——第 4.7 节

**（1）非锚固段长度 $l_f$（m）**

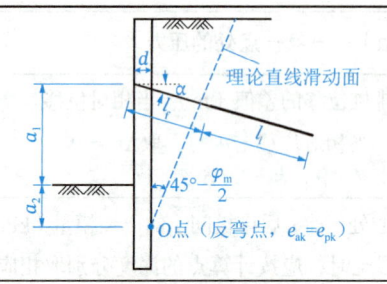

$$l_f \geqslant \frac{(a_1 + a_2 - d\tan\alpha)\sin\left(45° - \frac{\varphi_m}{2}\right)}{\sin\left(45° + \frac{\varphi_m}{2} + \alpha\right)} + \frac{d}{\cos\alpha} + 1.5$$

⇑

令 $e_{ak} = e_{pk}$ ⇒ 等值点 $O$，确定 $a_2$ 值

构造要求：

锚杆非锚固段长度 $l_f \geqslant 5m$，且应穿过潜在滑动面并进入稳定土层不小于 1.5m

式中： $\alpha$——锚杆倾角（°）；
    $a_1$——锚杆的锚头中点至基坑底面的距离（m）；
    $a_2$——基坑底面至基坑外侧主动土压力强度 $e_{ak}$ 与基坑内侧被动土压力强度 $e_{pk}$ 等值点 $O$ 的距离，对成层土，当存在多个等值点时应按其中最深的等值点计算；
    $d$——挡土构件的水平尺寸（m）；
    $\varphi_m$——$O$ 点以上各土层按厚度加权的等效内摩擦角（°）。

**（2）锚固段长度 $l_i$——抗拔出验算**

$$\frac{R_k}{N_k} \geqslant K_t \begin{cases} 一级 K_t = 1.8 \\ 二级 K_t = 1.6 \\ 三级 K_t = 1.4 \end{cases}$$

$$R_k = \pi d \sum q_{sk,i} l_i$$

⇓

$$l_i \geqslant \frac{K_t \cdot N_k}{\pi d \sum q_{sk,i}}$$

构造要求：
土层中锚杆的锚固长度 $l_i \geqslant 6m$
【小注】土层锚杆的群锚效应，对锚杆的极限抗拉承载力 $R_k$ 进行折减：
$$\begin{cases} 锚杆水平间距 s = 1.0m \Rightarrow 0.8R_k \\ 锚杆水平间距 s = 1.5m \Rightarrow R_k \\ 锚杆水平间距 s = 1.0 \sim 1.5m \Rightarrow (0.4 + 0.4s)R_k \end{cases}$$

基坑只需要验算锚固体和岩土体交界面的抗拔出，无需验算杆体和水泥浆交界面的抗拔出，区别边坡

式中： $K_t$——锚杆抗拔安全系数，安全等级为一级、二级、三级支护结构，$K_t$ 分别不应小于 1.8、1.6、1.4；
    $R_k$——锚杆极限抗拔承载力标准值（kN）；
    $N_k$——锚杆轴向拉力标准值（kN）；
    $d$——锚杆锚固体直径（m）；
    $q_{sk,i}$——锚固体与第 $i$ 土层的极限黏结强度标准值（kPa），可按下表取值；
    $l_i$——锚杆的锚固段在第 $i$ 土层中的长度（m）；锚固段长度为锚杆在理论直线滑动面以外的长度，理论直线滑动面按上表（规程第 4.7.5 条）的规定确定

$$N_k = \frac{F_h s}{b_a \cos\alpha} = \frac{N}{\gamma_0 \gamma_F}$$

$$\Leftarrow \frac{F_h / b_a}{N_k / s} = \cos\alpha$$

$$\Leftarrow F_h = k_R(v_R - v_{R0}) + P_h$$

$\gamma_F$: 1.25
$\gamma_0$: 一级 1.1，二级 1.0，三级 0.9

式中： $N_k$——锚杆轴向拉力标准值（kN）；
    $F_h$——挡土构件计算宽度 $b_a$ 内的弹性支点水平反力（kN）；
    $s$——锚杆水平间距（m）；
    $b_a$——挡土结构计算宽度（m），对单根支护桩，取排桩间距；对单幅地下连续墙，取包括接头的单幅墙宽度；
    $\alpha$——锚杆倾角（°）；
    $N$——轴向拉力设计值（kN）

# 第二十三章 建筑基坑支护技术规程

（3）$A_p$ 锚杆面积——抗拉断验算（内力范畴）

$$N = \gamma_0 \gamma_F N_k \leqslant f_{py} A_p$$

$\gamma_F$：1.25
$\gamma_0$：一级 1.1，二级 1.0，三级 0.9

式中：$N$——锚杆轴向拉力设计值（kN）；
$f_{py}$——锚杆杆体钢筋抗拉强度设计值（kPa），此数值可以查《混凝土结构设计规范》；
$A_p$——锚杆杆体钢筋截面面积（m²）

### 锚固体与第 $i$ 土层的极限黏结强度标准值 $q_{sk}$（kPa）

| 土的名称 | 土的状态或密实度 | $q_{sk}$（kPa） 一次常压注浆 | $q_{sk}$（kPa） 二次压力注浆 |
|---|---|---|---|
| 填土 | — | 16～30 | 30～45 |
| 淤泥质土 | — | 16～20 | 20～30 |
| 黏性土 | $I_L > 1$ | 30～18 | 45～25 |
| 黏性土 | $0.75 < I_L \leqslant 1$ | 40～30 | 60～45 |
| 黏性土 | $0.5 < I_L \leqslant 0.75$ | 53～40 | 70～60 |
| 黏性土 | $0.25 < I_L \leqslant 0.5$ | 65～53 | 85～70 |
| 黏性土 | $0 < I_L \leqslant 0.25$ | 73～65 | 100～85 |
| 黏性土 | $I_L \leqslant 0$ | 90～73 | 130～100 |
| 粉土 | $e > 0.9$ | 44～22 | 60～40 |
| 粉土 | $0.75 \leqslant e \leqslant 0.9$ | 64～44 | 90～60 |
| 粉土 | $e < 0.75$ | 100～64 | 130～80 |
| 粉细砂 | 稍密 | 22～42 | 40～70 |
| 粉细砂 | 中密 | 42～63 | 75～110 |
| 粉细砂 | 密实 | 63～85 | 90～130 |
| 中砂 | 稍密 | 54～74 | 70～100 |
| 中砂 | 中密 | 74～90 | 100～130 |
| 中砂 | 密实 | 90～120 | 130～170 |
| 粗砂 | 稍密 | 80～130 | 100～140 |
| 粗砂 | 中密 | 130～170 | 170～220 |
| 粗砂 | 密实 | 170～220 | 220～250 |
| 砾砂 | 中密、密实 | 190～260 | 240～290 |
| 风化岩 | 全风化 | 80～100 | 120～150 |
| 风化岩 | 强风化 | 150～200 | 200～260 |

【表注】①采用套管护壁成孔工艺时，可取表中高值。
②当砂土中的细粒含量超过总质量 30% 时，表中数值应乘以 0.75。

笔记区

## 第四节 土钉墙

### 一、抗隆起稳定性验算

——第 5.1.2 条

**抗隆起稳定性验算**

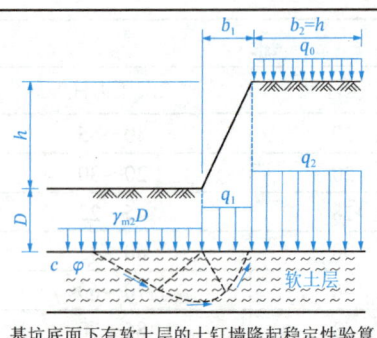

基坑底面下有软土层的土钉墙隆起稳定性验算

抗隆起安全系数 $K_b$：

$$\frac{\gamma_{m2}DN_q + cN_c}{(q_1b_1 + q_2b_2)/(b_1+b_2)} \geqslant K_b \begin{cases} 二级 K_b = 1.6 \\ 三级 K_b = 1.4 \end{cases}$$

式中：$c$——抗隆起计算平面以下土的黏聚力（kPa）；

$b_1$——土钉墙的坡面宽度（m），当土钉墙坡面垂直时取 $b_1 = 0$；

$b_2$——地面均布荷载计算宽度（m），可取 $b_2 = h$。

（1）计算 $q_1$、$q_2$

$$q_1 = 0.5\gamma_{m1}h + \gamma_{m2}D$$
$$q_2 = \gamma_{m1}h + \gamma_{m2}D + q_0$$

式中：$\gamma_{m1}$——基坑底面以上加权平均天然重度（kN/m³）；

$\gamma_{m2}$——基坑底面以下至抗隆起计算平面之间加权平均天然重度（kN/m³）；

$D$——基坑底面至抗隆起计算平面之间厚度（m），当抗隆起计算平面为基坑底面时 $D = 0$；

$q_0$——地面均布荷载（kPa）。

（2）计算 $N_q$、$N_c$

$$N_q = \tan^2\left(45° + \frac{\varphi}{2}\right)e^{\pi\tan\varphi}$$
$$N_c = \frac{N_q - 1}{\tan\varphi}$$

式中：$\varphi$——抗隆起计算平面以下土的内摩擦角（°）。

**$N_q$、$N_c$ 速查表**

| $\varphi$ | 5 | 6 | 7 | 8 | 9 | 10 | 11 | 12 | 13 | 14 | 15 | 16 | 17 |
|---|---|---|---|---|---|---|---|---|---|---|---|---|---|
| $N_q$ | 1.568 | 1.716 | 1.879 | 2.058 | 2.255 | 2.471 | 2.710 | 2.974 | 3.264 | 3.586 | 3.941 | 4.335 | 4.772 |
| $N_c$ | 6.489 | 6.813 | 7.158 | 7.528 | 7.922 | 8.345 | 8.798 | 9.285 | 9.807 | 10.370 | 10.977 | 11.631 | 12.338 |
| $\varphi$ | 18 | 19 | 20 | 21 | 22 | 23 | 24 | 25 | 26 | 27 | 28 | 29 | 30 |
| $N_q$ | 5.258 | 5.798 | 6.399 | 7.071 | 7.821 | 8.661 | 9.603 | 10.662 | 11.854 | 13.199 | 14.720 | 16.443 | 18.401 |
| $N_c$ | 13.104 | 13.934 | 14.835 | 15.815 | 16.833 | 18.049 | 19.324 | 20.721 | 22.254 | 23.942 | 25.803 | 27.860 | 30.140 |
| $\varphi$ | 31 | 32 | 33 | 34 | 35 | 36 | 37 | 38 | 39 | 40 | 41 | 42 | 43 |
| $N_q$ | 20.631 | 23.177 | 26.092 | 29.440 | 33.296 | 37.752 | 42.920 | 48.933 | 55.957 | 64.195 | 73.897 | 85.374 | 99.014 |
| $N_c$ | 32.671 | 35.490 | 38.638 | 42.164 | 46.124 | 50.585 | 55.630 | 61.352 | 67.867 | 75.313 | 83.858 | 93.706 | 105.11 |

## 二、承载力验算

——第 5.2 节

**承载力验算**

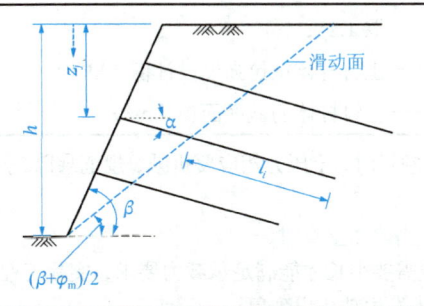

（1）锚固段长度 $l_i$——抗拔出验算

$$\frac{R_{k,j}}{N_{k,j}} \geqslant K_t \begin{cases} 二级 K_t = 1.6 \\ 三级 K_t = 1.4 \end{cases} \Rightarrow l_i$$

$$\Uparrow R_{k,j} = \begin{cases} \pi d_j \sum q_{sk,i} l_i \\ f_{yk} A_s \end{cases} 取小值$$

（2）自由段长度：$l_f = \dfrac{(h-z_j)\sin\left(\frac{\beta-\varphi_m}{2}\right)}{\sin\beta \cdot \sin\left(\alpha+\frac{\beta+\varphi_m}{2}\right)}$

式中：$K_t$——土钉抗拔安全系数；
$N_{k,j}$——第 $j$ 层土钉的轴向拉力标准值（kN）；
$R_{k,j}$——第 $j$ 层土钉的极限抗拔承载力标准值（kN）；
$d_j$——土钉的锚固体直径（m），对成孔注浆土钉，按成孔直径计算，对打入式钢管土钉，按钢管直径计算；
$q_{sk,i}$——第 $j$ 层土钉与第 $i$ 土层的极限黏结强度标准值（kPa）；
$l_i$——第 $j$ 层土钉滑动面以外部分在第 $i$ 层土中的长度，直线滑动面与水平角的夹角取 $(\beta+\varphi_m)/2$；
$f_{yk}$——土钉杆体的抗拉强度标准值（kPa）；
$A_s$——土钉的截面面积（m²）；

| ①计算单根土钉轴向拉力标准值 $N_{k,j}$（kN） | |
|---|---|
| $N_{k,j} = \dfrac{1}{\cos\alpha_j}\zeta\eta_j p_{ak,j} \cdot s_{x,j} \cdot s_{z,j}$ | 式中：$p_{ak,j}$——计算土钉处的主动土压力强度标准值（kPa）；<br>$s_{x,j}$、$s_{z,j}$——计算土钉水平和竖向间距（m），注意顶层和底层土钉的作用范围；<br>$\alpha_j$——计算土钉的倾角（°），宜为 5°~20° |
| ②计算主动土压力折减系数 $\zeta$ | |
| $\zeta = \dfrac{\tan\beta-\varphi_m}{2}\left(\dfrac{1}{\tan\frac{\beta+\varphi_m}{2}} - \dfrac{1}{\tan\beta}\right)/$ $\tan^2\left(45°-\dfrac{\varphi_m}{2}\right)$ | 式中：$\varphi_m$——基坑底面以上各土层按厚度加权的等效内摩擦角平均值（°）；<br>$\beta$——土钉墙坡面与水平面的夹角（°） |
| ③计算轴向拉力调整系数 $\eta_j$ | |
| $\eta_j = \eta_a - (\eta_a - \eta_b)\dfrac{z_j}{h}$<br>$\Uparrow$<br>$\eta_a = \dfrac{\sum(h-\eta_b z_j)\Delta E_{aj}}{\sum(h-z_j)\Delta E_{aj}}$<br>$\Uparrow$<br>$\Delta E_{aj} = p_{ak,j} \cdot s_{x,j} \cdot s_{z,j}$ | 式中：$h$——基坑深度（m）；<br>$z_j$——第 $j$ 层土钉至基坑顶面的垂直距离（m）；<br>$\eta_a$——计算系数；<br>$\Delta E_{aj}$——作用在第 $j$ 层土钉 $s_{x,j} \times s_{z,j}$ 范围的主动土压力标准值（kPa）；<br>$\eta_b$——经验系数，可取 0.6~1.0 |

续表

| （3）面积$A_s$—抗拉断验算 | |
|---|---|
| $N_j = \gamma_0 \gamma_F N_{k,j} \leqslant f_y A_s$ | 式中：$N_j$——第$j$层土钉的轴向拉力设计值（kN）；<br>$\gamma_0$——一级取 1.1，二级取 1.0，三级取 0.9；<br>$\gamma_F$——取 1.25；<br>$f_y$——土钉杆体抗拉强度设计值（kPa）；<br>$A_s$——土钉杆体的截面面积（m²） |

【小注】①土压力是根据坡面竖直时计算出来的，当坡面倾斜时，土压力相应要折减，规范乘以$\zeta$系数来表征土压力的折减。

墙面倾斜时，$\varphi_m \leqslant \beta \leqslant 90°$，相应的$0 \leqslant \zeta \leqslant 1$，当墙面垂直时$\zeta = 1$。

②按照朗肯土压力理论，土钉墙底部的土钉往往需要很长才能满足承载力要求，实际工程发现太长根本难以发挥，因此对其长度进行折减，但折减后也未发生被拔出现象。

土钉轴向拉力调整系数$\eta_j$是对每层土钉的轴向拉力进行调整，最上层土钉$\eta_j \geqslant 1$，最下层土钉$\eta_j \leqslant 1$。调整后，所有土钉轴向拉力总和是不变的，变的只是单根土钉的拉力。

③每层土钉的计算系数是一样的。

### 知识拓展

整体滑动稳定性，验算类似第三节第四部分，具体详见规范 P70。

**坡面倾斜时的主动土压力折减系数$\zeta$**

| $\varphi_m$ | β | | | | | | | | | | | | |
|---|---|---|---|---|---|---|---|---|---|---|---|---|---|
| | 坡角（°） | | | | | | | | 放坡 1:0.1 | 放坡 1:0.2 | 放坡 1:0.3 | 放坡 1:0.4 | 放坡 1:0.5 | 放坡 1:1 |
| | 50 | 55 | 60 | 65 | 70 | 75 | 80 | 85 | 90 | 84.29 | 78.69 | 73.3 | 68.2 | 63.43 | 45 |
| 10 | 0.462 | 0.512 | 0.563 | 0.619 | 0.679 | 0.745 | 0.819 | 0.903 | 1.000 | 0.891 | 0.799 | 0.722 | 0.657 | 0.601 | 0.412 |
| 11 | 0.447 | 0.499 | 0.553 | 0.61 | 0.672 | 0.74 | 0.816 | 0.901 | 1.000 | 0.889 | 0.795 | 0.716 | 0.649 | 0.592 | 0.396 |
| 12 | 0.433 | 0.487 | 0.543 | 0.601 | 0.665 | 0.734 | 0.812 | 0.900 | 1.000 | 0.886 | 0.791 | 0.710 | 0.641 | 0.582 | 0.380 |
| 13 | 0.419 | 0.475 | 0.532 | 0.592 | 0.658 | 0.729 | 0.808 | 0.898 | 1.000 | 0.884 | 0.787 | 0.704 | 0.634 | 0.573 | 0.364 |
| 14 | 0.405 | 0.462 | 0.521 | 0.584 | 0.650 | 0.723 | 0.805 | 0.896 | 1.000 | 0.882 | 0.782 | 0.698 | 0.626 | 0.564 | 0.349 |
| 15 | 0.391 | 0.450 | 0.511 | 0.575 | 0.643 | 0.718 | 0.801 | 0.894 | 1.000 | 0.880 | 0.778 | 0.692 | 0.618 | 0.554 | 0.333 |
| 16 | 0.377 | 0.438 | 0.500 | 0.565 | 0.636 | 0.712 | 0.797 | 0.892 | 1.000 | 0.878 | 0.774 | 0.685 | 0.610 | 0.544 | 0.318 |
| 17 | 0.363 | 0.425 | 0.489 | 0.556 | 0.628 | 0.706 | 0.793 | 0.890 | 1.000 | 0.875 | 0.769 | 0.679 | 0.602 | 0.535 | 0.302 |
| 18 | 0.350 | 0.413 | 0.478 | 0.547 | 0.621 | 0.700 | 0.789 | 0.888 | 1.000 | 0.873 | 0.765 | 0.672 | 0.593 | 0.525 | 0.287 |
| 19 | 0.336 | 0.400 | 0.467 | 0.538 | 0.613 | 0.695 | 0.785 | 0.886 | 1.000 | 0.870 | 0.760 | 0.666 | 0.585 | 0.515 | 0.272 |
| 20 | 0.322 | 0.388 | 0.456 | 0.528 | 0.605 | 0.688 | 0.780 | 0.883 | 1.000 | 0.868 | 0.755 | 0.659 | 0.577 | 0.505 | 0.258 |
| 21 | 0.308 | 0.375 | 0.445 | 0.518 | 0.597 | 0.682 | 0.776 | 0.881 | 1.000 | 0.865 | 0.751 | 0.652 | 0.568 | 0.495 | 0.243 |
| 22 | 0.294 | 0.363 | 0.434 | 0.509 | 0.589 | 0.676 | 0.772 | 0.879 | 1.000 | 0.863 | 0.746 | 0.645 | 0.559 | 0.485 | 0.228 |
| 23 | 0.281 | 0.350 | 0.422 | 0.499 | 0.581 | 0.669 | 0.767 | 0.876 | 1.000 | 0.860 | 0.741 | 0.638 | 0.550 | 0.474 | 0.214 |
| 24 | 0.267 | 0.337 | 0.411 | 0.489 | 0.572 | 0.663 | 0.763 | 0.874 | 1.000 | 0.857 | 0.736 | 0.631 | 0.541 | 0.464 | 0.200 |
| 25 | 0.254 | 0.325 | 0.399 | 0.479 | 0.564 | 0.656 | 0.758 | 0.872 | 1.000 | 0.855 | 0.730 | 0.624 | 0.532 | 0.453 | 0.186 |
| 26 | 0.240 | 0.312 | 0.388 | 0.468 | 0.555 | 0.649 | 0.753 | 0.869 | 1.000 | 0.852 | 0.725 | 0.616 | 0.523 | 0.442 | 0.172 |
| 27 | 0.227 | 0.299 | 0.376 | 0.458 | 0.546 | 0.642 | 0.748 | 0.866 | 1.000 | 0.849 | 0.720 | 0.609 | 0.514 | 0.432 | 0.159 |
| 28 | 0.213 | 0.286 | 0.364 | 0.447 | 0.537 | 0.635 | 0.743 | 0.864 | 1.000 | 0.846 | 0.714 | 0.601 | 0.504 | 0.420 | 0.145 |
| 29 | 0.200 | 0.273 | 0.352 | 0.437 | 0.528 | 0.628 | 0.738 | 0.861 | 1.000 | 0.843 | 0.708 | 0.593 | 0.494 | 0.409 | 0.132 |

续表

| $\varphi_m$ | β | | | | | | | | 放坡 1:0.1 | 放坡 1:0.2 | 放坡 1:0.3 | 放坡 1:0.4 | 放坡 1:0.5 | 放坡 1:1 |
|---|---|---|---|---|---|---|---|---|---|---|---|---|---|---|
| | 坡角(°) | | | | | | | | 84.29 | 78.69 | 73.3 | 68.2 | 63.43 | 45 |
| | 50 | 55 | 60 | 65 | 70 | 75 | 80 | 85 | 90 | | | | | |
| 30 | 0.187 | 0.260 | 0.340 | 0.426 | 0.519 | 0.621 | 0.733 | 0.858 | 1.000 | 0.840 | 0.702 | 0.585 | 0.484 | 0.398 | 0.120 |
| 31 | 0.173 | 0.247 | 0.327 | 0.415 | 0.509 | 0.613 | 0.727 | 0.855 | 1.000 | 0.836 | 0.696 | 0.577 | 0.474 | 0.386 | 0.107 |
| 32 | 0.160 | 0.234 | 0.315 | 0.403 | 0.500 | 0.605 | 0.722 | 0.852 | 1.000 | 0.833 | 0.690 | 0.568 | 0.464 | 0.375 | 0.095 |
| 33 | 0.148 | 0.221 | 0.303 | 0.392 | 0.490 | 0.597 | 0.716 | 0.849 | 1.000 | 0.829 | 0.684 | 0.559 | 0.453 | 0.363 | 0.084 |
| 34 | 0.135 | 0.208 | 0.290 | 0.380 | 0.480 | 0.589 | 0.710 | 0.846 | 1.000 | 0.826 | 0.677 | 0.551 | 0.443 | 0.351 | 0.073 |
| 35 | 0.123 | 0.195 | 0.277 | 0.369 | 0.469 | 0.581 | 0.704 | 0.843 | 1.000 | 0.822 | 0.671 | 0.541 | 0.432 | 0.339 | 0.062 |
| 36 | 0.110 | 0.182 | 0.264 | 0.357 | 0.459 | 0.572 | 0.698 | 0.840 | 1.000 | 0.818 | 0.664 | 0.532 | 0.421 | 0.327 | 0.052 |
| 37 | 0.098 | 0.169 | 0.252 | 0.345 | 0.448 | 0.563 | 0.692 | 0.836 | 1.000 | 0.814 | 0.657 | 0.523 | 0.409 | 0.314 | 0.042 |
| 38 | 0.087 | 0.156 | 0.239 | 0.332 | 0.437 | 0.554 | 0.685 | 0.833 | 1.000 | 0.810 | 0.649 | 0.513 | 0.398 | 0.302 | 0.034 |
| 39 | 0.076 | 0.144 | 0.225 | 0.320 | 0.426 | 0.545 | 0.678 | 0.829 | 1.000 | 0.806 | 0.642 | 0.503 | 0.386 | 0.289 | 0.025 |
| 40 | 0.065 | 0.131 | 0.212 | 0.307 | 0.414 | 0.535 | 0.671 | 0.825 | 1.000 | 0.802 | 0.634 | 0.493 | 0.374 | 0.276 | 0.018 |
| 41 | 0.054 | 0.118 | 0.199 | 0.294 | 0.403 | 0.525 | 0.664 | 0.821 | 1.000 | 0.797 | 0.626 | 0.482 | 0.362 | 0.263 | 0.012 |
| 42 | 0.045 | 0.106 | 0.186 | 0.281 | 0.391 | 0.515 | 0.657 | 0.817 | 1.000 | 0.793 | 0.618 | 0.471 | 0.349 | 0.249 | 0.007 |
| 43 | 0.036 | 0.094 | 0.172 | 0.268 | 0.378 | 0.505 | 0.649 | 0.813 | 1.000 | 0.788 | 0.609 | 0.460 | 0.337 | 0.236 | 0.003 |
| 44 | 0.027 | 0.082 | 0.159 | 0.254 | 0.366 | 0.494 | 0.641 | 0.808 | 1.000 | 0.783 | 0.601 | 0.449 | 0.324 | 0.222 | 0.001 |
| 45 | 0.020 | 0.071 | 0.146 | 0.240 | 0.353 | 0.483 | 0.633 | 0.804 | 1.000 | 0.778 | 0.591 | 0.437 | 0.310 | 0.209 | 0.000 |
| 46 | 0.013 | 0.060 | 0.133 | 0.227 | 0.340 | 0.472 | 0.624 | 0.799 | 1.000 | 0.773 | 0.582 | 0.425 | 0.297 | 0.195 | 0.001 |
| 47 | 0.008 | 0.049 | 0.119 | 0.213 | 0.326 | 0.460 | 0.615 | 0.794 | 1.000 | 0.767 | 0.572 | 0.412 | 0.283 | 0.181 | 0.004 |

## 第五节 重力式水泥土墙

### 一、抗滑移和抗倾覆验算

——第 6.1.1、6.2.2 条

抗滑移和抗倾覆验算（反算嵌固深度和墙体宽度）

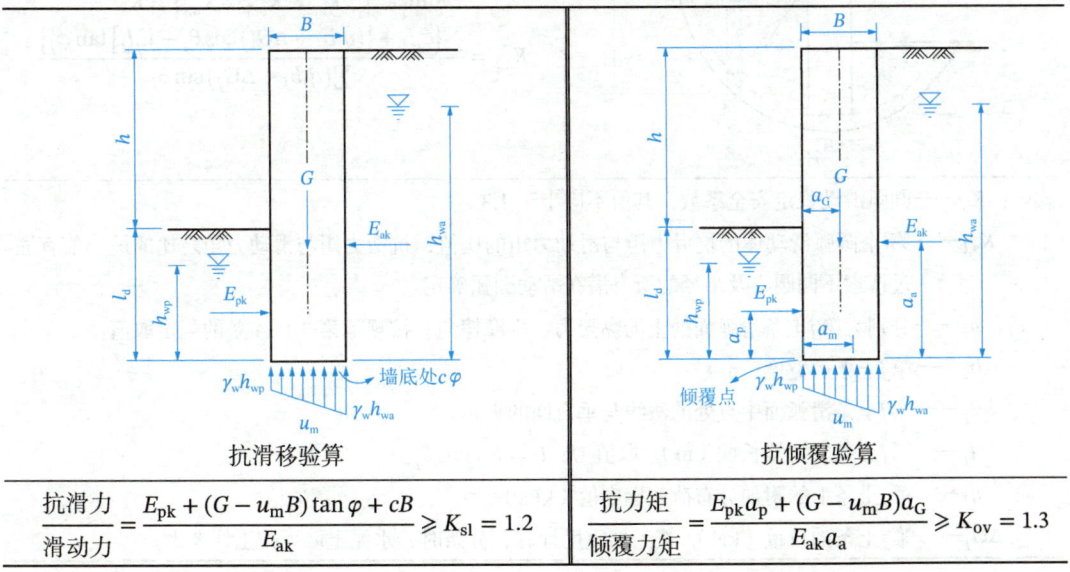

| 抗滑移验算 | 抗倾覆验算 |
|---|---|
| $\dfrac{抗滑力}{滑动力} = \dfrac{E_{pk} + (G - u_m B)\tan\varphi + cB}{E_{ak}} \geqslant K_{sl} = 1.2$ | $\dfrac{抗力矩}{倾覆力矩} = \dfrac{E_{pk}a_p + (G - u_m B)a_G}{E_{ak}a_a} \geqslant K_{ov} = 1.3$ |

续表

上式可反算出嵌固深度$l_d$、墙体宽度$B$，并与构造要求比较后取值，即：

嵌固深度 $\begin{cases} 淤泥质土时：l_d \geqslant \max(l_d, 1.2h) \\ 淤泥时：l_d \geqslant \max(l_d, 1.3h) \end{cases}$ ；墙体宽度 $\begin{cases} 淤泥质土时：B \geqslant \max(B, 0.7h) \\ 淤泥时：B \geqslant \max(B, 0.8h) \end{cases}$

式中：$K_{s1}$——抗滑移安全系数；

$E_{ak}$、$E_{pk}$——分别为水泥土墙上的主动土压力、被动土压力标准值（kN/m），包含了水压力，区别挡墙；

$G$——水泥土墙的自重（kN/m），<u>如在地下水位以下，采用天然重度，勿用有效重度</u>；

$u_m$——水泥土墙底面上的水压力（kPa）：水泥土墙位于含水层时，可取$u_m = \gamma_w(h_{wa} + h_{wp})/2$；在地下水位以上时，取$u_m = 0$；

$c$、$\varphi$——分别为水泥土<u>墙底面以下土层</u>的黏聚力（kPa）、内摩擦角（°）；

$B$——水泥土墙的底面宽度（m）；

$h_{wa}$——基坑外侧水泥土墙底处的压力水头（m）；

$h_{wp}$——基坑内侧水泥土墙底处的压力水头（m）

$K_{ov}$——抗倾覆安全系数，由于扬压力和重力未必是一直线，$\dfrac{E_{pk}a_p + Ga_G - u_m Ba_m}{E_{ak}a_a}$更科学，勿勘误；

$a_a$——水泥土墙外侧主动土压力合力作用点至墙趾的竖向距离（m）；

$a_p$——水泥土墙内侧被动土压力合力作用点至墙趾的竖向距离（m）；

$a_G$——水泥土墙自重与墙底水压力合力作用点至墙趾的水平距离（m）

【小注】由于$E_{ak}$、$E_{pk}$已考虑水压力，无需单独考虑水压力，扬压力（浮力）使$G$变小。

## 二、圆弧滑动稳定性

——第 6.1.3 条

**圆弧滑动稳定性**

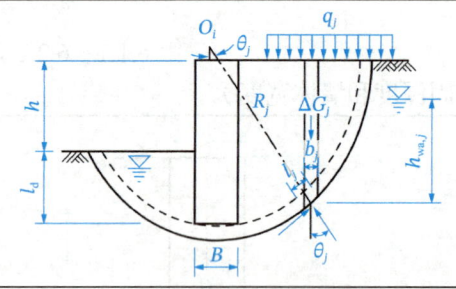

$$\min\{K_{s,i}, K_{s,2}, K_{s,3} \cdots K_{s,i}\} \geqslant K_s$$

$$K_{s,i} = \dfrac{\sum\{c_j l_j + [(q_j b_j + \Delta G_j)\cos\theta_j - u_j l_j]\tan\varphi_j\}}{\sum(q_j b_j + \Delta G_j)\sin\theta_j}$$

式中：$K_s$——圆弧滑动稳定安全系数，其值不应小于1.3。

$K_{s,i}$——第$i$个圆弧滑动体的抗滑力矩与滑动力矩的比值；抗滑力矩与滑动力矩之比的最小值宜通过搜索不同圆心及半径的所有潜在滑动圆弧确定。

$c_j$、$\varphi_j$——分别为第$j$土条滑弧面处土的黏聚力、内摩擦角；按规范第3.1.14条的规定取值。

$b_j$——第$j$土条的宽度（m）。

$\theta_j$——第$j$土条滑弧面中点处的法线与垂直面的夹角。

$l_j$——第$j$土条的滑弧长度（m），取值为：$l_j = b_j/\cos\theta_j$。

$q_j$——第$j$土条上的附加分布荷载标准值（kPa）。

$\Delta G_j$——第$j$土条的自重（kN），按天然重度计算；分条时，水泥土墙可按土体考虑。

续表

| | |
|---|---|
| $u_j$ | ——第$j$土条滑弧面上的孔隙水压力（kPa）。<br>地下水位以下的砂土、碎石土、砂质粉土，当地下水是静止或渗流水力梯度可忽略不计时：<br>①在基坑外侧，可取$u_j = \gamma_w h_{wa,j}$；<br>②在基坑内侧，可取$u_j = \gamma_w h_{wp,j}$；<br>③滑弧面在地下水位以上或对地下水位以下的黏土，取$u_j = 0$。 |
| $\gamma_w$ | ——地下水重度（kN/m³）。 |
| $h_{wa,j}$ | ——基坑外侧第$j$土条滑弧面中点的压力水头（m）。 |
| $h_{wp,j}$ | ——基坑内侧第$j$土条滑弧面中点的压力水头（m）。 |

当墙底以下存在软弱下卧土层时，稳定性验算的滑动面中应包括由圆弧与软弱土层层面组成的复合滑动面

【小注】①第 4.2.3 条支护桩（锚拉式、悬臂式和双排桩）、第 5.1.1 条土钉墙、第 6.1.3 条重力式水泥土墙的整体稳定性验算方法思路均一致，锚拉式桩、土钉墙需要考虑锚对抗转动的作用；
②本质就是瑞典圆弧条分法；
③目前尚未考查过，可以考查的类型为通过工况题（比如坡顶加载前后和墙前堆载前后）、运用整体的思维，具体可以学习小注岩土精讲课程。

## 三、墙体正截面应力验算

——第 6.1.5 条

**墙体正截面应力验算**

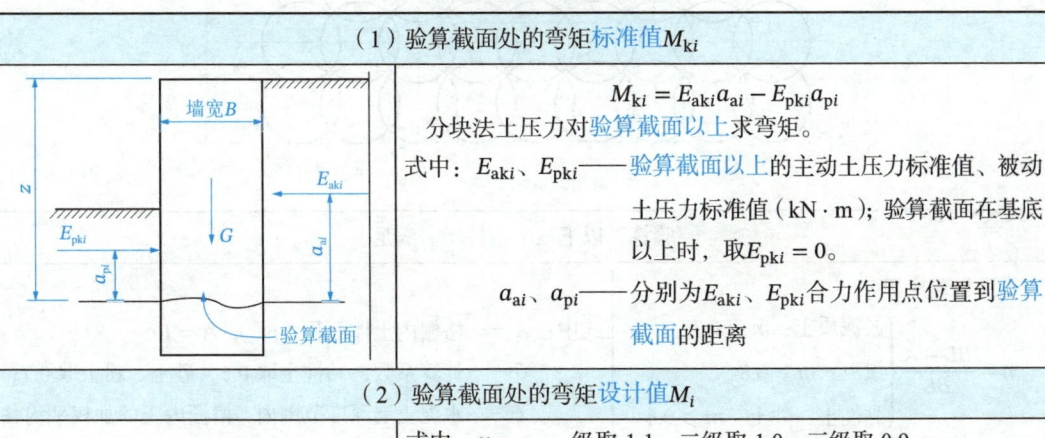

（1）验算截面处的弯矩标准值$M_{ki}$

$$M_{ki} = E_{aki}a_{ai} - E_{pki}a_{pi}$$

分块法土压力对验算截面以上求弯矩。

式中：$E_{aki}$、$E_{pki}$——验算截面以上的主动土压力标准值、被动土压力标准值（kN·m）；验算截面在基底以上时，取$E_{pki} = 0$。

$a_{ai}$、$a_{pi}$——分别为$E_{aki}$、$E_{pki}$合力作用点位置到验算截面的距离

（2）验算截面处的弯矩设计值$M_i$

$$M_i = \gamma_0 \gamma_F M_{ki}$$

式中：$\gamma_0$——一级取 1.1，二级取 1.0，三级取 0.9；
$\gamma_F$——取 1.25

（3）验算

| | | |
|---|---|---|
| 拉应力验算 | $\dfrac{6M_i}{B^2} - \gamma_{cs}z \leqslant 0.15 f_{cs}$ | 式中：$\gamma_{cs}$——水泥土墙的重度（kN/m³）；<br>$z$——水泥土墙顶至验算截面的垂直距离（m）；<br>$f_{cs}$——水泥土开挖龄期时的轴心抗压强度设计值（kPa）；<br>$G_i$——验算截面以上的水泥土墙自重（kN/m）；<br>$\mu$——墙体材料的抗剪断系数，取 0.4～0.5；<br>$B$——验算截面处水泥土墙的宽度（m） |
| 压应力验算 | $\dfrac{6M_i}{B^2} + \gamma_0 \gamma_F \gamma_{cs}z \leqslant f_{cs}$ | |
| 剪应力验算 | $\dfrac{E_{aki} - \mu G_i - E_{pki}}{B} \leqslant \dfrac{1}{6} f_{cs}$ | |

【小注】（1）验算截面取：①基坑面以下主动、被动土压力强度相等处；

②基坑底面处；
③水泥土墙的截面突变处。
（2）上式所有计算均取至验算截面，其下均不考虑。
（3）内力验算，均采用设计值，类似其他规范的基本组合。

## 四、格栅式水泥土墙

——第 6.2.3 条

格栅式水泥土墙

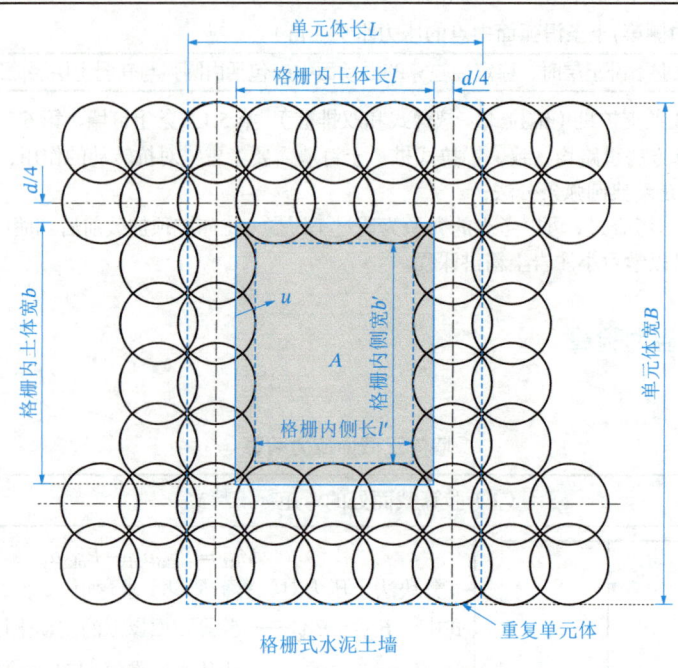

验算：以下**三个条件均需**满足

①面积置换率 $m$

$$m = \frac{BL - A}{BL} \begin{cases} \text{淤泥质土：} m \geq 0.7 \\ \text{淤泥：} m \geq 0.8 \\ \text{黏性土、砂土：} m \geq 0.6 \end{cases}$$

②格栅内侧长宽比

$$\frac{l'}{b'} = \frac{l - 0.5d}{b - 0.5d} \leq 2 \quad \text{或} \quad l/b \leq 2$$

③格栅内土体面积

$$A \leq \delta \frac{cu}{\gamma_m}$$

式中：$A$——格栅内土体面积（m²），$A = lb$；
$\delta$——计算系数，黏性土取 0.5，砂土、粉土取 0.7；
$c$——水泥土墙深度范围内，格栅内土的加权平均黏聚力（kPa）；
$u$——格栅内土体计算周长（m），$u = 2(l + b)$；
$\gamma_m$——水泥土墙深度范围内，格栅内土的加权平均天然重度（kN/m³）。

【小注】编者认为：格栅的长宽比和格栅面积 $A$ 计算时的 $l$、$b$ 应该是一致的。

# 第六节 地下水控制

## 一、基坑涌水量 $Q$ 计算

——附录 E

**基坑涌水量 $Q$ 计算**

| 图示 | 公式 |
|---|---|
| 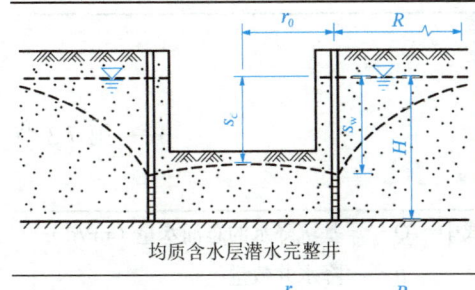<br>均质含水层潜水完整井 | 基坑降水总涌水量（m³/d）：<br>$$Q = \pi k \frac{(2H - s_d)s_d}{\ln\left(1 + \frac{R}{r_0}\right)}$$<br>式中：$s_d$——基坑地下水位的设计降深（m）；<br>$k$——渗透系数（m/d）；<br>$H$——潜水含水层厚度（m） |
| 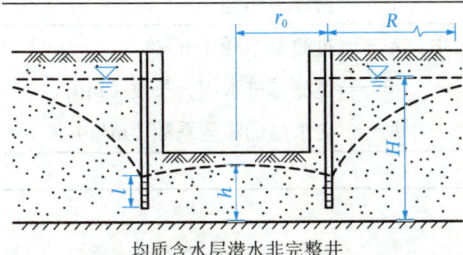<br>均质含水层潜水非完整井 | $$Q = \pi k \frac{H^2 - h^2}{\ln\left(1 + \frac{R}{r_0}\right) + \frac{h_m - l}{l}\ln\left(1 + \frac{h_m}{5r_0}\right)} \Leftarrow h_m = \frac{H + h}{2}$$<br>式中：$h$——降水后基坑内的水位高度（m）；<br>$l$——过滤器进水部分的长度（m）。<br>$l = $ 井深 $-$ 基坑设计降深 $s_d - ir_0$ |
| 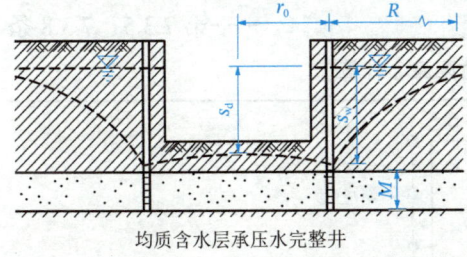<br>均质含水层承压水完整井 | $$Q = 2\pi k \frac{Ms_d}{\ln\left(1 + \frac{R}{r_0}\right)}$$<br>式中：$r_0$——基坑的等效半径（m）；两种方法求解：①$r_0 = \sqrt{A/\pi}$ [ A 基坑面积（m²）]；②定义图解：基坑为圆形时，基坑半径 + 降水井中心到坑边的距离 |
| 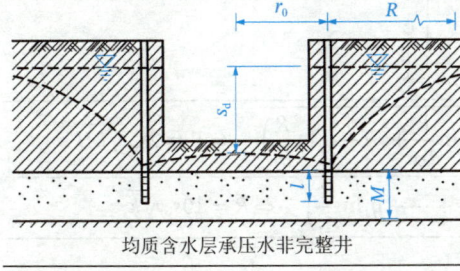<br>均质含水层承压水非完整井 | $$Q = 2\pi k \frac{Ms_d}{\ln\left(1 + \frac{R}{r_0}\right) + \frac{M - l}{l}\ln\left(1 + \frac{M}{5r_0}\right)}$$<br>式中：$M$——承压含水层的厚度（m） |
| 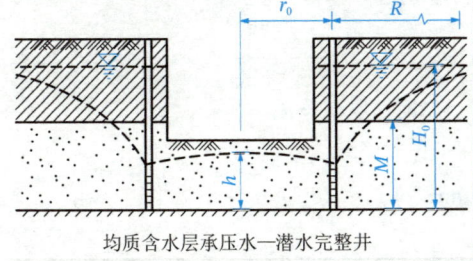<br>均质含水层承压水—潜水完整井 | $$Q = \pi k \frac{(2H_0 - M)M - h^2}{\ln\left(1 + \frac{R}{r_0}\right)}$$<br>式中：$H_0$——承压含水层的初始水头（m） |

## 降水影响半径 $R$（m）

| 潜水含水层 | $R = 2s_w\sqrt{kH}$ | 式中：$s_w$——井中的水位降深（m），$s_w < 10m$ 时取 $10m$ 代入计算。<br>①已知水力坡度 $i$ 时，$s_w = s_d + i \cdot r_0$；<br>②若 $i$ 未知，可近似取基坑地下水位设计降深 $s_w \approx s_d$。<br>$r_0$——基坑的等效半径（m）。<br>$k$——含水层的渗透系数（m/d）。<br>$H$——潜水含水层厚度（m） |
|---|---|---|
| 承压水含水层<br>承压水-潜水含水层 | $R = 10s_w\sqrt{k}$ | |

## 二、降水井设计

——第 7.3 节

### 降水井设计

| ①单井设计流量 $q$（m³/d） | $q = 1.1\dfrac{Q}{n}$ | 式中：$Q$——基坑降水的总涌水量（m³/d）；<br>$n$——降水井数量 |
|---|---|---|
| ②管井的单井出水能力 $q_0$（m³/d） | $q_0 = 120\pi r_s l \cdot \sqrt[3]{k}$ | 式中：$r_s$——过滤器半径（m）；<br>$l$——过滤器进水部分长度（m）；<br>$k$——含水层的渗透系数（m/d） |
| ③水泵的出水量 $q'$（m³/d） | $q' > 1.2q$ 或 $1.2q_0$ | |

## 三、基坑内任意一点的地下水位降深 $s_i$ 计算

——第 7.3.5、7.3.8 条

### 基坑内任意一点的地下水位降深 $s_i$ 计算

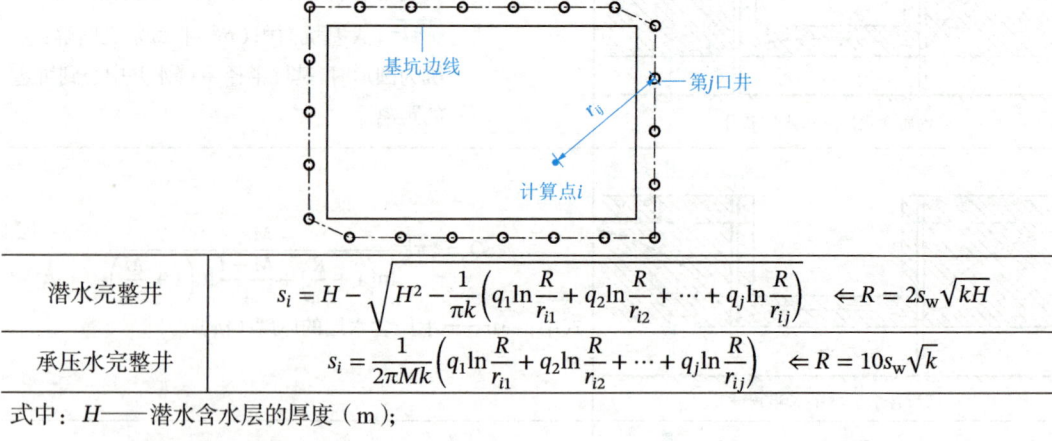

| 潜水完整井 | $s_i = H - \sqrt{H^2 - \dfrac{1}{\pi k}\left(q_1\ln\dfrac{R}{r_{i1}} + q_2\ln\dfrac{R}{r_{i2}} + \cdots + q_j\ln\dfrac{R}{r_{ij}}\right)}$   $\Leftarrow R = 2s_w\sqrt{kH}$ |
|---|---|
| 承压水完整井 | $s_i = \dfrac{1}{2\pi Mk}\left(q_1\ln\dfrac{R}{r_{i1}} + q_2\ln\dfrac{R}{r_{i2}} + \cdots + q_j\ln\dfrac{R}{r_{ij}}\right)$   $\Leftarrow R = 10s_w\sqrt{k}$ |

式中：$H$——潜水含水层的厚度（m）；

$M$——承压水含水层的厚度（m）；

$q_j$——第 $j$ 口井的单井流量（m³/d）；

$r_{ij}$——第 $j$ 口井中心至降水计算点的距离（m），当 $r_{ij} > R$ 时，取 $r_{ij} = R$；

$R$——降水影响半径（m）；

$s_w$——井水位降深（m），当 $s_w < 10m$ 时，取 $s_w = 10m$；

$k$——含水层的渗透系数（m/d）

续表

基坑地下水位降深 $s_i$ 应符合以下规定：
$$s_i \geqslant s_d$$
式中：$s_i$——基坑内任意一点的地下水位降深（m），取地下水位降深的最小值，一般验算距离降水井最远的点，此点的降深满足要求的话，其他点肯定也满足。

$s_d$——基坑地下水位的设计降深（m），取 低于基坑底面 0.5m

## 四、基坑降水引起的地层变形计算

——第 7.5.1 条

**基坑降水引起的地层变形计算**

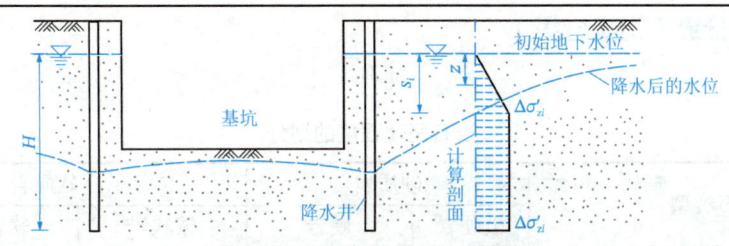

降水引起的附加有效应力计算

| 降水引起的地层压缩变形量 $s$ | $s = \psi_w \sum \dfrac{\Delta\sigma'_{zi} \Delta h_i}{E_{si}}$ |
|---|---|
| 第 $i$ 土层的平均附加有效应力 $\Delta\sigma'_{zi}$ | ①第 $i$ 土层位于初始地下水位以上时：<br>$\Delta\sigma'_{zi} = 0$<br>②第 $i$ 土层位于降水后水位与初始地下水位之间时：<br>$\Delta\sigma'_{zi} = \gamma_w z$<br>③当第 $i$ 土层位于降水后水位以下时，降水引起的附加有效应力为：<br>$\Delta\sigma'_{zi} = \lambda_i \gamma_w s_i$<br>式中：$\gamma_w$——水的重度（kN/m³）；<br>　　　$z$——第 $i$ 土层中点至初始地下水位的垂直距离（m）；<br>　　　$\lambda_i$——计算系数，应按地下水渗流分析确定，缺少分析数据时，也可根据当地工程经验取值；<br>　　　$s_i$——计算剖面对应的地下水位降深（m），非降水井、基坑的地下水位降深 |

式中：$s$——计算剖面的地层压缩变形量（m）；

$\psi_w$——沉降计算经验系数，应根据地区工程经验取值，无经验时，宜取 $\psi_w = 1$；

$\Delta\sigma'_{zi}$——降水引起的地面下第 $i$ 土层的平均附加有效应力（kPa）；对黏性土，应取降水结束时土的固结度下的附加有效应力；

$\Delta h_i$——第 $i$ 层土的厚度；土层的总计算厚度应按渗流分析或实际土层分布情况确定；

$E_{si}$——第 $i$ 层土的压缩模量（kPa），应取土的自重应力至自重应力与附加有效应力之和的压力段的压缩模量

【小注】降水引起的地层变形计算可以采用分层总和法。①附加压力作用下的建筑物地基变形计算，土中的总应力是增加的。地基最终固结时，土中任意点的附加有效应力等于附加总应力，孔隙水压力不变。②降水引起的地层变形计算，土中总应力基本不变。最终固结时，土中任意点的附加有效应力等于孔隙水压力的负增量。

# 第二十四章

# 铁路隧道设计规范

《铁路隧道设计规范》与《公路隧道设计规范》有很多相似的地方，两者可相互对照学习。同时做题时一定看清楚题干要求，选择适宜的参考规范作答。

## 第一节　围岩分级

### 一、围岩基本分级（初步分级）

——附录 B.1

**岩石坚硬程度的划分**

| 岩石类型 | 硬质岩 | | 软质岩 | | |
|---|---|---|---|---|---|
| | 极硬岩 | 硬岩 | 较软岩 | 软岩 | 极软岩 |
| 岩石饱和单轴抗压强度$R_c$（MPa） | $R_c > 60$ | $60 \geqslant R_c > 30$ | $30 \geqslant R_c > 15$ | $15 \geqslant R_c > 5$ | $5 \geqslant R_c$ |

**岩体完整程度的划分**

| 完整程度 | 结构面发育程度 | | | 主要结构面结合程度 | 主要结构面类型 | 相应结构类型 | 岩体完整性指数$K_v$ | 岩体体积节理数（条/m³） |
|---|---|---|---|---|---|---|---|---|
| | 定性描述 | 组数 | 平均间距（m） | | | | | |
| 完整 | 不发育 | 1~2 | >1.0 | 结合好或一般 | 节理、裂隙、层面 | 整体状或巨厚层状结构 | $K_v > 0.75$ | $J_v < 3$ |
| 较完整 | | 1~2 | >1.0 | 结合差 | 节理、裂隙、层面 | 块状或厚层状结构 | $0.75 \geqslant K_v > 0.55$ | $3 \leqslant J_v < 10$ |
| | 较发育 | 2~3 | 1.0~0.4 | 结合好或一般 | | 块状结构 | | |
| 较破碎 | | 2~3 | 1.0~0.4 | 结合差 | 节理、裂隙、劈理、层面、小断层 | 裂隙块状或中厚层状结构 | $0.55 \geqslant K_v > 0.35$ | $10 \leqslant J_v < 20$ |
| | 发育 | ≥3 | 0.4~0.2 | 结合好 | | 镶嵌碎裂结构 | | |
| | | ≥3 | 0.4~0.2 | 结合一般 | | 薄层状结构 | | |
| 破碎 | | ≥3 | 0.4~0.2 | 结合差 | 各种类型结构面 | 裂隙块状结构 | $0.35 \geqslant K_v > 0.15$ | $20 \leqslant J_v < 35$ |
| | 很发育 | ≥3 | ≤0.2 | 结合一般或差 | | 碎裂结构 | | |
| 极破碎 | 无序 | — | — | 结合很差 | — | 散体状结构 | $0.15 \geqslant K_v$ | $J_v \geqslant 35$ |

【表注】平均间距指主要结构面间距的平均值。

【笔记区】

### 铁路隧道围岩基本分级

| 级别 | 岩体特征 | 土体特征 | 围岩基本质量指标BQ | 围岩弹性纵波波速$v_p$（km/s） |
|---|---|---|---|---|
| Ⅰ | 极硬岩，岩体完整 | — | >550 | A：>5.3 |
| Ⅱ | 极硬岩，岩体较完整；硬岩，岩体完整 | — | 451~550 | A：4.5~5.3<br>B：>5.3<br>C：>5.0 |
| Ⅲ | 极硬岩，岩体较破碎；硬岩或软硬岩互层，岩体较完整；较软岩，岩体完整 | — | 351~450 | A：4.0~4.5<br>B：4.3~5.3<br>C：3.5~5.0<br>D：>4.0 |
| Ⅳ | 极硬岩，岩体破碎；硬岩，岩体较破碎或破碎；较软岩或软硬岩互层，且以软岩为主，岩体较完整或较破碎；软岩，岩体完整或较完整 | 具压密或成岩作用的黏性土、粉土及砂类土；一般钙质、铁质胶结的粗角砾土、粗圆砾土、碎石土、卵石土、大块石土、黄土（$Q_1$、$Q_2$） | 251~350 | A：3.0~4.0<br>B：3.3~4.3<br>C：3.0~3.5<br>D：3.0~4.0<br>E：2.0~3.0 |
| Ⅴ | 较软岩，岩体破碎；软岩，岩体较破碎至破碎；全部极软岩及全部极破碎岩（包括受构造影响严重的破碎带） | 一般第四系坚硬、硬塑黏性土；稍密及以上、稍湿或潮湿的碎石土、卵石土、圆砾土、角砾土、粉土、黄土（$Q_3$、$Q_4$） | ≤250 | A：2.0~3.0<br>B：2.0~3.3<br>C：2.0~3.0<br>D：1.5~3.0<br>E：1.0~2.0 |
| Ⅵ | 受构造影响很严重呈碎石、角砾及粉末、泥土状的富水断层带，富水破碎的绿泥石或炭质千枚岩 | 软塑状黏性土，饱和的粉土、砂类土等，风积沙，严重湿陷性黄土 | — | <1.0（饱和状态的土<1.5） |

## 二、隧道围岩定性修正

——附录 B.2

铁路隧道围岩级别应在基本分级的基础上，结合隧道工程的特点，考虑地下水状态、初始地应力状态、主要结构面产状状态等因素进行修正。

### 地下水状态的分级

| 地下水出水状态 | 渗水量[L/(min·10m)] |
|---|---|
| 潮湿或点滴状出水 | ≤25 |
| 淋雨状或线流状出水 | 25~125 |
| 涌流状出水 | >125 |

### 地下水影响的围岩级别修正

| 地下水出水状态 | 围岩基本分级 | | | | |
|---|---|---|---|---|---|
| | Ⅰ | Ⅱ | Ⅲ | Ⅳ | Ⅴ |
| 潮湿或点滴状出水 | Ⅰ | Ⅱ | Ⅲ | Ⅳ | Ⅴ |
| 淋雨状或线流状出水 | Ⅰ | Ⅱ | Ⅲ或Ⅳ* | Ⅴ | Ⅵ |
| 涌流状出水 | Ⅱ | Ⅲ | Ⅳ | Ⅴ | Ⅵ |

【表注】*围岩岩体为较完整的硬岩时定为Ⅲ级，其他情况定为Ⅳ级。

**初始地应力场评估基准**

| 初始地应力状态 | 主要特征 | | 评估基准$R_c/\sigma_{max}$ |
|---|---|---|---|
| 一般地应力 | 硬质岩：开挖过程中不会出现岩爆，新生裂缝较少，成洞性一般较好 | | > 7 |
| | 软质岩：岩芯无或少有饼化现象，开挖过程中洞壁岩体有一定的位移，成洞性一般较好 | | |
| 高地应力 | 硬质岩：在开挖过程中可能出现岩爆，洞壁岩体有剥离和掉块现象，新生裂缝较多，成洞性较差 | | 4～7 |
| | 软质岩：岩芯时有饼化现象，开挖过程中洞壁岩体位移显著，持续时间较长，成洞性差 | | |
| 极高应力 | 硬质岩：在开挖过程中时有岩爆发生，有岩块弹出，洞壁岩体发生剥离，新生裂缝多，成洞性差 | | < 4 |
| | 软质岩：岩芯常有饼化现象，开挖过程中洞壁岩体有剥离，位移极为明显，甚至发生大位移，持续时间长，不易成洞 | | |

【表注】$R_c$为岩石饱和单轴抗压强度（MPa）；$\sigma_{max}$为垂直洞轴线方向的最大初始地应力值（MPa）。

**初始地应力影响的围岩级别修正**

| 初始地应力状态 | | 围岩基本分级 | | | | |
|---|---|---|---|---|---|---|
| | | Ⅰ | Ⅱ | Ⅲ | Ⅳ | Ⅴ |
| 修正级别 | 极高应力 | Ⅰ | Ⅱ | Ⅲ 或 Ⅳ① | Ⅴ | Ⅵ |
| | 高应力 | Ⅰ | Ⅱ | Ⅲ | Ⅳ 或 Ⅴ② | Ⅵ |

【表注】①围岩岩体为较破碎的极硬岩、较完整的硬岩时，定为Ⅲ级；其他情况定为Ⅳ级。
②围岩岩体为破碎的极硬岩、较破碎及破碎的硬岩时，定为Ⅳ级；其他情况定为Ⅴ级。
③本表不适用于特殊围岩。

## 三、围岩级别定量修正

——第 4.3.1 条、附录 B

1. 围岩基本质量指标 $BQ$

**围岩基本质量指标 $BQ$**

$$BQ = 100 + 3R_c + 250K_v \Leftarrow \begin{cases} R_c = \min(90K_v + 30, R_c) \\ K_v = \min(0.04R_c + 0.4, K_v) \end{cases} \Leftarrow \begin{cases} R_c = 22.82 \cdot I_{s(50)}^{0.75} \\ K_v = \left(\dfrac{v_{pm}}{v_{pr}}\right)^2 = \left(\dfrac{v_{p\text{岩体}}}{v_{p\text{岩石}}}\right)^2 \end{cases}$$

式中：$v_{pm}$——岩体弹性纵波（压缩波）速度（km/s），小数据；
　　　$v_{pr}$——岩石（岩块）弹性纵波（压缩波）速度（km/s），大数据。

2. 围岩基本质量指标修正值 $[BQ]$

$$[BQ] = BQ - 100(K_1 + K_2 + K_3)$$

式中：$K_1$、$K_2$、$K_3$——分别为地下水影响修正系数、主要软弱结构面产状影响修正系数、初始应力状态影响修正系数，如无所列情况时，相应的修正系数取零即可。

地下水影响修正系数 $K_1$

| 地下水出水状态 | $BQ > 550$ | $BQ = 451\sim550$ | $BQ = 351\sim450$ | $BQ = 251\sim350$ | $BQ \leqslant 250$ |
|---|---|---|---|---|---|
| 潮湿或点滴状出水 | 0 | 0 | 0~0.1 | 0.2~0.3 | 0.4~0.6 |
| 淋雨状或线流状出水 | 0~0.1 | 0.1~0.2 | 0.2~0.3 | 0.4~0.6 | 0.7~0.9 |
| 涌流状出水 | 0.1~0.2 | 0.2~0.3 | 0.4~0.6 | 0.7~0.9 | 1.0 |

主要结构面产状影响修正系数 $K_2$

| 结构面产状及其与洞轴线的组合关系 | 结构面走向与洞轴线夹角 < 30°，结构面倾角 30°~75° | 结构面走向与洞轴线夹角 > 60°，结构面倾角>75° | 其他组合 |
|---|---|---|---|
| $K_2$ | 0.4~0.6 | 0~0.2 | 0.2~0.4 |

初始地应力状态影响修正系数 $K_3$

| 初始地应力状态 | $BQ > 550$ | $BQ = 451\sim550$ | $BQ = 351\sim450$ | $BQ = 251\sim350$ | $BQ \leqslant 250$ |
|---|---|---|---|---|---|
| 极高应力区 $R_c/\sigma_{max} < 4$ | 1.0 | 1.0 | 1.0~1.5 | 1.0~1.5 | 1.0 |
| 高应力区 $R_c/\sigma_{max} = 4\sim7$ | 0.5 | 0.5 | 0.5 | 0.5~1.0 | 0.5~1.0 |

【表注】$\sigma_{max}$ 为垂直于洞轴线方向的最大初始应力（MPa），$R_c$ 为岩石单轴饱和抗压强度（MPa）。

### 知识拓展

铁路隧道围岩亚分级，见附录 C。

## 第二节 依据隧道围岩分级查表的相关应用

### 一、复合式衬砌的预留变形量

——第 8.2.3 条

复合式衬砌的预留变形量（mm）

| 围岩级别 | 小跨 | 中跨 | 大跨 |
|---|---|---|---|
| Ⅱ | — | 0~30 | 30~50 |
| Ⅲ | 10~30 | 30~50 | 50~80 |
| Ⅳ | 30~50 | 50~80 | 80~120 |
| Ⅴ | 50~80 | 80~120 | 120~170 |

【表注】浅埋、软岩、跨度较大隧道取大值；反之取小值。

笔记区

## 二、复合衬砌的设计参数

——第 8.2.2 条条文说明

**复合衬砌的设计参数**

| 围岩级别 | 隧道开挖跨度 | 初期支护 | | | | | | | 二次衬砌厚度（cm） | |
|---|---|---|---|---|---|---|---|---|---|---|
| | | 喷射混凝土厚度（cm） | | 锚杆 | | | 钢筋网（cm） | 钢架 | | |
| | | 拱墙 | 仰拱 | 位置 | 长度（m） | 间距（m） | | | 拱墙 | 仰拱 |
| Ⅱ | 小跨 | 5 | — | 局部 | 2.0 | — | — | — | 30 | — |
| | 中跨 | 5 | | | 2.0 | | | | 30 | |
| | 大跨 | 5～8 | | | 2.5 | | | | 30～35 | |
| Ⅲ硬质岩 | 小跨 | 5～8 | — | 拱墙 | 2.0 | 1.2～1.5 | 拱部@25×25 | — | 30～35 | — |
| | 中跨 | 8～10 | | | 2.0～2.5 | | | | 30～35 | |
| | 大跨 | 10～12 | | | 2.5～3.0 | | | | 35～40 | 35～40 |
| Ⅲ软质岩 | 小跨 | 8 | — | 拱墙 | 2.0～2.5 | 1.2～1.5 | 拱部@25×25 | — | 30～35 | 30～35 |
| | 中跨 | 8～10 | | | 2.0～2.5 | | | | 30～35 | 30～35 |
| | 大跨 | 10～12 | | | 2.5～3.0 | | | | 35～40 | 35～40 |
| Ⅳ深埋 | 小跨 | 10～12 | — | 拱墙 | 2.5～3.0 | 1.0～1.2 | 拱墙@25×25 | — | 35～40 | 40～45 |
| | 中跨 | 12～15 | | | 2.5～3.0 | | | | 40～45 | 45～50 |
| | 大跨 | 20～23 | 10～15 | | 3.0～3.5 | | 拱墙@20×20 | 拱墙 | 40～45* | 45～50* |
| Ⅳ浅埋 | 小跨 | 20～23 | — | 拱墙 | 2.5～3.0 | 1.0～1.2 | 拱墙@25×25 | 拱墙 | 35～40 | 40～45 |
| | 中跨 | 20～23 | | | 2.5～3.0 | | | | 40～45 | 45～50 |
| | 大跨 | 20～23 | 10～15 | | 3.0～3.5 | | 拱墙@20×20 | | 40～45* | 45～50* |
| Ⅴ深埋 | 小跨 | 20～23 | — | 拱墙 | 3.0～3.5 | 0.8～1.0 | 拱墙@20×20 | 拱墙 | 40～45 | 45～50 |
| | 中跨 | 20～23 | 20～23 | | 3.0～3.5 | | | 全环 | 40～45* | 45～50* |
| | 大跨 | 23～25 | 23～25 | | 3.5～4.0 | | | | 50～55 | 55～60* |
| Ⅴ浅埋 | 小跨 | 23～25 | 23～25 | 拱墙 | 3.0～3.5 | 0.8～1.0 | 拱墙@20×20 | 全环 | 40～45* | 45～50* |
| | 中跨 | 23～25 | 23～25 | | 3.0～3.5 | | | | 40～45* | 45～50* |
| | 大跨 | 25～27 | 25～27 | | 3.5～4.0 | | | | 50～55* | 55～60* |

【表注】表中喷射混凝土厚度为平均值；带*号者为钢筋混凝土。

# 第三节 隧道围岩压力计算

## 一、浅埋隧道与深埋隧道的判别

**浅埋隧道与深埋隧道的判别**

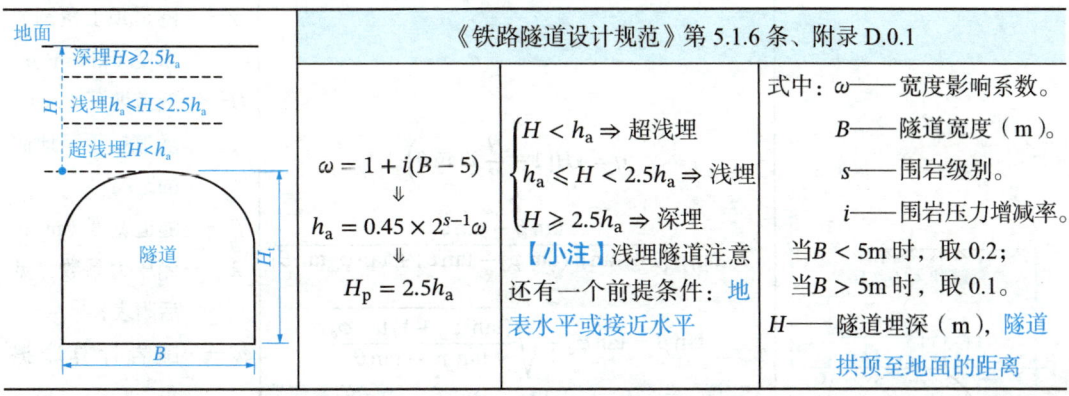

《铁路隧道设计规范》第 5.1.6 条、附录 D.0.1

$$\omega = 1 + i(B-5)$$
$$\Downarrow$$
$$h_a = 0.45 \times 2^{s-1} \omega$$
$$\Downarrow$$
$$H_p = 2.5 h_a$$

$\begin{cases} H < h_a \Rightarrow 超浅埋 \\ h_a \leqslant H < 2.5 h_a \Rightarrow 浅埋 \\ H \geqslant 2.5 h_a \Rightarrow 深埋 \end{cases}$

【小注】浅埋隧道注意还有一个前提条件：<u>地表水平或接近水平</u>

式中：$\omega$——宽度影响系数。
$B$——隧道宽度（m）。
$s$——围岩级别。
$i$——围岩压力增减率。
当 $B < 5\text{m}$ 时，取 0.2；
当 $B > 5\text{m}$ 时，取 0.1。
$H$——隧道埋深（m），<u>隧道拱顶至地面的距离</u>

## 二、超浅埋隧道

**超浅埋隧道**

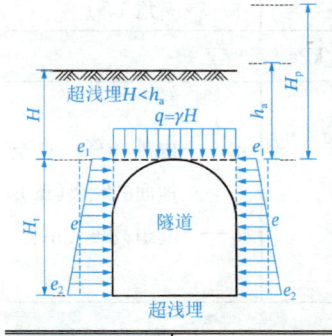

《铁路隧道设计规范》附录 E

判别条件：$H < h_a$

（1）垂直均布围岩压力 $q$（kPa）

$$q = q_{超浅埋} = \gamma \cdot H$$

式中：$\gamma$——隧道上覆围岩重度（kN/m³）；
$H$——隧道埋深，隧道坑顶至地面距离（m）

（2）水平侧压力 $e$（kPa）

矩形均布：
$$e = \gamma(H + \frac{1}{2}H_t) \cdot \tan^2(45° - \frac{\varphi_c}{2})$$

式中：$H_t$——隧道高度（m）；
$\varphi_c$——围岩计算摩擦角（°）。

上式子是基于地面至隧道底部只有同一层土时。如为多层土时，隧道侧墙任意一点受到的土压力应为：

$$e_i = \gamma_i h_i \cdot \lambda_i = \gamma_i h_i \cdot \tan^2\left(45° - \frac{\varphi_c}{2}\right)$$

【小注】本质依然为：朗肯土压力理论，自重应力乘以土压力系数 $\lambda_i$（<u>朗肯主动土压力系数</u>），$\theta = 0$ 带入浅埋的计算土压力系数公式，得到 $\lambda_i = \tan^2\left(45° - \frac{\varphi_c}{2}\right)$

（3）合力

①作用于隧道顶部的<u>总垂直围岩压力</u>：$Q = qB$（$B$ 为隧道宽度）；
②作用于隧道侧边的<u>总水平侧压力</u>（矩形分布时），$E = eH_t$

## 三、浅埋隧道围岩压力

### 浅埋隧道围岩压力

《铁路隧道设计规范》附录 E

| 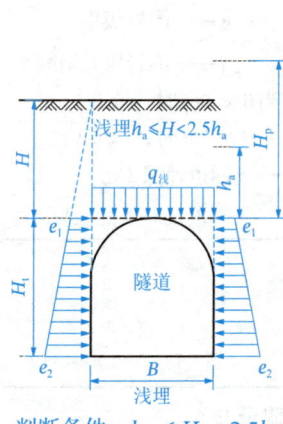 判断条件：$h_a \leqslant H < 2.5h_a$ | （1）垂直均布压力 $q$（kPa）$$q = \gamma H\left(1 - \frac{H}{B}\lambda \tan\theta\right)$$ $$\lambda = \frac{\tan\beta - \tan\varphi_c}{\tan\beta[1 + \tan\beta(\tan\varphi_c - \tan\theta) + \tan\varphi_c \tan\theta]}$$ $$\tan\beta = \tan\varphi_c + \sqrt{\frac{(\tan^2\varphi_c + 1)\tan\varphi_c}{\tan\varphi_c - \tan\theta}}$$ 建议：先将公式中 $\tan\varphi_c$、$\tan\theta$、$\tan\beta$ 的数值算出来再代入公式 | $\gamma$——隧道顶上覆围岩重度（kN/m³）；<br>$H$——隧道埋深（m），隧道拱顶至地面的距离；<br>$B$——隧道宽度（m）；<br>$\lambda$——侧压力系数，见后附表；<br>$\varphi_c$——围岩计算摩擦角（°）；<br>$\theta$——顶板土柱两侧摩擦角（°），见下表；<br>$\beta$——破裂面与水平面夹角（°） |
|---|---|---|
| | （2）水平压力 $e_i$（kPa）$$e_i = \gamma h_i \lambda$$ 隧道高度 $H_t$ 范围顶、底部水平压力分别为 $e_1$、$e_2$。<br>①梯形分布考虑：$\begin{cases} e_1 = \gamma H \lambda \\ e_2 = \gamma(H + H_t)\lambda \end{cases}$<br>②若将侧压力视为矩形均布 $e$：$$e = \frac{1}{2}(e_1 + e_2)$$ | $h_i$——内外侧任一点至地面的距离（m）；<br>$H_t$——隧道高度（m） |

（3）合力
①作用于隧道顶部的总垂直围岩压力：$Q = qB$；
②作用于隧道侧边的总水平侧压力：$E = eH_t = \left(\gamma H H_t + \frac{1}{2}\gamma H_t^2\right)\lambda$

| 围岩级别 | Ⅰ Ⅱ Ⅲ | Ⅳ | Ⅴ | Ⅵ |
|---|---|---|---|---|
| $\theta$ | $0.9\varphi_c$ | $(0.7 \sim 0.9)\varphi_c$ | $(0.5 \sim 0.7)\varphi_c$ | $(0.3 \sim 0.5)\varphi_c$ |

## 四、深埋隧道围岩压力

**深埋隧道围岩压力**

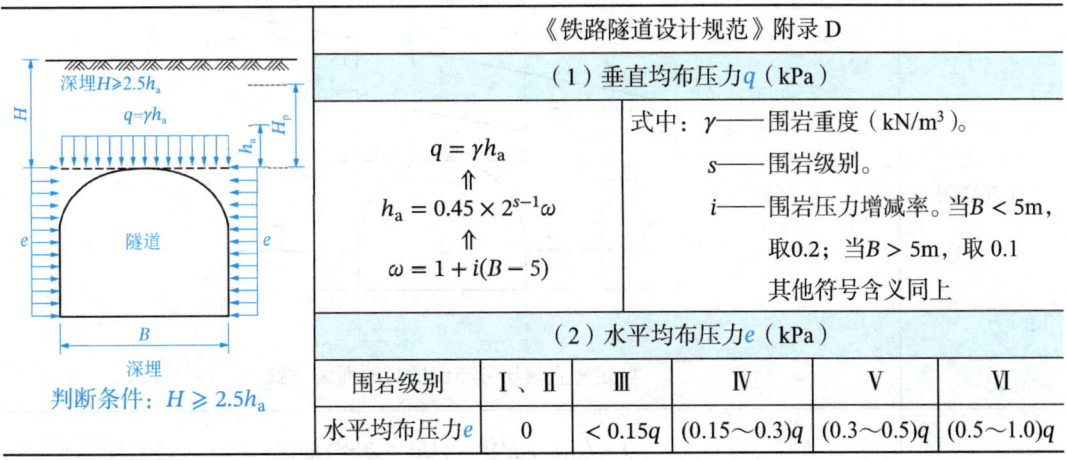

《铁路隧道设计规范》附录 D

（1）垂直均布压力 $q$（kPa）

$$q = \gamma h_a$$
$$h_a = 0.45 \times 2^{s-1}\omega$$
$$\omega = 1 + i(B-5)$$

式中：$\gamma$——围岩重度（kN/m³）。

$s$——围岩级别。

$i$——围岩压力增减率。当 $B < 5$m，取 0.2；当 $B > 5$m，取 0.1

其他符号含义同上

（2）水平均布压力 $e$（kPa）

| 围岩级别 | Ⅰ、Ⅱ | Ⅲ | Ⅳ | Ⅴ | Ⅵ |
|---|---|---|---|---|---|
| 水平均布压力 $e$ | 0 | $<0.15q$ | $(0.15\sim0.3)q$ | $(0.3\sim0.5)q$ | $(0.5\sim1.0)q$ |

## 五、浅埋偏压隧道围岩压力

### 1. 判别方法

根据偏压隧道的调查，大多数偏压隧道处于洞口段，属于地形浅埋偏压；在洞身段，地形偏压较少，多属于地质构造引起偏压。

**偏压隧道的判别——《铁路隧道设计规范》（第 5.1.7 条条文说明）**

由于浅埋偏压隧道多属于破碎、松散类围岩，故一般情况下，只在Ⅲ～Ⅴ级围岩中，当外侧覆盖厚度（$t$）小于或等于下表所列数值 $t_{max}$ 时，才考虑地形偏压

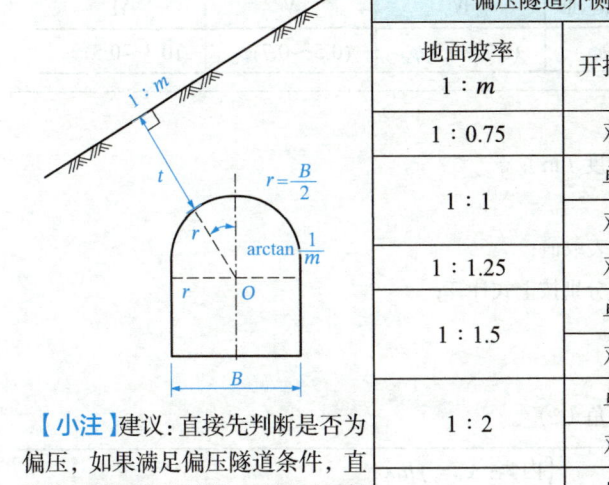

| 地面坡率 $1:m$ | 开挖跨度 | 围岩级别 | | | |
|---|---|---|---|---|---|
| | | Ⅲ | Ⅳ石 | Ⅳ土 | Ⅴ |
| 1:0.75 | 双线 | 7 | * | * | * |
| 1:1 | 单线 | * | 5 | 10 | 18 |
| | 双线 | 7 | * | * | * |
| 1:1.25 | 双线 | * | * | 18 | * |
| 1:1.5 | 单线 | * | 4 | 8 | 16 |
| | 双线 | 7 | 11 | 16 | 30 |
| 1:2 | 单线 | * | 4 | 8 | 16 |
| | 双线 | 7 | 11 | 16 | 30 |
| 1:2.5 | 单线 | * | * | 5.5 | 10 |
| | 双线 | * | * | 13 | 20 |

**【小注】** 建议：直接先判断是否为偏压，如果满足偏压隧道条件，直接按照偏压隧道计算，无需再判断浅埋还是深埋。

**【表注】** ①隧道外侧覆盖厚度 $t \leqslant t_{max}$ 时可以判断为偏压隧道；

②Ⅲ、Ⅳ级石质围岩若表面有风化破碎层和坡积厚度 $s$ 时，需要扣除此厚度 $s$ 后，再判断：$t-s \leqslant t_{max}$ 时偏压；

③*表示缺少统计资料，设计时通过工程类比或经验设计取值。

## 2. 偏压隧道荷载计算——附录F

**偏压隧道荷载计算**

| 计算简图 | 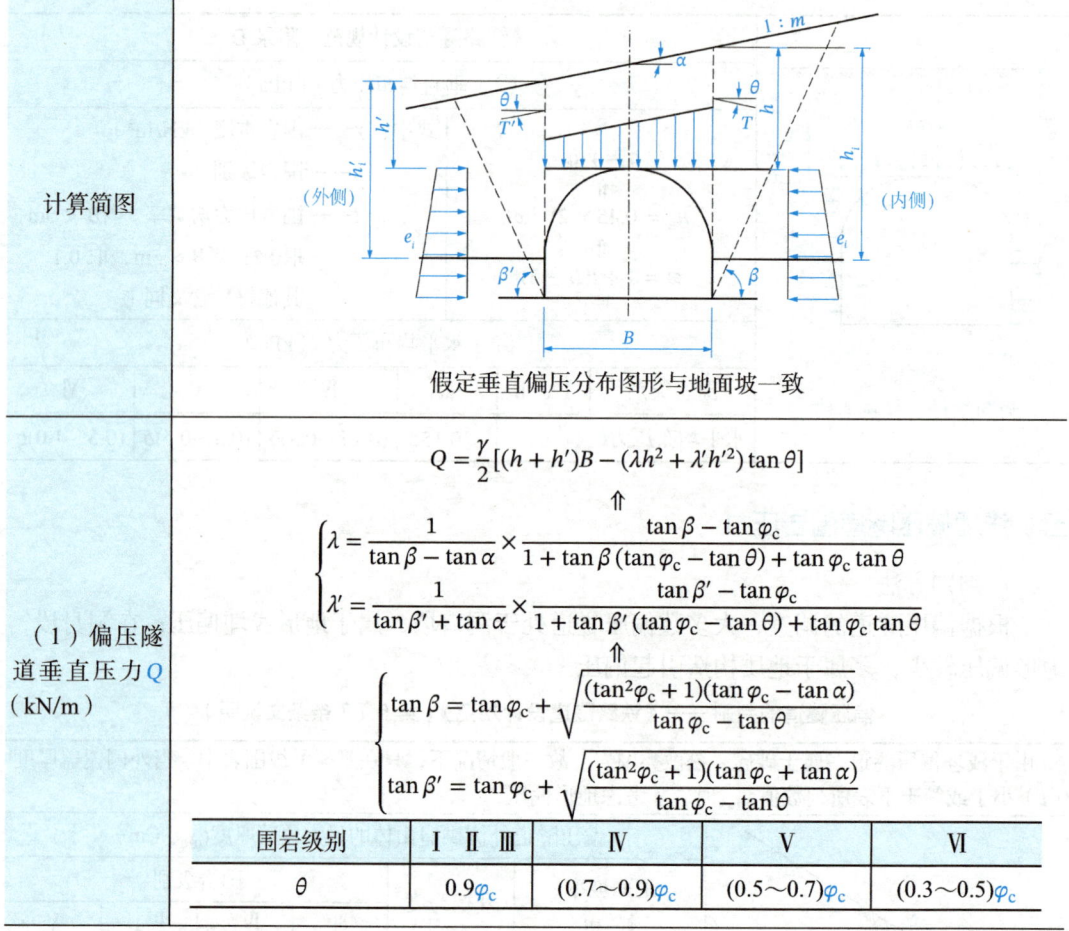<br>假定垂直偏压分布图形与地面坡一致 | | | |
|---|---|---|---|---|
| （1）偏压隧道垂直压力$Q$（kN/m） | $$Q = \frac{\gamma}{2}[(h+h')B - (\lambda h^2 + \lambda' h'^2)\tan\theta]$$ $$\begin{cases}\lambda = \dfrac{1}{\tan\beta - \tan\alpha} \times \dfrac{\tan\beta - \tan\varphi_c}{1+\tan\beta(\tan\varphi_c - \tan\theta) + \tan\varphi_c \tan\theta} \\ \lambda' = \dfrac{1}{\tan\beta' + \tan\alpha} \times \dfrac{\tan\beta' - \tan\varphi_c}{1+\tan\beta'(\tan\varphi_c - \tan\theta) + \tan\varphi_c \tan\theta}\end{cases}$$ $$\begin{cases}\tan\beta = \tan\varphi_c + \sqrt{\dfrac{(\tan^2\varphi_c+1)(\tan\varphi_c - \tan\alpha)}{\tan\varphi_c - \tan\theta}} \\ \tan\beta' = \tan\varphi_c + \sqrt{\dfrac{(\tan^2\varphi_c+1)(\tan\varphi_c + \tan\alpha)}{\tan\varphi_c - \tan\theta}}\end{cases}$$ | | | |
| 围岩级别 | Ⅰ Ⅱ Ⅲ | Ⅳ | Ⅴ | Ⅵ |
| $\theta$ | $0.9\varphi_c$ | $(0.7\sim 0.9)\varphi_c$ | $(0.5\sim 0.7)\varphi_c$ | $(0.3\sim 0.5)\varphi_c$ |

式中：$\gamma$——围岩重度（kN/m³）；
　　　$h$、$h'$——内、外侧由拱顶水平至地面的高度（m）；
　　　$B$——坑道跨度（m）；
　　　$\theta$——顶板土柱两侧摩擦角（°），按上表取值；
　　　$\lambda$、$\lambda'$——分别为内、外侧的侧压力系数，分别按上式计算；
　　　$\varphi_c$——围岩计算摩擦角（°）；
　　　$\alpha$——地面坡角（°）；
　　　$\beta$、$\beta'$——内、外侧产生最大推力时的破裂角（°）

| （2）偏压隧道水平侧压力$e_i$（kPa） | $\begin{cases}内侧: e_i = \gamma h_i \lambda \\ 外侧: e_i = \gamma h'_i \lambda'\end{cases}$<br>式中：$h_i$、$h'_i$——内、外侧任意一点$i$至地面的高度（m） |
|---|---|

【小注】①本表格公式与《公路隧道设计规范》保持一致。②偏压隧道内外侧没有明确定义，参考图F.0.1。可以理解为：内侧指水平侧压力较大的一侧，作用力方向与下坡方向一致；外侧指水平侧压力较小的一侧，作用力方向与上坡方向一致。

## 六、明洞荷载

——附录 G（公铁相同）

**明洞荷载**

| | | | |
|---|---|---|---|
| （1）拱圈垂直压力 $q_i$（kPa） | | $q_i = \gamma_1 h_i$ | 式中：$\gamma_1$——拱背回填土石重度（kN/m³）；<br>$h_i$——明洞拱圈结构上任意点 $i$ 的土柱体高度（m） |
| （2）拱圈侧压力 $e_i$（kPa） | | $e_i = \gamma_1 h_i \lambda_1$ $\Downarrow$ | 式中：$e_i$——明洞拱圈结构上任意点 $i$ 的回填土石侧压力（kN/m²）；<br>$\lambda_1$——侧压力系数，计算如下： |
| | (a) 填土坡面向上倾斜，按无限填土考虑 | $\lambda_1 = \cos\alpha \dfrac{\cos\alpha - \sqrt{\cos^2\alpha - \cos^2\varphi_1}}{\cos\alpha + \sqrt{\cos^2\alpha - \cos^2\varphi_1}}$ | 式中：$\alpha$——设计填土面坡度角（°）；<br>$\varphi_1$——拱背回填土石计算内摩擦角（°） |
| | (b) 填土坡面向上倾斜，按有限填土考虑 | $\lambda_1 = \dfrac{1-\mu n}{(\mu+n)\cos\rho + (1-\mu n)\sin\rho} \times \dfrac{mn}{m-n}$ | 式中：$\rho$——侧压力作用方向与水平线夹角（°）；<br>$n$——开挖边坡坡度；<br>$m$——回填土石面坡度；<br>$\mu$——回填土石与开挖边坡面间的摩擦系数 |
| | (c) 坡面水平时 | $\lambda_1 = \tan^2\left(45° - \dfrac{\varphi_1}{2}\right)$ | 同上 |
| （3）边墙侧压力 $e_i$（kPa） | | $e_i = \gamma_2 h'_i \lambda_2 \Leftarrow h'_i = h''_i + \dfrac{\gamma_1}{\gamma_2} h_1 \Leftrightarrow e_i = (\gamma_1 h_1 + \gamma_2 h''_i)\lambda_2$ ［此公式更快捷］ $\Downarrow$ <br> 式中：$e_i$——明洞边墙结构上任意计算点 $i$ 的回填土石侧压力（kN/m²）；<br>$\gamma_1$——拱背回填土石重度（kN/m³）；<br>$\gamma_2$——墙背回填土石重度（kN/m³）；<br>$h_1$——填土坡面至墙顶的垂直高度（m），此墙顶是指边墙的墙顶，非拱顶；<br>$h''_i$——墙顶至计算位置的高度（m），此墙顶是指边墙的墙顶，非拱顶；<br>$\lambda_2$——侧压力系数，计算如下： | |

| | | |
|---|---|---|
| （3）边墙侧压力 $e_i$（kPa） | 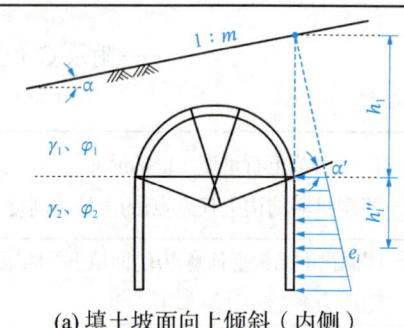<br>(a) 填土坡面向上倾斜（内侧） | $\lambda_2 = \dfrac{\cos^2\varphi_2}{\left[1 + \sqrt{\dfrac{\sin\varphi_2 \sin(\varphi_2 - \alpha')}{\cos\alpha'}}\right]^2}$<br>提示：此处勿忘平方<br>$\alpha' = \arctan\left(\dfrac{\gamma_1}{\gamma_2}\tan\alpha\right)$<br>式中：$\alpha$——设计填土面坡度角（°） |
| | 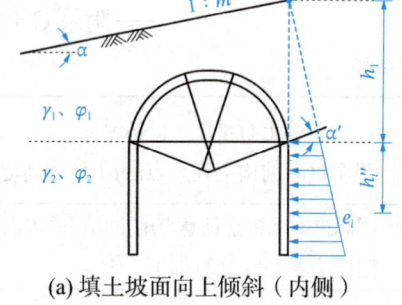<br>(b) 填土坡面向下倾斜（外侧） | $\lambda_2 = \dfrac{\tan\theta_0}{\tan(\theta_0+\varphi_2)(1+\tan\alpha'\tan\theta_0)}$<br>$\tan\theta_0 = \dfrac{-\tan\varphi_2 + \sqrt{(1+\tan^2\varphi_2)\left(1+\dfrac{\tan\alpha'}{\tan\varphi_2}\right)}}{1+(1+\tan^2\varphi_2)\dfrac{\tan\alpha'}{\tan\varphi_2}}$<br>式中：$\varphi_2$——墙背回填土石计算内摩擦角（°） |
| | 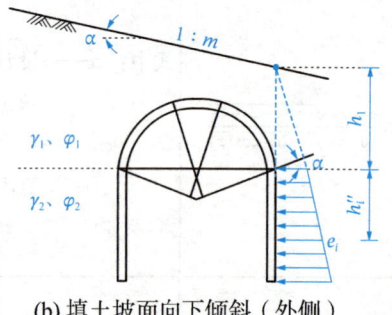<br>(c) 坡面水平时 | $\lambda_2 = \tan^2\left(45° - \dfrac{\varphi_2}{2}\right)$ |
| （4）边墙侧压力合力 $E_a$ | 分块法：<br>式中：$h_2$——边墙的竖直高度（m），即为：$h_i''$的最大值 | $E_a = \left(\gamma_1 h_1 h_2 + \dfrac{1}{2}\gamma_2 h_2^2\right)\lambda_2$ |

【小注】如何区分：向上、向下？向产生土压力侧的岩土体看过去，如果在此视角下，此部分岩土体表面向上，那么就是向上；反之就是向下。

## 七、洞门墙土压力

——附录 H

洞门墙土压力

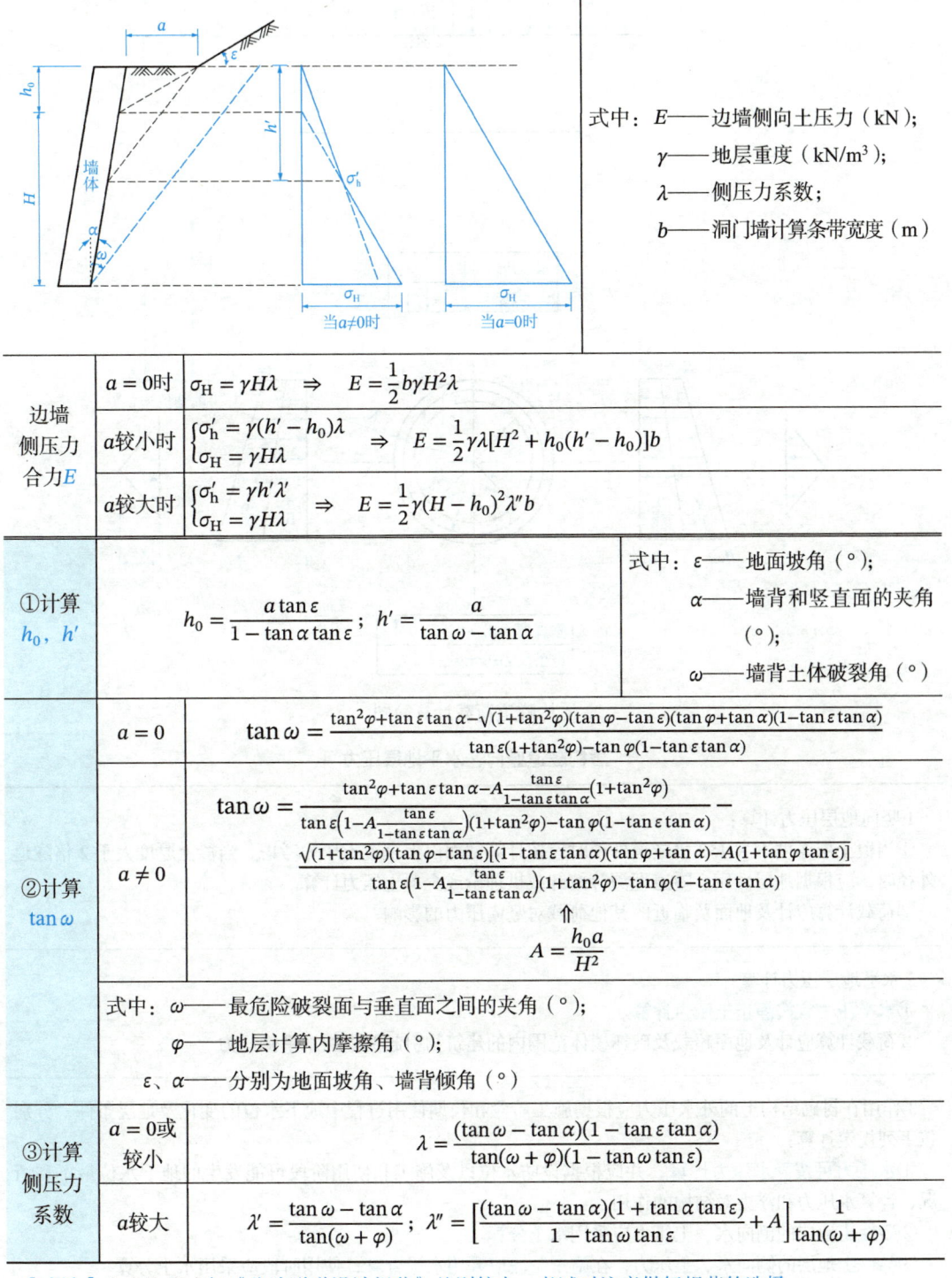

式中：$E$——边墙侧向土压力（kN）；
　　　$\gamma$——地层重度（kN/m³）；
　　　$\lambda$——侧压力系数；
　　　$b$——洞门墙计算条带宽度（m）

| 边墙侧压力合力 $E$ | $a=0$ 时 | $\sigma_H = \gamma H \lambda \Rightarrow E = \frac{1}{2}b\gamma H^2 \lambda$ |
|---|---|---|
| | $a$ 较小时 | $\begin{cases}\sigma'_h = \gamma(h'-h_0)\lambda \\ \sigma_H = \gamma H \lambda\end{cases} \Rightarrow E = \frac{1}{2}\gamma\lambda[H^2 + h_0(h'-h_0)]b$ |
| | $a$ 较大时 | $\begin{cases}\sigma'_h = \gamma h' \lambda' \\ \sigma_H = \gamma H \lambda\end{cases} \Rightarrow E = \frac{1}{2}\gamma(H-h_0)^2 \lambda'' b$ |

| ①计算 $h_0$，$h'$ | | $h_0 = \dfrac{a\tan\varepsilon}{1-\tan\alpha\tan\varepsilon}$； $h' = \dfrac{a}{\tan\omega - \tan\alpha}$ | 式中：$\varepsilon$——地面坡角（°）； $\alpha$——墙背和竖直面的夹角（°）； $\omega$——墙背土体破裂角（°） |
|---|---|---|---|

| ②计算 $\tan\omega$ | $a=0$ | $\tan\omega = \dfrac{\tan^2\varphi + \tan\varepsilon\tan\alpha - \sqrt{(1+\tan^2\varphi)(\tan\varphi-\tan\varepsilon)(\tan\varphi+\tan\alpha)(1-\tan\varepsilon\tan\alpha)}}{\tan\varepsilon(1+\tan^2\varphi) - \tan\varphi(1-\tan\varepsilon\tan\alpha)}$ |
|---|---|---|
| | $a \neq 0$ | $\tan\omega = \dfrac{\tan^2\varphi + \tan\varepsilon\tan\alpha - A\dfrac{\tan\varepsilon}{1-\tan\varepsilon\tan\alpha}(1+\tan^2\varphi)}{\tan\varepsilon\left(1-A\dfrac{\tan\varepsilon}{1-\tan\varepsilon\tan\alpha}\right)(1+\tan^2\varphi) - \tan\varphi(1-\tan\varepsilon\tan\alpha)} - \dfrac{\sqrt{(1+\tan^2\varphi)(\tan\varphi-\tan\varepsilon)[(1-\tan\varepsilon\tan\alpha)(\tan\varphi+\tan\alpha) - A(1+\tan\varphi\tan\varepsilon)]}}{\tan\varepsilon\left(1-A\dfrac{\tan\varepsilon}{1-\tan\varepsilon\tan\alpha}\right)(1+\tan^2\varphi) - \tan\varphi(1-\tan\varepsilon\tan\alpha)}$ $\Uparrow$ $A = \dfrac{h_0 a}{H^2}$ |

式中：$\omega$——最危险破裂面与垂直面之间的夹角（°）；
　　　$\varphi$——地层计算内摩擦角（°）；
　　　$\varepsilon$、$\alpha$——分别为地面坡角、墙背倾角（°）

| ③计算侧压力系数 | $a=0$ 或较小 | $\lambda = \dfrac{(\tan\omega - \tan\alpha)(1-\tan\varepsilon\tan\alpha)}{\tan(\omega+\varphi)(1-\tan\omega\tan\varepsilon)}$ |
|---|---|---|
| | $a$ 较大 | $\lambda' = \dfrac{\tan\omega - \tan\alpha}{\tan(\omega+\varphi)}$； $\lambda'' = \left[\dfrac{(\tan\omega-\tan\alpha)(1+\tan\alpha\tan\varepsilon)}{1-\tan\omega\tan\varepsilon} + A\right]\dfrac{1}{\tan(\omega+\varphi)}$ |

【小注】本表格公式与《公路隧道设计规范》差别较大，考试时注意做好规范的选择。

## 八、盾构隧道荷载计算方法

——附录 J

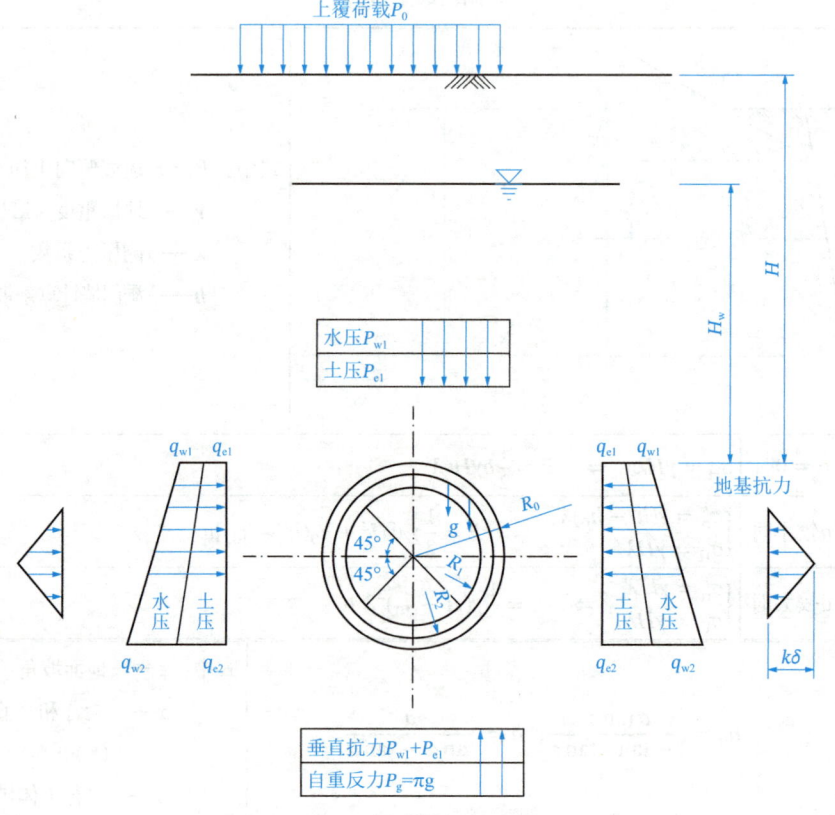

盾构隧道荷载计算简图

**盾构隧道竖向、水平地层压力**

1.竖向地层压力计算：
①当覆土层厚度不大于 2 倍隧道外径时应按计算截面以上全覆土压力考虑；当覆土厚度大于 2 倍隧道外径时，应根据地层性质、隧道埋深等按卸载拱理论或全覆土压力计算。
②荷载计算应计及地面及临近的其他荷载对竖向压力的影响

2.水平地层压力计算：
①水平压力宜按静止土压力计算。
②荷载计算应计及地面超载及破坏棱体范围内的建筑物引起的附加水平侧压力

3.作用在衬砌结构上的外水压力应根据施工阶段和长期使用过程中地下水位的变化及地层条件，分别按下列规定计算：
①水压力可按静水压力计算，并应根据设防水位以及施工和使用阶段可能发生的地下水位最不利情况，计算水压力和浮力对结构的作用。
②砂性土地层的侧向水、土压力应采用水土分算。
③黏性土地层的侧向水、土压力，在施工阶段应采用水土合算，使用阶段应采用水土分算

# 第二十四章 铁路隧道设计规范

采用掘进机施工的隧道,根据岩石单轴饱和抗压强度、岩体的完整程度(裂隙化程度)、岩石的耐磨性和岩石凿碎比功这四个影响掘进机工作条件(工作效率)的主要地质参数指标,将隧道掘进机工作条件由好到差分为 A(工作条件好)、B(工作条件一般)、C(工作条件差)三级,参见下表。

### 隧道围岩掘进机工作条件分级表——第 14.3.1 条

| 围岩分级 | 岩石单轴抗压强度$R_c$(MPa) | 岩体完整性系数$K_v$ | 岩石耐磨性$A_b$(1/10mm) | 岩石凿碎比功$a$(kg·m/cm³) | 隧道掘进机工作条件等级 |
|---|---|---|---|---|---|
| Ⅰ | 80~150 | > 0.85 | < 6 | < 70 | Ⅰ$_B$ |
| Ⅰ | 80~150 | 0.75~0.85 | > 6 | ≥ 70 | Ⅰ$_C$ |
| Ⅰ | ≥ 150 | > 0.75 | — | — | Ⅰ$_C$ |
| Ⅱ | 80~150 | 0.65~0.75 | < 5 | < 60 | Ⅱ$_A$ |
| Ⅱ | 80~150 | 0.65~0.75 | 5~6 | 60~70 | Ⅱ$_B$ |
| Ⅱ | 80~150 | 0.65~0.75 | ≥ 6 | ≥ 70 | Ⅱ$_C$ |
| Ⅱ | ≥ 150 | | — | — | Ⅱ$_C$ |
| Ⅲ | 60~120 | 0.45~0.65 | < 5 | < 60 | Ⅲ$_A$ |
| Ⅲ | 60~120 | 0.45~0.65 | 5~6 | 60~70 | Ⅲ$_B$ |
| Ⅲ | 60~120 | 0.45~0.65 | ≥ 6 | ≥ 70 | Ⅲ$_C$ |
| Ⅳ | ≥ 80 | < 0.45 | | | |
| Ⅳ | 30~60 | 0.30~0.45 | < 6 | < 70 | Ⅳ$_B$ |
| Ⅳ | 15~60 | 0.25~0.30 | — | — | Ⅳ$_C$ |
| Ⅴ 和 Ⅵ | < 15 | < 0.25 | — | — | 不宜采用 |

【表注】①岩石耐磨性$A_b$是用一个特制钢针,在未处理的岩石表面拖动 1cm 的距离,针尖由此而磨钝,其磨钝面的直径($d$)就是岩石耐磨性指数$A_b$,以 1/10mm 计;

②岩石凿碎比功$a$是指凿碎单位岩石所消耗的功,反映了岩石的坚硬程度。

# 第二十五章

# 公路隧道设计规范

## 第一节 围岩分级

### 一、围岩坚硬程度分类

——附录 A

**$R_c$ 与岩石坚硬程度定性划分的关系**

| $R_c$（MPa） | $R_c > 60$ | 30～60 | 15～30 | 5～15 | < 5 |
|---|---|---|---|---|---|
| 坚硬程度 | 坚硬岩 | 较坚硬岩 | 较软岩 | 软岩 | 极软岩 |

岩石坚硬程度定量指标用岩石单轴饱和抗压强度$R_c$表达：$R_c = 22.82 I_{S(50)}^{0.75}$

**岩石坚硬程度的定性分类**

| 坚硬程度 | | 定性鉴定 | 代表性岩石 |
|---|---|---|---|
| 硬质岩 | 坚硬岩 | 锤击声清脆，有回弹，振手，难击碎；浸水后，大多无吸水反应 | 未风化～微风化的花岗岩、正长岩、闪长岩、辉绿岩、玄武岩、安山岩、片麻岩、石英片岩、硅质板岩、石英岩、硅质胶结的砾岩、石英砂岩、硅质石灰岩等 |
| | 较坚硬岩 | 锤击声较清脆，有轻微回弹，稍振手，较难击碎；浸水后，有轻微吸水反应 | ①中等（弱）风化的坚硬岩；②未风化～微风化的熔结凝灰岩、大理岩、板岩、白云岩、石灰岩、钙质胶结的砂页岩等 |
| 软质岩 | 较软岩 | 锤击声不清脆，无回弹，较易击碎；浸水后，指甲可刻出印痕 | ①强风化的坚硬岩；②中等（弱）风化的较坚硬岩；③未风化～微风化的凝灰岩、千枚岩、砂质泥岩、泥灰岩、泥质砂岩、粉砂岩、页岩等 |
| | 软岩 | 锤击声哑，无回弹，有凹痕，易击碎；浸水后，手可掰开 | ①强风化的坚硬岩；②中等（弱）风化～强风化的较坚硬岩；③中等（弱）风化的较软岩；④未风化的泥岩、泥质页岩、绿泥石片岩、绢云母片岩等 |
| | 极软岩 | 锤击声哑，无回弹，有较深凹痕，手可捏碎；浸水后，可捏成团 | ①全风化的各种岩石；②强风化的软岩；③各种半成岩 |

笔记区

## 二、围岩完整程度分类

——附录 A

**岩体完整程度的定量分类**

| 完整程度 | 完整 | 较完整 | 较破碎 | 破碎 | 极破碎 |
|---|---|---|---|---|---|
| 岩体完整性指数$K_v$ | > 0.75 | 0.55~0.75 | 0.35~0.55 | 0.15~0.35 | ≤ 0.15 |
| 体积节理数$J_v$（条/m³） | < 3 | 3~10 | 10~20 | 20~35 | ≥ 35 |
| $K_v = \left(\dfrac{v_{pm}}{v_{pr}}\right)^2 = \left(\dfrac{数据小}{数据大}\right)^2$ | 式中：$v_{pm}$——岩体弹性纵波波速（km/s）；$\quad\quad v_{pr}$——岩石弹性纵波波速（km/s） | | | | |

【小注】①岩体体积节理数$J_v$，应选择有代表性的露头或开挖壁面进行统计，同时除成组节理外，对延伸长度大于1m的分散节理也应进行统计，但已被硅质、铁质、钙质充填再胶结的节理不予统计。

②每一测点的统计面积不应小于2m×5m，$J_v = S_1 + S_2 + \cdots + S_n + S_k$

式中：$S_n$——第$n$组节理每米长测线上的条数；

$S_k$——每立方米岩体非成组节理条数（条/m³）。

**岩体完整程度的定性分类**

| 名称 | 结构面发育程度 | | 主要结构面的结合程度 | 主要结构面类型 | 相应结构类型 |
|---|---|---|---|---|---|
| | 组数 | 平均间距（m） | | | |
| 完整 | 1~2 | > 1.0 | 好或一般 | 节理、裂隙、层面 | 整体状或巨厚层 |
| 较完整 | 1~2 | > 1.0 | 差 | 节理、裂隙、层面 | 块状或厚层状 |
| | 2~3 | 1.0~0.4 | 好或一般 | | 块状 |
| 较破碎 | 2~3 | 1.0~0.4 | 差 | 节理、裂隙、层面、小断层 | 裂隙块状或中厚层 |
| | ≥ 3 | 0.2~0.4 | 好 | | 镶嵌碎裂结构 |
| | | | 一般 | | 中、薄层状结构 |
| 破碎 | ≥ 3 | 0.2~0.4 | 差 | 各种类型结构面 | 裂隙块状结构 |
| | | ≤ 0.2 | 一般或差 | | 碎裂结构 |
| 极破碎 | 无序 | — | 很差 | — | 散体状结构 |

【表注】平均间距指主要结构面（1~2 组）间距的平均值。

## 三、计算 $BQ$ 和 $[BQ]$

——第 3.6.2~3.6.4 条、附录 A

### 1. 围岩基本质量指标$BQ$

**围岩基本质量指标$BQ$**

| $BQ = 100 + 3R_c + 250K_v$ | $\Leftarrow \begin{cases} R_c = \min(90K_v + 30, R_c) \\ K_v = \min(0.04R_c + 0.4, K_v) \end{cases}$ | $\Leftarrow \begin{cases} R_c = 22.82 \cdot I_{s(50)}^{0.75} \\ K_v = \left(\dfrac{v_{pm}}{v_{pr}}\right)^2 = \left(\dfrac{v_{p\,岩体}}{v_{p\,岩石}}\right)^2 \end{cases}$ |
|---|---|---|

式中：$v_{pm}$——岩体弹性纵波（压缩波）速度（km/s），小数据；

$\quad\quad v_{pr}$——岩石（岩块）弹性纵波（压缩波）速度（km/s），大数据。

### 2. 围岩基本质量指标修正值$[BQ]$

$$[BQ] = BQ - 100(K_1 + K_2 + K_3)$$

式中：$K_1$、$K_2$、$K_3$——分别为地下水影响修正系数、主要软弱结构面产状影响修正系数、初始应力状态影响修正系数，如无所列情况时，相应的修正系数取零即可。

地下水影响修正系数$K_1$

| 参数 | 地下水出水状态 | BQ | | | | |
|---|---|---|---|---|---|---|
| | | >550 | 451~550 | 351~450 | 251~350 | <250 |
| $p$水压（MPa）<br>$Q$单位出水量<br>L/(min·10m 洞长) | 潮湿或点滴状出水，<br>$p \leqslant 0.1$或$Q \leqslant 25$ | 0 | 0 | 0~0.1 | 0.2~0.3 | 0.4~0.6 |
| | 淋雨状或涌流状出水，<br>$0.1 < p \leqslant 0.5$或<br>$25 < Q \leqslant 125$ | 0~0.1 | 0.1~0.2 | 0.2~0.3 | 0.4~0.6 | 0.7~0.9 |
| | 淋雨状或涌流状出水，<br>$p > 0.5$或$Q > 125$ | 0.1~0.2 | 0.2~0.3 | 0.4~0.6 | 0.7~0.9 | 1.0 |

【表注】①在同一地下水状态下，岩体基本质量指标BQ越小，修正系数$K_1$取值越大。同一岩体，地下水、水压越大，修正系数$K_1$取值越大。②2018年版规范印刷疏漏，请按照此表进行更正。

主要软弱结构面产状影响修正系数$K_2$

| 结构面产状及其<br>与洞轴线的组合关系 | 结构面走向与洞轴线夹角<<br>30°，结构面倾角为30°~75° | 结构面走向与洞轴线夹角><br>60°，结构面倾角>75° | 其他组合 |
|---|---|---|---|
| $K_2$ | 0.4~0.6 | 0~0.2 | 0.2~0.4 |

【表注】①一般情况下，结构面走向与洞轴线夹角越大，结构面倾角越大，修正系数$K_2$取值越小；结构面走向与洞轴线夹角越小，结构面倾角越小，修正系数$K_2$取值越大。
②本表特指存在一组起控制作用结构面的情况，不适用于有两组或两组以上起控制作用结构面的情况。

初始应力状态影响修正系数$K_3$

| 初始应力状态 | BQ>550 | BQ=451~550 | BQ=351~450 | BQ=251~350 | BQ≤250 |
|---|---|---|---|---|---|
| 极高应力区<br>$R_c/\sigma_{max} < 4$ | 1.0 | 1.0 | 1.0~1.5 | 1.0~1.5 | 1.0 |
| 高应力区<br>$R_c/\sigma_{max} = 4~7$ | 0.5 | 0.5 | 0.5 | 0.5~1.0 | 0.5~1.0 |

【表注】①$\sigma_{max}$为垂直于洞轴线方向的最大初始应力，$R_c$为岩石单轴饱和抗压强度（MPa）。
②BQ值越小，修正系数$K_3$取值越大。

高初始应力地区围岩在开挖过程中出现的主要现象

| 应力情况 | 主要现象 | $R_c/\sigma_{max}$ |
|---|---|---|
| 极高应力 | ①硬质岩：开挖过程中有岩爆发生，有岩块弹出，洞壁岩体发生剥离，新生裂缝多，成洞性差；<br>②软质岩：岩芯常有饼化现象，开挖过程中洞壁岩体有剥离，位移极为显著，甚至发生大位移，持续时间长，不易成洞 | <4 |
| 高应力 | ①硬质岩：开挖过程中可能出现岩爆，洞壁岩体有剥离和掉块现象，新生裂缝较多，成洞性差；<br>②软质岩：岩芯时有饼化现象，开挖过程中洞壁岩体位移显著，持续时间较长，成洞性差 | 4~7 |

【表注】$\sigma_{max}$为垂直洞轴线方向的最大初始应力。

## 四、隧道围岩级别划分

——第 3.6.4 条

根据隧道围岩的定性特征、基本质量指标 BQ 或修正的基本质量指标 [BQ]、土质围岩中的土体类型、密实状态等定性特征，按下表进行围岩级别划分如下：

**公路隧道围岩级别划分**

| 围岩级别 | 围岩岩体或土体的主要定性特征 | 围岩基本质量指标 BQ 或围岩修正质量指标 [BQ] |
|---|---|---|
| Ⅰ | 坚硬岩，岩体完整 | >550 |
| Ⅱ | 坚硬岩，岩体较完整<br>较坚硬岩，岩体完整 | 451～550 |
| Ⅲ | 坚硬岩，岩体较破碎<br>较坚硬岩，岩体较完整<br>较软岩，岩体完整，整体状或巨厚层状结构 | 351～450 |
| Ⅳ | 坚硬岩，岩体破碎<br>较坚硬岩，岩体较破碎～破碎<br>较软岩，岩体较完整～较破碎<br>软岩，岩体完整～较完整 | 251～350 |
| Ⅳ | 土体：①压密或成岩作用的黏性土及砂性土；<br>②黄土（$Q_1$，$Q_2$）；<br>③一般钙质、铁质胶结的碎石土、卵石土、大块石土 | — |
| Ⅴ | 较软岩，岩体破碎<br>软岩，岩体较破碎～破碎<br>全部极软岩和全部极破碎岩 | ≤250 |
| Ⅴ | 一般第四系的半干硬至硬塑的黏性土及稍湿至潮湿的碎石土、卵石土、圆砾、角砾土及黄土（$Q_3$，$Q_4$）。非黏性土呈松散结构，黏性土及黄土呈松软结构 | — |
| Ⅵ | 软塑状黏性土及潮湿、饱和粉细砂层、软土等 | — |

【小注】本表不适用于特殊条件的围岩分级，如膨胀性围岩、多年冻土等。

**隧道各级围岩自稳能力判断**

| 围岩级别 | 自稳能力 |
|---|---|
| Ⅰ | 跨度≤20m，可长期稳定，偶有掉块，无塌方 |
| Ⅱ | 跨度10～20m，可基本稳定，局部可发生掉块或小塌方 |
| Ⅱ | 跨度<10m，可长期稳定，偶有掉块 |
| Ⅲ | 跨度10～20m，可稳定数日至1月，可发生小～中塌方 |
| Ⅲ | 跨度5～10m，可稳定数月，可发生局部块体位移及小～中塌方 |
| Ⅲ | 跨度<5m，可基本稳定 |
| Ⅳ | 跨度>5m，一般无自稳能力，数日至数月内可发生松动变形、小塌方，进而发展为中～大塌方；埋深小时，以拱部松动破坏为主；埋深大时，有明显塑性流动变形和挤压破坏 |
| Ⅳ | 跨度≤5m，可稳定数日至1月 |
| Ⅴ | 无自稳能力，跨度5m或更小时，可稳定数日 |
| Ⅵ | 无自稳能力 |

【表注】①**小塌方**：塌方高度<3m，或塌方体积<30m³；②**中塌方**：塌方高度3～6m，或塌方体积30～100m³；③**大塌方**：塌方高度>6m，或塌方体积>100m³。

## 第二节　荷载计算

### 一、隧道埋深分界深度

——附录 D、第 6.2.2 条

**隧道埋深分界深度**

（1）超浅埋隧道（未明确提出此概念）：
$$H \leqslant h_q$$
（2）浅埋隧道：
$$h_q < H \leqslant H_p = (2\sim2.5)h_q$$
（3）深埋隧道：
$$H > H_p = (2\sim2.5)h_q$$
式中：$H$——隧道埋深（m），指隧道顶至地面的距离；

$H_p$——浅埋隧道分界深度（m）；

$h_q$——荷载等效高度（m）。

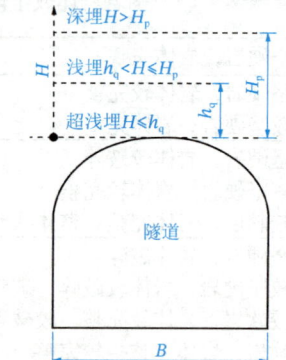

公式①：$H_p = (2\sim2.5)h_q$
在钻爆法或浅埋暗挖法施工时：
Ⅰ～Ⅲ级：$H_p = 2.0h_q$，Ⅳ～Ⅵ级：$H_p = 2.5h_q$

公式②：$h_q = \dfrac{q}{\gamma}$

公式③：$q = \gamma h$
$h = h_q = 0.45 \times 2^{s-1}\omega \Leftarrow \omega = 1 + i(B-5)$

式中：$h$——围岩压力计算高度（m）；

$q$——深埋隧道垂直均布压力（kN/m²）；

$\gamma$——围岩重度（kN/m³）；

$S$——围岩级别，按 1、2、3、4、5、6 整数取值；

$B$——隧道宽度（m）；

$\omega$——宽度影响系数。

**围岩压力增减率 $i$**

| 隧道宽度 $B$（m） | $B < 5$ | $5 \leqslant B < 14$ | $14 \leqslant B < 25$ | |
|---|---|---|---|---|
| 围岩压力增减率 $i$ | 0.2 | 0.1 | 考虑施工过程分导洞开挖 | 0.07 |
| | | | 上下台阶法或一次性开挖 | 0.12 |

有围岩 $BQ$ 或 $[BQ]$ 值时，上式 $S$ 可用 $[S]$ 代替，$[S]$ 可按下列公式计算：

$$[S] = S + \dfrac{\dfrac{[BQ]_上 + [BQ]_下}{2} - [BQ]}{[BQ]_上 - [BQ]_下} \quad 或 \quad [S] = S + \dfrac{\dfrac{BQ_上 + BQ_下}{2} - BQ}{BQ_上 - BQ_下}$$

式中：　$[S]$——围岩级别修正值（精确至小数点后一位），当 $BQ$ 或 $[BQ]$ 值大于 800 时，取 800；

$BQ_上$、$[BQ]_上$——分别为该围岩级别的岩体基本质量指标 $BQ$ 和岩体修正质量指标 $[BQ]$ 的上限值，按下表取值；

$BQ_下$、$[BQ]_下$——分别为围岩级别的岩体基本质量指标 $BQ$ 和岩体修正质量指标 $[BQ]$ 的下限值，按下表取值。

**岩体基本质量指标 $BQ$ 和岩体修正质量指标 $[BQ]$ 的上、下限值**

| 围岩级别 | Ⅰ | Ⅱ | Ⅲ | Ⅳ | Ⅴ |
|---|---|---|---|---|---|
| $BQ_上$、$[BQ]_上$ | 800 | 550 | 450 | 350 | 250 |
| $BQ_下$、$[BQ]_下$ | 550 | 450 | 350 | 250 | 0 |

## 二、超浅埋隧道

——附录 D

**超浅埋隧道**

| 判别条件 | $H \leqslant h_q$（本规范未明确提出超浅埋隧道概念） | |
|---|---|---|
| （1）垂直均布压力 $q$（kPa） | 式中：$q_{超浅埋} = \gamma \cdot H$<br>$\gamma$——隧道上覆围岩重度（kN/m³）；<br>$H$——隧道埋深，隧道顶至地面距离（m） | |
| （2）水平侧压力 $e$（kPa） | 矩形均布：<br>$$e = \gamma\left(H + \frac{1}{2}H_t\right) \cdot \tan^2\left(45° - \frac{\varphi_c}{2}\right)$$<br>式中：$H_t$——隧道高度（m）；<br>$\varphi_c$——围岩计算摩擦角（°）。<br>上式子是基于：地面至隧道底部只有同一层土时推导，如为多层土时，隧道侧墙任意一点受到的土压力应为：<br>$$e_i = \gamma_i h_i \cdot \lambda_i = \gamma_i h_i \cdot \tan^2\left(45° - \frac{\varphi_c}{2}\right)$$<br>【小注】本质依然为：朗肯土压力理论，自重应力乘以土压力系数 $\lambda_i$（朗肯主动土压力系数），$\lambda_i = \tan^2\left(45° - \frac{\varphi_c}{2}\right)$ | |

（3）合力：
①作用于隧道顶部的总垂直围岩压力：$Q = qB$（$B$ 为隧道宽度）；
②作用于隧道侧边的总水平侧压力：$E = eH_t$

| 围岩级别 | Ⅰ | Ⅱ | Ⅲ | Ⅳ | Ⅴ | Ⅵ |
|---|---|---|---|---|---|---|
| 计算摩擦角 $\varphi_c$（°） | >78 | 70～78 | 60～70 | 50～60 | 40～50 | 30～40 |

## 三、浅埋隧道

——附录 D

浅埋隧道

| 判别条件 | $h_q < H \leq H_p = (2\sim2.5)h_q$ |
|---|---|
| （1）垂直均布压力 $q_{浅埋}$（kPa） | $q_{浅埋} = \gamma H\left(1 - \dfrac{H}{B}\lambda\tan\theta\right)$<br>$\lambda = \dfrac{\tan\beta - \tan\varphi_c}{\tan\beta[1 + \tan\beta(\tan\varphi_c - \tan\theta) + \tan\varphi_c\tan\theta]}$<br>$\tan\beta = \tan\varphi_c + \sqrt{\dfrac{(\tan^2\varphi_c + 1)\tan\varphi_c}{\tan\varphi_c - \tan\theta}}$<br>式中：$\gamma$——隧道上覆围岩重度（kN/m³）；<br>$H$——隧道埋深（m），隧道顶至地面距离；<br>$B$——隧道宽度（m）；<br>$\varphi_c$——围岩计算摩擦角（°）；<br>$\theta$——滑动面的摩擦角（°），按下表取值 |

| 围岩级别 | Ⅰ Ⅱ Ⅲ | Ⅳ | Ⅴ | Ⅵ |
|---|---|---|---|---|
| $\theta$ | $0.9\varphi_c$ | $(0.7\sim0.9)\varphi_c$ | $(0.5\sim0.7)\varphi_c$ | $(0.3\sim0.5)\varphi_c$ |

| （2）水平侧压力 $e$（kPa） | ①梯形分布考虑：$\begin{cases}e_1 = \gamma H\lambda \\ e_2 = \gamma(H + H_t)\lambda\end{cases}$<br>②若将侧压力视为矩形均布：<br>$e = \dfrac{1}{2}(e_1 + e_2) = \gamma\left(H + \dfrac{1}{2}H_t\right)\lambda$<br>式中：$H_t$——隧道高度（m） |
|---|---|

（3）合力：
①作用于隧道顶部的总垂直围岩压力：$Q = q_{浅埋}B$；
②作用于隧道侧边的总水平侧压力：$E = eH_t$

**公路、铁路浅埋隧道围岩侧压力系数 $\lambda$**

| $\varphi_c$ | | $\theta$ | | | | | | | | | | | |
|---|---|---|---|---|---|---|---|---|---|---|---|---|---|
| | | 0 | $0.3\varphi_c$ | $0.4\varphi_c$ | $0.5\varphi_c$ | $0.6\varphi_c$ | $0.7\varphi_c$ | $0.8\varphi_c$ | $0.9\varphi_c$ | 15 | 20 | 25 | 30 | 35 | 40 |
| 20 | $\tan\beta$ | 1.428 | 1.626 | 1.722 | 1.846 | 2.014 | 2.260 | 2.674 | 3.613 | 2.436 | | | | | |
| | $\lambda$ | 0.490 | 0.532 | 0.549 | 0.569 | 0.593 | 0.622 | 0.659 | 0.714 | 0.639 | | | | | |
| 21 | $\tan\beta$ | 1.455 | 1.653 | 1.749 | 1.873 | 2.041 | 2.288 | 2.702 | 3.642 | 2.333 | 5.089 | | | | |
| | $\lambda$ | 0.472 | 0.514 | 0.531 | 0.551 | 0.575 | 0.604 | 0.642 | 0.698 | 0.608 | 0.745 | | | | |
| 22 | $\tan\beta$ | 1.483 | 1.681 | 1.777 | 1.901 | 2.069 | 2.316 | 2.731 | 3.672 | 2.262 | 3.829 | | | | |
| | $\lambda$ | 0.455 | 0.496 | 0.513 | 0.533 | 0.557 | 0.586 | 0.624 | 0.681 | 0.580 | 0.688 | | | | |
| 23 | $\tan\beta$ | 1.511 | 1.709 | 1.806 | 1.930 | 2.098 | 2.345 | 2.760 | 3.703 | 2.213 | 3.302 | | | | |
| | $\lambda$ | 0.438 | 0.479 | 0.496 | 0.516 | 0.539 | 0.568 | 0.607 | 0.664 | 0.554 | 0.643 | | | | |

续表

| $\varphi_c$ | | \multicolumn{13}{c}{$\theta$} |
|---|---|---|---|---|---|---|---|---|---|---|---|---|---|---|
| | | 0 | $0.3\varphi_c$ | $0.4\varphi_c$ | $0.5\varphi_c$ | $0.6\varphi_c$ | $0.7\varphi_c$ | $0.8\varphi_c$ | $0.9\varphi_c$ | 15 | 20 | 25 | 30 | 35 | 40 |
| 24 | $\tan\beta$ | 1.540 | 1.739 | 1.835 | 1.959 | 2.128 | 2.375 | 2.791 | 3.735 | 2.180 | 3.008 | | | | |
| | $\lambda$ | 0.422 | 0.462 | 0.479 | 0.498 | 0.522 | 0.551 | 0.589 | 0.647 | 0.528 | 0.606 | | | | |
| 25 | $\tan\beta$ | 1.570 | 1.769 | 1.865 | 1.990 | 2.158 | 2.405 | 2.822 | 3.767 | 2.158 | 2.822 | | | | |
| | $\lambda$ | 0.406 | 0.445 | 0.462 | 0.482 | 0.505 | 0.534 | 0.572 | 0.631 | 0.505 | 0.572 | | | | |
| 26 | $\tan\beta$ | 1.600 | 1.800 | 1.897 | 2.021 | 2.189 | 2.437 | 2.854 | 3.801 | 2.145 | 2.696 | 5.796 | | | |
| | $\lambda$ | 0.390 | 0.429 | 0.446 | 0.465 | 0.488 | 0.517 | 0.555 | 0.614 | 0.482 | 0.542 | 0.678 | | | |
| 27 | $\tan\beta$ | 1.632 | 1.832 | 1.928 | 2.053 | 2.221 | 2.469 | 2.886 | 3.836 | 2.139 | 2.609 | 4.363 | | | |
| | $\lambda$ | 0.376 | 0.414 | 0.430 | 0.449 | 0.471 | 0.500 | 0.538 | 0.597 | 0.461 | 0.514 | 0.619 | | | |
| 28 | $\tan\beta$ | 1.664 | 1.864 | 1.961 | 2.086 | 2.255 | 2.502 | 2.920 | 3.872 | 2.140 | 2.548 | 3.761 | | | |
| | $\lambda$ | 0.361 | 0.398 | 0.414 | 0.433 | 0.455 | 0.483 | 0.522 | 0.580 | 0.440 | 0.488 | 0.575 | | | |
| 29 | $\tan\beta$ | 1.698 | 1.898 | 1.995 | 2.120 | 2.289 | 2.537 | 2.955 | 3.908 | 2.145 | 2.505 | 3.424 | | | |
| | $\lambda$ | 0.347 | 0.383 | 0.399 | 0.417 | 0.439 | 0.467 | 0.505 | 0.563 | 0.421 | 0.464 | 0.537 | | | |
| 30 | $\tan\beta$ | 1.732 | 1.933 | 2.030 | 2.155 | 2.324 | 2.572 | 2.991 | 3.946 | 2.155 | 2.477 | 3.210 | | | |
| | $\lambda$ | 0.333 | 0.369 | 0.384 | 0.402 | 0.424 | 0.451 | 0.488 | 0.547 | 0.402 | 0.441 | 0.504 | | | |
| 31 | $\tan\beta$ | 1.767 | 1.969 | 2.066 | 2.191 | 2.360 | 2.608 | 3.028 | 3.985 | 2.168 | 2.459 | 3.066 | 6.499 | | |
| | $\lambda$ | 0.320 | 0.355 | 0.370 | 0.387 | 0.408 | 0.435 | 0.472 | 0.530 | 0.384 | 0.420 | 0.475 | 0.605 | | |
| 32 | $\tan\beta$ | 1.804 | 2.006 | 2.103 | 2.228 | 2.397 | 2.646 | 3.066 | 4.026 | 2.185 | 2.450 | 2.966 | 4.901 | | |
| | $\lambda$ | 0.307 | 0.341 | 0.355 | 0.372 | 0.393 | 0.420 | 0.456 | 0.513 | 0.367 | 0.399 | 0.448 | 0.547 | | |
| 33 | $\tan\beta$ | 1.842 | 2.044 | 2.141 | 2.266 | 2.436 | 2.685 | 3.106 | 4.068 | 2.205 | 2.448 | 2.895 | 4.229 | | |
| | $\lambda$ | 0.295 | 0.327 | 0.341 | 0.358 | 0.378 | 0.404 | 0.440 | 0.497 | 0.350 | 0.380 | 0.423 | 0.504 | | |
| 34 | $\tan\beta$ | 1.881 | 2.083 | 2.181 | 2.306 | 2.475 | 2.725 | 3.147 | 4.111 | 2.228 | 2.452 | 2.846 | 3.853 | | |
| | $\lambda$ | 0.283 | 0.314 | 0.328 | 0.344 | 0.364 | 0.389 | 0.424 | 0.480 | 0.334 | 0.361 | 0.400 | 0.468 | | |
| 35 | $\tan\beta$ | 1.921 | 2.124 | 2.222 | 2.347 | 2.516 | 2.766 | 3.189 | 4.155 | 2.254 | 2.462 | 2.812 | 3.615 | | |
| | $\lambda$ | 0.271 | 0.301 | 0.315 | 0.330 | 0.350 | 0.374 | 0.409 | 0.464 | 0.319 | 0.344 | 0.378 | 0.436 | | |
| 36 | $\tan\beta$ | 1.963 | 2.166 | 2.264 | 2.389 | 2.559 | 2.809 | 3.232 | 4.202 | 2.282 | 2.476 | 2.792 | 3.454 | 7.219 | |
| | $\lambda$ | 0.260 | 0.289 | 0.302 | 0.317 | 0.336 | 0.360 | 0.393 | 0.448 | 0.304 | 0.327 | 0.358 | 0.408 | 0.529 | |
| 37 | $\tan\beta$ | 2.006 | 2.209 | 2.307 | 2.433 | 2.603 | 2.853 | 3.277 | 4.249 | 2.313 | 2.495 | 2.782 | 3.343 | 5.460 | |
| | $\lambda$ | 0.249 | 0.277 | 0.289 | 0.304 | 0.322 | 0.345 | 0.378 | 0.432 | 0.290 | 0.311 | 0.339 | 0.383 | 0.474 | |
| 38 | $\tan\beta$ | 2.050 | 2.255 | 2.353 | 2.478 | 2.648 | 2.899 | 3.324 | 4.299 | 2.347 | 2.518 | 2.780 | 3.265 | 4.721 | |
| | $\lambda$ | 0.238 | 0.265 | 0.277 | 0.291 | 0.309 | 0.331 | 0.363 | 0.416 | 0.276 | 0.295 | 0.321 | 0.359 | 0.432 | |
| 39 | $\tan\beta$ | 2.097 | 2.301 | 2.399 | 2.525 | 2.696 | 2.947 | 3.372 | 4.350 | 2.383 | 2.544 | 2.786 | 3.212 | 4.308 | |
| | $\lambda$ | 0.228 | 0.254 | 0.265 | 0.279 | 0.296 | 0.318 | 0.349 | 0.400 | 0.263 | 0.281 | 0.304 | 0.338 | 0.398 | |
| 40 | $\tan\beta$ | 2.145 | 2.350 | 2.448 | 2.574 | 2.744 | 2.996 | 3.423 | 4.403 | 2.421 | 2.574 | 2.798 | 3.176 | 4.048 | |
| | $\lambda$ | 0.217 | 0.243 | 0.253 | 0.267 | 0.283 | 0.304 | 0.334 | 0.384 | 0.251 | 0.267 | 0.288 | 0.318 | 0.369 | |
| 41 | $\tan\beta$ | 2.194 | 2.400 | 2.499 | 2.624 | 2.795 | 3.047 | 3.475 | 4.459 | 2.462 | 2.607 | 2.815 | 3.156 | 3.874 | 7.980 |
| | $\lambda$ | 0.208 | 0.232 | 0.242 | 0.255 | 0.270 | 0.291 | 0.320 | 0.369 | 0.238 | 0.253 | 0.272 | 0.299 | 0.343 | 0.452 |
| 42 | $\tan\beta$ | 2.246 | 2.452 | 2.551 | 2.677 | 2.848 | 3.100 | 3.529 | 4.516 | 2.506 | 2.644 | 2.838 | 3.147 | 3.754 | 6.057 |

续表

| $\varphi_c$ | | \multicolumn{13}{c|}{$\theta$} |
|---|---|---|---|---|---|---|---|---|---|---|---|---|---|---|
| | | 0 | $0.3\varphi_c$ | $0.4\varphi_c$ | $0.5\varphi_c$ | $0.6\varphi_c$ | $0.7\varphi_c$ | $0.8\varphi_c$ | $0.9\varphi_c$ | 15 | 20 | 25 | 30 | 35 | 40 |
| 42 | $\lambda$ | 0.198 | 0.221 | 0.231 | 0.243 | 0.258 | 0.278 | 0.306 | 0.354 | 0.227 | 0.240 | 0.257 | 0.281 | 0.319 | 0.400 |
| 43 | $\tan\beta$ | 2.300 | 2.507 | 2.605 | 2.732 | 2.903 | 3.155 | 3.585 | 4.576 | 2.552 | 2.684 | 2.866 | 3.148 | 3.672 | 5.253 |
| | $\lambda$ | 0.189 | 0.211 | 0.221 | 0.232 | 0.246 | 0.265 | 0.293 | 0.339 | 0.215 | 0.228 | 0.243 | 0.265 | 0.298 | 0.362 |
| 44 | $\tan\beta$ | 2.356 | 2.563 | 2.662 | 2.789 | 2.960 | 3.213 | 3.643 | 4.638 | 2.601 | 2.727 | 2.899 | 3.158 | 3.617 | 4.805 |
| | $\lambda$ | 0.180 | 0.201 | 0.210 | 0.221 | 0.235 | 0.253 | 0.280 | 0.324 | 0.205 | 0.216 | 0.230 | 0.249 | 0.278 | 0.330 |
| 45 | $\tan\beta$ | 2.414 | 2.622 | 2.721 | 2.848 | 3.019 | 3.273 | 3.704 | 4.702 | 2.653 | 2.773 | 2.936 | 3.175 | 3.583 | 4.526 |
| | $\lambda$ | 0.172 | 0.191 | 0.200 | 0.211 | 0.224 | 0.241 | 0.266 | 0.310 | 0.194 | 0.204 | 0.217 | 0.235 | 0.260 | 0.303 |
| 46 | $\tan\beta$ | 2.475 | 2.684 | 2.783 | 2.910 | 3.081 | 3.335 | 3.768 | 4.770 | 2.708 | 2.823 | 2.977 | 3.200 | 3.565 | 4.341 |
| | $\lambda$ | 0.163 | 0.182 | 0.190 | 0.200 | 0.213 | 0.229 | 0.254 | 0.296 | 0.184 | 0.193 | 0.205 | 0.221 | 0.243 | 0.280 |
| 47 | $\tan\beta$ | 2.539 | 2.748 | 2.847 | 2.974 | 3.146 | 3.400 | 3.834 | 4.840 | 2.765 | 2.876 | 3.023 | 3.231 | 3.561 | 0.243 |
| | $\lambda$ | 0.155 | 0.173 | 0.181 | 0.190 | 0.202 | 0.218 | 0.241 | 0.282 | 0.174 | 0.183 | 0.194 | 0.208 | 0.227 | 0.259 |
| 48 | $\tan\beta$ | 2.605 | 2.815 | 2.914 | 3.041 | 3.214 | 3.468 | 3.903 | 4.913 | 2.826 | 2.933 | 3.073 | 3.267 | 3.569 | 0.214 |
| | $\lambda$ | 0.147 | 0.164 | 0.172 | 0.180 | 0.192 | 0.207 | 0.229 | 0.268 | 0.165 | 0.173 | 0.183 | 0.195 | 0.212 | 0.2 |
| 49 | $\tan\beta$ | 2.675 | 2.885 | 2.985 | 3.112 | 3.284 | 3.540 | 3.976 | 4.990 | 2.891 | 2.994 | 3.127 | 3.310 | 3.587 | 4.081 |
| | $\lambda$ | 0.140 | 0.156 | 0.163 | 0.171 | 0.182 | 0.196 | 0.217 | 0.255 | 0.156 | 0.163 | 0.172 | 0.183 | 0.199 | 0.222 |
| 50 | $\tan\beta$ | 2.747 | 2.959 | 3.058 | 3.186 | 3.358 | 3.614 | 4.052 | 5.070 | 2.959 | 3.058 | 3.186 | 3.358 | 3.614 | 4.052 |
| | $\lambda$ | 0.132 | 0.147 | 0.154 | 0.162 | 0.172 | 0.186 | 0.206 | 0.242 | 0.147 | 0.154 | 0.162 | 0.172 | 0.186 | 0.206 |
| 51 | $\tan\beta$ | 2.824 | 3.03 | 63.136 | 3.263 | 3.436 | 3.692 | 4.131 | 5.154 | 3.031 | 3.127 | 3.249 | 3.413 | 3.650 | 4.042 |
| | $\lambda$ | 0.125 | 0.139 | 0.146 | 0.153 | 0.163 | 0.175 | 0.195 | 0.229 | 0.139 | 0.145 | 0.152 | 0.161 | 0.173 | 0.191 |
| 52 | $\tan\beta$ | 2.904 | 3.117 | 3.217 | 3.345 | 3.518 | 3.774 | 4.215 | 5.243 | 3.107 | 3.200 | 3.317 | 3.472 | 3.693 | 4.048 |
| | $\lambda$ | 0.119 | 0.132 | 0.137 | 0.144 | 0.153 | 0.166 | 0.184 | 0.217 | 0.131 | 0.136 | 0.143 | 0.151 | 0.162 | 0.177 |
| 53 | $\tan\beta$ | 2.989 | 3.202 | 3.302 | 3.430 | 3.604 | 3.861 | 4.302 | 5.335 | 3.187 | 3.278 | 3.390 | 3.538 | 3.745 | 4.067 |
| | $\lambda$ | 0.112 | 0.124 | 0.130 | 0.136 | 0.145 | 0.156 | 0.173 | 0.204 | 0.123 | 0.128 | 0.134 | 0.141 | 0.151 | 0.164 |
| 54 | $\tan\beta$ | 3.078 | 3.292 | 3.392 | 3.520 | 3.694 | 3.952 | 4.395 | 5.433 | 3.272 | 3.360 | 3.469 | 3.609 | 3.804 | 4.099 |
| | $\lambda$ | 0.106 | 0.117 | 0.122 | 0.128 | 0.136 | 0.147 | 0.163 | 0.193 | 0.116 | 0.120 | 0.126 | 0.132 | 0.141 | 0.152 |
| 55 | $\tan\beta$ | 3.172 | 3.386 | 3.487 | 3.615 | 3.789 | 4.047 | 4.492 | 5.536 | 3.362 | 3.448 | 3.553 | 3.687 | 3.870 | 4.143 |
| | $\lambda$ | 0.099 | 0.110 | 0.115 | 0.120 | 0.128 | 0.138 | 0.153 | 0.181 | 0.109 | 0.113 | 0.118 | 0.123 | 0.131 | 0.141 |
| 56 | $\tan\beta$ | 3.271 | 3.487 | 3.587 | 3.716 | 3.890 | 4.149 | 4.595 | 5.644 | 3.458 | 3.541 | 3.643 | 3.771 | 3.944 | 4.197 |
| | $\lambda$ | 0.093 | 0.103 | 0.108 | 0.113 | 0.120 | 0.129 | 0.143 | 0.170 | 0.102 | 0.106 | 0.110 | 0.115 | 0.122 | 0.131 |
| 57 | $\tan\beta$ | 3.376 | 3.592 | 3.693 | 3.822 | 3.996 | 4.256 | 4.703 | 5.759 | 3.560 | 3.641 | 3.739 | 3.862 | 4.026 | 4.262 |
| | $\lambda$ | 0.088 | 0.097 | 0.101 | 0.106 | 0.112 | 0.121 | 0.134 | 0.159 | 0.096 | 0.099 | 0.103 | 0.107 | 0.113 | 0.121 |
| 58 | $\tan\beta$ | 3.487 | 3.705 | 3.806 | 3.934 | 4.109 | 4.369 | 4.819 | 5.880 | 3.668 | 3.747 | 3.842 | 3.961 | 4.117 | 4.336 |
| | $\lambda$ | 0.082 | 0.091 | 0.094 | 0.099 | 0.105 | 0.113 | 0.125 | 0.149 | 0.089 | 0.092 | 0.096 | 0.100 | 0.105 | 0.112 |
| 59 | $\tan\beta$ | 3.606 | 3.824 | 3.925 | 4.054 | 4.229 | 4.490 | 4.941 | 6.009 | 3.784 | 3.861 | 3.953 | 4.067 | 4.215 | 4.422 |
| | $\lambda$ | 0.077 | 0.085 | 0.088 | 0.092 | 0.098 | 0.105 | 0.117 | 0.139 | 0.083 | 0.086 | 0.089 | 0.093 | 0.097 | 0.103 |
| 60 | $\tan\beta$ | 3.732 | 3.951 | 4.052 | 4.182 | 4.357 | 4.618 | 5.071 | 6.146 | 3.907 | 3.982 | 4.072 | 4.182 | 4.323 | 4.518 |
| | $\lambda$ | 0.072 | 0.079 | 0.082 | 0.086 | 0.091 | 0.098 | 0.108 | 0.129 | 0.077 | 0.080 | 0.083 | 0.086 | 0.090 | 0.095 |

## 四、深埋隧道

——第 6.2.2 条

**深埋隧道**

| 判断条件 | $H > H_p = (2\sim 2.5)h_q$ |
|---|---|

（1）垂直均布压力 $q$

$$q = \gamma h$$
$$\Leftarrow h = h_q = 0.45 \times 2^{s-1}\omega \Leftarrow \omega = 1 + i(B-5)$$

式中：$q$——垂直均布压力（$kN/m^2$）；
　　　$\gamma$——围岩重度（$kN/m^3$）；
　　　$S$——围岩级别，按 1、2、3、4、5、6 整数取值；
　　　$\omega$——宽度影响系数；
　　　$B$——隧道宽度（m）；
　　　$h$——围岩压力计算高度（m）。

$i$——隧道宽度每增减 1m 时的围岩压力增减率，以 $B = 5m$ 的围岩垂直均布压力为准，按下表取值。

| 隧道宽度 $B$（m） | $B<5$ | $5\leqslant B<14$ | $14\leqslant B<25$ | |
|---|---|---|---|---|
| 围岩压力增减率 $i$ | 0.2 | 0.1 | 考虑施工过程分导洞开挖 | 0.07 |
| | | | 上下台阶法或一次性开挖 | 0.12 |

有围岩 $BQ$ 或 $[BQ]$ 值时，$S$ 可用 $[S]$ 代替，$[S]$ 可按下列公式计算：

$$[S] = S + \frac{\frac{[BQ]_上 + [BQ]_下}{2} - [BQ]}{[BQ]_上 - [BQ]_下} \quad 或 \quad [S] = S + \frac{\frac{BQ_上 + BQ_下}{2} - BQ}{BQ_上 - BQ_下}$$

式中：$[S]$——围岩级别修正值（精确至小数点后一位），当 $BQ$ 或 $[BQ]$ 值大于 800 时，取 800；
　　　$BQ_上$、$[BQ]_上$——分别为该围岩级别的岩体基本质量指标 $BQ$ 和岩体修正质量指标 $[BQ]$ 的上限值，按下表取值；
　　　$BQ_下$、$[BQ]_下$——分别为围岩级别的岩体基本质量指标 $BQ$ 和岩体修正质量指标 $[BQ]$ 的下限值，按下表取值。

**岩体基本质量指标 $BQ$ 和岩体修正质量指标 $[BQ]$ 的上、下限值**

| 围岩级别 | Ⅰ | Ⅱ | Ⅲ | Ⅳ | Ⅴ |
|---|---|---|---|---|---|
| $BQ_上$、$[BQ]_上$ | 800 | 550 | 450 | 350 | 250 |
| $BQ_下$、$[BQ]_下$ | 550 | 450 | 350 | 250 | 0 |

（2）水平均布压力 $e$

| 围岩级别 | Ⅰ、Ⅱ | Ⅲ | Ⅳ | Ⅴ | Ⅵ |
|---|---|---|---|---|---|
| 水平均布压力 $e$ | 0 | $<0.15q$ | $(0.15\sim 0.3)q$ | $(0.3\sim 0.5)q$ | $(0.5\sim 1.0)q$ |

## 五、浅埋偏压隧道围岩压力计算

——附录 E

### 浅埋偏压隧道围岩压力计算

偏压隧道的判别——第 2.1.22、6.2.4 条条文说明（无定量判断方法）
偏压的定义：作用于隧道衬砌结构上的不对称荷载。
大多数偏压隧道处于洞口段，属于地形偏压；在洞身偏压较少，且多属于地质构造偏压

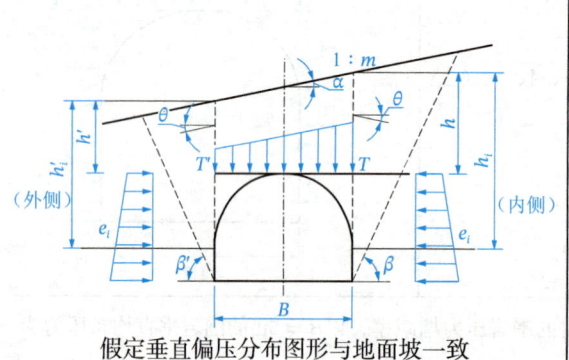

假定垂直偏压分布图形与地面坡一致

式中：$h$、$h'$——内、外侧由拱顶水平至地面的高度（m）；

$B$——隧道跨度（m）；

$\gamma$——围岩重度（kN/m³）；

$\theta$——顶板岩土柱两侧摩擦角（°），按下表取值；

$\lambda$、$\lambda'$——分别为内、外侧的压力系数，分别按下式计算

（1）总垂直压力 $Q$（kN/m）

$$Q = \frac{\gamma}{2}[(h+h')B - (\lambda h^2 + \lambda' h'^2)\tan\theta]$$

$$\begin{cases} \lambda = \dfrac{1}{\tan\beta - \tan\alpha} \times \dfrac{\tan\beta - \tan\varphi_c}{1 + \tan\beta(\tan\varphi_c - \tan\theta) + \tan\varphi_c\tan\theta} \\ \lambda' = \dfrac{1}{\tan\beta' - \tan\alpha} \times \dfrac{\tan\beta' - \tan\varphi_c}{1 + \tan\beta'(\tan\varphi_c - \tan\theta) + \tan\varphi_c\tan\theta} \end{cases}$$

"$-$" 铁路为 $+$

$$\begin{cases} \tan\beta = \tan\varphi_c + \sqrt{\dfrac{(\tan^2\varphi_c + 1)(\tan\varphi_c - \tan\alpha)}{\tan\varphi_c - \tan\theta}} \\ \tan\beta' = \tan\varphi_c + \sqrt{\dfrac{(\tan^2\varphi_c + 1)(\tan\varphi_c + \tan\alpha)}{\tan\varphi_c - \tan\theta}} \end{cases}$$

| 围岩级别 | Ⅰ Ⅱ Ⅲ | Ⅳ | Ⅴ | Ⅵ |
|---|---|---|---|---|
| $\theta$ | $0.9\varphi_c$ | $(0.7\sim0.9)\varphi_c$ | $(0.5\sim0.7)\varphi_c$ | $(0.3\sim0.5)\varphi_c$ |

式中：$\alpha$——地面坡角（°）；

　　　$\varphi_c$——围岩计算摩擦角（°）；

　　　$\beta$、$\beta'$——内、外侧产生最大推力时的破裂角（°）

（2）水平侧压力 $e_i$（kPa）

$$\begin{cases} 内侧：e_i = \gamma h_i \lambda \\ 外侧：e_i = \gamma h'_i \lambda' \end{cases}$$

式中：$h_i$、$h'_i$——内、外侧任意一点 $i$ 至地面的高度（m）

## 六、明洞设计荷载计算

——附录 H

**明洞设计荷载计算**

| （1）拱圈回填土石垂直压力 $q_i$（kN/m²） | 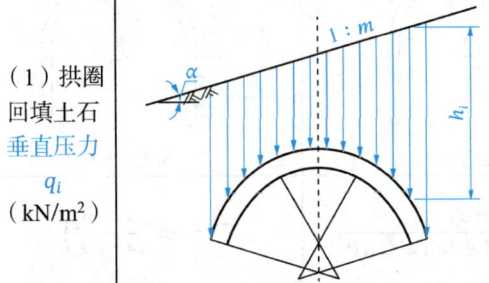 $q_i = \gamma_1 h_i$<br>式中：$q_i$——明洞结构上任意点$i$的回填土石垂直压力（kN/m²）；<br>$\gamma_1$——拱背回填土石重度（kN/m³）；<br>$h_i$——明洞结构上任意点$i$的土柱高度（m） |
|---|---|

（2）拱圈回填土石侧压力 $e_i$（kN/m²）

$$e_i = \gamma_1 \cdot h_i \cdot \lambda$$

式中：$e_i$——任意点$i$的回填土石侧压力（kN/m²）；
$\gamma_1$——拱背回填土石重度（kN/m³）；
$h_i$——明洞结构上任意点$i$的土柱高度（m）；
$\lambda$——侧压力系数，可根据填土坡面形状，按以下三种情况分别计算：

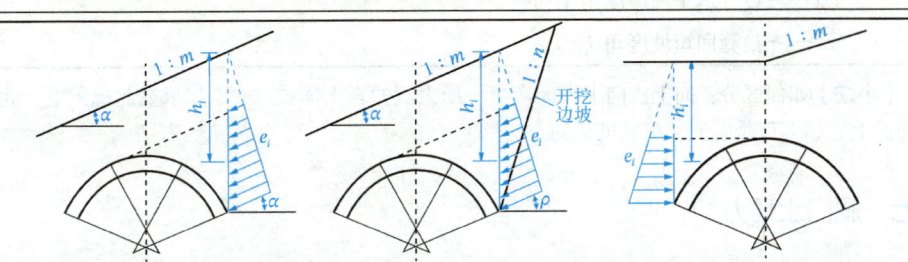

| 填土坡面倾斜 | | 填土坡面水平 |
|---|---|---|
| 按无限土体计算 | 按有限土体计算 | |
| $\lambda = \cos\alpha \dfrac{\cos\alpha - \sqrt{\cos^2\alpha - \cos^2\varphi_1}}{\cos\alpha + \sqrt{\cos^2\alpha - \cos^2\varphi_1}}$ | $\lambda = \dfrac{1-\mu n}{(\mu+n)\cos\rho + (1-\mu n)\sin\rho} \cdot \dfrac{mn}{m-n}$ | $\lambda = \tan^2\left(45° - \dfrac{\varphi_1}{2}\right)$ |

式中：$\alpha$——设计填土面坡度角（°）；
$\varphi_1$——拱背回填土石的计算内摩擦角（°）；
$\rho$——侧压力作用方向与水平面的夹角（°）；
$n$——开挖边坡的坡率；
$m$——回填土石面坡率；
$\mu$——回填土石与开挖坡面间的摩擦系数

（3）边墙回填土石侧压力 $e_i$（kN/m²）

$$e_i = \gamma_2 h'_i \lambda \Leftrightarrow e_i = (\gamma_1 h_1 + \gamma_2 h''_i)\lambda \quad [\text{此公式更快捷}]$$

式中：$e_i$——明洞边墙结构上任意计算点$i$的回填土石侧压力（kN/m²）；
$\gamma_2$——墙背回填土石重度（kN/m³）；
$h'_i$——边墙计算点的换算高度（m），$h'_i = h''_i + \dfrac{\gamma_1}{\gamma_2}h_1$；
$h''_i$——墙顶至计算位置的高度（m），此墙顶是指边墙的墙顶，非拱顶；
$\gamma_1$——拱圈背回填土石重度（kN/m³）；
$h_1$——填土坡面至墙顶的垂直高度（m），此墙顶是指边墙的墙顶，非拱顶

续表

$\lambda$——侧压力系数，可根据填土坡面形状，按以下 3 种情况分别计算：

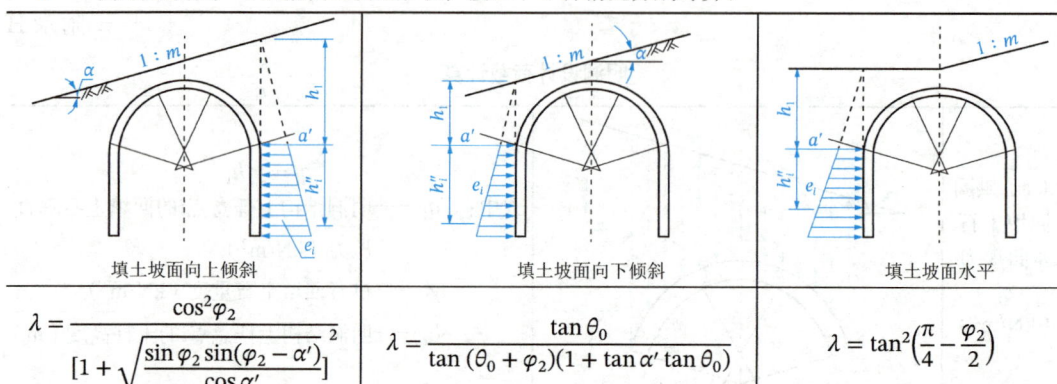

| 填土坡面向上倾斜 | 填土坡面向下倾斜 | 填土坡面水平 |
|---|---|---|
| $\lambda = \dfrac{\cos^2\varphi_2}{\left[1+\sqrt{\dfrac{\sin\varphi_2\sin(\varphi_2-\alpha')}{\cos\alpha'}}\right]^2}$ | $\lambda = \dfrac{\tan\theta_0}{\tan(\theta_0+\varphi_2)(1+\tan\alpha'\tan\theta_0)}$ | $\lambda = \tan^2\left(\dfrac{\pi}{4}-\dfrac{\varphi_2}{2}\right)$ |

⇧

$$\tan\theta_0 = \frac{-\tan\varphi_2 + \sqrt{(1+\tan^2\varphi_2)(1+\tan\alpha'/\tan\varphi_2)}}{1+(1+\tan^2\varphi_2)\tan\alpha'/\tan\varphi_2}$$

$$\alpha' = \arctan\left(\frac{\gamma_1}{\gamma_2}\tan\alpha\right) \qquad \tan\alpha' = \frac{\gamma_1}{\gamma_2}\tan\alpha$$

式中：$\varphi_2$——边墙墙背回填土石计算内摩擦角（°）；

$\alpha$——设计填土面坡度角（°）；

$\alpha'$——换算回填坡度角（°）

**【小注】** 如何区分：向上、向下？向产生土压力侧的岩土体看过去，如果在此视角下，此部分岩土体表面向上，那么就是向上，反之就是向下。

## 七、洞门土压力

——附录 J

### （1）按照《铁路隧道设计规范》修正后

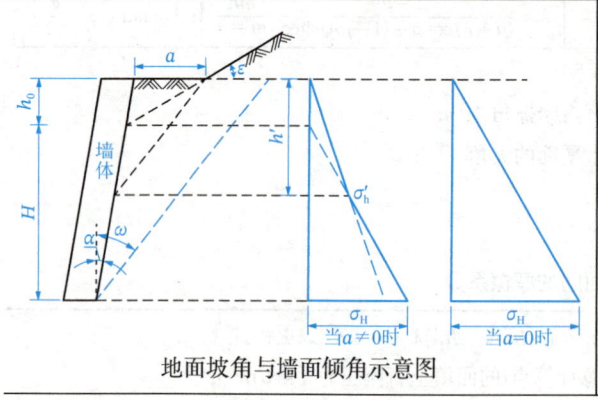

地面坡角与墙面倾角示意图

式中：$\gamma$——地层重度（kN/m³）；

$\lambda$——侧压力系数；

$b$——洞门墙计算条带宽度（m）；

$\xi$——土压力计算模式不定性系数，取 0.6；

$\varepsilon$、$\alpha$——分别为地面坡角、墙面倾角（°）；

$\omega$——最危险破裂面与垂直面之间的夹角（°）；

$\varphi_c$——围岩计算摩擦角（°）

土压力（kN）：$E = \dfrac{1}{2}\gamma\lambda[H^2+h_0(h'-h_0)]b\xi$

$$\lambda = \frac{(\tan\omega-\tan\alpha)(1-\tan\alpha\tan\varepsilon)}{\tan(\omega+\varphi_c)(1-\tan\omega\tan\varepsilon)}; \quad h' = \frac{a}{\tan\omega-\tan\alpha}; \quad h_0 = \frac{a\tan\varepsilon}{1-\tan\alpha\tan\varepsilon}$$

$a = 0$ 时：

$$\tan\omega = \frac{\tan^2\varphi_c + \tan\alpha\tan\varepsilon - \sqrt{(1+\tan^2\varphi_c)(\tan\varphi_c-\tan\varepsilon)(\tan\varphi_c+\tan\alpha)(1-\tan\alpha\tan\varepsilon)}}{\tan\varepsilon(1+\tan^2\varphi_c) - \tan\varphi_c(1-\tan\alpha\tan\varepsilon)}$$

（2）按照《公路隧道设计规范》修正后

土压力（kN）：
$$E = \frac{1}{2}\gamma\lambda[H^2 + h_0(h' - h_0)]b\xi$$
侧压力系数：
$$\lambda = \frac{(\tan\omega - \tan\alpha)(1 - \tan\alpha\tan\varepsilon)}{\tan(\omega + \varphi_c)(1 - \tan\omega\tan\varepsilon)}$$
$$h' = \frac{a}{\tan\omega - \tan\alpha}$$

式中：$\gamma$——地层重度（kN/m³）；

$\varepsilon$、$\alpha$——分别为<u>地面坡角</u>、墙面倾角（°）；

$\varphi_c$——围岩计算内摩擦角（°）；

$\xi$——土压力计算模式不定性系数，<u>一般取 0.6</u>；

$b$——洞门墙计算条带宽度（m）

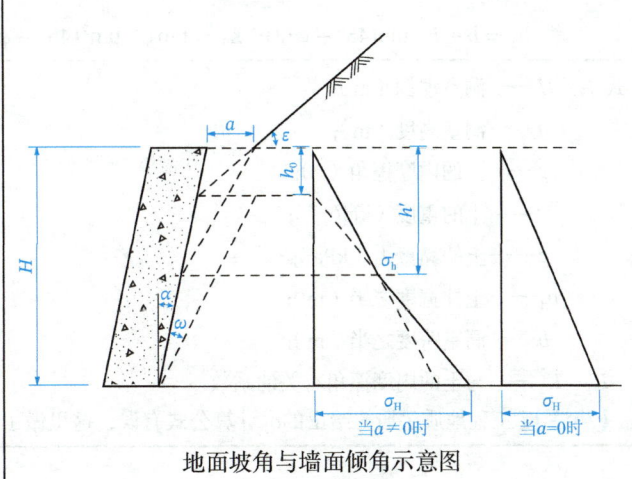

地面坡角与墙面倾角示意图

<u>最危险破裂面与垂直面之间的夹角$\omega$</u>（墙背土体破裂角）（°）

$$\tan\omega = \frac{\tan^2\varphi_c + \tan\alpha\tan\varepsilon \cdot \sqrt{(1 + \tan^2\varphi_c)(\tan\varphi_c - \tan\varepsilon)(\tan\varphi_c + \tan\alpha)(1 - \tan\alpha\tan\varepsilon)}}{\tan\varepsilon(1 + \tan^2\varphi_c) - \tan\varphi_c(1 - \tan\alpha\tan\varepsilon)}$$

【小注】与《铁路隧道设计规范》公式及图对比，本规范配图以及$\tan\omega$公式可能有误，上文第一部分已经修改，请读者注意灵活把握。

### 知识拓展

小净距隧道与连拱隧道围岩压力计算见附录 F、G。

## 八、太沙基围岩压力计算法（应力传递法）

太沙基认为作用在隧道上的竖向荷载并不等于全部覆盖层的自重，而是一个与覆盖层岩体状态有关的函数。

1. 松动土体压力——《工程地质手册》P810

**松动土体压力**

（1）对<u>粉细砂、淤泥或新回填土中的浅埋洞室</u>：
洞顶垂直均布土压力（kPa）：
$$q_v = \gamma H$$
洞侧水平均布土压力（kPa）：
$$q_h = \frac{\gamma}{2}(2H + h)\tan^2(45° - \varphi/2)$$

（2）对<u>上覆土层性质较好的浅埋洞室</u>：
洞顶垂直均布土压力（kPa）：
$$q_v = \gamma H\left[1 - \frac{H}{2b_1}K_1 - \frac{c}{b_1\gamma}(1 - 2K_2)\right]$$
洞侧水平均布土压力（kPa）：
$$q_h = \frac{\gamma}{2}(2H + h)\tan^2(45° - \varphi/2)$$

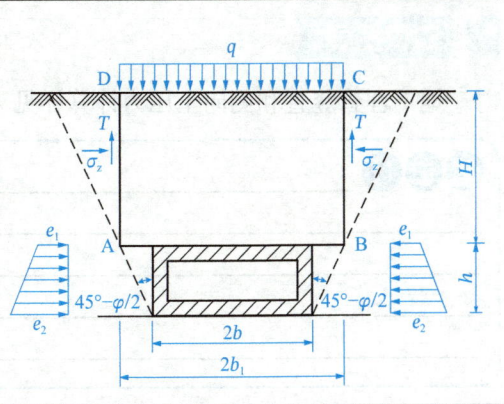

续表

| ⇑ |
|---|
| $b_1 = b + h \cdot \tan(45° - \varphi/2)$；$K_1 = \tan\varphi \cdot \tan^2(45° - \varphi/2)$；$K_2 = \tan\varphi \cdot \tan(45° - \varphi/2)$ |

式中：$H$——洞室埋深（m）；

$h$——洞室高度（m）；

$\varphi$——土的内摩擦角（°）；

$\gamma$——土的重度（kN/m³）；

$c$——土的黏聚力（kPa）；

$b_1$——土柱宽度之半（m）；

$b$——洞室跨度之半（m）；

$K_1$、$K_2$——与土的内摩擦角有关的系数

【小注】《工程地质手册》给出的 $q_h$ 计算公式有误，这里做了勘误。

2. 太沙基浅埋洞室围岩压力计算——《岩体力学》

示意图同上。

**太沙基浅埋洞室围岩压力计算**

| 洞顶垂直均布压力 $q_v$（kPa） | $q_v = \dfrac{b_1\gamma - c}{\lambda\tan\varphi}\left[1 - e^{\frac{-\lambda\tan\varphi}{b_1}H}\right] + qe^{\frac{-\lambda\tan\varphi}{b_1}H}$<br>$b_1 = b + h\tan(45° - \varphi/2)$ |
|---|---|
| 洞侧水平压力（kPa） | 梯形上部围岩压力：$e_1 = q_v\tan^2(45° - \varphi/2)$<br>梯形下部围岩压力：$e_2 = (q_v + \gamma h)\tan^2(45° - \varphi/2)$ |

式中：$\gamma$——岩土体重度（kN/m³）；

$H$——洞室埋深（m）；

$h$——洞室高度（m）；

$c$、$\varphi$——岩土体黏聚力（kPa）和内摩擦角（°）；

$b$、$b_1$——洞室跨度的一半和岩（土）柱宽度的一半（m）；

$q$——地面附加荷载（kPa）；

$\lambda$——侧压力系数，岩体一般可取 1.0，土体可取 $\tan^2(45° - \varphi/2)$

### 知识拓展

地下埋管竖直和侧向土压力计算详见《土力学》附录Ⅵ。

笔记区

## 第三节　衬砌结构设计

公路隧道应设置衬砌，根据隧道围岩级别、施工条件和使用要求可分别采用喷锚衬砌、整体式衬砌和复合式衬砌。高速公路、一级公路、二级公路的隧道应采用复合式衬砌；三级及三级以下公路隧道洞口段，Ⅳ～Ⅵ级围岩洞身段应采用复合式衬砌或整体式衬砌，Ⅰ～Ⅲ级围岩洞身段可采用喷锚衬砌。

### 一、复合式衬砌预留变形量

——第 8.4.1 条

**复合式衬砌预留变形量（mm）**

| 围岩级别 | 两车道隧道 | 三车道隧道 | 围岩级别 | 两车道隧道 | 三车道隧道 |
|---|---|---|---|---|---|
| Ⅰ | — | — | Ⅳ | 50～80 | 60～120 |
| Ⅱ | — | 10～30 | Ⅴ | 80～120 | 100～150 |
| Ⅲ | 20～50 | 30～80 | Ⅵ | 现场量测确定 | |

【表注】围岩软弱、破碎取大值；围岩完整取小值。

### 二、复合式衬砌设计参数

——附录 P

**两车道隧道复合式衬砌的设计参数**

| 隧道围岩级别 | 初期支护 | | | | | | | 二次衬砌厚度（cm） | |
|---|---|---|---|---|---|---|---|---|---|
| | 喷射混凝土厚度（cm） | | 锚杆（m） | | | 钢筋网间距（cm） | 钢架 | | 拱、墙混凝土 | 仰拱混凝土 |
| | 拱、墙 | 仰拱 | 位置 | 长度 | 间距 | | 间距（m） | 截面高（cm） | | |
| Ⅰ | 5 | — | 局部 | 2.0～3.0 | — | — | — | — | 30～35 | — |
| Ⅱ | 5～8 | — | 局部 | 2.0～3.0 | — | — | — | — | 30～35 | — |
| Ⅲ | 8～12 | — | 拱、墙 | 2.0～3.0 | 1.0～1.2 | 局部@25×25 | — | — | 30～35 | — |
| Ⅳ | 12～20 | — | 拱、墙 | 2.5～3.0 | 0.8～1.2 | 拱、墙@25×25 | 拱、墙 0.8～1.2 | 0 或 14～16 | 35～40 | 0 或 35～40 |
| Ⅴ | 18～28 | — | 拱、墙 | 3.0～3.5 | 0.6～1.0 | 拱、墙@20×20 | 拱、墙、仰拱 0.6～1.0 | 14～22 | 35～50 钢筋混凝土 | 0 或 35～50 钢筋混凝土 |
| Ⅵ | 通过试验、计算确定 | | | | | | | | | |

【表注】①有地下水时取大值，无地下水时可取小值；
②采用钢架时，宜选用格栅钢架；
③喷射混凝土厚度小于 18cm 时，可不设钢架；
④"0 或…"表示可以不设，要设时，应满足最小厚度要求。

### 三车道隧道复合式衬砌的设计参数

| 隧道围岩级别 | 初期支护 ||||||| 二次衬砌厚度（cm）||
| --- | --- | --- | --- | --- | --- | --- | --- | --- | --- |
| | 喷射混凝土厚度（cm）|| 锚杆（m）||| 钢筋网间距（cm）| 钢架 || 拱、墙混凝土 | 仰拱混凝土 |
| | 拱、墙 | 仰拱 | 位置 | 长度 | 间距 | | 间距（m）| 截面高（cm）| | |
| Ⅰ | 5~8 | — | 局部 | 2.5~3.5 | — | — | — | — | 35~40 | — |
| Ⅱ | 8~12 | — | 局部 | 2.5~3.5 | — | — | — | — | 35~40 | — |
| Ⅲ | 12~20 | — | 拱、墙 | 2.5~3.5 | 1.0~1.2 | @25×25 | 拱、墙 1.0~1.2 | 0 或 14~16 | 35~45 | — |
| Ⅳ | 16~24 | — | 拱、墙 | 3.0~3.5 | 0.8~1.2 | 拱、墙 @20×20 | 拱、墙 0.8~1.2 | 16~20 | 40~50 ■ | 0 或 40~50 |
| Ⅴ | 20~30 | — | 拱、墙 | 3.5~4.0 | 0.5~1.0 | 拱、墙 @20×20 | 拱、墙、仰拱 0.5~1.0 | 18~22 | 50~60 钢筋混凝土 | 0 或 50~60 钢筋混凝土 |
| Ⅵ | 通过试验或计算确定 |||||||| | |

【表注】①有地下水时取大值，无地下水时可取小值；
②采用钢架时，宜选用格栅钢架；
③喷射混凝土厚度小于18cm时，可不设钢架；
④"0 或…"表示可以不设，要设时，应满足最小厚度要求；
⑤■可采用钢筋混凝土。

## 三、岩爆及大变形分级

——第 14.8.2 条

### 岩爆分级表

| 岩爆分级 | 名称 | 判据 |
| --- | --- | --- |
| Ⅰ | 轻微岩爆 | $0.3 \leq \sigma_{\theta max}/R_b < 0.5$ |
| Ⅱ | 中等岩爆 | $0.5 \leq \sigma_{\theta max}/R_b < 0.7$ |
| Ⅲ | 强烈岩爆 | $0.7 \leq \sigma_{\theta max}/R_b < 0.9$ |
| Ⅳ | 剧烈岩爆 | $0.9 \leq \sigma_{\theta max}/R_b$ |

【表注】$\sigma_{\theta max}$ 为洞壁最大切向应力；$R_b$ 为岩石单轴抗压强度。

### 大变形分级表

| 大变形分级 | 名称 | 判据（%）|
| --- | --- | --- |
| Ⅰ级 | 轻微大变形 | $2 \leq U_a/a < 3$ |
| Ⅱ级 | 中等大变形 | $3 \leq U_a/a < 5$ |
| Ⅲ级 | 强烈大变形 | $5 \leq U_a/a$ |

【表注】$U_a$ 为变形量；$a$ 为隧道宽度。

第七篇

# 特殊土

## 特殊土知识点分级

| 规范 | 内容 | 知识点 | 知识点分级 |
|---|---|---|---|
| 《岩土工程勘察规范》《湿陷性黄土地区建筑标准》 | 湿陷性黄土 | 黄土特征及分类 | ★★ |
| | | 湿陷系数（自重湿陷系数） | ★★★★★ |
| | | 湿陷等级的判断 | ★★★★★ |
| 《湿陷性黄土地区建筑标准》 | 湿陷性黄土 | 湿陷起始压力 | ★★★ |
| | | 湿陷量计算（自重湿陷量计算） | ★★★★★ |
| | | 黄土类别的判断 | ★★★ |
| | | 黄土中单桩竖向承载力特征值的计算 | ★★★ |
| | | 黄土地基承载力修正 | ★★★ |
| | | 黄土地基处理 | ★★★★ |
| 《膨胀土地区建筑技术规范》 | 膨胀土 | 膨胀土特征及分类 | ★★ |
| | | 大气急剧层深度 | ★★★★ |
| | | 胀缩变形量 | ★★★★★ |
| | | 膨胀率、膨胀力 | ★★★ |
| | | 膨胀土坡地建筑物埋深 | ★★★ |
| | | 收缩系数 | ★★★ |
| | | 地基胀缩等级 | ★★★★ |
| | | 膨胀土桩基础计算 | ★★★ |
| 《岩土工程勘察规范》《建筑地基基础设计规范》等 | 季节性冻土和多年冻土 | 冻胀率、融沉系数 | ★★★★ |
| | | 冻胀的分类、融沉分类 | ★★★★ |
| | | 季节性冻土冻结深度、最小埋深 | ★★★★ |
| 《盐渍土地区建筑技术规范》等 | 盐渍土 | 含盐量计算 | ★★★★ |
| | | 盐渍土分类 | ★★★★ |
| | | 溶陷性评价、溶陷等级划分 | ★★★★ |
| | | 盐胀性评价、盐胀等级划分 | ★★★★ |
| 《岩土工程勘察规范》《工程地质手册》 | 红黏土污染土 | 红黏土性质、分类、勘察要点 | ★★ |
| | | 污染土性质、分类、勘察要点 | ★★★ |
| | | 风化岩（风化程度分类、球状风化）、残积土 | ★★ |
| | | 填土分类、压实填土、勘察要点 | ★★ |
| | | 地表水、地下水、土壤的腐蚀性评价 | ★★★ |

【表注】特殊土与不良地质模块每年一般考查7道案例题，其中特殊土4道案例题，不良地质3道案例题，包括滑坡题目1～2道，特殊土中黄土每年至少考查1道，膨胀土、盐渍土、冻土考查频率高。不良地质内容出自《工程地质手册》较多。

# 第二十六章

# 湿陷性黄土地区建筑标准

重要概念（术语）

| 术语 | 定义 |
| --- | --- |
| 湿陷性黄土 | 在一定压力下受水浸湿，土的结构迅速破坏，并产生显著附加下沉的黄土 |
| 自重湿陷性黄土 | 在上覆土的饱和自重压力作用下受水浸湿，产生显著附加下沉的湿陷性黄土 |
| 湿陷变形 | 湿陷性黄土或具有湿陷性的其他土在一定压力作用下，下沉稳定后，受水浸湿产生的附加下沉 |
| 湿陷起始压力 $p_{sh}$ | 湿陷性黄土浸水饱和，开始出现湿陷时的压力。是反映非自重湿陷性黄土特征的重要指标 |
| 湿陷系数 $\delta_s$ | 单位厚度的环刀试样，在一定压力下，下沉稳定后，浸水饱和产生的附加下沉 |
| 自重湿陷系数 $\delta_{zs}$ | 单位厚度的环刀试样，在上覆土的饱和自重压力作用下，下沉稳定后，浸水饱和产生的附加下沉 |
| 自重湿陷量实测值 $\Delta'_{zs}$ | 在湿陷性黄土场地，采用试坑浸水试验，全部湿陷性黄土层浸水饱和所产生的自重湿陷量 |
| 自重湿陷量计算值 $\Delta_{zs}$ | 采用室内压缩试验，根据不同深度的湿陷性黄土试样的自重湿陷系数，考虑现场条件计算而得的自重湿陷量的累计值 |
| 湿陷量计算值 $\Delta_s$ | 采用室内压缩试验，根据不同深度的湿陷性黄土试样的湿陷系数，考虑现场条件计算而得的湿陷量的累计值 |
| 剩余湿陷量 | 拟处理土层底面下未处理湿陷性黄土的湿陷量 |
| 新近堆积黄土 | 沉积年代短，具高压缩性，承载力低，均匀性差，在 50~150kPa 压力下变形较大的全新世（$Q_4^2$）黄土 |
| 湿陷性黄土场地 | 天然地面或挖、填方场地的设计地面以下以湿陷性黄土为主要地层的场地。分为自重湿陷性黄土场地和非自重湿陷性黄土场地 |
| 湿陷性黄土地基 | 含有湿陷性黄土的建筑物地基。基底下湿陷性黄土层下限深度小于 20m 定为一般湿陷性黄土地基，大于等于 20m 定为大厚度湿陷性黄土地基 |

建筑物分类——第 3.0.1 条

| 设计等级 | 建筑和地基类型 |
| --- | --- |
| 甲 | 高度大于 60m 和 14 层及 14 层以上体型复杂的建筑<br>高度大于 50m 且地基受水浸湿可能性大或较大的建筑物<br>高度大于 100m 的高耸结构<br>特别重要的建筑<br>地基受水浸湿可能性大的重要建筑<br>对不均匀沉降有严格限制的建筑 |

续表

| 设计等级 | 建筑和地基类型 |
|---|---|
| 乙 | 高度为 24～60m 的建筑<br>高度为 30～50m，且地基受水浸湿可能性大或较大的构筑物<br>高度为 50～100m 的高耸结构<br>地基受水浸湿可能性较大的重要建筑<br>地基受水浸湿可能性大的一般建筑 |
| 丙 | 除甲类、乙类、丁类以外的一般建筑物和构筑物 |
| 丁 | 长高比不大于 2.5 且总高度不大于 5m，地基受水浸湿可能性小的单层辅助建筑，次要建筑 |

## 一、黄土湿陷性试验

$$\begin{cases} 室内压缩试验 \rightarrow 湿陷系数\delta_s、自重湿陷系数\delta_{zs}、湿陷起始压力p_{sh}、压力-湿陷系数(p-\delta_s)曲线 \\ 现场静载荷试验 \rightarrow 湿陷起始压力p_{sh} \\ 现场试坑浸水试验 \rightarrow 自重湿陷量实测值\Delta'_{zs} \end{cases}$$

### （一）湿陷系数 $\delta_s$

——第 4.3.2 条

**湿陷系数试验**

| （1）试验压力确定，土样深度自基础底面算起，基底标高不确定时，自地面下 1.5m 算起；取值如下 | |
|---|---|
| 基底压力<br>小于 300kPa | 基底下 10m 以内应用 200kPa；<br>10m 以下至非湿陷性黄土层顶面，应用其上覆土的饱和自重压力 |
| 基底压力<br>不小于 300kPa | 宜用实际基底压力；<br>当上覆土的饱和自重压力大于实际基底压力时，应用其上覆土的饱和自重压力 |
| 对压缩性较高的<br>新近堆积黄土 | 基底下 5m 以内的土宜用 100～150kPa 压力；<br>基底下 5～10m 用 200kPa 压力；<br>基底下 10m 以下至非湿陷性黄土层顶面，应用其上覆土的饱和自重压力 |

【小注】①附录 D，新近堆积黄土判别式：$R = -68.45e + 10.98a - 7.16\gamma + 1.18w > -154.80$

　　　　$e$：土的孔隙比；
　　　　$a$：压缩系数（$MPa^{-1}$），宜取 50～150kPa 或 0～100kPa 压力下的大值；
　　　　$\gamma$：土的重度（$kN/m^3$）；
　　　　$w$：土的天然含水量（%），去掉百分号的数值带入计算。

②饱和重度计算式：$\gamma_{sat} = \frac{G_s + S_r e}{1+e} \cdot \gamma_w = \gamma_d \cdot \left(1 + \frac{S_r e}{G_s}\right) = \gamma_d (1+w)$，一般 $S_r = 85\%$。

③题目明确可算出附加压力，采用试验压力 = 附加压力 + 上覆土饱和自重压力，不采用上表

| （2）湿陷系数 $\delta_s$ | |
|---|---|
| $\delta_s = \dfrac{h_p - h'_p}{h_0}$ | 式中：$h_p$——保持天然湿度和结构的试样，加至一定压力时，下沉稳定后的高度（mm）；<br>$h'_p$——加压下沉稳定后的试样，在浸水饱和条件下，附加下沉稳定后的高度（mm）；<br>$h_0$——试样原始高度（mm），环刀取高度 20mm |

| | ①湿陷性判定 | ②湿陷程度划分 | |
|---|---|---|---|
| $\delta_s < 0.015$ | 非湿陷性黄土 | $0.015 \leqslant \delta_s \leqslant 0.03$ | 轻微 |
| $\delta_s \geqslant 0.015$ | 湿陷性黄土 | $0.03 < \delta_s \leqslant 0.07$ | 中等 |
| | | $\delta_s > 0.07$ | 强烈 |

续表

| （3）复合地基湿陷性判断—附录 H | |
|---|---|
| 复合地基浸水相对沉降 $\xi$ $$\xi = \frac{s_2 - s_1}{d}$$ $\xi \begin{cases} < 0.017 & \text{不具湿陷性} \\ \geqslant 0.017 & \text{具湿陷性} \end{cases}$ | 式中：$s_1$——加至 1 倍设计荷载沉降稳定，浸水前承压板沉降量（mm）； $s_2$——维持 1 倍设计荷载浸水，沉降稳定后承压板沉降量（mm）； $d$——承压板直径（mm），承压板为矩形时取短边长度 $b$ |

## （二）自重湿陷系数 $\delta_{zs}$

——第 4.3.3 条

### 自重湿陷系数 $\delta_{zs}$

（1）试验压力的确定，采用上覆土的饱和自重压力，应自天然地面算起（挖填方场地，应自设计地面算起）

饱和重度计算式：

$$\gamma_{sat} = \frac{G_s + S_r e}{1 + e} \cdot \gamma_w = \gamma_d \cdot \left(1 + \frac{S_r e}{G_s}\right) = \gamma_d(1 + w)$$

上覆土的饱和自重压力 $p_{cz}$ 计算式：

$$p_{cz} = \sum_{i=1}^{n} \gamma_{sat} \cdot h_i$$

式中：$\gamma_d$——分别为上覆土的干重度（kN/m³）；

$e$——分别为上覆土的孔隙比；

$G_s$——分别为上覆土的土粒比重；

$S_r$——土的饱和度，一般情况可取 $S_r = 85\%$；

$w$——饱和度为 85%时的含水率

（2）自重湿陷性系数 $\delta_{zs}$

| $$\delta_{zs} = \frac{h_z - h'_z}{h_0}$$ | 式中：$h_z$——保持天然湿度和结构的试样，加压至该试样上覆土的饱和自重压力时，下沉稳定后的高度（mm）； $h'_z$——加压稳定后的试样，在浸水饱和条件下，附加下沉稳定后的高度（mm）； $h_0$——试样原始高度（mm），环刀取高度 20mm |
|---|---|

## （三）湿陷起始压力 $p_{sh}$

——第 4.4.5 条

**湿陷起始压力 $p_{sh}$**

| （1）室内压缩试验确定：<br>宜在压力 $p\sim\delta_s$ 曲线上取 $\delta_s = 0.015$ 所对应的压力 $p$ 作为湿陷起始压力值 $p_{sh}$。 | （2）现场静载荷试验确定：<br>①应在压力与浸水下沉量 $p\sim\delta_s$ 曲线上，取转折点所对应的压力 $p$ 作为湿陷起始压力值 $p_{sh}$。<br>②曲线上的转折点不明显时，可取浸水下沉量（$S_s$）与承压板直径（$d$）或宽度（$b$）之比等于 0.017 所对应的压力作为湿陷起始压力值 $p_{sh}$。$S_s = 0.017d$（$b$） |

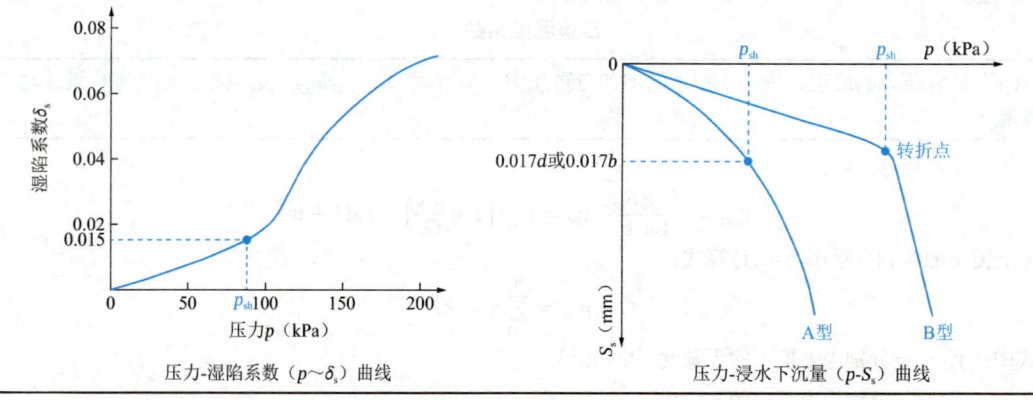

压力-湿陷系数（$p\sim\delta_s$）曲线　　　　压力-浸水下沉量（$p$-$S_s$）曲线

## （四）双线法测定湿陷起始压力结果的修正

——第 4.3.4 条条文说明

**双线法测定湿陷起始压力结果的修正**

双线法试验结果：在天然湿度的试样，在最后一级压力下浸水饱和，附加下沉稳定后的高度"不等于"直接浸水饱和试样在最后一级压力下的下沉稳定高度，且相对差值不大于 20%时，应以前者的结果为准，对浸水饱和试样的试验结果进行修正。

**修正方法**

| 简图 | 修正过程 |
|---|---|
| 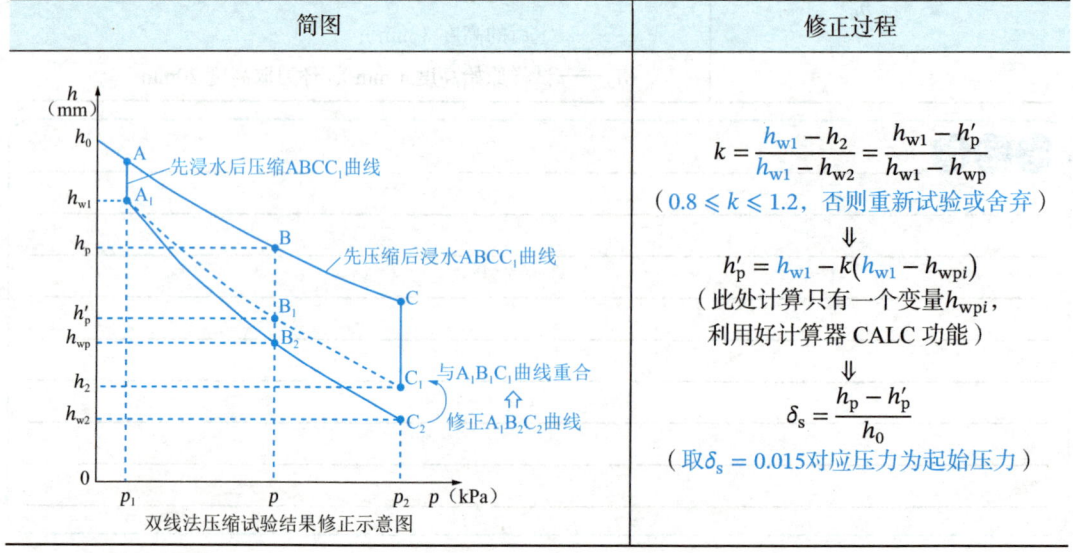<br>双线法压缩试验结果修正示意图 | $k = \dfrac{h_{w1} - h_2}{h_{w1} - h_{w2}} = \dfrac{h_{w1} - h'_p}{h_{w1} - h_{wp}}$<br>（$0.8 \leqslant k \leqslant 1.2$，否则重新试验或舍弃）<br>$\Downarrow$<br>$h'_p = h_{w1} - k(h_{w1} - h_{wpi})$<br>（此处计算只有一个变量 $h_{wpi}$，利用好计算器 CALC 功能）<br>$\Downarrow$<br>$\delta_s = \dfrac{h_p - h'_p}{h_0}$<br>（取 $\delta_s = 0.015$ 对应压力为起始压力） |

续表

| | 计算表格 | | | | | | |
|---|---|---|---|---|---|---|---|
| $p$（kPa） | 25 | 50 | 75 | 100 | 150 | 200 | 200 浸水 |
| $h_p$（mm） | $h_{p1}$ | $h_{p2}$ | $h_{p3}$ | $h_{p4}$ | $h_{p5}$ | $h_{p6}$ | $h_2$ |
| $h_{wp}$（mm） | $h_{w1}$ | $h_{wp2}$ | $h_{wp3}$ | $h_{wp4}$ | $h_{wp5}$ | $h_{w2}$ | |
| 计算$h'_p$（mm） | $h_{w1}$ | $h'_p = h_{w1} - k(h_{w1} - h_{wpi})$（此处计算只有一个变量$h_{wpi}$，利用好计算器CALC功能） | | | | $h_2$ | |

式中：$h_0$——试样的原始高度（mm）；

　　　$h_{w1}$——浸水饱和状态下，试样在$p_1$压力下的稳定高度（mm）；

　　　$h_p$——天然状态下试样在$p$压力下的稳定高度（mm）；

　　　$h'_p$——浸水饱和作用下，试样在$p$压力下经修正后的稳定高度（mm）；

　　　$h_{wp}$——浸水饱和状态下，试样在$p$压力下的稳定高度（mm）；

　　　$h_2$——天然状态试样在$p_2$压力下浸水后，试样的稳定高度（mm）；

　　　$h_{w2}$——浸水饱和状态下，试样在$p_2$压力下的稳定高度（mm）

## 二、黄土湿陷性评价

### （一）自重湿陷量$\Delta_{zs}$（与公路规范相同）

——第4.4.3条

**自重湿陷量$\Delta_{zs}$（与公路规范相同）**

| $\Delta_{zs} = \beta_0 \sum_{i=1}^{n} \delta_{zsi} h_i$ | $\Delta_{zs}(\Delta'_{zs}) \leqslant 70\text{mm}$ | 非自重湿陷性场地 |
|---|---|---|
| | $\Delta_{zs}(\Delta'_{zs}) > 70\text{mm}$ | 自重湿陷性场地 |

【小注】自重湿陷量实测值$\Delta'_{zs}$和自重湿陷量计算值$\Delta_{zs}$判定出现矛盾时，应按自重湿陷量实测值判定

| 参数说明 | | | |
|---|---|---|---|
| ①$\beta_0$ 因地区土质而异的修正系数 | 湿陷性黄土工程地质分区 | | $\beta_0$ |
| | ①区（陇西地区） | | 1.5 |
| | ②区（陇东—陕北—晋西地区） | | 1.2 |
| | ③区（关中地区） | | 0.9 |
| | 其他地区 | | 0.5 |
| ②$\delta_{zsi}$ | 第$i$层土的自重湿陷系数，$\delta_{zsi} < 0.015$不计入 | | |
| ③$h_i$（mm） | 上限 | 天然地面（挖、填方场地应自设计地面）起算 | |
| | 下限 | ①至非湿陷性黄土层顶面止；②勘探点未穿透湿陷性黄土层时，应计算至控制性勘探点深度止 | |

笔记区

## （二）湿陷量$\Delta_s$

### 1.《湿陷性黄土地区建筑标准》

——第 4.4.4 条

**湿陷量$\Delta_s$——《湿陷性黄土地区建筑标准》**

| $\Delta_s = \sum_{i=1}^{n} \alpha\beta\delta_{si}h_i$ | 式中：$\alpha$——不同深度地基土浸水机率系数。无地区经验时按下表取值。对地下水有可能上升至湿陷性土层内，或侧向浸水影响不可避免的区段，取$\alpha=1.0$。<br>$\beta$——考虑基底下地基土的受力状态及地区等因素的修正系数，按下表取值 |
|---|---|

| 参数说明 ||||||||||
|---|---|---|---|---|---|---|---|---|---|
| | | 自重湿陷场地（$\Delta_{zs} > 70$mm） ||||||||
| | 基底以下深度 | Ⅰ区 || Ⅱ区 || Ⅲ区 || 其他地区 ||
| | | $\alpha$ | $\beta$ | $\alpha$ | $\beta$ | $\alpha$ | $\beta$ | $\alpha$ | $\beta$ |
| （1）$\alpha, \beta$ 取值 | $0 \leqslant z \leqslant 5$ | 1 | 1.5 | 1 | 1.5 | 1 | 1.5 | 1 | 1.5 |
| | $5 < z \leqslant 10$ | 1 | 1.5 | 1 | 1.2 | 1 | 1 | 1 | 1 |
| | $10 < z \leqslant 20$ | 0.9 | | 0.9 | | 0.9 | | 0.9 | |
| | $20 < z \leqslant 25$ | 0.6 | 1.5 | 0.6 | 1.2 | 0.6 | 0.9 | 0.6 | 0.5 |
| | $z > 25$ | 0.5 | | 0.5 | | 0.5 | | 0.5 | |
| | | 非自重湿陷场地（$\Delta_{zs} \leqslant 70$mm） ||||||||
| | 基底以下深度 | Ⅰ区 || Ⅱ区 || Ⅲ区 || 其他地区 ||
| | | $\alpha$ | $\beta$ | $\alpha$ | $\beta$ | $\alpha$ | $\beta$ | $\alpha$ | $\beta$ |
| | $0 \leqslant z \leqslant 5$ | 1 | 1.5 | 1 | 1.5 | 1 | 1.5 | 1 | 1.5 |
| | $5 < z \leqslant 10$ | 1 | 1 | 1 | 1 | 1 | 1 | 1 | 1 |
| | $10 < z \leqslant 20$ | 0.9 | | 0.9 | | 0.9 | | 0.9 | |
| | $20 < z \leqslant 25$ | 0.6 | 1 | 0.6 | 1 | 0.6 | 0.9 | 0.6 | 0.5 |
| | $z > 25$ | 0.5 | | 0.5 | | 0.5 | | 0.5 | |

| （2）$\delta_{si}$ | 第$i$层土的湿陷系数，$\delta_{si} < 0.015$不计入，基础尺寸和基底压力已知，可采用$p \sim \delta_s$曲线上按基础附加压力和上覆土饱和自重压力之和对应的$\delta_s$值 ||
|---|---|---|
| （3）$h_i$（mm） | 上限 | 基础底面（基底标高不确定时，自地面下 1.5m）起算 |
| | 自重湿陷场地 | ①至非湿陷性黄土层顶面止；<br>②控制性勘探点未穿透湿陷性黄土层时，应计算至控制性勘探点深度止 |
| | 下限 | |
| | 非自重湿陷场地 | ①基底下 10m 深度止；<br>②当地基压缩层深度大于 10m 时，至压缩层深度<br>（压缩层厚度取值如下） |

| （4）压缩层厚度$z$ | ①根据基础形式计算压缩层厚度$z$ |||
|---|---|---|---|
| | 条形基础 | $z_1 = 3b$ | 式中：$b$——基础的宽度（m） |
| | 独立基础 | $z_1 = 2b$ | |
| | 筏形基础宽度$b > 10$m 的基础 | $z_1 = (0.8 \sim 1.2)b$<br>宽度大者取小值，反之取大值 | |
| | ②根据附加应力和自重应力关系计算压缩层厚度$z$ |||
| | 高压缩性土 | 取$p_z = 0.1 p_{cz}$对应深度$z_2$ | 式中：$p_z$——基础底面下$z$深度处土的附加压力值（kPa）<br>$p_{cz}$——基础底面下$z$深度处土的自重压力值（kPa） |
| | 其他土 | 取$p_z = 0.2 p_{cz}$对应深度$z_2$ | |
| | $z = \max(z_1, z_2, 5\text{m})$ |||

## 2.《公路路基设计规范》第7.10.4条、《公路工程地质勘察规范》第8.1.8条

### 湿陷量$\Delta_s$——《公路路基设计规范》《公路工程地质勘察规范》

| $\Delta_s = \sum_{i=1}^{n}\beta\delta_{si}h_i$ | 式中：$\Delta_s$——地基的总湿陷量（mm）；<br>$\beta$——考虑地基土受水浸湿可能性和侧向挤出等因素的修正系数，按下表取值 | | | |
|---|---|---|---|---|
| ①$\beta$取值 | 有实测资料时 | 按已知 | | |
| | 无实测资料时 | 基底以下0~5m | $\beta = 1.50$ | |
| | | 基底以下5~10m | $\beta = 1.00$ | |
| | | 基底以下大于10m（公勘特有） | $\beta = $工程所在地$\beta_0$（见$\Delta_{zs}$计算） | |
| ②$\delta_{si}$ | | 第$i$层土的湿陷系数，$\delta_{si} < 0.015$不计入 | | |
| ③$h_i$（mm） | 上限 | 初勘 | 自地面下1.5m起算 | |
| | | 详勘 | 自基础底面算起 | |
| | 下限 | 大桥、特大桥、高墩桥 | 非湿陷性土层顶面 | |
| | | 其他构筑物基础底面下湿陷性土层厚度大于10m时 | 陇西、陇东、陕北 | 不应小于15m |
| | | | 其他地区 | 不应小于10m |
| | 非自重湿陷场地 | 基底下10m（或压缩层）深度止 | | |

## 3. 其他湿陷性土《岩土工程勘察规范》——第6.1.5条

### 湿陷量$\Delta_s$——其他湿陷性土《岩土工程勘察规范》

| 适用于： | 除黄土以外的湿陷性碎石土、湿陷性砂土和其他湿陷性土的湿陷性 |
|---|---|
| 湿陷性判别 | 根据"现场浸水载荷试验"，在200kPa压力下，下沉稳定后，浸水饱和产生的附加湿陷量$\Delta F_s$（cm）与承压板宽度$b$（cm）之比进行判定如下：<br>①$\Delta F_s/b \geq 0.023$时，应判定为湿陷性土；<br>②$\Delta F_s/b < 0.023$时，应判定为非湿陷性土 |
| 总湿陷量$\Delta_s$ | $\Delta_s = \sum_{i=1}^{n}\beta\Delta F_{si}h_i$　　式中：$\Delta_s$——湿陷性土地基受水浸湿至下沉稳定为止的总湿陷量（cm）；<br>$\beta$——修正系数（cm$^{-1}$） |
| 参数说明 | |
| ①$\Delta F_{si}$ | 第$i$层土浸水载荷试验的附加湿陷量（cm），$\Delta F_{si} < 0.023b$不计入 |
| ②$h_i$ | 第$i$层土的厚度（cm），基底初步勘察时自地面下1.5m起算，$\Delta F_{si} \geq 0.023b$土层计入湿陷性土层总厚度 |
| ③$\beta$ | 承压板面积为0.5m²时　　　　　　　　　　　　$\beta = 0.014$ |
| | 承压板面积为0.25m²时　　　　　　　　　　　$\beta = 0.020$ |

**湿陷性程度分类**

| 湿陷程度 | 附加湿陷量 $\Delta F_s$（cm） | |
|---|---|---|
| | 承压板面积 $0.50m^2$ | 承压板面积 $0.25m^2$ |
| 轻微 | $1.6 < \Delta F_s \leq 3.2$ | $1.1 < \Delta F_s \leq 2.3$ |
| 中等 | $3.2 < \Delta F_s \leq 7.4$ | $2.3 < \Delta F_s \leq 5.3$ |
| 强烈 | $\Delta F_s > 7.4$ | $\Delta F_s > 5.3$ |

## （三）黄土湿陷性评价

**黄土湿陷性评价**

| 湿陷性黄土《湿陷性黄土地区建筑标准》第4.4.6条、《公路路基设计规范》第7.10.4条、《公路工程地质勘察规范》第8.1.8条 | | | | | 其他湿陷性土《岩土工程勘察规范》第6.1.6条 | | |
|---|---|---|---|---|---|---|---|
| 湿陷量 $\Delta_s$（mm） | 自重湿陷量 $\Delta_{zs}$（mm） | | | | 总湿陷量 $\Delta_s$（cm） | 湿陷性土层总厚度（m）<基底下厚度> | 湿陷性等级 |
| | 非自重湿陷性场地 | 自重湿陷性场地 | | | | | |
| | $\Delta_{zs} \leq 70$ | $70 < \Delta_{zs} \leq 300$ | $300 < \Delta_{zs} \leq 350$ | $\Delta_{zs} > 350$ | $5 < \Delta_s \leq 30$ | > 3 | I |
| $50 < \Delta_s \leq 100$ | I | I（轻微） | I（轻微） | II（中等） | | ≤ 3 | II |
| $100 < \Delta_s \leq 300$ | I（轻微） | II（中等） | II（中等） | II（中等） | | > 3 | II |
| $300 < \Delta_s \leq 600$ | II（中等） | II（中等） | II（中等） | III（严重） | $30 < \Delta_s \leq 60$ | ≤ 3 | III |
| $600 < \Delta_s \leq 700$ | II（中等） | II（中等） | III（严重） | III（严重） | $\Delta_s > 60$ | > 3 | III |
| $\Delta_s > 700$ | II（中等） | III（严重） | III（严重） | IV（很严重） | | ≤ 3 | IV |

**各规范中的湿陷性黄土对比：**

湿陷性黄土涉及的规范比较多，除了国家标准，还有公铁各三本行业规范，总体上这六本规范的内容和国标基本一致，可能局部内容依然引用的是2004年版国家标准的内容。

**1.《公路工程地质勘察规范》第8.1节、《公路路基设计规范》第7.10节**

1）第8.1.8条测定湿陷性系数的试验压力、第4.4.6条湿陷等级基本同《湿陷性黄土地区建筑标准》。

（1）初步设计自地面以下1.5m算起，施工图设计自基础底面算起。

（2）基底以下10m以内用200kPa；10m以下至非湿陷性黄土层顶用上覆土饱和自重压力（>300kPa时用300kPa）；桥梁及重要建筑物基底压力大于300kPa时用实际压力。压缩性较高的新近堆积黄土：基底下5m以内用100~150kPa；5~10m用200kPa；10m以下至非湿陷性黄土层顶面用上覆土饱和自重压力。

2）自重湿陷量 $\Delta_{zs}$ 自天然地面起算；湿陷量 $\Delta_s$ 计算仍用2004年版规范计算（第4.4.3条）。

需要注意：①基底下10m以下用自重湿陷系数 $\delta_{zsi}$ 代替 $\delta_{si}$；②$\Delta s$ 计算深度与黄土规定不一致。

上限：初勘自地面下 1.5m 起算，详勘自基础底面起算。

下限：非自重湿陷性场地计算至基底以下 10.0m（或地基压缩层）深度为止；自重湿陷性场地对大桥、特大桥、高墩桥等重要建筑物应累计计算至非湿陷性黄土层顶面为止；对其他构筑物，当基础底面下的湿陷性土层厚度大于 10m 时，其累计深度可根据所在地区确定，陇西、陇东和陕北地区不应小于 15m，其他地区不应小于 10m。

**2.《公路桥涵地基与基础设计规范》第 9.2.3～9.2.5 条及条文说明**

湿陷系数$\delta_{si}$、自重湿陷系数$\delta_{zsi}$（湿陷压力等详见规范）、自重湿陷量$\Delta_{zs}$（天然地面起算）、湿陷量$\Delta_s$，基本同公路勘察等规范。需要注意：

（1）$\beta$修正系数：基底以下 0～5m 取 1.5；5～10m 取 1.0；10m 以下至非湿陷性黄土层顶面及非自重湿陷性黄土取 0。10m 以下至自重湿陷性黄土可采用前述的$\beta_0$值，且对应 10m 以下用自重湿陷系数$\delta_{zsi}$代替$\delta_{si}$计算$\Delta_s$（这是所有规范与 2018 年版《湿陷性黄土地区建筑标准》最大的不同）。

（2）$\Delta_s$上限自基底起算；下限：非自重湿陷性场地算至基底下 10m（或压缩层厚度）为止；自重湿陷性场地算至非湿陷性黄土层顶。

（3）第 9.2.5 条湿陷等级划分、第 9.2.7 条湿陷性黄土地区地基处理的措施及湿陷性黄土地区结构物分类，与其他规范略有区别。

**3.《铁路工程特殊岩土勘察规程》第 4.5.3～4.5.5 条**

湿陷量计算深度

| | | |
|---|---|---|
| 湿陷量$\Delta_s$计算深度 | 上限 | ①应自基础底面（基底标高不确定时，自地面下 1.5m）算起；<br>②路基工程自换填底面算起；<br>③隧道工程自轨面算起 |
| | 下限 | ①非自重湿陷性黄土场地，算至基底下 10m 深度为止，当地基压缩层厚度大于 10m 时累计至压缩层深度；<br>②自重湿陷性黄土场地，算至至非湿陷性黄土层的顶面为止 |

**4.《铁路工程地质勘察规范》第 6.1 节**

仅有根据自重湿陷量$\Delta_{zs}$（自天然地面起算）、湿陷量$\Delta_s$判断湿陷等级，无计算公式。

**5.《铁路桥涵地基和基础设计规范》第 9.1.5 条及条文说明**

（1）第 9.1.1 条自重湿陷量$\Delta_{zs}$的累计自天然地面算起（★当挖、填方的厚度和面积较大时，自设计地面算起★此处比较特殊），至其下全部湿陷性黄土层的底面为止。

（2）第 9.1.3 条条文说明关于湿陷量$\Delta_s$的计算均源自 2004 年版《湿陷性黄土地区建筑标准》，计算与公路勘察等规范类似，此处不再摘抄。

## 三、湿陷性黄土场地的地基与基础设计

### （一）湿陷性等级的应用

1. 埋地管道、排水沟、雨水明沟和水池与建筑物之间的防护距离（m）

——第 5.2.4 条

**埋地管道、排水沟、雨水明沟和水池与建筑物之间的防护距离（m）**

| 建筑类别 | 地基湿陷等级 | | | |
|---|---|---|---|---|
| | I | II | III | IV |
| 甲 | — | — | 8～9 | 11～12 |
| 乙 | 5 | 6～7 | 8～9 | 10～12 |
| 丙 | 4 | 5 | 6～7 | 8～9 |
| 丁 | — | — | 5 | 6 | 7 |

【表注】①Ⅰ区（陇西地区）、Ⅱ区（陇东—陕北—晋西地区），当湿陷性土层厚度大于12m时，压力管道与各类建筑的防护距离不宜小于湿陷性黄土层的厚度；
②此处防护距离为水平向安全防护距离，与基础埋深无关，上述湿陷性土层厚度由地表起算；
③当湿陷性黄土层内有碎石土、砂土夹层时，防护距离宜大于表中数值；
④采用基本防水措施的建筑，防护距离不得小于一般地区的规定；
⑤防护距离的计算，建筑物应自外墙墙皮算起；高耸结构应自基础外缘算起；水池应自池壁边缘（喷水池等应自回水坡边缘）算起；管道和排水沟应自其外壁算起。

5.2.6 各类建筑与新建水渠之间的防护距离，在非自重湿陷性黄土场地不得小于12m，在自重湿陷性黄土场地不得小于黄土层厚度的3倍，并不应小于25m。

2. 散水宽度

——第 5.3.3 条

**散水宽度**

| 屋面排水方式 | 檐口高度h（m） | 场地湿陷性类型 | 散水最小宽度（m） |
|---|---|---|---|
| 无组织排水 | $h \leq 8$ | — | 1.50 |
| | $h > 8$ | — | $1.50 + \frac{h-8}{4} \times 0.25$ 且 $\leq 2.50$ |
| 有组织排水 | — | 非自重湿陷性黄土 | 1.00 |
| | — | 自重湿陷性黄土 | 1.50 |
| 水池 | 散水宽度宜为：1.00～3.00m，散水外边缘超出水池基底边缘不应小于0.2m | | |
| 喷水池等 | 回水坡或散水宽度宜为：3.00～5.00m | | |
| 高耸结构 | 散水宽度宜超过基础底边缘1.00m，且不得小于5.00m | | |

### 知识拓展

5.6.2 湿陷性黄土地基需要变形验算时，其变形计算和变形允许值，应符合《建筑地基基础设计规范》GB 50007 的有关规定。但沉降计算经验系数$\varphi_s$可按下表取值。

**沉降计算经验系数 $\varphi_s$**

| $\overline{E}_s$（MPa） | 3.30 | 5.00 | 7.50 | 10.00 | 12.50 | 15.00 | 17.50 | 20.00 |
|---|---|---|---|---|---|---|---|---|
| $\varphi_s$ | 1.80 | 1.22 | 0.82 | 0.62 | 0.50 | 0.40 | 0.35 | 0.30 |

【表注】压缩模量当量值 $\overline{E}_s$（MPa）：$\overline{E}_s = \dfrac{\sum A_i}{\sum A_i/E_{si}}$。式中，$A_i$——第 $i$ 层土附加应力系数曲线沿土层厚度的积分值；$E_{si}$——第 $i$ 层土的压缩模量值（MPa）。

## （二）天然地基承载力修正

——第 5.6.5 条、附录 H、J

**天然地基承载力修正**

| 0 | | | $f_a = f_{ak} + \eta_b \gamma (b-3) + \eta_d \gamma_m (d-1.5)$ | |
|---|---|---|---|---|
| | | 一般情况题目已知 | | |
| $f_{ak}$ | 复合地基浸水载荷试验（注意承压板直径 $d$ 或边长 $b$ 大于 2m 时取 2m 计算） | 极限荷载 $Q_{uk}$ 能确定，$f_{ak} = \dfrac{Q_{uk}}{2}$ | | |
| | | 土挤密桩<br>水泥粉煤灰碎石桩<br>素混凝土桩复合地基 | 取 $s/d$ 或 $s/b = 0.010$ 所对应的压力 $p$，最大加载压力 $p_{max}$<br>$f_{ak} = \min\left(p, \dfrac{p_{max}}{2}\right)$ | |
| | | 灰土挤密桩<br>夯实水泥土桩<br>水泥土搅拌桩 | 取 $s/d$ 或 $s/b = 0.008$ 所对应的压力 $p$，最大加载压力 $p_{max}$<br>$f_{ak} = \min\left(p, \dfrac{p_{max}}{2}\right)$ | |
| | 垫层、强夯和挤密地基载荷试验（注意承压板直径 $d$ 或边长 $b$ 大于 2m 时取 2m 计算） | 有明显比例界限，取 $f_{ak} = \min\left(\text{比例界限}, \dfrac{Q_{uk}}{2}\right)$ | | |
| | | 无明显比例界限 | ①土垫层、强夯地基和桩间土；<br>②土挤密桩；<br>③素土桩桩间土 | 取 $s/d$ 或 $s/b = 0.010$ 所对应的压力 $p$，最大加载压力 $p_{max}$<br>$f_{ak} = \min\left(p, \dfrac{p_{max}}{2}\right)$ |
| | | | ①灰土挤密、水泥土挤密；<br>②灰土桩桩间土 | 取 $s/d$ 或 $s/b = 0.008$ 所对应的压力 $p$，最大加载压力 $p_{max}$<br>$f_{ak} = \min\left(p, \dfrac{p_{max}}{2}\right)$ |
| | | | 灰土垫层地基 | 取 $s/d$ 或 $s/b = 0.006$ 所对应的压力 $p$，最大加载压力 $p_{max}$<br>$f_{ak} = \min\left(p, \dfrac{p_{max}}{2}\right)$ |

式中：$f_a$——修正后的地基承载力特征值（kPa）；

$f_{ak}$——相应于 $b = 3m$ 和 $d = 1.5m$ 的地基承载力特征值（kPa）；

$\gamma$——基础底面下土的重度（kN/m³），地下水位以下采用有效重度；

$\gamma_m$——基础底面以上土的加权平均重度（kN/m³），地下水位以下采用有效重度；

$b$——基础底面宽度（m），当基础宽度小于 3m 或大于 6m 时，可分别按 3m 和 6m 计算；

$d$——基础埋置深度（m）：

①一般可自室外地面标高算起；

②填方时，自填土地面标高算起，但填方在上部结构施工后完成时，应自天然地面标高算起；

③对于地下室，如果采用箱形基础或筏形基础时，基础埋深可自室外地面标高算起；

④其他情况下，应按室内标高算起。

$\eta_b$、$\eta_d$——分别为基础宽度和基础埋深的地基承载力修正系数，可按基底下土的类别由下表确定

基底下土的类别确定的修正系数$\eta_b$、$\eta_d$

| 基底下土的类别 | | 有关物理指标 | 承载力修正系数 | |
|---|---|---|---|---|
| | | | $\eta_b$ | $\eta_d$ |
| 晚更新世($Q_3$)、全新世($Q_4^1$)湿陷性黄土 | | $w \leqslant 24\%$ | 0.20 | 1.25 |
| | | $w > 24\%$ | 0 | 1.10 |
| 新近堆积($Q_4^2$)黄土 | | — | 0 | 1.00 |
| 饱和黄土<br>同时 ①$I_p > 10$,饱和度$S_r \geqslant 80\%$<br>②晚更新世($Q_3$)、全新世($Q_4^1$)黄土 | | $e$和$I_L$均小于0.85 | 0.20 | 1.25 |
| | | $e$或$I_L$大于等于0.85 | 0 | 1.10 |
| | | $e$和$I_L$均不小于1.00 | 0 | 1.00 |
| 地基处理(第6.1.10条) | | | 0 | 1.00 |

【小注】《湿陷性黄土地区建筑标准》的地基承载力修正公式中深度修正项和《建筑地基基础设计规范》不同,一个取$d-1.5$,一个取$d-0.5$,应注意区分。

### (三)桩基础

——第 5.7.4~5.7.6 条及条文说明

单桩竖向承载力计算:

#### (1) 非自重湿陷性黄土场地

在非自重湿陷性黄土场地,单桩竖向承载力的计算应计入湿陷性黄土层内的桩长按饱和状态下的正侧阻力,按下式计算:

$$R_a = q_{pa} \cdot A_p + u \cdot q_{sa} \cdot l \quad \langle\text{不考虑负摩阻力,正摩阻力按饱和状态计}\rangle$$

式中:$R_a$——单桩竖向承载力特征值(kN);

$q_{pa}$——桩端阻力特征值(kPa);

$q_{sa}$——桩周土的摩擦力特征值(kPa);

$A_p$——桩端截面积(m²);

$u$——桩身周长(m);

$l$——桩身长度(m)

#### (2) 自重湿陷性黄土场地

在自重湿陷性黄土场地,除不计自重湿陷性黄土层内的桩长按饱和状态下的正侧阻力,尚应扣除桩侧的负摩阻力,可按下式计算:

$$R_a = q_{pa} \cdot A_p + u \cdot q_{sa} \cdot (l-z) - u \cdot \bar{q}_{sa} \cdot z$$
$$\langle\text{端阻力}\rangle \quad \langle\text{正摩阻力}\rangle \quad \langle\text{负摩阻力}\rangle$$

式中:$R_a$——单桩竖向承载力特征值(kN);

$q_{pa}$——桩端阻力特征值(kPa);

$q_{sa}$——中性点深度以下土层(加权平均)桩侧正摩阻力特征值(kPa);

$\bar{q}_{sa}$——中性点深度以上黄土层平均负摩阻力特征值(kPa),按下附表取值;

$A_p$——桩端截面积(m²);

$u$——桩身周长(m);

$l$——桩身长度(m);

$z$——中性点深度(m),取自重湿陷性黄土层底面深度。

续表

附表 桩侧平均负摩擦力特征值$\bar{q}_{sa}$（kPa）

| 自重湿陷量计算值$\Delta_{zs}$或实测值$\Delta'_{zs}$（mm） | 钻、挖孔灌注桩 | 打（压）入式预制桩 |
|---|---|---|
| 70～200mm | 10 | 15 |
| ≥200mm | 15 | 20 |

对于上式中的$q_{sa}$、$q_{pa}$，对于湿陷性黄土层一般按照饱和状态下的土性指标进行确定，其中饱和状态下的液性指数，可按下式进行计算：

$$I_L = \frac{S_r e/G_s - w_p}{w_L - w_p} \Leftarrow w = S_r e/G_s$$

式中：$S_r$——土的饱和度，一般可取 85%；

$e$——土的孔隙比；

$G_s$——土粒相对密度（比重）；

$w_L$、$w_p$——土的液限和塑限含水率，用小数计算。

【小注岩土点评】①《湿陷性黄土地区建筑标准》把负摩阻力合力放在抗力中扣除，叫"特征值"，《建筑桩基技术规范》把负摩阻力合力（下拉荷载）加在荷载效应，叫"标准值"。②《湿陷性黄土地区建筑标准》正、负摩阻力均采用对应深度范围内的平均值，《建筑桩基技术规范》正、负摩阻力采用土层分层，不同土层均有对应的数值，分别带入计算。

（3）下拉荷载$Q_g^n$——第 5.7.7 条

将负摩阻力引起的下拉荷载计入附加荷载验算桩基沉降时，考虑群桩效应的单桩下拉荷载可按下列公式计算：

$$下拉荷载 Q_g^n = \begin{cases} 单桩：Q_g^n = 2 \cdot u \cdot \bar{q}_{sa} \cdot z \\ 群桩：Q_g^n = 2 \cdot \eta_n \cdot u \cdot \bar{q}_{sa} \cdot z \end{cases}$$

$$\begin{cases} \bar{q}_{sa} = \dfrac{\sum q_{sai} \cdot l_i}{l_n} \\ \gamma_s = \dfrac{\sum \gamma_i l_i}{l_n} \end{cases} \Rightarrow \eta_n = \frac{s_{ax} \cdot s_{ay}}{\left[\pi d \cdot \left(\dfrac{2\bar{q}_{sa}}{\gamma_s} + \dfrac{d}{4}\right)\right]} \leqslant 1.0$$

式中：$Q_g^n$——考虑群桩效应的单桩下拉荷载（kN）；

$\eta_n$——负摩阻力群桩效应系数，对于单桩基础或计算得群桩效应系数$\eta_n > 1$时，取$\eta_n = 1$；

$u$——桩身周长（m）；

$n$——中性点以上土层数；

$l_i$——中性点以上第$i$土层的厚度（m）；

$\bar{q}_{sa}$——中性点深度以上黄土层平均负摩阻力特征值（kPa）；

$q_{sai}$——中性点深度以上第$i$黄土层负摩阻力特征值（kPa）；

$z$——中性点深度（m），取自重湿陷性黄土层底面深度；

$s_{ax}$、$s_{ay}$——分别为纵、横向桩的中心距（m）；

$d$——桩身直径（m）；

$\gamma_s$——中性点深度以上按土层厚度加权的平均饱和重度（kN/m³），区别：《建筑桩基技术规范》水位以下采用的是有效重度。

【小注】《建筑桩基技术规范》使用的是标准值，这里是特征值，计算下拉荷载极值需要乘以 2，转化为标准值

## 四、湿陷性黄土地基处理

### （一）地基处理厚度和深度

1. 处理厚度

——第 6.1.1～6.1.7 条

**处理厚度**

| | | |
|---|---|---|
| 甲类建筑 | 非自重湿陷性黄土 | 基础底面以下附加压力与上覆土饱和自重压力之和大于湿陷起始压力的所有土层进行处理或处理至地基压缩层的深度 |
| | 自重湿陷性黄土 | 基础底面以下湿陷性黄土层全部处理 |
| | 大厚度湿陷性黄土（基底以下湿陷性黄土不小于20m） | ①基础底面以下自重湿陷性黄土全部处理，且应将附加压力与上覆土饱和自重压力之和大于起始压力的非自重湿陷性黄土一并处理 |
| | | ②按上款处理厚度大于 25m，且地下水无上升可能，或上升对建筑物不产生有害影响时处理厚度可适当减小，但不得小于 25m，且应在原防水措施基础上提高等级或采取加强措施 |
| 乙类建筑 | 非自重湿陷性黄土 | 处理深度≥地基压缩层深度的 2/3，且下部未处理湿陷性黄土层的湿陷起始压力值≥100kPa |
| | 自重湿陷性黄土 | 处理深度≥基底下湿陷性土层的 2/3，且下部未处理湿陷性黄土层的剩余湿陷量≤150mm |
| | 大厚度湿陷性黄土 | ①基础底面以下自重湿陷性黄土全部处理，且应将附加压力与上覆土饱和自重压力之和大于起始压力的非自重湿陷性黄土层的2/3一并处理 |
| | | ②按上款处理厚度大于 20m 时，处理厚度可适当减小，但不得小于 20m，且应在原防水措施基础上提高等级或采取加强措施 |

| | | 建筑层数 | |
|---|---|---|---|
| | 湿陷等级 | 总高度小于 6m 且长高比小于 2.5 的单层建筑 | 其他单层建筑、多层建筑 |
| 丙类建筑 | Ⅰ级 | 可不处理 | 处理厚度≥1m，且下部未处理湿陷性黄土层的湿陷起始压力值≥100kPa |
| | Ⅱ级 | 非自重湿陷性场地 处理厚度≥1m | 处理厚度≥2m，且下部未处理湿陷性黄土层的湿陷起始压力值≥100kPa |
| | | 自重湿陷性场地 处理厚度≥2m | ①处理厚度≥2.5m，且下部未处理湿陷性黄土层的剩余湿陷量≤200mm |
| | | | ②按剩余湿陷量计算处理厚度＞6m 时，处理厚度可适当减小，但不应小于 6m |
| | Ⅲ级 | ①地基浸水可能性小：处理厚度≥2m；②其他处理厚度≥2.5m | 大厚度湿陷性黄土（基底以下湿陷性黄土不小于20m） ①处理厚度≥4m，且下部未处理湿陷性黄土层的剩余湿陷量≤300mm |
| | | | ②按剩余湿陷量计算处理厚度＞10m 时，处理厚度可适当减小，但不应小于 10m |
| | | | 其他 ①处理厚度≥3m，且下部未处理湿陷性黄土层的剩余湿陷量≤200mm |
| | | | ②按剩余湿陷量计算处理厚度＞7m 时，处理厚度可适当减小，但不应小于 7m |

续表

| 湿陷等级 | | 建筑层数 | | |
|---|---|---|---|---|
| | | 总高度小于 6m 且长高比小于 2.5 的单层建筑 | 其他单层建筑、多层建筑 | |
| 丙类建筑 | Ⅳ级 | ①地基浸水可能性小：处理厚度 ≥ 3m；②其他处理厚度 ≥ 3.5m | 大厚度湿陷性黄土（基底以下湿陷性黄土不小于 20m） | ①处理厚度 ≥ 5m，且下部未处理湿陷性黄土层的剩余湿陷量 ≤ 300mm |
| | | | | ②按剩余湿陷量计算处理厚度 > 12m 时，处理厚度可适当减小，但不应小于 12m |
| | | | 其他 | ①处理厚度 ≥ 4m，且下部未处理湿陷性黄土层的剩余湿陷量 ≤ 200mm |
| | | | | ②按剩余湿陷量计算处理厚度 > 8m 时，处理厚度可适当减小，但不应小于 8m |

## 2. 平面处理范围

——第 6.1.6、6.3.5 条

**平面处理范围**

| | | | |
|---|---|---|---|
| 非自重湿陷性黄土可 | → | 局部处理 | 每边应超出基础底面 max(0.25$b$, 0.5m) |
| | → | 整片处理 | 每边应超出建筑物外墙基础外缘的宽度 |
| 自重湿陷性黄土应 | → | | max(0.5 倍处理土层厚度, 2m) |
| 整片处理确有困难时 | | 非自重湿陷性黄土 | 每边应超出 min(0.5 倍处理土层厚度, 4m) |
| | | 自重湿陷性黄土 | 每边应超出 min(0.5 倍处理土层厚度, 5m) |
| | | 大厚度湿陷性黄土 | 每边应超出 min(0.5 倍处理土层厚度, 6m) |
| 强夯法 | 整片处理 | 湿陷性黄土 | 每边应超出建筑物基础外缘 max(0.5 倍设计夯实厚度, 3m) |

## 3. 处理深度

——《公路路基设计规范》第 7.10.5 条

**处理深度**

| 路堤高度 | 湿陷等级与特征 | | | | | | | |
|---|---|---|---|---|---|---|---|---|
| | 经常流水（或浸湿可能性大） | | | | 季节性流水（或浸湿可能性小） | | | |
| | Ⅰ级 | Ⅱ级 | Ⅲ级 | Ⅳ级 | Ⅰ级 | Ⅱ级 | Ⅲ级 | Ⅳ级 |
| 高路堤（> 4m） | 2~3 | 3~5 | 4~6 | 6 | 0.8~1 | 1~2 | 2~3 | 5 |
| 零填、挖方路基、低路堤（≤ 4m） | 0.8~1 | 1~1.5 | 1.5~2 | 3 | 0.5~1 | 0.8~1.2 | 1.2~2 | 2 |

【表注】①与桥台相邻的路基、高挡土墙（墙高大于 6m），宜消除地基的全部湿陷量或穿透全部湿陷性土层。②挖方路基湿陷性黄土地基最小处理深度，从路床顶面起算。

### 4. 处理方法选择

——第 6.1.11 条

**湿陷性黄土地基处理方法**

| 名称 | 适用范围 | 可处理的湿陷性黄土层厚度（m） |
|---|---|---|
| 垫层法 | 地下水位以上 | 1～3 |
| 强夯法 | $S_r \leqslant 60\%$ 的湿陷性黄土 | 3～12 |
| 挤密法 | $S_r \leqslant 65\%$、$w \leqslant 22\%$ 的湿陷性黄土 | 5～25 |
| 预浸水法 | 湿陷程度中等～强烈的自重湿陷性黄土场地 | 地表下 6m 以下的湿陷性土层 |
| 注浆法 | 可灌性较好的湿陷性黄土（需经试验验证注浆效果） | 现场试验确定 |
| 其他方法 | 经试验研究或工程实践证明行之有效 | 现场试验确定 |

### 5. 地基压缩层厚度

——第 6.1.7 条

**地基压缩层厚度构造和计算**

| | |
|---|---|
| （1）构造<br>①对条形基础，取其宽度的 3.0 倍；②对独立基础，取其宽度的 2.0 倍；③对筏形基础和宽度大于 10m 的基础取其宽度的 0.8～1.2 倍，基础宽度大者取小值，反之取大值 | 取两者较大值，且不宜小于 5m |
| （2）计算<br>$$p_z = \lambda p_{cz}$$<br>式中：$p_z$——相应于荷载效应标准组合下，基础底面下 $z$ 深度处土的附加压力值（kPa）；<br>　　　$p_{cz}$——在基础底面下 $z$ 深度处土的自重压力值（kPa）；<br>　　　$\lambda$——系数，$z$ 深度下无高压缩性土时取 0.2，有高压缩性土时取 0.1 | |

### 6. 下卧层验算

——第 6.1.8～6.1.10 条

**下卧层验算**

| 验算下卧层承载力：$p_z + p_{cz} \leqslant f_{az}$ | $\theta$——处理层地基压力扩散线与垂直线的夹角（°） |
|---|---|
| 条形基础 $\quad p_z = \dfrac{b(p_k - p_c)}{b + 2z \tan\theta}$ | （1）灰土、水泥土垫层：$\theta = 28° \sim 30°$。<br>（2）素土垫层：①$z/b < 0.25$，$\theta = 0°$；<br>②$z/b = 0.25$，$\theta = 6°$；<br>③$z/b \geqslant 0.50$，$\theta = 23°$；<br>④$0.25 < z/b < 0.5$，可内插确定 |
| 矩形基础 $\quad p_z = \dfrac{bl(p_k - p_c)}{(b + 2z \tan\theta)(l + 2z \tan\theta)}$ | |

式中：$p_z$——相应于作用的标准组合时，下卧层顶面处的附加压力值（kPa）；
　　　$p_{cz}$——地基处理后，下卧层顶面处土的自重压力值（kPa），计算范围：$d + z$，自天然地面起算；
　　　$f_{az}$——地基处理后，下卧层顶面处经深度修正后的地基承载力特征值（kPa）；
　　　$b$——矩形基础或条形基础底边的宽度（m）；
　　　$l$——矩形基础底边的长度（m）；
　　　$p_k$——基础底面处平均压力（kPa）；
　　　$p_c$——基础底面处土的自重压力值（kPa）；
　　　$z$——基础底面至下卧层顶面（处理土层底面）的距离（m）；
　　　$d$——基础埋深（m）

## （二）预钻孔挤密法

——第 6.4.3～6.4.5 条

**预钻孔挤密法**

| | |
|---|---|
| ①孔位宜正三角形布置：<br>孔中心距：$s = 0.95\sqrt{\dfrac{\overline{\eta}_c \rho_{dmax} D^2 - \rho_{d0} d^2}{\overline{\eta}_c \rho_{dmax} - \rho_{d0}}}$ | 式中：$\overline{\eta}_c$——挤密填孔（达到$D$）后，3个孔之间土的平均挤密系数，不宜小于0.93；<br>$D$——成桩直径（m）；<br>$d$——预钻孔直径（m），无预钻孔时取0；<br>$\rho_{dmax}$——击实试验确定的桩间土最大干密度（g/cm³）；<br>$\rho_{d0}$——挤密前孔深范围内各土层的平均干密度（g/cm³） |
| ②挤密填孔后，3个孔之间土的最小挤密系数：<br>$\eta_{dmin} = \dfrac{\rho_{dc}}{\rho_{dmax}}$ | 式中：$\eta_{dmin}$——土的最小挤密系数：甲类、乙类建筑不宜小于0.88；丙类建筑不宜小于0.84；<br>$\rho_{dc}$——挤密填孔后，相邻3个孔之间形心点部位土的干密度（g/cm³） |

## （三）组合处理复合土层的密度

——第 6.6.2 条

**组合处理复合土层的密度**

| | |
|---|---|
| 复合土层的密度计算（g/cm³）：<br>$\rho = (1+\overline{\omega}_s)(1-m)\overline{\eta}_c \rho_{dmax-s} + \sum\limits_{i=1}^{n} m_i \overline{\rho}_{pi}$ | 式中：$m$——所有桩型面积置换率之和。<br>$m_i$——一种桩型的面积置换率。<br>$n$——桩型数量。<br>$\overline{\eta}_c$——桩间土平均挤密系数，宜采用实测值，初步设计时可按标准第6.4节的规定采用：<br>3个孔之间土的平均挤密系数：$\overline{\eta}_c \geq 0.93$；<br>组合处理中素土挤密桩：$\overline{\eta}_c \geq 0.93$。<br>$\rho_{dmax-s}$——桩间土的最大干密度（g/cm³），按击实试验确定 |
| 桩体填料重度$\overline{\rho}_{pi}$（g/cm³），填料为土、灰土及水泥土时按下式计算：<br>$\overline{\rho}_{pi} = \overline{\lambda}_{ci} \rho_{dmax-pi}(1+\overline{\omega}_{pi})$ | 式中：$\overline{\lambda}_{ci}$——桩体平均压实系数，宜采用实测值，初步设计时可按标准第6.4节的规定采用：素土、灰土、水泥土、混凝土、水泥粉煤灰碎石土等填料挤密桩：$\overline{\lambda}_{ci} \geq 0.97$；<br>$\rho_{dmax-pi}$——桩体填料的最大干密度（kN/m³），按击实试验确定；<br>$\overline{\omega}_s$——桩间土平均含水量；<br>$\overline{\omega}_{pi}$——桩体填料含水量 |

**笔记区**

## （四）增湿加水量计算

——第 7.2.7、7.2.13 条

**增湿加水量计算**

$$Q = k(w_{op} - \overline{w})\overline{\rho}_d A h$$

|  |  |
|---|---|
| $Q$ | 估算注水量（t） |
| $k$ | 强夯法时：$k = 0.95 \sim 1.00$ |
| | 挤密法时：$k = 0.90 \sim 1.05$ |
| $w_{op}$ | 土的最优含水量（%），例 20%代入 0.2 计算 |
| $\overline{w}$ | 拟增湿土层按厚度加权平均的天然含水量（%），例如 20%代入 0.2 计算 |
| $\overline{\rho}_d$ | 拟增湿土层地基处理前土的平均干密度（t/m³） |
| $A$ | 拟增湿土面积（m²），按上述第 2 条平面处理范围计算 |
| $h$ | 拟增湿土层厚度（m） |

## （五）单液硅化法加固地基

——第 9.2.8 条

**单孔溶液用量**

$$Q = \pi r^2 h \overline{n} d_n \alpha$$

|  |  |
|---|---|
| $Q$ | 单孔硅酸钠溶液的设计注入量（t） |
| $r$ | 溶液的设计扩散半径（m） |
| $h$ | 自基底起算的加固深度（m） |
| $\overline{n}$ | 拟加固地基土的平均孔隙率 |
| $d_n$ | 硅酸钠溶液的密度（t/m³） |
| $\alpha$ | 溶液灌注系数，可取 0.6～0.8 |

## （六）碱液加固地基

——第 9.2.14～9.2.16 条

**加固深度和单孔碱溶液用量**

$$h = l + r - \Delta \leqslant 5\text{m}$$

|  |  |
|---|---|
| $h$ | 碱液法加固地基的深度（m），自基底起算 |
| $l$ | 灌注孔的长度（m） |
| $r$ | 溶液的设计扩散半径（m），可取 0.4～0.5m |
| $\Delta$ | 灌浆孔顶部不能形成满足设计扩散半径部分的长度，可取 0.4～0.6m |

$$Q = \pi r^2 (l + r) \overline{n} \alpha$$

|  |  |
|---|---|
| $Q$ | 单孔氢氧化钠溶液的设计注入量（m³） |
| $l$ | 灌注孔的长度（m） |
| $r$ | 溶液的设计扩散半径（m） |
| $\overline{n}$ | 拟加固地基土的平均孔隙率 |
| $\alpha$ | 溶液灌注系数，由单孔或多孔灌注试验确定。进行试验孔计算时，可取 0.7～0.9 |

## （七）单液硅化法、碱液法注浆时间

——第 9.2.2 条条文说明

**单液硅化法、碱液法注浆时间**

$$t = \alpha \frac{n(r_1^2 - r_0^2)\beta \cdot \gamma_w}{200k \cdot p} \ln \frac{r_1}{r_0}$$

$$\beta = \frac{\mu}{\mu_j}$$

$$\alpha = \frac{V_{vj}}{V_v}$$

|  |  |
|---|---|
| $t$ | 所需的注浆时间（s） |
| $a$ | 灌注系数 |
| $\beta$ | 浆液与水的黏度比 |
| $r_1$ | 浆液的设计扩散半径（cm） |
| $r_0$ | 注浆管（孔）半径（cm） |
| $\gamma_w$ | 水的重度，取 10kN/m³ |
| $k$ | 水在砂土中的渗透系数（cm/s） |
| $p$ | 注浆压力（kPa） |
| $n$ | 土的孔隙率（无量纲量） |
| $\mu$、$\mu_j$ | 分别为水和浆液在同温下的黏度（m·Pa·s） |
| $V_{vj}$、$V_v$ | 实际注入的浆体体积、土的孔隙体积 |

### 知识拓展

| Ⅰ区（陇西地区） | | | | Ⅱ区（陇东-陕北-晋西地区） | | | | Ⅲ区（关中地区） | | | |
|---|---|---|---|---|---|---|---|---|---|---|---|
| 西宁 | 永登 | 白银 | 靖远 | 同心 | 七营 | 海原 | 固原 | 陇县 | 永寿 | 宝鸡 | 武功 |
| 西吉 | 平安 | 乐都 | 民和 | 彭阳 | 平凉 | 吴起 | 志丹 | 白水 | 蒲城 | 渭南 | 西安 |
| 兰州 | 定西 | 静宁 | 陇西 | 庆阳 | 旬邑 | 洛川 | 黄陵 | 韩城 | 运城 | 潼关 | 灵宝 |
| 贵德 | 武山 | 天水 | 陇南 | 延安 | 绥德 | 清涧 | 方山 | 商洛 | 咸阳 | 铜川 | 杨凌 |
| | | | | 吕梁 | 隰县 | 午城 | 铜川新区 | 三门峡 | | | |

**笔记区**

## （八）旋喷桩复合地基处理

——第 9.3.3、9.3.4 条

**单桩竖向、复合地基承载力特征值**

| 计算式 | | 参数 |
|---|---|---|
| $R_a = \min \begin{cases} u_p \sum_{i=1}^{n} q_{si} l_i + \alpha_p q_p A_p \\ \eta f_{cu} A_p \end{cases}$ | $R_a$ | 旋喷桩单桩竖向承载力特征值（kN） |
| | $u_p$ | 桩身周长（m） |
| | $q_{si}$ | 桩周第$i$层土的侧阻力特征值（kPa）：<br>非自重湿陷性黄土：宜按饱和状态下取值；<br>自重湿陷性黄土：按第 5.7.6 条计算 |
| | $l_i$ | 桩长范围内第$i$层土的厚度（m） |
| | $\alpha_p$ | 桩端端阻力发挥系数，可取 0.4～0.6，桩侧土自重湿陷量大时取大值 |
| | $\eta$ | 桩身强度折减系数，可取 0.20～0.25 |
| | $f_{cu}$ | 桩体试块（边长为 150mm 立方体）标准养护 28d 的立方体抗压强度平均值（kPa） |
| | $A_p$ | 桩的截面积（m²） |
| $f_{spk} = \lambda m \dfrac{R_a}{A_p} + \beta(1-m) f_{sk}$<br>$m = \dfrac{\sum A_p}{\sum A}$ | $f_{spk}$ | 复合地基承载力特征值（kPa） |
| | $\lambda$ | 单桩承载力发挥系数 |
| | $m$ | 面积置换率 |
| | $R_a$ | 旋喷桩单桩竖向承载力特征值（kN） |
| | $A_p$ | 桩的截面积（m²） |
| | $\beta$ | 桩间土承载力折减系数，可取 0.75～0.95，天然地基湿陷起始压力较大、承载力较高时取大值 |
| | $f_{sk}$ | 桩间土承载力特征值（kPa），无经验时可取饱和状态下地基承载力特征值 |
| | $\sum A_p$ | 基础下旋喷桩截面积之和（m²） |
| | $\sum A$ | 需加固的基础总面积（m²） |

## 五、湿陷性黄土地基检测

**湿陷性黄土地基检测**

| （1）垫层法处理的检测要点 |
|---|
| **6.2.3** 垫层的压实质量，应用压实系数$\lambda_c$控制，并应符合下列规定：<br>**1** 厚度不大于 3m 的垫层，$\lambda_c$不应小于 0.97；<br>**2** 厚度大于 3m 的垫层，基底下 3m 以内$\lambda_c$不应小于 0.97，3m 以下不应小于 0.95。<br>**7.2.5** 垫层施工进程中应对压实质量进行施工自检，自检合格后才能进行下一层的施工。施工自检参数宜为压实系数，取样点应在每层表面下的 2/3 分层厚度处。取样数量及位置应符合下列规定： |

续表

**1** 整片垫层，每100m²面积不应少于1处，且每层不应少于3处；
**2** 独立基础下局部处理的垫层，每基础每层不应少于3处；
**3** 条形基础下局部处理的垫层，每10延米每层1处，且每层不应少于3处；
**4** 取样点应均匀随机布置，并应具有良好的代表性。存在压实质量缺陷可能性大的局部区域应单独布点。取样点与垫层边缘距离不宜小于300mm。

**7.5.4** 施工水池、化粪池、检漏管沟、检漏井和检查井等，应确保砌体砂浆饱满、混凝土浇捣密实、防水层严密不漏水。穿过池、井或沟壁的管道和预埋件，应预先设置，不得打洞。铺设盖板前，应将池、井或沟底清理干净。池、井或沟壁与基槽间，应用素土或灰土分层回填夯实，压实系数不应小于0.95。

**7.5.14** 埋地管道的沟槽应分层回填夯实。在管道外缘的上方0.50m范围内压实系数不得小于0.90，其他部位回填土的压实系数不得小于0.94

（2）地基验收检验

**8.2.1** 垫层地基应检验承载力和压实系数等参数，并应符合下列规定：
**1** 承载力检测数量每单体工程不应少于3点，单体垫层面积超过1500m²的，超出部分每500m²增加1点，不足500m²按500m²计。
**2** 压实系数应分层取样检测。检测点数量，对整片垫层，每层每200m²面积内应有一个检测点，且每层不应少于3点；对宽度小于6m的基槽，每层每30延米不应少于1点，且每层不应少于3点；对局部处理的独立柱基，每柱基每层不应少于1点。
**3** 压实系数检测点位置应在每层表面下2/3厚度处。

**8.2.2** 强夯地基应检验承载力和夯实土的物理力学指标，并应符合下列规定：
**1** 承载力检测数量每单体工程不得少于3点，单体地基处理面积超过1500m²的，超出部分每500m²增加1点，不足500m²按500m²计；超出10000m²部分每1000m²增加1点，不足1000m²按1000m²计。
**2** 取样检测地基土的物理力学及湿陷性指标，检测点数量不宜小于按本条第1款计算的数量。宜采用探井取样，取样位置宜在相邻夯点中间空隙处；取样深度应至设计夯实厚度下1m，竖向取样间距不应大于1m。
**3** 采用标准贯入或动力触探检验时，每400m²内应有一个检验点，且每单体不应少于3点。
**4** 强夯地基的承载力检测宜在地基强夯结束28d后进行，并应符合本标准附录J的规定。取样检测宜在地基强夯结束14d后进行

（3）挤密地基验收检验

**6.4.5** 挤密填孔后，3个孔之间土的最小挤密系数$\eta_{dmin}$，可按下式计算：

$$\eta_{dmin} = \frac{\rho_{dc}}{\rho_{dmax}}$$

式中：$\eta_{dmin}$——土的最小挤密系数：甲类、乙类建筑不宜小于0.88，丙类建筑不宜小于0.84；

$\rho_{dc}$——挤密填孔后，相邻3个孔之间形心点部位土的干密度（g/cm³）。

**8.2.3** 挤密地基应检验承载力、桩身质量及桩间土的物理力学指标，并应符合下列规定：
**1** 承载力检测应采用单桩或多桩复合地基静载荷试验，检测数量不应小于桩数的0.5%，且每单体建筑不应少于3点；桩数大于3000根时，超出3000根部分可取超出桩数的0.4%。对桩距超过3m的挤密地基，采用复合地基静载荷试验确有困难时，也可采用单桩静载荷试验和桩间土平板载荷试验相结合的试验方法。
**2** 桩身质量检测数量不应小于总桩数的0.6%，且每单体工程不少于6根。桩身压实系数应分层检测，取样间距不应超过1m，取样位置应在距桩心2/3桩半径处。采用标准贯入、静力触探、动力触探或其他原位测试方法检测桩身压实质量时，应有同条件土工试验进行对比。
**3** 桩间土检测数量不应小于总桩数的0.2%，且每单体工程不少于3处。应分层检测桩间土平均挤密系数、物理力学指标和湿陷系数，竖向取样间距不宜超过1m。
平均挤密系数取样位置应分别位于两桩心连线的中点及净间距（桩间距减去桩直径）的1/10处，取二者的平均值。

续表

湿陷系数取样位置应位于相邻 3 桩（三角形布桩）或 4 桩（正方形布桩）形心位置。采用标准贯入、静力触探、动力触探或其他原位测试方法检测桩间土挤密效果时，应有同条件土工试验进行对比。

4 静载荷试验应在成桩 14d 后进行。

5 对预钻孔夯扩桩，宜检测成桩桩径

（4）组合处理的检测要求

6.6.3 组合处理中采用素土挤密桩消除湿陷性时，桩间土平均挤密系数不宜小于 0.93，桩体压实系数不宜小于 0.97。

H.0.8 复合地基湿陷性判定和承载力特征值，应根据压力（$p$）与承压板沉降量（$s$）的 $p\sim s$ 曲线形态确定：

1 复合地基浸水相对沉降应按下式计算：

$$\xi = \frac{s_2 - s_1}{d}$$

式中：$\xi$——复合地基浸水相对沉降；

$s_1$——加至 1 倍设计荷载沉降稳定，浸水前承压板沉降量（mm）；

$s_2$——维持 1 倍设计荷载浸水，沉降稳定后承压板沉降量（mm）；

$d$——承压板直径（mm），承压板为矩形时取短边长度 $b$(mm)。

当 $\xi < 0.017$ 时，判定复合地基不具湿陷性。

2 复合地基承载力特征值判定应符合下列规定：

1）当极限荷载能确定，取极限荷载的一半。

2）按相对变形确定：土挤密桩复合地基，可取 $s/d$ 或 $s/b$ =0.010 所对应的压力；灰土挤密桩、夯实水泥土桩、水泥土搅拌桩复合地基可取 $s/d$ 或 $s/b$ =0.008 所对应的压力；水泥粉煤灰碎石桩、素混凝土桩复合地基，可取 $s/d$ 或 $s/b$ =0.010 所对应的压力。

3）压板边长或直径大于 2000mm 时，$b$ 或 $d$ 按 2000mm 计算。

4）按相对变形确定的地基承载力特征值，不应大于最大加载压力的一半

# 第二十七章

# 膨胀土地区建筑技术规范

**膨胀土定义——第 2.1.1、4.3.3 条**

| 定量判断 | 土中黏粒成分主要由亲水性矿物组成，同时具有显著的吸水膨胀和失水收缩两种变形特性的黏性土。场地具有下列工程地质特征及建筑物破坏形态，且土的自由膨胀率 $\delta_{ef} \geq 40\%$ 的黏性土，应判定为膨胀土 |
|---|---|
| 特征 | ①土的裂隙发育，常有光滑面和擦痕，有的裂隙中充填有灰白、灰绿等杂色黏土。自然条件下呈坚硬或硬塑状态。<br>②多出露于二级或二级以上的阶地、山前和盆地边缘的丘陵地带。地形较平缓，无明显自然陡坎。<br>③常见有浅层滑坡、地裂。新开挖坑（槽）壁易发生坍塌等现象。<br>④建筑物多呈"倒八字""X"或水平裂缝，裂缝随气候变化而张开和闭合 |

## 一、基本特性指标

### （一）自由膨胀率

——第 2.1.2、4.2.1、4.3.4 条

**自由膨胀率**

自由膨胀率 $\delta_{ef}$（%）：人工制备烘干松散土样在水中膨胀稳定后，其体积增加值与原体积之比的百分率

| $\delta_{ef} = \dfrac{v_w - v_0}{v_0} \times 100$ | $v_w$ | 土样在水中膨胀稳定后的体积（mL） |
|---|---|---|
| | $v_0$ | 土样原始体积（mL） |
| 膨胀潜势分类 | $40 \leq \delta_{ef} < 65$ | 弱 |
| | $65 \leq \delta_{ef} < 90$ | 中 |
| | $\delta_{ef} \geq 90$ | 强 |

### （二）收缩系数

——第 2.1.7、2.1.8、4.2.4 条和附录 G

**收缩系数**

| （1）竖向线缩率 $\delta_{si}$：天然湿度下的环刀土样烘干或风干后，其高度减小值与原高度之比的百分率。$\delta_{si} = \dfrac{z_i - z_0}{h_0} \times 100$ | $z_i$ | 某次百分表读数（mm） |
|---|---|---|
| | $z_0$ | 百分表初始读数（mm） |
| | $h_0$ | 土样原始高度（mm） |
| 试样的含水量 $w_i$ 计算如下：$w_i = \left(\dfrac{m_i}{m_d} - 1\right) \times 100$ | 式中：$w_i$ | 与 $m_i$ 对应的试样含水量（%）； |
| | $m_i$ | 某次称得的试样重量（g）； |
| | $m_d$ | 试样烘干后的重量（g） |

续表

（2）收缩系数$\lambda_i$：环刀土样在直线收缩阶段含水量每减少1%时的竖向线缩率。

$$\lambda_i = \frac{\Delta \delta_s}{\Delta w} = \frac{\delta_{s2} - \delta_{s1}}{w_1 - w_2}$$

（即右侧图示直线段斜率）

式中：$\Delta \delta_s$——收缩曲线**直线段**中，与两点含水量之差所对应的竖向线缩率之差（%）；

$\Delta w$——收缩曲线**直线段**中，与两点含水量之差（%）

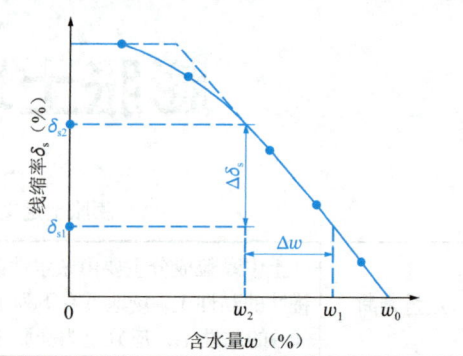

## （三）膨胀率及膨胀力

——第2.1.4、4.2.2、4.2.3条、附录E、附录F

**膨胀率及膨胀力**

| 计算式 | | 参数 |
|---|---|---|
| 膨胀率$\delta_{ep}$（%）：固结仪中环刀土样，在<u>一定压力下</u>浸水膨胀稳定后，其<u>高度增加值与原高度之比</u> | | |
| $\delta_{ep} = \dfrac{h_w - h_0}{h_0} \times 100$ | $h_w$ | 某级荷载下土样在水中膨胀稳定后的高度（mm） |
| | $h_0$ | 土样（加荷前）原始高度（mm） |
| 50kPa压力下的膨胀率：附录E $\delta_{e50} = \dfrac{z_{50} + z_{c50} - z_0}{h_0} \times 100$ | $z_{50}$ | 压力为50kPa时试样膨胀稳定后百分表的读数（mm） |
| | $z_{c50}$ | 压力为50kPa时仪器的变形值（mm） |
| | $z_0$ | 压力为0kPa时百分表的初读数（mm） |
| 不同压力下的膨胀率：附录F $\delta_{epi} = \dfrac{z_p + z_{cp} - z_0}{h_0} \times 100$ | $z_p$ | 在一定压力作用下试样浸水膨胀稳定后百分表的读数（mm） |
| | $z_{cp}$ | 在一定压力作用下，压缩仪卸荷回弹的校准值（mm） |
| 试样的试后孔隙比 $e = \dfrac{\Delta h_0}{h_0}(1 + e_0) + e_0$ ⇑ $\Delta h_0 = z_{p0} + z_{c0} - z_0$ | $\Delta h_0$ | 卸荷至零时试样浸水膨胀稳定后的变形量（mm） |
| | $z_{p0}$ | 试样卸荷至零时浸水膨胀稳定后百分表读数（mm） |
| | $z_{c0}$ | 压缩仪卸荷至零时的回弹的校准值（mm） |
| | $e_0$ | 试样的初始孔隙比 |
| 膨胀力 $p_e$ | 《膨胀土地区建筑技术规范》：固结仪中环刀土样，在体积不变时浸水膨胀产生的最大内应力。$p \sim \delta_{ep}$曲线$\delta_{ep} = 0$时对应的压力，即为膨胀力$p_e$ | | |
| | 《土工试验方法标准》： $p_e = k \dfrac{W}{A} \times 10$ | $k$ | 固结仪杠杆比 |
| | | $W$ | 平衡荷载（N） |
| | | $A$ | 环刀直径6.18cm ｜ $A = 30\text{cm}^2$ |
| | | | 环刀直径7.98cm ｜ $A = 50\text{cm}^2$ |

**笔记区**

## 二、地基基础设计

### （一）土的湿度系数与大气影响深度

——第 5.2.11～5.2.13 条

**土的湿度系数与大气影响深度**

| 计算式 | 参数 | |
|---|---|---|
| 土的湿度系数 $\psi_w$：应根据当地 10 年以上土的含水量变化确定，无资料时，可根据当地有关气象资料按下式计算： $\psi_w = 1.152 - 0.726\alpha - 0.00107c$ | $\alpha$ | 当地 9 月至次年 2 月的月份蒸发力之和与全年蒸发力之比值（月平均气温小于 0℃的月份不统计在内）。我国部分地区蒸发力及降水量的参考值可按下表（本规范 P50 附录 H）取值 |
| | $c$ | 全年中干燥度大于 1.0 且月平均气温大于 0℃的月份的蒸发力与降水量差值之总和（mm）。 干燥度 = $\dfrac{当月蒸发力}{当月降水量}$ |
| 大气影响深度 $d_a$：应由各气候区土的深层变形观测或含水量观测及地温观测资料确定；无资料时，可按右表采用（右表参数可插值）。 大气影响急剧层深度 = $0.45 d_a$ | $\psi_w$ | 大气影响深度 $d_a$ / 大气影响急剧层深度 $0.45 d_a$ |
| | 0.6 | 5.0 / 2.25 |
| | 0.7 | 4.0 / 1.8 |
| | 0.8 | 3.5 / 1.575 |
| | 0.9 | 3.0 / 1.35 |

**中国部分地区的蒸发力及降水量表（mm）—附录 H**

（$\alpha$、$c$ 速查结果适用于全年月平均气温均大于 0℃）

| 站名 | 参数 | | 月份项别 | 1 | 2 | 3 | 4 | 5 | 6 | 7 | 8 | 9 | 10 | 11 | 12 |
|---|---|---|---|---|---|---|---|---|---|---|---|---|---|---|---|
| 汉中 | $\alpha$ | 0.225 | 蒸发力 | 14.2 | 20.6 | 43.6 | 60.3 | 94.1 | 114.8 | 121.5 | 118.1 | 57.4 | 39.0 | 17.6 | 11.9 |
| | $c$ | 42.7 | 降水量 | 7.5 | 10.7 | 32.2 | 68.1 | 86.6 | 110.2 | 158.0 | 141.7 | 146.9 | 80.3 | 38.0 | 9.3 |
| 安康 | $\alpha$ | 0.243 | 蒸发力 | 18.5 | 27.0 | 51.0 | 67.3 | 98.3 | 122.8 | 132.6 | 131.9 | 67.2 | 43.9 | 20.6 | 16.3 |
| | $c$ | 136.2 | 降水量 | 4.4 | 11.1 | 33.2 | 80.8 | 88.5 | 78.6 | 120.7 | 118.7 | 133.7 | 70.2 | 32.8 | 7.00 |
| 通州 | $\alpha$ | 0.222 | 蒸发力 | 15.6 | 21.5 | 51.0 | 87.3 | 136.9 | 144.0 | 130.5 | 111.2 | 74.4 | 44.6 | 20.1 | 12.3 |
| | $c$ | 364.8 | 降水量 | 2.7 | 7.7 | 9.2 | 22.7 | 35.6 | 70.6 | 197.1 | 243.5 | 64.0 | 21.0 | 7.8 | 1.6 |
| 唐山 | $\alpha$ | 0.231 | 蒸发力 | 14.3 | 20.3 | 49.8 | 83.0 | 138.8 | 140.8 | 126.2 | 112.4 | 75.5 | 45.5 | 20.4 | 19.1 |
| | $c$ | 397.2 | 降水量 | 2.1 | 6.2 | 6.5 | 27.2 | 24.3 | 64.4 | 224.8 | 196.5 | 46.2 | 22.5 | 6.9 | 4.0 |
| 泰安 | $\alpha$ | 0.238 | 蒸发力 | 16.8 | 24.9 | 56.8 | 85.6 | 132.5 | 148.1 | 133.8 | 123.6 | 78.5 | 54.6 | 23.8 | 14.2 |
| | $c$ | 303.7 | 降水量 | 5.5 | 8.7 | 16.5 | 36.8 | 42.4 | 87.4 | 228.8 | 163.2 | 70.7 | 32.2 | 26.4 | 8.1 |
| 兖州 | $\alpha$ | 0.234 | 蒸发力 | 16.0 | 24.9 | 58.2 | 87.7 | 137.9 | 158.5 | 140.3 | 129.5 | 81.0 | 56.6 | 24.8 | 14.7 |
| | $c$ | 321.1 | 降水量 | 8.2 | 11.2 | 20.4 | 42.1 | 40.0 | 90.4 | 237.1 | 156.7 | 60.8 | 30.0 | 27.0 | 11.3 |
| 临沂 | $\alpha$ | 0.253 | 蒸发力 | 17.2 | 24.3 | 53.1 | 78.9 | 123.7 | 137.2 | 123.3 | 123.7 | 77.5 | 56.2 | 25.6 | 15.5 |
| | $c$ | 196.7 | 降水量 | 11.5 | 15.1 | 24.4 | 52.1 | 48.2 | 111.7 | 284.8 | 183.1 | 160.4 | 33.7 | 32.3 | 13.3 |
| 文登 | $\alpha$ | 0.244 | 蒸发力 | 13.2 | 20.2 | 47.7 | 71.5 | 120.4 | 121.1 | 110.4 | 112.3 | 73.4 | 48.0 | 21.4 | 12.0 |
| | $c$ | 188.0 | 降水量 | 15.7 | 12.5 | 22.4 | 44.3 | 43.3 | 82.4 | 234.1 | 194.3 | 107.9 | 36.0 | 35.3 | 16.3 |

续表

| 站名 | 参数 | | 月份项别 | 1 | 2 | 3 | 4 | 5 | 6 | 7 | 8 | 9 | 10 | 11 | 12 |
|---|---|---|---|---|---|---|---|---|---|---|---|---|---|---|---|
| 南京 | α | 0.269 | 蒸发力 | 19.5 | 24.9 | 50.1 | 70.5 | 103.5 | 120.6 | 140.0 | 139.1 | 80.7 | 59.0 | 27.3 | 17.8 |
| | c | 39.0 | 降水量 | 31.8 | 53.0 | 78.7 | 98.7 | 97.3 | 139.9 | 182.0 | 121.0 | 100.9 | 44.3 | 53.2 | 21.2 |
| 蚌埠 | α | 0.260 | 蒸发力 | 19.0 | 25.9 | 52.0 | 74.4 | 114.3 | 136.9 | 137.2 | 136.0 | 79.1 | 57.8 | 28.2 | 18.5 |
| | c | 101.6 | 降水量 | 26.6 | 32.6 | 60.8 | 62.5 | 74.3 | 106.8 | 205.8 | 153.7 | 87.0 | 38.2 | 40.3 | 22.0 |
| 合肥 | α | 0.258 | 蒸发力 | 19.0 | 25.6 | 51.3 | 71.7 | 111.5 | 131.9 | 150.0 | 146.3 | 80.8 | 59.2 | 27.9 | 18.5 |
| | c | 90.2 | 降水量 | 33.6 | 50.2 | 75.4 | 106.1 | 105.9 | 96.3 | 181.5 | 114.1 | 80.0 | 43.2 | 52.5 | 31.5 |
| 巢湖 | α | 0.270 | 蒸发力 | 22.8 | 27.6 | 54.2 | 72.6 | 111.3 | 134.8 | 159.7 | 149.9 | 84.2 | 64.7 | 31.2 | 21.6 |
| | c | 131.7 | 降水量 | 27.4 | 45.5 | 73.7 | 111.1 | 110.2 | 89.0 | 158.1 | 98.9 | 76.6 | 40.1 | 59.6 | 26.1 |
| 许昌 | α | 0.257 | 蒸发力 | 20.3 | 26.8 | 33.0 | 75.7 | 122.3 | 153.0 | 140.7 | 125.2 | 76.8 | 54.6 | 27.5 | 19.0 |
| | c | 233.7 | 降水量 | 13.0 | 15.0 | 19.8 | 53.0 | 53.8 | 70.4 | 185.7 | 156.4 | 72.2 | 39.9 | 37.9 | 10.7 |
| 南阳 | α | 0.258 | 蒸发力 | 19.2 | 29.9 | 53.3 | 74.4 | 113.8 | 144.8 | 137.6 | 132.6 | 78.8 | 55.6 | 26.5 | 18.6 |
| | c | 165.7 | 降水量 | 14.2 | 16.1 | 36.2 | 69.9 | 66.0 | 84.0 | 196.8 | 163.1 | 93.8 | 47.3 | 31.5 | 10.2 |
| 郧阳 | α | 0.245 | 蒸发力 | 17.5 | 23.3 | 46.5 | 65.7 | 105.3 | 131.0 | 135.7 | 127.0 | 69.4 | 49.0 | 23.3 | 16.2 |
| | c | 99.5 | 降水量 | 14.5 | 20.3 | 43.7 | 84.1 | 74.8 | 74.7 | 145.2 | 134.6 | 109.7 | 61.7 | 38.9 | 12.3 |
| 钟祥 | α | 0.281 | 蒸发力 | 23.4 | 29.1 | 52.2 | 70.5 | 108.6 | 131.2 | 151.3 | 146.2 | 89.9 | 62.5 | 31.9 | 21.7 |
| | c | 57.8 | 降水量 | 26.4 | 30.3 | 55.9 | 99.4 | 119.5 | 136.5 | 184.6 | 114.0 | 73.7 | 53.1 | 47.2 | 22.8 |
| 江陵荆州 | α | 0.272 | 蒸发力 | 20.1 | 24.8 | 45.6 | 61.7 | 96.5 | 120.2 | 146.8 | 136.9 | 82.3 | 54.4 | 27.0 | 18.8 |
| | c | 24.6 | 降水量 | 30.0 | 40.7 | 77.1 | 132.7 | 160.2 | 165.9 | 177.6 | 124.6 | 70.0 | 74.0 | 53.5 | 31.2 |
| 全州 | α | 0.327 | 蒸发力 | 29.1 | 27.9 | 47.1 | 59.4 | 90.6 | 105.8 | 151.5 | 137.7 | 98.6 | 68.5 | 35.7 | 27.5 |
| | c | 98.1 | 降水量 | 55.0 | 89.0 | 131.9 | 250.1 | 231.0 | 198.9 | 110.6 | 130.8 | 48.3 | 69.9 | 86.0 | 58.6 |
| 桂林 | α | 0.360 | 蒸发力 | 32.5 | 31.2 | 47.7 | 61.6 | 91.5 | 106.7 | 138.4 | 133.5 | 106.9 | 78.5 | 42.9 | 33.5 |
| | c | 41.7 | 降水量 | 55.6 | 76.1 | 134.0 | 279.7 | 318.4 | 315.8 | 224.6 | 166.9 | 65.2 | 97.3 | 83.2 | 56.6 |
| 百色 | α | 0.312 | 蒸发力 | 31.6 | 36.9 | 67.6 | 90.5 | 123.1 | 117.9 | 134.1 | 128.8 | 96.8 | 68.3 | 40.0 | 26.4 |
| | c | 101.3 | 降水量 | 19.9 | 17.3 | 31.1 | 66.1 | 168.7 | 195.7 | 170.3 | 189.3 | 109.4 | 81.3 | 39.6 | 17.7 |
| 田东 | α | 0.335 | 蒸发力 | 37.1 | 41.2 | 70.1 | 68.0 | 125.5 | 122.0 | 138.5 | 132.8 | 101.1 | 73.9 | 42.7 | 35.5 |
| | c | 98.7 | 降水量 | 17.4 | 22.3 | 37.2 | 66.0 | 159.4 | 213.5 | 153.7 | 211.2 | 134.5 | 67.3 | 37.2 | 22.4 |
| 贵港 | α | 0.382 | 蒸发力 | 41.8 | 36.7 | 52.7 | 67.6 | 110.6 | 109.2 | 135.0 | 133.1 | 111.4 | 91.2 | 52.1 | 42.1 |
| | c | 71.9 | 降水量 | 33.3 | 48.4 | 63.2 | 144.0 | 183.6 | 302.5 | 221.4 | 244.9 | 101.4 | 66.6 | 38.0 | 27.4 |
| 南宁 | α | 0.343 | 蒸发力 | 25.1 | 33.4 | 51.2 | 71.3 | 116.0 | 115.7 | 136.3 | 130.5 | 101.9 | 81.7 | 46.1 | 35.3 |
| | c | 27.7 | 降水量 | 40.2 | 41.8 | 63.0 | 84.1 | 183.3 | 241.8 | 179.9 | 203.6 | 110.1 | 67.0 | 43.3 | 25.1 |
| 上思 | α | 0.346 | 蒸发力 | 45.0 | 34.7 | 54.9 | 74.3 | 123.0 | 108.5 | 127.2 | 119.0 | 91.4 | 73.4 | 42.5 | 34.6 |
| | c | 92.8 | 降水量 | 23.4 | 26.0 | 23.1 | 62.4 | 126.7 | 144.3 | 201.0 | 235.6 | 141.7 | 74.1 | 40.4 | 18.0 |
| 来宾 | α | 0.349 | 蒸发力 | 36.0 | 34.2 | 51.3 | 76.4 | 107.5 | 112.6 | 140.9 | 135.7 | 107.0 | 79.9 | 43.4 | 34.4 |
| | c | 47.3 | 降水量 | 28.8 | 52.7 | 67.2 | 116.9 | 182.8 | 296.1 | 195.9 | 209.0 | 68.5 | 78.3 | 57.3 | 36.3 |
| 韶关（曲江） | α | 0.344 | 蒸发力 | 32.2 | 31.8 | 51.4 | 65.0 | 103.4 | 111.4 | 155.6 | 141.2 | 109.9 | 79.5 | 44.4 | 32.2 |
| | c | 72.1 | 降水量 | 52.4 | 83.5 | 149.7 | 226.2 | 239.7 | 264.1 | 127.6 | 138.5 | 90.8 | 57.3 | 49.3 | 43.5 |
| 广州 | α | 0.374 | 蒸发力 | 40.1 | 35.9 | 53.1 | 66.2 | 105.4 | 109.2 | 137.5 | 131.1 | 99.5 | 88.4 | 54.5 | 41.8 |
| | c | 71.6 | 降水量 | 39.3 | 62.5 | 91.3 | 158.2 | 266.7 | 299.2 | 220.0 | 225.5 | 204.0 | 52.2 | 42.0 | 19.7 |

续表

| 站名 | 参数 | | 月份 项别 | 1 | 2 | 3 | 4 | 5 | 6 | 7 | 8 | 9 | 10 | 11 | 12 |
|---|---|---|---|---|---|---|---|---|---|---|---|---|---|---|---|
| 湛江 | $\alpha$ | 0.384 | 蒸发力 | 43.0 | 37.1 | 55.9 | 26.9 | 123.8 | 122.3 | 144.9 | 132.0 | 105.1 | 87.8 | 58.9 | 46.2 |
|  | $c$ | 58.7 | 降水量 | 25.2 | 38.7 | 63.5 | 40.6 | 163.3 | 209.2 | 163.5 | 251.2 | 254.4 | 90.9 | 44.7 | 19.5 |
| 绵阳 | $\alpha$ | 0.251 | 蒸发力 | 16.8 | 21.4 | 43.8 | 61.2 | 92.8 | 97.0 | 109.4 | 104.0 | 56.7 | 38.2 | 21.9 | 15.2 |
|  | $c$ | 72.1 | 降水量 | 6.1 | 10.9 | 20.2 | 54.5 | 83.5 | 162.0 | 244.0 | 224.6 | 143.5 | 43.9 | 19.7 | 6.1 |
| 成都 | $\alpha$ | 0.254 | 蒸发力 | 17.5 | 21.4 | 43.6 | 59.7 | 91.0 | 94.3 | 107.7 | 102.1 | 56.0 | 37.5 | 21.7 | 15.7 |
|  | $c$ | 69.9 | 降水量 | 5.1 | 11.3 | 21.8 | 51.3 | 88.3 | 119.8 | 229.4 | 365.5 | 113.7 | 48.0 | 16.5 | 6.4 |
| 昭通 | $\alpha$ | 0.281 | 蒸发力 | 23.4 | 31.4 | 66.1 | 83.0 | 97.7 | 81.9 | 101.9 | 92.8 | 61.7 | 40.1 | 27.2 | 21.2 |
|  | $c$ | 202.1 | 降水量 | 5.6 | 6.6 | 12.6 | 26.6 | 74.3 | 144.1 | 162.0 | 124.4 | 101.2 | 62.2 | 15.2 | 7.0 |
| 昆明 | $\alpha$ | 0.317 | 蒸发力 | 35.6 | 47.2 | 85.1 | 103.4 | 122.6 | 91.9 | 90.2 | 90.3 | 67.6 | 53.0 | 36.9 | 30.1 |
|  | $c$ | 279.6 | 降水量 | 10.0 | 9.9 | 13.6 | 19.7 | 78.5 | 182.0 | 216.5 | 195.1 | 123.0 | 94.9 | 33.6 | 16.0 |
| 开远 | $\alpha$ | 0.332 | 蒸发力 | 44.4 | 56.9 | 99.6 | 116.7 | 140.2 | 105.4 | 107.5 | 100.8 | 81.6 | 66.5 | 44.2 | 39.2 |
|  | $c$ | 328.4 | 降水量 | 14.2 | 14.2 | 25.9 | 40.9 | 75.7 | 131.8 | 166.6 | 135.1 | 83.2 | 55.2 | 33.2 | 20.0 |
| 元江 | $\alpha$ | 0.345 | 蒸发力 | 54.2 | 69.4 | 114.3 | 123.3 | 148.7 | 118.8 | 121.2 | 116.9 | 95.3 | 76.4 | 52.2 | 44.8 |
|  | $c$ | 405.1 | 降水量 | 12.5 | 11.1 | 17.2 | 41.9 | 80.3 | 142.6 | 132.1 | 133.3 | 72.4 | 74.1 | 37.1 | 26.9 |
| 文山 | $\alpha$ | 0.324 | 蒸发力 | 36.1 | 45.8 | 84.3 | 104.4 | 120.8 | 94.5 | 99.3 | 93.6 | 70.5 | 59.5 | 40.4 | 34.3 |
|  | $c$ | 195.9 | 降水量 | 13.7 | 12.4 | 24.5 | 61.6 | 103.9 | 154.0 | 194.6 | 175.0 | 103.6 | 64.9 | 31.1 | 23.0 |
| 蒙自 | $\alpha$ | 0.337 | 蒸发力 | 40.4 | 58.4 | 100.8 | 117.6 | 134.5 | 102.3 | 102.6 | 97.7 | 78.7 | 66.0 | 47.8 | 41.3 |
|  | $c$ | 315.0 | 降水量 | 12.9 | 16.4 | 26.2 | 45.9 | 90.1 | 131.8 | 150.8 | 150.5 | 81.1 | 52.8 | 27.7 | 19.8 |
| 贵阳 | $\alpha$ | 0.289 | 蒸发力 | 21.0 | 25.0 | 51.8 | 70.3 | 90.9 | 92.7 | 116.9 | 110.1 | 74.4 | 46.7 | 28.1 | 21.1 |
|  | $c$ | 23.1 | 降水量 | 19.7 | 21.8 | 33.2 | 108.3 | 191.8 | 213.2 | 178.9 | 142.0 | 82.6 | 89.2 | 55.9 | 25.7 |

【表注】表中"站名"为气象站所在地。

## （二）基础埋置深度

——第 5.2.1～5.2.4 条

**基础埋置深度**

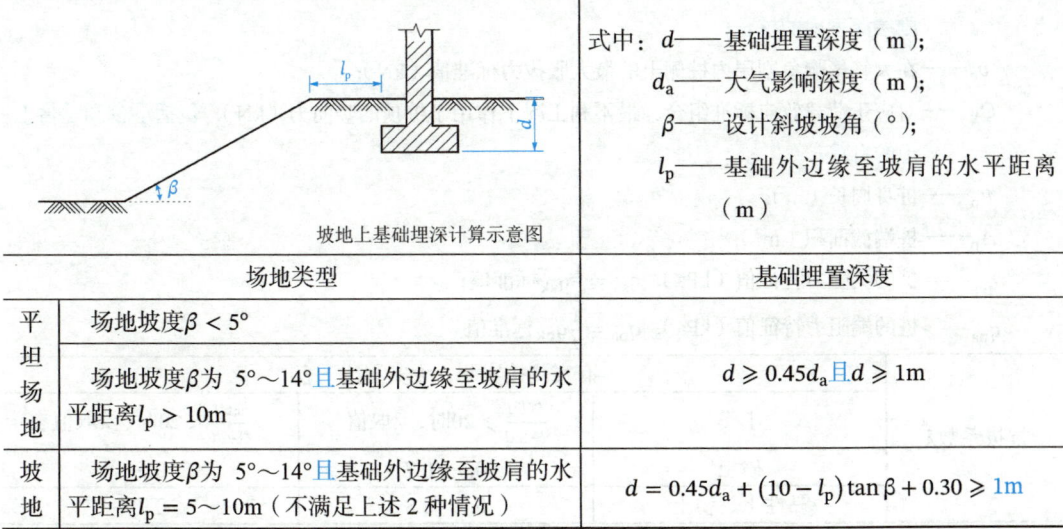

坡地上基础埋深计算示意图

式中：$d$——基础埋置深度（m）；
$d_a$——大气影响深度（m）；
$\beta$——设计斜坡角（°）；
$l_p$——基础外边缘至坡肩的水平距离（m）

| | 场地类型 | 基础埋置深度 |
|---|---|---|
| 平坦场地 | 场地坡度 $\beta < 5°$ | |
| | 场地坡度 $\beta$ 为 5°～14°且基础外边缘至坡肩的水平距离 $l_p > 10$m | $d \geqslant 0.45 d_a$ 且 $d \geqslant 1$m |
| 坡地 | 场地坡度 $\beta$ 为 5°～14°且基础外边缘至坡肩的水平距离 $l_p = 5～10$m（不满足上述 2 种情况） | $d = 0.45 d_a + (10 - l_p)\tan\beta + 0.30 \geqslant 1$m |

## （三）地基承载力验算

——第 5.2.5、5.2.6 条

**地基承载力验算**

| 修正后的地基承载力特征值 $f_a$（kPa） | | $f_a = f_{ak} + \gamma_m(d - 1.0)$ |
|---|---|---|
| 地基承载力验算 | 轴心荷载 | $p_k \leqslant f_a$ |
| | 偏心荷载 | $p_k \leqslant f_a$ 且 $p_{kmax} \leqslant 1.2 f_a$ |

式中：$p_k$——相应于作用的标准组合时，基础底面处的平均压力值（kPa）；

$p_{kmax}$——相应于作用的标准组合时，基础底面边缘的最大压力值（kPa）

【小注】修正后的地基承载力特征值的计算公式为不考虑宽度修正，深度修正系数 $\eta_b$ 取 1。

**膨胀土地基承载力特征值 $f_{ak}$（kPa）**

| 含水比 $u$ = 天然含水量/液限 | $e=0.6$ | $e=0.9$ | $e=1.10$ | 适用于：基坑开挖时天然含水量 ≤ 勘察取土时土的天然含水量 |
|---|---|---|---|---|
| 含水比 $u<0.5$ | 350 | 280 | 200 | |
| 含水比 $u$ 为 0.5～0.6 | 300 | 220 | 170 | |
| 含水比 $u$ 为 0.6～0.7 | 250 | 200 | 150 | |

## （四）桩基础设计

——第 5.7.7 条

**桩基础设计**

| （1）桩端进入大气影响急剧层深度 $0.45d_a$ 以下或非膨胀土层中的长度 $l_a$（m） | | |
|---|---|---|
| ①按膨胀变形计算时 | $l_{a1} \geqslant \dfrac{v_e - Q_k}{u_p \cdot \lambda \cdot q_{sa}}$ | 无需满足构造要求 |
| ②按收缩变形计算时 | $l_{a2} \geqslant \dfrac{Q_k - A_p \cdot q_{pa}}{u_p \cdot q_{sa}}$ | 无需满足构造要求 |
| ③按胀缩变形计算时 | 同时验算①、② | $\Rightarrow l_a \geqslant \max[l_{a1}, l_{a2}, 4d(桩直径), D(扩大端直径), 1.5m]$ |

式中：$l_a$——桩端进入大气影响急剧层深度以下或非膨胀土层中的长度（m），$l_a$ =总桩长 $l$ −大气影响急剧层深度内的桩长；

$v_e$——在大气影响急剧层内桩侧土的最大胀拔力标准值（kN）；

$Q_k$——对应于荷载效应标准组合，最不利工况下作用于桩顶的竖向力（kN），包括承台和承台上土的自重；

$u_p$——桩身周长（m）；

$A_p$——桩端截面积（m²）；

$q_{sa}$——桩的侧阻力特征值（kPa），$q_{sa} = \dfrac{1}{2} q_{sk}$ 标准值；

$q_{pa}$——桩的端阻力特征值（kPa），$q_{pa} = \dfrac{1}{2} q_{pk}$ 标准值

| 抗拔系数 $\lambda$ | 有实测按实测，无实测按下表 | | |
|---|---|---|---|
| | 土类 | $\dfrac{桩长 l}{桩径 d} \geqslant 20$ 时，$\lambda$ 取值 | $\dfrac{桩长 l}{桩径 d} < 20$ 时，$\lambda$ 取值 |
| | 砂土 | 0.5～0.7 | 0.5 |
| | 黏性土、粉土 | 0.7～0.8 | 0.7 |

续表

| ①土的湿度系数$\psi_w$ | | | | | |
|---|---|---|---|---|---|
| | $\psi_w = 1.152 - 0.726\alpha - 0.00107c$<br>其中：$\alpha$——当地 9 月至次年 2 月的月蒸发力与全年蒸发力的比值（月平均气温小于 0℃的月份不参与统计），我国部分地区蒸发力和降水量的参考值可按本章第二部分（规范 P50）查取。<br>$c$——全年中干燥度（蒸发力/降水量）大于 1 且月平均气温大于 0℃的月份的蒸发力与降水量差值之总和（mm） | | | | |
| ②大气影响急剧层深度（m） | 土的湿度系数$\psi_w$ | 0.6 | 0.7 | 0.8 | 0.9 |
| | 大气影响急剧层深度$0.45d_a$ | 2.25 | 1.8 | 1.575 | 1.35 |

（2）总桩长 $l = 0.45d_a + l_a -$ 承台深度

（3）最大胀切力$\bar{q}_{esk}$和桩侧阻力特征值$\bar{q}_{sa}$

| 大气影响急剧层深度或大气影响深度内桩侧土的最大胀切力平均值$\bar{q}_{esk}$ | $\bar{q}_{esk} = \dfrac{v_{emax}}{\pi \cdot d \cdot l}$ | 第 5.7.5～5.7.9 条条文说明 |
|---|---|---|
| 大气影响急剧层深度或大气影响深度内桩阻力特征值的平均值$\bar{q}_{sa}$ | $\bar{q}_{sa} = \dfrac{Q_u}{2 \cdot \pi \cdot d \cdot l}$ | |

同一场地的试验数量不应少于 3 点，当基桩的最大胀拔力实测值$v_{emax}$或单桩极限承载力实测值$Q_u$的极差不超过其平均值的30%时，取其平均值作为该场地基桩最大胀拔力或单桩极限承载力标准值

式中：$\bar{q}_{esk}$——大气影响急剧层深度或大气影响深度内桩侧土的最大胀切力平均值（kPa）；

$v_{emax}$——单桩最大胀拔力实测值（kN）；

$d$——试验桩桩径（m）；

$l$——试验桩桩长（m）；

$\bar{q}_{sa}$——浸水条件下，大气影响急剧层深度或大气影响深度内桩阻力特征值的平均值（kPa）；

$Q_u$——浸水条件下，单桩极限承载力实测值（kN）

## 三、变形计算

——第 5.2.7～5.2.16 条

**变形计算**

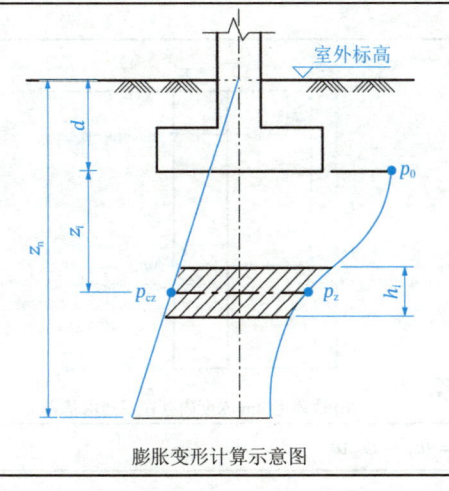

膨胀变形计算示意图

解题步骤：
①确定计算$s_e$、$s_s$还是$s_{es}$；
②确定计算深度$z_n$（地面起算）；
③在变形计算厚度范围内（基底起算）划分土层；
④确定基底下每层土的平均自重压力与对应于荷载效应准永久组合时的平均附加压力之和（或计算$\Delta w_i$）；
⑤确定经验系数（三层及三层以下建筑物）；
⑥计算变形量

续表

| 变形特征 | 计算类型 | 计算公式 | 变形计算深度 $z$ |
|---|---|---|---|
| ①场地天然地表下 1m 处土的含水量 $w_1$ 等于或接近最小值；<br>②地表有覆盖层<u>且</u>无蒸发可能；<br>③建筑物在使用期间，经常有水浸湿的地基 | 膨胀变形 $s_e$（mm） | $s_e = \psi_e \sum_{i=1}^{n} \delta_{epi} \cdot h_i$<br>$\psi_e = 0.6$ | ①无浸水可能时：<br>$z_{en} = d_a$<br>②有浸水可能时：<br>$z_{en} = \max(d_a, 浸水影响深度)$ |
| ①场地天然地表下 1m 处土的含水量 $w_1 > 1.2$ 倍塑限含水量 $w_p$；<br>②直接受高温作用地基 | 收缩变形 $s_s$（mm） | $s_s = \psi_s \sum_{i=1}^{n} \lambda_{si} \cdot \Delta w_i \cdot h_i$<br>$\psi_s = 0.8$ | 先确定变形深度取<br>$z_1 = \max(d_a, 热源影响深度)$<br>①$z_1$范围内<u>无</u>地下水时：<br>$z_{sn} = z_1$<br>②$z_1$范围内<u>有</u>地下水时：<br>$z_{sn} = 水位 - 3m$ |
| 其他情况 | 胀缩变形 $s_{es}$（mm） | $s_{es} = \psi_{es} \sum_{i=1}^{n} (\delta_{epi} + \lambda_{si} \cdot \Delta w_i) h_i$<br>$\psi_{es} = 0.7$ | $z_{esn} = \min(d_a, 稳定地下水位以上 3m)$ |

<u>从地面确定计算深度后，均从基础底面开始计算变形量</u>

式中：$\psi_e$、$\psi_s$、$\psi_{es}$——分别为计算膨胀变形量、收缩变形量、胀缩变形量的经验系数；

$\delta_{epi}$——基础底面以下第 $i$ 层土在平均自重压力与对应于荷载效应准永久组合时的平均附加压力之和作用下的膨胀率（以小数计，<u>负值时取 0</u>）；

$\lambda_{si}$——基础底面以下第 $i$ 层土的收缩系数；

$h_i$——基础底面至计算深度内第 $i$ 层土的计算厚度（mm）；

$n$——基础底面至计算深度内，所划分的土层数；

$\Delta w_i$——地基土收缩过程中，第 $i$ 层土可能发生的含水量变化平均值（<u>用小数计</u>），计算见下表

$\Delta w_i$ 计算

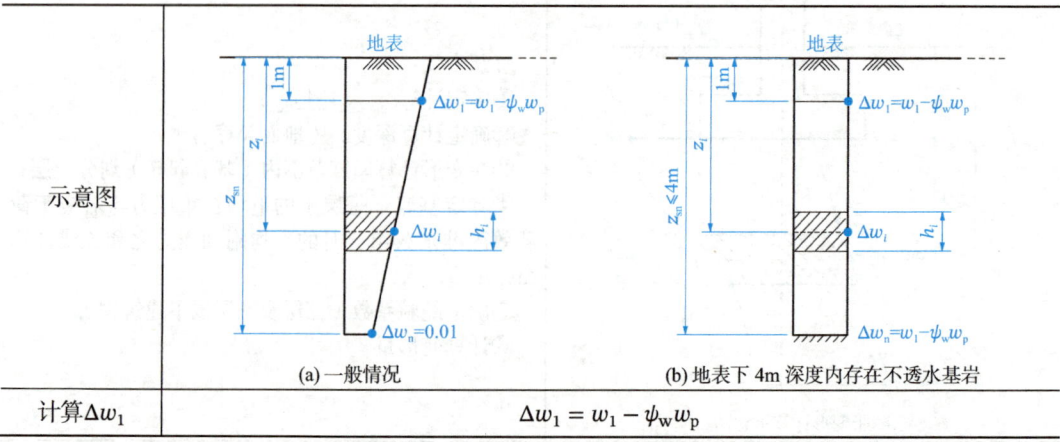

| | |
|---|---|
| 计算 $\Delta w_1$ | $\Delta w_1 = w_1 - \psi_w w_p$ |

续表

| 计算$\Delta w_i$ | $\Delta w_i = \Delta w_1 - (\Delta w_1 - 0.01)\dfrac{z_i - 1}{z_{sn} - 1}$〈内插公式〉<br>注意其中只有$z_i$一个变量，可利用计算器 CALC 功能快速对多层土进行计算 | $\Delta w_i = \Delta w_1$ |
|---|---|---|

式中：$\Delta w_i$——第$i$层土的含水量变化值（以小数计）；

　　　$\Delta w_1$——地表下 1m 处土的含水量变化值（以小数计）；

　　$w_1$、$w_p$——地表下 1m 处土的天然含水量和塑限（以小数计）；

　　　$z_i$——地面至第$i$层土中点的深度（m）；

　　　$z_{sn}$——收缩变形计算深度（m），$z_i$、$z_{sn}$深度均从地面算起，非基底；

　　　$\psi_w$——土的湿度系数，在自然气候影响下，地表下 1m 处含水量可能达到的最小值与其塑限之比；无资料时，可直接按照前面计算

## 四、地基的胀缩等级及应用

### （一）胀缩等级的划分

——第 4.1.4、4.3.5 条

**胀缩等级的划分**

| 采用 50kPa 下膨胀率计算的地基分级变形量$s_c$（mm） | $15 \leqslant s_c < 35$ | $35 \leqslant s_c < 70$ | $s_c \geqslant 70$ |
|---|---|---|---|
| 等级 | Ⅰ级 | Ⅱ级 | Ⅲ级 |

### （二）散水宽度

——第 5.5 节

**散水宽度**

| 地基胀缩等级 | 场地条件及排水结构 | 散水或宽散水的宽度（m） |
|---|---|---|
| Ⅰ级 | 平坦场地、宽散水 | ≥2 |
| | 其他场地、散水 | ≥1.2 |
| Ⅱ级 | 平坦场地、宽散水 | ≥3 |
| | 其他场地、散水 | ≥1.5 |
| Ⅲ级 | 散水 | ≥2.0 |

### （三）挡土墙土压力

——第 5.4.3～5.4.5 条

挡土墙高度不大于 3m 时，主动土压力宜采用楔体试算法确定，当构造满足规范第 5.4.3 条的要求时，可不计水平膨胀力的作用。破裂面上的抗剪强度指标应采用饱和快剪强度指标。地下室外墙的土压力应同时计及水平膨胀力的作用。

当挡土墙高度大于 3m 时，应根据试验数据或当地经验确定土体膨胀后抗剪强度指标

衰减的影响，并应计算水平膨胀力的作用。

## 五、公路膨胀土地区路基

——《公路路基设计规范》第 7.9 节、《公路工程地质勘察规范》第 8.3 节

**（1）膨胀土地基变形量计算**

适用范围：挡土墙等构造物基础、低路堤基底膨胀土地基

| ①基于固结试验的膨胀土地基变形量 $\rho$（mm） | ②基于收缩试验的膨胀土地基变形量 $\rho$（mm） |
|---|---|
| $\rho = \sum\limits_{i=1}^{n} \dfrac{C_s z_i}{(1+e_0)_i} \log\left(\dfrac{\sigma'_f}{\sigma'_{sc}}\right)_i$ | $\rho = \sum\limits_{i=1}^{n}\Delta z_i = \sum\limits_{i=1}^{n}\dfrac{C_w \Delta w_i}{(1+e_0)_i} z_i \Leftarrow C_w = \dfrac{\Delta e_i}{\Delta w_i}$ |
| 式中：$\sigma'_{sc}$——由恒体积试验中校正的膨胀压力（kPa）；<br>$\sigma'_f$——最后有效应力（kPa）；<br>$C_s$——膨胀指数 | 式中：$C_w$——非饱和膨胀土体积收缩指数；<br>$\Delta e_i$——第 $i$ 层土的孔隙比的变化；<br>$\Delta w_i$——第 $i$ 层土的含水率变化 |

式中：$e_0$——初始孔隙比；
　　　$z_i$——第 $i$ 层土的初始厚度（mm）

**（2）膨胀土地基分类**

| 膨胀土地基分类等级 | 膨胀土地基变形量 $\rho$（mm） | 地基处理措施 |
|---|---|---|
| Ⅰ | $\rho \geqslant 200$ | 小型构造物宜采用深基础。路堤高度小于 1.5m 时，地基置换非膨胀土或无机结合料处治土，其深度不宜小于 2.0m |
| Ⅱ | $100 \leqslant \rho < 200$ | 小型构造物可采用浅基础。基础埋深不宜小于 1.5m，并采取保湿措施。路堤高度小于 1.5m 时，地基置换非膨胀土或无机结合料处治土，其深度不宜小于 1.5m |
| Ⅲ | $40 \leqslant \rho < 100$ | 小型构造物可采用浅基础。基础埋深不宜小于 1.0m，并采取保湿措施。路堤高度小于 1.5m 时，地基置换非膨胀土或无机结合料处治土，其深度不宜小于 1.0m |
| Ⅳ | $15 \leqslant \rho < 40$ | 小型构造物可采用浅基础。路堤高度小于 1.5m 时，地基置换非膨胀土或无机结合料处治土，其深度不宜小于 0.5m |
| Ⅴ | $\rho < 15$ | 可不处理 |

**（3）膨胀土填料分类**

| 填料等级 | 有荷压力下胀缩总率 $e_{ps}$（%） | 使用范围 |
|---|---|---|
| 非膨胀土 | $e_{ps} < 0.7$ | 可直接利用 |
| 弱膨胀土 | $0.7 \leqslant e_{ps} < 2.5$ | 采取包边、加筋、设置垫层等物理处理措施后可用于路堤范围的填料，采用无机结合料处治后可用于路床填料 |
| 中膨胀土 | $2.5 \leqslant e_{ps} < 5.0$ | 采用无机结合料处治后可作路基填料 |
| 强膨胀土 | $e_{ps} \geqslant 5.0$ | 不应用作路基填料 |

【表注】①路堤高度大于或等于 3.0m 时，应采用 50kPa 压力下膨胀率试验计算胀缩总率；
　　　　②路堤高度小于 3.0m 时，应采用 25kPa 压力下膨胀率试验计算胀缩总率

# 第二十七章 膨胀土地区建筑技术规范

## （4）膨胀土的初判标准（定性）

| 项目 | 特征 | 项目 | 特征 |
|---|---|---|---|
| 地层 | 以第四系中、上更新统为主，少量为全新统及新第三系 | 结构 | 结构致密，易风化成碎块状，更细小的呈鳞片状 |
| 地貌 | 地形平缓开阔，具垄岗式地貌，垄岗与沟谷相间，无明显的天然陡坎，自然坡度平缓，坡面沟槽发育 | 裂隙 | 裂隙发育，呈网纹状，裂面光滑，具蜡状光泽，或有擦痕，或有铁锰质薄膜覆盖。常有灰白、灰绿色黏土充填 |
| 颜色 | 以褐黄、棕黄、棕红色为主，间夹灰白、灰绿色条带或薄膜，灰白、灰绿色多呈透镜体或夹层出现 | 崩解性 | 遇水易沿裂隙崩解成碎块状 |
| 黏性 | 土质细腻，手触摸有滑感，旱季呈坚硬状，雨季黏滑，液限大于40% | 不良地质 | 常见浅层溜塌、滑坡、地裂，新开挖的路堑、边坡、基坑易产生坍塌 |
| 含有物 | 含有较多的钙质结核，并有豆状铁锰质结核 | 自由膨胀率 | $F_s \geq 40\%$ |

## （5）膨胀土的分级（定量）

| 分级指标 | 级别 | | | |
|---|---|---|---|---|
| | 非膨胀土 | 弱膨胀土 | 中等膨胀土 | 强膨胀土 |
| 自由膨胀率$F_s$（%） | $F_s < 40$ | $40 \leq F_s < 60$ | $60 \leq F_s < 90$ | $F_s \geq 90$ |
| 塑性指数$I_p$ | $I_p < 15$ | $15 \leq I_p < 28$ | $28 \leq I_p < 40$ | $I_p \geq 40$ |
| 标准吸湿含水率$w_f$（%） | $w_f < 2.5$ | $2.5 \leq w_f < 4.8$ | $4.8 \leq w_f < 6.8$ | $w_f \geq 6.8$ |

【表注】标准吸湿含水率指在标准温度下（通常为25℃）和标准相对湿度下（通常为60%），膨胀土试样恒重后的含水率。

## （6）膨胀岩的野外地质特征（定性）

| 地貌 | 一般为波状起伏的低缓丘陵，相对高度20～30m，丘顶多浑圆，坡面圆顺，山坡坡度缓于40°，岗丘之间多为宽阔的U形谷地；当具有砂岩夹层时，常形成陡坎 |
|---|---|
| 地质年代 | 以石炭系、二叠系、三叠系、侏罗系、白垩系和第三系地层为主 |
| 岩性 | 主要为灰白、灰绿、灰黄、紫红和灰色的泥岩、泥质粉砂岩、页岩、风化的泥灰岩、风化的基性岩浆岩、蒙脱石化的凝灰岩以及含硬石膏、芒硝的岩石等。岩石由细颗粒组成，遇水时多有滑腻感 |
| 结构构造 | 岩层多为薄层和中、厚层状，裂隙发育，裂隙多为灰白、灰绿等富含蒙脱石的物质充填 |
| 风化情况 | 风化裂隙多沿构造面、层理面进一步发展，使已被结构面切割的岩块更加破碎；地表岩石风化后呈碎块状或含碎屑的土状，剥离现象明显；天然含水状态的岩石在暴晒时多沿层理方向产生微裂隙；干燥的岩块泡水后易崩解成碎块、碎片和土状 |

## （7）膨胀岩室内试验判定指标（定量）

| 试验项目 | | 判定指标 |
|---|---|---|
| 自由膨胀率$F_s$（%） | 不易崩解岩石 | $F_s \geq 3$ |
| | 易崩解的岩石 | $F_s \geq 30$ |
| 膨胀力$P_p$（kPa） | | $P_p \geq 100$ |
| 饱和吸水率$w_{sr}$（%） | | $w_{sr} \geq 10$ |

注：①对于不宜崩解的岩石，应取轴向或径向自由膨胀率的大值进行判定。②对于易崩解岩石应将其粉碎，过0.5mm的筛，去除粗颗粒后，比照土的自由膨胀率试验方法进行试验。③当有2项及以上符合表中所列指标时，在室内可判定为膨胀岩

## 六、铁路膨胀岩土地区路基

——《铁路工程特殊岩土勘察规程》第 5.5、6.5 节,《铁路工程地质勘察规范》第 6.2 节

**（1）膨胀土的初判标准（定性）**

| 地貌 | 山前丘陵、盆地边缘的堆积、残积地貌，常呈垄岗与沟谷相间景观；地形平缓开阔，坡脚少见自然陡坎，坡面沟槽发育 |
|---|---|
| 颜色 | 多呈棕、黄、褐色，间夹灰白、灰绿色条带或薄膜；灰白、灰绿色多呈透镜体或夹层出现 |
| 结构 | 具多裂隙结构，方向不规则。裂面光滑、可见擦痕。裂隙中常充填灰白、灰绿色黏土条带或薄膜，自然状态下常呈坚硬或硬塑状态 |
| 土质情况 | 土质细腻，有滑感，土中常含有钙质或铁锰质结核或豆石，局部可富集成层 |
| 自然地质现象 | 坡面常见浅层溜坍、滑坡、地面裂缝。当坡面有数层土时，其中膨胀土层往往形成凹形坡。新开挖的坑壁易发生坍塌。膨胀土上浅基础建筑的墙体裂缝，有随气候的变化而张开或闭合的现象 |
| 自由膨胀率 $F_s$ | $F_s \geqslant 40\%$ |

**（2）膨胀土的详判指标（定量）和膨胀潜势分级**

| 分级指标 | 判定指标 | 弱膨胀土 | 中等膨胀土 | 强膨胀土 |
|---|---|---|---|---|
| 自由膨胀率 $F_s$（%） | $F_s \geqslant 40$ | $40 \leqslant F_s < 60$ | $60 \leqslant F_s < 90$ | $F_s \geqslant 90$ |
| 蒙脱石含量 $M$（%） | $M \geqslant 7$ | $7 \leqslant M < 17$ | $17 \leqslant M < 27$ | $M \geqslant 27$ |
| 阳离子交换量 $CEC(NH_4^+)$（mmol/kg） | $CEC(NH_4^+) \geqslant 170$ | $170 \leqslant CEC(NH_4^+) < 260$ | $260 \leqslant CEC(NH_4^+) < 360$ | $CEC(NH_4^+) \geqslant 360$ |

【表注】①土质符合表中任意 2 项以上指标，应判定为膨胀土或该等级；②CEC表示 1kg 干土阳离子交换量。

**（3）膨胀岩的野外地质特征（定性）**

| 地貌 | 一般形成波状起伏的低缓丘陵，相对高度为 20~30m，丘顶多浑圆，坡面圆顺，山坡坡度缓于 40°，岗丘之间为宽阔的 U 形谷地；当具有砂岩夹层时，常形成一些陡坎 |
|---|---|
| 岩性 | 主要为灰白、灰绿、灰黄、紫红和灰色的泥岩、泥质粉砂岩、页岩、风化的泥灰岩、风化的基性岩浆岩、蒙脱石化的凝灰岩以及含硬石膏、芒硝的岩石等。岩石由细颗粒组成，遇水时多有滑腻感。泥质膨胀岩的分布地层以石炭系、二叠系、三叠系、侏罗系、白垩系、第三系为主 |
| 结构构造 | 岩层多为薄层和中、厚层状，裂隙发育，裂隙多被灰白、灰绿、紫红色等富含蒙脱石物质充填 |
| 风化现象 | 风化节理、裂隙多沿构造面、结构面进一步发展，导致已被结构面切割的岩体更加破碎；地表岩石碎块风化为鸡粪土，斜坡岩层剥落现象明显；天然含水的岩石在暴晒时多沿层理方向产生微裂隙；干燥的岩块泡水后易崩解成碎块、碎片或土状；柱状岩芯暴露在空气中，数小时至几天内，易破裂分解为碎屑或土状 |

### （4）膨胀岩的室内试验判定指标（定量）

| 试验项目 | | 判定指标 |
| --- | --- | --- |
| 不易崩解的岩石 | 自由膨胀率$V_H/V_D$（%） | $V_H(V_D) \geqslant 3$ |
| 易崩解的岩石 | 自由膨胀率$F_s$（%） | $F_s \geqslant 30$ |
| 膨胀力$P_p$（kPa） | | $P_p \geqslant 100$ |
| 饱和吸水率$w_{sa}$（%） | | $w_{sa} \geqslant 10$ |

注：①当有 2 项及 2 项以上符合表中所列指标时，可判定其为膨胀岩；
②对于无砟轨道铁路，当自由膨胀率符合表中指标时，宜按膨胀岩开展勘察

【表注】①不易崩解的岩石，应取轴向或径向自由膨胀率中的大值进行判定。
②易崩解的岩石应将其粉碎，过 0.5mm 的筛去除粗颗粒后，比照土的自由膨胀率的试验方法进行试验。

# 第二十八章

# 盐渍土

## 第一节 盐渍土地区建筑技术规范

土中易溶盐含量大于或等于 0.3%且小于 20%，并具有溶陷、盐胀等工程特性时，应判定为盐渍土。对含有较多的石膏、芒硝、岩盐等硫酸盐或氯化物的岩层，则称为盐渍岩。

### 一、盐渍土分类

#### （一）按化学成分分类

——第 3.0.3 条

**按化学成分分类**

| 盐渍土名称 | $D_1 = \dfrac{c(\text{Cl}^-)}{2c(\text{SO}_4^{2-})}$ | $D_2 = \dfrac{2c(\text{CO}_3^{2-}) + c(\text{HCO}_3^-)}{c(\text{Cl}^-) + 2c(\text{SO}_4^{2-})}$ |
|---|---|---|
| 氯盐渍土 | $D_1 > 2.0$ | — |
| 亚氯盐渍土 | $1 < D_1 \leqslant 2.0$ | — |
| 亚硫酸盐渍土 | $0.3 < D_1 \leqslant 1.0$ | — |
| 硫酸盐渍土 | $D_1 \leqslant 0.3$ | — |
| 碱性盐渍土 | — | $D_2 > 0.3$ |

【小注】$D_1$、$D_2$ 按厚度加权平均计算。

$$D_1 = \frac{\sum c(\text{Cl}^-)_i \cdot h_i}{\sum 2c(\text{SO}_4^{2-})_i \cdot h_i}$$

$$D_2 = \frac{\sum \left[2c(\text{CO}_3^{2-})_i + c(\text{HCO}_3^-)_i\right]h_i}{\sum \left[c(\text{Cl}^-)_i + 2c(\text{SO}_4^{2-})_i\right]h_i}$$

式中：$c(\text{Cl}^-)_i$、$c(\text{SO}_4^{2-})_i$、$c(\text{CO}_3^{2-})_i$、$c(\text{HCO}_3^-)_i$——第 $i$ 层土中各离子在 0.1kg 土中所含毫摩尔浓度，（mmol/0.1kg）；

$h_i$——第 $i$ 层土的厚度（m），实际采用第 $i$ 个试样所代表的土层厚度

#### （二）按平均含盐量 $\overline{DT}$ 分级

——第 3.0.4 条

**按平均含盐量 $\overline{DT}$ 分级**

| 盐渍土名称 | 盐渍土层的平均含盐量 $\overline{DT}$（%） | | |
|---|---|---|---|
| | 氯盐渍土<br>亚氯盐渍土 | 硫酸盐渍土<br>亚硫酸盐渍土 | 碱性盐渍土 |
| 弱盐渍土 | $0.3 \leqslant \overline{DT} < 1.0$ | — | — |
| 中盐渍土 | $1.0 \leqslant \overline{DT} < 5.0$ | $0.3 \leqslant \overline{DT} < 2.0$ | $0.3 \leqslant \overline{DT} < 1.0$ |
| 强盐渍土 | $5.0 \leqslant \overline{DT} < 8.0$ | $2.0 \leqslant \overline{DT} < 5.0$ | $1.0 \leqslant \overline{DT} < 2.0$ |
| 超盐渍土 | $\overline{DT} \geqslant 8.0$ | $\overline{DT} \geqslant 5.0$ | $\overline{DT} \geqslant 2.0$ |

【小注】$\overline{DT}$ 按厚度加权平均计算。

$$\overline{DT} = \frac{\sum\limits_{i=1}^{n} DT_i \cdot h_i}{\sum\limits_{i=1}^{n} h_i}$$

式中：$n$——分层取样的层数；

　　　$DT_i$——第$i$层土的含盐量（%），实际采用第$i$个试样所代表土层的含盐量；

　　　$h_i$——第$i$层土的厚度（m），实际采用第$i$个试样所代表的土层厚度

## （三）场地类型分类

——第 3.0.6 条

**场地类型分类**
**（考点依然是计算平均含盐量、判断盐渍土分级）**

| 场地类型 | 条件 |
|---|---|
| 复杂场地 | ①平均含盐量为强或超盐渍土；<br>②水文和水文地质条件复杂；<br>③气候条件多变，正处于积盐或褪盐期 |
| 中等复杂场地 | ①平均含盐量为中盐渍土；<br>②水文和水文地质条件可预测；<br>③气候条件，环境条件单向变化 |
| 简单场地 | ①平均含盐量为弱盐渍土；<br>②水文和水文地质条件简单；<br>③气候环境条件稳定 |

【表注】场地划分应从复杂向简单推定，以最先满足为准；每类场地满足相应单个或者多个条件即可。

## 二、含液量和易溶盐含量

**含液量—附录 A.0.4**

| 含液量$w_B$（%）：<br>$w_B = \dfrac{w(1+B)}{1-Bw}$<br>$w_B = \dfrac{土中的液体质量(盐溶液)}{土的总质量 - 液体质量}$<br>$w_B = \dfrac{水 + 水中溶解盐质量}{土颗粒 + 难溶盐质量}$ | $w$ | 含水量（%），用常规烘干法测出，小数代入 |
|---|---|---|
| | $B$ | 土中水的含盐量（%），即每 100g 水中溶解的盐的含量，小数代入。<br>当$B$值大于在某温度下盐的溶解度时，取等于该盐的溶解度，见下表（按规范 P46～P47 表 A.0.4-1、表 A.0.4-2 取值） |

【小注】①如果已知土中液体，要扣除易溶盐的含量，然后再除上含水量，就是土加盐分的重量；
　　　　②含液量$w_B = \dfrac{水+易溶盐}{土+盐分-易溶盐}$，因为盐已经溶解在水里；
　　　　③如果给出土中水，就不要扣除了，直接代入上述计算公式；
　　　　④如果给出某个盐，要注意溶解度限制。

### 易溶盐含量—《土工试验方法标准》第 53.3.4 条

| | |
|---|---|
| ① 未经 2%碳酸钠溶液处理的易溶盐含量：$$\omega(易溶盐) = \frac{(m_{mz} - m_m)\frac{V_w}{V_{x1}}}{m_d \times 10^{-3}}$$ $$m_d = \frac{湿土质量 m_0}{1 + 含水率 \omega_0}$$ | 式中：$\omega(易溶盐)$——易溶盐含量（g·kg$^{-1}$）; <br> $m_{mz}$——蒸发皿加烘干残渣质量（g）; <br> $m_m$——蒸发皿质量（g）; <br> $V_w$——制取浸出液所加纯水量（mL）; <br> $V_{x1}$——吸取浸出液量（mL）; <br> $m_d$——烘干试样质量（g） |
| ② 经 2%碳酸钠处理后的易溶盐含量：$$\omega(易溶盐) = \frac{(m_{z1} - m_z)\frac{V_w}{V_{x1}}}{m_d \times 10^{-3}}$$ | 式中：$m_{z1}$——蒸干后试样加碳酸钠质量（g）; <br> $m_z$——蒸干后碳酸钠质量（g） |

### 不同温度下水中盐的溶解度

| 盐类分子式 | 可结合的结晶水 | 温度为 $t$，100g 溶液中能溶解的盐量（g） | | |
|---|---|---|---|---|
| | | $t = 0$°C | $t = 20$°C | $t = 60$°C |
| NaCl | — | 35.7 | 36.8 | 37.3 |
| KCl | — | 22.2 | 25.5 | 31.3 |
| CaCl$_2$ | 6H$_2$O | 37.3 | 42.7 | — |
| CaCl$_2$ | 4H$_2$O | — | — | 57.8 |
| MgCl$_2$ | 6H$_2$O | 34.6 | 35.3 | 37.9 |
| NaHCO$_3$ | — | 6.9 | 9.6 | 16.4 |
| Ca(HCO$_3$)$_2$ | — | 16.5 | 16.6 | 17.5 |
| Na$_2$CO$_3$ | 10H$_2$O | 7.0 | 21.5 | 31.7 |
| MgSO$_4$ | 7H$_2$O | — | 26.8 | 35.5 |
| Na$_2$SO$_4$ | 10H$_2$O | 4.5 | 16.1 | — |
| Na$_2$SO$_3$ | — | — | — | 45.3 |
| CaSO$_4$ | 2H$_2$O | 0.18 | 0.20 | 0.20 |
| CaCO$_3$ | — | — | 0.0014 | 0.0015 |

### 不同温度下 Na$_2$SO$_4$ 在不同浓度的 NaCl 水溶液中的溶解度（g/100g 水）

| 10°C | | 21.5°C | | 27°C | | 33°C | | 35°C | |
|---|---|---|---|---|---|---|---|---|---|
| NaCl | Na$_2$SO$_4$ | NaCl | Na$_2$SO$_4$ | NaCl | Na$_2$SO$_4$ | NaCl | Na$_2$SO$_4$ | NaCl | Na$_2$SO$_4$ |
| 0.00 | 9.14 | 0.00 | 21.33 | 0.00 | 31.00 | 0.00 | 48.48 | 0.00 | 47.94 |
| 4.28 | 6.42 | 9.05 | 15.48 | 2.66 | 28.73 | 1.20 | 46.49 | 2.14 | 43.75 |
| 9.60 | 4.76 | 17.48 | 13.73 | 5.29 | 27.17 | 1.99 | 45.16 | 13.57 | 26.75 |
| 15.63 | 3.99 | 20.41 | 13.62 | 7.90 | 26.02 | 2.64 | 44.09 | 18.78 | 19.74 |
| 21.82 | 3.97 | 26.01 | 15.05 | 16.13 | 24.82 | 3.47 | 42.61 | 31.91 | 8.28 |
| 28.13 | 4.15 | 26.53 | 14.44 | 18.91 | 21.14 | 12.14 | 29.32 | 35.63 | 0.00 |
| 30.11 | 4.34 | 31.80 | 10.20 | 19.64 | 20.11 | 32.84 | 8.76 | — | — |
| 32.27 | 4.53 | 33.69 | 4.73 | 20.77 | 19.29 | 33.99 | 4.63 | — | — |
| 33.76 | 4.75 | 35.46 | 0.00 | 32.33 | 9.53 | 34.77 | 2.75 | — | — |

## 三、溶陷性评价

### （一）溶陷程度划分

——第 4.2.4 条、附录 C、附录 D

**溶陷程度划分**

| （1）溶陷系数 $\delta_{rx}$ ||||
|---|---|---|---|
| ①浸水载荷试验法：<br>$\overline{\delta}_{rx} = \dfrac{s_{rx}}{h_{jr}}$ | $\overline{\delta}_{rx}$ | 平均溶陷系数 |||
| | $s_{rx}$ | 承压板压力为 $p$ 时，盐渍土层浸水后的总溶陷量（cm） |||
| | $h_{jr}$ | 承压板下盐渍土的浸润深度（cm） |||
| ②压缩试验法：<br>$\delta_{rx} = \dfrac{\Delta h_p}{h_0} = \dfrac{h_p - h'_p}{h_0}$ | $h_0$ | 盐渍土不扰动土样的原始高度 |||
| | $\Delta h_p$ | 压力 $p$ 作用下浸水变形稳定前后土样高度差 |||
| | $h_p$ | 压力 $p$ 作用下变形稳定后土样高度 |||
| | $h'_p$ | 压力 $p$ 作用下浸水溶滤变形稳定后土样高度 |||
| ③液体排开法：<br>$\delta_{rx} = K_G \dfrac{\rho_{dmax} - \rho_d(1-C)}{\rho_{dmax}}$<br>⇑<br>$\rho_0 = \dfrac{m_0}{\dfrac{m_w - m'}{\rho_{w1}} - \dfrac{m_w - m_0}{\rho_w}}$<br>⇑<br>$\rho_d = \dfrac{\rho_0}{1+w}$；$\rho_{dmax} = \dfrac{m_d}{V_d}$ | $\rho_0$ | 试样的湿密度（g/cm³） |||
| | $m_0$、$m_d$ | 试样质量（g） |||
| | $m_w$ | 蜡封后试样质量（g） |||
| | $m'$ | 蜡封后试样在纯水中质量（g） |||
| | $\rho_{w1}$ | 纯水在温度 $t$ 时的密度（g/cm³） |||
| | $\rho_w$ | 蜡的密度（g/cm³） |||
| | $w$ | 试样的含水量（%） |||
| | $\rho_d$、$\rho_{dmax}$ | 试样的干密度、最大干密度（g/cm³） |||
| | $V_d$ | 试样体积（cm³） |||
| | $K_G$ | 与土性有关的经验系数，取值为 0.85~1.00 |||
| | $C$ | 试样的含盐量（%），以小数代入 |||
| （2）溶陷程度划分 ||||
| 溶陷系数 $\delta_{rx}$ | $\delta_{rx} < 0.01$ | $0.01 \leqslant \delta_{rx} \leqslant 0.03$ | $0.03 < \delta_{rx} \leqslant 0.05$ | $\delta_{rx} > 0.05$ |
| 溶陷程度 | 非溶陷性盐渍土 | 轻微 | 中等 | 强 |

### （二）溶陷等级划分

——第 4.2.5、4.2.6、5.3.6 条

**溶陷等级划分**

| （1）总溶陷量计算值 $s_{rx}$（mm） |||
|---|---|---|
| $s_{rx} = \sum\limits_{i=1}^{n} \delta_{rxi} \cdot h_i$<br>（从基底起算，不计 $\delta_{rxi} < 0.01$ 土层） | $\delta_{rxi}$ | 室内试验第 $i$ 层土的溶陷系数 |
| | $h_i$ | 第 $i$ 层土的计算厚度（mm），只计 $\delta_{rxi} \geqslant 0.01$ 的土层 |
| （2）地基溶陷等级划分及应用 |||
| 总溶陷量 $s_{rx}$（mm） | $70 < s_{rx} \leqslant 150$ | $150 < s_{rx} \leqslant 400$ | $s_{rx} > 400$ |
| 溶陷等级 | Ⅰ级 弱溶陷 | Ⅱ级 中溶陷 | Ⅲ级 强溶陷 |
| 墙体加强钢筋配筋位置 | 底层窗台以下 | 底层全高或 3m | 底层全高及二层以上 |

## （三）盐渍土地基的变形计算

——第 5.1.5、5.1.6 条条文说明

**盐渍土地基的变形计算**

在溶陷性盐渍土地基上的建（构）筑物，地基变形计算应符合下列规定：

$$s_0 + s_{rx} \leqslant [s]$$

式中：$s_0$——天然状态下地基变形值（mm），其计算应符合《建筑地基基础设计规范》的规定。

$s_{rx}$——盐渍土地基总溶陷量（mm）。对 A 类使用环境或无浸水可能性时，该值取 0；对采用地基处理的，可按处理后的地基变形量确定。

$[s]$——建（构）筑物地基变形允许值（mm）

当地基变形量大，不能满足设计要求时，应根据建（构）筑物的类别、承受不均匀沉降的能力、溶陷等级、盐胀等级、浸水可能性等，分别或者综合采取地基处理措施、防水排水措施、基础结构措施、上部结构措施等。不同措施的选择可按下表执行：

| 建筑物类别 | 地基基础变形等级 | | | |
|---|---|---|---|---|
| | I 70～150mm | II 150～400mm | III ≥400mm | |
| 甲级 | [1]+[2]或[1]+[3] | [1]+[2]+[3] | [1]+[2]+[3]+[4]或[1]+[3]+[4] | [1]防水措施 [2]地基处理措施 [3]基础措施 [4]结构措施 |
| 乙级 | [1]或[2]或[3] | [1]+[2]或[1]+[3] | [1]+[2]或[1]+[3]或[1]+[4] | |
| 丙级 | — | [1] | [1] | |

【小注】建筑物类别按照下表确定（规范第 3.0.7 条）

**盐渍土地区地基基础设计等级**

| 设计等级 | 建筑和地基类型 |
|---|---|
| 甲级 | 重要的工业与民用建筑物；<br>30 层以上的高层建筑；<br>体型复杂，层数相差超过 10 层的高低层连成一体建筑物；<br>大面积的多层地下建筑物（如地下车库、商场、运动场等）；<br>对于地基变形有特殊要求的建筑物；<br>复杂地质条件下的坡上建筑物（包括高边坡）；<br>对原有工程影响较大的新建建筑物；<br>场地和地基条件复杂的一般建筑物；<br>位于复杂地质条件下及软土地区的 2 层及 2 层以上地下室的基坑工程；<br>开挖深度大于 15m 的基坑工程；<br>周边环境条件复杂、环境保护要求高的基坑工程 |
| 乙级 | 除甲级、丙级以外的工业与民用建筑物；除甲级、丙级以外的基坑工程 |
| 丙级 | 场地和地基条件简单，荷载分布均匀的 7 层及 7 层以下民用建筑及一般工业建筑；<br>次要的轻型建筑物；<br>非软土地区且场地地质条件简单、基坑周边环境条件简单、环境保护要求不高且开挖深度小于 5.0m 的基坑工程 |

## 四、毛细水强烈上升高度计算

——第 4.1.8 条及条文说明

1. 设计等级为甲级的建（构）筑物宜实测毛细水强烈上升高度，设计等级为乙级、丙级的建（构）筑物可按下表取值：

| 各类土毛细水强烈上升高度经验值 | 土的名称 | 毛细水强烈上升高度（m） |
|---|---|---|
| | 含砂黏土 | 3.0～4.0 |
| | 含黏砂土 | 1.9～2.5 |
| | 粉砂 | 1.4～1.9 |
| | 细砂 | 0.9～1.2 |
| | 中砂 | 0.5～0.8 |
| | 粗砂 | 0.2～0.4 |

2. 毛细水强烈上升高度可用下列方法测定：

| 方法 | 说明 | 图示 |
|---|---|---|
| ①直接观测法 | 在开挖试坑 1～2d 后，直接观测坑壁干湿变化情况，变化明显处至地下水位的距离，为毛细水强烈上升高度 | |
| ②暴晒法 | 当测点地下水位深度大于毛细水强烈上升高度与蒸发强烈影响深度之和时：<br>分别在开挖试坑的时刻和暴晒 1～2d 后，沿坑壁分层（间距 15～20cm）取样，测定其含水率并按右图格式绘制"含水量曲线"。<br>两曲线最上面的交点至地下水位的距离为**毛细水强烈上升高度**，两曲线最上面的交点至地面的距离为**蒸发强烈影响深度**<br>【小注】当测点地下水位较浅，毛细水强烈上升高度超出地面，不能在天然土层中直接测出时，可利用测点附近的高地、土包或土工建筑进行观测，不得已时，尚可人工夯填土堆，待土堆中含水量稳定后再进行观测 | 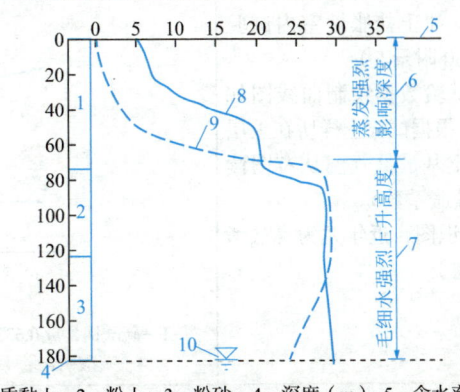<br>1—粉质黏土；2—粉土；3—粉砂；4—深度（m）；5—含水率（%）；8—天然含水率曲线；9—暴晒后含水率曲线；10—地下水位线 |
| ③塑限含水量曲线交汇法 | 于试坑壁每间隔 15～20cm，取样做天然含水量测定，并根据土质成分，黏性土做塑限含水量、砂类土做筛分试验，绘制天然含水量分布曲线，如右图所示。<br>采用竖直线段在图上标出相应土层的塑限，竖直线段与含水量曲线最上面的交点即为**毛细水强烈上升高度的顶点**，此点到地下水位的距离为**毛细水强烈上升高度** | 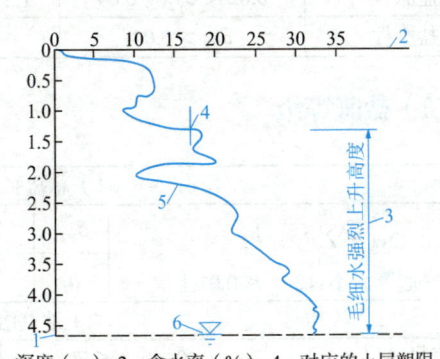<br>1—深度（m）；2—含水率（%）；4—对应的土层塑限；5—开挖试坑时含水率曲线；6—地下水位线 |

## 五、盐胀性评价

——第 4.3 节、附录 E、附录 F

### (一) 盐胀性分类

**盐胀性分类**

| | | | |
|---|---|---|---|
| (1) 盐胀系数 $\delta_{yz}$ | | | |
| ①现场试验单点法：$\overline{\delta}_{yz} = \dfrac{s_{yz}}{h_{yz}}$ | $\overline{\delta}_{yz}$ | 平均盐胀系数 | |
| | $s_{yz}$ | 总盐胀量（mm） | |
| | $h_{yz}$ | 有效盐胀区厚度（mm） | |
| ②现场试验多点法：$\overline{\delta}_{yz} = \dfrac{\Delta h}{h_{yz}}$ $s_{yz} = S_{max} - S_0$ | $s_{yz}$ | 冬季年度总盐胀量（mm） | |
| | $S_{max}$ | 平均最大盐胀量高程（mm） | |
| | $S_0$ | 盐胀前平均路面高程（mm） | |
| | $\Delta h$ | 年度盐胀量（mm） | |
| | $h_{yz}$ | 盐胀深度（mm），可取 1600～2000mm | |
| 硫酸盐渍土盐胀性室内试验（规范 P60 附录 F）：依据试验数据绘制曲线图如右所示，根据试验土样所在土层深度的土基<u>最低气温</u>从右图读取相应盐胀系数 $\delta_{yz}$。（注意识图，近年尤为喜欢考查识图题） | 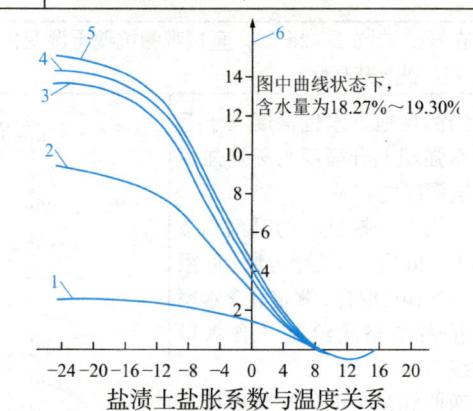 盐渍土盐胀系数与温度关系 1—硫酸钠含量 0.633%；2—硫酸钠含量 1.697%；3—硫酸钠含量 3.387%；4—硫酸钠含量 4.589%；5—硫酸钠含量 5.589%；6—盐胀系数（%） | | |
| (2) 盐胀程度划分 | | | |
| 盐胀性 | 盐胀系数 $\delta_{yz}$ | 硫酸钠含量 $C_{ssn}$ (%) | 注： |
| 非盐胀性 | $\delta_{yz} \leqslant 0.01$ | $C_{ssn} \leqslant 0.5\%$ | 当盐胀系数与硫酸钠含量判别不一致时，以<u>硫酸钠含量</u>作为主要判别依据 |
| 弱盐胀性 | $0.01 < \delta_{yz} \leqslant 0.02$ | $0.5\% < C_{ssn} \leqslant 1.2\%$ | |
| 中盐胀性 | $0.02 < \delta_{yz} \leqslant 0.04$ | $1.2\% < C_{ssn} \leqslant 2.0\%$ | |
| 强盐胀性 | $\delta_{yz} > 0.04$ | $C_{ssn} > 2.0\%$ | |

### (二) 盐胀等级

| | | | |
|---|---|---|---|
| (1) 总盐胀量 $s_{yz}$ (mm) | | | |
| $s_{yz} = \sum\limits_{i=1}^{n} \delta_{yzi} \cdot h_i$ （从基底起算，不计 $\delta_{yzi} \leqslant 0.01$ 土层） | $\delta_{yzi}$ | 室内试验第 $i$ 层土的盐胀系数 | |
| | $h_i$ | 第 $i$ 层土的计算厚度（mm），只计 $\delta_{yzi} > 0.01$ 的土层 | |
| (2) 地基溶陷等级划分 | | | |
| 总盐胀量 $s_{yz}$ (mm) | $30 < s_{yz} \leqslant 70$ | $70 < s_{yz} \leqslant 150$ | $s_{yz} > 150$ |
| 盐胀等级 | Ⅰ级 弱盐胀 | Ⅱ级 中盐胀 | Ⅲ级 强盐胀 |

## 六、腐蚀性评价

### （一）土对钢结构、水和土对钢筋混凝土结构中钢筋、水和土对混凝土结构的腐蚀性评价

土对钢结构、水和土对钢筋混凝土结构中钢筋、水和土对混凝土结构的腐蚀性评价应符合《岩土工程勘察规范》的规定，切勿按下表判别。

氯盐主要腐蚀钢材，以氯盐为主的盐渍土，主要评价其对钢筋的腐蚀；硫酸盐主要与混凝土、石灰、黏土砖等发生化学反应，以硫酸盐为主的盐渍土，重点评价其对混凝土、石灰、黏土砖的腐蚀。

### （二）水和土对砌体结构、水泥和石灰的腐蚀性评价

——第 4.4.6 条

**水和土对砌体结构、水泥和石灰的腐蚀性评价**

| 地下水中盐离子含量及其腐蚀性 | | | | 土中盐离子含量及其腐蚀性 | | | |
|---|---|---|---|---|---|---|---|
| 离子种类 | 埋置条件 | 指标范围 | 对砖、水泥、石灰的腐蚀 | 离子种类 | 埋置条件 | 指标范围 | 对砖、水泥、石灰的腐蚀 |
| $SO_4^{2-}$（mg/L） | 全浸 | >4000 | 强 | $SO_4^{2-}$（mg/kg） | 干燥（天然含水量小于3%） | >6000 | 强 |
| | | (1000～4000] | 中 | | | (4000～6000] | 中 |
| | | (250～1000] | 弱 | | | (2000～4000] | 弱 |
| | | ≤250 | 微 | | | ≤2000 | 微 |
| $Cl^-$（mg/L） | 干湿交替 | >5000 | 中 | | 潮湿 | >4000 | 强 |
| | | (500～5000] | 弱 | | | (2000～4000] | 中 |
| | | ≤500 | 微 | | | (400～2000] | 弱 |
| | 全浸 | >5000 | 弱 | | | ≤400 | 微 |
| | | ≤5000 | 微 | $Cl^-$（mg/kg） | 干燥（天然含水量小于3%） | >20000 | 中 |
| $NH_4^+$（mg/L） | 全浸 | >1000 | 中 | | | (5000～20000] | 弱 |
| | | (500～1000] | 弱 | | | (2000～5000] | 微 |
| | | ≤500 | 微 | | | ≤2000 | 微 |
| $Mg^{2+}$（mg/L） | 全浸 | >4000 | 强 | | 潮湿 | >7500 | 中 |
| | | (2000～4000] | 中 | | | (1000～7500] | 弱 |
| | | (1000～2000] | 弱 | | | ≤1000 | 微 |
| | | ≤1000 | 微 | 土中总盐量（mg/kg）（正负离子总和） | 有蒸发面 | >10000 | 强 |
| 总矿化度（mg/L） | 全浸 | >50000 | 强 | | | (5000～10000] | 中 |
| | | (20000～50000] | 中 | | | (3000～5000] | 弱 |
| | | (10000～20000] | 弱 | | | ≤3000 | 微 |
| Ph值 | 全浸 | ≤4.0 | 强 | | 无蒸发面 | >50000 | 强 |
| | | (4.0～5.0] | 中 | | | (20000～50000] | 中 |
| | | (5.0～6.5] | 弱 | | | (5000～20000] | 弱 |
| | | >6.5 | 微 | | | ≤5000 | 微 |
| 侵蚀性$CO_2$（mg/L） | 全浸 | >60 | 强 | 水土酸碱度（Ph值） | — | ≤4.0 | 强 |
| | | (30～60] | 中 | | | (4.0～5.0] | 中 |
| | | ≤30 | 弱 | | | (5.0～6.5] | 弱 |
| | | | | | | >6.5 | 微 |

【表注】①当氯盐和硫酸盐同时存在并作用于钢筋混凝土构件时，应以各项指标中腐蚀性最高的确定腐蚀性等级；

②在强透水地层中，腐蚀性可提高半级至一级；在弱透水地层中，腐蚀性可降低半级至一级；

③基础或结构的干湿交替部位应提高防腐等级；

④对天然含水量小于3%的土可视为干燥土；

⑤在腐蚀性评价中，以腐蚀性等级最高的确定防腐措施。

【小注】对丙类建（构）筑物，同时具备弱透水性土、无干湿交替、不冻区段三个条件时，腐蚀性可降低一级。

## （三）防腐措施

——第 5.4.5 条

**腐蚀性等级划分**

| 项目 | | 环境等级 | | |
|---|---|---|---|---|
| | | 弱 | 中 | 强 |
| 内部防腐措施 | 水泥品种 | 普通硅酸盐水泥<br>矿渣水泥 | 普通硅酸盐水泥<br>矿渣水泥<br>抗硫酸盐水泥 | 普通硅酸盐水泥<br>矿渣水泥<br>抗硫酸盐水泥 |
| | 混凝土最低强度等级 | C30 | C35 | C40 |
| | 最小水泥用量（kg/m³） | 300 | 320 | 340 |
| | 最大水灰比 | 0.5 | 0.45 | 0.4 |
| | 保护层厚度（mm） | ≥50 | ≥50 | ≥50 |
| 外部防腐措施 | 外加剂 | — | 阻锈剂<br>减水剂<br>密实剂 | 阻锈剂<br>减水剂<br>密实剂 |
| | 干湿交替 | — | 沥青类<br>渗透类涂层 | 沥青类<br>渗透类<br>树脂类涂层<br>玻璃钢<br>耐腐蚀板砖层 |
| | 湿 | — | 防水层 | 防水层 |
| | 干 | — | — | 沥青类涂层 |

# 第二节 其他盐渍土规范

## 一、公路相关规范的盐渍土

——《公路工程地质勘察规范》第 8.4 节

地表下 1m 深度范围内的土层，当其易溶盐的平均含量大于 0.3%，具有溶陷、盐胀等特性时，应判定为盐渍土。

## （一）按含盐化学成分（盐分比值）分类

**盐渍土按含盐化学成分分类**

| 盐渍土分类（名称） | 盐分比值 | | 【小注】$D_1$、$D_2$按厚度加权平均计算。$$D_1 = \frac{\sum c(\mathrm{Cl^-})_i \cdot h_i}{\sum 2c(\mathrm{SO_4^{2-}})_i \cdot h_i}$$ $$D_2 = \frac{\sum \left[2c(\mathrm{CO_3^{2-}})_i \cdot h_i + c(\mathrm{HCO_3^-})_i \cdot h_i\right]}{\sum \left[c(\mathrm{Cl^-})_i \cdot h_i + 2c(\mathrm{SO_4^{2-}})_i \cdot h_i\right]}$$ |
|---|---|---|---|
| | $D_1 = \dfrac{c(\mathrm{Cl^-})}{2c(\mathrm{SO_4^{2-}})}$ | $D_2 = \dfrac{2c(\mathrm{CO_3^{2-}}) + c(\mathrm{HCO_3^-})}{c(\mathrm{Cl^-}) + 2c(\mathrm{SO_4^{2-}})}$ | |
| 氯盐渍土 | $D_1 > 2$ | — | |
| 亚氯盐渍土 | $1 < D_1 \leqslant 2$ | — | |
| 亚硫酸盐渍土 | $0.3 \leqslant D_1 \leqslant 1$ | — | |
| 硫酸盐渍土 | $D_1 < 0.3$ | — | |
| 碱性盐渍土 | — | $D_2 > 0.3$ | |

式中：$c(\mathrm{Cl^-})_i$、$c(\mathrm{SO_4^{2-}})_i$、$c(\mathrm{CO_3^{2-}})_i$、$c(\mathrm{HCO_3^-})_i$——第$i$层土中各离子在1kg土中所含的质量毫摩尔浓度（mmol/kg）；

$h_i$——第$i$层土的厚度（m），实际采用第$i$个试样所代表的土层厚度

## （二）按平均含盐量$\overline{DT}$分类

**盐渍土按含盐量的分类（盐渍化程度分级）**

| 盐渍土名称（盐渍化程度） | 平均含盐量$\overline{DT}$（%） | | | |
|---|---|---|---|---|
| | 细粒土土层的平均含盐量$\overline{DT}$（以质量的百分数计） | | 粗粒土通过10mm筛孔土的平均含盐量$\overline{DT}$（以质量的百分数计） | |
| | 氯盐渍土、亚氯盐渍土 | 亚硫酸盐渍土、硫酸盐渍土 | 氯盐渍土、亚氯盐渍土 | 亚硫酸盐渍土、硫酸盐渍土 |
| 弱盐渍土 | 0.3~1.0 | 0.3~0.5 | 2.0~5.0 | 0.5~1.5 |
| 中盐渍土 | 1.0~5.0 | 0.5~2.0 | 5.0~8.0 | 1.5~3.0 |
| 强盐渍土 | 5.0~8.0 | 2.0~5.0 | 8.0~10.0 | 3.0~6.0 |
| 过盐渍土 | >8.0 | >5.0 | >10.0 | >6.0 |

【表注】①离子含量以100g干土内的含盐总量计算。

②易溶盐平均含盐量：$\overline{DT} = \dfrac{\sum\limits_{i=1}^{n} DT_i \cdot h_i}{\sum\limits_{i=1}^{n} h_i}$

式中：$\overline{DT}$——易溶盐平均含盐量（%）；

$n$——分层取样的层数；

$DT_i$——第$i$层土的含盐量（%），实际采用第$i$个试样所代表土层的含盐量；

$h_i$——第$i$层土的厚度（m），实际采用第$i$个试样所代表的土层厚度。

【笔记区】

## (三)盐渍土的溶陷等级划分

**盐渍土地基的分级溶陷量Δ**

| 盐渍土地基的分级溶陷量Δ：$$\Delta = \sum_{i=1}^{n} \delta_i \cdot h_i$$ | 式中：$\delta_i$——第$i$层土的溶陷系数（%），按《工程地质手册》P598确定，其中 $\delta_i < 0.01$ 的土层不计； <br> $h_i$——第$i$层土的厚度（cm）； <br> $n$——自基础底面算起（初勘自地面下 1.5m 算起）至 10m 深度范围内全部溶陷性盐渍土 |
|---|---|

**盐渍土的溶陷等级划分**

| 溶陷等级 | Ⅰ | Ⅱ | Ⅲ |
|---|---|---|---|
| 分级溶陷量Δ | 7cm < Δ ≤ 15cm | 15cm < Δ ≤ 40cm | Δ > 40cm |

## (四)盐渍土用作路堤填料的可用性

**盐渍土用作路堤填料的可用性**

（名义上是判断盐渍土用作路堤填料，本质上仍然是盐渍土类型判断）

| 填料的盐渍化程度 | | 公路等级 | | | | | | | |
|---|---|---|---|---|---|---|---|---|---|
| | | 高速公路、一级公路 | | | 二级公路 | | | 三、四级公路 | |
| | | 0～0.8m | 0.8～1.5m | 1.5m 以下 | 0～0.8m | 0.8～1.5m | 1.5m 以下 | 0～0.8m | 0.8～1.5m |
| 粗粒土 | 弱盐渍土 | × | ○ | ○ | Δ¹ | ○ | ○ | ○ | ○ |
| | 中盐渍土 | × | × | ○ | Δ¹ | ○ | ○ | Δ³ | ○ |
| | 强盐渍土 | × | × | Δ¹ | × | Δ² | Δ³ | × | Δ¹ |
| | 过盐渍土 | × | × | × | × | × | Δ² | × | Δ² |
| 细粒土 | 弱盐渍土 | × | Δ¹ | ○ | Δ¹ | ○ | ○ | Δ¹ | ○ |
| | 中盐渍土 | × | × | Δ¹ | × | Δ¹ | ○ | × | Δ⁴ |
| | 强盐渍土 | × | × | × | × | × | Δ² | × | Δ² |
| | 过盐渍土 | × | × | × | × | × | Δ² | × | × |

【表注】○—可用；×—不可用；

$\Delta^1$—氯盐渍土或亚氯盐渍土可用；

$\Delta^2$—表示强烈干旱地区的氯盐渍土或亚氯盐渍土经过论证可用；

$\Delta^3$—粉土质（砂）、黏土质（砂）不可用；

$\Delta^4$—表示水文地质条件差时，硫酸盐渍土或亚硫酸盐渍土不可用。

## 二、铁路相关规范的盐渍土

——《铁路工程地质勘察规范》第 6.4 节、《铁路工程特殊岩土勘察规程》第 8.1 节

易溶盐含量 > 0.3%的土，应判定为盐渍土；

地表下 1m 深度范围内的土层，当易溶盐平均含盐量 $\overline{DT} > 0.3\%$ 时，为盐渍土场地。

### （一）按含盐化学成分分类

**盐渍土按含盐化学成分分类**

| 盐渍土分类 | 盐分比值 | | 【小注】$D_1$、$D_2$ 按厚度加权平均计算。 |
| --- | --- | --- | --- |
| | $D_1 = \dfrac{c(\mathrm{Cl}^-)}{2c(\mathrm{SO}_4^{2-})}$ | $D_2 = \dfrac{2c(\mathrm{CO}_3^{2-}) + c(\mathrm{HCO}_3^-)}{c(\mathrm{Cl}^-) + 2c(\mathrm{SO}_4^{2-})}$ | $D_1 = \dfrac{\sum c(\mathrm{Cl}^-)_i \cdot h_i}{\sum 2c(\mathrm{SO}_4^{2-})_i \cdot h_i}$ |
| 氯盐渍土 | $D_1 > 2$ | — | |
| 亚氯盐渍土 | $1 < D_1 \leqslant 2$ | — | $D_2 = \dfrac{\sum [2c(\mathrm{CO}_3^{2-})_i + c(\mathrm{HCO}_3^-)]h_i}{\sum [c(\mathrm{Cl}^-)_i + 2c(\mathrm{SO}_4^{2-})_i]h_i}$ |
| 亚硫酸盐渍土 | $0.3 \leqslant D_1 \leqslant 1$ | — | |
| 硫酸盐渍土 | $D_1 < 0.3$ | — | |
| 碱性盐渍土 | — | $D_2 > 0.3$ | |

式中：$c(\mathrm{Cl}^-)_i$、$c(\mathrm{SO}_4^{2-})_i$、$c(\mathrm{CO}_3^{2-})_i$、$c(\mathrm{HCO}_3^-)_i$——第 $i$ 层土中各离子物质的质量毫摩尔浓度，（mmol/kg）；

$h_i$——第 $i$ 层土的厚度（m），实际采用第 $i$ 个试样所代表的土层厚度

### （二）盐渍化程度分类

**盐渍化程度分类**

| 盐渍化程度分类 | 平均含盐量 $\overline{DT}$（%） | | |
| --- | --- | --- | --- |
| | 氯盐渍土和亚氯盐渍土 | 亚硫酸盐渍土和硫酸盐渍土 | 碱性盐渍土 |
| 弱盐渍土 | $0.3\% < \overline{DT} \leqslant 1\%$ | — | — |
| 中盐渍土 | $1\% < \overline{DT} \leqslant 5\%$ | $0.3\% < \overline{DT} \leqslant 2\%$ | $0.3\% < \overline{DT} \leqslant 1\%$ |
| 强盐渍土 | $5\% < \overline{DT} \leqslant 8\%$ | $2\% < \overline{DT} \leqslant 5\%$ | $1\% < \overline{DT} \leqslant 2\%$ |
| 超盐渍土 | $\overline{DT} > 8\%$ | $\overline{DT} > 5\%$ | $\overline{DT} > 2\%$ |

【表注】地表土层 1.0m 深度内的易溶盐平均含盐量 $\overline{DT}$ 按下式计算：

$$\overline{DT} = \dfrac{\sum_{i=1}^{n} DT_i \cdot h_i}{\sum_{i=1}^{n} h_i}$$

式中：$\overline{DT}$——易溶盐平均含盐量（%）；

$n$——分层取样的层数；

$DT_i$——第 $i$ 层土的含盐量（%），实际采用第 $i$ 个试样所代表土层的含盐量；

$h_i$——第 $i$ 层土的厚度（m），实际采用第 $i$ 个试样所代表的土层厚度。

# 第二十九章

# 冻土

冻土

| 概念 | 定义 |
| --- | --- |
| 冻土 | 指具有负温或者零温度并含有冰的土（或岩）；<br>按冻结持续时间分为多年冻土、季节性冻土、隔年冻土等；<br>根据所含盐类或者有机物等的不同情况，可分为盐渍化冻土和泥炭化冻土 |
| 多年冻土 | 指持续冻结时间在 2 年或 2 年以上的土（或岩） |
| 季节性冻土 | 指地壳表层冬季冻结而在夏季又全部融化的土（或岩） |
| 隔年冻土 | 冬季冻结，而翌年夏季并不融化的那部分冻土 |
| 冻胀率 $\eta$ | 指单位冻结深度的冻胀量；土的冻胀是土冻结过程中土体积增大的现象 |
| 融沉系数 $\delta_0$（融化下沉系数） | 冻土融化过程中，在自重作用下产生的相对融化下沉量 |
| 冻土总含水量 | 指冻土中所有冰和未冻水的总质量与冻土骨架质量之比。即天然温度的冻土试样，在 105～110℃下烘至恒重时，失去水的质量与干土的质量之比 |
| 冻土未冻水含量 | 在一定负温条件下，冻土中未冻水质量与干土质量之比 |
| 冻胀力 | 指土的冻胀受到约束时产生的力 |

> **知识拓展**
>
> 冻土含水率、密度指标计算详见第一篇第二章"土工试验方法标准"。

# 第二十九章 冻土

## 第一节 岩土工程勘察规范

——第6.6.2条

冻土分类

| (1) 融沉系数 $\delta_0$ | | |
|---|---|---|
| $\delta_0 = \dfrac{h_1 - h_2}{h_1} = \dfrac{e_1 - e_2}{1 + e_1} \times 100\%$ | 式中：$h_1$、$e_1$——冻土试样融化前的高度(mm)、孔隙比；$h_2$、$e_2$——冻土试样融化后的高度(mm)、孔隙比 | |

(2) 多年冻土的融沉性分类

| 土的名称 | 总含水量 $w_0(\%) = \dfrac{m_水 + m_冰}{m_土}$ | 平均融沉系数 $\delta_0$ | 融沉等级 | 融沉类别 | 冻土类型 |
|---|---|---|---|---|---|
| 碎石土，砾、粗、中砂（粒径小于0.075mm的颗粒含量不大于15%） | $w_0 < 10$ | $\delta_0 \leq 1$ | I | 不融沉 | 少冰冻土 |
| | $w_0 \geq 10$ | $1 < \delta_0 \leq 3$ | II | 弱融沉 | 多冰冻土 |
| 碎石土，砾、粗、中砂（粒径小于0.075mm的颗粒含量大于15%） | $w_0 < 12$ | $\delta_0 \leq 1$ | I | 不融沉 | 少冰冻土 |
| | $12 \leq w_0 < 15$ | $1 < \delta_0 \leq 3$ | II | 弱融沉 | 多冰冻土 |
| | $15 \leq w_0 < 25$ | $3 < \delta_0 \leq 10$ | III | 融沉 | 富冰冻土 |
| | $w_0 \geq 25$ | $10 < \delta_0 \leq 25$ | IV | 强融沉 | 饱冰冻土 |
| 粉砂、细砂 | $w_0 < 14$ | $\delta_0 \leq 1$ | I | 不融沉 | 少冰冻土 |
| | $14 \leq w_0 < 18$ | $1 < \delta_0 \leq 3$ | II | 弱融沉 | 多冰冻土 |
| | $18 \leq w_0 < 28$ | $3 < \delta_0 \leq 10$ | III | 融沉 | 富冰冻土 |
| | $w_0 \geq 28$ | $10 < \delta_0 \leq 25$ | IV | 强融沉 | 饱冰冻土 |
| 粉土 | $w_0 < 17$ | $\delta_0 \leq 1$ | I | 不融沉 | 少冰冻土 |
| | $17 \leq w_0 < 21$ | $1 < \delta_0 \leq 3$ | II | 弱融沉 | 多冰冻土 |
| | $21 \leq w_0 < 32$ | $3 < \delta_0 \leq 10$ | III | 融沉 | 富冰冻土 |
| | $w_0 \geq 32$ | $10 < \delta_0 \leq 25$ | IV | 强融沉 | 饱冰冻土 |
| 黏性土 | $w_0 < w_p$ | $\delta_0 \leq 1$ | I | 不融沉 | 少冰冻土 |
| | $w_p \leq w_0 < w_p + 4$ | $1 < \delta_0 \leq 3$ | II | 弱融沉 | 多冰冻土 |
| | $w_p + 4 \leq w_0 < w_p + 15$ | $3 < \delta_0 \leq 10$ | III | 融沉 | 富冰冻土 |
| | $w_p + 15 \leq w_0 < w_p + 35$ | $10 < \delta_0 \leq 25$ | IV | 强融沉 | 饱冰冻土 |
| 含土冰层 | $w_0 \geq w_p + 35$ | $\delta_0 > 25$ | V | 融陷 | 含土冰层 |

【表注】①表中仅由融沉系数即可判定融沉等级；
②总含水量 $w_0$ 包括冰和未冻水；
③本表不包括盐渍化冻土、冻结泥碳化土、腐殖土、高塑性黏土。

## 第二节 建筑地基基础设计规范

### 一、冻土分类

——第 5.1.7 条、附录 G、《工程地质手册》P580

**冻土分类**

| （1）平均冻胀率 $\eta$ | | |
|---|---|---|
| $\eta = \dfrac{\Delta z}{z_d} \times 100\%$ | 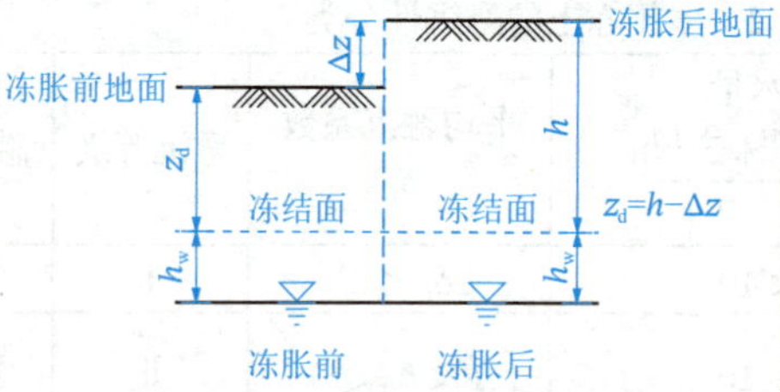 （图示：冻胀前地面、冻胀后地面、冻结面，$z_d = h - \Delta z$） | 式中：$\Delta z$——地表冻胀量（mm）；$z_d$——设计冻深（mm）。$z_d = h - \Delta z$ 式中：$\Delta z$——最大冻深出现时场地地表的冻胀量（mm）；$h$——最大冻深出现时，场地最大冻土层厚度（mm） |

（2）地基土的冻胀性分类

| 土的名称 | 冻前天然含水量 $w$（%） | 冻结期间地下水位距冻结面的最小距离 $h_w$（m） | 平均冻胀率 $\eta$（%） | 冻胀等级 | 冻胀类别 |
|---|---|---|---|---|---|
| 粒径小于 0.005mm 的颗粒含量大于 60% | | — | | I 级 | 不冻胀 |
| 碎石土、砾砂、粗砂、中砂（粒径小于 0.075mm 的颗粒含量不大于 15%）、细砂（粒径小于 0.075mm 的颗粒含量不大于 10%） | | — | | I 级 | 不冻胀 |
| 碎（卵）石，砾、粗、中砂（粒径小于 0.075mm 的颗粒含量大于 15%），细砂（粒径小于 0.075mm 的颗粒含量大于 10%） | $w \leqslant 12$ | > 1.0 | $\eta \leqslant 1$ | I 级 | 不冻胀 |
| | | $\leqslant 1.0$ | $1 < \eta \leqslant 3.5$ | II 级 | 弱胀冻 |
| | $12 < w \leqslant 18$ | > 1.0 | | | |
| | | $\leqslant 1.0$ | $3.5 < \eta \leqslant 6$ | III 级 | 胀冻 |
| | $w > 18$ | > 0.5 | | | |
| | | $\leqslant 0.5$ | $6 < \eta \leqslant 12$ | IV 级 | 强胀冻 |
| 粉砂 | $w \leqslant 14$ | > 1.0 | $\eta \leqslant 1$ | I 级 | 不冻胀 |
| | | $\leqslant 1.0$ | $1 < \eta \leqslant 3.5$ | II 级 | 弱胀冻 |
| | $14 < w \leqslant 19$ | > 1.0 | | | |
| | | $\leqslant 1.0$ | $3.5 < \eta \leqslant 6$ | III 级 | 胀冻 |
| | $19 < w \leqslant 23$ | > 1.0 | | | |
| | | $\leqslant 1.0$ | $6 < \eta \leqslant 12$ | IV 级 | 强胀冻 |
| | $w > 23$ | 不考虑 | $\eta > 12$ | V 级 | 特强胀冻 |

【表注】①$w$——在冻土层内冻前天然含水量的平均值（%）：$w = \dfrac{m_水 + m_冰}{m_土}$。

②碎石类土当充填物质量大于全部质量的 40% 时，其冻胀性按充填物土的类别判断（题目给定碎石土质量组成，要关注此条）

续表

| （2）地基土的冻胀性分类 ||||||
|---|---|---|---|---|---|
| 土的名称 | 冻前天然含水量$w$（%） | 冻结期间地下水位距冻结面的最小距离$h_w$（m） | 平均冻胀率$\eta$（%） | 冻胀等级 | 冻胀类别 |
| 粉土<br>（$I_p \leq 10$） | $w \leq 19$ | > 1.5 | $\eta \leq 1$ | Ⅰ级 | 不冻胀 |
| | | ≤ 1.5 | $1 < \eta \leq 3.5$ | Ⅱ级 | 弱胀冻 |
| | $19 < w \leq 22$ | > 1.5 | | | |
| | | ≤ 1.5 | $3.5 < \eta \leq 6$ | Ⅲ级 | 胀冻 |
| | $22 < w \leq 26$ | > 1.5 | $3.5 < \eta \leq 6$ | Ⅲ级 | 胀冻 |
| | | ≤ 1.5 | $6 < \eta \leq 12$ | Ⅳ级 | 强胀冻 |
| | $26 < w \leq 30$ | > 1.5 | | | |
| | | ≤ 1.5 | $\eta > 12$ | Ⅴ级 | 特强胀冻 |
| | $w > 30$ | 不考虑 | | | |

| 土的名称 | 冻前天然含水量$w$（%） | 冻结期间地下水位距冻结面的最小距离$h_w$（m） | 平均冻胀率$\eta$（%） | 冻胀性分类 ||
|---|---|---|---|---|---|
| | | | | $I_p \leq 22$ 或未知 | $I_p > 22$ |
| 黏性土<br>（$I_p > 10$） | $w \leq w_p + 2$ | > 2.0 | $\eta \leq 1$ | Ⅰ级、不冻胀 ||
| | | ≤ 2.0 | $1 < \eta \leq 3.5$ | Ⅱ级、弱胀冻 | Ⅰ级、不冻胀 |
| | $w_p + 2 < w \leq w_p + 5$ | > 2.0 | | | |
| | | ≤ 2.0 | $3.5 < \eta \leq 6$ | Ⅲ级、胀冻 | Ⅱ级、弱胀冻 |
| | $w_p + 5 < w \leq w_p + 9$ | > 2.0 | | | |
| | | ≤ 2.0 | $6 < \eta \leq 12$ | Ⅳ级、强胀冻 | Ⅲ级、胀冻 |
| | $w_p + 9 < w \leq w_p + 15$ | > 2.0 | | | |
| | | ≤ 2.0 | $\eta > 12$ | Ⅴ级、特强胀冻 | Ⅳ级、强胀冻 |
| | $w > w_p + 15$ | 不考虑 | | | |

【表注】①$w_p$——塑限含水量（%）；$w$——在冻土层内冻前天然含水量的平均值（%）：$w = \frac{m_水 + m_冰}{m_土}$。

②盐渍化冻土不在表列。

## 二、冻土基础的埋置深度

——第 5.1.7 条

**冻土基础的埋置深度**

### （1）场地冻结深度 $z_d$（m）

①已知多年（10年以上）实测数据时：
$$z_d = h' - \Delta z$$

②已知标准冻深 $z_0$ 时：
$$z_d = z_0 \cdot \psi_{zs} \cdot \psi_{zw} \cdot \psi_{ze}$$

二者均已知时，以实测数据为准

式中：$\Delta z$——最大冻深时场地地表的冻胀量（m）；
$h'$——最大冻深时场地的最大冻土层厚度（m）；
$z_0$——标准冻结深度（m），无实测资料时按规范附录 F 取用；
$\psi_{zs}$、$\psi_{zw}$、$\psi_{ze}$——影响系数，按下表取用

**$\psi_{zs}$、$\psi_{zw}$、$\psi_{ze}$ 取值**

| ①土的类别 | $\psi_{zs}$ | ②冻胀性 | $\psi_{zw}$ | ③周围环境 | $\psi_{ze}$ |
|---|---|---|---|---|---|
| 黏性土 | 1.00 | 不冻胀 | 1.00 | 村、镇、旷野 | 1.00 |
| 细砂、粉砂、粉土 | 1.20 | 弱冻胀 | 0.95 | 城市近郊 | 0.95 |
| 中砂、粗砂、砾砂 | 1.30 | 冻胀 | 0.90 | 城市市区 | 0.90 |
| 大块碎石土 | 1.40 | 强冻胀 | 0.85 | $\psi_{ze}$ 释义见下表↓ | |
|  |  | 特强冻胀 | 0.80 |  |  |

| 城市人口 | 市区 $\psi_{ze}$ | 近郊（市区 5km 以内的郊区）$\psi_{ze}$ | 远郊（市区 5km 以外）、村、镇、旷野 $\psi_{ze}$ |
|---|---|---|---|
| 人口 20 万～50 万时 | 0.95 | 1.0 | 1.0 |
| 人口 50 万～100 万时 | 0.90 | 1.0 | 1.0 |
| 人口超过 100 万时 | 0.90 | 0.95 | 1.0 |

### （2）冻土基础的最小埋置深度 $d_{min}$（m）

①深厚（冻深大于 2m）季节冻土地区、不冻胀、弱冻胀、冻胀时：$d_{min} = \max(z_d - h_{max}, 0.5m)$

②其他冻土情况：$d_{min} = \max(z_d, 0.5m)$

式中：$h_{max}$——建筑基础底面下允许残留冻土厚度（m），按下表查取（附录 G）

**基础底面下允许残留冻土厚度 $h_{max}$（m）**

| 冻胀性 | 基础形式 | 采暖情况 | 基底平均压力（kPa）基底平均压力 = 0.9 × 基底永久作用的标准组合值（下表可内插取值） | | | | | |
|---|---|---|---|---|---|---|---|---|
| | | | 110 | 130 | 150 | 170 | 190 | 210 |
| 弱冻胀土 | 方形矩形 | 有 | 0.90 | 0.95 | 1.00 | 1.10 | 1.15 | 1.20 |
| | | 无 | 0.70 | 0.80 | 0.95 | 1.00 | 1.05 | 1.10 |
| | 条形 | 有 | >2.50 | >2.50 | >2.50 | >2.50 | >2.50 | >2.50 |
| | | 无 | 2.20 | 2.50 | >2.50 | >2.50 | >2.50 | >2.50 |
| 冻胀土 | 方形矩形 | 有 | 0.65 | 0.70 | 0.75 | 0.80 | 0.85 | — |
| | | 无 | 0.55 | 0.60 | 0.65 | 0.70 | 0.75 | — |
| | 条形 | 有 | 1.55 | 1.80 | 2.00 | 2.20 | 2.50 | — |
| | | 无 | 1.15 | 1.35 | 1.55 | 1.75 | 1.95 | — |

【表注】①本表只计算法向冻胀力，如基础侧存在切向冻胀力，应采取防切向力措施；②基础宽度小于 0.60m，不适用，矩形基础取短边尺寸按方形基础计算；③表中数据不适用淤泥、淤泥质土和欠固结土。

## 第三节 公路桥涵地基与基础设计规范

### 一、埋置深度计算

——第 5.1.2 条

#### 埋置深度计算

| (1) 设计冻深 $z_d$（m） ||
|---|---|
| 上部结构为超静定结构，基底应埋入冻结线以下不小于 0.25m | 式中：$z_d$——设计冻深，也叫场地冻结深度，指未发生冻结时原土层厚度（m）； |
| | $z_0$——标准冻深（m），无实测资料时按规范附录 E 取用； |
| | $\psi_{zs}$——土的类别对冻深的影响系数，按下表取值； |
| $z_d = z_0 \cdot \psi_{zs} \cdot \psi_{zw} \cdot \psi_{ze} \cdot \psi_{zg} \cdot \psi_{zf}$ | $\psi_{zw}$——土的冻胀性对冻深的影响系数，按下表取值； |
| | $\psi_{ze}$——环境对冻深的影响系数，按下表取值； |
| | $\psi_{zg}$——地形坡向对冻深的影响系数，按下表取值； |
| | $\psi_{zf}$——基础对冻深的影响系数，按下表取值 |

$\psi_{zs}$、$\psi_{zw}$、$\psi_{ze}$、$\psi_{zg}$、$\psi_{zf}$ 取值

| ①土的类别 | $\psi_{zs}$ | ②冻胀性 | $\psi_{zw}$ | ③周围环境 | $\psi_{ze}$ |
|---|---|---|---|---|---|
| 黏性土 | 1.00 | 不冻胀 | 1.00 | 村、镇、旷野 | 1.00 |
| 细砂、粉砂、粉土 | 1.20 | 弱冻胀 | 0.95 | 城市近郊 | 0.95 |
| 中砂、粗砂、砾砂 | 1.30 | 冻胀 | 0.90 | 城市市区 | 0.90 |
| 碎石土 | 1.40 | 强冻胀 | 0.85 | | |
| | | 特强冻胀 | 0.80 | | |
| ④地形坡向 | $\psi_{zg}$ | ⑤基础影响 | $\psi_{zf}$ | $\psi_{ze}$ 释疑见下表⇩ ||
| 平坦 | 1.0 | | 1.1 | ||
| 阳坡 | 0.9 | | | ||
| 阴坡 | 1.1 | | | ||

| 城市人口 | 市区 $\psi_{ze}$ | 近郊（市区 5km 以内的郊区）$\psi_{ze}$ | 远郊（市区 5km 以外）、村、镇、旷野 $\psi_{ze}$ |
|---|---|---|---|
| 人口 20 万～50 万人时 | 0.95 | 1.0 | 1.0 |
| 人口 50 万～100 万人时 | 0.90 | 1.0 | 1.0 |
| 人口超过 100 万人时 | 0.90 | 0.95 | 1.0 |

| (2) 基底最小埋置深度 $d_{\min}$（m） ||||
|---|---|---|---|
| | 基础底面以下容许最大冻层厚度 $h_{\max}$（m） ||||
| $d_{\min} = z_d - h_{\max}$ | 弱冻胀 | 冻胀 | 强冻胀 | 特强冻胀 |
| | $0.38z_0$ | $0.28z_0$ | $0.15z_0$ | $0.08z_0$ |

## 二、冻土地基抗冻拔稳定性验算

——附录 H

**冻土地基抗冻拔稳定性验算**

| 多年冻土地基冻胀力示意图 | 墩、台、基础（含条形基础） | 季节性冻土地基 | $F_k + G_k + Q_{sk} \geq kT_k$ |
|---|---|---|---|
| | | 多年冻土地基 | $F_k + G_k + Q_{sk} + Q_{pk} \geq kT_k$ |
| | | $F_k$——作用在基础上的结构自重（kN）<br>$G_k$——基础自重及襟边上的土重（kN） | |
| | 桩（柱）基础 | $F_k + G_k + Q_{fk} \geq kT_k$<br>式中：$F_k$——作用在桩（柱）上顶竖向的结构自重（kN）；<br>$G_k$——桩（柱）自重（kN），对水位下且桩（柱）底为透水层时取浮重度 | |

| 参数说明 | | |
|---|---|---|
| ①$k$——冻胀力修正系数 | 砌筑或架设上部结构之前：$k = 1.1$ | |
| | 砌筑或架设上部结构之后：对外静定结构 $k = 1.2$ | |
| | 砌筑或架设上部结构之后：对外超静定结构 $k = 1.3$ | |
| ②$Q_{sk}$——基础周边融化层的摩阻力标准值（kN）：<br>当季节性冻土层与多年冻土层衔接：<br>$Q_{sk} = 0$<br>当季节性冻土层与多年冻土层不衔接或单纯季节性冻土：<br>$Q_{sk} = q_{sk} \cdot A_s$ | 式中：$q_{sk}$——基础侧面与融化土的摩阻力标准值（kPa）。<br>　　　黏性土：$q_{sk} = 20 \sim 30$ kPa；<br>　　　砂土及碎石土：$q_{sk} = 30 \sim 40$ kPa。<br>$A_s$——融化层中基础的侧面面积（m²） | |
| ③$T_k$——对基础的切向冻胀力标准值（kN）：<br>$T_k = z_d \cdot \tau_{sk} \cdot u$<br>对于桩基，$T_k$——每根桩（柱）的切向冻胀力标准值（kN） | 式中：$z_d$——设计冻深（m），当基础埋深$h$小于设计冻深$z_d$时，取$z_d = $基础埋深$h$；<br>$\tau_{sk}$——季节性冻土切向冻胀力标准值（kPa），按下附表1取用；<br>$u$——在季节性冻土层中基础和墩身的平均周长（m） | |
| ④$Q_{pk}$——基础周边与多年冻土的冻结力标准值（kN）：<br>$Q_{pk} = q_{pk} \cdot A_p$ | 式中：$q_{pk}$——多年冻土与基础侧面的冻结力标准值（kPa），按下附表2取用；<br>$A_p$——在多年冻土内的基础侧面面积（m²） | |
| ⑤$Q_{fk}$——桩（柱）在冻结线以下各土层的摩阻力标准值之和（kN）：<br>$Q_{fk} = 0.4u \sum q_{ik} l_i$ | 式中：$u$——桩的周长（m）；<br>$q_{ik}$——冻结线以下各层土的摩阻力标准值（kPa）；<br>$l_i$——冻结线以下各层土的厚度（m） | |

附表1　季节性冻土切向冻胀力标准值 $\tau_{sk}$（kPa）

| 基础形式 | | 冻胀类别 | | | | |
|---|---|---|---|---|---|---|
| | | 不冻胀 | 弱冻胀 | 冻胀 | 强冻胀 | 特强冻胀 |
| 墩、台、柱、桩基础 | 一般情况 | 0～15 | 15～80 | 80～120 | 120～160 | 160～200 |
| | 表面光滑的预制桩 | 0～12 | 12～64 | 64～96 | 96～128 | 128～160 |
| 条形基础（长/宽≥10） | 一般情况 | 0～10 | 10～40 | 40～60 | 60～80 | 80～100 |
| | 表面光滑的预制桩 | 0～8 | 8～32 | 32～48 | 48～64 | 64～80 |

附表2　多年冻土与基础侧面的冻结力标准值 $q_{pk}$（kPa）

| 土类及融沉等级 | | 土层月最高平均温度（℃） | | | | | |
|---|---|---|---|---|---|---|---|
| | | −0.2 | −0.5 | −1.0 | −1.5 | −2.0 | −2.5 | −3.0 |
| 粉土、黏性土 | Ⅲ | 35 | 50 | 85 | 115 | 145 | 170 | 200 |
| | Ⅱ | 30 | 40 | 60 | 80 | 100 | 120 | 140 |
| | Ⅰ、Ⅳ | 20 | 30 | 40 | 60 | 70 | 85 | 100 |
| | Ⅴ | 15 | 20 | 30 | 40 | 50 | 55 | 65 |
| 砂土 | Ⅲ | 40 | 60 | 100 | 130 | 165 | 200 | 230 |
| | Ⅱ | 30 | 50 | 80 | 100 | 130 | 155 | 180 |
| | Ⅰ、Ⅳ | 25 | 35 | 50 | 70 | 85 | 100 | 115 |
| | Ⅴ | 10 | 20 | 30 | 35 | 40 | 50 | 60 |
| 砾石土（粒径小于0.075mm的颗粒含量≤10%） | Ⅲ | 40 | 55 | 80 | 100 | 130 | 155 | 180 |
| | Ⅱ | 30 | 40 | 60 | 80 | 100 | 120 | 135 |
| | Ⅰ、Ⅳ | 25 | 35 | 50 | 60 | 70 | 85 | 95 |
| | Ⅴ | 15 | 20 | 30 | 40 | 45 | 55 | 65 |
| 砾石土（粒径小于0.075mm的颗粒含量>10%） | Ⅲ | 35 | 55 | 85 | 115 | 150 | 170 | 200 |
| | Ⅱ | 30 | 40 | 70 | 90 | 115 | 140 | 160 |
| | Ⅰ、Ⅳ | 25 | 35 | 50 | 70 | 85 | 95 | 115 |
| | Ⅴ | 15 | 20 | 30 | 35 | 45 | 55 | 60 |

【表注】①对预制混凝土、木质、金属的冻结力标准值，表列数值分别乘以1.0、0.9和0.66的系数；
②多年冻土与沉桩的冻结力标准值按融沉等级Ⅳ类取值。

## 三、冻土分类

### 季节性冻土冻胀性分类

（1）《公路桥涵地基与基础设计规范》附录 E、《公路路基设计规范》第 7.19.2 条地基土的冻胀性分类，同《建筑地基基础设计规范》附录 G，详细见本章第二节

（2）《公路工程地质勘察规范》第 8.2.7 条

#### ①平均冻胀率 $\eta$

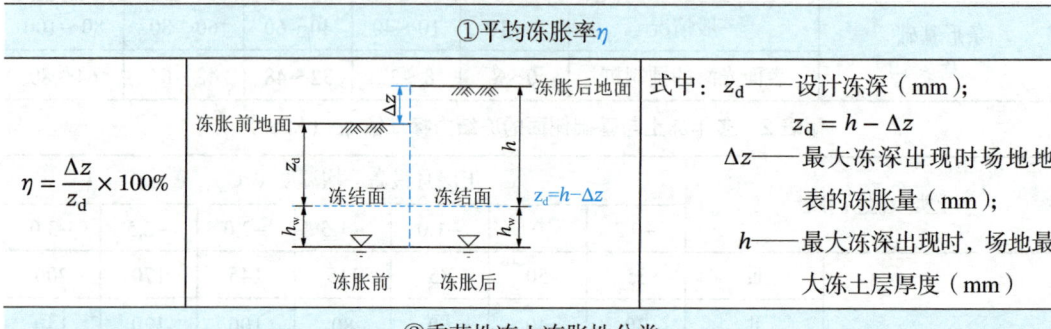

$$\eta = \frac{\Delta z}{z_d} \times 100\%$$

式中：$z_d$——设计冻深（mm）；

$z_d = h - \Delta z$

$\Delta z$——最大冻深出现时场地地表的冻胀量（mm）；

$h$——最大冻深出现时，场地最大冻土层厚度（mm）

#### ②季节性冻土冻胀性分类

| 土的名称 | 冻前天然含水量 $w$（%） | 冻前地下水位至地表的距离 $h_w$（m） | 平均冻胀率 $\eta$（%） | 冻胀等级 | 冻胀类别 |
|---|---|---|---|---|---|
| 碎石土、砾砂、粗砂、中砂（粉黏粒含量 ≤ 15%） | 不考虑 | 不考虑 | $\eta \leqslant 1$ | I 级 | 不冻胀 |
| 碎石土、砾砂、粗砂、中砂（粉黏粒含量 > 15%） | $w \leqslant 12$ | > 1.5 | $\eta \leqslant 1$ | I 级 | 不冻胀 |
| | | ≤ 1.5 | $1 < \eta \leqslant 3.5$ | II 级 | 弱冻胀 |
| | $12 < w \leqslant 18$ | > 1.5 | | | |
| | | ≤ 1.5 | $3.5 < \eta \leqslant 6$ | III 级 | 冻胀 |
| | $w > 18$ | > 1.5 | | | |
| | | ≤ 1.5 | $6 < \eta \leqslant 12$ | IV 级 | 强冻胀 |
| 粉砂、细砂 | $w \leqslant 14$ | > 1.0 | $\eta \leqslant 1$ | I 级 | 不冻胀 |
| | | ≤ 1.0 | $1 < \eta \leqslant 3.5$ | II 级 | 弱冻胀 |
| | $14 < w \leqslant 19$ | > 1.0 | | | |
| | | $1.0 > h_w \geqslant 0.25$ | $3.5 < \eta \leqslant 6$ | III 级 | 冻胀 |
| | | ≤ 0.25 | $6 < \eta \leqslant 12$ | IV 级 | 强冻胀 |
| | $19 < w \leqslant 23$ | > 1.0 | $3.5 < \eta \leqslant 6$ | III 级 | 冻胀 |
| | | $1.0 > h_w \geqslant 0.25$ | $6 < \eta \leqslant 12$ | IV 级 | 强冻胀 |
| | | ≤ 0.25 | $12 < \eta \leqslant 18$ | V 级 | 特强胀冻 |
| | $w > 23$ | > 1.0 | $6 < \eta \leqslant 12$ | IV 级 | 强冻胀 |
| | | ≤ 1.0 | $12 < \eta \leqslant 18$ | V 级 | 特强胀冻 |

【表注】①$w_p$ 为塑限（%）；$w$ 为冻土层内冻前天然含水量的平均值（%）：$w = \frac{m_{水}+m_{冰}}{m_{土}}$；

②盐渍化冻土不在表列

续表

| ②季节性冻土冻胀性分类 ||||||
|---|---|---|---|---|---|
| 土的名称 | 冻前天然含水量$w$（%） | 冻前地下水位至地表的距离$h_w$（m） | 平均冻胀率$\eta$(%) | 冻胀等级 | 冻胀类别 |
| 粉土（$I_p \leqslant 10$） | $w \leqslant 19$ | > 1.5 | $\eta \leqslant 1$ | Ⅰ级 | 不冻胀 |
| | | $\leqslant 1.5$ | $1 < \eta \leqslant 3.5$ | Ⅱ级 | 弱冻胀 |
| | $19 < w \leqslant 22$ | > 1.5 | | | |
| | | $\leqslant 1.5$ | $3.5 < \eta \leqslant 6$ | Ⅲ级 | 冻胀 |
| | $22 < w \leqslant 26$ | > 1.5 | | | |
| | | $\leqslant 1.5$ | $6 < \eta \leqslant 12$ | Ⅳ级 | 强冻胀 |
| | $26 < w \leqslant 30$ | > 1.5 | | | |
| | | $\leqslant 1.5$ | $\eta > 12$ | Ⅴ级 | 特强冻胀 |
| | $w > 30$ | 不考虑 | | | |
| 黏性土（$I_p > 10$） | $w \leqslant w_p + 2$ | > 2.0 | $\eta \leqslant 1$ | Ⅰ级 | 不冻胀 |
| | | $\leqslant 2.0$ | $1 < \eta \leqslant 3.5$ | Ⅱ级 | 弱冻胀 |
| | $w_p + 2 < w \leqslant w_p + 5$ | > 2.0 | | | |
| | | $2.0 > h_w \geqslant 1.0$ | $3.5 < \eta \leqslant 6$ | Ⅲ级 | 冻胀 |
| | | $1.0 > h_w \geqslant 0.5$ | $6 < \eta \leqslant 12$ | Ⅳ级 | 强冻胀 |
| | | $\leqslant 0.5$ | $12 < \eta \leqslant 18$ | Ⅴ级 | 特强冻胀 |
| | $w_p + 5 < w \leqslant w_p + 9$ | > 2.0 | $3.5 < \eta \leqslant 6$ | Ⅲ级 | 冻胀 |
| | | $2.0 > h_w \geqslant 0.5$ | $6 < \eta \leqslant 12$ | Ⅳ级 | 强冻胀 |
| | | $0.5 > h_w \geqslant 0.25$ | $12 < \eta \leqslant 18$ | Ⅴ级 | 特强冻胀 |
| | | $\leqslant 0.25$ | $\eta > 18$ | Ⅵ级 | 极强冻胀 |
| | $w_p + 9 < w \leqslant w_p + 15$ | > 2.0 | $6 < \eta \leqslant 12$ | Ⅳ级 | 强冻胀 |
| | | $2.0 > h_w \geqslant 0.25$ | $12 < \eta \leqslant 18$ | Ⅴ级 | 特强冻胀 |
| | | $\leqslant 0.25$ | $\eta > 18$ | Ⅵ级 | 极强冻胀 |
| | $w_p + 15 < w \leqslant w_p + 23$ | > 2.0 | $12 < \eta \leqslant 18$ | Ⅴ级 | 特强冻胀 |
| | | $\leqslant 2.0$ | $\eta > 18$ | Ⅵ级 | 极强冻胀 |
| | $w > w_p + 23$ | 不考虑 | | | |

【表注】①$w_p$为塑限（%）；$w$为冻土层内冻前天然含水量的平均值（%）：$w = \frac{m_水 + m_冰}{m_土}$；
②盐渍化冻土不在表列

### 公路桥涵多年冻土分类

《公路桥涵地基与基础设计规范》附录E、《公路工程地质勘察规范》表8.2.6-2

| 土的类别 | 总含水率$w_n$（%） | 平均融沉系数$\delta_0$ | 融沉等级 | 融沉类型 | 冻土类型 |
|---|---|---|---|---|---|
| 碎（卵）石，砾砂、粗砂、中砂（粒径小于0.075mm的颗粒含量$\leqslant 15\%$） | $w_n < 10$ | $\delta_0 \leqslant 1$ | Ⅰ | 不融沉 | 少冰冻土 |
| | $w_n \geqslant 10$ | $1 < \delta_0 \leqslant 3$ | Ⅱ | 弱融沉 | 多冰冻土 |
| 碎（卵）石，砾砂、粗砂、中砂（粒径小于0.075mm的颗粒含量$> 15\%$） | $w_n < 12$ | $\delta_0 \leqslant 1$ | Ⅰ | 不融沉 | 少冰冻土 |
| | $12 \leqslant w_n < 15$ | $1 < \delta_0 \leqslant 3$ | Ⅱ | 弱融沉 | 多冰冻土 |
| | $15 \leqslant w_n < 25$ | $3 < \delta_0 \leqslant 10$ | Ⅲ | 融沉 | 富冰冻土 |
| | $w_n \geqslant 25$ | $10 < \delta_0 \leqslant 25$ | Ⅳ | 强融沉 | 饱冰冻土 |

续表

| 土的类别 | 总含水率$w_n$（%） | 平均融沉系数$\delta_0$ | 融沉等级 | 融沉类型 | 冻土类型 |
|---|---|---|---|---|---|
| 粉细砂 | $w_n < 14$ | $\delta_0 \leq 1$ | I | 不融沉 | 少冰冻土 |
| 粉细砂 | $14 \leq w_n < 18$ | $1 < \delta_0 \leq 3$ | II | 弱融沉 | 多冰冻土 |
| 粉细砂 | $18 \leq w_n < 28$ | $3 < \delta_0 \leq 10$ | III | 融沉 | 富冰冻土 |
| 粉细砂 | $w_n \geq 28$ | $10 < \delta_0 \leq 25$ | IV | 强融沉 | 饱冰冻土 |
| 粉土 | $w_n < 17$ | $\delta_0 \leq 1$ | I | 不融沉 | 少冰冻土 |
| 粉土 | $17 \leq w_n < 21$ | $1 < \delta_0 \leq 3$ | II | 弱融沉 | 多冰冻土 |
| 粉土 | $21 \leq w_n < 32$ | $3 < \delta_0 \leq 10$ | III | 融沉 | 富冰冻土 |
| 粉土 | $w_n \geq 32$ | $10 < \delta_0 \leq 25$ | IV | 强融沉 | 饱冰冻土 |
| 黏性土 | $w_n < w_p$ | $\delta_0 \leq 1$ | I | 不融沉 | 少冰冻土 |
| 黏性土 | $w_p \leq w_n < w_p + 4$ | $1 < \delta_0 \leq 3$ | II | 弱融沉 | 多冰冻土 |
| 黏性土 | $w_p + 4 \leq w_n < w_p + 15$ | $3 < \delta_0 \leq 10$ | III | 融沉 | 富冰冻土 |
| 黏性土 | $w_p + 15 \leq w_n < w_p + 35$ | $10 < \delta_0 \leq 25$ | IV | 强融沉 | 饱冰冻土 |
| 含土冰层 | $w_n \geq w_p + 35$ | $\delta_0 > 25$ | V | 融陷 | 含土冰层 |

【表注】①总含水率$w_n$，包括冰和未冻水；$w_p$为塑限（%）。
②盐渍化冻土、冻结泥炭化土、腐殖土、高塑性黏性土不在表列。
③$\delta_0 = \frac{h_1 - h_2}{h_1} = \frac{e_1 - e_2}{1 + e_1} \times 100\%$，见本章第一节《岩土工程勘察规范》第6.6.2条

### 公路路基多年冻土分类

| 《公路工程地质勘察规范》第8.2.6条 | | | | | |
|---|---|---|---|---|---|
| 土的类别 | | 总含水率$w_n$（%） | 体积含冰量$i$ | 冻土温度（℃） | 冻土类型 |
| 粗粒土 | 粉黏粒含量≤15% | <10 | $i < 0.1$（少冰冻土） | 不考虑 | 稳定型（I） |
| 粗粒土 | 粉黏粒含量>15% | <12 | $i < 0.1$（少冰冻土） | 不考虑 | 稳定型（I） |
| 细砂、粉砂 | | <14 | $i < 0.1$（少冰冻土） | 不考虑 | 稳定型（I） |
| 黏性土 | | $< w_p$ | $i < 0.1$（少冰冻土） | 不考虑 | 稳定型（I） |
| 粗粒土 | 粉黏粒含量≤15% | 10~16 | $i = 0.1 \sim 0.2$（多冰冻土） | −1.0~0 | 基本稳定型（II） |
| 粗粒土 | 粉黏粒含量>15% | 12~18 | $i = 0.1 \sim 0.2$（多冰冻土） | −1.0~0 | 基本稳定型（II） |
| 细砂、粉砂 | | 14~21 | $i = 0.1 \sim 0.2$（多冰冻土） | <−1.0 | 稳定型（I） |
| 黏性土 | | $w_p < w_n < w_p + 7$ | $i = 0.1 \sim 0.2$（多冰冻土） | <−1.0 | 稳定型（I） |
| 粗粒土 | 粉黏粒含量≤15% | 16~25 | $i = 0.2 \sim 0.3$（富冰冻土） | −1.5~0 | 基本稳定型（II） |
| 粗粒土 | 粉黏粒含量>15% | 18~25 | $i = 0.2 \sim 0.3$（富冰冻土） | −1.5~0 | 基本稳定型（II） |
| 细砂、粉砂 | | 21~28 | $i = 0.2 \sim 0.3$（富冰冻土） | <−1.5 | 稳定型（I） |
| 黏性土 | | $w_p + 7 < w_n < w_p + 15$ | $i = 0.2 \sim 0.3$（富冰冻土） | <−1.5 | 稳定型（I） |
| 粗粒土 | 粉黏粒含量≤15% | 25~48 | $i = 0.3 \sim 0.5$（饱冰冻土） | −1.0~0 | 不稳定型（III） |
| 粗粒土 | 粉黏粒含量>15% | 25~48 | $i = 0.3 \sim 0.5$（饱冰冻土） | −2.0~−1.0 | 基本稳定型（II） |
| 细砂、粉砂 | | 25~45 | $i = 0.3 \sim 0.5$（饱冰冻土） | <−2.0 | 稳定型（I） |

续表

《公路工程地质勘察规范》第 8.2.6 条

| 土的类别 | | 总含水率 $w_n$（%） | 体积含冰量 $i$ | 冻土温度（℃） | 冻土类型 |
|---|---|---|---|---|---|
| | 黏性土 | $w_p + 15 \leqslant w_n < w_p + 35$ | $i = 0.3 \sim 0.5$（饱冰冻土） | $< -2.0$ | 稳定型（Ⅰ） |
| 粗粒土 | 粉黏粒含量 $\leqslant 15\%$ | $> 48$ | $i > 0.5$（含土冰层） | $-1.0 \sim 0$ | 不稳定型（Ⅲ） |
| | 粉黏粒含量 $> 15\%$ | $> 48$ | | $-2.0 \sim -1.0$ | 基本稳定（Ⅱ） |
| | 细砂、粉砂 | $> 45$ | | | |
| | 黏性土 | $> w_p + 35$ | | $< -2.0$ | 稳定型（Ⅰ） |

【表注】①粗粒土包括碎石土、砾砂、粗砂、中砂；$w_p$ 为塑限（%）；
②总含水率界线中的 +7、+15、+35 为黏性土的中间值，砂粒多的比该值小，黏粒多的比该值大

> **知识拓展**

路基冻胀量控制标准，见《公路路基设计规范》第 7.19.3 条。

## 第四节　铁路桥涵地基和基础设计规范

### 一、切向冻胀验算

——附录 G

| | 简图 | 适用条件 | 公式 |
|---|---|---|---|
| 切向冻胀验算 | 桥涵基础切向冻胀计算示意图 | （1）基底位于多年冻土以内时 | $N + C + Q_t + Q_m \geqslant m''' T$ |
| | | （2）基底位于多年冻土人为上限以上或最大季节冻深以下（冻结力 $Q_m = 0$） | $N + C + Q_t \geqslant m''' T$ |
| 参数 | ①$N$——基础顶上的荷重（kN） | ②$C$——基础重及襟边上的土重（kN） | |
| | ③$m'''$——安全系数 | 未架梁时：$m''' = 1.1$<br>架梁后静定结构：$m''' = 1.2$<br>架梁后超静定结构：$m''' = 1.3$ | |
| | ④$Q_m$——基础和多年冻土的冻结力（kN）：$Q_m = S_m \cdot A_m$ | 式中：$S_m$——多年冻土与混凝土基础表面的单位冻结强度（kPa），按附表 1 取用；<br>$A_m$——埋在多年冻土内的基础侧面积（m²） | |

| 参数 | ⑤$Q_t$——基础位于融化土层的摩擦力（kN）： $Q_t = S_t \cdot A_t$ | 式中：$S_t$——基础侧面与融化土的单位摩擦力（kPa），在无实测资料时： 黏性土：$S_t = 20$ kPa； 砂土及碎石土：$S_t = 30$ kPa。 $A_t$——在融化土层中基础侧面积（m²） |
|---|---|---|
| | ⑥$T$——基础的切向冻胀力（kN）： $T = A_u \tau + A'_u \tau'$ | 式中：$A_u$——70%季节冻深范围内基础和墩身侧面积（m²），如图 0.7$h$ 范围内，非侧面积的 70%； $\tau$——70%季节冻深范围内基础和墩身侧面的单位切向冻胀力（kPa），按下附表 2 取用； $A'_u$——河底以上冰层中墩身侧面积（m²），当冬龄期间无结冰时：$A'_u = 0$； $\tau'$——水结冰后对墩身侧面的单位切向冻胀力（kPa），可用 190 kPa |

附表 1　多年冻土与混凝土基础表面的单位冻结强度 $S_m$（kPa）

| 土的名称 | 适用条件 | 土层月最高平均温度（℃） | | | | | | |
|---|---|---|---|---|---|---|---|---|
| | | −0.5 | −1.0 | −1.5 | −2.0 | −2.5 | −3.0 | −4.0 |
| 黏性土 | 一般情况 | 60 | 90 | 120 | 150 | 180 | 220 | 280 |
| | 不融沉 | 48~54 | 72~81 | 96~108 | 120~135 | 144~162 | 176~198 | 224~252 |
| | 强融沉（饱冰冻土）基础周围回填 0.05~0.1m 砂层 | 48 | 72 | 96 | 120 | 144 | 176 | 224 |
| | 含土冰层 | 30 | 45 | 60 | 75 | 90 | 110 | 140 |
| | 未做处理的钢结构 | 42 | 63 | 84 | 105 | 126 | 154 | 196 |
| 砂土 | 一般情况 | 80 | 130 | 170 | 210 | 250 | 290 | 380 |
| | 不融沉 | 64~72 | 104~117 | 136~153 | 168~189 | 200~225 | 232~261 | 304~342 |
| | 强融沉（饱冰冻土）基础周围回填 0.05~0.1m 砂层 | 56 | 91 | 119 | 147 | 175 | 203 | 266 |
| | 含土冰层 | 40 | 65 | 85 | 105 | 125 | 145 | 190 |
| | 未做处理的钢结构 | 60 | 90 | 120 | 150 | 180 | 220 | 280 |
| 碎石土 | 一般情况 | 70 | 110 | 150 | 190 | 230 | 270 | 350 |
| | 不融沉 | 56~63 | 88~99 | 120~135 | 152~171 | 184~207 | 216~243 | 280~315 |
| | 强融沉（饱冰冻土）基础周围回填 0.05~0.1m 砂层 | 56 | 88 | 120 | 152 | 184 | 216 | 280 |
| | 含土冰层 | 35 | 55 | 75 | 95 | 115 | 135 | 175 |
| | 未做处理的钢结构 | 49 | 77 | 105 | 133 | 161 | 189 | 245 |

【表注】表列数值不适用于含盐量大于 0.3% 的冻土。

附表2　对混凝土基础的切向冻胀力 $\tau$（kPa）

| 适用条件 | | | $I_L \leqslant 0$ | $0 < I_L \leqslant 1$ | $1 < I_L \leqslant 3$ |
|---|---|---|---|---|---|
| 黏性土 | 粉质黏性土 | 非过水建筑 | 30 | 80 | 150 |
| | | 过水建筑 | 50 | 150 | 250 |
| | 其他黏性土 | 非过水建筑 | 0~30 | 30~80 | 80~150 |
| | | 过水建筑 | 0~50 | 50~150 | 150~250 |
| 适用条件 | | | $S_r \leqslant 0.5$ 或 $w \leqslant 12$ | $0.5 < S_r \leqslant 0.8$ 或 $12 < w \leqslant 18$ | $S_r > 0.8$ 或 $w > 18$ |
| 砂土 | 粉黏粒含量大于15% | 非过水建筑 | 20 | 50 | 100 |
| | | 过水建筑 | 40 | 80 | 160 |
| | 其他砂土 | 非过水建筑 | 0~20 | 20~50 | 50~100 |
| | | 过水建筑 | 0~40 | 40~80 | 80~160 |
| 适用条件 | | | $w \leqslant 12$ | $12 < w \leqslant 18$ | $w > 18$ |
| 碎石土 | 粉黏粒含量大于15% | 非过水建筑 | 0~20 | 20~50 | 50~100 |
| | | 过水建筑 | 0~40 | 40~80 | 80~160 |
| | 粉黏粒含量小于15% | 非过水建筑 | 0~20 | 20~50 | — |
| | | 过水建筑 | 0~40 | 40~80 | — |

【表注】①粉黏粒含量＞15%碎石土据含水率按砂土采用；粉黏粒含量＜15%据含水率按 $S_r \leqslant 0.5$ 或 $0.5 < S_r \leqslant 0.8$ 采用；②粉质黏性土和粉黏粒含量＞15%砂土采用表中较大值；③未处理钢结构基础按表列数值降低20%~30%。

## 二、多年冻土地基最终沉降量计算

——第9.3.10~9.3.11条

### 铁路多年冻土地基最终沉降量计算

采用预先融化时，人工融化或挖除冻土的深度可根据冻土人为上限深度和基础容许沉降量计算确定。采用自然融化原则进行设计时，应进行沉降检算

| | |
|---|---|
| （1）弱融沉、融沉、强融沉土地基的最终沉降量$S$(m)可按下式计算：<br>$S = \sum A_i h_i + \sum \alpha_i h_i \sigma_i + \sum \alpha_i h_i W_i$<br>〈融化下沉量〉+〈压缩下沉量〉 | 式中：$h_i$——第$i$层冻土厚度（m）；<br>$W_i$——第$i$层冻土中点处的土自重压应力设计值（MPa）；<br>$\sigma_i$——第$i$层冻土中点处的附加压应力设计值（MPa），恒载作用下，基底中点的压应力$\sigma_c$和稳定融化深度界面与基础轴线交点处的压应力$\sigma_N$成比例，即$\sigma_N = K\sigma_c$，$K$值见下表 |

（2）计算沉降量时，基底压缩层的厚度可按下列原则确定：
①基底以下融化层厚度小于或等于基底压缩层厚度时，基底压缩层的厚度取融化层的厚度。
②基底以下融化层厚度大于基底压缩层厚度时，对于土自重压力的下沉和融化的下沉，算至融化层的下限；对于附加压力的下沉，取基底压缩层的厚度

### 稳定融化界面与基础轴线交点$N$处的竖向应力系数$K$值

| $h/b$ | 圆形 半径$=b$ | 矩形（边长$2a$，边宽$2b$） | | | | 长形 | 附图 |
| --- | --- | --- | --- | --- | --- | --- | --- |
| | | $\frac{a}{b}=1$ | $\frac{a}{b}=2$ | $\frac{a}{b}=3$ | $\frac{a}{b}=10$ | $\frac{a}{b}=\infty$ | |
| 0 | 1.000 | 1.000 | 1.000 | 1.000 | 1.000 | 1.000 | |
| 0.25 | 1.009 | 1.009 | 1.009 | 1.009 | 1.009 | 1.009 | |
| 0.50 | 1.064 | 1.053 | 1.033 | 1.033 | 1.033 | 1.033 | |
| 0.75 | 1.072 | 1.082 | 1.059 | 1.059 | 1.059 | 1.059 | |
| 1.00 | 0.965 | 1.027 | 1.039 | 1.026 | 1.025 | 1.025 | |
| 1.50 | 0.684 | 0.762 | 0.912 | 0.911 | 0.902 | 0.902 | |
| 2.00 | 0.473 | 0.541 | 0.717 | 0.769 | 0.761 | 0.761 | |
| 2.50 | 0.335 | 0.395 | 0.593 | 0.651 | 0.636 | 0.636 | |
| 3.00 | 0.249 | 0.298 | 0.474 | 0.549 | 0.560 | 0.560 | |
| 4.00 | 0.148 | 0.186 | 0.314 | 0.392 | 0.439 | 0.439 | |
| 5.00 | 0.098 | 0.125 | 0.222 | 0.287 | 0.359 | 0.359 | |
| 7.00 | 0.051 | 0.065 | 0.113 | 0.170 | 0.262 | 0.262 | |
| 10.00 | 0.025 | 0.032 | 0.064 | 0.093 | 0.181 | 0.185 | |
| 20.00 | 0.006 | 0.008 | 0.016 | 0.024 | 0.068 | 0.086 | |
| 50.00 | 0.001 | 0.001 | 0.003 | 0.005 | 0.014 | 0.037 | |
| $\infty$ | 0 | 0 | 0 | 0 | 0 | 0 | |

$A_i$——第$i$层冻土融化系数，可由试验确定

①黏性土（宜用于东北地区）
$$A_i = 26.82\ln w_A - 77.63(\%)$$
$$18\% \leqslant w_A \leqslant 150\%$$

②砾石、碎石土、砂土、黏性土、重黏土
Ⅰ、Ⅱ、Ⅲ、Ⅳ类冻土：$A_i = K_1(w_A - w_0)$
Ⅴ类冻土：$A_i = 3\sqrt{w_c - w_0} + A_0$

$w_A$——冻土总含水率（%）；
$w_c - w_0 = w_p + 35$时的含水率，对粗颗粒土可用$w_0$代替$w_p$；无实测资料，按下表取值

$w_0$——起始融沉含水率，可按下表取值；
$K_1$——经验系数，可按下表取值；
$A_0$——相当于$w_A = w_c$的$A_i$值，可按下表取值

| 参数 | 土质 | | | | 参数 | 土质 | | | |
| --- | --- | --- | --- | --- | --- | --- | --- | --- | --- |
| | 砾石、碎石土 | 砂土 | 黏性土 | 重黏土 | | 砾石、碎石土 | 砂土 | 黏性土 | 重黏土 |
| $K_1$ | 0.5 | 0.6 | 0.7 | 0.6 | $w_c$（%） | 46 | 49 | 52 | 58 |
| $w_0$（%） | 11 | 14 | 18 | 23 | $A_0$（%） | 18 | 20 | 25 | 20 |
| 碎石、砾石土当粉黏粒含量小于12%时，$K_1 = 0.4$ | | | | | 碎石、砾石土当粉黏粒含量小于12%时，$w_c = 44$，$A_0 = 14$ | | | | |

$\alpha_i$——第$i$层冻土压缩系数（MPa$^{-1}$），可由试验确定

①黏性土（宜用于东北地区）
$$\alpha_i = 0.01485\ln w_A - 0.0178$$
$$18\% \leqslant w_A \leqslant 110\%$$

②砾石、碎石土、砂土、黏性土按照下表取值$\alpha_i$

**各种冻土融化后的压缩系数$\alpha_i$**

| 冻土干容度$\gamma_d$<br>（kN/m³） | 土质及基底应力$\sigma_c$（MPa） | | |
|---|---|---|---|
| | 砾石、碎石土<br>$\sigma_c = 0.01\sim0.108$ | 砂土<br>$\sigma_c = 0.01\sim0.206$ | 黏性土<br>$\sigma_c = 0.01\sim0.206$ |
| 20.6 | 0.00 | | |
| 19.6 | 0.102 | | |
| 18.6 | 0.204 | 0.00 | 0.00 |
| 17.7 | 0.306 | 0.122 | 0.153 |
| 16.7 | 0.408 | 0.245 | 0.306 |
| 15.7 | 0.408 | 0.367 | 0.459 |
| 14.7 | 0.408 | 0.489 | 0.612 |
| 13.7 | 0.408 | 0.489 | 0.765 |
| 12.8 | 0.306 | 0.489 | 0.765 |
| 11.8 | 0.306 | 0.489 | 0.714 |
| 10.8 | 0.255 | 0.408 | 0.714 |
| 9.8 | 0.255 | 0.357 | 0.612 |
| 8.8 | 0.204 | 0.306 | 0.510 |
| 7.8 | | 0.255 | 0.408 |

【表注】重黏土$\alpha_i$可将黏土的适当放大使用。

## 三、基础埋置深度

——第9.3.6条

**基础埋置深度**

多年冻土地区桥涵基础按保持冻结原则设计时，基础埋置深度$h_m$（m），有冲刷的河流自一般冲刷线算起，按下式计算：

$$h_m = H_r + \Delta H + \Delta h$$

$\Delta H$——气温变化上限深度的增量（m）；

$\Delta H = 0.38(T_p - T_H)$，$T_p$为设计频率年平均气温（℃），$T_H$为勘测年的平均气温（℃），0.38是指单位气温变化引起的气温变化上限深度的增量，单位为m/℃；

$\Delta h$——安全值（m），明挖基础取1.5m，桩基础取4.0m

$H_r$——人为上限深度（m），$H_r = K_j H_t$；

$K_j$——经验系数：

①埋式桥台：$K_j=1.0$；

②无冲刷桥墩台：$K_j=1.2\sim1.4$，地表破坏程度较小时取1.2，破坏程度大时取1.4；

③有冲刷桥墩台：$K_j=1.5\sim2.1$取值，流速、水深较大时取1.5，流速、水深较小时取2.1。

$H_t$——天然上限深度（m）

## 四、多年冻土地基钻孔桩的容许承载力

——第 9.3.7 条

**多年冻土地基钻孔桩的容许承载力**

$$[P] = \frac{1}{2}\sum \tau_i F_i m'' + m_0' A[\sigma]$$

式中：$[P]$——桩的容许承载力（kN）。

$\tau_i$——第 $i$ 层冻土同桩侧表面的冻结强度（kPa），可按下表中的 $S_m$ 取值。

$m''$——冻结力修正系数，取 1.3～1.5；①钻孔插入桩 $m''=0.7$～0.9；②钻孔打入桩 $m''=1.1$～1.3；③钻孔灌注桩 $m''=1.3$～1.5。

$F_i$——第 $i$ 层冻土中桩侧表面的冻结面积（m²）。

$m_0'$——桩底支承力折减系数，可根据孔底条件采用 0.5～0.9；①不发生坍孔，且清底情况良好的钻孔灌注桩、钻孔插入桩用 0.7～0.9；②有坍孔现象，且清底较差的钻孔灌注桩、钻孔插入桩用 0.5～0.7；③预留孔深的钻孔打入桩用 0.5～0.6。

$A$——桩底支承面积（m²）。

$[\sigma]$——桩底多年冻土容许承载力（kPa），根据下表取值（本规范表 4.1.2-10）确定。

**多年冻土与混凝土基础表面的冻结强度 $S_m$（kPa）**

| 土的名称 | 土层月最高平均温度（℃） | | | | | | |
|---|---|---|---|---|---|---|---|
| | −0.5 | −1.0 | −1.5 | −2.0 | −2.5 | −3.0 | −4.0 |
| 黏性土 | 60 | 90 | 120 | 150 | 180 | 220 | 280 |
| 砂土 | 80 | 130 | 170 | 210 | 250 | 290 | 380 |
| 碎石土 | 70 | 110 | 150 | 190 | 230 | 270 | 350 |

【表注】①不融沉冻土按表列数值降低 10%～20%，与基础无明显胶结力的干土，不考虑其冻结力（即按融土摩擦力计算）；强融沉土（饱冰冻土）降低 20%；含土冰层降低 50%；当周围回填 0.05～0.1m 砂层时可按强融沉土（饱冰冻土）取值。

②未做处理的钢结构按表列数值降低 30%。

③表列数值不适用于含盐量大于 0.3% 的冻土。

**多年冻土地基的基本承载力 $\sigma_0/[\sigma]$（kPa）**

| 序号 | 土名 | 基础底面的月平均最高土温（℃） | | | | | |
|---|---|---|---|---|---|---|---|
| | | −0.5 | −1.0 | −1.5 | −2.0 | −2.5 | −3.5 |
| 1 | 块石土、卵石土、碎石土、粗圆砾土、粗角砾土 | 800 | 950 | 1100 | 1250 | 1380 | 1650 |
| 2 | 细圆砾土、细角砾土、砾砂、粗砂、中砂 | 600 | 750 | 900 | 1050 | 1180 | 1450 |
| 3 | 细砂、粉砂 | 450 | 550 | 650 | 750 | 830 | 1000 |
| 4 | 粉土 | 400 | 450 | 550 | 650 | 710 | 850 |
| 5 | 粉质黏土、黏土 | 350 | 400 | 450 | 500 | 560 | 700 |
| 6 | 饱冰冻土 | 250 | 300 | 350 | 400 | 450 | 550 |

【表注】本表序号 1～5 类的地基承载力适用于少冰冻土、多冰冻土，当地基为富冰冻土时，表列数值应降低 20%。

## 五、冻土分类

**多年冻土的含水率与融沉等级对照**

《铁路工程特殊岩土勘察规程》附录 C、《铁路工程地质勘察规范》第 6.6.7 条
内容与《岩土工程勘察规范》第 6.6.2 条基本一致

| 多年冻土的类型 | 土的名称 | 总含水率 $w_A$（%）= $\frac{m_水+m_冰}{m_土}$ | 融化后的潮湿程度 | 融化下沉系数 $\delta_0$（%） | 融沉等级 | 融沉类别 |
|---|---|---|---|---|---|---|
| 少冰冻土 | 碎石类土，砾、粗、中砂（粉黏粒质量 < 15%） | $w_A < 10$ | 潮湿 | $\delta_0 \leq 1$ | I | 不融沉 |
| | 碎石类土，砾、粗、中砂（粉黏粒质量 > 15%） | $w_A < 12$ | 稍湿 | | | |
| | 细砂、粉砂 | $w_A < 14$ | | | | |
| | 粉土 | $w_A < 17$ | | | | |
| | 黏性土 | $w_A < w_p$ | 坚硬 | | | |
| 多冰冻土 | 碎石类土，砾、粗、中砂（粉黏粒质量 < 15%） | $10 \leq w_A < 15$ | 饱和 | $1 < \delta_0 \leq 3$ | II | 弱融沉 |
| | 碎石类土，砾、粗、中砂（粉黏粒质量 > 15%） | $12 \leq w_A < 15$ | 潮湿 | | | |
| | 细砂、粉砂 | $14 \leq w_A < 18$ | | | | |
| | 粉土 | $17 \leq w_A < 21$ | | | | |
| | 黏性土 | $w_p \leq w_A < w_p + 4$ | 硬塑 | | | |
| 富冰冻土 | 碎石类土，砾、粗、中砂（粉黏粒质量 < 15%） | $15 \leq w_A < 25$ | 饱和出水（出水量小于 10%） | $3 < \delta_0 \leq 10$ | III | 融沉 |
| | 碎石类土，砾、粗、中砂（粉黏粒质量 > 15%） | | 饱和 | | | |
| | 细砂、粉砂 | $18 \leq w_A < 28$ | | | | |
| | 粉土 | $21 \leq w_A < 32$ | | | | |
| | 黏性土 | $w_p + 4 \leq w_A < w_p + 15$ | 软塑 | | | |
| 饱冰冻土 | 碎石类土，砾、粗、中砂（粉黏粒质量 < 15%） | $25 \leq w_A < 44$ | 饱和出水（出水量小于 10%） | $10 < \delta_0 \leq 25$ | IV | 强融沉 |
| | 碎石类土，砾、粗、中砂（粉黏粒质量 > 15%） | | | | | |
| | 细砂、粉砂 | $28 \leq w_A < 44$ | 饱和 | | | |
| | 粉土 | $32 \leq w_A < 44$ | | | | |
| | 黏性土 | $w_p + 15 \leq w_A < w_p + 35$ | 软塑 | | | |
| 含土冰层 | 碎石类土、砂类土、粉土 | $w_A \geq 44$ | 饱和大量出水（出水量 10%～20%） | $\delta_0 > 25$ | V | 融陷 |
| | 黏性土 | $w_A \geq w_p + 35$ | 流塑 | | | |
| 纯冰层 | 厚度大于 25cm 或间隔 2～3cm 冰层累计超过 25cm | | | | | |

续表

【表注】①总含水率包括冰和未冻水；
②盐渍化冻土、泥炭化冻土、腐殖土、高塑性黏土不在表列；
③$w_p$为塑限含水率

$$\delta_0 = \frac{h_1 - h_2}{h_1} = \frac{e_1 - e_2}{1 + e_1} \times 100\%$$

式中：$h_1$、$e_1$——冻土试样融化前的高度（mm）、孔隙比；
$h_2$、$e_2$——冻土试样融化后的高度（mm）、孔隙比

### 季节冻土与多年冻土季节融化层土的冻胀性分类

《铁路工程特殊岩土勘察规程》附录 D、《铁路工程地质勘察规范》附录 F
内容与《建筑地基基础设计规范》附录 G 基本一致

#### （1）平均冻胀率 $\eta$

$$\eta = \frac{\Delta z}{z_d} \times 100\%$$

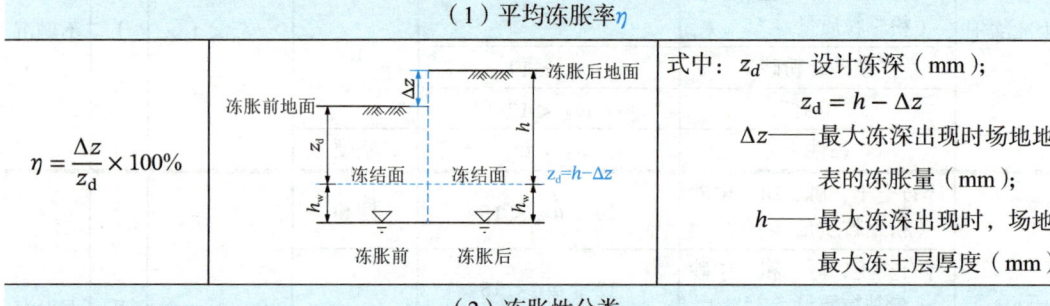

式中：$z_d$——设计冻深（mm）；
$z_d = h - \Delta z$
$\Delta z$——最大冻深出现时场地地表的冻胀量（mm）；
$h$——最大冻深出现时，场地最大冻土层厚度（mm）

#### （2）冻胀性分类

| 土的名称 | 冻前天然含水量 $w$（%） | 冻前地下水位距设计冻深的最小距离 $h_w$（m） | 平均冻胀率 $\eta$（%） | 冻胀等级 | 冻胀类别 |
|---|---|---|---|---|---|
| 碎(卵)石、砾砂、粗砂、中砂(粒径小于0.075mm的颗粒含量不大于15%)、细砂（粒径小于0.075mm 的颗粒含量不大于10%） | 不饱和 | 不考虑 | $\eta \leqslant 1$ | Ⅰ级 | 不冻胀 |
| | 饱和含水 | 无隔水层时 | $1 < \eta \leqslant 3.5$ | Ⅱ级 | 弱冻胀 |
| | 饱和含水 | 有隔水层时 | $\eta > 3.5$ | Ⅲ级 | 冻胀 |
| 碎(卵)石,砾砂、粗砂、中砂(粒径小于0.075mm的颗粒含量大于15%),细砂(粒径小于 0.075mm 的颗粒含量大于 10%) | $w \leqslant 12$ | > 1.0 | $\eta \leqslant 1$ | Ⅰ级 | 不冻胀 |
| | | ≤ 1.0 | $1 < \eta \leqslant 3.5$ | Ⅱ级 | 弱冻胀 |
| | $12 < w \leqslant 18$ | > 1.0 | | | |
| | | ≤ 1.0 | $3.5 < \eta \leqslant 6$ | Ⅲ级 | 冻胀 |
| | $w > 18$ | > 0.5 | | | |
| | | ≤ 0.5 | $6 < \eta \leqslant 12$ | Ⅳ级 | 强冻胀 |
| 粉砂 | $w \leqslant 14$ | > 1.0 | $\eta \leqslant 1$ | Ⅰ级 | 不冻胀 |
| | | ≤ 1.0 | $1 < \eta \leqslant 3.5$ | Ⅱ级 | 弱冻胀 |
| | $14 < w \leqslant 19$ | > 1.0 | | | |
| | | ≤ 1.0 | $3.5 < \eta \leqslant 6$ | Ⅲ级 | 冻胀 |
| | $19 < w \leqslant 23$ | > 1.0 | | | |
| | | ≤ 1.0 | $6 < \eta \leqslant 12$ | Ⅳ级 | 强冻胀 |
| | $w > 23$ | 不考虑 | $\eta > 12$ | Ⅴ级 | 特强冻胀 |

续表

| 土的名称 | 冻前天然含水量$w$（%） | 冻前地下水位距设计冻深的最小距离$h_w$（m） | 平均冻胀率$\eta$（%） | 冻胀等级 | 冻胀类别 |
|---|---|---|---|---|---|
| 粉土<br>（$I_p \leqslant 10$） | $w \leqslant 19$ | > 1.5 | $\eta \leqslant 1$ | Ⅰ级 | 不冻胀 |
| | | $\leqslant 1.5$ | $1 < \eta \leqslant 3.5$ | Ⅱ级 | 弱冻胀 |
| | $19 < w \leqslant 22$ | > 1.5 | | | |
| | | $\leqslant 1.5$ | $3.5 < \eta \leqslant 6$ | Ⅲ级 | 冻胀 |
| | $22 < w \leqslant 26$ | > 1.5 | | | |
| | | $\leqslant 1.5$ | $6 < \eta \leqslant 12$ | Ⅳ级 | 强冻胀 |
| | $26 < w \leqslant 30$ | > 1.5 | | | |
| | | $\leqslant 1.5$ | $\eta > 12$ | Ⅴ级 | 特强冻胀 |
| | $w > 30$ | 不考虑 | | | |

| 土的名称 | 冻前天然含水量$w$（%） | 冻前地下水位距设计冻深的最小距离$h_w$（m） | 平均冻胀率$\eta$（%） | 冻胀性分类 | |
|---|---|---|---|---|---|
| | | | | $I_p \leqslant 22$ 或未知 | $I_p > 22$ |
| 黏性土<br>（$I_p > 10$） | $w \leqslant w_p + 2$ | > 2.0 | $\eta \leqslant 1$ | Ⅰ级、不冻胀 | |
| | | $\leqslant 2.0$ | $1 < \eta \leqslant 3.5$ | Ⅱ级、弱冻胀 | Ⅰ级、不冻胀 |
| | $w_p + 2 < w \leqslant w_p + 5$ | > 2.0 | | | |
| | | $\leqslant 2.0$ | $3.5 < \eta \leqslant 6$ | Ⅲ级、冻胀 | Ⅱ级、弱冻胀 |
| | $w_p + 5 < w \leqslant w_p + 9$ | > 2.0 | | | |
| | | $\leqslant 2.0$ | $6 < \eta \leqslant 12$ | Ⅳ级、强冻胀 | Ⅲ级、冻胀 |
| | $w_p + 9 < w \leqslant w_p + 15$ | > 2.0 | | | |
| | | $\leqslant 2.0$ | $\eta > 12$ | Ⅴ级、特强冻胀 | Ⅳ级、强冻胀 |
| | $w > w_p + 15$ | 不考虑 | | | |

**【表注】** ①$w_p$——塑限含水量（%），$w$——在冻土层内冻前天然含水量的平均值（%）：$w = \frac{m_水 + m_冰}{m_土}$；

②粒径小于 0.005mm 的颗粒含量大于 60%时，为微冻胀土；

③碎石类土当充填物质量大于全部质量的 40%时，其冻胀性按充填物土的类别判断（题目给定碎石土质量组成，要关注此条）；

④隔水层指季节冻结层底部及以上的隔水层；

⑤盐渍化冻土不在表列

## 标准冻深$Z_0$和设计冻深$Z_d$

《铁路工程特殊岩土勘察规程》附录 D 条文说明、《铁路工程地质勘察规范》附录 F 条文说明

**标准冻深$Z_0$** 为地下水埋深与冻结锋面之间的距离大于 2.0m，非冻胀黏性土、地表平坦、裸露、城市之外的空旷场地中，多年（不少于 10 年）实测最大冻深的平均值（自冻前地面算起）

**设计冻深$Z_d$** 可按下式计算：

$$Z_d = \psi_{zs} \cdot \psi_{zw} \cdot \psi_{zc} \cdot \psi_{zt0}$$

⇓

### 冻深影响系数

| 项目 | $\psi_{zs}$ | | | | $\psi_{zw}$ | | | | | $\psi_{zc}$ | | | $\psi_{zt0}$ | | |
|---|---|---|---|---|---|---|---|---|---|---|---|---|---|---|---|
| | 土质（岩性）影响 | | | | 湿度（冻胀性）影响 | | | | | 周围环境 | | | 地形影响 | | |
| 内容 | 黏性土 | 细砂、粉砂、粉土 | 中砂、粗砂、砾砂 | 碎石土 | 不冻胀 | 弱冻胀 | 冻胀 | 强冻胀 | 特强冻胀 | 村镇旷野 | 城市近郊 | 城市市区 | 平坦 | 阳坡 | 阴坡 |
| $\psi$ | 1.00 | 1.20 | 1.30 | 1.40 | 1.00 | 0.95 | 0.90 | 0.85 | 0.80 | 1.00 | 0.95 | 0.90 | 1.00 | 0.90 | 1.10 |

【表注】①土的湿度（冻胀性）影响一项，见《铁路工程地质勘察规范》季节冻土与季节融化层土冻胀性分级表 F.0.1。

②周围环境影响一项，按下述取用：城市市区人口：20 万～50 万人，只考虑城市市区的影响；50 万～100 万人，应考虑 5～10km 的近郊范围；>100 万人，尚应考虑 10～20km 的近郊范围。

⇓

| 城市人口 | 市区$\psi_{zc}$ | 近郊$\psi_{zc}$ | 村、镇、旷野$\psi_{zc}$ |
|---|---|---|---|
| 人口 20 万～50 万人时 | 0.90 | 1.0（距离城市不论多少 km） | 1.0 |
| 人口 50 万～100 万人时 | 0.90 | 0.95（距离城市 5～10km） | 1.0 |
| 人口超过 100 万人时 | 0.90 | 0.95（距离城市 10～20km） | 1.0 |

【表注】若题目未明确人口，则按照市区、近郊、旷野进行简单判断即可。

# 第三十章

# 混合土

| | 定名 | 依据 |
|---|---|---|
| 《岩土工程勘察规范》第 6.4.1 条 | 由细粒土和粗粒土混合且缺乏中间粒径的土，应定名为混合土 | |
| | 粗粒混合土（应冠以主要含有土类名称） | 碎石土（粒径大于 2mm 占比超过总质量的 50%）中粒径小于 0.075mm 的细粒土质量超过总质量的 25%时。例如：含黏土角砾 |
| | 细粒混合土（应冠以主要含有土类名称） | 当粉土或黏性土（粒径大于 0.075mm 占比不超过总质量的 50%）中粒径大于 2mm 的粗粒土质量超过总质量的 25%时。例如：含碎石黏土 |
| 《水运工程岩土勘察规范》第 4.2.6 条 | 由粗细两类土呈混合状态存在，具有颗粒级配不连续、中间粒组颗粒含量极少、级配曲线中间段极为平缓等特征的土应定名为混合土。定名时应将主要土类列在名称前部，次要土类列在名称后部，中间以"混"字连接 | |
| | 淤泥混砂 | $m_{淤泥} > 30\% m_{总}$ |
| | 砂混淤泥 | $10\% m_{总} < m_{淤泥} \leqslant 30\% m_{总}$ |
| | 黏性土混砂或碎石 | $m_{黏性土} > 40\% m_{总}$ |
| | 砂或碎石混黏性土 | $10\% m_{总} < m_{黏性土} \leqslant 40\% m_{总}$ |
| | 混合土按不同土类的含量可分为淤泥和砂的混合土、黏性土和砂或碎石的混合土，其分类方法应符合下列规定。<br>（1）淤泥和砂的混合土可分为淤泥混砂或砂混淤泥，并应满足下列要求：<br>①淤泥质量超过总质量的 30%时为淤泥混砂；<br>②淤泥质量超过总质量 10%且小于或等于总质量的 30%时为砂混淤泥。<br>（2）黏性土和砂或碎石的混合土可分为黏性土混砂或碎石、砂或碎石混黏性土，并应满足下列要求：<br>①黏性土质量超过总质量的 40%时定名为黏性土混砂或碎石；<br>②黏性土质量大于 10%且小于或等于总质量的 40%时定名为砂或碎石混黏性土 | |
| 答题步骤 | ①判断碎石土、粉土、黏性土→②判断粗粒土、细粒土→③主要成分放在后面 | |

# 第三十一章

# 红黏土

## 第一节 岩土工程勘察规范

——第 6.2 节

### 1. 定义及工程特性

**定义及工程特性**

红黏土，颜色为棕红色或褐黄色，覆盖于碳酸盐岩系之上，是由碳酸盐岩系的岩石经红土化作用形成的高塑性黏土，红黏土分为原生红黏土和次生红黏土。

**原生红黏土**：液限大于或等于 50% 的高塑性黏土。

**次生红黏土**：原生红黏土经搬运、沉积后，仍保持其基本特征，且液限大于 45% 的黏土。

次生红黏土由于在搬运过程中掺杂了其他一些外来物质，成分较为复杂，固结度也较差。次生红黏土中可塑、软塑状态的比例高于原生红黏土，压缩性也高于原生红黏土。因此，在勘察中查明红黏土的成因分类及其分布是必要的。

红黏土有别于其他土类的主要特征是：上硬下软、表面收缩、裂隙发育。

红黏土具有吸水膨胀和失水收缩的特性，以收缩为主，天然状态下，膨胀量很小，收缩性很高，不宜把红黏土和膨胀土混同

### 2. 红黏土的分类

**红黏土的分类**

| 按状态分类 | | | | | |
|---|---|---|---|---|---|
| 状态 | 坚硬 | 硬塑 | 可塑 | 软塑 | 流塑 |
| 含水比$\alpha_w$ | $\alpha_w \leq 0.55$ | $0.55 < \alpha_w \leq 0.70$ | $0.70 < \alpha_w \leq 0.85$ | $0.85 < \alpha_w \leq 1.00$ | $\alpha_w > 1.00$ |
| 液性指数$I_L$ | $I_L \leq 0$ | $0 < I_L \leq 0.25(0.33)$ | $0.25(0.33) < I_L \leq 0.75(0.67)$ | $0.75(0.33) < I_L \leq 1$ | $I_L > 1$ |

【小注】①含水比$\alpha_w = \frac{w}{w_L}$；液性指数$I_L = \frac{w - w_p}{w_L - w_p}$；二者不一致时取不利。

②$a_w = 0.45 I_L + 0.55$，上表括号内的数字选自《工程地质手册》P527。

$w$——天然含水量（%）；$w_L$——液限含水量（%）；$w_p$——塑限含水量（%）。

| 按结构分类 | | | |
|---|---|---|---|
| 土体结构 | 致密状 | 巨块状 | 碎块状 |
| 裂隙发育特征 | 偶见裂隙（<1 条/m） | 较多裂隙（1～5 条/m） | 富裂隙（>5 条/m） |

| 按复浸水特性分类 | | |
|---|---|---|
| 类别 | $I_r$与$I_r'$的关系 | 复浸水特性 |
| Ⅰ | $I_r \geq I_r'$ | 收缩后复浸水膨胀，能恢复到原位 |
| Ⅱ | $I_r < I_r'$ | 收缩后复浸水膨胀，不能恢复到原位 |

【小注】$I_r = w_L/w_p$，$I_r' = 1.4 + 0.0066 w_L$，例如：$w_L = 40\%$时取 40 代入；$w_L$——液限含水量（%），以百分数计算（去掉百分号的数值）；$w_p$——塑限含水量（%），以百分数计算（去掉百分号的数值）

续表

| 按地基均匀性分类 ||
|---|---|
| 地基均匀性 | 地基压缩层范围内岩土组成 |
| 均匀地基 | 全部由红黏土组成 |
| 不均匀地基 | 由红黏土和岩石组成 |

【小注】地基压缩层厚度 $z$ 按下式计算：
当独立基础总荷载 $p_1$ 为 500～3000kN：$z_1 = 0.003 \times p_1 + 1.5$
当条形基础总荷载 $p_2$ 为 100～250kN/m：$z_2 = 0.05 \times p_1 - 4.5$

## 第二节　铁路工程特殊岩土勘察规程

——第 5.5.3 条

### 红黏土塑性状态的分类

| 状态 | 含水比 $a_w$ | 比贯入阻力 $P_s$（MPa） | 经验指标 |
|---|---|---|---|
| 坚硬 | $a_w \leqslant 0.55$ | $P_s \geqslant 2.3$ | 土质较干、硬 |
| 硬塑 | $0.55 < a_w \leqslant 0.70$ | $1.3 \leqslant P_s < 2.3$ | 不易搓成 3mm 粗的土条 |
| 软塑 | $0.70 < a_w \leqslant 1.00$ | $0.2 \leqslant P_s < 1.3$ | 易搓成 3mm 粗的土条 |
| 流塑 | $a_w > 1.00$ | $P_s < 0.2$ | 土很湿，接近或处于流动状态 |

【小注】含水比 $a_w$ 为土的天然含水率 $w$ 与液限 $w_L$ 之比，液限采用液塑限联合测定法，液限为 17mm 液限。

# 第三十二章

# 污染土

——《岩土工程勘察规范》第 6.10.12、6.10.13 条条文说明

由于致污物质的侵入，使土的成分、结构和性质发生了显著变异的土，应判定为污染土。污染土的定名可在原分类名称前冠以"污染"二字即可。

（1）污染土对工程特性的影响

| 工程特性指标变化率（%）= $\dfrac{\lvert 污染前后工程特性指标的差值\rvert}{污染前工程特性指标}$ | < 10% | 10%～30% | > 30% |
|---|---|---|---|
| 影响程度 | 轻微 | 中等 | 大 |

（2）内梅罗指数划分污染土等级

单项内梅罗污染指数：$Pl$

$$= \dfrac{土壤污染实测值}{土壤污染物质量标准}$$

内梅罗污染指数：$R_N$

$$= \sqrt{\dfrac{(平均单项污染指数\overline{Pl})^2 + (最大单项污染指数Pl_{max})^2}{2}}$$

| 内梅罗污染指数 $R_N$ | 等级 | 污染等级 |
|---|---|---|
| $R_N \leqslant 0.7$ | Ⅰ | 清洁（安全） |
| $0.7 < R_N \leqslant 1.0$ | Ⅱ | 尚清洁（警戒限） |
| $1.0 < R_N \leqslant 2.0$ | Ⅲ | 轻度污染 |
| $2.0 < R_N \leqslant 3.0$ | Ⅳ | 中度污染 |
| $R_N > 3.0$ | Ⅴ | 重污染 |

笔记区

# 第三十三章

# 风化岩和残积土

岩石在风化营力作用下,其结构、成分和性质已产生不同程度的变异,应定名为风化岩。对于已完全风化成土而未经搬运的,应定名为残积土。

风化岩和残积土宜在探井中或采用双重管、三重管采取试样,每一风化带不应少于3组。

## 一、岩石的风化程度划分

——《岩土工程勘察规范》附录 A.0.3

**岩石按风化程度划分**

| 风化程度 | 波速比$K_v$ | 风化系数$K_f$ | 野外特征 |
|---|---|---|---|
| 未风化 | 0.9~1.0 | 0.9~1.0 | 岩质新鲜,偶见风化痕迹 |
| 微风化 | 0.8~0.9 | 0.8~0.9 | 结构基本未变,仅节理面有渲染或略有变色,有少量风化裂隙 |
| 中等风化 | 0.6~0.8 | 0.4~0.8 | 结构部分破坏,沿节理面有次生矿物,风化裂隙发育,岩体被切割成岩块。用镐难挖,岩芯钻方可钻进 |
| 强风化 | 0.4~0.6 | <0.4 | 结构大部分破坏,矿物成分显著变化,风化裂隙很发育,岩体破碎,用镐可挖,干钻不易钻进 |
| 全风化 | 0.2~0.4 | — | 结构基本破坏,但尚可辨认,有残余结构强度,可用镐挖,干钻可钻进 |
| 残积土 | <0.2 | — | 结构组织全部破坏,已风化成土状,锹镐易挖掘,干钻易钻进,具可塑性 |

【表注】①波速比$K_v$为风化岩石与新鲜岩石压缩波(纵波)速度之比。
②风化系数$K_f$为风化岩石与新鲜岩石饱和单轴抗压强度之比。
③花岗岩类按标准贯入试验划分:强风化$N \geqslant 50$;全风化$30 \leqslant N < 50$;残积土$N < 30$。
④泥岩和半成岩,可不进行风化程度划分。
⑤《铁路桥涵地基和基础设计规范》表 A.0.9(P62)岩体风化程度划分,此处不再摘录。

## 二、花岗岩残积土分类

——《岩土工程勘察规范》附录 A.0.3

### (一)按标贯击数划分花岗岩风化程度

**按贯入击数划分花岗岩风化程度**

| 锤击数 | $N \geqslant 50$ | $30 \leqslant N < 50$ | $N < 30$ |
|---|---|---|---|
| 风化程度 | 强风化 | 全风化 | 残积土 |

【小注】表中标准贯入试验锤击数,未说明使用修正击数,意味着使用标准贯入试验的实测击数判断风化程度。

## （二）花岗岩残积土的定名

花岗岩风化后残留在原地的第四纪松散堆积物，可定名为花岗岩残积土。

花岗岩残积土分类

| 规范 | 土名 | 砾质黏性土 | 砂质黏性土 | 黏性土 |
|---|---|---|---|---|
| 公路勘察 | 土中大于 2mm 的颗粒含量（%） | ≥20 | <20 | 不含 |
| 水运勘察 | | >20 | ≥5，≤20 | <5 |

## 三、花岗岩残积土细粒土液性指数

——《岩土工程勘察规范》第 6.9.4 条条文说明

花岗岩残积土细粒土液性指数 $I_L$

$$I_L = \frac{w_f - w_p}{w_L - w_p}$$
⇑
$$w_f = \frac{w - w_A \cdot P_{0.5}}{1 - P_{0.5}}$$

式中：$w$——花岗岩残积土（包括粗、细粒土）的天然含水量（%）。

$w_A$——粒径**大于** 0.5mm 颗粒的吸着水含水量（%），可取 5%。

$P_{0.5}$——粒径**大于** 0.5mm 颗粒质量占总质量（**干土**）的百分比（%）。

【小注】筛分试验采用的为烘干法，即为 $m_s$，计算 $P_{0.5}$ 的分子分母应为干土质量。

$w_L$——粒径**小于** 0.5mm 颗粒的液限含水量（%）。

$w_p$——粒径**小于** 0.5mm 颗粒的塑限含水量（%）。

以上参数均以**小数**代入，例 20%代入 0.2 计算

## 四、花岗岩地区风化球（孤石）的判别

在花岗岩地区，花岗岩常见球状风化，风化球的存在使得土石分布不均匀，如将球体误判为基岩易产生不均匀沉降，因此风化球的判别无论对于勘察还是施工验槽、试桩均是极为重要的。

深圳地区积累了一定的经验，值得借鉴。在该地区，风化球直径一般为 1~3m，最大可达 5m，勘察时为控制风化球，控制孔需进入微风化带 5m，一般孔进入微风化带 3m，重要工程进入微风化带的深度尚需增加。深圳地区风化球常见于强风化带上段和残积土层中，可以从以下几点判别：

（1）风化球仅有几厘米厚的风化层薄壳，无论是勘察还是施工掘进中风化程度不同的风化岩层常有缺失，不符合由残积土～全风化～强风化带～中等风化带～微风化带～未风化的风化规律。

（2）风化球内部一般无裂隙，桩孔底部也无裂隙面上常见的铁质浸染。

（3）风化球的岩质一般为斜长花岗岩。

（4）桩孔中验桩时一般总能见到弧面。

# 第八篇

# 不良地质

## 不良地质知识点分级

| 规范或手册 | | 内容 | 知识点 | 知识点分级 |
|---|---|---|---|---|
| 《工程地质手册》 | 《岩土工程勘察规范》《铁路工程不良地质勘察规程》 | 泥石流 | 泥石流分类、特征指标 | ★★★★ |
| | 《公路路基设计规范》 | 采空区 | 采空区场地适宜性判别 | ★★★ |
| | | | 小窑采空区稳定性判断 | ★★★ |
| | | | 地应力、岩爆等级划分 | ★★★ |
| | 《建筑地基基础设计规范》 | 岩溶和土洞 | 岩溶形成、岩溶顶板稳定性计算、土洞 | ★★★ |
| | 《铁路工程不良地质勘察规程》 | 危岩和崩塌 | 危岩崩塌稳定系数计算 | ★★★★ |
| | | | 危岩倾覆稳定计算 | ★★★★ |
| | 《土力学》 | 地面沉降 | 潜水含水层、承压水含水层、弱透水层等不同组合的地面沉降 | ★★★★★ |
| | 《建筑边坡工程技术规范》《铁路路基支挡结构设计规范》《公路路基设计规范》《铁路路基设计规范》 | 滑坡 | 滑坡（归结到边坡直线滑动或者折线滑动） | ★★★★★ |

【表注】特殊土与不良地质模块每年一般考查7道案例题，其中特殊土4道案例题，不良地质3道案例题，包括滑坡题目1～2道案例题，特殊土中黄土每年至少1道案例题，膨胀土、盐渍土、冻土考查频率高。不良地质内容出自《工程地质手册》较多。

# 第三十四章

# 岩溶和土洞

**岩溶（又称喀斯特）**：指可溶性岩石在水的溶蚀作用下，产生的各种地质作用、形态和现象的总称。可溶性岩石包括碳酸盐类岩石（石灰岩、白云岩等）、硫酸盐类岩石（石膏、芒硝等）和卤素类岩石（盐岩等）。

**溶解性**：碳酸盐类岩石＜硫酸盐类岩石＜卤素类岩石。

**土洞**：指埋藏在岩溶地区的可溶性岩层的上覆土层中的空洞，土洞继续发展，易形成地表塌陷。

## 一、岩溶发育程度划分

——《建筑地基基础设计规范》第 6.6.2 条及条文说明、《工程地质手册》P637

**岩溶发育程度分级（定性判断）**

| 等级 | 岩溶场地条件 |
|---|---|
| 岩溶强发育 | 地表有较多岩溶塌陷、漏斗、洼地、泉眼；<br>溶沟、溶槽、石芽密布，相邻钻孔间存在临空面且基岩面高差大于 5m；<br>地下有暗河、伏流；<br>钻孔见洞隙率大于 30%或线岩溶率大于 20%；<br>溶槽或串珠状竖向溶洞发育深度达 20m 以上 |
| 岩溶中等发育 | 介于强发育和微发育之间 |
| 岩溶微发育 | 地表无岩溶塌陷、漏斗；<br>溶沟、溶槽较发育；<br>相邻钻孔间存在临空面且基岩面高差小于 2m；<br>钻孔见洞隙率小于 10%或线岩溶率小于 5% |

**【表注】**①基岩面相对高差以相邻钻孔的高差确定；
②钻孔见洞隙率 =(见洞隙钻孔数量/钻孔总数)×100%；
③线岩溶率 =(见洞隙的钻探进尺之和/钻探总进尺)×100%。

| ①岩溶发育程度 | 岩溶微发育 | 岩溶中等发育 | 岩溶强发育 |
|---|---|---|---|
| 钻孔见洞隙率 = $\dfrac{见洞隙钻孔数量}{钻孔总数}\times 100\%$ | ＜10% | [10%～30%] | ＞30% |
| 线岩溶率 = $\dfrac{见洞的钻探进尺之和}{钻探总进尺}\times 100\%$ | ＜5% | [5%～20%] | ＞20% |
| ②场地岩溶发育等级（定量判断） | 岩溶弱发育 | 岩溶中等发育 | 岩溶强烈发育 |
| 地表岩溶发育密度（个/km²） | ＜1 | 1～5 | ＞5 |
| 线岩溶率（%） | ＜3 | 3～10 | ＞10 |
| 遇洞隙率（%） | ＜30 | 30～60 | ＞60 |
| 单位涌水量（L/m·s） | ＜0.1 | 0.1～1 | ＞1 |

**【表注】**①以上指标按最不利原则，同一档次的四个划分指标中，根据最不利组合的原则，从高到低，有 1 个达标即可定为该等级。

②地表岩溶发育密度是指单位面积内岩溶空间形态（塌陷、落水洞等）的个数。
③线岩溶率 = (钻孔所遇岩溶洞隙长度)/(钻孔穿过可溶岩的长度)×100%。
④遇洞隙率 = (钻探中遇岩溶洞隙的钻孔)/(钻孔总数)×100%。

## 二、岩溶稳定性评价

——《工程地质手册》P643~P645、《公路路基设计规范》第 7.6.3 条

### （一）溶洞顶板坍塌自行填塞洞体所需厚度及距地表下安全距离

**溶洞顶板坍塌自行填塞洞体所需厚度及距地表下安全距离**

| 简图 | 顶板坍塌自行填塞洞体所需厚度 | 地表下安全距离 |
|---|---|---|
| 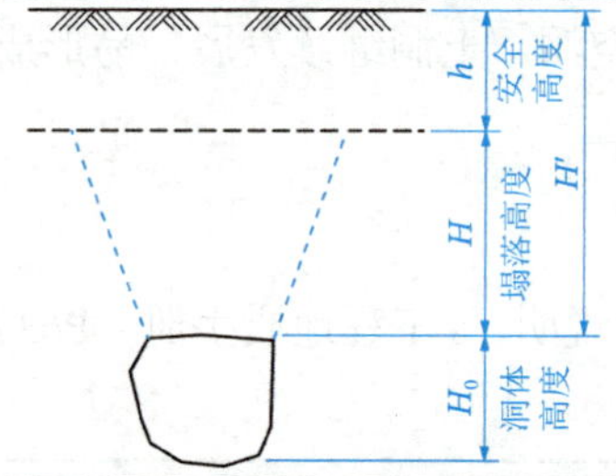 （剖面图：安全高度 $h$，塌落高度 $H$，洞体高度 $H_0$） | $H = \dfrac{H_0}{K-1}$<br>式中：$H_0$——溶洞塌落前洞体的最大高度（m）；<br>　　　$K$——为岩石松散（胀余）系数。<br>石灰岩 $K = 1.2$<br>黏土 $K = 1.05$ | $H' = H + h$ |

顶板坍塌后，坍塌体积增大，当塌落至一定高度 $H$ 时，溶洞空间自行填满，无须考虑对地基的影响

### （二）抗弯、抗剪稳定性计算

**抗弯、抗剪稳定性计算**

| 简图 | 裂隙情况 | 弯矩 | 支座处剪力 | 参数说明 |
|---|---|---|---|---|
| 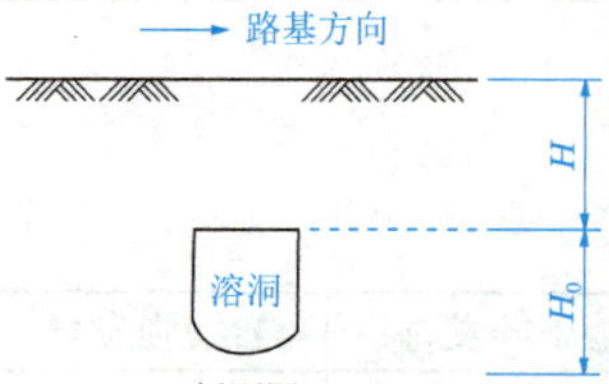 （剖面图、平面图：跨度 $l$，路基宽度，溶洞，$H$，$H_0$） 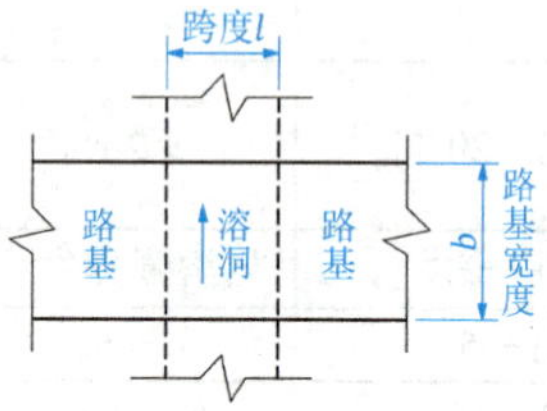 | 当顶板跨中有裂缝，顶板两端支座处岩石坚固完整时（悬臂梁） | $M = \dfrac{1}{2}pl^2$ | $f_s = pl$ | $p$——顶板所受的总荷载（kN/m），为顶板厚 $H$ 的岩体自重、顶板上覆土体自重和顶板上附加荷载之和（为沿图示路基宽度方向取 1m 计算）。 |
|  | 当裂隙位于支座处，而顶板较完整时（简支梁） | $M = \dfrac{1}{8}pl^2$ | $f_s = \dfrac{1}{2}pl$ | $l$——溶洞跨度（m），弯矩 $M$ 作用方向与 $l$ 一致 |
|  | 当支座和顶板岩层均较完整时（固定梁） | $M = \dfrac{1}{12}pl^2$ | $f_s = \dfrac{1}{2}pl$ |  |
|  | 抗弯验算：$H \geq \sqrt{\dfrac{6M}{b\sigma}} \Leftarrow \dfrac{6M}{bH^2} \leq \sigma$<br>如要考虑安全系数 $K$：$H \geq K\sqrt{\dfrac{6M}{b\sigma}} \Leftarrow$<br>$K = \dfrac{\sigma}{[\sigma]} \Leftarrow [\sigma] = \dfrac{M}{W}$，$W = \dfrac{bH^2}{6}$，$b = 1$ |  |  | $H$——顶板岩层厚度（m），不计上覆土层厚度；<br>$b$——溶洞宽度（m）；<br>$\sigma$——岩体计算抗弯强度（kPa），石灰岩一般为允许抗压强度的 1/8； |
|  | 抗剪验算：$H \geq \sqrt{\dfrac{4f_s}{S}} \Leftarrow \dfrac{4f_s}{H^2} \leq S$<br>如要考虑安全系数 $K$：$H \geq K\sqrt{\dfrac{4f_s}{S}}$ |  |  | $S$——岩体计算抗剪强度（kPa），石灰岩一般为允许抗压强度的 1/12；<br>$K$——安全系数 |

## （三）抗剪稳定性计算

**抗剪稳定性计算**

| $H = \dfrac{T}{SL} \geqslant \dfrac{P}{SL}$ | 式中：$P$——溶洞顶板所受总荷载（kN）；$P$ = 地面荷载 $F$ + 顶板及上覆岩土自重 $G$。<br>$T$——溶洞顶板的总抗剪力（kN）。<br>$H$——顶板岩层厚度（m），不计上覆土层厚度。<br>$L$——溶洞平面的周长（m）。<br>$S$——岩体计算抗剪强度（kPa）；石灰岩一般为允许抗压强度的 1/12 |

## （四）溶洞距路基水平安全距离

——《公路路基设计规范》第 7.6.3 条

**溶洞距路基水平安全距离**

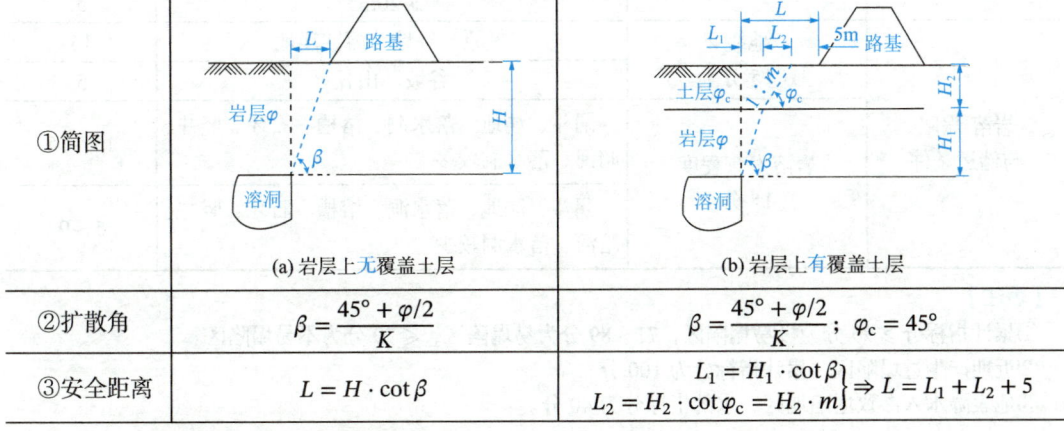

| | (a) 岩层上无覆盖土层 | (b) 岩层上有覆盖土层 |
|---|---|---|
| ①简图 | | |
| ②扩散角 | $\beta = \dfrac{45° + \varphi/2}{K}$ | $\beta = \dfrac{45° + \varphi/2}{K}$；$\varphi_c = 45°$ |
| ③安全距离 | $L = H \cdot \cot\beta$ | $\left.\begin{array}{l}L_1 = H_1 \cdot \cot\beta \\ L_2 = H_2 \cdot \cot\varphi_c = H_2 \cdot m\end{array}\right\} \Rightarrow L = L_1 + L_2 + 5$ |

式中：$L$——溶洞距路基的安全距离（m）；

$H$——溶洞顶板厚度（m）；

$\beta$——溶洞顶板坍塌扩散角（°）；

$\varphi$——溶洞顶板岩石内摩擦角（°）；

$\varphi_c$——土体的综合内摩擦角（°）；

$K$——安全系数，取 1.1~1.25，高速公路、一级公路取大值；

$m$——稳定土层边坡的坡率；

$H_1$——溶洞洞顶上岩层厚度（m）；

$H_2$——溶洞洞顶上土层厚度（m）。

## （五）岩溶塌陷预测评分表

——《铁路工程不良地质勘察规程》第 9.3.8 条条文说明

**岩溶塌陷预测评分表**

| 基本条件 | 主要影响因素 | 因素的水平 | 指标分数 |
| --- | --- | --- | --- |
| 水-塌陷动力 | 水位（40分） | 水位能在土、石界面上下波动 | 40 |
| | | 水位不能在土、石界面上下波动 | 20 |
| 覆盖层-塌陷物质 | 土的性质与土层结构（20分） | 黏性土 | 10 |
| | | 砂性土 | 20 |
| | | 风化砂页岩 | 10 |
| | | 多元结构 | 20 |
| | 土层厚度（10分） | <10m | 10 |
| | | 10～20m | 7 |
| | | >20m | 5 |
| 岩溶-塌陷与储运条件 | 地貌（15分） | 平原、谷地、溶蚀洼地 | 15 |
| | | 谷坡、山丘 | 5 |
| | 岩溶发育程度（15分） | 漏斗、洼地、落水洞、溶槽、石牙、竖井、暗河、落水洞较多 | 10～15 |
| | | 漏斗、洼地、落水洞、溶槽、石牙、竖井、暗河、落水洞较少 | 5～9 |

【表注】
①累计指标分≥90 分为极易塌陷区，71～89 分为易塌陷区，≤70 分为不易塌陷区。
②近期产生过塌陷区，累计指标分为 100 分。
③地表降水入渗致塌陷地区，水的指标分为 40 分。

# 第三十五章

# 危岩和崩塌

——《工程地质手册》P678～P681

| 简图 | 计算式 | 参数说明 |
|---|---|---|
| 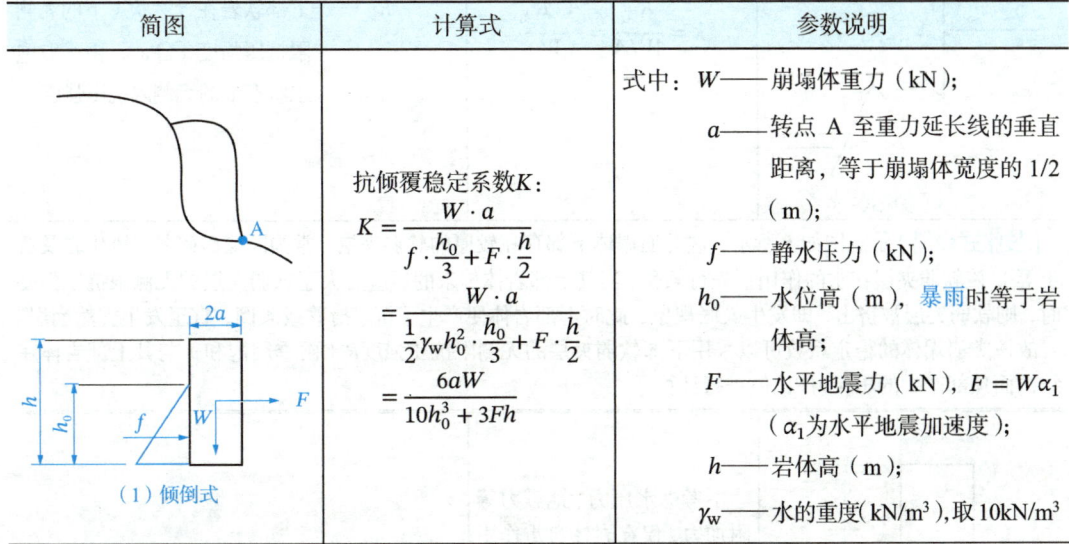<br>（1）倾倒式 | 抗倾覆稳定系数$K$：<br>$K = \dfrac{W \cdot a}{f \cdot \dfrac{h_0}{3} + F \cdot \dfrac{h}{2}}$<br>$= \dfrac{W \cdot a}{\dfrac{1}{2}\gamma_w h_0^2 \cdot \dfrac{h_0}{3} + F \cdot \dfrac{h}{2}}$<br>$= \dfrac{6aW}{10h_0^3 + 3Fh}$ | 式中：$W$——崩塌体重力（kN）；<br>$a$——转点 A 至重力延长线的垂直距离，等于崩塌体宽度的 1/2（m）；<br>$f$——静水压力（kN）；<br>$h_0$——水位高（m），暴雨时等于岩体高；<br>$F$——水平地震力（kN），$F = W\alpha_1$（$\alpha_1$ 为水平地震加速度）；<br>$h$——岩体高（m）；<br>$\gamma_w$——水的重度（kN/m³），取 10kN/m³ |

【倾倒式崩塌】基本示意图如上所示，不稳定块体的上下各部分与稳定岩体之间均有裂隙分开，一旦发生倾倒，将绕 A 点发生转动。

在雨季张开的裂隙可能为暴雨充满，应考虑静水压力$f$，7 度以上震区，还应考虑水平地震作用力$F$，则崩塌体的抗倾覆稳定系数$K$如上所示

| 简图 | 计算式 | 参数说明 |
|---|---|---|
| 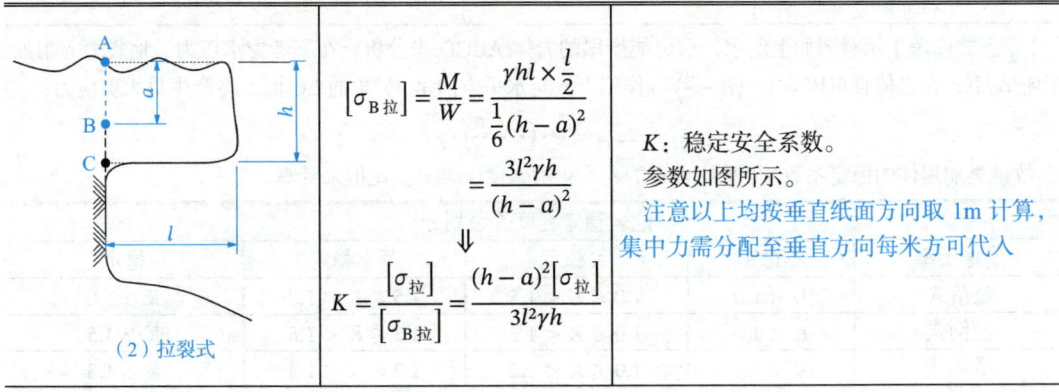<br>（2）拉裂式 | $[\sigma_{B拉}] = \dfrac{M}{W} = \dfrac{\gamma h l \times \dfrac{l}{2}}{\dfrac{1}{6}(h-a)^2}$<br>$= \dfrac{3l^2 \gamma h}{(h-a)^2}$<br>$\Downarrow$<br>$K = \dfrac{[\sigma_{拉}]}{[\sigma_{B拉}]} = \dfrac{(h-a)^2[\sigma_{拉}]}{3l^2 \gamma h}$ | $K$：稳定安全系数。<br>参数如图所示。<br>注意以上均按垂直纸面方向取 1m 计算，集中力需分配至垂直方向每米方可代入 |

【拉裂式崩塌】示意图如上所示，以悬臂梁形式突出的岩体，在 AC 面上承受最大的弯矩和剪力，岩层顶部受拉、底部受压，A 点附近的拉应力最大。

在长期重力和风化作用下，A 点附近的裂隙逐渐扩大，并向深处发展，拉应力将越来越集中于尚未裂开的 B 点，一旦拉应力超过该岩石的抗拉强度时，上部悬出的岩体就会发生崩塌，此类崩塌的关键就是最大弯矩截面 BC 上的拉应力是否超过了岩石的抗拉强度。

故采用 B 点的拉应力$[\sigma_{B拉}]$与岩石的允许抗拉强度$[\sigma_{拉}]$的比值进行稳定性分析验算

续表

| 简图 | 计算式 | 参数说明 |
|---|---|---|
| 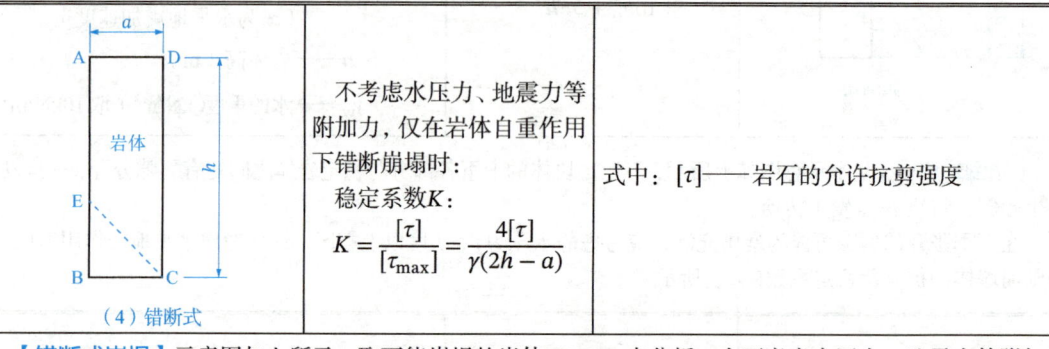<br>（3）鼓胀式 | 稳定系数 $k$：<br>$$k = \frac{R_无}{W/A} = \frac{A \cdot R_无}{W}$$ | 式中：$W$——上部岩体重量（kN）；<br>$A$——上部岩体底面积（m²）；<br>$R_无$——下部软岩在天然状态下的无侧限抗压强度（kPa），雨季取饱水状态下的无侧限抗压强度 |

【鼓胀式崩塌】示意图如上所示，这类崩塌体下部存在较厚的软弱夹层（常为断层破碎带、风化岩及黄土等），该软弱夹层在水的作用下先行软化，当其上部岩体传来的压应力大于软弱夹层的无侧限抗压强度时，则软弱夹层被挤出，即发生鼓胀现象，此时上部岩体便产生下沉、滑移或倾倒，直至发生突然崩塌。

故该类崩塌体的稳定系数可以采用下部软弱夹层的无侧限抗压强度 $R$（雨季用饱和）与其上部岩体在结构面顶部产生的压应力 $P$ 比值进行计算

| 简图 | 计算式 | 参数说明 |
|---|---|---|
| （4）错断式 | 不考虑水压力、地震力等附加力，仅在岩体自重作用下错断崩塌时：<br>稳定系数 $K$：<br>$$K = \frac{[\tau]}{[\tau_{\max}]} = \frac{4[\tau]}{\gamma(2h-a)}$$ | 式中：$[\tau]$——岩石的允许抗剪强度 |

【错断式崩塌】示意图如上所示，取可能崩塌的岩体 ABCD 来分析，在不考虑水压力、地震力等附加力情况下，在岩体自重 $W = a \cdot \left(h - \frac{a}{2}\right) \cdot \gamma$ 作用下，与水平方向呈 45°角的 EC 面上将产生最大剪应力：

$$\tau_{\max} = \frac{1}{2} \cdot \left(h - \frac{a}{2}\right) \cdot \gamma$$

故该类崩塌体的稳定系数 $K$ 可采用岩石的允许抗剪强度 $[\tau]$ 与 $\tau_{\max}$ 比值来计算

| 危岩稳定程度等级划分 | | | | |
|---|---|---|---|---|
| 崩塌类型 | 不稳定 | 欠稳定 | 基本稳定 | 稳定 |
| 坠落式 | $K < 1.0$ | $1.0 \leqslant K < 1.5$ | $1.5 \leqslant K < 1.8$ | $K \geqslant 1.8$ |
| 倾倒式 | $K < 1.0$ | $1.0 \leqslant K < 1.3$ | $1.3 \leqslant K < 1.5$ | $K \geqslant 1.5$ |
| 滑塌式 | $K < 1.0$ | $1.0 \leqslant K < 1.2$ | $1.2 \leqslant K < 1.3$ | $K \geqslant 1.3$ |

【小注】手册中没有具体给出坠落式是指哪些，笔者建议可以认为除去倾倒式、滑塌式都归到坠落式。

### 知识拓展

落石的最大能量、最大弹跳高度、最大滚动距离的计算详细见《铁路工程不良地质勘察规程》第 5.5.3 条条文说明。

# 第三十六章

# 泥石流

## 第一节 泥石流分类

### 一、按照《岩土工程勘察规范》附录 C 分类

泥石流的工程分类和特征

| 类别 | 泥石流特征 | 流域特征 | 亚类 | 严重程度 | 流域面积（km²） | 固体物质一次冲出量（×10⁴m³） | 流量（m³/s） | 堆积区面积（km²） |
|---|---|---|---|---|---|---|---|---|
| Ⅰ 高频率泥石流沟谷 | 基本上每年均有泥石流发生。固体物质主要来源于沟谷的滑坡、崩塌。暴发雨强小于 2～4mm/10min。除岩性因素外，滑坡、崩塌严重的沟谷多发生黏性泥石流，规模大，反之多发生稀性泥石流，规模小 | 多位于强烈抬升区，岩层破碎，风化强烈，山体稳定性差。泥石流堆积新鲜，无植被或仅有稀疏草丛。黏性泥石流沟中下游沟床坡度大于4% | Ⅰ₁ | 严重 | >5 | >5 | >100 | >1 |
| | | | Ⅰ₂ | 中等 | 1～5 | 1～5 | 30～100 | <1 |
| | | | Ⅰ₃ | 轻微 | <1 | <1 | <30 | — |
| Ⅱ 低频率泥石流沟谷 | 暴发周期一般在 10 年以上。固体物质主要来源于沟床，泥石流发生时"揭床"现象明显。暴雨时坡面产生的浅层滑坡往往是激发泥石流形成的重要因素。暴发雨强，一般大于 4mm/10min。规模一般较大，性质有黏有稀 | 山体稳定性相对较好，无大型活动性滑坡、崩塌。沟床和扇形地上巨砾遍布。植被较好，沟床内灌木丛密布，扇形地多已辟为农田。黏性泥石流沟中下游沟床坡度小于 4% | Ⅱ₁ | 严重 | >10 | >5 | >100 | >1 |
| | | | Ⅱ₂ | 中等 | 1～10 | 1～5 | 30～100 | <1 |
| | | | Ⅱ₃ | 轻微 | <1 | <1 | <30 | — |

【表注】①表中流量对高频率泥石流沟谷指百年一遇流量；对低频率泥石流沟谷指历史最大流量；
②泥石流的工程分类宜采用野外特征与定量指标相结合的原则，定量指标满足其中一项即可。

笔记区

## 二、按照《铁路工程不良地质勘察规程》附录 C 分类

**泥石流分类**

| 规模分类 | 类别 | 峰值流量$Q_c$（m³/s） | 固体物质一次最大冲出量$V_c$（m³） |
|---|---|---|---|
| | 小型 | $Q_c < 20$ | $V_c < 2 \times 10^4$ |
| | 中型 | $20 \leqslant Q_c < 100$ | $2 \times 10^4 \leqslant V_c < 20 \times 10^4$ |
| | 大型 | $100 \leqslant Q_c < 200$ | $20 \times 10^4 \leqslant V_c < 50 \times 10^4$ |
| | 特大型 | $Q_c \geqslant 200$ | $V_c \geqslant 50 \times 10^4$ |

| 固体物质成分分类 | 名称 | 分类标准 |
|---|---|---|
| | 泥流 | 固体物质为黏粒、粉粒、少量砂砾、碎石 |
| | 泥石流 | 固体物质为黏粒、粉粒、砂砾、砾石、碎石、块石、漂石 |
| | 水石流 | 固体物质为块石、碎石、砾石、少量砂粒、粉粒 |

| 频率分类 | 高频泥石流 | 中频泥石流 | 低频泥石流 | 极低频泥石流 |
|---|---|---|---|---|
| | ≥1次/年 | 1次/10年~1次/年 | 1次/100年~1次/10年 | <1次/100年 |

| 流域形态特征分类 | 类别 | 流域面积$S$（km²） | 主沟长度$L$（km） | 形态特征 | 沟床纵坡 | 不良地质现象 | 沟口堆积物 |
|---|---|---|---|---|---|---|---|
| | 沟谷型 | $S > 1$ | $L > 2$ | 沟谷形态明显，一般上游宽下游窄，支沟发育 | 一般在15°以下，有卡口、跌坎 | 沟内常发育滑坡、崩塌 | 呈扇形或带状，颗粒有一定磨圆 |
| | 山坡型 | $S \leqslant 1$ | $L \leqslant 2$ | 沟谷短、浅、陡，一般无支沟 | 与山坡坡度基本一致 | 中、上游常发生坡面侵蚀和崩塌 | 呈锥形，颗粒粗大，棱角明显 |

| 流体性质分类 | 性质 | | 黏性 | | 稀性 | | |
|---|---|---|---|---|---|---|---|
| | 类别 | | 泥流 | 泥石流 | 泥流 | 泥石流 | 水石流 |
| | 流体密度$\rho_c$（kg/m³） | | $\rho_c > 1.5 \times 10^3$ | $1.6 \times 10^3 \leqslant \rho_c \leqslant 2.3 \times 10^3$ | $1.3 \times 10^3 \leqslant \rho_c \leqslant 1.5 \times 10^3$ | $1.2 \times 10^3 \leqslant \rho_c \leqslant 1.6 \times 10^3$ | $\rho_c < 1.2 \times 10^3$ |
| | 黏度$\eta$（Pa·s） | | $\eta > 0.3$ | $\eta > 0.3$ | $\eta \leqslant 0.3$ | $\eta \leqslant 0.3$ | |

| 发育阶段分期 | 阶段 | | 形成期（青年期） | 发展期（壮年期） | 衰退期（老年期） | 停歇期 |
|---|---|---|---|---|---|---|
| | 扇面变幅（m） | | +0.2~+0.5 | >+0.5 | -0.2~+0.2 | ≤0 |
| | 沟域松散物模量（×10⁴m³/km²） | | 5~10 | >10 | 1~5 | 0.5~1 |
| | 松散物边坡 | 高度$H$（m） | 5~30 | >30 | <30 | <5 |
| | | 坡度$\varphi$ | 25°~32° | >32° | 15°~25° | <15° |

**笔记区**

# 第二节 泥石流流体密度、流速、流量

——《工程地质手册》P686~P691

## 一、泥石流流体密度

**泥石流流体密度 $\rho_m$**

| 《工程地质手册》—体积比法 | |
|---|---|
| $\rho_m = \dfrac{(d_s f + 1)\rho_w}{f + 1}$ | 式中：$\rho_m$——泥石流流体密度（t/m³）；<br>$\rho_w$——水的密度（t/m³）；<br>$d_s$——固体颗粒的相对密度，一般取 2.4~2.7；<br>$f$——固体物质体积和水的体积比，以小数代入 |

| 《公路工程地质勘察规范》—经验公式法（第 7.4.10 条的条文说明） | |
|---|---|
| $\rho_m = \dfrac{1}{1 - 0.0334 A \cdot I_c^{0.39}}$ | 式中：$A$——塌方程度系数，取值按下表；<br>$I_c$——塌方区的平均坡度（‰），例如：10‰代入 10 计算，取值按下表 |

| 塌方程度 | 塌方区岩性及边坡特征 | 塌方面积率（%） | $I_c$（‰）规范表格单位有误 | $A$ |
|---|---|---|---|---|
| 严重的 | 塌方区经常处于不稳定状态，表层松散，多为近代残积、坡积层，第三系半胶结粉细砂岩，泥灰岩。松散堆积层厚度大于10m，塌方集中，多滑坡，冲沟发育，沟头多为葫芦状 | 20~30 | ≥500 | 1.1~1.4 |
| 较严重的 | 山坡不很稳定，岩层破碎，残积、坡积层厚3~10m，中等密实，表层松散，塌方区不太集中，沟岸冲刷严重，但对其上方山坡稳定性影响小 | 10~20 | 350~500 | 0.9~1.1 |
| 一般的 | 山坡为砂页岩互层，风化较严重，堆积层不厚，表土含砂量大，有小型塌方和小型冲沟，且分散 | 5~10 | 270~400 | 0.7~0.9 |
| 轻微的 | 塌方区边坡一般较缓，或上陡下缓，有趋于稳定的现象，沟岸等处堆积层趋于稳定，少部分山坡岩层风化剥落，其他多属死塌方、死滑坡 | 3~5 | 250~350 | 0.5~0.7 |

## 二、泥石流流速

### （一）弯道处近似泥石流流速

——《铁路工程不良地质勘察规程》第 7.3.3、7.5.2 条条文说明

**泥石流流速**

$$v_c = \left(\frac{1}{2}\sigma g \frac{a_2 + a_1}{a_2 - a_1}\right)^{\frac{1}{2}}$$

式中：$v_c$——泥石流流速（m/s）；
　　　$a_1$——凸岸曲率半径（m）；
　　　$a_2$——凹岸曲率半径（m）；
　　　$\sigma$——两岸泥位高差（m）；
　　　$g$——重力加速度（m/s²）。

【小注】本公式做了勘误，勘误后新老公式计算结果一致，考试时建议灵活把握

$$v_c = \sqrt{\frac{R_0 \cdot \sigma \cdot g}{B}}$$ （2012 年版公式）

式中：$v_c$——沟床弯道处近似泥石流流速（m/s）；
　　　$R_0$——弯道中心线曲率半径（m）；
　　　$\sigma$——沟床两岸泥位高差（m）；
　　　$g$——重力加速度（m/s²）；
　　　$B$——泥面宽度（m）

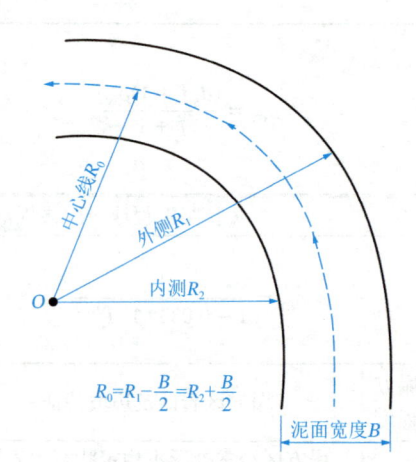

### （二）泥石流断面平均流速

**泥石流断面平均流速**

| 分类 | | 计算式 | 参数 | |
|---|---|---|---|---|
| ①稀性泥石流 | 西北地区 | $v_m = \dfrac{15.3}{\alpha} R_m^{2/3} I^{3/8}$ | 水力半径：$R_m = \dfrac{A}{x}$<br>阻力系数：$\alpha = \sqrt{\phi d_s + 1}$<br>（可查下表）<br>↑<br>阻力系数：$\phi = \dfrac{\rho_m - \rho_w}{\rho_s - \rho_m}$<br>↑<br>$\rho_s = d_s \cdot \rho_w$ | 式中：$R_m$——泥石流流体水力半径（m），可近似取其泥位深度，或者 $R_m =$ 过水断面面积/过水断面宽度；<br>$A$——过水断面面积（m²）；<br>$x$——过水断面面积宽或湿周（m）；<br>$\rho_m$、$\rho_w$、$\rho_s$——分别为泥石流体密度、清水密度、泥石流中固体物质密度（t/m³）；<br>$I$——泥石流流面纵坡比降，以小数代入公式；<br>$\dfrac{1}{n}$——清水河槽糙率，等于$m_m$，见下表（或规范 P687 表 6-4-10）；<br>$m_w$——河床外阻力系数，见下表（或规范 P688 表 6-4-11） |
| | 西南地区 | $v_m = \dfrac{1}{\alpha} \cdot \dfrac{1}{n} R_m^{2/3} I^{1/2}$ | | |
| | 北京地区 | $v_m = \dfrac{m_w}{\alpha} R_m^{2/3} I^{1/2}$<br>（勘误后的公式） | | |

续表

| 分类 | 计算式 | 参数 |
|---|---|---|
| ①稀性泥石流 | | 阻力系数 $\alpha$ |

| $d_s$ | 泥石流体的密度 $\rho_m$（t/m³） | | | | | | | | | | | | |
|---|---|---|---|---|---|---|---|---|---|---|---|---|---|
| | 1.0 | 1.1 | 1.2 | 1.3 | 1.4 | 1.5 | 1.6 | 1.7 | 1.8 | 1.9 | 2.0 | 2.1 | 2.2 | 2.3 |
| 2.4 | 1.0 | 1.09 | 1.18 | 1.29 | 1.40 | 1.53 | 1.67 | 1.84 | 2.05 | 2.31 | 2.64 | 3.13 | 3.92 | 5.68 |
| 2.5 | 1.0 | 1.08 | 1.18 | 1.28 | 1.38 | 1.50 | 1.63 | 1.79 | 1.96 | 2.18 | 2.45 | 2.81 | 3.32 | 4.15 |
| 2.6 | 1.0 | 1.08 | 1.17 | 1.26 | 1.37 | 1.48 | 1.60 | 1.74 | 1.90 | 2.08 | 2.31 | 2.55 | 2.96 | 3.50 |
| 2.7 | 1.0 | 1.08 | 1.17 | 1.26 | 1.35 | 1.46 | 1.57 | 1.70 | 1.84 | 2.01 | 2.21 | 2.44 | 2.74 | 3.13 |

| 分类 | 计算式 | 参数 |
|---|---|---|
| ②黏性泥石流 | 东川泥石流改进经验公式：<br>$v_m = K H_m^{2/3} I_m^{1/5}$<br><br>西藏古乡沟、东川蒋家沟、武都火烧沟经验公式：<br>$v_m = \dfrac{1}{n_m} H_m^{2/3} I_m^{1/2}$<br><br>甘肃武都地区经验公式：<br>$v_m = M_c H_m^{2/3} I_m^{1/2}$ | 式中：$H_m$——计算断面的平均泥深（m）；<br>$K$——黏性泥石流流速系数（m），根据 $H_m$ 插值查下表：<br><br>\| $H_m$（m） \| <2.5 \| 3 \| 4 \| 5 \|<br>\|---\|---\|---\|---\|---\|<br>\| $K$ \| 10 \| 9 \| 7 \| 5 \|<br><br>$I_m$——泥石流水力坡度，用小数表示，一般采用沟床纵坡比降；<br>$n_m$——沟床糙率，可查规范 P688 表 6-4-13；<br>$M_c$——泥石流沟床糙率系数，可查规范 P689 表 6-4-14 |
| ③泥石流中石块的运动速度（m/s）：<br>$v_m = \alpha \sqrt{d_{max}}$ | | 式中：$\alpha$——参数，取值介于 3.5～4.5，平均为 4.0；<br>$d_{max}$——泥石流堆积物中最大石块的粒径（m） |

**泥石流粗糙系数 $m_m$**

| 沟床特征 | $m_m$ | | 坡度 |
|---|---|---|---|
| | 极限值 | 平均值 | |
| 糙率最大的泥石流沟槽，沟槽中堆积有难以滚动的棱石或稍能滚动的大块石。沟槽被树木（树干、树枝及树根）严重阻塞，无水生植物。沟底呈阶梯式急剧降落 | 3.9～4.9 | 4.5 | 0.174～0.375 |
| 糙率较大的不平整泥石流沟槽，沟底无急剧突起，沟床内均堆积大小不等的石块，沟槽被树木所阻塞，沟槽两侧有草本植物，沟床不平整，有洼坑，沟底呈阶梯式降落 | 4.5～7.9 | 5.5 | 0.067～0.199 |
| 较弱的泥石流沟槽，但有大的阻力。沟槽由滚动的砾石和卵石组成，沟槽常因稠密灌木丛而被严重阻塞，沟槽凹凸不平，表面因大石块而突起 | 5.4～7.0 | 6.6 | 0.116～0.187 |
| 流域在山区中、下游的泥石流沟槽，沟槽经过光滑的岩面；有时经过具有大小不一的阶梯跌水沟床，在开阔段有树枝、砂石停积阻塞，无水生植物 | 7.7～10.0 | 8.8 | 0.112～0.220 |
| 流域在山区或近山区的河槽，河槽经过砾石、卵石河床，由中小粒径与能完全滚动的物质组成，河槽阻塞轻微，河岸有草本及木本植物，河底降落较均匀 | 9.8～17.5 | 12.9 | 0.022～0.090 |

河床外阻力系数 $m_w$

| 沟床特征 | $m_w$ | |
|---|---|---|
| | $I > 0.015$ | $I \leqslant 0.015$ |
| 河段顺直，河床平整，断面为矩形或抛物线形的漂石、砂卵石或黄土质河床，平均粒径为 0.01～0.08m | 7.5 | 40 |
| 河段较为顺直，由漂石、碎石组成的单式河床，大石块直径为 0.4～0.8m，平均粒径为 0.2～0.4m；或河段较弯曲不太平整的 I 类河床 | 6.0 | 32 |
| 河段较为顺直，由巨石、漂石、卵石组成的单式河床，大石块直径为 0.1～1.4m，平均粒径为 0.1～0.4m；或较为弯曲不太平整的 II 类河床 | 4.0 | 25 |
| 河段较为顺直，河槽不平整，由巨石、漂石组成单式河床，大石块直径为 1.2～2.0m，平均粒径为 0.2～0.6m，或较为弯曲不平整的 III 类河床 | 3.8 | 20 |
| 河段严重弯曲，断面很不规则，树木、植被、巨石严重阻塞河床 | 2.4 | 12.5 |

## 三、泥石流峰值流量

泥石流峰值流量 $Q_m$

| 方法 | 计算公式 | 参数说明 |
|---|---|---|
| （1）形态调查法 | $Q_m = F_m v_m$ | 式中：$Q_m$——泥石流断面峰值流量（m³/s）；<br>$F_m$——泥石流过流断面面积（m²）；<br>$v_m$——泥石流断面平均流速（m/s） |
| （2）配方法 | ①不考虑土壤含水量<br>泥石流体中水的体积含量 $\alpha$：<br>$$\alpha = \frac{d_s - \rho_m}{d_s - 1}$$<br>⇓<br>泥石流修正系数 $C$：<br>$$C = \frac{1 - \alpha}{\alpha - w_m(1-\alpha)}$$<br>⇓<br>设计泥石流流量：$Q_m = Q_w(1+C)$ | 式中：$Q_m$——设计泥石流流量（m³/s）；<br>$d_s$——固体颗粒相对密度；<br>$\rho_m$——泥石流体密度（t/m³）；<br>$w_m$——泥石流补给区中固体物质的含水量，以小数计，一般默认为体积比，如果给出质量比 $w$：<br>$$w_m = w \cdot d_s$$<br>$Q_w$——设计清水流量（m³/s）；<br>$Q_w$ = 汇水面积 × 降雨量 × 径流系数 |
| | ②西北地区：考虑土壤含水量<br>泥石流修正系数 $P$：<br>$$P = \frac{\rho_m - 1}{\dfrac{d_s(1+w)}{d_s w + 1} - \rho_m}$$<br>⇓<br>设计泥石流流量：$Q_m = Q_w(1+P)$ | 式中：$w$——土壤的天然含水量（%），以小数计。<br>其他参数同上 |
| | ③泥石流修正系数 $\phi$：<br>$$\phi = \frac{\rho_m - 1}{d_s - \rho_m} \Rightarrow$$<br>泥石流流量：$Q_m = Q_w(1+\phi)$ | 参数同上 |

续表

| 方法 | 计算公式 | 参数说明 |
|---|---|---|
| （3）雨洪修正法 | 计算泥石流修正系数 $\phi$：<br>$$\phi = \frac{\rho_m - 1}{d_s - \rho_m}$$<br>⇓<br>泥石流流量：<br>$Q_m = Q_w(1+\phi)D_m$ | 式中：$D_m$——泥石流堵塞系数，可查下表取值<br><br>\| 堵塞程度 \| 严重 \| 较严重 \| 一般 \| 轻微 \|<br>\|---\|---\|---\|---\|---\|<br>\| $D_m$ \| 2.6～3.0 \| 2.0～2.5 \| 1.5～1.9 \| 1.0～1.4 \| |

## 四、一次泥石流过程总量

一次泥石流过程总量 $W_m$

| 计算指标 | 公式 | 参数说明 |
|---|---|---|
| （1）通过断面的一次泥石流过程总量 $W_m$（m³） | $W_m = 0.26 T Q_m$ | 式中：$Q_m$——泥石流最大流量（m³/s）；<br>$T$——泥石流历时（s）；<br>$\rho_m$——泥石流体的密度（t/m³）；<br>$\rho_s$——泥石流体中固体物质的密度（t/m³）；<br>$\rho_w$——泥石流体中水的密度（t/m³）。<br>其他参数同上 |
| （2）一次泥石流冲出的固体物质总量 $W_s$（m³） | $W_s = C_m W_m = \dfrac{\rho_m - \rho_w}{\rho_s - \rho_w} W_m$ | |

## 五、一次泥石流最大淤积厚度

——《铁路工程不良地质勘察规程》第7.5.2条条文说明

一次泥石流最大淤积厚度

| 一次泥石流最大堆积厚度 $H_1$（m） | 式中：$V_H$——一次泥石流冲出的固体物质体积总量（m³）；<br>$\gamma_c$——泥石流容重（kN/m³）；<br>$I$——堆积区比降（%） |
|---|---|
| $H_1 = 0.017 \left[ \dfrac{V_H \gamma_c}{10 I^2 \ln(\gamma_c/10)} \right]^{1/3}$ | |

> **知识拓展**
>
> 《公路路基设计规范》第 7.5.3 条：导流堤可用于需要控制泥石流的走向或限制其影响范围的泥石流堆积扇区，防止泥石流直接冲击路堤或壅塞桥涵。导流堤的高度应为设计使用年限内的泥石淤积厚度与泥石流的沟深之和；在泥石流可能受阻的地方或弯道处，还应加上冲起高度和弯道高度。

笔记区

# 第三十七章 采空区

## 一、地表变形分类

——《工程地质手册》P698、《公路路基设计规范》第 7.16.3 条

**地表变形分类**

| 变形简图 | 计算指标 | | 公式 |
|---|---|---|---|
| (a) 移动盆地变形分析 | 两种移动 | 垂直移动量（mm） | $\Delta\eta = \eta_B - \eta_A$ |
| | | 水平移动量（mm） | $\Delta\xi = \xi_A - \xi_B$ |
| (b) 倾斜变形分析 | 三种变形 | 水平变形（mm/m） | $\varepsilon = \dfrac{\Delta\xi}{l}$ |
| | | 倾斜（mm/m） | $i = \dfrac{\Delta\eta}{l}$，$i_{AB} = \dfrac{\Delta\eta_{AB}}{l_{AB}}$，$i_{BC} = \dfrac{\Delta\eta_{BC}}{l_{BC}}$ |
| | | 曲率（mm/m²） | $K_B = \dfrac{i_{BC} - i_{AB}}{l_{1-2}} \Leftarrow l_{1-2} = \dfrac{l_{AB} + l_{BC}}{2}$ |
| | | 曲率半径（m） | $R_B = \dfrac{1000}{K_B}$ |

【小注】①地表变形分为两种移动和三种变形，假设 A、B、C 为主断面上移动前的三点，A′、B′、C′为移动终止后的对应位置；

②$i_{AB}$相当于A′、B′中点1′处的倾斜；$i_{BC}$相当于B′、C′中点2′处的倾斜。

——《工程地质手册》P708

**采空区场地稳定性等级**

| 稳定等级 | 评价因子 | | | | 备注 |
|---|---|---|---|---|---|
| | 下沉速率$v_w$（mm/d） | 倾斜$i$（mm/m） | 曲率$K$（mm/m²） | 水平变形$\varepsilon$（mm/m） | |
| 稳定 | <1.0mm/d 且连续 6 个月的累计下沉<30mm | <3 | <0.2 | <2 | 同时具备 |
| 基本稳定 | <1.0mm/d 但连续 6 个月的累计下沉≥30mm | 3～10 | 0.2～0.6 | 2～6 | 具备其一 |
| 不稳定 | ≥1.0mm/d | >10 | >0.6 | >6 | 具备其一 |

## 二、采空区稳定性评价

### （一）建筑场地的稳定性

——《岩土工程勘察规范》第 5.5.5 条

**建筑场地的稳定性**

| | |
|---|---|
| 不宜作为建筑场地 | ①在开采过程中可能出现非连续变形的地段；<br>②地表移动活跃的地段；<br>③特厚矿层和倾角大于 55°的厚矿层露头地段；<br>④由于地表移动和变形引起边坡失稳和山崖崩塌的地段；<br>⑤地表倾斜 $i > 10$mm/m，地表曲率 $K > 0.6$mm/m²，或地表水平变形 $\varepsilon > 6$mm/m 的地段 |
| 评价场地适宜性 | ①采空区采深采厚比小于 30 的地段；<br>②采深小，上覆岩层极坚硬，并采用非正规开采方法的地段；<br>③地表倾斜 $i = 3\sim10$mm/m，地表曲率 $K = 0.2\sim0.6$mm/m²，或地表水平变形 $\varepsilon = 2\sim6$mm/m 的地段 |
| 相对稳定 | 不属于上述情况。<br>地表倾斜 $i < 3$mm/m，且地表曲率 $K < 0.2$mm/m² 且地表水平变形 $\varepsilon < 2$mm/m 的地段 |

### （二）公路路基的稳定性

——《公路路基设计规范》第 7.16.3 条

**公路采空区地表变形容许值**

| 公路等级 | 地表倾斜 $i$（mm/m） | 水平变形 $\varepsilon$（mm/m） | 地表曲率 $K$（mm/m²） |
|---|---|---|---|
| 高速公路、一级公路 | ≤ 3.0 | ≤ 2.0 | ≤ 0.2 |
| 二级及二级以下公路 | ≤ 6.0 | ≤ 4.0 | ≤ 0.3 |

**公路采空区场地稳定性判定**

| 公路等级 | 判定条件 | 稳定性 |
|---|---|---|
| 高速公路一级公路 | 地表倾斜 $i \leq 3$mm/m，且地表曲率 $K \leq 0.2$mm/m² 且地表水平变形 $\varepsilon \leq 2$mm/m 的地段 | 满足 |
| 高速公路一级公路 | 地表倾斜 $i = 3\sim10$mm/m，地表曲率 $K = 0.2\sim0.6$mm/m²，或地表水平变形 $\varepsilon = 2\sim6$mm/m 的地段 | 需处治 |
| 高速公路一级公路 | 地表倾斜 $i > 10$mm/m，地表曲率 $K > 0.6$mm/m²，或地表水平变形 $\varepsilon > 6$mm/m 的地段 | 不宜使用 |
| 二级及二级以下公路 | 地表倾斜 $i \leq 6$mm/m，地表曲率 $K \leq 0.3$mm/m² 且地表水平变形 $\varepsilon \leq 4$mm/m 的地段 | 满足 |
| 二级及二级以下公路 | 地表倾斜 $i = 6\sim10$mm/m，地表曲率 $K = 0.3\sim0.6$mm/m²，或地表水平变形 $\varepsilon = 4\sim6$mm/m 的地段 | 需处治 |
| 二级及二级以下公路 | 地表倾斜 $i > 10$mm/m，地表曲率 $K > 0.6$mm/m²，或地表水平变形 $\varepsilon > 6$mm/m 的地段 | 不宜使用 |

## （三）小窑采空区顶板压力 $Q$ 和顶板临界深度 $H_0$

——《工程地质手册》P713

**小窑采空区顶板压力 $Q$ 和顶板临界深度 $H_0$**

| 计算公式 | 参数说明 |
|---|---|
| 顶板压力 $Q$：<br>$Q = G + Bp_0 - 2f$<br>$= \gamma HB + Bp_0 - 2E_a \tan\varphi$<br>$= \gamma H\left[B - H\tan\varphi \tan^2\left(45° - \dfrac{\varphi}{2}\right)\right] + Bp_0$<br><br>顶板自平衡临界深度 $H_0$：<br>$H_0 = \dfrac{B\gamma + \sqrt{B^2\gamma^2 + 4B\gamma p_0 \tan\varphi \tan^2\left(45° - \dfrac{\varphi}{2}\right)}}{2\gamma \tan\varphi \tan^2\left(45° - \dfrac{\varphi}{2}\right)}$ | 式中：$G$——巷道单位长度顶板上岩层所受的总重力（kN/m），$G = \gamma BH$；<br>$B$——巷道宽度（m）；<br>$p_0$——基底应力（kPa），非基底附加应力；<br>$\gamma$——岩层的重度（kN/m³）；<br>$H$——巷道顶板的埋藏深度（m），基底起算；<br>$f$——巷道单位长度侧壁的摩阻力（kN/m）；<br>$\varphi$——岩层等效内摩擦角（°）。<br>当 $H$ 增加到一定深度，使顶板岩层恰好保持自然平衡（即 $Q=0$），此时的 $H$ 称为临界深度 $H_0$ |

**场地稳定性评价**

| 地基稳定性 | 地基不稳定 | 地基稳定性差 | 地基稳定 |
|---|---|---|---|
| 巷道顶板到基础底面的距离 $H$（m） | $H < H_0$ | $H_0 \leqslant H \leqslant 1.5H_0$ | $H > 1.5H_0$ |

【小注】$H$ 为采空区顶板的埋藏深度，当建筑物有基础埋深时，$H$ 应扣除基础埋深 $d$。

## 三、公路采空区处治

——《公路路基设计规范》第 7.16.5 条

**公路采空区处治**

（1）开挖回填处理的浅采空区处理长度应为沿公路轴向的采空区实际分布长度，处理宽度应为路基底面宽度或构造物的宽度，处理深度宜为底板风化岩位置。

（2）其他类型采空区处理范围应按下列原则确定

1）采空区的厚度较大时，处理长度应增加覆岩移动角的影响宽度，沿公路轴向的采空区处理长度可按下式计算确定

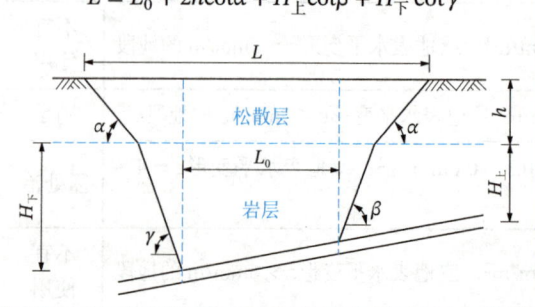

| | |
|---|---|
| $L = L_0 + 2h\cot\alpha + H_上 \cot\beta + H_下 \cot\gamma$ | 式中：$L$——沿公路轴向的采空区处理长度（m）；<br>$L_0$——沿公路中线方向采空区长度（m）；<br>$H_上$——上山方向采空区上覆岩层厚度（m）；<br>$H_下$——下山方向采空区上覆岩层厚度（m）；<br>$\alpha$——松散层移动角（°）；<br>$\beta$——上山方向采空区上覆岩层移动角（°）；<br>$\gamma$——下山方向采空区上覆岩层移动角（°） |

续表

| | |
|---|---|
| 2）处理宽度由路基底面宽度、围护带宽度、采空区覆岩影响宽度三部分组成 | |
| ①水平岩层可按下式计算：<br>（倾斜岩层且路线与岩层走向垂直，路线上每点的宽度可按水平岩层计算）<br>$B = D + 2d + 2(h\cot\alpha + H\cot\delta)$ | 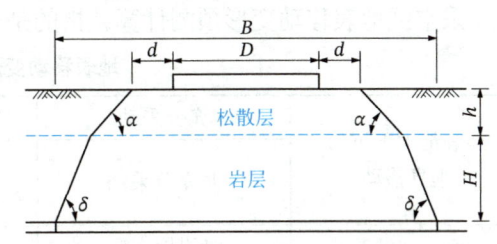<br>水平岩层采空区处治宽度计算简图 |
| ②倾斜岩层且路线与岩层走向平行时，可按下式计算：<br>$B = D + 2d + 2h\cot\alpha + H_\perp\cot\beta + H_\top\cot\gamma$ | |
| ③倾斜岩层且路线与岩层走向斜交时，可按下式计算：<br>$B = D + 2d + 2h\cot\alpha + H_\perp\cot\beta' + H_\top\cot\gamma'$<br>$\cot\beta' = \sqrt{\cot^2\beta\cos^2\theta + \cot^2\delta\sin^2\theta}$<br>$\cot\gamma' = \sqrt{\cot^2\gamma\cos^2\theta + \cot^2\delta\sin^2\theta}$ | 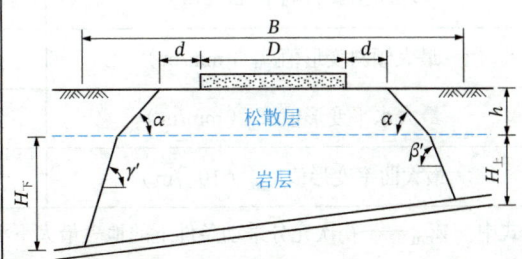<br>倾斜岩层采空区且路线与岩层走向斜交计算简图 |

式中：$B$——垂直于公路轴线的水平方向宽度（m）；

$D$——公路路基底面宽度（m）；

$d$——路基围护带一侧的宽度（m），一般取10m；

$H$——采空区上覆岩层厚度（m）；

$h$——松散层厚度（m）；

$\delta$——走向方向采空区上覆岩层移动角（°）；

$\beta'$——上山方向采空区上覆岩层斜交移动角（°）；

$\gamma'$——下山方向采空区上覆岩层斜交移动角（°）；

$\theta$——围护带边界与矿层倾向线之间所夹的锐角（°）。

（3）处治范围位于采空区边界以内时，其处治深度应为地面至采空区底板以下不小于3m；处治范围处于采空区边界外侧至岩层移动影响范围以内时，其处治深度应按下式计算：

$$h_t = H - l\tan\delta_{外} + h'$$

式中：$h_t$——采空区边界外侧岩层移动影响范围的处治深度（m）；

$H$——采空区埋深，即上覆岩层厚度（m）；

$l$——注浆孔距采空区边界的距离（m）；

$h'$——影响裂隙带以下的处治深度（m），宜取20m；

$\delta_{外}$——采空区边界外侧上覆岩层移动影响角（°）。

## 四、地表移动变形预测法计算

——《工程地质手册》P703、P704

采空区地表移动变形预测计算,指的是已知某些位置的变形,推测其他位置的变形。

**地表移动变形预测法计算**

| 地表最大下沉值（垂直移动） | 充分采动 | $W_{cm} = M \cdot q \cdot \cos\alpha$ |
|---|---|---|
| | 非充分采动 | $W_{fm} = M \cdot q \cdot n \cdot \cos\alpha$ <br> $n = \sqrt{n_1 \times n_3}$, $n_1 = k_1 \dfrac{D_1}{H_0} \leqslant 1$, $n_3 = k_3 \dfrac{D_3}{H_0} \leqslant 1$ |
| 地表最大水平位移值（水平移动） | 沿煤层走向 | $U_{cm} = b \cdot W_{cm}$ |
| | 沿煤层倾斜方向 | $U_{cm} = (b + 0.7P_0) \cdot W_{cm}$ <br> $P_0 = \tan\alpha - \dfrac{h}{H_0 - h}$ |
| 地面主要影响半径 $r$（m） | | $r = \dfrac{H}{\tan\beta}$ |
| 最大倾斜变形值 $i_{cm}$（mm/m） | | $i_{cm} = \dfrac{W_{cm}}{r}$ |
| 最大水平变形值 $\varepsilon_{cm}$（mm/m） | | $\varepsilon_{cm} = 1.52 \cdot b \cdot \dfrac{W_{cm}}{r}$ |
| 最大曲率变形值 $K_{cm}$（$10^{-3}$/m） | | $K_{cm} = 1.52 \cdot \dfrac{W_{cm}}{r^2}$ |

式中：$W_{cm}$——初次充分采动条件下的地表最大下沉值（mm）；

$M$——矿层真厚度（m）；

$q$——下沉系数（mm/m），可由《煤矿采空区岩土工程勘察规范》附录 H 查得经验值；

$\alpha$——矿层倾角（°）；

$W_{fm}$——非充分采动条件下的地表最大下沉值（mm）；

$n$——地表充分采动系数，$n_1$、$n_3$ 大于 1，取 1；

$k_1$、$k_3$——与上覆岩岩性有关的系数，坚硬岩取 0.7，较硬岩取 0.8，软弱岩取 0.9；

$D_1$、$D_3$——倾向及走向工作面长度（m）；

$H_0$——采空区的平均采深（m）；

$r$——地面影响区的主要影响半径（m），一般情况采用走向主断面计算；

$U_{cm}$——充分开采的地表最大水平移动值（mm）；

$b$——水平移动系数，可由《煤矿采空区岩土工程规范》附录 H 查得经验值；

$P_0$——计算系数，$P_0 = \tan\alpha - \dfrac{h}{H_0 - h}$，当 $P_0 < 0$ 时取 0，其中：$h$——表土层厚度（m）；

$i_{cm}$——充分开采的地表最大倾斜变形值（mm/m）；

$K_{cm}$——充分开采的最大曲率变形值（$10^{-3}$/m）；

$\beta$——主要移动（影响）角；

$H$——开采深度（m），即矿层开采顶面埋深，一般情况采用走向主断面的边界采深计算；

$\varepsilon_{cm}$——充分开采的最大水平变形值（mm/m）。

### 知识拓展

地下水抽提引起的地面沉降详见第二篇第六章第五节。

第九篇

# 地震工程

## 地震工程知识点分级

| 规范 | 内容 | 知识点 | 知识点分级 |
|---|---|---|---|
| 《建筑抗震设计规范》 | 场地类别的确定 | 覆盖层厚度的确定 | ★★★★★ |
| | | 等效剪切波速的确定 | ★★★★★ |
| | | 根据覆盖层厚度与等效剪切波速确定场地类别 | ★★★★ |
| | 液化 | 常规液化初判（年代判别、黏粒含量判别、浅埋天然地基不考虑液化影响的判别） | ★★★★★ |
| | | 非常规液化初判（剪切波速判别） | ★★★ |
| | | 常规液化复判（标贯试验） | ★★★★★ |
| | | 非常规液化复判（工程运行时标贯数修正、相对密度复判法、相对含水率或液性指数复判法） | ★★★ |
| | | 液化指数的计算及液化等级的划分 | ★★★★★ |
| | | 软弱黏性土震陷判别和震陷量计算 | ★★★ |
| | 地震反应谱 | 设计特征周期的调整 | ★★★★★ |
| | | 地震动峰值加速度的调整 | ★★★★★ |
| | | 地震影响系数的确定 | ★★★★★ |
| | | 局部突出地形对地震动参数的放大作用 | ★★★★ |
| | | 性能化设计时反应谱的确定 | ★★★ |
| | | 竖向地震反应谱的确定 | ★★★★ |
| | | 水平与竖向地震作用的计算 | ★★★★★ |
| | 地基的抗震验算 | 天然地基竖向承载力的确定 | ★★★★★ |
| | | 桩基础抗震验算 | ★★★★ |
| 《水利水电工程地质勘察规范》 | 液化 | 液化判别 | ★★★★★ |
| 《水电工程水工建筑物抗震设计规范》 | 场地 | 场地划分 | ★★★ |
| | 其他 | 设计反应谱 | ★★★ |
| | | 设计地震动加速度 | ★★★ |
| | | 地震惯性力 | ★★★ |
| | | 地震土压力 | ★★ |
| 《公路工程抗震规范》 | 场地和液化 | 液化判别 | ★★★ |
| | | 场地划分 | ★★ |
| | 抗震设计 | 抗震设计（挡土墙、边坡、天然地基、桩基） | ★★★ |
| | 地震反应谱 | 设计加速度反应谱 | ★★★★★ |
| | | 动峰值加速度 | ★★★★★ |
| | | 特征周期 | ★★★★ |
| 《中国地震动参数区划图》 | | 峰值加速度调整 | ★★★★★ |
| | | 特征周期调整 | ★★★★ |

【表注】本模块一般考查4道案例题，3道案例题来自《建筑抗震设计规范》，1道案例题来自其他规范。

# 第三十八章

# 建筑抗震设计规范

## 一、等效剪切波速及场地类别

——第 4.1 节

等效剪切波速及场地类别

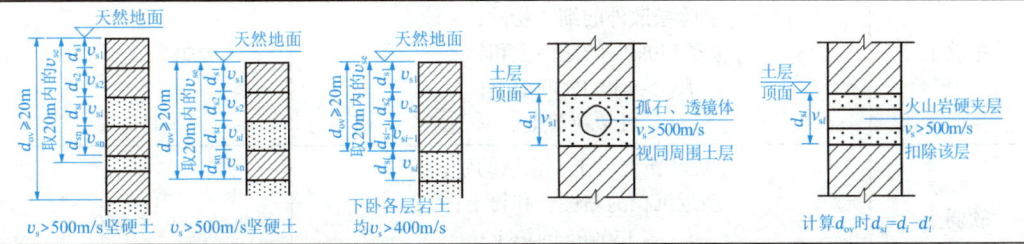

| | | 场地覆盖层厚度 $d_{0v}$（m） | | | | | |
|---|---|---|---|---|---|---|---|
| | 岩石的剪切波速 $v_s$ 或土的等效剪切波速 $v_{se}$（m/s） | <3 | [3～5] | [5～15] | (15～50] | (50～80] | >80 |
| （3）场地类别划分 | $v_s$ > 800 | $I_0$ | | | | | |
| | 500 < $v_s$ ≤ 800 | $I_1$ | | | | | |
| | 250 < $v_{se}$ ≤ 500 | $I_1$ | | II | | | |
| | 150 < $v_{se}$ ≤ 250 | $I_1$ | | II | | III | |
| | $v_{se}$ ≤ 150 | $I_1$ | | II | | III | IV |

（1）确定场地覆盖层厚度 $d_{0v}$（m）

①一般情况下，应按地面至剪切波速 > 500m/s 且其下卧各层岩土的剪切波速均 ≥ 500m/s 的土层顶面的距离确定；

②当地面 5m 以下存在剪切波速 > 2.5 倍其上部各土层剪切波速的土层，且该层及其下卧各层岩土的剪切波速均 ≥ 400m/s 时，可按地面至该土层顶面的距离确定；

③剪切波速 > 500m/s 的孤石、透镜体，应视同周围土层；

④土层中的火山岩硬夹层，应视为刚体，其厚度应从覆盖土层中扣除。确定计算深度 $d_0$ 时，扣除后若小于 20m，则按扣除后取值计算，不需要向下补齐 20m。

【小注】①应特别注意花岗岩和火山岩的不同处理方法，火山岩应扣除，而花岗岩、辉绿岩视同周围土层；②覆盖层厚度从地面开始算起；③火山岩硬夹层，一般包括：玄武岩、珍珠岩、安山岩、流纹岩、黑曜岩等

（2）计算等效剪切波速 $v_{se}$（m/s）

$$v_{se} = \frac{d_0}{\sum_{i=1}^{n}\left(\frac{d_i}{v_{si}}\right)}$$

式中：$d_0$——计算深度（m），取覆盖层厚度 $d_{0v}$ 和 20m 两者间的较小值；
$d_i$——计算深度内第 $i$ 层土的厚度（m）；
$v_{si}$——计算深度内第 $i$ 层土的剪切波速（m/s）

【小注】关于不同场地的分界，当有充分依据时，允许使用插入方法确定边界线附近（指相差±15%的范围）的 $T_g$ 值。

对于丁类建筑及丙类建筑中层数不超过 10 层、高度不超过 24m 的多层建筑，当无实测剪切波速时，可根据岩土名称和性状，按下表划分土的类型，再利用当地经验按下表的剪切波速范围估算各土层的剪切波速。

**土的类型划分和剪切波速范围**

| 土的类型 | 岩土名称和性状 | 土层剪切波速范围（m/s） |
|---|---|---|
| 岩石 | 坚硬、较硬且完整的岩石 | $v_s > 800$ |
| 坚硬土或软质岩石 | 破碎和较破碎的岩石或软和较软的岩石；密实的碎石土 | $800 \geqslant v_s > 500$ |
| 中硬土 | 中密、稍密的碎石土；密实、中密的砾、粗、中砂；$f_{ak} > 150\text{kPa}$ 的黏性土和粉土；坚硬黄土 | $500 \geqslant v_s > 250$ |
| 中软土 | 稍密的砾、粗、中砂；除松散外的细、粉砂；$f_{ak} \leqslant 150\text{kPa}$ 的黏性土和粉土；$f_{ak} > 130\text{kPa}$ 的填土；可塑新黄土 | $250 \geqslant v_s > 150$ |
| 软弱土 | 淤泥和淤泥质土；松散的砂；新近沉积的黏性土和粉土；$f_{ak} \leqslant 130\text{kPa}$ 的填土；流塑黄土 | $v_s \leqslant 150$ |

【小注】①$f_{ak}$ 为由载荷试验等方法得到的地基承载力特征值（kPa）；$v_s$ 为岩土的剪切波速。

②剪切波速也可以根据波速试验进行计算，此部分内容可参看《工程地质手册》P305～P312 自行学习。

**有利、一般、不利和危险地段划分**

| 地段类别 | 地质、地形、地貌 |
|---|---|
| 有利地段 | 稳定基岩；坚硬土；开阔、平坦、密实、均匀的中硬土等 |
| 一般地段 | 不属于有利、不利和危险的地段 |
| 不利地段 | 软弱土；液化土；条状突出的山嘴、高耸孤立的山丘、陡坡、陡坎、河岸和边坡的边缘；平面分布上成因、岩性、状态明显不均匀的土层（含故河道、疏松的断层破碎带、暗埋的塘浜沟谷和半填半挖地基）；高含水量的可塑黄土；地表存在结构性裂缝等 |
| 危险地段 | 地震时可能发生滑坡、崩塌、地陷、地裂、泥石流等及发震断裂带上可能发生地表位错的部位 |

## 二、液化判别

### （一）液化初判

——第 4.3.1～4.3.3 条

液化初判

| 饱和砂土、粉土（不含黄土）不液化条件 ||||
|---|---|---|---|
| ①6度一般不考虑液化影响 ||| 式中：$d_w$——地下水位深度（m）；宜按设计基准期内年平均最高水位或近期内年最高水位采用，非勘察水位； |
| ②地震烈度 7 度、8 度时，地质年代为 $Q_3$ 及以前不液化 ||| |
| ③粉土黏粒含量（粒径小于 0.005mm 的颗粒） | 7 度时：$\rho_c \geq 10$，不液化 || $d_u$——上覆非液化土层厚度（m），扣除淤泥(质)土，详见小注； |
| | 8 度时：$\rho_c \geq 13$，不液化 || |
| | 9 度时：$\rho_c \geq 16$，不液化 || $d_0$——液化土特征深度（m），见下表： |
| ④天然地基，满足右侧之一不液化 | $d_u > d_0 + d_b - 2$ || |
| | $d_w > d_0 + d_b - 3$ || |
| | | 饱和土类型 | 7 度 | 8 度 | 9 度 |
| | | 粉土 | 6 | 7 | 8 |
| | $d_u + d_w > 1.5 d_0 + 2 d_b - 4.5$ | 砂土 | 7 | 8 | 9 |
| | | $d_b$——基础埋置深度（m），$d_b \geq 2m$ ||| 

【公式小注】①上述公式只需满足其中一项，即可判断为不液化；
　　　　　　②$d_b \geq 2m$；
　　　　　　③$d_u$宜扣除淤泥、淤泥质土；
　　　　　　④$d_w$取设计基准期内年平均最高水位或近期内年最高水位，非勘察水位；
　　　　　　⑤粉土初判才需要考虑黏粒含量，砂土不需要考虑；
　　　　　　⑥只有地下水位以下的饱和砂土、粉土才会发生液化，黏性土不会发生液化

【小注】①当区域的地下水位处于变动状态时，应按不利的情况考虑；
　　　　②初判不液化时，不可当为下层的上覆非液化土层；
　　　　③$d_u$取值方法：如果地下水位于砂土、粉土层，$d_u$可取至该砂土、粉土层顶面；如果地下水不位于砂土、粉土层，$d_u$可取至地下水以下的首个砂土、粉土层顶面

### （二）液化复判及液化指数

——第 4.3.4～4.3.7 条

当饱和砂土、粉土的初判认为需进一步进行液化判别时(即为上述初判结果非不液化)，应采用标贯法进一步判别，计算步骤如下：

## 液化复判及液化指数

### （1）确定液化判别深度 $z$ ⇓

| 一般情况 | | $z = 20\text{m}$ |
|---|---|---|
| 规范规定可不进行上部结构抗震验算的建筑 | | |
| 地基主要受力层范围内不存在**软弱黏性土**的右侧建筑 —— 软弱黏性土指： 7度时 $f_{ak} < 80\text{kPa}$ 的土层； 8度时 $f_{ak} < 100\text{kPa}$ 的土层； 9度时 $f_{ak} < 120\text{kPa}$ 的土层 | 一般单层厂房和单层空旷厂房 | $z = 15\text{m}$ |
| | 砌体房屋 | |
| | 不超过8层且高度在24m以下的一般民用框架和框架-抗震墙房屋 | |
| | 基础荷载与上一项相当的多层框架厂房和多层混凝土抗震墙房屋 | |

【小注】根据《建筑地基基础设计规范》表 3.0.3：主要受力层指条基底面以下 $3b$、独基底面以下 $1.5b$，且厚度均不小于 5m 的范围（二层以下一般民用建筑除外），$b$ 为基础底面宽度

### （2）液化复判 ⇓

饱和砂土：
$$N_{cr} = N_0\beta[\ln(0.6d_s + 1.5) - 0.1d_w]$$

饱和粉土：
$$N_{cr} = N_0\beta[\ln(0.6d_s + 1.5) - 0.1d_w]\sqrt{\frac{3}{\rho_c}}$$

$N > N_{cr} \Rightarrow$ 不液化
$N \leq N_{cr} \Rightarrow$ 液化

【小注】$N_{cr}$ 计算中只有 $d_s$ 一个变量，熟练利用好计算器 CALC 功能可加快计算速度

式中：$N$——标准贯入锤击数实测值（无需杆长修正）；
$N_{cr}$——液化判别标准贯入锤击数临界值；
$N_0$——标准贯入锤击数基准值，见下表：

| 设计基本地震加速度（g） | 0.10 | 0.15 | 0.20 | 0.30 | 0.40 |
|---|---|---|---|---|---|
| $N_0$ | 7 | 10 | 12 | 16 | 19 |

$\beta$——调整系数，见下表：

| 设计地震分组 | 第一组 | 第二组 | 第三组 |
|---|---|---|---|
| $\beta$ | 0.80 | 0.95 | 1.05 |

$d_s$——饱和土标准贯入点深度（m）；
$d_w$——地下水位深度（m）；设计基准期内年平均最高水位或近期内年最高水位，非勘察水位；
$\rho_c$——黏粒含量百分率，$\rho_c < 3$ 时取 $\rho_c = 3$

### （3）液化指数 $I_{lE}$ 计算 ⇓

#### ①公式法

$$I_{lE} = \sum_{i=1}^{n}\left[1 - \frac{N_i}{N_{cri}}\right]d_i W_i$$

式中：$d_i$——第 $i$ 点代表的土层厚度（m）。
分层原则：上限为水位处，下限为液化判别深度；
中间分层时，同类别土以两测点中心分层；
不同类别土，以相邻测点中心至土层分界面划分。

$W_i$——权函数 $\begin{cases} z_i \leq 5\text{m 时} & W_i = 10 \\ 5\text{m} < z_i \leq 20\text{m}(15\text{m})\text{时} & W_i = \frac{2}{3}(20 - z_i) \end{cases}$

如果此图难以理解，请看如下内容。
$z_i$——计算层中点的深度（自地面起算），即为：$d_{i中}$
$N_i$、$N_{cri}$——计算层的标准贯入实测值、临界值

## （4）液化等级

| 液化等级 | 轻微 | 中等 | 严重 |
|---|---|---|---|
| 液化指数$I_{IE}$ | $0 < I_{IE} \leqslant 6$ | $6 < I_{IE} \leqslant 18$ | $I_{IE} > 18$ |

### 影响权函数值$W_i$计算表格

| $z_i$ | 5.5 | 6.0 | 6.5 | 7.0 | 7.5 | 8.0 | 8.5 | 9.0 | 9.5 | 10.0 | 10.5 | 11.0 | 11.5 | 12.0 | 12.5 |
|---|---|---|---|---|---|---|---|---|---|---|---|---|---|---|---|
| $W_i$ | 9.67 | 9.33 | 9 | 8.67 | 8.33 | 8 | 7.67 | 7.33 | 7 | 6.67 | 6.33 | 6 | 5.67 | 5.33 | 5 |
| $z_i$ | 13.0 | 13.5 | 14.0 | 14.5 | 15.0 | 15.5 | 16 | 16.5 | 17 | 17.5 | 18 | 18.5 | 19 | 19.5 | 20 |
| $W_i$ | 4.67 | 4.33 | 4 | 3.67 | 3.33 | 3 | 2.67 | 2.33 | 2 | 1.67 | 1.33 | 1 | 0.67 | 0.33 | 0 |

### 影响权函数值$W_i$详细解释

| 标贯深度 | 土层厚度 | 土层中点深度 | 权函数（$d_{i中} > 5m$） |
|---|---|---|---|
| $H$ | $d_i$ | $d_{i中}$ = 土层顶 + $\frac{d_i}{2}$ | $W_i = \frac{2}{3}(20 - d_{i中})$ |

$$W_i = \begin{cases} 10 & 0 < d_{i中} \leqslant 5m \\ \frac{2}{3} \cdot (20 - d_{i中}) & 5m < d_{i中} \leqslant 20m \end{cases}$$

$d_{i中}$——液化$i$点所代表土层的中点深度(m)，<u>非标贯点深度，非土层厚度</u>

【小注】①$i$点代表土层的厚度$d_i$以地下水位、土层分界（不能跨层）、相邻两贯入点深度差的一半为上界或下界，同一层土层的两标贯点从中心处分开。

②因计算$W_i$时所用的$d_{i中}$所代表的土层厚度有时跨越了5m节点，故<u>建议人工在5m处也分层</u>，用以更精确地计算。

③$W_i$、$d_i$计算较为复杂，且较难理解，下表总结了几种常见情况下的计算方法，以保证正确率。

| 图示 | 地下水位、土层分界、相邻两贯入点深度差的一半 | |
|---|---|---|
| （天然地面/砂土 $N=4$/不液化土，上界、下界标注） | 土层中有1个标贯点 | |
| | $N = 4$ | 代表土层厚度：$d_i$ = 下界 − 上界<br>中点深度：$d_{i中}$ = 上界 + $\frac{d_i}{2}$ |
| （天然地面/粉土/砂土，$N=8$, $N=12$, 相邻贯入点深度差的一半） | 土层中有2个标贯点 | |
| | $N = 8$ | 代表土层厚度：$d_i = \frac{d_{s1}+d_{s2}}{2} -$ 上界<br>中点深度：$d_{i中}$ = 上界 + $\frac{d_i}{2}$ |
| | $N = 12$ | 代表土层厚度：$d_i =$ 下界 $- \frac{d_{s1}+d_{s2}}{2}$<br>中点深度：$d_{i中}$ = 下界 $- \frac{d_i}{2}$ |

续表

| 图示 | 地下水位、土层分界、相邻两贯入点深度差的一半 | |
|---|---|---|
| 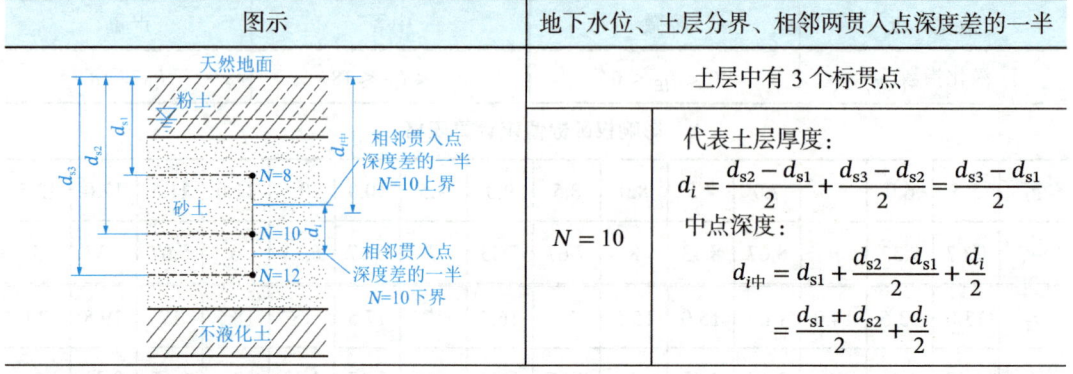 | 土层中有 3 个标贯点 | |
| | $N=10$ | 代表土层厚度：$$d_i = \frac{d_{s2}-d_{s1}}{2} + \frac{d_{s3}-d_{s2}}{2} = \frac{d_{s3}-d_{s1}}{2}$$ 中点深度：$$d_{i中} = d_{s1} + \frac{d_{s2}-d_{s1}}{2} + \frac{d_i}{2}$$ $$= \frac{d_{s1}+d_{s2}}{2} + \frac{d_i}{2}$$ |

【小注】三个相似指标注意区分：

式中：$d_{si}$——标贯试验点 $i$ 深度；

$\qquad d_i$——标贯试验点 $i$ 所代表土层厚度；

$\qquad d_{i中}$——标贯试验点 $i$ 所代表土层厚度的中点深度

## 面积法——《工程地质手册》P743

当标贯点不是土层中点时，计算液性指数将比较麻烦，计算量较大，可采用面积法进行计算，将公式法的 $d_iW_i$ 项作为一个整体项 $A_i$，查表取值，计算结果与公式法完全一致。采用查表法计算比较方便，因为省去了最容易犯错的确定代表土层中点深度（$d_{i中}$）

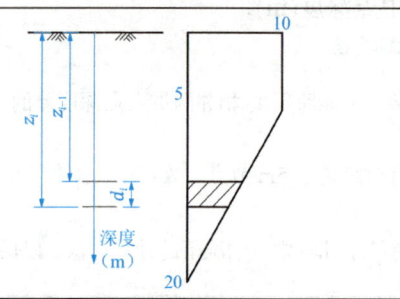

$$I_{IE} = \sum_{i=1}^{n}\left[1-\frac{N_i}{N_{cri}}\right]A_i$$

$$A_i = A(z_i) - A(z_{i-1})$$

$$A(z_i) = \begin{cases} \dfrac{40z_i - 25 - z_i^2}{3} & 5 < d_s \leqslant 20 \\ 10z_i & 0 < d_s \leqslant 5 \end{cases}$$

式中：$I_{IE}$——液化指数；

$\qquad N_i$、$N_{cr}$——液化 $i$ 点处的标贯锤击数的实测值和临界值，非液化点，不参与计算；

$\qquad A_i$——$i$ 点所代表土层厚度所对应的权函数所围面积，如上图阴影面积所示；

$A(z_i)$、$A(z_{i-1})$——分别从地面算起到深度 $z_i$ 和 $z_{i-1}$ 的权函数所围面积，可从下表查得，或者根据上述计算公式得到；

$\qquad z_i$、$z_{i-1}$——分别表示 $i$ 点所代表土层的下界面和上界面深度（m）

从地面算起的权函数所围面积 $A(z)$

| $z$（m） | $A(z)$ | $z$（m） | $A(z)$ | $z$（m） | $A(z)$ | $z$（m） | $A(z)$ |
|---|---|---|---|---|---|---|---|
| 0.0 | 0.0 | 4.5 | 45.0 | 9.0 | 84.7 | 13.5 | 110.9 |
| 0.5 | 5.0 | 5.0 | 50.0 | 9.5 | 88.3 | 14.0 | 113.0 |
| 1.0 | 10.0 | 5.5 | 54.9 | 10.0 | 91.7 | 14.5 | 114.9 |
| 1.5 | 15.0 | 6.0 | 59.7 | 10.5 | 94.9 | 15.0 | 116.7 |

续表

| $z$(m) | $A(z)$ | $z$(m) | $A(z)$ | $z$(m) | $A(z)$ | $z$(m) | $A(z)$ |
|---|---|---|---|---|---|---|---|
| 2.0 | 20.0 | 6.5 | 64.3 | 11.0 | 98.0 | 16.0 | 119.7 |
| 2.5 | 25.0 | 7.0 | 68.7 | 11.5 | 100.9 | 17.0 | 122.0 |
| 3.0 | 30.0 | 7.5 | 72.9 | 12.0 | 103.7 | 18.0 | 123.7 |
| 3.5 | 35.0 | 8.0 | 77.0 | 12.5 | 106.3 | 19.0 | 124.7 |
| 4.0 | 40.0 | 8.5 | 80.9 | 13.0 | 108.0 | 20.0 | 125.0 |

【表注】当$z$为中间值时，$A(z)$可用插入法求得。

## （三）抗液化措施

——第 4.3.6~4.3.9 条

### （1）抗液化措施

| 设防类别 | $0 < I_{lE} \leqslant 6$（轻微） | $6 < I_{lE} \leqslant 18$（中等） | $I_{lE} > 18$（严重） |
|---|---|---|---|
| 乙类 | 部分消除液化沉陷或对基础和上部结构处理 | 全部消除液化沉陷，或部分消除液化沉陷（处理后$I_{lE} \leqslant 5$）且对基础和上部结构处理 | 全部消除液化沉陷 |
| 丙类 | 基础和上部结构处理亦可不采取措施 | 基础和上部结构处理或更高要求的措施 | 全部消除液化沉陷或部分消除液化沉陷（处理后$I_{lE} \leqslant 5$）且对基础和上部结构处理 |
| 丁类 | 可不采取措施 | 可不采取措施 | 基础和上部结构处理或其他经济的措施 |

### （2）消除液化沉陷措施

| | |
|---|---|
| 全部消除地基液化沉陷的措施 | ①采用桩基时，桩端伸入液化深度以下稳定土层中的长度（不包括桩尖部分），应按计算确定，且对碎石土、砾、粗、中砂，坚硬黏性土和密实粉土尚不应小于 0.8m，对其他非岩石土尚不宜小于 1.5m。<br>②采用深基础时，基础底面应埋入液化深度以下稳定土层中，其深度不应小于 0.5m。<br>③采用加密法（如振冲、振动加密、挤密碎石桩、强夯等）加固时，应处理至液化深度下界；振冲或挤密碎石桩加固后，桩间土的标准贯入锤击数不宜小于本规范第 4.3.4 条规定的液化判别标准贯入锤击数临界值。<br>④用非液化土替换全部液化土层，或增加上覆非液化土层的厚度。<br>⑤采用加密法或换土法处理时，在基础边缘以外的处理宽度，应超过基础底面下处理深度的 1/2 且不小于基础宽度的 1/5 |
| 部分消除地基液化沉陷的措施 | ①处理深度应使处理后的地基液化指数减少，其值不宜大于 5；大面积筏形基础、箱形基础的中心区域，处理后的液化指数可比上述规定降低 1（<u>不宜大于 6</u>）；对独立基础和条形基础，尚不应小于基础底面下液化土特征深度和基础宽度的较大值。<br>注：中心区域指位于基础外边界以内沿长宽方向距外边界大于相应方向 1/4 长度区域。<br>②采用振冲或挤密碎石桩加固后，桩间土的标准贯入锤击数不宜小于按本规范第 4.3.4 条规定的液化判别标准贯入锤击数临界值。<br>③基础边缘以外的处理宽度，应符合本规范第 4.3.7 条第 5 款的要求。<br>④采取减小液化震陷的其他方法，如增厚上覆非液化土层厚度和改善周边排水条件等 |

| | 续表 |
|---|---|
| 减轻液化影响的基础和上部结构处理措施 | ①选择合适的基础埋置深度。<br>②调整基础底面积，减少基础偏心。<br>③加强基础的整体性和刚度，如采用箱形基础、筏形基础或钢筋混凝土交叉条形基础，加设基础圈梁等。<br>④减轻荷载，增强上部结构的整体刚度和均匀对称性，合理设置沉降缝，避免采用对不均匀沉降敏感的结构形式等。<br>⑤管道穿过建筑处应预留足够尺寸或采用柔性接头等 |

## 三、液化震陷

### （一）液化震陷判别

——第 4.3.11 条

**软弱黏性土的液化震陷判别**

| （1）软弱黏性土判断方法：<br>$\left.\begin{array}{l}\text{8 度}(0.30g)\text{和 9 度}①\\ \text{饱和粉质黏土}②\\ \text{塑性指数}I_P < 15 ③\\ W_S \geq 0.9 W_L ④\\ \text{液性指数}I_L = \frac{W_S - W_P}{W_L - W_P} \geq 0.75 ⑤\end{array}\right\} \xrightarrow[\text{上述条件缺一不可}]{} \text{震陷性软土}$ | 式中：$W_S$——天然含水量；<br>$W_L$——液限含水量，采用液、塑限联合测定法测定。<br><br>**任意一条件不满足则可判定为非震陷** |
|---|---|
| （2）自重湿陷性黄土、黄土状土（$W_S \leq 25\%$）判断方法：<br>$e > 0.8$ 且 缩限 $< W_S \leq 25\% \Rightarrow$ 震陷性土 | （3）黄土、黄土状土（$W_S > 25\%$）：<br>判断方法同（1）软弱黏性土 |

### （二）液化震陷量

——第 4.3.6 条及条文说明

**液化震陷量计算**

| 砂土 | $S_E = \frac{0.44}{B} \xi S_0 (d_1^2 - d_2^2)(0.01p)^{0.6} \left(\frac{1 - D_r}{0.5}\right)^{1.5}$ |
|---|---|
| 粉土 | $S_E = \frac{0.44}{B} \xi k S_0 (d_1^2 - d_2^2)(0.01p)^{0.6}$ |
| 参数说明 | ① $S_E$    液化震陷量平均值；液化层为多层时，先按各层次分别计算后再相加 |
| | ② $B$    基础宽度（m）；对住房等密集型基础取建筑平面宽度；<br>当 $B \leq 0.44 d_1$ 时，取 $B = 0.44 d_1$ |
| | ③ $\xi$    修正系数，<br>▪ 直接位于基础下的非液化厚度满足本规范第 4.3.3 条第 3 款对上覆非液化土层厚度 $d_u$ 的要求时，$\xi = 0$。<br>    $d_u$——上覆非液化土层厚度（m），**扣除淤泥（质）土**，满足以下要求：<br>      $d_u > d_0 + d_b - 2$；$d_u + d_w > 1.5 d_0 + 2 d_b - 4.5$<br>▪ 无非液化层，$\xi = 1$。<br>▪ 中间情况由内插确定，以下为两种争议内插方法，推荐第二种。 |

续表

| | | |
|---|---|---|
| 参数说明 | ③$\xi$ | （a）$d_u$从基底起算，$d'_u$在 0 至$d_u$（即$d_0 + d_b - 2$）之间插值：<br>$$\xi = \begin{cases} 0 & (d'_u \geqslant d_0 + d_b - 2) \\ 1 - \dfrac{d'_u}{d_0 + d_b - 2} & (0 < d'_u < d_0 + d_b - 2) \\ 1 & (d'_u = 0) \end{cases}$$<br>（b）$d_u$从地面起算，$d'_u$在 0 至$d_u$（即$d_0 - 2$）之间插值：<br>$$\xi = \begin{cases} 0 & (d'_u \geqslant d_0 - 2) \\ 1 - \dfrac{d'_u}{d_0 - 2} & (0 < d'_u < d_0 - 2) \\ 1 & (d'_u = 0) \end{cases}$$<br>式中：$d'_u$——基底以下的非液化土层厚度（m）；<br>　　　$d_b$——基础埋置深度（m），不超过 2m 时取 2m；<br>　　　$d_0$——液化土特征深度（m），按下表采用<br><br>\| 饱和土类型 \| 7度 \| 8度 \| 9度 \|<br>\|---\|---\|---\|---\|<br>\| 粉土 \| 6 \| 7 \| 8 \|<br>\| 砂土 \| 7 \| 8 \| 9 \| |
| | ④$S_0$ | 经验系数，对第一组，7、8、9度分别取 0.05、0.15 及 0.3 |
| | ⑤$d_1$ | 由地面算起的液化深度（m） |
| | ⑥$d_2$ | 由地面算起的上覆非液化土层深度（m），液化层为持力层取$d_2 = 0$ |
| | ⑦$p$ | 宽度为$B$的基础底面地震作用效应标准组合的压力（kPa） |
| | ⑧$D_r$ | 砂土相对密实度（%），可根据标贯锤击数$N$取：<br>$$D_r = \left(\dfrac{N}{0.23\sigma'_v + 16}\right)^{0.5}$$<br>式中：$\sigma'_v$——标贯点处的有效上覆自重应力 |
| | ⑨$k$ | 与粉土承载力有关的经验系数。<br>▌当承载力特征值$f_{ak} \leqslant 80\text{kPa}$时，$k = 0.30$；<br>▌当$f_{ak} \geqslant 300\text{kPa}$时，$k = 0.08$；<br>▌其余内插：$k = 0.38 - 0.001 f_{ak}$ |

对 4 层以下的民用建筑：
①当精细计算的平均震陷值$S_E < 5\text{cm}$时，可不采取抗液化措施；
②当$S_E = 5 \sim 15\text{cm}$时，可优先考虑采取结构和基础的构造措施；
③当$S_E > 15\text{cm}$时需要进行地基处理，基本消除液化震陷；在同样震陷量下，乙类建筑应采取较丙类建筑更高的抗液化措施

解题步骤（砂土为例）：①计算$\sigma'_v \to D_r = \left(\dfrac{N}{0.23\sigma'_v + 16}\right)^{0.5} \Rightarrow$②确定$d_1$、$d_2$，$B = \max\{B, 0.44d_1\} \Rightarrow$
③确定$S_0 \Rightarrow$④查$d_0$确定$d_u$、$d_b$、$d'_u \Rightarrow$⑤带入具体计算公式

笔记区

### （三）软土及黄土地区不考虑液化震陷的安全距离

——规范 P366 表 5

**软土及黄土地区不考虑液化震陷的安全距离**

| 烈度 | 基础底面以下非软土层厚度 $d$（m） | |
|---|---|---|
| 7 | $d \geqslant \max(0.5b, 3\mathrm{m})$ | 【小注】$b$ 为基础底面宽度（m） |
| 8 | $d \geqslant \max(b, 5\mathrm{m})$ | |
| 9 | $d \geqslant \max(1.5b, 8\mathrm{m})$ | |

【表注】可结合地基承载力等联合考查。

### （四）地震作用力计算

——第 5.2.1、5.3.1 条

**地震作用力计算**

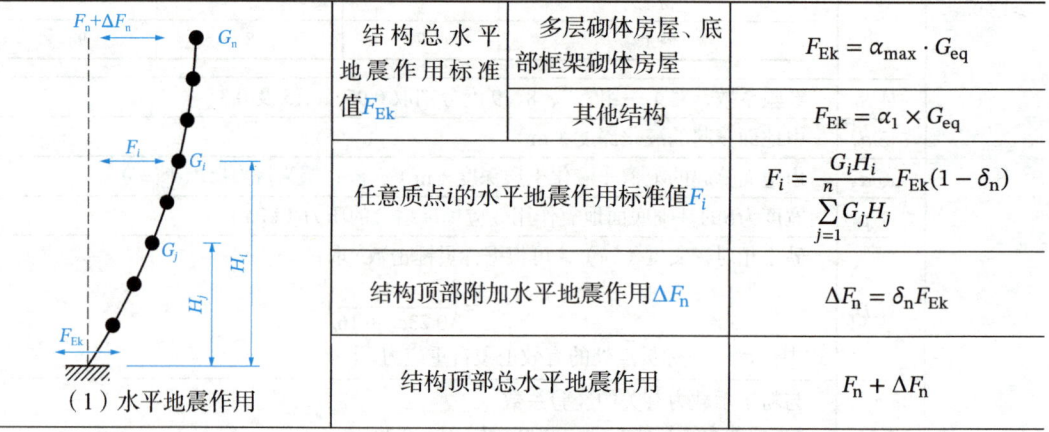

（1）水平地震作用

| | 结构总水平地震作用标准值 $F_{Ek}$ | 多层砌体房屋、底部框架砌体房屋 | $F_{Ek} = \alpha_{\max} \cdot G_{eq}$ |
|---|---|---|---|
| | | 其他结构 | $F_{Ek} = \alpha_1 \times G_{eq}$ |
| | 任意质点 $i$ 的水平地震作用标准值 $F_i$ | | $F_i = \dfrac{G_i H_i}{\sum\limits_{j=1}^{n} G_j H_j} F_{Ek}(1-\delta_n)$ |
| | 结构顶部附加水平地震作用 $\Delta F_n$ | | $\Delta F_n = \delta_n F_{Ek}$ |
| | 结构顶部总水平地震作用 | | $F_n + \Delta F_n$ |

式中：$\alpha_{\max}$、$\alpha_1$——水平地震影响系数最大值和水平地震影响系数，见前查表计算（规范第 5.1.4、5.1.5 条）；

$G_{eq}$——结构<u>等效</u>总重力荷载（kN），<u>单质点</u>取总重力荷载代表值，<u>多质点</u>取总重力荷载代表值的 85%，<u>单质点可理解为单层房屋，多质点可理解为多层房屋</u>；

$G_i$、$G_j$——分别为集中于质点 $i$、$j$ 的重力荷载代表值（kN），按规范第 5.1.3 条确定；

$H_i$、$H_j$——分别为质点 $i$、$j$ 的计算高度（m）；

$\delta_n$——顶部附加地震作用系数，多层钢筋混凝土和钢结构房屋按下表采用，其他房屋取 0

↑

| 顶部附加水平地震作用 $\Delta F_n$ | | | |
|---|---|---|---|
| | 设计特征周期 $T_g(s)$ | 结构基本自振周期 $T_1 \leqslant 1.4 T_g$ | 结构基本自振周期 $T_1 > 1.4 T_g$ |
| 多层钢筋混凝土、钢结构房屋 | $T_g \leqslant 0.35$ | $\Delta F_n = 0$ | $\Delta F_n = \delta_n F_{Ek} = (0.08 T_1 + 0.07) F_{Ek}$ |
| | $0.35 < T_g \leqslant 0.55$ | $\Delta F_n = 0$ | $\Delta F_n = \delta_n F_{Ek} = (0.08 T_1 + 0.01) F_{Ek}$ |
| | $T_g > 0.55$ | $\Delta F_n = 0$ | $\Delta F_n = \delta_n F_{Ek} = (0.08 T_1 - 0.02) F_{Ek}$ |
| 其他房屋 | | $\Delta F_n = 0$ | |

续表

| 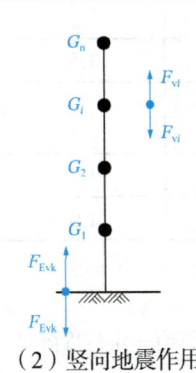（2）竖向地震作用 | 9度时的高层建筑，其竖向地震作用标准值应按下列公式确定；楼层的竖向地震作用效应可按各构件承受的重力荷载代表值的比例分配，并宜乘以增大系数1.5 | |
|---|---|---|
| | 结构竖向地震作用标准值$F_{Evk}$ | $F_{Evk} = \alpha_{vmax} \times G_{eq} = 0.65\alpha_{max} \times G_{eq}$ |
| | 质点$i$的竖向地震作用标准值$F_{vi}$ | $F_{vi} = \dfrac{G_i H_i}{\sum G_j H_j} F_{Evk}$ |
| | 式中：$\alpha_{vmax}$——竖向地震影响系数最大值，水平地震影响系数最大值$\alpha_{max} \times 0.65$；<br>$G_{eq}$——结构等效总重力荷载（kN），取总重力荷载代表值的75%；<br>$G_i$、$G_j$——分别为集中于质点$i$、$j$的重力荷载代表值（kN），按规范第5.1.3条确定；<br>$H_i$、$H_j$——分别为质点$i$、$j$的计算高度（m） | |

## 四、抗震承载力验算

### （一）天然地基抗震承载力验算

——第4.2.3～4.2.4条

#### （1）可不进行天然地基及基础的抗震承载力验算

1）抗震设防烈度为6度区的乙、丙、丁类建筑。
2）地基主要受力层范围内不存在软弱黏性土层的下列建筑：
①一般的单层厂房和单层空旷房屋；
②砌体房屋；
③不超过8层且高度在24m以下的一般民用框架和框架-抗震墙房屋；
④基础荷载与③项相当的多层框架厂房和多层混凝土抗震墙房屋。
【小注】软弱黏性土层指7度、8度和9度时，地基承载力特征值$f_{ak}$分别小于80、100和120kPa的土层

#### （2）天然地基抗震承载力计算

| $\begin{cases}轴心 \Rightarrow p \leqslant f_{aE} \\ 偏心 \Rightarrow \begin{cases}p \leqslant f_{aE} \\ p_{max} \leqslant 1.2 \cdot f_{aE}\end{cases}\end{cases}$ | $\Leftarrow f_{aE} = \zeta_a \times f_a$ | 存在零应力区时：<br>$p_{max} = \dfrac{2(F_k + G_k)}{3la}$<br>零应力区 $= 0.15A$：<br>$p_{max} = \dfrac{2(F_k + G_k)}{0.85A}$ |
|---|---|---|

式中：$p$——地震作用效应标准组合的基础底面平均压力（kPa）；
$p_{max}$——地震作用效应标准组合的基础边缘最大压力（kPa）；
$f_{aE}$——调整后的地基抗震承载力（kPa）；
$f_a$——经深宽修正后的地基承载力特征值；
$\zeta_a$——地基抗震承载力调整系数，按下表取值

①高层建筑高宽比＞4时，基础底面不宜出现脱离区（即零应力区），即不允许大偏心；
②其他建筑，基础底面与地基土之间脱离区（即零应力区）≤0.15$A$，$A$为基底面积，即：

$3la \geqslant 0.85A$

基底的受力面积（$3la$）=基底面积$A(l \times b)$－零应力区面积

偏心距：$e = \dfrac{M_k}{F_k + G_k} = \dfrac{b}{2} - a$

**地基抗震承载力调整系数$\zeta_a$**

| 地基土名称和性状 | $\zeta_a$ |
|---|---|
| 岩石，密实的碎石土，密实的砾、粗、中砂，$f_{ak} \geqslant 300\text{kPa}$ 的黏性土和粉土 | 1.5 |
| 中密、稍密的碎石土，中密和稍密的砾、粗、中砂，密实和中密的细、粉砂，$150\text{kPa} \leqslant f_{ak} < 300\text{kPa}$ 的黏性土和粉土，坚硬黄土 | 1.3 |
| 稍密的细、粉砂，$100\text{kPa} \leqslant f_{ak} < 150\text{kPa}$ 的黏性土和粉土，可塑黄土 | 1.1 |
| 淤泥，淤泥质土，松散的砂，杂填土，新近堆积黄土及流塑黄土 | 1.0 |

【小注】地基抗震承载力调整系数主要考虑两个因素：
　　①除软弱土外，地基土在有限次循环动力作用下强度一般较静强度提高；
　　②考虑到地震作用是一种偶然作用，历时短暂，在地震作用下结构可靠度允许有一定程度降低。
因此，除软弱土外，地基土抗震承载力都较地基土静承载力高。

### （二）桩基抗震承载力验算

对比学习本书第三篇液化效应下桩基极限承载力。

**（1）按《建筑桩基技术规范》进行桩基地震承载力验算—第 5.2.1、5.7.5 条**

| 竖向抗震验算 | 水平抗震验算 |
|---|---|
| 轴心荷载：$N_{Ek} \leqslant 1.25 \cdot R$<br>偏心荷载：$\begin{cases} N_{Ekmax} \leqslant 1.5 \cdot R \\ N_{Ek} \leqslant 1.25 \cdot R \end{cases}$ | $H_{Ek} \leqslant 1.25 R_h (R_{ha})$ |
| 非液化土中 | 非液化土中 |
| $R \begin{cases} \text{复合基桩：} R = R_a + \dfrac{\zeta_a}{1.25} \cdot \eta_c \cdot f_{ak} \cdot A_c \\ \text{单桩：} R = R_a \end{cases}$ | $R_h \begin{cases} \text{复合基桩：} R_h = \eta_h R_{ha} \\ \text{单桩：} R_h = R_{ha} \end{cases}$ |
| 液化土中 | 液化土中 |
| 应用条件：当承台底面上、下分别有厚度不小于 1.5m、1.0m 的非液化土层或非软弱土层时，可将桩身穿越的液化土层极限侧阻力（$q_{sik}$）乘以土层液化影响折减系数（$\psi_l$）计算单桩极限承载力标准值。<br><br>$q'_{sik} = \psi_l \cdot q_{sik} \Rightarrow$<br>$Q_{uk} = u \sum (\psi_l \cdot q_{sik} l_j + q_{sik} l_i) + q_{pk} A_p \Rightarrow$<br>$R_a = \dfrac{1}{2} Q_{uk}$<br>$R \begin{cases} \text{复合基桩：} R = R_a + \dfrac{\zeta_a}{1.25} \cdot \eta_c \cdot f_{ak} \cdot A_c \\ \text{单桩：} R = R_a \end{cases}$ | $m \to \psi_l \times m \Rightarrow$<br>$\alpha = \sqrt[5]{\dfrac{m \cdot b_0}{EI}} \Rightarrow \alpha' = \sqrt[5]{\dfrac{\psi_l \times m \cdot b_0}{EI}} \Rightarrow$<br>①桩身强度控制：$R_{ha} = \dfrac{0.75 \cdot \alpha' \cdot \gamma_m \cdot f_t \cdot W_0}{v_M} \cdot$<br>$(1.25 + 22 \cdot \rho_g) \cdot \left(1 \pm \dfrac{\zeta_N \cdot N_k}{\gamma_m \cdot f_t \cdot A_n}\right)$<br>②位移控制：$R_{ha} = 0.75 \cdot \dfrac{\alpha'^3 \cdot EI}{v_x} \cdot \chi_{0a}$<br>（②式验算不需要考虑 1.25 增大系数）<br>$R_h \begin{cases} \text{复合基桩：} R_h = \eta_h R_{ha} \\ \text{单桩：} R_h = R_{ha} \end{cases}$ |
| 式中：$N_{Ek}$——地震作用效应标准组合，基桩或复合基桩的平均竖向力（kN）；<br>　　　$N_{Ekmax}$——地震作用效应标准组合，基桩或复合基桩的最大竖向力（kN）；<br>　　　$R$、$R_a$——基桩（复合基桩）、单桩的竖向承载力特征值（kN）；<br>　　　$\psi_l$——桩周液化土层的液化影响折减系数，按下表取值 | 式中：$H_{Ek}$——地震作用效应标准组合，作用于基桩桩顶处的水平力（kN）；<br>　　　$R_h$、$R_{ha}$——基桩（复合基桩）、单桩的水平承载力特征值（kN）；<br>　　　$\alpha$——桩的水平变形系数（1/m）；<br>　　　$m$——桩侧土水平抗力系数的比例系数（kN/m⁴） |

**液化影响折减系数 $\psi_l$**

| $\lambda_N = N/N_{cr}$ | 自地面算起的液化土层深度 $d_L$（m） | 折减系数 $\psi_l$ |
|---|---|---|
| $\lambda_N \leqslant 0.6$ | $d_L \leqslant 10$ | 0 |
| | $10 < d_L \leqslant 20$ | 1/3 |
| $0.6 < \lambda_N \leqslant 0.8$ | $d_L \leqslant 10$ | 1/3 |
| | $10 < d_L \leqslant 20$ | 2/3 |
| $0.8 < \lambda_N \leqslant 1.0$ | $d_L \leqslant 10$ | 2/3 |
| | $10 < d_L \leqslant 20$ | 1.0 |

【小注】对于挤土桩，当桩间距不大于 $4d$，且桩的排数不少于 5 排，总桩数不少于 25 时，土层液化影响折减系数可按表中列值提高一档取值（$0 \to \frac{1}{3} \to \frac{2}{3} \to 1$）；当桩间土标贯击数达到 $N_{cr}$ 时，取 $\psi_l = 1.0$。

**地基土水平抗力系数的比例系数 $m$ 值（规范表 5.7.5）**

| 序号 | 地基土类别 | 预制桩、钢桩 | | 灌注桩 | |
|---|---|---|---|---|---|
| | | $m$（MN/m⁴） | 相应单桩在地面处水平位移（mm） | $m$（MN/m⁴） | 相应单桩在地面处水平位移（mm） |
| 1 | 淤泥；淤泥质土；饱和湿陷性黄土 | 2～4.5 | 10 | 2.5～6 | 6～12 |
| 2 | 流塑（$I_L > 1$）、软塑（$0.75 < I_L \leqslant 1$）状黏性土；$e > 0.9$ 粉土；松散粉细砂；松散、稍密填土 | 4.5～6.0 | 10 | 6～14 | 4～8 |
| 3 | 可塑（$0.25 < I_L \leqslant 0.75$）状黏性土、湿陷性黄土；$e = 0.75$～0.9 粉土；中密填土；稍密细砂 | 6.0～10 | 10 | 14～35 | 3～6 |
| 4 | 硬塑（$0 < I_L \leqslant 0.25$）、坚硬（$I_L \leqslant 0$）状黏性土、湿陷性黄土；$e < 0.75$ 粉土；中密的中粗砂；密实老填土 | 10～22 | 10 | 35～100 | 2～5 |
| 5 | 中密、密实的砾砂、碎石类土 | — | — | 100～300 | 1.5～3 |

【表注】①当桩顶水平位移大于表列数值或灌注桩配筋率较高（≥0.65%）时，$m$ 值应适当降低；当预制桩的水平向位移小于 10mm 时，$m$ 值可适当提高。
②当水平荷载为长期或经常出现的荷载时，应将表列数值乘以 0.4 降低采用。
③当地基为可液化土层时，应将表列数值乘以上表（规范表 5.3.12）中相应的系数 $\psi_l$。

### （2）按《建筑抗震设计规范》进行桩基抗震承载力验算—第 4.4.2、4.4.3 条

① 单桩的竖向和水平向抗震承载力特征值，可均比非抗震设计时提高 25%

| 单桩的竖向抗震承载力特征值 $R_{aE}$：<br>$R_{aE} = 1.25 R_a$<br>单桩的水平抗震承载力特征值 $R_{haE}$：<br>$R_{haE} = 1.25 R_{ha}$ | 式中：$R_a$——单桩的竖向承载力特征值（kN）；<br>$R_{ha}$——单桩的水平承载力特征值（kN） |
|---|---|

② 当桩承台底面上、下分别有厚度不小于 1.5m、1.0m 的非液化土层或非软弱土层时，可按下列两种情况进行桩的抗震验算，并按不利情况设计

| 情况分类 | 桩抗震承载力 | 桩周土摩擦力计算 | 计算图示 |
|---|---|---|---|
| 桩承受全部地震作用 | 比非抗震提高 25% | ① 桩竖向承载力计算：<br>液化土层摩阻力 $q_{sik}$ × 土层液化影响折减系数 $\psi_l$；<br>其余土层摩阻力按桩基规范相关要求计算；计算方法同《桩规》。<br>② 桩水平承载力计算：<br>桩水平抗力 $R_h$ × 土层液化影响折减系数 $\psi_l$ | 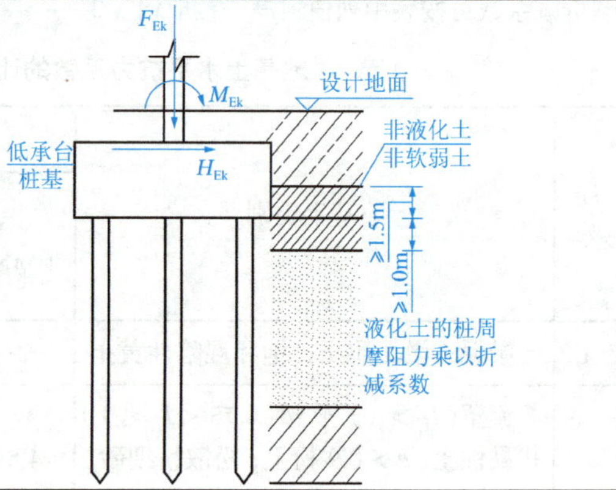 （图示：低承台桩基，$F_{Ek}$、$M_{Ek}$、$H_{Ek}$，设计地面，非液化土非软弱土 ≥1.5m、≥1.0m，液化土的桩周摩阻力乘以折减系数） |
| 地震作用按水平地震影响系数最大值的 10% 采用 | 比非抗震提高 25% | 桩竖向承载力计算：<br>① 液化土层摩阻力不计；<br>② 承台下 2m 深度内非液化土摩阻力不计；<br>③ 其余土层摩阻力按桩基规范相关要求计算 | 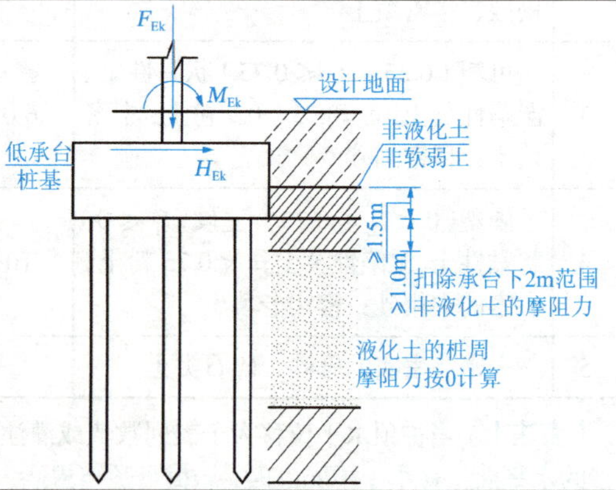 （图示：低承台桩基，$F_{Ek}$、$M_{Ek}$、$H_{Ek}$，设计地面，非液化土非软弱土 ≥1.5m、≥1.0m，扣除承台下 2m 范围非液化土的摩阻力，液化土的桩周摩阻力按 0 计算） |

### （3）打桩后标贯击数的修正

打桩后标贯击数的修正需同时满足以下三个条件：
① 打入式预制桩及其他挤土桩；② 平均桩距为 2.5~4 倍桩径；③ 桩数不少于 5×5

| $N_1 = N_p + 100 \cdot \rho \cdot (1 - e^{-0.3 N_p})$<br>挤密后标准贯入锤击数 $N_p \to N_1$<br>⇓<br>则有可能 $N_1 > N_{cr}$，由液化 $N_p \leqslant N_{cr} \to$<br>$N_1 > N_{cr}$ 不液化 | 式中：$N_1$——打桩后桩间土的标准贯入锤击数；<br>$N_p$——打桩前桩间土的标准贯入锤击数；<br>$\rho$——打入式预制桩的面积置换率，$\rho = A_p/A_e$，与地基处理中的面积置换率等效；<br>$N_{cr}$——液化判别标准贯入锤击数临界值：$N_{cr} = N_0 \beta [\ln(0.6 d_s + 1.5) - 0.1 d_w] \sqrt{3/\rho_c}$ |
|---|---|

> **知识拓展**

**存在液化土层桩基础地震承载力验算对比**

| 对比项目 | | 《建筑桩基技术规范》 | 《建筑抗震设计规范》 |
|---|---|---|---|
| 竖向承载力验算 | ①抗震承载力特征值增大25% | 是 | 是 |
| | ②液化范围 | 地面以下20m | |
| | ③验算方式 | 侧摩阻力$q_{sik}$乘以折减系数$\psi_l$：$\psi_l \cdot q_{sik}$ | ①侧摩阻力$q_{sik}$乘以折减系数$\psi_l$：$\psi_l \cdot q_{sik}$ ②扣除：液化土层的侧摩阻力 + 承台下2m范围的非液化土侧摩阻力 |
| | ④应用条件 | 承台上、下不低于1.5m、1.0m的非液化土 | |
| 水平承载力验算 | ①抗震承载力特征值增大25% | 是，$R_{ha} = 0.75 \cdot \frac{\alpha^3 EI}{v_x} \cdot \chi_{0a}$除外 | 是 |
| | ②液化范围 | 地面以下$h_m = 2(d+1)$ | — |
| | ③验算方式 | 水平抗力系数的比例系数$m$乘以$\psi_l$，即为：$\psi_l \cdot m$，再计算综合$m$ | 桩水平抗力$R_{ha} \cdot \psi_l$ |
| | ④应用条件 | 中低承台 | |

## 五、设计反应谱和地震作用

### （一）特征周期

——第5.1.4条

**特征周期 $T_g$（s）**

| 地震类别 | 设计地震分组 | 场地类别 | | | | |
|---|---|---|---|---|---|---|
| | | $I_0$ | $I_1$ | II | III | IV |
| 多遇地震（50年内超越概率约为63%或重现周期50年） | 第一组（对应地震动加速度反应谱特征周期0.35s） | 0.20 | 0.25 | 0.35 | 0.45 | 0.65 |
| | 第二组（对应地震动加速度反应谱特征周期0.40s） | 0.25 | 0.30 | 0.40 | 0.55 | 0.75 |
| 设防地震（50年内超越概率约为10%或重现周期475年） | 第三组（对应地震动加速度反应谱特征周期0.45s） | 0.30 | 0.35 | 0.45 | 0.65 | 0.90 |
| 罕遇地震（50年内超越概率为2%~3%或重现周期1600~2400年） | 第一组（对应地震动加速度反应谱特征周期0.35s） | 0.25 | 0.30 | 0.40 | 0.50 | 0.70 |
| | 第二组（对应地震动加速度反应谱特征周期0.40s） | 0.30 | 0.35 | 0.45 | 0.60 | 0.80 |
| | 第三组（对应地震动加速度反应谱特征周期0.45s） | 0.35 | 0.40 | 0.50 | 0.70 | 0.95 |

【小注】分组和特征周期的对应关系来自《中国地震动参数区划图》，其没有地震分组的概念，而是直接采用区划图上查得的特征周期。

## （二）地震影响系数

——第 5.1.4、5.1.5、3.10.3 条及条文说明，第 4.1.8 条及条文说明

**地震影响系数 $\alpha$**

| (1) 查取水平地震影响系数最大值 $\alpha_{max}$ | | | | | | | |
|---|---|---|---|---|---|---|---|
| 地震烈度<br>设计基本地震加速度 $a$ | | 6 度<br>0.05g | 7 度<br>0.10g | 7 度强<br>0.15g | 8 度<br>0.20g | 8 度强<br>0.30g | 9 度<br>0.40g |
| 多遇地震<br>（50 年内超越概率约为 63%） | 重现周期<br>50 年 | 0.04 | 0.08 | 0.12 | 0.16 | 0.24 | 0.32 |
| 设防地震（抗震性能化设计）<br>（50 年内超越概率约为 10%） | 重现周期<br>475 年 | 0.12 | 0.23 | 0.34 | 0.45 | 0.68 | 0.90 |
| 罕遇地震（弹塑性变形验算）<br>（50 年内超越概率为 2%～3%） | 重现周期<br>1600～2400 年 | 0.28 | 0.50 | 0.72 | 0.90 | 1.20 | 1.40 |

【小注】竖向地震影响系数最大值 $\alpha_{vmax} = 0.65\alpha_{max}$

| (2) 计算水平地震影响系数 $\alpha$ | |
|---|---|
| 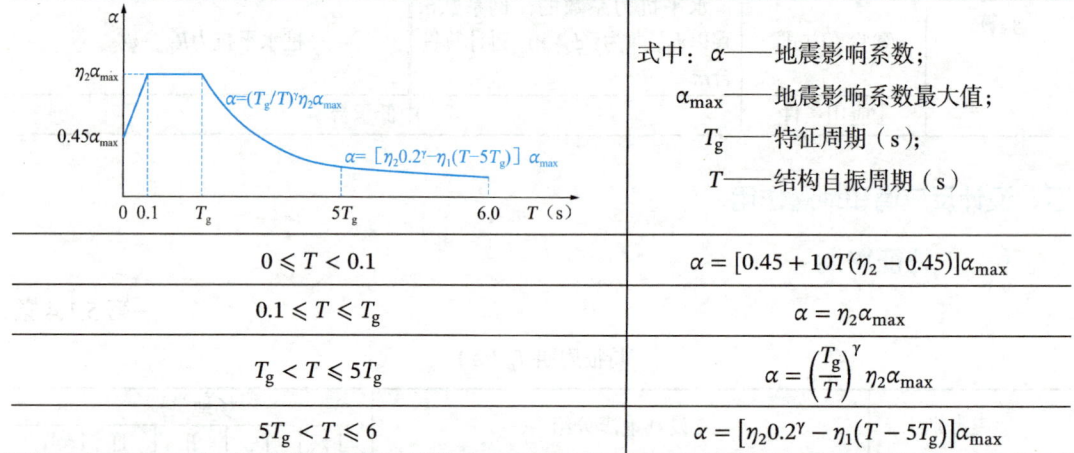 | 式中：$\alpha$——地震影响系数；<br>$\alpha_{max}$——地震影响系数最大值；<br>$T_g$——特征周期（s）；<br>$T$——结构自振周期（s） |
| $0 \leqslant T < 0.1$ | $\alpha = [0.45 + 10T(\eta_2 - 0.45)]\alpha_{max}$ |
| $0.1 \leqslant T \leqslant T_g$ | $\alpha = \eta_2 \alpha_{max}$ |
| $T_g < T \leqslant 5T_g$ | $\alpha = \left(\dfrac{T_g}{T}\right)^\gamma \eta_2 \alpha_{max}$ |
| $5T_g < T \leqslant 6$ | $\alpha = [\eta_2 0.2^\gamma - \eta_1(T - 5T_g)]\alpha_{max}$ |
| ↑ | |
| 指标 | 建筑结构的阻尼比 $\zeta = 0.05$ | 建筑结构的阻尼比 $\zeta \neq 0.05$ |
| 衰减指数 $\gamma$ | $\gamma = 0.9$ | $\gamma = 0.9 + \dfrac{0.05 - \zeta}{0.3 + 6\zeta}$ |
| 下降斜率调整系数 $\eta_1$ | $\eta_1 = 0.02$ | $\eta_1 = 0.02 + \dfrac{0.05 - \zeta}{4 + 32\zeta} \geqslant 0$<br>（$\eta_1$ 小于 0 时，取 0 计算） |
| 阻尼调整系数 $\eta_2$ | $\eta_2 = 1$ | $\eta_2 = 1 + \dfrac{0.05 - \zeta}{0.08 + 1.6\zeta} \geqslant 0.55$<br>（$\eta_2$ 小于 0.55 时，取 0.55 计算） |
| (3) 特殊条件调整后的水平地震影响系数 $\alpha'$ | | |
| 抗震性能化设计时 | 设计使用年限 70 年的结构 | $\alpha' = (1.15～1.2)\alpha$ |
| | 设计使用年限 100 年的结构 | $\alpha' = (1.3～1.4)\alpha$ |
| | 发震断裂两侧 5km 以内的结构 | $\alpha' = 1.5\alpha$ |
| | 发震断裂两侧 5～10km 的结构 | $\alpha' \geqslant 1.25\alpha$ |

## 地震影响系数常见参数计算表

| $\zeta$ | $\gamma$ | $\eta_1$ | $\eta_2$ | $\zeta$ | $\gamma$ | $\eta_1$ | $\eta_2$ | $\zeta$ | $\gamma$ | $\eta_1$ | $\eta_2$ |
|---|---|---|---|---|---|---|---|---|---|---|---|
| 0.01 | 1.011 | 0.029 | 1.417 | 0.18 | 0.806 | 0.007 | 0.647 | 0.35 | 0.775 | 0.000 | 0.550 |
| 0.02 | 0.971 | 0.026 | 1.268 | 0.19 | 0.803 | 0.006 | 0.635 | 0.36 | 0.774 | 0.000 | 0.550 |
| 0.03 | 0.942 | 0.024 | 1.156 | 0.20 | 0.800 | 0.006 | 0.625 | 0.37 | 0.773 | 0.000 | 0.550 |
| 0.04 | 0.919 | 0.022 | 1.069 | 0.21 | 0.797 | 0.005 | 0.615 | 0.38 | 0.772 | 0.000 | 0.550 |
| 0.05 | 0.900 | 0.020 | 1.000 | 0.22 | 0.795 | 0.005 | 0.606 | 0.39 | 0.771 | 0.000 | 0.550 |
| 0.06 | 0.885 | 0.018 | 0.943 | 0.23 | 0.793 | 0.004 | 0.598 | 0.40 | 0.770 | 0.000 | 0.550 |
| 0.07 | 0.872 | 0.017 | 0.896 | 0.24 | 0.791 | 0.004 | 0.591 | 0.41 | 0.770 | 0.000 | 0.550 |
| 0.08 | 0.862 | 0.015 | 0.856 | 0.25 | 0.789 | 0.003 | 0.583 | 0.42 | 0.769 | 0.000 | 0.550 |
| $\zeta$ | $\gamma$ | $\eta_1$ | $\eta_2$ | $\zeta$ | $\gamma$ | $\eta_1$ | $\eta_2$ | $\zeta$ | $\gamma$ | $\eta_1$ | $\eta_2$ |
| 0.09 | 0.852 | 0.014 | 0.821 | 0.26 | 0.787 | 0.003 | 0.577 | 0.43 | 0.768 | 0.000 | 0.550 |
| 0.10 | 0.844 | 0.013 | 0.792 | 0.27 | 0.785 | 0.003 | 0.570 | 0.44 | 0.767 | 0.000 | 0.550 |
| 0.11 | 0.838 | 0.012 | 0.766 | 0.28 | 0.784 | 0.002 | 0.564 | 0.45 | 0.767 | 0.000 | 0.550 |
| 0.12 | 0.831 | 0.011 | 0.743 | 0.29 | 0.782 | 0.002 | 0.559 | 0.46 | 0.766 | 0.000 | 0.550 |
| 0.13 | 0.826 | 0.010 | 0.722 | 0.30 | 0.781 | 0.002 | 0.554 | 0.47 | 0.765 | 0.000 | 0.550 |
| 0.14 | 0.821 | 0.009 | 0.704 | 0.31 | 0.780 | 0.001 | 0.550 | 0.48 | 0.765 | 0.000 | 0.550 |
| 0.15 | 0.817 | 0.009 | 0.688 | 0.32 | 0.778 | 0.001 | 0.550 | 0.49 | 0.764 | 0.000 | 0.550 |
| 0.16 | 0.813 | 0.008 | 0.673 | 0.33 | 0.777 | 0.001 | 0.550 | 0.50 | 0.764 | 0.000 | 0.550 |
| 0.17 | 0.809 | 0.007 | 0.659 | 0.34 | 0.776 | 0.001 | 0.550 | | | | |
| $\zeta$ | $\gamma$ | $\eta_1$ | $\eta_2$ | $\zeta$ | $\gamma$ | $\eta_1$ | $\eta_2$ | $\zeta$ | $\gamma$ | $\eta_1$ | $\eta_2$ |
| 0.51 | 0.763 | −0.003 | 0.487 | 0.63 | 0.758 | −0.004 | 0.467 | 0.75 | 0.754 | −0.005 | 0.453 |
| 0.52 | 0.763 | −0.003 | 0.485 | 0.64 | 0.757 | −0.004 | 0.466 | 0.76 | 0.754 | −0.005 | 0.452 |
| 0.53 | 0.762 | −0.003 | 0.483 | 0.65 | 0.757 | −0.004 | 0.464 | 0.77 | 0.754 | −0.005 | 0.451 |
| 0.54 | 0.762 | −0.003 | 0.481 | 0.66 | 0.757 | −0.004 | 0.463 | 0.78 | 0.753 | −0.005 | 0.450 |
| 0.55 | 0.761 | −0.003 | 0.479 | 0.67 | 0.756 | −0.004 | 0.462 | 0.79 | 0.753 | −0.005 | 0.449 |
| 0.56 | 0.761 | −0.003 | 0.477 | 0.68 | 0.756 | −0.004 | 0.461 | 0.8 | 0.753 | −0.005 | 0.449 |
| 0.57 | 0.760 | −0.003 | 0.476 | 0.69 | 0.756 | −0.005 | 0.459 | 0.81 | 0.753 | −0.005 | 0.448 |
| 0.58 | 0.760 | −0.003 | 0.474 | 0.7 | 0.756 | −0.005 | 0.458 | 0.82 | 0.752 | −0.005 | 0.447 |
| 0.59 | 0.759 | −0.004 | 0.473 | 0.71 | 0.755 | −0.005 | 0.457 | 0.83 | 0.752 | −0.006 | 0.446 |
| 0.6 | 0.759 | −0.004 | 0.471 | 0.72 | 0.755 | −0.005 | 0.456 | 0.84 | 0.752 | −0.006 | 0.445 |
| 0.61 | 0.759 | −0.004 | 0.470 | 0.73 | 0.755 | −0.005 | 0.455 | 0.85 | 0.752 | −0.006 | 0.444 |
| 0.62 | 0.758 | −0.004 | 0.468 | 0.74 | 0.754 | −0.005 | 0.454 | 0.86 | 0.752 | −0.006 | 0.444 |

笔记区

## （三）不利地段对设计动参数的放大作用

——第 4.1.8 条及条文说明

考虑放大的情况：

（1）当需要在条状突出的山嘴。

（2）高耸孤立的山丘。

（3）非岩石和强风化岩石的陡坡。

（4）河岸。

（5）边坡边缘等不利地段建造丙类及丙类以上的建筑时，除保证其在地震作用下的稳定性外，尚应估计不利地段对设计地震动参数可能产生的放大作用，其水平地震影响系数最大值 $\alpha_{max}$ 应乘以增大系数 $\lambda$（$1.1 \leqslant \lambda \leqslant 1.6$）。

**不利地段对设计动参数的放大作用**

| $\alpha' = \lambda \alpha_{max}$ | ←局部突出地形顶部的地震影响系数的放大系数 $\lambda$ （$1.1 \leqslant \lambda \leqslant 1.6$） | |
|---|---|---|
| | $L_1/H < 2.5$ | $\lambda = 1 + a$ |
| | $2.5 \leqslant L_1/H < 5.0$ | $\lambda = 1 + 0.6a$ |
| | $L_1/H \geqslant 5.0$ | $\lambda = 1 + 0.3a$ |

| 突出地形时 | 突出地形的高度 $H$（m） | ↑局部突出地形地震影响系数的增大幅度 $a$ | | | | |
|---|---|---|---|---|---|---|
| | | 非岩质地基 | $H < 5$ | $5 \leqslant H < 15$ | $15 \leqslant H < 25$ | $H \geqslant 25$ |
| | | 岩质地基 | $H < 20$ | $20 \leqslant H < 40$ | $40 \leqslant H < 60$ | $H \geqslant 60$ |
| | $H/L < 0.3$ | | 0 | 0.1 | 0.2 | 0.3 |
| | $0.3 \leqslant H/L < 0.6$ | | 0.1 | 0.2 | 0.3 | 0.4 |
| | $0.6 \leqslant H/L < 1.0$ | | 0.2 | 0.3 | 0.4 | 0.5 |
| | $H/L \geqslant 1.0$ | | 0.3 | 0.4 | 0.5 | 0.6 |

【表注】$L$、$L_1$——分别为坡脚至坡顶、坡顶至场地最近点的距离（m）；

$H$——突出地形的高度（m）；

$H/L$——局部突出台地边缘的侧向平均坡降

# 第三十九章

# 岩土工程勘察规范

——5.7.9条文说明、《工程地质手册》P739

## 一、标准贯入试验

**标准贯入试验**

| （1）液化判别 ||
|---|---|
| $N > N_{cr} \Rightarrow$ 不液化<br>$N \leqslant N_{cr} \Rightarrow$ 液化 | $N$——标准贯入锤击数实测值（无需杆长修正） |

| （2）计算液化判别临界值 ||
|---|---|
| 饱和砂土 | 当 $d_s \leqslant 15$ 时：<br>$N_{cr} = N_0[0.9 + 0.1(d_s - d_w)]$<br>当 $15 < d_s \leqslant 20$ 时：<br>$N_{cr} = N_0(2.4 - 0.1d_w)$ |
| 饱和粉土 | 当 $d_s \leqslant 15$ 时：<br>$N_{cr} = N_0[0.9 + 0.1(d_s - d_w)]\sqrt{3/\rho_c}$<br>当 $15 < d_s \leqslant 20$ 时：<br>$N_{cr} = N_0(2.4 - 0.1d_w)\sqrt{3/\rho_c}$ |

右列说明：
$N_0$——液化判别标准贯入锤击数基准值，可按下表查取；
$d_s$——饱和土标准贯入点深度（m）；
$d_w$——地下水位深度（m），宜取设计基准期内年平均最高水位或近期内年最高水位；
$\rho_c$——黏粒含量百分率，$\rho_c < 3$ 时取 $\rho_c = 3$

**标准贯入锤击数基准值 $N_0$**

| 设计地震分组 | 7度（0.10g） | 7度（0.15g） | 8度（0.20g） | 8度（0.30g） | 9度（0.40g） |
|---|---|---|---|---|---|
| 第一组 | 6 | 8 | 10 | 13 | 16 |
| 第二、三组 | 8 | 10 | 12 | 15 | 18 |

## 二、剪切波速试验

**液化判别**

| 计算范围 | 判别方法 |
|---|---|
| 地面下 15m 深度范围内的饱和砂土或饱和粉土 | $v_s > v_{scr} \Rightarrow$ 不液化；$v_s \leqslant v_{scr} \Rightarrow$ 液化<br>式中：$v_s$——剪切波速实测值（m/s） |

⇑计算饱和砂土或饱和粉土液化剪切波速临界值$v_{scr}$

| | | |
|---|---|---|
| 砂土 | $v_{scr} = v_{s0}(d_s - 0.0133d_s^2)^{0.5}\left(1.0 - 0.185\dfrac{d_w}{d_s}\right)$ | 式中：$v_{s0}$——与烈度、土类有关的经验系数，按下表取值；<br>$d_s$——剪切波速测点深度（m）；<br>$d_w$——地下水位深度（m）；<br>$\rho_c$——黏粒含量百分率；$\rho_c < 3$时取$\rho_c = 3$ |
| 粉土 | $v_{scr} = v_{s0}(d_s - 0.0133d_s^2)^{0.5}\left(1.0 - 0.185\dfrac{d_w}{d_s}\right)\sqrt{\dfrac{3}{\rho_c}}$ | |

⇑与烈度、土类有关的经验系数$v_{s0}$（m/s）

| 土类 | 7度 | 8度 | 9度 |
|---|---|---|---|
| 砂土 | 65 | 95 | 130 |
| 粉土 | 45 | 65 | 90 |

## 三、静力触探试验

### 液化判别

| 确定液化判别深度$z$ | 液化判别 | |
|---|---|---|
| 8度、9度地区取$z = 20\text{m}$；<br>其他地区取$z = 15\text{m}$ | 实测值$p_s < p_{scr}$<br>实测值$q_c < q_{ccr}$ | 满足任意一条 ⟹ 液化 |

#### ⇧（1）计算液化判别临界值

| 饱和土静力触探液化比贯入阻力临界值$p_{scr}$（MPa）：<br>$p_{scr} = p_{s0}\alpha_w\alpha_u\alpha_p$<br>饱和土静力触探液化锥尖阻力临界值$q_{ccr}$（MPa）：<br>$q_{ccr} = q_{c0}\alpha_w\alpha_u\alpha_p$ | 式中：$p_{s0}$、$q_{c0}$——分别为$d_w = 2\text{m}$、$d_u = 2\text{m}$时，饱和土液化判别比贯入阻力基准值、锥尖阻力基准值（MPa），可按附表1查取。<br>$\alpha_p$——与静力触探摩阻比有关的土性综合影响系数，可按附表2取值 |
|---|---|

#### ⇧（2）地下水埋深$d_w$修正系数$\alpha_w$

| 地面常年有水且与地下水有水力联系 | $\alpha_w = 1.13$ | 式中：$d_w$——地下水位深度（m） |
|---|---|---|
| 其他情况 | $\alpha_w = 1 - 0.065(d_w - 2)$ | |

#### ⇧（3）上覆非液化土层厚度$d_u$修正系数$\alpha_u$

| 深基础 | $\alpha_u = 1$ | 式中：$d_u$——上覆非液化土层厚度（m），计算时应将淤泥和淤泥质土层厚度扣除 |
|---|---|---|
| 其他情况 | $\alpha_u = 1 - 0.05(d_u - 2)$ | |

#### 附表1 比贯入阻力$p_{s0}$和锥尖阻力基准值$q_{c0}$

| 抗震设防烈度 | 7度 | 8度 | 9度 |
|---|---|---|---|
| $p_{s0}$（MPa） | 5.0～6.0 | 11.5～13.0 | 18.0～20.0 |
| $q_{c0}$（MPa） | 4.6～5.5 | 10.5～11.8 | 16.4～18.2 |

#### 附表2 土性综合影响系数$\alpha_p$

| 土类 | 砂土 | 粉土 | |
|---|---|---|---|
| 静力触探摩阻比$R_f$ | $R_f \leqslant 0.4$ | $0.4 < R_f \leqslant 0.9$ | $R_f > 0.9$ |
| $\alpha_p$ | 1.00 | 0.60 | 0.45 |

# 第四十章

# 水利水电工程抗震设计

## 第一节 水利水电工程地质勘察规范

### 一、液化初判

——附录 P

<table>
<tr><td colspan="6" align="center">液化初判</td></tr>
<tr><td colspan="6" align="center">饱和砂土、粉土不液化条件</td></tr>
<tr><td colspan="6">①地层年代为第四纪晚更新世（$Q_3$）或以前的土不液化</td></tr>
<tr><td colspan="6">②土的粒径小于 5mm 颗粒含量的质量百分率≤30%时，可判为不液化</td></tr>
<tr><td colspan="6">③土的粒径小于 5mm 颗粒含量的质量百分率＞30%时，其中粒径小于 0.005mm 的颗粒含量质量百分率$\rho_c$大于等于下表不液化</td></tr>
<tr><td>地震动峰值加速度</td><td>0.10g</td><td>0.15g</td><td>0.20g</td><td>0.30g</td><td>0.40g</td></tr>
<tr><td>$\rho_c$</td><td>16%</td><td>17%</td><td>18%</td><td>19%</td><td>20%</td></tr>
<tr><td colspan="6">④工程正常运用后，地下水位以上的非饱和土，可判为不液化</td></tr>
<tr><td colspan="6">⑤当土层的剪切波速$V_s$大于下式计算的上限剪切波速$V_{st}$时，可判为不液化</td></tr>
<tr><td colspan="2">计算土层深度 Z（m）</td><td colspan="4" align="center">上限剪切波速 $V_{st}$（m/s）</td></tr>
<tr><td colspan="2" align="center">0～10</td><td colspan="2" rowspan="4" align="center">$V_{st} = 291\sqrt{K_H \cdot Z \cdot r_d}$</td><td colspan="2">⇐ $r_d = 1 - 0.01Z$</td></tr>
<tr><td colspan="2" align="center">10～20</td><td colspan="2">⇐ $r_d = 1.1 - 0.02Z$</td></tr>
<tr><td colspan="2" align="center">20～30</td><td colspan="2">⇐ $r_d = 0.9 - 0.01Z$</td></tr>
<tr><td colspan="2" align="center">＞30</td><td colspan="2">⇐ $r_d = \max(0.9 - 0.01Z, 0.5)$</td></tr>
</table>

式中：$K_H$——地震动峰值加速度系数，取基本地震动加速度与重力加速度$g$的比值，如 0.30g 取 0.3；

$r_d$——深度折减系数

## 二、液化复判

——附录 P

### （一）标准贯入锤击法

（仅适用于地面以下 15m 范围内饱和砂土或者饱和少黏性土）

**标准贯入锤击法液化复判**

| 液化判别 | 标准贯入锤击数修正值 $N$ | 液化判别标准贯入锤击数临界值 $N_{cr}$ |
|---|---|---|
| $N \geqslant N_{cr} \Rightarrow$ 不液化<br>$N < N_{cr} \Rightarrow$ 液化 | $N = N' \left( \dfrac{d_s + 0.9 d_w + 0.7}{d'_s + 0.9 d'_w + 0.7} \right) \dfrac{\text{正常运用时}}{\text{试验时}}$ | $N_{cr} = N_0 [0.9 + 0.1(d_s - d_w)] \sqrt{\dfrac{3}{\rho_c}}$ |

式中：$N'$——实测标准贯入锤击数；

$d_s$——<u>工程正常运用时</u>，标准贯入点在当时地面以下的深度（m）；

　　计算 $N_{cr}$ 时，$d_s < 5m$ 时取 $d_s = 5m$；

$d_w$——<u>工程正常运用时</u>，地下水在当时地面以下的深度（m），若<u>水位在地面以上，取 $d_w = 0$</u>；

$d'_s$——<u>标贯试验时</u>，标准贯入点在当时地面以下的深度（m）；

$d'_w$——<u>标贯试验时</u>，地下水在当时地面以下的深度（m），若<u>水位在地面以上，取 $d'_w = 0$</u>；

$\rho_c$——黏粒含量百分率（%），$\rho_c < 3$ 时取 $\rho_c = 3$，若判别式中为：3%，则 $\rho_c$ 也应代入%；

$N_0$——标准贯入锤击数基准值

| 地震动峰值加速度（$g$） | 0.10 | 0.15 | 0.20 | 0.30 | 0.40 |
|---|---|---|---|---|---|
| 近震 | 6 | 8 | 10 | 13 | 16 |
| 远震 | 8 | 10 | 12 | 15 | 18 |

【小注】①当 $d_s = 3m$、$d_w = 2m$、$\rho_c \leqslant 3\%$ 时的标准贯入锤击数称为液化标准贯入锤击数基准值；
②当建筑物所在地区的地震设防烈度比相应的震中烈度小 2 度或 2 度以上时定为远震，否则为近震

### （二）相对密度复判法

适用于饱和砂土或砂砾。

**相对密度复判法**

| | |
|---|---|
| $D_r = \dfrac{e_{max} - e_0}{e_{max} - e_{min}} \leqslant [D_r]_{cr} \Rightarrow$ 可能液化 | 式中：$[D_r]_{cr}$——液化判别临界相对密度，按下表查取。<br><br>\| 地震动峰值加速度（$g$） \| 0.05 \| 0.10 \| 0.20 \| 0.40 \|<br>\|---\|---\|---\|---\|---\|<br>\| $[D_r]_{cr}$ \| 65% \| 70% \| 75% \| 85% \|<br><br>【小注】对应于地震峰值加速度为 0.15g 和 0.30g 的情况下，可内插取值 |

### （三）相对含水率或液性指数复判法

适用于地面下深度大于 15m 的饱和少黏性土。

**相对含水率或液性指数复判法**

| | |
|---|---|
| 相对含水率 $W_u$：$W_u = \dfrac{W_s}{W_L} \geqslant 0.9$<br>液性指数 $I_L$：$I_L = \dfrac{W_s - W_P}{W_L - W_P} \geqslant 0.75$ } 满足任意一条 $\Rightarrow$ 可能液化 | 式中：$W_s$——饱和含水量（%）；<br>$W_L$——液限含水量（%）；<br>$W_P$——塑限含水量（%） |

## 第二节 水电工程水工建筑物抗震设计规范

### 一、场地类别划分

——第 4.1.2、4.1.3 条

场地类别划分

| | | |
|---|---|---|
| （1）确定覆盖层厚度 $d_{0v}$（m） | ①一般情况下，应按地面至剪切波速 > 500m/s 且其下卧各层岩土的剪切波速均 ≥ 500m/s 的土层顶面的距离确定；<br>②当地面 5m 以下存在剪切波速 > 2.5 倍其上部各土层剪切波速的土层，且该层及其下卧各层岩土的剪切波速均 ≥ 400m/s 时，可按地面至该土层顶面的距离确定；<br>③剪切波速 > 500m/s 的孤石、透镜体，应视同周围土层；<br>④土层中的火山岩硬夹层，应视为刚体，其厚度应从覆盖层厚度中扣除。确定计算深度 $d_0$ 时，扣除后若小于 20m，则按扣除后取值计算，不需要向下补齐 20m。<br>【小注】火山岩硬夹层一般指玄武岩、流纹岩等火山喷出岩夹层；视为孤石、透镜体时，一般为侵入岩如花岗岩、辉绿岩等，一般题目也会有"孤石、透镜体"等关键字 | |
| （2）计算等效剪切波速 $v_{se}$（m/s） | $v_{se} = \dfrac{d_0}{\sum\limits_{i=1}^{n}\left(\dfrac{d_i}{v_{si}}\right)}$ | 式中：$d_0$——计算深度（m），取覆盖层厚度（建基面起算）；<br>$d_i$——计算深度内第 $i$ 层土的厚度（m）；<br>$v_{si}$——计算深度内第 $i$ 层土的剪切波速（m/s） |

| | 场地土类型 | 剪切波速范围（m/s） | 代表性岩土名称 |
|---|---|---|---|
| （3）场地土类型划分 | 硬岩 | $v_s > 800$ | 坚硬、较硬且完整的岩石 |
| | 软岩、坚硬场地土 | $500 < v_s \leqslant 800$ | 破碎和较破碎或软、较软的岩石；密实的砂卵石 |
| | 中硬场地土 | $250 < v_s \leqslant 500$ | 中密、稍密的砂卵石；密实的粗砂、中砂；坚硬的黏土和粉土 |
| | 中软场地土 | $150 < v_s \leqslant 250$ | 稍密的砾、粗、中砂、细砂和粉砂；一般黏土和粉土 |
| | 软弱场地土 | $v_s \leqslant 150$ | 淤泥、淤泥质土；松散的砂土；人工杂填土 |

| | 场地土类型 | 建基面起算的覆盖层厚度 $d_0$（m） | | | | | |
|---|---|---|---|---|---|---|---|
| | | 0 | (0～3] | (3～5] | (5～15] | (15～50] | (50～80] | >80 |
| （4）场地类别划分 | 硬岩 | $I_0$ | — | | | | | |
| | 较软、坚硬场地土 | $I_1$ | | | | | | |
| | 中硬场地土 | — | $I_1$ | | | II | | |
| | 中软场地土 | — | $I_1$ | | II | | III | |
| | 软弱场地土 | — | $I_1$ | II | | III | | IV |

【小注】①场地覆盖层厚度的计算与《建筑抗震设计规范》完全一致。

②等效剪切波速应从建基面起算，建基面指水工建筑物开挖面的底面，计算剪切波速时本规范没有限制计算深度小于 20m。故存在一些计算上的争议：

第一种方法：严格执行本规范，不考虑 20m 限制条件，取 $(d_0 - d)$ 作为计算等效剪切波速的分子。

第二种方法：为与《建筑抗震设计规范》保持一致，计算深度建议取 $(20 - d)$ 与 $(d_0 - d)$ 的较小值，即从建基面下起算（$20 - d$）与（$d_0 - d$）的较小值，$d$ 为基础埋深。

对于覆盖层厚度是否从建基面计算，也存在争议。

## 二、设计反应谱

——第5.3节

### 设计反应谱

（1）确定场地特征周期$T_g$

根据Ⅱ类场地特征周期$T_g$（题目已知或查《中国地震动参数区划图》P6附录C）查取当前场地特征周期$T_g$

**场地标准设计地震动加速度反应谱特征周期$T_g$调整表（s）**

| Ⅱ类场地基本地震动加速度反应谱特征周期分区值 | 场地类别 | | | | |
|---|---|---|---|---|---|
| | $I_0$ | $I_1$ | Ⅱ | Ⅲ | Ⅳ |
| 0.35s | 0.20 | 0.25 | 0.35 | 0.45 | 0.65 |
| 0.40s | 0.25 | 0.30 | 0.40 | 0.55 | 0.75 |
| 0.45s | 0.30 | 0.35 | 0.45 | 0.65 | 0.90 |

（2）计算标准设计反应谱$\beta$

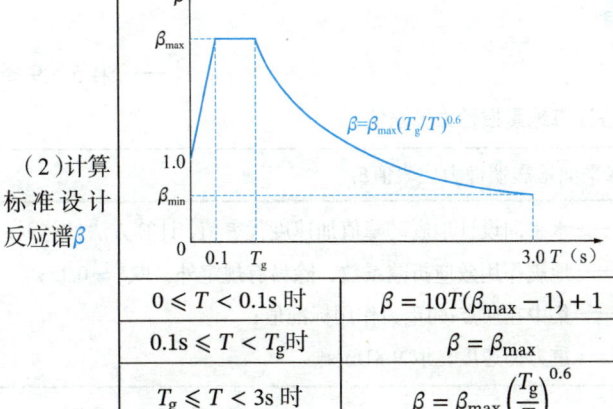

| $0 \leqslant T < 0.1\text{s}$ 时 | $\beta = 10T(\beta_{\max} - 1) + 1$ |
|---|---|
| $0.1\text{s} \leqslant T < T_g$ 时 | $\beta = \beta_{\max}$ |
| $T_g \leqslant T < 3\text{s}$ 时 | $\beta = \beta_{\max}\left(\dfrac{T_g}{T}\right)^{0.6}$ |

式中：$T$——结构基本自振周期（s）；
$\beta_{\max}$——标准设计反应谱最大值的代表值，取值如下。

| 建筑物类型 | $\beta_{\max}$ |
|---|---|
| 土石坝 | 1.60 |
| 重力坝 | 2.00 |
| 拱坝 | 2.50 |
| 水闸、进水塔等其他建筑物及边坡 | 2.25 |

标准设计反应谱的最小值$\beta_{\min}$：
$\beta_{\min} = \beta_{\max}(T_g/3)^{0.6} \geqslant 0.2\beta_{\max}$

## 三、设计地震动加速度代表值

——第3.0.2、5.1.2条

### 设计地震动加速度代表值

| | （1）水平向设计地震动峰值加速度代表值$\alpha_h$ | | （2）竖向设计地震动峰值加速度代表值$\alpha_v$ | |
|---|---|---|---|---|
| 甲类抗震设防类别（有争议） | 推荐先提高烈度，根据$\alpha_{\max Ⅱ}$查$F_a$：$\alpha_h = F_a \cdot \alpha_{\max Ⅱ}$ | | 近场地震（场址距震中≤10km） | $\alpha_v = \alpha_h$ |
| | $\alpha_h = 2F_a \cdot \alpha_{\max Ⅱ}$ | | | |
| 其他情况 | $\alpha_h = F_a \cdot \alpha_{\max Ⅱ}$ | | 其他情况 | $\alpha_v = \dfrac{2}{3}\alpha_h$ |
| ①$\alpha_{\max Ⅱ}$与基本地震烈度对应表 | | | | |
| 基本地震烈度 | | | Ⅱ类场地地震动峰值加速度分区值$\alpha_{\max Ⅱ}$ | |
| 6度（Ⅵ） | | | $0.04g \leqslant \alpha_{\max Ⅱ} < 0.09g$ | |
| 7度（Ⅶ） | | | $0.09g \leqslant \alpha_{\max Ⅱ} < 0.19g$ | |
| 8度（Ⅷ） | | | $0.19g \leqslant \alpha_{\max Ⅱ} < 0.38g$ | |
| 9度（Ⅸ） | | | $0.38g \leqslant \alpha_{\max Ⅱ} < 0.75g$ | |
| ≥10度（Ⅹ） | | | $\alpha_{\max Ⅱ} \geqslant 0.75g$ | |

②场地地震动峰值加速度调整系数$F_a$

| Ⅱ类场地地震动峰值加速度分区值$\alpha_{\max Ⅱ}$ | 场地类别 | | | | |
|---|---|---|---|---|---|
| | $I_0$ | $I_1$ | Ⅱ | Ⅲ | Ⅳ |
| ≤0.05g | 0.72 | 0.80 | 1.00 | 1.30 | 1.25 |
| 0.10g | 0.74 | 0.82 | 1.00 | 1.25 | 1.20 |
| 0.15g | 0.75 | 0.83 | 1.00 | 1.15 | 1.10 |
| 0.20g | 0.76 | 0.85 | 1.00 | 1.00 | 1.00 |
| 0.30g | 0.85 | 0.95 | 1.00 | 1.00 | 0.95 |
| ≥0.40g | 0.90 | 1.00 | 1.00 | 1.00 | 0.90 |

## 四、拟静力法计算地震惯性力代表值

——第5.5.9条

**拟静力法计算地震惯性力代表值**

| 质点$i$的水平向地震惯性力代表值$E_i$ | |
|---|---|
| $E_i = \alpha_h \xi G_{Ei} \alpha_i / g$ | 式中：$\alpha_h$——水平向设计地震动峰值加速度代表值，计算方法见前页；<br>$\xi$——地震作用效应折减系数，除另有规定外，取$\xi = 0.25$；<br>$G_{Ei}$——集中在质点$i$的重力作用标准值；<br>$g$——重力加速度，取9.81m/s² |

↑
——第6.1.4、7.1.11、8.1.13、9.1.3条

| 质点$i$的地震惯性力的动态分布系数$\alpha_i$ ||||
|---|---|---|---|
| 类型 | 计算简图 || 计算式 |
| 土石坝 | 坝高$H \leqslant 40$m 时 | 坝高$H > 40$m 时 | 坝高$H \leqslant 40$m: $\alpha_i = 1 + \dfrac{h_i}{H}(\alpha_m - 1)$<br>坝高$H > 40$m:<br>$\begin{cases} h_i = 0 \sim 0.6H: \alpha_i = 1 + \dfrac{h_i}{1.8H}(\alpha_m - 1) \\ h_i = 0.6H \sim H: \alpha_i = 1 + \dfrac{\alpha_m - 1}{3} + \dfrac{h_i - 0.6H}{0.4H} \times \dfrac{2\alpha_m - 2}{3} \end{cases}$<br>$\alpha_m = 3.0$（7度）、2.5（8度）、2.0（9度） |
| 拱坝 | | | $\alpha_i = 1 + \dfrac{2h_i}{H}$ |

续表

| | 质点$i$的地震惯性力的动态分布系数$\alpha_i$ | |
|---|---|---|
| 进水塔 | 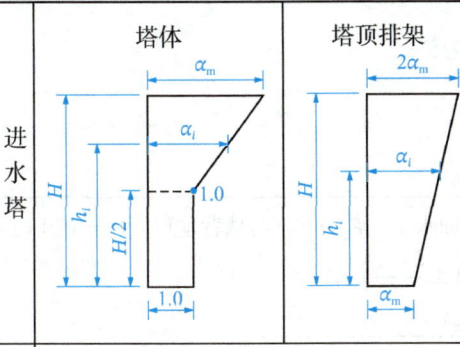 | 塔体：$\begin{cases} h_i = 0 \sim 0.5H: \alpha_i = 1.0 \\ h_i = 0.5H \sim H: \alpha_i = 1 + \frac{2h_i - H}{H}(\alpha_m - 1) \end{cases}$<br>塔顶排架：$\alpha_i = \left(1 + \frac{h_i}{H}\right)\alpha_m$<br>式中：$H = 10 \sim 30\text{m}$ 时，$\alpha_m = 3.0$<br>$H > 30\text{m}$ 时，$\alpha_m = 2.0$ |
| 重力坝 | $\alpha_i = 1.4 \times \dfrac{1 + 4\left(\dfrac{h_i}{H}\right)^4}{1 + 4\sum\limits_{j=1}^{n}\dfrac{G_{Ej}}{G_E}\left(\dfrac{h_j}{H}\right)^4}$ | 式中：$n$——坝体计算质点总数；<br>$H$——坝高，溢流坝应算至闸墩顶；<br>$h_i$、$h_j$——分别为质点$i$、$j$的高度（m）；<br>$G_{Ej}$——集中在质点$j$的重量作用标准值（kN）；<br>$G_E$——产生地震惯性力的建筑物总重力作用的标准值（kN） |

## 五、地震土压力

——第5.9.1条

**地震主动动土压力**

| 计算地震主动动土压力$F_E$ | $F_E = \left[q_0 \dfrac{\cos \Psi_1}{\cos(\Psi_1 - \Psi_2)}H + \dfrac{1}{2}\gamma H^2\right](1 \pm \xi a_v/g)C_e$<br>分别取$\pm$计算$F_E$，取两者计算中的较大值。<br>所有算式中$\pm$，需"同$+$同$-$" | | |
|---|---|---|---|
| 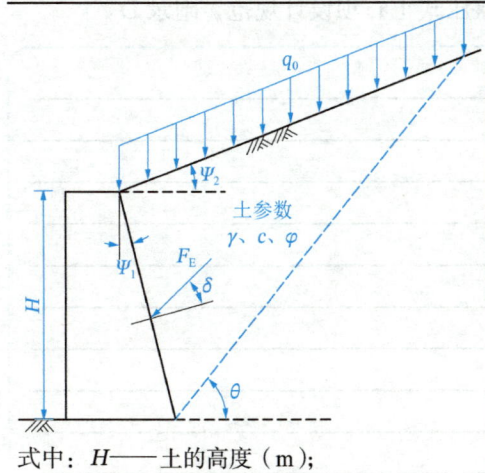<br>式中：$H$——土的高度（m）；<br>$\varphi$——土的内摩擦角（°）；<br>$\gamma$——土的重度的标准值（kN/m³）；<br>$\delta$——挡土墙面与土之间的摩擦角（°） | ①计算地震系数角$\theta_e$ | | |
| | 动力法<br>$\xi = 1.0$ | $\theta_e = \arctan\dfrac{a_h}{g \pm a_v}$ | |
| | 拟静力法 | 一般情况<br>$\xi = 0.25$ | $\theta_e = \arctan\dfrac{0.25a_h}{g \pm 0.25a_v}$ |
| | | 钢筋混凝土结构<br>$\xi = 0.35$ | $\theta_e = \arctan\dfrac{0.35a_h}{g \pm 0.35a_v}$ |
| | ②计算参数$Z$ | | |
| | $Z = \dfrac{\sin(\delta + \varphi)\sin(\varphi - \theta_e - \Psi_2)}{\cos(\delta + \Psi_1 + \theta_e)\cos(\Psi_2 - \Psi_1)}$ | | |
| | ③计算参数$C_e$ | | |
| | $C_e = \dfrac{\cos^2(\varphi - \theta_e - \Psi_1)}{\cos\theta_e \cos^2\Psi_1 \cos(\delta + \Psi_1 + \theta_e)\left(1 + \sqrt{Z}\right)^2}$ | | |

续表

式中：$q_0$——土表面单位长度的荷重（kPa）；

　　　$\xi$——地震作用的效应折减系数；

　　　$\Psi_1$——墙背与竖直方向夹角（°），俯斜为正，仰斜为负；

　　　$\Psi_2$——土表面和水平面夹角（°）；

　　　$a_h$——水平向设计地震加速度代表值；

　　　$a_v$——竖向设计地震加速度代表值

【小注】特别的，当墙后填土为无黏土（$c = 0$kPa）、填土面水平（$\Psi_2 = 0°$）且墙背垂直（$\Psi_1 = 0°$）时：

$$F_E = \left[q_0 \cdot H + \frac{1}{2} \cdot \gamma \cdot H^2\right] \cdot \left(1 \pm \frac{\xi \cdot a_v}{g}\right) \cdot C_e$$

$$C_e = \frac{\cos^2(\varphi - \theta_e)}{\cos\theta_e \cdot \cos(\delta + \theta_e) \cdot \left[1 + \sqrt{\frac{\sin(\delta + \varphi) \cdot \sin(\varphi - \theta_e)}{\cos(\delta + \theta_e)}}\right]^2}$$

### 知识拓展 1

**工程抗震设防类别—第 3.0.1 条**

| 工程抗震设防类别 | 建筑物级别 | 场地地震基本烈度 |
| --- | --- | --- |
| 甲 | 1（壅水和重要泄水） | ≥Ⅵ |
| 乙 | 1（非壅水）、2（壅水） | |
| 丙 | 3（非壅水）、3 | ≥Ⅶ |
| 丁 | 4、5 | |

### 知识拓展 2

土石坝拟静力法计算边坡抗滑稳定性详见《碾压式土石坝设计规范》附录 D。

**笔记区**

# 第四十一章

# 公路工程抗震规范

## 一、场地类别划分

《公路工程抗震规范》并未规定覆盖层厚度的确定方法,也未规定平均剪切波速的确定方法,建议参考《建筑抗震设计规范》或者《公路工程地质勘察规范》。

**场地类别划分**

| | 《公路工程地质勘察规范》第 7.10.10 条 | | | | | |
|---|---|---|---|---|---|---|
| (1)确定场地覆盖层厚度$d_{0v}$(m) | ①一般情况下,应按地面至剪切波速 > 500m/s 且其下卧各层岩土的剪切波速均 ≥ 500m/s 的土层顶面的距离确定。<br>②当地面 5m 以下存在剪切波速 > 2.5 倍其上部各土层剪切波速的土层,且该层及其下卧各层岩土的剪切波速均 ≥ 400m/s 时,可按地面至该土层顶面的距离确定。<br>③剪切波速 > 500m/s 的孤石、透镜体,应视同周围土层。<br>④土层中的火山岩硬夹层,应视为刚体,其厚度应从覆盖土层中扣除。确定计算深度$d_0$时,扣除后若小于 20m,则按扣除后取值计算,不需要向下补齐 20m。<br>【小注】火山岩硬夹层一般指玄武岩、流纹岩等火山喷出岩夹层;视为孤石、透镜体时,一般为侵入岩如花岗岩、辉绿岩等,一般题目也会有"孤石、透镜体"等关键字 | | | | | |
| (2)计算等效剪切波速$v_{se}$(m/s) | 《公路工程地质勘察规范》第 7.10.11 条 | | | | | |
| | $v_{se} = \dfrac{d_0}{\sum_{i=1}^{n}\left(\dfrac{d_i}{v_{si}}\right)}$ | 式中:$d_0$——计算深度(m),取覆盖层厚度$d_{0v}$和 20m 两者间的小值;<br>$d_i$——计算深度内第$i$层土的厚度(m),注意火山岩硬夹层处理;<br>$v_{si}$——计算深度内第$i$层土的剪切波速(m/s),注意孤石、透镜体处理 | | | | |
| (3)场地类别划分 | 《公路工程抗震规范》第 4.1.3 条 | | | | | |
| | 平均剪切波速$v_{se}$(m/s) | 场地覆盖土层厚度$d_{0v}$(m) | | | | |
| | | <3 | [3~5] | [5~15] | (15~50] | (50~80] | >80 |
| | $v_{se}$ > 500 | I | | | | | |
| | 250 < $v_{se}$ ≤ 500 | I | | II | | | |
| | 140 < $v_{se}$ ≤ 250 | I | | II | | III | |
| | $v_{se}$ ≤ 140 | I | | II | | III | IV |

## 二、液化初判

——第 4.3.2 条

液化初判

| 饱和砂土、粉土不液化条件 |||
|---|---|---|
| 液化判别深度 | 一般地基 ⇒ 地面以下 15m<br>桩基和基础埋深大于 5m 的天然地基 ⇒ 地面下 20m ||
| ①地震烈度 7 度、8 度时，且地质年代为 $Q_3$ 及以前不液化 | 式中：$d_w$——地下水位深度（m）；设计基准期内年平均最高水位或近期年最高水位，非勘察水位； ||
| ②粉土黏粒含量 | 7 度时：$\rho_c \geq 10$，不液化 | $d_u$——上覆非液化土层厚度（m），扣除淤泥（质）土详见小注； |
| | 8 度时：$\rho_c \geq 13$，不液化 | $d_0$——液化土特征深度（m）； |
| | 9 度时：$\rho_c \geq 16$，不液化 | |
| ③天然地基，满足右侧之一⇒不液化 | $d_u > d_0 + d_b - 2$ | 饱和土类型 / 7度 / 8度 / 9度<br>粉土 / 6 / 7 / 8<br>砂土 / 7 / 8 / 9 |
| | $d_w > d_0 + d_b - 3$ | |
| | $d_u + d_w > 1.5 d_0 + 2 d_b - 4.5$ | $d_b$——基础埋置深度（m），$d_b \geq 2m$ |
| | 7 度：0.10g（0.15g） 8 度：0.20g（0.30g） 9 度：0.40g ||

【小注】①当区域的地下水位处于变动状态时，应按不利的情况考虑；
②初判不液化时，不可当为下层的上覆非液化土层；
③$d_u$ 取值方法：如果地下水位于砂土、粉土层，$d_u$ 可取至该砂土、粉土层顶面；如果地下水不位于砂土、粉土层，$d_u$ 可取至地下水以下的首个砂土、粉土层顶面

## 三、液化复判及液化指数

——第 4.3.3～4.3.9 条

当饱和砂土、粉土的初判认为需进一步进行液化判别时（即为上述初判结果非不液化），应采用标贯法进一步判别。

## 液化复判及液化指数

| （1）确定液化判别深度 $z$ ||
|---|---|
| 一般情况 | $z = 15\text{m}$ |
| 桩基和基础埋深大于 5m 的天然地基 | $z = 20\text{m}$ |

| （2）液化复判 |||||||
|---|---|---|---|---|---|---|
| $N \geqslant N_{cr} \Rightarrow$ 不液化<br>$N < N_{cr} \Rightarrow$ 液化 || 式中：$N$——标准贯入锤击数实测值（未经杆长修正）；<br>　　　$N_{cr}$——修正的液化判别标准贯入锤击数临界值 |||||
| 饱和<br>砂土 | $d_s < 15\text{m}$ 时：<br>$N_{cr} = N_0[0.9 + 0.1(d_s - d_w)]$<br>$15\text{m} \leqslant d_s \leqslant 20\text{m}$ 时：<br>$N_{cr} = N_0(2.4 - 0.1d_w)$ | 标准贯入锤击数基准值 $N_0$ |||||
| ^ | ^ | 区划图上的<br>特征周期（s） | 设计基本地震动峰值加速度 |||| 
| ^ | ^ | ^ | 0.10g | 0.15g | 0.20g | 0.30g | 0.40g |
| ^ | ^ | 0.35 | 6 | 8 | 10 | 13 | 16 |
| ^ | ^ | 0.40、0.45 | 8 | 10 | 12 | 15 | 18 |
| 饱和<br>粉土 | $d_s < 15\text{m}$ 时：<br>$N_{cr} = N_0[0.9 + 0.1(d_s - d_w)]\sqrt{\dfrac{3}{\rho_c}}$<br>$15\text{m} \leqslant d_s \leqslant 20\text{m}$ 时：<br>$N_{cr} = N_0(2.4 - 0.1d_w)\sqrt{\dfrac{3}{\rho_c}}$ | 【表注】特征周期根据场地位置在《中国地震动参数区划图》查取。<br>式中：$d_s$——饱和土标准贯入点深度（m）；<br>　　　$d_w$——地下水位深度（m），取设计基准期内年平均最高水位或近期年最高水位；<br>　　　$\rho_c$——黏粒含量百分率，$\rho_c < 3$ 时，取 $\rho_c = 3$ |||||

| （3）液化指数 $I_{IE}$ 计算 ||
|---|---|
| $I_{IE} = \sum\limits_{i=1}^{n}\left[1 - \dfrac{N_i}{N_{cri}}\right]d_i W_i$<br>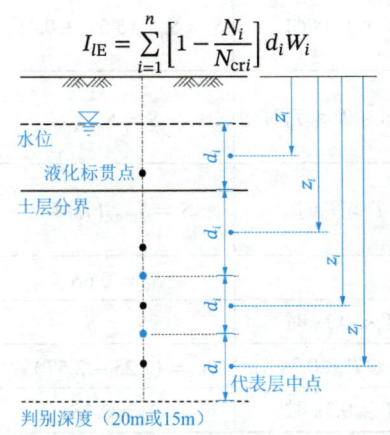 | 式中：$N_i$、$N_{cri}$——计算层的标准贯入实测值、临界值。<br>　　　$d_i$——第 $i$ 点代表土层厚度（m）。<br>分层原则：①上限为水位处，下限为液化判别深度；②中间分层时，同类别土以两测点中心分层；③不同类别土，以相邻测点中心至土层分界面划分；④建议 5m 处，人工划分一界面，考虑计算 $W_i$ 的精确性。<br>　　　$W_i$——权函数。<br>判别深度 15m 时 $\begin{cases} z_i \leqslant 5\text{m 时} & W_i = 10 \\ 5\text{m} < z_i \leqslant 15\text{m 时} & W_i = 15 - z_i \end{cases}$<br>判别深度 20m 时 $\begin{cases} z_i \leqslant 5\text{m 时} & W_i = 10 \\ 5\text{m} < z_i \leqslant 20\text{m 时} & W_i = \dfrac{2}{3}(20 - z_i) \end{cases}$<br>　　　$z_i$——计算 $i$ 层中点的深度（自地面起算） |

| （4）液化等级划分 ||||
|---|---|---|---|
| 判别深度为 15m 时的液化指数 | $0 < I_{IE} \leqslant 5$ | $5 < I_{IE} \leqslant 15$ | $I_{IE} > 15$ |
| 判别深度为 20m 时的液化指数 | $0 < I_{IE} \leqslant 6$ | $6 < I_{IE} \leqslant 18$ | $I_{IE} > 18$ |
| 液化等级 | 轻微 | 中等 | 严重 |

（5）抗液化措施，详见规范第 4.3.5～4.3.9 条

## 四、桥梁设计加速度反应谱

——第 5.2 节

**桥梁设计加速度反应谱**

| | 特征周期 $T_g$ 应按桥梁所在位置,根据《中国地震动参数区划图》上的特征周期和相应的场地类别,按照下表取值: | | | | |
|---|---|---|---|---|---|
| (1)确定当前场地特征周期 $T_g$ | 设计加速度反应谱特征周期 $T_g$ 调整表 | | | | |
| | Ⅱ类场地基本地震动加速度反应谱特征周期分区值($s$) | 当前场地类别 | | | |
| | | Ⅰ | Ⅱ | Ⅲ | Ⅳ |
| | 0.35 | 0.25 | 0.35 | 0.45 | 0.65 |
| | 0.40 | 0.30 | 0.40 | 0.55 | 0.75 |
| | 0.45 | 0.35 | 0.45 | 0.65 | 0.90 |

| (2)水平设计加速度反应谱最大值 $S_{max}$ | $S_{max} = 2.25 C_i C_s C_d A_h$ <br><br> $C_d = \begin{cases} 1.0 & \xi = 0.05 \\ 1 + \dfrac{0.05 - \xi}{0.06 + 1.7\xi} \geq 0.55 & \xi \neq 0.05 \end{cases}$ | 式中:$\xi$——结构阻尼比;<br>$C_i$——桥梁抗震重要性修正系数,见附表 2;<br>$C_s$——场地系数,见附表 1;<br>$C_d$——阻尼调整系数,$C_d < 0.55$ 时,取 $C_d = 0.55$;<br>$A_h$——水平向设计基本地震动峰值加速度,见附表 3 |
|---|---|---|

| (3)水平设计加速度反应谱 $S$ | (图:横轴 $T$(s),纵轴 $S$;$S_{max}$ 平台从 0.1 到 $T_g$,之后 $S=S_{max}(T_g/T)$ 下降至 10.0;起点 $0.45 S_{max}$) | $T < 0.1s$ 时 | $S = S_{max}(5.5T + 0.45)$ |
|---|---|---|---|
| | | $0.1s \leq T \leq T_g$ 时 | $S = S_{max}$ |
| | | $T > T_g$ 时 | $S = S_{max}(T_g/T)$ |

| (4)竖向设计加速度反应谱 $S_v$ | 基岩场地 | | $S_v = 0.6S$ |
|---|---|---|---|
| | 土层场地 | $T < 0.1s$ 时 | $S_v = S$ |
| | | $0.1s \leq T < 0.3s$ 时 | $S_v = (1.25 - 2.5T)S$ |
| | | $T \geq 0.3s$ 时 | $S_v = 0.5S$ |

**附表 1　场地系数 $C_s$**

| 场地类别 | 设计基本地震动峰值加速度 | | | | | |
|---|---|---|---|---|---|---|
| | 0.05g | 0.10g | 0.15g | 0.20g | 0.30g | ≥0.40g |
| Ⅰ | 1.2 | 1.0 | 0.9 | 0.9 | 0.9 | 0.9 |
| Ⅱ | 1.0 | 1.0 | 1.0 | 1.0 | 1.0 | 1.0 |
| Ⅲ | 1.1 | 1.3 | 1.2 | 1.2 | 1.0 | 1.0 |
| Ⅳ | 1.2 | 1.4 | 1.3 | 1.3 | 1.0 | 0.9 |

## 桥梁涵洞分类⇓

| 桥涵分类 | 多孔跨径总长 $L$（m） | 单孔跨径 $L_k$（m） |
|---|---|---|
| 特大桥 | $L > 1000$ | $L_k > 150$ |
| 大桥 | $100 \leqslant L \leqslant 1000$ | $40 \leqslant L_k \leqslant 150$ |
| 中桥 | $30 < L < 100$ | $20 \leqslant L_k < 40$ |
| 小桥 | $8 \leqslant L \leqslant 30$ | $5 \leqslant L_k < 20$ |
| 涵洞 | — | $L_k < 5$ |

## 附表 2  桥梁抗震重要性修正系数 $C_i$

| 桥梁分类 | E1 地震作用 | E2 地震作用 |
|---|---|---|
| A 类 | 1.0 | 1.7 |
| B 类 | 0.5 | 1.7 |
| B 类 | 0.43 | 1.3 |
| C 类 | 0.34 | 1.0 |
| D 类 | 0.23 | — |

【表注】E1 地震作用指重现期为 475 年的地震作用；
E2 地震作用指重现期为 2000 年的地震作用。

## 桥梁抗震设防类别⇑

| 设防类别 | 适用范围 |
|---|---|
| A 类 | 单跨跨径 >150m 的特大桥 |
| B 类 | 单跨跨径 ≤150m 的高速公路、一级公路上的桥梁 |
| B 类 | 单跨跨径 ≤150m 的二级公路上的特大桥、大桥 |
| C 类 | 二级公路上的中桥、小桥；<br>单跨跨径 ≤150m 的三、四级公路上的特大桥、大桥 |
| D 类 | 三、四级公路上的中桥、小桥 |

## 附表 3  地震基本烈度和设计基本地震动峰值加速度（$A_h$, $A_v$）对应表

| 地震基本烈度 | 6 度 | 7 度 | | 8 度 | | 9 度 |
|---|---|---|---|---|---|---|
| 水平向设计基本地震动峰值加速度 $A_h$ | $\geqslant 0.05g$ | 0.10g | 0.15g | 0.20g | 0.30g | $\geqslant 0.40g$ |
| 竖向设计基本地震动峰值加速度 $A_v$ | 0 | 0 | 0 | 0.10g | 0.17g | 0.25g |

## 五、挡土墙的水平地震作用

——第 7.2.3、7.2.4 条

**挡土墙的水平地震作用**

| （1）非斜坡上的挡土墙，按静力法验算时，挡土墙第 $i$ 截面以上墙身重心处的水平地震作用力 $E_{ih}$（kN） | | （2）位于斜坡上的挡土墙，作用于其重心处的水平向总地震作用力 $E_h$（kN） | |
|---|---|---|---|
| 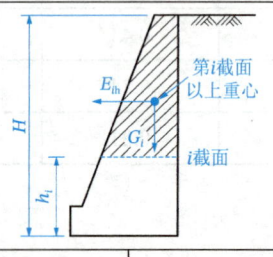 | | 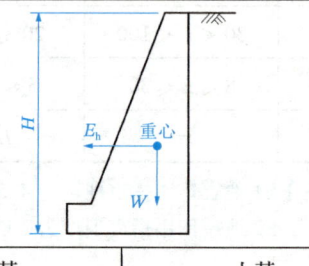 | |
| 重力式挡土墙 | 轻型挡土墙 | 岩基 | 土基 |
| $E_{ih}=0.25C_iA_h\psi_iG_i/g$ | $E_{ih}=0.3C_iA_h\psi_iG_i/g$ | $E_h=0.30C_iA_hW/g$ | $E_h=0.35C_iA_hW/g$ |
| 水平地震作用沿墙高的分布系数 $\psi_i$：$\psi_i=\begin{cases}\dfrac{h_i}{3H}+1.0 & (0\leqslant h_i\leqslant 0.6H)\\ \dfrac{3h_i}{2H}+0.3 & (0.6H<h_i\leqslant H)\end{cases}$ | | 式中：$W$——挡土墙墙体的总重力（kN） | |

式中：$G_i$——第 $i$ 截面以上，墙体的重力（kN）；

$A_h$——水平向设计基本地震动峰值加速度，见上附表 3；

$h_i$——挡土墙墙趾至第 $i$ 截面的高度（m）；

$H$——挡土墙高度（m）；

$g$——重力加速度；

$C_i$——抗震重要性修正系数，见下表

**其他公路工程构筑物抗震重要性修正系数 $C_i$**

| 公路等级 | 构筑物重要程度 | 抗震重要性修正系数 $C_i$ |
|---|---|---|
| 高速公路一级公路 | 抗震重点工程 | 1.7 |
| | 一般工程 | 1.3 |
| 二级公路 | 抗震重点工程 | 1.3 |
| | 一般工程 | 1.0 |
| 三级公路 | 抗震重点工程 | 1.0 |
| | 一般工程 | 0.8 |
| 四级公路 | 抗震重点工程 | 0.8 |

【表注】抗震重点工程指隧道和破坏后抢修困难的路基、挡土墙。

## 六、路肩挡土墙地震主动土压力

——第 7.2.5 条

### 路肩挡土墙地震主动土压力

路肩挡土墙是指挡土墙顶部的填土高度≤1m，此定义来自《铁路路基支挡结构设计规范》

$$E_{ea} = \frac{1}{2}\gamma H^2 \cdot K_a \cdot (1 + 0.75C_i \cdot K_h \cdot \tan\varphi)$$

$$K_a = \frac{\cos^2\varphi}{(1+\sin\varphi)^2} = \tan^2\left(45° - \frac{\varphi}{2}\right)$$

式中：$E_{ea}$——地震时作用于挡土墙背每延米长度上的主动土压力（kN/m），其作用点为距挡土墙底 $0.4H$ 处；

$\gamma$——墙后填土的重度（kN/m³）；

$H$——挡土墙的高度（m）；

$\varphi$——墙后填土的内摩擦角（°）；

$K_a$——非地震作用下作用于挡土墙背主动土压力系数；

$K_h$——系数，$K_h = A_h/g$，见前节或规范第 3.3.2 条；

$C_i$——抗震重要性修正系数，同前节

## 七、其他挡土墙地震土压力

——附录 A

### 非路肩—其他挡土墙地震土压力

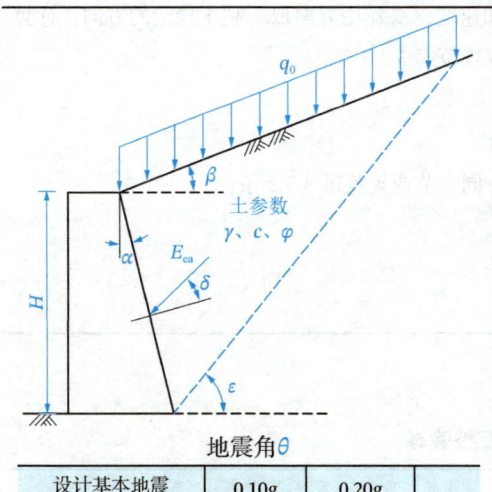

地震角 $\theta$

| 设计基本地震动峰值加速度 | 0.10g<br>0.15g | 0.20g<br>0.30g | 0.40g |
|---|---|---|---|
| 地震角 $\theta$ 水上 | 1.5° | 3° | 6° |
| 水下 | 2.5° | 5° | 10° |

式中：$\gamma$——墙后填土重度（kN/m³），水下采用浮重度；

$q$——填土面的均布荷载标准值（kPa），地面倾斜时为单位斜面积上的重力标准值（kPa）；

$c$——填土黏聚力（kPa），当为砂性土时，$c = 0$；

$H$——挡土墙的高度（m）；

$\varphi$——墙后填土的内摩擦角（°）；

$\beta$——填土面与水平面的夹角（°）；

$\delta$——墙后填土与墙背的摩擦角（°）；

$\alpha$——墙背与竖直线夹角（°），俯斜为正，仰斜为负；

$K_a$——地震主动土压力系数；

$\theta$——地震角（°）；

$K_{psp}$——地震时，被动土压力系数

地震主动土压力计算：

$$E_{ea} = \left[\frac{1}{2}\gamma H^2 + qH\frac{\cos\alpha}{\cos(\alpha-\beta)}\right]K_a - 2cHK_{ca}$$

$$K_{ca} = \frac{1-\sin\varphi}{\cos\varphi}; \quad K_a = \frac{\cos^2(\varphi-\alpha-\theta)}{\cos\theta\cos^2\alpha\cos(\alpha+\delta+\theta)\left[1+\sqrt{\frac{\sin(\varphi+\delta)\sin(\varphi-\beta-\theta)}{\cos(\alpha-\beta)\cos(\alpha+\delta+\theta)}}\right]^2}$$

续表

地震被动土压力计算：
$$E_{ep} = \left[\frac{1}{2}\gamma H^2 + qH\frac{\cos\alpha}{\cos(\alpha-\beta)}\right]K_{psp} + 2cHK_{cp}$$

$$\Uparrow K_{cp} = \frac{\sin(\varphi-\theta)+\cos\theta}{\cos\theta\cos\varphi}; \quad K_{psp} = \frac{\cos^2(\varphi+\alpha-\theta)}{\cos\theta\cos^2\alpha\cos(\alpha-\delta+\theta)\left[1+\sqrt{\frac{\sin(\varphi+\delta)\sin(\varphi+\beta-\theta)}{\cos(\delta+\theta-\alpha)\cos(\alpha-\theta)}}\right]^2}$$

【小注】当 $c = 0$，上式计算结果与《建筑边坡工程技术规范》第 6.2.11 条公式计算结果基本一致

## 八、路基边坡地震稳定性验算

——第 8.2.6 条

公路工程路基边坡抗震验算中，采用"拟静力法"分别计算"条块"重心处的水平地震作用 $E_{hsi}$ 和竖向地震作用 $E_{vsi}$ 后，将其视作静力直接作用于"条块"的重心处进行整体稳定性验算。

### （一）作用于各土体条块重心处的地震作用

**作用于各土体条块重心处的地震作用**

| 水平地震作用 $E_{hsi}$ | | 竖向地震作用 $E_{vsi}$ |
|---|---|---|
| $E_{hsi} = \dfrac{C_i C_z \psi_j A_h G_{si}}{g}$ | 水平地震作用沿路堤边坡高度的增大系数 $\psi_j$：<br>$\psi_j = \begin{cases} 10 & H \leqslant 20\text{m} \\ 1 + 0.6\dfrac{(h_i - 20)}{H - 20} & H > 20\text{m} \end{cases}$ | $E_{vsi} = \dfrac{C_i C_z A_v G_{si}}{g}$ |

式中：$A_h$、$A_v$——水平向、竖向设计基本地震动峰值加速度，$A_v$ 作用方向取不利于稳定的方向，计算时**向上取负，向下取正**，取值见前或规范第 3.3.2 条；

$C_z$——综合影响系数，取 0.25；

$G_{si}$——第 $i$ 条块的重力（kN）；

$C_i$——其他公路工程抗震重要性修正系数，同上节或规范第 3.3.2 条；

$g$——重力加速度（m/s²）；

$h_i$——路基计算第 $i$ 条土体的高度（m）；

$H$——路基边坡高度（m）。

### （二）路基边坡抗震稳定性验算

**路基边坡抗震稳定性验算**

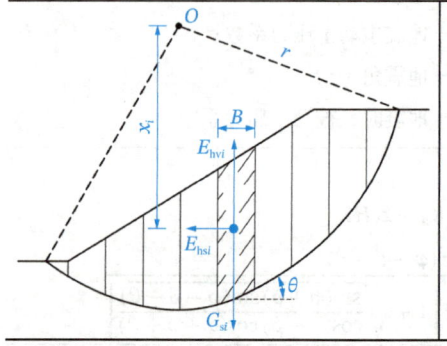

抗震稳定性系数 $K_e$：

$$K_e = \frac{\sum\limits_{i=1}^{n}\left\{\dfrac{c\cdot B}{\cos\theta_i} + [(G_{si} \pm E_{vsi})\cdot\cos\theta_i - E_{hsi}\cdot\sin\theta_i]\cdot\tan\varphi\right\}}{\sum\limits_{i=1}^{n}\left[(G_{si} \pm E_{vsi})\cdot\sin\theta_i + \dfrac{E_{hsi}\cdot x_i}{r}\right]}$$

$M_h = E_{hsi}\cdot x_i$

计算两种，取不利值 $\begin{cases} E_{vsi} \text{方向向上，取"} - \text{"} \\ E_{vsi} \text{方向向下，取"} + \text{"} \end{cases}$

续表

式中：$\theta_i$——第 $i$ 条块底面中点切线与水平线的夹角（°）；
$B$——第 $i$ 条块的宽度（m）；
$r$——滑弧半径（m）；
$M_h$——$F_h$ 对圆心的力矩（kN·m）；
$F_h$——作用在条块重心处的水平向地震惯性力代表值（kN/m），即为：$E_{hsi}$，作用方向取不利于稳定的方向；
$c$——土石填料在地震作用下的黏聚力（kN）；
$\varphi$——土石填料在地震作用下的摩擦角（°）；
$x_i$——第 $i$ 条块重心处的水平地震作用对圆心的力臂（m）

| 公路类别 | 路基边坡高度 | 路基边坡抗震稳定系数 $K_c$ |
|---|---|---|
| 高速公路和一级、二级公路 | >20m | $K_c \geqslant 1.15$ |
|  | ≤20m | $K_c \geqslant 1.10$ |
| 三级、四级公路 | — | $K_c \geqslant 1.05$ |

## 九、抗震承载力验算

### （一）天然地基抗震承载力验算

——第 4.2.2～4.2.3 条

**天然地基抗震承载力验算**

$$\begin{cases} 轴心 \Rightarrow p \leqslant f_{aE} \\ 偏心 \Rightarrow \begin{cases} p \leqslant f_{aE} \\ p_{max} \leqslant 1.2 \cdot f_{aE} \end{cases} \\ \Leftarrow f_{aE} = K \times f_a \end{cases}$$

式中：$p$——地震作用效应标准组合的基础底面平均基底压应力（kPa）；
$p_{max}$——地震作用效应标准组合的基础边缘最大压应力（kPa）；
$f_{aE}$——调整后的地基抗震承载力容许值（特征值）（kPa）；
$f_a$——经深宽修正后的地基承载力容许值（kPa），应按现行《公路桥涵地基与基础设计规范》采用

**地基抗震容许承载力调整系数 $K$**

| 地基土名称和性状 | $K$ |
|---|---|
| 岩石；密实的碎石土；密实的砾、粗、中砂；$f_{a0} \geqslant 300\text{kPa}$ 的黏性土和粉土 | 1.5 |
| 中密、稍密的碎石土；中密和稍密的砾、粗、中砂；密实和中密的细、粉砂；$150\text{kPa} \leqslant f_{a0} < 300\text{kPa}$ 的黏性土和粉土；坚硬黄土 | 1.3 |
| 稍密的细、粉砂；$100\text{kPa} \leqslant f_{a0} < 150\text{kPa}$ 的黏性土和粉土；可塑黄土 | 1.1 |
| 淤泥；淤泥质土；松散的砂；杂填土；新近堆积黄土及流塑黄土 | 1.0 |

【小注】①液化土层及其上土层的地基承载力不应按"表中数值"进行提高；在计算液化土层以下地基承载力时，应计入液化土层及其上土层重力。
②$f_{a0}$ 为由荷载试验等方法得到的地基承载力基本容许值（kPa）

## （二）桩基抗震承载力验算

——第 4.4 节

**桩基抗震承载力验算**

| 非液化地基的桩基 | ①柱桩的地基抗震容许承载力调整系数可取 1.5，即为：×1.5。<br>②载荷试验确定单桩竖向承载力时，单桩竖向承载力×1.5，桩基的单桩水平承载力×1.25。<br>③摩擦桩的地基抗震容许承载力调整系数 $K$ 可根据地基土类别按上表取值，即为：×$K$ |
|---|---|
| 地基内存在液化土 | 桩身液化土层的承载力（包括桩侧摩阻力 $\psi_l \cdot q_{sik}$）、土抗力（地基系数）、土体抗剪强度（黏聚力 $\psi_l \cdot c$ 和内摩擦角 $\psi_l \cdot \varphi$）等应按下表折减。<br>下表中，液化抵抗系数 $C_e$ 应按下式计算：<br>$$C_e = \frac{N_1}{N_{cr}}$$<br>式中：$N_1$——液化层实际标准贯入锤击数；<br>$N_{cr}$——液化层经修正的液化判别标准贯入锤击数临界值 |

**土层液化影响折减系数 $\psi_l$**

| 液化抵抗系数 $C_e$ | 自地面算起的液化土层深度 $d_s$（m） | 折减系数 $\psi_l$ |
|---|---|---|
| $C_e \leqslant 0.6$ | $d_s \leqslant 10$ | 0 |
| | $10 < d_s \leqslant 20$ | 1/3 |
| $0.6 < C_e \leqslant 0.8$ | $d_s \leqslant 10$ | 1/3 |
| | $10 < d_s \leqslant 20$ | 2/3 |
| $0.8 < C_e \leqslant 1.0$ | $d_s \leqslant 10$ | 2/3 |
| | $10 < d_s \leqslant 20$ | 1.0 |

## 十、《公路工程地质勘察规范》中的液化

——第 7.11.8～7.11.10 条

### （一）液化复判及液化指数

本规范地震部分内容，除了液化复判和液化指数计算外，其他内容基本和《建筑抗震设计规范》和《公路工程抗震规范》一致。

**液化复判及液化指数**

| （1）确定液化判别深度 $z$ | |
|---|---|
| 规范没有具体明确，可以参考《建筑抗震设计规范》或《公路工程抗震规范》 | |
| （2）液化复判 | |
| $N_1 \geqslant N_{cr} \Rightarrow$ 不液化<br>$N_1 < N_{cr} \Rightarrow$ 液化 | 式中：$N_1$——实测的修正标准贯入锤击数；<br>$N_{cr}$——修正液化临界标准贯入锤击数 |
| $N_1 = C_n N$<br>$N_{cr} = \left[ 11.8 \left( 1 + 13.06 \dfrac{\sigma_0}{\sigma_e} K_h C_v \right)^{1/2} - 8.09 \right] \xi$ | 式中：$K_h$——水平地震系数：7 度取 0.1，8 度取 0.2，9 度取 0.4；<br>$\xi$——黏粒含量修正系数，$\xi = 1 - 0.17 \rho_c^{1/2}$；<br>$\rho_c$——黏粒含量百分率（%），若 $\rho_c = 3.6\%$，取 3.6 代入 |

续表

$C_n$——标准贯入锤击数的修正系数，取值见下表；

| $\sigma_0$（kPa） | 0 | 20 | 40 | 60 | 80 | 100 | 120 | 140 | 160 | 180 |
|---|---|---|---|---|---|---|---|---|---|---|
| $C_n$ | 2 | 1.70 | 1.46 | 1.29 | 1.16 | 1.05 | 0.97 | 0.89 | 0.83 | 0.78 |
| $\sigma_0$（kPa） | 200 | 220 | 240 | 260 | 280 | 300 | 350 | 400 | 450 | 500 |
| $C_n$ | 0.72 | 0.69 | 0.65 | 0.60 | 0.58 | 0.55 | 0.49 | 0.44 | 0.42 | 0.40 |

$C_v$——地震剪应力随深度的折减系数，取值见下表；

| $d_s$（m） | 1 | 2 | 3 | 4 | 5 | 6 | 7 | 8 | 9 | 10 |
|---|---|---|---|---|---|---|---|---|---|---|
| $C_v$ | 0.994 | 0.991 | 0.986 | 0.976 | 0.965 | 0.958 | 0.945 | 0.935 | 0.920 | 0.902 |
| $d_s$（m） | 11 | 12 | 13 | 14 | 15 | 16 | 17 | 18 | 19 | 20 |
| $C_v$ | 0.884 | 0.866 | 0.844 | 0.822 | 0.794 | 0.741 | 0.691 | 0.647 | 0.631 | 0.612 |

$\sigma_0$——标准贯入点处土的总上覆压力（kPa）：$\sigma_0 = \gamma_u d_w + \gamma_d (d_s - d_w)$；

$\sigma_e$——标准贯入点处土的有效覆盖压力（kPa）：$\sigma_e = \gamma_u d_w + (\gamma_d - 10)(d_s - d_w)$；

$\gamma_u$——地下水位以上土的重度，砂土$\gamma_u$ =18kN/m³，粉土$\gamma_u$ =18.5kN/m³；

$\gamma_d$——地下水位以下土的重度，砂土$\gamma_d$ =20kN/m³，粉土$\gamma_d$ =20.5kN/m³；

$d_s$——标准贯入点深度（m）；

$d_w$——地下水位深度（m）

（3）液化指数$I_{lE}$计算

式中：$N_i$、$N_{cri}$——计算层的标准贯入实测值、临界值；

$d_i$——第$i$点代表土层厚度（m）。

分层原则：

①上限为水位处，下限为液化深度；

②中间分层时，同类别土以两测点中心分层；

③不同类别土，以相邻测点中心至土层分界面划分；

④建议5m处，人工划分一界面，考虑计算$W_i$的精确性。

$W_i$——$i$土层单位土层厚度的层位影响权函数值（m⁻¹）。

判别深度20m时 $\begin{cases} z_i \leqslant 5\text{m 时} & W_i = 10 \\ 5\text{m} < z_i \leqslant 20\text{m 时} & W_i = \frac{2}{3}(20 - z_i) \end{cases}$

$z_i$——计算$i$层中点的深度（自地面起算）

（4）液化等级划分

| 判别深度为15m时的液化指数 | $0 < I_{lE} \leqslant 5$ | $5 < I_{lE} \leqslant 15$ | $I_{lE} > 15$ |
|---|---|---|---|
| 判别深度为20m时的液化指数 | $0 < I_{lE} \leqslant 6$ | $6 < I_{lE} \leqslant 18$ | $I_{lE} > 18$ |
| 液化等级 | 轻微 | 中等 | 严重 |

## （二）液化折减系数α

液化土层的承载力（包括桩侧摩阻力）、土抗力（地基系数）、内摩擦角和黏聚力等，可根据液化抵抗系数$C_e$予以折减。折减系数α应按右表采用。

$$C_e = \frac{N_1}{N_{cr}}$$

式中：$N_1$——实测的修正标准贯入锤击数；
$N_{cr}$——修正液化临界标准贯入锤击数

液化折减系数α

| $C_e$ | $d_s$（m） | α |
|---|---|---|
| $C_e \leqslant 0.6$ | $d_s \leqslant 10$ | 0 |
| | $10 < d_s \leqslant 20$ | 1/3 |
| $0.6 < C_e \leqslant 0.8$ | $d_s \leqslant 10$ | 1/3 |
| | $10 < d_s \leqslant 20$ | 2/3 |
| $0.8 < C_e \leqslant 1.0$ | $d_s \leqslant 10$ | 2/3 |
| | $10 < d_s \leqslant 20$ | 1 |

### 知识拓展

静力法计算隧道的水平、竖向地震作用、洞门墙和挡土墙的地震主动和被动土压力等，详见《公路隧道设计规范》附录 K。

# 第四十二章

# 中国地震动参数区划图

**省市区划图和抗震规范页码对照表**

| 首字母 | A | B | C | F | G | | | | H | | | | | J | | |
|---|---|---|---|---|---|---|---|---|---|---|---|---|---|---|---|---|
| 省市 | 安徽 | 北京 | 重庆 | 福建 | 甘肃 | 广东 | 广西 | 贵州 | 海南 | 河北 | 河南 | 黑龙江 | 湖北 | 湖南 | 吉林 | 江苏 | 江西 |
| 区划 | 76 | 6 | 159 | 84 | 218 | 141 | 150 | 189 | 157 | 11 | 108 | 52 | 121 | 128 | 47 | 62 | 90 |
| 抗震规范 | 186 | 172 | 201 | 187 | 211 | 197 | 199 | 204 | 200 | 172 | 192 | 181 | 194 | 195 | 180 | 183 | 188 |

| 首字母 | L | N | Q | S | | | | T | X | Y | Z | G/A/T |
|---|---|---|---|---|---|---|---|---|---|---|---|---|
| 省市 | 辽宁 | 内蒙古 | 宁夏 | 青海 | 山东 | 山西 | 陕西 | 上海 | 四川 | 天津 | 西藏 | 新疆 | 云南 | 浙江 | 港澳台 |
| 区划 | 38 | 31 | 229 | 226 | 98 | 23 | 210 | 60 | 165 | 9 | 206 | 231 | 198 | 69 | 238 |
| 抗震规范 | 178 | 176 | 214 | 213 | 190 | 175 | 210 | 183 | 201 | 172 | 208 | 215 | 206 | 185 | 217 |

笔记区

## 一、基本术语

——第 3 章

**基本术语**

| 地震动 | 地震引起的地表及近地表介质的振动 |
|---|---|
| 地震动参数 | 表征抗震设防要求的地震动物理参数,包括地震动峰值加速度和地震动加速度反应谱特征周期等 |
| 地震动参数区划 | 以地震动参数为指标,将国土划分为不同抗震设防要求的区域 |
| 地震动峰值加速度 | 表征地震作用强弱程度的指标,对应于规准化地震动加速度反应谱最大值的水平加速度 |
| 地震动加速度反应谱特征周期 | 规准化地震动加速度反应谱曲线下降点所对应的周期值 |
| 超越概率 | 某场地遭遇大于或等于给定的地震动参数值的概率 |
| 基本地震动 | 相应于 50 年超越概率为 10%的地震动 |
| 多遇地震动 | 相应于 50 年超越概率为 63%的地震动 |
| 罕遇地震动 | 相应于 50 年超越概率为 2%的地震动 |
| 极罕遇地震动 | 相应于年超越概率为 $10^{-4}$ 的地震动 |

## 二、场地地震动峰值加速度 $a_{\max}$ 计算步骤

(1)查规范附录图 A.1、B.1 或表 C 确定基本$[\alpha_{\max Ⅱ}]$。

(2)按多遇地震动≥1/3、基本地震动(不变)、罕遇地震动 1.6~2.3 倍、极罕遇地震动 2.7~3.2 倍调整得$\alpha_{\max Ⅱ}$。

(3)按$\alpha_{\max Ⅱ}$和场地类别用插值法得$F_a$。

(4)$\alpha_{\max} = F_a \cdot \alpha_{\max Ⅱ}$。

## 三、Ⅱ类场地地震动参数

——第 6、7 章

### (一)Ⅱ类场地基本地震动

Ⅱ类场地基本地震动峰值加速度$[\alpha_{\max Ⅱ}]$应按附录图 A.1 取值,其中乡镇人民政府所在地、县级以上城市的$[\alpha_{\max Ⅱ}]$应按附录表 C 取值。

Ⅱ类场地基本地震动加速度反应谱特征周期$[T_{gⅡ}]$应按附录图 B.1 取值,其中乡镇人民政府所在地、县级以上城市的$[T_{gⅡ}]$应按附录表 C 取值。

附录图 A.1、图 B.1 分区界线附近的基本地震动峰值加速度$[\alpha_{\max Ⅱ}]$和基本地震动加速度反应谱特征周期$[T_{gⅡ}]$应按就高原则确定。

### (二)Ⅱ类场地多遇地震动、罕遇地震动、极罕遇地震动峰值加速度

**Ⅱ类场地多遇地震动、罕遇地震动、极罕遇地震动峰值加速度**

| 地震动类型 | 峰值加速度$\alpha_{\max Ⅱ}$ |
|---|---|
| 多遇地震动 | $\alpha_{\max Ⅱ} \geq \frac{1}{3}[\alpha_{\max Ⅱ}]$ |
| 罕遇地震动 | $\alpha_{\max Ⅱ} = 1.6\sim2.3[\alpha_{\max Ⅱ}]$ |
| 极罕遇地震动 | $\alpha_{\max Ⅱ} = 2.7\sim3.2[\alpha_{\max Ⅱ}]$ |

## （三）Ⅱ类场地地震动峰值加速度$\alpha_{max Ⅱ}$与地震烈度对照表

**Ⅱ类场地地震动峰值加速度$\alpha_{max Ⅱ}$与地震烈度对照表**

| $\alpha_{max Ⅱ}$ | $0.04g \leqslant \alpha_{max Ⅱ} < 0.09g$ | $0.09g \leqslant \alpha_{max Ⅱ} < 0.19g$ | $0.19g \leqslant \alpha_{max Ⅱ} < 0.38g$ |
|---|---|---|---|
| 地震烈度 | Ⅵ | Ⅶ | Ⅷ |
| $\alpha_{max Ⅱ}$ | $0.38g \leqslant \alpha_{max Ⅱ} < 0.75g$ | $\alpha_{max Ⅱ} \geqslant 0.75g$ | |
| 地震烈度 | Ⅸ | $\geqslant$ Ⅹ | |

## 四、场地地震动参数调整（非Ⅱ类场地）

——第8章、附录E

### （一）$I_0$、$I_1$、Ⅲ、Ⅳ类场地地震动峰值加速度$\alpha_{max}$

可根据Ⅱ类场地地震动峰值加速度$\alpha_{max Ⅱ}$和场地地震动峰值加速度调整系数$F_a$，按下式确定：

$$\alpha_{max} = F_a \cdot \alpha_{max Ⅱ}$$

式中：场地地震动峰值加速度调整系数$F_a$，可按下表所给值分段线性插值确定：

**场地地震动峰值加速度调整系数$F_a$**

| Ⅱ类场地地震动峰值加速度值$\alpha_{max Ⅱ}$ | 场地类别 | | | | |
|---|---|---|---|---|---|
| | $I_0$ | $I_1$ | Ⅱ | Ⅲ | Ⅳ |
| $\leqslant 0.05g$ | 0.72 | 0.80 | 1.00 | 1.30 | 1.25 |
| 0.10g | 0.74 | 0.82 | | 1.25 | 1.20 |
| 0.15g | 0.75 | 0.83 | | 1.15 | 1.10 |
| 0.20g | 0.76 | 0.85 | | 1.00 | 1.00 |
| 0.30g | 0.85 | 0.95 | 1.00 | 1.00 | 0.95 |
| $\geqslant 0.40g$ | 0.90 | 1.00 | | 1.00 | 0.90 |

【小注】表中$\alpha_{max Ⅱ}$为Ⅱ类场地按多遇、罕遇、极罕遇调整后地震动峰值加速度值（基本地震动峰值加速度$[\alpha_{max Ⅱ}]$直接查表），再按表插值得$F_a$值，最后计算$\alpha_{max} = F_a \cdot \alpha_{max Ⅱ}$。

### （二）$I_0$、$I_1$、Ⅲ、Ⅳ类场地基本地震动加速度反应谱特征周期$T_g$

应根据Ⅱ类场地基本地震动加速度反应谱特征周期$[T_{gⅡ}]$按下表确定：

**场地基本地震动加速度反应谱特征周期$T_g$调整表**

| Ⅱ类场地基本地震动加速度反应谱特征周期分区值$[T_{gⅡ}]$ | 场地类别 | | | | |
|---|---|---|---|---|---|
| | $I_0$ | $I_1$ | Ⅱ | Ⅲ | Ⅳ |
| 0.35s＜第一组，近震＞ | 0.20s | 0.25s | 0.35s | 0.45s | 0.65s |
| 0.40s＜第二组，中震＞ | 0.25s | 0.30s | 0.40s | 0.55s | 0.75s |
| 0.45s＜第三组，远震＞ | 0.30s | 0.35s | 0.45s | 0.65s | 0.90s |

【小注】Ⅱ场地中：罕遇地震加速度反应谱特征周期应大于基本地震动加速度反应谱特征周期，增加值宜不低于0.05s，即罕遇地震动$T_g \geqslant$ 基本地震动$T_g$ + 0.05s；多遇地震动$T_g$ = 基本地震动$T_g$。

## 五、地震动参数分区范围

——附录 F

### （一）地震动峰值加速度 $\alpha_{max}$

规范附图 A.1 中地震动峰值加速度按阻尼比 5%的规准化地震动加速度反应谱最大值的 1/2.5 倍确定，并按 0.05g、0.10g、0.15g、0.20g、0.30g 和 0.40g 分区，各分区地震动峰值加速度范围见下表：

地震动峰值加速度 $\alpha_{max}$ 分区的峰值加速度 $\alpha_{max}$ 范围

| 地震动峰值加速度 $\alpha_{max}$ 分区值 | 地震动峰值加速度 $\alpha_{max}$ 范围 |
|---|---|
| 0.05g | $0.04g \leqslant \alpha_{max} < 0.09g$ |
| 0.10g | $0.09g \leqslant \alpha_{max} < 0.14g$ |
| 0.15g | $0.14g \leqslant \alpha_{max} < 0.19g$ |
| 0.20g | $0.19g \leqslant \alpha_{max} < 0.28g$ |
| 0.30g | $0.28g \leqslant \alpha_{max} < 0.38g$ |
| 0.40g | $0.38g \leqslant \alpha_{max} < 0.75g$ |

### （二）地震动加速度反应谱特征周期 $T_g$

规范附录图 B.1 中地震动加速度反应谱特征周期按阻尼比 5%的规准化地震动加速度反应谱确定，并按 0.35s、0.40s、0.45s 分区，各分区地震动加速度反应谱特征周期范围见下表：

地震动加速度反应谱特征周期 $T_g$ 分区的特征周期 $T_g$ 范围

| 地震动加速度反应谱特征周期 $T_g$ 分区值 | 地震动加速度反应谱特征周期 $T_g$ 范围 |
|---|---|
| 0.35s＜第一组，近震＞ | $T_g \leqslant 0.40s$ |
| 0.40s＜第二组，中震＞ | $0.40s < T_g < 0.45s$ |
| 0.45s＜第三组，远震＞ | $T_g \geqslant 0.45s$ |

笔记区

## 六、场地类型划分

——附录 D

**场地类型划分**

| | |
|---|---|
| （1）场地覆盖层厚度 $d$ | ①一般情况下，应按地面至剪切波速 >500m/s 且其下卧各层岩土的剪切波速均 ≥500m/s 的土层顶面的距离确定；<br>②当地面 5m 以下存在剪切波速 > 其上部各土层剪切波速 2.5 倍的土层，且该层及其下卧各层岩土的剪切波速均 ≥400m/s 时，可按地面至该土层顶面的距离确定；<br>③剪切波速 > 500m/s 的孤石、透镜体，应视同周围土层；<br>④土层中的火山岩硬夹层，应视为刚体，其厚度应从覆盖土层中扣除 |
| （2）等效剪切波速 $v_{se}$ | $v_{se} = \dfrac{d_0}{\sum_{i=1}^{n}\left(\dfrac{d_i}{v_{si}}\right)}$　式中：$d_0$——计算深度（m），取覆盖层厚度和 20m 两者的较小值；<br>$v_{si}$——计算深度范围内，第 $i$ 层土的剪切波速（m/s）；<br>$d_i$——计算深度范围内，第 $i$ 层土的厚度（m） |

**场地类别划分表**

| | 场地覆盖土层等效剪切波速 $v_{se}$（岩石剪切波速 $v_s$）（m/s） | 场地覆盖土层厚度 $d$（m） | | | | | |
|---|---|---|---|---|---|---|---|
| | | $d=0$ | $0<d<3$ | $3 \leqslant d<5$ | $5 \leqslant d<15$ | $15 \leqslant d<50$ | $50 \leqslant d<80$ | $d \geqslant 80$ |
| （3）场地类别 | $v_s > 800$ | $I_0$ | | | | | | |
| | $800 \geqslant v_s > 500$ | $I_1$ | | | | | | |
| | $500 \geqslant v_{se} > 250$ | — | $I_1$ | | II | | | |
| | $250 \geqslant v_{se} > 150$ | — | $I_1$ | II | | III | | |
| | $v_{se} \leqslant 150$ | — | $I_1$ | II | | III | | IV |

【小注】场地类别划分完全同《建筑抗震设计规范》。

# 第十篇

# 岩土工程检测与监测

## 岩土工程检测与监测知识点分级

| 《建筑基桩检测技术规范》 | | |
|---|---|---|
| 模块一：桩基承载力计算 | 模块二：桩身完整性计算 | 模块三：桩身内力计算 |
| 单桩竖向抗压静载荷试验★★★★★ | 低应变法★★★★ | 桩身内力测试★★★★ |
| 单桩竖向抗拔静载荷试验★★★★ | 高应变法★★ | |
| 单桩水平静载荷试验★★★★ | 声波透射法★★★★★ | |
| 钻芯法★★★★ | | |

| 《建筑地基基础设计规范》 | | |
|---|---|---|
| 模块一：桩基检测 | 模块二：锚杆检测 | 模块三：地基检测 |
| 单桩竖向静载荷试验★★★★★ | 岩石锚杆抗拔试验★★★ | 浅层平板载荷试验★★★★ |
| 单桩竖向抗拔载荷试验★★★★ | 土层锚杆试验★★★ | 深层平板载荷试验★★★★ |
| 单桩水平载荷试验★★★★ | | 岩石地基载荷试验★★★★ |
| | | 岩石饱和单轴抗压强度试验★★★★ |

| 《建筑地基检测技术规范》 | |
|---|---|
| 模块一：地基承载力计算 | 模块二：桩身承载力计算 |
| 地基载荷试验★★★★ | 竖向增强体载荷试验★★★★ |
| 复合地基载荷试验★★★★ | 水泥土钻芯法★★★ |
| 标准贯入试验★★★ | |
| 圆锥动力触探★★★ | |
| 静力触探试验★★★ | |
| 十字板剪切试验★★★ | |
| 扁铲侧胀试验★★★ | |
| 多道瞬态面波试验★★★ | |

| 《建筑地基处理技术规范》 | 《建筑基坑支护技术规程》 | 《建筑边坡工程技术规范》 |
|---|---|---|
| 处理后地基载荷试验★★★ | 锚杆抗拔试验★★★ | 锚杆试验★★★ |
| 复合地基静载荷试验★★★ | 土钉抗拔试验★★ | |
| 复合地基增强体单桩静载荷试验★★★ | | |

【表注】本模块考查 2 道案例题。2024 年真题出现的一道题目来自《湿陷性黄土地区建筑标准》。

# 第四十三章

# 建筑基桩检测技术规范

## 一、桩身内力测试

——附录 A

### （一）计算原理

**桩身轴力计算原理**

| 桩侧受力类型 | 桩侧有负摩阻力情况 | 桩侧全部为正摩阻力情况 |
|---|---|---|
| 计算简图 | 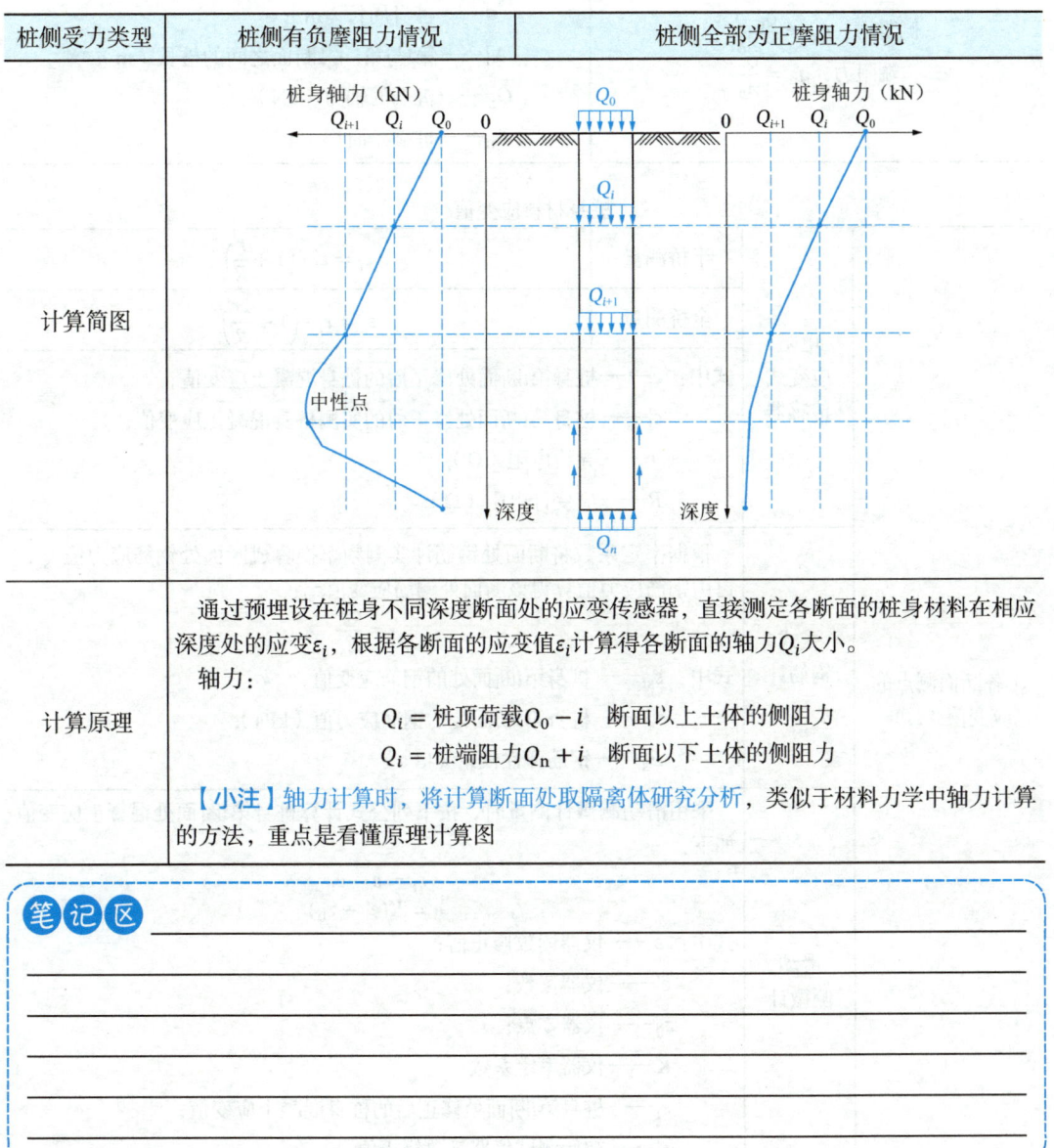 | |
| 计算原理 | 通过预埋设在桩身不同深度断面处的应变传感器，直接测定各断面的桩身材料在相应深度处的应变$\varepsilon_i$，根据各断面的应变值$\varepsilon_i$计算得各断面的轴力$Q_i$大小。<br>轴力：<br>$\qquad Q_i = 桩顶荷载 Q_0 - i\ 断面以上土体的侧阻力$<br>$\qquad Q_i = 桩端阻力 Q_n + i\ 断面以下土体的侧阻力$<br>【小注】轴力计算时，将计算断面处取隔离体研究分析，类似于材料力学中轴力计算的方法，重点是看懂原理计算图 | |

笔记区

## （二）桩身内力计算

**桩身内力计算**

| （1）计算桩身第$i$截面处的轴力$Q_i$（kN） | |
|---|---|
| $Q_i = \bar{\varepsilon}_i \cdot E_i \cdot A_i$ | 式中：$\bar{\varepsilon}_i$——第$i$断面处桩身材料应变平均值；<br>$E_i$——第$i$断面处桩身材料弹性模量（kPa）；<br>$A_i$——第$i$断面处桩身的截面净面积（m²），空心桩应扣除空心部分面积 |
| （2）计算桩的侧阻力$q_{si}$和端阻力$q_p$ | |
| 侧阻力：$q_{si} = \dfrac{Q_i - Q_{i+1}}{u \cdot \Delta l}$<br>端阻力：$q_p = \dfrac{Q_n}{A_0}$ | 式中：$q_{si}$——第$i$与第$i+1$断面之间的侧摩阻力（kPa）；<br>$u$——桩身周长（m）；<br>$\Delta l$——第$i$与第$i+1$断面之间的桩长（m）；<br>$Q_n$——桩端的轴力（kN）；<br>$A_0$——桩端净面积（m²） |

↑
桩身材料应变值$\varepsilon_i$

| ①各断面测点的应变值（$\varepsilon_i$） | 电阻应变式传感器 | 半桥测量 | $\varepsilon_i = \varepsilon'_i \cdot \left(1 + \dfrac{r}{R}\right)$ |
|---|---|---|---|
| | | 全桥测量 | $\varepsilon_i = \varepsilon'_i \cdot \left(1 + \dfrac{2r}{R}\right)$ |
| | | 式中：$\varepsilon_i$——桩身第$i$断面处修正后的桩身混凝土应变值；<br>$\varepsilon'_i$——桩身第$i$断面处修正前的实测桩身混凝土应变值；<br>$r$——导线电阻（Ω）；<br>$R$——应变计电阻（Ω） | |
| | 弦式钢筋计 | 根据率定系数将断面处钢筋计实测频率换算成断面处钢筋应力值$\sigma_{si}$，再由钢筋应力值算得该断面处钢筋应变值$\varepsilon_{si}$：<br>$$\varepsilon_{si} = \dfrac{\sigma_{si}}{E_s}$$<br>式中：$\varepsilon_{si}$——桩身第$i$断面处的钢筋应变值；<br>$\sigma_{si}$——桩身第$i$断面处的钢筋应力值（kPa）；<br>$E_s$——钢筋弹性模量（kPa） | | |
| | 滑动测微计 | 采用滑动测微计测量时，按下列公式计算桩身第$i$断面处混凝土应变值如下：<br>$$\varepsilon_i = e - e_0$$<br>$$e = K(e' - z_0)$$<br>式中：$e$——仪器读数修正值；<br>$e'$——仪器读数；<br>$z_0$——仪器零点；<br>$K$——仪器率定系数；<br>$\varepsilon_i$——桩身第$i$断面处修正后的桩身混凝土应变值；<br>$e_0$——初始测试仪器读数修正值 | | |

## 二、单桩竖向抗压静载荷试验

——第 4 章

**单桩竖向抗压静载荷试验**

| | | |
|---|---|---|
| （1）试验加载量 | ①为设计提供依据的试验桩，应加载至桩侧与桩端的岩土阻力达到极限状态；当桩承载力以桩身强度控制时，可按设计要求加载量进行加载 | — |
| | ②工程桩抽样验收检测时，加载量不应小于设计要求单桩承载力特征值的 2.0 倍 | $P_{加载} \geqslant 2R_a = Q_{uk}$ |
| （2）反力装置加载要求 | ①加载反力装置能提供的反力不得小于最大加载量的 1.2 倍 | $N_{反力} \geqslant 1.2P_{加载}$ |
| | ②压重施加于地基的压应力不宜大于地基承载力特征值的 1.5 倍 | $p = \dfrac{N_{反力}}{A} \leqslant 1.5 f_{ak}$ |
| （3）终止加载条件 | 当出现下列情况之一时，可终止加载：<br>①某级荷载作用下，桩顶沉降量大于前一级荷载作用下的沉降量的 5 倍，且桩顶总沉降量超过 40mm；⇒陡降型曲线<br>②某级荷载作用下，桩顶沉降量大于前一级荷载作用下沉降量的 2 倍，且经 24h 尚未达到该级沉降相对稳定标准（每一小时内的桩顶沉降量不得超过 0.1mm，并连续出现两次）；⇒前一级荷载即为抗压极限承载力<br>③已达到设计要求的最大加载值且桩顶沉降达到相对稳定标准；⇒最大加载量<br>④工程桩做锚桩时，锚桩上拔量已达到允许值；⇒最大加载量<br>⑤荷载-沉降曲线呈缓变型时，可加载至桩顶总沉降量 60~80mm；当桩端阻力尚未充分发挥时，可加载至桩顶累计沉降量超过 80mm。⇒缓变型曲线 | |
| （4）单桩竖向抗压极限承载力 $Q_{uk}$（kN） | ①对于陡降型 $Q \sim s$ 曲线 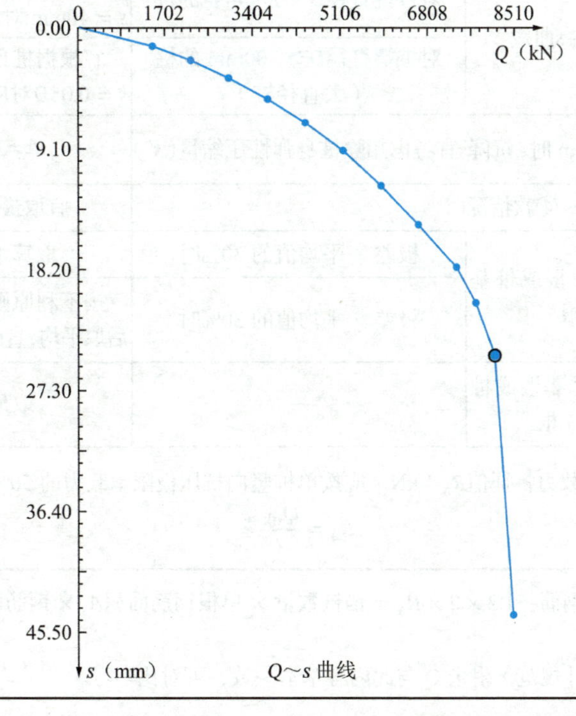<br><br>$Q \sim s$ 曲线 | ①取其发生明显陡降的起始点对应的荷载值 |

续表

| | | | |
|---|---|---|---|
| （4）单桩竖向抗压极限承载力 $Q_{uk}$（kN） | ②根据沉降随时间变化特征 （s~lgt 曲线图，含各级荷载 (1)1480~(12)8510 kN） | | 取s~lgt曲线尾部出现明显向下弯曲的前一级荷载值 |
| | ③某级荷载作用下，桩顶沉降量大于前一级荷载作用下的沉降量的2倍，且经24h尚未达到相对稳定标准（每一小时内的桩顶沉降量不超过0.1mm，并连续出现两次） | | 取前一级荷载值 |
| | ④对于缓变型Q~s曲线 | 对桩端直径D<800mm 的桩 | 宜根据桩顶总沉降量，取 s=40mm 对应的荷载值 |
| | | 对桩端直径D≥800mm 的桩（大直径桩） | 宜根据桩顶总沉降量，取 s=0.05D 对应的荷载值 |
| | ⑤当桩长大于40m时，沉降s宜考虑扣除桩身弹性压缩量（s'） | | $s' = \dfrac{QL}{2E_c A_{ps}}$ |
| | ⑥不满足上述①~④款情况时 | | 宜取最大加载值 |
| （5）数据处理 | ①试验桩数≥3根或桩基承台下的桩数≥4根 | 极差≤平均值的30%时 | 取算术平均值 |
| | | 极差>平均值的30%时 | 按不利原则依次去掉高值后取平均，直到满足极差验算 |
| | ②试验桩数量≤2根或桩基承台下的桩数≤3根 | — | 取最小值 |
| （6）单桩竖向抗压承载力特征值 | 单桩竖向抗压承载力特征值$R_a$（kN）应按单桩竖向抗压极限承载力的50%取值。 $R_a = \dfrac{Q_{uk}}{2}$ | | |

【小注】①锚桩反力装置需配钢筋：$1.2 \times 2 \times R_a =$ 锚桩数量×单根钢筋面积$A_s$×钢筋设计强度×钢筋数量。

②《建筑地基基础设计规范》附录Q与此内容基本一致，可对比学习。

## 三、单桩竖向抗拔静载荷试验

——第5章

**单桩竖向抗拔静载试验**

| | | | |
|---|---|---|---|
| （1）试验加载量 | ①为设计提供依据的试验桩，应加载至桩侧岩土阻力达到极限状态或桩身材料强度达到设计强度 | | |
| | ②工程桩抽样验收检测时，施加的上拔荷载不应小于设计要求单桩竖向抗拔承载力特征值的 2.0 倍或使桩顶产生的上拔量达到设计要求的限值 | $P_{加载} \geqslant 2R_a$ | |
| （2）反力装置加载要求 | ①加载反力装置能提供反力不得小于最大加载量的 1.2 倍 | $N_{反力} \geqslant 1.2P_{加载}$ | |
| | ②采用地基提供反力时，施加于地基的压应力不宜大于地基承载力特征值的 1.5 倍 | $p = \dfrac{N_{反力}}{A} \leqslant 1.5 f_{ak}$ | |
| （3）终止加载条件 | 当出现下列情况之一时，可终止加载：<br>①某级荷载作用下的桩顶上拔量大于前一级荷载作用下的上拔量的 5 倍（陡降型）；<br>②按桩顶上拔量控制，累计桩顶上拔量超过 100mm；<br>③按钢筋抗拉强度控制，钢筋应力达到钢筋强度设计值或某根钢筋拉断；<br>④对于工程桩验收检测，达到设计或抗裂要求的最大上拔量或上拔荷载值 | | |
| （4）单桩竖向抗拔极限承载力 | ①由上拔量随荷载变化特征，对于陡升型 $U \sim \delta$ 曲线 | 取陡升段起始点对应的荷载值 | |
| | ②由上拔量随时间变化特征，对于 $\delta \sim lgt$ 曲线 | 取曲线斜率明显变陡或曲线尾部出现明显弯曲的前一级荷载值 | |
| | ③当在某级荷载下抗拔钢筋断裂时 | 取前一级荷载值 | |
| | ④未出现上述①～③条情况时，按右侧三种情况取值 | （a）设计要求最大上拔量控制值对应的荷载 | |
| | | （b）施加的最大荷载 | |
| | | （c）钢筋应力达到设计强度值时对应的荷载 | |
| （5）数据处理 | ①试验桩数≥3 根时或桩基承台下的桩数≥4 根时 | 极差≤平均值的 30%时 | 取算术平均值 |
| | | 极差>平均值的 30%时 | 按不利原则依次去掉高值后取平均，直到满足极差验算 |
| | ②试验桩数量≤2 根或桩基承台下的桩数≤3 根时 | — | 取最小值 |
| （6）单桩抗拔承载力特征值 | ①单桩竖向抗拔承载力特征值应按单桩竖向抗拔极限承载力的 50%取值。<br>$R_{a拔} = \dfrac{Q_{uk拔}}{2}$ | | |
| | ②当工程桩不允许带裂缝工作时，应取桩身开裂的前一级荷载作为单桩竖向抗拔承载力特征值，并与按极限荷载 50%取值确定的承载力特征值相比，取二者小值 | | |
| （7）抗拔系数 | $\lambda$ =抗拔极限承载力（不计桩身自重）/抗压极限侧阻力（不计端阻力） | | |

【小注】《建筑地基基础设计规范》附录 T 与此内容基本一致，可对比学习。

## 四、单桩水平静载荷试验

——第 6 章

**单桩水平静载试验**

| | | | |
|---|---|---|---|
| （1）试验加载量 | ①为设计提供依据的试验桩，应加载至桩顶出现较大水平位移或桩身结构破坏 | | |
| | ②工程桩抽样检测时，可按设计要求的水平位移允许值控制加载 | | |
| （2）反力装置加载要求 | ①水平推力加载设备宜用卧式千斤顶，其加载能力不得小于最大试验加载量的1.2倍 | | $N_{反力} \geq 1.2P_{加载}$ |
| | ②反力可由相邻桩提供；专门设置反力结构时，其承载能力和刚度应大于试验桩的1.2倍 | | $N_{反力} > 1.2N_{试验桩}$ |
| （3）单桩水平临界荷载 $H_{cr}$（kN） | ①单向多循环加载法，依据$H$-$t$-$Y_0$曲线 | | 取曲线出现拐点的前一级水平荷载值 |
| | ②慢速维持荷载加载法，依据$H$-$Y_0$曲线 | | 取曲线出现拐点的前一级水平荷载值 |
| | ③依据$H$-$\Delta Y_0/\Delta H$曲线或$\lg H$-$\lg Y_0$或$H$-$\sigma_s$曲线 | | 取第一拐点对应的水平荷载值 |
| （4）单桩水平极限荷载 $H_u$（kN） | ①单向多循环加载法，依据$H$-$t$-$Y_0$曲线 | | 取出现明显陡降段的前一级荷载值 |
| | ②慢速维持荷载加载法，依据$H$-$Y_0$曲线 | | 取出现明显陡降段的起始点荷载值 |
| | ③慢速维持荷载加载法，依据$Y_0$-$\lg t$曲线 | | 取尾部出现明显弯曲的前一级荷载值 |
| | ④依据$H$-$\Delta Y_0/\Delta H$曲线或$\lg H$-$\lg Y_0$曲线 | | 取第二拐点对应的水平荷载值 |
| | ⑤桩身折断或受拉钢筋屈服时 | | 取前一级荷载值 |
| （5）数据统计 | ①试验桩数≥3根时或桩基承台下桩数≥4根 | 极差≤平均值的30% | 取算术平均值 |
| | | 极差>平均值的30% | 按不利原则依次去掉高值后取平均，直到满足极差验算 |
| | ②试验桩数量≤2根或桩基承台下桩数≤3根 | — | 取最小值 |
| （6）单桩水平承载力特征值 $R_{ha}$（kN） | ①当桩身不允许开裂或灌注桩的桩身配筋率 $\rho_c < 0.65\%$时 | | 可取特征值 $R_{ha} = 0.75H_{cr}$ |
| | ②对钢筋混凝土预制桩、钢桩和桩身配筋率 $\rho_c \geq 0.65\%$的灌注桩 | 对水平位移敏感的建筑 | 取设计桩顶标高处水平位移$\chi_{oa}=6$mm 所对应的荷载$H_Y$的 0.75 倍作为单桩水平承载力特征值 |
| | | 对水平位移不敏感的建筑 | 取设计桩顶标高处水平位移$\chi_{oa}=10$mm 所对应的荷载$H_Y$的 0.75 倍作为单桩水平承载力特征值 |
| | ③取设计要求的水平允许位移所对应的荷载作为单桩水平承载力特征值，且满足桩身抗裂缝要求 | | |
| （7）地基土水平抗力系数的比例系数 $m$（kN/m⁴） | 当桩顶自由且水平力作用位置位于地面处时，$m$值应按下式确定：$$\alpha = \sqrt[5]{\frac{m \cdot b_0}{EI}} \Leftarrow m = \frac{(v_y \cdot H)^{5/3}}{b_0 Y_0^{5/3}(EI)^{2/3}}$$ 圆形桩 $\begin{cases} d \leq 1\text{m 时} & b_0 = 0.9(1.5d + 0.5) \\ d > 1\text{m 时} & b_0 = 0.9(d + 1) \end{cases}$ 矩形桩 $\begin{cases} b \leq 1\text{m 时} & b_0 = 1.5b + 0.5 \\ b > 1\text{m 时} & b_0 = b + 1 \end{cases}$ | | $m$——地基土的水平抗力系数的比例系数（kN/m⁴）；<br>$\alpha$——桩的水平变形系数（m⁻¹）；<br>$v_y$——桩顶水平位移系数，当$\alpha h > 4.0$时（$h$为桩的入土深度），$v_y = 2.441$；<br>$Y_0$——计算点在曲线上的水平位移（m）；<br>$H$——作用于地面的水平力，与上述曲线中$Y_0$对应（kN），一般$H = H_{cr}$或$H_u = R_{ha}/0.75$；<br>$b_0$——桩身计算宽度（m），见左侧计算；<br>$EI$——桩身抗弯刚度（kN·m²），$E$为桩身材料弹性模量，$I$为桩身换算截面惯性矩 |

【注】可结合《建筑桩基技术规范》第 5.7 节学习。

## 五、钻芯法

——第 7 章

钻芯法

| | | |
|---|---|---|
| （1）适用范围 | 钻芯法适用于检测混凝土灌注桩的桩长、桩身混凝土强度、桩底沉渣厚度和桩身完整性，判别或者鉴定桩端持力层的岩土性状。该方法不受场地限制，特别适用于大直径混凝土灌注桩的成桩质量检测。<br>当采用本方法判定或鉴别桩端持力层岩土性状时，钻探深度应满足设计要求 | |
| （2）钻芯孔数和钻孔位置 | ①桩径小于 1.2m 的桩的钻孔数量可为 1～2 个孔，桩径为 1.2～1.6m 的桩的钻孔数量宜为 2 个，桩径大于 1.6m 的桩的钻孔数量宜为 3 个。<br>②当钻芯孔为 1 个时，宜在距桩中心 10～15cm 的位置开孔；当钻芯孔为 2 个或 2 个以上时，开孔位置宜在距桩中心 0.15D～0.25D 范围内均匀对称布置。<br>③对桩端持力层的钻探，每根受检桩不应小于 1 个孔。<br>④当选择钻芯法对桩身质量、桩底沉渣、桩端持力层进行验证检测时，受检桩的钻芯孔数可为 1 个 | |
| （3）芯样试件截取加工 | ①当桩长小于 10m 时，每孔应截取 2 组芯样；当桩长为 10～30m 时，每孔应截取 3 组芯样；当桩长大于 30m 时，每孔应截取芯样不少于 4 组；每组芯样应制作 3 个抗压试件。<br>②上部芯样位置距桩顶设计标高不宜大于 1 倍桩径或大于 2m，下部芯样位置距桩底不宜大于 1 倍桩径或超过 2m，中间芯样宜等间距截取。<br>③同一基桩的钻芯孔数大于 1 个，且某一孔在某深度存在缺陷时，应在其他孔的该深度处，截取 1 组芯样进行混凝土抗压强度试验 | |
| （4）异常芯样剔除 | 试件内部混凝土粗骨料最大粒径大于 0.5 倍芯样试件平均直径，且强度值异常时，该试样强度值不得参与统计 | |
| （5）芯样的抗压强度（MPa） | $f_{\text{cor}} = \xi \dfrac{4P}{\pi d^2}$ | 式中：$P$——芯样试件抗压试验测定的破坏荷载（N）；<br>$d$——芯样试件的平均直径（mm）；<br>$\xi$——折算系数 |
| （6）数据统计 | 同组的检测值 | 每组 3 个芯样，取各组 3 个芯样的平均值 |
| | 同一根桩同一深度的检测值 | 有两组或两组以上混凝土芯样试件抗压强度检测值时，取各组芯样强度检测值的平均值 |
| | 同一根桩不同深度的检测值 | 取各深度数据的最小值 |

【小注】①数据分析的前后顺序要正确。先是各组内部的检测值平均，再是同一深度的各组平均值的再平均，最后则是不同深度取最小值。
②《建筑地基检测技术规范》第 11 章内容与此基本一致，可对比学习。

## 六、低应变法

——第 8 章

### (一) 基本原理

**低应变法基本原理**

低应变法是采用低能量瞬态或稳态激振方式在桩顶激振,利用低能量的激振力产生沿桩身的纵向振动或沿桩身纵向传播的波动,实测桩顶部的速度时程曲线,通过波动理论分析或频域分析,对桩身完整性进行判定的检测方法。

桩顶受一瞬时锤击力,桩顶处压缩波以波速 c 向桩底传播。当桩身内存在缺陷面时,缺陷面形成波阻抗界面,当入射波到达该界面时,产生波的透射和反射,其中该缺陷面上的反射波沿桩身直接返回桩顶,被接收传感器采集。该缺陷面上的透射波继续沿桩身向下传播,直到到达桩底波阻抗界面,在桩底面再次产生波的透射和反射,其中桩底反射波沿桩身返回桩顶接收传感器,桩底面的透射波会再次继续沿桩端岩土体等向下传播。周而复始,直到该压缩波的能量损耗完毕

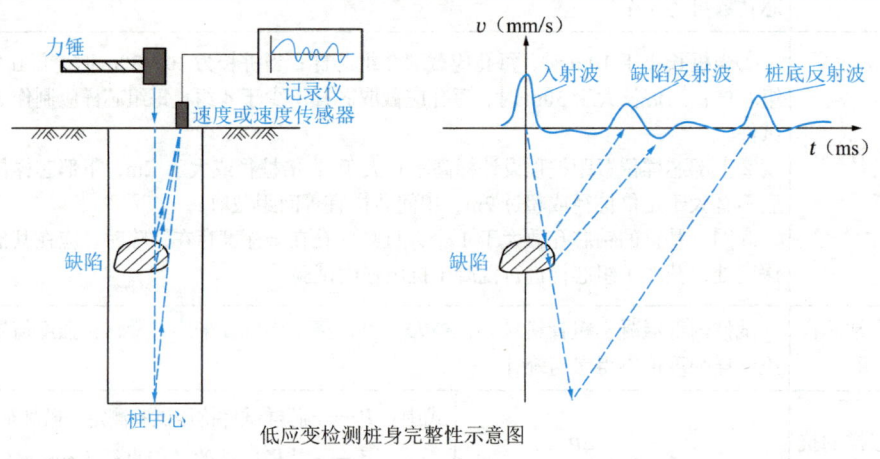

低应变检测桩身完整性示意图

低应变法通过桩身抗阻减小,确定桩身存在的缺陷位置,进而判定桩身完整性,但其无法准确判定桩身缺陷的类型(缩颈、局部松散、夹泥层、空洞、混凝土离析等),需通过采取开挖、钻芯或声波透射等其他方法验证

## （二）计算桩身波速及缺陷位置

**计算桩身波速及缺陷位置**

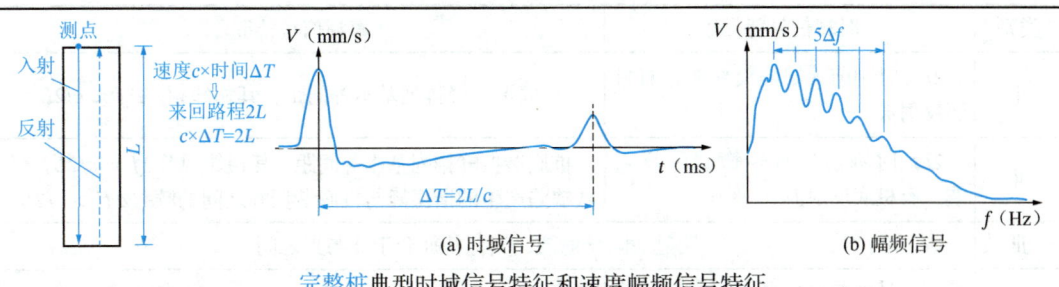

(a) 时域信号　　　　　　　　(b) 幅频信号

完整桩典型时域信号特征和速度幅频信号特征

当桩长已知、桩底反射信号明确时，应在地基条件、桩型、成桩工艺相同的基桩中，选取不少于 5 根 I 类桩的桩身波速值 $c_i$，按下列公式计算其平均值 $c_m$：

| （1）计算桩身波速平均值 $c_m$（m/s） $c_m = \dfrac{1}{n}\sum\limits_{i=1}^{n} c_i$ | 时域分析： $c_i = 2000L/\Delta T$ | 式中：$\Delta T$——速度波第一峰与桩底反射波峰间的时间差（ms）； $\Delta f$——幅频曲线上，桩底相邻谐振峰间的频差（Hz）； $c_i$——第 $i$ 根受检桩的桩身波速值（m/s），且 $\dfrac{|c_i - c_m|}{c_m} \leqslant 5\%$； $L$——测点下的桩长（m）； $n$——参加波速平均值计算的基桩数量（$n \geqslant 5$） |
|---|---|---|
| | 频谱分析： $c_i = 2L \cdot \Delta f$ | |

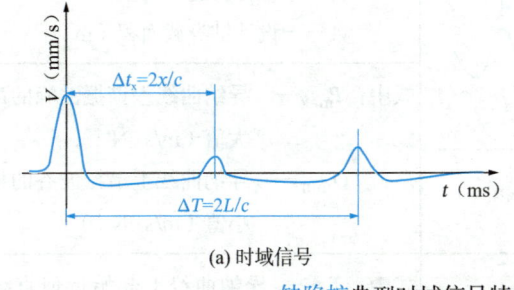
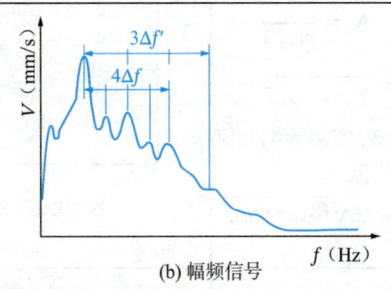

(a) 时域信号　　　　　　　　(b) 幅频信号

缺陷桩典型时域信号特征和速度幅频信号特征

| （2）计算距测点的缺陷位置 $x$（m） | 时域分析：$x = \dfrac{1}{2000} \cdot \Delta t_x \cdot c$ | 式中：$x$——桩身缺陷至传感器安装点的距离（m）； $\Delta t_x$——速度波第一峰与缺陷反射波峰间的时间差（ms）； $c$——受检桩的桩身波速值（m/s），无法确定时，可采用桩身波速的平均值 $c_m$ 代替； $\Delta f'$——幅频信号曲线上缺陷相邻谐振峰间的频差（Hz） |
|---|---|---|
| | 频谱分析：$x = \dfrac{1}{2} \cdot \dfrac{c}{\Delta f'}$ | |
| （3）计算缺陷位置 $y$（m） | 距桩顶：$y = x + s$ | 式中：$s$——测点距桩顶的距离（m）； $l$——桩长（m） |
| | 距桩底：$y' = l - x - s$ | |

## （三）桩身完整性判定

**桩身完整性判定**

| 类别 | 时域信号特征 | 幅频信号特征 |
|---|---|---|
| Ⅰ | $2L/c$ 时刻前无缺陷反射波，有桩底反射波 | 桩底谐振峰排列基本等间距，其相邻频差 $\Delta f \approx c/2L$ |
| Ⅱ | $2L/c$ 时刻前出现轻微缺陷反射波，有桩底反射波 | 桩底谐振峰排列基本等间距，其相邻频差 $\Delta f \approx c/2L$，轻微缺陷产生的谐振峰与桩底谐振峰之间的频差 $\Delta f' > c/2L$ |
| Ⅲ | 有明显缺陷反射波，其他特征介于Ⅱ与Ⅳ之间 | |
| Ⅳ | $2L/c$ 时刻前出现严重缺陷反射波或周期性反射波，无桩底反射波；或因桩身浅部严重缺陷使波形呈现低频大振幅衰减振动，无桩底反射波 | 缺陷谐振峰排列基本等间距，相邻频差 $\Delta f' > c/2L$，无桩底谐振峰；或因桩身浅部严重缺陷而只出现单一谐振峰，无桩底谐振峰 |

## （四）计算导纳值、动刚度并判断桩身完整性

**计算导纳值、动刚度并判断桩身完整性**

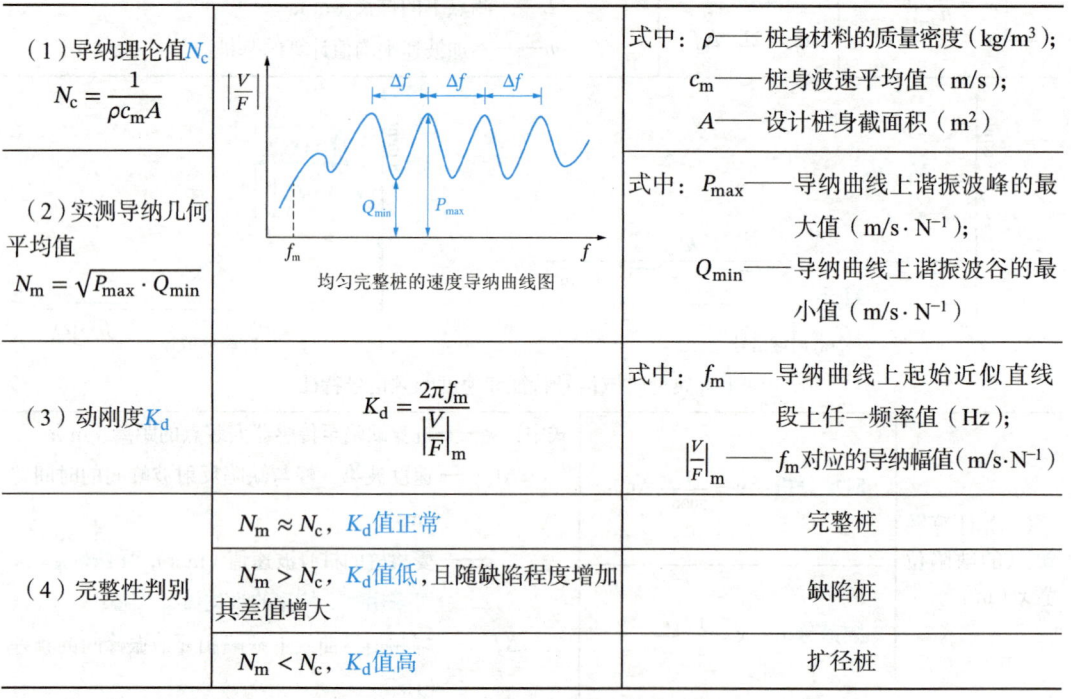

均匀完整桩的速度导纳曲线图

| | | | |
|---|---|---|---|
| （1）导纳理论值 $N_c$ | $N_c = \dfrac{1}{\rho c_m A}$ | 式中：$\rho$——桩身材料的质量密度（kg/m³）；$c_m$——桩身波速平均值（m/s）；$A$——设计桩身截面积（m²） | |
| （2）实测导纳几何平均值 | $N_m = \sqrt{P_{max} \cdot Q_{min}}$ | 式中：$P_{max}$——导纳曲线上谐振波峰的最大值（m/s·N⁻¹）；$Q_{min}$——导纳曲线上谐振波谷的最小值（m/s·N⁻¹） | |
| （3）动刚度 $K_d$ | $K_d = \dfrac{2\pi f_m}{\left|\dfrac{V}{F}\right|_m}$ | 式中：$f_m$——导纳曲线上起始近似直线段上任一频率值（Hz）；$\left|\dfrac{V}{F}\right|_m$——$f_m$ 对应的导纳幅值（m/s·N⁻¹） | |
| （4）完整性判别 | $N_m \approx N_c$，$K_d$ 值正常 | 完整桩 | |
| | $N_m > N_c$，$K_d$ 值低，且随缺陷程度增加其差值增大 | 缺陷桩 | |
| | $N_m < N_c$，$K_d$ 值高 | 扩径桩 | |

【小注】《建筑地基检测技术规范》第12章内容与此基本一致，可对比学习。

### 知识拓展

8.3.2 时域信号记录的时间段长度应在 $2L/c$ 时刻后延续不少于 5ms；幅频信号分析的频率范围上限不应小于 2000Hz，总采样时间 $t \geq 2L/c + 5\text{ms}$。

采样时间间隔 $\Delta t = t/n$，$n$ 为时域采样信号数；采样频率 $f = \dfrac{1}{\Delta t}$（Hz）。

## 七、高应变法

——第9章

### 高应变法

**适用范围**：适用于检测基桩的竖向抗压承载力和桩身完整性，主要功能为判断单桩竖向抗压承载力是否满足设计要求。不适用于：大直径扩底桩和预估$Q \sim s$曲线有缓变型特征的大直径灌注桩

**基本原理**：采用重锤（锤的重量与单桩竖向抗压承载力特征值的比值不得小于2%）自由下落锤击桩顶，使得桩土之间产生足够的相对位移（单击贯入度宜为2～6mm），从而充分激发桩周土侧阻力和桩端支撑力，通过安装在桩顶以下桩身两侧的力和加速度传感器采集桩身截面在冲击荷载作用下的轴向应变和桩身运动的速度时程曲线，获得该截面的轴向内力$F(t)$和轴向运动速度$V(t)$。

简而言之，在桩-土产生相对位移后，使得传感器接受的应力波和速度波信号受到桩侧和桩端土阻力的影响而分离不再重合，通过观测应力波在桩身中的传播过程，运用一维波运动方程对桩身阻抗和土阻力进行分析和计算，进而判定桩的承载力和评价桩身完整性

**高应变法和低应变法的对比**：低应变法主要功能是检测桩身完整性，快捷廉价，适用于完整性检测普查；高应变法主要功能是检测单桩竖向抗压承载力是否满足设计要求，检测桩身完整性是其附带功能，只是由于其作用于桩顶的能量大，检测桩完整性的有效深度大，特别在判定桩身水平整合裂缝、预制桩接头等缺陷时，能够在查明这些缺陷对竖向抗压承载力的影响基础上，合理判定桩身缺陷程度，此点明显优于低应变法。

锤的重量与单桩竖向抗压承载力特征值比值 $\geqslant 0.02$

| | |
|---|---|
| （1）桩顶锤击力$F$（kN）：$F = E \cdot \varepsilon \cdot A \Leftarrow E = \rho \cdot c^2$<br>式中：$E$——桩身材料的弹性模量（kPa）。 | 式中：$\rho$——桩身材料的质量密度（t/m³），按左侧表取值；<br>$c$——桩身应力波的速度（m/s）；<br>$\varepsilon$——测点处的桩身材料实测应变值；<br>$A$——桩的有效截面积(m²)，对空心桩，需扣除空心面积 |

| 桩型 | 钢桩 | 混凝土预制桩 | 离心管桩 | 混凝土灌注桩 |
|---|---|---|---|---|
| $\rho$（t/m³） | 7.85 | 2.45～2.50 | 2.55～2.60 | 2.40 |

（2）桩身波速$c$（m/s）

| ①由峰值-峰值计算 | ②由下行波-上行波计算 |
|---|---|
| 当桩底反射波明显时，桩身波速可根据速度波（下图中虚线波形）第一峰起升沿的起点到速度波反射峰起升或下降沿的起点之间的时差（$\Delta T$）与已知桩长计算确定 | 当桩底反射波峰宽或有水平裂缝的桩，采用峰与峰间的时差方法计算误差较大，桩身波速可根据下行波起升沿的起点和上行波下降沿的起点之间的时差与已知桩长确定 |
| 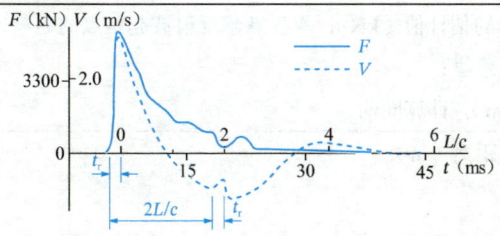 | 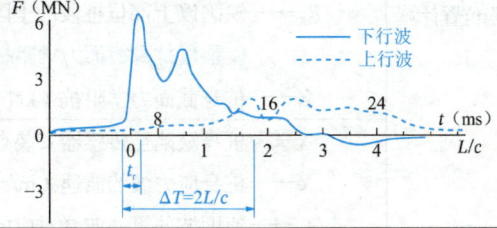 |
| 桩身波速值（m/s）：$c = \dfrac{2000L}{\Delta T}$<br>式中：$L$——测点至桩底的长度（m）；<br>$\Delta T$——速度波第一峰与桩底反射波峰的时间差（ms） | 桩身波速值（m/s）：$c = \dfrac{2000L}{\Delta T}$<br>式中：$L$——测点至桩底的长度（m）；<br>$\Delta T$——据速度波第一峰起升沿的起点到速度波反射峰起升或下降沿的起点之间的时差（ms） |

（3）凯司法单桩承载力检测值$R_c$（kN）

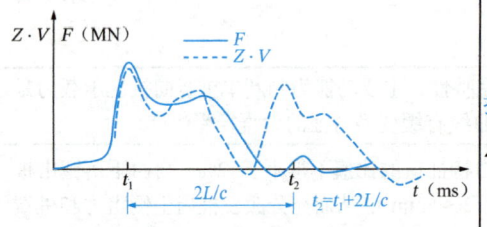

桩身截面力学阻抗（kN·s/m）：
$$Z = \rho \cdot c \cdot A = \frac{E \cdot A}{c}$$

$\rho$——桩身材料的质量密度（t/m³）；
$c$——桩身应力波的波速(m/s)；
$A$——桩身截面面积（m²），空心桩时，需扣除空心面积；
$E$——桩身材料的弹性模量（kPa）

单桩承载力特征值$R_a$：
$$R_a = \frac{1}{2}R_c \Leftarrow R_c = \frac{1}{2}(1 - J_c)(F_1 + ZV_1) + \frac{1}{2}(1 + J_c)(F_2 - ZV_2)$$

图和式中：$R_c$——凯司法单桩承载力计算值（kN）；
$t_1$——速度波的第一波峰对应的时刻（ms）；
$t_2 = t_1 + \frac{2L}{c}$——桩底反射速度波峰对应的时刻（ms）；
$F_1$、$F_2$——分别为$t_1$、$t_2$时刻的锤击力（kN）；
$V_1$、$V_2$——分别为$t_1$、$t_2$时刻的质点运动速度（m/s）；
$J_c$——凯司法阻尼系数；
$L$——测点下的桩长（m）

（4）完整性判别 + 缺陷位置计算

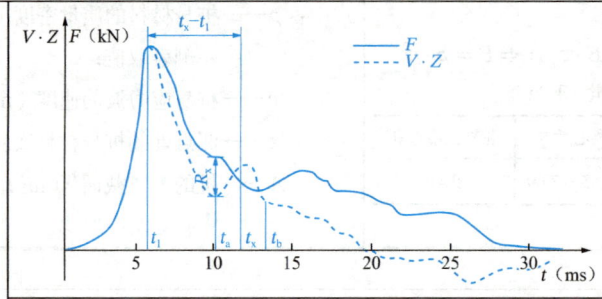

桩身完整性系数：
$$\beta = \frac{F_1 + F_x + ZV_1 - ZV_x - 2R_x}{F_1 - F_x + ZV_1 + ZV_x}$$

桩身缺陷位置：
$$x = c \cdot \frac{t_x - t_1}{2000}$$

式中：$\beta$——桩身完整性系数，其值等于缺陷$x$处桩身截面阻抗与$x$以上桩身截面阻抗的比值；
$F_1$、$F_x$——分别为$t_1$、$t_x$时刻的锤击力（kN）；
$V_1$、$V_x$——分别为$t_1$、$t_x$时刻的质点运动速度（m/s）；
$R_x$——缺陷以上部位桩段的土阻力的估计值（kN），等于缺陷反射波起始点的力与速度乘以桩身截面力学阻抗之差值；
$Z$——桩身截面力学阻抗（kN·s/m），计算同前
$x$——桩身缺陷至传感器安装点的距离（m）；
$c$——桩身应力波的波速（m/s）；
$t_1$——速度波的第一波峰对应的时刻（ms）；
$t_x$——缺陷反射波峰对应的时刻（ms）

| 桩身完整性判别 | | | | |
|---|---|---|---|---|
| $\beta$值 | $\beta = 1.0$ | $0.8 \leqslant \beta < 1.0$ | $0.6 \leqslant \beta < 0.8$ | $\beta < 0.6$ |
| 类别 | Ⅰ | Ⅱ | Ⅲ | Ⅳ |

## 八、声波透射法

——第 10 章

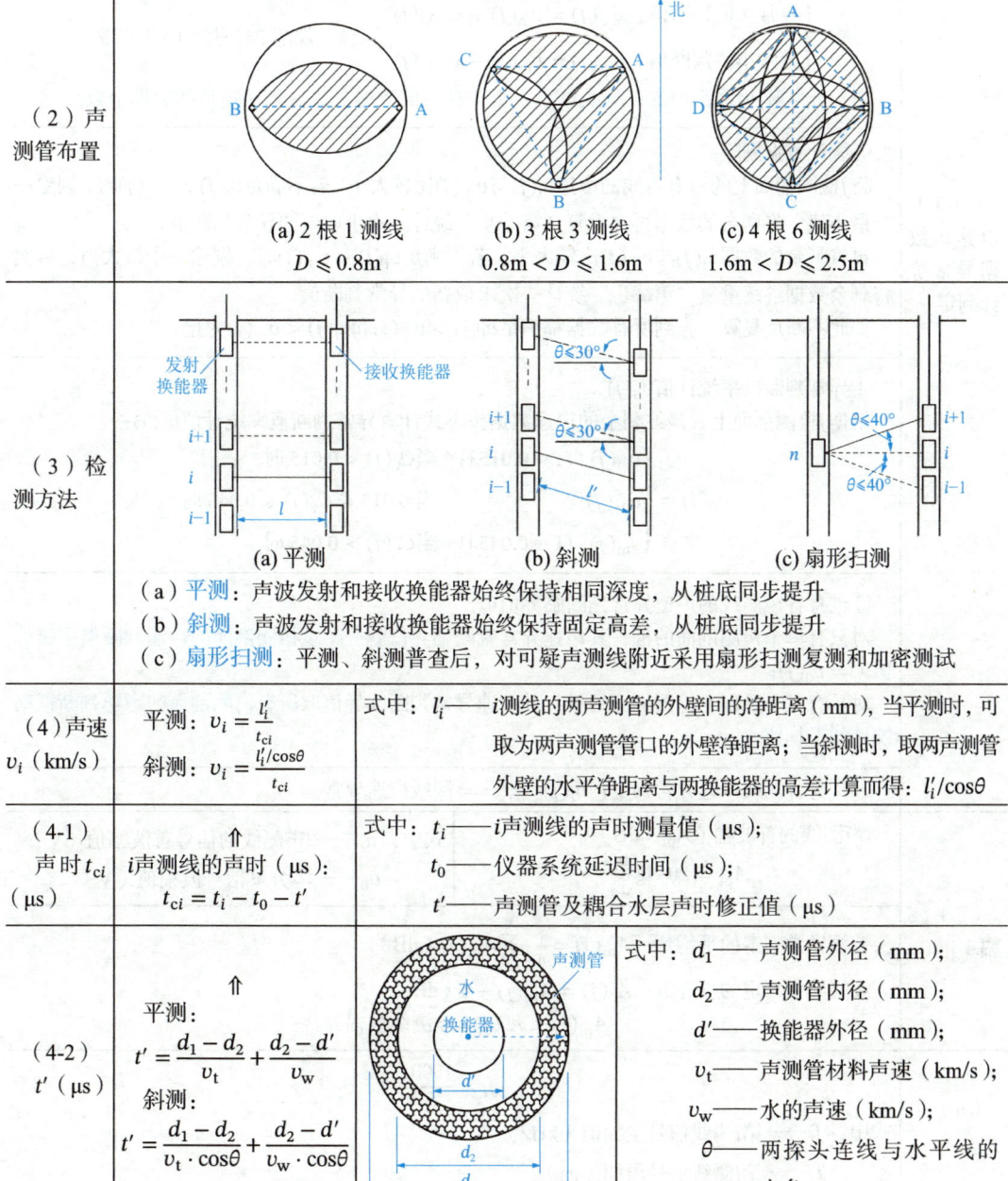

续表

| | | |
|---|---|---|
| （4-3）声速$v_i$数据异常统计判定 | ①将$j$检测剖面上的所有测线的声速$v_i$按照由大到小的顺序排列如下：<br>$$v_1(j) > v_2(j) > \cdots > v_i(j) > \cdots > v_n(j)$$ | |
| | ②按下列公式计算$j$检测剖面上的声速"异常大值判断值"和"异常小值判断值"如下：<br>算术平均值：$v_m(j) = \sum_{i=1}^{n} v_i(j)/n$<br>标准差：$s_x(j) = \sqrt{\dfrac{1}{n-1} \cdot \sum_{i=1}^{n}[v_i(j) - v_m(j)]^2}$<br>变异系数：$C_v(j) = \dfrac{s_x(j)}{v_m(j)}$<br>$\begin{cases} 异常大值判断值：v_\text{大}(j) = v_m(j) + \lambda \cdot s_x(j) \\ 异常小值判断值：v_\text{小}(j) = v_m(j) - \lambda \cdot s_x(j) \end{cases}$ 系数$\lambda$，规范 P53 表 10.5.3 查取<br>$n$为第$j$检测剖面的声测线总数 − 低声速值的数据个数 − 高声速值的数据个数 | |
| | ③统计数据剔除<br>将$j$检测剖面上的所有测线的声速$v_i(j)$与$v_\text{小}(j)$比较大小，若不满足$v_i(j) > v_\text{小}(j)$时，剔除一个最小值，将剩余的数据再次重复"第②步"统计一次求取新的异常判断值；<br>再将剩余的数据$v_i(j)$与$v_\text{大}(j)$比较大小，若不满足$v_i(j) < v_\text{大}(j)$时，剔除一个最大值，再次将剩余数据继续重复"第②步"统计一次求取新的异常判断值；<br>如此不断反复算，直到所有数据都满足$v_i(j) > v_\text{小}(j)$和$v_i(j) < v_\text{大}(j)$为止 | |
| | ④异常判断概率统计值$v_0(j)$<br>根据$j$检测剖面上，最终剩余的声速数据按下式计算异常判断概率统计值$v_0(j)$：<br>$v_0(j) = \begin{cases} v_m(j) \cdot (1 - 0.015\lambda) & 当C_v(j) < 0.015 时 \\ v_{01}(j) & 当 0.015 \leqslant C_v(j) \leqslant 0.045 时 \\ v_m(j) \cdot (1 - 0.045\lambda) & 当C_v(j) > 0.045 时 \end{cases}$ | |
| | ⑤桩身各声测线的声速异常判断临界值$v_c$<br>对只有单个检测剖面的桩，其声速异常判断临界值就等于该检测剖面的声速判断概率统计值$v_c = v_0(j)$；<br>对具有三个及以上检测剖面的桩，其声速异常判断临界值取所有检测剖面的声速判断概率统计的平均值 | |
| | ⑥桩身各测线声速异常判定：$v_i(j) \leqslant v_c \Longrightarrow$测线声速异常 | |
| （5）波幅$A_{pi}$ | $i$声测线的首波幅值$A_{pi}$（dB）<br>$$A_{pi} = 20 \cdot \lg \dfrac{a_i}{a_0}$$ | 式中：$a_i$——$i$声测线的信号首波幅值（V）；<br>$a_0$——零分贝信号波幅值（V） |
| | 波幅异常判定的平均值：$A_m(j) = \dfrac{1}{n} \cdot \sum_{i=1}^{n} A_{pi}(j)$（dB）<br>波幅异常判定的临界值：$A_c(j) = A_m(j) - 6$（dB）<br>$A_{pi}(j) < A_c(j) \Longrightarrow$测线波幅异常 | |
| （6）主频$f_i$ | $$f_i = \dfrac{1000}{T_i}$$<br>式中：$f_i$——第$i$测线信号主频值（kHz）；<br>$T_i$——第$i$测线信号周期（μs） | |

# 第四十四章

# 建筑地基处理技术规范

## 一、处理后的地基静载荷试验

——附录 A

**处理后的地基静载荷试验**

| （1）适用范围 | 换填垫层、预压地基、压实地基、夯实地基和注浆加固等处理后地基承压板应力主要影响范围内土层的承载力和变形参数 ||
|---|---|---|
| （2）承压板面积 | 按需检验土层的厚度确定，且 $A \geqslant 1.0m^2$，对夯实地基，$A \geqslant 2.0m^2$ ||
| （3）加载量 | 最大加载量不应小于设计要求承载力特征值的 2 倍 ||
| （4）极限荷载 | ①承压板周围的土明显地侧向挤出 | 取前一级荷载 |
| | ②沉降 $s$ 急骤增大，压力-沉降曲线出现陡降段 | |
| | ③在某一级荷载下，24h 内沉降速率不能达到稳定标准 | |
| | ④承压板的累计沉降量已大于其宽度或直径的 6% | |
| （5）处理后地基承载力特征值 $f_{ak}$（kPa） | 当压力-沉降曲线上有比例界限时 | 取比例界限 $p_{cr}$ 对应的荷载值 |
| | 当极限荷载小于对应比例界限的荷载值的 2 倍时 | 取极限荷载值 $p_u$ 的一半 |
| | 当不能按上述两款要求确定时，可按承压板的宽度或直径确定 | 取 $s/b = 0.01$ 所对应的荷载，但其值不应大于最大加载量的一半。【坑点】承压板的宽度或直径大于 2m 时，按 2m 计算 |
| （6）数据统计 | 极差（=最大值-最小值）≤平均值的 30%时 | 取算术平均值 |
| | 极差（=最大值-最小值）>平均值的 30%时 | 规范未明确处理方法，可考性不大。客观题时，可采用剔除大值的方式，取平均，直至满足极差验算 |

## 二、复合地基静载荷试验

——附录 B

**复合地基静载荷试验**

| | | | |
|---|---|---|---|
| （1）适用范围 | 单桩复合地基静载荷试验和多桩复合地基静载荷试验 | | |
| （2）加载量 | 最大加载压力$F_k$不应小于设计要求承载力特征值$R_a$的2倍⇒ $$F_k \geqslant 2R_a = 2f_{spk}A_e = \frac{2f_{spk}A_p}{m}$$ 式中：$f_{spk}$——复合地基承载力特征值； $m$——面积置换率； $A_p$——桩的截面积 | | |
| （3）承压板尺寸 | 单桩复合地基静载荷试验 | 圆形或方形$A_e$= | 一根桩处理面积 |
| | 多桩复合地基静载荷试验 | 矩形或方形$A_e$= | 实际桩数所承担的处理面积 |
| （4）终止条件 | 当出现下列情况之一时，即可终止加载： ①沉降急剧增大，土被挤出或承压板周围出现明显的隆起； ②承压板的累计沉降量已大于其宽度或直径的6%； ③当达不到极限荷载，而最大加载压力已大于设计要求压力值的2倍 | | |
| （5）复合地基承载力特征值$f_{ak}$（kPa） | ①压力-沉降（$p\sim s$）曲线上极限荷载能确定的情况 | | |
| | 当压力-沉降曲线上极限荷载能确定，而其值<u>不小于</u>对应比例界限的2倍时 | 当压力-沉降曲线上极限荷载能确定，而其值<u>小于</u>对应比例界限的2倍时，可取极限荷载的一半 | |
| | 取<u>比例界限</u>对应的荷载值 | 取<u>极限荷载值的一半</u> | |
| | ②当压力-沉降（$p\sim s$）曲线是平缓的光滑曲线的情况，可按相对变形值确定复合地基承载力特征值 | | |
| | 桩型 | | $s/b$或$s/d$ |
| | ①沉管砂石桩、振冲碎石桩和柱锤冲扩桩 | | 0.01 |
| | ②灰土挤密桩和土挤密桩 | | 0.008 |
| | ③水泥粉煤灰碎石桩或夯实水泥土桩 | 地基以卵石、圆砾、密实粗中砂为主 | 0.008 |
| | | 地基以黏性土、粉土为主 | 0.01 |
| | ④水泥土搅拌桩或旋喷桩 | | 0.006~0.008（桩身强度大于1.0MPa且桩身质量均匀时可取高值） |
| | 对有经验的地区，可按当地经验确定相对变形值，但原地基土为高压缩性土层时，相对变形量的最大值不应大于0.015 | | |
| | 【小注】①<u>承压板的宽度或直径大于2m</u>时，按<u>2m</u>计算； ②按相对变形值确定的地基承载力特征值不得大于最大加载压力的一半 | | |
| （6）数据统计 | 极差≤平均值的30%时 | 取算术平均值 | |
| | 极差＞平均值的30%时 | 规范未明确处理方法，可考性不大，客观题时，可采用剔除大值的方式，取平均，直至满足极差验算 | |
| | 工程验收时：桩数≤<u>4根</u>的<u>独立基础</u>或桩数≤<u>2排</u>的<u>条形基础</u> | 取最低值 | |

【小注】《建筑地基检测技术规范》第5章内容与此稍有区别，可对比学习。

## 三、复合地基增强体静载荷试验

——附录 C

**复合地基增强体静载荷试验**

| | | |
|---|---|---|
| （1）适用范围 | 复合地基中的增强体 | |
| （2）试验加载及反力装置 | 试验提供的反力装置可采用锚桩法或堆载法。当采用堆载法加载时，堆载支点施加于地基的压应力不宜超过地基承载力特征值 | |
| （3）终止条件 | 当出现下列情况之一时，即可终止加载。<br>①当荷载-沉降（$Q\sim s$）曲线上有可判定极限承载力的陡降段，且桩顶总沉降量超过40mm；<br>②$\frac{\Delta s_{n+1}}{\Delta s_n} \geqslant 2$，且经 24h 沉降尚未稳定；<br>③桩身破坏，桩顶变形急剧增大；<br>④当桩长超过 25m，$Q\sim s$ 曲线呈缓变型时，桩顶总沉降量大于 60～80mm；<br>⑤验收检验时，最大加载量不应小于设计单桩承载力特征值的 2 倍。<br>【小注】$\Delta s_n$——第 $n$ 级荷载的沉降增量；$\Delta s_{n+1}$——第 $n+1$ 级荷载的沉降增量 | |
| （4）单桩竖向抗压极限承载力 $Q_{uk}$（kN） | 曲线陡降段明显时 | 取相应于陡降段起点的荷载值 |
| | 本级沉降量不小于上一级沉降量的 2 倍且经 24h 沉降尚未稳定 | 取前一级荷载值 |
| | $Q\sim s$ 曲线呈缓变型时 | 取桩顶总沉降量 $s=40\text{mm}$ 所对应的荷载值 |
| （5）数据统计 | 极差 ≤ 平均值的 30%时 | 取算术平均值 |
| | 极差 > 平均值的 30%时 | 规范未明确处理方法，可考性不大，客观题时，可采用剔除大值的方式，取平均，直至满足极差验算 |
| | 工程验收时：桩数 ≤ 4 根的独立基础或桩数 ≤ 2 排的条形基础 | 取最低值 |
| （6）单桩竖向抗压承载力特征值 $R_a$（kN） | 将单桩竖向抗压极限承载力除以安全系数 2，为单桩竖向抗压承载力特征值。<br>$$R_a = \frac{Q_{uk}}{2}$$ | |

【小注】《建筑地基检测技术规范》第 6 章内容与此节稍有区别，可对比学习。

## 四、灰土挤密桩或土挤密桩复合地基质量检验

——第 7.5.2、7.5.4 条及条文说明

灰土挤密桩或土挤密桩复合地基质量检验

| 复合地基的桩间土的平均挤密系数$\bar{\eta}_c$按下式计算：<br>$$\bar{\eta}_c = \frac{\bar{\rho}_{d1}}{\rho_{dmax}} \geq 0.93$$ | 式中：$\bar{\rho}_{d1}$——在成孔挤密深度内，桩间土的平均干密度（t/m³）；<br>$\rho_{dmax}$——桩间土的最大干密度（t/m³） |
|---|---|
| 成孔挤密深度内，桩间土的平均干密度的取样，应自桩顶向下 0.5m 起，每 1m 不少于 2 点（一组），即桩孔外 100mm 处 1 点、桩孔之间的中心距（1/2 处）1 点。<br>①当桩长大于 6m，全部深度内取样点不应少于 12 点（6 组）；<br>②当桩长小于 6m，全部深度内取样点不应少于 10 点（5 组） | |
| 桩长范围内，桩孔内填料的平均压实系数$\bar{\lambda}_c$按下式计算：<br>$$\bar{\lambda}_c = \frac{\bar{\rho}_{d0}}{\rho_{dmax}} \geq 0.97$$ | 式中：$\bar{\rho}_{d0}$——在桩长深度内，桩孔内填料夯实后的平均干密度（t/m³）；<br>$\rho_{dmax}$——桩间土的最大干密度（t/m³） |
| 成孔挤密深度内，桩间土的平均干密度的取样，应自桩顶向下 0.5m 起，每 1m 不少于 2 点（一组），即由桩孔内距桩孔边缘 50mm 处 1 点、桩孔中心处 1 点。<br>①当桩长大于 6m，全部深度内取样点不应少于 12 点（6 组）；<br>②当桩长小于 6m，全部深度内取样点不应少于 10 点（5 组） | |
| 《湿陷性黄土地区建筑标准》第 6.4.4 条：灰土挤密桩或土挤密桩复合地基的桩间土的最小挤密系数按下式计算：<br>$$\eta_{dmin} = \frac{\rho_{d1}}{\rho_{dmax}}$$ | 式中：$\rho_{d1}$——在成孔挤密后内，桩间土的平均干密度（t/m³），3 个孔之间形心点部位土的干密度；<br>$\rho_{dmax}$——桩间土的最大干密度（t/m³） |

# 第四十五章

# 建筑地基检测技术规范

## 多道瞬态面波试验

——第 14.4 节

多道瞬态面波试验

（1）计算剪切波速 $V_s$（m/s）：

$$\left.\begin{array}{l} V_R = \dfrac{2\pi f \Delta l}{\varphi} \\ \eta_s = \dfrac{0.87 + 1.12\mu_d}{1 + \mu_d} \end{array}\right\} \Rightarrow V_s = \dfrac{V_R}{\eta_s}$$

式中：$V_R$——瑞利波（面波）波速（m/s）；
$\varphi$——两台传感器接收到的振动波之间的相位差（rad）；
$\Delta l$——两台传感器之间的水平距离（m）；
$f$——振源的频率（Hz）；
$\eta_s$——与泊松比有关的系数；
$\mu_d$——动泊松比

（2）计算等效剪切波速 $V_{se}$（m/s）：

$$V_{se} = \dfrac{d_0}{\sum\limits_{i=1}^{n}(d_i/V_{si})}$$

式中：$d_0$——计算深度（m），一般取 2~4m；
$d_i$——计算深度内第 $i$ 层土的厚度（m）；
$V_{si}$——计算深度内第 $i$ 层土的剪切波速（m/s）

【小注】原规范公式有误，本书已勘误。

笔记区

# 第四十六章

# 建筑边坡工程技术规范

## 第一节 基本试验

——附录C

边坡锚杆试验包括锚杆的基本试验、验收试验，同时锚杆试验应在锚杆锚固体强度达到设计强度的90%后方可进行试验。

| | |
|---|---|
| 试验荷载 | 基本试验时最大的试验荷载（$Q$）不应超过杆体标准值的0.85倍，普通钢筋不应超过其屈服值的0.90倍 |
| 试验目的 | 基本试验主要目的是确定锚固体与岩土层间黏结强度极限标准、锚杆设计参数和施工工艺。试验锚杆的锚固段长度和锚杆根数应符合下列规定：<br>①当进行确定锚固体与岩土层间黏结强度极限标准值的试验时，为使锚固体与地层间首先破坏，当锚固段长度取设计锚固长度时应增加锚杆钢筋用量，或采用设计锚杆时应减短锚固长度，试验锚杆的锚固长度对硬质岩取设计锚固长度的0.40倍，对软质岩取设计锚固长度的0.60倍。<br>②当进行确定锚固段变形参数和应力分布的试验时，锚固段长度应取设计锚固长度。<br>③每种试验锚杆数量均不应小于3根 |
| 加载方式 | 循环加、卸荷法 |
| 终止条件 | 当锚杆试验中出现下列情况之一时，可视为破坏，即可终止加载。<br>①锚头位移不收敛，锚固体从岩土层中拔出或锚杆从锚固体中拔出；<br>②锚头总位移量超过设计允许值；<br>③土层锚杆试验中后一级荷载下锚头位移增量，超过上一级荷载下位移增量的2倍 |
| 锚杆极限承载力标准值 $N_{ak}$ | ①锚杆极限承载力标准值$N_{ak}$取破坏荷载前一级的荷载值；<br>②在最大试验荷载作用下未达到上述的破坏终止标准，锚杆极限承载力标准值$N_k$取最大荷载值 |
| 试验数据分析与统计 | ①当锚杆试验数量为3根，各根极限承载力标准值的最大差值小于其平均值的30%时，取最小值作为锚杆极限承载力标准值；<br>②极差超过平均值的30%时，应增加试验数量，按95%的保证概率计算锚杆极限承载力标准值 |
| 拉力型锚杆实测弹性变形要求 | 拉力型锚杆弹性变形在最大试验荷载$Q$作用下，所测得的弹性位移量$\Delta l_{测}$应超过该荷载下杆体自由段$l_f$理论弹性伸长值的80%，且小于杆体自由段长度$l_f$与1/2锚固段之和的理论弹性伸长值。<br>锚杆杆体理论变形量由自由段和锚固段的杆体变形量组成，按下式计算：<br>$$0.8\frac{Q l_f}{EA} \leqslant \Delta l \leqslant \frac{Q(l_f + 0.5 l_b)}{EA}$$<br>式中：$\Delta l$——锚杆杆体理论变形量（mm）；<br>$l_f$、$l_b$——分别为锚杆的自由段长度和锚固段长度（m）；<br>$E$——锚杆杆体材料的弹性模量（MPa）；<br>$A$——锚杆杆体材料截面面积（m²） |

## 第二节 验收试验

锚杆验收试验的目的是检验施工质量是否达到设计要求。

验收试验锚杆的数量取每种类型锚杆总数的 5%，自由段位于Ⅰ、Ⅱ、Ⅲ类岩石内时取总数的 1.5%，且均不得少于 5 根。

验收试验荷载对永久性锚杆为锚杆轴向拉力标准值 $N_{ak}$ 的 1.50 倍；对临时锚杆为 1.20 倍。

符合下列条件时，试验的锚杆应评定为合格：

（1）加载到试验荷载最大值后变形稳定；

（2）符合本规范附录 C 第 C.2.8 条规定。

当验收锚杆不合格时，应按锚杆总数的 30%重新抽检；重新抽检有锚杆不合格时，应全数进行检验。

# 第四十七章

# 建筑基坑支护技术规程

## 第一节 锚杆基本试验

——附录 A

**锚杆基本试验**

| | |
|---|---|
| 试验荷载 | 确定锚杆极限抗拔承载力的试验,最大的试验荷载不应小于预估破坏荷载,且试验锚杆的截面面积应满足最大试验荷载下的锚杆杆体应力不应超过其极限强度标准值的 0.85 倍的要求。必要时,应增加试验锚杆的杆体截面面积 |
| 加载方式 | 宜采用多循环加荷法,也可采用单循环加荷法 |
| 终止条件 | 当锚杆试验中出现下列情况之一时,应终止继续加载。<br>①从第二级加载开始,后一级荷载产生的单位荷载下的锚头位移增量大于前一级荷载产生的单位荷载下的锚杆位移增量的 5 倍;<br>②锚头位移不收敛;<br>③锚杆杆体破坏 |
| 锚杆极限抗拔承载力标准值 | 在某级试验荷载下出现上述规定的"终止继续加载情况"时,应取终止加载时的前一级荷载值;<br>未出现时,应取终止加载时的荷载值 |
| 锚杆极限抗拔承载力标准值分析与统计 | 参与统计的试验锚杆,当各根极限抗拔承载力标准值的极差不超过其平均值的 30%时,取平均值作为锚杆极限抗拔承载力标准值;<br>极差超过平均值的30%时,应增加试验数量,并应根据极差过大的原因,按实际情况重新进行统计后确定锚杆极限抗拔承载力标准值 |

## 第二节 锚杆蠕变试验

——附录 A

锚杆蠕变试验的锚杆数量不应少于三根。

试验时,应绘制每级荷载下的锚杆的蠕变量-时间($s \sim \lg t$)对数曲线。蠕变率应按下式计算:

$$k_c = \frac{s_2 - s_1}{\lg t_2 - \lg t_1}$$

式中:$k_c$——锚杆的蠕变率,$k_c \leqslant 2.0mm$;
  $s_1$——$t_1$时间测得的蠕变量(mm);
  $s_2$——$t_2$时间测得的蠕变量(mm)。

## 第三节　锚杆验收试验

——附录 A

锚杆抗拔承载力验收检测试验，最大试验荷载应不小于下表规定：

| 支护结构安全等级 | 抗拔承载力检测值与轴向拉力标准值的比值 |
|---|---|
| 一级 | ≥1.4 |
| 二级 | ≥1.3 |
| 三级 | ≥1.2 |

锚杆验收试验终止加载条件同"基本试验"规定。
验收检测试验中，符合下列要求的锚杆应判定为合格：
（1）在抗拔承载力检测值下，锚杆位移稳定或收敛；
（2）在抗拔承载力检测值下测得的弹性位移量应大于杆体自由段理论弹性伸长量的 80%。

## 第四节　土钉抗拔试验

——附录 D

**土钉抗拔试验**

| | |
|---|---|
| 基本规定 | ①应对土钉的抗拔承载力进行检测，土钉检测数量不宜少于土钉总数的 1%，且同一土层中的土钉检测数量不应少于 3 根。<br>②对安全等级为二级、三级的土钉墙，抗拔承载力检测值分别不应小于土钉轴向拉力标准值的 1.3 倍、1.2 倍。<br>③土钉抗拔试验应在注浆固结体强度达到 10MPa 或达到设计强度的 70% 后进行。<br>④加载装置的额定压力必须大于最大试验压力，且试验前应进行标定。<br>⑤最大试验荷载下的土钉杆体应力不应超过其屈服强度标准值。<br>⑥确定土钉极限抗拔承载力的试验，最大试验荷载不应小于预估破坏荷载，且试验土钉的杆体截面面积应符合"最大试验荷载下的土钉杆体应力不应超过其屈服强度标准值"的规定。必要时，可增加试验土钉的杆体截面面积 |
| 试验终止加载条件 | ①从第二级加载开始，后一级荷载产生的单位荷载下的土钉位移增量大于前一级荷载产生的单位荷载下的土钉位移增量的 5 倍。<br>②土钉位移不收敛。<br>③土钉杆体破坏 |
| 土钉极限抗拔承载力特征值 | 土钉极限抗拔承载力标准值，在某级试验荷载下出现上述规定的"终止继续加载标准"时，应取终止加载时的前一级荷载值；未出现时，应取终止加载时的荷载值 |
| 数据统计 | ①参加统计的试验土钉，当满足其极差不超过平均值的 30% 时，可取其平均值。<br>②极差超过平均值的 30% 时，宜增加试验土钉数量，并应根据极差过大的原因，按实际情况重新进行统计后确定土钉极限抗拔承载力标准值 |
| 验收试验 | 检测试验中，在抗拔承载力检测值下，土钉位移稳定或收敛时应判定土钉合格 |

# 附录 锚杆试验对比、常见图形表面积和体积计算公式

## 锚杆试验对比

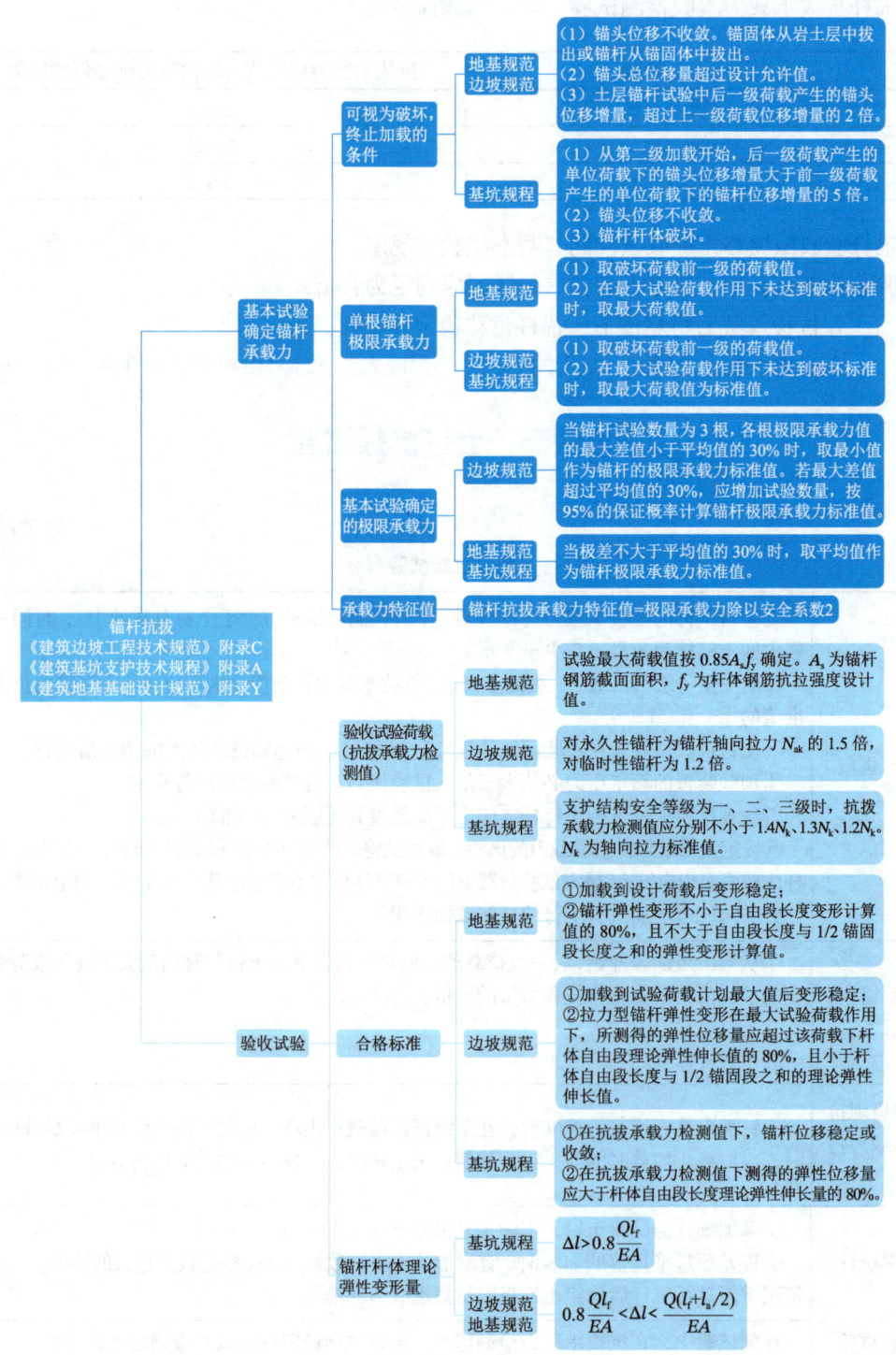

## 常见图形表面积 F 和体积 V 计算公式

| 序号 | 图形 | 公式 | 序号 | 图形 | 公式 |
|---|---|---|---|---|---|
| 1 | | 正方体：<br>$F = 6a^2$<br>$V = a^3$<br>$a$ 为边长 | 7 | | 圆台：<br>$F = \pi l(R + r)$<br>（不含上下底面积）<br>$l = \sqrt{h^2 + (R - r)^2}$<br>$V = \dfrac{\pi h}{3}(R^2 + r^2 + Rr)$<br>$r$、$R$ 为圆台上、下圆半径 |
| 2 | | 长方体：<br>$F = 2(ab + bc + ac)$<br>$V = abc$<br>$a$、$b$、$c$ 为边长 | 8 | | 正棱台：<br>$F = 3(a_1 + a_2)h'$<br>（不含上下底面积）<br>$V = \dfrac{h}{3}(F_1 + F_2 + \sqrt{F_1 F_2})$<br>顶面积：$F_1 = 2.598 a_1^2$<br>底面积：$F_2 = 2.598 a_2^2$ |
| 3 | | 正棱柱体：<br>$F = 6ah$<br>（不含上下底面积）<br>$V = 2.598 a^2 h$<br>$a$ 为六角形边长；<br>$h$ 为柱高 | 9 | | 球体：<br>$F = 4\pi R^2$<br>$V = \dfrac{4}{3}\pi R^3 = \dfrac{1}{6}\pi D^3$<br>$R$ 为球半径，$D = 2R$ |
| 4 | | 圆柱体：<br>$F = 2\pi R h$<br>（不含上下底面积）<br>$V = \pi R^2 h$<br>$R$ 为圆柱半径；<br>$h$ 为圆柱高 | 10 | | 球冠：<br>$F = 2\pi R h$<br>（不含底面积）<br>$V = \dfrac{1}{6}\pi h(3r^2 - h^2)$<br>$= \pi h^2 \left(R - \dfrac{h}{3}\right)$<br>$R$ 为球半径，$h$ 为球冠高，<br>$r$ 为球冠底圆半径 |
| 5 | | 空心圆柱体：<br>外表面积：<br>$F = 2\pi R h$<br>内表面积：<br>$F = 2\pi r h$<br>（不含上下底面积）<br>$V = \pi(R^2 - r^2)h$<br>$R$、$r$ 为圆柱外、内半径；<br>$h$ 为圆柱高 | 11 | | 球台：<br>$F = \pi(2Rh + r_1^2 + r_2^2)$<br>（含上下底面积）<br>$V = \dfrac{1}{6}\pi h[3(r_1^2 + r_2^2) + h^2]$<br>$R$ 为球半径，$h$ 为球台高，<br>$r_1$、$r_2$ 为顶、底圆半径 |
| 6 | | 圆锥体：<br>$F = \pi R l$<br>（不含上下底面积）<br>$l = \sqrt{R^2 + h^2}$<br>$V = \dfrac{1}{3}\pi R^2 h$<br>$l$ 为圆锥体斜边长；<br>$h$ 为圆锥高 | | | |